《煤矿安全规程》专家解读

井工煤矿

（2022年修订版）

《〈煤矿安全规程〉专家解读》编委会　编
袁河津　主编

中国矿业大学出版社
·徐州·

内容提要

本书是对2022版《煤矿安全规程》井工煤矿所作的逐条逐款解读。书中不仅解读了《煤矿安全规程》修订的目的、原因，而且对一些重点、难点内容加以翔实的说明，同时附有大量的案例分析，内容丰富，实用性强。

本书适合广大煤矿企业职工学习《煤矿安全规程》时使用，也可作为煤炭院校师生的教材参考使用。

图书在版编目（CIP）数据

《煤矿安全规程》专家解读（井工煤矿）/《〈煤矿安全规程〉专家解读》编委会编. —徐州：中国矿业大学出版社，2022.2（2022.3重印）

ISBN 978-7-5646-5263-0

Ⅰ.①煤… Ⅱ.①煤… Ⅲ.①矿山安全-安全规程-解释-中国 Ⅳ.①TD7-65

中国版本图书馆CIP数据核字（2021）第255859号

书　　名 《煤矿安全规程》专家解读（井工煤矿）
《MEIKUANG ANQUAN GUICHENG》ZHUANJIA JIEDU（JINGGONG MEIKUANG）
编　　者 《〈煤矿安全规程〉专家解读》编委会
责任编辑 周　丽　吴学兵
出版发行 中国矿业大学出版社有限责任公司
（江苏省徐州市解放南路　邮编221008）
营销热线 （0516）83884103　83885105
出版服务 （0516）83995789　83884920
网　　址 http://www.cumtp.com　**E-mail**：cumtpvip@cumtp.com
印　　刷 江苏苏中印刷有限公司
开　　本 787 mm×1092 mm　1/16　**印张** 44.5　**字数** 1100千字
版次印次 2022年2月第1版　2022年3月第2次印刷
定　　价 180.00元
（图书出现印装质量问题，本社负责调换）

《〈煤矿安全规程〉专家解读》
编　委　会

前　言

我国自1951年9月颁布第一部《煤矿安全规程》（以下简称《规程》）以来,《规程》从制订到修订共经历9个版本。目前在用的《规程》自2001年11月1日施行之日起，能源部1992年颁布的《规程》、1993年颁布的《规程》（露天煤矿）和煤炭工业部1996年颁布的《小煤矿安全规程》同时废止，全国煤矿不分大小、不分办矿性质和隶属关系，一律执行一个规程、一个标准。《规程》在2001版的基础上，又经历了2004、2006、2009、2010、2011、2016年6次局部修订。为了全面满足煤矿安全保障能力，现代企业管理水平、管理模式的提升和完善的需要，2016版《规程》进行了整体性、全局性和框架性修订，是十多年来修订范围较大、内容较广的一个版本。为了进一步预防和遏制煤矿生产安全事故，提升煤矿本质安全水平，2022年1月6日应急管理部部长黄明签署了《应急管理部关于修改〈煤矿安全规程〉的决定》（中华人民共和国应急管理部令第8号），对2016版《规程》（国家安全生产监督管理总局令第87号）部分条款予以修改，即第7次局部修订，修改后的《规程》自2022年4月1日起施行。

一、《规程》的主要内容

目前在用的《规程》内容有六编一附则一附录，共计721条。

第一编——总则。规定了煤矿必须遵守国家有关安全生产的法律法规、规章、规程、标准和技术规范；建立各类人员安全生产责任制；明确职工有权制止违章作业，拒绝违章指挥。

第二编——地质保障。规定了地测部门机构设置、人员装备和规章制度及矿井地质工作在原勘探报告的基础上，从煤矿基本建设开始，直到闭坑为止的全部地质工作的标准。

第三编——井工煤矿。规定了井下采煤有关开采、“一通三防”、防治水、机电运输、爆破作业及煤矿救护等领域所涉及的安全生产行为标准。

第四编——露天煤矿。规定了露天开采所涉及的安全生产行为标准。

第五编——职业病危害防治。规定了职业病危害的管理和监测、健康监护的标准。

第六编——应急救援。规定了安全避险、救援队伍、装备、指挥及灾变处理。

附则——规定了《规程》施行日期和用语的标准。

附录——规定了主要名词解释的标准。

二、本次《规程》修改的意义

《规程》是安全生产法律法规体系的重要组成部分，在煤炭行业具有极高的权威性，在煤矿安全生产领域居于主体规章地位，是煤矿安全生产监管监察执法的重要依据，是规范煤矿安全生产行为的重要准绳。目前，新修改的《安全生产法》对煤矿安全生产工作提出了更严格的规定和要求，《刑法修正案（十一）》加大了安全生产领域违法惩处力度，《煤矿防治水细则》《防治煤与瓦斯突出细则》《防治煤矿冲击地压细则》《煤矿防灭火细则》等煤矿安全规范性文件和相关标准也陆续出台。为衔接协调好新修改的《安全生产法》《刑法》等上位法以及相关规范性文件标准，充分发挥《规程》基础性、引领性作用，形成“一规程四细则”的煤矿安全规范体系，进一步完善《规程》相关条款尤为迫切和重要。

本次修改是2016年全面修改后的第一次部分条文修改。本次修改工作认真贯彻习近平法治思想和习近平总书记关于安全生产工作的重要论述精神，坚持人民至上、生命至上，深刻汲取近年来煤矿领域重特大事故教训，进一步强化煤与瓦斯突出、冲击地压、透水、火灾等煤矿重大灾害防治要求，提高煤矿安全生产条件和现场管理标准，是坚决贯彻落实党中央、国务院关于安全生产工作决策部署的具体体现。

三、本次《规程》修改的背景

1. 深入学习贯彻习近平总书记全面依法治国新理念新思想新战略，坚持人民至上、生命至上，坚持“安全第一、预防为主、综合治理”的方针，坚持从源头上防范化解煤矿安全重大风险；

2. 认真贯彻落实习近平总书记等中央领导同志关于煤矿安全生产工作的重要指示批示精神，进一步强化煤与瓦斯突出、冲击地压、透水、火灾等煤矿重大灾害防治要求；

3. 深刻汲取近年来事故教训，近年的典型事故案例暴露出煤矿安全生产和技术管理方面的一些漏洞和不合理因素，亟须从煤矿冲击地压防治、重要设备材料管理、防治水、防灭火及爆破作业安全等方面对现行《规程》进行修改；

4. 近年来，随着煤炭工业的高速发展和煤矿智能化建设的大力推进，煤矿生产工艺、科技装备不断发展，新工艺、新技术、新装备、新材料在煤矿领域大量采用，其安全与使用要求亟须在《规程》中予以规范。

四、本次《规程》修改的主要原则

1. 严格贯彻落实习近平总书记关于安全生产工作的重要论述精神，并衔接适应新修改的《安全生产法》等法律的规定和要求；

2. 深刻汲取近年来的煤矿灾害事故教训，认真分析灾害事故中暴露出的煤矿安全生产和技术管理漏洞及不合理因素，查找影响煤矿安全生产的危险因素和事故隐患，对相关规定要求作出相应的修改和补充；

3. 衔接协调《煤矿防治水细则》《防治煤与瓦斯突出细则》《防治煤矿冲击地压细则》《煤矿防灭火细则》等煤矿安全规范性文件及相关标准，充分体现《规程》在煤矿安全生产领域的主体规章地位；

4. 解决好2016版《规程》实施5年多来煤矿现场管理的重要问题，尽量满足煤矿现场的使用需求。

五、本次《规程》修改的主要内容

本次对2016版《规程》的修改共包括18条，集中在“第一篇总则”和“第三篇井工煤矿”部分，其中设备查验1条、智能化1条、开采3条、突出防治2条、除降尘装置1条、冲击地压防治6条、火灾防治2条、水灾防治1条、井下爆破1条。其中涉及的重要条款包括：

1. 设备查验。涉及第4条。本次修改增加了重要设备材料入矿查验和入井前安全性能检查要求。

2. 智能化。涉及第 10 条。为认真贯彻执行《关于加快煤矿智能化发展的指导意见》，增加了推广自动化、智能化开采要求。

3. 矿井同时生产的采掘工作面个数。主要涉及第 95 条。本次修改增加了以下几点要求：

（1）一个矿井同时回采的采煤工作面个数不得超过 3 个，煤（半煤岩）巷掘进工作面个数不得超过 9 个。严禁以掘代采。

（2）在采动影响范围内不得布置 2 个采煤工作面同时回采。

（3）严禁任意开采非垮落法管理顶板留设的支承采空区顶板和上覆岩层的煤柱，以及采空区安全隔离煤柱。

（4）严禁开采和毁坏高速铁路的安全煤柱。

4. 突出煤层消突后的放顶煤开采。主要涉及第 115 条第一款第五项与第二款第四项，包括高瓦斯、突出矿井的容易自燃煤层采取综合防灭火措施与放顶煤开采过程中防治水的要求。本次修改进一步调整完善了相关内容："高瓦斯、突出矿井的容易自燃煤层，应当采取以预抽方式为主的综合抽采瓦斯措施，保证本煤层瓦斯含量不大于 6 m^3/t，并采取综合防灭火措施。""放顶煤开采后有可能与地表水、老窑积水和强含水层导通的。"

5. 除降尘装置。涉及第 119 条第二项。本次修改增加了以下要求：在内、外喷雾装置工作稳定性得不到保证的情况下，应当使用与掘进机、掘锚一体机或者连续采煤机联动联控的除降尘装置。

6. 开采深度。主要涉及第 190 条突出矿井开采深度。根据前期调研反馈的意见建议，为提高监管监察的精准性，本次修改细化了不同井型突出矿井的开采深度要求。

7. 突出防治。主要涉及第 194 条、第 209 条。《防治煤与瓦斯突出细则》在区域和局部防突工作等方面增加了诸多新要求，为保持《规程》与《防治煤与瓦斯突出细则》的有序衔接，在第 194 条增加了防突机构、队伍、安全管理和质量管控的相关要求；在第 209 条对顺层钻孔或者穿层钻孔预抽回采区域煤层瓦斯的区域防突措施钻孔控制区域范围和距离提出了要求。

8. 冲击地压防治。主要涉及第 228 条、第 230 条、第 231 条、第 236 条、第 241 条、第 244 条。为进一步贯彻落实习近平总书记等中央领导同志对煤矿冲击地压防治的相关指示精神，同时和《防治煤矿冲击地压细则》做好衔接，第 228 条对矿井防治冲击地压（以下简称防冲）工作提出了总体要求；第 230 条、第 231 条、第 236 条、第 241 条、第 244 条分别对防冲原则、冲击地压矿井冲击倾向性鉴定、矿井巷道布置与采掘作业、冲击地压监测、实施解危措施时人员撤出、支护等提出了要求。

9. 防灭火。主要涉及第 250 条、第 274 条。第 250 条为井口防火。第 274 条为采空区防灭火安全措施。在密闭墙外进行气体、温度等检查并不能完全了解密闭墙内采空区的真实情况，一旦维护密闭时施工不当或措施不完备，由漏风导致煤炭自燃等原因极易引发瓦斯爆炸事故。因此，增加了采空区密闭时制定专项安全措施、对采空区自然发火进行风险评估及监测等要求。

10. 水害防治。主要涉及第 303 条顶板离层水威胁工作面防治措施。第 303 条要求在火成岩、砂岩、灰岩等厚层坚硬岩层下开采受离层水威胁的采煤工作面，应当分析探查离层发育的层位，采取超前疏堵离层水的措施。

11. 爆破安全。主要涉及第367条。本次修改进一步细化了爆破作业安全距离的规定。

《规程》正确反映煤矿生产的客观规律，明确煤矿安全技术标准，每一条规定都是经验总结或血的教训。长期以来，《规程》作为煤矿安全技术、管理和工程的核心部门规章，在全国煤矿安全生产中是最全面、最具体的一部基本法规，拥有很高的权威地位。《规程》的每一条规定都是在煤种特定条件下可以普遍适用的行为规则，明确规定了煤矿生产建设中哪些行为被禁止、哪些行为被允许，一旦颁布，必须严格认真地贯彻执行。

为了更好地理解、掌握和执行《规程》，实现煤矿安全生产，特组织有关单位和专家编写了本书，对《规程》逐条逐款解读，并附有相应的事故案例分析，内容丰富，实用性强。本书可作为《规程》施行的参考资料，也可用作煤炭系统组织安全监督管理人员、工程技术人员和职工等培训的教材，还可作为煤炭院校师生教学和中介机构服务的参考书。

本书由教授级高级工程师袁河津主编。在编写过程中得到了有关部门和单位的大力支持和帮助，同时参考了大量的文献资料（其中一部分已列在书后的“参考文献”中），在此一并表示衷心的感谢！

由于《规程》涵盖内容广，修订起点高，专业前瞻性强，加之编写时间仓促和作者水平所限，书中欠妥之处在所难免，敬请读者批评指正。相关修改条文对照、考试题库、案例等在线学习资料可参阅“中国矿业大学出版社煤炭知识服务”微信公众号。读者对本书的意见和建议可在公众号留言讨论，或发送邮件至 xuebwu@ 126. com。

作　者

2022 年 1 月

请扫码关注

目 录

第一编 总则 …… 1

第二编 地质保障 …… 21

第三编 井工煤矿 …… 32

第一章 矿井建设 …… 32
第一节 一般规定 …… 32
第二节 井巷掘进与支护 …… 38
第三节 井塔、井架及井筒装备 …… 58
第四节 建井期间生产及辅助系统 …… 62
第二章 开采 …… 76
第一节 一般规定 …… 76
第二节 回采和顶板控制 …… 83
第三节 采掘机械 …… 114
第四节 建（构）筑物下、水体下、铁路下及主要井巷煤柱开采 …… 120
第五节 井巷维修和报废 …… 121
第六节 防止坠落 …… 124
第三章 通风、瓦斯和煤尘爆炸防治 …… 126
第一节 通风 …… 126
第二节 瓦斯防治 …… 181
第三节 瓦斯和煤尘爆炸防治 …… 216
第四章 煤（岩）与瓦斯（二氧化碳）突出防治 …… 226
第一节 一般规定 …… 226
第二节 区域综合防突措施 …… 248
第三节 局部综合防突措施 …… 270
第五章 冲击地压防治 …… 294
第一节 一般规定 …… 294
第二节 冲击危险性预测 …… 307
第三节 区域与局部防冲措施 …… 311
第四节 冲击地压安全防护措施 …… 315
第六章 防灭火 …… 318

第一节　一般规定 …… 318
第二节　井下火灾防治 …… 327
第三节　井下火区管理 …… 346
第七章　防治水 …… 352
第一节　一般规定 …… 352
第二节　地面防治水 …… 362
第三节　井下防治水 …… 368
第四节　井下排水 …… 388
第五节　探放水 …… 392
第八章　爆炸物品和井下爆破 …… 407
第一节　爆炸物品贮存 …… 407
第二节　爆炸物品运输 …… 425
第三节　井下爆破 …… 431
第九章　运输、提升和空气压缩机 …… 469
第一节　平巷和倾斜井巷运输 …… 469
第二节　立井提升 …… 497
第三节　钢丝绳和连接装置 …… 506
第四节　提升装置 …… 518
第五节　空气压缩机 …… 537
第十章　电气 …… 541
第一节　一般规定 …… 541
第二节　电气设备和保护 …… 551
第三节　井下机电设备硐室 …… 557
第四节　输电线路及电缆 …… 559
第五节　井下照明和信号 …… 566
第六节　井下电气设备保护接地 …… 570
第七节　电气设备、电缆的检查、维护和调整 …… 574
第八节　井下电池电源 …… 576
第十一章　监控与通信 …… 579
第一节　一般规定 …… 579
第二节　安全监控 …… 584
第三节　人员位置监测 …… 598
第四节　通信和图像监视 …… 600

第四编　露天煤矿（略）

第五编　职业病危害防治 …… 603

第一章　职业病危害管理 …… 603

第二章　粉尘防治 …… 608
第三章　热害防治 …… 620
第四章　噪声防治 …… 624
第五章　有害气体防治 …… 627
第六章　职业健康监护 …… 630

第六编　应急救援 …… 637

第一章　一般规定 …… 637
第二章　安全避险 …… 651
第三章　救援队伍 …… 658
第四章　救援装备与设施 …… 664
第五章　救援指挥 …… 674
第六章　灾变处理 …… 678

附则 …… 691

附录　主要名词解释 …… 692

参考文献 …… 697

第一编　总　　则

第一条　为保障煤矿安全生产和从业人员的人身安全与健康，防止煤矿事故与职业病危害，根据《煤炭法》《矿山安全法》《安全生产法》《职业病防治法》《煤矿安全监察条例》和《安全生产许可证条例》等，制定本规程。

【名词解释】　煤矿事故、职业病、职业病危害、职业禁忌、《安全生产法》、《职业病防治法》、《煤炭法》、《矿山安全法》、《煤矿安全监察条例》、《安全生产许可证条例》

煤矿事故——煤矿生产建设活动中发生的人身伤害、急性中毒或导致生产中断、财产损失、危害环境的意外事件。井工矿井还存在水、火、瓦斯、煤尘、顶板等自然灾害因素，始终威胁煤矿的生产安全。

职业病——企业、事业单位和个体经济组织等用人单位的劳动者在职业活动中，因接触粉尘、放射性物质和其他有毒、有害因素而引起的疾病。

职业病危害——对从事职业活动的劳动者可能导致职业病的各种危害。职业病危害因素包括：职业活动中存在的各种有害的化学、物理、生物因素以及在作业过程中产生的其他职业有害因素。

职业禁忌——劳动者从事特定职业或者接触特定职业病危害因素时，比一般职业人群更易于遭受职业病危害和罹患职业病或者可能导致原有自身疾病病情加重，或者在从事作业过程中诱发可能导致对他人生命健康构成危险的疾病的个人特殊生理或者病理状态。

《安全生产法》——修订后的《安全生产法》自 2021 年 9 月 1 日起施行。立法目的是加强安全生产工作，防止和减少生产安全事故，保障人民群众生命和财产安全，促进经济社会持续健康发展。

《职业病防治法》——修订后的《职业病防治法》自 2018 年 12 月 29 日起施行。立法目的是预防、控制和消除职业病危害，防治职业病，保护劳动者健康及其相关权益，促进经济社会发展。

《煤炭法》——修订后的《煤炭法》自 2016 年 11 月 7 日起施行。立法目的是合理开发利用和保护煤炭资源，规范煤炭生产、经营活动，促进和保障煤炭行业的发展。

《矿山安全法》——1993 年 5 月 1 日起施行，2009 年 8 月 27 日修正。立法目的是保障矿山生产安全、防止矿山事故，保护矿山职工的人身安全，促进采矿业的发展。

《煤矿安全监察条例》——2000 年 12 月 1 日起施行。立法目的是保障煤矿安全，规范煤矿安全监察工作，保护煤矿职工人身安全和身体健康。

《安全生产许可证条例》——2004 年 1 月 13 日起施行。立法目的是严格规范安全生产条件，进一步加强安全生产监督管理，防止和减少生产安全事故。

【条文解释】 本条是制定《煤矿安全规程》（以下简称《规程》）的目的和依据。

制定《规程》的目的：贯彻落实“安全第一、预防为主、综合治理”安全生产方针。我国煤矿绝大多数是井工开采，井下作业环境特殊、条件艰苦、工人劳动强度大、职业危害严重；煤矿地质条件复杂，经常受到顶板、瓦斯、矿尘、水、火等多种自然灾害的威胁；井下生产系统复杂，多工种、多系统交叉作业，生产工艺复杂；煤矿企业存在安全装备水平和工人素质偏低等不安全因素。这些因素导致我国煤矿事故多发，人员受伤亡、职业病危害困扰的局面仍然存在。煤矿企业在建设、生产过程中，必须消除危险隐患，保证职工人身不受伤害，预防事故发生，确保生产正常进行。这是保护和发展生产的重要任务，也是对煤矿生产的一项基本要求。

《规程》制定的意义：加强对煤矿生产安全管理和监督执法，遏制重特大事故、保护职工的安全和健康，保障和促进煤炭工业健康发展和煤矿安全状况稳定好转。

《规程》制定的依据：一要符合上述法律和条例要求，二要结合煤矿生产实际状况，三要努力推进科技进步和引入先进管理理念。它是我国安全生产法律体系中一部重要的行政法规，也是我国煤矿管理方面一部较为全面、权威和具体的基本规程。

第二条 在中华人民共和国领域内从事煤炭生产和煤矿建设活动，必须遵守本规程。

【条文解释】 本条是对《规程》适用范围的规定。

《规程》适用于中华人民共和国主权领域内，主权领域包括领土和领海。从事煤炭生产和煤矿建设活动的主体，包括不同所有制形式的所有煤矿企业。为了保障煤矿生产安全和职工人身安全，所有煤炭生产和煤矿建设活动都必须遵守本规程的相关规定，依法组织生产和建设。

第三条 煤炭生产实行安全生产许可证制度。未取得安全生产许可证的，不得从事煤炭生产活动。

【条文解释】 本条是对实行安全生产许可证制度的规定。

国家对矿山企业、建筑施工企业和危险化学品、烟花爆竹、民用爆破器材生产企业实行安全生产许可证制度。企业未取得安全生产许可证的，不得从事生产活动。

煤矿企业安全生产许可证的颁发和管理由煤矿安全监察机构负责。

【典型事例】 2010 年 3 月 25 日，河北省某煤矿三水平东翼采煤工作面发生一起重大瓦斯爆炸事故，造成 11 人死亡、2 人重伤，直接经济损失 998.3 万元。该矿为非法煤矿，在安全生产许可证、煤炭生产许可证和营业执照已过期，矿长未依法取得安全资格证的情况下，擅自组织生产造成事故发生。

第四条 从事煤炭生产与煤矿建设的企业（以下统称煤矿企业）必须遵守国家有关安全生产的法律、法规、规章、规程、标准和技术规范。

煤矿企业必须加强安全生产管理，建立健全各级负责人、各部门、各岗位安全生产与职业病危害防治责任制。

煤矿企业必须建立健全安全生产与职业病危害防治目标管理、投入、奖惩、技术措施审批、培训、办公会议制度，安全检查制度，安全风险分级管控工作制度，事故隐患排查、治理、报告制度，事故报告与责任追究制度等。

煤矿企业必须制定重要设备材料的查验制度，做好检查验收和记录，防爆、阻燃抗静电、保护等安全性能不合格的不得入井使用。

煤矿企业必须建立各种设备、设施检查维修制度，定期进行检查维修，并做好记录。

煤矿必须制定本单位的作业规程和操作规程。

【名词解释】 安全生产责任制、安全生产管理和安全生产标准化

安全生产责任制——根据我国的安全生产方针和安全生产法律法规建立的各级领导、职能部门人员、工程技术人员、岗位操作人员在劳动生产过程中对安全生产层层负责的制度。安全生产责任制是企业岗位责任制的一个组成部分，是企业中一项基本的安全制度，也是企业安全生产、劳动保护管理制度的核心。

安全生产管理——对生产过程中的事故和防止事故发生的管理。其根本任务是预先发现、分析、消除或控制生产过程中的各种危险，防止事故、职业病和环境危害发生，避免各种损失，推动企业生产活动的正常进行。

安全生产标准化——通过建立安全生产责任制，制定安全生产管理制度和操作规程，排查治理隐患和监控重大危险源，建立预防机制，规范生产行为，使各生产环节符合有关安全生产法律法规和标准规范的要求，人、机、物、环处于良好的生产状态，并持续改进，不断加强企业安全生产规范化建设。

【条文解释】 **本条是新修订条款，**是对煤矿企业必须遵守的法律法规和煤矿企业安全生产与职业病危害防治责任制等的规定。

1. 煤矿企业有权依照法律、法规的规定从事煤炭生产和煤矿建设活动。同时，煤矿企业也必须依照法律、法规的规定，履行相应的义务，其中包括遵守国家有关安全生产的法律、法规，保障安全生产的义务。2020 年 4 月 1 日国务院安委会正式印发了《全国安全生产专项整治三年行动计划》。三年安全生产专项整治行动的目标是：深化源头治理、系统治理和综合治理，完善和落实重在“从根本上消除事故隐患”的责任链条、制度成果、管理办法、重点工程和保障机制，建立安全隐患排查和安全预防控制体系，扎实推进安全生产治理体系和治理能力现代化，事故总量和较大事故持续下降，重特大事故得到有效遏制，全国安全生产整体水平明显提高，为全面维护好人民群众生命财产安全和经济高质量发展、社会和谐稳定提供有力的安全保障。

2. 煤矿安全管理制度是为防止煤矿事故的发生，保证各项安全法律、法规正确实施的重要制度，主要包括安全生产责任制、安全目标管理制度、安全奖惩制度、安全技术措施审批制度、事故隐患排查制度、安全检查制度、安全办公会议制度和各种设备、设施检查维修制度等。煤矿企业必须以制度的形式加以规范管理，并以强制力保证制度的实施。要从排查治理风险隐患中把握规律特点，围绕怎么“从根本上消除事故隐患”来思考，围绕怎么从法律标准上进行系统化、根本性治理，这是最重要的，也是各地区、各部门、各单位最需要动脑筋、下功夫的。必须立足于解决深层次的矛盾和问题，着眼于制度的健全，形成安全生产的长效机制。

3. 安全生产责任制要求责任明确、分工负责，形成完整有效的安全管理体系，再通过安全生产责任制的落实，从源头上消除事故隐患，从制度上预防煤矿事故的发生。要掌握本岗位的应知应会内容，从矿长到普通作业人员全部设置了考试内容。这就要求作业

人员要掌握本岗位的相关知识和要点，做到入脑入心。

4. 建立设备、设施检修制度的目的是确保设备性能稳定、设施运行良好，实现安全高效生产。随着煤矿采掘机械化水平的不断提高，机电设备的使用量越来越多，对安全生产影响也越来越大。据统计，煤矿因电火花引发的瓦斯煤尘爆炸事故比例较大，而产生电火花的主要原因就是对井下防爆电气设备维护和使用不当。另外，为准确查清事故原因、性质和责任，必须对事故设备及其运行状态进行确认，并保留检修记录。

近年来，随着煤炭工业的高速发展和煤矿智能化建设的大力推进，煤矿生产工艺、科技装备不断发展，新工艺、新技术、新装备、新材料在煤矿领域大量采用，其安全与使用要求急需在《规程》中予以规范。煤矿企业必须建立各种设备、设施检查维修制度，定期进行检查维修，并做好记录。煤矿企业必须制定防爆电气设备、输送带、反应型高分子材料等重要设备材料的入矿检查验收、入井前安全性能检测制度，防爆、阻燃抗静电等安全性能不合格的设备材料不得入井使用。本次修订主要吸取重庆市某煤矿“9·27”事故教训，新增加重要设备材料入矿检查验收和入井前安全性能检测要求。

【典型事例】 2020 年 9 月 27 日，重庆市某煤矿发生重大火灾事故，造成 16 人死亡、42 人受伤，直接经济损失达 2 501 万元。

事故直接原因：该煤矿二号大倾角运煤上山胶带下方煤矸堆积，起火点-63.3 m 标高处回程托辊被卡死、磨穿形成破口，内部沉积粉煤；磨损严重的胶带与起火点回程托辊滑动摩擦产生高温和火星，点燃回程托辊破口内积存粉煤；带式输送机运转监护工发现胶带异常情况，电话通知地面集控中心停止胶带运行，紧急停机后静止的胶带被引燃，胶带阻燃性能不合格，加上巷道倾角大、上行通风，火势增强，引起胶带和煤混合燃烧；火灾烧毁设备，破坏通风设施，产生的有毒有害高温烟气快速蔓延至 2324-1 采煤工作面，造成重大人员伤亡。

事故主要教训：一是该煤矿重效益轻安全。该矿职工已经检查出二号大倾角胶带巷浮煤多，下托辊、上托架损坏变形严重等问题和隐患，并向该矿矿长等管理人员做了报告，但矿长为不影响矿井正常生产未立即停产，而是计划在国庆节停产检修期间更换，并要求整治工作不能影响胶带运煤。二是矿井安全管理混乱。二号大倾角运煤上山胶带防止煤矸洒落的挡矸棚维护不及时、变形损坏，胶带运行中洒煤严重，胶带下部煤矸堆积多、掩埋甚至卡死下托辊，少数下托辊被磨平、磨穿，已磨损严重的胶带与卡死的下托辊滑动摩擦起火；煤矿没有按规定统一管理、发放自救器，有的自救器压力不够。三是重庆市某能源集团督促该煤矿安全生产管理责任落实不到位，对所属煤矿安全实行四级管理，职能交叉、职责不清，责任落实层层弱化。

5. 煤矿采掘作业规程（简称作业规程）是煤矿企业为了回采某一个采煤工作面或掘进某一条巷道（硐室），根据《规程》和有关设计文件，结合作业现场的具体条件，为指导施工而编写的重要文件。制定煤矿采掘作业规程能够规范采掘工程技术管理、现场管理，协调各工序、工种的关系，落实安全技术措施，保障安全生产，是煤矿生产建设的行为准则，具有法规性质。其作用是科学、安全地组织与指导生产施工，使工程施工达到安全、优质、高效、快速的效果。煤矿企业必须认真编写和严格执行煤矿采掘作业规程。

煤矿工人技术操作规程（简称操作规程）是煤矿企事业单位或其主管部门，根据《规程》和质量标准，为完成某项产品或为某个工种编制的指导生产工艺操作的重要技术文件。操作规程是产品生产工艺操作的行为规范，具有法规性质。其作用是保证在安全的条件下生产出符合质量标准的产品。所以，操作规程是煤矿工人安全生产操作经验的结晶，是煤矿生产建设必须遵循的“三大规程”之一，是各工种工人进行生产活动的准则。按照操作规程规定操作，可保证生产工作安全正常进行，提高效率和工程质量，杜绝违章，避免人身、设备和财产损失，凡从事该项产品生产的人员或工种都必须遵照执行。

6. 为了加快实现岗位达标、专业达标和企业达标，必须实现安全生产标准化。

为进一步加强煤矿安全基础建设，推进煤矿安全治理体系和治理能力现代化，原国家煤矿安全监察局在总结近年安全生产标准化工作经验、广泛征求意见的基础上，组织制定了《煤矿安全生产标准化管理体系考核定级办法（试行）》和《煤矿安全生产标准化管理体系基本要求及评分方法（试行）》，自 2020 年 7 月 1 日起实施。其核心内容中增设和调整了“理念目标和矿长安全承诺”“组织机构”“安全生产责任制及安全管理制度”“从业人员素质”“持续改进”5 项要素，同原有的“安全风险分级管控”“事故隐患排查治理”“质量控制”3 项要素，共同形成具有 8 项要素的煤矿安全生产标准化管理体系。

安全生产标准化体现了“安全第一、预防为主、综合治理”的方针和“以人为本”的科学发展观，强调企业安全生产工作的规范化、科学化、系统化和法制化，强化风险管理和过程控制，注重绩效管理和持续改进，符合安全管理的基本规律，代表了现代安全管理的发展方向，是先进安全管理思想与我国传统安全管理方法、企业具体实际的有机结合，有效提高了企业安全生产水平，从而推动了我国安全生产状况的根本好转。多年的实践证明，安全生产标准化的创建是企业行之有效的管理体系，也是政府推动企业落实主体责任的重要手段，必须持之以恒地加以完善和推进。

第五条 煤矿企业必须设置专门机构负责煤矿安全生产与职业病危害防治管理工作，配备满足工作需要的人员及装备。

【名词解释】 煤矿企业专门安全生产机构

煤矿企业专门安全生产机构——煤矿企业中专门负责安全生产与职业病危害防治管理工作的内部设置的机构或部门。

【条文解释】 本条是对煤矿企业设置安全生产与职业病危害防治管理工作机构，配备人员及装备的规定。

1. 设置安全生产管理机构和配备安全生产管理人员应符合以下规定要求：

（1）煤矿企业必须设置专门从事安全生产管理的机构，不得与其他机构合并设置。

（2）配备 5 名以上专职安全生产管理人员。

（3）负责安全生产管理的负责人不得同时兼任其他职务。

（4）煤矿企业应当为主管安全生产工作负责人设置安全生产工作助理，协助主管负责人协调管理安全生产工作。

（5）安全生产工作助理应由安全生产管理机构的负责人担任。

（6）煤矿的“一通三防”、煤与瓦斯突出矿井的防突、电气设备防爆、水文地质等安全管理工作必须明确专门人员负责。

2. 生产经营单位的安全生产管理机构以及安全生产管理人员应履行下列职责：

（1）组织或者参与拟订本单位安全生产规章制度、操作规程和生产安全事故应急救援预案；

（2）组织或者参与本单位安全生产教育和培训，如实记录安全生产教育和培训情况；

（3）督促落实本单位重大危险源的安全管理措施；

（4）组织或者参与本单位应急救援演练；

（5）检查本单位的安全生产状况，及时排查生产安全事故隐患，提出改进安全生产管理的建议；

（6）制止和纠正违章指挥、强令冒险作业、违反操作规程的行为；

（7）督促落实本单位安全生产整改措施。

第六条　煤矿建设项目的安全设施和职业病危害防护设施，必须与主体工程同时设计、同时施工、同时投入使用。

【条文解释】　本条是对煤矿建设项目的安全设施和职业病危害防护设施与主体工程“三同时”的规定。

1.《安全生产法》第三十一条规定：生产经营单位新建、改建、扩建工程项目（以下统称建设项目）的安全设施，必须与主体工程同时设计，同时施工，同时投入生产和使用。安全设施投资应当纳入建设项目概算。

2.《职业病防治法》第十八条规定：建设项目的职业病防护设施所需费用应当纳入建设项目工程预算，并与主体工程同时设计、同时施工、同时投入生产和使用。

第七条　对作业场所和工作岗位存在的危险有害因素及防范措施、事故应急措施、职业病危害及其后果、职业病危害防护措施等，煤矿企业应当履行告知义务，从业人员有权了解并提出建议。

【条文解释】　本条是对煤矿企业安全生产与职业病危害防治工作履行告知义务的规定。

1. 生产经营单位与从业人员订立的劳动合同，应当载明有关保障从业人员劳动安全、防止职业危害的事项，以及依法为从业人员办理工伤保险的事项。

2. 生产经营单位的从业人员有权了解其作业场所和工作岗位存在的危险有害因素、防范措施及事故应急措施，有权对本单位的安全生产工作提出建议。

3. 产生职业病危害的用人单位，应当在醒目位置设置公告栏，公布有关职业病防治的规章制度、操作规程、职业病危害事故应急救援措施和工作场所职业病危害因素检测结果。

第八条　煤矿安全生产与职业病危害防治工作必须实行群众监督。煤矿企业必须支持群众组织的监督活动，发挥群众的监督作用。

从业人员有权制止违章作业，拒绝违章指挥；当工作地点出现险情时，有权立即停止作业，撤到安全地点；当险情没有得到处理不能保证人身安全时，有权拒绝作业。

从业人员必须遵守煤矿安全生产规章制度、作业规程和操作规程，严禁违章指挥、违章作业。

【名词解释】　群众监督、违章指挥、违章作业群众监督——企业工会组织领导下的群众性安全监督工作。根据国家制定的安全生产方针，工会组织把维护职工最大的切身利益，保证生命安全和身体健康，即群众安全监督工作放在工会工作的首位。工会群众安全工作具有群众性、科学性、系统性、监督性、协作性，与专业安全管理有机结合相辅相成，形成新型安全管理体制。

违章指挥——各级管理者和指挥者对下级职工发出违反安全生产规章制度以及煤矿“三大规程”的指令的行为。

违章指挥是管理者和指挥者的一种特定行为。班组长在班组生产活动中具有一定的指挥发号施令的权力，如果单纯追求生产进度、数量，置安全于脑后，凭老经验办事，忽视指挥的科学性原则，就可能发生违章指挥行为。

违章指挥是“三违”中危害最大的一种。管理者和指挥者的违章指挥行为往往会引导、促使职工的违章作业行为，而且使之具有连续性、外延性。

违章作业——煤矿企业作业人员违反安全生产规章制度以及煤矿“三大规程”的规定，冒险蛮干进行作业和操作的行为。

违章作业是人为制造事故的行为，是造成煤矿各类灾害事故的主要原因之一。

违章作业是“三违”中数量最多的一种。违章作业主要发生在直接从事作业和操作的人员身上。

【条文解释】 本条是对煤矿安全生产与职业病危害防治工作实行群众监督及从业人员在安全生产方面权利和义务的规定。

1. 国家制定了“安全第一、预防为主、综合治理”的安全生产方针，建立了“国家监察、行业主管、企业负责、群众监督”的安全管理体系，形成了“政府统一领导、部门依法监管、企业全面负责、群众参与监督、全社会广泛支持”的安全生产工作格局。

加强安全生产群众监督是我国安全生产工作格局的重要组成部分，是强化安全生产工作的重要举措，是维护人民群众安全健康权益的重要途径。

2. 从业人员在安全生产方面的权利。

违章作业、违章指挥都违背了安全生产方针，侵犯了从业人员的合法权益，是严重的违法行为，也是直接导致煤矿事故的重要原因。因此，规定从业人员有权制止违章作业，拒绝违章指挥，对于维护正常生产秩序，有效防止煤矿事故发生，保护职工人身安全，具有十分重要的意义。

突然遇到危及人身安全的险情，如瓦斯超限，如果不停止作业或撤离到安全地点，就可能因为发生瓦斯爆炸事故而造成重大的人员伤亡。从业人员在险情没有排除的情况下可以停止作业，及时撤离到安全地点，生产经营单位不得因此而降低其工资、福利等待遇或者解除与其订立的劳动合同。

3. 从业人员在安全生产方面的义务。

从业人员在作业过程中，应当遵守本单位的安全生产规章制度、作业规程和操作规程，服从管理，严禁违章指挥、违章作业。

【典型事例】 2011 年 8 月 14 日，贵州省六盘水市某煤矿井下 12124 运输巷掘进工作面违章爆破，引发瓦斯爆炸，造成 10 人死亡。

第九条 煤矿企业必须对从业人员进行安全教育和培训。培训不合格的，不得上岗作业。

主要负责人和安全生产管理人员必须具备煤矿安全生产知识和管理能力，并经考核合格。特种作业人员必须按国家有关规定培训合格，取得资格证书，方可上岗作业。

矿长必须具备安全专业知识，具有组织、领导安全生产和处理煤矿事故的能力。

【名词解释】 安全培训、三项岗位人员

安全培训——对煤矿企业主要负责人、安全生产管理人员、特种作业人员和其他从业人员进行提高安全素质的一种手段，是煤矿安全管理的重要组成部分，也是确保煤矿安全生产的基础性工作。培训不到位是重大安全隐患。

三项岗位人员——煤矿企业主要负责人、安全生产管理人员和特种作业人员。

煤矿企业主要负责人指的是煤矿股份有限公司、有限责任公司及所属子公司、分公司的董事长、总经理、矿务局局长、煤矿矿长等人员。

煤矿企业安全生产管理人员指的是煤矿企业分管安全生产工作的副董事长、副总经理、副局长、副矿长、总工程师、副总工程师或者技术负责人，安全生产管理机构负责人及管理人员，采煤、掘进、通风、机电、运输、地测、防治水、调度等职能部门（含煤矿井、区、科、队）的负责人。

特种作业人员指的是其作业的场所、操作的设备、操作的内容等具有较大的危险性，容易对其本人、他人以及周围设施的安全造成重大危害的作业人员。

【条文解释】 本条是对煤矿企业安全教育和培训的规定。

1. 煤矿企业必须对从业人员进行安全教育和培训，不得安排未经安全培训合格的人员从事生产作业活动。

2. 主要负责人和安全生产管理人员。煤矿矿长、副矿长、总工程师、副总工程师应当具备煤矿相关专业大专及以上学历，具有3年以上煤矿相关工作经历。煤矿安全生产管理机构负责人应当具备煤矿相关专业中专及以上学历，具有2年以上煤矿安全生产相关工作经历。

煤矿企业应当每年组织主要负责人和安全生产管理人员进行新法律法规、新标准、新规程、新技术、新工艺、新设备和新材料等方面的安全培训。

煤矿企业主要负责人和安全生产管理人员应当自任职之日起6个月内通过考核部门组织的安全生产知识和管理能力考核，并持续保持相应水平和能力。考核部门对煤矿企业主要负责人和安全生产管理人员的安全生产知识和管理能力每3年考核1次。

3. 特种作业人员。煤矿特种作业人员应当具备初中及以上文化程度（自2018年6月1日起新上岗的煤矿特种作业人员应当具备高中及以上文化程度），具有煤矿相关工作经历，或者职业高中、技工学校及中专以上相关专业学历。

煤矿特种作业人员在参加资格考试前应当按照规定的培训大纲进行安全生产知识和实际操作能力的专门培训。其中，初次培训的时间不得少于90学时。已经取得职业高中、技工学校及中专以上学历的毕业生从事与其所学专业相应的特种作业，持学历证明经考核发证部门审核属实的，免予初次培训，直接参加资格考试。

特种作业操作证有效期6年，有效期届满需要延期换证的，应当参加不少于24学时的专门培训。

离开特种作业岗位6个月以上、但特种作业操作证仍在有效期内的特种作业人员，需要

重新从事原特种作业的，应当重新进行实际操作能力考试，经考试合格后方可上岗作业。

4. 其他从业人员。煤矿其他从业人员应当具备初中及以上文化程度。

煤矿企业其他从业人员的初次安全培训时间不得少于 72 学时，每年再培训的时间不得少于 20 学时。

对从事采煤、掘进、机电、运输、通风、防治水等工作的班组长的安全培训，应当由其所在煤矿的上一级煤矿企业组织实施；没有上一级煤矿企业的，由本单位组织实施。

煤矿企业新上岗的井下作业人员安全培训合格后，应当在有经验的工人师傅带领下，实习满 4 个月，并取得工人师傅签名的实习合格证明后，方可独立工作。

企业井下作业人员调整工作岗位或者离开本岗位 1 年以上重新上岗前，以及煤矿企业采用新工艺、新技术、新材料或者使用新设备的，应当对其进行相应的安全培训，经培训合格后，方可上岗作业。

【典型事例】　2012 年 11 月 24 日，贵州省某煤矿河西采区发生一起重大煤与瓦斯突出事故，造成 23 人死亡、5 人受伤。据分析该矿培训工作不到位，应急处置能力差，职工缺乏自救意识。

第十条　煤矿使用的纳入安全标志管理的产品，必须取得煤矿矿用产品安全标志。未取得煤矿矿用产品安全标志的，不得使用。

试验涉及安全生产的新技术、新工艺必须经过论证并制定安全措施；新设备、新材料必须经过安全性能检验，取得产品工业性试验安全标志。

积极推广自动化、智能化开采，减少井下作业人数。

严禁使用国家明令禁止使用或者淘汰的危及生产安全和可能产生职业病危害的技术、工艺、材料和设备。

【名词解释】　安全标志、智能化和智能化开采

安全标志——由安全色、几何图形和图形符号所构成用以表达特定的安全信息的标志。安全色是用以表达禁止、警告、指令、提示等安全信息含义的颜色，具体规定为红、蓝、黄、绿四种颜色。

智能化——由现代通信与信息技术、计算机网络技术、行业技术、智能控制技术汇集而成的针对某一个方面的应用。

智能化开采——通过开采环境的智能感知、开采设备的智能调控与自主导航实现开采作业的过程。

【条文解释】　**本条是新修订条款，**是对煤矿矿用安全产品使用、涉及安全生产新技术试验和智能化开采等的规定。

1. 安全标志是确认煤矿矿用产品符合行业安全标准，准许生产单位出售和使用单位使用的凭证。安全标志由国家矿山安全监察局统一监制。这些标志分为禁止标志、警告标志、指令标志和提示标志四大类。《安全标志及其使用导则》（GB 2894）规定了四类传达安全信息的安全标志：禁止标志表示不准或制止人们的某种行为；警告标志使人们注意可能发生的危险；指令标志表示必须遵守，用来强制或限制人们的行为；提示标志示意目标地点或方向。

安全标志是向人们警示作业场所或周围环境的危险状况，作业人员采取合理行为的标

志。安全标志能够提醒作业人员避免危险，从而预防事故的发生。当危险发生时，能够指示人们尽快逃离，或者指示人们采取正确、有效、得力的措施，对危害加以遏制。

安全标志不仅类型要与所表达的内容相吻合，而且悬挂、张贴、设置的位置要正确合理，否则就难以真正充分发挥其作用。

煤矿使用的涉及安全生产的产品，必须具有安全标志。不得使用无安全标志的产品。有的乡镇或个体煤矿，购置无安全标志的矿用设备、器材，曾多次引发煤矿事故。

2. 试验涉及安全生产的新技术、新工艺、新设备、新材料，顾名思义，就是未经检验合格的“试验品”，对其安全性能往往了解不多、认识不足，容易造成事故，不应盲目使用。试验涉及安全生产的新技术、新工艺必须经过论证并制定安全措施；试验涉及安全生产的新设备、新材料必须经过安全性能检验，取得产品工业性试验安全标志。

国家安全生产监督管理总局、国家煤矿安全监察局连续下发了四批《禁止井工煤矿使用的设备及工艺目录》：第一批（安监总规划〔2006〕146 号）、第二批（安监总煤装〔2008〕49 号）、第三批（安监总煤装〔2011〕17 号）和第四批（煤安监技装〔2018〕39 号）。

2014 年国家发展改革委、安全监管总局、能源局和煤矿安监局联合制定了《煤炭生产技术与装备政策导向（2014 年版）》。煤矿严禁使用已淘汰的危及生产安全和可能产生职业病危害的技术、工艺、材料和设备。因此，本条规定是确保试验安全的一项重要制度。

【典型事例】 2012 年 2 月 16 日，湖南省衡阳市某煤矿违规使用自制钢丝绳绳套替代连接装置，发生一起重大运输事故，造成 15 人死亡、3 人重伤。

3. 为认真贯彻执行《关于加快煤矿智能化发展的指导意见》（发改能源〔2020〕283 号），本次修订新增加了推广自动化、智能化开采的要求。

煤矿是一个高危行业领域，特殊性表现在煤矿的瓦斯、煤尘、顶板、水、火和冲击地压等各类灾害突出。近年来全国安全生产形势虽然保持了稳定向好的形势，但是我们应清醒地看到，安全生产总体仍处于爬坡过坎期，矿难时有发生。为此，有必要通过机械化、信息化、自动化和智能化的技术手段，在工作面连续正常生产过程中，将工人从危险的工作面解放到相对安全的巷道、硐室或地面，实现工作面无人作业，甚至无人巡检，即工人不出现在工作面内。无人化是煤矿工作面开采的终极目标。

我国要以智能化建设为契机，全面推进煤矿安全科技进步。为深入贯彻落实习近平总书记“四个革命、一个合作”能源安全新战略，加快推进煤炭行业供给侧结构性改革，推动智能化技术与煤炭产业融合发展，提升煤矿智能化水平，国家发展改革委、能源局、应急部、煤矿安监局、工业和信息化部、财政部、科技部和教育部等八部门于 2020 年 2 月 25 日以发改能源〔2020〕283 号文联合印发了《关于加快煤矿智能化发展的指导意见》。2015 年全国煤矿只有 3 个智能化采掘工作面，2019 年增为 275 个。到 2020 年底，全国煤矿智能化采掘工作面数量已超过 550 个。按照煤矿安全专项整治三年行动实施方案，2022 年要力争采掘智能化工作面达到 1 000 个以上，有智能化的矿井产能达到 10 亿 t 至 15 亿 t，建成一批 100 人以下少人智能化矿井。

【典型事例】 2014 年 5 月 8 日，陕西省黄陵矿业一号煤矿 1001 工作面首次实现了智能化无人开采，成为中国煤炭开采史上具有里程碑意义的一次革命。2015 年 9 月，该矿成为全国智能化开采无人开采技术的试点示范单位，积极推动更多企业通过“机械化换人、机器人作业、自动化减人”提高安全保障能力。在荣誉面前，一号煤矿没有停止创新探索的步伐，又积极投入到打赢中厚煤层智能化开采技术的“攻坚战”上来，鉴定成果达到国际领先水平。

在中厚煤层智能化工作面的建设过程中，一号煤矿始终坚持在创新中寻求突破的原则，不断优化系统，在不影响正常生产的情况下和厂家工程技术人员勇于尝试新的技术：首次应用智能化综采工作面超前支护装备技术，首创了超前支架地面远程控制及地面“一键自移”控制；首次开发工作面机器人智能巡检系统，率先应用具有视频传输及远程控制速度快、兼容性强、适应性好、操作简便和实用等优点的工业 3.0 智能化控制系统，实现了煤炭工业智能化、超低排放的重大变革。此外，进行多项创新改造，先后解决各类故障难题 35 个，取得创新成果 14 项，其中 3 项成果取得专利。

一号煤矿中厚煤层智能化配套设备均以国产成套装备控制系统为主，以融合“人、机、环、管”过程数据的控制软件为核心，实现了智能采高调整、斜切进刀、连续推进等功能的智能化开采模式，具有较好的经济效益和社会效益。与传统开采相比，生产期间工作区域由原来的 9 人联合操作减至 1 人巡视；通过智能化无人综采工作面两顺槽超前支架升级改造，由原来的 24 人单体支护减至 12 人遥控操作，并且具备了自动化远程控制功能，把矿工从艰苦危险的环境和超强度体力劳动中解放出来，切实保护从业人员安全健康，体现了“以人为本、安全发展”的改革方向。

从经济效益来看，中厚煤层智能化综采装备应用的 802、621 工作面，设备开机率提升至 98.1%，单班最大生产能力达到 8 刀，工效可达 149 t/工，月生产能力轻松突破 23 万 t，每年节约人工成本 800 多万元。

从社会效益来看，国产综采装备无人化技术研究与应用的成功，开创了国产成套中厚煤层装备智能化开采的先河，可完全替代进口技术和产品，对我国智能化综采工作面开采有着重要的现实意义。与同类型的智能化综采工作面相比，国产装备购置价格约为国外产品的 65%，一个中厚煤层工作面成套装备智能化系统设备购置可节约 4 000 万元左右；配件价格为进口价格的 35%左右，每年每面可节约材料费近 100 万元。

第十一条 煤矿企业在编制生产建设长远发展规划和年度生产建设计划时，必须编制安全技术与职业病危害防治发展规划和安全技术措施计划。安全技术措施与职业病危害防治所需费用、材料和设备等必须列入企业财务、供应计划。

煤炭生产与煤矿建设的安全投入和职业病危害防治费用提取、使用必须符合国家有关规定。

【名词解释】 安全技术发展规划、安全技术措施计划、安全费用

安全技术发展规划——根据煤矿企业生产建设发展的需要所采取的安全技术措施。

安全技术措施计划——根据安全技术发展规划和针对生产中存在的重大不安全因素和职业危害所制订的年度计划。

安全费用——企业按照规定标准提取在成本中列支，专门用于完善和改进企业或项目安全生产条件的资金。

【条文解释】 本条是对编制安全技术与职业病危害防治发展规划和安全技术措施计划以及安全投入的规定。

1. 为了使煤矿安全工作随着生产建设的发展，有计划地建立正常的安全工作秩序，

创建安全健康的劳动条件，克服只抓生产而削减或忽视安全技术措施工程造成的大量安全欠账的严重问题，确保安全生产，煤矿企业在编制生产建设长远发展规划和年度生产建设计划时，必须同时编制安全技术与职业病危害防治发展规划和安全技术措施计划。

2. 安全投入是保障煤矿企业具备安全生产条件的必要物质基础。为改善劳动条件，提高矿井的抗灾能力，煤矿企业应建立安全技术措施与职业病危害防治专项资金，并列入财务、供应计划，专项存储、专项核算、统筹安排，保证重点、有效、合理使用。

3. 安全费用按照“企业提取、政府监管、确保需要、规范使用”的原则进行管理。

(1) 煤（岩）与瓦斯（二氧化碳）突出矿井、高瓦斯矿井吨煤30元；

(2) 其他井工矿吨煤15元；

(3) 露天矿吨煤5元；

(4) 建设工程施工企业安全费用以建筑安装工程造价为计提依据，矿山工程提取标准为2.5%。

4. 煤炭生产企业安全费用应当按照以下范围使用：

(1) 煤与瓦斯突出及高瓦斯矿井落实“两个四位一体”综合防突措施支出，包括瓦斯区域预抽、保护层开采区域防突措施、开展突出区域和局部预测、实施局部补充防突措施、更新改造防突设备和设施、建立突出防治实验室等支出；

(2) 煤矿安全生产改造和重大隐患治理支出，包括“一通三防”（通风、防瓦斯、防煤尘、防灭火）、防治水、供电、运输等系统设备改造和灾害治理工程，实施煤矿机械化改造，实施矿压（冲击地压）、热害、露天矿边坡治理、采空区治理等支出；

(3) 完善煤矿井下监测监控、人员定位、紧急避险、压风自救、供水施救和通信联络安全避险“六大系统”支出，应急救援技术装备、设施配置和维护保养支出，事故逃生和紧急避难设施设备的配置和应急演练支出；

(4) 开展重大危险源和事故隐患评估、监控和整改支出；

(5) 安全生产检查、评价（不包括新建、改建、扩建项目安全评价）、咨询、标准化建设支出；

(6) 配备和更新现场作业人员安全防护用品支出；

(7) 安全生产宣传、教育、培训支出；

(8) 安全生产适用新技术、新标准、新工艺、新装备的推广应用支出；

(9) 安全设施及特种设备检测检验支出；

(10) 其他与安全生产直接相关的支出。

第十二条 煤矿必须编制年度灾害预防和处理计划，并根据具体情况及时修改。灾害预防和处理计划由矿长负责组织实施。

【名词解释】 煤矿灾害预防和处理计划

煤矿灾害预防和处理计划——针对煤矿易发生的各类事故，提出事故预防方案、措施和对事故出现的影响范围、程度的分析，事故处理的相关措施和人员的疏散计划。它是煤矿生产建设活动必不可少的安全管理措施。

【条文解释】 本条是对编制、修改和实施煤矿灾害预防和处理计划的规定。

1. 矿井灾害预防和处理计划具体内容。

（1）矿井可能发生灾害事故地点的自然条件、生产条件及预防的事故性质、原因和预兆。

（2）预防可能发生的各种灾害事故的技术措施和组织措施。

（3）实施预防措施的单位和负责人。

（4）安全迅速撤离人员的措施。

（5）矿井发生灾害事故时的处理方法和措施。

（6）处理灾害事故时人员的组织和分工。

（7）有关技术图纸资料。

2. 矿井灾害预防和处理计划的编制和实施。

（1）矿井灾害预防和处理计划必须由矿总工程师（或技术负责人）组织通风、采掘、机电、地质等有关单位人员编制，并有矿山救护队参加，还必须征得安全监察部门的同意。

（2）矿井灾害预防和处理计划必须在每年开始前1个月由上级主管部门批复，以便向全矿员工进行传达贯彻。

（3）在全年的各个季度开始前半个月内，矿总工程师应根据矿井生产条件的变化情况，组织有关部门进行补充、修改。

（4）已批准的计划和补充措施应立即向全矿员工（包括矿山救护队员）贯彻，组织大家学习，并熟悉井下的避灾路线。各煤矿基层单位领导和主要技术人员应负责组织本单位员工学习，并进行考试，考试成绩存档备查。没有参加学习或考试不及格的管理人员和员工不准下井工作和作业。

（5）根据具体实施暴露出来的问题和漏洞，采取有效措施，立即整改，及时修改，不断补充，完善矿井灾害预防和处理计划，增强其针对性、有效性和实用性。

（6）矿长是矿井安全生产第一责任人，灾害预防和处理计划由矿长负责组织实施。

【典型事例】　2011年4月26日，黑龙江省鸡西市某煤矿发生瓦斯爆炸事故，造成9人死亡。事故发生后，该矿瞒报事故并转移遇难者遗体，矿主逃逸，后经通缉才投案自首。

第十三条　入井（场）人员必须戴安全帽等个体防护用品，穿带有反光标识的工作服。入井（场）前严禁饮酒。

煤矿必须建立入井检身制度和出入井人员清点制度；必须掌握井下人员数量、位置等实时信息。

入井人员必须随身携带自救器、标识卡和矿灯，严禁携带烟草和点火物品，严禁穿化纤衣服。

【名词解释】　入井（场）检身制度，出入井人员清点制度

入井（场）检身制度——对入井人员违章违纪行为采取的重要防范措施之一，从“井口”源头抓起，杜绝危险源入井。

出入井人员清点制度——既是对职工的考勤，也是为预防井下一旦发生事故，便于查询和落实人员下落，及时进行应急救援。

【条文解释】　本条是对入井（场）人员安全行为和出入井制度的规定。

1. 入井（场）人员安全行为。

（1）戴安全帽。因为顶板的碎矸经常掉下砸头，同时井下空间较小，容易碰头，所以要戴好安全帽，防止头部遭到撞、碰和砸等伤害。同时，注意安全帽里面的衬垫带要合格，戴安全帽时要系好帽带。

（2）穿带有反光标识的工作服。因为井下光线不足，容易造成撞人事故，工作服带有反光标识可以给他人以警示。

（3）入井（场）前严禁饮酒。因为喝了酒的人，往往神志昏沉，精神不集中，安全生产中容易出现差错。

2. 出入井制度。

（1）入井检身和出入井人员清点制度。

入井检身和出入井人员清点制度的目的是：对下井人员应该做到的基本要求进行督促和检查；掌握井下人员数量、位置等实时信息。例如：入井检身时发现误带了烟火，可以在下井前取出、存于井上；出入井人员清点可以准确地掌握井下现有人数（入井人员还必须随身携带标识卡），井下发生意外事故时，能及时掌握井下人员情况，便于实施救援。

（2）随身携带自救器。自救器是工人在发生重大灾害事故时的重要自救装备，现场工人常称其为“救命器”。如发生瓦斯、煤尘爆炸和火灾时，工人应及时戴好自救器，有组织地按预定避灾路线撤出灾区。

（3）随身携带矿灯。矿灯是矿工的眼睛，不带矿灯下井工人寸步难行。新型矿灯还兼有瓦斯监测和报警功能；在发生危险时还可作为应急信号，如晃灯停车；在紧急避险时还可传递呼救信号。同时，矿灯还可作为清点上、下井人数的依据之一。

（4）严禁携带香烟和打火机、火柴等点火物品入井（场）。因为在井（场）吸烟、点火会引起瓦斯、煤尘爆炸和井下火灾。

（5）严禁穿化纤衣服，因为化纤衣服容易产生静电，静电火花可能引起瓦斯、煤尘或电雷管意外爆炸。

【典型事例】 2011 年 3 月 24 日，吉林省白山市某煤矿发生一起重大瓦斯爆炸事故，由于工人入井未带自救器造成 13 人死亡、6 人受伤。

【典型事例】 2010 年 12 月 7 日，河南省某煤业公司发生一起重大瓦斯爆炸事故，造成 26 人遇难、12 人受伤（其中 2 人重伤）。事故发生后，伪造事故发生时间，组织藏匿遇难人员，编造虚假入井人数和名单，教唆调度员、灯房管理员等屡次谎报下井人数，给抢险救援工作造成很大困难。

第十四条 井工煤矿必须按规定填绘反映实际情况的下列图纸：

（一）矿井地质图和水文地质图。

（二）井上、下对照图。

（三）巷道布置图。

（四）采掘工程平面图。

（五）通风系统图。

（六）井下运输系统图。

（七）安全监控布置图和断电控制图、人员位置监测系统图。

（八）压风、排水、防尘、防火注浆、抽采瓦斯等管路系统图。

（九）井下通信系统图。

（十）井上、下配电系统图和井下电气设备布置图。

（十一）井下避灾路线图。

第十五条 露天煤矿必须按规定填绘反映实际情况的下列图纸：

（一）地形地质图。

（二）工程地质平面图、断面图。

（三）综合水文地质图。

（四）采剥、排土工程平面图和运输系统图。

（五）供配电系统图。

（六）通信系统图。

（七）防排水系统图。

（八）边坡监测系统平面图。

（九）井工采空区与露天矿平面对照图。

【名词解释】 矿图、矿井测量图、矿井地质图

矿图——反映煤炭企业生产建设工程相互位置和相互关系的图纸，它是根据地面和井下（坑下）测量结果，按一定的比例尺和国家统一规定的图例、符号绘制而成的。生产矿井必备的图纸主要有两大类，即矿井测量图和矿井地质图。

矿井测量图——是根据地面和井下实际测量的资料绘制的，并随采掘不断变化逐步测量并填绘的图纸。主要反映矿井地面的地貌、地物情况；井下各种巷道的空间位置关系；每层产状和各种地质构造；井下采掘工作面及井上下相对位置关系等情况。

矿井地质图——在矿井测量图的基础上，将生产过程中收集的地质资料和原有的勘探资料，经过分析推断绘制的图纸，主要反映矿井煤层的产状、地质构造、地形地质、水文地质、每层空间分布等情况。

【条文解释】 第十四、十五条是对井工煤矿和露天煤矿填绘图纸的规定。

1. 煤矿企业管理人员、工程技术人员和工人都要借助相关矿图了解矿井自然条件的变化和工程进展情况。《规程》中要求及时填绘图纸。图纸是指挥生产建设活动和进行事故救援必不可少的重要依据，应跟踪测量，及时填绘，以准确反映实际情况。

为保证图纸及时、准确、无误，必须建立制图、绘图、审图和执行情况的检查制度。同时，要注重对测量、绘图人员的培训，提高他们的安全意识和绘图技能，确保图纸及时填绘，准确无误。

2. 矿井测量图要求：

（1）基本矿图应采用计算机制图，内容、精度符合《煤矿测量规程》要求；

（2）图上符号、线条、注记等，符合《煤矿地质测量图例》要求；

（3）图面清洁，层次分明，线条均匀，色泽准确适度，文字清晰美观，并按图例要求的字体注记；

（4）采掘工程平面图每月填绘1次，井上下对照图每季度填绘1次，图面表达和注记无矛盾；

（5）数字化底图至少每季度刻录存盘备份1次。

3. 矿井地质图要求：

（1）有《矿井地质规程》要求的矿井生产所需的地质图纸；

（2）内容符合《煤矿地质测量图技术管理规定》要求，图种齐全，有电子版；

（3）内容全面，符号、注记符合《煤矿地质测量图例》规定要求。

【典型事例】 2012年8月29日，四川省攀枝花市某煤矿发生瓦斯爆炸事故，造成48人死亡、54人受伤。据分析，该矿技术人员严重不足，技术资料缺乏，没有一张与实际开采情况相符的图纸。

第十六条 井工煤矿必须制定停工停产期间的安全技术措施，保证矿井供电、通风、排水和安全监控系统正常运行，落实24 h值班制度。复工复产前必须进行全面安全检查。

【条文解释】 本条是对井工煤矿停工停产期间和复工复产前的规定。

井工煤矿的自然条件非常复杂，不管是正常生产期间，还是停工停产期间，瓦斯照常排放，矿井水依然涌出，必须时时刻刻不停地通风排放瓦斯，开启水泵排除涌水，维持安全监控系统运转，为此必须正常供电，以保证矿井供电、通风、排水和安全监控系统正常运行。同时，要坚持矿井24 h值班制度，以防意外事故发生。停工停产期间井下环境条件发生变化，如有毒有害气体浓度增加、巷道支护失修变形等，这些都会影响安全生产，所以复工复产前必须进行全面安全检查，确保恢复生产安全。

【典型事例】 2012年2月3日，四川省宜宾市某煤矿在未履行节后复工复产程序、未向县级煤矿安全监管部门上报隐患排查整治方案的情况下，安排人员入井进行维修作业。因为对封闭火区管理不到位，维修矿井通风设施时引发瓦斯爆炸，造成13人死亡、1人下落不明、12人受伤。

第十七条 煤矿企业必须建立应急救援组织，健全规章制度，编制应急救援预案，储备应急救援物资、装备并定期检查补充。

煤矿必须建立矿井安全避险系统，对井下人员进行安全避险和应急救援培训，每年至少组织1次应急演练。

【名词解释】 应急预案、应急救援、矿井安全避险“六大系统”

应急预案——针对可能发生的事故，为迅速、有序地开展应急行动而预先制定的行动方案。

应急救援——在应急响应过程中，为消除、减少事故危害，防止事故扩大或恶化，最大限度地降低事故造成的损失或危害而采取的救援措施或行动。

矿井安全避险“六大系统”——矿井井下监测监控、人员定位、紧急避险、压风自救、供水施救和通信联络等安全避险系统。

【条文解释】 本条是对应急救援和矿井安全避险系统的规定。

1. 事故应急的意义。重大火灾、爆炸、毒物泄漏事故危害极大，通过安全设计、操作、维护、检查等措施，可以预防事故，降低风险，但还达不到绝对的安全。因此，需要制定万一发生事故应该采取的紧急措施和应急方法。事故应急是通过事前计划和应急措施，在事故发生后迅速控制事故发展并尽可能排除事故。

2. 应急救援组织应建立完善以下15项管理制度：工作例会制度、应急职责履行情况检查制度、重大隐患排查与治理制度、重大危险源监测监控制度、预防性安全检查制度、应急宣传教育制度、应急培训制度、应急预案管理制度、应急演练和评估制度、应急救援队伍管理制度、应急投入保障制度、应急物资装备管理制度、应急资料档案管理制度、应急救援责任追究和奖惩制度以及其他管理制度。

3. 完整的应急预案应包括以下6个方面的主要内容：

（1）应急预案概况。应急预案概况主要描述煤矿企业的安全生产条件和危险特性；应对应急事件和适用范围作出简要说明；明确应急目标和方针，作为开展应急救援工作的纲领。

（2）预防程序。预防程序是针对潜在事故和发展过程可能发生的次生和衍生事故进行分析，并说明所采取的预防、预警和控制事故的措施。

（3）准备程序。准备程序是阐明应急救援行动前所采取的准备工作，包括应急组织及其任务和职责、应急队伍建设和人员培训、应急物资的准备、预案的演练和职工应急知识普及等。

（4）应急程序。应急程序是指在应急救援过程中，实施各项救援任务的程序和步骤，包括以下内容：接警和通知、指挥与控制、警报和紧急公告、通信、事故的监测和评估、人员疏散和撤离、伤员的急救和医疗、抢险与救援、救援应急人员自身安全等方面。

（5）恢复程序。恢复程序是说明事故现场应急行动结束后所采取的清除和恢复工作。现场恢复是在事故控制后进行的，将现场恢复到一个基本稳定的状态，消除事故遗留的潜在的危险，应充分考虑现场恢复过程中的危险，制定恢复程序，防止事故再次发生。

（6）预案管理与评审更新。应急预案应当保持定期或在应急演练和应急救援实施后进行评审，对矿井各种变化的情况及预案的问题和缺陷，及时不断地修改、更新和完善应急救援预案体系。

4. 组织应急演练的实施。

（1）熟悉演练任务和角色。组织各参演单位和参演人员熟悉各自参演任务和角色，并按照演练方案要求组织开展相应的演练准备工作。

（2）组织预演。在综合应急演练前，演练组织单位或策划人员可按照演练方案或脚本组织桌面演练或合成预演，熟悉演练实施过程的各个环节。

（3）安全检查。确认演练所需的工具、设备、设施、技术资料以及参演人员到位。对应急演练安全保障方案以及设备、设施进行检查确认，确保安全保障方案可行，所有设备、设施完好。

（4）应急演练。应急演练总指挥下达演练开始指令后，参演单位和人员按照设定的事故情景，实施相应的应急响应行动，直至完成全部演练工作。演练实施过程中出现特殊或意外情况时，演练总指挥可决定中止演练。

（5）演练记录。演练实施过程中，安排专门人员采用文字、照片和音像等手段记录演练过程。

（6）评估准备。演练评估人员根据演练事故情景设计以及具体分工，在演练现场实施过程中展开演练评估工作，记录演练中发现的问题或不足，收集演练评估需要的各种信息和资料。

(7) 演练结束。演练总指挥宣布演练结束，参演人员按预定方案集中进行现场讲评或者有序疏散。

5. 煤矿安全避险“六大系统”。

安全避险“六大系统”建设是提高煤矿应急救援能力和灾害处置能力、保障矿井人员生命安全的重要手段，是全面提升煤矿安全保障能力的技术保障体系。

(1) 煤矿安全监测监控系统。煤矿安全监测监控系统用来监测甲烷浓度、一氧化碳浓度、二氧化碳浓度、氧气浓度、风速、风压、温度、烟雾、馈电状态、风门状态、风筒状态、局部通风机开停、主通风机开停等，并实现甲烷超限声光报警、断电和甲烷风电闭锁控制等。

(2) 井下人员定位系统。为地面调度控制中心提供准确、实时的井下作业人员身份信息、工作位置、工作轨迹等相关管理数据，实现对井下工作人员的可视化管理，提高煤矿开采生产管理的水平。矿井灾变后，通过系统查询、确定被困作业人员构成、人员数量、事故发生时所处位置等信息，确保抢险救灾和安全救护工作的高效运作。

(3) 煤矿井下紧急避险系统。煤矿井下紧急避险系统是指在煤矿井下发生紧急情况时，为遇险人员安全避险提供生命保障的设施、设备、措施组成的有机整体。紧急避险系统建设的内容包括为入井人员提供自救器、建设井下紧急避险设施、合理设置避灾路线、科学制订应急预案等。

所有井工煤矿应按照规定要求建设完善煤矿井下紧急避险系统，并符合“系统可靠，设施完善、管理到位、运转有效”的要求。

(4) 矿井压风自救系统。

① 建设完善压风自救系统，所有采掘作业地点在灾变期间能够提供压风供气。

② 空气压缩机应设置在地面；深部多水平开采的矿井，空气压缩机安装在地面难以保证对井下作业点有效供风时，可在其供风水平以上两个水平的进风井井底车场安全可靠的位置安装。

③ 井下压风管路要采取保护措施，防止灾变破坏。

④ 突出矿井的采掘工作面要按照要求设置压风自救装置。其他矿井掘进工作面要安设压风管路，并设置供气阀门。

(5) 矿井供水施救系统。

① 建设完善的防尘供水系统，并设置三通及阀门；在所有采掘工作面和其他人员较集中的地点设置供水阀门，保证各采掘作业地点在灾变期间能够提供应急供水。

② 要加强供水管路维护，不得出现跑、冒、滴、漏现象，保证阀门开关灵活。

(6) 矿井通信联络系统。

进一步建设完善通信联络系统，在灾变期间能够及时通知人员撤离和实现与避险人员通话。

要积极推广使用井下无线通信系统、井下广播系统。发生险情时，要及时通知井下人员撤离。

第十八条　煤矿企业应当有创伤急救系统为其服务。创伤急救系统应当配备救护车辆、急救器材、急救装备和药品等。

【条文解释】 本条是对煤矿企业建立创伤急救系统的规定。

创伤急救系统是“矿井灾害预防和处理计划”对创伤急救所做规定的具体落实，是所需要的组织、人力、物力以及协调等方面的总和。煤矿创伤急救系统一般包括急救指挥、急救通信、急救运输、急救医疗和急救培训。煤矿一旦发生事故，难免会造成人员创伤，为防止事故扩大，使伤员能够及时得到救治，创伤急救系统应能及时启动，对负伤人员实施创伤急救，目的是最大限度地减少人员伤亡。为适应创伤急救工作的需要，应对创伤急救人员进行培训和必要的演练，确保煤矿发生事故时，能够立即投入创伤急救工作。

急救车辆、器材、装备和药品是创伤急救不可缺少的工具和手段，平时就应配备齐全，满足急救工作的需要。为确保急救器材、装备在煤矿发生事故时发挥作用，还应对其进行经常性的维护、保养。

第十九条 煤矿发生事故后，煤矿企业主要负责人和技术负责人必须立即采取措施组织抢救，矿长负责抢救指挥，并按有关规定及时上报。

【条文解释】 本条是对煤矿事故抢救和报告制度的规定。

煤矿发生事故后，立刻组织抢救是煤矿企业的首要任务，以防止事故扩大，尽量减少人员伤亡和财产损失。《安全生产法》第五十条规定：“生产经营单位发生生产安全事故时，单位的主要负责人应当立即组织抢救，并不得在事故调查处理期间擅离职守。”这是一项法定职责。

事故抢救是一项任务紧、难度大、涉及面广的工作，只有统一、有效地组织起来，才有可能做好。企业主要负责人和技术负责人对矿井的具体条件比较熟悉，对抢险救灾人员和物资调动更为有力，因此《规程》依据法律规定，赋予了煤矿企业主要负责人和技术负责人相应的义务和权利。

煤矿一旦发生事故，矿长应当根据实际情况和有关规定，及时、如实地向上级有关部门报告事故的有关情况。主要目的是保证上级有关部门能够及时、如实掌握事故的情况和进展，以便迅速组织救援和调查处理事故。

【典型事例】 2012 年 3 月 22 日，辽宁省辽阳市某煤矿发生重大瓦斯爆炸事故，造成 5 人死亡、17 人被困、1 人受伤。该矿在事故发生后未及时报告，存在迟报事故行为，而且实际控制人和矿长逃匿（现已抓获），给抢险救援工作造成很大困难。

第二十条 国家实行资质管理的，煤矿企业应当委托具有国家规定资质的机构为其提供鉴定、检测、检验等服务，鉴定、检测、检验机构对其作出的结果负责。

【条文解释】 本条是对煤矿企业实行资质管理的规定。

资质指的是资格认证。人员专业资质认证一般通过颁发专业证书来实现。公司资质就是公司的符合相关行业规定的，证明自身生产等能力的相关文件、证件。公司资质一般有两种：一种是经营资质，如企业法人营业执照、生产许可证等；另一种是能力资质，如企业获得的由地方、国家、专业机构、行业协会颁发的相应资质证书，如专业检测资质等。

目前，全国煤矿事故起数不断下降，但各类事故总量依然较大，重特大事故时有发生，非法违法生产经营建设屡禁不止、安全管理和监督不到位、隐患治理整顿和应急处置不力等问题在一些地方、行业和企业还不同程度存在，安全生产形势仍然严峻。煤炭行业依然是高危行业，安全生产仍是全行业的头等大事。《中华人民共和国行政许可法》第十二条规定，提供公共服务并且直接关系公共利益的职业、行业，需要确定具备特殊信誉、特定条件或者特殊技能等资格、资质的事项，可以设定行政许可。煤矿企业委托具有国家规定资质的机构为其提供鉴定、检测、检验等服务，同时，规定鉴定、检测、检验机构对其作出的结果负责。只有这样才能为从根本上杜绝重特大事故的发生提供保障基础。

第二十一条　煤矿闭坑前，煤矿企业必须编制闭坑报告，并报省级煤炭行业管理部门批准。

矿井闭坑报告必须有完善的各种地质资料，在相应图件上标注采空区、煤柱、井筒、巷道、火区、地面沉陷区等，情况不清的应当予以说明。

【名词解释】　矿井闭坑阶段

矿井闭坑阶段——从开采活动结束至煤矿关闭的整个过程。

【条文解释】　本条是对煤矿闭坑报告的规定。

闭坑是采矿业特点所决定的，闭坑阶段是矿山开采必不可少的阶段。闭坑后的矿井往往是煤矿安全生产的重大隐患，曾经发生多起重特大事故。

1. 在闭坑前进行全面的地质测绘，对各种图件、资料进行全面补充完善；提出煤矿未来可能利用的资源及建议。闭坑报告应在开采活动结束的前 1 年由煤矿企业组织专业技术人员进行编制。

2. 煤矿闭坑报告（包括图纸资料）应按有关规定进行报送和审批，并报省级煤炭行业管理部门批准。

3. 煤矿闭坑报告编写提纲包括概况、煤矿地质简述、煤矿开采和资源利用、探采对比、环境影响评估、结语和附图表。

4. 煤矿闭坑报告要求涵盖内容实用科学，原始数据准确无误，对比分析简明扼要，结论依据安全可靠。

【典型事例】　2010 年 7 月 31 日，黑龙江省某煤矿 3#煤层采煤工作面已开采到 A 矿（该矿已报废）采空区下部，顶板垮落后，与 A 矿采空区连通，采空区大量积水溃入矿井，发生透水事故，死亡 24 人，直接经济损失 1 464 万元。

第二编 地质保障

第二十二条 煤矿企业应当设立地质测量（简称地测）部门，配备所需的相关专业技术人员和仪器设备，及时编绘反映煤矿实际的地质资料和图件，建立健全煤矿地测工作规章制度。

【名词解释】 矿井地质工作

矿井地质工作——在原勘探报告的基础上，从煤矿基本建设开始，直到闭坑为止的全部地质工作。

【条文解释】 本条是对地测部门机构设置、人员装备和规章制度的规定。

1. 为了加强和规范煤矿地质工作，所有煤矿企业必须设立地测部门，同时根据煤矿实际情况，配备所需的专业技术人员和相应的仪器设备。煤矿地质类型为复杂或极复杂的煤矿，还应配备地质副总工程师。煤矿企业应组织或安排地质技术人员接受继续教育或业务培训，每 3 年至少进行 1 次。

煤矿地质工作是一项专业性很强的技术工作，做好煤矿地质工作必须要有人力、物力和资金等方面的投入，必须由矿领导负责组织。

2. 煤矿地测部门的职责：

（1）负责矿井建设及生产过程中的地质和测量工作，为生产建设和煤炭生产各项工作及时编绘反映煤矿实际的地质资料和图件。

（2）负责矿井防治水工作，保证矿井安全生产。

（3）负责煤炭资源申请工作，加强储量管理，提高资源回收率，延长矿井寿命。

3. 为了明确主管领导及其职责，以及地测部门、管理人员、技术人员的职责，煤矿应建立健全以下煤矿地质工作规章制度：

（1）煤矿地质工作岗位责任制；

（2）隐蔽致灾地质因素普查制度；

（3）地质观测与编录流程；

（4）开采地质条件预测预报制度；

（5）地质资料编制与审定制度；

（6）地质资料管理制度；

（7）其他有关规章制度。

第二十三条 当煤矿地质资料不能满足设计需要时，不得进行煤矿设计。矿井建设期间，因矿井地质、水文地质等条件与原地质资料出入较大时，必须针对所存在的地质问题开展补充地质勘探工作。

第二十四条　当露天煤矿地质资料不能满足建设及生产需要时，必须针对所存在的地质问题开展补充地质勘探工作。

【条文解释】　以上两条是对煤矿开展补充地质勘探工作的规定。

1. 矿井地质资料是矿井设计的基础，也是矿井设计主要依据之一，当矿井地质资料不能满足设计需要时，理所当然不得进行矿井设计。

2. 在矿井建设期间，发现矿井地质条件与原地质资料有较大出入时，必须针对所存在的地质问题开展补充地质调查与勘探工作。

煤矿地质补充勘探工作应以查明地质构造、煤层厚度及结构、瓦斯赋存规律、水文地质条件和工程地质条件等为主要任务，满足工程设计和安全采掘（剥）要求。

3. 煤矿存在下列情况之一的，应进行补充地质勘探：

(1) 原勘探程度不足，或遗留有瓦斯地质、水文地质或重大工程地质等问题；

(2) 在建矿和生产过程中，构造、煤层、瓦斯、水文地质或工程地质等条件发生重大变化；

(3) 煤矿内老窑或周边相邻煤矿采空区未查清；

(4) 资源整合、水平延深或煤矿范围扩大时，原地质勘探报告不能满足煤矿建设和安全生产要求；

(5) 提高资源/储量级别或新增资源/储量；

(6) 其他专项安全工程要求。

第二十五条　井筒设计前，必须按下列要求施工井筒检查孔：

（一）立井井筒检查孔距井筒中心不得超过 25 m，且不得布置在井筒范围内，孔深应当不小于井筒设计深度以下 30 m。地质条件复杂时，应当增加检查孔数量。

（二）斜井井筒检查孔距井筒纵向中心线不大于 25 m，且不得布置在井筒范围内，孔深应当不小于该孔所处斜井底板以下 30 m。检查孔的数量和布置应满足设计和施工要求。

（三）井筒检查孔必须全孔取芯，全孔数字测井；必须分含水层（组）进行抽水试验，分煤层采测煤层瓦斯、煤层自燃、煤尘爆炸性煤样；采测钻孔水文地质及工程地质参数，查明地质构造和岩（土）层特征；详细编录钻孔完整地质剖面。

【名词解释】　井筒检查孔

井筒检查孔——用于查明井筒穿过的岩（土）层构造、岩（土）性、岩（土）体稳定性以及含水层的厚度、深度及其透水性和涌水量等，又称工程孔。

【条文解释】　本条是对施工井筒检查孔的规定。

1. 井筒设计前，必须施工井筒检查孔，并有完整的、真实的检查孔资料。矿井开工前，建设单位必须根据工程项目发包范围向施工单位提供符合国家有关规定的井筒检查孔资料。

2. 井筒检查孔布置。

(1) 立井井筒检查孔布置应符合下列规定：

① 立井井筒检查孔距井筒中心不得超过 25 m，且不得布置在井筒范围内。

② 检查孔终深宜大于井筒设计深度 30 m。

③ 地质条件复杂时，应增加检查孔数量。

（2）斜井井筒检查孔布置应符合下列规定：

① 斜井井筒检查孔沿与斜井纵向中心线平行布置，且距井筒纵向中心线不大于 25 m。

② 孔深应不小于该孔所处斜井底板以下 30 m。

③ 检查孔的数量和布置应满足设计和施工要求。

3. 井筒检查孔要求。

（1）井筒检查孔的施工，应符合下列规定：

① 检查孔钻进过程中，每钻进 30~50 m 应进行一次测斜，钻孔偏斜率应控制在1.0%以内。

② 井筒检查孔必须全孔取芯，全孔数字测井：

a. 孔径不小于 75 mm 时，黏土层与稳定岩层中取芯率不宜小于 75%；破碎带、软弱夹层、砂层中取芯率不宜小于 60%。

b. 应采用物探测井法核定上土（岩）芯层位，土（岩）芯应编号装箱保存。

③ 检查孔在岩层钻进中，每一层应采取一个样品进行物理力学试验；当层厚超过 5 m 时，应适当增加采样数量；可采煤层的顶、底板应单独采样。

④ 洗井应采用机械方法对抽水层段反复抽洗，并应将岩粉和泥浆全部清除，直至孔内流出清水为止。

⑤ 所穿过各主要含水层（或组），应分层进行抽水试验。试验中水位降低不宜少于 3 次，每次降深应相等，其稳定时间不少于 8 h；困难条件下，水位降低不应小于 1 m；每层抽水的最后一次降水，应采取水样，测定水温和气温，并应进行水质化验分析。

⑥ 检查孔钻完后，除施工应利用的孔外，其他检查孔在清除孔壁和孔底的岩粉后，应用水泥砂浆封堵严实，其抗压强度不应低于 10 MPa，并应设立永久性标志。

（2）必须分含水层（组）进行抽水试验，分煤层采测煤层瓦斯、煤层自燃、煤尘爆炸性煤样。

（3）采测钻孔水文地质及工程地质参数，查明地质构造和岩（土）层特征。

（4）详细编录钻孔完整地质剖面。

4. 由井筒检查孔提供的地质报告。

（1）由井筒检查孔提供的地质报告应包括下列主要内容：

① 井筒检查孔柱状图（含测井曲线），沿井筒中心线的预测地质剖面图及 2 个井检孔连线剖面图。

② 井筒的水文地质条件，包括含水层（或组）数量、埋藏条件、静水位与水头压力、涌水量、渗透系数、水质、水温、含水层之间及与地表水的水力联系、地下水的流向与流速、抽水试验图、含水层特别是主要含水层的裂隙特征、裂隙率，结合勘探所做的水文工作预计井筒涌水量等。

③ 井筒通过的土（或岩）层的物理力学性质、埋藏条件和断层破碎带、溶洞、裂隙、老空区等的特征判断。

④ 井筒测温资料及温度预报曲线。

⑤ 对膨胀性黏土、流沙、基岩风氧化带、软岩情况进行预报分析。

⑥ 瓦斯、煤层自燃、煤尘爆炸性及其他有害气体涌出资料。

⑦ 检查孔测斜资料（含测斜图）。

⑧ 含水层段抽水试验成果图。

⑨ 测井综合成果图。

⑩ 检查孔实测图和封孔资料（包括封孔设计、封孔报告，含封孔检查情况、试验资料等）。

（2）钻孔通过的各类地层，应包括下列内容：

① 砂土层：颗粒级配、天然含水量、天然密度、比重、孔隙率、渗透系数、内摩擦角。

② 粉土层：颗粒级配、液限、塑限、天然含水量、天然密度、比重、孔隙率、渗透系数、黏聚力、内摩擦角。

③ 黏土层：矿物成分分析、液限、塑限、天然含水量、天然密度、比重、孔隙率、内摩擦角、黏聚力、单轴抗压强度、膨胀力、膨胀量、自由膨胀率。

④ 岩层：真密度、视密度、孔隙率、吸水率、含水率、天然状态抗压强度、饱和状态抗压强度、抗拉强度、内摩擦角、黏聚力、弹性模量、泊松比。

⑤ 其他岩层及可采煤层测定项目可根据需要确定。

（3）采用冻结法施工和地面预注浆施工的井筒检查孔有关要求。

① 当采用冻结法凿井时，应选择冻结范围内有代表性的地层进行下列试验项目，并应提交专项试验报告：

a. 土层与岩层的冻结温度；

b. 土层与岩层在 10~25 ℃和-10 ℃状态下的比热容和导热系数；

c. 黏土层在-5 ℃、-10 ℃、-15 ℃状态下的冻胀力及冻胀量；

d. 冻土单轴压缩应力-应变曲线、单轴抗压强度、弹性模量和泊松比；

e. 冻土三轴压缩应力-应变曲线、三轴抗压强度、内摩擦角和黏聚力；

f. 冻土单轴压缩蠕变性能；

g. 冻土三轴压缩蠕变性能。

② 地面预注浆是在立井井筒未开挖之前或开挖一段之后因井筒涌水量增大而停止掘进，于井筒壁内外周围布置钻孔，通过注浆机具经钻孔向含水层里注浆，形成圆形隔水帷幕，保护井筒开凿不受含水层的威胁。当井筒穿过的含水层厚度大，或含水层厚度不大但层数多并与不透水层互层，预计井筒涌水量超过 100 m^3/h 以上，钻机钻深能力能够达到，经技术、经济方案比较认为合理者，均应采用地面预注浆。采用地面预注浆施工的井筒检查孔，应采用流量测井及扩散测井。

第二十六条　新建矿井开工前必须复查井筒检查孔资料；调查核实钻孔位置及封孔质量、采空区情况，调查邻近矿井生产情况和地质资料等，将相关资料标绘在采掘工程平面图上；编制主要井巷揭煤、过地质构造及含水层技术方案；编制主要井巷工程的预想地质图及其说明书。

【条文解释】　本条是对新建矿井开工前主要地质工作的规定。

1. 井筒检查孔资料是井筒设计、制订施工方案的地质依据。地质人员必须复查井筒检查孔资料，熟悉井筒检查孔地质报告，掌握井筒穿过的地层、煤层、瓦斯、水文、岩浆侵入体、工程地质等资料，与地勘资料进行对比分析，重点分析煤层瓦斯、水文地质和工程地质等参数测试方法和结果，预测各地质因素对井筒施工的影响程度及提出防治灾害发生的措施，核实井筒检查孔的位置及封孔质量等。

2. 通过地表调查、实际踏勘和收集资料等方式，核实地勘时期钻孔位置及封孔质量；核实各煤层和标志层露头分布及围岩等情况，典型地质剖面、地面塌陷的位置、范围、积水等情况，地表水体的流向、范围、水位等，老空区和老窑的位置、范围、积水等情况，邻近煤矿生产和地质资料等，并将相关资料标绘在采掘（剥）工程平面图上。

3. 为井巷揭煤、过地质构造、过含水层等方案设计提供地质资料和建议，并参与编制井巷揭煤探测方案、井巷过地质构造及含水层技术方案。编制主要井巷工程的预想地质图及其说明书。

第二十七条 井筒施工期间应当验证井筒检查孔取得的各种地质资料。当发现影响施工的异常地质因素时，应当采取探测和预防措施。

【条文解释】 本条是对井筒施工期间验证井筒检查孔取得资料的规定。

在井筒施工过程中，出现瓦斯、水、其他气体、片帮、温度、压力等地质异常或掘进揭露的岩性、构造、煤层、瓦斯、水文、岩浆侵入等地质信息与预测的地质资料有较大出入，影响施工的异常地质因素时，必须停止施工，及时采取补充探测和预防措施。

出现的地质异常必须采用钻探为主、配合物探方法查明其地质异常特征、范围等。安全隐患未排除，或防治措施实施后未验证，不得组织生产。

第二十八条 煤矿建设、生产阶段，必须对揭露的煤层、断层、褶皱、岩浆岩体、陷落柱、含水岩层，矿井涌水量及主要出水点等进行观测及描述，综合分析，实施地质预测、预报。

【条文解释】 本条是对煤矿建设、生产阶段地质工作的规定。

1. 煤矿建设阶段，必须按有关要求对井巷穿过的地层、煤层、地质构造、陷落柱、含水层和隔水层等进行观测、编录和综合分析，并根据分析的结果，及时补充、完善相关地质资料。

如果建矿过程中发现地质情况变动较大，影响到原设计或施工方案的合理性，地质人员应及时提出，避免重大损失或事故发生。

井巷掘进过程中，出现地质异常或与预测地质资料有较大出入时，应采用以钻探为主，配合物探手段查明相关地质情况；否则，不得组织施工。

2. 生产阶段地质资料的翔实与否是煤矿安全生产的重要基础，翔实的地质资料主要来自对揭露地层的详尽观测、补充地质调查与勘探及隐蔽致灾地质因素普查等。

煤矿生产阶段的地质工作必须按有关要求，及时对揭露的地质情况进行观测、编录和综合分析，并补充和完善相关地质资料。当现有的地质资料不能满足安全生产时，应按要求进行补充地质调查与勘探，开展隐蔽致灾地质因素普查。

【典型事例】 2011年8月14日，贵州省六盘水市某煤矿发生重大瓦斯爆炸事故，造成10人死亡。据分析该矿未按规定进行瓦斯抽放，在12124掘进工作面煤层瓦斯地质发生变化的情况下未采取有效措施，继续冒险作业。

第二十九条 井巷揭煤前，应当探明煤层厚度、地质构造、瓦斯地质、水文地质及顶底板等地质条件，编制揭煤地质说明书。

【条文解释】 本条是对井巷揭煤前地质工作的规定。

石门、立井和斜井揭煤作业地点是事故高发地段，揭煤前优先采用物探手段探测地质构造和水文等地质条件，采用钻探手段探明煤层厚度、地质构造、瓦斯地质、水文地质及顶底板等地质条件，对物探探测结果进行验证，并编制揭煤地质说明书。

钻探探测在揭煤工作面掘进至距煤层最小法向10 m，构造复杂带20 m前施工，至少施工2个穿透煤层全厚且进入顶（底）板不小于0.5 m的取芯钻孔，构造复杂带适当增加钻孔，并标注编号。明确开孔位置、孔径、角度、方位，预计见煤深度、止煤深度、终孔深度、控制范围，明确取芯和测斜要求。

掘进过程中，在掘进至煤层最小法向距离7 m、5 m、2 m时施工探孔查明地质条件，进行边探边掘。通过取芯钻孔进行宏观煤岩类型描述，包括厚度、煤岩成分及其含量、颜色、条痕色、光泽、裂隙、断口、结构、构造、结核、包裹体、夹矸、顶板等。利用钻孔进行煤层瓦斯压力测试，采集煤层样品进行煤层瓦斯含量、煤层瓦斯放散初速度、煤的坚固性系数、煤的孔隙率、煤层气成分、煤的破坏类型等测试和观测。必要时还需进行岩石样品采集，测试岩石物理力学性质。可选用地震、电磁法等综合物探手段，辅助超前探测前方地质异常。依据探测结果，结合现有地质资料，详细分析煤层赋存情况、地质构造和水文地质条件等对揭煤的影响，评价煤层突出危险性，进行预测预报，提出防范措施和建议。

【典型事例】 2011年11月10日，云南省曲靖市某煤矿1747掘进工作面作业人员违规使用风镐作业时诱发了煤与瓦斯突出，造成43人死亡，直接经济损失3 970万元。

1747掘进工作面此时正在实施揭穿M_{22}突出煤层的掘进作业。该掘进工作面揭穿M_{22}煤层前，未实施“两个四位一体”综合防突措施，违规只采取工作面瓦斯抽采等局部防突措施且未落实到位，原来应该打28个超前钻孔进行瓦斯抽采，但实际只打抽采孔11个，其中7个见煤钻孔出现喷孔等突出预兆。在未消除突出危险的情况下，矿方就组织掘进作业。2011年11月7日掘进施工揭露M_{22}煤层，11月9日见煤厚度为0.5 m左右。

第三十条 基建矿井、露天煤矿移交生产前，必须编制建井（矿）地质报告，并由煤矿企业技术负责人组织审定。

【名词解释】 建井地质报告

建井地质报告——基建矿井、露天煤矿资料移交必备的报告之一，是煤矿建设阶段地质资料的总结，是对煤矿地质的再认识，是煤矿生产阶段地质工作的重要依据。建井地质报告是在地质勘探报告、井筒检查孔地质报告、煤矿瓦斯地质图、揭露的地质资料基础上编写的。

【条文解释】　本条是对编制建井地质报告的规定。

基建矿井、露天煤矿移交生产前，建设单位应组织编写建井地质报告。建井地质报告由煤矿企业总工程师（技术负责人）组织审定。基建煤矿移交生产时，应同时移交建井地质报告。

煤矿建井地质报告包括以下内容：

（1）绪论；

（2）以往地质工作及质量评述；

（3）地层构造；

（4）煤层、煤质及其他有益矿产情况；

（5）瓦斯地质；

（6）水文地质；

（7）工程地质及其他开采条件；

（8）资源/储量估算；

（9）煤矿地质类型；

（10）探采对比；

（11）结论及建议；

（12）附图；

（13）附表。

第三十一条　掘进和回采前，应当编制地质说明书，掌握地质构造、岩浆岩体、陷落柱、煤层及其顶底板岩性、煤（岩）与瓦斯（二氧化碳）突出（以下简称突出）危险区、受水威胁区、技术边界、采空区、地质钻孔等情况。

【条文解释】　本条是对编制掘进和回采前地质说明书的规定。

1. 掘进工作面设计前1个月，地测部门应提出掘进工作面地质说明书，并由矿井总工程师审批。掘进工作面地质说明书应结合煤矿实际情况，全面反映掘进区内主要地质因素特征及其对掘进工作面安全推进的影响，重点阐述构造、煤层变化、瓦斯、水害、顶底板和采空区对掘进工程的影响，针对存在的地质问题提出建议。

掘进工作面地质说明书应包括以下内容：

（1）工作面位置、范围及与四邻和地面的关系；

（2）区内地层产状和地质构造特征及其对本工作面的影响，断层落差，掘进找煤方向及褶皱的位置和形态；

（3）邻近工作面煤层厚度、煤层结构、煤体结构及其变化等；

（4）煤层顶底板岩性、厚度、物理力学性质；

（5）工作面瓦斯地质特征；

（6）主要含水层和主要导水构造与工作面的关系，工作面周边老空区范围，预测正常涌水量、最大涌水量和工作面突水危险性，防隔水煤（岩）柱、探放水措施建议等；

（7）岩浆岩体、陷落柱等对工作面掘进造成的影响；

（8）地热、地应力和煤自燃危险程度等；

（9）针对存在的地质问题的建议。

（10）附图：

① 井上、下对照图；

② 工作面煤层底板等高线图；

③ 工作面预想地质剖面图或局部地质构造剖面图；

④ 地层综合柱状图。

2. 巷道掘进可对各种地质现象直接揭露，利用掘进工程所形成的巷道空间进行实际观测，以及物探、钻探等探测，可实现小范围开采地质条件精细勘查，查明采煤工作面内部及邻近层的煤层、构造、瓦斯、水文、顶底板等各类地质因素。

工作面掘进期间应开展下列地质工作：

（1）查明影响采煤工作面连续推进的断层和褶皱，并采用物探、钻探等手段查明采煤工作面内隐伏断层或陷落柱等；

（2）进一步查明瓦斯赋存规律；

（3）查明工作面及周边水文地质情况，并提出防治水措施；

（4）根据实测资料预测工作面内煤层厚度及结构变化情况，绘制工作面煤层厚度等值线图；

（5）测定煤质、煤岩等参数，分析煤质、煤岩变化规律，评价煤的利用途径；

（6）查明煤层顶板岩性、厚度和裂隙发育程度，评价煤层顶板稳定程度；

（7）巷道实见的煤层冲刷变薄带，应查明其类型，确定其影响范围；

（8）查明揭露的岩浆岩体的位置、形态、影响范围及其对整个工作面的破坏程度，探测煤的变质带宽度，确定煤的变质程度；

（9）利用工作面巷道查明邻近煤层的地质条件；

（10）核实工作面的煤炭资源/储量。

3. 回采工作前地质工作的相关规定。

采煤工作面形成后，回采面四周巷道为实现回采面小范围地质精细勘查提供了条件和可能，利用回采面周边巷道开展物探（槽波、坑透、音频电透视等）、钻探及其他地质测试分析等补充地质工作，查明工作面内部隐伏断层、陷落柱、褶皱等地质构造情况，为工作面安全高效回采提供地质保障。

采煤工作面地质说明书是在采区说明书和掘进工作面说明书的基础上，根据工作面掘进揭露或探测获得的地质资料，结合邻近采区和上覆煤层开采揭露的地质资料编制。采煤工作面地质说明书应在补充地质工作结束后10天内提出，经矿井总工程师审批后使用。

采煤工作面地质说明书应包括以下内容：

（1）工作面位置、范围、面积以及与四邻和地表的关系。

（2）工作面实见地质构造的概况，实见或预测落差大于三分之二采高断层向工作面内部发展变化。

（3）实见点煤层厚度、煤层结构和煤体结构情况，及其向工作面内部变化的规律。

（4）实见点煤层顶板岩性、厚度，裂隙发育情况。

（5）预测岩浆岩体、冲刷带、陷落柱等的位置及其对正常回采的影响。

（6）预测工作面瓦斯涌出量。

（7）预测工作面正常涌水量和最大涌水量。

(8) 工作面煤炭资源/储量。

(9) 地热、冲击地压和煤自燃危险程度等。

(10) 针对存在的地质问题应注意的事项及建议。

(11) 附图:

① 井上下对照图;

② 工作面煤层底板等高线及资源/储量估算图;

③ 煤层厚度等值线图;

④ 主要地质预想剖面图;

⑤ 煤层顶底板综合柱状图;

⑥ 其他相关图件。

第三十二条　煤矿必须结合实际情况开展隐蔽致灾地质因素普查或探测工作，并提出报告，由矿总工程师组织审定。

井工开采形成的老空区威胁露天煤矿安全时，煤矿应当制定安全措施。

【名词解释】　煤矿隐蔽致灾地质因素、普查、探测

煤矿隐蔽致灾地质因素——隐伏在煤层及其围岩内、在采掘过程中可能诱发灾害的地质构造和不良地质体（地质异常区）、在采动作用下形成的灾变地质体（区），以及其他有可能诱发灾害的地质工程遗留物体。

普查——采用现场踏勘、走访，对以往灾害事故和勘探资料及采矿情况的收集、整理与分析等方式，达到对目标煤矿及相邻煤矿隐蔽致灾因素及背景的概略了解和宏观把握。

探测——采用物探、钻探、化探等手段，致力于探测、刻画、描述、预测、评价煤矿隐蔽致灾因素的几何形态、范围大小、危险性高低等要素。

【条文解释】　本条是对煤矿开展隐蔽致灾地质因素普查或探测工作的规定。

隐蔽致灾地质因素是引发煤矿水害、瓦斯、火灾和顶板等重大灾害事故的主要原因之一，只有在查清灾害地质因素的空间位置、致灾危险程度等情况的基础上，才能有效治理灾害隐患，有效防范事故发生。

【典型事例】　2010 年 3 月 28 日，山西省某煤矿由于地质勘探程度不够，水文地质条件不清，未查明老窑采空区位置和范围、积水情况；20101 回风巷掘进工作面附近小煤窑老空区积水情况未探明，且在发现透水征兆后未及时采取撤出井下作业人员等果断措施，掘进作业导致老空区积水透出，造成巷道被淹，38 人死亡、115 人受伤，直接经济损失 4 937 万元。

按致灾作用的性质、存在状态或发育特征进行划分，常见的煤矿隐蔽致灾因素主要包括：采空区、废弃老窑（井筒）、封闭不良钻孔、断层、裂隙、褶曲、陷落柱、瓦斯富集区、导水裂缝带、地下含水体、井下火区、古河床冲刷带、天窗等不良地质体等。近年来煤矿开采活动中出现了一些新型隐蔽致灾因素和灾害形式，如断层滞后导水、采动离层水等水害，瓦斯延期突出，浅埋煤层冲击地压，近距离煤层群火灾等，同样属于隐蔽致灾地质因素，也是普查对象。

1. 采空区的探查可采用调查访问、物探、化探和钻探等方法进行，力求做到多手段、

全方位探查，查明采空区分布、范围、积水状况、积水来源、自然发火情况和开采深度、厚度、顶板管理方法等。同时，还要调查地表开裂、陷落的特征和分布规律。当井工煤矿开采形成的老空区威胁露天煤矿安全时，应制定安全措施。

2. 废弃老窑（井筒）和封闭不良钻孔普查，应收集废弃老窑（井筒）闭坑时间、开采煤层、范围，是否开采煤柱和充填情况等资料。井田内及周边施工的所有钻孔都要标注在图上，分析每个钻孔封孔的质量。建立井田内废弃老窑（井筒）、水源井、封闭不良钻孔台账。

3. 断层、裂隙和褶曲普查，是矿井地质工作的主要内容。应查明矿井边界断层和井田内落差大于 5 m 的断层，查明矿井内主要褶曲形态，收集矿井裂隙发育资料、总结规律，编制煤矿构造纲要图。其中，断层普查主要包括断层性质、走向、倾角、断距、断层带宽度及岩性，断层两盘伴生裂隙发育程度，断层富水性等。褶曲普查主要包括褶曲位置、产状、规模、形态和分布特点。

4. 陷落柱普查，应查明矿井内直径大于 30 m 的陷落柱，主要包括陷落柱发育形态、围岩岩性、周边裂隙发育程度、导水性等。

【典型事例】　某日，河北省某煤矿 2171 工作面发生特大陷落柱突水，最大突水量达 2 053 m^3/min，全矿停产，同时造成吕家坨和林西矿淹井，与其相邻的赵各庄矿、唐家会矿也受到严重威胁。经勘探查明，该陷落柱体积大，柱内水流速度快，顶部存在空洞。

5. 瓦斯富集区普查，可利用勘查钻孔通过“一孔多用”，查明煤层厚度、变化规律、煤质和瓦斯含量及赋存状况，系统收集矿井所有的瓦斯资料和地质资料，编制瓦斯地质图，对矿井瓦斯赋存情况进行分区，开展瓦斯防突预测预报工作。

6. 导水裂缝带普查，应采用物探、钻探实测和理论计算等方法确定矿井导水裂缝带最大高度、分布范围及其变化规律。

7. 地下含水体普查，应查明影响矿井安全开采的水文地质条件，各种含水体的分布范围、水源、水量、水位、水质和导水通道等，预测煤矿正常和最大涌水量。物探在地下含水体普查中得到了广泛的应用，但钻探仍是开展地下含水体普查的有效手段。

8. 井下火区普查，应查明火区范围、密闭、气体成分等情况，绘制井下火区分布图。

9. 古河床冲刷带、天窗：岩浆岩侵入体、古隆起等不良地质体普查，应采用物探、钻探等方法查明井田内天窗形成机理，预测发育和展布特征。查明岩浆岩侵入体、古隆起、古河床冲刷带等分布范围、特征和成因，并将其标绘在采掘工程平面图上。

第三十三条　生产矿井应当每 5 年修编矿井地质报告。地质条件变化影响地质类型划分时，应当在 1 年内重新进行地质类型划分。

【名词解释】　煤矿地质类型

煤矿地质类型——将煤矿（田）地质条件与煤矿建设和安全开采联系起来，分析研究煤矿开采地质条件，目的是查明影响煤矿建设与安全生产的各种地质因素，搞清楚各地质因素对煤矿安全生产的影响程度，明确制约安全生产的主要因素，指导煤矿地质工作，保障煤矿安全生产。

【条文解释】　本条是对修编矿井地质报告的规定。

1. 基建煤矿移交生产后，应在 3 年内编写生产地质报告，之后每 5 年修编 1 次。

2. 在煤矿生产过程中，发现下列三种情况之一的，应及时修订编制矿井生产地质报告，修改原地质报告中各种基本图件和地质认识，作出对煤矿地质条件类型的重新评价，以满足煤矿安全生产需要。

（1）地质构造、煤层稳定程度、瓦斯地质、水文地质和煤炭储量等方面发生了较大变化，或揭露地质构造复杂程度、煤层稳定程度、顶底板类型等与之前评定类型相比更趋复杂。

（2）煤炭资源/储量变化超过前期保有资源/储量的25%。

（3）矿计划改扩建时。

3. 当煤矿发生地质条件变化影响地质类型划分时，如突水和煤与瓦斯突出等，煤矿应在1年内重新进行地质类型划分。

第三编　井工煤矿

第一章　矿井建设

第一节　一般规定

第三十四条　煤矿建设单位和参与建设的勘察、设计、施工、监理等单位必须具有与工程项目规模相适应的能力。国家实行资质管理的，应具备相应的资质，不得超资质承揽项目。

【名词解释】　煤矿建设

煤矿建设——煤矿井巷施工、矿山地面建筑和机电设备安装三类工程的总称。

【条文解释】　本条是对煤矿建设及其相关单位能力和资质的规定。

1. 建设单位是建筑工程的投资主体，必须对煤矿建设项目实施统一的协调管理。必须建立安全、技术、工程管理机构，按专业配备足够的安全、技术人员，加强对建设项目施工的监督管理；要负责组织制定和督促落实有关安全技术措施，与施工、监理单位密切配合，并签订安全生产管理协议，明确施工方案和方法，指定专职安全生产管理人员进行安全检查与协调；不得随意压减建设工期和工程价款，不得拖欠工程款。

2. 勘察单位提供的勘察文件应当真实、准确，满足安全生产的要求。工程勘察就是要通过测量、测绘、观察、调查、钻探、试验、测试、分析资料和综合评价等工作查明场地的地形、地貌、地质、岩性、地质构造、地下水条件和各种自然或者人工地质现象，并提出工程设计准则和施工指导意见，提出解决岩土工程问题的建议，进行必要的岩土工程治理。

3. 关于设计单位资质的规定。依据《建设工程勘察设计管理条例》（国务院令第 293 号），《建设工程勘察设计资质管理规定》（建设部令第 160 号），从事建设工程设计活动的企业，应当按照其拥有的注册资本、专业技术人员、技术装备和勘察设计业绩等条件申请资质，经审查合格，取得建设工程设计资质证书后，方可在资质许可的范围内从事建设工程勘察、工程设计活动。禁止建设工程设计单位超越其资质等级许可的范围或者以其他建设工程设计单位的名义承揽建设工程设计业务。禁止建设工程设计单位允许其他单位或者个人以本单位的名义承揽建设工程设计业务。

4. 关于施工单位资质的规定。依据《建筑业企业资质管理规定》（住房和城市建设部令第22号)，建筑业企业应当按照其拥有的资产、主要人员、已完成的工程业绩和技术装备等条件申请建筑业企业资质。建筑业企业资质分为施工总承包资质、专业承包资质和施工劳务资质3个序列。前两个序列按照工程性质和技术特点分别划分为若干资质类别，各资质类别按照规定的条件划分为若干资质等级。后一个序列不分类别与等级。取得建筑业企业资质证书的企业，方可在资质许可的范围内从事建筑施工活动。

煤矿施工单位必须取得国家颁发的建筑业企业资质和安全生产许可证，并严格按资质等级许可的范围承建相应规模的煤矿建设项目，严禁超资质等级施工。

由于煤矿建设项目具有建设工期长，涉及范围广，受外部环境、自然条件、工程地质等因素影响多，施工环节复杂，安全管理难度大等特点，为减少安全生产环节，便于集中管理，煤矿建设项目招标时应合理划分工程标段，规定一个单项工程（或同类专业工程）原则上发包给一家具有相应资质的施工单位，大型及以上项目单项工程（或同类专业工程）施工单位不得超过两家。矿井一期1~2个井筒工程应发包给一家施工单位；多个井筒，二、三期工程，同时从事井下作业的施工单位，不得超过2家。

高瓦斯及煤（岩）与瓦斯（二氧化碳）突出矿井，水文地质条件复杂及以上的矿井，立井井深大于600 m，斜井长度大于1 000 m或垂深大于200 m的项目施工难度大，技术要求高，安全管理复杂，如果施工企业技术管理力量薄弱，或者没有相关施工经验，极有可能导致重大生产安全事故发生，因此，要求施工单位必须具有相应的煤矿施工业绩，同时具有国家一级及以上施工资质。

5. 关于工程监理单位资质的规定。依据《工程监理企业资质管理规定》（建设部令第158号），从事建设工程监理活动的企业，应当取得工程监理企业资质，并在工程监理企业资质证书许可的范围内从事工程监理活动。

第三十五条　*有突出危险煤层的新建矿井必须先抽后建。矿井建设开工前，应当对首采区突出煤层进行地面钻井预抽瓦斯，且预抽率应当达到30%以上。*

【条文解释】　本条是对有突出危险煤层新建矿井必须先抽后建的规定。

有下列情况之一的矿井，建设单位必须建立抽采瓦斯系统：

1. 1个掘进工作面瓦斯涌出量大于3 m^3/min，用通风方法解决瓦斯问题不合理的。

2. 矿井绝对瓦斯涌出量达到以下条件的：

（1）大于或等于40 m^3/min；

（2）设计为1.0~1.5 Mt的矿井，大于30 m^3/min；

（3）设计为0.6~1.0 Mt的矿井，大于25 m^3/min；

（4）设计为0.4~0.6 Mt的矿井，大于20 m^3/min；

（5）设计为小于或等于0.4 Mt的矿井，大于15 m^3/min。

3. 在有煤与瓦斯突出危险煤层中施工的。

煤与瓦斯突出矿井必须在揭露突出煤层前形成瓦斯抽采系统，高瓦斯矿井必须在进入三期工程前形成瓦斯抽采系统。

抽采煤层瓦斯是矿井瓦斯治理的治本措施，能减轻矿井通风稀释瓦斯的负担，并弥补其不足。建井期间，抽采瓦斯是煤与瓦斯突出矿井揭煤施工最有效和可靠的防治突出措施。建设单位应按设计及早建立永久瓦斯抽采系统，必须先抽后建。矿井建设开工前，首采区突出煤层利用通风稀释瓦斯的方法，不能完全保证有良好的效果，应开始地面钻井预抽煤层瓦斯，提前形成瓦斯抽采系统，且预抽率应当达到30%以上。

第三十六条　建设单位必须落实安全生产管理主体责任，履行安全生产与职业病危害防治管理职责。

【条文解释】　本条是对建设单位主体责任的规定。

煤矿建设单位必须落实安全生产管理主体责任，履行安全管理职责，为施工单位提供必要的施工安全条件和技术资料，加强施工过程安全监督管理，落实项目建设期间建设单位领导带班下井制度，及时协调解决存在的安全问题；在工程招标和项目结算中，不得随意压减工程造价而影响施工安全投入，应确保施工过程中安全系统、安全设施、安全保障投入到位；在确定工期时，不得随意改变施工设计，压减施工工期；在施工管理中，不得强令施工单位改变正常施工工艺，不得强令施工单位抢进度、冒险施工。

建设单位在编制施工组织设计、确定施工工期时，必须遵守以下规定：项目进入二期工程后，必须安装矿井安全监测监控系统；高瓦斯、煤（岩）与瓦斯（二氧化碳）突出及水患严重的矿井进入二期工程，其他矿井进入三期工程，必须形成双回路供电；高瓦斯、煤（岩）与瓦斯（二氧化碳）突出矿井，进入二期工程前，必须形成地面通风机供风的全风压通风系统；矿井进入三期工程前，地面主要通风机必须投入使用，实现全风压通风；煤（岩）与瓦斯（二氧化碳）突出矿井揭露突出煤层前，高瓦斯矿井进入三期工程前，必须形成瓦斯抽采系统；矿井在施工二期工程前，必须形成永久排水系统。

为加强安全生产管理，落实安全责任，完善自我约束、自我激励机制，必须履行安全生产与职业病危害防治管理职责。建立健全以安全生产责任制为核心的安全管理制度——安全生产责任制度、安全目标管理制度、安全投入保障制度、安全教育与培训制度、事故隐患排查与整改制度、安全监督检查制度、安全技术审批制度、安全会议制度和职业病危害防治制度等9项制度。此外，还应依据国家有关法律法规，健全完善各类安全管理规章制度。

安全生产管理制度应满足下列规定：

(1) 符合相关的法律、法规、规章、规程和标准。

(2) 内容具体，责任明确，有针对性和可操作性，能够对照执行和检查考核。

(3) 明确适用范围和时间，便于相关部门和人员掌握。

(4) 对违反制度的各种行为有明确、具体的处罚措施和责任追究办法。

(5) 以正式文件发布。

第三十七条　煤矿建设、施工单位必须设置项目管理机构，配备满足工程需要的安全人员、技术和特种作业人员。

【名词解释】　特种作业人员

特种作业人员——作业的场所、操作的设备、操作内容具有较大危险性，容易发生伤亡事故，或者容易对操作者本人、他人以及周围设施的安全造成重大危害的作业人员。

【条文解释】 本条是对煤矿建设、施工单位设置项目管理机构的规定。

1. 设置项目管理机构。为加强煤矿施工项目生产技术管理，建设坚实的安全技术保障体系，必须设置煤矿建设、施工单位项目管理机构，按规定配备矿建、机电、通风、地测等相关工程技术人员，开展满足工程需要的安全、技术工作。

2. 特种作业人员由于其岗位的特殊性、重要性，必须经过国家认可的培训机构进行专门安全培训，考核合格，取得操作资格证书后，才能上岗作业。因此，必须按规定配足满足安全生产需要、经过培训、考核合格并持有安全资格证书的特种作业人员。

煤矿施工单位特种作业主要包括电气作业、爆破作业、安全监测监控作业、瓦斯检查作业、安全检查作业、提升机操作作业、采煤机（掘进机）操作作业、瓦斯抽采作业、防突作业和探放水作业等。

第三十八条 单项工程、单位工程开工前，必须编制施工组织设计和作业规程，并组织相关人员学习。

【名词解释】 单项工程、单位工程、施工组织设计、作业规程

单项工程——能独立立项，竣工后可以独立形成生产能力或规模的建设工程，也有称作工程项目。如井巷工程等。

单位工程——具有独立施工条件，构成一个施工单元的工程。井巷工程的单位工程有立井井筒、斜井井筒和平硐等。

施工组织设计——指导煤矿井巷工程施工的系统性技术文件，包括工程施工所必需的各类施工条件和技术资料。

作业规程——依据施工组织设计，结合具体的工程地质及水文地质等条件进行编制并用于指导工程施工的技术文件。

【条文解释】 本条是对编制、学习施工组织设计和作业规程的规定。

施工组织设计和作业规程是施工单位为完成某项单项工程或单位工程，根据《规程》和设计文件，结合工程的具体情况而编制的重要技术文件。其主要内容包括：工程概况及施工环境条件；地质、水文地质和瓦斯、煤尘情况；施工方案、施工工艺和作业方式；劳动组织与循环图表；工程质量标准与文明施工；特殊地层的施工技术；安全措施及注意事项；主要经济技术指标；组织保证措施等。其性质是指导施工的行为规范，具有法规性质。

1. 关于编制单项工程施工组织设计的规定。

由于煤矿施工涉及矿建、土建、安装等多家施工单位，只有通过他们相互协作、相互配合才能完成工程，因此，单项工程施工组织设计应由项目总承包单位负责组织编制，没有实行总承包的则由建设单位负责组织编制。施工组织设计应经设计、监理、施工等相关单位会审后组织实施。编制单项工程施工组织设计，应遵循安全设施优先建设的原则，以满足施工安全需要。

单项工程施工组织设计应根据《简明建井工程手册》（煤炭工业出版社 2003 年出版）

施工组织设计的编制内容与要求编制，并进行适当补充和调整，以适应现场施工管理的需要。施工组织设计中提出的矿井一、二、三期工程施工工期和顺序，应科学合理，符合规定。

2. 关于单位工程施工组织设计、作业规程编制、审批的规定。

下列技术文件由施工单位（工程处）总工程师负责组织编制，报上级主管部门（或建设单位）审批：

（1）井筒掘砌及井筒延深工程施工组织设计；

（2）二、三期工程施工组织设计；

（3）二、三期工程通风设计；

（4）采用特殊凿井工艺施工的井巷工程施工组织设计；

（5）高瓦斯、煤与瓦斯突出矿井的揭煤及防突施工专项措施；

（6）防治水专项技术措施；

（7）年度矿井灾害预防与处理计划；

（8）安全生产事故应急预案；

（9）井筒永久装备的施工组织设计；

（10）井筒转入平巷的改装工程（临时改绞）施工组织设计；

（11）起吊总重 200 t 以上金属构件井架、直径 4 m 以上提升机、大型洗选设备、35 kV及以上线路及变电所、宽度 1.4 m 及长度 2 000 m 以上输送带和井下综采工作面等永久设备安装施工组织设计；

（12）其他专项施工组织设计和安全技术措施。

上述施工组织设计、作业规程、安全技术措施由施工单位（工程处）总工程师组织编制，上级主管单位审批，报送建设和监理单位后实施；无上级主管单位的施工单位，报送建设单位审批。一般安全技术措施和作业规程，由项目部技术负责人组织编制，报施工单位（工程处）总工程师审批。施工组织设计、作业规程和安全技术措施要根据施工进展情况和现场安全生产条件的变化，及时进行调整、补充完善。施工单位必须严格按批准的设计、施工组织设计组织施工。当施工过程中发现设计存在重大缺陷，或者地质条件变化较大时，应立即停止施工并向建设单位报告。建设单位应及时组织相关各方制定应急安全防范措施，组织修改设计并按规定重新报批。

3. 关于施工组织设计、作业规程和安全技术措施贯彻执行的规定。

单项工程、单位工程开工前，项目技术负责人必须组织所有参与施工的相关人员学习贯彻施工组织设计、作业规程和安全技术措施，向从业人员告知作业场所和工作岗位存在的危险因素、防范措施以及事故应急措施，确保每个作业人员对工程有一个形象、全面的了解，做到心中有数，各负其责，行为规范，确保施工安全。参与学习贯彻的作业人员，不仅包括直接参加施工的一线操作工，还应该包括参与施工的各级管理人员、辅助作业人员，如提升机司机、井下电钳工、瓦斯检查工等与工程施工有关的每名作业人员。

第三十九条 *矿井建设期间必须按规定填绘反映实际情况的井巷工程进度交换图、井巷工程地质实测素描图及通风、供电、运输、通信、监测、管路等系统图。*

【名词解释】 井巷工程地质实测素描图

井巷工程地质实测素描图——把矿井生产过程中，通过开掘井筒、煤巷、岩巷等活动实际揭露的地质现象及实测结果直观反映出来的图件，是矿井地质编录工作中重要的一部分。

【条文解释】 本条是对矿井建设期间填绘图纸的规定。

1. 井工煤矿建设必须及时填绘反映实际情况的下列图纸：

（1）地质和水文地质图；

（2）井上、下对照图；

（3）巷道布置图；

（4）采掘工程平面图；

（5）通风系统图；

（6）安全监测装备布置图及断电控制图；

（7）井下运输系统图；

（8）排水、防尘、压风、抽采瓦斯等管路系统图；

（9）井下通信系统图；

（10）井上、下配电系统图和井下电气设备布置图；

（11）井下避灾路线图。

2. 露天煤矿建设必须及时填绘反映实际情况的下列图纸：

（1）地形地质图；

（2）工程地质平面图、断面图、综合水文地质平面图；

（3）采剥工程平面图、断面图；

（4）排土工程平面图；

（5）运输系统图；

（6）输配电系统图；

（7）通信系统图；

（8）防排水系统及排水设备布置图；

（9）边坡监测系统平面图、断面图；

（10）井工老空与露天矿平面对照图。

煤矿建设期间及时、准确地填绘反映矿井施工实际情况的图纸，便于建设、施工单位管理人员、工程技术人员和施工人员掌握矿井自然条件变化和工程进展情况，以利安全与合理施工。煤矿建设期间一旦发生事故，准确无误的施工填图是事故应急救援、抢险救灾必不可少的工具和依据。为了满足煤矿生产建设的需要，矿山地质测量人员必须及时绘制准确、完整和美观的矿图。

传统的手工绘图由于劳动强度大，成图速度慢，已越来越不适应矿山生产建设的要求。随着计算机技术的飞速发展，计算机绘制矿图已逐渐推广普及。计算机绘制矿图可以任意进行矿图的分解和合成，随时动态修改和填充，图件可按要求任意放大或缩小，可随时复制，图件资料可数字化存储、保存，可通过网络传输图形信息，实现信息资源的共享等。

第四十条 *矿井建设期间的安全出口应当符合下列要求：*

（一）开凿或者延深立井时，井筒内必须设有在提升设备发生故障时专供人员出井的安全设施和出口；井筒到底后，应当先短路贯通，形成至少 2 个通达地面的安全出口。

（二）相邻的两条斜井或者平硐施工时，应当及时按设计要求贯通联络巷。

【名词解释】　安全出口

安全出口——在发生灾害事故时，为现场作业人员提供安全逃生的通道。

【条文解释】　本条是对矿井建设期间安全出口的规定。

煤矿井下自然条件复杂多变，不利于安全的隐患较多，在矿井建设期间也可能发生事故，常造成作业人员被困堵在现场。为了确保现场被困堵人员生命安全，应遵守以下规定：

1. 在开凿和延深立井井筒时，受供电稳定性、设备的安全性及条件的影响，有可能出现：

（1）突然停电或提升绞车发生故障不能及时恢复正常运转；

（2）井筒工作面发生突水、片帮事故，提升绞车不能及时把工作面人员提至地面而被困留在工作面。

为确保将井下人员全部迅速撤离至地面或作业吊盘上，保证人身和施工安全，在立井作业线的配套设备中必须设有专供人员出井的安全梯。我国已有悬吊安全梯的 JZA-5/1000A绞车，用交流电驱动，必要时可用人力、汽车、柴油机或直流电等驱动。

2. 两个井筒到底后（或同时，或先后），应首先将它们连接起来贯通，形成 2 个通达地面的安全出口，万一一个井筒发生了事故，作业人员可由另一个井筒逃生到地面脱险。

3. 在有条件的情况下，相邻的 2 条斜井或平硐施工时，应及时按设计要求贯通联络巷。

第二节　井巷掘进与支护

第四十一条　开凿平硐、斜井和立井时，井口与坚硬岩层之间的井巷必须砌碹或者用混凝土砌（浇）筑，并向坚硬岩层内至少延深 5 m。

在山坡下开凿斜井和平硐时，井口顶、侧必须构筑挡墙和防洪水沟。

【名词解释】　平硐、斜井、立井

平硐——服务于地下开采，在地层中开凿的直通地面的水平巷道。

斜井——服务于地下开采，在地层中开凿的直通地面的倾斜巷道。

立井——服务于地下开采，在地层中开凿的直通地面的垂直巷道。

【条文解释】　本条是对井口必须用混凝土砌（浇）筑的规定。

井口是地下通往地面的出口，是矿井的咽喉。从井口到坚硬岩层之间的岩层，大多是松散含水的表土层和破碎风化的岩层。该段井筒除承受井口附近土层侧压力和建筑物载荷附加侧压力、井架和井塔基础的自重及提升载荷传来的垂直压力外，还要承受由于地层下沉产生的垂直附加力。在不均匀侧压力的作用下，该段井壁的某些区域会产生拉应力；加上考虑地震灾害的影响，该段井壁必须用混凝土砌（浇）筑。

混凝土砌（浇）筑的长度，要向坚硬岩层中至少延深 5 m，这是考虑应将该段井壁与坚硬岩层连成整体，以共同抵抗外力；消除岩层层位倾角对井底与基岩固结效果的影响；堵塞松散含水层与坚硬岩石之间突水的联系，提高对松散含水层突水淹井的防范能力。

在山坡下开凿斜井和平硐时，为了不让山坡的水流通过斜井和平硐灌入井下而造成淹井事故，井口顶、侧必须构筑挡墙和防洪水沟。

第四十二条 立井锁口施工时，应当遵守下列规定：

（一）采用冻结法施工井筒时，应当在井筒具备试挖条件后施工。

（二）风硐口、安全出口与井筒连接处应当整体浇筑，并采取安全防护措施。

（三）拆除临时锁口进行永久锁口施工前，在永久锁口下方应当设置保护盘，并满足通风、防坠和承载要求。

【名词解释】 锁口

锁口——竖井（风井、斜井、斜坡道）等开口处的加固措施。因为大多数开口段都是浮土或者不稳固围岩，因此为了保证井筒整体的稳固性，开口段必须加固（锁口）。

【条文解释】 本条是对立井锁口施工的规定。

1. 临时锁口的设计与施工要求。

在井筒进入正常施工之前，不论采用哪一种施工方法，都应先砌筑锁口，用以固定井筒位置、铺设井盖、封严井口和吊挂临时支架或井壁。

根据使用期限，锁口分临时锁口和永久锁口2类。永久锁口是指井颈上部的永久井壁和井口临时封口框架（锁口框）；临时锁口由井颈上部的临时井壁（锁口圈）和井口临时封口框所组成。

锁口框一般用钢梁（I20~I45）铺设于锁口圈上，或独立架于井口附近的基础上。梁上可安设井圈，挂上普通挂钩或钢筋，用以吊挂临时支架或永久井壁。

临时锁口的设计与施工应满足下列要求：

（1）锁口结构要牢固，整体性要好。

（2）锁口梁一般要布置在同一平面上，各梁受力要均匀。

（3）锁口梁的布置应尽量为测量井筒时下放中、边线创造便利条件。

（4）锁口梁下采用方木铺垫或砖石铺垫时，其铺设面积应与表土抗压强度相一致。必要时，可用灰土夯实。垫木一般不少于3层，而且要铺设平稳。垫木铺设面积应与表土抗压强度相适应。

（5）锁口结构应有较强的承载能力，锁口梁支撑点应与井口有一定距离。

（6）临时锁口标高尽量和永久锁口标高一致，或高出原地表，以防洪水进入井内。

（7）在地质稳定和施工条件允许时，尽量利用永久锁口或永久锁口的一部分代替临时井壁，以减少临时锁口施工和拆除的工程量。

（8）锁口应尽量避开雨季施工，为阻止井口边缘松土塌陷和防止雨水流入井内，除调整地面标高外，还可砌筑环行挡土墙及排水沟。

（9）矸石溜槽下端地面应有防止地面水流入井筒的措施。

2. 立井锁口施工规定。

（1）采用冻结法施工井筒时，应在井筒具备试挖条件后施工。

（2）风硐口、安全出口与井筒连接处应整体浇筑，并采取安全防护措施。

（3）拆除临时锁口进行永久锁口施工前，为了施工作业安全，在永久锁口下方应设置保护盘，并满足通风、防坠和承载要求。

第四十三条　立井永久或者临时支护到井筒工作面的距离及防止片帮的措施必须根据岩性、水文地质条件和施工工艺在作业规程中明确。

【名词解释】　永久支护、临时支护

永久支护——在井巷服务年限内，为维护围岩的稳定而进行的支护。

临时支护——在永久支护前，为暂时维护围岩的稳定和保护工作面的安全而进行的支护。

【条文解释】　本条是对立井凿井时对空帮距离及防止片帮措施的规定。

立井凿井时，从井底工作面到临时支护之间是空帮。空帮段的围岩是不加任何支护的裸露围岩，与空气、水接触而风化剥落，或受爆破震动而破碎，容易发生片帮伤人事故。临时支护段之上是永久支护。临时支护段无论是采用槽钢井圈、背板或是锚喷支护，在地压、风化与爆破震动的影响下，或临时支护质量不好，或距离过长，都会使岩石松动而发生片帮事故。因此，立井的永久或临时支护到井筒工作面的距离及防止片帮的措施，必须根据岩性、水文地质条件和施工工艺，在作业规程中明确规定。

第四十四条　立井井筒穿过冲积层、松软岩层或者煤层时，必须有专项措施。采用井圈或者其他临时支护时，临时支护必须安全可靠、紧靠工作面，并及时进行永久支护。建立永久支护前，每班应当派专人观测地面沉降和井帮变化情况；发现危险预兆时，必须立即停止作业，撤出人员，进行处理。

【条文解释】　本条是对当立井井筒穿过冲积层、松软岩层或煤层时，必须编制专门措施的规定。

当立井井筒穿过冲积层、松软岩层或煤层时，由于冲积层含水、风化破碎，砂层遇水易散甚至变成流砂，松软岩层强度低，煤层可能赋存瓦斯等情况，施工难度较大，安全隐患多。必须根据岩层赋存情况、岩石性质、水文地质条件等，制定专项措施，选用合理的施工方法（如冻结法、钻井法、注浆法、沉井法、混凝土帷幕法等）和施工工艺，采用合适的临时支护、永久支护形式，采取保证安全和质量的措施等，以确保井筒安全穿过。

本条特别强调，采用井圈或其他临时支护时，临时支护要紧靠工作面，不留空帮，并及时进行永久支护，以减少围岩暴露的时间和面积，防止片帮事故的发生。

在穿过这些岩层时，有可能出现地面沉降及临时支护后面的井帮发生位移、松动等情况，导致井筒坍塌。所以，在建立永久支护前，每班应派专人进行观测。发现危险预兆时，必须立即停止作业，撤出人员，妥善处理，以确保安全。

第四十五条　采用冻结法开凿立井井筒时，应当遵守下列规定：

（一）冻结深度应当穿过风化带延深至稳定的基岩 10 m 以上。基岩段涌水较大时，应当加深冻结深度。

（二）第一个冻结孔应当全孔取芯，以验证井筒检查孔资料的可靠性。

（三）钻进冻结孔时，必须测定钻孔的方向和偏斜度，测斜的最大间隔不得超过

30 m，并绘制冻结孔实际偏斜平面位置图。偏斜度超过规定时，必须及时纠正。因钻孔偏斜影响冻结效果时，必须补孔。

（四）水文观测孔应当打在井筒内，不得偏离井筒的净断面，其深度不得超过冻结段深度。

（五）冻结管应采用无缝钢管，并采用焊接或者螺纹连接。冻结管下入钻孔后应当进行试压，发现异常时，必须及时处理。

（六）开始冻结后，必须经常观察水文观测孔的水位变化。只有在水文观测孔冒水 7 天且水量正常，或者提前冒水的水文观测孔水压曲线出现明显拐点且稳定上升 7 天，确定冻结壁已交圈后，才可以进行试挖。在冻结和开凿过程中，要定期检查盐水温度和流量、井帮温度和位移，以及井帮和工作面盐水渗漏等情况。检查应当有详细记录，发现异常，必须及时处理。

（七）开凿冻结段采用爆破作业时，必须使用抗冻炸药，并制定专项措施，爆破技术参数应当在作业规程中明确。

（八）掘进施工过程中，必须有防止冻结壁变形和片帮、断管等的安全措施。

（九）生根壁座应当设在含水较少的稳定坚硬岩层中。

（十）冻结深度小于 300 m 时，在永久井壁施工全部完成后方可停止冻结；冻结深度大于 300 m 时，停止冻结的时间由建设、冻结、掘砌和监理单位根据冻结温度场观测资料共同研究确定。

（十一）冻结井筒的井壁结构应当采用双层或者复合井壁，井筒冻结段施工结束后应当及时进行壁间充填注浆。注浆时壁间夹层混凝土温度应当不低于 4 ℃，且冻结壁仍处于封闭状态，并能承受外部水静压力。

（十二）在冲积层段井壁不应预留或者后凿梁窝。

（十三）当冻结孔穿过布有井下巷道和硐室的岩层时，应采用缓凝浆液充填冻结孔壁与冻结管之间的环形空间。

（十四）冻结施工结束后，必须及时用水泥砂浆或者混凝土将冻结孔全孔充满填实。

【名词解释】　冻结法凿井、冻结孔、冻结壁、冻结壁交圈、冻结壁交圈时间

冻结法凿井——用制冷技术暂时冻结加固井筒周围不稳定地层，并隔绝地下水后再进行凿井的特殊施工方法。

冻结孔——安装冻结器的钻孔。

冻结壁——又称冻土墙，是用制冷技术在井筒周围地层中形成的有一定厚度、深度和强度的封闭冻结圈。

冻结壁交圈——各相邻冻结孔的冻结圆柱逐步扩大，相互连接，开始形成封闭的冻结壁的现象。

冻结壁交圈时间——从地层开始冻结至井筒周围所有的冻结器单独形成的冻土圆柱均相交连接成封闭墙所需的时间。

【条文解释】　本条是对冻结法开凿立井井筒的有关规定。

1. 关于冻结孔深度。冻结深度是否合理，直接关系到冻结法施工的成败。确定冻结深度的主要依据是井筒检查孔提供的地质条件，应综合考虑表土层（冲积层）、风化带厚

度、完整基岩埋深及隔水性能、基岩含水层的分布及预计涌水量，若地层没有较好的隔水层需要冻结全深时，还应考虑冻结孔解冻后导水封堵等因素。如果冻结深度不够，当井筒接近冻结段底部时，透水岩层就会向井筒内大量涌水，造成淹井事故。

根据国内外冻结凿井的实践经验和理论，冻结深度应穿过风化带延深至稳定的基岩10 m以上，既能保证安全凿井，在经济上又较为合适。当基岩段涌水较大时，则应加深冻结深度。

【典型事例】 江苏省徐州市某矿主井在施工过程中，由于实际冻结深度（101～105.5 m）小于冲积层实际厚度（106.6 m），冻结深度不够，掘至103.3 m时，工作面透水涌砂，最大水量达432 m^3/h，造成井筒淹没。后来只得在原井位重新打钻冻结，加大冻结深度，封冻底部含水层。

2. 施工第一个冻结孔时应采取岩芯，以验证井筒检查孔资料的可靠性，指导安全凿井。

3. 冻结孔的偏斜直接影响冻结工期和经济效益，还可能造成冻结事故。因此要求每个孔每钻进20～30 m测斜一次，测斜的最大间隔不得超过30 m，并绘制冻结孔实际偏斜平面位置图，发现超偏应立即纠偏，当冻结孔偏斜影响冻结效果时，必须补孔。近年，冻结深度不断加大，对冻结孔的偏斜控制也越来越严。

4. 水文观测孔是判断冻结壁是否交圈的重要依据，应打在井筒开挖范围内，其偏斜不得超出井筒净直径范围，其深度不得超过冻结段深度。

5. 冻结管应防止渗漏，若发现不符合要求时，应拔出已下入孔内冻结管修复，按要求重下，直至合格；当无法拔出时应补打钻孔。对报废的冻结孔采取封堵措施并向建设单位提交详细的钻进、下管、封堵资料。冻结管应采用无缝钢管内衬箍焊接，冻结管下入钻孔后应进行试压，发现异常时，必须及时处理。

6. 开始冻结后，必须经常观察水文观测孔的水位变化。只有在水文孔冒水7天、水量正常，确认冻结壁已交圈，且根据冻结温度场的观测资料分析，确认井筒掘至各层位时冻结壁的强度和厚度能满足设计要求后，方可开挖。冻结和开凿过程中，要经常检查盐水温度和流量、井帮温度和位移，以及井帮和工作面渗漏盐水等情况。检查应有详细记录，发现异常，必须及时处理。锁口施工时，在静水位低于锁口底板1 m时，可以提前开挖，但必须保护好水文观测管。

7. 当表土段冻实、用人工难以开挖时，允许爆破作业，但必须采用抗冻炸药。爆破技术参数应在作业规程中明确规定，并制定专项措施。

根据偏斜资料确定最外圈炮孔位置，最外圈炮孔距最近的冻结孔不得小于1.2 m，应适当控制炮孔深度和装药量。

8. 掘进施工过程中，必须有防止冻结壁变形、片帮、掉石、断管等安全措施。措施内容应包括爆破设计、掘砌段高的控制、加强观测、降低井帮温度、缩短井帮暴露时间等。

9. 井壁的生根壁座是承担壁座以上段井壁重量的构筑物，应布置在含水较少的完整的坚硬基岩中。

10. 冻结深度小于300 m时，永久井壁施工全部完成后，方可停止冻结。冻结深度大于300 m时，停止冻结的时间由冻结单位、建设单位和监理单位根据冻结温度场观测资料分析冻结壁发展的实际情况共同研究确定。

11. 冻结井筒的井壁结构应采用双层或复合井壁，井筒冻结段施工结束后应及时进行壁间充填注浆。注浆时壁间夹层混凝土温度应不低于4 ℃，且冻结壁仍处于封闭状态，并能承受外部水的压力。

12. 在冻结段中严禁预留或后凿梁窝。由于预留梁窝处的井壁厚度减薄，承压能力降低，因此，梁窝的设计和施工必须有防止漏水的措施。

13. 当冻结孔穿过井下巷道或硐室时，应制定下冻结管前采用缓凝浆液充填冻结孔壁与冻结管之间的环形导水空间的专项措施，进行防水处理。

14. 无论冻结管能否提拔回收，都必须及时用水泥砂浆或混凝土将全孔充满填实，充填容积不得小于计算容积的95%。其目的是将管内、外的空间充填密实，防止上、下含水层水串通。若充填不密实，冻结壁解冻后冲积层与基岩的水就可能串通，从而增大下部岩层的水压和水量，增大掘进困难和井壁漏水的可能性，而井壁漏水可能造成砂土流失，破坏冲积层的稳定性，造成地层不均匀下沉和围岩移动，对井壁产生不均匀地压，影响井架基础和井口建筑物的稳定性。因此，为了消除事故隐患，必须认真做好冻结孔的充填工作，及时将冻结孔全部充满填实。

第四十六条　采用竖孔冻结法开凿斜井井筒时，应当遵守下列规定：

（一）沿斜长方向冻结终端位置应当保证斜井井筒顶板位于相对稳定的隔水地层5 m以上，每段竖孔冻结深度应当穿过斜井冻结段井筒底板5 m以上。

（二）沿斜井井筒方向掘进的工作面，距离每段冻结终端不得小于5 m。

（三）冻结段初次支护及永久支护距掘进工作面的最大距离、掘进到永久支护完成的间隔时间必须在施工组织设计中明确，并制定处理冻结管和解冻后防治水的专项措施。永久支护完成后，方可停止该段井筒冻结。

【条文解释】　本条是对竖孔冻结法开凿斜井井筒的规定。

地质条件的复杂性一直以来都是煤矿矿井开凿的难题，为解决此难题目前我国主要依赖冻结技术完成深表土层的凿井施工。不仅立井井筒开凿是这样，斜井井筒更是如此。随着我国煤炭开发的发展，年产量千万吨的现代化矿井逐年增加，因立井井筒提升能力的限制，符合自然条件的矿井均采用了斜井开拓。斜井冻结技术尚处于摸索研究阶段，国内尚无统一的施工规范。

为了使采用竖孔冻结法开凿斜井井筒顺利安全地施工，冻结段初次支护及永久支护距掘进工作面的最大距离、掘进到永久支护完成的间隔时间必须在施工组织设计中明确，并制定处理冻结管和解冻后防治水的专项措施。

1. 沿斜长方向冻结终端位置应保证斜井井筒顶板位于相对稳定的隔水地层5 m以上，每段竖孔冻结深度应穿过斜井冻结段井筒底板5 m以上。

2. 沿斜井井筒方向掘进工作面位置，距离每段冻结终端不得小于5 m。

3. 永久支护完成后，方可停止该段井筒冻结。

【典型事例】　国网能源宁夏煤电有限公司李家坝煤矿主斜井倾角20°，斜长1 440 m，采用局部冻结方案施工，冻结起始位置距井口水平距离为250. 4 m，冻结斜长163. 2 m，冻结段水平长度153. 4 m，共分4段冻结。沿井筒长度方向布置了6排冻结孔，共455个，冻结孔施工质量均达到设计要求。冻结管采取了局部保温措施，减少了无效冻结段冷量损失，节约了冷量。冻结过程中，根据测温数据，对冻土扩展速度、冻结壁厚度及冻结壁平均温度等进行了分析计算，均满足设计要求。井筒开挖后，对井帮温度进行了实测。从开挖揭露的情况看，冻结效果良好，验证了冻结分析数据的准确性，保证了井筒冻结和掘砌施工安全。

第四十七条 冻结站必须采用不燃性材料建筑，并装设通风装置。定期测定站内空气中的氨气浓度，氨气浓度不得大于0.004%。站内严禁烟火，并必须备有急救和消防器材。

制冷剂容器必须经过试验，合格后方可使用；制冷剂在运输、使用、充注、回收期间，应当有安全技术措施。

【名词解释】 不燃性材料

不燃性材料——受到火焰或高温作用时，不着火、不冒烟、也不被烧焦的材料。它包括所有天然的材料，如料石、砂和黏土以及人工制成的无机材料和建筑中所有的金属材料。

【条文解释】 本条是对冻结法凿井冻结站的规定。

冻结站里安装着氨循环系统，排出的氨气是一种无色、有浓烈臭味的气体，它有爆炸性（爆炸界限为16%~27%）和毒性。氨对人的皮肤和呼吸器官有刺激作用，轻者能引起咳嗽、流泪、头晕、声带水肿，重者会导致昏迷、痉挛、心力衰竭以至死亡。因此，冻结站必须用不燃性材料建筑，并应有通风装置，经常测定站内空气中氨的浓度。站内严禁烟火，并必须备有急救和消防器材，如防毒面具、橡胶手套、水桶等。

制冷剂容器（氨瓶和氨罐）必须经过试验，合格后方准使用，制冷剂（氨气）在运输、使用、充注和回收期间应有以下安全技术措施：

1. 搬运时要轻起、轻放，避免撞击。
2. 充氨附近严禁烟火。
3. 充氨过程中严禁加热氨瓶来加快充氨速度。
4. 氨瓶内应保留 0.05~0.1 MPa 的压力。
5. 氨罐上应有安全阀、进氨阀、出氨阀、放风阀、压力表及放油阀。罐身下边要用型钢加固稳定，罐身用防水隔热层包装 100 mm，外边用金属网及铁丝防护牢固。

第四十八条 冬季或采用冻结法开凿井筒时，必须有防冻、清除冰凌的措施。

【条文解释】 本条是对开凿井筒时必须有防冻、清除冰凌措施的规定。

由于冬季或冻结法开凿井筒没有保温措施，又未及时清除冻冰，常引起事故发生。应采取以下专项安全措施：

1. 加强北方地区冬季施工的安全教育，提高对立井井筒结冰危害的认识。
2. 立井井筒冬季施工前，必须提前做好井口采暖工作，防止冻冰。
3. 在暖风没有解决之前，必须设专人检查、排除危冰。
4. 在保证瓦斯浓度不超限的情况下，适当限制井筒风量，防止井筒大量结冰。

【典型事例】 某日，某矿副井井筒，当罐笼上升到离井底 100 m 时，离井口 30 m 处突然有一大块冰块落在罐盖一侧，将罐盖砸掉，罐笼受冲击而强烈颠簸，将罐内 4 人从两端抛出，坠落井底死亡。

第四十九条　采用装配式金属模板砌筑内壁时，应当严格控制混凝土配合比和入模温度。混凝土配合比除满足强度、坍落度、初凝时间、终凝时间等设计要求外，还应当采取措施减少水化热。脱模时混凝土强度不小于0.7 MPa，且套壁施工速度每24 h不得超过12 m。

【名词解释】　配合比、入模温度、水化热、坍落度

配合比——各个组成材料的比例关系。

入模温度——混凝土浇入模板时的温度。

水化热——物质与水化合时所放出的热量。

坍落度——测定混凝土拌合物的和易性的指标。

【条文解释】　本条是对装配式金属模板砌筑内壁的规定。

1. 采用装配式金属模板砌筑内壁时，应严格控制混凝土配合比和入模温度。

（1）混凝土是非均质的三相体，即固体、液体和气体。两种相接触的面称为界面，混凝土中界面的存在是无法避免的，对混凝土性能产生不良影响。混凝土拌合物三相所占的体积大致为：固相占总体积的73%~84%，液相占15%~22%，气相占1%~5%。三相的体积并非一成不变，在建筑后的凝结硬化过程中，三相所占的体积将不断地发生变化，但终凝以后变化减少，表现为总体积和液相在减少，而气相却在增加，主要是液相流失、蒸发和被固相吸收所造成。另外，三相的体积也会随环境条件的变化而发生变化。

三相体积的改变是混凝土产生裂缝的主要原因之一，尤其是混凝土产生终凝之前较为明显（即通常认为随行收缩、干燥收缩等引起的裂缝），但这种裂缝如果在浇筑后及时采取有效的养护措施，能够获得明显的控制效果。

混凝土配合比除满足强度、坍落度、初凝时间、终凝时间等设计要求外，还应采取措施减少水化热。进行混凝土配合比的设计，就是在满足相关要求的前提下，尽量减少三相体体积的变化，通过试样将三相体的体积调整到最佳比例。

（2）混凝土的入模温度不是依据气温判定的，气温仅是影响其入模温度的一个方面。除了气温之外，影响混凝土入模温度的因素还有用于拌合的冷水温度、水泥含量、含有水分的骨料重量、干的骨料重量、骨料的温度、水泥温度、拌合水用量、冰的重量及冰的温度等。因此，混凝土入模温度只能是实测温度，其与气温有关，但仅气温一项参数远远不能满足确定入模温度的需要。

按照《混凝土结构工程施工质量验收规范》（GB 50204—2015）、《混凝土外加剂应用技术规范》（GB 50119—2013）和《冬期混凝土综合蓄热法标准施工成熟度控制养护规程》（DBJ/T 01—36—1997），混凝土拌合物的出机温度不宜低于10 ℃，入模温度不得低于5 ℃，特殊工程或特殊部位以及有特殊要求时，入模温度不得低于10 ℃。

2. 混凝土凝结时会放出热量，这个热量是多种物质和水反应产生的，故称为混凝土水化热。

3. 混凝土的抗压强度最大，所以常用抗压强度作为其力学性能的指标。混凝土强度等级是用标准试块（15 cm×15 cm×15 cm）在标准条件下养护28天，所测的抗压强度值确定的，用符号C和抗压强度标准值表示，分为C7.5、C10、C15、C20、C25、C30、

C35、C40、C45、C50、C55、C60 等。

混凝土强度受很多因素影响，其中水泥标号和水灰比是主要影响因素。在同等条件下，水泥标号越高，混凝土强度就越高。对同一种水泥，水灰比主要决定混凝土强度。水泥水化所需的水占水泥质量的 20%左右，但在拌制混凝土拌合物时，为保证流动性，需使用 40%~70%的水，水灰比较大。当混凝土凝结硬化后，多余的水滞留在混凝土中产生水泡或蒸发形成孔隙，降低了混凝土强度，且会在孔隙周围产生应力集中。因此，在水泥标号相同时，水灰比越小，与骨料黏结力越大，混凝土强度就越高。但若水灰比太小，拌合物过于干硬，难以保证浇灌质量，混凝土将会出现蜂窝、孔洞，强度降低。脱模时混凝土强度不应小于 0.7 MPa，且套壁施工速度每 24 h 不得超过 12 m。

第五十条　采用钻井法开凿立井井筒时，必须遵守下列规定：

（一）钻井设计与施工的最终位置必须穿过冲积层，并进入不透水的稳定基岩中 5 m 以上。

（二）钻井临时锁口深度应当大于 4 m，且进入稳定地层中 3 m 以上，遇特殊情况应当采取专门措施。

（三）钻井期间，必须封盖井口，并采取可靠的防坠措施；钻井泥浆浆面必须高于地下静止水位 0.5 m，且不得低于临时锁口下端 1 m；井口必须安装泥浆浆面高度报警装置。

（四）泥浆沟槽、泥浆沉淀池、临时蓄浆池均应当设置防护设施。泥浆的排放和固化应当满足环保要求。

（五）钻井时必须及时测定井筒的偏斜度。偏斜度超过规定时，必须及时纠正。井筒偏斜度及测点的间距必须在施工组织设计中明确。钻井完毕后，必须绘制井筒的纵横剖面图，井筒中心线和截面必须符合设计。

（六）井壁下沉时井壁上沿应当高出泥浆浆面 1.5 m 以上。井壁对接找正时，内吊盘工作人员不得超过 4 人。

（七）下沉井壁、壁后充填及充填质量检查、开凿沉井井壁的底部和开掘马头门时，必须制定专项措施。

【名词解释】　钻井法凿井、钻井泥浆、钻井井壁、钻井井径井斜测量

钻井法凿井——用钻井机钻凿立井井筒的方法，主要分钻井、井壁制作和漂浮下沉、壁后充填固定井壁以及破底开凿等 4 个步骤。

钻井泥浆——钻井过程中井筒内使用的循环冲洗介质。

钻井井壁——钻井法凿井井筒围岩表面构筑的具有一定厚度和强度的整体构筑物。

钻井井径井斜测量——在井筒充满泥浆的条件下，对钻井井筒直径和偏斜的量测。

【条文解释】　本条是对钻井法开凿立井井筒的规定。

1. 钻井设计与施工的最终位置必须穿过冲积层，并进入不透水的稳定基岩中 5 m 以上，以防成井后井壁下沉、冒水冒砂，确保固井的可靠。

钻井法凿井钻井最终位置的确定主要取决于如下因素：

(1) 从地质、水文地质条件考虑，井筒穿过的第四纪、第三纪表土层是松散的含水层，表土层与基岩结合处还有一段基岩风化带。基岩经过风化后，已不再具有基岩的力学

特性，且破碎、裂隙发育。经钻井工艺后，风化带已与表土层沟通，完全失去了岩石应有的稳定性。因此，钻井法凿井最终位置必须穿过风化带，落底在坚硬的岩石中。

（2）钻井最终位置落在坚硬的岩石中，永久井壁的锅底方能坐在坚硬的岩石上，才能通过壁后注浆充填固井工序使井壁和锅底与坚硬岩石固结为一体，彻底截断表土含水层、风化带与坚硬岩石之间的水力连通，保证在破锅底施工时不致发生透水、涌砂等淹井事故。规定钻井最终位置必须深入不透水的稳定基岩至少 5 m，这是我国通过钻井法凿井实践经验的总结和对井壁稳定性的资料进行分析后提出的一个经验值。这一数值既保证了井筒的坚固稳定，又避免了因过度深入基岩而造成的钻井困难和过高的费用。

2. 钻井临时锁口深度应大于 4 m，且应进入稳定地层中不少于 3 m，遇特殊情况应采取专门措施。

3. 为了防止钻井期间人员或物料坠入井内，必须封盖井口，并采取可靠的防坠措施。泥浆沟槽、泥浆沉淀池、临时蓄浆池均应设置防护设施，以防人员或物料掉入槽（池）内。

泥浆的排放和固化应满足环保要求。

4. 在钻井过程中采用泥浆护壁，使泥浆在井帮上形成薄而韧的隔水泥皮，在泥皮与泥浆柱静压力的共同作用下，维持井帮不致坍塌。在钻井过程中，要定时测定泥浆的各项参数，发现问题，立即调整。井筒内泥浆压力必须高于地下水静水压力，以免地下水浸入井筒中，为此，井筒内的泥浆面必须保持高于地下静止水位 0.5 m，且不得低于临时锁口下端 1 m；井口必须安装泥浆浆面高度报警装置。

5. 有关钻井测定井筒偏斜度的规定和说明。

（1）钻井时必须及时测定井筒的偏斜度。钻井井筒尤其是成井井筒的垂直度直接影响着工程的质量和井筒的使用，前者制约着井壁的顺利下沉，后者则影响着井筒内设备的布置和提升系统的安设。因此对井筒垂直度有较高的控制指标：300 m 内偏斜率不大于 1‰，大于 300 m 则按深度段以绝对偏斜值分段进行控制。为了提高钻井井筒的垂直度，必须对井筒的偏斜率作定期的测定，根据实测资料采取针对性的措施加以纠正。

（2）井筒偏斜的原因。钻井产生偏斜的原因很多，而且常常是各种因素综合作用的结果。钻进中没有坚持减压钻进或减压值不够最容易造成偏斜。当地层倾斜，岩石较硬又非均质以及表土层中有黏土结核或砾石时都容易发生偏斜。

（3）钻井防偏措施主要有：

① 为了避免开孔即偏离井口十字中心的误差，钻井设备安装时即应严格规定各项允许偏差值，使悬吊中心通过转盘中心和十字中心线交点重合，且转盘保持水平。

② 对钻具的弯曲度进行检验。不使用弯曲度超限的钻具，刀盘的几何中心和质量中心应一致。在钻进软硬不均地层时，尤其过强风化带进入完整基岩段时，操作要特别小心谨慎，降低钻压，提高转速并放慢进尺速度。为钻凿出较垂直的超前孔，应增加刷帮机会。另外还要加大冲洗液循环量，尽可能不使工作面残留岩碴，以免大块岩石挤偏钻头。经验证明，一个准确无误的井筒地质柱状图对指导钻孔防止偏斜是有现实意义的。

③ 合理选择钻头间隙，增强导向作用。为防止钻头因地质变化致斜，可人为地加长粗径钻具，即增大稳定器的间距、增多稳定器个数以增添尽可能多的扶正支撑点。同时要

设计合理的钻头与井帮间的间隙值。

钻井完毕后，必须绘制井筒的纵横剖面图，每隔 5~10 m 绘制一张。

6. 为了保证施工人员安全，井壁下沉时井壁上沿应高出泥浆面 1.5 m 以上；井壁对接找正时，内吊盘工作人员不得超过 4 人。

7. 钻井的支护技术。当钻井达到设计的直径和深度后，应停止钻进，及时进行支护工作。钻井的支护包括下沉井壁和固井充填等工序。

由于工作条件和施工工艺的需要，钻井井壁必须满足以下要求：具有足够的强度；具有较强的防水性能；不仅能够承受地压、水压等永久载荷，还要承受施工、安装的载荷；可以实现砌壁施工机械化；保持井壁的垂直度。

（1）钻井井壁悬浮下沉。首先把预制好的井壁底悬浮在充满泥浆的井筒中，而后在井口用螺栓和焊接的方法把井壁逐节连接。接长的井壁在泥浆中处于悬浮状态，靠井壁自重及向井壁内注入的水，迫使井壁逐节下沉至预计深度，与此同时井筒中的泥浆沿排浆槽溢出。

（2）井壁壁后充填与固井。充填固井是当井壁悬浮下沉到底并经校正后，在井壁与井帮之间的间隙中下放充填管，通过充填管道向井壁外侧与井帮之间的环形空间注入密度大于泥浆的充填材料，并自下而上将泥浆置换出来，充填材料凝固后，即可起到固结井壁和封水的作用。

如果不进行壁后充填或壁后充填质量不合格，井壁将漂浮移动或井壁与地层无法牢固结合，或地下含水层相互串通，或井壁与井帮之间留有压力非常高的洗井液，给井筒的使用带来安全隐患。而这时一旦开凿沉井井壁底部或开掘马头门，高压的洗井液或高压的地下水将从炮孔射出，造成施工人员伤亡，甚至出现淹井事故。所以，在开凿沉井底部或马头门之前，必须检查破壁处及其上方 15~30 m 范围内壁后的充填质量。检查合格后，才能对锅底或马头门的井壁进行钻眼爆破工作。在进行此项工作之前，必须制定安全措施，防止发生浆液射人事故及损伤爆破处以外的井壁。

通常爆破破碎井壁的安全措施为：

（1）打眼前，必须对破碎处及以上 30 m 的壁后充填质量进行探查，质量不合格的要进行壁后注浆，并且检查注浆效果。若注浆效果不合格，禁止打眼。

（2）多打眼，少装药，严格控制药量。

（3）周边眼采用断裂控制爆破技术，确保周边眼爆破不破坏爆破段以外的井壁。

钻井井壁后充填的质量要求是：井壁后的泥浆完全置换出来和充填密实，具有一定的强度，能封水。

第五十一条 立井井筒穿过预测涌水量大于 10 m^3/h 的含水岩层或者破碎带时，应当采用地面或者工作面预注浆法进行堵水或者加固。注浆前，必须编制注浆工程设计和施工组织设计。

【名词解释】 注浆凿井法

注浆凿井法——把有充塞胶结性能的浆液，通过注浆孔（或注浆管）注入含水地层中，浆液封堵岩石裂隙、隔绝水源，或将松散岩层胶结成不透水的整体，从而起到永久性的堵水与加固作用，然后进行凿井工作。

【条文解释】　本条是对立井井筒施工中采用预注浆法的规定。

1. 预注浆法

立井井筒穿过预测涌水量大于 10 m^3/h 的含水岩层或破碎带时，应采用地面或工作面预注浆法进行堵水或加固。

(1) 地面预注浆

地面预注浆的主要优点是：在地面制备和压注浆液，作业条件好；采用大型钻机和注浆设备，可提高钻孔速度和注浆效率；注浆工作在施工准备期进行，有利于缩短建井工期。其缺点是钻孔工作量大，尤其是分段下行注浆更为突出。

一般认为，当裂隙含水层厚度较大，距地面的深度较深，或层厚虽小而层数较多时，采用地面预注浆比较适宜。当表土层厚度小于 50 m、流砂层厚度小于 15 m 时，用化学注浆进行渗透固结堵水也是可行的。

(2) 工作面预注浆

井筒施工时，遇到埋藏较深的若干含水层，层间距较大并有明显隔水层时，采用工作面预注浆堵水是较适宜的。平巷掘进时，遇到较大含水层或含水断层破碎带，也需进行工作面预注浆。其优点是直接对含水层进行注浆堵水，时间短、见效快；缺点是占用一定的建井工期。

工作面预注浆主要有 2 种方式：一种是全井多次工作面预注浆，适用于含水层之间相隔较远的立井。如淮南、淮北的许多立井，均采用注一段掘一段的办法，完成全井含水层的堵水工作。另一种是全井一次工作面预注浆，其适用条件是含水层之间无良好的隔水层或含水层相距较近。可采用重型钻机打深孔，孔内下止浆塞分段注浆，逐段注完全深。

2. 注浆工程设计

注浆前，必须编制注浆工程设计和施工组织设计，以指导施工。

编制注浆工程设计，必须具备下列资料：

(1) 地质和工程地质资料

① 工程地质说明书；

② 地质勘查报告；

③ 井筒检查孔必须取得的资料，应按《煤矿井巷工程质量验收规范》（GB 50213）中有关的规定执行；

④ 检查孔岩芯实地调查资料。

(2) 水文地质资料

① 工程水文孔的简易水文资料；

② 水文地质报告书及计算书；

③ 水质分析资料。

(3) 井筒施工图及施工组织设计

① 矿井设计及图纸；

② 立井施工组织设计及图纸。

(4) 注浆工程设计内容

① 注浆深度及段高的划分。

② 注浆参数的确定。注浆参数包括注浆压力、注浆量、浆液扩散半径和注浆孔数等。

③ 施工顺序及注浆方式。

④ 施工组织及管理。

⑤ 注浆工期及工程投资预算。

第五十二条 采用注浆法防治井壁漏水时，应当制定专项措施并遵守下列规定：

（一）最大注浆压力必须小于井壁承载强度。

（二）位于流砂层的井筒段，注浆孔深度必须小于井壁厚度 200 mm。井筒采用双层井壁支护时，注浆孔应当穿过内壁进入外壁 100 mm。当井壁破裂必须采用破壁注浆时，必须制定专项措施。

（三）注浆管必须固结在井壁中，并装有阀门。钻孔可能发生涌砂时，应当采取套管法或者其他安全措施。采用套管法注浆时，必须对套管与孔壁的固结强度进行耐压试验，只有达到注浆终压后才可使用。

【名词解释】 井壁注浆

井壁注浆——立井永久支护后，出现井壁渗、漏水，漏水中含砂，壁后空洞或为提高围岩稳定性，用注浆泵向壁后进行注浆，达到堵水或充填加固的目的，简称后注浆。

【条文解释】 本条是对立井井筒采用注浆法防治井壁漏水的规定。

1. 井壁必须有承受最大注浆压力的强度。井壁出现渗漏水强度已经降低，能否承受最大注浆压力，必须进行井壁耐压强度验算。如验算后不能承受，应采取加固井壁的安全措施。

2. 在井壁上钻注浆孔时，钻孔深度应小于井壁厚度，剩余的井壁起止浆垫作用。井筒在流砂层部位时，注浆孔深度必须小于井壁厚度 200 mm。井筒采用双层井壁支护时，注浆孔应穿过内壁进入外壁 100 mm。当井壁破裂必须采用破壁注浆时，必须制定专门措施，防止漏水、流砂涌入井筒内。

3. 注浆管必须牢靠固结在井壁中，并装有阀门，防止注浆时将管顶出或跑浆。钻孔可能发生涌砂时，应采取套管法或其他安全措施。采用套管法注浆时，必须对套管的固结强度进行耐压试验，只有达到注浆终压后，方可使用。

第五十三条 开凿或者延深立井、安装井筒装备的施工组织设计中，必须有天轮平台、翻矸平台、封口盘、保护盘、吊盘以及凿岩、抓岩、出矸等设备的设置、运行、维修的安全技术措施。

【名词解释】 天轮平台、翻矸平台、封口盘、吊盘、保护盘

天轮平台——是凿井井架的重要组成部分，几乎承担建井施工井内的全部悬吊设备的重力载荷和提升载荷。它是布置天轮和天轮梁的承载梁系结构，由 4 根边梁和 1 根中梁组成。

翻矸平台——用来翻卸吊桶、提升矸石的工作平台。它通常布置在凿井井架主体架下部第一层水平连杆上，设有溜槽和翻矸设施，保持溜槽具有 35°~40°倾角，使矸石能借自重下滑到地面或排矸车内。

封口盘——为保证凿井作业安全，在井口设置的带有盖门和孔口的盘状结构物。

吊盘——又称工作盘，服务于立井井筒掘进、永久支护、安装等作业，悬吊于井筒中可以升降的双层或多层盘状结构物。

保护盘——为保障井筒延深作业安全，在原有生产井筒的井窝内构筑的阻挡坠落物的临时结构物。

【条文解释】 本条是对开凿或延深立井施工组织设计中编制施工设备安全措施的规定。

封口盘、吊盘、保护盘以及凿岩、抓岩、出矸等设备是开凿或延深立井的重要设备，这些设备的设置、运行、维修情况好坏，不仅影响施工进度、效率，而且影响设备的安全运行、人员的安全操作以及井筒、矿井的安全。因此，必须在施工组织设计中制定设备的设置、运行、维修的安全技术措施。

【典型事例】 某日，某矿风井安装罐道梁时，由于违反"吊桶升降距离超过40 m，必须安装罐道绳，吊桶必须沿钢丝绳罐道升降"的规定，吊桶在上提过程中因摇摆而无法控制，碰撞管路，吊桶被刮翻后脱钩，碰到井壁后坠落在吊盘上，把在吊盘上工作的3人砸落至井底，1人死亡，2人被吊桶碰伤。

第五十四条 延深立井井筒时，必须用坚固的保险盘或者留保护岩柱与上部生产水平隔开。只有在井筒装备完毕、井筒与井底车场连接处的开凿和支护完成，制定安全措施后，方可拆除保险盘或者掘凿保护岩柱。

【名词解释】 保险盘、保护岩柱

保险盘——在原生产井筒的井窝内人工构筑的临时盘状结构物。保险盘的结构型式有水平式、楔形式、单斜式、偏滑式和带钢丝绳缓冲网式等5种。保险盘自上向下一般由缓冲层、隔水层及盘梁等三部分组成。缓冲层的作用是吸收坠落物的部分冲击能量，缓冲材料有柴束、竹捆、锯末袋、沙袋、木垛等。隔水层的作用是防止水及淤泥等流入延深工作面。盘梁的作用是承受保护盘的自重和坠落物的冲击力。

保护岩柱——在岩石比较坚硬致密的条件下，在井筒延深段的顶部暂留一段长6~10 m的岩柱。紧贴岩柱之下设置护顶盘，以防止岩柱松动冒落，保持岩柱的稳定，但不支撑岩柱的全部重量。护顶盘是在紧贴岩柱底面设钢梁，用背板将岩柱底面背紧。

【条文解释】 本条是延深立井井筒对保险盘或保护岩柱的规定。

1. 延深立井是在原生产井筒正常进行生产提升的情况下，将井筒加深到新生产水平的工程。延深立井的方法有下向延深法和上向延深法两大类。无论采取哪种延深方法，都必须用安全保护设施把原生产井筒与延深井筒隔开，防止原生产井筒的提升容器、物料等重物坠下，砸坏延深段的施工设备和造成人员伤亡。这种安全保护设施通常采用坚固的保险盘或留设保护岩柱。

2. 拆除保险盘或掘凿保护岩柱。

拆除保险盘或掘凿保护岩柱的工作，是在延深段井筒装备结束，井筒与井底车场连接处掘砌完成，制定安全措施之后进行。

（1）拆除时，应停止上段井筒的生产提升。

（2）拆除前，应先清理井底水窝的积水、淤泥、碎煤等，防止坠落伤人。

（3）在生产水平以下 1~1.5 m 处搭设临时保险盘，防止生产水平以上坠物伤及拆除人员。

（4）在辅助水平井口处设置封口盘，加固保护岩柱的护顶盘。

（5）对井口及各水平马头门进行清扫，车场入口处设栅栏，井口设专人守护。

（6）作业人员必须佩戴保险带。

（7）采用先掘小断面反井后刷砌的方法拆除保护岩柱时，在小反井贯通井底水窝前，要用钎子打探眼，准确掌握剩余厚度，最后剩 2 m 左右时，再一次崩透。刷大时自上向下进行，矸石从小断面反井溜出，从辅助水平装岩出车，但要严格控制矸石块度，防止堵塞反井。刷大时反井上口必须设防坠箅子，并严禁站在箅子上作业，防止发生坠人事故。每次爆破前必须通知在生产水平马头门及井筒内工作的人员停止工作，撤到安全地点躲避。

（8）拆除保险盘自上向下进行，逐层拆除，边拆边运，并修补井壁。最后拆除封口盘与工作盘，接通上下水平的罐道。在拆除期间，井底不得有人，要有明确清晰的信号。运送材料要由专职人员指挥，钢梁要捆牢，绳子要结实，挂手动葫芦处要牢固可靠。

第五十五条 向井下输送混凝土时，必须制定安全技术措施。混凝土强度等级大于 C40 或者输送深度大于 400 m 时，严禁采用溜灰管输送。

【名词解释】 溜灰管

溜灰管——输送混凝土的管道。

【条文解释】 本条是对向井下输送混凝土的规定。

向井下输送混凝土主要有 2 种设备：底卸式吊桶和溜灰管。但不管采用哪种设备，都对井内作业人员存在一定事故隐患，必须制定安全技术措施。

采用溜灰管输送混凝土，工序简单，安全可靠，且输送速度快，占井筒空间少，有利于实现掘砌平行作业；同时，溜灰管输送混凝土，能连续浇筑井壁，井壁整体性好。

但是，采用溜灰管输送混凝土容易发生堵管和崩管事故。为了防止这些事故，必须采取以下安全措施：

1. 在搅拌机至溜灰管的溜槽内，设置箅子横挡，混凝土流过时大块物体被挡住，以免溜入管内造成堵管。

2. 溜灰管上口焊一横钢筋棍，防止大块物体漏入溜灰管。

3. 为了减少堵管和崩管，严禁采用溜灰管输送强度等级大于 C40 或输送深度大于 400 m的混凝土。

4. 严格控制混凝土向井下流入的速度和流量，将混凝土流量控制在半管，更不得盖满管口。

5. 混凝土下口活节筒必须调整长短，不得太长，特别是浇筑混凝土对面一帮时，拉过井管的活节筒弯度不能太大，以免造成大弯度积聚而堵管。

6. 为防止溜灰管脱落和崩裂，溜灰管接口处连接必须牢靠，管材质量合乎要求。

7. 当一茬井壁浇筑完毕，要用清水清洗干净溜灰管内的杂物。

【典型事例】 2014 年 5 月 14 日，陕西省榆林市某煤矿一号副立井在施工过程中发生溜灰管脱落事故。经救援，截至 15 日 6 时，事故造成 10 人死亡，尚有 3 人被困井下。

第五十六条 斜井（巷）施工时，应当遵守下列规定：

（一）明槽开挖必须制定防治水和边坡防护专项措施。

（二）由明槽进入暗硐或者由表土进入基岩采用钻爆法施工时，必须制定专项措施。

（三）施工15°以上斜井（巷）时，应当制定防止设备、轨道、管路等下滑的专项措施。

（四）由下向上施工25°以上的斜巷时，必须将溜矸（煤）道与人行道分开。人行道应当设扶手、梯子和信号装置。斜巷与上部巷道贯通时，必须有专项措施。

【条文解释】 本条是对斜井（巷）施工的规定。

1. 明槽开挖必须制定防治水、防护边坡的专项措施，以防地表水流入斜井（巷），边坡失稳滑落、垮冒，造成建井事故。

2. 由明槽进入暗硐或由表土进入基岩采用钻爆法施工时，必须制定专项措施。

3. 施工15°以上斜井（巷）时，应制定防止设备、轨道、管路等下滑的专项措施。

4. 向上掘进25°以上斜井（巷）时，如果整个井（巷）既溜矸（煤）又行人，容易发生矸（煤）滑落伤人事故。因此，必须专设人行道，并与溜矸（煤）道分开。为便于行走和联系，人行道应设扶手、梯子和信号装置。

在斜巷与上部巷道贯通时，必须有安全措施，确保安全贯通：

（1）测定斜巷与上部巷道在空间上的相对位置和距离，掘进时严格按中、腰线施工，防止掘偏；

（2）查明上部巷道的通风、瓦斯及水等情况，发现问题，及时解决；

（3）加固上部巷道贯通点的支架，加固方法及距离在作业规程中明确规定；

（4）在临近贯通时，确切掌握贯通距离，根据岩质情况，采取适当的贯通方法；

（5）用钻爆法单向贯通时，从距贯通点20 m开始，每次爆破前，两条巷道都要保持通风，检查瓦斯，通往两条巷道的所有通道都要设警戒，做好警戒工作。

爆破前，班组长应多派一名工人随警戒员同时到达另一条被贯通巷道。警戒员就位后，此人返回复命，班组长才能下达爆破命令。爆破后，班组长再派人通知警戒员后，警戒员才能撤回。

第五十七条 采用反井钻机掘凿暗立井、煤仓及溜煤眼时，应当遵守下列规定：

（一）扩孔作业时，严禁人员在下方停留、通行、观察或者出渣。出渣时，反井钻机应当停止扩孔作业。更换破岩滚刀时，必须采取保护措施。

（二）严禁干钻扩孔。

（三）及时清理溜矸孔内的矸石，防止堵孔。必须制定处理堵孔的专项措施。严禁站在溜矸孔的矸石上作业。

（四）扩孔完毕，必须在上、下孔口外围设置栅栏，防止人员进入。

【名词解释】 反井钻机掘凿法

反井钻机掘凿法——用钻机先正向钻出前导孔后再反向扩孔至设计直径的施工方法。

【条文解释】 本条是对反井钻机掘凿暗立井、煤仓及溜煤眼的规定。

1. 采用反井钻机法施工，虽然施工人员不直接进入反井内作业，工作条件好、安全，但在扩孔期间，严禁人员在孔的下方停留、通行、观察或出渣。出渣时，反井钻机应停止扩孔作业。更换破岩滚刀时，必须采取保护措施，以防落石伤人。扩孔完毕，必须在上、下孔口外围设置栅栏，防止人员进入。

2. 为了防止粉尘对作业人员的毒害，保证钻扩孔作业人员的身体健康，严禁干钻扩孔，必须采取湿式钻眼。

3. 及时清理溜矸孔内的矸石，防止堵孔。必须制定处理堵孔的专项措施。为处理爆破、刷帮出矸时矸石卡堵小井，可在小井内敷设钢丝绳，一旦发生卡堵小井时，可上下拉动钢丝绳，促使矸石下坠。严禁站在溜矸孔的矸石上去处理卡矸或从事其他作业。

第五十八条 施工岩（煤）平巷（硐）时，应当遵守下列规定：

（一）掘进工作面严禁空顶作业。临时和永久支护距掘进工作面的距离，必须根据地质、水文地质条件和施工工艺在作业规程中明确，并制定防止冒顶、片帮的安全措施。

（二）距掘进工作面 10 m 内的架棚支护，在爆破前必须加固。对爆破崩倒、崩坏的支架必须先行修复，之后方可进入工作面作业。修复支架时必须先检查顶、帮，并由外向里逐架进行。

（三）在松软的煤（岩）层、流砂性地层或者破碎带中掘进巷道时，必须采取超前支护或者其他措施。

【名词解释】 空顶作业

空顶作业——在井下巷道或采场顶板未采取任何支护或支护失效范围内进行的作业。

【条文解释】 本条是对施工岩（煤）平巷（硐）顶板管理的规定。

1. 支护的作用在于加强巷道附近周围岩石的强度，防止破坏岩石的脱落。支护的阻力越大、强度越大、越及时，越能加强巷道围岩的强度，限制破碎区的扩展。为了保证安全，防止岩石冒落，必须及时对悬空顶板进行支护，严禁空顶作业。临时和永久支护到掘进工作面的距离，必须根据地质、水文地质条件和施工工艺在作业规程中明确规定，并制定防止冒顶、片帮的安全措施。

2. 空顶标准：架棚巷道未按《规程》（或措施）要求使用前探梁等临时支护或冒顶高度超过 0.5 m 不接实继续作业的；锚（网）喷支护巷道未按《规程》（或措施）要求在前探梁、临时棚或点柱掩护下作业；在最大控顶距内未按措施规定完成顶部永久支护，继续向前施工作业的。

3. 严禁空顶作业的管理方法。

（1）在作业规程和施工措施中必须明确如何维护顶板，严禁在空顶下作业。

（2）锚喷工作面掘进过程中必须打超前锚杆控制顶板。

（3）炮掘架棚巷必须使用前探梁进行超前支护，爆破前要有防崩倒装置。

（4）综掘巷道要使用托梁器进行临时支护，掘锚一体化巷道采用机组自身支撑顶梁临时支护。

（5）在开口或贯通前，架棚巷道要先在主巷架设抬棚，抬棚必须有三保险。锚网支护巷道应当补打锚杆锚索维护顶板。

（6）要加强对空顶违章作业的监督检查，一经发现追究其事故责任。

4. 为了防止崩倒、崩坏支架，在钻爆方面除从炮眼角度、装药量、爆破顺序上采取措施外，对靠近掘进工作面 10 m 内的支护，在爆破前必须加固。爆破崩倒、崩坏的支架必须先行修复之后方可进入工作面作业。为了防止修复支架时发生冒顶堵人事故、修复支架时必须先检查顶、帮，并由外向里逐架进行，严禁由里向外进行。

5. 在松软的煤、岩层或流砂性地层中及地质破碎带掘进巷道时，必须采取前探支护或其他措施。

【典型事例】 2012 年 7 月 27 日，贵州省六盘水市某煤矿在维修巷道时，将原 U 型棚改为大断面梯形棚，扩帮后巷道宽度过大，未按措施要求加固支护，局部空帮空顶，支架失稳，应力集中显现导致推垮型冒顶，造成 4 人死亡，直接经济损失约 350 万元。

第五十九条 使用伞钻时，应当遵守下列规定：

（一）井口伞钻悬吊装置、导轨梁等设施的强度及布置，必须在施工组织设计中验算和明确。

（二）伞钻摘挂钩必须由专人负责。

（三）伞钻在井筒中运输时必须收拢绑扎，通过各施工盘口时必须减速并由专人监视。

（四）伞钻支撑完成前不得脱开悬吊钢丝绳，使用期间必须设置保险绳。

【名词解释】 伞钻

伞钻——伞形钻架，包括支撑机构、调高机构、补偿机构、推进机构和动臂机构。

【条文解释】 本条是对使用伞钻的规定。

我国煤矿伞钻的研制始于 20 世纪 70 年代初期，1976 年第一台 FJD6 型伞钻开始用于立井井筒掘进。多年实际使用表明，伞钻的凿岩效果明显优于手抱钻，不仅能钻凿爆破孔，而且有的伞钻还能钻凿注浆孔和探水孔，其作业安全可靠，凿岩速度快，辅助时间少，可大大改善作业条件和提高立井施工速度。

1. 使用伞钻时悬吊装置、导轨梁等设施质量较大、体积较大、作业空间较小，必须在施工组织设计中验算强度和明确布置位置。

伞钻下井时首先要检查伞钻的悬吊机构是否完好，风、水、油管捆扎是否牢固，油缸、风马达、钻机是否完好，检查钢丝绳扣及夺钩绳是否完好。要对钢丝绳安全系数进行检验。提升伞钻的钢丝绳套，每次使用前必须专人检查并留有记录。

【典型事例】 某煤矿副立井在基岩段施工中采用 XFJD6. 10 型伞钻配 YGZ-70 型凿岩机，配 ϕ38 mm×5 500 mm 六角中空合金钢钎、ϕ55 mm 十字形合金钻头进行钻眼掘进。他们对使用的钢丝绳安全系数检验如下：XFJD6. 10 型伞钻配 YGZ-70 型凿岩机总质量为 8. 9 t，选用 18×7-28 的钢丝绳，钢丝绳的破断力为 56. 010 7 t，安全系数（=56. 010 7/8. 9=6. 29）符合大于 5 的规定，满足使用要求。

2. 伞钻摘挂钩是个重要的操作工序，稍有不妥，就可能产生伞钻脱落、下坠，引发事故，伞钻下井和升井的摘挂钩工作属高处作业，有一定的危险性，操作人员的安全带必须生根系牢。所以伞钻摘挂钩必须由专人负责。

3. 由于井筒断面小，伞钻在井筒中运输时必须收拢绑扎，各管路捆扎牢固，以防管路或支撑臂在提升过程中张开，挂碰钢梁而不能顺利通过施工盘口。通过各施工盘口时必须减速并由专人监视，绞车运行速度必须控制在 2 m/s 以内。伞钻在上下井过程中要设专人统一指挥。信号工、绞车工要集中精力，信号工要切实注意指挥人员的启停信号，绞车工要做到信号不明不开车。

4. 伞钻支撑完成前不得脱开悬吊钢丝绳，使用期间必须设置保险绳。伞钻打眼过程中吊桶和吊泵都可能升降，因此支撑臂的位置要避开吊桶、吊泵等升降位置。

支撑臂支撑井壁上仰10°是为了防止支撑臂受自重下滑失效，使支撑臂越撑越紧。伞钻支撑完毕不得摘钩，防止因支撑臂失效，伞钻倾倒。

第六十条 使用抓岩机时，应当遵守下列规定：

（一）抓岩机应当与吊盘可靠连接，并设置专用保险绳。

（二）抓岩机连接件及钢丝绳，在使用期间必须由专人每班检查1次。

（三）抓矸完毕必须将抓斗收拢并锁挂于机身。

【条文解释】 本条是对使用抓岩机的规定。

1. 抓岩机安装前必须制定安全措施，按规定安全系数选取钢丝绳绳套。抓岩机的起吊必须由专人指挥，专人检查挂钩情况，并做好记录。为便于抓岩机下井安装，应选用2根等长的绳套悬吊抓岩机，确保抓岩机的固定盘水平。

2. 抓岩机的L型卡螺栓和各构件的连接装置在使用过程中都有可能松动，任何部位脱落都会造成事故。抓岩机出矸过程中井下工作面仍有作业人员，必须保证提升抓斗用的钢丝绳有足够的安全系数，严防抓斗钢丝绳磨损超限断绳伤人，每班必须有专人检查，发现问题，立即处理。

3. 抓斗使用完毕必须清理干净，防止抓齿中存有矸石坠落伤人。收拢抓齿可减小抓齿的井筒占用面积，防止吊桶与抓齿挂碰。抓矸完毕严禁利用马达长时间悬吊抓斗，必须将抓斗锁于抓岩机机身上，抓岩机司机方可离开。锁抓斗的索具必须每班检查，防止因断丝超限发生事故。装药前严禁将抓斗放置于底板上，防止井筒的杂散电流通过抓岩机钢丝绳和抓斗与井底导通，引爆雷管。

第六十一条 使用耙装机时，应当遵守下列规定：

（一）耙装机作业时必须有照明。

（二）耙装机绞车的刹车装置必须完好、可靠。

（三）耙装机必须装有封闭式金属挡绳栏和防耙斗出槽的护栏；在巷道拐弯段装岩（煤）时，必须使用可靠的双向辅助导向轮，清理好机道，并有专人指挥和信号联系。

（四）固定钢丝绳滑轮的锚桩及其孔深和牢固程度，必须根据岩性条件在作业规程中明确。

（五）耙装机在装岩（煤）前，必须将机身和尾轮固定牢靠。耙装机运行时，严禁在耙斗运行范围内进行其他工作和行人。在倾斜井巷移动耙装机时，下方不得有人。上山施工倾角大于20°时，在司机前方必须设护身柱或者挡板，并在耙装机前方增设固定装置。倾斜井巷使用耙装机时，必须有防止机身下滑的措施。

（六）耙装机作业时，其与掘进工作面的最大和最小允许距离必须在作业规程中明确。

（七）高瓦斯、煤与瓦斯突出和有煤尘爆炸危险矿井的煤巷、半煤岩巷掘进工作面和石门揭煤工作面，严禁使用钢丝绳牵引的耙装机。

【名词解释】 耙装机

耙装机——用耙斗做装岩机构的装载机械。

【条文解释】 本条是对耙装机使用的规定。

1. 耙装机作业时必须照明充足，主要是方便作业，同时由于在耙装作业场所人员较多，能够提醒他人请勿靠近。

2. 耙装机作业时，有时需要刹车，如果刹车装置不完整、不可靠，将失去灵敏性，一旦出现危险情况可能发生事故或使事故扩大。

3. 在耙装机作业场所，由于巷道倾角的变化和巷道拐弯等因素影响，很容易出现钢丝绳摆动和耙斗出槽现象，危及安全，因此要求必须装有封闭式金属护绳栏和防耙斗出槽的护栏，在巷道拐弯处装煤（岩）时，必须使用可靠的双向辅助导向轮，且清理好机道，并有专人指挥和进行信号联系。

4. 耙装机钢丝绳滑轮一般是固定在锚桩上的，锚桩埋设在岩石里，将承受巨大的拉力，因此其固定必须牢固。锚桩的牢固程度与岩石性质、岩石结构及孔深有着直接关系。锚桩的固定要根据实际情况在作业规程中明确规定。

5. 耙装机如机身和尾轮固定不牢靠，很容易造成机身的滑移和摇摆，进而发生事故。在耙斗运行范围内进行其他工作和行人，耙斗极易伤害人员。在倾斜井巷移动耙装机，耙装机很容易沿底板向下滑动，下方一旦有人停留和通过，易造成伤害事故。当耙装机在倾斜井巷倾角大于20°条件下作业时，煤（矸）易沿底板滚落，伤及司机，因此，在司机前方必须打护身柱或挡板，并增设耙装机防滑装置。

6. 耙装机作业时，距掘进工作面距离过大，不利于发挥其效率；距掘进工作面距离过小，又容易发生事故，不利于安全。因此，耙装机与掘进工作面的最大和最小允许距离要根据作业的具体条件在作业规程中明确规定。

7. 采用钢丝绳牵引的耙装机，在作业现场由于摩擦、撞击或破断极易产生火花，它可能成为瓦斯、煤尘爆炸的引爆火源。所以，高瓦斯、煤与瓦斯突出和有煤尘爆炸危险矿井的煤巷、半煤岩巷掘进和石门揭煤工作面，严禁使用钢丝绳牵引的耙装机。

第六十二条 使用挖掘机时，应当遵守下列规定：

（一）严禁在作业范围内进行其他工作和行人。

（二）2台以上挖掘机同时作业或者与抓岩机同时作业时应当明确各自的作业范围，并设专人指挥。

（三）下坡运行时必须使用低速挡，严禁脱挡滑行，跨越轨道时必须有防滑措施。

（四）作业范围内必须有充足的照明。

【条文解释】 本条是对挖掘机使用的规定。

1. 挖掘机作业范围内必须有充足的照明。作业范围内必须无人从事其他工作和行走，无障碍物。挖掘前先鸣声示警，并试挖数次，待确认正常后方可开始正式作业。

2. 如果出现2台以上挖掘机或与抓岩机在同一工作面上联合作业情况，必须明确各自的作业范围，服从有关人员的统一指挥，并以音响、信号旗（灯）或口头联系等方式呼唤应答，联系可靠，配合密切。

3. 挖掘机行走时，应有专人指挥，且与高压线距离不得少于5 m。禁止倒退行走；在下坡行走时应低速、匀速行驶，严禁脱挡滑行和变速；挖掘机停放位置和行走路线应与路面、沟渠、基坑保持安全距离；挖掘机在斜坡停车，铲斗必须放到地面，所有操作杆置于中位；跨越轨道时必须有防滑措施。

第六十三条　使用凿岩台车、模板台车时，必须制定专项安全技术措施。

【条文解释】　本条是对凿岩台车、模板台车安全操作的规定。

1. 凿岩台车作业时，工作空间狭窄，人员多，有时各工种平行作业很容易发生事故。凿岩台车操作必须由专职司机完成，该司机必须具备娴熟的操作技能并且经过安全培训，取得特种作业人员上岗证，否则不得上岗操作。使用专用工具开、闭液压凿岩台车的电气控制回路开关，专用工具由专职司机保管，防止他人违章操作或误操作。司机离开操作台时，必须断开液压凿岩台车的电源开关，以防止触及控制开关造成事故。

液压凿岩台车装有前照明灯和尾灯，有利于液压凿岩台车司机操作和对前后方情况的观察，同时对其他人员起到警示作用，避免接近液压凿岩台车。

2. 凿岩台车起动前必须检查各操作手柄位置，确认无误后，方可通电，以防止误操作，并设专人警戒，确保液压凿岩台车四周无人后，方可起动。

3. 凿岩台车行走前必须将钻臂收拢并尽可能降低重心，抬起前支腿至水平位置，并设专人负责拖动动力电缆，以防液压凿岩台车行走时钻臂和前支腿及动力电缆被挂导致失稳。

4. 凿岩台车行走过程中必须有 3 人负责监视，台车前方两侧各一人，台车尾部一人，用哨音联络。行走过程，台车车体两侧严禁站人，以确保行走安全。斜巷行走时应制定专项安全措施。

5. 凿岩台车停止工作或检修时，必须将钻臂和支腿落地，并断开专用电控开关。

6. 凿岩台车检修时必须断开专用电控开关，并悬挂警戒牌；需要在钻臂下检修机器时，必须垫枕木支撑钻臂，以防钻臂下落伤人。

第三节　井塔、井架及井筒装备

第六十四条　井塔施工时，井塔出入口必须搭设双层防护安全通道，非出入口和通道两侧必须密闭，并设置醒目的行走路线标识。采用冻结法施工的井筒，严禁在未完全融化的人工冻土地基中施工井塔桩基。

【名词解释】　井塔

井塔——安装塔式摩擦式提升机的地面高耸构筑物，为多层钢筋混凝土结构。

【条文解释】　本条是对井塔施工的规定。

煤矿地面建筑钢筋混凝土主、副井井塔，具有安全、耐久和易维护、占地面积小、便于设备操作维修等特点，在煤矿建设中广泛采用。

由于井塔内有井筒上口，进入井塔内有可能误入井筒上口，坠入井筒内造成人身伤亡事故，因此井塔施工时，井塔出入口必须搭设双层防护安全通道，非出入口和通道两侧必须密闭，并设置醒目的行走路线标识。

采用冻结法施工的井筒，严禁在未完全融化的人工冻土地基中施工井塔桩基，以保证井塔建筑质量合格。

【典型事例】 山西省晋城煤业集团王台铺煤矿二号井主井井塔，采用的是钢筋混凝土筒中筒结构设计。该建筑平面尺寸为 15.5 m×13.7 m，建筑面积 1 345 m^2，建筑体积 11 318 m^3。井塔内外筒壁厚均为 250 mm，楼梯、电梯间为 200 mm。井塔内共有 7 层楼板，总高度为 53.9 m，楼板、墙壁均为钢筋混凝土结构，层高为 6~12 m。根据结构形式采用液压滑升模板方案施工，并采用“滑一打一”的施工方法。通过该方案在主井井塔上的实施，仅用了 85 天即完成了主体的施工。

第六十五条 井架安装必须编制施工组织设计。遇恶劣气候时，不得进行吊装作业。采用扒杆起立井架时，应当遵守下列规定：

（一）扒杆选型必须经过验算，其强度、稳定性、基础承载能力必须符合设计。

（二）铰链及预埋件必须按设计要求制作和安装，销轴使用前应当进行无损探伤检测。

（三）吊耳必须进行强度校核，且不得横向使用。

（四）扒杆起立时应当有缆风绳控制偏摆，并使缆风绳始终保持一定张力。

【名词解释】 凿井井架

凿井井架——用于悬挂凿井提升容器及井筒内各种凿井设备和设施的工程构筑物。

【条文解释】 本条是对井架安装的规定。

1. 井架安装是施工较复杂、技术性较强的工程，必须编制施工组织设计。若遇恶劣气候，例如暴雨、五级以上大风、大雪或雾霾天气时，不得进行吊装作业。

2. 凿井井架的选择应符合下列要求：

(1) 能够安全承担施工中的全部载荷；

(2) 保证足够的过卷高度；

(3) 满足施工材料、设备的运输及天轮平台、翻矸台布置的需要。

钢凿井井架在建井工程中使用最为广泛。根据井架高度、天轮平台尺寸及其适用的井筒直径、井筒深度、悬吊载荷等条件选用。20 世纪我国钢凿井井架一般分为Ⅰ、Ⅱ、Ⅲ、Ⅳ、ⅣG、Ⅴ等型号。近些年，随着我国建井井筒深度、井筒直径的增大和凿井机械化程度的提高，Ⅳ型以下的凿井井架已较少使用，Ⅵ型及以上的超大型井架已研制成功并开始使用。

如果利用永久井架凿井，因凿井期间井架悬吊的载荷较大，所以使用永久井架凿井的井架强度必须满足凿井负荷要求。

3. 采用扒杆起立井架时，扒杆选型必须经过验算，其强度、稳定性、基础承载能力必须满足设计要求。铰链及预埋件必须按设计要求制作和安装，销轴使用前应进行无损探伤检测。扒杆起立时应有缆风绳控制偏摆，并使缆风绳始终保持一定张力。

4. 使用吊耳，必须进行设计计算，满足强度要求。吊耳的加工安装必须按设计进行，不得横向使用。井架试吊时应检查吊耳方向是否正确、有没有变形、与滑车连接是否灵活、有没有别劲。

【典型事例】 2010 年，山西省某煤矿副井井架起吊试吊时，因质量太大，单件达 300 多吨，吊耳焊接方向错误，导致起吊时 1/3 的吊耳断裂，因设有保险绳未造成重大损失。

5. 扒杆起立时水平推力较大，应设置地锚和绊腿进行牵拉。地锚和绊腿机具根据水平推力大小进行设计。地锚最好选用 2 个，与扒杆底座中心形成 30°左右夹角。绊腿钢丝绳要预张紧，保证扒杆起立时底座不产生位移。扒杆一般利用汽车吊抬头到 45°左右，再用缆风绳控制偏摆，主提升稳车接力起立。当扒杆起立到 85°时，应停止主提升稳车，改用缆风稳车将其调正。接力起立扒杆时，汽车吊应设计成自动脱钩。

第六十六条　立井井筒装备安装施工时，应当遵守下列规定：

（一）井筒未贯通严禁井筒装备安装施工。

（二）突出矿井进行煤巷施工，且井筒处于回风状态时，严禁井筒装备安装施工。

（三）封口盘预留通风口应当符合通风要求。

（四）吊盘、吊桶（罐）、悬吊装置的销轴在使用前应当进行无损探伤检测，合格后方可使用。

（五）吊盘上放置的设备、材料及工具箱等必须固定牢靠。

（六）在吊盘以外作业时，必须有牢靠的立足处。

（七）严禁吊盘和提升容器同时运行，提升容器或者钩头通过吊盘的速度不得大于0.2 m/s。

【名词解释】　封口盘、吊盘和吊桶

封口盘——为保证凿井作业安全，在井口设置的配有盖门和井口盖孔口的盘状结构物。

吊盘——服务于立井井筒掘进、永久支护、安装等作业，悬吊于井筒中可以升降的双层或多层盘状结构物，又称工作盘。

吊桶——立井施工时，用于运出矸石、升降人员和器材的桶形提升容器。

【条文解释】　本条是对立井井筒装备安装施工的规定。

1. 井筒未贯通时，井筒内瓦斯含量较大，有可能达到瓦斯爆炸浓度界限；或者当矿井瓦斯等级为煤与瓦斯突出，且井筒处于回风状态时，瓦斯含量也较大，这时如果遇上火源，就可能引起瓦斯爆炸。而井筒装备安装施工往往会产生引爆火源，例如金属器材摩擦、撞击，钢丝绳断裂，电气焊等，所以这时严禁井筒装备安装施工。

2. 为了保证在井筒内消除瓦斯积聚，创造良好的凿井作业环境，在封口盘都预留有通风口，这个通风口面积应满足通风要求，而且不能被挡盖。

3. 吊盘、吊桶（罐）和悬吊装置的连接部位都有销轴，销轴合格可靠，是这些连接装置的关键，如果销轴发生断裂，这些连接装置就可能坠入井底，造成人员伤亡、财产损毁的恶果，所以使用前应对销轴进行无损探伤检测，合格后方可使用。

同样，吊盘上放置的设备、材料及工具箱等必须固定牢靠，以免掉入井筒中。

4. 为了防止作业人员不慎掉入井筒，在吊盘以外作业时，必须有牢靠的立足处。

5. 为了避免相互挂碰，严禁吊盘和提升容器同时运行。提升容器或钩头通过吊盘时要慢速、匀速，其速度必须小于 0.2 m/s。

第六十七条　井塔施工与井筒装备安装平行作业时，应当遵守下列规定：

（一）在土建与安装平行作业时，必须编制专项措施，明确安全防护要求。

（二）利用永久井塔凿井时，在临时天轮平台布置前必须对井塔承重结构进行验算。

（三）临时天轮平台的上一层提升孔口和吊装孔口必须封闭牢固。

（四）施工电梯和塔式起重机位置必须避开运行中的井筒装备、材料运输路线和人员行走通道。

【名词解释】　临时天轮平台

临时天轮平台——位于井架上端专为凿井时临时安设各种天轮用的框架结构平台。

【条文解释】　本条是对井塔施工与井筒装备安装平行作业的规定。

1. 在井塔土建施工过程中，与安装平行作业时，互相影响安全、质量和工程进度，为了解决这些问题，必须编制专项措施，明确安全防护要求。

2. 利用永久井塔凿井时，临时天轮平台质量大，布置在井塔上，对井塔压力很大。在临时天轮平台布置前必须对临时天轮平台质量进行测算，并对井塔承重结构进行验算。

3. 临时天轮平台的上一层提升孔口和吊装孔口必须封闭牢固，以免从这些孔口掉入人员或物料，造成坠井事故。

4. 施工中需要安装专为升降作业人员的电梯和塔式起重机，它与运行中的井筒装备、材料运输路线和人员行走通道相互干扰。为了保证安全，电梯和塔式起重机安装位置必须避开运行中的井筒装备、材料运输路线和人员行走通道。

第六十八条　安装井架或者井架上的设备时必须盖严井口。安装井筒装备与安装井架及井架上的设备平行作业时，井口掩盖装置必须坚固可靠，能承受井架上坠落物的冲击。

【条文解释】　本条是对安装井架及其装备时盖严井口的规定。

井盖设在井口，带有井盖门和孔口。井盖的基本作用，一是在安装井架或井架上的设备时，为平移井架和吊装井架上的大型钢杆件、中梁、边梁等材料构件及天轮平台、翻矸台等设备提供一个坚固作业平台；二是为防止坠物落井及防止电焊、气焊的火花及碎屑落入井筒，提供一个防坠保护平台。

在安装井筒装备与安装井架及井架设备平行作业时，井盖的防坠保护作用更为重要。为了防坠并能承受井架上坠物的冲击，不但要盖严井口，而且还必须加固井口掩盖装置，达到坚固可靠的目的。

第六十九条　井下安装应当遵守下列规定：

（一）作业现场必须有充足的照明。

（二）大型设备、构件下井前必须校验提升设备的能力，并制定专项措施。

（三）巷道内固定吊点必须符合吊装要求。吊装时应当有专人观察吊点附近顶板情况，严禁超载吊装。

（四）在倾斜井巷提升运输时不得进行安装作业。

【名词解释】　安装

安装——把机器的各个部分按照设计要求组合起来并分别固定在预先确定的地点，使机器能够完成设计规定的各项功能的施工过程。

【条文解释】 本条是对井下安装的规定。

1. 井下作业条件与井上作业条件截然不同，主要特点是光线不足和空间狭窄，容易发生作业现场人身事故和安装质量事故。所以，井下现场作业时必须有充足的照明，以便于加强自主保安和相互保安，提高设备安装质量。

2. 大型设备、构件下井前首先必须要测算它们的质量，然后校验提升设备的能力，并制定专项措施。提升设备不能超载运行，而且按规定留有安全系数。

3. 一些设备、构件在巷道内安装时需要起吊，巷道内固定吊点必须满足吊装要求。吊装时应有专人观察吊点附近顶板情况，严禁超载吊装，防止顶板塌冒、固定吊点失效。

4. 斜巷运输容易发生车辆下跑伤人事故，要求斜巷内“行车不行人，行人不行车”。所以，为了保证安装作业人员的安全，在倾斜井巷提升运输时不得进行安装作业。

第四节　建井期间生产及辅助系统

第七十条 建井期间应当尽早形成永久的供电、提升运输、供排水、通风等系统。未形成上述永久系统前，必须建设临时系统。

矿井进入主要大巷施工前，必须安装安全监控、人员位置监测、通信联络系统。

【名词解释】 安全监控系统、人员位置监测系统、通信联络系统

安全监控系统——监测甲烷浓度、一氧化碳浓度、二氧化碳浓度、氧气浓度、风速、风压、温度、烟雾、馈电状态、风门状态、风筒状态、局部通风机开停、主通风机开停等，并实现甲烷超限声光报警、断电和甲烷风电闭锁控制等。

人员位置监测系统——为地面调度控制中心提供准确、实时的井下作业人员身份信息、工作位置、工作轨迹等相关管理数据，实现对井下工作人员的可视化管理，提高煤矿开采生产管理的水平。矿井灾变后，通过系统查询、确定被困作业人员构成、人员数量、事故发生时所处位置等信息，确保抢险救灾和安全救护工作的高效运作。

通信联络系统——按照在灾变期间能够及时通知人员撤离和实现与避险人员通话的要求，进一步建设完善通信联络系统。矿井通信联络系统应延伸至井下紧急避险设施，紧急避险设施内应设置直通矿调度室的电话。

【条文解释】 本条是对生产系统和避险系统的规定。

1. 为了保证建井期间安全生产，应尽早形成永久的供电、提升运输、供排水、通风等系统，一旦发生生产安全事故便于及时进行抢救，以服务于建设，服务于安全。未形成上述永久系统前，必须建设临时系统。

2. 安全监控、人员位置监测、通信联络系统是保证安全生产的安全避险“六大系统”重要组成部分。矿井进入主要大巷施工前，即矿建二期工程以前［从施工井底车场开始，到进入采（盘）区车场施工前的工程，包括井底车场、石门、主要运输大巷、回风大巷、中央变电所、水泵房、水仓、井底煤仓、炸药库等］，因为这时井下多个掘进工作面同时施工，局部通风机移至井下，井下电气设备不断增加，需要重点加强瓦斯检查的地点增多，单一的甲烷风电闭锁装置不能满足安全要求，必须安装安全监控、人员位置监测、通

信联络系统。

第七十一条 建井期间应形成两回路供电。当任一回路停止供电时，另一回路应当能担负矿井全部用电负荷。暂不能形成两回路供电的，必须有备用电源，备用电源的容量应当满足通风、排水和撤出人员的需要。

高瓦斯、煤与瓦斯突出、水文地质类型复杂和极复杂的矿井进入巷道和硐室施工前，其他矿井进入采区巷道施工前，必须形成两回路供电。

【名词解释】 两回路供电

两回路供电——采用两路电源为煤矿供电，一路作为正常电源，一路作为应急电源，即备用电源。

【条文解释】 本条是对建井期间两回路电源线路的规定。

1. 两回路供电的概念

一般来说，对于重要的电气设备，为了保证其供电的可靠性，通常采用两路电源为其供电，一路作为正常电源，一路作为应急电源，即备用电源。这两路电源的电压等级，性质等均一样，不同的是，这两路电源应该分别来自不同的而且是相对独立的配电系统。

供电正常的情况下，电气设备使用正常电源，当正常电源因故断电时，应急电源即备用电源会在极短的时间里自动切换投入，从而保证电气设备供电的连续性。当正常电源恢复供电时，在极短的时间里又自动切换回正常电源供电。也就是说，不管是在正常情况下还是在应急情况下，该电气设备仍然只使用两路电源中的一路，而不是同时使用两路。

2. 建井期间两回路电源线路的重要性

由于煤矿井下电气设备特殊的工作环境，一旦矿井供电系统发生故障或事故，容易引起矿井重大灾难事故，如发生矿井电气火灾、人身触电、瓦斯煤尘爆炸和透水事故等，因此，煤矿矿井要求安全供电。

在煤矿供电系统中具有许多一级电力负荷，例如，通风、排水、提人等设备时刻不能停电，否则，就可能酿成大祸。当通风机停电时，就可能使井下巷道积聚瓦斯，引发瓦斯爆炸事故；当排水泵停电时，就可能导致积水上涨，引发淹井、淹巷道事故；当提升机停电时，井下人员不能上井，井上人员不能下井，特别是抢险救灾期间，井下受灾害威胁人员不能逃生脱险，井上救援人员不能下井进行救援工作等。这些都构成了对矿井安全极大的威胁。

如果供电系统中只有一个电源线路，当电源出现故障时，整个供电系统必然会全部中断供电，因而供电的可靠性极差。实现两回电源线路后，当正常工作的电源线路发生故障时，由备用电源线路供电，从而提高了供电的可靠性，为煤矿实现矿井安全奠定了基础。

3. 建井期间备用电源

我国有的地区煤矿建设初期，形成两回路电源线路难度较大，暂时采用单回路供电。为了保证矿井在供电电源因故障或其他原因停止供电时，仍能担负矿井保安负荷的需要，以启动保障人员撤出的提升设备，正常开启通风机、排水设备等，必须设置一定容量的柴油发电机，以作为备用电源。

（1）备用电源的容量

备用电源的容量必须满足通风、排水、提升等要求。

因为矿井通风、排水和提升是涉及煤矿重大安全工作的环节，在煤矿供电电源线路由于故障或其他原因停止供电时，井下生产应该中断，但是保安负荷（如矿井通风、排水和提升）必须继续保证供电，通过倒闸操作，迅速恢复对上述一级保安负荷的供电，避免或减少由此而造成的安全事故和经济损失，确保矿井安全。所以，备用电源的容量必须满足矿井通风、排水和提升等一级保安负荷的要求。

（2）备用电源的管理和维护

为了使备用电源真正能起到备用的作用，必须对备用电源进行日常的管理和维护，长期保持完好状态，一旦矿井供电电源线路发生故障或其他原因而断电，备用电源立即能投入使用，使主要通风机等在 10 min 内就能可靠地启动并进行正常运行，缩短停电的影响时间，降低造成的事故危害程度，控制事故波及的范围。有的小煤矿由于在这方面重视不够，虽然有柴油发电机，但平时不用时堆放在库房、仓库中无人问津，或者在露天地遭受日晒雨淋，锈迹斑斑，润滑油孔干涸，到真正使用时，要花费很长时间才能启动和运行，甚至有的就不能启动和运行。因此，对备用电源的管理和维护要做到：

① 应有专人负责管理和维护。

② 每 10 天至少进行 1 次启动和运行试验，但注意在试验期间不得影响矿井通风等。

③ 试验记录要存档备查。

高瓦斯、煤（岩）与瓦斯（二氧化碳）突出、水文地质类型复杂和极复杂的矿井进入巷道和硐室施工前，其他矿井进入采区巷道施工前，必须形成双回路供电。解释参考上条。

第七十二条　悬挂吊盘、模板、抓岩机、管路、电缆和安全梯的凿井绞车，必须装设制动装置和防逆转装置，并设有电气闭锁。

【名词解释】　凿井绞车

凿井绞车——主要用于煤矿、金属矿、非金属矿竖井井筒掘进时悬吊吊盘、水泵、风筒、注浆管等掘进设备和张紧稳绳，也可作井下和地面起吊重物用。

【条文解释】　本条是对凿井绞车的规定。

在开凿立井时所使用的吊盘、模板、抓岩机、管路、电缆和安全梯等设备悬吊于井筒中，施工人员需要在吊盘上作业，因此，凿井绞车一定要安全可靠。一旦悬挂吊盘的钢丝绳有一根由于运行速度与其他悬挂吊盘的钢丝绳不同，或因凿井绞车制动失效、无防逆转装置等，会造成吊盘因跑车落盘、翻盘等事故。悬吊吊盘的凿井绞车必须安装棘爪式或其他机械防逆转装置，防逆转装置和凿井绞车电控设电气闭锁，防逆转装置打开前稳车向下方向不能送电。

安全闸和工作闸是制动系统是否安全的关键部件，使用前必须严格检验。检查敞闸时闸与闸轮的间隙、抱闸时闸和闸轮接触面积是否符合要求，闸与闸轮的间隙和接触面积不符合要求都会引起摩擦力减小、制动力矩不足，从而不能实现安全制动。检查闸与闸轮的间隙和接触面积时，要制定防止稳车下滑的安全措施。

凿井绞车钢丝绳绳根压板要和钢丝绳直径相适应，应齐全并紧固，螺丝紧固均匀。钢丝绳要排列整齐，凿井绞车有排绳器的利用排绳器排绳，没有排绳器的利用人工将绳排列整齐。钢丝绳层间加垫板以防止钢丝绳嵌入下层，垫板要排列均匀整齐。

【典型事例】 某日，黑龙江省某矿建设工程处施工立井煤仓扩大断面，当吊盘提升到27.8 m时，绞车司机发现卷筒倒转并且不断加速，立即停电，吊盘仍急速下滑，坠落到工作面，造成6人死亡。

第七十三条 建井期间，2个提升容器的导向装置最突出部分之间的安全间隙，不得小于0.2+H/3 000（H为提升高度，单位为m）；井筒深度小于300 m时，上述间隙不得小于300 mm。

立井凿井期间，井筒内各设施之间的间隙应当符合表1的要求。

表1 立井凿井期间井筒内各设施之间的间隙

序号	井筒内设施	安全间隙/mm
1	吊桶最突出部分与孔口之间	≥150
2	吊桶上滑架与孔口之间	≥100
3	抓岩机停止工作，抓斗悬吊时的最突出部分与运行的吊桶之间	≥200
4	管、线与永久井壁之间（井壁固定管线除外）	≥300
5	管、线最突出部分与提升容器最突出部分之间： 井深小于400 m 井深400~500 m 井深大于500 m	 ≥500 ≥600 ≥800
6	管、线卡子的最突出部分与其通过的各盘、台孔口之间	≥100
7	吊盘与永久井壁之间	≤150

【条文解释】 本条是对提升容器导向装置最突出部分之间间隙的规定。立井井筒是矿井的“咽喉要道”，提升容器与井壁之间或提升容器与提升容器之间的安全间隙是衡量“咽喉要道”是否畅通和满足安全使用的一个重要指标。

1. 根据《煤矿井巷工程施工规范》（GB 50511—2010），井筒内布置的悬吊设施应符合下列规定：

（1）悬吊设施的选择和布置，应满足施工组织设计规定的施工阶段的要求。

（2）井口及井筒内设置的固定梁以及各种悬吊设施的外缘，距离井筒中心不应小于100 mm，并不得在承受载荷的梁上钻孔。

（3）井筒内风筒及管路悬吊卡子的端部到提升容器边缘的距离，不得小于500 mm；井筒深度超过500 m时，宜采用井壁固定吊挂。

（4）吊桶外缘与永久井壁间的距离，不得小于450 mm。

（5）各盘口、喇叭口及井盖门与滑架最突出部分的间隙，不得小于100 mm。

（6）吊泵通过的孔口的周围间隙不得小于50 mm。

（7）风筒、管路及其卡子通过的孔口的周围间隙不得小于100 mm。

（8）安全梯应靠近井壁悬吊，距离井壁不应大于500 mm，通过孔口的周围间隙不得小于150 mm。

（9）吊盘的突出部分与井壁之间的间隙，不应大于150 mm。

（10）照明、动力电缆与信号、通信、爆破电缆的间距，不应小于 300 mm；信号和爆破电缆与压风、排水管路的间距不应小于 1 m，爆破电缆应单独悬吊。

2. 根据《煤矿井巷工程施工规范》（GB 50511—2010），提升容器间的距离应符合下列规定：井筒深度小于 300 m 时，2 个或 2 个以上吊桶的导向装置最突出部分之间的间隙不应小于 300 mm；井筒深度大于或等于 300 m 时，2 个或 2 个以上吊桶的导向装置最突出部分之间的间隙，应满足下式规定：

$$D > 0.2 + \frac{H}{3\,000}$$

式中 D——间隙，m；

H——提升高度，m。

第七十四条 建井期间采用吊桶提升时，应当遵守下列规定：

（一）采用阻旋转提升钢丝绳。

（二）吊桶必须沿钢丝绳罐道升降，无罐道段吊桶升降距离不得超过 40 m。

（三）悬挂吊盘的钢丝绳兼作罐道绳时，必须制定专项措施。

（四）吊桶上方必须装设保护伞帽。

（五）吊桶翻矸时严禁打开井盖门。

（六）在使用钢丝绳罐道时，吊桶升降人员的最大速度不得超过采用下式求得的值，且最大不超过 7 m/s；无罐道绳段，不得超过 1 m/s。

$$v = 0.25\sqrt{H}$$

式中 v——最大提升速度，m/s；

H——提升高度，m。

（七）在使用钢丝绳罐道时，吊桶升降物料时的最大速度不得超过采用下式求得的值，且最大不超过 8 m/s；无罐道绳段，不得超过 2 m/s。

$$v = 0.4\sqrt{H}$$

（八）在过卷行程内可不安设缓冲装置，但过卷行程不得小于表 2 确定的值。

表 2 提升速度与过卷行程

提升速度/（m/s）	4	5	6	7	8
过卷行程/m	2.38	2.81	3.25	3.69	4.13

（九）提升机松绳保护装置应当接入报警回路。

【名词解释】 吊桶

吊桶——立井井筒开凿期间提升矸石、升降人员和材料的主要容器。当井筒涌水量小于 6 m^3/h 时，还可作排水用。

【条文解释】 本条是对建井期间吊桶提升的规定。

凿井期间立井用吊桶升降人员时应符合下列规定：

1. 应采用阻旋转提升钢丝绳，防止吊桶旋转造成人员头晕、身体不适而无法工作。

2. 装设钢丝罐道，使吊桶沿罐道运行，既防止旋转，又保证吊桶不撞井壁。在凿井初期，尚未装设罐道时的吊桶升降距离不得超过 40 m。

3. 悬挂吊盘的钢丝绳兼作罐道绳时，必须制定专项措施。

4. 用吊桶升降人员时，还必须在吊桶上方装设保护伞，防止井筒掉物伤人。

5. 吊桶翻矸时，井盖门不得打开。

6. 根据《煤矿井巷工程施工规范》（GB 50511—2010），临时提升及设备应符合下列规定：

（1）应满足施工组织设计中规定的井筒开凿、巷道开拓、井筒安装等不同时期的提升方式和提升量的要求。

（2）吊桶沿罐道绳升降时的加速度和减速度不得超过 0.5 m/s^2。

（3）吊桶沿罐道绳升降时，吊桶提人的最大速度不得超过 6 m/s；吊桶提物的最大速度不得超过 8 m/s。

（4）无罐道绳段的吊桶最大升降速度和距离应符合下列规定：

① 升降人员的速度不得大于 1 m/s，升降物料的速度不得大于 2 m/s。

② 升降的距离不得大于 40 m。

（5）绞车滚筒上钢丝绳出绳的最大偏角不应大于 1°30′，单层缠绕时内偏角不应咬绳。

（6）罐笼提升的最大速度，应符合现行《规程》的有关规定。

【典型事例】　某日，某矿风井在提升吊桶过程中，由于吊桶升降距离超过 40 m 而未装罐道绳，吊桶发生旋转。随着提升速度的加快吊桶摆动加剧，碰到排水管路后，摆动更加剧烈。提升到第 12 道罐道梁时，吊桶边被罐道梁围栏钩住，造成吊桶挂翻脱钩，坠落在吊盘上，1 人保险带被砸断而坠井死亡，另外 2 人受伤。

第七十五条　立井凿井期间采用吊桶升降人员，应当遵守下列规定：

（一）乘坐人员必须挂牢安全绳，严禁身体任何部位超出吊桶边缘。

（二）不得人、物混装。运送爆炸物品时应当执行本规程第三百三十九条的规定。

（三）严禁用自动翻转式、底卸式吊桶升降人员。

（四）吊桶提升到地面时，人员必须从井口平台进出吊桶，并只准在吊桶停稳和井盖门关闭后进出吊桶。

（五）吊桶内人均有效面积应不小于 0.2 m^2，严禁超员。

【条文解释】　本条是对立井凿井期间采用吊桶升降人员的规定。

立井正常升降人员应使用罐笼或带乘人间的箕斗。因这两种提升容器都有上盖，防止井筒掉物伤人，且四周有壁式栏杆，可防止井筒坠人。而凿井期间立井用吊桶升降人员时，安全条件较差。为了保证吊桶内升降人员的安全，必须遵守下列规定：

1. 乘坐人员必须挂牢安全绳，严禁身体任何部位超出吊桶边缘，吊桶边缘上不得坐人，防止人员坠入井筒。

2. 不能在装有物料的吊桶中乘人。运送爆炸物品时应执行有关规定。

3. 不准用底卸式吊桶升降人员，因为吊桶在升降过程中有使吊桶底打开的可能。

4. 吊桶提升到地面时，人员必须在吊桶停稳、关闭井盖后从井口平台进出吊桶，防止进出吊桶时失脚坠入井筒。双吊桶提升时，在升井吊桶一侧打开井盖，放吊桶上来时，另一侧井盖不能打开，防止人员进出吊桶时掉物落入井筒伤人。

5. 吊桶内每人占有的有效面积应不小于 0.2 m^2，严禁超员。

【典型事例】 2010 年 12 月，陕西省某矿在建副井提升矸石的吊桶因操作失误过卷，断绳坠入井下发生事故，造成井筒停电、通风、排水全部中断。当时井下作业人员 11 名，其中 2 人安全升井，2 人受伤，7 人死亡。

第七十六条 立井凿井期间，掘进工作面与吊盘、吊盘与井口、吊盘与辅助盘、腰泵房与井口、翻矸平台与绞车房、井口与提升机房必须设置独立信号装置。井口信号装置必须与绞车的控制回路闭锁。

吊盘与井口、腰泵房与井口、井口与提升机房，必须装设直通电话。

建井期间罐笼与箕斗混合提升，提人时应当设置信号闭锁，当罐笼提人时箕斗不得运行。

装备 1 套提升系统的井筒，必须有备用通信、信号装置。

【名词解释】 井口

井口——井筒与地面连接的部位。

【条文解释】 本条是对立井凿井期间提升信号装置的规定。

1. 提升信号是向绞车司机发出如何开车的命令，司机必须听清弄懂信号才能开车。但司机不能同时接受井底、吊盘、腰泵房和井口的多处信号后再判断自己应如何开车，因为司机不在现场，不如信号工清楚现场情况；也不能分散司机精力，以免作出错误判断开错车。井口信号工把收集来的井下信号和自己在井口看到的实际情况进行综合分析，最后作出决策让司机如何开车，随即发出正确决策的开车信号。所以井底、吊盘、腰泵房信号工只能向井口信号工发出信号，再经井口信号工向绞车司机发出信号。决不允许井底、吊盘、腰泵房信号工将信号直接发往提升机房，只有在接到井口信号工发来的信号后绞车才能启动。

井口、井底信号工应在吊桶提起 1~1.5 m 高度时，先发暂停信号，进行稳罐，防止吊桶摆动，待吊桶稳定、将罐底附着物清理干净后，才能发出提升信号。

2. 每套罐笼（带乘人间的箕斗）提升装置，必须设有从井底至井口和从井口至提升机房的信号装置。井口信号装置必须与绞车的控制回路相闭锁，只有在井口信号工发出信号后，绞车才能启动。井底车场与井口之间、井口与绞车司机台之间必须装设直通电话，电话电缆与信号电缆应分开敷设。

一套提升装置服务几个水平使用时，从各水平发出的信号必须有区别。

3. 有很多情况只用信号表达不清，因此吊盘与井口、腰泵房与井口、井口与提升机房必须装设直通电话，经常用电话联系，以便指挥和调度生产，指挥事故处理、抢险救灾。

4. 建井期间罐笼与箕斗混合提升，罐笼作为提人容器，箕斗作为提物容器。使用罐笼提人时应设置信号闭锁，当罐笼提人时箕斗不得运行。

5. 装备一套提升系统的井筒，必须有备用通信、信号装置，万一使用中的通信、信号装置发生故障，立即启用（或自动切换）备用通信、信号装置，保证正常生产和安全。

第七十七条 立井凿井期间，提升钢丝绳与吊桶的连接，必须采用具有可靠保险和回转卸力装置的专用钩头。钩头主要受力部件每年应当进行1次无损探伤检测。

【名词解释】 钩头

钩头——立井凿井中悬挂吊桶用的专用连接装置。

【条文解释】 本条是对立井凿井期间提升钢丝绳与吊桶连接钩头的规定。

立井施工期间所使用的矿山专用钩头装置，根据其与钢丝绳的连接方式分为合金浇注和板卡连接2种方式。钩头的浇筑和板卡的卡接严格按照钩头装置厂家的技术要求进行。钩头装置的保险装置必须完好，提升过程中处于锁定位置。卸力装置应处于灵活状态，否则，提升过程中因钢丝绳破劲吊桶会旋转，造成人员头晕，严重的会造成呕吐。钩头使用过程中承受着和钢丝绳同样的拉力，受力件也有过度疲劳和断裂的可能，造成的有些缺陷肉眼检查是无法发现的，所以必须定期进行无损探伤检测。

楔形连接器是利用具有绳槽的一对楔形夹铁将钢丝绳夹住，并可在一固定滑道上滑动，钢丝绳所受拉力越大，楔铁越上移，对钢丝绳的夹力越大，就越不容易从楔铁中抽出。

连接器和钢丝绳同样承受巨大的拉力和冲击，也存在各零部件长期受力而逐渐疲劳的问题，但受磨损较轻，防锈油容易保持，设计和制造的安全系数较大，所以使用时间较长。它和钢丝绳承受着同样的拉力以及卡罐、过卷等猛烈拉力，受力件也有过度疲劳和断裂的可能，必须定期探伤才能及时发现问题。钩头主要受力部件每年应进行1次无损探伤检测。

第七十八条 建井期间，井筒中悬挂吊盘、模板、抓岩机的钢丝绳，使用期限一般为1年；悬挂水管、风管、输料管、安全梯和电缆的钢丝绳，使用期限一般为2年。钢丝绳到期后经检测检验，不符合本规程第四百一十二条的规定，可以继续使用。

煤矿企业应当根据建井工期、在用钢丝绳的腐蚀程度等因素，确定是否需要储备检验合格的提升钢丝绳。

【条文解释】 本条是对建井期间钢丝绳使用期限和储备的规定。

1. 建井期间，按照在井筒中悬挂物体的质量、对象的重要性和危险性的不同，使用期限也不同。升降人员或升降人员和物料的钢丝绳，不管新绳还是旧绳，必须自悬挂起每隔6个月检验1次；升降物料用的新钢丝绳，内部状态好，自悬挂起12个月时进行第一次检验，1年以后各方面问题都陆续出现，检验周期减到每隔6个月检验1次；悬挂吊盘、模板、抓岩机的钢丝绳，使用期限一般为1年，每隔12个月检验1次；悬挂水管、风管、输料管、安全梯和电缆的钢丝绳，使用期限一般为2年。

2. 钢丝绳到期以后必须对钢丝绳进行检测检验，经检测检验符合有关规定的，可以继续使用。

（1）提升装置使用中的钢丝绳做定期检验时，安全系数有下列情况之一的，必须更换：

① 专为升降人员用的小于7。

② 升降人员和物料用的钢丝绳：升降人员时小于7；升降物料时小于6。

③ 专为升降物料用的和悬挂吊盘用的小于 5。

（2）在用绳的定期检验，必须按下列规定执行：

① 不合格钢丝的断面积与钢丝总断面积之比达到 6%时，不得用作升降人员。

② 不合格钢丝的断面积与钢丝总断面积之比达到 10%时，不得用作升降物料。

③ 不合格钢丝的断面积与钢丝总断面积之比达到 25%时，该钢丝绳必须更换。

3. 钢丝绳的选取是根据井筒深度、提升质量等具体条件确定的。备用钢丝绳和在用钢丝绳应具有相同型号、相同规格，一般只适用于限定的提升条件，往往不能挪作他用。有些井筒施工时没有淋水或淋水很小，淋水又没有腐蚀性而且工期很短，钢丝绳的使用时间很短，正常使用的情况下，钢丝绳的磨损和锈蚀都不会超过规定，因此应根据建井工期、在用钢丝绳的腐蚀程度等因素，确定是否需要储备检验合格的提升钢丝绳。

【典型事例】　2003 年 11 月，某基建矿井斜井施工，因钢丝绳直径减小已达14. 2%，未及时更换，造成绞车紧急制动断绳跑车，导致死亡 1 人，受伤 1 人。

第七十九条　立井井筒临时改绞必须编制施工组织设计。井筒井底水窝深度必须满足过放距离的要求。提升容器过放距离内严禁积水积物。

同一工业广场内布置 2 个及以上井筒时，未与另一井筒贯通的井筒不得进行临时改绞。单井筒确需临时改绞的，必须制定专项措施。

【名词解释】　过放距离

过放距离——下放容器超过正常停车位置而不致造成破坏性事故的空余距离。

【条文解释】　本条是对立井井筒临时改绞的规定。

由立井掘进过渡到井底车场掘进及开拓巷道时，提升矸石量增多，材料、设备及人员上下增多，需要的提升能力为井筒掘进时期的 3~4 倍。另外，转入平巷施工时需用矿车运输，并要与吊桶提升相结合，困难很多。因此，一般情况下，必须先将 1 个井筒改装成临时罐笼，以加大提升能力。改装的主要原则是：缩短过渡期，使井底车场及主要巷道能顺利地早日开工；使主、副井井筒永久装备的安装和提升设施的改装互相衔接；改装后的提升设备应能保证井底车场及巷道开拓期的全部提升任务。立井井筒临时改绞是个非常复杂的过程，需要严密的组织，首先必须编制施工组织设计。

提升容器过放距离是保证提升的安全距离，都是按有关规定经过严格计算得出的，如果其内积水积物，将影响提升的安全，发生墩罐事故，所以要定期进行清挖，严禁积水积物。井筒井底水窝深度必须满足过放距离的要求。

同一工业广场内布置 2 个及以上井筒时，具备相互贯通的条件，必须先贯通后再临时改绞，以保证在临时改绞期间的正常提升、有可靠的安全出口，未与另一井筒贯通的井筒不得进行临时改绞。单井筒不具备相互贯通的条件，确需临时改绞的，必须制定专项措施。

【典型事例】　某日，某矿主井绞车副滚筒钢丝绳牵引的乘有 14 名工人的罐笼下行约 100 m 时，副滚筒调绳离合器突然打开，导致活滚筒失去控制，转速加快，绞车司机发现异常后，立即用操作手柄刹车制动，但刹车失灵。罐笼带绳从距井底 200 多米的高度加速坠入井底，造成特大墩罐事故，11 名工人当即死亡，受伤的 3 名工人经医院抢救无效，也于当日死亡。

第八十条 开凿或者延深斜井、下山时，必须在斜井、下山的上口设置防止跑车装置，在掘进工作面的上方设置跑车防护装置，跑车防护装置与掘进工作面的距离必须在施工组织设计或者作业规程中明确。

斜井（巷）施工期间兼作人行道时，必须每隔40 m设置躲避硐。设有躲避硐的一侧必须有畅通的人行道。上下人员必须走人行道。人行道必须设红灯和语音提示装置。

斜巷采用多级提升或者上山掘进提升时，在绞车上山方向必须设置挡车栏。

【名词解释】 下（上）山、跑车防护装置

下（上）山——在运输大巷向下（上）沿煤层开凿，为1个采区服务的倾斜巷道。按用途和装备分为运输机下（上）山、轨道下（上）山、通风下（上）山和人行下（上）山。

跑车防护装置——在倾斜巷道内安设的能够将运行中断绳或脱钩的车辆阻止住的装置和设施。

【条文解释】 本条是对开凿或延深斜井防止跑车的规定。

斜井施工时，绞车道上部行车，下边有人作业，具有潜在危险。由于提升设备失修、轨道质量不好、操作不当或提升突遇障碍发生过负荷等原因，有可能发生提升容器掉道、脱钩或断绳，使提升容器沿斜坡下滑或跑车，产生巨大冲击力，撞翻支架，撞倒行人或工作面作业人员，造成严重伤亡事故。

1. 为预防跑车及跑车后伤亡事故的发生，我国在斜井施工中，广泛使用“一坡三挡”防止跑车装置，取得良好效果。斜井（巷）防跑车装置设置规定见表3-1-1。

表3-1-1 斜井（巷）防跑车装置设置规定表

设置地点	防跑车装置
上部水平车场或斜井（巷）上口	阻车器、挡车器或挡车栏
上部水平车场变坡点下方一列车长度处	挡车器或挡车栏
下部平车场或斜井（巷）工作面后方	挡车器或挡车栏

注：在斜井（巷）中部宜每间隔200~300 m设置防跑车装置。

2. 斜井（巷）施工期间兼作行人道时，必须每隔40 m设置躲避硐并设红灯。躲避硐的净高≥1.8 m，净宽≥1.4 m，净深≥1.4 m。如果在规定的间距附近有可以利用的硐室或巷道达到本条本项的要求时，可不另设躲避硐。

躲避硐应经常保持清洁卫生，硐内不得有积水、淤泥或堆放物料。坡度>45°或坡长>500 m，每间隔250 m的躲避硐室应加深加宽，并设坐凳。

设有躲避硐的一侧必须有畅通的人行道。人行道距工作面的距离≤50 m，人行道的阶梯应经常保持完整无缺。

在每个躲避硐口、横川口，应安装红色信号灯，信号灯的开闭由井口信号工操作控制。信号工给绞车司机发送提升、下放矿车或箕斗信号前，应先开启行车信号灯，提前预告井巷中的行人。红色信号灯还应与绞车电路闭锁。

严禁斜井中的行人到车道上行走。接近掘进面而暂时未设置人行道的地段，可靠边行走。行人必须随时注意红色信号灯，红灯亮时必须尽快进入附近的躲避硐内，待矿车下行

到坡底或矿车上提到达上部水平车场，放下挡车栏（横挡或地拌）关闭红灯后，人员方可行走，做到“行车不行人，行人不行车。灯亮躲进硐，灯灭可行走”。

在斜井中行人较多，不能同时进入一个躲避硐内时，上下把钩工应视躲避硐的大小分批放行。躲避硐和人行道，必须和开凿工程同步施工，靠近施工工作面的一个躲避硐室，如果已符合设计的规格要求，可存放即将使用的一次爆炸材料用量。但在爆破前，未用完的爆炸材料必须移至爆破警戒线以外的安全地方。

斜井（巷）中和井口附近，严禁堆集、存放能够沿斜井（巷）滚下的物料。在运输中掉落的物料，必须随时回收，以防物料滚落伤人或损坏设施。

斜井（巷）内，应设置矿车掉道自动报警或紧急停车装置。

3. 斜巷采用多级提升和上山掘进提升时，为防止发生跑车对下方绞车司机造成伤害及撞坏绞车，必须在绞车的上方设置坚固的遮挡，而且遮挡必须能够抵抗跑车的冲击破坏，以保护绞车司机和绞车的安全。

第八十一条 在吊盘上或者在 2 m 以上高处作业时，工作人员必须佩带保险带。保险带必须拴在牢固的构件上，高挂低用。保险带应当定期按有关规定试验。每次使用前必须检查，发现损坏必须立即更换。

【条文解释】 本条是对在吊盘上或在 2 m 以上高处作业工作人员佩带保险带的规定。

在吊盘上或在 2 m 以上高处作业时，由于作业场地狭窄，有的无作业平台，作业平台上均留有悬吊设备通过的孔洞，个别作业平台的铺面板不稳定和平整，还有的在井架天轮平台上面布满规格各异的天轮及其附属设施，给作业人员操作造成了极大的困难，稍不留意或操作中用力过猛，人体就会失衡，导致人员坠落伤亡。

随吊盘升降作业属于高空作业，吊盘升降时会发生碰撞、拉扯而导致翻罐和翻盘事故，因此，作业人员必须佩带好保险带。

立井开凿过程中，因未佩带保险带而容易发生吊盘翻盘倾斜、井架天轮平台翻转、井筒内悬吊设备晃动等导致的坠人事故。因此，在清扫井圈、拆除设备和检修设备及掘凿保护岩柱时，高空作业人员必须保证保险带的锁扣齐全扣死。保险带必须拴在高于作业地点上方牢固的构件上，高挂低用。

另外，还必须保证保险带质量，定期按有关规定做试验；每次使用前仔细检查，发现损坏时，必须立即更换。保险带属易耗品，一般正常使用一年就应更换。

第八十二条 井筒开凿到底后，应当先施工永久排水系统，并在进入采区施工前完成。永久排水系统完成前，在井底附近必须设置临时排水系统，并符合下列要求：

（一）当预计涌水量不大于 50 m^3/h 时，临时水仓容积应当大于 4 h 正常涌水量；当预计涌水量大于 50 m^3/h 时，临时水仓容积应当大于 8 h 正常涌水量。临时水仓应当定期清理。

（二）井下工作水泵的排水能力应当能在 20 h 内排出 24 h 正常涌水量，井下备用水泵排水能力不小于工作水泵排水能力的 70%。

（三）临时排水管的型号应当与排水能力相匹配。

（四）临时水泵及配电设备基础应当比巷道底板至少高300 mm，泵房断面应当满足设备布置需要。

【名词解释】　水仓、正常涌水量

水仓——用以贮存井下涌水的一组巷道。

正常涌水量——矿井开采期间，单位时间内流入矿井的水量。

【条文解释】　本条是对井筒施工到位后临时排水系统的规定。

1. 井筒施工达到设计深度后，应当抓紧时间施工永久排水系统。如果不尽快建立排水系统，就不能保证将涌水及时排出井筒，会造成涌水积聚，甚至造成淹井。在进入采区前，只有在建好永久排水系统以后，才能进行采区巷道施工作业，以保证采区施工中防、排水的需要。生产矿井延深水平，只有在建成新水平的防、排水系统以后，才可以进行开拓掘进施工。井底附近应当先设置具有足够能力的临时排水设施，保证永久排水系统形成之前的施工安全。

2. 井底附近设置临时排水系统。在永久排水系统完成前，在井底附近设置的临时排水系统应符合下列要求：

（1）井筒开凿到底后，临时水仓和排水硐室未形成前，可以利用井底水窝作临时水仓，在井底附近安装具有一定排水能力的临时过渡排水泵和供电设备，确保安全。

（2）井筒或开拓新水平的暗斜井、暗立井到底后，或独立施工的区域，应尽快施工临时水仓和临时排水硐室，安装临时供电和排水泵。应根据该区域涌水量确定排水能力和临时水仓容积，当预计涌水量小于50 m^3/h时，临时水仓容积应大于4 h正常涌水量；当预计涌水量大于50 m^3/h时，临时水仓容积应大于8 h正常涌水量。临时水仓应定期清理，以保证临时水仓容量。

（3）排水能力的配备应满足使用、备用和检修的要求，井下工作水泵的排水能力应能在20 h内排出24 h正常涌水量；井下备用水泵排水能力不小于工作水泵排水能力的70%。

（4）临时排水管的型号应与排水能力相匹配。

（5）临时水泵及配电设备基础应比巷道底板至少高300 mm，泵房断面应满足设备布置需要。

第八十三条　立井凿井期间的局部通风应当遵守下列规定：

（一）局部通风机的安装位置距井口不得小于20 m，且位于井口主导风向上风侧。

（二）局部通风机的安装和使用必须满足本规程第一百六十四条的要求。

（三）立井施工应当在井口预留专用回风口，以确保风流畅通，回风口的大小及安全防护措施应当在作业规程中明确。

【名词解释】　局部通风

局部通风——利用局部通风机或主要通风机产生的风压对局部地点进行通风的方法。

【条文解释】　本条是对立井凿井期间局部通风的规定。

1. 立井施工在安装吊盘后必须实行机械通风。井筒施工及主、副（风）井贯通前，建井风机应安装在地面，离地高度不得小于1 m，距离井口不得小于20 m，且应位于井口主导风向上风侧，但不得放在井架上。使用建井风机时，应安装2台同等能力的通风机，其中一台备用，备用通风机必须在 10 min 内启动。使用主要通风机的，通风机必须安装在地面。

2. 立井施工采用局部通风机通风，要求其在安装吊盘后安装。吊盘安装后，吊盘将井筒隔为上、下 2 段，吊盘到工作面之间相对封闭，必须及时向吊盘以下的工作面供给新鲜风流；对其安装离地高度和距井口距离进行规定，是为了防止通风机受潮（或吸入灰尘）和发生循环风；若将局部通风机安装在井架位置，容易发生循环风，并且造成井口噪声过大。

建井风机避开永久通风机及风道的位置，能够保证形成永久通风机的相关工程施工与建井风机运行互不干扰，使建井风机通风与永久通风机投入运行自然衔接。

部分瓦斯矿井采用主、副井开拓，初期不设置风井，两井筒形成联络巷道后，一个井筒需要安装永久装备，另一个井筒需担负临时提升任务，建井风机安装在地面的难度较大，此时可根据实际情况安装在井下，但必须制定相应的安全措施，保证在由于停电等原因造成井下建井风机及开关附近瓦斯超限时，能够及时将瓦斯降到允许浓度，便于启动井下建井风机。如在地面安装一台局部通风机，建井风机恢复通风前通过风筒向进风井、建井风机及开关附近送风，当进风井、建井风机及开关附近瓦斯降到允许浓度后，启动井下建井风机，关闭地面局部通风机。

高瓦斯、煤（岩）与瓦斯（二氧化碳）突出矿井的瓦斯灾害比较严重，因此严禁将建井风机安设在井下。进入二期工程时，应优先施工主、副、风贯通巷道，构成通风回路，具备条件后，及时形成以地面风机为主的全风压通风系统。这就需要在井筒施工阶段超前计划二期工程的通风系统设计方案，以保证如期形成通风系统。

进入三期工程施工前，工程施工规模达到高峰期，此阶段主要通风机必须投入使用并保持正常运行，实现全风压通风，以进一步提高施工通风系统保障能力和安全可靠性。

3. 立井施工应在井口预留专用回风口，确保风流畅通。回风口的大小及安全防护措施应在作业规程中明确。

第八十四条 巷道及硐室施工期间的通风应当遵守下列规定：

（一）主井、副井和风井布置在同一个工业广场内，主井或者副井与风井贯通后，应当先安装主要通风机，实现全风压通风。不具备安装主要通风机条件的，必须安装临时通风机，但不得采用局部通风机或者局部通风机群代替临时通风机。

主井、副井与风井布置在不同的工业广场内，主井或者副井短期内不能与风井贯通的，主井与副井贯通后必须安装临时通风机实现全风压通风。

（二）矿井临时通风机应当安装在地面。低瓦斯矿井临时通风机确需安装在井下时，必须制定专项措施。

（三）矿井采用临时通风机通风时，必须设置备用通风机，备用通风机必须能在 10 min内启动。

【名词解释】 主要通风机

主要通风机——安装在地面的，向全矿井、一翼或 1 个分区供风的通风机。

【条文解释】 本条是对巷道及硐室施工期间通风的规定。

1. 尽快形成全风压通风。

（1）主井、副井和风井布置在同一个工业广场内，主井、副井和风井贯通后，应先安装主要通风机，及时形成以地面风机为主的合理可靠的全风压通风。

当不具备安装主要通风机的条件时，必须安装临时通风机，但不得采用局部通风机或局部通风机群代替临时通风机，以提高通风安全可靠性。

（2）主井、副井和风井布置在不同的工业广场内，主井、副井和风井贯通距离较远且短期内不能贯通，当主井与副井贯通后，必须安装临时通风机实现全风压通风。

主、副井掘进至井底水平后，尽快施工联络巷道，是尽早结束地面局部通风机独头通风、构成通风系统的必要条件，也有利于二期工程供电、排水等辅助系统尽早建设，同时增加安全出口。因此，本阶段在施工计划安排时应着重考虑尽快形成联络巷道。

在矿井永久通风机投入运行较晚的情况下，两个井筒联络巷道形成后，构建建井期间全风压通风系统，是保证二期工程施工通风系统稳定可靠的最佳措施，也有利于展开多个掘进工作面同时施工，促进矿井建设速度加快。

2. 高瓦斯、煤（岩）与瓦斯（二氧化碳）突出矿井临时通风机必须安装在地面。低瓦斯矿井临时通风机确需安装在井下时，必须制定专项措施。

3. 高瓦斯及突出矿井采用临时通风机通风时，必须设置备用通风机，备用通风机必须能在 10 min 内启动。

第八十五条　建井期间有下列情况之一的，必须建立瓦斯抽采系统：

（一）突出矿井在揭露突出煤层前。

（二）任一掘进工作面瓦斯涌出量大于 3 m^3/min，用通风方法解决瓦斯问题不合理的。

【条文解释】　本条是对建井期间建立瓦斯抽采系统的规定。

建井期间，抽采瓦斯是煤与瓦斯突出矿井揭煤施工最有效和可靠的防治突出措施。建设单位应按设计及早建立永久瓦斯抽采系统。煤与瓦斯突出矿井在井筒揭煤时，可采取移动瓦斯抽采泵抽采瓦斯。高瓦斯矿井三期工程施工期间，利用通风稀释瓦斯的方法，不能完全保证有良好的效果，因此要提前形成瓦斯抽采系统。

有下列情况之一的，建设单位必须建立瓦斯抽采系统：

1. 在有突出危险煤层中施工的。

突出矿井必须在揭露突出煤层前形成瓦斯抽采系统，高瓦斯矿井必须在进入三期工程前形成瓦斯抽采系统。

2. 1 个掘进工作面瓦斯涌出量大于 3 m^3/min，用通风方法解决瓦斯问题不合理的。

第二章 开 采

第一节 一般规定

第八十六条 新建非突出大中型矿井开采深度（第一水平）不应超过1 000 m，改扩建大中型矿井开采深度不应超过1 200 m，新建、改扩建小型矿井开采深度不应超过600 m。

矿井同时生产的水平不得超过2个。

【名词解释】 大、中、小型矿井

大、中、小型矿井——矿井设计生产能力划分为以下3种类型：

大型矿井为1.2、1.5、1.8、2.4、3.0、4.0、5.0、6.0 Mt/a及以上；

中型矿井为0.45、0.6、0.9 Mt/a；

小型矿井为0.3 Mt/a及以下。

【条文解释】 本条是对矿井开采深度和同时生产水平的规定。

1. 优化开拓部署，简化生产布局，合理确定生产强度。

(1) 井口位置及工业场地选择应坚持少占土地、少压资源、保护生态、和谐环境的原则；开拓方式应根据地面自然条件、煤层赋存条件、开采技术条件、装备水平和生产能力等因素，按平硐、斜井、立井的顺序进行论证选择。改扩建、技术改造及资源整合矿井应优先利用原有井筒及生产系统。

(2) 矿井开采深度（第一水平）越深，井下自然条件越复杂，矿山压力变大，地下温度变高，瓦斯突出危险加剧，冲击地压变严重等，不仅给矿井建设和生产增加了困难，提高了成本，也加大了矿井抗灾难度，所以要求新建大中型矿井开采深度（第一水平）不得超过1 000 m，改扩建大中型矿井开采深度不得超过1 200 m，新建、改扩建小型矿井开采深度不应超过600 m。

(3) 矿井同时生产水平不得超过2个。超过规定的应由省级煤炭管理部门组织技术审查。矿井上下水平交替时间，大中型矿井不宜超过3年，小型矿井不宜超过2年。

(4) 矿井应按批准的设计布置生产水平和生产采区，未形成生产系统或安全设施不完备的水平和采区，均不得提前组织开采。

(5) 煤（岩）与瓦斯（二氧化碳）突出和强冲击地压的矿井，主要运输大巷、总回风巷以及采区巷道应布置在岩层或无突出危险、无冲击地压的煤层中。水文地质条件复杂、极复杂的矿井，其中一条水平大巷应高于其他大巷一个巷道高度以上或设置专用泄水巷道。有突水危险的采煤工作面应有专门的疏水巷。

(6) 推广“一井一面”“一井两面”生产模式。原则上一个采（盘）区只布置一个采煤工作面生产。中小型矿井同时生产的采煤工作面不得超过2个。大型矿井同时生产的采煤工作面不得超过 3 个。

（7）采（盘）区采掘工作面的比例应根据采区设计、采煤工作面推进度及掘进工作面单进水平等因素合理确定，采煤工作面与回采巷道掘进工作面个数的比例原则上为 1∶2，因通风、运输、排水及瓦斯治理、冲击地压防治等需要，可提高至 1∶3。

2. 矿井设计服务年限应符合下列规定：

（1）新建矿井及其第一开采水平的设计服务年限，不宜小于表 3-2-1 的规定。

表 3-2-1　新建矿井设计服务年限

矿井设计生产能力/（Mt/a）	矿井设计服务年限/a	第一开采水平设计服务年限/a		
		煤层倾角<25°	煤层倾角25°~45°	煤层倾角>45°
6.0 及以上	70	35	—	—
3.0~5.0	60	30	—	—
1.2~2.4	50	25	20	15
0.45~0.9	40	20	15	15

（2）扩建矿井，扩建后的矿井设计服务年限不宜小于表 3-2-2 的规定。

表 3-2-2　扩建后的矿井设计服务年限

扩建后矿井设计生产能力/（Mt/a）	矿井服务年限/a
6.0 及以上	60
3.0~5.0	50
1.2~2.4	40
0.45~0.9	30

（3）改建矿井的服务年限，不应低于同类型新建矿井服务年限的 50%。

（4）计算矿井及第一开采水平设计服务年限时，储量备用系数宜采用 1.3~1.5。

第八十七条　每个生产矿井必须至少有 2 个能行人的通达地面的安全出口，各出口间距不得小于 30 m。

采用中央式通风的新建和改扩建矿井，设计中应当规定井田边界的安全出口。

新建、扩建矿井的回风井严禁兼作提升和行人通道，紧急情况下可作为安全出口。

【名词解释】　中央式通风

中央式通风——进风井位于井田中央，出风井位于井田中央或边界走向中部的通风方式。

【条文解释】　本条是对生产矿井安全出口的规定。

每个生产矿井都必须设置 2 个能行人的安全出口，目的是其中一个安全出口受到灾害影响或被堵塞不能通行时，另一个安全出口可以正常发挥作用。因为：

1. 构成矿井通风系统基本条件是必须有进风口和出风口，即 2 个出口。

2. 当矿井发生灾害时，采掘工作面一般距离出口较远，被困井下人员依据不同性质灾害，选择最近的安全出口撤离灾区。若发生停电，井下人员可不依靠提升设备而步行撤离。

3. 救护队员可通过 2 个安全出口的任何一个，接近或到达灾区进行抢险救灾，以最短时间抢救和护送伤员。

世界各国对通达地面的各个安全出口之间的距离要求不同，我国从实践和国情考虑，规定不得小于 30 m，主要考虑：如果距离过近，会使相邻 2 个安全出口通道之间的围岩受地应力叠加和爆破震动的影响，不利于井巷的施工和维护，也不利于出口处地面工业广场的布置，满足不了生产需要；距离过大，则会增加工业广场占地，增加开拓量，增加压煤量。采用中央式通风的新建和改扩建矿井，设计中应规定井田边界附近的安全出口。

新建、改扩建矿井的回风井必须专用，严禁兼作提升和行人通道，紧急情况下可作为安全出口。

【典型事例】 2012 年 3 月 22 日，辽宁省辽阳市某煤矿井下三段左二片巷道冒顶造成与上部采空区沟通，采空区瓦斯涌出，在处理冒顶时发生瓦斯爆炸事故，造成 5 人死亡、17 人被困、1 人受伤。该矿不具备安全生产的基本条件，没有 2 个安全出口。

第八十八条 井下每一个水平到上一个水平和各个采（盘）区都必须至少有 2 个便于行人的安全出口，并与通达地面的安全出口相连。未建成 2 个安全出口的水平或者采（盘）区严禁回采。

井巷交岔点，必须设置路标，标明所在地点，指明通往安全出口的方向。

通达地面的安全出口和 2 个水平之间的安全出口，倾角不大于 45°时，必须设置人行道，并根据倾角大小和实际需要设置扶手、台阶或者梯道。倾角大于 45°时，必须设置梯道间或者梯子间，斜井梯道间必须分段错开设置，每段斜长不得大于 10 m；立井梯子间中的梯子角度不得大于 80°，相邻 2 个平台的垂直距离不得大于 8 m。

安全出口应当经常清理、维护，保持畅通。

【名词解释】 水平

水平——沿煤层走向某一标高布置运输大巷或总回风巷的水平面。

【条文解释】 本条是对水平和采（盘）区安全出口的规定。

1. 井下每一个水平到上一个水平和各个采（盘）区都必须至少有 2 个便于行人的安全出口，并与通达地面的安全出口相连。未建成 2 个安全出口的水平或采（盘）区严禁回采。

2. 井巷交岔点，必须设置路标，标明所在地点，指明通往安全出口的方向。安全出口应经常清理、维护，保持畅通。

3. 本条的制定充分考虑到一旦发生安全事故时，井下作业人员能方便、迅速地借助安全出口逃生。根据人体机能，当倾角小于或等于 45°时，设置人行道即可；大于 45°时，必须设置扶手、台阶或梯道，以利人员攀登。斜井梯道间分段错开设置是防止上方人员或物体跌落而影响下边人员的安全。立井中梯子相隔 8 m 设置平台，既可作为保护下方的平台，工人也可在此稍事休息后继续攀爬。

第八十九条 主要绞车道不得兼作人行道。提升量不大、保证行车时不行人的，不受此限。

【条文解释】 本条是对主要绞车道不得兼作人行道的规定。

因为主要绞车道的运输比较繁忙，如果绞车道上有人行走或作业，跑车后容易发生伤人事故。

造成跑车事故的原因很多，如由于矿车连接件（插销、链环、接头及矿车底盘槽钢）不合格、钢丝绳断裂、矿车碰头插销孔磨损严重、绞车闸制动力不足、轨道铺设质量不符合标准，又未按规定时间检测；或由于把钩工、绞车司机误操作；插销未全部插进去，或没有插销防脱装置；绞车司机不带电下放矿车；或运输途中物料从车上掉下来等原因，都会造成事故。由于断绳脱钩跑车造成人员伤亡事故占运输伤亡事故的比例较大，因此，除了能保证行车时不行人的，必须遵守主要绞车道不得兼作人行道的规定。

【典型事例】 2012 年 9 月 25 日，甘肃省白银市某煤矿严重超员的斜井人车在提升过程中掉道，随即与巷道巷帮底部的钢管法兰盘发生碰撞，致使磨损锈蚀严重的提升钢丝绳负荷突然增大超过其承载极限而断绳，导致人车跑车，跑车后的人车在快速下滑过程中与巷道发生强烈撞击，造成 20 人死亡、14 人受伤，直接经济损失 2 341.2 万元。

第九十条 巷道净断面必须满足行人、运输、通风和安全设施及设备安装、检修、施工的需要，并符合下列要求：

（一）采用轨道机车运输的巷道净高，自轨面起不得低于 2 m。架线电机车运输巷道的净高，在井底车场内、从井底到乘车场，不小于 2.4 m；其他地点，行人的不小于 2.2 m，不行人的不小于 2.1 m。

（二）采（盘）区内的上山、下山和平巷的净高不得低于 2 m，薄煤层内的不得低于 1.8 m。

（三）运输巷（包括管、线、电缆）与运输设备最突出部分之间的最小间距，应当符合表 3 的要求。

表 3 运输巷与运输设备最突出部分之间的最小间距

巷道类型	顶部/m	两侧/m	备 注
轨道机车运输巷道		0.3	综合机械化采煤矿井为 0.5 m
输送机运输巷道		0.5	输送机机头和机尾处与巷帮支护的距离应当满足设备检查和维修的需要，并不得小于 0.7 m
卡轨车、齿轨车运输巷道	0.3	0.3	单轨运输巷道宽度应当大于 2.8 m，双轨运输巷道宽度应当大于 4.0 m
单轨吊车运输巷道	0.5	0.85	曲线巷道段应当在直线巷道允许安全间隙的基础上，内侧加宽不小于 0.1 m，外侧加宽不小于 0.2 m。巷道内外侧加宽要从曲线巷道段两侧直线段开始，加宽段的长度不小于 5.0 m

表3（续）

巷道类型	顶部/m	两侧/m	备 注
无轨胶轮车运输巷道	0.5	0.5	曲线巷道段应在直线巷道允许安全间隙的基础上，按无轨胶轮车内、外轮曲线率半径计算需加大的巷道宽度。巷道内外侧加宽要从曲线巷道两侧直线段开始，加宽段的长度应当满足安全运输的要求
设置移动变电站或者平板车的巷道		0.3	移动变电站或者平板车上设备最突出部分与巷道侧的间距

巷道净断面的设计，必须按支护最大允许变形后的断面计算。

【名词解释】 巷道净断面

巷道净断面——井巷有效使用的横断面。

【条文解释】 本条是对巷道净断面、净高及运输巷与运输设备最突出部分之间最小间距的规定。

1. 由于地压变化，特别是巷道处于岩质破碎或遇水膨胀岩层地区，永久支护会发生变形，巷道净断面会变形或缩小，影响安全使用。此时，不能只考虑减少巷道工程量，还要考虑支护最大变形后仍能安全使用。所以，巷道净断面的设计，必须按支护最大允许变形后的断面计算。

2. 巷道净断面的确定，必须符合巷道用途和安全要求，满足行人、运输、通风和安全设施及设备安装、检修、施工的需要。本规定中的“不得低于”“不小于”多少距离，是保证使用与安全的最低尺寸要求，既不能低于要求，也不能盲目增大，在满足使用、安全的条件下，尽量减少巷道工程量，降低成本。

(1) 采用轨道机车运输的巷道净高，自轨面起不得低于2 m。架线电机车运输巷道的净高，在井底车场内、从井底到乘车场，不小于2.4 m；其他地点，行人的不小于2.2 m，不行人的不小于2.1 m。

(2) 采（盘）区内的上山、下山和平巷的净高不得低于2 m，薄煤层内的不得低于1.8 m。

3. 运输巷（包括管、线、电缆）与运输设备最突出部分之间最小间距，应满足有关要求，以保证正常运输，杜绝刮坏管、线、电缆事故，确保人身安全。

【典型事例】 2003年10月10日夜班，河北省某煤矿矿井运区夜班下班车挂11个煤车和12个空车从八西往井口驶来，机车行至八西八道半时，与六点班送上班进来的人车交会时相剐蹭，将坐在车内的1名放煤工甩出车外，被矿车挤压当场死亡。

第九十一条 新建矿井、生产矿井新掘运输巷的一侧，从巷道道碴面起1.6 m的高度内，必须留有宽0.8 m（综合机械化采煤及无轨胶轮车运输的矿井为1 m）以上的人行道，管道吊挂高度不得低于1.8 m。

生产矿井已有巷道人行道的宽度不符合上述要求时，必须在巷道的一侧设置躲避硐，2个躲避硐之间的距离不得超过40 m。躲避硐宽度不得小于1.2 m，深度不得小于0.7 m，高度不得小于1.8 m。躲避硐内严禁堆积物料。

采用无轨胶轮车运输的矿井人行道宽度不足1 m时，必须制定专项安全技术措施，严格执行“行人不行车，行车不行人”的规定。

在人车停车地点的巷道上下人侧，从巷道道碴面起 1.6 m 的高度内，必须留有宽 1 m 以上的人行道，管道吊挂高度不得低于 1.8 m。

【名词解释】 运输巷

运输巷——运输煤炭、设备和材料的巷道。本条主要指轨道机车或输送机运输巷。

【条文解释】 本条是对运输巷宽度的规定。

据不完全统计，因巷道宽度不够致使人员被挤、压、碰、撞的事故，占运输事故的 4.6%。结合我国矿工平均身高约 1.7 m、宽 0.6 m 的情况，保证人员在巷道行走时头部碰不到管道、身体不被矿车剐蹭，规定：

1. 新建矿井、生产矿井新掘运输巷的一侧，从巷道道碴面起 1.6 m 的高度内，必须留有宽 0.8 m（综合机械化采煤及无轨胶轮车运输的矿井为 1 m）以上的人行道，管道吊挂高度不得低于1.8 m。

2. 考虑到一些老矿井和矿井老巷道的困难，达到宽 1 m（非综合机械化采煤矿井为 0.8 m）以上确难实现，为了保障行人、运输的要求，生产矿井已有巷道人行道的宽度不符合上述要求时，必须在巷道的一侧设置躲避硐。躲避硐应达到以下要求：2 个躲避硐之间的距离不得超过 40 m；躲避硐宽度不得小于 1.2 m，深度不得小于 0.7 m，高度不得小于 1.8 m；躲避硐内严禁堆积物料。

3. 采用无轨胶轮车运输的矿井不满足 1 m 以上人行道宽度要求时，必须制定专项安全技术措施，严格执行“行人不行车，行车不行人”的规定。

4. 人车停车地点上下车工人很多，往往造成拥挤，要求在人车停车地点的巷道上下人侧，从巷道道碴面起 1.6 m 的高度内，必须留有宽 1 m 以上的人行道，管道吊挂高度不得低于 1.8 m，以保证创造一个良好环境，保证工人上下车安全。

【典型事例】 某日，某矿-150 m 水平西大巷（电机车运输巷），巷道因挤压变形底鼓。事故发生处，人行道一侧碹墙距轨道 0.6 m，距底板高 1.2 m 左右，电机车边缘距碹墙仅 0.225 m。1 名安全监察员去西大巷检查工作，与迎面开来的电机车相遇，司机没有紧急刹车而继续行驶，人被机车挤出 3 m 远，胸部肋骨骨折，送到医院后抢救无效死亡。

第九十二条 在双向运输巷中，两车最突出部分之间的距离必须符合下列要求：

（一）采用轨道运输的巷道：对开时不得小于 0.2 m，采区装载点不得小于 0.7 m，矿车摘挂钩地点不得小于 1 m。

（二）采用单轨吊车运输的巷道：对开时不得小于 0.8 m。

（三）采用无轨胶轮车运输的巷道：

1. 双车道行驶，会车时不得小于 0.5 m。

2. 单车道应当根据运距、运量、运速及运输车辆特性，在巷道的合适位置设置机车绕行道或者错车硐室，并设置方向标识。

【名词解释】 单轨吊车

单轨吊车——在悬吊的单轨上运行，由驱动车或牵引车（钢丝绳牵引）、制动车、承载车等组成的运输设备。

【条文解释】　本条是对双向运输巷中两车最突出部分之间距离的规定。

1. 巷道采用轨道运输时，由于轨道或路基铺设质量不符合标准、巷道底鼓、车厢变形失修、弯道处运行时车辆外伸内缩等原因，在双轨巷道中，如果 2 列列车内侧最突出部分之间的距离（又称安全间隙）过小，会导致对开列车发生相刮或相撞事故。采用轨道运输的巷道对开时不得小于 0.2 m。

采区装载点和矿车摘挂钩地点因为有作业人员活动，如装载工和摘挂钩工，为了保证作业人员不被运输车辆刮碰，要求加大两车最突出部分之间的距离，采区装载点不得小于 0.7 m，矿车摘挂钩地点不得小于 1 m。

2. 巷道采用单轨吊车运输时，单轨吊车在运行过程中会发生摇摆，使对开的两单轨吊车之间距离变小，为了防止两乘坐单轨吊车人员发生碰撞，对开时不得小于 0.8 m。

3. 巷道采用无轨胶轮车运输时，单车道应根据运距、运量、运速及运输车辆特性在巷道的合适位置设置机车绕行道或错车硐室，并应设置方向标识；双车道行驶时，来往车辆各行其道，会车安全间距不得小于 0.5 m。

第九十三条　掘进巷道在揭露老空区前，必须制定探查老空区的安全措施，包括接近老空区时必须预留的煤（岩）柱厚度和探明水、火、瓦斯等内容。必须根据探明的情况采取措施，进行处理。

在揭露老空区时，必须将人员撤至安全地点。只有经过检查，证明老空区内的水、瓦斯和其他有害气体等无危险后，方可恢复工作。

【条文解释】　本条是对掘进巷道揭露老空区的规定。

在井田范围内，年代久远的老窑、生产矿井的老空区可形成大片积水区，掘进巷道一旦意外接近或接触，就能在短时间内突然溃出大量积水，造成人身伤亡事故。掘进巷道在揭露老空区前，必须制定探查老空区的安全措施，先探后掘，坚持不探明、不掘进。必须根据具体情况，接近老空区时预留煤（岩）柱厚度。在揭露老空区时，要撤出揭露点部位受水害威胁区域的所有人员。

老空区往往积存有害气体，盲目供电、排水或人员进入，可能导致人员窒息，或者因电气设备产生的火花引发瓦斯爆炸。所以，应当制定防止被水封住的有害气体突然涌出的安全措施。

第九十四条　采（盘）区结束后、回撤设备时，必须编制专门措施，加强通风、瓦斯、顶板、防火管理。

【条文解释】　本条是对采（盘）区结束后、回撤设备时的规定。

采（盘）区结束后成为采空区，原有的通风系统已经改变，采煤、支架、充填、排水、运输等机电设备、设施已停止作业，需要拆运。在采区封闭之前回撤设备时，由于疏于防范和管理，或因通风不好、有毒有害气体排放不畅致使有毒有害气体积聚超过规定浓度标准，造成人员窒息、中毒甚至死亡；或因设备、管路等金属物件互相摩擦、碰撞，或处理电缆接头时产生火花；或因没进行煤层注水、洒水不充分、漏风使煤炭自然发火等原因，酿成火灾或瓦斯爆炸事故。同时，采（盘）区结束后，由于矿山压力作用，加之检查维护不及时，常造成支护失效、顶板矸石冒落。

因此，必须针对回撤设备时可能发生的安全问题和存在的隐患，编制专门措施，加强通风、瓦斯、顶板、防火管理，杜绝事故的发生。

【典型事例】　2010 年 3 月 25 日，河北省承德市某煤矿三水平东翼采煤工作面采煤后形成的采后空洞内处于无风状态，煤层瓦斯涌出造成瓦斯积聚达到爆炸界限，在上巷第 5 个立眼上方开茬硐内爆破落煤时，炮眼向采后空洞方向倾斜，造成装药中心位置至采后空洞一侧自由面的最小抵抗线不足，炸药起爆后产生爆燃，引起瓦斯爆炸，造成 11 人死亡、2 人重伤，直接经济损失 998.3 万元。

第二节　回采和顶板控制

第九十五条　一个矿井同时回采的采煤工作面个数不得超过 3 个，煤（半煤岩）巷掘进工作面个数不得超过 9 个。严禁以掘代采。

采（盘）区开采前必须按照生产布局和资源回收合理的要求编制采（盘）区设计，并严格按照采（盘）区设计组织施工，情况发生变化时及时修改设计。

一个采（盘）区内同一煤层的一翼最多只能布置 1 个采煤工作面和 2 个煤（半煤岩）巷掘进工作面同时作业。一个采（盘）区内同一煤层双翼开采或者多煤层开采的，该采（盘）区最多只能布置 2 个采煤工作面和 4 个煤（半煤岩）巷掘进工作面同时作业。

在采动影响范围内不得布置 2 个采煤工作面同时回采。

下山采区未形成完整的通风、排水等生产系统前，严禁掘进回采巷道。

严禁任意开采非垮落法管理顶板留设的支承采空区顶板和上覆岩层的煤柱，以及采空区安全隔离煤柱。

采掘过程中严禁任意扩大和缩小设计确定的煤柱。采空区内不得遗留未经设计确定的煤柱。

严禁任意变更设计确定的工业场地、矿界、防水和井巷等的安全煤柱。

严禁开采和毁坏高速铁路的安全煤柱。

【名词解释】　采区设计、掘进工作面、采煤工作面和安全煤柱

采区设计——采区内准备巷道布置、采煤方法的方案设计和采区施工图设计。

掘进工作面——进行掘进作业的场所。

采煤工作面——又称回采工作面，是进行采煤作业的场所。

安全煤柱——煤矿开采中，为某一安全目的保留不采或暂时不采的煤体。

【条文解释】　**本条是新修订条款，**是对编制采（盘）区设计、采掘工作面布置和煤柱开采的规定。

1. 编制采（盘）区设计的重要性

（1）编制采（盘）区设计是提高矿井经济效益的需要

采（盘）区设计涉及的内容非常多，它们与经济效益关系相当密切，并涉及以下一些问题。例如，走向长壁开采采（盘）区的区段平巷是留煤柱，还是沿空掘巷或沿空留巷？区段集中巷与煤层区段平巷联系是平巷、斜巷还是立眼？采（盘）区上下山的位置、数目以及与集中巷之间的联系方法如何确定？采区上中下部车场和采区煤仓的形式如何选

择？如果设计合理，就可以节省大量人力、物力和财力；相反，就可能造成巨大的浪费。特别是矿井首采（盘）区，若能设计合理，则能加快矿井投产进度和使矿井提前达产，大大提高矿井经济效益。

（2）编制采（盘）区设计是搞好矿井安全生产的需要

采区是矿井的组成部分，矿井安全生产的重点在采（盘）区。采（盘）区设计是保障矿井安全生产的重要基础工作。采掘工作面在采（盘）区内进行作业，采（盘）区巷道布置必须保证采掘工作面正常生产，同时，还必须考虑采（盘）区与采（盘）区的相互关系，以免一个采（盘）区发生事故后波及其他采（盘）区而造成事故范围扩大和损失程度加剧。

（3）编制采（盘）区设计是坚持矿井长期、稳定、均衡生产的需要

采掘工作面接替和采掘平衡，必须以采（盘）区设计为基础。根据采（盘）区和工作面设计，在设计图上测算各工作面的参数，估算月进度、产量和可采期，以保证矿井长期生产过程中的采掘平衡和协调。

（4）编制采（盘）区设计是预防矿井灾害事故的需要

近年来，有的乡镇、个体小煤矿（甚至个别国有大型煤矿）为了追逐经济效益最大化，在采（盘）区施工前不按规定进行设计或者设计没有按照合理生产布局的要求编制，不按规定程序审批，不严格按照采（盘）区设计组织施工，乱采滥掘造成事故时有发生。

2. 编制采区设计规范要求

（1）矿井开采水平的划分

矿井开采水平划分应根据煤层赋存条件、地质条件、开采技术与装备水平、资源储量回收和生产能力等因素，综合分析确定，并应符合下列规定：

① 当矿井划分为阶段开采时，其阶段垂高宜为：缓倾斜、倾斜煤层 200~350 m；急倾斜煤层 100~250 m。

② 在条件适宜的缓倾斜煤层，当瓦斯含量低、涌水量不大时，宜采用上、下山开采相结合的方式。

③ 近水平多煤层开采，当层间距不大时，宜采用单一水平开拓；当层间距较大时，可分煤组（层）多水平开采。

（2）开拓巷道的布置

① 开拓巷道布置应根据煤层赋存条件、地质条件、开采技术条件和矿井开拓、通风、运输方式等因素确定，并应符合下列规定：

· 开采近距离多煤层时，宜采用集中或分组运输大巷布置方式；煤层（组）间距大时，宜采用分层运输大巷布置方式。

· 开拓巷道不得布置在有煤与瓦斯突出危险煤层和严重冲击地压煤层中。

· 当煤层无煤与瓦斯突出危险、无冲击地压，煤层顶底板围岩较稳定、煤层较硬、含水量较小，或自然发火、高瓦斯煤层采取安全措施技术可行、经济合理时，主要运输大巷及总回风巷宜布置在煤层中。

· 近水平多煤层开采，采用分层或分组布置运输大巷时，宜将开采水平分层（组）运输大巷重叠布置。

· 开拓巷道布置应避开应力集中区和活动断层，且不宜沿断层布置。

② 当开采煤层上部留设防水（砂）煤岩柱时，总回风巷道应设在防水（砂）煤

（岩）柱以下。

③ 主要运输大巷、总回风巷支护方式，应根据围岩性质、地压状况、巷道用途及服务年限、通风安全等因素确定，并应符合下列规定：岩巷应优先选用锚喷、挂网锚喷或锚注等支护；半煤岩及煤巷宜选用锚喷、挂网锚喷、锚索或型钢支架等支护方式。

④ 开拓巷道净断面，必须以支护最大允许变形后的断面能满足行人、运输、通风、管线及设备安装、检修等需要为原则确定。

（3）采区的划分

① 矿井可行性研究阶段，应根据井田地面村庄和其他建（构）筑物分布情况，经技术经济论证，作出村庄和建（构）筑物搬迁及压煤开采规划；矿井初步设计应对搬迁及压煤开采规划进行优化；采区划分、资源储量计算、采区开采顺序应与搬迁及压煤开采规划一致。

新建矿井采区必须遵循先近后远、逐步向井田边界扩展的前进式方法开采。

② 采区划分应根据地质条件、煤层赋存条件、开采技术条件及装备水平等因素经综合分析比较后确定，并应符合下列规定：

· 当井田内有对采区巷道布置和工作面回采影响较大的断层或褶曲构造时，应以其断层和褶曲轴部作为采区划分的自然边界。

· 当井田地面有重要建（构）筑物，按其保护等级划分必须留设保护煤柱时，采区划分应以其保护煤柱为边界。

· 当井田内无影响工作面正常回采的断层或断层构造较少时，应按开采工艺、通风、运输和巷道维护要求，合理划分采区。

· 开采有煤与瓦斯突出危险和突水威胁的煤层时，应按开采保护层、抽采瓦斯及单独开采等技术措施要求，合理划分采区。

· 当井田内小断层较多且对工作面回采有一定影响，采区划分无法避开时，宜避免工作面回采方向和断层走向呈小角度斜交。

· 开采煤层群时，应按集中和分组布置开采方式的不同，划分集中煤组采区和分煤组采区。

· 近水平煤层开采，宜在开采水平运输大巷两侧划分盘区。

· 有条件时，应在井筒附近划分中央采区。

③ 采区参数应根据煤层赋存条件、地质构造、开采技术条件、采煤方法及机械化装备水平等因素合理确定，并应符合下列规定：

· 缓倾斜煤层综合机械化开采的采区，当采用走向长壁开采时，其采区一翼走向长度，或采用倾斜长壁开采时，其采区倾斜宽度，均不宜小于采煤工作面连续推进一年的长度；普通机械化开采，其采区一翼长度不宜小于0.6 km。

· 按盘区划分开采的煤层，当开采技术条件简单、不受断层限制、综合机械化采掘装备标准较高时，其盘区沿采煤工作面推进方向的长度不宜小于3.0 km。

· 倾斜和急倾斜煤层的采区参数，应根据地质构造、选用的采煤方法及工艺确定，一般应小于缓倾斜煤层采区参数。

3. 编制采区设计的有关规定

（1）采区设计必须在采区设计方案的基础上编制。

采区设计方案由矿总工程师（矿技术负责人）负责组织编制；技术力量不够的矿井，也可以委托给具有资质的中介机构进行编制。采区设计方案必须经过综合因素分析、论证加以确定，以期实现安全可靠、技术先进和经济合理。

（2）采区设计必须符合《规程》和批准的采区设计方案的有关规定要求。

（3）采掘工作面作业规程必须在采区设计的基础上进行编制。

4. 严格按照采（盘）区设计组织施工，情况发生变化时及时修改设计

一个矿井同时生产的采（盘）区不得超过 2 个。煤与瓦斯突出、冲击地压、高瓦斯、水文地质条件极其复杂的矿井，最多只能布置 1 个采煤工作面和 2 个煤（半煤岩）巷掘进工作面同时作业（开采保护层和充填开采的采煤工作面除外，但同时作业的所有采煤工作面总数不得超过 4 个）。

【典型事例】　2005 年 11 月 27 日，黑龙江省某煤矿由于违规爆破处理主煤仓堵塞，导致发生一起特别重大煤尘爆炸事故，造成 171 人死亡、48 人受伤，直接经济损失达 4 293 万元。该事故是安全管理混乱、安全生产措施不落实、长期违章作业、事故隐患不能及时消除的必然结果。该矿长期超能力生产、违反有关规定，在 50 万 t/a 的矿井中布置 3 个生产采区，开采 5 个煤层，共有 6 个采煤工作面和 16 个掘进工作面，井下作业人数达 243 人。

5. 采区内采掘工作面个数的规定

（1）煤与瓦斯突出、冲击地压、高瓦斯、水文地质条件极其复杂的矿井以及采用综采放顶煤开采的采（盘）区，一个采（盘）区内同一煤层的一翼最多只能布置 1 个采煤工作面和 2 个煤（半煤岩）巷掘进工作面同时作业（开采保护层和充填开采的采煤工作面除外，但同时作业的所有采煤工作面总数不得超过 2 个），可以杜绝因 2 个采煤工作面导致的串联通风现象；同时，还可以避免掘进工作面超过 1 次的串联通风现象发生，确保提高采掘工作面通风的质量和可靠性。一旦一个采掘工作面发生瓦斯、煤尘爆炸和火灾事故，不至于危及其他采掘工作面的安全。

（2）一个采（盘）区内同一煤层一翼开采的，该采（盘）区最多只能布置 1 个采煤工作面和 2 个煤（半煤岩）巷掘进工作面同时作业。一个采（盘）区内同一煤层双翼开采的，该采（盘）区最多只能布置 2 个采煤工作面和 4 个煤（半煤岩）巷掘进工作面同时作业。由于在一个采（盘）区内实行双翼开采或多煤层开采，有条件布置独立通风，可以做到避免串联通风或者串联通风的次数不超过 1 次，保证采区的通风安全。

多煤层开采的，在采动影响范围内不得布置 2 个采煤工作面同时作业。

以上（1）（2）所列采煤工作面与掘进工作面比例均为 1∶2。这是因为在我国煤矿采区内 1 个采煤工作面，大多数安排 2 个掘进工作面，以 2 个掘进工作面来保证 1 个采煤工作面，从而确保采掘比例均衡、采掘工作面接续正常、矿井生产能力稳定。超过规定的，必须报省级煤炭行业管理部门审批。

（3）开拓巷道煤（半煤岩）巷同时作业的不得超过 3 个掘进工作面。

6. 关于保护矿井安全煤柱的规定

矿井安全煤柱的留设是为了预防矿井各种灾害事故，防止地表移动和下沉，保护工业场地及重要建（构）筑物。煤柱留设的尺寸都是经过科学计算而确定的。扩大煤柱尺寸将造成煤炭资源的浪费或呆滞；缩小煤柱尺寸将起不到煤柱的安全保护作用，导致事故的发生。在采空区内遗留未经设计规定的煤柱，会造成采掘工作面矿山压力显现加剧，引发

冒顶事故。所以，采掘过程中严禁任意扩大和缩小设计确定的煤柱。采空区内不得遗留未经设计确定的煤柱。

严禁任意开采非垮落法管理顶板留设的支承采空区顶板和上覆岩层的煤柱，以及采空区安全隔离煤柱。

严禁任意变更设计确定的工业场地、矿界、防水和井巷等的安全煤柱。高速铁路是国家运输动脉，不能遭到破坏，严禁开采和毁坏高速铁路的安全煤柱。

【典型事例】 2019 年 1 月 12 日，陕西省榆林市某矿业公司发生一起重大煤尘爆炸事故，造成 21 人死亡，直接经济损失达 3 788 万元。

（1）事故直接原因。

506 连采工作面和开采保安煤柱工作面采空区及与之连通的老空区顶板大面积垮落，老空区气体压入与老空区连通的巷道内，扬起巷道内沉积的煤尘，弥漫 506 连采工作面，并达到爆炸浓度，在三支巷中部处于怠速状态下的无 MA 标志的非防爆 C17 运煤车产生火花，点燃煤尘，发生爆炸，造成人员伤亡。

（2）事故间接原因。

① 违法进入老空区组织回采，开采老空区保安煤柱 。一是采煤方案和 506 连采工作面作业规程中设计的部分支巷位于采空区保安煤柱范围内。二是超出采煤方案和作业规程中 506 连采工作面开采范围，违法组织开采采空区煤柱。

② 使用国家明令禁止的设备和工艺。一是 506 连采工作面主、辅运输车辆均为无 MA 标志的非防爆柴油无轨胶轮车，主运输车辆由个人购买，自管自用。二是采用落后淘汰的巷道式开采工艺回采边角煤，以掘代采、以探代采。三是二区边角煤开采没有独立的进风巷，利用 506 进风顺槽作为进风巷，垂直于 506 进风顺槽掘进探巷，后退式单翼采硐回采，局部通风机通风，串联通风。四是 506 连采工作面采用每采 2~3 个采硐强制放顶方式，放顶后工作面只有 1 个安全出口，工作面风流通过冒落的采空区回风。

③ 井下采掘工程违规承包分包，现场安全管理失控。一是将井下采掘工程分别承包给 A 公司和 B 公司。二是将井下综掘和连采工作面承包给不具备安全生产条件和相应资质的 B 公司。三是该矿业公司、A 公司负责项目部、B 公司共同隐瞒采掘承包真相。四是没有建立统一有效、合理健全的安全管理体系，管理体制混乱，职责相互交叉，责任不明确。五是 B 公司组织机构不健全，未设置安全管理机构。六是 A 公司陕西分公司并未将采掘承包情况向有关部门报告，对 A 公司负责项目部部分管理人员在该矿业公司担任煤矿领导职务制止不力。

④ 资料造假，蓄意隐瞒违法违规行为，逃避监管。一是 506 连采工作面开切眼东南部老空内巷道及开采情况，没有出现在作业规程中，也没有填绘在采掘工程平面图上，图纸、资料等与实际不符。二是对专家“会诊”检查出的重大问题未落实整改。

⑤ 矿井安全投入不足，职工培训不到位，现场管理混乱。一是该矿业公司和 B 公司未配备钻探设备和防爆运输车辆。二是职工安全意识差，安全教育培训不到位，有入井人员携带烟火现象。三是防尘设施不全，洒水管路未按规定延伸至所有作业地点；在进、回风巷未安设自动控制风流净化水幕等设施。

⑥ 对隐蔽致灾因素没有进行治理 。一是对于已经探明的碳窑沟老空存在的大面积悬顶等安全隐患未进行治理。二是掘进巷道 9 次打通老空后，没有退回并未按规定构筑防爆

防水闭墙。

7. 严禁下山剃头开采

下山采区未形成完整的通风、排水等生产系统前，进行掘进回采巷道或组织采煤活动，俗称下山剃头开采。

（1）下山剃头开采的形成原因

下山剃头开采模式是在一定的历史条件下形成的，并受许多客观因素的影响，归结起来，主要有以下几方面的原因：

① 经济原因。前些年煤炭市场疲软，企业生产经营遇到前所未有的困难，很多煤矿企业无力拿出大量资金开拓延伸工程；近年煤炭市场形势有所好转，有些集团公司虽然加大了对开拓工程的投入，但也只是杯水车薪，难以有效解决该问题；另外，由于受各种因素的影响，不能实现矿井水平的正常更替，为了保证出煤量，维持经济效益稳定，各矿不得不在通风系统尚未完善的情况下就组织工作面进行生产。

② 开采方式影响。采煤工作面全面推广一次采全高放顶煤开采，开采强度增大，产量提升速度更快，井巷工程欠账紧张的局面无法得到有效的缓解。

③ 瓦斯原因。有些矿井为高突出矿井，给开拓掘进工作带来了很大的困难，开拓掘进速度明显变慢，并大量增加了用于瓦斯防治的开拓掘进巷道。

④ 水害原因。随着开采深度的增加，水害威胁越来越大，增大了开拓难度，增加了用于疏放水及防治水的开拓工程量。

⑤ 矿压影响。随着采区延深，生产战线长，矿压显现加剧，巷道失修率高，前掘后修，巷道维护大量挤占了开拓力量。

⑥ 地质条件影响。部分矿井采区由于地质条件的变化，如构造多、煤层变薄、相邻煤矿的越界开采等原因，采区开采储量锐减，造成井巷工程欠账增多。

（2）下山剃头开采存在大量事故隐患

下山剃头开采模式，虽然在一定程度上暂时缓解了出煤量不稳定的问题，但是其中却存在以下一些安全隐患：

① 排水、运输、瓦斯抽排以及通风系统不完善。下山剃头开采多数是因采场接替紧张而造成的非正常开采，首采面投产时开拓系统尚未完工。有的下山采区不是一次设计到位，采区巷道不断变化，使生产环节和通风系统趋于复杂，因此，系统抗灾能力差，在排水、运输、瓦斯抽排以及通风系统方面存在着很大的安全隐患。

② 采区内存在多个采、掘工作面，安全隐患大。下山剃头开采方式，采煤工作面生产、下山掘进开拓与下阶段采煤工作面巷道的掘进等工作都需要同时进行，在一个区域工程多，出现多个掘进面，较多的人员在一个抗灾能力较弱的区域内工作，势必带来事故发生的潜在危险。

③ 通风设施多，通风系统安全可靠性降低。工作面回采准备与下山的开拓延伸，在下山与下山之间，下山与水平大巷之间，开拓延伸的下山下部与承担通风、运输任务的下山上部之间，新工作面的顺槽掘进工作面与下山之间等都需要设立通风设施，一个区域内通风设施多，通风系统就复杂，安全可靠性就大幅降低；因施工队伍多，回采、掘进同步作业，因此采区内行人、运煤、运料，风门频繁开关，且易遭到损坏，通风设施易失效引起风流短路，进而造成工作面甚至整个采区缺风、无风，引起瓦斯超限。

④ 下行通风存在许多的安全隐患。下山开采中作为主进风的下山巷道必然要采用下行通风。上行通风时，新鲜风流自进风上山进入采区，清洗工作面的乏风后，经回风上山流入回风道，新风流和乏风流均向上流动，沿倾斜方向的风路较短。下行通风时，新风由进风下山进入采区，清洗采煤工作面后的乏风要经下山流回回风道，风流在进风下山和回风下山内流动方向相反，通风路线长；且进风下山和回风下山相距较近，属于平行反向流动，风压差大，故漏风严重，通风效率低；而且进、回风路线之间交叉点多，通风设备多，管理困难。下行通风在灾变（发生爆炸或火灾）条件下容易产生风流逆转，因为爆炸或火灾产生的热空气所形成的热风压与通风机作用相反，特别是在下山剃头开采的条件下，通风压力小，热风压的作用就特别容易起主导作用，造成风流逆转，这时，灾变气流就会侵入邻近的工作区域，如果逆流到进风巷道，就会随风流迅速侵入工作面等人员集中的场所，造成大范围的人员伤亡。因而，下行通风的抗灾能力比上行通风要弱得多。如果矿井有煤与瓦斯突出危险，那对于下行通风更应该慎之又慎，因为突出的瓦斯如果浓度很大，极易产生瓦斯逆流，使某些场所瓦斯浓度超限，万一发生爆炸后，灾害波及的范围就很容易扩大，造成下山采区逃生困难，下山采区中人员逃生必须走上坡路，比走下坡路需要更多的逃生时间，遇到突发事故，逃生难度相当大。在很多煤矿事故中，因缺少逃生路线，逃生困难，很多采区人员死于一氧化碳中毒窒息。

【典型事例】 2005 年 2 月 14 日，辽宁省某煤矿 331 采区在无采区设计的情况下进行作业，采区没有专用回风巷，采区下山未贯通整个采区，边生产边延伸；该矿擅自修改设计，增加在 3315 胶带道与 3316 风道之间的联络巷开口掘进 3316 风道，使 3315 综放工作面与 3316 风道掘进工作面没有形成独立的通风系统，发生一起特别重大的瓦斯爆炸事故，造成 214 人死亡、30 人受伤，直接经济损失达 4 968. 9 万元。

（3）消除下山剃头开采的措施。

① 矿井设计规划时，应该合理布置采掘关系，实现正常更替，防止因采掘关系紧张造成不合理开采而形成下山剃头开采现象，避免事故隐患的出现。同时，加大对井巷工程的投入，集中力量解决井巷开拓问题，完善开拓系统，形成完整的通风系统、排水系统之后，再进行采煤工作面的生产。

② 加强对瓦斯的治理。随着开采深度的增加，可能会带来瓦斯隐患增加的现象，增大了开拓掘进工作的难度，从而大大影响掘进速度，造成采掘失调，因此必须加大瓦斯抽采力度，完善瓦斯抽采系统，不能让瓦斯成为阻碍煤矿正常生产的瓶颈。

③ 加强水患的治理。采用三维地震、瞬变电磁勘探、水文地质观测孔开凿等措施加强对水患的监测监控，同时进行底板注浆，加固系统。另外，在采区需要配备排水泵及配套电控，并铺设管路，制定完善的排水措施。

④ 提高巷道支护水平，减少甚至避免巷道冒顶垮落，保证巷道的稳定，避免因巷道维修挤占掘进工作的时间。同时，加强对巷道掘进技术的改进，提高巷道掘进速度。

第九十六条 采煤工作面回采前必须编制作业规程。情况发生变化时，必须及时修改作业规程或者补充安全措施。

【名词解释】 作业规程

作业规程——煤矿企、事业单位为完成某项生产建设的单项或单位工程，根据《规程》和设计文件，结合工程的具体情况而编制的指导施工的重要技术文件。

【条文解释】 本条是对采煤工作面编制作业规程的规定。

作业规程是煤矿生产建设某项工程的行为规范，具有法规性质。其作用是科学地组织与指导施工，组织施工部门的技术经济活动，保证工程达到安全、优质、高效、快速、低耗的效果，并达到设计要求。凡从事该项工程施工的人员必须遵照执行。

采煤工作面作业规程是规范采煤工作面回采工作的，其运作、实施分为编制、审批、贯彻及实现。

1. 作业规程性质

（1）科学性。作业规程的编制要根据矿井地质、水文情况、煤层赋存状况及开采方法等因素综合考虑，在保证安全的前提下，最大限度地提高劳动生产率，减少消耗，降低吨煤成本。

（2）准确性。作业规程的编制要准确，真正起到指导、规范回采的作用。例如，回采范围内的旧区、旧巷，断层产状及位置，煤层倾角、厚度的变化等，这些都应准确地反映在作业规程中，做到有预见性。

（3）针对性。就是根据采煤工作面的采高、压力、顶底板岩性等具体情况提出针对性措施，严禁沿用、套用旧规程。

（4）及时性。在采煤工作面回采一段距离后，当条件发生变化时，应及时修改作业规程并补充相应安全措施，以适应采煤工作面条件变化的需要。

2. 作业规程内容

煤矿作业规程是规范采掘工程技术管理、现场管理，协调各工序、工种关系，落实安全技术措施、保障安全生产的准则。采煤工作面作业规程一般包括概况、采煤方法、顶板控制、生产系统、劳动组织及主要技术经济指标、煤质管理、安全技术措施和灾害应急措施及避灾路线等内容。

3. 作业规程审批

作业规程编制完毕后必须经有关部门按程序审批，否则无效。审批后，在回采前应认真向作业人员进行贯彻并履行签字手续。贯彻后进行考试，考试不及格不准上岗作业。

4. 作业规程落实

作业规程一经审批、贯彻后，必须由有关部门进行检查落实兑现情况，采取强有力的措施保证作业规程的落实、兑现。

第九十七条 采煤工作面必须保持至少 2 个畅通的安全出口，一个通到进风巷道，另一个通到回风巷道。

采煤工作面所有安全出口与巷道连接处超前压力影响范围内必须加强支护，且加强支护的巷道长度不得小于 20 m；综合机械化采煤工作面，此范围内的巷道高度不得低于 1.8 m，其他采煤工作面，此范围内的巷道高度不得低于 1.6 m。安全出口和与之相连接的巷道必须设专人维护，发生支架断梁折柱、巷道底鼓变形时，必须及时更换、清挖。

采煤工作面必须正规开采，严禁采用国家明令禁止的采煤方法。

高瓦斯、突出、有容易自燃或者自燃煤层的矿井，不得采用前进式采煤方法。

【名词解释】　正规开采、前进式采煤方法

正规开采——煤矿矿井、采区、采掘工作面布置符合煤矿相关法律法规、行业规范的要求；采掘工作面独立通风，风量稳定可靠；采、掘、支护工艺符合《规程》的要求。

前进式采煤方法——自井筒或主平硐附近向井田边界方向依次开采各采区的开采顺序；采煤工作面背向采区运煤上山（运输大巷）方向推进的开采顺序。

【条文解释】　本条是对采煤工作面安全出口和采煤方法的规定。

1. 采煤工作面安全出口的地位和作用。

（1）采煤工作面安全出口是该采煤工作面通风、行人和运输的咽喉。

① 采煤工作面作业人员要经过安全出口进、出工作面进行作业和操作。

② 采煤作业所需要的设备、材料要经过安全出口运进工作面作业场所；采出的煤炭要经过安全出口运出工作面至运输巷输送机。

③ 采煤工作面所需要的新鲜风流经过进风巷处安全出口输送给作业人员，作业人员呼吸后的污浊风流、粉尘及有害气体经过回风巷处安全出口排到回风巷。

【典型事例】　某日，山西省吕梁地区某村办煤矿发生一起冒顶事故，工作面只有1个安全出口，造成10人死亡、1人受伤，直接经济损失约88万元。

（2）采煤工作面安全出口是矿山压力叠加的地带。

采煤工作面安全出口受到巷道掘进期间支承压力的影响，又受到采煤工作面采动时超前支承压力的作用，它们产生叠加，造成安全出口处压力剧增，成为采煤工作面加强支护的重点。

（3）采煤工作面安全出口是采煤工作面冒顶常发生部位。

在煤矿五大灾害中，全国煤矿顶板事故起数占各类事故总数的30%左右，而顶板事故发生的地点主要在采煤工作面。

在采煤工作面最容易发生冒顶事故的部位是“两线两口”，即煤壁线、切顶线和上、下安全出口。从以上分析可知，搞好安全出口的顶板管理是减少矿井顶板事故乃至矿井安全管理的重点内容。

2. 采煤工作面安全出口的标准要求。

（1）出口个数

采煤工作面安全出口必须保持至少2个，一旦其中一个安全出口发生冒顶，另一个安全出口还能起到临时应急作用，提高采煤工作面安全程度。

（2）畅通无阻

采煤工作面安全出口不能堆积大量设备、器材和材料，以免堵塞出口断面，影响行人、运料和通风。特别是如果通风断面太小，将影响采煤工作面瓦斯和有害气体有效排除和冲淡，甚至引起瓦斯积聚，当遇有引爆火源时，可能发生瓦斯爆炸事故。

（3）通达巷道

采煤工作面安全出口必须一个通到进风巷道，另一个通到回风巷道。这样，既能保障

采煤工作面的正常通风，又能保证 2 个安全出口间的安全距离，不致 2 个安全出口同时遭到破坏，当一个安全出口遭到破坏时，另一个安全出口仍能担当安全撤退的通道。

3. 保证采煤工作面安全出口的措施。

（1）科学确定超前加强支护范围。

一般来说，采煤工作面超前支承压力峰值位置距煤壁 4~8 m，相当于 2.0~3.5 倍回采高度，影响范围 40~60 m，少数可达 60~80 m，应力增高系数 2.5~3.0。

由于受到巷道围岩岩性、地质构造、煤层赋存条件、巷道掘进方法和采煤工艺等因素影响，采煤工作面上下出口的两巷支承压力大小不尽相同，所以，在进行加强安全出口支护以前，必须对巷道受采动影响而出现的顶板下沉量、顶底板移近量和顶底板移近速度进行现场实测，以确定采煤工作面超前压力影响范围，在此范围内加强支护。

（2）合理选择超前加强支护形式。

① 端头支护形式。悬臂梁与单体液压支柱配套使用的采煤工作面或滑移顶梁支护的采煤工作面，上、下端头使用四对八根长钢梁或双楔调角定位顶梁（不少于 6 架）支护，并保证足够的初撑力。

综采工作面应使用端头支架、普通液压支架或 Π 型钢梁支护。

② 超前支护形式。在一般情况下，采煤工作面上、下两巷超前加强支护形式为铁梁（或木板梁）和单体液压支柱配套使用。布置方式有垂直巷道走向布置和沿巷道走向上下帮各一排布置 2 种。一梁三柱或四柱，柱距 0.8~1.0 m，排距 1.0~1.2 m。

如果上、下两巷顶板破碎压力大，超前加强支护应采用十字铰接顶梁与单体液压支柱配套形式。

（3）加强对安全出口和与之相连接的巷道的日常维护。

因为与安全出口相连接的巷道若不能保持支架完好和断面足够，即使安全出口畅通无阻，也不能真正起到安全出口行人、运输和通风的作用，同样不能保证采煤工作面正常生产和人员安全。

安全出口和与之相连接的巷道日常维护应该做到以下三点：

① 必须设专人维护。只有设专人维护，才能从劳动组织方面给予保证，没有人，一切无从谈起。有的单位不重视这一点，出勤人员多时安排人维护，出勤人员少时就不安排维护，甚至有的即使出勤人员多，宁可放在工作面多出煤，也不进行出口维护，造成出口难行。

② 保证足够的巷道断面。加强支护的巷道长度不得小于 20 m；综合机械化采煤工作面安全出口巷道高度不得低于 1.8 m，其他采煤工作面巷道高度不得低于 1.6 m。如果巷道底鼓变形，必须清挖。

③ 保持完好的支架，发生支架断梁折柱必须及时更换。巷道底鼓变形时，必须及时清挖。

4. 保证采煤工作面正规开采。

采煤工作面必须正规开采，严禁采用国家明令禁止的采煤方法，如高落式采煤、巷道式采煤和仓储（房）式采煤等。

高落式采煤（不包括放顶煤采煤）主要开采厚煤层，是一种人工回收顶煤的方式，一般采用非机械化落煤和人工装煤，并与其他采煤方法相组合。存在的主要安全隐患是空顶作业，容易造成顶板事故。

巷道式采煤主要特征为：一是无序开采，多头同掘，系统通风不稳定、不可靠，极易造成瓦斯积聚；二是在顶板来压时，不便于采取卸压措施，支护难度较大；三是无2个以上安全出口，发生灾变时避险路线少，抗灾能力差；四是煤炭回收率低，资源浪费极大。

仓储（房）式采煤俗称掏洞子采煤法，多用来开采缓倾斜厚煤层。采用非机械化落煤，工作面运输设备一般为扒斗式装煤机。煤房的采煤顺序一般为扩帮、挑顶（卧底）。存在的主要安全隐患是空顶作业，煤房通风量难以控制；另外，煤炭资源回收率很低。

因此，高落式采煤、巷道式采煤和仓储（房）式采煤无安全保障，是已被国家明令禁止的落后采煤方法。

【典型事例】 2012年8月29日，四川省攀枝花市某煤矿，违法违规组织生产。该矿恢复生产时核定允许生产的区域为+1 277 m（主平硐）水平以上，而该矿擅自在+1 277 m（主平硐）水平以下非法组织生产；采用非正规的巷道采煤方法，多层、多头、多面以掘代采，乱采滥挖，在未经批准开采区域的17个煤层中共布置41个非法采掘作业点；4个采煤队在该区域内采用非正规采煤方法，以掘代采，乱采滥挖；有9个煤层不在采矿许可证批准的煤层范围内，非法违法开采，在平面范围内巷道越界257 m，非法产煤21.14万t。由于非法违法开采区域内的采掘作业点无风、微风作业，瓦斯积聚达到爆炸浓度，提升绞车信号装置失爆，产生电火花引爆瓦斯，造成48人死亡、54人受伤的特别重大瓦斯爆炸事故。

5. 高瓦斯矿井、突出矿井，以及开采容易自燃或者自燃煤层的矿井的采煤工作面，不得采用前进式采煤方法。

前进式采煤方法给通风、安全带来隐患，给瓦斯和防火管理带来困难而造成事故。所以，高瓦斯矿井、突出矿井以及开采容易自燃或者自燃煤层的矿井的采煤工作面，不得采用前进式采煤方法。

对于前进式U形通风系统，其进风平巷一侧为煤体，一侧为采空区，回风平巷可能两侧都为采空区，它只能用于薄及中厚煤层。巷旁支护的方法和材料对巷道漏风影响极大；矸石带或密集支柱（或木垛）护巷时，漏风较多；用硬石膏充填带时漏风最小，有利于减少自然发火危险和改善工作面通风，减少采空区瓦斯涌出；用预制钢筋混凝土块支护时，混凝土块间断布置的漏风较多，连续布置的漏风较少。

对于前进式Z型通风系统，其回风平巷预先在煤体内掘出（或沿空留巷），进风平巷随工作面推进形成。采空区漏风携带的瓦斯流向工作面及其上隅角，可能出现局部积聚超限。瓦斯涌出量大的工作面不宜采用这种通风系统。

第九十八条 采煤工作面不得任意留顶煤和底煤，伞檐不得超过作业规程的规定。采煤工作面的浮煤应当清理干净。

【名词解释】 伞檐

伞檐——采煤后顶部残留的煤体。

【条文解释】 本条是对采煤工作面伞檐、顶煤、底煤和浮煤的规定。

由于煤层与顶板岩石之间的黏结力较小，在回采过程中若采煤工作面煤壁留有伞檐，在其自重的作用下会逐渐与母体脱离而垮落，而引起人员伤亡事故。一般情况下，伞檐长度超过 1 m 时，其最大突出部分，视煤层厚度应在 150~200 mm；伞檐长度在 1 m 以下时，其突出部分应在 200~250 mm。

采煤工作面任意丢失顶煤和底煤，会出现以下不利影响：

1. 浪费煤炭资源，使工作面回采率降低。

2. 对于有自然发火倾向的煤层，丢失在采空区内的煤炭易自然发火，引起矿井火灾。

3. 会使由顶板、支架、底板构成的支护系统的刚度降低，引起支柱钻底或液压支架底座下陷等不利顶板管理的局面。

工作面浮煤清理干净的目的在于：充分回收煤炭资源；减少煤炭自然发火条件；在采用水砂充填的矿井也有利于泄水、减压。

实现上述要求也有利于开展安全生产标准化，为安全生产打下坚实基础。

第九十九条 台阶采煤工作面必须设置安全脚手板、护身板和溜煤板。倒台阶采煤工作面，还必须在台阶的底脚加设保护台板。

阶檐的宽度、台阶面长度和下部超前小眼的个数，必须在作业规程中规定。

【条文解释】 本条是对台阶采煤工作面的规定。

台阶式采煤工作面适用于急倾斜煤层回采，由于急倾斜煤层的倾角较大，在开采技术、安全、运输和顶板管理方面都具有独自的特点，主要表现有：

1. 由于煤层倾角大，增加了开采困难，在开采技术上必须采取相应的安全措施。

2. 煤层顶板垂直作用在支架或煤体上的压力较小，而作用在倾斜方向的压力增大。因此，支架不稳定，容易倾倒；护巷煤柱容易片帮；顶、底板都可能沿倾斜方向滑动。

3. 采下的煤和冒落的矸石，都可靠自重下滑，简化了工作面装运工作，但容易砸人和冲倒支架，影响安全。

4. 由于煤层倾角大，沿倾斜方向的行人、运料及设备搬迁都比较困难。

为了适应这一特点，在台阶工作面中人员操作地点的上方，台阶工作面阶檐的下方要牢固设置护身板，防止操作人员上方煤块、矸石及物料下落伤人。脚手板的作用是方便人员操作。溜煤板使煤炭沿预定路线溜放，还能减缓冲击，使支架免遭破坏。

倒台阶采煤工作面底脚很容易受到上部滚落煤（岩）的冲砸，因此还必须在其底脚加设保护台板，以保证作业的安全。

台阶采煤工作面作业规程，应根据工作面具体情况以及其他因素，详细规定阶檐的宽度、台阶面长度和下部超前小眼的个数。

第一百条 采煤工作面必须存有一定数量的备用支护材料。严禁使用折损的坑木、损坏的金属顶梁、失效的单体液压支柱。

在同一采煤工作面中，不得使用不同类型和不同性能的支柱。在地质条件复杂的采煤工作面中使用不同类型的支柱时，必须制定安全措施。

单体液压支柱入井前必须逐根进行压力试验。

对金属顶梁和单体液压支柱，在采煤工作面回采结束后或者使用时间超过 8 个月后，必须进行检修。检修好的支柱，还必须进行压力试验，合格后方可使用。

采煤工作面严禁使用木支柱（极薄煤层除外）和金属摩擦支柱支护。

【条文解释】 本条是对采煤工作面支护材料的规定。

由于地质条件、煤层赋存状况等因素的变化，采煤工作面条件发生改变，进而要求支护材料、支护形式必须适应其变化，以便有效地控制顶板，保证采煤工作面的安全。

1. 冒顶是煤矿中最常见的事故，采煤工作面发生冒顶的机会更大。处理这类事故需要大量坑木。

采煤工作面一般都要经历工作面初次放顶、收尾、过断层、过破碎带、过旧巷等情况，此时都需要架设不同类型的特殊支架，额外增加了一定数量的支护材料。

在使用单体液压支柱的工作面，也必须按作业规程规定准备数量充足、规格齐全的坑木。其存放地点和管理方法，也应有利于顶板管理和对顶板事故的处理。

2. 采煤工作面使用折损的坑木、损坏的金属顶梁和失效的单体液压支柱，可使支架的支护强度降低，在未达到支架的设计工作阻力时便可能破坏，极易发生顶板事故。

3. 支护材料按材质分为木支护和金属支护，按工作特性又分为急增阻式、微增阻式和恒阻式。由于支柱的类型和性能不同，其工作原理、初撑力、初工作阻力、额定工作阻力及支柱极限压缩量都有很大差异，如果在同一工作面使用不同类型和不同性能的支柱时，不同的支柱组成的支架对顶板的控制作用则表现出极大的差别。一般木支柱最大允许下沉量为 200 mm，若顶板下沉量大于 200 mm 时，木支柱将大部折损破坏；如果木支柱与单体液压支柱混合使用，顶板压力将单独作用在单体液压支柱上，从而使得采煤工作面顶板呈现不均匀下沉，这样由于支护强度不足，支柱被分别破坏，造成工作面局部冒顶和摧垮工作面的重大事故。因此，在同一工作面不得使用不同类型和不同性能的支柱。

4. 支柱使用一段时间后，如不认真维护、保养，就会折损失效。折损失效支柱应进行检修，检修后还必须进行压力试验，否则因达不到工作特性而使支柱支护强度不够，就有可能被折损而造成事故。因此，《规程》规定，对失效支柱检修后还必须进行压力试验。

5. 因为木支柱和金属摩擦支柱属于增阻性支护材料，支护性能差，不利于顶板管理，是已被国家明令淘汰的落后设备，采煤工作面严禁使用木支柱支护（极薄煤层除外）和金属摩擦支柱支护。

【典型事例】 2012 年 8 月 31 日，安徽省某矿业有限公司某煤矿 6104 工作面单体液压支柱初撑力不足，设置的木垛间距超过规定，直接顶出现大面积离层、冒落下滑，推垮支架，将现场冒险作业的 3 人埋压致死。

第一百零一条 采煤工作面必须及时支护，严禁空顶作业。所有支架必须架设牢固，并有防倒措施。严禁在浮煤或者浮矸上架设支架。单体液压支柱的初撑力，柱径为 100 mm的不得小于 90 kN，柱径为 80 mm 的不得小于 60 kN。对于软岩条件下初撑力确实达不到要求的，在制定措施、满足安全的条件下，必须经矿总工程师审批。严禁在控顶区域内提前摘柱。碰倒或者损坏、失效的支柱，必须立即恢复或者更换。移动输送机机头、机尾需要拆除附近的支架时，必须先架好临时支架。

采煤工作面遇顶底板松软或者破碎、过断层、过老空区、过煤柱或者冒顶区，以及托伪顶开采时，必须制定安全措施。

【名词解释】 空顶作业

空顶作业——煤矿井下采场或巷道在没有支护的条件进行操作和作业。

【条文解释】 本条是对采煤工作面支护的规定。

采煤工作面支护是控制矿山压力及顶板下沉、防止冒顶事故的一项根本措施。支护不及时或支护质量不好，就可能发生工作面冒顶事故。

【典型事例】 2011 年 11 月 18 日，内蒙古自治区某煤矿 101 高档普采工作面基本顶坚硬，强制放顶基本顶冒落不完全，未按规定打木垛和戗柱。工作面初次来压前已有预兆，但调整支架施工顺序违反采煤作业规程规定。工作面支架密度不足，强度不够。工作面推进至此中段出现断层，基本顶初次来压，造成采煤工作面顶板大面积垮落，将在该工作面作业的 13 名工人压埋，导致 5 人死亡、8 人受伤。

1. 支护要及时。空顶作业是采煤工作面安全管理的重大隐患，在井下因空顶作业造成的冒顶事故和人身伤害事故屡见不鲜。采煤工作面必须按作业规程的规定及时支护，严禁空顶作业。采煤工作面空顶作业经常发生在爆破后和采煤机割煤后，未进行挂梁支护（或综采工作面未移顶梁），作业人员进入煤壁处攉煤，非常危险。

2. 支架架设要牢固。所有支架必须架设牢固，并有防倒柱措施，如用铁丝拴在顶梁上或用麻绳（钢丝绳）将上下柱连在一起。严禁支柱架设在浮煤或浮矸上。

3. 初撑力要足够。足够的初撑力，使支柱适应顶板下沉的需要，增加支柱稳定性，加大支架对顶板的摩擦力，提高支架系统的支护刚度。使用摩擦式金属支柱时，必须使用 5 t 液压升柱器架设，初撑力≥50 kN。使用液压支柱时，初撑力必须保证：ϕ80 mm，≥60 kN；ϕ100 mm，≥90 kN。使用单体液压支架时，初撑力≥80%规定值。

另外，顶底板为软岩的煤层，支柱初撑力很难达到要求，即使达到了，维持时间也较短；初撑力过大又会破坏顶底板的完整性。鉴于这些实际情况，初撑力的设计要在制定措施、满足安全的条件下，必须经企业技术负责人审批。为此，当底板松软时，支柱要穿木（铁）鞋，保证钻底量<100 mm。

4. 保持工作面支架完整性。采煤工作面支架密度，即柱距和排距，是经过测算和实践经验证明取得的。支架密度过密，造成支架占用率高，操作人员劳动强度大；支架密度过稀，支架将不能很好地支护顶板，可能导致冒顶事故。所以，不能在控顶区域内提前摘柱。碰倒损坏、失效的支柱，必须立即恢复或更换。移设输送机机头、机尾或绞车时需要拆除附近支架，必须先架好临时支架，待移过后，正式架设支架；否则，将破坏支护系统的力学平衡条件，使顶板下沉量增加，产生裂隙，顶板离层下沉甚至冒落。

5. 特殊地质条件下开采。采煤工作面遇到特殊地质条件时，如顶底板松软或破碎、过断层、过老空、过煤柱或冒顶区以及托伪顶，这些条件下顶板大多数非常破碎；有的处于构造应力和应力集中区，顶板压力非常大，是顶板管理的重点，必须制定相应的安全措施。

第一百零二条 采用锚杆、锚索、锚喷、锚网喷等支护形式时，应当遵守下列规定：

（一）锚杆（索）的形式、规格、安设角度，混凝土强度等级、喷体厚度，挂网规格、搭接方式，以及围岩涌水的处理等，必须在施工组织设计或者作业规程中明确。

（二）采用钻爆法掘进的岩石巷道，应当采用光面爆破。打锚杆眼前，必须采取敲帮问顶等措施。

（三）锚杆拉拔力、锚索预紧力必须符合设计。煤巷、半煤岩巷支护必须进行顶板离层监测，并将监测结果记录在牌板上。对喷体必须做厚度和强度检查并形成检查记录。在井下做锚固力试验时，必须有安全措施。

（四）遇顶板破碎、淋水，过断层、老空区、高应力区等情况时，应加强支护。

【名词解释】　锚喷支护

锚喷支护——联合使用锚杆和喷混凝土或喷浆的支护。

【条文解释】　本条是关于采用锚杆、锚索、锚喷、锚网喷等支护形式的规定。

锚喷技术是井巷支护技术的重大改革。传统支护如棚子、砌碹等是被动承压结构，而锚喷支护能起到加固围岩、提高围岩自承能力并与围岩结成一体共同承压，使围岩由载荷变成承载结构，从而达到永久支护的目的。

1. 为了指导施工，保证工程质量和安全，根据井巷所处的围岩性质、稳定性及断面大小和涌水等情况，在编制施工组织设计或作业规程中，对锚杆、锚喷支护的端头与掘进工作面的距离，锚杆的形式、规格、安装角度，混凝土标号、喷体厚度，挂网所采用的金属网的规格以及围岩涌水的处理等，都要加以规定。

2. 光面爆破技术是随着锚喷支护技术的推广与应用而发展起来的。其特点是：爆破后巷道断面成形好，减轻围岩因炮震产生的裂隙并保持围岩基本稳定，有利于提高围岩自身的承载能力。打锚杆眼前，必须首先敲帮问顶，将活矸处理掉。遇到大块活石一时处理不掉时，可采取先打顶子或架棚，后打锚杆或先喷后锚，或打浅眼、放小炮的办法除掉大块活石，确保在安全的条件下进行作业。

3. 锚喷支护完成后，必须按质量标准检验其质量，锚杆要做拉拔力试验，煤巷要做顶板离层监测，喷体要做厚度和强度检测。在井下做锚固力试验时，必须有安全措施，防止落石砸人事故的发生。

【典型事例】　2012 年 5 月 21 日，云南省某煤井与另一煤井采矿范围在垂直方向上重叠，形成“楼上楼”现象。该矿 K_7 煤层回风巷采用木支护，支护强度不够，且巷道底部存在老空区；由于疏于日常管理和维护，巷道垮塌，通风阻力大，在矿长带领有关人员下井进入该巷道检查时，巷道底板陷落、顶板冒落，导致事故发生，造成 7 人被困。

第一百零三条　巷道架棚时，支架腿应当落在实底上；支架与顶、帮之间的空隙必须塞紧、背实。支架间应当设牢固的撑杆或者拉杆，可缩性金属支架应当采用金属支拉杆，并用机械或力矩扳手拧紧卡缆。倾斜井巷支架应设迎山角；可缩性金属支架可待受压变形稳定后喷射混凝土覆盖。巷道砌碹时，碹体与顶帮之间必须用不燃物充满填实；巷道冒顶空顶部分，可用支护材料接顶，但在碹拱上部必须充填不燃物垫层，其厚度不得小于0.5 m。

【名词解释】　巷道架棚

巷道架棚——巷道掘出以后，为了防止顶底板和两帮发生过大的变形和垮落、保持有效的安全使用空间的支护。

【条文解释】　本条是对巷道架棚的规定。

1. 为了预防矿山压力加大后，发生支架下沉到底板，使巷道断面变小，影响使用和安全，巷道架棚时，支架腿应落在实底上。

2. 支架与顶、帮之间的空隙必须塞紧、背实。其作用是阻止顶帮围岩变形、破坏，挡住空隙中碎矸防其掉下，同时使支架均匀受力。

3. 支架间应设牢固的撑杆或拉杆；可缩性金属支架应采用金属支拉杆，并用机械或力矩扳手拧紧卡缆。其作用是传递支架间的压力和保持支架的稳定性，使支架由单体受力变为整体支架受力，能抵抗局部来压、斜向来压和爆破冲击波的破坏。

4. 倾斜井巷支架应设迎山角，以保证支架受力后的稳定性。迎山角过大或过小都可能造成支架失稳、倾倒，引发冒顶事故。

5. 可缩性金属支架可待受压变形稳定后喷射混凝土覆盖，以更好地发挥双重支护的作用，阻止可缩性金属支架继续下缩。

6. 巷道砌碹时，碹体与顶帮之间必须用不燃物充满填实，以防引发外因火灾。

7. 为了使支架均匀受力，阻止高冒处顶板变形和碎矸下落，巷道冒顶空顶部分可用支护材料接顶，但在碹拱上部必须充填不燃物垫层，其厚度不得小于 0.5 m。

第一百零四条　*严格执行敲帮问顶及围岩观测制度。*

开工前，班组长必须对工作面安全情况进行全面检查，确认无危险后，方准人员进入工作面。

【名词解释】　敲帮问顶

敲帮问顶——利用钢钎等工具去敲击工作面帮顶已暴露的而未加管理的煤体或岩石，利用发出的回音来探明周围煤体是否松动、断裂或离层。

【条文解释】　本条是对敲帮问顶及围岩观测的规定。

敲帮问顶时，声音清脆说明所敲击部位的煤（岩）体没有脱离母体，顶板不会冒落，煤壁不会片帮；发出空空声说明所敲击部位的煤（岩）体已脱离母体，很可能发生冒顶和片帮。这种方法简单，容易操作，对预防采煤工作面和掘进工作面冒顶事故的发生很有效。

在工作面回采当中，围岩时刻都在变化、移动，新暴露的顶板、煤壁、两帮都要经历应力重新分布的过程，工作面周围的煤岩就有可能逐渐脱离母体。爆破产生的震动冲击效应，加之钻眼技术的不过硬，很可能产生危石、活石。另外在煤层中存在着硫黄包（俗称硫黄蛋）也是一种危险因素，尤其在采煤工作面遇有层理、裂隙和断裂构造时，更增加了冒顶、片帮的机会，如果层理裂隙交错就更易发生事故。开工前、爆破后班组长必须对工作面安全情况进行全面检查，严格执行敲帮问顶制度，确认无危险后，方准人员进入工作面。每个作业人员也必须随时对自己工作地点的顶板和煤壁进行检查，将危石、活石处理掉，才能杜绝和减少采煤工作面顶板事故的发生。

除了坚持敲帮问顶制度以外，还应严格执行围岩观测制度，应用矿山压力观测仪器仪表，对矿山压力和顶底板、两帮移近量进行观测和预报。

第一百零五条 采煤工作面用垮落法管理顶板时，必须及时放顶。顶板不垮落、悬顶距离超过作业规程规定的，必须停止采煤，采取人工强制放顶或者其他措施进行处理。

放顶的方法和安全措施，放顶与爆破、机械落煤等工序平行作业的安全距离，放顶区内支架、支柱等的回收方法，必须在作业规程中明确规定。

放顶人员必须站在支架完整，无崩绳、崩柱、甩钩、断绳抽人等危险的安全地点工作。

回柱放顶前，必须对放顶的安全工作进行全面检查，清理好退路。回柱放顶时，必须指定有经验的人员观察顶板。

采煤工作面初次放顶及收尾时，必须制定安全措施。

【名词解释】 放顶、初次放顶

放顶——通过移架或回柱缩小工作空间宽度使采空区悬露顶板及时垮落的工序。

初次放顶——采煤工作面从开切眼开始向前推进一定距离后，通过人为措施使直接顶第一次垮落的工序。

【条文解释】 本条是对采煤工作面垮落法管理顶板的规定。

1. 采空区处理方法

目前采空区处理方法大致分为 4 种：垮落法、煤柱支撑法、缓慢下沉法和充填法。

(1) 垮落法是利用自然和人工的方法，令直接顶垮落，来减缓对工作面的压力，同时支承来自基本顶的部分压力，保护采煤工作面的安全。

(2) 煤柱支撑法是在采空区按规定留设煤柱支撑顶板。

(3) 缓慢下沉法是利用顶板的韧性特征，能够弯曲而不断裂，随着工作面的推进采空区一侧顶底板闭合，来实现采空区的处理。但此法煤层厚度不宜超过 1.8 m。

(4) 充填法是利用河砂、粉煤灰、破碎的页岩等材料，经由管路输送到采空区，对采空区进行充填来实现对采空区的处理。

以上采空区处理方法的选择要根据煤层厚度、顶底板岩性、矿山压力及开采方法综合考虑。一般在单一煤层中利用垮落法最为普遍，因为它简便易行，不浪费资源，相对充填法节省投资，简化生产环节。

采煤工作面采用垮落法管理顶板时，支架所承受的压力主要是控顶区冒落带岩层及悬顶的重量，在基本顶来压时，还要承受基本顶失稳而附加的力。

在作业规程中，对工作面支护参数的设计是有科学依据的，其中，规定了最大、最小控顶距和一次放顶步距。若不按此距离及时回柱放顶，使支架、冒落矸石对工作面控顶区的上覆岩层处于共同作用的力超过支架的允许值，支架无法承受重压时，就会使工作面支架折损，支护系统遭到破坏，引起顶板事故。所以，依照作业规程要求，必须及时回柱放顶，使其直接顶垮落，缩小控顶距，使矿压分布达到新的平衡。

如果回柱后直接顶仍不垮落，超过作业规程规定的，必须停止采煤，采取人工强制放顶或其他措施进行处理。一般可在密集支柱里侧按不同角度和深度钻孔爆破，破坏大悬顶的完整，达到使直接顶垮落的目的。

2. 用垮落法管理顶板时放顶的方法

放顶时一般采用的是由下而上、由里往外的三角回柱法，对拉工作面及有中间巷的工作面，如煤层倾角较小，可由两头向中间放顶。此项工序操作最具危险性，因此，放顶工作应制定以下安全措施：

（1）放顶与支柱距离应不小于 15 m；

（2）分段放顶距离应大于 15 m，端头处应打上隔离柱；

（3）放顶地点以上 5 m、以下 8 m 处与回柱无关人员禁止滞留；

（4）放顶人员必须站在支架完整，无崩绳、崩柱、甩钩、断绳抽人等危险的安全地点工作；

（5）放顶前，必须对放顶的安全工作进行全面检查，清理好退路；

（6）放顶时，必须指定有经验的人员观察顶板。

3. 直接顶初次垮落安全措施

采煤工作面至开切眼推进一段距离后，直接顶悬露面积不断增大，在其自重和上覆岩层作用下，直接顶开始离层、下沉、断裂直至垮落，这就是直接顶初次垮落。垮落前直接顶承受很高的压力，当压力超过岩体强度时直接顶开始断裂、垮落。此时，顶板下沉速度急增，使支架受力猛增，顶板破碎，并出现平行煤壁的裂隙，甚至出现工作面顶板台阶下沉，煤壁压碎，出现片帮。因此，要求初次放顶必须制定安全措施：

（1）进行矿压观测，掌握矿压活动规律；

（2）按工作面部位合理确定支护形式；

（3）加强支护，提高支护质量，使支架具有整体性、稳定性、坚固性；

（4）采取小进度多循环作业方式，加快工作面推进度，以保持煤壁的完整性，使之具有良好的支撑作用。

第一百零六条 采煤工作面采用密集支柱切顶时，两段密集支柱之间必须留有宽0.5 m以上的出口，出口间的距离和新密集支柱超前的距离必须在作业规程中明确规定。采煤工作面无密集支柱切顶时，必须有防止工作面冒顶和矸石窜入工作面的措施。

【条文解释】 本条是对采煤工作面采用密集支柱切顶的有关规定。

在采煤工作面，为使顶板在工作面后方断裂同时不使冒落后的矸石进入工作面，须增设密集支柱。密集支柱的作用是切顶、挡矸。在采煤工艺中，放顶工作最具危险性，因为人员有时要进入采空区进行放顶操作，此时，如若密集支柱不按规定预留出口，一旦发生险情，人员将没有安全退路，无法迅速撤至工作面。两段密集支柱之间必须留有宽 0.5 m 以上的出口。由于工作面较大，出口需要预留若干个，方能保证回柱人员的安全，因此，在作业规程中应明确规定出口间的距离。新密集支柱的超前距离，关系到对顶板的有效控制，劳动生产率的提高和材料消耗的降低，必须经过周密的测算，以便在作业规程中明确规定。当工作面采用无密集支柱切顶，或密集支柱的支撑掩护作用得不到发挥时，应制定防止工作面冒顶和矸石窜入工作面的措施。

第一百零七条 采用人工假顶分层垮落法开采的采煤工作面，人工假顶必须铺设完好并搭接严密。

采用分层垮落法开采时，必须向采空区注浆或者注水。注浆或者注水的具体要求，应当在作业规程中明确规定。

【名词解释】 人工假顶

人工假顶——又称人造顶板，是分层开采时为阻挡上分层垮落岩石进入工作空间而铺设的隔离层。

【条文解释】 本条是对人工假顶分层垮落法开采的规定。

厚煤层分层开采的顺序分为上行开采和下行开采。

上行开采的顺序是由煤层底板向顶板方向开采，即第一分层贴底板布置，一般采用充填法处理采空区，待第二分层回采时它的底板是第一分层的充填物，依此类推。

下行开采的顺序是由煤层顶板向底板方向开采，首先开采靠近顶板的煤层作为第一分层，为了给第二分层开采创造必要的条件，有时需要在第一分层开采过程中，贴底板铺设金属网或塑料网作为第二分层开采时的顶板，一般称之为人工假顶。

人工假顶的铺设质量将直接影响第二分层开采时的安全，如果网的铺设不按作业规程和有关规定执行，铺网、联网不仔细、不认真，网扣疏密不均，连接不牢固，在下分层开采时，网很容易破损、撕裂，造成漏顶和大冒顶。在全国许多矿区，网下分层发生的冒顶事故为数不少。

下行开采有时根据具体情况不铺设人工假顶，而是在第一分层开采过程中，利用现有条件采用某种办法，令第一分层开采时的冒落物形成再生顶板。

形成再生顶板的条件是：煤层的顶板为页岩或含泥质成分较高的岩石。顶分层开采后，垮落在采空区的破碎岩石在上覆岩层压力的作用下，再加上顶分层回采时向采空区内注水或灌浆，经过一段时间后能重新胶结形成具有一定强度和稳定性的再生顶板。下分层开采时在再生顶板下直接回采。再生顶板形成的时间与岩层的特征、含水性、顶板压力大小等因素有关，一般需 4~6 个月，有时需更长时间，注浆或注水的具体要求应当在作业规程中明确规定。

为了防尘、防火和利于再生顶板的形成，采用分层垮落法开采时，必须向采空区注浆或注水。

第一百零八条 采煤工作面用充填法控制顶板时，必须及时充填。控顶距离超过作业规程规定时禁止采煤，严禁人员在充填区空顶作业；且应当根据地表保护级别，编制专项设计并制定安全技术措施。

采用综合机械化充填采煤时，待充填区域的风速应当满足工作面最低风速要求；有人进行充填作业时，严禁操作作业区域的液压支架。

【名词解释】 充填法

充填法——用充填材料对煤层采出后在地下形成的空洞实行充填，以控制上覆岩层移动和地表沉陷的一种采空区处理方法。

【条文解释】 本条是对采煤工作面充填法控制顶板的规定。

煤炭被采出后，采出空间上覆的岩层失去支撑而向采空区内逐渐移动、弯曲和破坏，从而引发土地沉陷灾害，地表沉陷带来的破坏已涉及工业、农业、交通运输、环境保护、生态平衡等各方面。在建筑物下、铁路下、水体下、承压水体上（简称“三下一上”）进行煤炭资源开采时引发的问题最直接也最突出，如何有效地进行“三下”压煤开采对充分利用地下资源，延长资源枯竭矿井寿命，促进煤炭工业的健康发展都具有重要意义。采空区充填开采逐渐成为解放“三下”压煤的主要方法之一。目前我国煤矿采煤工作面应用充填法控制顶板的越来越多，但是，充填开采也带来了采煤成本的提高和工序的复杂。

采煤工作面用充填法控制顶板时，必须及时充填。由于采煤工作面条件差、充填管路漏水、充填管路角度不合适等因素，造成采空区充不满，达不到规定要求，尤其是三角点更不易充满，这样就使控顶距离增大，顶板得不到有效控制，极易出现冒顶事故，使三角点增加了自然发火的危险，所以控顶距离超过作业规程规定时，禁止采煤；同时应根据地表保护级别，编制专项设计并制定安全技术措施。

第一百零九条 用水砂充填法控制顶板时，采空区和三角点必须充填满。充填地点的下方，严禁人员通行或者停留。注砂井和充填地点之间，应当保持电话联络，联络中断时，必须立即停止注砂。

清理因跑砂堵塞的倾斜井巷前，必须制定安全措施。

【名词解释】 水砂充填法

水砂充填法——又称水力充填法，是利用水力通过管道将充填材料，如砂子、碎石或炉渣等输送到采空区的充填方法。

【条文解释】 本条是对水砂充填的有关规定。

水砂充填法是厚煤层分层开采时管理顶板的一种方法。如抚顺矿区在采用炮采工艺时，就是利用水砂充填法管理顶板，即倾斜分层上行V形水砂充填采煤法。充填材料利用顶板油母页岩，经破碎、加工后，由充填管路注入采空区，在采空区内由秫秸、尼龙网构筑注砂门子，使充填材料沿规定路线运行，同时渗水、阻挡充填材料外溢。由于采煤工作面条件差、充填管路漏水、充填管路角度不合适等因素，采空区充不满，达不到规定要求，尤其三角点更易充不满，这样就使控顶距增大，顶板得不到有效的管理，极易出现冒顶事故。另外由于三角点充不满也增加了自然发火的危险。

水砂充填法是利用位差由上方向下方充填，充填地点的下方是水流汇聚的地方。当充填倍线（充填注砂井至出水口的距离与高差之比）大时，水流压力很大且有一定冲击力，在充填地点下方通行或停留很容易被水冲倒，造成淹溺事故。另外在水流经区域的巷道倾角较大时，再加上支护质量差，底板门子未按规定标准铺设或底板门子破损时，很容易冲倒支架引起冒顶事故。此类事故在水砂充填矿井时有发生。

注砂井和充填地点之间，应保持电话联络，以保证信息的准确、及时，严禁采用预约方式。采用预约方式容易出现下列问题：

（1）工作面不具备充填条件（浮煤未清扫、支架未架设完毕、运输机未拆移及各种门子未设立和未达到标准等）便进行注砂，使充填物料未注入采空区而注入其他部位，这样增加了不必要的清扫工作，严重时可能造成事故。

（2）工作面未充满就停止注砂，工作面充不满带来的隐患前面已叙述过。在注砂过程中，充填地点应不间断地（一般 2~3 min 一次）向注砂井发出正常注砂的信号指令，当信号中断注砂井应立即停止注砂，因为注砂井无法了解充填地点的具体情况，继续注砂极易造成事故。

因跑砂导致倾斜井巷被堵塞后，在其井巷内，支护状况很可能遭到破坏，又可能积存大量的积水和各种有害气体，在处理时存在很大的危险性，因此，在处理倾斜井巷跑砂时，必须事先制定安全措施。

第一百一十条 近距离煤层群开采下一煤层时，必须制定控制顶板的安全措施。

【条文解释】 本条是对近距离煤层群开采下一煤层的规定。

近距离煤层群开采时，一般采用下行式开采，即先采上部煤层，然后依次往下开采。下一煤层的开采受上部近距离煤层影响较大。当采用刀柱法、局部充填法控制顶板时，势必在每一刀柱、条带或充填带都会出现一个应力集中带，造成支承压力分布不均匀状态，而且将压力传递给下一煤层，给下一煤层顶板控制带来一定困难。应力集中带的应力大小及影响范围与两层煤的层间距，下一煤层上方顶板岩性，保留带、充填带的宽度大小等因素有关。

如上一煤层开采时，采用全部充填法和垮落法，可使下一煤层开采时压力得到缓和，起到保护作用，有利于下一煤层采煤工作面的顶板控制。

由于上述原因，在作业规程中应针对此情况，明确规定开采程序、支护形式、控顶距离和放顶等要求，制定控制顶板的安全措施。

第一百一十一条 采用分层垮落法回采时，下一分层的采煤工作面必须在上一分层顶板垮落的稳定区域内进行回采。

【条文解释】 本条是对采用分层垮落法回采时下一分层的采煤工作面的规定。

从矿山压力角度来分析，采煤工作面前后方支承压力的分布呈以下4个区分布：应力降低区、应力增加区（支承压力区）、稳压区和应力不变区（原岩应力区）。这些区域也随着时间向前移动。同样，采煤工作面采动后，承受支承压力的煤柱或煤体把支承压力传递给底板，对下一分层的采煤工作面影响很大。所以，下一分层的采煤工作面必须在上一分层顶板垮落的稳定区域内进行回采。

第一百一十二条 采用柔性掩护支架开采急倾斜煤层时，地沟的尺寸，工作面循环进度，支架的角度、结构，支架垫层数和厚度，以及点柱的支设角度、排列方式和密度，钢丝绳的规格和数量，必须在作业规程中规定。

生产中遇断梁、支架悬空、窜矸等情况时，必须及时处理。支架沿走向弯曲、歪斜及角度超过作业规程规定时，必须在下一次放架过程中进行调整。应经常检查支架上的螺栓和附件，如有松动，必须及时拧紧。

正倾斜柔性掩护支架的每个回采带的两端，必须设置人行眼，并用木板与溜煤眼相隔。对伪倾斜柔性掩护支架工作面上下2个出口的要求和工作面的伪倾角，超前溜煤眼的规格、间距和施工方式，必须在作业规程中规定。

掩护支架接近平巷时，应当缩短每次下放支架的距离，并减少同时爆破的炮眼数目和装药量。掩护支架过平巷时，应当加强溜煤眼与平巷连接处的支护或者架设木垛。

【条文解释】 本条是对采用柔性掩护支架开采急倾斜煤层时的规定。

柔性掩护支架开采是急倾斜煤层开采的方法之一。其优点是：工人在掩护支架下工作比较安全；回采工序简单；材料消耗少，所需的设备材料比较简单；采煤工作面产量大，劳动生产率高，成本低。

存在的问题是：支架结构和材料不能在回采过程中调节支架宽度以适应煤层地质条件的变化，所以这种方法要求煤层赋存条件比较稳定，使用范围有一定局限性。而且由于支架宽度不能调节，煤层变厚时，容易丢煤，降低回采率；煤层变薄时，支架又不易下放，甚至放不下来，往往要局部挑顶、卧底，使含矸量增加，影响煤质。

由于柔性掩护支架开采的特殊性，地沟的尺寸，工作面循环进度，支架的角度、结构，支架垫层数和厚度，以及点柱的支设角度、排列方式和密度，钢丝绳的规格和数量等因素在开采前应做深入调查，以便在作业规程编制时更适应开采条件。

在急倾斜煤层开采中，顶板压力相对减弱，煤壁已成为支护主要对象，生产中的断梁、支架悬空若不及时处理很容易造成冒顶事故。支架沿走向的弯曲、歪斜达到一定程度时，将使支架失去稳定性，起不到掩护作用，因此要求在下一次放架过程中，必须进行调整。支架上的螺栓和附件松动，影响支架的完整性、整体性，所以当螺栓、附件松动时，必须及时拧紧。

急倾斜煤层中的煤炭依靠自重沿底板下滑，因煤层倾角大，煤流有较大冲击力，因此要求人行眼与溜煤眼必须用木板隔开。

伪倾斜掩护支架开采的工作面是按煤层倾角伪倾斜布置，这样有利于支架的移设，减小工作面倾斜角度。但上下出口与工作面伪倾角存在一定特殊性，尤其是下出口是锐角分布，又留有溜煤眼，加之上下出口部位应力集中，顶板压力较大，不利于顶板控制。因此，要求伪倾斜掩护支架工作面上下 2 个出口和工作面伪倾角，超前溜煤眼的规格、间距和施工方式必须在作业规程中明确规定。

掩护支架接近平巷时，应缩短每次下放支架的距离，并减少同时爆破的炮眼数目和装药量。掩护支架过平巷时，应加强溜煤眼与平巷连接处的支护或架设木垛。

第一百一十三条 采用水力采煤时，必须遵守下列规定：

（一）第一次采用水力采煤的矿井，必须根据矿井地质条件、煤层赋存条件等因素编制开采设计，并经行业专家论证。

（二）水采工作面必须采用矿井全风压通风。可以采用多条回采巷道共用 1 条回风巷的布置方式，但回采巷道数量不得超过 3 个，且必须正台阶布置，单枪作业，依次回采。采用倾斜短壁水力采煤法时，回采巷道两侧的回采煤垛应当上下错开，左右交替采煤。

应当根据煤层自然发火期进行区段划分，保证划分区段在自然发火期内采完并及时密闭。密闭设施必须进行专项设计。

（三）相邻回采巷道及工作面回风巷之间必须开凿联络巷，用以通风、运料和行人。应当及时安设和调整风帘（窗）等控风设施。联络巷间距和支护形式必须在作业规程中规定。

（四）采煤工作面应当采用闭式顺序落煤，贯通前的采硐可以采用局部通风机辅助通风。应当在作业规程中明确工作面顶煤、顶板突然垮落时的安全技术措施。

（五）回采水枪应当使用液控水枪，水枪到控制台距离不得小于 10 m。对使用中的水枪，每 3 个月应当至少进行 1 次耐压试验。

（六）采煤工作面附近必须设置通信设备，在水枪附近必须有直通高压泵房的声光兼备的信号装置。

严禁水枪司机在无支护条件下作业。水枪司机与煤水泵司机、高压泵司机之间必须装电话及声光兼备的信号装置。

（七）用明槽输送煤浆时，倾角超过 25°的巷道，明槽必须封闭，否则禁止行人。倾角在 15°~25°时，人行道与明槽之间必须加设挡板或者挡墙，其高度不得小于 1 m；在拐弯、倾角突然变大及有煤浆溅出的地点，在明槽处应当加高挡板或者加盖。在行人经常跨过的明槽处，必须设过桥。必须保持巷道行人侧畅通。

除不行人的急倾斜专用岩石溜煤眼外，不得无槽、无沟沿巷道底板运输煤浆。

（八）工作面回风巷内严禁设置电气设备，在水枪落煤期间严禁行人和安排其他作业。

有下列情形之一的，严禁采用水力采煤：

（一）突出矿井，以及掘进工作面瓦斯涌出量大于 3 m^3/min 的高瓦斯矿井。

（二）顶板不稳定的煤层。

（三）顶底板容易泥化或者底鼓的煤层。

（四）容易自燃煤层。

【名词解释】　水力采煤

水力采煤——用高压泵输出的高压水通过水枪射出，形成高压射流，直接破落煤体，并利用水力完成运煤和提煤的方法。

【条文解释】　本条是对水力采煤的规定。

1. 水力采煤法的优点是：设备、工艺简单；工作面产量大、效率高；人员在巷道内操作，比较安全，能适应一些倾角大、煤层厚度变化大和地质条件复杂的煤层。缺点是：回采率低，通风条件差，瓦斯易超限；运料困难；巷道掘进量大；水压较高容易发生水流击伤人员事故；另外对矿山压力的规律难以控制和掌握。由于第一次采用水力采煤属于新技术的应用，存在着适应条件的问题，例如煤层的倾角、顶板、底板、厚度、硬度及裂隙发育程度和瓦斯含量等，必须根据矿井地质条件、煤层赋存条件等因素编制开采设计，经行业专家论证后报集团公司或县级以上煤炭管理部门审批。

2. 水采工作面必须实行全风压通风。在水采井（区）中普遍采用短壁无支护水力采煤法。常用的无支护水力采煤法主要有走向小阶段巷道和倾斜漏斗式。采用走向小阶段巷道或倾斜漏斗式布置时，可采用多个小阶段巷道或漏斗式采煤上山眼共用 1 条回风巷的布置方式，但小阶段或上山眼数量不得超过 3 个。为了便于回风，小阶段巷道必须正台阶布置，单枪作业，依次回采。漏斗式采煤时，上山眼两侧的回采煤垛应上下错开，左右交替采煤，以保证操作安全。

因为水采时遗留浮煤较多，加之通风不畅，容易引起煤炭自燃。应根据煤层自然发火期进行区段划分，保证划分区段在自然发火期内采完并及时密闭，以控制火灾隐患范围，减小火灾损失程度。密闭设施必须进行专项设计。

3. 采用小阶段水力采煤，相邻 2 个小阶段之间和漏斗式采煤的相邻 2 个上山眼之间，开凿的联络巷，主要用以通风、运料和行人，也可作为发生灾害时的临时躲避场所。联络巷间距和支护方式应根据煤层赋存状况、巷道布置等因素在作业规程中明确规定。

回采时，2 个相邻小阶段巷道或漏斗工作面之间应保持一定的错距。漏斗式采煤，当顶板破碎或压力较大时，上山眼两侧的回采煤垛应上下错开，左右交替采煤，以避免回采工作面在生产上的相互影响和回采眼的维护困难，同时可有效地利用地压并有利于顶板的控制。

4. 工作面应采用闭式顺序落煤，贯通前的采硐可采用局部通风机辅助通风。应在作业规程中明确工作面顶煤、顶板突然垮落时的安全技术措施。

5. 回采水枪应使用液控水枪，水枪到控制台距离不得小于 10 m。水枪使用一段时间后，由于水枪工作时产生的冲击和震动及其他因素，枪筒的中心线将发生偏离，此时若继续使用操作者很难正确控制水射流方向，失控的高压水射流极易造成事故。

必须定期对水枪进行耐压试验。严禁使用枪筒中心线偏心距离超过设计规定的水枪。为满足水力落煤压力的需要，有的矿常采用各种高压泵串联的方式，以提高压力，一般出口压力可达 12~16 MPa。如在高压水泵启动前不认真检查管道阀门，很容易造成水击事故，高压水泵的启闭必须按操作规程规定执行。

根据需要，水枪有时要倒枪转水，此时水流方向发生了改变，容易造成意想不到的事故，所以在倒枪转水前，必须事先通知泵房和调度室，并按操作规程规定启闭阀门。高压水管使用一定时间后，需要拆除、检修。在拆除、检修过程中，如若不关闭附近的来水阀门，一旦突然来水，极易发生水击和淹溺事故。

6. 采煤工作面附近必须设置通信设备，在水枪附近必须有直通高压泵房的声光兼备的信号装置。水枪司机与煤水泵司机、高压泵司机之间必须装电话及声光兼备的信号装置。

在水枪附近，严禁水枪司机在无支护下作业。有时需要对支架进行维护，有时需要对瓦斯等有害气体进行检测等。水力采煤的回采巷道采用木支护时，因其支护强度不够，很容易冒顶，因此，必须在水枪附近架设抬棚来保证水枪操作时的安全。当采用金属支架支护回采巷道时，也必须在作业规程中明确规定护枪方式。在煤层倾角超过 15°时，漏斗式采煤工作面采空区矸石很容易向下滚落，危及作业安全，所以必须在采空区架设挡矸点柱。

在水采过程中，有时发生窝水和水枪被埋现象，此时若不及时停泵将使管路内压力增大，导致事故发生。同时应及时打开事故阀门使其卸载，保证安全，还必须停枪处理，防止枪内压力引起水射流伤人。

7. 用明槽输送煤浆时，人员很容易滚入明槽内造成伤害事故，尤其倾角较大拐弯、倾角突然变大时，更具危险性。因此，要根据不同情况，分别采取加设挡板或挡墙、设过桥等安全防护措施。

煤浆堵塞明槽或溜煤眼及巷道时，轻者影响生产，重者造成事故，此时，都必须停枪，进行处理。

用明槽输送煤浆时，倾角超过 25°的巷道，明槽必须封闭，否则禁止行人。倾角在 15°~25°时，人行道与明槽之间必须加设挡板或挡墙，其高度不得小于 1 m；在拐弯、倾角突然变大及有煤浆溅出的地点，在明槽处应加高挡板或加盖。在行人经常跨过的明槽处，必须设过桥。必须保持巷道行人侧畅通。

除不行人的急倾斜专用岩石溜煤眼外，不得无槽无沟沿巷道底板运输煤浆。

8. 工作面回风巷内严禁设置电气设备，在水枪落煤期间严禁行人和安排其他作业，防止引发瓦斯爆炸或者引起人员中毒。

9. 有下列情形之一的，严禁采用水力采煤：

（1）无支护水采法的采煤工作面采用“采空区窜风”并辅以局部通风机通风，存在风阻大、窜风量有限、风量不稳定、采空区的有害气体易造成隐患，所以，突出矿井以及掘进工作面瓦斯涌出量大于 3 m^3/min 的高瓦斯矿井严禁采用水力采煤。

（2）在倾角小于35°的煤层，如果顶板较软或破碎，其采出率会明显下降，水力采煤适用于顶板较稳定的条件。

（3）顶底板容易泥化或底鼓的煤层，则巷道需经常卧底才能保证煤水的正常流运，因此一般不宜采用水采。

（4）应用水采丢失残煤较多，容易引起自燃，故容易自燃煤层一般不宜应用水采。

由于采煤工作面回风通过采空区，违反《规程》规定；采煤工作面使用木支柱支护，违反国家安全生产监督管理总局、国家煤矿安全监察局公布的第二批《禁止井工煤矿使用的设备及工艺目录》（安监总煤装〔2008〕49 号）第 18 项规定；采煤工作面采用局部通风机辅助通风，系统不可靠，国家拟将水力采煤列为淘汰的落后工艺。

第一百一十四条　采用综合机械化采煤时，必须遵守下列规定：

（一）必须根据矿井各个生产环节、煤层地质条件、厚度、倾角、瓦斯涌出量、自然发火倾向和矿山压力等因素，编制工作面设计。

（二）运送、安装和拆除综采设备时，必须有安全措施，明确规定运送方式、安装质量、拆装工艺和控制顶板的措施。

（三）工作面煤壁、刮板输送机和支架都必须保持直线。支架间的煤、矸必须清理干净。倾角大于15°时，液压支架必须采取防倒、防滑措施；倾角大于25°时，必须有防止煤（矸）窜出刮板输送机伤人的措施。

（四）液压支架必须接顶。顶板破碎时必须超前支护。在处理液压支架上方冒顶时，必须制定安全措施。

（五）采煤机采煤时必须及时移架。移架滞后采煤机的距离，应当根据顶板的具体情况在作业规程中明确规定；超过规定距离或者发生冒顶、片帮时，必须停止采煤。

（六）严格控制采高，严禁采高大于支架的最大有效支护高度。当煤层变薄时，采高不得小于支架的最小有效支护高度。

（七）当采高超过 3 m 或者煤壁片帮严重时，液压支架必须设护帮板。当采高超过 4.5 m时，必须采取防片帮伤人措施。

（八）工作面两端必须使用端头支架或者增设其他形式的支护。

（九）工作面转载机配有破碎机时，必须有安全防护装置。

（十）处理倒架、歪架、压架，更换支架，以及拆修顶梁、支柱、座箱等大型部件时，必须有安全措施。

（十一）在工作面内进行爆破作业时，必须有保护液压支架和其他设备的安全措施。

（十二）乳化液的配制、水质、配比等，必须符合有关要求。泵箱应当设自动给液装置，防止吸空。

（十三）采煤工作面必须进行矿压监测。

【名词解释】 综合机械化采煤

综合机械化采煤——在长壁工作面用机械方法破煤和装煤、输送机运煤和液压支架支护顶板的采煤工艺，简称综采。

【条文解释】 本条是对综合机械化采煤的规定。

综合机械化采煤工艺，即破（爆破）、装（装煤）、运（运煤）、支（支护）、处（处理采空区）5 个主要工序全部实现机械化。综采生产效率高，劳动强度低，作业环境得到改善，有利于实现安全生产；但综采设备多，体积大，技术含量高，要求地质条件、煤层赋存状况及操作者的技能等相关条件必须适应，这样才能发挥综采的优势。

1. 综采的适应性较差，安装、拆除困难，在编制工作面设计时，应充分考虑各种因素，以便进行设备选型和工作面布置。

2. 液压支架的质量一般在十几吨以上，体积大加之巷道空间狭窄，在运送、安装和拆除时极易发生事故，尤其是在安装、拆除时还容易发生顶板事故，因此必须根据工作面具体情况合理确定安装、拆除顺序，制定安全措施。

3. 综采工作面的“三直”指的是煤壁直、刮板输送机直和支架直。

由于工作面煤壁不直，使支架出现前后交错，局部地段空顶距必然加大，同时也给推移输送机造成困难；刮板输送机弯曲易造成采煤机掉道和输送机掉链；液压支架不直，矸石易窜入支架内，处理不及时可能造成死架，还可能使支架受力不均。

支架间的煤、矸必须清理干净，主要是为移架创造良好条件，保证支架架设质量。当工作面倾角大于 15°时，液压支架很容易倾倒。目前生产的液压支架，在设计时一般有防倒功能，但由于采煤工作面生产的多变性，加之其他因素，所以，当工作面倾角大于 15°时，液压支架必须采取相应的防倒、防滑措施。

当工作面倾角大于 25°时，刮板输送机内的煤（矸）很容易窜出伤人，一般可采取在刮板输送机两侧加防护板的措施加以防治。

4. 液压支架必须接顶。若液压支架不接顶，顶板与支架间有空顶，势必造成顶板离层、下沉，顶板出现台阶状，使支架前移困难，极易发生架间冒顶和超前冒顶事故。

5. 液压支架的支护方式，根据液压支架的型式、结构、移动方式和支护条件不同，可分为及时支护和滞后支护 2 种。及时支护是在采煤机割煤后先移支架（承压或降架移步），再移输送机。适用于顶板中等稳定以下或煤壁片帮较严重的工作面。滞后支护是在采煤机割煤后先移输送机，再移支架。适用于顶板中等稳定以上的工作面。无论采用哪种支护方式，采煤机与液压支架的距离，都不得超过作业规程的规定；确因超过规定距离发生冒顶、片帮时，应立即妥善处理，否则禁止采煤。

6. 综采工作面的采高必须与液压支架的支撑范围相适应。采高如果大于支架的最大支护高度，支架将无法有效地支撑控制顶板；采高如果小于支架的最小支护高度，支架无法正常工作，甚至被压死。

7. 工作面采高较大时，顶板压力也相应增大，很容易造成片帮和超前冒顶。因此，要求当采高超过3 m或煤壁片帮严重时，液压支架必须设护帮板，并坚持使用；当采高超过4.5 m时，必须采取防片帮伤人措施。

8. 工作面两端是工作面上下出口，控顶面积大，压力集中以及移动设备时支架反复拆移，这些地段的顶板容易破碎，所以对此处必须进行特殊支护，架设端头支架。端头支架有较大适应性，还可对其他支架起到锚固作用。

9. 工作面转载机位于运输巷，此处空间狭窄，噪声大，人员通过频繁，当转载机安有破碎机时，很容易发生事故，因此，要求必须有安全防护装置。

10. 液压支架的质量一般都在十几吨以上，各大型部件的质量也在几吨以上，在处理倒架、歪架、压架以及更换支架和拆修顶梁、支柱、座箱部件时，很容易发生人员伤害事故；另外也容易引起顶板事故和产生碰撞火花，因此，必须制定安全措施。

11. 综采工作面在工作面内根据需要采取爆破手段，在爆破时很容易崩倒、崩坏液压支架和其他设备，必须有保护液压支架和其他设备的安全措施。一般可采取合理掌握钻孔角度、深度，控制装药量和一次连放数炮，同时做好对液压支架和设备的保护等措施。

12. 乳化液是液压传动系统中的介质，乳化液的配制、水质、配比等将直接影响着传动效果和设备的使用寿命。乳化液的配制、水质、配比等必须符合有关要求的规定。泵站供液吸空，会在注液管内产生气体，使液压传动系统无法正常操作，极易发生各类事故，所以要求泵箱应设自动给液装置，防止吸空。

13. 综采工作面采高大，矿山压力显现剧烈，顶板支护设计不当，常造成压坏支架，甚至引起冒顶，因此采煤工作面必须进行矿压监测，对采场矿山压力进行预测预报。

第一百一十五条 采用放顶煤开采时，必须遵守下列规定：

（一）矿井第一次采用放顶煤开采，或者在煤层（瓦斯）赋存条件变化较大的区域采用放顶煤开采时，必须根据顶板、煤层、瓦斯、自然发火、水文地质、煤尘爆炸性、冲击地压等地质特征和灾害危险性进行可行性论证和设计，并由煤矿企业组织行业专家论证。

（二）针对煤层开采技术条件和放顶煤开采工艺特点，必须制定防瓦斯、防火、防尘、防水、采放煤工艺、顶板支护、初采和工作面收尾等安全技术措施。

（三）放顶煤工作面初采期间应当根据需要采取强制放顶措施，使顶煤和直接顶充分垮落。

（四）采用预裂爆破处理坚硬顶板或者坚硬顶煤时，应当在工作面未采动区进行，并制定专门的安全技术措施。严禁在工作面内采用炸药爆破方法处理未冒落顶煤、顶板及大块煤（矸）。

（五）高瓦斯、突出矿井的容易自燃煤层，应当采取以预抽方式为主的综合抽采瓦斯措施，保证本煤层瓦斯含量不大于6 m^3/t，并采取综合防灭火措施。

（六）严禁单体支柱放顶煤开采。

有下列情形之一的，严禁采用放顶煤开采：

（一）缓倾斜、倾斜厚煤层的采放比大于1∶3，且未经行业专家论证的；急倾斜水平分段放顶煤采放比大于1∶8的。

（二）采区或者工作面采出率达不到矿井设计规范规定的。

（三）坚硬顶板、坚硬顶煤不易冒落，且采取措施后冒放性仍然较差，顶板垮落充填采空区的高度不大于采放煤高度的。

（四）放顶煤开采后有可能与地表水、老窑积水和强含水层导通的。

（五）放顶煤开采后有可能沟通火区的。

【名词解释】 放顶煤采煤法

放顶煤采煤法——在煤层底部或煤层某一厚度范围内的底部布置一个采高为 2~3 m 的长壁工作面，用常规的采煤法进行采煤，并利用矿山压力作用或辅以松动爆破等方法，将上部顶煤在工作面推进后破碎冒落，并将冒落顶煤用放顶煤支架予以收回，由工作面后部刮板输送机运出。

【条文解释】 **本条是新修订条款，**是对采用放顶煤开采的修改规定。

1. 我国煤矿放顶煤开采的现状。

我国煤矿在学习研究国外厚煤层开采经验的基础上，在 20 世纪 80 年代初，引入了放顶煤开采技术，将缓倾斜厚煤层分层开采改变为一次采全高的整层开采。经过 40 多年的发展，放顶煤开采已成为我国开采厚煤层（尤其是特厚煤层）的矿井实现安全高效生产的有效方法之一。目前，我国放顶煤开采技术已处于世界领先水平。

按机械化程度和使用的支护设备可分为综采放顶煤和简易放顶煤两大类。其中，简易放顶煤指的是使用滑移顶梁液压支架放顶煤开采、单体液压支柱配Π型钢梁放顶煤。

根据煤层赋存条件及相应的采煤工艺，放顶煤长壁采煤技术可分为以下 3 种主要类型：一次采全厚放顶煤开采、预采顶分层网下放顶煤开采和倾斜分层放顶煤开采。

综采放顶煤技术在我国应用以来，基本形成了以下 3 种主要支架类型：单输送机高位放顶煤支架、双输送机中位放顶煤支架和双输送机低位放顶煤支架。其中，应用最广泛的是双输送机低位放顶煤支架。根据对我国 15 个采用放顶煤开采重点省、398 个工作面的调研，综采放顶煤工作面有 198 个，占 49.7%，生产能力通常在 50 万~500 万 t/a，工作面倾角最大 24°，采高 2.0~4.5 m，采放比 1∶0.5~1∶1.0；单体液压支架放顶煤工作面有 200 个，占 50.3%，产量 15 万~50 万 t/a，工作面倾角最大 32°，采高一般为 1.8~2.0 m，采放比 1∶0.5~1∶3。

2. 放顶煤开采主要隐患。

（1）顶板方面。顶煤的大量冒放造成的大范围围岩移动和集中应力变化，使顶板管理难度加大，尤其是坚硬顶板、顶煤，必须采取有效的预裂措施才能正常开采。

（2）瓦斯方面。放顶煤开采工作面的绝对瓦斯涌出量大幅度增高，瓦斯涌出的不均衡性和上隅角瓦斯超限概率大大增加；在放煤区域常产生瓦斯积聚的空洞。

（3）煤尘方面。放顶煤开采工作面放煤期间，放煤口附近及整个工作面的煤尘产生情况十分严重。

（4）矿井水害方面。由于放煤引起的导水裂隙范围加大，与含水层水、老空水、地表水等水体沟通的可能性增大。

（5）当瓦斯、易自燃煤层采用放顶煤开采时，两方面灾害的防治措施存在矛盾，增加了灾害防治的复杂性。例如，采用专用瓦斯排放巷，可以有效地解决回风隅角的瓦斯超限问题，但同时也加大了采空区的漏风，增加了煤层自燃的危险性。

（6）火灾方面。由于放煤引起的导水裂隙范围加大，与高温火点、火区沟通的可能性增大。

（7）资源利用方面。由于放顶煤工作面放煤工艺和煤炭块度等条件的影响，回收率比分层开采减少5%～15%。如果放煤参数及放煤工艺不合理，回收率将更低。

目前，厚煤层放顶煤开采技术已基本成熟，在我国得到了迅速发展和推广使用，已成为厚煤层开采的一种主要采煤技术，对煤炭生产规模的发展和煤矿企业效益的提高发挥了积极作用。但是，近年来放顶煤开采方法在个别地区出现了“有条件要上，没有条件创造条件也要上”的错误做法，忽视其所带来的安全生产、资源浪费等方面的问题，从而引发多起放顶煤开采过程中的特别重大恶性事故。

【典型事例】　2004年11月28日，陕西省铜川市某煤矿综采放顶煤工作面，由于瓦斯浓度积聚达到爆炸界限，采煤工作面下隅角采空区侧进行强制放顶时违章爆破产生明火，发生瓦斯爆炸事故，导致166人死亡。

3. 为了从根本上防止放顶煤开采带来的一系列隐患，从源头上防止不符合安全生产条件的放顶煤开采工作面的出现，矿井第一次采用放顶煤开采，或在煤层（瓦斯）赋存条件变化较大的区域采用放顶煤开采时，必须根据顶板、煤层、瓦斯、自然发火、水文地质、煤尘爆炸性、冲击地压等地质特征和灾害危险性进行可行性论证和设计，并由煤矿企业组织行业专家论证。

4. 针对放顶煤开采主要危害因素，必须制定防瓦斯、防火、防尘、防水、采放煤工艺、顶板支护、初采和工作面收尾等安全技术措施。

5. 放顶煤工作面初采期间可能在采空区悬露大面积顶煤和直接顶，影响工作面采出率和支架正常工作，应当根据需要采取强制放顶措施，使顶煤和直接顶充分垮落。

6. 在采用放顶煤开采时，放煤口上方出现空洞，形成“瓦斯库”，煤尘浓度也较大，使用爆破处理卡在放煤口的块煤（矸）时，极易引起瓦斯、煤尘爆炸；同时会损坏放煤口插板、液压千斤顶顶梁等。严禁在工作面内采用炸药爆破方法处理未冒落顶煤、顶板及卡在放煤口的大块煤（矸）。对于坚硬顶煤、坚硬顶板不易冒落，应该采取措施进行处理。这些措施主要有：在未采动区内采用炸药爆破方法处理，所谓未采动区通常指距离工作面20～30 m以外的区域；在工作面采用水力弱岩、空气爆破；开采前对坚硬顶板进行弱化软化；采煤方法采用分层开采等。如果采取措施后冒放性仍然较差，顶板垮落充填采空区的高度不大于采放煤高度，严禁采用放顶煤开采。

7. 高瓦斯、突出矿井、容易自燃煤层构成煤矿安全的重大隐患，必须有针对性地加以治理。但是，其防治措施存在矛盾，增加了灾害防治的复杂性。为了更好地应对高瓦斯、突出矿井、易自燃煤层采用放顶煤开采带来的新的灾害防治要求，必须采取瓦斯抽采和综合灭火措施。通过以预抽方式为主的综合抽采瓦斯措施，使本煤层瓦斯含量不大于6 m^3/s；同时通过抽采瓦斯，减少工作量的需风量，使工作面的最高风速限制为4.0 m/s，既有效地冲淡和带走瓦斯，又有利于消除采空区漏风量过大，防止自然发火。

8. 单体支柱抗冲击能力弱，整体性、稳定性均较差，放煤时顶煤、顶板产生的倾向下落和压力都容易造成支架不稳、倾倒，乃至发生冒顶事故。因此，严禁单体支柱放顶煤开采。

9. 有下列情形之一的，严禁采用放顶煤开采：

(1) 采放比指的是采煤与放煤的煤层厚度的比例。例如采放比 1∶3，即假设工作面采高为 3 m，则一次采放煤的厚度最大 12 m，其中放煤厚度 9 m。如果采放比过大，一方面难以保证规定的放煤量，资源损失量较大；另一方面，瓦斯涌出、矿山压力、自然发火、煤尘及水害等问题也难以控制，容易酿成瓦斯超限、煤炭自燃、煤尘飞扬、导通水体和顶板压力剧增，甚至发生矿井灾害事故。

(2) 提高采区或工作面回采率是国家煤炭工业一个重要的技术政策。鉴于目前有的放顶煤开采工作面片面追求月推进度，造成煤炭资源大量丢失浪费现象，采区或工作面回采率达不到矿井设计规范规定的严禁采用放顶煤开采。

(3) 煤（岩）与瓦斯（二氧化碳）突出煤层采用放顶煤开采时，由于放顶煤开采瞬时放落的煤量大，会突然改变该处地压、瓦斯、煤的力学性质和重力的综合作用的平衡条件，煤层及围岩强度会发生急剧变化，煤层会出现突然卸压、增压等，能量的释放量和释放速度显著增加，当其值超过极限应力值时，就会诱发突出，其危害是相当大的，有突出危险的煤层，经区域预测有突出危险且未有效实施两个“四位一体”综合防突措施的，严禁采用放顶煤开采。

(4) 坚硬顶板、坚硬顶煤不易冒落，且采取措施后冒放性仍然较差，顶板垮落充填采空区的高度不大于采放煤高度的，不能有效地预防上覆岩层剧烈下沉，采用放顶煤开采将对采场带来极大破坏性。

(5) 放顶煤开采产生的顶底板裂隙较大，采放后有可能与地表水、老窑积水、断层水、钻孔水、强含水层水、陷落柱水等水体导通，引发矿井透水事故，或者有可能沟通火区导致火灾的，严禁采用放顶煤开采。

第一百一十六条 采用连续采煤机开采，必须根据工作面地质条件、瓦斯涌出量、自然发火倾向、回采速度、矿山压力，以及煤层顶底板岩性、厚度、倾角等因素，编制开采设计和回采作业规程，并符合下列要求：

（一）工作面必须形成全风压通风后方可回采。

（二）严禁采煤机司机等人员在空顶区作业。

（三）运输巷与短壁工作面或者回采支巷连接处（出口），必须加强支护。

（四）回收煤柱时，连续采煤机的最大进刀深度应当根据顶板状况、设备配套、采煤工艺等因素合理确定。

（五）采用垮落法控制顶板，对于特殊地质条件下顶板不能及时冒落时，必须采取强制放顶或者其他处理措施。

（六）采用煤柱支承采空区顶板及上覆岩层的部分回采方式时，应当有防止采空区顶板大面积垮塌的措施。

（七）应当及时安设和调整风帘（窗）等控风设施。

（八）容易自燃煤层应分块段回采，且每个采煤块段必须在自然发火期内回采结束并封闭。

有下列情形之一的，严禁采用连续采煤机开采：

（一）突出矿井或者掘进工作面瓦斯涌出量超过 3 m^3/min 的高瓦斯矿井。

（二）倾角大于 8°的煤层。

（三）直接顶不稳定的煤层。

【名词解释】　连续采煤机

连续采煤机——一种为了满足房柱式采煤、回收边角煤以及煤巷快速掘进，可以连续采掘煤炭的机械设备。它既可以用来开掘以煤为基岩的巷道，又可作为单独的采煤机使用。

【条文解释】　本条是对采用连续采煤机开采的规定。

在以连续采煤机为龙头的短壁开采工艺中，破煤、落煤和装煤都由连续采煤机来完成，连续采煤机掘进过程可分为“切槽”和“采垛”2 个工序。利用连续采煤机的装载机构、运输机构完成装煤工序。连续采煤机上设有装载机构（装煤铲板和圆盘耙杆装载机构）和中部输送机。连续采煤机割煤时，煤炭落在装煤铲板上，同时圆盘耙杆连续运转，将煤炭装入中部运输机，运输机再将煤装入后面等待的梭车或连续运输系统上。目前，国内外这种采煤方法已取得了显著的经济效益。

采用连续采煤机机械化开采，必须编制开采设计和回采作业规程。开采设计和回采作业规程应根据工作面地质条件、瓦斯涌出量、自然发火倾向、回采速度、矿山压力以及煤层顶底板岩性、厚度、倾角等因素，综合分析各因素对连续采煤机机械化开采的影响，寻找最佳方案。

1. 连续采煤机机械化开采应满足的要求

（1）工作面必须形成全风压通风后，方可回采。

（2）严禁采煤机司机等人员在空顶区作业。

（3）运输巷与短壁工作面或回采支巷连接处（出口），必须加强支护。

（4）回收煤柱时，连续采煤机的最大进刀深度应根据顶板状况、设备配套、采煤工艺等因素合理确定。

（5）采用垮落法控制顶板，对于特殊地质条件下顶板不能及时冒落时，必须采取强制放顶或其他处理措施。

（6）采用煤柱支承采空区顶板及上覆岩层的部分回采方式时，应有防止采空区顶板大面积垮塌的措施。

（7）应及时安设和调整风帘（窗）等控风设施，区段回采完毕后及时封闭。

（8）容易自燃煤层应分块段回采，且每个采煤块段必须在自然发火期内回采结束并封闭，以免发火危及其他块段。

2. 采用连续采煤机开采适用条件

（1）采用连续采煤机开采存在着“采空区窜风”现象，风阻大、窜风量有限、风量不稳定、采空区的有害气体易造成隐患，所以突出矿井以及掘进工作面瓦斯涌出量大于 3 m^3/min的高瓦斯矿井严禁采用连续采煤机开采。

（2）由于连续采煤机及其后配套设备大多为自移式设备，适用于倾角较小的煤层，因而，短壁机械化开采适宜布置在倾角 8°以下的近水平煤层，特别是适宜于布置在倾角 1°~3°的近水平煤层中。倾角大于 8°的煤层，严禁采用连续采煤机开采。

（3）当顶板岩石强度较低时，对工作面平巷的长期维护和巷道宽度都有一定的影响；顶板岩石强度太高、非常坚硬时，则不利于采空区顶板的自然冒落。煤层直接底岩石为软岩遇水软化时，将影响采煤机进刀、无轨胶轮车运行和人员工作，降低工作面生产效率；因此连续采煤机开采适宜于顶底板中等稳定的煤层，直接顶为Ⅰ类的煤层严禁采用连续采煤机开采。

【典型事例】 2000 年，神东公司首先在大海则、上湾及康家滩煤矿推广“单翼短壁机械化采煤法”。该采煤法的回采工艺是：回采支巷煤柱时采用单翼斜切进刀方式，进刀宽度为 3.3 m，角度为 60°，进刀深度一般以割透支巷煤柱为准，深度约为 11 m，并在每刀之间留有 0.5~0.9 m 的小煤柱。这种采煤方法回收率可达 65%。见图 3-2-1。

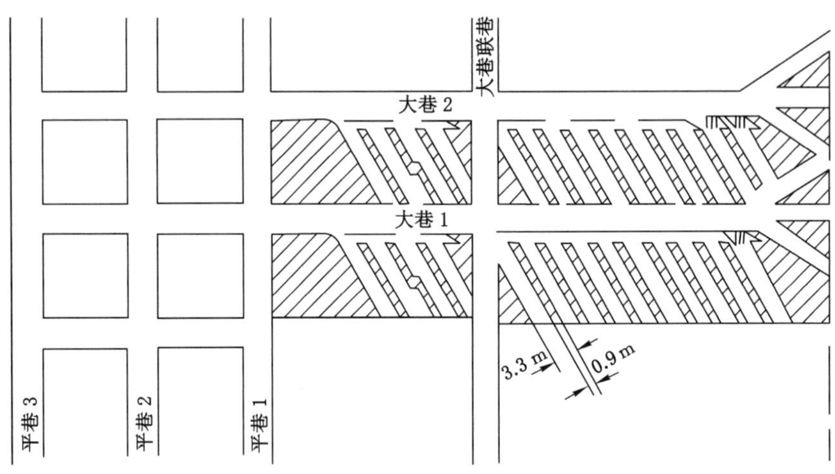

图 3-2-1　单翼短壁机械化采煤法

第三节　采 掘 机 械

第一百一十七条　使用滚筒式采煤机采煤时，必须遵守下列规定：

（一）采煤机上装有能停止工作面刮板输送机运行的闭锁装置。启动采煤机前，必须先巡视采煤机四周，发出预警信号，确认人员无危险后，方可接通电源。采煤机因故暂停时，必须打开隔离开关和离合器。采煤机停止工作或者检修时，必须切断采煤机前级供电开关电源并断开其隔离开关，断开采煤机隔离开关，打开截割部离合器。

（二）工作面遇有坚硬夹矸或黄铁矿结核时，应当采取松动爆破处理措施，严禁用采煤机强行截割。

（三）工作面倾角在 15°以上时，必须有可靠的防滑装置。

（四）使用有链牵引采煤机时，在开机和改变牵引方向前，必须发出信号。只有在收到返向信号后，才能开机或者改变牵引方向，防止牵引链跳动或者断链伤人。必须经常检查牵引链及其两端的固定连接件，发现问题，及时处理。采煤机运行时，所有人员必须避开牵引链。

（五）更换截齿和滚筒时，采煤机上下 3 m 范围内，必须护帮护顶，禁止操作液压支架。必须切断采煤机前级供电开关电源并断开其隔离开关，断开采煤机隔离开关，打开截割部离合器，并对工作面输送机施行闭锁。

（六）采煤机用刮板输送机作轨道时，必须经常检查刮板输送机的溜槽、挡煤板导向管的连接情况，防止采煤机牵引链因过载而断链；采煤机为无链牵引时，齿（销、链）轨的安设必须紧固、完好，并经常检查。

【名词解释】 滚筒采煤机

滚筒采煤机——以切割滚筒为工作机构的采煤机。

【条文解释】 本条是对使用滚筒式采煤机采煤的规定。

1. 采煤机司机操纵采煤机运行、滚筒割煤，随时都可能发生意想不到的问题，如采煤机事故、刮板输送机事故，此时若不及时关停刮板输送机，会使事故扩大。刮板输送机的控制是在平巷操纵的，由于距离远，要求在采煤机上必须装有能停止刮板输送机运行的装置，一旦发生事故，在工作面便能停止刮板输送机运行。另外，要求此装置具有闭锁功能，当事故和隐患未处理完毕时，平巷操纵台无法启动刮板输送机。

采煤机司机除了停止采煤机的牵引和摇臂的升降外，还必须打开离合器停止滚筒转动。在回采过程中，由于特殊情况（铺网、补网、更换截齿、处理片帮及刮板输送机故障等），有时需到煤壁一侧去作业，当距滚筒很近时，必须保证滚筒不能转动且与电机分开，以防止一旦触动开关，滚筒转动伤人。

【典型事例】 某日，辽宁省某煤矿综采队，带班队长到煤壁侧处理片帮，不慎摔倒在滚筒旁，此时正在移架，加之控制按钮未加保护罩，又未打开离合器，一木料恰巧触动启动按钮，滚筒转动将队长绞入滚筒，当场死亡。

采煤机因故暂停时，必须打开隔离开关和离合器。启动采煤机前，必须先巡视采煤机四周，发出预警信号，确认人员无危险后，方可接通电源。采煤机停止工作或检修时，必须切断采煤机前级供电开关电源并断开其隔离开关，断开采煤机隔离开关，打开截割部离合器，以防止人员误操作和违章操作及其他原因引起采煤机未按规定启动。

2. 工作面遇有坚硬夹矸或黄铁矿结核时，严禁用采煤机强行截割。主要是考虑到，强行截割不仅会加速截齿的磨损和损坏，而且易产生火花引起瓦斯和煤尘爆炸。

3. 当工作面倾角超过 15°时，无论是采煤机还是液压支架等，都容易滑移和倾倒，必须安设可靠的防滑装置。

4. 当采煤机改变牵引方向时，原来的松弛边（非工作边）变为张紧边（工作边），牵引张力急剧增加，这种急剧变化的牵引链张力易使牵引链弹跳，伤及工作面人员。在开机和改变牵引方向前，必须发出信号，只有在收到允许开机的返回信号后，方准开机或改变牵引方向。

牵引链除跳动伤人外，有时由于检查、使用、维护不当和其他原因还会发生更加严重的事故，即断链伤人。为避免断链事故，必须经常检查牵引链及其两端的固定连接件，发现问题，及时处理。

5. 更换截齿和滚筒时，采煤机上下 3 m 范围内，必须护帮护顶，禁止操作液压支架。必须切断采煤机前级供电开关电源并断开其隔离开关，断开采煤机隔离开关，打开截割部离合器，并对工作面输送机施行闭锁。

【典型事例】 某矿 5203 机采工作面，采用 MLQ-80 型采煤机割煤，链式牵引，采煤机割煤时，因被凸出的溜槽卡住，牵引链突然折断，甩出的牵引链将一采煤工打死。

6. 目前采煤机大部分用刮板输送机作轨道，由于工作面底板不平或操作维护不当，影响使用效果，甚至会发生事故。必须经常检查溜槽和挡煤板导向管的连接。当采煤机为无链牵引时，必须对齿（销、链）轨经常检查，并在作业规程中对刮板输送机的推进作出明确规定，按设备技术性能要求操作。

第一百一十八条 使用刨煤机采煤，必须遵守下列规定：

（一）工作面至少每隔 30 m 装设能随时停止刨头和刮板输送机的装置，或者装设向刨煤机司机发送信号的装置。

（二）刨煤机应当有刨头位置指示器；必须在刮板输送机两端设置明显标志，防止刨头与刮板输送机机头撞击。

（三）工作面倾角在 12°以上时，配套的刮板输送机必须装设防滑、锚固装置。

【名词解释】 刨煤机

刨煤机——采用刨削法落煤的采煤机械。主要由刨头、传动装置、支撑导向装置、牵引圆环链及辅助装置等基本部分组成。

【条文解释】 本条是对使用刨煤机采煤的规定。

刨煤机组是由刨煤机、可弯曲刮板输送机、液压推进装置及金属支架组成的。刨煤机利用外牵引的方式，就是利用固定在输送机上、下机头机尾的电动机拉动刨链，使装有刨刀的刨头往返刨煤，落下的煤块利用刨头两侧犁形斜面装上输送机。

因工作面较长和刨煤机紧贴煤壁工作，输送机为其提供支点并担负运煤任务，很难发现工作面其他部位发生的事情，在各工种作业中难免会遇到各类情况，这时就需要立即停止刨头和输送机运行。如果通知刨煤机司机和输送机操作人员停止刨煤机和输送机运行，势必会导致事故发生和扩大。因此要求工作面每隔 30 m 应装设能随时停止刨煤机和输送机运行的装置，以便出现情况在工作面各部位能立即停止刨煤机和输送机的运行。

刨煤机工作时，由于自身特性及操作不当很容易与输送机相撞，要求必须在输送机两端设置明显标志。刨煤机应有刨头位置指示器，以免刨头与输送机相撞。

刨煤机工作时所产生的冲击力较大，容易引起刮板输送机向下滑移。据测算，当工作面倾角达到 12°时，就已具备了滑移条件，因此当工作面倾角在 12°以上时，刮板输送机必须装设防滑、锚固装置。

第一百一十九条 使用掘进机、掘锚一体机、连续采煤机掘进时，必须遵守下列规定：

（一）开机前，在确认铲板前方和截割臂附近无人时，方可启动。采用遥控操作时，司机必须位于安全位置。开机、退机、调机前，必须发出报警信号。

（二）作业时，应当使用内、外喷雾装置，内喷雾装置的工作压力不得小于 2 MPa，外喷雾装置的工作压力不得小于 4 MPa。在内、外喷雾装置工作稳定性得不到保证的情况下，应当使用与掘进机、掘锚一体机或者连续采煤机联动联控的除降尘装置。

（三）截割部运行时，严禁人员在截割臂下停留和穿越，机身与煤（岩）壁之间严禁站人。

（四）在设备非操作侧，必须装有紧急停转按钮（连续采煤机除外）。

（五）必须装有前照明灯和尾灯。

（六）司机离开操作台时，必须切断电源。

（七）停止工作和交班时，必须将切割头落地，并切断电源。

【名词解释】 掘进机

掘进机——在巷道掘进工作面，以机械方式破落煤岩并将其装入运输机械的掘进机械。

【条文解释】 **本条是新修订条款，**是对使用掘进机、掘锚一体机、连续采煤机掘进的有关修改规定。

1. 掘进机、掘锚一体机、连续采煤机掘进作业时，因工作空间狭窄，人员多，有时各工种平行作业很容易发生事故。设备操作必须由专职司机完成，该司机必须具备娴熟的操作技能并且经过安全培训，取得特种作业人员上岗证，否则不得上岗操作。司机使用专用工具开、闭电气控制回路开关，并且保管专用工具，防止他人违章操作或误操作。司机离开操作台时，必须断开掘进机的电源开关，以防止触及控制开关造成事故。

2. 为了防止产生粉尘，作业时应使用内、外喷雾装置，内喷雾装置的工作压力不得小于 2 MPa，外喷雾装置的工作压力不得小于 4 MPa。在内喷雾装置的工作压力和工作稳定性不能满足要求，或者未使用内喷雾装置时，必须使用外喷雾装置和除尘风机，外喷雾装置和除尘风机必须满足要求，以保证喷雾降尘效果。

3. 截割部运行前，要发出警报提醒附近人员撤至安全地点。警报发出后、开机前，司机还要进一步观察截割臂下有无人员作业、穿越或停留，机身与煤（岩）壁之间严禁站人，确认无误后再行开机。

4. 为了在紧急情况下能及时停止掘进机运转，在设备非操作侧装有紧急停止运转按钮（连续采煤机除外）。在通常情况下，司机是在设备的一侧操纵。由于设备工作时发出的噪声和产生的粉尘，司机有时很难听到或见到另一侧情况。此时，若发生异常情况，在非操作侧的作业人员可立即停止设备，避免事故的发生和扩大。

5. 掘进机装有前照明灯和尾灯，有利于掘进机司机操作时对前后方情况的观察，同时对其他人员起到警示作用，避免接近掘进机。

6. 在井巷掘进过程中，完成一个工作循环后，便进入清理浮煤（矸）、架棚等其他工序的作业。大多数作业人员都在设备截割头附近工作，如果不切断电源和磁力启动器隔离开关，一旦被作业人员触及控制按钮或误操作而将掘进机开动，将造成人员伤亡事故。因此，设备停止工作时，必须断开掘进机上的电源开关和磁力启动器的隔离开关。

7. 切割头上装有截齿用以截割煤岩。切割头由电动机驱动，而切割头的控制则由液压油缸实现。当停止工作和交班时，除了切断电源和磁力启动器隔离开关外，还必须将切割头落地。若切割头仍悬在空中，支撑切割头的液压缸处在承载状态，一旦液压缸密封圈破裂，切割头落下，势必造成人员伤害事故和机电事故。

第一百二十条　使用运煤车、铲车、梭车、履带式行走支架、锚杆钻车、给料破碎机、连续运输系统或者桥式转载机等掘进机后配套设备时，必须遵守下列规定：

（一）所有安装机载照明的后配套设备启动前必须开启照明，发出开机信号，确认人员离开，再开机运行。设备停机、检修或者处理故障时，必须停电闭锁。

（二）带电移动的设备电缆应当有防拔脱装置。电缆必须连接牢固、可靠，电缆收放装置必须完好。操作电缆卷筒时，人员不得骑跨或者踩踏电缆。

（三）运煤车、铲车、梭车制动装置必须齐全、可靠。作业时，行驶区间严禁人员进入；检修时，铰接处必须使用限位装置。

（四）给料破碎机与输送机之间应当设联锁装置。给料破碎机行走时两侧严禁站人。

（五）连续运输系统或者桥式转载机运行时，严禁在非行人侧行走或者作业。

（六）锚杆钻车作业时必须有防护操作台，支护作业时必须将临时支护顶棚升至顶板。非操作人员严禁在锚杆钻车周围停留或者作业。

（七）履带行走式支架应当具有预警延时启动装置、系统压力实时显示装置，以及自救、逃逸功能。

【条文解释】　本条是对使用掘进机后配套设备的规定。

掘进机后配套设备，包括运煤车、铲车、梭车、履带式行走支架、锚杆钻车、给料破碎机、连续运输系统或桥式转载机等。在使用中应注意以下事项：

1. 因为设备作业空间较小，现场光线不足，为了有利于司机操作时对前后方情况的观察，同时对其他人员起到警示作用，避免接近运行的设备，所有安装机载照明的后配套设备启动前必须开启照明，并发出开机信号，提醒附近人员离开，确认人员都躲避到安全地点以后再开启设备。设备停机、检修或处理故障时，必须停电闭锁。

2. 带电移动的设备电缆应有防拔脱装置，以防移动时电缆脱出。电缆必须连接牢固、可靠，电缆收放装置必须完好。为了保护电缆和避免因电缆漏电而触电，操作电缆卷筒时，人员不得骑跨或踩踏电缆。

3. 运煤车、铲车、梭车运输巷道可能有斜坡，为了防止在运行中或停车时发生下滑跑车事故，制动装置必须齐全、可靠；作业时行驶区间严禁人员进入，以防刮撞人员；检修时，铰接处必须使用限位装置。

4. 为了杜绝因给料破碎机停机而输送机继续运行，运来的煤矸无法进行破碎造成的事故，给料破碎机与输送机之间应设有联锁装置。给料破碎机停机，输送机停止运行，而且应先启动给料破碎机再启动输送机。给料破碎机行走时两侧严禁站人，以免破碎煤矸时崩射出碎块伤人。

5. 连续运输系统或桥式转载机运行时，严禁在非行人侧行走或作业，以确保行走和作业安全。

6. 锚杆钻车作业时必须有防护操作台，支护作业时必须将临时支护顶棚升至顶板，防止顶板掉矸砸人。其他人员严禁在锚杆钻车周围停留或作业。

7. 履带行走式支架应具有预警延时启动装置、系统压力实时显示装置，以及自救、逃逸功能。

第一百二十一条 使用刮板输送机运输，必须遵守下列规定：

（一）采煤工作面刮板输送机必须安设能发出停止、启动信号和通讯的装置，发出信号点的间距不得超过15 m。

（二）刮板输送机使用的液力偶合器，必须按所传递的功率大小，注入规定量的难燃液，并经常检查有无漏失。易熔合金塞必须符合标准，并设专人检查、清除塞内污物；严禁使用不符合标准的物品代替。

（三）刮板输送机严禁乘人。

（四）用刮板输送机运送物料时，必须有防止顶人和顶倒支架的安全措施。

（五）移动刮板输送机时，必须有防止冒顶、顶伤人员和损坏设备的安全措施。

【名词解释】 刮板输送机、液力偶合器

刮板输送机——用刮板链牵引，在槽内运输散料的输送机，又称溜子、电溜子、链板运输机。

液力偶合器——刮板输送机的连接、保护装置，起着过载保护作用，也有均载和减缓冲击的作用，又称联轴节。

【条文解释】 本条是对使用刮板输送机运输的规定。

1. 在采煤机上应装有能停止输送机运行的装置，这还不够，因为此装置只能顾及采煤机附近，当工作面其他部位出现异常情况时，不能立即通知刮板输送机控制人员，很容易造成事故，因此要求在采煤工作面刮板输送机上安设能发出停止、启动信号和通讯的装置。

由于工作面比较长，为保障各部位人员都能听到声音和及时发出信号，要求每隔15 m必须安设一个信号点。

2. 电动机长时间过负荷运转使油温超过规定温度时，易使合金塞熔化，工作液体喷出，从而使液力偶合器停止工作，实现保护电动机和其他零件。为了杜绝液力偶合器喷油着火引起瓦斯、煤尘爆炸，使用的液力偶合器一律采用难燃液作为工作介质。

3. 目前刮板输送机正向大功率方向发展，速度很快，一般链速在1 m/s以上，人员在其上很容易摔倒，造成挤伤，如果被带入采煤机下更容易造成伤亡事故，所以刮板输送机严禁乘人。

4. 用刮板输送机运送物料，最容易发生顶人和顶倒支架的事故。因此，用刮板输送机运送物料必须制定安全措施。

5. 输送机机头、机尾锚固支柱起着固定刮板输送机的作用，必须打牢。许多采煤工作面曾发生多起因刮板输送机机头、机尾翻翘引起的人员伤亡事故。其主要原因是安装时图省事，未安装机头架与过渡槽的连接螺栓，接链后启动，下链有卡阻现象，造成上链牵引力过大，在机头没有锚固的情况下，机头向上翻翘，威胁在机头附近作业人员的安全。当机尾链出槽、飘链，下链被卡阻时，上链张力骤增，在机尾没有锚固的情况下，机尾可能翻翘。

在机采工作面，刮板输送机必须铺设牢固，尤其是在倾斜工作面，如果刮板输送机机头、机尾无锚固，将引起采煤机、刮板输送机一起下滑，会造成严重的人员伤亡及机电事故。同时，移动刮板输送机时，必须有防止冒顶、顶伤人员和损坏设备的安全措施。

第四节　建（构）筑物下、水体下、铁路下及主要井巷煤柱开采

第一百二十二条　建（构）筑物下、水体下、铁路下及主要井巷煤柱开采，必须设立观测站，观测地表和岩层移动与变形，查明垮落带和导水裂缝带的高度，以及水文地质条件变化等情况。取得的实际资料作为本井田建（构）筑物下、水体下、铁路下以及主要井巷煤柱开采的依据。

【名词解释】　“三下”开采

“三下”开采——在地面建（构）筑物下、水体下、铁路下进行开采活动。

【条文解释】　本条是对“三下”及主要井巷煤柱开采的规定。

无论开采何种地下矿藏，都将使上覆岩层移动和破坏并导致地表下沉。在煤矿开采中，当采煤工作面推进一定距离，直接顶开始垮落，当直接顶垮落一定距离基本顶也发生断裂，在基本顶之上的岩层直至地表都将发生变化，形成“三带”，即“冒落带”“裂隙带”“弯曲下沉带”。

这“三带”即使是破坏变形较小的弯曲下沉带对地面的建（构）筑物、水体、铁路和主要井巷煤柱都有较大影响，为了顺利进行“三下”开采和保护主要井巷煤柱，必须设立观测站，观测地表和岩层移动与变形，查明垮落带和导水裂缝带的高度，以及水文地质条件变化等情况。取得实际资料，作为本井田地面建（构）筑物下、水体下、铁路下，以及主要井巷煤柱开采的科学依据。

在我国许多矿区，如辽宁省抚顺、本溪，山东省枣庄等，都曾先后尝试了“三下”开采探讨，并积累了一些资料，取得了一些成功的经验。但煤矿地质条件、煤层赋存状况、顶底板岩性及开采方法等诸项条件都不尽相同，有的相差很大，其他矿区取得的研究成果只能借鉴，不能照搬。

第一百二十三条　建（构）筑物下、水体下、铁路下，以及主要井巷煤柱开采，必须经过试采。试采前，必须按其重要程度以及可能受到的影响，采取相应技术措施并编制开采设计。

【条文解释】　本条是对“三下”及主要井巷煤柱试采的规定。

对“三下”及主要井巷煤柱试采的目的是根据本地区具体情况，进一步探索、掌握“三下”及主要井巷煤柱开采时所涉及的岩层移动、地表下沉规律和相关数据，以点带面推动全局。按地面建（构）筑物、水体、铁路及主要井巷煤柱属性、用途等因素划分为不同级别，根据级别不同要求也不同，所以在试采前要经过充分分析论证和测算，采取相应的保护措施。

第一百二十四条　试采前，必须完成建（构）筑物、水体、铁路，主要井巷工程及其地质、水文地质调查，观测点设置以及加固和保护等准备工作；试采时，必须及时观测，对受到开采影响的受护体，必须及时维修。试采结束后，必须由原试采方案设计单位提出试采总结报告。

【条文解释】 本条是对“三下”试采前、中及后的有关规定。

地面建（构）筑物、铁路、水体工程的技术情况，主要是指其结构，由于开采活动所引起的地表沉降、变形，将直接影响建（构）筑物、铁路、水体工程结构的稳定，从而使建（构）筑物、铁路、水体工程遭到破坏，因此，在试采前必须对地面建（构）筑物、铁路、水体工程的技术情况进行深入调查，以便为采取加固措施做好准备。

在完成上述工作的同时，还应收集地质、水文地质资料。开采实践证明，在开采范围内的地质构造、水文地质情况将对地表移动、下沉速度及范围产生重大影响。设置观测点可有效地观测，掌握地表的移动变形。

加固地面建（构）筑物、铁路、水体工程的措施一般包括：提高其刚度和整体性，以增加抵抗变形的能力，如设置钢拉杆、钢筋混凝土圈梁等，即所谓刚性保护；提高建筑物适应变形的能力，以减少地表变形引起建筑产生的附加应力，如设置变形缝等，即所谓柔性保护。这两种办法联合使用效果会更好。

为更准确地掌握试采中的地表移动规律，检验加固防护措施，其间必须及时观测，并对没开采的地面建（构）筑物、铁路、水体工程进行及时维护。

试采结束后，应按试采过程、试采效果，由原试采方案设计单位提出试采总结报告。

第五节 井巷维修和报废

第一百二十五条 *矿井必须制定井巷维修制度，加强井巷维修，保证通风、运输畅通和行人安全。*

【条文解释】 本条是对矿井井巷维修的规定。

煤矿井下巷道按其作用分为开拓巷道、准备巷道和回采巷道，按其服务年限又分为永久巷道和临时巷道。准备巷道和回采巷道随着采区和工作面的结束而报废，但在回采周期内也必须加强维护，以保证采煤系统的完善和有效运行。

开拓巷道一般为几个采区和全矿服务，服务年限长，担负着矿井的通风、行人、提升、运输等作用，在井巷内还铺设排水、压气、供电、充填等管线设施，由于受采动影响，巷道将发生变形、破坏、断面缩小、支架损坏，尤其是软岩巷道断面收缩率更大，严重影响正常生产，甚至造成各种生产事故和人身伤亡事故。为了满足矿井生产的需求，矿井必须制定井巷维修制度，加强井巷的维修，保持巷道设计断面，保证通风、运输的畅通和行人安全。巷道的失修率控制在规定标准之内。

第一百二十六条 *井筒大修时必须编制施工组织设计。*

维修井巷支护时，必须有安全措施。严防顶板冒落伤人、堵人和支架歪倒。

扩大和维修井巷时，必须有冒顶堵塞井巷时保证人员撤退的出口。在独头巷道维修支架时，必须保证通风安全并由外向里逐架进行，严禁人员进入维修地点以里。

撤掉支架前，应当先加固作业地点的支架。架设和拆除支架时，在一架未完工之前，不得中止作业。撤换支架的工作应当连续进行，不连续施工时，每次工作结束前，必须接顶封帮。

维修锚网井巷时，施工地点必须有临时支护和防止失修范围扩大的措施。

维修倾斜井巷时，应当停止行车；需要通车作业时，必须制定行车安全措施。严禁上、下段同时作业。

更换巷道支护时，在拆除原有支护前，应当先加固邻近支护，拆除原有支护后，必须及时除掉顶帮活矸和架设永久支护，必要时还应当采取临时支护措施。在倾斜巷道中，必须有防止矸石、物料滚落和支架歪倒的安全措施。

【条文解释】 本条是对维修井巷的有关规定。

维修的井巷支护一般都是失修或严重失修，断梁折柱、空帮、空顶，在维修作业中很容易发生冒顶砸人和冒顶堵人等事故，在处理高顶时又易发生有害气体中毒，在倾斜巷维修作业时还易发生物体滚落和跑车等事故，所以维修井巷要制定安全措施。井筒大修是个复杂的技术和安全问题，必须编制施工组织设计。

1. 扩大和维修井巷时，必须有冒顶堵塞井巷时保证人员撤退的出口。独头巷道维修作业只有一个出口，所以应遵循由外向里逐架进行的原则，不准在失修巷道的里侧维修作业，更不准分段多头作业，以防将作业人员堵在里侧。

【典型事例】 某日，某煤矿维修队在-460 m 水平一独头巷道维修作业，由于该巷道严重影响生产，工期要求严格，为按时完成维修任务，经有关部门决定分成 3 段维修作业。由于巷道失修严重，外面一组在拆换中造成冒顶，将另 2 组人员共 7 人全部堵在里面。由于冒顶范围较大，抢救时间延长，造成冒顶区域缺氧，7 名矿工全部遇难。

2. 在维修作业时，应确保撤掉旧支架前先加固工作地点的支架，其目的是防止由于撤掉旧支架使空顶距增加，顶板压力增大，推倒工作地点的支架。

撤换支架工作应连续进行，目的是防止支架撤除后，围岩产生位移或破碎的岩石随时垮落，造成接顶困难，影响工人安全。

【典型事例】 2012 年 2 月 11 日，湖北省某煤矿+710 m 西斜井布置在保安煤柱内，处于应力集中区，巷道压力大，支护工程质量低劣，顶板未接严填实，支护强度不够；巷道维修时，工人对作业地点附近支架未采取临时加固措施，违章作业，造成顶板大面积冒落，3 名工人被埋压致死，1 人受伤。

3. 维修锚网井巷时，施工地点必须有临时支护和防止失修范围扩大的措施。

4. 在倾斜井巷维修时，应防止上部物体滚落，还要设置防跑车装置。维修倾斜井巷时，应停止行车；需要通车作业时，必须制定行车安全措施。严禁上、下段同时作业。

第一百二十七条 修复旧井巷时，必须首先检查瓦斯。当瓦斯积聚时，必须按规定排放，只有在回风流中瓦斯浓度不超过 1.0%、二氧化碳浓度不超过 1.5%、空气成分符合本规程第一百三十五条的要求时，才能作业。

【条文解释】 本条是对修复旧井巷时对瓦斯等有毒有害气体进行检查的规定。

在旧井巷内，由于不再进行通风或者风量较小，可能积聚大量的瓦斯等有毒有害气体，在这些气体中多数为无色、无味、无臭，难以通过感观觉察到，人员一旦进入旧井巷内可能因缺氧而窒息死亡，尤其当瓦斯浓度处在爆炸界限之内，维修作业中如果产生火花可引起瓦斯爆炸。在修复旧井巷时，瓦斯检查员必须对所维护地点的瓦斯浓度进行认真检查，并制定相应的瓦斯排放措施，只有在回风流中瓦斯浓度不超过 1.0%、二氧化碳浓度不超过1.5%、空气成分符合本规程要求时，才能作业。

第一百二十八条 从报废的井巷内回收支架和装备时，必须制定安全措施。

【条文解释】 本条是对报废井巷内回收支架和设备的规定。

为了节省开支、减少损失，应对井巷内的支架和装备进行回收。但报废井巷安全状况很差，如存在有毒有害气体、顶板破碎、压力大、支护失效和水火隐患，在回收中容易出现各类事故，因此要求必须制定回收方法、回收程序、安全操作等一系列安全措施，保证回收工作安全可靠。

第一百二十九条 报废的巷道必须封闭。报废的暗井和倾斜巷道下口的密闭墙必须留泄水孔。

【条文解释】 本条是对封闭报废巷道的规定。

巷道报废后，由于受采动影响，支架产生严重变形，断梁折柱、空帮、空顶，顶板破碎极易冒顶。另外在报废的巷道内已停止通风，积聚了大量的瓦斯和有害气体，还可能积聚了大量的积水，如果封闭不及时一旦人员进入旧巷，会发生各种伤亡事故。从预防煤炭自然发火的角度也应对旧巷及时进行封闭。

封闭报废的暗井和倾斜巷道后，旧巷内的矿井水涌出并不会停止，加上原有的积水，积水会越来越多，如果在暗井和倾斜巷道下方的密闭墙不设泄水孔，将会使水压不断增大，从而留下重大事故隐患。

第一百三十条 报废的井巷必须做好隐蔽工程记录，并在井上、下对照图上标明，归档备查。

【条文解释】 本条是对报废井巷做好隐蔽工程记录的规定。

对各类报废井巷的处理形式和处理方法要做好隐蔽工程记录，填图归档，为各类施工接近井巷区域提供可靠的数据，防止因地表沉陷、坍塌对建筑物的破坏和对人员的伤害。

第一百三十一条 报废的立井应当填实，或者在井口浇注1个大于井筒断面的坚实的钢筋混凝土盖板，并设置栅栏和标志。

报废的斜井（平硐）应当填实，或者在井口以下斜长20 m处砌筑1座砖、石或者混凝土墙，再用泥土填至井口，并加砌封墙。

报废井口的周围有地表水影响时，必须设置排水沟。

【条文解释】 本条是对报废井筒处理的有关规定。

井筒报废后应根据井筒形式、井筒位置及其他因素进行妥善处理。

报废的立井应填实，以防止井壁坍塌使人员和建筑物及车辆滑落。如果采用盖板处理报废立井，此盖板必须是钢筋混凝土结构，其规格要大于井筒断面，盖板要有一定的坚固性和稳定性，同时设置栅栏和标志，以提示行人、车辆和施工单位注意。

报废的斜井和平硐在硐口处很容易坍塌、垮落，地表水又能渗入，因此要求报废井筒从硐口向里用泥土填实至少20 m，还要砌筑封墙以实现封闭的目的。

报废井口的周围有地表水影响时，必须设置排水沟，以防地表水渗入井下威胁安全生产。

【典型事例】 2007年7月28日、29日，河南省三门峡地区普降大雨，降雨115 mm，造成山洪暴发。29日8：40山洪沿着A煤矿的铁炉沟河暴涨，造成位于河床中心的B公司废弃的铝土矿坑塌陷，洪水通过矿井上部老巷泄入A煤矿东风井，造成淹井灾害。淹井时井下有矿工102人，其中33人及时上井，69人被水围困井下。经过76 h的全力抢救，被困的69名矿工在8月1日12：53全部脱险上井。

第六节 防止坠落

第一百三十二条 立井井口必须用栅栏或者金属网围住，进出口设置栅栏门。井筒与各水平的连接处必须设栅栏。栅栏门只准在通过人员或者车辆时打开。

立井井筒与各水平车场的连接处，必须设专用的人行道，严禁人员通过提升间。

罐笼提升的立井井口和井底、井筒与各水平的连接处，必须设置阻车器。

【条文解释】 本条是对立井运送人员及设置阻车器的规定。

立井开拓方式与其他开拓方式相比，有许多优点，但也有其自身难以克服的缺点。人员、车辆一旦坠入，会导致重大生产和伤亡事故，因此在立井井口必须用栅栏或金属网围住。

在进出井时人员拥挤，极易发生事故，要求在进出口设置栅栏门，并由有关部门加强管理，此门只准在人员或车辆通过时才能打开。

立井多水平开拓时，立井井筒与水平车场会出现多个连接处，必须设专用人行道，否则人员通过提升间时，很容易发生坠落事故。

罐笼提升的立井不仅担负着运送人员的任务，还担负着提升矸石及运送材料、设备、器材等任务。罐笼内设有轨道以实现矿车的装卸过渡，在重车线上向井口方向一般设置7‰~12‰的下坡，矿车可自动滑行进入罐笼并顶出罐笼内的空车。如果在井筒与水平连接处不设挡车器，矿车有可能坠入井底车场，另外，把钩工的误操作和违章操作也会导致坠井事故。

第一百三十三条 倾角在25°以上的小眼、煤仓、溜煤（矸）眼、人行道、上山和下山的上口，必须设防止人员、物料坠落的设施。

【条文解释】 本条是对倾角在25°以上有关巷道内设置防止人员、物料坠落设施的规定。

小眼、煤仓、溜煤（矸）眼、人行道、上山和下山有的倾角较大，一旦坠入是很危险的，人员坠落会造成人员伤亡，物料坠落会损毁巷道支架、堵塞巷道或伤及行人，所以要求倾角在25°以上的小眼、煤仓、溜煤（矸）眼、人行道、上山和下山的上口，必须设有防止人员、物料坠落的设施。

【典型事例】 某日，辽宁省抚顺市某煤矿110采煤队，一充填工在工作面拆卸输送机时，不慎摔倒在溜煤道，又滚入溜煤小眼导致重伤。

第一百三十四条 煤仓、溜煤（矸）眼必须有防止煤（矸）堵塞的设施。检查煤仓、溜煤（矸）眼和处理堵塞时，必须制定安全措施。处理堵塞时应遵守《规程》第三百六十条的规定，严禁人员从下方进入。

严禁煤仓、溜煤（矸）眼兼做流水道。煤仓与溜煤（矸）眼内有淋水时，必须采取封堵疏干措施；没有得到妥善处理不得使用。

【条文解释】 本条是对防止和处理煤仓、溜煤（矸）眼堵塞的规定。

采煤工作面和采区运出的煤炭，没有经过初选，矸石、杂物较多，在煤仓、溜煤（矸）眼内很容易堵塞。堵塞之后在煤仓、溜煤（矸）眼内将积聚大量的承压煤和水，当压力达到一定的程度，再加上人为的扰动，煤仓或溜煤（矸）眼内大量的煤和水会突然涌出，此时人员如果从煤仓或溜煤（矸）眼下方进入，很容易造成人员伤亡。检查煤仓、溜煤（矸）眼和处理堵塞时，必须制定安全措施，处理堵塞时应遵守《规程》第三百六十条的规定。

井下煤仓是用来储存煤炭的临时场所，溜煤（矸）眼则起过渡作用。若用煤仓、溜煤（矸）眼兼作流水道或内部有淋水，很容易使煤仓内、溜煤（矸）眼内的煤和矸石结块，堵塞煤仓和溜煤（矸）眼，由于有承压水流，易发生突水、淹溺事故，因此严禁煤仓、溜煤（矸）眼兼作流水道。如果在煤仓内、溜煤（矸）眼内有淋水时，必须采取封堵疏干措施；没有得到妥善处理不得使用。

第三章　通风、瓦斯和煤尘爆炸防治

第一节　通　　风

第一百三十五条　井下空气成分必须符合下列要求：

（一）采掘工作面的进风流中，氧气浓度不低于20%，二氧化碳浓度不超过0.5%。

（二）有害气体的浓度不超过表4规定。

表4　矿井有害气体最高允许浓度

名　称	最高允许浓度/%
一氧化碳 CO	0.002 4
氧化氮（换算成 NO_2）	0.000 25
二氧化硫 SO_2	0.000 5
硫化氢 H_2S	0.000 66
氨 NH_3	0.004

甲烷、二氧化碳和氢气的允许浓度按本规程的有关规定执行。

矿井中所有气体的浓度均按体积百分比计算。

【名词解释】　有害气体

有害气体——在一般或一定条件下有损人体健康或危害作业安全的气体，包括有毒气体、可燃性气体和窒息性气体。

【条文解释】　本条是对井下空气成分浓度的规定。

地面空气进入井下以后，由于井下有机物的腐烂、煤炭氧化、爆破作业以及煤岩层不断释放瓦斯和各种气体等因素的影响，与地面空气比较，在质量和数量上均有较大差异。

为了保证煤矿工人的健康，提供适宜的生产环境与条件，提高工作效率，对井下工作地点空气的主要成分作出了具体规定，详见《规程》表4。

1. 氧气

氧气是维持人的生命所必需的物质。人体呼吸所需氧气的多少与人的体质、活动强度和精神紧张程度等因素有着直接关系。休息时每个人所需氧气量平均为0.25 L/min，行走和工作时为1~3 L/min。所能吸入的氧气量取决于空气中的氧气浓度。如果空气中的氧气浓度过低就会影响人的健康，甚至造成缺氧窒息死亡。见表3-3-1。

表 3-3-1　氧气浓度减少对人体的危害

空气中氧气浓度/%	人体的反应
17	休息时无影响，工作时会引起喘息、呼吸困难
15	呼吸急促，脉搏跳动加快，判断和意识能力减弱
10~12	失去理智，时间稍长即有生命危险
6~9	失去知觉，几分钟内心脏尚能跳动，若不急救就会死亡

2. 二氧化碳

其主要的来源是有机物和煤的氧化、煤岩层中、爆破作业以及人的呼吸等。二氧化碳对人的眼、鼻、口等器官有刺激作用。二氧化碳浓度变化对人体的影响详见表 3-3-2。

表 3-3-2　人体对二氧化碳浓度的反应

二氧化碳浓度/%	人体的反应
1	呼吸次数和深度略有增加
3	呼吸次数增加 2 倍，很快产生疲劳现象
5	呼吸次数增加 3 倍，呼吸困难、憋气和耳鸣
7	发生严重喘息，极度虚弱无力，强烈头疼
10	头晕，呈昏迷状态
10~15	呼吸微弱，失去知觉
20~25	窒息死亡

参照世界其他国家的规定，要求“采掘工作面的进风流中，氧气浓度不低于 20%，二氧化碳浓度不超过 0.5%”。

3. 矿井空气中的主要有害气体

（1）一氧化碳（CO）。是一种有毒气体，对人体的危害极大。一氧化碳与人体血液中的红细胞的结合能力比氧大 250~300 倍，不但阻止红细胞吸氧，而且还能挤掉氧，造成人体细胞组织缺氧现象，引起中枢系统损坏。

（2）二氧化氮（NO_2）。对人的眼、鼻、呼吸道及肺部具有强烈的腐蚀破坏作用，能引起肺水肿。井下二氧化氮的主要来源是爆破作业，1 kg 硝铵炸药爆破后产生 10 L 二氧化氮。

（3）二氧化硫（SO_2）。有剧毒，强烈刺激人的眼睛，腐蚀呼吸器官，导致呼吸麻痹和支气管炎、肺水肿。主要来源是含硫煤炭氧化自燃、含硫煤岩爆破和硫化矿物的氧化等。

（4）硫化氢（H_2S）。具有强烈毒性，刺激人的眼、鼻、咽喉和上呼吸道的黏膜，干扰中枢神经系统，引起急性中毒。主要来源是有机物的腐烂、含硫煤炭自燃和煤岩层释放等。

（5）氨气（NH_3）。具有浓烈臭味的有毒气体，且有爆炸性（爆炸界限16%～27%）。对人的皮肤和呼吸器官有刺激作用，能引起咳嗽、流泪、头晕、声带水肿，重者会昏迷、痉挛、心力衰竭以至死亡。主要来源是炸药爆破、有机物氧化腐烂等。

《规程》规定有害气体的最高浓度，主要是参照《工业企业设计卫生标准》，要求井下劳动场所与地面厂房的标准一致，才能保证矿工的健康。

第一百三十六条　井巷中的风流速度应当符合表5要求。

表5　井巷中的允许风流速度

井巷名称	允许风速/（m/s）	
	最　低	最　高
无提升设备的风井和风硐		15
专为升降物料的井筒		12
风桥		10
升降人员和物料的井筒		8
主要进、回风巷		8
架线电机车巷道	1.0	8
输送机巷，采区进、回风巷	0.25	6
采煤工作面、掘进中的煤巷和半煤岩巷	0.25	4
掘进中的岩巷	0.15	4
其他通风人行巷道	0.15	

设有梯子间的井筒或者修理中的井筒，风速不得超过8 m/s；梯子间四周经封闭后，井筒中的最高允许风速可以按表5规定执行。

无瓦斯涌出的架线电机车巷道中的最低风速可低于表5的规定值，但不得低于0.5 m/s。

综合机械化采煤工作面，在采取煤层注水和采煤机喷雾降尘等措施后，其最大风速可高于表5的规定值，但不得超过5 m/s。

【条文解释】　本条是对井巷中风流速度的规定。

本条对井下不同地点的风速作出了最高和最低的限制规定。

1. 最高风速。主要是从安全生产、人体健康、作业条件和环境等方面考虑的。实践证明，主要通风大巷，包括主要进回风巷、人员升降的井筒和有架线机车通过的巷道等，如果风速过大（>8 m/s），人员行走困难，影响听觉，不便工作；另外，井下湿度较大，风速过高容易导致工人感冒和患风湿病。而对采（盘）区通风巷道和采掘工作面规定最高风速限制的目的，主要是防止风速过高造成粉尘飞扬等。

2. 最低风速。规定最低风速限制的地点，大多是生产条件经常变化、有害气体涌出较多的采掘工作面和相关巷道。其目的也是保证安全生产、创造舒适的作业环境和保障工人健康。风量过小、风速过低，就不能有效地稀释、排出生产过程中涌出的瓦斯及其他有害气体，威胁安全生产和影响工人健康；架线电机车巷道的顶部容易发生层状瓦斯积存，架线机车通过时极易引发瓦斯燃爆事故，对架线机车巷道的风速作出最低的限制非常必要。

按《规程》表5规定的最低限，即能保证井巷中风流流动呈紊流的状态，发挥通风稀释和带走生产过程中产生的瓦斯等有害气体的作用。

第一百三十七条　进风井口以下的空气温度（干球温度，下同）必须在2℃以上。

【条文解释】　本条是对进风井口空气温度的规定。

冬季，地面空气温度较低，要求在进风井口安设空气预热设施，以保证进风井口以下的空气温度在2℃以上。目的是防止寒冷空气进入井筒后遇到井筒淋水和潮湿空气，在井壁、罐道梁等处结冰，堵塞井筒的部分断面，并对提升设备和人员的安全构成严重威胁。有时还可能发生罐道梁上的冰凌突然坠落并穿透罐顶的恶性事故。

第一百三十八条　矿井需要的风量应当按下列要求分别计算，并选取其中的最大值：

（一）按井下同时工作的最多人数计算，每人每分钟供给风量不得少于4 m^3。

（二）按采掘工作面、硐室及其他地点实际需要风量的总和进行计算。各地点的实际需要风量，必须使该地点的风流中的甲烷、二氧化碳和其他有害气体的浓度，风速、温度及每人供风量符合本规程的有关规定。

（三）使用煤矿用防爆型柴油动力装置机车运输的矿井，行驶车辆巷道的供风量还应当按同时运行的最多车辆数增加巷道配风量，配风量不小于4 $m^3/min \cdot kW$。

按实际需要计算风量时，应当避免备用风量过大或者过小。煤矿企业应当根据具体条件制定风量计算方法，至少每5年修订1次。

【名词解释】　风量、需要风量

风量——单位时间内流过井巷或井筒的空气体积，单位为m^3/min。

需要风量——为供人员呼吸，稀释和排出有害气体、浮尘，以创造良好气候条件所需要的风量，单位为m^3/min，简称需风量。

【条文解释】　本条是对矿井风量计算方法的规定。

1. 矿井风量计算基本要求

（1）按同时工作最多人数计算矿井风量。

保证井下人员呼吸有足够的新鲜空气，是矿井通风的任务与目的之一。井下工人在劳动过程中需要呼吸大量氧气，以保证人体内一系列的生物氧化反应，补充能量消耗。据测算，劳动时一个人的耗氧量为1～3 L/min，而矿井空气中人的耗氧量约为2%～3%（其他为煤炭和有机物所消耗）。因此，世界大多数产煤国家规定了每人4 m^3/min的需风量。再根据同时工作的最多人数，即可计算出矿井的需风量。

（2）按各个用风地点总和计算矿井风量。

有效地稀释和排出井下生产过程中产生的瓦斯、煤尘和其他有害气体，是矿井通风的一项重要任务与目的。按照矿井实际布置的采面、掘面、硐室和用风地点，依据各个地点都能满足将甲烷、二氧化碳和其他有害气体稀释到《规程》规定浓度以下，并符合风速规定的要求，分别逐个计算所需风量，再计算出矿井的需风量。

（3）使用煤矿用防爆型柴油动力装置机车运输的矿井、行驶车辆的巷道，供风量除符合本规程的有关规定外，还应按同时运行的最多车辆数增加巷道配风量，配风量应不小于4 m^3/min · kW。

对上述 3 种计算方法的结果，要进行比较，取其最大值，既能满足安全生产的要求，又能满足人员呼吸新鲜空气的要求。

2. 矿井风量计算方法

生产矿井需要风量按各采掘工作面、硐室及其他巷道等用风地点分别进行计算，包括按规定配备的备用工作面。现有通风系统必须保证各用风地点稳定可靠供风。按实际需要计算风量时，应避免备用风量过大或过小。煤矿企业应根据具体条件制定风量计算方法，至少每 5 年修订 1 次。

矿井风量计算方法如下：

$$Q_{ra} \geqslant (\sum Q_{cfi} + \sum Q_{hfi} + \sum Q_{uri} + \sum Q_{sci} + \sum Q_{rli}) \times k_{aq}$$

式中 Q_{ra}——矿井需要风量，m^3/min；

Q_{cfi}——第 i 个采煤工作面实际需要风量，m^3/min；

Q_{hfi}——第 i 个掘进工作面实际需要风量，m^3/min；

Q_{uri}——第 i 个硐室实际需要风量，m^3/min；

Q_{sci}——第 i 个备用工作面实际需要风量，m^3/min；

Q_{rli}——第 i 个其他用风巷道实际需要风量，m^3/min；

k_{aq}——矿井通风需风系数（抽出式 k_{aq} 取 1.15~1.20，压入式 k_{aq} 取 1.25~1.30）。

（1）采煤工作面需要风量。每个采煤工作面实际需要风量，应按工作面气象条件、瓦斯涌出量、二氧化碳涌出量、工作人员和爆破后的有害气体产生量等规定分别进行计算，然后取其中最大值。

① 按气象条件计算：

$$Q_{cfi} = 60 \times 70\% \times v_{cfi} \times S_{cfi} \times k_{chi} \times k_{cli} (m^3/min)$$

式中 v_{cfi}——第 i 个采煤工作面的风速，m/s，按采煤工作面进风流的最高温度从表 3-3-3 中选取；

S_{cfi}——第 i 个采煤工作面的平均有效断面积，按最大和最小控顶有效断面的平均值计算，m^2；

k_{chi}——第 i 个采煤工作面采高调整系数，具体按表 3-3-4 取值；

k_{cli}——第 i 个采煤工作面长度调整系数，具体按表 3-3-5 取值；

70%——有效通风断面系数；

60——单位换算产生的系数。

表 3-3-3 采煤工作面进风流气温与对应风速

采煤工作面进风流气温/℃	采煤工作面风速/（m/s）
<20	1.0
20~23	1.0~1.5
23~26	1.5~1.8
26~28	1.8~2.5
28~30	2.5~3.0

表 3-3-4 采煤工作面采高调整系数

采煤工作面采高/m	系数（k_{ch}）
<2.0	1.0
2.0~2.5	1.1
>2.5 及放顶煤工作面	1.2

表 3-3-5 采煤工作面长度调整系数

采煤工作面长度/m	系数（k_{cl}）
<15	0.8
15~80	0.8~0.9
80~120	1.0
120~150	1.1
150~180	1.2
>180	1.30~1.40

② 按照瓦斯涌出量计算：

$$Q_{cfi} = 100 \times q_{cgi} \times k_{cgi} (m^3/min)$$

式中 q_{cgi}——第 i 个采煤工作面回风巷风流中平均绝对瓦斯涌出量，m^3/min，抽采矿井的瓦斯涌出量，应扣除瓦斯抽采量进行计算；

k_{cgi}——第 i 个采煤工作面瓦斯涌出不均匀的备用风量系数（正常生产时连续观测 1 个月，最大绝对瓦斯涌出量和月平均绝对瓦斯涌出量的比值）；

100——按采煤工作面回风流中瓦斯的浓度不应超过 1%的换算系数。

③ 按照二氧化碳涌出量计算：

$$Q_{cfi} = 67 \times q_{cci} \times k_{cci} (m^3/min)$$

式中 q_{cci}——第 i 个采煤工作面回风巷风流中平均绝对二氧化碳涌出量，m^3/min；

k_{cci}——第 i 个采煤工作面二氧化碳涌出不均匀的备用风量系数（正常生产时连续观

测 1 个月，最大绝对二氧化碳涌出量和月平均绝对二氧化碳涌出量的比值）；

67——按采煤工作面回风流中二氧化碳的浓度不应超过 1.5%的换算系数。

④ 按炸药量计算：

——一级煤矿许用炸药：

$$Q_{cfi} = 25A_{cfi}(m^3/min)$$

——二、三级煤矿许用炸药：

$$Q_{cfi} = 10A_{cfi}(m^3/min)$$

式中 A_{cfi}——第 i 个采煤工作面一次爆破所用的最大炸药量，kg；

25——每千克一级煤矿许用炸药需风量，m^3/min；

10——每千克二、三级煤矿许用炸药需风量，m^3/min。

⑤ 按工作人员数量验算：

$$Q_{cfi} \geqslant 4N_{cfi}$$

式中 N_{cfi}——第 i 个采煤工作面同时工作的最多人数；

4——每人需风量，m^3/min。

⑥ 按风速进行验算：

——验算最小风量：

$$Q_{cfi} \geqslant 60 \times 0.25S_{cbi}(m^3/min)$$

$$S_{cbi} = l_{cbi} \times h_{cfi} \times 70\%(m^2)$$

——验算最大风量：

$$Q_{cfi} \leqslant 60 \times 4.0S_{csi}(m^3/min)$$

$$S_{csi} = l_{csi} \times h_{cfi} \times 70\%(m^2)$$

——综合机械化采煤工作面，在采取煤层注水和采煤机喷雾降尘等措施后，验算最大风量：

$$Q_{cfi} \leqslant 60 \times 5.0S_{csi}(m^3/min)$$

式中 S_{cbi}——第 i 个采煤工作面最大控顶有效断面积，m^2；

l_{cbi}——第 i 个采煤工作面最大控顶距，m；

h_{cfi}——第 i 个采煤工作面实际采高，m；

S_{csi}——第 i 个采煤工作面最小控顶有效断面积，m^2；

l_{csi}——第 i 个采煤工作面最小控顶距，m；

0.25——采煤工作面允许的最小风速，m/s；

70%——有效通风断面系数；

4.0——采煤工作面允许的最大风速，m/s；

5.0——综合机械化采煤工作面，在采取煤层注水和采煤机喷雾降尘等措施后允许的最大风速，m/s。

⑦ 备用工作面实际需要风量，应满足瓦斯、二氧化碳、气象条件等规定计算的风量，且最少不应低于采煤工作面实际需要风量的 50%。

⑧ 布置有专用排瓦斯巷的采煤工作面实际需要风量计算：

$$Q_{cfi} = Q_{cri} + Q_{cdi}(m^3/min)$$

$$Q_{cri}=100\times q_{gri}\times k_{cgi}$$

$$Q_{cdi}=40\times q_{gdi}\times k_{cgi}$$

式中　Q_{cri}——第 i 个采煤工作面回风巷需要风量，m^3/min；

Q_{cdi}——第 i 个采煤工作面专用排瓦斯巷需要风量，m^3/min；

q_{gri}——第 i 个采煤工作面回风巷的排瓦斯量，m^3/min；

q_{gdi}——第 i 个采煤工作面专用排瓦斯巷的风排瓦斯量，m^3/min；

40——专用排瓦斯巷回风流中的瓦斯浓度不应超过 2.5%的换算系数。

采煤工作面通风参数见表 3-3-6。

表 3-3-6　采煤工作面通风参数表

煤矿名称：

工作面编号	温度/℃	面长/m	最大控顶距/m	最小控顶距/m	采高/m	回采工艺	CO_2/(m^3/min)	CH_4/(m^3/min)	人数	一次炸药最大用量/kg	炸药类别	风速/(m/s)
	(1)	(2)	(3)	(4)	(5)	(6)	(7)	(8)	(9)	(10)	(11)	(12)

（2）掘进工作面需要风量。每个掘进工作面实际需要风量，应按瓦斯涌出量、二氧化碳涌出量、工作人员、爆破后的有害气体产生量以及局部通风机的实际吸风量等规定分别进行计算，然后取其中最大值。

① 按照瓦斯涌出量计算：

$$Q_{hfi}=100\times q_{hgi}\times k_{hgi}(m^3/min)$$

式中　q_{hgi}——第 i 个掘进工作面回风流中平均绝对瓦斯涌出量，m^3/min（抽采矿井的瓦斯涌出量，应扣除瓦斯抽采量进行计算）；

k_{hgi}——第 i 个掘进工作面瓦斯涌出不均匀的备用风量系数（正常生产条件下，连续观测 1 个月，最大绝对瓦斯涌出量与月平均绝对瓦斯涌出量的比值）；

100——按掘进工作面回风流中瓦斯的浓度不应超过1%的换算系数。

② 按照二氧化碳涌出量计算：

$$Q_{hfi} = 67 \times q_{hci} \times k_{hci}(m^3/min)$$

式中 q_{hci}——第 i 个掘进工作面回风流中平均绝对二氧化碳涌出量，m^3/min；

k_{hci}——第 i 个掘进工作面二氧化碳涌出不均匀的备用风量系数（正常生产条件下，连续观测 1 个月，最大绝对二氧化碳涌出量与月平均绝对二氧化碳涌出量的比值）；

67——按掘进工作面回风流中二氧化碳的浓度不应超过 1.5%的换算系数。

③ 按炸药量计算：

——一级煤矿许用炸药：

$$Q_{hfi} = 25A_{hfi}(m^3/min)$$

——二、三级煤矿许用炸药：

$$Q_{hfi} = 10A_{hfi}(m^3/min)$$

式中 A_{hfi}——第 i 个掘进工作面 1 次爆破所用的最大炸药量，kg。

按上述条件计算的最大值，确定局部通风机吸风量。

④ 按局部通风机实际吸风量计算：

——无瓦斯涌出的岩巷：

$$Q_{hfi} = \sum Q_{afi} + 60 \times 0.15S_{hdi}(m^3/min)$$

——有瓦斯涌出的岩巷、半煤岩巷和煤巷：

$$Q_{hfi} = \sum Q_{afi} + 60 \times 0.25S_{hdi}(m^3/min)$$

式中 $\sum Q_{afi}$——第 i 个掘进工作面同时运转的局部通风机实际吸风量的总和，m^3/min；

0.15——无瓦斯涌出岩巷的允许最低风速，m/s；

0.25——有瓦斯涌出的岩巷、半煤岩巷和煤巷允许的最低风速，m/s；

S_{hdi}——局部通风机安装地点到回风口间的巷道最大断面积，m^2。

⑤ 按工作人员数量验算：

$$\sum Q_{afi} \geqslant 4N_{hfi}(m^3/min)$$

式中 N_{hfi}——第 i 个掘进工作面同时工作的最多人数。

⑥ 按风速进行验算：

——验算最小风量：

无瓦斯涌出的岩巷：

$$\sum Q_{afi} \geqslant 60 \times 0.15S_{hfi}(m^3/min)$$

有瓦斯涌出的岩巷、半煤岩巷和煤巷：

$$\sum Q_{afi} \geqslant 60 \times 0.25S_{hfi}(m^3/min)$$

——验算最大风量：

$$\sum Q_{afi} \leqslant 60 \times 4.0S_{hfi}(m^3/min)$$

式中 S_{hfi}——第 i 个掘进工作面巷道的净断面积，m^2。

掘进工作面通风参数见表 3-3-7。

表 3-3-7 掘进工作面通风参数表

煤矿名称：

工作面编号	局部通风机型号	功率/kW	风筒直径/mm	局部通风机供风距离/m	局部通风机实际总吸风量/(m^3/min)	CO_2/(m^3/min)	CH_4/(m^3/min)	一次炸药最大用量/kg	炸药类别	人数	断面积/m^2	温度/℃	风速/(m/s)
	(1)	(2)	(3)	(4)	(5)	(6)	(7)	(8)	(9)	(10)	(11)	(12)	(13)

（3）各个独立通风硐室的需要风量，应根据不同类型的硐室分别进行计算。

① 爆炸材料库需要风量计算：

$$Q_{uri} = 4V_i/60(m^3/min)$$

式中 V_i——第 i 个井下爆炸材料库的体积，m^3；

4——井下爆炸材料库内空气每小时更换次数。

但大型爆炸材料库不应小于 100 m^3/min，中、小型爆炸材料库不应小于 60 m^3/min。

② 充电硐室需要风量计算：

$$Q_{uri} = 200q_{hyi}(m^3/min)$$

式中 q_{hyi}——第 i 个充电硐室在充电时产生的氢气量，m^3/min；

200——按其回风流中氢气浓度不大于 0.5%的换算系数。

但充电硐室的供风量不应小于 100 m^3/min。

③ 机电硐室需要风量计算：

发热量大的机电硐室，应按照硐室中运行的机电设备发热量进行计算：

$$Q_{uri} = \frac{3\,600\sum W_i\theta}{\rho C_p \times 60\Delta t_i}(m^3/min)$$

式中 $\sum W_i$—— 第 i 个机电硐室中运转的电动机（或变压器）总功率（按全年中最大值计算），kW；

θ——机电硐室发热系数，按表 3-3-8 取值；

ρ——空气密度，一般取 $\rho = 1.20\ kg/m^3$；

C_p——空气的定压比热容，一般可取 $C_p = 1.0006\ kJ/(kg \cdot K)$；

Δt_i——第 i 个机电硐室的进、回风流的温度差，K。

机电硐室需要风量应根据不同硐室内设备的降温要求进行配风；采（盘）区小型机电硐室，按经验值确定需要风量或取 60～80 m^3/min；选取的硐室风量，应保证机电硐室温度不超过 30 ℃，其他硐室温度不超过 26 ℃。

表 3-3-8 机电硐室发热系数（θ）取值

机电硐室名称	发热系数（θ）
空气压缩机房	0.20～0.23
水泵房	0.01～0.03
变电所、绞车房	0.02～0.04

（4）其他用风巷道的需要风量，应根据瓦斯涌出量和风速分别进行计算，取其最大值。

① 按瓦斯涌出量计算：

$$Q_{rli} = 133 q_{rgi} \cdot k_{rgi} (m^3/min)$$

式中 q_{rgi}——第 i 个其他用风巷道平均绝对瓦斯涌出量，m^3/min；

k_{rgi}——第 i 个其他用风巷道瓦斯涌出不均匀的备用风量系数，取 1.2～1.3；

133——其他用风巷道中风流瓦斯浓度不超过 0.75%所换算的常数。

② 按风速验算：

——一般巷道：

$$Q_{rli} \geqslant 60 \times 0.15 S_{rci} (m^3/min)$$

——架线电机车巷道：

有瓦斯涌出的架线电机车巷道：

$$Q_{rli} \geqslant 60 \times 1.0 S_{rei} (m^3/min)$$

无瓦斯涌出的架线电机车巷道：

$$Q_{rli} \geqslant 60 \times 0.5 S_{rei} (m^3/min)$$

式中 Q_{rli}——第 i 个一般用风巷道实际需要风量，m^3/min；

S_{rci}——第 i 个一般用风巷道净断面积，m^2；

S_{rei}——第 i 个架线电机车用风巷道净断面积，m^2；

0.15——一般巷道允许的最低风速，m/s；

1.0——有瓦斯涌出的架线电机车巷道允许的最低风速，m/s；

0.5——无瓦斯涌出的架线电机车巷道允许的最低风速，m/s。

③ 矿用防爆柴油机车需要风量的验算：

$$Q_{rli} \geqslant 5.44 N_{dli} \cdot P_{dli} \cdot k_{dli} (m^3/min)$$

式中 N_{dli}——第 i 个地点矿用防爆柴油机车的台数；

P_{dli}——第 i 个地点矿用防爆柴油机车的功率，kW；

k_{dli}——配风系数，第 i 个地点使用 1 台矿用防爆柴油机车运输时 k_{dli} 为 1.0、使用 2 台矿用防爆柴油机车运输时 k_{dli} 为 0.75、使用 3 台及以上矿用防爆柴油机车运输时 k_{dli} 为 0.50；

5.44——每千瓦每分钟应供给的最低风量，m^3/min。

矿井使用矿用防爆柴油机车时，应进行风量验算，排出的各种有害气体被巷道风流稀释后，其浓度应符合《规程》的规定，有害气体浓度超出规定范围时，应按照有害气体的允许浓度重新计算该巷道的需风量。

【典型事例】 2010 年 3 月 3 日，湖南省永州市某煤矿掘进工作面局部通风管理混乱，风量不足，造成瓦斯积聚，违章爆破引起瓦斯爆炸，造成 7 人死亡、1 人轻伤。

第一百三十九条 *矿井每年安排采掘作业计划时必须核定矿井生产和通风能力，必须按实际供风量核定矿井产量，严禁超通风能力生产。*

【名词解释】 矿井生产能力、矿井通风能力、矿井核定生产能力。

矿井生产能力——矿井一年生产煤炭的总量，单位为万 t/a。

矿井通风能力——按矿井通风所能提供风量核定的矿井生产能力，单位为万 t/a。

矿井核定生产能力——已依法取得采矿许可证、安全生产许可证、企业法人营业执照的正常生产煤矿，因地质条件、生产技术条件、采煤方法等发生变化，致使生产能力发生较大变化，按照本办法规定经重新核实，最终由负责煤矿生产能力核定工作的部门审查确认的生产能力。

【条文解释】 本条是对矿井生产能力和矿井通风能力核定的规定。

在我国很多煤矿发生重大瓦斯爆炸事故的案例中，很多与通风能力不足造成瓦斯超限、积聚有着直接的关系。

【典型事例】 2012 年 3 月 22 日，辽宁省辽阳市某煤矿通风系统不完善，设施不符合基本要求，井下风量不足，在井下冒顶与上部采空区冒透的情况下处理冒顶，未采取防范采空区瓦斯涌出和防止瓦斯超限等安全措施，发生瓦斯爆炸事故，造成 5 人死亡、17 人被困、1 人受伤。

造成矿井风量不足的原因主要是有些矿井进入深部开采后，煤层瓦斯含量和开采过程中的瓦斯涌出量加大；也有一些矿井推广应用了综采、综放开采方法，产量大幅度提高，瓦斯涌出量也随之增大。而这些矿井的通风系统和通风能力并没有及时同步进行调整或改造，生产过程中风量不足，导致瓦斯隐患乃至重大事故的发生。为此，规定矿井每年必须核定生产能力和通风能力，按实际供风量核定矿井产量，即“以风定产”，严禁超通风能力生产。

为进一步加强和完善煤矿生产能力管理，规范生产能力核定工作，2021 年 4 月 27 日应急管理部、国家矿山安全监察局、国家发展改革委、国家能源局颁布了《关于印发煤矿生产能力管理办法和核定标准的通知》，对《煤矿生产能力管理办法》和《煤矿生产能力核定标准》进行了修订。

1. 煤矿生产能力档次划分标准和原则

（1）核定煤矿生产能力档次划分标准

① 30 万 t/a 至 60 万 t/a 矿井，以 5 万 t/a 为一档次。

② 60 万 t/a 至 300 万 t/a 矿井，以 10 万 t/a 为一档次。

③ 300 万 t/a 至 600 万 t/a 矿井，以 20 万 t/a 为一档次。

④ 600 万 t/a 至 1 000 万 t/a 矿井，以 50 万 t/a 为一档次。

⑤ 1 000 万 t/a 以上矿井，以 100 万 t/a 为一档次。

煤矿生产能力核定以具有独立完整生产系统的煤矿（井）为对象。一处具有独立完整生产系统，依法取得采矿许可证、安全生产许可证、企业法人营业执照、依法依规组织生产、没有非法和违法行为的正常生产煤矿（井），对应一个生产能力。一矿多井时逐井核定，相加得到矿井生产能力，但任何一井产量超过了该井核定的能力，即为矿井超能力。

核定生产能力以万 t/a（吨/年）为计量单位。生产能力核定结果不在标准档次的按就近下靠的原则确定。

（2）核定煤矿生产能力的原则

核定煤矿生产能力应当逐项核定各主要生产系统（环节）的能力，取其中最小能力为煤矿综合生产能力，同时核查煤炭资源可采储量、服务年限以及是否具备《煤矿企业安全生产许可证实施办法》规定的安全生产条件。

井工煤矿主要核定提升系统、井下排水系统、供电系统、井下运输系统、采掘工作面、通风系统、瓦斯抽采系统和地面生产系统的能力。矿井压风、防灭火、防尘、通信、监测监控、降温制冷系统能力和地面运输能力、选煤厂洗选能力等作为参考依据，应当满足核定生产能力的需要。

矿井发生煤与瓦斯突出、冲击地压等事故，灾害等级升级或工作面回采深度突破 1 000 m的，需重新评估并核定生产能力时，取安全生产系数 0. 85，且不得增加生产能力。

冲击地压矿井应当按采掘工作面的防冲要求进行矿井生产能力核定，在冲击地压危险区域采掘作业时，应当按冲击地压危险性评价结果明确采掘工作面个数和安全推进速度，确定采掘工作面的生产能力。采掘工作面空气温度超过 26 ℃但未采取有效降温措施的，核定时扣除此工作面能力的 30%；采掘工作面空气温度超过 30 ℃但未采取有效降温措施的，核定时扣除此工作面能力。

冲击地压矿井必须建立防冲责任体系，设置专职防冲队伍，建立健全矿井和采掘工作面预测预报系统，装备具有吸能防冲功能的超前液压支架，具有完备的防治机具，配备职工个体防护用具，制定防冲规划并开展防冲研究。

2. 煤矿生产能力核定的条件

（1）有下列情形之一的煤矿，应当组织进行生产能力核定：

① 采场条件或提升、运输、通风、排水、供电、瓦斯抽采、地面等系统（环节）之一发生较大变化；

② 实施采掘机械化、智能化改造，采煤方法、采掘（剥）生产工艺有重大改变。

③ 煤层赋存条件、资源储量发生较大变化；

④ 其他生产技术条件发生较大变化。

（2）有下列情形之一的煤矿，不得核增生产能力：

① 安全保障能力建设、机械化改造等不符合《国务院办公厅关于进一步加强煤矿安全生产工作的意见》（国办发〔2013〕99 号）有关规定的。

② 生产技术、工艺、装备或生产布局不符合国家有关规定或采用限制类生产工艺的。

③ 高瓦斯、煤与瓦斯突出、冲击地压、水文地质类型复杂极复杂等灾害严重的。

④ 产能低于国家或省级相关文件所确定引导退出煤矿规模的。

⑤ 正在履行改扩建、技术改造建设项目程序的。

⑥ 非综合机械化开采的。

⑦ 矿井采用单回路供电的。

⑧ 同时生产采煤工作面个数超过 2 个的。

⑨ 采掘（剥）接续紧张的。

⑩ 安全生产标准化等级为三级或不达标的。

⑪ 开采同一煤层的相邻矿井为煤与瓦斯突出或冲击地压矿井，未进行鉴定的。

⑫ 有安全生产领域联合惩戒失信行为且未满期限的。

⑬ 发现存在超能力生产等重大事故隐患未满半年或未整改完成的。

⑭ 1 年内，发现其上级公司向煤矿下达超能力产量和经济指标的。

⑮ 煤矿井下单班作业人数超过有关限员规定的。

⑯ 露天煤矿批复用地达不到 3 年接续要求，采煤对外承包，或将剥离工程承包给 2 家（不含）以上施工单位的。

⑰ 2 年内因采场布局不合理、采掘接续紧张导致生产安全死亡事故的。

⑱ 开采范围与自然保护区、风景名胜区、饮用水水源保护区重叠的。

⑲ 存在“未批先建”“批小建大”等违法违规行为的。

⑳ 国家相关政策禁止或安全生产形势不宜核增的。

3. 煤矿生产能力核定的程序

（1）煤矿组织进行现场核定，形成煤矿生产能力核定报告。报告应包括以下内容：

① 煤矿地理位置、煤层赋存、可采煤层煤质、储量、地质条件、生产情况、原设计（核定）生产能力、安全生产标准化等级等基本情况。

② 煤矿证照情况、安全生产管理机构设置及制度建设情况。

③ 煤矿重大灾害治理和重大隐患整改情况。

④ 导致生产能力发生变化的各种因素说明。

⑤ 导致生产能力发生变化的生产系统（环节）的基础资料和图纸。

⑥ 各系统（环节）生产能力计算依据、结果和核定表。

⑦ 煤矿生产能力提高后，《煤矿企业安全生产许可证实施办法》规定的安全生产条件核查情况。

⑧ 核定生产能力煤矿存在的主要问题及建议。

⑨ 年度资源储量报告、水文地质类型划分报告、瓦斯等级鉴定报告、冲击倾向性鉴定和危险性评价报告、煤层自燃倾向性鉴定报告、煤尘爆炸性鉴定报告等支撑文件。

⑩ 采矿许可证、安全生产许可证、营业执照复印件等支撑材料。

⑪ 地质地形图、采掘（剥）工程平面图、地层综合柱状图、综合水文地质图和供电、通风、排水、运输等系统图。

（2）初审部门（煤矿上级企业）审查，并出具初审意见。

负责煤矿生产能力核定结果审查的初审部门（煤矿上级企业）分别为：

① 中央企业所属煤矿，由中央企业集团总部负责。

② 省属煤矿企业所属煤矿，由省属煤矿企业负责。

③ 其余煤矿，由市级煤矿生产能力主管部门负责。

煤矿依据生产能力核定报告，向初审部门（煤矿上级企业）提交生产能力核定结果审查申请，并报送以下资料：

① 生产能力核定结果审查申请文件。

② 生产能力核定结果审查申请表。

③ 生产能力核定报告。

初审部门（煤矿上级企业）收到煤矿生产能力核定结果审查申请后，应当在30个工作日内组织完成审查并签署意见，连同煤矿申请资料，报送负责煤矿生产能力核定工作的部门。

（3）实施产能置换时，煤矿制定产能置换方案，由省级主管部门或中央企业集团总部报送国家发展改革委审核确认。中央企业煤矿核增生产能力应征求省级煤矿生产能力主管部门意见。煤矿核增生产能力产能置换比例等按照国家有关规定执行。

国家发展改革委收到煤矿产能置换方案60个工作日内，会同国家能源局、国家矿山安全监察局完成审核确认工作，经审核符合要求的，予以确认；不符合要求的，及时告知报送单位。

（4）负责煤矿生产能力核定工作的部门审查确认。

负责煤矿生产能力核定工作的部门，收到经初审部门（煤矿上级企业）审查并签署意见的煤矿生产能力核定结果，审查申请和产能置换方案确认函后，45个工作日内开展现场核查并完成审查确认工作，对符合要求的，正式行文批复；因政策调整或不符合要求不予受理或核增的，应及时告知报送单位。生产能力核定批复文件应及时抄送相关部门。

一级安全生产标准化，一井一面，实现智能化开采，井下单班作业人数少于100人的煤矿，在申请生产能力核增时，负责煤矿生产能力核定工作的部门在同等条件下，应优先开展审查确认工作。

负责煤矿生产能力核定工作的部门按职责权限开展煤矿生产能力核定相关工作。生产能力核定涉及的矿区总体规划、环境影响评价、水土保持、土地使用等事项，要按照生态环境部等部门《关于进一步加强煤炭资源开发环境影响评价管理的通知》（环环评〔2020〕63号）等规定，依法依规办理。煤矿企业要将环境影响评价等手续办理结果，报告负责煤矿生产能力核定工作的部门和直接负责核定生产能力煤矿安全监管的部门。未按规定履行完成环境影响评价等手续的，煤矿不得按照核定变化后的产能组织生产。

煤矿生产能力核定申请、初审部门（煤矿上级企业）审查、负责煤矿生产能力核定工作的部门审查确认等，通过国家矿山安全监察局全国煤矿生产能力管理系统实现网上办理。

4. 核定通风系统生产能力的条件和内容

（1）核定通风系统生产能力必须具备的条件。

① 必须有完整独立的通风、防尘、防灭火及安全监控系统，通风系统合理，通风设施完好可靠。

② 必须采用机械通风，运转主要通风机和备用主要通风机必须具备同等能力，矿井

主要通风机经具备资质的检测检验机构测试合格。

③ 安全检测仪器、仪表齐全，性能可靠。

④ 局部通风机的安装和使用符合规定。

⑤ 矿井瓦斯管理必须符合有关规定。

（2）通风系统生产能力核定的主要内容。

① 核查矿井通风系统的完整性、独立性，核查生产水平和采（盘）区是否实行分区通风，核查采掘工作面、硐室及井下其他独立用风地点的独立用风状况。

② 核查矿井主要通风机的运转状况。

③ 实行瓦斯抽采的矿井，必须核查矿井瓦斯抽采系统的稳定运行情况。

④ 有多个独立通风系统的，应分别核定通风能力，矿井通风能力为各通风能力之和。

⑤ 矿井采用主要通风机联合运转通风方式的，应核查通风系统是否稳定、可靠，风速是否符合要求。

5. 通风系统生产能力计算、验证和确定

（1）通风系统生产能力计算。

① 单个采煤工作面正常生产条件下年产量计算：

$$A_{ci} = 330 \times 10^{-4} l_{ci} \times h_{ci} \times r_{ci} \times b_{ci} \times c_{ci}$$

式中　A_{ci}——第 i 个采煤工作面正常生产条件下年产量，万 t/a；

l_{ci}——第 i 个采煤工作面平均长度，m；

h_{ci}——第 i 个采煤工作面煤层平均采高，放顶煤开采时为采放总厚度，m；

r_{ci}——第 i 个采煤工作面的原煤视密度，t/m^3；

b_{ci}——第 i 个采煤工作面正常生产条件下平均日推进度，m/d；

c_{ci}——第 i 个采煤工作面回采率，%，按实际选取。

② 单个掘进工作面正常生产条件下年产量计算：

$$A_{hi} = 330 \times 10^{-4} \times S_{hi} \times r_{hi} \times b_{hi}$$

式中　A_{hi}——第 i 个掘进工作面正常生产条件下年产量，万 t/a；

S_{hi}——第 i 个掘进工作面纯煤面积，m^2；

r_{hi}——第 i 个掘进工作面的原煤视密度，t/m^3；

b_{hi}——第 i 个掘进工作面正常生产条件下平均日推进度，m/d。

③ 通风系统生产能力计算：

$$A_{pc} = \sum A_{ci} + \sum A_{hi} (\text{万 t/a})$$

（2）通风系统生产能力验证。

① 矿井主要通风机性能验证。按矿井主要通风机的实际特性曲线对通风系统生产能力进行验证，主要通风机实际运行工况点应处于安全、稳定、可靠、合理的范围内，按《煤矿在用主通风机系统安全检测检验规范》（AQ 1011）进行测试。

② 通风网络能力验证。利用矿井通风阻力测定的结果对矿井通风网络进行验证，验证通风阻力是否与主要通风机性能相匹配，能否满足安全生产实际需要，按《矿井通风阻力测定方法》（MT/T 440）进行检测。

③ 用风地点有效风量验证。采用矿井有效风量验证用风地点的供风能力，核查矿井

内各用风地点的有效风量是否满足需要，井巷中风流速度、温度应符合《规程》规定。

④ 稀释瓦斯能力验证。利用安全监控系统数据、井下测量结果等验证矿井在达到通风系统核定能力条件下，稀释瓦斯等有毒有害气体的能力，各地点浓度应符合《规程》有关规定。

（3）通风系统生产能力确定。

① 核算通风系统能力时，对采掘工作面温度超过规定的，参照采掘工作面生产能力核定相关内容计算，扣除区域年产量 A_{dc}。

② 通风系统生产能力最终计算：

$$A = A_{pc} - A_{dc}$$

式中　A——矿井最终通风系统生产能力，万 t/a；

A_{dc}——扣除区域的年产量，万 t/a。

第一百四十条　*矿井必须建立测风制度，每 10 天至少进行 1 次全面测风。对采掘工作面和其他用风地点，应当根据实际需要随时测风，每次测风结果应当记录并写在测风地点的记录牌上。*

应当根据测风结果采取措施，进行风量调节。

【条文解释】　本条是对矿井测风的规定。

1. 矿井测风的重要意义

矿井通风担负着连续不断地向井下供给新鲜空气，排出有毒有害气体，保证矿井和作业人员安全的重要任务。为确保通风系统的合理、稳定、可靠，并根据采面分布和巷道掘进等生产条件的不断变化，及时调整通风系统和进行风量调节，以满足各用风地点的风量要求，保证安全正常生产。所以，必须建立定期（每 10 天至少 1 次）对矿井风量进行全面测定的管理制度。通过对矿井风量的全面测定，了解总进风量、总回风量和各个用风地点的风量、风速以及矿井的漏风、有效风量等现状及变化情况，为不断提高矿井通风管理水平提供科学依据。

如果采掘工作面和其他用风地点，出现瓦斯涌出异常、巷道阻力（断面）发生变化、产量增减等情况而需要进行调整通风系统或增减风量时，应根据实际需要随时测风。

每次测风结果，除了认真填入测风记录表（报表）之外，还应写在测风地点的记录牌上，以便现场人员了解该地点的通风情况。

2. 主要巷道测风站的要求

在主要巷道中，均应建立测风站，以保证所测风量的准确性。测风站应符合以下要求：

（1）测风站应设在平直的巷道中，其前后 10 m 范围内不得有障碍物或巷道拐弯等局部阻力。

（2）如若设立测风站的巷道断面不规整，其帮顶应用木板或其他材料衬壁呈固定形状断面，该断巷道长度不得小于 4 m。

（3）测风站内应悬挂测风记录板，记录板上的内容包括测风站的地点、断面积、平均风速、风量、空气温度、大气压力、瓦斯和二氧化碳浓度、测定日期以及测定人等项目。

3. 矿井有效风量和有效风率、矿井外部漏风量和外部漏风率的计算方法

(1) 标准状态下风量的换算方法。在计算矿井有效风量、矿井外部漏风量时，应将所测风量都换算成标准状态时的风量，以便进行对比。标准状态下的风量可按下式换算：

$$Q_{标} = Q_{测} \cdot p_{测} /1.2$$

式中 $Q_{标}$——标准状态下的风量，m^3/min；

$Q_{测}$——测定地点的实测风量，m^3/min；

$p_{测}$——测定地点风流的空气密度，kg/m^3；

1.2——矿井空气标准状态时的空气密度，即取大气压为 10^5 Pa、气温为 20 ℃时的空气密度，kg/m^3。

(2) 矿井有效风量计算方法。矿井有效风量是指风流通过井下各用风地点（包括独立通风的采煤工作面、掘进工作面、各种硐室和其他用风地点）实际需要风量的总和，按下式计算：

$$Q_{有效} = \sum Q_{采i} + \sum Q_{掘i} + \sum Q_{硐i} + \sum Q_{其他i}$$

式中 $Q_{有效}$——矿井有效风量，m^3/min；

$Q_{采i}$，$Q_{掘i}$，$Q_{硐i}$，$Q_{其他i}$——分别为采煤工作面、掘进工作面、各种硐室和其他用风地点进（或回）风流的实测风量换算成标准状态下的风量，m^3/min。

(3) 矿井有效风率计算方法。矿井有效风率是矿井有效风量与各台主要通风机风量总和之比，按下式计算：

$$C = \frac{Q_{有效}}{\sum Q_{通i}} \times 100$$

式中 C——矿井有效风率，%；

$Q_{通i}$——第 i 台主要通风机的实测风量换算成标准状态下的风量，m^3/min。

(4) 矿井外部漏风量计算方法。矿井外部漏风量是由主要通风机装置及其风井附近地表漏风的风量总和。可用主要通风机风量的总和减去矿井总回（或进）风量来求得，可按下式计算：

$$Q_{外漏} = \sum Q_{通i} - \sum Q_{井i}$$

式中 $Q_{外漏}$——矿井外部漏风量，m^3/min；

$Q_{通i}$——第 i 台主要通风机的实测风量换算成标准状态下的风量，m^3/min；

$Q_{井i}$——第 i 号回（或进）风井的实测风量换算成标准状态下的风量，m^3/min。

(5) 矿井外部漏风率计算方法。矿井外部漏风率是指矿井外部漏风量与各台主要通风机风量总和之比，可按下式计算：

$$L = \frac{Q_{外漏}}{\sum Q_{通i}} \times 100$$

式中 L——矿井外部漏风率，%；

其他符号意义同上。

(6) 单台主要通风机外部漏风率计算方法。单独一台主要通风机的外部漏风率，即该台主要通风机装置和风井附近的漏风量与该通风机的排风量之比，按下式计算：

$$L_i = \frac{Q_{外漏i}}{Q_{通i}} \times 100$$

或
$$L_i = \frac{Q_{通i} - Q_{井i}}{Q_{通i}} \times 100$$

式中　L_i——第 i 台主要通风机外部漏风率,%；

　　其他符号意义同上。

（7）矿井排风量。矿井主要通风机的排风量，应等于矿井的有效风量、矿井内部漏风量和外部漏风量的总和。

4. 矿井通风系统“四率”规定

（1）矿井有效风率不低于 85%；

（2）回风巷失修率不高于 7%，严重失修率不高于 3%；

（3）主要进回风巷道、采煤工作面回风巷实际断面不小于设计断面的 2/3；

（4）矿井主要通风机装置外部漏风率在无提升设备时不得超过 5%，有提升设备时不得超过 15%。

第一百四十一条　*矿井必须有足够数量的通风安全检测仪表。仪表必须由具备相应资质的检验单位进行检验。*

【条文解释】　本条是对矿井通风安全检测仪表的规定。

煤矿开采是在地下进行的一种条件较为特殊、复杂、危险性较大的生产活动，有很多因素如瓦斯、煤尘、发火、有害气体以及空气的质量等，直接关系甚至决定着矿井和作业人员的安全。为了随时检测、了解和掌握这些因素的存在现状及其变化趋势，采取针对性措施妥善处理，保证矿井和人员安全，每个矿井都必须配有足够的通风安全检测仪表；不全，不足，就难以做到按《规程》的规定与要求进行检测。

矿井使用的通风检测仪表的种类较多，如温度计、湿度计、风表（风速计）、气压计、瓦斯检测仪、一氧化碳检测仪、氧气检测仪等。这些仪表在出厂前，每台仪表的性能指标都必须进行严格检验，并符合该类仪表的质量标准。由于井下的环境条件较为恶劣，仪表使用一段时间之后，其性能和精度将会受到影响，对其进行定期检验是十分必要的。对通风检测仪表的检验，有着一套严格的检验方法和标准，必须具备精密的检验设备、正确的检验手段和素质良好的检验人员，而且必须由具备相应资质的检验单位进行检验。

第一百四十二条　*矿井必须有完整的独立通风系统。改变全矿井通风系统时，必须编制通风设计及安全措施，由企业技术负责人审批。*

【条文解释】　本条是对矿井通风系统的规定。

1. 矿井必须有完整的独立的通风系统

矿井通风系统包括通风动力装置、通风网络和通风设施三大部分。完整的独立通风系统应该包括通风动力装置（包括主要通风机、辅助通风机和局部通风机）运行可靠，通风网络及其通风阻力分布合理，通风设施质量安全可靠且布置合理。通风系统主要有以下安全要求：

（1）通风动力装置安全要求

① 矿井必须采用机械通风。主要通风机必须安装在地面，装有通风机的井口必须封闭严密，漏风率不超过 5%（无提升设备时）~15%（有提升设备时）。必须保证主要通风机连续和稳定运转。必须安设 2 套同等能力的主要通风机装置，其中 1 套备用，备用通风机必须能在 10 min 内启动。严禁采用局部通风机或风机群作为主要通风机使用。装有主要通风机的出风井口应安装防爆门。新安装的主要通风机投入使用前必须进行 1 次通风机性能测定并试运转工作，以后每 5 年至少进行 1 次性能测定。

② 生产矿井主要通风机必须装有反风设施，并能在 10 min 内改变巷道中的风流方向；当风流方向改变后，主要通风机的供给风量不应小于正常供风量的 40%，矿井应定期检查反风设施并进行每年 1 次的反风演习。

③ 严禁主要通风机房兼作他用。主要通风机房内必须安装水柱计、电流表、轴承温度计等仪表，还必须有直通矿调度室的电话，并有反风操作系统图、司机岗位责任制和操作规程。消防设施必须保持齐全、完好。

④ 因检修、停电或其他原因停止主要通风机运转时，必须制定停风措施。主要通风机停止运转时，受停风影响的地点，必须立即停止工作、切断电源，工作人员先撤到进风巷道中，由值班矿长迅速决定全矿井是否停止生产、工作人员是否全部撤出。主要通风机停止运转期间，对由 1 台主要通风机担负全矿井通风的矿井，必须打开井口防爆盖和有关风门，利用自然风压通风；由多台主要通风机联合通风的矿井，必须正确控制风流，防止风流紊乱。

⑤ 局部通风机必须由指定人员负责管理，保证正常运转，不能随意停风，有计划停电时，必须编制停电停风计划，同时制定排放瓦斯和恢复通风的安全措施。

压入式局部通风机和启动装置，必须安装在进风巷道中，距掘进巷道回风口不小于 10 m；全风压供给该处的风量必须大于局部通风机的吸风量。必须采用抗静电、阻燃风筒；风筒口到工作面迎头距离必须在作业规程中明确规定。低瓦斯矿井掘进工作面的局部通风机，可采用装有选择性漏电保护装置的供电线路供电，或与采煤工作面分开供电。瓦斯喷出区域、高瓦斯矿井、煤（岩）与瓦斯（二氧化碳）突出矿井中的掘进工作面的局部通风机应采用专用变压器、专用开关、专用线路供电。

（2）通风网络安全要求

① 矿井开拓新水平和准备新采（盘）区的回风，必须引入总回风巷和主要回风巷中。在未构成通风系统前，可将此种回风引入生产水平的进风中，但在有瓦斯喷出或有煤（岩）与瓦斯（二氧化碳）突出危险的矿井中，开拓新水平和准备新采（盘）区时，必须先在无喷出或突出危险的煤（岩）层中掘进巷道并构成通风系统。

② 生产水平和采（盘）区必须实行分区通风。准备采（盘）区必须在采（盘）区构成通风系统后，方可开掘其他巷道。采煤工作面必须在采（盘）区构成完整的通风、排水系统后，方可回采。高突矿井的每个采（盘）区和有自然发火危险的采（盘）区，必须设置至少 1 条专用回风巷。低瓦斯矿井开采煤层群和分层开采采用联合布置的采（盘）区，必须设置 1 条专用回风巷。采（盘）区进、回风巷必须贯穿整个采（盘）区，严禁一段为进风巷，一段为回风巷。

③ 采掘工作面应实行独立通风。同一采（盘）区、同一煤层上下相连的同一风路中的2个采煤工作面、采煤工作面与其相连接的掘进工作面、相邻的2个掘进工作面，布置独立通风有困难时，在制定措施后，可采用串联通风，但串联通风次数不应超过1次。串联通风时必须在进入被串联工作面的风流中安设瓦斯报警断电仪，且瓦斯和二氧化碳浓度都不超过0.5%。开采有瓦斯喷出或突出危险的煤层时，严禁任何2个工作面之间串联通风。

④ 采掘工作面的进风和回风不应经过采空区和冒顶区，以减少巷道漏风、保证工作面有足够的新鲜风流。采（盘）区开采或采煤工作面采煤结束后45天内必须在所有与采（盘）区或采煤工作面相连通的巷道中设置防火墙，全部封闭采空区。

⑤ 井下炸药库、充电硐室一般应设在独立的通风系统中，回风必须直接引入矿井总回风巷或主要回风巷。井下机电设备硐室一般应设在进风流中，个别可设在回风流中，但瓦斯浓度不应超过0.5%，并必须安装甲烷断电仪。

（3）通风设施安全要求

控制风流的风门、风桥、风墙、风窗等设施必须安全可靠。不应在倾斜运输巷中设置风门；如果必须设置，应安设自动风门或设专人管理，并应有防止矿车或风门撞伤人员及矿车碰坏风门的安全措施。开采突出煤层时，工作面回风侧不应设置风窗，应设置反向风门。

2005年9月3日公布并施行的《国务院关于预防煤矿生产安全事故的特别规定》将“通风系统不完善、不可靠”列为煤矿重大安全生产隐患和行为。为此，应急管理部制定了《煤矿重大事故隐患判定标准》，对此做了明确具体的规定。“通风系统不完善、不可靠”指的是：矿井总风量不足或者采掘工作面等主要用风地点风量不足的；没有备用主要通风机，或者两台主要通风机不具有同等能力的；违反《规程》规定采用串联通风的；未按照设计形成通风系统，或者生产水平和采（盘）区未实现分区通风的；高瓦斯、煤与瓦斯突出矿井的任一采（盘）区，开采容易自燃煤层、低瓦斯矿井开采煤层群和分层开采采用联合布置的采（盘）区，未设置专用回风巷，或者突出煤层工作面没有独立的回风系统的；进、回风井之间和主要进、回风巷之间联络巷中的风墙、风门不符合《规程》规定，造成风流短路的；采区进、回风巷未贯穿整个采区，或者虽贯穿整个采区但一段进风、一段回风，或者采用倾斜长壁布置，大巷未超前至少2个区段构成通风系统即开掘其他巷道的；煤巷、半煤岩巷和有瓦斯涌出的岩巷掘进未按照国家规定装备甲烷电、风电闭锁装置或者有关装置不能正常使用的；高瓦斯、煤（岩）与瓦斯（二氧化碳）突出矿井的煤巷、半煤岩巷和有瓦斯涌出的岩巷掘进工作面采用局部通风时，不能实现双风机、双电源且自动切换的；高瓦斯、煤（岩）与瓦斯（二氧化碳）突出建设矿井进入二期工程前，其他建设矿井进入三期工程前，没有形成地面主要通风机供风的全风压通风系统的。发现矿井通风系统存在安全隐患，必须认真进行整改，确定整改项目，落实目标、整改时限、整改作业范围和人员，落实整改责任人、资金、安全技术措施和应急预案，确保矿井通风安全。

2. 改变矿井通风系统必须编制通风设计及安全措施

矿井通风系统是矿井安全生产系统的重要组成部分。所有矿井通风系统必须符合“系统简单、安全可靠、经济合理”的原则。系统简单才便于管理；安全可靠更为重要。矿井通风系统是“一通三防”的基础，而“一通三防”是煤矿安全工作的重中之重，所以矿井通风系统的状况决定着整个矿井的安全或危险程度，必须以科学的态度慎之又慎地对待它。改变全矿井通风系统时，需要对矿井所有巷道的通风阻力进行全面测定，重新进行风量计算和分配，通风设施、通风网络等都要重新修改或调整，有的甚至还需要更换主要通风机，并要对这些工作进行对比、分析，从而选择最佳通风方案。正因为改变矿井通风系统是一项较复杂、细致和严格的工作，为了保证该项工作的顺利、安全实施，并使改变后的矿井通风系统更合理、稳定和可靠，必须编制通风设计及安全措施，由企业技术负责人审批。

第一百四十三条 贯通巷道必须遵守下列规定：

（一）巷道贯通前应当制定贯通专项措施。综合机械化掘进巷道在相距50 m前、其他巷道在相距20 m前，必须停止一个工作面作业，做好调整通风系统的准备工作。

停掘的工作面必须保持正常通风，设置栅栏及警标，每班必须检查风筒的完好状况和工作面及其回风流中的瓦斯浓度，瓦斯浓度超限时，必须立即处理。

掘进的工作面每次爆破前，必须派专人和瓦斯检查工共同到停掘的工作面检查工作面及其回风流中的瓦斯浓度，瓦斯浓度超限时，必须先停止在掘工作面的工作，然后处理瓦斯，只有在2个工作面及其回风流中的瓦斯浓度都在1.0%以下时，掘进的工作面方可爆破。每次爆破前，2个工作面入口必须有专人警戒。

（二）贯通时，必须由专人在现场统一指挥。

（三）贯通后，必须停止采区内的一切工作，立即调整通风系统，风流稳定后，方可恢复工作。

间距小于20 m的平行巷道的联络巷贯通，必须遵守以上规定。

【条文解释】 本条是对贯通巷道的规定。

巷道贯通是关系到通风系统改变和矿井安全的一项重要工作。我国一些煤矿在巷道贯通时，由于2个工作面同时作业或掘进工作面瓦斯积聚超限而引起爆炸事故，以及贯通后没有及时调整通风系统而导致瓦斯爆炸事故。为此，《规程》规定了掘进巷道贯通前相距一定距离时，必须停止一个工作面作业，只准另一个工作面向前贯通，而且必须事先做好调整通风系统的准备工作。

巷道贯通过程中，由于被贯通的工作面内没能保持正常通风而使瓦斯积聚，又不进行检查和处理，从而导致的瓦斯爆炸事故，以及向前掘进实施贯通的工作面，违章爆破引起的爆炸事故，屡有发生。

【典型事例】 某日，贵州省某煤矿某工作面机巷与开切眼贯通时，切眼工作面有2节风筒脱节落地导致瓦斯积聚，机巷爆破时没有检查贯通点两侧的瓦斯，装药过多，爆破引爆切眼的积聚瓦斯，接着又引起其他4条盲巷内瓦斯煤尘的3次连续爆炸，酿成84人死亡的特大事故。见图3-3-1。

《规程》规定，被贯通的另一个（停掘）工作面必须保持正常通风，每班必须检查风筒的完好状况和工作面及其回风流中的瓦斯浓度，并安设甲烷传感器；向前掘进实施贯通的工作面，每次装药爆破前，必须派专人和瓦斯检查工共同对向前贯通的掘进工作面和停掘的工作面以及它们回风流中的瓦斯浓度进行检查，只有在2个工作面及其回风流中的瓦斯浓度都在1.0%以下时，向前贯通的工作面方可装药爆破。贯通时，必须由专人在现场统一指挥。

巷道贯通后，由于附近区域的通风系统可能发生变化，原来的2个掘进工作面贯通

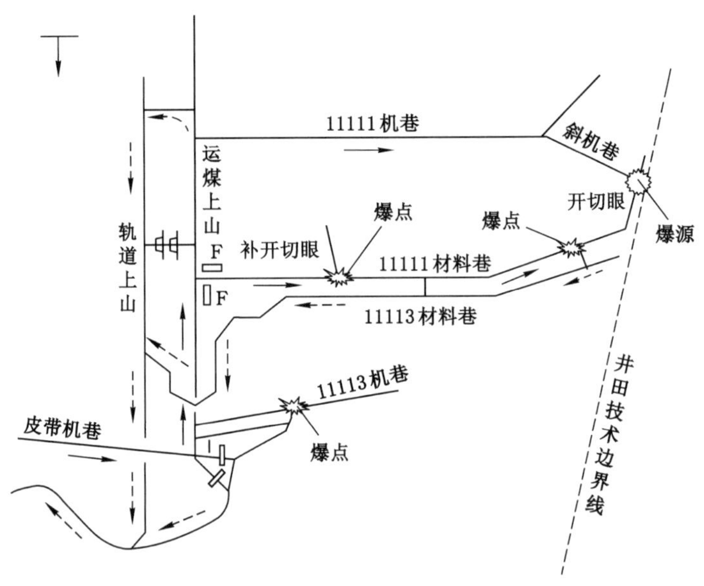

图 3-3-1　某煤矿“3 · 20”瓦斯煤尘连续爆炸事故示意图

后的风量和风流方向也会发生改变，所以必须及时调整通风系统和检查巷道中的风流及瓦斯情况；否则，可能导致贯通后的巷道内出现瓦斯积聚的重大隐患甚至诱发爆炸事故。

【典型事例】　某日，黑龙江省某煤矿西十腰巷与开切眼贯通，没有及时调整通风系统，贯通后的腰巷处于无风状态而积聚瓦斯，腰巷内的小绞车拉动时其电机负荷线从接线盒被抽出，产生电弧火花引爆瓦斯，死亡 23 人。

因此，《规程》规定，贯通后必须停止采（盘）区内的一切工作，立即调整通风系统，风流稳定后，方可恢复工作。

煤层中掘进巷道与其他巷道贯通时，必须采取预防冒顶、瓦斯、煤尘、爆破等事故的措施。巷道贯通过程中有关部门应遵守下列规定。

1. 煤矿地测部门

一般掘进巷道同其他巷道在贯通相距 20 m、综合机械化掘进巷道相距 50 m 前，必须向矿技术负责人报告，并通知通风部门。报告内容应包括贯通点附近的地质条件、岩性、地质构造、顶底板稳定性、瓦斯地质以及水文地质等情况。

2. 煤矿通风部门

(1) 贯通前

在巷道贯通之前，要做好正常通风工作，保证两端巷道内足够的有效风量，确保瓦斯不超限、不积聚，并做好贯通时调整风流的准备工作。调风准备工作应包括：

① 编制巷道贯通时的通风系统调整方案，绘制贯通巷道两端附近的通风系统图，图上标明风流方向、风量和瓦斯涌出量，并预计巷道贯通后的风流方向、风量和瓦斯涌出量的变化情况；

② 明确贯通时调整风流设施的布置位置和要求；

③ 做好有关调风的组织准备工作。

（2）贯通时

必须指派矿级干部亲临现场统一指挥，各部门、各工种要密切配合、协调，确保巷道贯通过程中的安全。

（3）贯通后

通风部门要立即组织人员进行风流调整，实现全风压通风；并检查风速和瓦斯浓度，符合《规程》有关规定后，方可恢复工作。

3. 采掘部门

（1）贯通前

① 根据地测部门提供的资料，编制巷道施工与贯通安全措施。

② 一般巷道贯通相距 20 m、综合机械化掘进巷道相距 50 m 时，只准从一个掘进工作面向前贯通，而另一个工作面必须保持正常通风，停止一切工作，撤出作业人员；还必须经常检查风筒是否脱节，按规定检查工作面及回风流中的瓦斯浓度，瓦斯浓度超限时，必须立即处理。

（2）贯通时

① 掘进工作面每次爆破前，班组长必须指派专人和瓦斯检查工共同到停掘工作面，检查该工作面及其回风流的瓦斯浓度，瓦斯浓度超限时，先停止掘进工作面的作业，然后处理瓦斯，只有在 2 个工作面及其回风流中的瓦斯浓度都在 1%以下时，方可进行掘进工作和装药爆破。

② 每次爆破前，在 2 个工作面都必须设置栅栏和专人警戒。

③ 爆破工作应坚持“一炮三检”制度。每次爆破后，爆破工和掘进工作面班组长必须巡视爆破地点，检查通风、瓦斯、煤尘、顶板、支架和瞎炮情况。如果发现异常情况，应立即处理。只有等双方工作面检查完毕，认为无异常情况、人员撤出警戒区域后，才允许进行掘进工作面的下一次爆破工作。

④ 间距小于 20 m 的平行巷道，其中一个巷道进行爆破时，2 个工作面的人员都必须撤至安全地点。

⑤ 在地质构造复杂地区进行贯通时，还应按处理破碎顶板防止冒顶的安全技术措施执行。

4. 在有突出危险的煤层掘进

上山掘进工作面同上部平巷的贯通，上部平巷工作面必须超过贯通位置，其超前距离不得小于 5 m。

第一百四十四条　进、回风井之间和主要进、回风巷之间的每条联络巷中，必须砌筑永久性风墙；需要使用的联络巷，必须安设 2 道联锁的正向风门和 2 道反向风门。

【名词解释】　风墙、风门

风墙——又称密闭，为截断风流在巷道中设置的隔墙。

风门——在需要通过人员和车辆的巷道中设置的隔断风流的门。

【条文解释】　本条是对进、回风井之间和主要进、回风巷之间设置通风设施的规定。

进、回风井之间和主要进、回风巷之间的联络巷，是在建井或开拓延深施工时留下来的。矿井或开拓水平投产后，这些联络巷必须进行封闭，以免风流短路，保证形成完整的独立通风系统。对于不使用的联络道，必须砌筑永久性风墙，以避免进风井、进风大巷内的新鲜风流漏损到回风井或回风大巷而造成矿井有效风量率减小，乃至矿井风量不足的严重后果。

需要使用的巷道，必须安设 2 道联锁的正向风门和反向风门。这是因为，由于 2 道正向风门具有联锁功能，在人员或车辆通过联络道时，2 道风门不能同时打开而只能打开 1 道，另 1 道处于关闭状态，这样就避免了联络道的风流短路。2 道反向风门主要是在矿井反风时使用。正常生产情况下，2 道反向风门敞开；当矿井反风时，2 道反向风门自动关闭，由于 2 道正向风门联锁也不会被吹开，从而确保了反风时不会出现风流短路和使井巷中的风流能够反向流动。

第一百四十五条 箕斗提升井或者装有带式输送机的井筒兼作风井使用时，必须遵守下列规定：

（一）生产矿井现有箕斗提升井兼作回风井时，井上下装、卸载装置和井塔（架）必须有防尘和封闭措施，其漏风率不得超过 15%。装有带式输送机的井筒兼作回风井时，井筒中的风速不得超过 6 m/s，且必须装设甲烷断电仪。

（二）箕斗提升井或者装有带式输送机的井筒兼作进风井时，箕斗提升井筒中的风速不得超过 6 m/s、装有带式输送机的井筒中的风速不得超过 4 m/s，并有防尘措施。装有带式输送机的井筒中必须装设自动报警灭火装置、敷设消防管路。

【名词解释】 甲烷断电仪

甲烷断电仪——井下瓦斯浓度超限时，能自动切断受控设备电源的仪器。

【条文解释】 本条是对箕斗提升井或装有带式输送机的井筒兼作风井使用时的规定。

1. 箕斗提升井或装有带式输送机的井筒兼作回风井

（1）生产矿井现有箕斗提升井兼作回风井时，由于井上下装、卸载装置和井塔（架）封闭措施不完善、封闭不严，会使主要通风机的部分风流短路，导致严重的外部漏风（有的高达 35%以上）而直接影响矿井的有效风量。不但造成主要通风机的电耗增大、浪费，而且导致井下用风地点风量不足，出现安全隐患。

（2）箕斗提升井或装有带式输送机的井筒兼作回风井时，在装煤、卸煤和运煤的过程中，都会导致煤尘飞扬而恶化工作环境和损害人体健康；如果风速过大，无疑会增大浮尘的浓度。

（3）装有带式输送机的井筒兼作回风井时，由于带式输送机运煤过程中，被破碎的煤炭中的残余瓦斯仍在释放，尤其吸附状态的瓦斯的解吸要比游离瓦斯的释放需要较长时间，会增加回风井风流中的瓦斯浓度甚至出现超限现象。《规程》规定，必须安设瓦斯断电仪，超限时能立即切断带式输送机的电源。

2. 箕斗提升井或装有带式输送机的井筒兼作进风井

（1）箕斗和带式输送机在装、卸和运输煤炭过程中会产生大量煤尘，尤其在进风井筒中，提升的方向与风流流动的方向相反，风速过大就会将煤炭表面的煤尘或煤粒吹起，污染新鲜风流并随进风流飘入井下，威胁矿井安全和对工人的身体健康产生影响。故此《规程》规定，箕斗提升井或装有带式输送机的井筒兼作进风井时，箕斗提升井筒中的风速不得超过 6 m/s、装有带式输送机的井筒中的风速不得超过 4 m/s，并应有可靠的防尘措施。

（2）带式输送机在运输过程中，有时会因为托辊转动失灵或皮带跑偏相互摩擦发热而发生火灾，产生的烟雾、一氧化碳等有害气体随进风流进入井下作业地点，威胁人员的生命安全。所以《规程》规定，装有带式输送机的井筒兼作进风井时，井筒中必须装设自动报警灭火装置和敷设消防管路，一旦带式输送机出现发火征兆，立即报警并采取灭火措施。

3. 装有带式输送机的井筒兼作回风井时必须符合的要求

（1）井筒中的风速不得超过 6 m/s，也不得低于 0.25 m/s。

（2）井筒中应设洒水降尘水管和有效的喷雾装置，其水压与水量应满足正常洒水喷雾的要求，保证正常喷雾；并应敷设专用的消防水管，管路系统的布置和水压与水量的要求应符合《规程》相关规定。洒水降尘水管的水量和管径满足消防用水时，也可兼作消防水管。

（3）带式输送机的安装和安全保护，必须符合《规程》规定。在输送机机头的风流中应安装瓦斯自动检测报警断电装置，当风流中的瓦斯浓度超过 0.75%时，必须立即切断带式输送机井筒内所有电气设备的电源，停止带式输送机的运转。

（4）机电人员应经常检查带式输送机电气设备的受潮情况和漏电保护装置，发现问题，及时处理；并及时清除传动部件的积尘，保证设备的完好运转。

（5）井筒一侧应挖有完整的排水沟，经常清除淤泥和脏物，保证水沟畅通，防止井筒中积水。井筒内顶板有淋水的地区，应装设能遮蔽淋水的设施，将淋水导入水沟。

4. 装有带式输送机的井筒兼作进风井必须符合的要求

（1）井筒中的风速不得超过 4 m/s，也不得低于 0.25 m/s。

（2）井筒内必须敷设洒水降尘水管和有效的喷雾装置，并设专人管理与维护。洒水降尘水管和喷雾装置的水压与水量应满足正常洒水喷雾的要求，保证正常喷雾，使井筒内的粉尘浓度符合工业卫生标准；喷雾装置失效后，应立即停止带式输送机的运转，进行处理。只有喷雾降尘设施发挥有效作用后，方可开动带式输送机。

（3）每半月清洗井筒内沉积粉尘 1 次，冲洗污水不得流入煤仓。

（4）井筒内应敷设消防水管路，管路系统的布置和水压与水量应符合《规程》相关规定。洒水降尘水管的水量和管径满足消防用水时，也可兼作消防水管。

（5）有条件的矿井，井筒内的带式输送机应装有自动灭火装置，一旦输送带有发火征兆，自动灭火装置能自动喷雾（或泡沫）进行灭火。

第一百四十六条　进风井口必须布置在粉尘、有害和高温气体不能侵入的地方。已布置在粉尘、有害和高温气体能侵入的地点的，应当制定安全措施。

【条文解释】 本条是对进风井口布置地点的规定。

《规程》对井下空气中的氧气、有害气体的浓度和采掘面、硐室的空气温度都有明确规定。如果进风井口布置在粉尘、有害和高温气体能够侵入的地方，会使进入井下的空气温度升高，新鲜风流中的氧气浓度减小，粉尘和有害气体的浓度增大，矿井空气的质量得不到保证，达不到《规程》要求，还会严重影响矿井安全和作业人员的身体健康。所以必须布置在粉尘、有害和高温气体不能侵入的地方。对于生产矿井，进风井口已经确定，有粉尘、有害和高温气体能侵入的应制定安全措施。

第一百四十七条 新建高瓦斯矿井、突出矿井、煤层容易自燃矿井及有热害的矿井应当采用分区式通风或者对角式通风；初期采用中央并列式通风的只能布置一个采区生产。

【名词解释】 分区式通风、对角式通风、中央并列式通风

分区式通风——沿采掘总回风巷每个采区开掘一个回风井，风流由进风井进入井底车场，经大巷至两翼工作面，分别由石门返回采区回风井排出地面。

对角式通风——进风井位于井田中央，回风井分别位于井田浅部走向两翼边界采区的中央，风流由进风井进入井底车场，经大巷至两翼工作面，再分别由石门返回两翼的回风井排出地面。

中央并列式通风——进、回风井位于沿煤层倾斜方向中央位置的工业广场内。两井井底标高一致。这时，风流由进风井进入井底车场，经大巷至两翼工作面之后，又由石门返回中央风井排出地面。

【条文解释】 本条是对新建矿井通风方式的规定。

矿井通风方式一般根据煤层瓦斯含量高低、煤层埋藏深度和赋存条件、冲积层厚度、煤层自燃倾向性、小窑塌陷漏风情况、地形地貌状态以及开拓方式等因素综合考虑确定。新建的高瓦斯矿井、突出矿井、煤层容易自燃矿井及有热害的矿井应采用分区式通风或对角式通风。

1. 中央并列式通风适用条件：中央并列式通风适用于煤层倾角较大、走向不长、投产初期暂未设置边界安全出口，且自然发火不严重的矿井。缺点是进、回风井之间风路较长，风阻较大，漏风较多。初期采用中央并列式通风的只能布置 1 个采区生产，以免造成事故范围扩大。

2. 对角式通风适用条件：两翼对角式通风适用于煤层走向长、井田面积大、产量较高的矿井。优点是矿井通风阻力小、风路短、漏风小，比中央并列式通风安全可靠，特别是对于有瓦斯喷出或有煤与瓦斯（二氧化碳）突出的矿井应采用对角式通风。

3. 分区式通风适用条件：煤层距地表较浅，或因地表高低起伏较大，无法开凿浅部的总回风巷时，在开采第一水平一般都采用分区式通风；同时，分区式通风适用于矿井走向长、多煤层开采、高温、高瓦斯、有瓦斯喷出和有煤（岩）与瓦斯（二氧化碳）突出的矿井。优点是矿井通风阻力小、风路短、漏风小，安全可靠性强，特别是具有严重自然灾害威胁的矿井应采用该法。

第一百四十八条 矿井开拓新水平和准备新采区的回风，必须引入总回风巷或者主要回风巷中。在未构成通风系统前，可将此回风引入生产水平的进风中；但在有瓦斯喷出或

者有突出危险的矿井中，开拓新水平和准备新采区时，必须先在无瓦斯喷出或者无突出危险的煤（岩）层中掘进巷道并构成通风系统，为构成通风系统的掘进巷道的回风，可以引入生产水平的进风中。上述2种回风流中的甲烷和二氧化碳浓度都不得超过0.5%，其他有害气体浓度必须符合本规程第一百三十五条的规定，并制定安全措施，报企业技术负责人审批。

【条文解释】 本条是对开拓新水平和准备新采区回风的规定。

1. 开拓新水平和准备新采区施工过程中，掘进工作面都必须实现独立通风，其回风流直接引入主要回风巷或总回风巷，以实施分区通风和提高矿井通风系统的稳定可靠性，进而确保矿井安全生产。

然而，在开拓新水平或准备新采区施工初期，尚未形成回风系统时的掘进工作面，根本无法实现独立通风，其回风只能串入生产水平的进风流中。因此，在未构成通风系统前，可将此种回风引入生产水平的进风中，但对串入生产水平的掘进工作面回风流中的瓦斯、二氧化碳和有害气体的浓度作出了严格规定，并且必须制定安全措施，报企业技术负责人审批。

2.《规程》规定有瓦斯喷出或煤（岩）与瓦斯（二氧化碳）突出危险煤层严禁采用任何形式的串联通风。但在有煤与瓦斯突出危险的矿井中，开拓新水平或准备新采区的掘进过程中无法实现独立通风，而开拓新水平或准备新采区的掘进工作又急需施工。在此两难的情况下，可以采取一种临时措施，即：必须先在无瓦斯喷出或无煤与瓦斯（二氧化碳）突出的煤（岩）层中掘进巷道，其回风流可以串入生产水平，构成通风系统后，再在有瓦斯喷出或煤与瓦斯（二氧化碳）突出危险的煤（岩）层中进行新水平开拓和新采区准备的掘进工作。

这样规定，主要是因为在瓦斯喷出或煤与瓦斯突出危险煤层中掘进巷道时，容易发生喷出或突出动力现象而造成对回风侧人员的伤害。必须先在无喷出或无突出危险煤层中掘进巷道并构成独立通风系统，再进行有瓦斯喷出或煤与瓦斯（二氧化碳）突出危险煤（岩）层中的掘进工作。

第一百四十九条 生产水平和采（盘）区必须实行分区通风。

准备采区，必须在采区构成通风系统后，方可开掘其他巷道；采用倾斜长壁布置的，大巷必须至少超前2个区段，并构成通风系统后，方可开掘其他巷道。采煤工作面必须在采（盘）区构成完整的通风、排水系统后，方可回采。

高瓦斯、突出矿井的每个采（盘）区和开采容易自燃煤层的采（盘）区，必须设置至少1条专用回风巷；低瓦斯矿井开采煤层群和分层开采采用联合布置的采（盘）区，必须设置1条专用回风巷。

采区进、回风巷必须贯穿整个采区，严禁一段为进风巷、一段为回风巷。

【名词解释】 专用回风巷

专用回风巷——在采（盘）区的巷道布置中，专门用于回风而不得用于运料或安设电气设备的巷道。

【条文解释】 本条是对生产水平和采（盘）区实行分区通风的规定。

1. 分区通风的优点

(1) 风路短，阻力小，漏风少，经济合理。

(2) 各用风地点都能保持新鲜风流，作业环境好。

(3) 当一个采（盘）区、工作面或硐室发生灾变时，不至于影响或波及其他地点，较为安全可靠。

2. 采（盘）区（面）准备初期时的通风

采（盘）区准备初期，在没有构成独立通风系统之前，如果布置 2 个或 2 个以上的掘进工作面同时掘进，必将增加被串生产水平［采（盘）区］进风流中有害气体的浓度或发生多次串联通风现象；同样道理，采煤工作面在没有构成完整的通风系统以前进行开采，也会增加被串生产采（盘）区（面）进风流中的瓦斯及其他有害气体的浓度，不仅违反《规程》有关规定，而且威胁矿井安全。因此，必须在采（盘）区构成通风系统后，方可开掘其他巷道和回采。当采用倾斜长壁布置的，大巷必须至少超前 2 个区段，并构成通风系统后，方可开掘其他巷道。

3. 专用回风巷

在有煤与瓦斯突出区的专用回风巷道内还不得行人。过去，在采（盘）区设计时，一般没有专用回风巷而只布置用于煤炭运输和材料运输的 2 条巷道，并分别兼作采（盘）区的进、回风巷道。从通风与安全角度来看，这种布置方式有以下缺点：

(1) 采（盘）区内各采掘工作面实现独立通风较为困难；

(2) 由于运输材料需要经常打开风门和煤仓漏风等影响，致使采（盘）区通风系统很不稳定，工作面的有效风量难以保证；

(3) 采（盘）区发生灾变时，实施短路通风或反风的救灾措施较为困难。

高瓦斯矿井、突出危险矿井、易自燃煤层的采（盘）区和开采煤层群或分层开采采用联合布置的采（盘）区，必须设置至少 1 条专用回风巷。其目的是保证采（盘）区通风系统稳定，为采（盘）区内的采掘工作面布置独立通风以及抢险救灾创造条件。见图 3-3-2。

4. 采区的进、回风巷

服务于整个采（盘）区的进、回风巷，如果不是贯穿整个采（盘）区，就不能保证采（盘）区内所有采掘工作面都能得到合理布置和实现稳定、可靠的独立通风方式；而将一条巷道分为 2 段，一段进风、一段回风的“交叉”通风，极易造成风流短路、紊乱，破坏通风系统的稳定可靠性，潜在危害极大。所以，采（盘）区进、回风巷必须贯穿整个采（盘）区，严禁一段为进风巷、一段为回风巷。

第一百五十条 采、掘工作面应当实行独立通风，严禁 2 个采煤工作面之间串联通风。

同一采区内 1 个采煤工作面与其相连接的 1 个掘进工作面、相邻的 2 个掘进工作面，布置独立通风有困难时，在制定措施后，可采用串联通风，但串联通风的次数不得超过 1 次。

采区内为构成新区段通风系统的掘进巷道或者采煤工作面遇地质构造而重新掘进的巷道，布置独立通风有困难时，其回风可以串入采煤工作面，但必须制定安全措施，且串联通风的次数不得超过 1 次；构成独立通风系统后，必须立即改为独立通风。

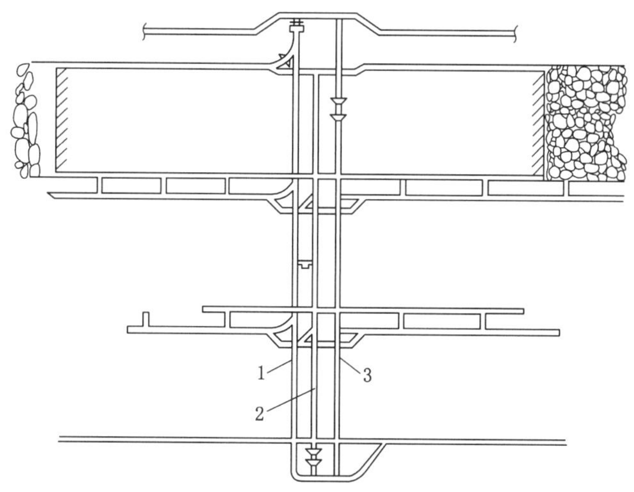

1—轨道上山；2—专用回风巷；3—运输上山。

图 3-3-2　两进一回采（盘）区通风方式

对于本条规定的串联通风，必须在进入被串联工作面的风流中装设甲烷传感器，且甲烷和二氧化碳浓度都不得超过 0.5%，其他有害气体浓度都应当符合本规程第一百三十五条的要求。

开采有瓦斯喷出、有突出危险的煤层或者在距离突出煤层垂距小于 10 m 的区域掘进施工时，严禁任何 2 个工作面之间串联通风。

【名词解释】　独立通风、串联通风

独立通风——井下各用风地点的回风直接进入采（盘）区回风巷或总回风巷的通风方式，又称分区通风和并联通风。

串联通风——井下各用风地点的回风再次进入其他用风地点的通风方式。

【条文解释】　本条是对采掘工作面独立通风的规定。

1. 串联通风无法保证被串联的采掘工作面或用风地点的空气质量，有毒有害气体和矿尘浓度会增大，恶化作业环境，损害工人健康和增加灾害危险程度。

2. 采掘工作面或用风地点一旦发生事故，将会影响或波及被串联的采掘工作面或用风地点，扩大灾害范围。一般情况下不应采用串联通风方式。布置独立通风确有困难时，无论“采串掘”“掘串掘”等何种方式，在制定措施后，相邻的 2 个掘进工作面都不得超过 1 次，严禁 2 个采煤工作面之间串联通风。

3. 一般情况下，不允许掘进工作面的回风流串入采煤工作面。只有在采（盘）区内为构成新区段通风系统的掘进巷道或采煤工作面遇地质构造而重新掘进的巷道，布置独立通风确有困难时，才允许其回风可以串入采煤工作面，且必须制定安全措施。当构成通风系统后，立即改为独立通风。

一般情况下不允许采用“掘串采”的串联方式，主要是考虑到掘进工作面的局部通风管理比较复杂，容易出现局部通风机关停、风筒损坏漏风或末端距工作面太远等而导致瓦斯隐患；加上掘进工作面频繁打眼、爆破、运煤等容易产生引爆火源等，通

风安全条件较差，是事故的多发地点；而采煤工作面又是作业人员比较集中的地方，一旦掘进工作面发生瓦斯燃爆事故，就会直接波及被串联的采煤工作面及附近区域，导致事故范围的扩大。

4. 在进入被串联工作面的进风流中，必须安设甲烷断电仪，甲烷和二氧化碳的浓度都不得超过0.5%，其他有害气体浓度都应符合规定。

5. 对于有煤（岩）与瓦斯（二氧化碳）突出危险的煤层，或在距离突出煤层垂距小于10 m的区域掘进施工时，严禁任何形式的串联通风。突出危险煤层的采掘工作面一旦发生突出动力现象，大量高浓度的瓦斯首先涌入被串联的采掘面，然后再进入总回风巷排出，会使被串联采掘面的作业人员窒息伤亡，甚至发生瓦斯煤尘爆炸事故。

第一百五十一条 井下所有煤仓和溜煤眼都应当保持一定的存煤，不得放空；有涌水的煤仓和溜煤眼，可以放空，但放空后放煤口闸板必须关闭，并设置引水管。

溜煤眼不得兼作风眼使用。

【条文解释】 本条是对防止煤仓和溜煤眼内煤尘扩散的规定。

1. 煤仓和溜煤眼保持一定的存煤，主要是为了避免有风流通过而将煤尘吹起；如若放空，即使闸板关闭，也难免漏风而导致煤尘飞扬，扩散至巷道乃至工作面。

2. 溜煤眼只能作为溜煤使用而不得兼作风眼。这是因为边溜煤边通风就会导致溜煤过程中大量煤尘飞扬，并随风流飘散到其他作业地点，恶化生产环境甚至引发事故。

第一百五十二条 煤层倾角大于12°的采煤工作面采用下行通风时，应当报矿总工程师批准，并遵守下列规定：

（一）采煤工作面风速不得低于1 m/s。

（二）在进、回风巷中必须设置消防供水管路。

（三）有突出危险的采煤工作面严禁采用下行通风。

【名词解释】 下行通风

下行通风——风流沿采煤工作面由上向下流动的通风方式。

【条文解释】 本条是对采煤工作面下行通风的规定。

采煤工作面采用下行通风，有利于抑制工作面的煤尘飞扬；同时，对于防止工作面顶板积存层状瓦斯和防止上隅角瓦斯积聚十分有利。但是，下行通风也带来一定的安全隐患，例如下行通风阻力较大，所以煤层倾角大于12°的采煤工作面采用下行通风时，应报矿总工程师批准，并且采煤工作面风速不得低于1 m/s，在进、回风巷中，必须设置消防供水管路，以利于防尘、防火。特别是具有煤与瓦斯突出危险的采煤工作面，发生突出时，下行通风很容易引起大量瓦斯的逆流而进入上部进风水平，扩大突出事故的危害范围。故此，有突出危险的采煤工作面严禁采用下行通风。

第一百五十三条 采煤工作面必须采用矿井全风压通风，禁止采用局部通风机稀释瓦斯。

采掘工作面的进风和回风不得经过采空区或者冒顶区。

无煤柱开采沿空送巷和沿空留巷时，应当采取防止从巷道的两帮和顶部向采空区漏风的措施。

矿井在同一煤层、同翼、同一采区相邻正在开采的采煤工作面沿空送巷时，采掘工作面严禁同时作业。

水采和连续采煤机开采的采煤工作面由采空区回风时，工作面必须有足够的新鲜风流，工作面及其回风巷的风流中的甲烷和二氧化碳浓度必须符合本规程第一百七十二条、第一百七十三条和第一百七十四条的规定。

【名词解释】 沿空送巷、沿空留巷

沿空送巷——完全沿采空区边缘或仅留很窄煤柱掘进巷道，又称沿空掘巷。

沿空留巷——工作面采煤后沿采空区边缘维护原回采巷道。

【条文解释】 本条是对采掘工作面的进、回风不得经过采空区和冒顶区以及无煤柱开采沿空送巷和沿空留巷的有关规定。

1. 采煤工作面采用局部通风机通风用以稀释瓦斯，安全可靠性较差，容易引发瓦斯事故，一旦发生事故也难以救援，所以必须采用矿井全风压通风。

2. 采掘工作面的进风和回风不得经过采空区或冒顶区。

采掘工作面是矿井最主要的作业场所，人员集中，经常涌出瓦斯，产生矿尘和炮烟，温度较高，为了给采掘人员创造一个良好、安全的作业条件，必须供给采掘工作面足够的新鲜空气。

采空区或冒顶区内积存着大量的高浓度瓦斯和有毒有害气体。如果采掘工作面的进风经过采空区或冒顶区，势必将污浊有害的空气带入工作面，造成工作面的氧气浓度下降、有害气体含量增加，不仅恶化作业环境、损害人体健康，而且影响和威胁矿井安全生产。所以，采掘工作面的进风不得经过采空区或冒顶区。

同样，由于采空区和冒顶区内的顶板冒落状况变化异常，孔隙大小与密实程度也没有规律，如果采掘工作面的回风经过采空区和冒顶区，由于忽大忽小的孔隙和变化无常的通风阻力，没有完好的通风条件，致使回风流动速度时快时慢，甚至停滞；风量也会时大时小，甚至出现微风。这样，就难以保证采掘工作面通风系统的稳定性和有效的足够风量，安全工作条件得不到保障。所以，采掘工作面的回风也不得经过采空区或冒顶区。

3. 防止无煤柱开采向采空区漏风。

无煤柱开采巷道布置包括沿空送巷和沿空留巷 2 种。沿空送巷就是在准备下一区段的工作面时沿着上一区段采空区的边缘掘进成巷；而沿空留巷就是上一区段的下平巷不随着采煤工作面推进进行回撤，而是保留下来作为下一区段的上平巷使用。无煤柱开采可以改善巷道支承压力状态，提高煤炭资源回收率和减小巷道掘进工程量。但是，由于巷道与采空区之间无隔离煤柱，造成从巷道两帮的顶部向采空区严重漏风，一方面保证不了采掘工作面足够、稳定的风量，另一方面还给采空区自然发火创造了条件。所以，无煤柱开采沿空送巷和沿空留巷时，应采取防止从巷道的两帮和顶部向采空区漏风的措施。采取防漏风措施后，要求每平方米面积的漏风量要小于 0.02 m^3/min。同时，沿空送巷和沿空留巷必须保持原设计的断面规格，防止巷道净断面的扩大而产生过大的局部通风阻力，增加漏

风量。

沿空送巷和沿空留巷防漏风的方法主要有以下 4 种：

（1）充填法。在巷道沿采空区一侧，采用水砂充填、灌注石膏带、灌注泡沫水泥、垒筑矸石带或压注可缩性胶泥等堵漏技术。要求充填带宽度不小于 3 m，充填做到密实、满帮、满顶。

（2）挂帘法。沿巷道的两帮和顶部，使用不透气、抗静电、不延燃、耐撕裂以及在高温氧化时不产生剧毒气体的材料吊挂。挂帘应顺风流方向搭接，接茬宽度不小于 80 mm，且用黏结剂黏合；两底到底板多留 0.3~0.4 m 的帘布，并用矸石或其他材料压紧。

（3）喷涂法。在巷道沿采空区一侧及顶部靠采空区侧的二分之一宽度内，使用不易燃、抗静电、耐撕裂和不透气材料喷涂。喷涂厚度不小于 50 mm。

（4）风压调节法。采取调节风压措施，减小沿空巷道和其采空区相连接的巷道之间风流的压力差，以减少它们之间的漏风量。

4. 矿井在同一煤层、同翼、同一采（盘）区相邻正在开采的采煤工作面沿空送巷时，采掘工作面严禁同时作业。

（1）采掘工作面生产活动中受支承压力影响。煤体未采动前，煤体内的应力处于平衡状态。当煤体内进行采掘活动后，在采煤工作面前方和后方（掘进工作面的前方）形成支承压力带，矿压显现明显。采煤工作面的采动影响的全过程从工作面前方开始，根据围岩性质、开采深度、煤层厚度等因素不同，支承压力范围一般自采煤工作面煤壁前方 2~3 m起至 10~45 m，有的可达近 100 m，最大支承压力区约距煤壁 5~15 m；而在工作面后方，当采空区冒落矸石压实到一定程度后，也产生支承压力带，其峰值区多数情况位于工作面后方 5~20 m 范围内。形成工作面前方煤体和后方采空区内的 3 个压力区，即减压区、增压区和稳压区，见图 3-3-3。

同样，掘进工作面也破坏了煤体应力平衡状态，引起围岩应力重新分布，在工作面前方煤体中同样产生支承压力带。但由于掘进工作面仅对小范围煤体造成影响，一般情况下矿压显现不会很剧烈，影响时间也较短。见图 3-3-4。

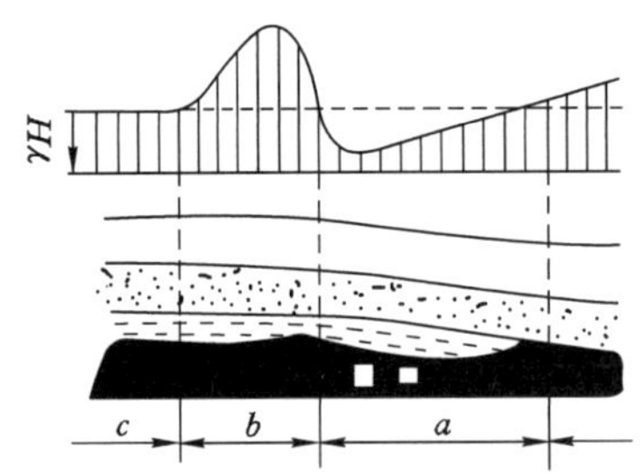

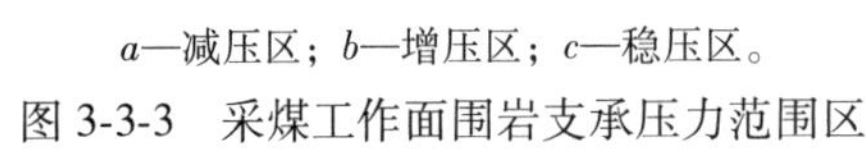

a—减压区；b—增压区；c—稳压区。

图 3-3-3　采煤工作面围岩支承压力范围区

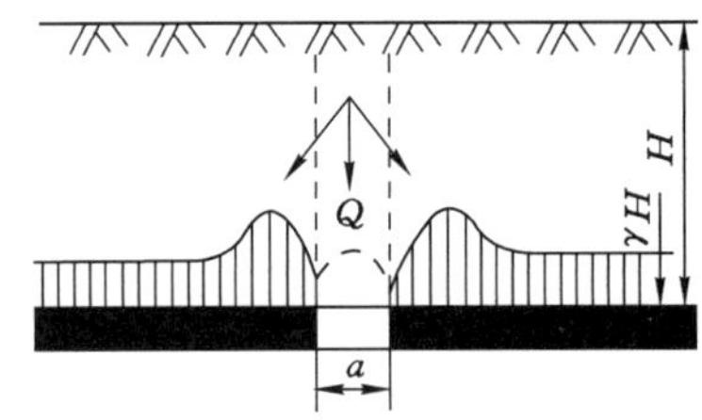

a—切眼宽度；Q—切眼压力；
H—煤层距地面深度；γ—上覆岩层的重力密度。

图 3-3-4　煤体内开掘开切眼

（2）根据采掘工作面支承压力带显现的规律，煤矿选择在采煤工作面采动影响的稳压区进行掘进巷道施工，特别是沿空送巷工程，可以减小顶板压力影响，加快巷道掘进速度，减少巷道维护工程量。但是，一些煤矿片面强调生产，想方设法突出生产、增加产量，盲目安排采掘作业计划，造成矿井采掘比例失调。掘进工作面和采煤工作面在同一煤层、同翼、同一采（盘）区相邻地点同时作业，造成采掘工作面所形成的2种支承压力重叠，甚至进入采动影响增压区施工，形成了事故隐患，有的甚至酿成重大事故。

【典型事例】 2003年5月13日，安徽省某煤矿Ⅱ1048风巷改造切眼以西33.5 m处发生特别重大瓦斯爆炸事故，86人死亡。Ⅱ1048风巷沿着Ⅱ1046采煤工作面采空区掘进（实际留设煤柱1.2~3.0 m）；Ⅱ1048切眼掘进工作面施工至5月6日在距风巷上口22 m处停止，保持正常通风。由于Ⅱ1046采煤工作面与沿空送巷的Ⅱ1048风巷及切眼同时作业，造成支承压力叠加，采空区顶板来压垮落，沿空送巷时没有采取防止瓦斯涌出的措施，采空区挤压出高浓度瓦斯，并经由多个探水钻孔进入1048#风巷，造成瓦斯浓度达到爆炸界限；加上接线盒所产生的电火花，引起瓦斯爆炸。

5. 水采和连续采煤机开采的工作面由采空区回风时，工作面必须有足够的新鲜风流；同时，当采（盘）区回风巷、采掘工作面回风巷风流中瓦斯浓度超过1.0%或二氧化碳浓度超过1.5%，以及采掘工作面风流中瓦斯浓度和二氧化碳浓度达到1.5%时必须停止工作，撤出人员，采取措施，及时处理。

第一百五十四条 采空区必须及时封闭。必须随采煤工作面的推进逐个封闭通至采空区的连通巷道。采区开采结束后45天内，必须在所有与已采区相连通的巷道中设置密闭墙，全部封闭采区。

【条文解释】 本条是对封闭采空区的规定。

随着采煤工作面的推进或采面开采结束后，必须及时封闭与采空区相连通的所有巷道。其目的一是防止这些巷道向采空区漏风，避免为采空区内遗留的浮煤提供氧化自燃的条件而引起采空区发火；二是防止由于大气压力变化或采空区大面积悬顶突然垮落，致使采空区内积存的大量高浓度瓦斯和各种有害气体瞬间压出，而引发与采空区相连通巷道的人员窒息或瓦斯燃爆等灾害事故。

封闭采空区的防火墙应符合《规程》的有关规定。

第一百五十五条 控制风流的风门、风桥、风墙、风窗等设施必须可靠。

不应在倾斜运输巷中设置风门；如果必须设置风门，应当安设自动风门或者设专人管理，并有防止矿车或者风门碰撞人员以及矿车碰坏风门的安全措施。

开采突出煤层时，工作面回风侧不得设置调节风量的设施。

【名词解释】 风桥、风窗

风桥——设在进、回风交叉处，使进、回风互不混合的设施。

风窗——安装在风门或其他通风设施上的可调节风量的窗口，又称调节风门。

【条文解释】 本条是对矿井通风设施的规定。

1. 矿井通风设施的设置

井下巷道纵横交错、互相贯通，为保证风流沿着需要的方向和路线流动，在某些巷道中设置的一些对风流控制的构筑物，即为通风设施。在不允许风流通过，但需行人或行车的巷道内，必须设置隔绝风门；在不允许风流通过，也不允许行人或行车的巷道，如旧巷、火区以及进风与回风之间的联络道，都必须设置挡风墙；在进风巷与回风巷平面相遇地点，必须设置风桥，构成立体交叉通风，使进、回风分开，互不相混；在需要进行风量调节的地点设置风窗或调节风门。

通风设施在通风系统中有着至关重要的作用。如若这些构筑物设置的位置、质量、数量等不符合要求，起不到应该起的作用，就会出现漏风和风流短路、紊乱以及有害气体涌出等现象而导致通风系统的毁坏，甚至诱发重大灾害事故。因此，控制风流的风门、风桥、风墙、风窗等设施必须可靠。

2. 倾斜运输巷的风门设置

在倾斜运输巷内设置风门有以下不利因素：一是受重力影响，风门开、关都较为困难；二是经常提升运输，风门启闭频繁，容易损坏；三是矿车撞击风门，风门的传动机构极易损坏；四是由于风门自重和风压作用，人员很难开关，且容易伤人，很不安全。因此，不应在倾斜运输巷中设置风门。一般可设在倾斜运输巷的上、下车场的平巷内。如果必须设置风门，应安设自动风门或设专人管理，并有防止矿车或风门碰撞人员以及矿车碰坏风门的安全措施。

3. 开采突出煤层时，工作面回风侧不得设置调节风量的设施

【典型事例】 某日，辽宁省沈阳市某煤矿-700 m 水平南石门揭开煤层时，发生了煤与瓦斯突出事故，突出瓦斯量 81 万 m^3。由于该掘进工作面的回风系统设有 2 道风窗，突出后的高压气流受到风窗的一定控制，突出的瓦斯逆流将-700 m 的 2 道防突反向风门冲破，造成守候在风门外的 28 人缺氧窒息死亡。见图 3-3-5。

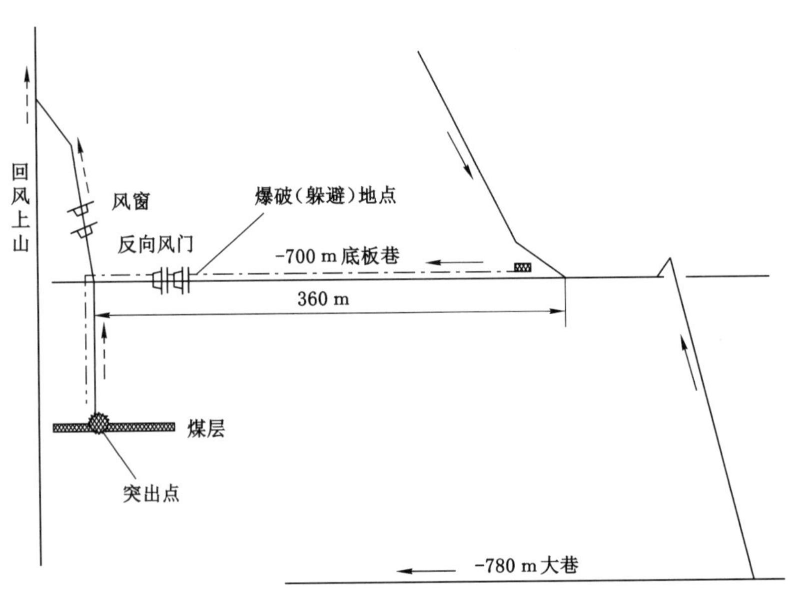

图 3-3-5　辽宁省沈阳市某煤矿突出事故图

第一百五十六条　新井投产前必须进行 1 次矿井通风阻力测定，以后每 3 年至少测定 1 次。生产矿井转入新水平生产、改变一翼或者全矿井通风系统后，必须重新进行矿井通风阻力测定。

【名词解释】 通风阻力

通风阻力——风流在井巷中流动，井巷会对风流施加阻力，即为矿井通风阻力（包括摩擦阻力和局部阻力）。

【条文解释】 本条是对矿井通风阻力测定的规定。

通风阻力与通风压力是对立的统一，风流在井巷中流动的过程就是两者互相作用的过程，两者大小相等、方向相反、因次相同。影响矿井通风阻力的因素很多，如巷道的支护形式及光滑程度、断面大小及变化情况、周边长度及巷道长度，以及矿井通风网络的布置、风量分配等。

矿井通风阻力是衡量矿井通风能力的主要指标之一，也是进行矿井通风设计和矿井通风管理的主要依据之一。新井投产前必须进行 1 次矿井通风阻力测定，其目的是衡量新井的通风能力是否满足生产能力的要求，了解新井通风阻力的大小及分布状况，为投产后进行矿井通风管理和提高管理水平提供和积累科学依据。

随着矿井开采活动的进行，结束或新投产了一些采区，报废或新掘了一些巷道，采区分布和巷道布置发生了一些新的变化，通风阻力也会发生变化。因此，每 3 年至少进行 1 次矿井通风阻力测定，以便了解巷道支护与维护状况、通风阻力的分布与变化情况，并对矿井风量进行合理调节与分配，满足矿井安全生产要求。

矿井转入新水平生产或改变一翼通风系统后，巷道分布和通风网络发生了变化，通风阻力的大小与分布也必将随之发生变化；因此必须重新进行矿井通风阻力测定，使矿井通风达到安全可靠和经济合理的要求。

第一百五十七条 *矿井通风系统图必须标明风流方向、风量和通风设施的安装地点。必须按季绘制通风系统图，并按月补充修改。多煤层同时开采的矿井，必须绘制分层通风系统图。*

应当绘制矿井通风系统立体示意图和矿井通风网络图。

【条文解释】 本条是对矿井通风系统图的规定。

矿井通风系统图是在矿井采掘工程平面图的基础上绘制的。矿井通风系统图是煤矿生产管理中的必备图纸之一，是矿井通风安全管理的主要依据和基础资料，也是预防与处理矿井灾害事故时的必备和参考依据。

矿井通风系统图的绘制，一要符合绘制内容要求：图上必须标明主要通风机的安装位置及其规格性能、进回风井巷和采掘工作面的位置与名称、风流方向、风量大小、通风设施（包括风门、风桥、风墙、风窗、密闭等）与设备（局部通风机等）的安装地点等，这些内容是日常通风管理工作和抢险救灾时经常和必须了解与掌握的基本情况；二要符合现场实际：必须真实地反映井下通风现状，为分析矿井通风存在的问题和改善通风条件提供依据；三要及时绘制与修改：必须按季度绘制并按月补充修改通风系统图，以便及时反映矿井开拓、开采和矿井通风系统及通风参数的变化与现状。

矿井应绘制矿井通风系统立体示意图和矿井通风网络图。

第一百五十八条 矿井必须采用机械通风。

主要通风机的安装和使用应当符合下列要求：

（一）主要通风机必须安装在地面；装有通风机的井口必须封闭严密，其外部漏风率在无提升设备时不得超过5%，有提升设备时不得超过15%。

（二）必须保证主要通风机连续运转。

（三）必须安装2套同等能力的主要通风机装置，其中1套作备用，备用通风机必须能在10 min内开动。

（四）严禁采用局部通风机或者风机群作为主要通风机使用。

（五）装有主要通风机的出风井口应当安装防爆门，防爆门每6个月检查维修1次。

（六）至少每月检查1次主要通风机。改变主要通风机转数、叶片角度或者对旋式主要通风机运转级数时，必须经矿总工程师批准。

（七）新安装的主要通风机投入使用前，必须进行试运转和通风机性能测定，以后每5年至少进行1次性能测定。

（八）主要通风机技术改造及更换叶片后必须进行性能测试。

（九）井下严禁安设辅助通风机。

【名词解释】 机械通风、局部通风机

机械通风——利用安装在地面的主要通风机的连续运转所产生风压，对矿井实施通风的一种方法。

局部通风机——向井下局部地点供风的通风机。

【条文解释】 本条是对主要通风机安装与使用的规定。

1. 矿井必须采用机械通风

（1）主要通风机安装。

一般说来，矿井通风有自然通风和机械通风2种方法。自然通风是依据进、回风井口海拔标高的差距使进、回风侧空气温度不同所产生的自然风压而对矿井进行通风的一种方法。由于自然风压受空气温度的影响，随季节的变化而变化，其大小与方向变化无常，所以造成井下风流忽大忽小甚至停滞、反向，通风系统极不稳定，不仅难以完成向井下各工作场所连续不断地供给新鲜空气、稀释和排出有毒有害气体的矿井通风的任务，而且容易导致重大灾害事故。

机械通风能够保障连续不断地供给井下所有用风地点足够的新鲜空气，还可以做到根据矿井的需风量进行调整和在入风井筒、入风大巷发生火灾等灾害时进行矿井反风。机械通风较自然通风具有很多好处，而后者有着很多害处。因此，矿井必须采用机械通风而不得采用自然通风。

（2）矿井必须对主要通风机的使用加强管理和检修、测定。为了长期对井下供风，必须保证主要通风机连续运转。安装2套同等能力的主要通风机装置，其中1套作备用，备用通风机必须能在10 min内开动，以保证井下能得到不停顿供给的新鲜空气（包括故障处理和正常检修期间）。

为了使主要通风机始终处于完好状态，至少每月检查1次。改变通风机转数、叶片角度或对旋式主要通风机运转级数时，必须经矿总工程师批准。

新安装的主要通风机投入使用前，必须进行1次通风机性能测定和试运转工作，以后每5年至少进行1次性能测定。

主要通风机技术改造及更换叶片后必须进行性能测试。

2. 严禁采用局部通风机或风机群作为主要通风机使用

我国有一些乡镇或个体经营的小型煤矿采用局部通风机或风机群作为主要通风机对矿井实施通风，难以保证矿井通风的可靠与安全。局部通风机或小型风机的设计制造和工艺结构的可靠性、安全性，较正规的主要通风设备有很大差距，容易发生故障；同一地点的多台小型风机并联运转，相互之间会产生干扰（性能较差者排风量减少甚至风流反向，而有的风机排风量及负荷增大，容易烧毁电机）；另外，这些设备的安装、施工都比较简陋、粗糙，漏风极为严重（一般在30%以上），不能保证井下足够的有效风量。所以，严禁采用单台或多台局部通风机替代主要通风机使用。井下严禁安设辅助通风机。

3. 主要通风机的出风井口安装防爆门

防爆门的作用是井下发生瓦斯煤尘爆炸时产生的高压气流（冲击波）冲开防爆门得以卸压，避免其冲向主要通风机，从而保证主要通风机装置不被损坏并保持正常运行；高压气流过后防爆门自动关闭。同时，为井下遇险人员的撤退和抢险救灾提供了有利条件。

防爆门的设计应符合下列要求：

（1）防爆门应布置在出风井同一轴线上，其断面积不应小于出风井的断面积。

（2）出风井与风硐的交叉点到防爆门的距离，比该点到主要通风机吸风口的距离至少要短10 m。

（3）防爆门应依靠主要通风机的负压保持关闭状态。

（4）防爆门的结构必须有足够的强度，并有防腐和防抛出的设施。

（5）防爆门应封闭严密不漏风。如果采用液体作密封时，在冬季应选用不燃的防冻液。防爆门每6个月检查维修1次。

（6）装有摩擦轮提升设备井楼的立井，防爆门可不设于出风井同一轴线上，可设于井楼合适的位置，在两侧设卸压防爆门。一旦发生爆炸事故时爆炸的冲击波可以冲开防爆门而卸压。

4. 主要通风机的性能测定

矿井主要通风机安装完毕之后，由于在安装过程中可能产生的安装偏差等因素影响，通风机的性能与出厂时提供的风机性能曲线和参数均有一定差异。为了掌握安装后的通风机真实的性能参数，核实矿井真实的通风能力，在使用前，必须对通风机的排风量、风压、功率、效率等性能参数进行测定和试运转工作。

经过较长时间运转的主要通风机，由于井下潮湿、含尘空气的侵袭致使一些零部件表面发生锈蚀，加上运转过程中机械摩擦等因素的影响，通风机的性能和参数也会受到影响而发生变化。所以，每5年至少进行1次主要通风机的性能测定。

主要通风机的性能测定工作，一般应在矿井停产检修时进行。根据矿井的具体情况，可以采用由回风井短路或井下通风网路进行性能测定。为实施矿井通风系统改造而急需了解通风机性能时，也可在矿井不停产的条件下，采用备用通风机进行性能测定，由反风门楼百叶窗短路进风和调节工况。

第一百五十九条　生产矿井主要通风机必须装有反风设施，并能在 10 min 内改变巷道中的风流方向；当风流方向改变后，主要通风机的供给风量不应小于正常供风量的 40%。

每季度应当至少检查 1 次反风设施，每年应当进行 1 次反风演习；矿井通风系统有较大变化时，应当进行 1 次反风演习。

【名词解释】　反风

反风——为防止灾害的扩大和抢救人员的需求而采取的迅速倒转风流方向的措施。

【条文解释】　本条是对矿井反风的有关规定。

1. 矿井反风措施的重要意义

矿井反风是在矿井发生灾变时的一项重要而有效的风流调度的救灾措施。特别是在矿井入风井筒、井底车场、入风大巷等进风井巷道发生矿井火灾（多为外因火灾）时，高温烟流和有害气体对井下作业人员的安全构成严重威胁。此时，可以采取矿井反风措施，使火灾烟流由进风井筒排出，从而保证井下人员的安全撤离和缩小灾害范围。

【典型事例】　某日，辽宁省某煤矿 2 号入风斜井距井口 560 m 处（该处上下 350 m 为木板支护）因铝芯电缆接线盒短路引起火灾，井下 1 500 人的生命安全受到严重威胁。紧急情况下，指挥部果断下令实施反风（东西翼主要通风机分别于 23 时 12 分和 23 时 18 分完成反风），3 条入风斜井全部变为回风，火焰冲出井口将天轮烧坏，但井下无人员伤亡。

2. 矿井反风的相关要求

（1）在进行新建或改扩建矿井设计时，必须同时作出矿井反风技术设计，并说明采用的反风方式与反风方法及其适用条件。

（2）生产矿井在编制矿井灾害预防与处理计划时，必须根据火灾可能发生的地点，对采用的反风方式、方法及人员的避灾路线作出明确规定。

（3）多进风井和多回风井的矿井，应根据各台主要通风机的服务范围和风网结构特点，经过反风试验或计算机模拟，制定出反风技术方案，在灾害预防计划中作出明确规定。

（4）各矿井每年必须进行一次反风演习，并遵守下列规定：

① 当矿井有新的翼别、水平投产或矿井通风系统发生较大改变、更换主要通风机时，都应进行 1 次反风演习。

② 对多台主要通风机通风的矿井，应分别进行多台主要通风机同时反风和单台主要通风机各自反风的演习，以分别观察其反风效果。

③ 我国北方的矿井，应在冬季结冰时期进行反风。

④ 反风演习持续时间不应少于从矿井最远地点撤人到地面所需的时间，且不得少于 2 h。

⑤ 反风演习时要做好记录，并编写反风演习报告，存档；对反风过程中出现的问题，必须限期整改。

⑥ 对有火区的矿井，反风确有可能造成危害时，经上一级主管部门的技术负责人批准，本年度可暂不进行反风演习，但必须对反风设施的完好情况进行检查，并制定发生火灾时的反风技术方案。

3. 反风设施的有关要求

（1）结构简单，坚固可靠。

（2）所有操作开关应集中安设，动作灵活可靠，便于值班司机一个人独立操作。

（3）从下达反风命令开始，在 10 min 内必须改变巷道中的风流方向。

（4）主要通风机反风时的供风量不应小于正常风量的 40%，即

$$Q_{反} \geq 0.4Q_{正}$$

式中 $Q_{正}$，$Q_{反}$——矿井正常通风时和反风时的风量。

《规程》规定矿井反风风量不得低于正常风量 40%，主要是考虑：

① 反风期间的矿井瓦斯涌出量，较正常情况时不会增加而有所下降；反风风量达到正常风量 40%时，即使正常风流瓦斯浓度较高（如 0.6%以上）的矿井，其反风风流中瓦斯浓度最大也不会超过 1.0%。

② 反风风量改为正常风量 40%后，可使用多种反风方法，包括采用专用反风道、轴流式主要通风机反转、备用通风机作反风道等，有利于矿井救灾。

（5）每个主要通风机房内，应挂设反风设施布置图和反风操作规程，规程中要详细规定反风方法、操作顺序及注意事项。

（6）为保证反风设施始终处在完好状态，以便能在紧急情况下顺利完成矿井反风任务，每季度应至少检查 1 次反风设施，发现问题，及时解决，以免在进行反风时出现这样那样的问题而贻误良机甚至造成重大事故。

【典型事例】 某日，吉林省某煤矿发生矿井火灾进行矿井反风时，由于反风闸板冻结严重，延误 1 h 才实现反风，导致 68 人中毒死亡。

反风设施的检查工作应由矿机电、通风、安监和救护等部门共同实施。检查项目包括：主要通风机和启动电气设备，进风井口楼、反风道，所有地面闸门和风门，电控设备绞车和钢丝绳、防爆门、反风设备的防冻设施，以及进、回风井之间和主要进、回风道之间的正、反向风门等。若有问题，要限期解决，并要把检查结果记入专用的记录本内，由机电和通风部门保存备查。

第一百六十条 严禁主要通风机房兼作他用。主要通风机房内必须安装水柱计（压力表）、电流表、电压表、轴承温度计等仪表，还必须有直通矿调度室的电话，并有反风操作系统图、司机岗位责任制和操作规程。主要通风机的运转应当由专职司机负责，司机应当每小时将通风机运转情况记入运转记录簿内；发现异常，立即报告。实现主要通风机集中监控、图像监视的主要通风机房可不设专职司机，但必须实行巡检制度。

【条文解释】 本条是对主要通风机房管理的规定。

主要通风机房是煤矿的要害部门，房内安设的主要通风机及其附属设备，如电动机、反风操作装置、电控装置和各种检测仪表等，都必须时刻保持正常运行和完好状态；否则，将严重影响矿井通风系统的稳定、可靠性，诱发通风瓦斯隐患甚至导致重大灾害事故。对主要通风机房必须严格管理，不得兼作他用，也不准任何闲散人员入内；房内必须有直通矿调度室的电话；主要通风机的运转应由专职司机负责。实现主要通风机集中监控、图像监视的主要通风机房可不设专职司机，但必须实行巡检制度。

水柱计（压力表）、电流表、电压表、轴承温度计等仪表，是用来连续检测主要通风

机的风压和电动机运行参数变化状况的重要仪表，是表示主要通风机运行状态的主要依据。所以，通风机房内必须安装这些仪表，司机还应每小时将通风机运转情况记入运转记录簿内；发现异常，立即报告。

第一百六十一条 矿井必须制定主要通风机停止运转的应急预案。因检修、停电或者其他原因停止主要通风机运转时，必须制定停风措施。

变电所或者电厂在停电前，必须将预计停电时间通知矿调度室。

主要通风机停止运转时，必须立即停止工作、切断电源，工作人员先撤到进风巷道中，由值班矿领导组织全矿井工作人员全部撤出。

主要通风机停止运转期间，必须打开井口防爆门和有关风门，利用自然风压通风；对由多台主要通风机联合通风的矿井，必须正确控制风流，防止风流紊乱。

【条文解释】 本条是对主要通风机因故停转的规定。

矿井通风是井下安全工作最重要的内容，井下没有新鲜空气将严重威胁矿井安全生产，甚至酿成矿毁人亡的恶果，主要通风机停止运转将使井下没有新鲜空气，所以必须制定主要通风机停止运转的应急预案。

主要通风机由于停电、检修或其他原因停止运转时，井下受停风影响的地点就会处于微风或无风状态，空气中的瓦斯和各种有害气体的浓度就会急剧上升而超限，极易酿成人员窒息或瓦斯燃爆事故。所以，主要通风机停止运转时，必须制定停风措施；受停风影响的地点，必须停止工作，切断电源，工作人员先撤到进风巷道中，然后由值班矿领导组织全矿井工作人员全部撤出。

为了利用自然风压通风，主要通风机停止运转期间，必须打开井口防爆门和有关风门；对由多台主要通风机联合通风的矿井，必须正确控制风流，防止风流紊乱。

【典型事例】 某年，河南省某煤矿，采用压入式通风，采区采用无煤柱下行通风的开采布置，由于主要通风机突然停电 13 min，采区相邻的上部采空区大量窒息性气体（氮气）外逸，致使 12 名采煤工作面安装作业的工人窒息死亡。

第一百六十二条 矿井开拓或者准备采区时，在设计中必须根据该处全风压供风量和瓦斯涌出量编制通风设计。掘进巷道的通风方式、局部通风机和风筒的安装和使用等应当在作业规程中明确规定。

【条文解释】 本条是对编制矿井开拓或准备采（盘）区通风设计的规定。

掘进工作面是瓦斯煤尘燃爆事故的多发地点，也是矿井通风管理的核心地点之一，因此，在矿井开拓或准备采区时，必须编制巷道掘进时的局部通风设计。

局部通风设计是煤矿开采和矿井通风设计的重要组成部分。因为掘进工作面的供风量和瓦斯涌出量的大小是关系到能否发生瓦斯超限或积聚乃至燃爆事故的 2 个至关重要的参数，所以，在设计中必须根据该处全风压供风量和瓦斯涌出量编制通风设计。而巷道掘进时采用何种通风方式（压入式、抽出式、混合式）、局部通风机安设的位置（必须安设在新鲜风流中且距回风口不得小于 10 m）、风筒的接设与吊挂等，都是严重影响局部通风机能否发生循环风、能否供给足够有效风量和使掘进工作面及其回风巷道内的风流瓦斯浓度达到《规程》规定以下的重要因素，关系到局部通风的稳定、可靠性。因此，掘进巷道的通风方式、局部通风机及风筒的安设和使用等均应在作业规程中明确规定。

1. 编制局部通风设计原则和要求

（1）掘进巷道必须采用全风压或局部通风机通风，不得采用扩散通风。深度不超过6 m、入口宽度不小于1.5 m、无瓦斯涌出的硐室，可采用扩散通风。

（2）机电硐室必须设在进风流中；若设在回风流中，则必须制定安全措施，并在其入风口安设瓦斯自动报警断电装置（瓦斯浓度不超过0.5%）。

（3）掘进工作面的通风方式，必须符合《规程》规定。

（4）每个独立通风的掘进工作面的需要风量，应按瓦斯涌出量、炸药用量、作业人数等分别计算和用风速进行验算，并取其最大值。

（5）局部通风设计必须履行审批程序。

2. 局部通风设计及其说明书内容

（1）掘进工作面的地点、名称、煤岩层别、最大送风距离。

（2）施工队组名称、作业方式和劳工组织情况。

（3）巷道设计断面、净断面大小和支护形式。

（4）采区通风系统、局部通风方式和通风机安装地点，并附系统图。

（5）掘进煤层的瓦斯参数及依据。

（6）掘进工作面所需风量计算。

（7）局部通风机及其设备选择。

（8）明确瓦斯监测装置的安装、吊挂、断电浓度和断电范围，并附安装布置图。

（9）掘进工作面供电设计报告，其中必须包括局部通风机和动力设备的供电系统图、“三专供电”和“两闭锁”接线原理图、设备布置平面图以及风电闭锁试验和电气设备管理安全措施。

（10）采取“边掘边抽”瓦斯措施时，要有瓦斯抽采设计报告，其中包括预计瓦斯涌出量、风排瓦斯量、边抽瓦斯量、边抽瓦斯工程量、钻孔布置及有关参数等，并附抽采系统图。

第一百六十三条 掘进巷道必须采用矿井全风压通风或者局部通风机通风。

煤巷、半煤岩巷和有瓦斯涌出的岩巷掘进采用局部通风机通风时，应当采用压入式，不得采用抽出式（压气、水力引射器不受此限）；如果采用混合式，必须制定安全措施。

瓦斯喷出区域和突出煤层采用局部通风机通风时，必须采用压入式。

【名词解释】 全风压通风、局部通风机通风

全风压通风——利用矿井主要通风机产生的风压和通风设施，向采掘工作面和硐室等用风地点供风的通风方式。它具有稳定、可靠、安全的特点。

局部通风机通风——利用局部通风机产生的风压，向局部地点供风的通风方式。

【条文解释】 本条是对掘进巷道通风方式的规定。

1. 对掘进巷道局部通风

掘进巷道通风方式主要有全风压通风、局部通风机通风和扩散通风。当巷道掘进到一定距离时，由于巷道口与掘进工作面（迎头）之间没有风压差，风流就没有动力流向工

作面。因此，为了对掘进巷道进行有效的通风，就必须在巷道内设置纵向风障或采用导风筒构成全风压通风系统，迫使风流流向掘进工作面及其巷道而实施通风；也可采用局部通风机对掘进巷道进行通风。但由于扩散通风所产生的风压及其作用距离都比较小，不能满足较长距离的通风要求，因此，掘进巷道必须采用矿井全风压通风或局部通风机通风，而不得采用扩散通风。

2. 局部通风机通风方式

局部通风机通风方式包括压入式、抽出式和混合式 3 种。

(1) 压入式通风是利用局部通风机将新鲜风流经风筒压入掘进工作面，同时将污浊空气经巷道排出的一种通风方式。压入式通风是较为安全和应用最多的一种掘进巷道通风方式。瓦斯喷出区域和突出煤层的掘进通风方式必须采用压入式。

(2) 抽出式通风是将污浊空气经风筒和局部通风机抽出，新鲜风流由巷道流入的一种通风方式。抽出式通风存在以下缺点或隐患：

① 工作面含有瓦斯的污浊风流经过局部通风机时，较为危险，尤其在临时停风致使工作面风流瓦斯浓度超过 1.0%或 3.0%而需要排除瓦斯时，更加危险。

② 如果局部通风机的防爆、防静电和防摩擦火花性能较差，运转时吸入含有较高瓦斯浓度的风流，容易诱发爆炸事故，因此必须采用经国家检定单位对防爆和防摩擦火花检验合格的抽出式局部通风机。

③ 只有在局部通风机及其开关附近 10 m 以内风流中的瓦斯浓度都不超过 0.5%时，方可人工启动局部通风机，如果采用抽出式通风，则当工作面瓦斯浓度达到 1.0%或3.0%时，排放瓦斯工作将无法进行。煤巷、半煤岩巷和有瓦斯涌出岩巷的掘进通风方式应采用压入式，不得采用抽出式。

(3) 掘进巷道采用混合式通风。

① 无论岩巷、煤巷或半煤岩巷的掘进，采用混合式局部通风时，应制定专门的通风设计说明书，列入掘进作业规程。在瓦斯喷出或煤与瓦斯突出的煤、岩层中不得采用混合式通风方式。

② 掘进巷道的混合式通风，都必须采用局部通风机通风，不得采用风障通风。

③ 掘进巷道采用混合式通风时，其布置应遵守以下规定：

——混合式通风应采用“长压短抽”的方式。其中压入式通风的风筒出风口或抽出式通风的风筒吸风口与掘进工作面的距离，应分别在风流的有效射程或有效吸程范围内，但抽出式通风的风筒吸风口与掘进工作面的距离不得大于 5 m。见图 3-3-6。

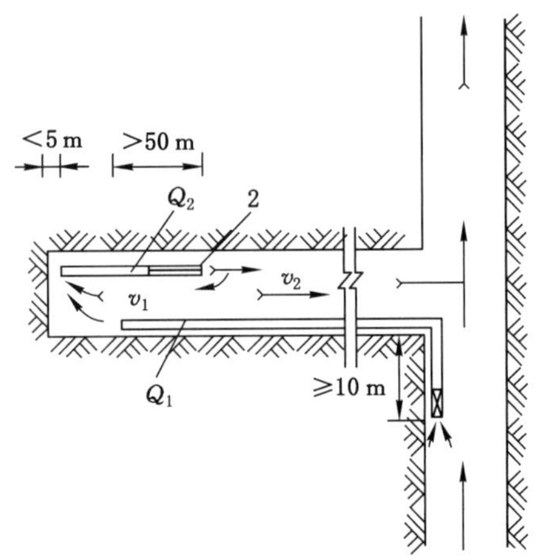

图 3-3-6　“长压短抽”局部通风方式示意图

——混合通风方式中的抽出式局部通风机（或除尘风机）的风量应大于压入式局部通风机的风量（$Q_2>Q_1$），且掘进巷道各处的风速（v_1，v_2）都必须符合《规程》规定。

——有瓦斯涌出的掘进工作面，抽出式通风的风筒吸风口应安设瓦斯自动监测报警断电装置，保证吸入风流中的瓦斯浓度不超过1%。

——抽出式局部通风机（或除尘风机）必须与压入式局部通风机闭锁联动，当压入式局部通风机停止运转时，抽出式局部通风机自动停止运转；压入式局部通风机未启动时，抽出式局部通风机被闭锁，不能先启动。

第一百六十四条 安装和使用局部通风机和风筒时，必须遵守下列规定：

（一）局部通风机由指定人员负责管理。

（二）压入式局部通风机和启动装置安装在进风巷道中，距掘进巷道回风口不得小于10 m；全风压供给该处的风量必须大于局部通风机的吸入风量，局部通风机安装地点到回风口间的巷道中的最低风速必须符合本规程第一百三十六条的要求。

（三）高瓦斯、突出矿井的煤巷、半煤岩巷和有瓦斯涌出的岩巷掘进工作面正常工作的局部通风机必须配备安装同等能力的备用局部通风机，并能自动切换。正常工作的局部通风机必须采用三专（专用开关、专用电缆、专用变压器）供电，专用变压器最多可向4个不同掘进工作面的局部通风机供电；备用局部通风机电源必须取自同时带电的另一电源，当正常工作的局部通风机故障时，备用局部通风机能自动启动，保持掘进工作面正常通风。

（四）其他掘进工作面和通风地点正常工作的局部通风机可不配备备用局部通风机，但正常工作的局部通风机必须采用三专供电；或者正常工作的局部通风机配备安装一台同等能力的备用局部通风机，并能自动切换。正常工作的局部通风机和备用局部通风机的电源必须取自同时带电的不同母线段的相互独立的电源，保证正常工作的局部通风机故障时，备用局部通风机能投入正常工作。

（五）采用抗静电、阻燃风筒。风筒口到掘进工作面的距离、正常工作的局部通风机和备用局部通风机自动切换的交叉风筒接头的规格和安设标准，应当在作业规程中明确规定。

（六）正常工作和备用局部通风机均失电停止运转后，当电源恢复时，正常工作的局部通风机和备用局部通风机均不得自行启动，必须人工开启局部通风机。

（七）使用局部通风机供风的地点必须实行风电闭锁和甲烷电闭锁，保证当正常工作的局部通风机停止运转或者停风后能切断停风区内全部非本质安全型电气设备的电源。正常工作的局部通风机故障，切换到备用局部通风机工作时，该局部通风机通风范围内应当停止工作，排除故障；待故障被排除，恢复到正常工作的局部通风后方可恢复工作。使用2台局部通风机同时供风的，2台局部通风机都必须同时实现风电闭锁和甲烷电闭锁。

（八）每15天至少进行一次风电闭锁和甲烷电闭锁试验，每天应当进行一次正常工作的局部通风机与备用局部通风机自动切换试验，试验期间不得影响局部通风，试验记录要存档备查。

（九）严禁使用3台及以上局部通风机同时向1个掘进工作面供风。不得使用1台局部通风机同时向2个及以上作业的掘进工作面供风。

【名词解释】 循环风

循环风——掘进巷道中的一部分回风流回流到局部通风机的吸入口，通过局部通风机及其风筒，重新供给掘进工作面的风流。

【条文解释】 本条是对安装、使用局部通风机和风筒的规定。

1. 加强局部通风机管理的重要性

采用局部通风机作动力，通过风筒导风的通风方法，是掘进巷道采用的最基本、最主要的方法。

（1）局部通风机通风的作用大。局部通风机通风是煤矿井下采掘工作面生产作业的一个重要环节。局部通风机通风与采掘工作面、矿井安全密切相关。煤矿井下采掘工作面存在着瓦斯和其他有害气体、煤尘、煤炭自燃等严重威胁，搞好局部通风机管理，是预防煤矿“一通三防”事故的重要措施，是实现煤矿安全状况根本好转的基础工作。为了创造良好的采掘生产作业环境，对瓦斯、煤尘和火灾实施切实可行的防治措施，提高矿井采掘工作面的抗灾救灾能力，最经济、最基础的解决方法就是加强局部通风机管理。

（2）局部通风机设备的可靠性差。由于局部通风机设备及其供电线路本身质量较差，运转环境恶劣和经常不断移动，其稳定性差、可靠性低，在运转过程中常常发生故障，造成停转停风。

（3）因局部通风机管理不善造成事故多。实践证明，我国煤矿采掘工作面因局部通风机管理不善，如局部通风机安装位置不当、风筒漏风过大、风筒口离掘进工作面迎头距离太远以及无计划停电停风等，造成瓦斯煤尘爆炸事故时有发生。

所以局部通风机应由指定人员负责管理。

2. 循环风危害及其防治

（1）循环风的危害

① 当掘进工作面局部通风机通风出现循环风时，进入掘进工作面的风流不是新鲜风流，而含有该工作面的瓦斯等有毒有害气体和大量矿尘，严重地影响工作面的安全和卫生。

② 当掘进工作面风流中瓦斯或煤尘的浓度达到爆炸界限，在风流进入并通过局部通风机时，可能因遇局部通风机使用不当产生的机械摩擦火花和电气失爆火花，而引发瓦斯或煤尘爆炸事故，对安全生产构成严重威胁。

【典型事例】 2000 年 9 月 27 日，贵州省某煤矿四采区 41116 回风巷掘进工作面因更换局部通风机而停电停风，造成瓦斯积聚。20 时在开始排放瓦斯过程中，由于安设在 41114 运输巷的 4 台局部通风机同时运转，而且 41116 回风巷因积水造成回风不畅，41114 运输巷局部通风机以里部分巷道内风流不稳定而发生循环风，致使 41114 运输巷第四联络巷附近巷道内瓦斯浓度超过规定达到爆炸界限。当时，一名工人违章拆卸矿灯引起电火花，引起瓦斯、煤尘爆炸，死亡 162 人。

（2）循环风的防治方法

掘进工作面循环风的防治方法，主要是掘进巷道使用的局部通风机安装位置和吸入风量必须符合以下规定要求：

① 压入式局部通风机和启动装置，必须安装在进风巷道中，距掘进巷道回风口不得小于 10 m。

② 全风压供给该处的风量必须大于局部通风机吸入风量的 30%以上。

③ 局部通风机安装地点到回风口间巷道中的最低风速必须符合以下规定：采煤工作

面、掘进中的煤巷和半煤岩巷 0.25 m/s，掘进中的岩巷0.15 m/s。

④ 安装使用的局部通风机必须吊挂或垫高，离地面高度大于 0.3 m，以免局部通风机被煤矸掩埋。

3. 设置掘进工作面备用局部通风机

（1）掘进工作面备用局部通风机设置的必要性

只有依靠局部通风机连续不停地运转，才能满足井下采掘工作面连续不断的供风需要。局部通风机一旦停止运转，掘进巷道中将出现瓦斯等有毒有害气体含量增加的危险，可能引发瓦斯煤尘爆炸事故或使人中毒窒息甚至死亡的悲惨恶果。在 1 台局部通风机正常运转期间，配备安装备用局部通风机装置，可以做到 1 台运转、1 台备用（保持完好状态），当正常工作的局部通风机发生故障时，备用局部通风机保持对掘进工作面正常通风，以满足掘进工作面安全生产的需求。

【典型事例】　某日，河南省某煤矿二水平二采区-226 m 回风巷电缆被挤坏，造成接地掉闸，停电停风，使瓦斯浓度积聚达到爆炸界限。当时，由于一名工人违章送电，形成断路火花，引起瓦斯燃烧爆炸，扬起煤尘后，又造成煤尘传导性爆炸，造成死亡 133 人。

（2）设置掘进工作面备用局部通风机的条件

高瓦斯矿井、突出矿井的煤巷、半煤岩巷和有瓦斯涌出的岩巷掘进工作面需设置备用局部通风机。

（3）掘进工作面备用局部通风机的规定

① 及时。备用局部通风机能够自动切换。当正常工作的局部通风机发生故障时，备用局部通风机能自动启动，保证掘进工作面及时正常通风。自动切换功能可以避免人的因素影响，保证及时性。

② 足量。备用局部通风机必须与正常工作的局部通风机能力相同，以保证掘进工作面足量供风。为了保证井下采掘工作面稳定、均匀、可靠地用风，掘进工作面正常工作的局部通风机必须配备安装同等能力的备用通风机。如果备用通风机能力较低，将不能满足掘进工作面的用风需求；如果备用局部通风机能力较大，又会出现经济效益不佳的状态。

③ 可靠。掘进工作面备用局部通风机电源必须取自同时带电的另一电源，即与正常工作的局部通风机供电来自 2 个不同的电源。这样，无论局部通风机本身出现故障还是供电线路发生问题，备用局部通风机均能起到“备用”的作用，从而提高对掘进工作面供风的可靠性。

（4）正常工作的局部通风机供电规定

① 正常工作的局部通风机必须采用“三专”供电。“三专”指的是专用开关、专用电缆、专用变压器。

② 专用变压器最多可向 4 个不同掘进工作面的局部通风机供电。

③ 备用局部通风机电源必须取自同时带电的另一电源，当正常工作的局部通风机故障时，备用局部通风机能自动启动，保持掘进工作面正常通风。

（5）低瓦斯矿井掘进工作面的局部通风机，要求按照高突矿井一样“必须采用三专供电”，或者配备同等能力、能自动切换的备用通风机。

4. 风筒的规定要求

风筒是确保掘进工作面供给足够有效风量的关键装置，必须加强安全生产标准化工作和现场管理及维护。

（1）对风筒的选择要求

局部通风机风筒的选择要求是：阻燃，抗静电，耐腐蚀，漏风少，风阻小，连接简单，运输存放方便，粘补维修容易，而且经久耐用、价格低廉。

（2）局部通风机风筒口到掘进工作面的距离

① 压入式通风时的有效射程。采用局部通风机压入式通风时，从风筒出口到达风流射出的最远距离，称为局部通风机风流有效射程。

$$L_s = (4 \sim 5)A$$

式中 L_s——风流有效射程，m；

A——巷道断面积，m^2；

4～5——风流有效射程系数，当风筒出口风速较小时选 4，当风筒出口风速较大时选 5。

② 抽出式通风时的有效吸程。采用局部通风机抽出式通风时，从风筒入口到达风流吸入的最远距离，称为局部通风机风流有效吸程。

$$L_x = 1.5\sqrt{A}$$

式中 L_x——风流有效吸程，m；

A——巷道断面积，m^2；

1.5——风流有效吸程系数。

③ 局部通风机风筒口到掘进工作面距离合理确定。采用局部通风机通风时，风筒口到掘进工作面的距离小于风流有效射（吸）程，炮烟、瓦斯等有害气体和粉尘与压入（吸出）的新鲜风流强烈掺混，可使它们浓度降低，迅速排出工作面。如果风筒口到掘进工作面的距离大于风流有效射（吸）程，在风流有效射（吸）程以外将出现循环涡流区，炮烟、瓦斯等有害气体和粉尘排出的速度较慢，排出的时间较长。所以，风筒口不能距离掘进工作面太远。风筒口距离掘进工作面太近也会带来不利影响，矿尘影响现场人员的安全作业和身体健康、容易崩坏风筒等。根据现场经验，大多数掘进工作面局部通风机采用压入式通风，其风筒口到掘进工作面距离 10 m 左右；而采用抽出式通风时，这个距离一般应当小于 5 m。

【典型事例】 某日，山西省晋城市某煤矿距主井 170 m 处大巷中部发生瓦斯爆炸，死亡 10 人。该矿井口安设 1 台 11 kW 局部通风机压入式通风，风筒破口多，漏风严重，风筒口距工作面长达 44.8 m，造成工作面无风作业，使瓦斯大量积聚；加上大巷正前方工作面临近老空区，使瓦斯大量向工作面、大巷渗透，瓦斯浓度越来越高。同时，由于爆破时炮眼封泥不足，引起了瓦斯燃烧爆炸。

（3）混合式通风局部通风机和风筒的安设

① 局部通风机混合式通风及其优缺点。局部通风机混合式通风指的是，将抽出式和压入式 2 种通风方法同时使用，新鲜空气由压入式局部通风机和风筒压入掘进工作面，而污浊空气和矿尘则由抽出式局部通风机和风筒排出。混合式通风的优点是：通风效果好，特别适用于大断面、长距离岩巷掘进工作面的供风。混合式通风的缺点是：降低了压入式

和抽出式两列风筒重叠段巷道内的风量，造成此处瓦斯积存量较大。同时，由于混合式通风包含抽出式通风方式，因此它又存在抽出式通风的缺点，如有乏风通过的局部通风机和风筒要求刚性材质，安全性能较差，成本高且适应性较差。

② 局部通风机混合式通风的适用条件。采用局部通风机混合式通风必须符合以下条件：

——在瓦斯喷出或煤（岩）与瓦斯（二氧化碳）突出的煤（岩）层中不得采用混合式通风。

——采用混合式通风必须制定安全措施。

——抽出式局部通风机的风量应大于压入式局部通风机的风量。

——抽出式局部通风机的风筒口与掘进工作面的距离不得大于 5 m；压入式局部通风机的风筒口必须在风流有效射程内。

——2 台局部通风机必须闭锁联动。当压入式局部通风机停止运转时，抽出式局部通风机自动停止运转；当压入式局部通风机未启动时，抽出式通风机被闭锁，不能先启动。

——必须采用经国家检定单位检验合格的抽出式局部通风机。在有瓦斯涌出的掘进工作面，抽出式局部通风机风筒口应安设瓦斯自动监测报警断电仪，保证吸入风流中的瓦斯浓度不大于 1%。

——工作面及附近 100 m 范围内噪声不应超过 85 dB（A），并应安设配套的消音器。

③ 混合式局部通风机和风筒的安设。局部通风机混合式通风是抽出式和压入式联合运用，按局部通风机和风筒的安设位置，分为长压短抽、长压长抽和长抽短压 3 种形式。其中以长压短抽形式应用最广泛。

④ 风筒安设规定要求。为了降低局部通风机风筒的通风阻力和减少风筒漏风，风筒安设规定要求如下：

——尽量使用大直径、长节风筒。大直径风筒对减少风筒风阻有明显效果，柔性风筒直径有 300 mm、400 mm、450 mm、500 mm、600 mm、800 mm 和 1 000 mm 等多种，应根据巷道断面和需风量尽量选择大直径风筒。长节风筒可以减少风筒的接头，既可降低风阻，又可减小接头造成的漏风量。风筒长度有 3 m、5 m、10 m 和 20 m 等多种，还有的长距离掘进通风采用粘接法风筒节长增加到 30~50 m，甚至更长。据统计，减少 1 个套环接头可减小 0.86 m^3/min 的漏风量。

——连接风筒时采用风阻较少、漏风较少的接头方法，如采用罗圈接头比双翻边接头，平均每个接头风阻要降低 95%左右，漏风量要降低 90%左右。

——提高风筒吊挂质量。风筒的吊挂要逢环必挂，吊挂质量要求平、直、稳、紧；在巷道拐弯特别是呈右角弯时，风筒在拐弯处要设弯头缓慢转弯，不准拐死角；不同直径的风筒连接要使用专用过渡节，先大后小，不准花接。风筒接头处要求严密，在手距接头 0.1 m处感到不漏风、无破口（末端 20 m 除外）、无反接头，柔性风筒接头要反压边，刚性风筒接头要加垫并上紧螺钉。

——正常工作的局部通风机和备用局部通风机自动切换的交叉风筒接头的规格和安设标准，应在作业规程中明确规定。

——局部通风机风筒的维护管理。局部通风机风筒应设专人管理。要教育井下从业人员爱护使用局部通风机风筒，防止人为损坏。在作业过程中要谨防矿车通过时刮破、顶板掉矸时砸破、掘进工作面爆破时崩破，或者锐器刺破。一旦出现破口，必须及时进行粘补，损坏严重时还要重新更换。

5. 正常工作和备用局部通风机均失电停止运转后应采取的措施

正常工作和备用局部通风机均失电停止运转后，当电源恢复时，正常工作的局部通风机和备用局部通风机均不得自行启动，必须人工开启局部通风机。

当正常工作和备用局部通风机均停电停转时，由该局部通风机供风的掘进工作面就处于无风状态，巷道内瓦斯可能大量积聚，存在着瓦斯爆炸的危险性。当电源恢复以后，正常工作局部通风机和备用局部通风机自行启动，就有可能将高浓度瓦斯“一风吹”式排出，如果遇到火源，则将引发瓦斯爆炸，所以正常工作局部通风机和备用局部通风机均不得自行启动，而必须采用人工启动的方法开启。因为人工启动时可根据该巷道积聚瓦斯情况进行合理的调控，以确保恢复通风时的安全。

6. 其他事项

（1）使用局部通风机供风的地点必须实行风电闭锁和甲烷电闭锁，保证当正常工作的局部通风机停止运转或停风后能切断停风区内全部非本质安全型电气设备的电源。正常工作的局部通风机故障，切换到备用局部通风机工作时，该局部通风机通风范围内应停止工作，排除故障；待故障被排除，恢复到正常工作的局部通风后方可恢复工作。使用2台局部通风机同时供风的，2台局部通风机都必须同时实现风电闭锁和甲烷电闭锁。

【典型事例】　某日，山西省洪洞县某煤矿二采区202、203工作面局部通风机串联通风。21日早8点班下班前井下停电停风，造成瓦斯大量积聚。当日下午4点班上班后，启动了局部通风机，通过串联风机将202工作面的瓦斯抽入203工作面，使203工作面四平巷瓦斯浓度剧增，达到瓦斯爆炸界限。由于煤电钻失爆，工人在打眼试钻时产生火花，引起瓦斯爆炸，爆炸冲击波扬起全矿巷道积尘而造成多处煤尘爆炸，造成死亡147人。

（2）为了确保闭锁装置和自动切换装置的灵敏可靠性，每15天至少进行1次风电闭锁和甲烷电闭锁试验，每天应进行1次正常工作的局部通风机与备用通风机自动切换试验。由于井下自然环境的影响，电气设备及安全装置受到潮湿、粉尘、碰砸影响因素较严重，必须对其进行维修保养和测量试验，一旦发生问题必须及时进行处理。

试验期间不得影响局部通风，试验记录要存档备查。

（3）严禁使用3台以上（含3台）局部通风机同时向1个掘进工作面供风，不得使用1台局部通风机同时向2个及以上作业的掘进工作面供风，以保证掘进工作面供风稳定、可靠和安全。

【典型事例】　某日，山西省晋城市某小煤矿北东盘区有8个掘进工作面作业，以掘代采。安装有局部通风机2台，一台5.5 kW局部通风机向7、8号掘进工作面轮流送风；一台11 kW局部通风机向1、2、3、4、5、6号掘进工作面轮流送风。大约16时30分有34名作业人员各自到达岗位进行作业。当时2号掘进工作面进行爆破准备工作，其他人员在各自工作面进行装煤和运煤工作。因2号掘进工作面需爆破，为吹散炮烟，瓦斯检查工冯某便将5号掘进工作面的风筒移到2号掘进工作面供风，其他掘进工作面都处于无风状态下作业。大约20时30分以后，6号掘进工作面煤已出净，此时爆破工到6号掘进工作面做爆破准备工作。由于6号掘进工作面爆破工在检查母线完好程度时产生电火花，引起瓦斯爆炸事故，造成23人死亡。

第一百六十五条 使用局部通风机通风的掘进工作面，不得停风；因检修、停电、故障等原因停风时，必须将人员全部撤至全风压进风流处，切断电源，设置栅栏、警示标志，禁止人员入内。

【条文解释】 本条是对局部通风机停风的有关规定。

1. 局部通风机停风的危害

煤矿井下巷道掘进时产生的瓦斯涌出量，一部分来自掘进工作面，新揭露的煤层会涌出大量瓦斯；另一部分来自掘进巷道周围的煤（岩）体，巷道越长瓦斯涌出量越大，所以即使掘进工作面停止作业，巷道瓦斯涌出量也会越来越大。采用局部通风机通风，可以将巷道中积聚的瓦斯冲淡和排除。但是，如果局部通风机停风，掘进巷道中积聚的瓦斯浓度就可能达到爆炸界限，遇上引爆火源，就会导致瓦斯爆炸，或者高浓度瓦斯使人中毒、窒息甚至死亡，故局部通风机通风的掘进工作面，发生停风现象是采掘工作面的重大安全隐患。

【典型事例】 2007 年 4 月 16 日，河南省平顶山市某煤矿发生一起瓦斯煤尘爆炸事故，井下死亡 31 人；矿山救护队在抢救过程中发生二次爆炸，造成 15 名救护队员受伤，直接经济损失 1 088 万元。该煤矿通风管理混乱，主井区域内东三平巷与二下山交岔口处由于冒顶局部通风机停风 1 个月，东三平巷积聚的瓦斯向外溢出，冒顶区域内瓦斯积聚并达到爆炸界限，作业人员在处理冒顶时违章放明炮引起了瓦斯爆炸，同时煤尘参与了爆炸。

2. 局部通风机停风的主要原因

（1）停电。由于局部通风机供电线路停止对局部通风机的供电，造成局部通风机停止运转、停止供风。特别是一些小煤矿，采煤工作面与掘进工作面供电为同一电源。由于采煤工作面的用电设备较多，供电问题也较多，常因超载、漏电而造成采区变电所开关跳闸，此时就影响局部通风机的正常供电，常因停电而造成掘进工作面的停风。

（2）检修。为了对局部通风机线路进行维修保养，定期进行检修是必要的。如果是单电源或单风机，势必影响局部通风机对掘进工作面的供风。对于这种计划内的检修造成的停风，必须制定安全措施。

（3）故障。由于局部通风机维修保养不当，有的煤矿局部通风机长期在井下服役，不坏不上井、不检修。使用时由一个掘进工作面调往另一个掘进工作面，经常被煤矸、污水淤埋，严重撞、碰、砸，完好率非常低。所以，局部通风机在使用过程中出现故障是时常发生的现象。局部通风机出现故障，必然造成停转、停风。

（4）局部通风机未开启。由于局部通风机没有设专人管理，造成局部通风机停转后无人开启，或者为了节省电费，不开启局部通风机或不安装局部通风机，造成掘进工作面无风作业。

【典型事例】 2000 年 1 月 9 日，辽宁省葫芦岛市某煤矿-78 m 水平大巷 4 号上山下口处发生瓦斯爆炸事故，死亡 11 人。8 日 16 时，该矿安排-78 m 水平大巷直头和 6 号上山作业，由于 4 号上山无人作业，当班未开启 4、5 号上山局部通风机。因矿井主要通风机从 1999 年 12 月中旬至事故发生时一直未开，局部通风机又停风长达 16 h，6 号上山局部通风机停风长达 8 h，-78 m 水平大巷形成一个巨大的“瓦斯库”。1 月 9 日 8 时，班长和 10 名工人到达-78 m 水平大巷后，启动了 4、5 号上山供风的局部通风机，将 4、5 号上山和 6 号上山及-78 m 水平大巷直头等处积聚的瓦斯排到-78 m 水平大巷。当时工人裴某在 4 号上山下口处吸烟，引发了瓦斯爆炸。

（5）局部通风机风筒未安设或脱节。风筒是局部通风机的重要装置之一，局部通风机运转时产生的风流只有通过风筒才能送到掘进工作面迎头，达到供风的目的。否则，若没有安设风筒、风筒脱节（有的是连接不牢，而有的是工人为了自己凉爽在半途将风筒掐开）或捆绑风筒，掘进工作面将出现停风现象。

【典型事例】　某日，山西省临汾市某煤矿发生瓦斯爆炸事故，死亡 47 人。该矿超通风能力布置采掘工作面突击生产。需要独立供风的工作面至少 7 处，需要供风量 800~900 m^3/min，但是，该矿实际供风量仅 330 m^3/min，只能布置两掘一采。采掘工作面均为独头巷作业，由于布置工作面过多，风量不足，部分工作面实际采用扩散通风和采空区通风。发生瓦斯爆炸的北二运输巷掘一工作面，局部通风机没有安设风筒，长达 48 m。巷口虽有风机，但工作面仍处于无风状态，造成涌出的瓦斯不能及时排出，达到爆炸界限。工人违章爆破产生火焰，引爆瓦斯。

3. 预防局部通风机停风的措施

（1）加强对局部通风机的供电管理。局部通风机供电是保证其不停风的关键。使用局部通风机通风的掘进工作面，必须装设“三专两闭锁”设施。“三专”的内容是：每套掘进工作面局部通风机的电源，直接从采区变电所采用专用开关、专用电缆、专用变压器向局部通风机供电。“两闭锁”的内容是风电、瓦斯电闭锁。要指定专人或电气值班人员负责操作，定期对开关、电缆、变压器和“两闭锁”设施进行检查和维护。对“三专”和“两闭锁”设施应在采区变电所内设立标志牌，标明使用地点、设备容量、电缆电压、电缆截面、电缆长度、管理负责人姓名等。要设立专用运行记录簿，详细记录停送电时间、故障处理结果，并在发生停电故障时及时报告矿调度室。

（2）加强对局部通风机的维修保养。对煤矿井下掘进工作面安装使用的局部通风机要建立维修保养制度，确定专人定期对局部通风机进行检查、维护，有问题及时处理，确保在使用中能连续不断地正常运转。使用的局部通风机在掘进工作面结束施工，形成全风压通风后，要把局部通风机运到井上进行检修，不合格的不能下井安装使用，以提高局部通风机的完好率和保证其合格的防爆性能。

（3）加强对计划内停电停风的管理。计划内的停电停风要尽量减少，要制定安全措施，报矿总工程师审批，确保在停电停风期间采掘工作面实现安全无事故。

（4）加强局部通风基础工作。在高突矿井煤巷、半煤岩巷和有瓦斯涌出的岩巷掘进工作面的通风要配备双风机、双电源，即正常工作的局部通风机和备用通风机，能力相等并能自动切换；同时该 2 台风机供电取自同时带电的不同电源，当正常工作的局部通风机因故突然停止运转而停止向掘进工作面供风时，向掘进工作面供风的工作自动切换到备用局部通风机，保证掘进工作面连续不停地供有新鲜空气，真正做到停机不停风。

（5）加强局部通风机的管理。一要加强局部通风安全质量标准化管理。对局部通风机安装位置、完好状况、风筒接头、风筒吊挂、风筒完好等项目搞好质量标准化。二要加强局部通风机的日常使用管理。要明确专人（专职或兼职）负责局部通风机的正常运转，专职看管局部通风机的工作人员，必须坚守岗位，不得离开局部通风机 20 m 以外。负责将本班局部通风机运转情况向下一个班次管理局部通风机的指定人员交接清楚。严禁和制止任何人随意停、开局部通风机。要实行挂牌管理，牌板内容注明局部通风机型号、电动机功率、额定供风量、供风地点、瓦斯和二氧化碳含量及管理负责人姓名等。要制定局部通风机无计划停风和计划内停风的专项通风安全措施，并在局部通风机停风时认真贯彻执行。

4. 局部通风机停风后处置方法

（1）停风必须停电。

掘进工作面使用的局部通风机必须保持经常不间断地运转；临时停工时，也不得停风。当因检修、停电、故障等原因停风时，风电闭锁装置立即切断局部通风机供风巷道内全部非本质安全型电气设备的电源。人员必须撤至全风压进风流处，因为这里是新鲜空气流经的地点，非常安全。

【典型事例】 某日，山西省太原市某煤矿 122 运输巷正前四联络巷以里，因临时停工停风而形成盲巷，并已设置栅栏和警标，盲巷内积聚大量瓦斯。但是，盲巷内没有切断电源，工人违章进入该盲巷，违章带电作业，在拆卸绞车电机时产生电火花，引起盲巷内瓦斯爆炸，死亡 17 人。

（2）停风时要设置栅栏、警示标志，禁止人员入内。

使用局部通风机通风的掘进工作面停风后，要在巷道外口设置栅栏，悬挂明显警标牌，严禁人员进入，并向矿调度室报告。每班在栅栏处至少检查 1 次瓦斯浓度，如发现栅栏内侧 1 m 处瓦斯或二氧化碳浓度超过 3%，或者其他有害气体浓度超过规定而不能立即处理，必须在 24 h 内封闭完毕。

第一百六十六条 井下爆炸物品库必须有独立的通风系统，回风风流必须直接引入矿井的总回风巷或者主要回风巷中。新建矿井采用对角式通风系统时，投产初期可利用采区岩石上山或者用不燃性材料支护和不燃性背板背严的煤层上山作爆炸物品库的回风巷。必须保证爆炸物品库每小时能有其总容积 4 倍的风量。

【条文解释】 本条是对井下爆炸物品库通风的规定。

炸药和雷管属爆炸危险品，爆炸后的冲击波和有害气体所产生的破坏性和危害性是巨大的。为了防止和控制井下爆炸材料库储存的炸药和雷管一旦发生燃爆所造成灾情的扩大，《规程》规定，井下爆炸材料库必须有独立的通风系统，回风风流必须直接引入矿井的总回风巷或主要回风巷；同时，在井下爆炸材料库的回风侧，不应布置任何通风设施，以便爆炸产生的气流和烟雾畅通无阻直接排至地面而不危及其他地点，以减小灾情。

第一百六十七条 井下充电室必须有独立的通风系统，回风风流应当引入回风巷。

井下充电室，在同一时间内，5 t 及以下的电机车充电电池的数量不超过 3 组、5 t 以上的电机车充电电池的数量不超过 1 组时，可不采用独立通风，但必须在新鲜风流中。

井下充电室风流中以及局部积聚处的氢气浓度，不得超过 0.5%。

【条文解释】 本条是对井下充电室通风的规定。

由于井下充电室内经常存放和有正在充电的蓄电池机车，而蓄电池组箱内装有大量的浓硫酸并经常补充，蒸发的硫酸蒸气对作业人员的呼吸系统有强烈的刺激作用；同时，蓄电池在充电过程中还会产生氢气，当氢气浓度过高时对人的呼吸也有影响（其在空气中的浓度应小于0.5%）；氢气还是可燃气体（当浓度达到4.0%~75%时，就会发生爆炸）。因此《规程》规定了井下充电室必须有独立的通风系统，使充电硐室中产生的浓硫酸蒸气和氢气直接排入矿井回风巷中，井下充电室风流中以及局部积聚的氢气浓度，不得超过0.5%，以保持充电室中良好的空气成分，维护作业人员的健康和确保矿井安全。

井下充电室，在同一时间内，5 t及其以下的电机车充电电池的数量不超过3组，5 t以上的电机车充电电池的数量不超过1组时，排放的有毒有害气体不是很浓，对回风侧不致造成过大的危害，可不采用独立的风流通风，但必须在新鲜风流中。

第一百六十八条 井下机电设备硐室必须设在进风风流中；采用扩散通风的硐室，其深度不得超过6 m、入口宽度不得小于1.5 m，并且无瓦斯涌出。

井下个别机电设备设在回风流中的，必须安装甲烷传感器并实现甲烷电闭锁。

采区变电所及实现采区变电所功能的中央变电所必须有独立的通风系统。

【名词解释】 甲烷传感器、井下机电设备硐室

甲烷传感器——将空气中的甲烷浓度变量转换为与之相对应的输出信号的装置，用于检测矿井空气中的甲烷浓度和检测瓦斯抽采管路的安全及质量情况。

井下机电设备硐室——井下安装机电设备的巷道。

【条文解释】 本条是对井下机电设备硐室通风的规定。

1. 井下机电设备硐室必须设在进风风流中

井下机电设备硐室是井下提供动力的重要场地。煤矿井下机电设备硐室必须设在进风风流中有以下理由：

（1）硐室中安装有很多高低压电气设备、设施和电缆，在运行过程中会产生很大的热量，硐室通风量必须保证硐室的空气温度不超过30 ℃；如果空气温度超过30 ℃，必须缩短超温地点工作人员的工作时间，并给予高温保健待遇。当硐室的空气温度超过34 ℃时，必须停止作业。新建、改扩建矿井设计时，必须进行风温预测计算，超温地点（特别是安装水泵的硐室——水泵房）必须有制冷设计，配齐降温设施。

因为进风流温度通常低于回风流温度，所以机电设备硐室设在进风流中可以使硐室温度更低，更好地带走硐室热量。

（2）进风流空气质量较好，回风流中往往含有大量的粉尘，如果机电设备硐室设在回风流中，将对机电设备、设施造成严重的磨损和锈蚀，不利于设备的维修保养；而机电设备硐室设在进风流中可以延长设备的使用寿命，提高设备的完好率。

（3）煤矿井下回风流中常常含有瓦斯、煤尘等可爆物，由于机电设备硐室电气设备很多，维修保养不够的可发生电火花现象，遇到浓度达爆炸界限的瓦斯或煤尘，就可能导致爆炸事故。机电设备硐室设在进风流中，可以避免瓦斯、煤尘进入硐室发生爆炸的危险。

（4）当矿井发生瓦斯、煤尘爆炸和火灾事故时，事故后形成的有害气体、高温火焰和烟雾随回风流排出，如果机电设备硐室设在进风流，机电设备不会受到它们的危害而继续保持正常运转。

2. 井下机电设备硐室采用扩散通风的条件

井下机电设备硐室通风方法及其优缺点：

（1）矿井全风压通风

利用矿井主要通风机的风压，把新鲜空气引入机电设备硐室，硐室内排出的乏风进入回风流中，这种通风方法叫作矿井全风压通风。矿井全风压通风具有通风连续可靠、安全性能好和管理方便等优点，特别适合井下机电设备硐室长度不大的条件。所以，煤矿井下机电设备硐室大多采用这种通风方式。

（2）采用机械通风

井下机电设备硐室采用机械通风有 2 种方法：一是利用引射器产生的通风负压对硐室进行通风；二是利用局部通风机作动力，对硐室进行通风。引射器通风的优点是无电气设备，无噪声，可以降尘、降低气温，设备简单、安全性能好；其缺点是风压低、风量小、效率低，需要高压水源和清理积水，对机电设备容易造成电气系统进水、硐室文明整洁面貌较差。而局部通风机噪声大、可靠性差、管理不方便。所以，煤矿井下机电设备硐室很少采用机械通风。

（3）采用扩散通风

扩散通风指的是利用空气中分子的自然扩散运动，对井下机电设备硐室进行通风的方式。井下机电设备硐室采用扩散通风的条件有以下 3 方面内容：

① 硐室深度不得超过 6 m；

② 硐室入口宽度不得少于 1.5 m；

③ 硐室内无瓦斯涌出。

根据理论研究和实践经验，机电设备硐室深度小于 6 m，入口宽度大于 1.5 m，可以达到扩散通风的目的。如果硐室深度过长，入口宽度过小，扩散风不易进入硐室内，会造成微风或无风状态，电气设备运转时发出的热量、硐室内粉尘和有害气体不能排出，将给机电设备硐室带来极大的危害。硐室内如果有瓦斯涌出，遇到电气火花极易造成瓦斯爆炸，因此，机电设备硐室采用扩散通风的前提条件是硐室内无瓦斯涌出。

3. 采区变电所及实现采区变电所功能的中央变电所必须有独立的通风系统

（1）采区变电所及实现采区变电所功能的中央变电所的作用

采区变电所及实现采区变电所功能的中央变电所指的是设置供给采区用电设备电源的巷道和硐室。实质上采区变电所及实现采区变电所功能的中央变电所是采区动力的中心，采区供电系统是矿井供电系统的主要组成部分，也是矿井供电系统安全运行的薄弱环节，稍有不慎就可能引发重大灾难事故。

【典型事例】　某日，贵州省遵义市某煤矿在进风斜井井底车场变电所内，因变压器低压输出电缆爆炸，火花引燃变压器的漏油，造成变电所木棚及斜井木棚燃烧，发生重大火灾事故。发生火灾事故后，错误地停止了矿井主要通风机，并派消防队员从进风斜井进入灾区灭火。由于火风压造成风流逆转，不但使灾区遇险的 25 人中毒窒息死亡，而且进行救灾的 23 人也无一幸免，其中包括矿总工程师、安全科长、消防队员和救护人员。

通过采区变电所及实现采区变电所功能的中央变电所向采掘工作面供电，以保证采掘工作面连续不断地生产和作业安全。采煤工作面根据其供电负荷容量选择 1 台或 2 台移动变电站（又叫配电点），通过配电点集中控制台的操作按钮分别向采煤机、输送机、破碎机、转载机、液压泵站、煤电站、小水泵及照明信号等供电；掘进工作面往往 1 台移动变电站就能满足配电需要，干线式供电，分别向掘进机、转载机、输送机、煤电钻、小水泵及照明信号等供电。

(2) 采区变电所及实现采区变电所功能的中央变电所通风系统的确定

由于采区内瓦斯涌出量较大，含有瓦斯的风流不能进入采区，否则极容易造成电火花引起瓦斯爆炸；采区变电所及实现采区变电所功能的中央变电所电气设备、设施和电缆很多，存在着电气火灾的严重威胁，为了防止采区变电所及实现采区变电所功能的中央变电所火灾事故危及其他采掘工作面，要求采区变电所及实现采区变电所功能的中央变电所的回风直接引入回风流中，而不能进入采掘工作面。独立通风系统具有独立的进、回风巷道。

【典型事例】 2002 年 10 月 1 日，广西壮族自治区某煤矿四采区变电所，因变压器长期超负荷运行，加上低压侧错误接线，导致橡套电缆短路，产生电弧火花，点燃底板的油造成火灾。由于该变电所没有独立的通风系统，变电所火灾气体即随变电所回风流进入了四采区，导致四采区回风平巷中的 30 名工人因窒息、中毒而死亡。

采区变电所及实现采区变电所功能的中央变电所一般设置在采区进风上（下）山与采区回风上（下）山之间，采区进风上（下）山的新鲜空气直接进入采区变电所及实现采区变电所功能的中央变电所，采区变电所及实现采区变电所功能的中央变电所内的乏风直接排到采区回风上（下）山。

4. 机电设备设在回风流中的有关规定

(1) 井下个别机电设备由于特殊原因，需要设在回风流中，必须安装甲烷传感器并具备甲烷超限断电功能。

甲烷断电仪是用于矿井内连续监测瓦斯浓度的一种现代化电子仪器。当瓦斯浓度达到设备定值时，可发出声光报警信号并自动切断被控区域内的电源，防止电气设备产生火花引起瓦斯爆炸。

甲烷传感器指的是煤矿安全监控系统中连续监测矿井环境气体中及抽采瓦斯管道内甲烷浓度的装置。它一般具有显示及声光报警功能。甲烷传感器应垂直悬挂，距顶板（顶梁、棚顶）不得大于 300 mm，距巷道侧壁不得小于 200 mm，并应安装维修方便，不影响行人和行车。

矿井安全监测监控系统除了能满足矿井监控信息传输要求和矿井监控系统通用要求以外，还能满足下列要求：

① 系统具有瓦斯、风速、烟雾等开关量监测和累计量监测功能。

② 系统具有声光报警和瓦斯断电仪功能：

——瓦斯浓度达到或超过报警浓度时，声光报警。

——瓦斯浓度达到或超过断电浓度时，切断被控设备电源并闭锁；瓦斯浓度低于复电浓度时，自动解锁。

——与闭锁控制有关的设备未投入正常运行或故障时，应切断该设备所监控区域的全部非本质安全型电气设备的电源并闭锁；当与闭锁控制有关的设备工作正常并稳定运行后，自动解锁。

③ 系统具有瓦斯风电闭锁功能。

④ 系统具有断电状态监测功能。

⑤ 系统具有中心站手动遥控断电/复电功能，断电/复电响应时间不大于系统巡检周期。

⑥ 系统具有异地断电/复电功能。

设在回风流中的机电设备甲烷传感器报警浓度≥0.5% CH_4，断电浓度≥0.5% CH_4，复电浓度<0.5% CH_4，断电范围为该机电设备的全部非本质安全型电气设备。

（2）甲烷传感器的报警浓度分为3类：

① 1.0% CH_4：采煤工作面上隅角、采煤工作面及回风巷、采掘机、采区回风巷、掘进工作面及回风流等。

② 0.5% CH_4：突出矿井采煤工作面进风巷、被串掘进工作面局部通风机前、回风流中的机电硐室的进风侧、架线电机车装煤点处、矿用防爆特殊型蓄电池电机车内等。

③ 特殊地点：专用排瓦斯巷2.5% CH_4、总回风巷0.7% CH_4、高瓦斯矿井双巷掘进工作面混合风流处1.5% CH_4。

第二节　瓦斯防治

第一百六十九条　一个矿井中只要有一个煤（岩）层发现瓦斯，该矿井即为瓦斯矿井。瓦斯矿井必须依照矿井瓦斯等级进行管理。

根据矿井相对瓦斯涌出量、矿井绝对瓦斯涌出量、工作面绝对瓦斯涌出量和瓦斯涌出形式，矿井瓦斯等级划分为：

（一）低瓦斯矿井。同时满足下列条件的为低瓦斯矿井：

1. 矿井相对瓦斯涌出量不大于10 m^3/t；
2. 矿井绝对瓦斯涌出量不大于40 m^3/min；
3. 矿井任一掘进工作面绝对瓦斯涌出量不大于3 m^3/min；
4. 矿井任一采煤工作面绝对瓦斯涌出量不大于5 m^3/min。

（二）高瓦斯矿井。具备下列条件之一的为高瓦斯矿井：

1. 矿井相对瓦斯涌出量大于10 m^3/t；
2. 矿井绝对瓦斯涌出量大于40 m^3/min；
3. 矿井任一掘进工作面绝对瓦斯涌出量大于3 m^3/min；
4. 矿井任一采煤工作面绝对瓦斯涌出量大于5 m^3/min。

（三）突出矿井。

【名词解释】　矿井瓦斯、矿井瓦斯等级

矿井瓦斯——矿井中主要由煤层气构成的以甲烷为主的有害气体。

矿井瓦斯等级——根据矿井的瓦斯涌出量和涌出形式所划分的矿井等级。

【条文解释】　本条是对矿井瓦斯等级的规定。

将瓦斯矿井分为不同的等级，其主要目的是做到区别对待，采取有针对性的技术措施与装备，对矿井瓦斯进行有效管理与防治，创造良好的作业环境和为安全生产提供保障。

为进一步规范煤矿瓦斯等级鉴定工作，加强煤矿瓦斯管理，预防瓦斯事故，保障职工生命安全，国家煤矿安全监察局、国家能源局于 2018 年 4 月 27 日颁布了《煤矿瓦斯等级鉴定办法》。

矿井瓦斯等级鉴定应当以独立生产系统的自然井为单位，有多个自然井的煤矿应当按照自然井分别鉴定。

矿井瓦斯等级应当依据矿井相对瓦斯涌出量、矿井绝对瓦斯涌出量、工作面绝对瓦斯涌出量和瓦斯涌出形式而确定。

矿井瓦斯等级划分为 3 级：

1. 低瓦斯矿井

同时满足下列条件的矿井为低瓦斯矿井：

（1）矿井相对瓦斯涌出量不大于 10 m^3/t；

（2）矿井绝对瓦斯涌出量不大于 40 m^3/min；

（3）矿井各掘进工作面绝对瓦斯涌出量均不大于 3 m^3/min；

（4）矿井各采煤工作面绝对瓦斯涌出量均不大于 5 m^3/min。

2. 高瓦斯矿井

具备下列情形之一的矿井为高瓦斯矿井：

（1）矿井相对瓦斯涌出量大于 10 m^3/t；

（2）矿井绝对瓦斯涌出量大于 40 m^3/min；

（3）矿井任一掘进工作面绝对瓦斯涌出量大于 3 m^3/min；

（4）矿井任一采煤工作面绝对瓦斯涌出量大于 5 m^3/min。

3. 煤（岩）与瓦斯（二氧化碳）突出矿井（以下简称突出矿井）

具备下列情形之一的矿井为突出矿井：

（1）发生过煤（岩）与瓦斯（二氧化碳）突出的；

（2）经鉴定具有煤（岩）与瓦斯（二氧化碳）突出煤（岩）层的；

（3）依照有关规定有按照突出管理的煤层，但在规定期限内未完成突出危险性鉴定的。

第一百七十条 每 2 年必须对低瓦斯矿井进行瓦斯等级和二氧化碳涌出量的鉴定工作，鉴定结果报省级煤炭行业管理部门和省级煤矿安全监察机构。上报时应当包括开采煤层最短发火期和自燃倾向性、煤尘爆炸性的鉴定结果。高瓦斯、突出矿井不再进行周期性瓦斯等级鉴定工作，但应当每年测定和计算矿井、采区、工作面瓦斯和二氧化碳涌出量，并报省级煤炭行业管理部门和煤矿安全监察机构。

新建矿井设计文件中，应当有各煤层的瓦斯含量资料。

高瓦斯矿井应当测定可采煤层的瓦斯含量、瓦斯压力和抽采半径等参数。

【条文解释】 本条是对矿井瓦斯等级和二氧化碳鉴定工作的规定。

1. 瓦斯鉴定

（1）瓦斯鉴定周期。

低瓦斯矿井每2年进行一次瓦斯等级和二氧化碳涌出量的鉴定。高瓦斯矿井和突出矿井不再进行周期性瓦斯等级鉴定工作，但应每年测定和计算矿井、采区、工作面瓦斯和二氧化碳涌出量。鉴定（测定）结果报省级煤炭行业管理部门和煤矿安全监察机构。

经鉴定或者认定为突出矿井的，不得改定为低瓦斯矿井或高瓦斯矿井（以下统称非突出矿井）。

新建矿井在可行性研究阶段，应当依据地质勘探资料、同一矿区的地质资料和相邻矿井相关资料等，新建矿井设计文件中，应当有各煤层的瓦斯含量资料，高瓦斯矿井应当测定可采煤层的瓦斯含量、瓦斯压力和抽采半径等参数。对矿井内采掘工程可能揭露的所有平均厚度在0.3 m以上的煤层进行突出危险性评估，评估结果应当在可行性研究报告中表述清楚。经评估认为有突出危险性煤层的新建矿井，建井期间应当对开采煤层及其他可能对采掘活动造成威胁的煤层进行突出危险性鉴定；未进行突出危险性鉴定的，按突出煤层管理。

（2）低瓦斯矿井出现下列情况之一的，应当在6个月内完成瓦斯等级鉴定工作：

① 新建矿井建设完成的；

② 矿井核定生产能力提高的；

③ 改扩建矿井改扩建完成的；

④ 开采新水平或新煤层的；

⑤ 资源整合矿井整合完成的。

低瓦斯矿井生产过程中出现有关情形之一的，煤矿企业应当立即认定该矿井为高瓦斯矿井，并报省级煤炭行业管理部门批准变更矿井瓦斯等级。

（3）非突出矿井或者突出矿井的非突出煤层出现下列情况之一的，该煤层应当立即按照突出煤层管理：

① 采掘过程中出现瓦斯动力现象的；

② 相邻矿井开采的同一煤层发生突出的；

③ 煤层瓦斯压力达到0.74 MPa以上的。

矿井有按照突出管理的煤层，可以直接申请省级煤炭行业管理部门批准认定为突出矿井；不直接申请认定的，应当在确定煤层按照突出管理之日起半年内完成该煤层的突出危险性鉴定。

矿井发生生产安全事故，经事故调查组分析确定为突出事故的，应当直接认定该煤层为突出煤层，该矿井为突出矿井。

2. 鉴定管理

（1）突出矿井（或者突出煤层）的鉴定工作，由国家应急管理部认定的鉴定机构承担。

（2）低瓦斯矿井和高瓦斯矿井的鉴定工作，由具备矿井瓦斯等级鉴定能力的煤炭企业或者委托具备相应资质的鉴定机构承担，具体办法由省级煤炭行业管理部门会同省级煤矿安全监管部门和省级矿山安全监察机构制定，并报国家矿山安全监察局、国家能源局备案。

（3）用于矿井瓦斯等级鉴定或者测定的所有仪器仪表应保证状态完好、测值准确，计量仪器仪表应在其计量检定证的有效期内使用。

（4）煤矿委托鉴定机构鉴定时，应与鉴定机构签订合同；合同内容应包括鉴定对象、内容、范围等。

鉴定矿井与鉴定机构应当密切配合，提供的鉴定基础资料、数据等必须真实、完整、可靠。

鉴定机构应当自鉴定合同生效之日起60天内完成高瓦斯矿井和瓦斯矿井的鉴定工作，120天内完成突出矿井的鉴定工作。

（5）鉴定机构应当依照法律、法规、技术标准和执业规则公正、诚信、科学地开展矿井瓦斯等级鉴定，并对鉴定结果负责。

矿井应当建立瓦斯鉴定档案，妥善保存鉴定过程中的原始资料。

鉴定机构不得转让或者出借瓦斯鉴定资质，不得将所承担的瓦斯鉴定工作转包或者分包。

（6）鉴定人员应当熟悉相关法律、法规、标准和规定，具备鉴定工作所需要的专业知识和能力，经过专业培训并考核合格后方可从事鉴定工作。

鉴定机构及其鉴定人员从事瓦斯鉴定活动，不得泄露被鉴定单位的技术和商业秘密等信息。

（7）鉴定报告应当有被鉴定矿井名称、鉴定机构名称、鉴定日期以及鉴定负责人、审核人和授权签字人的签字，加盖鉴定机构公章或者鉴定专用章，并附鉴定资质证书复印件。

（8）将有按照突出管理煤层的矿井鉴定为非突出矿井的，省级煤炭行业管理部门应当组织专家对其鉴定程序、方法、报告等进行审查。

（9）矿井名称、鉴定结果、鉴定机构等与鉴定有关的信息应当全部公开，接受监督。

省级煤炭行业管理部门应当建立本省（区、市）矿井瓦斯等级鉴定电子档案和数据库。

（10）各级煤矿安全监管部门和煤矿安全监察机构在安全检查和监察活动中，发现矿井瓦斯的实际情况明显高出矿井瓦斯等级的，应当责令矿井立即重新进行瓦斯等级鉴定。

3. 低瓦斯矿井和高瓦斯矿井的鉴定

（1）鉴定开始前应当编制鉴定工作方案，做好仪器准备、人员组织和分工、计划测定路线等。

（2）鉴定应根据当地气候条件选择在矿井绝对瓦斯涌出量最大的月份，且在矿井正常生产时进行。

（3）参数测定工作应当在鉴定月的上、中、下旬各取1天（间隔不少于7天），每天分3个班（或4个班），每班3次进行。

（4）鉴定工作应当准确测定风量、瓦斯浓度、二氧化碳浓度及温度、气压等参数，统计井下瓦斯抽采量、月产煤量，全面收集煤层瓦斯压力、动力现象及预兆、瓦斯喷出、邻近矿井瓦斯等级等资料。

鉴定实测数据与最近6个月以来矿井安全监控系统的监测数据、通风报表和产量报表数据相差超过10%的，应当分析原因，必要时应当重新测定。

（5）测点应当布置在进、回风巷测风站（包括主通风机风硐）内，如无测风站，则选取断面规整且无杂物堆积的一段平直巷道做测点。每一测定班应当在同一时间段的正常生产时间进行。

（6）绝对瓦斯涌出量按矿井、采区和采掘工作面等分别计算，相对瓦斯涌出量按矿井、采区或采煤工作面计算，并遵循有关规定计算。

（7）低瓦斯矿井和高瓦斯矿井鉴定报告应采用统一的表格格式，各省（区、市）可根据实际情况提出统一要求或统一制作，但鉴定报告应包括以下主要内容：

① 矿井基本情况；

② 矿井瓦斯和二氧化碳测定基础数据表；

③ 矿井瓦斯和二氧化碳测定结果报告表；

④ 标注有测定地点的矿井通风系统示意图；

⑤ 矿井瓦斯来源分析；

⑥ 最近5年内的矿井煤尘爆炸性鉴定、煤层自然发火倾向性鉴定情况及瓦斯爆炸、自然发火情况；

⑦ 矿井煤（岩）与瓦斯（二氧化碳）突出情况及瓦斯（二氧化碳）喷出情况；

⑧ 鉴定月份生产状况及鉴定结果简要分析或说明；

⑨ 鉴定单位和鉴定人员；

⑩ 矿井瓦斯等级鉴定审批表。

4. 突出矿井的鉴定

（1）煤层初次发生瓦斯动力现象的，煤矿应当保留发生瓦斯动力现象的现场，及时检测瓦斯动力现象影响区域的瓦斯浓度、风量及其变化等情况，并委托鉴定机构开展鉴定工作。

（2）鉴定机构接受委托后，应当指派3名以上本机构专职技术人员（其中1名具有高级职称）进行现场勘测并核实有关资料。

（3）发生瓦斯动力现象的煤层以瓦斯动力现象特征为主要依据进行鉴定的，应当将现场勘测情况与煤与瓦斯突出的基本特征进行对比，当两者基本符合时，该瓦斯动力现象为煤与瓦斯突出。

依据瓦斯动力现象特征不能确定为煤与瓦斯突出或者没有发生瓦斯动力现象时，以反映煤层突出危险性的实测指标为鉴定依据。

（4）采用煤层突出危险性指标进行突出煤层鉴定的，应当将实际测定的煤层瓦斯压力、煤的坚固性系数、煤的破坏类型、煤的瓦斯放散初速度作为鉴定依据。全部指标均处于表3-3-9所列临界值范围的，确定为突出煤层；打钻过程中发生喷孔、顶钻等突出预兆的，确定为突出煤层。

表3-3-9　判定煤层突出危险性单项指标的临界值及范围

判定指标	有突出危险的临界值及范围
煤的破坏类型	Ⅲ、Ⅳ、Ⅴ
瓦斯放散初速度 Δp	≥10
煤的坚固性系数 f	≤0.5
煤层瓦斯压力 p/MPa	≥0.74

煤层突出危险性指标未完全达到上述指标的，测点范围内的煤层突出危险性由鉴定机构根据实际情况确定；但当 $f\leqslant 0.3$、$p\geqslant 0.74$ MPa，或 $0.3<f\leqslant 0.5$、$p\geqslant 1.0$ MPa，或 $0.5<f\leqslant 0.8$、$p\geqslant 1.50$ MPa，或 $p\leqslant 2.0$ MPa 的，一般确定为突出煤层；认定为非突出煤层的范围和需要重新鉴定的条件，应当在鉴定报告中明确划定或者说明。

当鉴定结果认定为非突出煤层时，采掘工程进入原鉴定报告圈定的范围以外，或者矿井开拓新水平、新采区，或采深增加超过 50 m，或者进入新的地质单元时，应当重新测定参数进行鉴定。

（5）采用上述方法进行突出煤层鉴定的，还应当符合下列要求：

① 突出危险性指标数据应当为实际测定数据；

② 指标测定或者采取煤样地点应当能有效代表待鉴定范围的突出危险性，测点应按照不同的地质单元分别布置，测点分布和数量根据煤层范围大小、地质构造复杂程度等确定，但同一地质单元内沿煤层走向测点不应少于 2 个，沿倾向不应少于 3 个，并应在埋深最大的开拓工程部位布置有测点；

③ 各指标值取鉴定煤层各测点的最高煤层破坏类型、软分层煤的最小坚固性系数、最大瓦斯放散初速度和最大瓦斯压力值；

④ 所有指标测试应严格按照相关标准执行，测试仪器仪表应保证在其检定有效期内使用，相关材料的性能、型号和有效期等应符合要求。

（6）鉴定报告应对被鉴定矿井给出明确的结论，并包含以下内容：

① 矿井基本情况；

② 瓦斯动力现象发生情况或煤层突出危险性指标测定情况；

③ 确定是否为突出矿井（煤层）的主要依据；

④ 鉴定结论；

⑤ 应采取的措施及管理建议。

采用煤层突出危险性指标鉴定时，鉴定报告还应附有瓦斯参数测点和煤样取样点布置图、煤层瓦斯压力上升曲线图、实验室指标测定报告、现场指标测定所用仪器仪表的规格及其检定证书等。

（7）煤与二氧化碳突出矿井（煤层）的鉴定参照煤与瓦斯突出煤层的鉴定方法进行。岩石与二氧化碳（瓦斯）突出矿井的鉴定依据为矿井实际发生的动力现象，当动力现象具有如下基本特征时，应当确定为岩石与二氧化碳（瓦斯）突出矿井：

① 在炸药直接作用范围外，发生破碎岩石被抛出现象的；

② 抛出的岩石中，含有大量的砂粒和粉尘的；

③ 产生明显动力效应的；

④ 巷道二氧化碳（瓦斯）涌出量明显增大的；

⑤ 在岩体中形成孔洞的；

⑥ 有突出危险的岩层松软，呈片状、碎屑状，其岩芯呈凹凸片状，并具有较大的孔隙率和二氧化碳（瓦斯）含量的。

5. 鉴定责任

（1）对未按照规定办法开展瓦斯等级鉴定的矿井，应当责令其限期整改，逾期未完成整改的，责令其停产整顿。

按照规定办法直接升级或者认定为高瓦斯矿井、突出矿井的，应当在确定为高瓦斯矿井、突出矿井之日起 1 年内完成矿井设备、设施的升级改造，逾期未完成整改的，应当责令其停产整顿。

（2）对在矿井瓦斯等级鉴定过程中弄虚作假、降低矿井瓦斯等级的矿井，应当责令其停产整顿，并提请有关部门暂扣其安全生产许可证。

（3）鉴定机构伪造数据、出具虚假鉴定报告的，应当提请资质审批部门暂停或撤销其鉴定资质，并依据相关法律法规进行处罚。

（4）对违反规定办法规定的程序和要求降低矿井瓦斯等级并造成生产安全事故的，应当严肃追究相关责任人的责任，构成犯罪的，依法追究相关人员的刑事责任。

第一百七十一条　矿井总回风巷或者一翼回风巷中甲烷或者二氧化碳浓度超过0.75%时，必须立即查明原因，进行处理。

【条文解释】　本条是对矿井总回风巷或一翼回风巷中甲烷和二氧化碳浓度的规定。

这个规定，不是停止作业的规定，而是必须查明原因进行处理的一个隐患警告。之所以规定为0.75%而不是 1.0%，主要是因为总回风巷或一翼回风巷是各个分区（采区、工作面）通风的汇合，如果定为 1.0%，也就意味着各个分区都可达到 1.0%。而如果其中一个分区小于 1.0%，则必然另外有的分区超过 1.0%，这样不符合分区不得超过1.0%的规定。因此，要防止任何一个分区都不得超过 1.0%的规定，就必须严格控制总回风巷或一翼回风巷的风流中甲烷浓度和二氧化碳浓度，即将矿井总回风巷或一翼回风巷中的风流甲烷浓度控制在 0.75%。

在对矿井总回风巷或一翼回风巷风流中的甲烷浓度或二氧化碳浓度进行测定时，应遵守下列规定：

1. 矿井总回风巷或一翼回风巷风流中的甲烷浓度或二氧化碳浓度，均应在测风站内测定。

2. 测定巷道风流甲烷浓度时要在巷道风流的上部进行，即将光学瓦斯检定器的二氧化碳吸收管进气口置于巷道风流的上部（风流断面全高的上部约 1/3 处）进行抽气，连续测定 3 次，取其平均值；测定二氧化碳时应在巷道风流的下部进行，即将光学瓦斯检定器的二氧化碳吸收管进气口置于巷道风流的下部（风流断面全高的下部约 1/5 处）进行抽气，首先测出该处瓦斯浓度，然后去掉二氧化碳吸收管，测出该处瓦斯和二氧化碳混合气体浓度，后者减去前者再乘上校正系数即是二氧化碳的浓度，这样连续测定 3 次，取其平均值。

3. 巷道风流范围划定为：有支架的巷道，距支架和巷底各为 50 mm 的巷道空间内的风流；无支架或用锚喷、砌碹支护的巷道，距巷道顶、帮、底各 200 mm 的巷道空间内的风流。见图 3-3-7。

第一百七十二条　采区回风巷、采掘工作面回风巷风流中甲烷浓度超过 1.0%或者二氧化碳浓度超过 1.5%时，必须停止工作，撤出人员，采取措施，进行处理。

【条文解释】　本条是对采区回风巷和采掘工作面回风巷风流中甲烷浓度及二氧化碳浓度的规定。

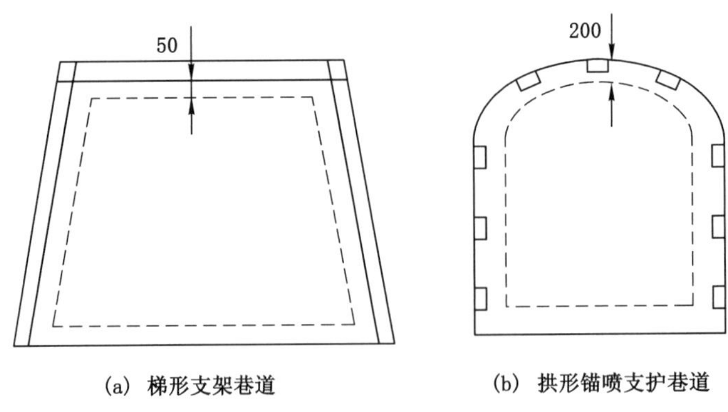

图 3-3-7　巷道风流范围示意图

1. 采区和采掘工作面回风巷风流中甲烷浓度的规定

采区和采掘工作面回风流甲烷浓度不得超过 1.0%，而不是 5%，主要是考虑以下 4 点原因：

（1）瓦斯爆炸影响因素的多变性

瓦斯爆炸时甲烷浓度的下限 5%，是在没有其他任何影响因素的情况下，对地面新鲜空气进行实验室实验得出的结论。当然这在特定环境下是正确的。但是，在煤矿井下特殊环境下，矿井空气的成分和质量发生了变化，煤尘和其他可燃气体的混入量不同，空气温度也有较大差异，这些影响因素都可能使甲烷爆炸的下限浓度下降。

（2）甲烷浓度分布的差异性

煤矿井下空气中甲烷浓度的分布，无论在时间和空间上都是不均匀的，而且在不断发生变化，人们很难准确地掌握井下每一地点、每一时刻的甲烷浓度。

（3）检测甲烷的误差性

检测甲烷的仪器仪表可能存在一定的误差，甲烷检查人员的素质也参差不齐，可能出现检测时的读数误差。

（4）防治甲烷的安全性

世界所有产煤国家的相关规定中，无一例外地都对防治瓦斯采用了较大的安全系数，我国煤矿从搞好矿井瓦斯安全角度，采用了瓦斯爆炸下限 5 倍的安全系数，即 1.0%是必要的。

【典型事例】　某日，安徽省某煤矿发生一起特别重大瓦斯爆炸事故，造成死亡 76 人、伤 49 人，直接经济损失 327.8 万元。6 月 22 日上午，矿监测中心发现 44 采区 4462 C13 层采煤 6 队顶层采煤工作面回风巷瓦斯异常，浓度超限，达 3%，机房值班人员用电话向通风科监测队长和通风区调度汇报；但通风科、通风区却没有按规定向矿调度所和矿领导汇报，也没有按《规程》的规定停止作业、排除隐患，仅派瓦斯检查工检查核实数据，致使 4462 C13 采煤工作面瓦斯浓度超限长达 14 h 之久未得到及时处理。在瓦斯浓度达到爆炸界限时，遇到违章爆破产生的火源引发瓦斯爆炸。

该事故第一次瓦斯爆炸后，通风系统受到破坏，风量急剧减少。随着时间的推移，工作面煤层和采空区瓦斯不断涌出积聚，在仍有微风的情况下，灾区内氧气浓度升高，于当日 9 时 30 分又发生了第二次瓦斯爆炸，造成正在救灾灭火工作中的救护队员 7 人死亡、2 人重伤。27 日 1 时 20 分左右灾区内发生第三次瓦斯爆炸。以后灾区内的瓦斯爆炸一直持续不断，据统计共发生瓦斯爆炸 1 080 次。28 日抢险指挥部决定对灾区进、回风全部封闭，实施打钻、注浆、注氮灭火措施。到 7 月 5 日灾情基本得到控制。

2. 回风流及其甲烷和二氧化碳浓度测定

回风流即回风巷道中的风流，指的是距回风顶、底板和两帮一定距离的巷道空间内的风流：在有支架的回风巷，指距支架和巷道底板各 50 mm 的巷道断面上的风流；在无支架或用锚喷、砌碹支护的巷道，指距巷道顶板、底板和两帮各 200 mm 的巷道断面上的风流。

（1）测定回风流中甲烷和二氧化碳浓度的方法

因为瓦斯密度小于空气，所以测定甲烷浓度应在回风巷风流的上部 1/3 处进行；二氧化碳密度大于空气，因此测定二氧化碳浓度应在回风巷风流的下部 1/3 处进行。

① 采用光学甲烷检测仪测定甲烷和二氧化碳浓度。采用光学甲烷检测仪测定甲烷和二氧化碳浓度之前，要对仪器进行“对零”工作。在待测地点附近的进风巷道中，捏放吸气橡皮球数次，吸入新鲜空气清洗瓦斯室。这里的温度和绝对压力与待测地点相近，从而防止因温度和空气压力不同引起测定时出现“零点”飘移（跑正或跑负）现象，保证测量数据准确。

在测定时，将仪器的二氧化碳吸收管进气口置于被测地点进行抽气，连续测定 3 次，取其平均值作为瓦斯浓度值。测定二氧化碳浓度时，应将仪器的进气管口置于被测地点进行抽气，首先测定该处甲烷浓度，然后去掉二氧化碳吸收管，测出该处甲烷和二氧化碳混合气体浓度，后者减去前者乘以校正系数即为二氧化碳浓度，如此连续测定 3 次，取其平均值。

② 采用便携式甲烷检测报警仪测定甲烷浓度。便携式甲烷检测报警仪的测量范围一般为 0~4%，所以不能用来测定甲烷浓度高于 4%的地点。

在采用便携式甲烷检测报警仪时，使用前必须充足电。使用时在清洁空气中打开电源，预热 15 min 后，观察指示是否为零，如有偏差，则需调整调零电位器使其归零。测量时，用手将仪器的传感器部位举至或悬挂在待测地点，经十几秒钟的自然扩散，即可读取瓦斯浓度值。

（2）采区、采掘工作面回风流甲烷和二氧化碳浓度测定时的注意事项

① 采区回风巷道风流中的甲烷和二氧化碳浓度的测定，应在该采区全部回风流汇合后的风流中进行。

② 采煤工作面回风巷道风流中，甲烷和二氧化碳浓度的测定应在距采煤工作面煤壁线 10 m 以外和进入采区回风巷前 10~15 m 的采煤工作面回风巷道风流中进行，并取其最大值作为测定结果和处理依据。

在采煤工作面回风巷道中设置有电气设备时，应在电动机及其开采所在地点沿工作面风流方向的上风端和下风端各 20 m 范围内测定风流中瓦斯浓度。

③ 掘进工作面回风巷道风流中，甲烷和二氧化碳浓度的测定要根据掘进巷道布置形式和通风方式确定。单巷掘进采用压入式通风、单巷掘进采用混合式通风和双巷掘进采用压入式通风时，掘进工作面回风巷道风流中甲烷和二氧化碳浓度的测定，应在回风巷道回

风流中进行，并取其最大值作为测定结果和处理依据。

在测定掘进工作面电动机及其开关附近风流甲烷时，对上风流端和下风流各 20 m 范围内风流中的甲烷浓度都要测定，并取其最大值作为测定结果和处理依据。

第一百七十三条 采掘工作面及其他作业地点风流中甲烷浓度达到 1.0%时，必须停止用电钻打眼；爆破地点附近 20 m 以内风流中甲烷浓度达到 1.0%时，严禁爆破。

采掘工作面及其他作业地点风流中、电动机或者其开关安设地点附近 20 m 以内风流中的甲烷浓度达到 1.5%时，必须停止工作，切断电源，撤出人员，进行处理。

采掘工作面及其他巷道内，体积大于 0.5 m^3 的空间内积聚的甲烷浓度达到 2.0%时，附近 20 m 内必须停止工作，撤出人员，切断电源，进行处理。

对因甲烷浓度超过规定被切断电源的电气设备，必须在甲烷浓度降到 1.0%以下时，方可通电开动。

【名词解释】 局部瓦斯积聚

局部瓦斯积聚——甲烷浓度达到 2%、体积大于 0.5 m^3 的积存瓦斯。

【条文解释】 本条是对采掘工作面有关作业地点甲烷浓度的规定。

1. 采掘工作面、爆破地点和电动机或其开关地点附近甲烷浓度

采掘工作面及其作业地点是煤矿生产的主要场所，是甲烷涌出的主要来源，也是发生甲烷事故概率较大的地点，有必要作出更为严格的规定。

另外，从引发瓦斯爆炸事故的火源来看，电火、炮火所占比例较大（分别为 46.9%、35.4%），排在各种引爆火源的前两位。而打眼电钻属轻便型电气设备，经常移动，使用频繁，容易失爆；爆破也是一种重复、频繁的作业工序，炮眼布置与深度、装药与封孔质量等，很难保证每个炮眼都能符合规定，容易导致爆破出火。为防止由于电火、炮火引发瓦斯爆炸事故，规定了工作面风流甲烷浓度达到 1%时，必须停止电钻打眼；爆破地点附近 20 m 内风流甲烷浓度达到 1%时，严禁爆破。

由于采掘工作面和其他作业地点是矿井瓦斯涌出量较大且较为集中的地点；而电动机及其开关，虽然不像打眼电钻那样频繁移动，但也属安设在瓦斯涌出主要来源的采掘工作面和其他作业地点的电气设备，需要经常检查与维修，其防爆性能容易下降或丧失而导致瓦斯燃爆事故。因此，规定采掘工作面及其作业地点风流中、电动机或其开关安设地点附近 20 m 以内风流中的甲烷浓度达到 1.5%时，必须停止工作，切断电源，撤出人员，进行处理。

2. 局部瓦斯积聚

煤矿井下生产条件十分复杂，甲烷和各种有害气体的涌出变化有时出现异常，煤尘和其他燃爆气体的加入可降低甲烷爆炸下限，以及仪器与人为检查上的不足等因素的影响，因此，在对采区和采掘工作面回风巷风流甲烷浓度进行瓦斯管理时，一般取 5 倍的安全系数，而对局部地点甲烷浓度达到 2%时，与甲烷爆炸下限比较，取 2.5 倍的安全系数；另外，体积超过 0.5 m^3 的瓦斯达到爆炸下限浓度时，遇到高温火源足以燃爆。所以，当采掘工作面及其他巷道内出现甲烷浓度达到 2%，体积超过 0.5 m^3 时，即为局部瓦斯积聚，附近 20 m 内必须停止工作，撤出人员，切断电源，进行处理。

而采掘工作面内的局部甲烷积聚，是采掘工作面风流范围以外地点的局部甲烷积聚，

但采掘工作面的链板输送机底槽内的甲烷浓度达到2%、其体积超过0.5 m^3 时，也应按局部甲烷积聚处理。

3. 风流范围划定

（1）采煤工作面风流范围的划定

采煤工作面风流范围划定为：距煤壁、顶（岩石、煤或假顶）、底（岩石、煤或充填材料）各200 mm（小于1 m厚的薄煤层距采煤工作面顶、底各为100 mm）和采空区的切顶线为界的采煤工作面工作空间的风流。对于采用充填法管理顶板时，采空区一侧应以挡矸、砂帘为界。

在采煤工作面回风上隅角以及一段未放顶的巷道空间至煤壁线的范围内的空间，都应按采煤工作面风流处理。

（2）掘进工作面风流范围的划定

掘进工作面风流范围划定为：掘进工作面到风筒出口这一段巷道空间的巷道风流。

（3）爆破地点附近20 m风流范围的划定

① 采煤工作面。采煤工作面爆破地点附近20 m内风流范围划定为：爆破地点沿工作面煤壁方向的两端各20 m范围内的采煤工作面风流。

壁式采煤工作面采空区内顶板未冒落时，还应测定切顶线以外（采空区一侧）不少于1.2 m范围内的瓦斯浓度。在采空区一侧打钻爆破放顶时，也测定采空区内瓦斯浓度，测定范围应根据采高、顶板冒落程度、采空区内通风条件和瓦斯积聚情况而定，并经矿技术负责人批准。

② 掘进工作面。掘进工作面爆破地点附近20 m内风流范围划定为：爆破的掘进工作面向外20 m范围内的巷道风流，并包括这一范围内盲巷的局部瓦斯积聚。

（4）电动机及其开关附近20 m风流范围的划定

① 采煤工作面。电动机及其开关地点沿工作面方向的上风流和下风流两端各20 m范围内的采煤工作面风流。

② 掘进工作面。电动机及其开关地点的上风流和下风流两端各20 m范围内的巷道风流。

第一百七十四条　采掘工作面风流中二氧化碳浓度达到1.5%时，必须停止工作，撤出人员，查明原因，制定措施，进行处理。

【条文解释】　本条是对采掘工作面风流中二氧化碳浓度的规定。

二氧化碳是一种无色、略带酸味、具有轻微毒性、不自燃也不助燃的惰性气体。二氧化碳对人体的影响是：对人的眼、鼻、口等器官有刺激作用；当空气中二氧化碳浓度达到1%时，对人体危害不大，只是呼吸次数和深度略有增加；达到3%时，会刺激人体的中枢神经，引起呼吸加快（呼吸次数增加2倍）而增大吸氧量；达到7%时，严重喘息，剧烈头疼；达到10%及以上时，发生昏迷，失去知觉，以至缺氧窒息死亡。

从保护井下工人身体健康出发，我国1986年前《规程》规定采掘工作面风流二氧化碳浓度达到1%时，必须进行处理。考虑到二氧化碳不像瓦斯那样具有爆炸危险，也不需像对待瓦斯那样严格要求。因此，1992年以后修订的《规程》将采掘工作面风流二氧化碳浓度由1%提高到1.5%，至今一直保留这个标准。采掘工作面风流中二氧化碳浓度达到 1.5%时，必须停止工作，撤出人员，查明原因，制定措施，进行处理。

第一百七十五条　矿井必须从设计和采掘生产管理上采取措施，防止瓦斯积聚；当发生瓦斯积聚时，必须及时处理。当瓦斯超限达到断电浓度时，班组长、瓦斯检查工、矿调度员有权责令现场作业人员停止作业，停电撤人。

矿井必须有因停电和检修主要通风机停止运转或者通风系统遭到破坏以后恢复通风、排除瓦斯和送电的安全措施。恢复正常通风后，所有受到停风影响的地点，都必须经过通风、瓦斯检查人员检查，证实无危险后，方可恢复工作。所有安装电动机及其开关的地点附近 20 m 的巷道内，都必须检查瓦斯，只有甲烷浓度符合本规程规定时，方可开启。

临时停工的地点，不得停风；否则必须切断电源，设置栅栏、警标，禁止人员进入，并向矿调度室报告。停工区内甲烷或者二氧化碳浓度达到 3.0%或者其他有害气体浓度超过本规程第一百三十五条的规定不能立即处理时，必须在 24 h 内封闭完毕。

恢复已封闭的停工区或者采掘工作接近这些地点时，必须事先排除其中积聚的瓦斯。排除瓦斯工作必须制定安全技术措施。

严禁在停风或者瓦斯超限的区域内作业。

【条文解释】　本条是对防止瓦斯积聚、矿井停电停风和恢复停工区域工作瓦斯检查与管理的规定。

1. 防止和及时处理积聚瓦斯。由于矿井地质和开采条件的多变，加上通风管理等因素，井下瓦斯积聚经常发生，如遇有火源就有可能发生爆炸。预防的根本措施是矿井必须从设计和采掘生产管理上采取措施，防止瓦斯积聚；如果发生聚集，必须及时处理，以保证瓦斯浓度在允许的范围内。当瓦斯超限达到断电浓度时，班组长、瓦斯检查工、矿调度员有权责令现场作业人员停止作业，停电撤人。

2. 矿井必须有停电、检修和恢复通风过程中的排放瓦斯与送电的安全措施。矿井通风既要向井下工人提供新鲜空气，又要稀释和排出瓦斯等有害气体，防止瓦斯灾害事故。主要通风机一旦停止运行或矿井通风系统遭到破坏，必然导致采掘工作面或其他作业地点的大量瓦斯积聚而诱发瓦斯事故。

【典型事例】　某日，河南省平顶山市某煤矿因欠电费被供电局拉闸，全矿停电，主要通风机停止运转。来电后，因无安全措施，导致发生瓦斯爆炸事故，死亡 55 人。

3. 临时停工的地点，不得停风；否则必须切断电源，设置栅栏、警标，禁止人员进入，并向矿调度室报告。恢复已封闭的停工区或采掘工作接近这些地点时，必须事先排除其中积聚的瓦斯。排除瓦斯工作必须制定安全技术措施。

4. 恢复正常通风后，所有受到停风影响的地点作业以前，都必须经过通风、瓦斯检查人员检查。所有安装电动机及其开关的地点附近 20 m 的巷道内，都必须检查瓦斯；瓦斯浓度超过规定时，不得开启。

5. 严禁在停风或瓦斯超限的区域内作业。停风区内，不断涌出瓦斯和其他有害气体，没有新鲜空气补给供人呼吸，极易使人缺氧窒息；瓦斯超限很可能达到爆炸下限浓度，十分危险。因此，严禁在停风或瓦斯超限的区域内作业。

第一百七十六条　局部通风机因故停止运转，在恢复通风前，必须首先检查瓦斯，只有停风区中最高甲烷浓度不超过1.0%和最高二氧化碳浓度不超过1.5%，且局部通风机及其开关附近10 m以内风流中的甲烷浓度都不超过0.5%时，方可人工开启局部通风机，恢复正常通风。

停风区中甲烷浓度超过1.0%或者二氧化碳浓度超过1.5%，最高甲烷浓度和二氧化碳浓度不超过3.0%时，必须采取安全措施，控制风流排放瓦斯。

停风区中甲烷浓度或者二氧化碳浓度超过3.0%时，必须制定安全排放瓦斯措施，报矿总工程师批准。

在排放瓦斯过程中，排出的瓦斯与全风压风流混合处的甲烷和二氧化碳浓度均不得超过1.5%，且混合风流经过的所有巷道内必须停电撤人，其他地点的停电撤人范围应当在措施中明确规定。只有恢复通风的巷道风流中甲烷浓度不超过1.0%和二氧化碳浓度不超过1.5%时，方可人工恢复局部通风机供风巷道内电气设备的供电和采区回风系统内的供电。

【条文解释】　本条是对恢复通风和排放瓦斯分级管理的规定。

局部通风机因故停止运转而造成巷道内瓦斯积存的现象时有发生。为防止瓦斯灾害事故，必须及时、安全地排除这些积存瓦斯。

局部通风机因故停止运转，在恢复通风前，必须首先检查瓦斯，只有停风区中最高甲烷浓度不超过1.0%和最高二氧化碳浓度不超过1.5%，且局部通风机及其开关附近10 m以内风流中的甲烷浓度都不超过0.5%时，方可人工开启局部通风机，恢复正常通风。

排放瓦斯是矿井瓦斯管理工作的重要内容之一。在排放瓦斯时，尤其是在排放浓度超过3%、接近爆炸下限浓度的积存瓦斯时，一定要谨慎小心。必须制定针对该地点的专门的安全排放措施，并严格执行。严禁“一风吹”。否则，必将导致重大瓦斯事故。

为防止排放瓦斯引发瓦斯燃爆事故，在排放瓦斯过程中，风流混合处的甲烷浓度不得超过1.5%，并且回风系统内必须停电撤人，其他地点的停电撤人范围应在措施中明确规定。

【典型事例】　某日，江西省某煤矿2107掘进面停风11 h后排放瓦斯，没有安全措施，一风吹，回风侧既不撤人也没断电，排出的高浓度瓦斯流经被串联的219采煤工作面的溜子道时，正遇上一电工检查接线盒产生电火花而引起瓦斯爆炸，死亡114人。

1. 停风区的瓦斯排放级别

一级排放：停风区中甲烷浓度超过1%但不超过3%时，必须采取安全措施，控制风流排放瓦斯。因为停风区内需要排放的瓦斯量并不大，认真采取控制风流措施，完全可以做到安全排放，所以，一般情况下不必制定专门排放瓦斯的安全措施，但必须有瓦斯检查、安监、电工等有关人员在场，并采取控制风流措施。

二级排放：停风区中甲烷浓度超过3%时，必须制定安全排放瓦斯措施，并报矿总工程师批准。

2. 排放瓦斯时必须遵守下列要求

（1）需要编制排放瓦斯安全措施时，必须根据不同地点的不同情况制定有针对性的措施。严禁使用“通用”措施，更不准几个地点共用一个措施。批准的瓦斯排放措施，必须由有关领导负责贯彻，责任落实到人，凡参加审查、贯彻、实施的人员，都必须签字备查。

（2）排放瓦斯前，必须检查局部通风机及其开关地点附近 10 m 以内风流中的甲烷浓度，其浓度都不超过 0.5%时，方可人工开动局部通风机向独头巷道送入有限的风量，逐步排放积聚的瓦斯；同时，还必须使独头巷道排出的风流与全风压风流混合处的甲烷和二氧化碳浓度都不超过 1.5%。

（3）排放瓦斯时，应有瓦斯检查人员在独头巷道回风流与全风压风流混合处经常检查瓦斯，当甲烷浓度达到 1.5%时，应指令调节风量人员，减少向独头巷道送入的风量，确保独头巷道排出的瓦斯在全风压风流混合处的甲烷和二氧化碳浓度不超限。

（4）排放瓦斯时，严禁局部通风机发生循环风。

（5）排放瓦斯时，独头巷道的回风系统内（包括受排放瓦斯风流影响的硐室、巷道和被排放瓦斯风流切断安全出口的采掘工作面等）必须切断电源、撤出人员；还应派出警戒人员，禁止一切人员通行。

（6）二级排放瓦斯工作，必须由通风部门（或救护队）负责实施，安监部门现场监督，矿山救护队在现场值班。

（7）排放瓦斯后，经检查证实，整个独头巷道内风流中的甲烷浓度不超过 1%、氧气浓度不低于 20%和二氧化碳浓度不超过1.5%，且稳定 30 min 后甲烷浓度没有变化时，才可以恢复局部通风机的正常通风。

（8）2 个串联工作面排放瓦斯时，必须严格遵守排放顺序，严禁同时排放。首先应从进风方向第一台局部通风机开始排放，只有第一台局部通风机供风巷道排放瓦斯结束后，后一台局部通风机方可送电，依此类推。排放瓦斯风流所经过的分区内必须撤出人员，切断所有电源。

（9）独头巷道恢复正常通风后，必须由电工对独头巷道内的电气设备进行检查，证实完好后，方可人工恢复局部通风机供风的巷道中的一切电气设备的电源。

3. 排放瓦斯安全措施的编制

排放瓦斯的安全技术措施，应由通风部门负责编制，生产、机电、安监等部门审签，矿技术负责人（总工程师）批准。

排放瓦斯安全措施应包括以下主要内容：

（1）排放瓦斯的具体地点与时间安排。

（2）计算排放瓦斯量，预计排放所需时间。

（3）明确风流混合处的甲烷浓度，制定控制送入独头巷道风量的方法，严禁“一风吹”。

（4）明确排放出的瓦斯所流经的路线，标明通风设施、电气设备的位置。

（5）明确撤人范围，指定警戒人员位置。

（6）明确停电范围和停电地点及断、复电的执行人。

（7）明确必须检查瓦斯的地点和复电时的瓦斯浓度。

（8）明确排放瓦斯的负责人和参加人员名单及各自担负的责任。

（9）必须附有排放瓦斯示意图，通风设施、机电设备、风流经过路线、警戒人员及瓦斯传感器的位置等，都应在图上标明，不能遗漏，做到图文齐全、清楚、准确。

4. 排放风流甲烷浓度的控制

在排放瓦斯过程中，为了使排出的瓦斯与全风压风流混合处的甲烷浓度不超过1.5%，一般是采用限制送入独头巷道中风量的办法，来控制排放风流中的瓦斯浓度。目前，大多数矿井主要采用以下几种方法：

（1）“智能型排放瓦斯器”排放法

利用高速变频原理，调节局部通风机的转速和风量，改变排放瓦斯巷出口高浓度瓦斯的混合风流流量，使回风巷混合处的瓦斯浓度按排放瓦斯措施所规定的限制进行排放，从而实现自动、安全、可靠地排放瓦斯。

（2）风筒增阻排放法

风筒增阻排放法工作原理是在局部通风机排风侧的风筒上捆上绳索，通过收紧或放松绳索来控制局部通风机的排风量。

（3）风机外增阻排放法

风机外增阻排放法工作原理是在启动局部通风机前用木板将局部通风机进风处挡住一部分，根据需要逐渐拉开木板来控制局部通风机的风量。

（4）错开风筒接头调风排放法

错开风筒接头调风排放法工作原理是把风筒接头断开，改变风筒接头对合空隙的大小，调节送入巷道的风量。

（5）“卸压三通”调风排放法

“卸压三通”调风排放法工作原理是在局部通风机排风侧的第一节风筒上设置“卸压三通”，用绳索（或滑阀）控制“三通”卸压口的大小，以调节送入巷道的风量。见图3-3-8。

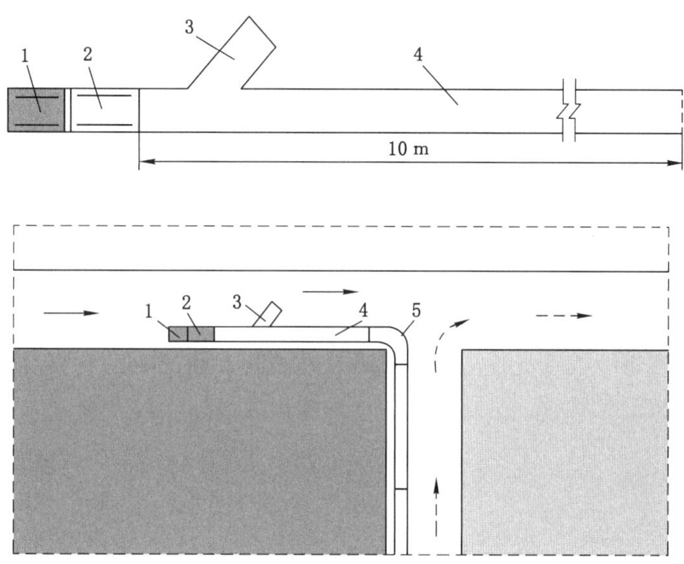

1—局部通风机；2—消音器；3—“卸压三通”分歧（短节）；4—第一节风筒；5—风筒弯头。

图3-3-8　“卸压三通”排放瓦斯示意图

“卸压三通”调风排放法具有制作简便、易于操作和安全实用等优点。

① 平时将三通分歧（短节）用绳子捆死，不得漏风。

② 启动局部通风机排放瓦斯之前，先将三通分歧（短节）放开，启动局部通风机检

查有无循环风，确认无循环风后，开始排放瓦斯。

③ 当局部通风机开启后，大部分风量经三通分歧（短节）的一端进入安设局部通风机的巷道内，很少一部分风量通过风筒送往独头巷道，因此不会造成排出瓦斯浓度超限（为做到绝对把握，可将三通至独头巷道的一端风筒用绳子稍稍捆住使其断面缩小，然后根据需要逐渐放大，直至全部放开）。

④ 排放瓦斯过程中，负责瓦斯检查人员必须与调风人员密切配合：根据排出的瓦斯与全风压风流混合处瓦斯浓度的变化，指挥调风人员控制三通分歧卸压口的大小；在确保混合后的风流瓦斯浓度不超过 1.5%的情况下，可慢慢缩小三通分歧的断面，待全部捆紧分歧后，送往独头巷道的风量以达最高值。

⑤ 当全风压风流混合处的瓦斯含量较长时间稳定在规定的安全浓度时，证明独头巷道内的积存瓦斯已排放完毕。

第一百七十七条　井筒施工以及开拓新水平的井巷第一次接近各开采煤层时，必须按掘进工作面距煤层的准确位置，在距煤层垂距 10 m 以外开始打探煤钻孔，钻孔超前工作面的距离不得小于 5 m，并有专职瓦斯检查工经常检查瓦斯。岩巷掘进遇到煤线或者接近地质破坏带时，必须有专职瓦斯检查工经常检查瓦斯，发现瓦斯大量增加或者其他异常时，必须停止掘进，撤出人员，进行处理。

【条文解释】　本条是对井筒施工以及开拓新水平的井巷第一次接近开采煤层的规定。

瓦斯含量随着煤层埋藏深度的增加而增大。有的煤层达到一定深度还可能具有突出危险而变为突出煤层。因此，在井筒施工以及开拓新水平的井巷第一次接近各开采煤层时，必须打钻探查煤层埋藏状况，尤其是要打钻探明煤层瓦斯赋存、变化状况和有无突出危险。为防止由于煤层倾角很小而误揭突出煤层发生危险，规定了钻孔位置要在与煤层垂直距离 10 m 以外，且终孔位置超前工作面的距离不得小于 5 m。开凿立井时，在立井工作面至少布置 3 个（扇形布置）孔径不小于 75 mm 的穿透煤层全厚的钻孔；新水平开拓时，在掘进工作面至少布置 2 个（扇形布置）孔径不小于 75 mm 的穿透煤层全厚的钻孔。

岩巷掘进遇到煤线或接近地质破坏带时，必须有专职瓦斯检查工经常检查瓦斯，发现瓦斯大量增加或其他异状时，必须停止掘进，撤出人员，进行处理。

第一百七十八条　有瓦斯或者二氧化碳喷出的煤（岩）层，开采前必须采取下列措施：

（一）打前探钻孔或者抽排钻孔。

（二）加大喷出危险区域的风量。

（三）将喷出的瓦斯或者二氧化碳直接引入回风巷或者抽采瓦斯管路。

【名词解释】　瓦斯或二氧化碳喷出

瓦斯或二氧化碳喷出——从煤体或岩体裂隙、孔洞、钻孔或爆破孔中大量涌出瓦斯或二氧化碳的异常涌出现象，在 20 m 巷道范围内，涌出瓦斯或二氧化碳量大于或等于

1.0 m^3/min且持续 8 h 以上。

【条文解释】　本条是对有瓦斯或二氧化碳喷出煤层开采前的规定。

瓦斯喷出是赋存在煤层裂缝、孔隙和空洞中的游离瓦斯，在压力作用下突然涌出的一种异常现象。为了防止巷道掘进过程中误入瓦斯富集区域而导致瓦斯事故，必须在开采前打前探钻孔或抽排钻孔，并采取加大风量稀释瓦斯浓度或直接引入回风巷或抽采瓦斯管路，加大瓦斯排放量。

在有瓦斯或二氧化碳喷出危险的煤岩层中凿井或掘进巷道时，可参照下列方法打前探钻孔：

1. 掘凿岩巷前方的煤层有大量喷出瓦斯或二氧化碳危险时，应向煤层打前探钻孔，钻孔超前工作面的距离不得小于 5 m，孔数不少于 3 个，钻孔呈扇形布置，孔径为 75 mm。

2. 在有瓦斯或二氧化碳喷出危险的煤层中掘进时，可边打超前钻孔边掘进，钻孔超前工作面的距离不得小于 5 m，孔数不少于 3 个，钻孔呈扇形布置，孔径为 75 mm。

3. 在有岩石裂隙、溶洞或破坏带并具有瓦斯或二氧化碳喷出危险的岩层中掘进巷道时，应打超前钻孔，钻孔直径不小于 75 mm，孔数不少于 2 个，钻孔超前工作面的距离不得小于 5 m。

4. 在岩层中掘进巷道，其上或下邻近煤层有瓦斯或二氧化碳喷出危险时，可向邻近煤层打前探钻孔，掌握煤岩层间距，探明瓦斯压力。

5. 打前探钻孔后，如果瓦斯或二氧化碳喷出量较大，应打排放钻孔进行排放。

第一百七十九条　*在有油气爆炸危险的矿井中，应当使用能检测油气成分的仪器检查各个地点的油气浓度，并定期采样化验油气成分和浓度。对油气浓度的规定可按本规程有关瓦斯的各项规定执行。*

【条文解释】　本条是对有油气爆炸危险矿井油气浓度及检查方法的规定。

大多数油气都具有可燃性，其性质与瓦斯比较相似。井下油气浓度较高的地点主要有：

1. 含油量较高的某些煤岩体（如抚顺煤田顶板油页岩含油率达 3%～4%），因采掘影响、煤炭自燃、温度升高等原因易于散发出高浓度油气。

2. 井下许多机械使用煤油、汽油、润滑油、乳化油等地点，由于管理不善、密闭不严等原因可使空气中油气浓度增大，使瓦斯爆炸下限降低，一旦遇火极易爆炸，且爆炸后产生的有毒有害气体增多，爆炸的破坏性加剧。因此，在油气爆炸危险的矿井必须检查油气浓度。

为了预防油气燃烧和爆炸，必须对各个地点的油气浓度进行检查，定期采样化验油气成分和浓度，并加强管理。检查油气浓度应使用能检测油气成分的仪器。对油气浓度的规定可按有关瓦斯的各项规定执行，当油气浓度达到一定量，如 1.0%时，采掘工作面必须停止用电钻打眼；油气浓度达 1.5%时，必须停止工作，撤出人员，进行处理。

第一百八十条　*矿井必须建立甲烷、二氧化碳和其他有害气体检查制度，并遵守下列规定：*

（一）矿长、矿总工程师、爆破工、采掘区队长、通风区队长、工程技术人员、班长、流动电钳工等下井时，必须携带便携式甲烷检测报警仪。瓦斯检查工必须携带便携式光学甲烷检测仪和便携式甲烷检测报警仪。安全监测工必须携带便携式甲烷检测报警仪。

（二）所有采掘工作面、硐室、使用中的机电设备的设置地点、有人员作业的地点都应当纳入检查范围。

（三）采掘工作面的瓦斯浓度检查次数如下：

1. 低瓦斯矿井，每班至少 2 次；

2. 高瓦斯矿井，每班至少 3 次；

3. 突出煤层、有瓦斯喷出危险或者瓦斯涌出较大、变化异常的采掘工作面，必须有专人经常检查。

（四）采掘工作面二氧化碳浓度应当每班至少检查 2 次；有煤（岩）与二氧化碳突出危险或者二氧化碳涌出量较大、变化异常的采掘工作面，必须有专人经常检查二氧化碳浓度。对于未进行作业的采掘工作面，可能涌出或者积聚甲烷、二氧化碳的硐室和巷道，应当每班至少检查 1 次甲烷、二氧化碳浓度。

（五）瓦斯检查工必须执行瓦斯巡回检查制度和请示报告制度，并认真填写瓦斯检查班报。每次检查结果必须记入瓦斯检查班报手册和检查地点的记录牌上，并通知现场工作人员。甲烷浓度超过本规程规定时，瓦斯检查工有权责令现场人员停止工作，并撤到安全地点。

（六）在有自然发火危险的矿井，必须定期检查一氧化碳浓度、气体温度等变化情况。

（七）井下停风地点栅栏外风流中的甲烷浓度每天至少检查 1 次，密闭外的甲烷浓度每周至少检查 1 次。

（八）通风值班人员必须审阅瓦斯班报，掌握瓦斯变化情况，发现问题，及时处理，并向矿调度室汇报。

通风瓦斯日报必须送矿长、矿总工程师审阅，一矿多井的矿必须同时送井长、井技术负责人审阅。对重大的通风、瓦斯问题，应当制定措施，进行处理。

【名词解释】　盲巷、空检、漏检、假检

盲巷——不通风的（包括临时或长期停风的掘进工作面）独头巷道。

空检——瓦斯检查工没有上岗，空岗、迟到或早退的行为。

漏检——瓦斯检查工没有按分工区域和规定次数进行巡回检查，未能及时发现瓦斯隐患的行为。

假检——瓦斯检查工根本没有进行实地检查而填写假记录、汇报假情况，弄虚作假的行为。

【条文解释】本条是对矿井甲烷、二氧化碳和其他有害气体检查制度的有关规定。

该条规定的内容较多，也很重要，是搞好矿井瓦斯管理、防治瓦斯灾害事故必须和经常进行的一项日常管理工作。

1. 检查制度

矿井甲烷、瓦斯和其他有害气体，随时随地无不都在不间断地涌出并在不断发生变化。因此，瓦斯爆炸、自然发火、中毒、窒息等灾害事故隐患，随时随地都有发生的可

能。为了防止灾害事故的发生，该条规定必须建立对矿井空气中的甲烷、二氧化碳和其他有害气体进行检测的管理制度，以便及时了解、掌握其变化状况和采取针对性措施，妥善处理，防患于未然。许多沉痛教训表明，一些重大事故的发生，与事故单位没有建立健全相应的检查制度或不能严格执行相应的检查制度有重要关系。

为便于在井下巡查和作业过程中随时检查瓦斯，及时采取相应安全措施，要求安全生产第一责任人和安全管理人员及相关工种下井都要携带瓦斯检查仪器仪表。矿长、总工程师、爆破工、采掘区队长、通风区队长、工程技术人员、班长、流动电钳工等下井时，必须携带便携式甲烷检测报警仪。瓦斯检查工必须携带便携式光学甲烷检测仪和便携式甲烷检测报警仪。安全监测工必须携带便携式甲烷检测报警仪。

2. 检查地点、范围和次数

所有采区、采掘工作面、硐室、机电设备设置地点、停风地点（栅栏外）和有人作业的地点等，是甲烷、二氧化碳和其他有害气体涌出和发生变化的主要地点，也是容易发生事故隐患的地点，都必须纳入检查范围。

根据不同地点可能发生隐患的概率和危险程度，作出了必须达到的检查次数的规定：低瓦斯矿井中每班至少2次；高瓦斯矿井中每班至少3次；突出煤层的采掘工作面，有瓦斯喷出危险的采掘工作面和瓦斯涌出较大、变化异常的采掘工作面，必须有专人经常检查。

采掘工作面二氧化碳浓度应每班至少检查2次；有煤（岩）与二氧化碳突出危险或者二氧化碳涌出量较大、变化异常的采掘工作面，必须有专人经常检查二氧化碳浓度。对于未进行作业的采掘工作面，可能涌出或者积聚甲烷、二氧化碳的硐室和巷道，应每班至少检查1次甲烷、二氧化碳浓度。

3. 甲烷和二氧化碳浓度的检查方法与要求

为了约束一些瓦斯检查人员的工作行为，防止漏检，检查人员必须按照检查的范围和路线执行巡回检查制度。

（1）矿井各地点甲烷和二氧化碳浓度的检测方法

以下介绍的甲烷和二氧化碳浓度检查方法等内容，主要是对瓦斯检查工而言的。当然，《规程》规定的负责生产、安全的各级管理干部和负有瓦斯检查职责的其他特殊工种，如爆破工、电钳工、安全监测工等，在检查瓦斯时，也应按照这些要求去做。

① 矿井总回风或一翼回风巷风流范围划分及其甲烷和二氧化碳浓度的测定：参见《规程》有关条文。

② 采区回风巷和采煤工作面回风巷风流范围划分及其甲烷和二氧化碳浓度的测定：

——采区回风巷、采煤工作面回风巷风流中甲烷浓度与二氧化碳浓度，在巷道内的测定部位和巷道风流范围的划定，参见《规程》有关条文。

——采区回风巷风流中的甲烷浓度或二氧化碳浓度，应在该采区全部回风流汇合后的风流中测定。

——采煤工作面回风巷风流中的甲烷浓度或二氧化碳浓度，应在距采煤工作面煤壁线10 m以外的采煤工作面回风巷风流中测定，并取其中最大值为测定结果和处理标准。

③ 采煤工作面风流范围划分及其甲烷和二氧化碳浓度的测定：

采煤工作面风流，是指距煤壁、顶（岩石、煤或假顶）、底（煤、岩石或充填材料）

各为 200 mm（小于 1 m 厚的薄煤层采煤工作面距顶、底各为 100 mm）和以采空区切顶线为界的采煤工作面空间内的风流。采用充填法管理顶板时，采空区一侧应以挡矸、砂帘为界。采煤工作面回风上隅角以及未放顶的一段巷道空间至煤壁线的范围空间中的风流，都按采煤工作面风流处理。

采煤工作面风流中的甲烷和二氧化碳的浓度检查方法，与在巷道风流进行测定的方法相同。但要注意以下 3 点：

——要正确选择测点，如图 3-3-9 中①~⑫所示，不得遗漏，每个测点连续测定 3 次，并取其中最大值；

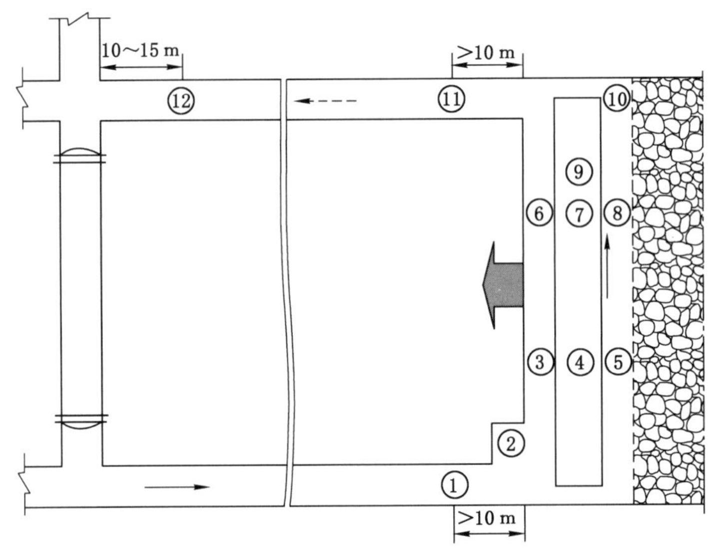

①—距采煤工作面>10 m 处进风流中测点；②—采煤工作面前切口测点；③、④、⑤—采煤工作面前半部煤壁侧、输送机槽（或机架前）和采空区侧（或后部输送机）测点；⑥、⑦、⑧—采煤工作面后半部煤壁侧、输送机槽（或机架前）和采空区侧（或后部输送机）测点；⑨—输送机槽中央距回风口 15 m 处风流中测点（只测空气温度）；⑩—采煤工作面上隅角测点；⑪—距采煤工作面>10 m 处的回风流中测点；⑫—采煤工作面回风流进入采区回风巷前 10~15 m 的风流中测点。

图 3-3-9　采煤工作面及其回风巷甲烷及二氧化碳浓度测点位置示意图

——工作面由下端头至上端头、煤壁侧至采空区侧，风流甲烷浓度有很大变化，分布很不均匀，不得取其平均值而应取其最大值作为工作面风流甲烷浓度的测定结果和处理标准；

——在测定采煤工作面风流甲烷浓度时，要特别注意对上隅角进行认真测定。

④ 掘进工作面风流和掘面回风巷风流范围划分及其甲烷和二氧化碳浓度的测定：

掘进工作面风流是指掘进工作面到风筒出风口这一段巷道空间中按巷道风流划定方法划定的空间中的风流，掘进工作面回风流是指风筒出风口至局部通风机供风巷道的风流汇合处这段掘进巷道空间内的风流，如图 3-3-10 所示。

掘进工作面风流及其回风流中的甲烷和二氧化碳浓度的测定，应根据掘进巷道布置情况和通风方式确定。

单巷掘进压入式通风时，掘进工作面风流和其回风流的划分范围如图 3-3-10（a）所

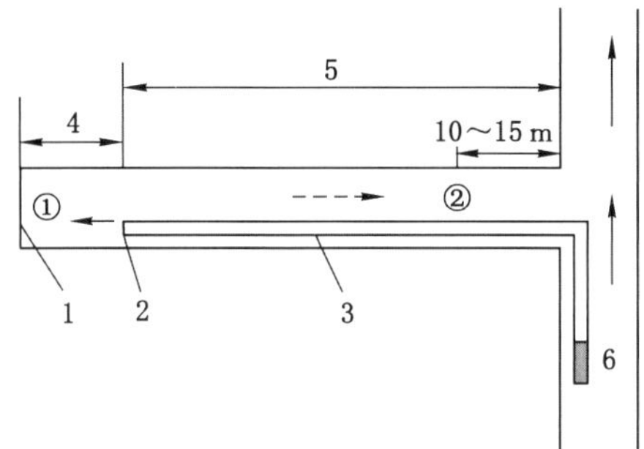

(a) 单巷掘进采用压入式通风时掘进工作面风流及回风流划分范围

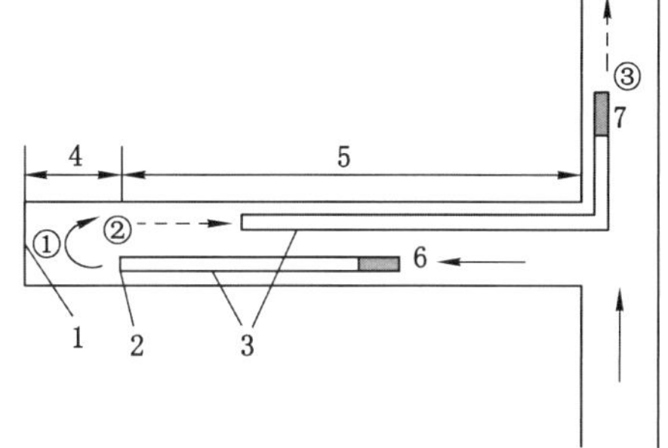

(b) 单巷掘进采用混合式通风时掘进工作面风流及回风流划分范围

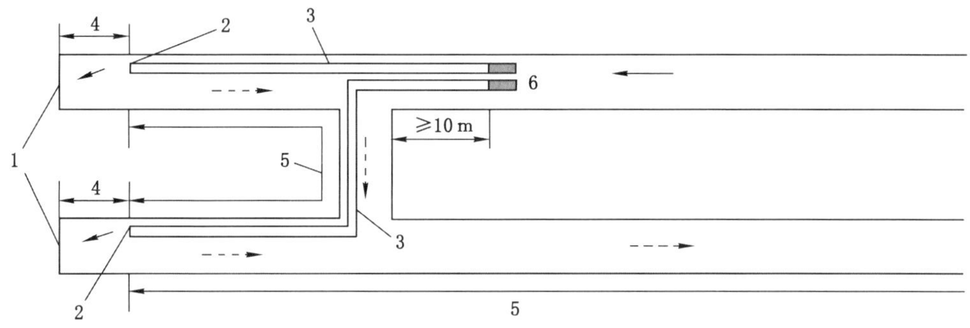

(c) 双巷掘进采用压入式通风时掘进工作面风流及回风流划分范围

1—掘进工作面；2—风筒出风口；3—风筒；4—掘进工作面风流；
5—掘进工作面回风流；6—压入式通风机；7—抽出式局部通风机。

图 3-3-10 掘进工作面风流和回风流范围划分及甲烷测点示意图

示。掘进工作面风流及其回风流中的甲烷和二氧化碳浓度的测定，应分别在工作面风流中①及其回风流中②进行，并取其最大值作为测定结果和处理标准。

单巷掘进混合式通风时，掘进工作面风流和其回风流的划分范围如图 3-3-10（b）所示。掘进工作面风流及其回风流中的甲烷和二氧化碳浓度的测定，应分别在工作面风流中①及其回风流中②、③进行，并取其最大值作为测定结果和处理标准。

双巷掘进采用压入式通风时，掘进工作面风流和其回风流的划分范围如图 3-3-10（c）所示。掘进工作面风流及其回风流中的甲烷和二氧化碳浓度的测定，应分别在工作面风流中及其回风流中进行，并取其最大值作为测定结果和处理标准。

在对掘进工作面甲烷和二氧化碳浓度进行检查时，除了以上按规定进行正常检测之外，还要注意和做到以下几点：

——注意检查局部通风机安设位置是否符合规定、局部通风机是否发生循环风；

——注意检查局部通风机、掘进工作面内电动机及其开关附近规定范围内的甲烷浓度；

——检查掘进工作面上部的左、右角距顶、帮、煤壁各 200 mm 处的甲烷浓度，以及工作面第一架棚左、右柱窝距帮、底各 200 mm 处的二氧化碳浓度；

——注意检查掘进工作面及其回风巷道内的高顶、冒落处的局部甲烷浓度和体积；

——检查瓦斯传感器是否损坏、失灵及其吊挂位置是否符合规定；

——检查风筒接设、吊挂质量及状态；

——检查隔爆设施安设状态；

——检查打眼、装药、爆破工序中和爆破地点附近 20 m 风流中的甲烷浓度是否符合规定等。

⑤ 盲巷内甲烷和二氧化碳浓度的检测：

由于盲巷内不通风，时间稍长便会充满甲烷，形成“甲烷库”，在进行检测和处理时，如若检测方法与措施不当，极易发生窒息或中毒事故。所以，在检测盲巷内的甲烷和其他有害气体时，要倍加谨慎，并遵循以下原则：

——检测工作应由专职瓦斯检查工负责进行。检查之前，首先要检查自己的矿灯、自救器、甲烷检定器等有关仪器，确认完好、可靠后方可开始工作；在进行检测过程中，要精神集中、谨慎小心，不可造成撞击“火花”等隐患。

——由外向内逐步检查。盲巷入口处（栅栏外面）的甲烷和二氧化碳浓度不超限（小于 3%）时，方可步步深入检查，切不可直接进入盲巷内检查，以免发生瓦斯窒息事故。在进入盲巷内检查时，最好是 2 人一起进行，前后拉开距离，边检查边前进，后者起监护作用。

——甲烷浓度较大时即刻停止检查。盲巷入口处或盲巷内一段距离处的甲烷浓度达到 3%，或其他有害气体浓度超过《规程》规定时，必须立即停止前进，并通知有关部门采取封闭等措施进行处理。

——不同盲巷检测的气体与部位要有侧重。在水平盲巷内进行检测时，应在巷道的上部检测甲烷，在巷道的下部检测二氧化碳；在上山盲巷内进行检测时，应重点检测甲烷浓度，要由下而上直至顶板进行检查，当甲烷浓度达到 3%时应立即停止前进；在下山盲巷内进行检查时，应重点检测二氧化碳浓度，要由上而下直至底板进行检查，当二氧化碳浓度达到 3%时也必须立即停止前进。

——要同时检测氧气和其他有害气体。虽然在上山盲巷重点检测瓦斯、在下山盲巷重点检测二氧化碳，但对氧气含量和其他有害气体浓度也必须进行检测，不符合规定时应停止前进，严防由于其他有害气体浓度过高使氧气含量相对减少而发生中毒或窒息事故。

（2）检测井下各地点甲烷和二氧化碳浓度时的具体要求与注意事项

① 杜绝空检、漏检和假检。空、漏、假检是一种严重违反劳动纪律和瓦斯检查制度的“三违”行为。由于煤矿生产环境和条件十分复杂，变化很大，不同地点的瓦斯涌出每时每刻都在发生变化，空、漏、假检极易为瓦斯超限或积聚乃至瓦斯事故的发生创造条件和机会。因此，必须坚决杜绝空、漏、假检现象的发生。

② 检查次数符合规定。任何地点每次检查瓦斯的结果，都必须记入瓦斯检查手册和检查地点的记录牌板上，并通知现场的工作人员和向调度室汇报。

③ 检测的数值要准确。所谓准确，就是指所检测出的甲烷数值与检测地点的实际甲烷浓度相符。如果出现测出的甲烷浓度与实际不符，或未测得最大浓度，不仅失去检测工作的意义，重要的是容易引起错觉、产生麻痹思想而导致瓦斯事故的发生。故此，必须排

除或减少各种因素的干扰，检测出与实际相符的，准确、可靠的甲烷浓度值，并按《规程》规定取其最大值为处理标准。

——检测时要避开风流混合处不稳定的区段，因为不同甲烷浓度的风流，尚未混合均匀时会影响测定值的准确性。

——测定风流甲烷浓度时，要尽量避开瓦斯涌出量较大或变化异常的局部地点，如高顶、旧巷、火区和断层等；而测定瓦斯积聚或局部瓦斯涌出时，应靠近这些地点。

——要正确运用不同区域的测定方法，并在所测地点内多选点，取多次测定中具有代表性的最大值。

④ 做到“三对口”。所谓“三对口”，是指瓦斯检查工随身携带的瓦斯检查手册、设在检查地点的记录牌板和瓦斯检查班报（或地面调度台账）三者所填写的检查内容、数值必须齐全、一致。

“三对口”的主要内容包括：检查地点、甲烷浓度、空气温度、二氧化碳浓度、检查时间和检查人等。必须做到检查一次立即填写一次，并及时向通风部门（或矿井）调度室汇报一次，不准3次检查的结果一起填写、一起汇报，否则，视为假检、漏检。

另外，发现瓦斯超限、积聚或遇有其他隐患、问题时，应积极采取措施处理，并将处理情况向调度室汇报。这些情况都要做到“三对口”。

⑤ 在指定地点交接班。瓦斯检查工在井下指定地点交接班是瓦斯检查制度的一项重要内容。其目的是防止由于瓦斯检查工迟到、早退，使分工区域出现无人检查、监视的空岗状态，以致不能及时发现、处理瓦斯积聚等隐患而发生事故。另外，也是为了便于交班与接班人见面，避免误会，交接清楚现场情况和责任。

交接班时，交班人要交清以下几个方面的工作情况：

——交清分工区域内的通风、瓦斯和生产情况有无异常，若有异常是如何处理的，是否需要进一步处理和应采取何种措施；

——交清分工区域内各种设施，包括通风、防尘、防火、防突、局部通风以及甲烷监测等有关设备和装置的状态，是否需要维修、增设或撤除；

——交清分工区域内原来和新发生的各种隐患，当班处理情况和需要如何继续处理；

——交清有关领导对某项工作指示的落实情况和需要请示的问题；

——其他应交接的工作内容。

接班人对交接内容了解清楚后，交接班人都必须在交接手册上签字，做到有据可查。

⑥ 确保自身安全。瓦斯检查工多为单独作业，而且越是瓦斯隐患较多、较重的区域或地点，越要加强检查，其接触各种危险、危害的机会较多，因此必须高度注意自身的安全。由于检查人员思想麻痹、检测操作或处理隐患的措施不当而发生伤亡事故屡见不鲜。

为了确保安全，瓦斯检查人员在进行瓦斯检查的过程中要集中精神，保持清醒头脑和饱满的精神状态；要严格遵守操作规程，正确运用不同地点的检查方法和手段，如对盲巷、火区或临时停风的独头巷道等地点进行检查时，要加倍警惕，由外向里逐渐深入，只有确认安全可靠后方可前进，绝不可直接贸然进入；另外，必须随身佩带自救器，并注意冒顶、片帮以及撞击火花等现象的发生。

4. 检查气体的种类

为防止发生甲烷、二氧化碳和其他有害气体酿成的灾害事故，必须按规定对这些气体进行检查。一氧化碳和气体温度是检测和预报煤炭自然发火最常使用的指标，为及时发现和妥善处理发火隐患，该条规定了在有自然发火的矿井，必须定期检查一氧化碳浓度和气体温度等的变化情况。

5. 检查结果的记录、汇报与处理

将瓦斯检查结果记入瓦斯检查班报手册，其目的是便于了解和掌握各地点的瓦斯涌出及变化情况，发现问题及时处理，并为以后分析总结矿井或工作面瓦斯涌出规律积累资料。将瓦斯检查结果记入检查地点的记录牌上，目的是让现场人员都能随时了解作业地点的瓦斯情况，以便指导安全生产。

矿长是煤矿安全第一责任者，矿总工程师对通风安全工作负有技术管理责任，他们必须随时了解和掌握矿井所有地点的通风瓦斯现状，对可能出现的重大通风、瓦斯问题或隐患，必须及时制定有效措施，进行处理。《规程》规定通风瓦斯日报必须送矿长、矿总工程师审阅。

第一百八十一条 突出矿井必须建立地面永久抽采瓦斯系统。

有下列情况之一的矿井，必须建立地面永久抽采瓦斯系统或者井下临时抽采瓦斯系统：

（一）任一采煤工作面的瓦斯涌出量大于 5 m^3/min 或者任一掘进工作面瓦斯涌出量大于 3 m^3/min，用通风方法解决瓦斯问题不合理的。

（二）矿井绝对瓦斯涌出量达到下列条件的：

1. 大于或者等于 40 m^3/min；
2. 年产量 1.0~1.5 Mt 的矿井，大于 30 m^3/min；
3. 年产量 0.6~1.0 Mt 的矿井，大于 25 m^3/min；
4. 年产量 0.4~0.6 Mt 的矿井，大于 20 m^3/min；
5. 年产量小于或者等于 0.4 Mt 的矿井，大于 15 m^3/min。

【条文解释】 本条是对建立地面永久抽采瓦斯系统和井下临时抽采瓦斯系统的规定。

我国煤矿瓦斯灾害事故较为严重的局面一直未能改变，特别重大瓦斯事故屡有发生。大力推广抽采煤层瓦斯的治本措施，是减少矿井通风稀释瓦斯的负担和弥补其不足、防止发生重大瓦斯事故的十分有效的措施与方法，十分必要；另外，矿井瓦斯也是一种资源，抽采的瓦斯可以利用，变害为宝，并减少对大气环境的污染。为此，矿井必须建立抽采瓦斯系统。

1. 必须建立地面永久抽采瓦斯系统或井下临时抽采瓦斯系统

（1）采掘工作面瓦斯涌出量达到以下条件，用通风方法解决瓦斯不合理的：

① 任一采煤工作面的瓦斯涌出量大于 5 m^3/min。

② 任一掘进工作面瓦斯涌出量大于 3 m^3/min。

（2）矿井绝对瓦斯涌出量达到以下条件的：

① 大于或等于 40 m^3/min；

② 年产量 1.0~1.5 Mt 的矿井，大于 30 m^3/min；

③ 年产量 0.6~1.0 Mt 的矿井，大于 25 m^3/min；

④ 年产量 0.4~0.6 Mt 的矿井，大于 20 m^3/min；

⑤ 年产量小于或等于 0.4 Mt 的矿井，大于 15 m^3/min。

近年，我国煤矿开发和研制成功了“移动式抽采瓦斯泵站”，可在井下临时安设进行瓦斯抽采，许多矿井应用结果表明其具有简单易行、方便快捷的特点，效果良好。低瓦斯矿井和高瓦斯矿井可以采用地面永久抽采瓦斯系统或井下临时抽采瓦斯系统。但是，煤与瓦斯突出，不仅能够造成人员伤亡事故、井巷和采掘工作面毁坏，还可能导致瓦斯爆炸的重大灾害，因此开采有煤与瓦斯突出危险煤层的矿井必须建立地面永久抽采瓦斯系统，以增加抽采瓦斯系统的可靠性和安全性。抽采煤层瓦斯可以降低煤层瓦斯压力和使煤层卸压，解除突出危险，减小煤与瓦斯突出事故发生的概率。

【典型事例】　2004 年 10 月 20 日，河南省某煤矿发生煤与瓦斯突出，接着突出的瓦斯又发生了爆炸，造成死亡 148 人的特大事故。

2. 新建抽采瓦斯系统专门设计和安全措施

设置井下临时抽采瓦斯泵站时，必须遵守《规程》第一百八十二条规定；新建立永久抽采瓦斯系统的矿井，必须编制专门设计和安全措施，并按规定履行审批手续。

抽采瓦斯专门设计，主要包括抽采瓦斯工程设计说明书、机电设备与器材清册、资金概算书、相关图纸和安全措施等内容。

（1）抽采瓦斯工程设计说明书

① 矿井概况。主要包括：矿井地质与煤层赋存条件，煤炭储量，矿井生产能力与服务年限，矿井生产系统与巷道布置，采煤方法与顶板管理，通风能力与设备，煤的工业分析，矿井瓦斯涌出情况（包括瓦斯喷出和煤与瓦斯突出，瓦斯来源分析），煤尘爆炸性指数，煤层自然发火期，矿井瓦斯等级鉴定，矿井瓦斯对安全生产的威胁等。

② 瓦斯基础参数测算。

抽采本煤层瓦斯时：煤层瓦斯压力，煤层瓦斯含量，矿井瓦斯涌出量，煤层透气性系数，矿井瓦斯储量，可开发瓦斯量及可抽瓦斯量，钻孔瓦斯流量及衰减系数，百米钻孔最大抽采量，钻孔抽采影响半径等。

抽采邻近层瓦斯时：开采层厚度，邻近层赋存条件，开采层与邻近层的间距，层间岩性，岩石移动角及卸压角，邻近层瓦斯含量，瓦斯储量，预计涌出量和可开发量等。

抽采采空区瓦斯时：采空区的范围，采空区形成时间，瓦斯涌出量、抽采量及其衰减变化等。

③ 抽采瓦斯方案。主要包括：选择抽采方式与方法，抽采工程与工艺，预计抽采效果。

④ 抽采系统与设备。主要包括：瓦斯管路（主管及支管）材质及管径的选择，管路阻力与流量计算，管路连接、布置与敷设，瓦斯泵流量、压力计算与选型，计量检测装置等。

⑤ 瓦斯泵站。主要包括：泵房位置选择，泵房建筑，瓦斯泵及附属设备安装，监测与安全装置，给排水系统，泵房采暖、通风、照明、通信、避雷、防火等。

⑥ 抽采瓦斯监测。抽采钻孔（巷道密闭）、管路、瓦斯泵的抽采瓦斯浓度、流量、压力等参数的检测和控制方法与仪表，以及瓦斯泵房的瓦斯检查仪表等。

⑦ 供电系统及设备。主要包括：井下与地面抽采系统的供电设备的选型，供电方式及供电系统。

⑧ 劳动组织及施工管理。主要包括：抽采瓦斯机构及人员编制，瓦斯工程施工安全措施，工作制度等。

⑨ 经济技术指标。主要包括：年抽采瓦斯量及利用量，矿井或采区抽采率，风流瓦斯含量，矿井原煤产量及劳动生产效率，技术经济效益分析等。

（2）机电设备与器材清册

详细列出整个瓦斯抽采工程所需要的全部设备和主要器材的名称、型号、规格、数量等。

（3）资金概算书

分类、分项地详细列出抽采瓦斯所需设备与材料的购置、安装、施工费用，土建工程费用，贷款利息，国家和上级规定的其他费用，并适当考虑备用费用、地区差价和管理费等，汇总投资总额。

（4）相关图纸

① 矿井综合地质柱状图；

② 矿井巷道布置图、通风系统图；

③ 煤层瓦斯地质图（或瓦斯等值线图）；

④ 抽采瓦斯施工（如钻孔布置及参数、施工、封孔等）平面图、剖面图；

⑤ 抽采管路系统布置与施工图；

⑥ 抽采瓦斯泵房设备平面布置及施工图；

⑦ 抽采泵站场地平面布置图；

⑧ 抽采泵站供电、供水、采暖、照明系统布置及施工图；

⑨ 抽采瓦斯检测监控系统布置及施工图；

⑩ 安全设施安装施工图等。

（5）安全措施

① 钻孔（或巷道）施工和抽采瓦斯过程中，防治瓦斯危害的安全措施；

② 防止抽采瓦斯管路漏气、砸坏、带电、积水的安全措施；

③ 瓦斯泵前后的防回火、防回气、防爆炸的安全措施；

④ 地面瓦斯泵房防雷电、防火灾的安全措施等。

（6）瓦斯利用方案

主要包括：利用方式（民用或工业利用），利用量，利用规模，主要设备（包括输送瓦斯管网、民用燃气具、储配站、调压站等设备，以及工业利用瓦斯时的相关设备），均衡、安全供气的主要措施和资金估算等。

3. 编制抽采瓦斯设计原则

（1）抽采系统及抽采能力要满足矿井生产能力和服务年限的要求，并且必须满足矿井生产期间最大抽采瓦斯量的要求。

（2）在选择抽采方法和抽采系统时，应以矿井地质与开采条件、瓦斯来源及瓦斯基础参数为依据，做到有足够的打钻、抽采时间和能够尽量多抽出瓦斯量，以保障矿井安全生产。

（3）瓦斯钻孔施工和抽采管路敷设，要尽量利用现成的生产巷道，特殊需要时也可掘进专用瓦斯巷道。

（4）瓦斯泵站的选址，除了满足安全抽采的要求之外，还应考虑瓦斯利用的方便。一般应选在居民住宅集中的地区，并有利于地面管路敷设和建造储气罐等。

（5）要配备足够的抽采瓦斯专业人员和抽采瓦斯的各种设备。

第一百八十二条 抽采瓦斯设施应当符合下列要求：

（一）地面泵房必须用不燃性材料建筑，并必须有防雷电装置，其距进风井口和主要建筑物不得小于50 m，并用栅栏或者围墙保护。

（二）地面泵房和泵房周围20 m范围内，禁止堆积易燃物和有明火。

（三）抽采瓦斯泵及其附属设备，至少应当有1套备用，备用泵能力不得小于运行泵中最大一台单泵的能力。

（四）地面泵房内电气设备、照明和其他电气仪表都应当采用矿用防爆型；否则必须采取安全措施。

（五）泵房必须有直通矿调度室的电话和检测管道瓦斯浓度、流量、压力等参数的仪表或者自动监测系统。

（六）干式抽采瓦斯泵吸气侧管路系统中，必须装设有防回火、防回流和防爆炸作用的安全装置，并定期检查。抽采瓦斯泵站放空管的高度应当超过泵房房顶3 m。

泵房必须有专人值班，经常检测各参数，做好记录。当抽采瓦斯泵停止运转时，必须立即向矿调度室报告。如果利用瓦斯，在瓦斯泵停止运转后和恢复运转前，必须通知使用瓦斯的单位，取得同意后，方可供应瓦斯。

【条文解释】 本条是对抽采瓦斯设施的规定。

1. 地面泵房要求

（1）地面泵房防火。瓦斯是一种具有燃爆性质的气体。为防止泵房发生火灾或泵房外发生火灾波及泵房，规定泵房必须用不燃性材料建筑、泵房周围20 m范围内禁止堆积易燃物和存在明火，并必须有防雷电装置。

（2）抽采瓦斯泵及其附属设备，至少应有1套备用，备用泵能力不得小于运行泵中最大一台单泵的能力。

（3）地面泵房距进风井口和主要建筑物不得小于50 m，并用栅栏或围墙保护。

（4）地面泵房内电气设备、照明和其他电气仪表都应采用矿用防爆型；否则必须采取安全措施。

2. 泵站“三防装置”

井下抽采瓦斯的条件比较复杂。有的抽采地点（如旧区等）抽出的瓦斯浓度较低（有时低于10%），加上抽采钻孔及抽采管路都有发生漏气的可能等因素的影响，抽采管路内的瓦斯浓度下降到瓦斯爆炸下限浓度的可能性也是存在的。而干式抽采瓦斯泵的叶轮无水环封闭，产生机械摩擦火化引爆瓦斯的可能也是存在的。为防止干式抽采瓦斯泵引爆瓦斯沿管路向井下传播而破坏抽采系统和威胁矿井安全，所以在干式抽采泵吸气侧的管路中，必须装设防回火、防回流和防爆炸作用的安全装置。

防回火、防爆炸装置有多种类型，常用的主要有水封式和铜网式2种型式。

（1）水封式防回火、防爆炸装置

如图 3-3-11 所示，正常抽采时，瓦斯气体通过水封装置被抽出，当管内发生瓦斯燃爆时，液体水可阻隔火焰传播；同时，爆炸冲击波将防爆盖（或胶皮板）冲破，释放能量，从而保护井下、泵房及地面用户的安全。

水封式防回火、防爆炸装置的适用条件和制作及使用要求如下：

① 该装置一般安设在瓦斯泵的出口和入口附近的地面瓦斯管路上。干式抽采瓦斯泵吸气侧管路系统中必须装设防回火、防爆炸装置，而湿式抽采泵吸气侧管路系统中可以不安设，但在利用瓦斯系统中则必须安设。

② 图 3-3-11 所示的水封装置的防爆盖是用厚度为 2 mm 的胶皮板制成的，制作简单，效果良好，较适用于抽采瓦斯的中、小型矿井。

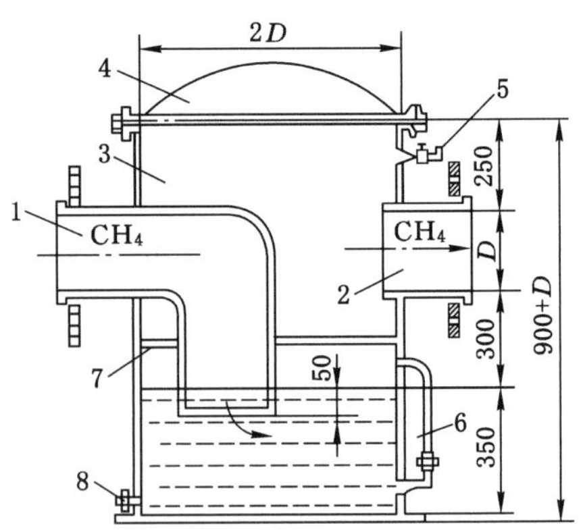

1—入口瓦斯管；2—出口瓦斯管；3—水封罐；4—防爆盖（胶皮板加工）；5—注水管口；6—水位计；7—支承柱；8—放水管。

图 3-3-11　水封式防回火、防爆炸装置示意图

③ 水封装置在使用过程中应经常补充水，以保证水封罐中的水位。

④ 北方寒冷地区还应采取防冻措施或将其置入专门构筑的暗井内，并加盖保护。

(2) 铜网式防回火、防爆炸装置

该装置是利用铜网的散热作用达到隔绝火焰传播的目的。其结构如图 3-3-12 和图 3-3-13所示。

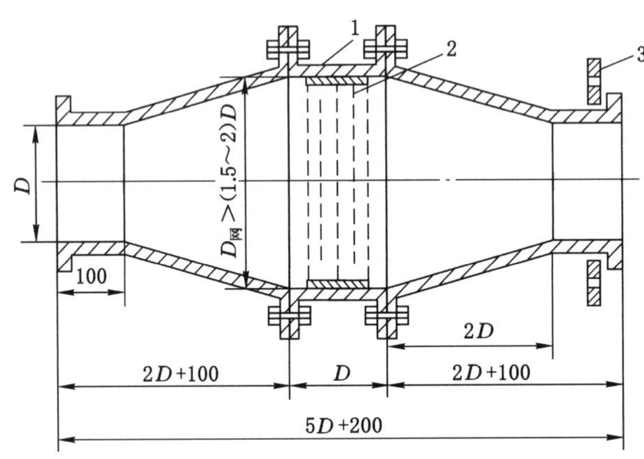

1—挡圈；2—铜丝网；3—活法兰盘接头。

图 3-3-12　铜网式防回火、防爆炸装置示意图（一）

铜网式防回火、防爆炸装置的适用条件、制作及使用要求如下：

① 该装置适用于瓦斯输出管路系统，一般安装在距泵房和用户较近的地点，以保护机械设备和用户安全。

② 铜网的规格为 13 目/cm×13 目/cm，网层数 4~6 层。

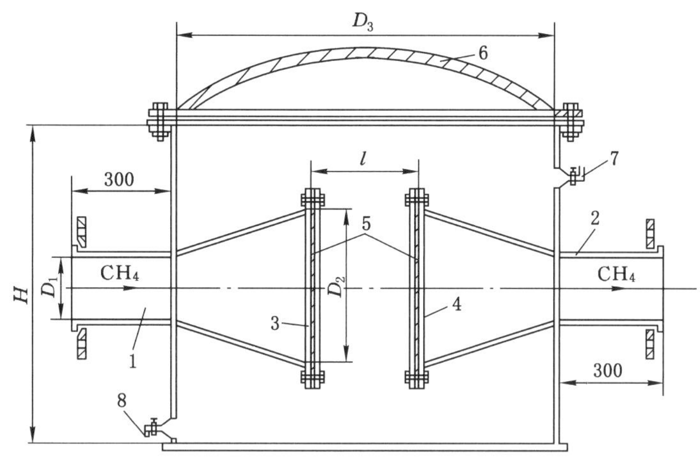

1—入口瓦斯管；2—出口瓦斯管；3—入口瓦斯管铜网；4—出口瓦斯管铜网；
5—铜丝网；6—防爆胶皮板（厚 2 mm）；7—测压孔；8—放水管。

图 3-3-13 铜网式防回火、防爆炸装置示意图（二）

③ 图 3-3-13 中的铜网直径 $D_{网}$ 为瓦斯管直径 D 的 1.5~2 倍，以减小阻力；图 3-3-13 中有关尺寸要求：$D_3 \geqslant 2D_2$，$H \geqslant D_3$，$l = D_1$。

④ 为检修和更换铜网方便而又不中断抽采瓦斯，可安设旁通管路，但其直径应与瓦斯管路相同，并设置阀门。

3. 瓦斯泵站管理

地面瓦斯泵站是矿井安全管理的重要地点，必须建立健全各项管理制度，如岗位操作规程和值班制度，定期检测抽采参数及设备运行状况汇报制度，瓦斯泵及其附属设备、设施的检查维修制度等，并做好各项记录。抽采瓦斯时，如果瓦斯泵停止运转，必须通知使用瓦斯的单位关闭阀门；恢复运转前，也必须取得用户同意后方可供应瓦斯，以免用户忘记关闭阀门或点火不当而引起熏人或爆炸事故。

第一百八十三条 设置井下临时抽采瓦斯泵站时，必须遵守下列规定：

（一）临时抽采瓦斯泵站应当安设在抽采瓦斯地点附近的新鲜风流中。

（二）抽出的瓦斯可引排到地面、总回风巷、一翼回风巷或者分区回风巷，但必须保证稀释后风流中的瓦斯浓度不超限。在建有地面永久抽采系统的矿井，临时泵站抽出的瓦斯可送至永久抽采系统的管路，但矿井抽采系统的瓦斯浓度必须符合本规程第一百八十四条的规定。

（三）抽出的瓦斯排入回风巷时，在排瓦斯管路出口必须设置栅栏、悬挂警戒牌等。栅栏设置的位置是上风侧距管路出口 5 m、下风侧距管路出口 30 m，两栅栏间禁止任何作业。

【条文解释】 本条是对井下临时抽采瓦斯泵站的规定。

抽采瓦斯分为地面永久抽采瓦斯系统和井下临时抽采瓦斯系统 2 类。近年，我国煤矿许多矿区使用移动式抽采瓦斯泵站，在井下临时安设进行抽采瓦斯，取得了简单易行、方便快捷、效果良好的成效，为抽采瓦斯扩大应用创造了条件。

瓦斯是一种可以燃烧、爆炸的气体，为防止泵站发生火灾或者其他地点发生爆炸、火灾事故波及泵站，对井下临时抽采瓦斯泵站设置规定了如下安全措施：

1. 井下临时抽采瓦斯泵站设置的位置

为了尽量缩短抽采管路负压段的长度，减少阻力，提高作用到钻孔或管口的抽采负压，从而增大抽采能力，临时抽采泵站应安设在抽采瓦斯地点附近。由于临时抽采瓦斯泵站是由电动机、抽采泵、启动装置等设备组成的，为防止处在采区管路中的瓦斯偶然泄漏而引起瓦斯事故，临时泵站应安设在进风流中。

2. 临时抽采瓦斯泵站的抽采瓦斯浓度

井下临时抽采瓦斯泵站抽出的瓦斯可引排到总回风巷、一翼回风巷，但稀释后的风流瓦斯浓度不能超过 0. 75%；若引排到采区回风巷则不能超过 1%。如果临时抽采瓦斯泵站抽出的瓦斯直接送至永久抽采系统的管路中，直达地面进行利用时，则必须保证利用瓦斯的浓度不低于 30%；不利用瓦斯、采用干式抽采瓦斯设备时，抽采瓦斯浓度不得低于 25%。这既满足用户对瓦斯热值的要求，又考虑了安全因素。

3. 抽采瓦斯泵站的栅栏、警戒牌设置的原因及其位置

为了防止临时抽采瓦斯泵站抽出的较高浓度的瓦斯，在与回风巷风流均匀混合时，发生熏人或遇火源引发瓦斯爆炸事故，在排瓦斯管路出口必须设置栅栏、悬挂警戒牌，两栅栏间禁止任何作业和人员通行。由于在正常情况下抽采出的高浓度瓦斯与回风流均匀混合的风流长度一般不会超过 30 m，且瓦斯逆风流扩散的能力较小，因此栅栏设置的位置是上风侧距管路出口 5 m，下风侧距管路出口 30 m。

4. 采掘工作面瓦斯抽采基本指标

《煤矿瓦斯抽采基本指标》（AQ 1026）中规定了煤矿采掘工作面瓦斯抽采基本指标。

（1）突出煤层工作面采掘作业前必须将控制范围内煤层的瓦斯含量降到煤层深度的瓦斯含量以下，或将瓦斯压力降到煤层深度的煤层瓦斯压力以下。若没能考察出煤层深度的煤层瓦斯含量或压力，则必须将煤层瓦斯含量降到 8 m^3/t 以下，或将煤层瓦斯压力降到 0. 74 MPa（表压）以下。

（2）瓦斯涌出量主要来自邻近煤层或围岩，采煤工作面瓦斯抽采率应满足表 3-3-10 规定。

（3）瓦斯涌出量主要来自开采煤层的采煤工作面前方 20 m 以上范围内，煤的可解吸瓦斯量应满足表 3-3-11 规定。

表 3-3-10　采煤工作面瓦斯抽采率应达到的指标

工作面绝对瓦斯涌出量 $Q/(m^3/min)$	工作面抽采率/%
$5 \leqslant Q < 10$	≥20
$10 \leqslant Q < 20$	≥30
$20 \leqslant Q < 40$	≥40
$40 \leqslant Q < 70$	≥50
$70 \leqslant Q < 100$	≥60
$100 \leqslant Q$	≥70

表 3-3-11 采煤工作面回采前煤的可解吸瓦斯量应达到的指标

工作面日产量/t	可解吸瓦斯量 W_j/（m^3/t）
≤1 000	≤8
1 001~2 500	≤7
2 501~4 000	≤6
4 001~6 000	≤5.5
6 001~8 000	≤5
8 001~10 000	≤4.5
>10 000	≤4

第一百八十四条 抽采瓦斯必须遵守下列规定：

（一）抽采容易自燃和自燃煤层的采空区瓦斯时，抽采管路应当安设一氧化碳、甲烷、温度传感器，实现实时监测监控。发现有自然发火征兆时，应当立即采取措施。

（二）井上下敷设的瓦斯管路，不得与带电物体接触并应当有防止砸坏管路的措施。

（三）采用干式抽采瓦斯设备时，抽采瓦斯浓度不得低于25%。

（四）利用瓦斯时，在利用瓦斯的系统中必须装设有防回火、防回流和防爆炸作用的安全装置。

（五）抽采的瓦斯浓度低于30%时，不得作为燃气直接燃烧。进行管道输送、瓦斯利用或者排空时，必须按有关标准的规定执行，并制定安全技术措施。

【条文解释】 本条是对瓦斯抽采的安全规定。

1. 煤矿井下瓦斯抽采的意义

煤矿井下瓦斯是一种有害气体，在一定条件下它会发生燃烧爆炸事故。近年，瓦斯事故已经成为我国煤矿安全的“第一杀手”，每年因瓦斯事故死亡人数，约占煤炭行业总死亡人数的30%~40%。瓦斯又是一种宝贵的洁净能源，据测定1 m^3 甲烷的发热量相当于1~2 kg煤的发热量。所以，抽采瓦斯并加以利用对保障矿井安全生产、促进国民经济发展具有重要意义。

（1）瓦斯抽采可以减少煤矿开采时瓦斯涌出量和压力，从而能有效地减少或消除瓦斯隐患或各种瓦斯事故，提高矿井的安全可靠程度。

（2）瓦斯抽采可以降低矿井通风费用，同时还能解决单纯利用通风稀释带走瓦斯的技术和经济不合理的难题。

（3）矿井瓦斯抽采到地面加以利用，可以作为民用和工业燃料或原料，特别是当前人类面临资源危机，综合利用瓦斯将取得显著的经济效益。

（4）开发和利用瓦斯可以有效地减少温室气体排放，对减少环境污染、改善大气环境质量、缓解当前人类面临的环境危机具有重要的社会效益。

（5）实施瓦斯抽采及利用是贯彻落实“先抽后采、以风定产、监测监控”煤矿瓦斯治理“十二字方针”和着力构建“通风可靠、抽采达标、监控有效、管理到位”煤矿瓦斯综合治理工作体系的需要，对促进煤炭工业安全、持续、洁净、可持续发展具有十分重要的意义。

2. 抽采采空区瓦斯的监控技术

自燃倾向性为容易自燃和自燃煤层，在开采时自然发火危险较大，特别是进行瓦斯抽采时，有可能造成工作面、采空区风流发生变化，促使自然发火。抽采容易自燃和自燃煤层的采空区瓦斯时，抽采管路应安设一氧化碳、甲烷、温度传感器，实现实时监测监控。发现有自然发火征兆时，应当立即采取措施。

对采空区瓦斯抽采时监控要求如下：

（1）开采煤层自燃倾向性为自燃和容易自燃的工作面，抽采采空区瓦斯时，应执行《矿井瓦斯抽放管理规范》的规定，并进行采空区瓦斯抽采监控。

（2）抽采采空区瓦斯的工作面，应首先测定采空区指标性气体 CO 浓度、CO 浓度增量值或其他自然发火标志性气体，并结合以往的经验数据，确定指标性气体 CO 浓度临界值，CO 浓度增量临界值或自然发火标志性气体。

（3）采空区瓦斯抽采应根据指标性气体 CO 浓度值、CO 浓度增量临界值或自然发火标志性气体，合理控制采空区瓦斯抽采参数。

（4）采用以下抽采方法时，应采取采空区瓦斯抽采自动监控和人工监控：

① 采空区埋管吸气口处在氧化带内。

② 顶板低位钻孔终孔在冒落拱内。

③ 专用排瓦斯巷埋管。

④ 封闭采空区密闭插管。

⑤ 上隅角抽采采空区瓦斯，可不进行自动监控，但应进行人工监控。

（5）自动监控技术要求：

① 自动监控装备应符合煤矿井下使用条件，具有自动采集气样、自动检测和自动控制功能。

② 抽采管路内 CO 浓度或 CO 浓度增量值小于临界值，且 CH_4 浓度≥40%时，可增加采空区瓦斯抽采量；CH_4 浓度<25%时，应减小采空区瓦斯抽采量；CH_4 浓度在 25%～40%时，应保持现有采空区瓦斯抽采量。

③ 抽采管路内 CO 浓度或 CO 浓度增量值大于或等于临界值时，应停止采空区瓦斯抽采。

（6）人工监控技术要求：每班由采样工定时采取抽采管路中的气样，用 CH_4 和 CO 检定器（或检知管）即时测定 CH_4 和 CO 浓度，并做好记录，同时将气样送实验室进行气体组分分析。其他有关要求同自动监控②、③。

3. 瓦斯管路材质及敷设要求

井上下瓦斯管路是瓦斯抽采时输送瓦斯的通道，其敷设位置和状态好坏直接影响抽采瓦斯效果，同时关系到矿井的安全工作。因为煤矿井下的生产条件较复杂、多变，砸断、砸破、损坏瓦斯管路或井上管路风吹日晒雨淋年久失修、腐蚀、接头不严等原因，可能导致管路内瓦斯泄漏现象的发生，如果遇到带电物体漏电产生的电火花，极易导致瓦斯爆炸事故。

（1）瓦斯主干管路一般应选择钢或铁质管路，采掘工作面可以选择高强度、耐腐蚀、不延燃抗静电的轻型材质瓦斯管路。

（2）根据矿井巷道分布的具体情况，选择距离最短、曲线段最少的巷道敷设。

(3) 瓦斯管路应敷设在不经常通车的回风巷道中。如果敷设在运输巷道中，要将管路架设一定高度并加以固定，以防止撞坏管路而漏气。

(4) 瓦斯抽采过程中一旦发生故障，要保证管路内瓦斯不至于进入采掘工作面、机电设备硐室内。

(5) 要考虑到整个管路系统的运输、安设和日常检修维护的方便。

4. 瓦斯管路安设质量要求

(1) 管路入井前应对管内外进行除锈、防腐处理。

(2) 管路安设要平直、坡度尽量一致，不得急转弯，并要注意创造排除管内积水的条件。

(3) 管路要用木墩垫高 30 cm，以防巷道底鼓损坏管路或者被底水浸泡。

(4) 安设在主要运输巷时，距轨道高度不得低于 1.8 m。

(5) 瓦斯管路必须与电缆（包括通信、信号电缆）分挂在巷道两侧。

(6) 在倾斜巷道中安设时，应采用卡子将管路固定在支架或巷壁上，以防止管路下滑。

(7) 低洼处要设放水器。

(8) 井下管路一般采用法兰盘连接，接口处应安好垫圈严防漏气。胶皮垫的厚度不小于 5 mm，并用螺丝加金属垫圈紧固。

(9) 地面瓦斯管路（包括放水器）要采取防冻保暖措施。

(10) 地面瓦斯主干管路要与地面建（构）筑物保持一定距离，如距建筑物要大于 5 m，距水管和水沟要大于 2 m，距铁路要大于 4 m 等。

5. 瓦斯管路使用前验收

瓦斯管路安设好以后，在投入使用前必须进行一次气密性试验；不合格的，必须重新检查处理，直到达到标准为止。

瓦斯管路安设验收方法有正压和负压 2 种。

(1) 负压方法试验。首先将管路末端安设堵盘，始端留出小三通与机器连接。试漏气时一般采用 U 形压力计或真空表测量管内压力。随着堵气工作进行，管路漏气不断减少，压力水柱也逐渐上升，压力较高的真空泵，试气压力达到 50.6~101.3 kPa 或压力较低的鼓风机漏气压力达到 30~50 kPa，即认为合格。

(2) 正压方法试验。正压检查是将要检查的管路两端密闭，然后在其内引入压力 98.07 kPa以上的压缩空气，达到规定压力后停止送气，观测瓦斯管路压力变化情况，如果压力下降较小，说明气密性良好，即认为合格。

6. 抽采瓦斯浓度的规定

抽采瓦斯设备指的是在抽采瓦斯管路中造成一定负压，使瓦斯从煤层中抽出并安全输送到地面的专用机械设备。抽采瓦斯设备主要由瓦斯泵、管路系统和辅助装置组成。瓦斯泵可分为干式和湿式两大类。

(1) 干式

空气和瓦斯混合时，瓦斯浓度的爆炸界限是 5%~16%，也就是当瓦斯浓度超过 16% 便不会发生爆炸。采用干式抽采瓦斯设备时，因为该抽采设备无水环安全封闭，有产生机械火花引爆瓦斯的可能性。因此，对它提出了比采用水环式真空泵抽采瓦斯更严格的要求，即瓦斯浓度不得低于 25%，高出瓦斯爆炸上限浓度，以确保安全。如果瓦斯浓度再低，就有可能接近瓦斯爆炸上限，给矿井安全造成相当大的威胁。

① 离心式鼓风机。离心式鼓风机依靠叶轮高速旋转运动产生离心力来提高气体的压力，适用于瓦斯流量大（80～1 200 m^3/min）、负压较小（400～5 000 mmH_2O）的抽采瓦斯矿井，可用于正压鼓风输往用户和负压抽出瓦斯。

② 回转式鼓风机。回转式鼓风机利用 2 个转子的相对运动，完成气体的吸入、压缩和排出，适用于瓦斯流量大（1～600 m^3/min）、负压较高（2 000～9 000 mmH_2O）的瓦斯抽采矿井。特点是流量稳定（接近于常数），功率较高。

（2）湿式

湿式抽采瓦斯设备主要有水环式真空泵。水环式真空泵泵体内充水，转子是偏心的，安装在泵体内，旋转时产生抽气的力量。适用于瓦斯抽采量较小、煤层透气性低、管路阻力大需要高负压抽采的矿井，特别适用于瓦斯浓度变化较大的邻近层抽采矿井。特点是安全性能好，因工作轮内充满水，即使是抽出瓦斯浓度达到爆炸界限时，也没有爆炸危险。

7. 利用瓦斯系统中的安全装置及规定

（1）利用瓦斯系统中的安全装置

为了确保瓦斯利用安全可靠，在利用瓦斯系统中必须装设有防回火、防回流和防爆炸作用的安全装置。

防回火、防回流和防爆炸装置有多种类型，常用的主要有水封式、铜网式和旁通管路装置 3 种。

① 水封式装置

水封式装置见图 3-3-14。正常利用瓦斯时，瓦斯气体通过水封装置被排出。当管路内发生瓦斯燃烧、爆炸时，气流反向，液体水首先流入瓦斯管路，阻隔火焰传播；同时，爆炸冲击波将防爆盖冲破，释放爆炸能量，从而保护泵房和地面用户的安全。

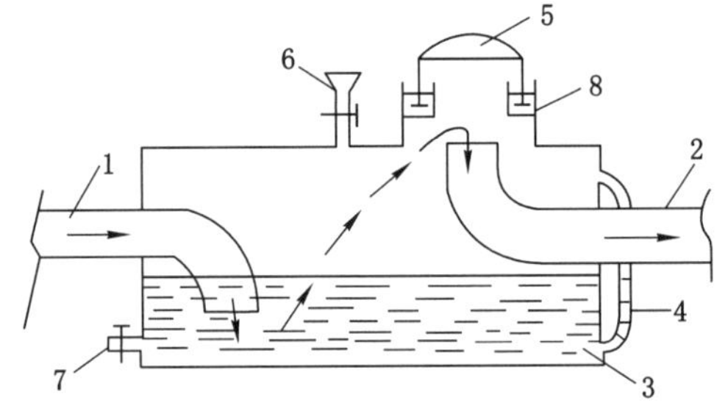

1—瓦斯进口；2—瓦斯出口；3—水箱；4—水位标记；5—防爆盖；6—加水口；7—放水口；8—密封液体。

图 3-3-14　水封式安全装置示意图

水封式装置适用条件如下：

——利用瓦斯时，无论是采用干式还是湿式瓦斯抽采设备都必须装设。

——水封式装置的防爆盖可用厚度 2 mm的胶皮板制成，制作简单、效果良好，较适用于抽采瓦斯的中、小型矿井。

——水封装置中应经常补充水量，以保持使用过程中的水位。

——寒冷地区还应对水封式装置进行防冻保温工作。

② 铜网式装置

铜网式装置是利用铜网的散热作用使火焰冷却的，因而不能把燃烧从这一侧蔓延到另一侧，从而达到隔绝火焰传播的目的。

铜网式装置一般安装在距泵房和用户较近的地点，以保护泵房机械设备和用户安全。

铜网式装置可分为以下 2 种形式：

——铜丝网的规格为 13 目/cm×13 目/cm，层数为 4~6 层，见图 3-3-15。图中的尺寸要求是：$L=D_1$，$D_2=2D_1$，$D_{网}=(1.5\sim2.0)D_1$。

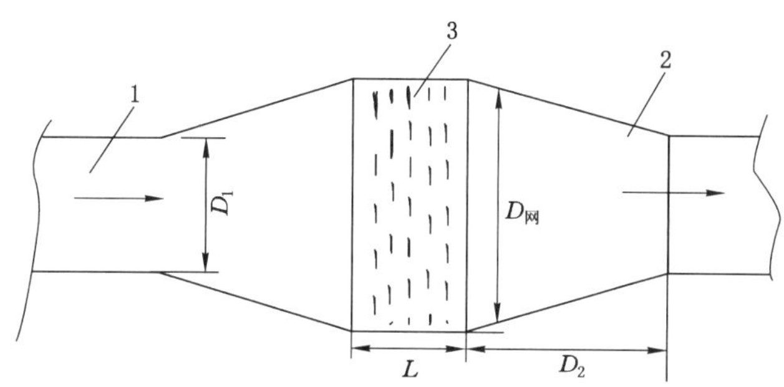

1—瓦斯进口；2—瓦斯出口；3—铜丝网。

图 3-3-15　铜网式安全装置示意图（一）

——铜丝网直径大于瓦斯管直径，以减小阻力，见图 3-3-16。图中的尺寸要求是：$D_3\geqslant2D_{网}$，$H\geqslant D_3$，$L=D_1$，$D_{网}=(1.5\sim2.0)D_1$。

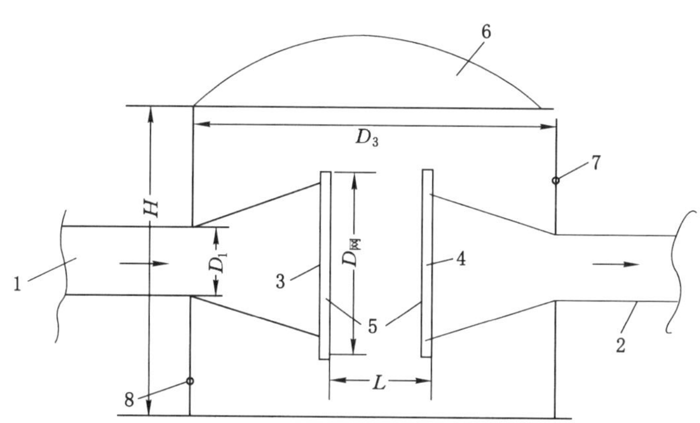

1—瓦斯进口；2—瓦斯出口；3—进口瓦斯管铜网；4—出口瓦斯管铜网；
5—铜丝网；6—防爆盖；7—测压孔；8—放水口。

图 3-3-16　铜网式安全装置示意图（二）

③ 旁通管路装置

旁通管路装置是一种简易防回火、防回气、防爆炸安全装置，见图 3-3-17。在利用瓦斯时，将其安装在瓦斯泵的出口侧，在管内发生瓦斯爆炸时，冲击波冲破防爆盖，爆炸压力得到释放，可以减轻和消除爆炸威力和火焰传播，从而保证泵和用户安全。

旁通管路装置适用条件如下：

——该装置大多数安装在泵房和住宅附近，也可安设在分区、分支地点。

——旁通管安装一般与瓦斯管呈 45°角；在竖井安装时，高度应超过用户房顶。

——旁通管也可以与铜网式装置配套使用，以保证检修和更换铜网的方便而又不中断抽采瓦斯，但是旁通管的直径应与瓦斯管直径一致，并设置阀门。

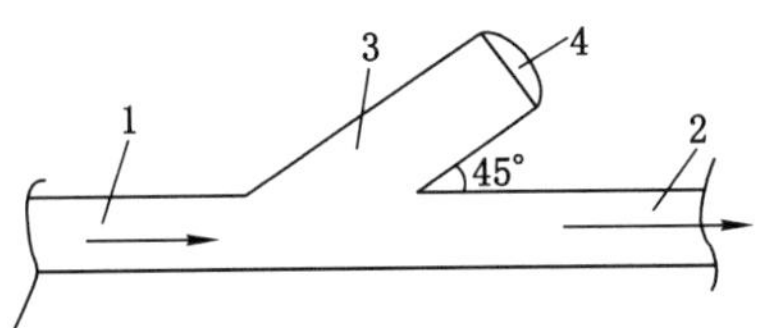

1—瓦斯进口；2—瓦斯出口；
3—旁通管路；4—防爆盖。
图 3-3-17　旁通管路安全装置示意图

（2）抽采的瓦斯浓度低于30%时的规定

抽采的瓦斯浓度低于30%时，不得作为燃气直接燃烧，用于内燃机发电或作其他用途，进行管道输送、瓦斯利用或排空时，必须按有关标准的规定执行，并制定安全技术措施。

在地面瓦斯泵房，泵的前后管路上都要安装放空管，在泵不运转时，瓦斯能够排放到大气中，或者泵运转而使用单位不需用瓦斯时，也可以把瓦斯管路内的瓦斯放空。

由于空气中瓦斯爆炸浓度的上限是16%，考虑到大约2倍的安全系数，在排放到空气中的瓦斯浓度必须高于30%；如果瓦斯浓度低于30%，由于输送管路的泄漏或人工放空，排放到大气中的瓦斯安全系数要小于2倍，可能造成瓦斯爆炸的危害。所以，在瓦斯浓度低于30%时，输送瓦斯必须按照相关规定，制定安全技术措施，确保不发生瓦斯爆炸事故。

我国有关法规规定，瓦斯气用于工业和民用时，甲烷含量不得低于30%；用于发电时，甲烷含量不得低于6%。《规程》的这一规定，促进了瓦斯的利用工作。

第三节　瓦斯和煤尘爆炸防治

第一百八十五条　新建矿井或者生产矿井每延深一个新水平，应当进行1次煤尘爆炸性鉴定工作，鉴定结果必须报省级煤炭行业管理部门和煤矿安全监察机构。

煤矿企业应当根据鉴定结果采取相应的安全措施。

【名词解释】　煤尘爆炸

煤尘爆炸——悬浮在空气中的煤尘，在一定条件下，遇高温热源而发生的剧烈氧化反应，并伴有高温和压力上升的现象。

【条文解释】　本条是对煤尘爆炸性鉴定的规定。

煤尘爆炸是煤矿重大灾害之一。然而，并非所有煤层的煤尘都具有爆炸危险，即使有爆炸危险的煤尘，其煤层性质及其煤尘爆炸性能的强弱也不尽相同。必须通过煤尘爆炸性鉴定加以区别，以便对具有不同爆炸性能的煤尘采取有针对性的防治技术措施。所以，新矿井的地质精查报告中，必须有所有煤层的煤尘爆炸性鉴定资料。

由于煤尘的爆炸性与煤层挥发分的含量等煤层性质有着直接关系，随着矿井生产水平的延深，地质条件和煤层性质可能发生变化，从而引起煤尘爆炸性能的变化。所以，新建矿井或生产矿井每延深一个新水平，应进行1次煤尘爆炸性鉴定工作。

1. 煤尘爆炸性鉴定的相关规定

（1）生产矿井每延深一个新水平均应进行1次煤尘爆炸性鉴定；在每年进行矿井瓦斯等级鉴定的同时，必须进行煤尘爆炸性鉴定；新建矿井的地质精查报告中，必须含有所有煤层的爆炸性鉴定资料。

（2）煤尘的爆炸性，应由煤矿企业或地质部门提供煤样，送交相关单位进行鉴定。鉴定结果必须由煤样提供单位，报省级煤炭行业管理部门和煤矿安全监察机构，煤矿企业应根据鉴定结果采取相应的综合防尘安全措施。

（3）煤尘爆炸性鉴定的装置必须采用国家批准的专用设备，工作人员必须由经过专门培训并取得合格证者担任，所用的计量仪表、器具等必须按有关规定由计量部门定期检定。

（4）煤样采制必须由采样工负责完成，采制方法按“刻槽法”实施。

2. 煤尘爆炸性鉴定

鉴定煤尘爆炸性的方法有 2 种：一是在实验室用大管状煤尘爆炸性鉴定实验仪，二是根据煤的工业分析计算爆炸指数。

目前，我国煤尘的爆炸性主要采用大管状煤尘爆炸性鉴定实验仪进行试验和鉴定，而工业分析计算出的煤尘指数，可粗略判断煤尘有无爆炸性和其爆炸性的强弱，但不能作为确定煤尘有无爆炸性的依据。

（1）大管状煤尘爆炸性鉴定实验仪

该装置结构如图 3-3-18 所示。由耐压玻璃管制成的燃烧管 1 的内径为 75~80 mm，长为 1 400 mm。燃烧管的一端与滤尘箱 8 相连接（箱内装有滤尘板和小风机），另一端开口并在距管口 400 mm 处径向对开 2 个小孔，穿过小孔装入铂丝加热器 2，加热器为110 mm长的中空细瓷管（内径为 1.5 mm 和 3.6 mm），管外缠绕约 60 圈内径为 0.3 mm 的铂丝，铂丝由燃烧管的小孔引出，接在变压器的二次线圈上（该线圈两端电压为 30~40 V）。细瓷管内装有铂铹热电偶，热电偶两端接上铜导线，构成冷节点置于冰筒中，然后接到高温计 4，以测定温度。放置煤样的试料管 5（铜质，长 100 mm，内径 9.5 mm）通过导管与电磁打气筒 7 连接。

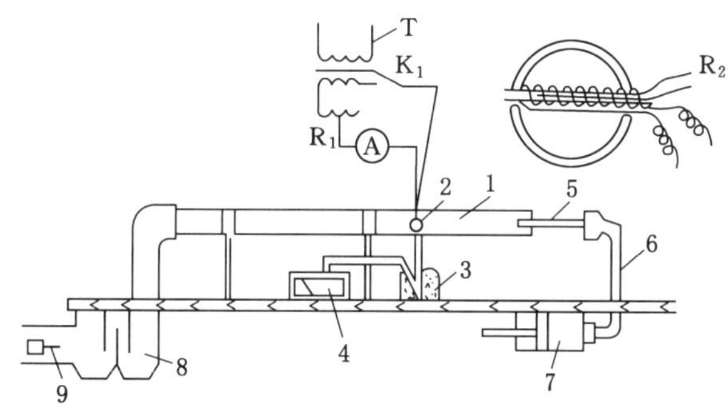

1—硬质玻璃燃烧管；2—加热器；3—冷藏瓶；4—高温计；5—试料管；6—导气管；7—打气筒；8—滤尘箱；9—吸尘器；K_1—开关；T—变压器；A—电流表；R_1—可变电阻；R_2—铂丝热电偶。

图 3-3-18　煤尘爆炸性鉴定实验仪

煤尘爆炸试验的程序是：通电使加温器升温至 1 100 ℃，将经过处理的 1 g 煤样（煤尘试样经粉碎后须能全部通过 75 μm 的筛孔，并在 105 ℃的温度下烘干 2 h）放置到试料管内，打开气筒的电路开关，活塞动作使煤尘试样呈雾状喷入燃烧管，此时，操作人员观察燃烧管内煤尘的燃烧或爆炸状态，最后开动风机进行排烟。

如果加热器上只出现稀少的火星或根本没有火星，表明该煤尘无爆炸危险；若火焰在燃烧管内向加热器两侧连续或不连续地蔓延，表明该煤尘具有爆炸性，但属于爆炸性微弱的煤尘；若火焰在管内向加热器两侧迅速蔓延，这是强烈爆炸的现象，该煤尘属于具有强烈爆炸危险的煤尘。

（2）煤尘爆炸指数计算

煤的主要成分有挥发分、固定炭、水分和灰分等。每一种成分对煤的爆炸性都有一定影响，而其中主要是挥发分。通常用挥发分占可燃物的百分比作为判断煤尘爆炸强弱的一项指标，该指标叫作煤尘爆炸指数（可燃挥发分指数），用 V_T 表示，用下式计算：

$$V_T = \frac{V_f}{V_f + C_f} \times 100$$

或

$$V_T = \frac{V_f}{100 - A_f - W_f} \times 100$$

式中　V_T——分析煤样的爆炸指数,%；

V_f——分析煤样的挥发分,%；

A_f——分析煤样的灰分,%；

W_f——分析煤样的水分,%；

C_f——分析煤样的固定碳,%。

煤尘爆炸指数越高，则爆炸性越强。爆炸指数与爆炸性强弱的关系见表 3-3-12。

表 3-3-12　煤尘爆炸指数与爆炸性强弱的关系

爆炸指数	<10%	10%～15%	15%～28%	>28%
爆炸性	一般不爆炸	较弱	较强	强烈

必须指出，煤尘爆炸指数只能用来判断煤尘爆炸的强弱，但是不能作为确定煤尘是否爆炸的依据。这是因为煤的成分很复杂，影响煤尘爆炸的因素很多。同一类煤的挥发分成分和含量也不一样。有的煤尘爆炸指数虽然高于 10%，却无爆炸危险。例如，四川松藻二井煤尘爆炸指数为 12.92%，但经试验确定为无爆炸危险的煤尘。而有的煤尘爆炸指数虽然小于 10%，但却有爆炸危险。如萍乡矿业集团青山煤矿煤尘爆炸指数为 9.05%，但经实验室试验确定为具有爆炸危险性的煤尘。所以，煤尘是否具有爆炸危险性，不能根据煤尘爆炸指数是否大于 10%来判断，而必须经过实验室试验确定。

第一百八十六条　开采有煤尘爆炸危险煤层的矿井，必须有预防和隔绝煤尘爆炸的措施。矿井的两翼、相邻的采区、相邻的煤层、相邻的采煤工作面间，掘进煤巷同与其相连的巷道间，煤仓同与其相连的巷道间，采用独立通风并有煤尘爆炸危险的其他地点同与其相连的巷道间，必须用水棚或者岩粉棚隔开。

必须及时清除巷道中的浮煤，清扫、冲洗沉积煤尘或者定期撒布岩粉；应当定期对主要大巷刷浆。

【名词解释】　煤尘爆炸危险煤层、隔爆措施

煤尘爆炸危险煤层——经煤尘爆炸性试验证明其煤尘有爆炸性的煤层。

隔爆措施——把已经发生的爆炸截住，不使其传播开来，以限制在最小的范围内，使

爆炸不至于由局部扩大为全矿性的重大灾难而所采取的措施。

【条文解释】本条是对预防和隔绝煤尘爆炸措施的规定。

1. 隔爆设施的重要意义及原理

在瓦斯煤尘爆炸的类型中有一种连续爆炸的形式，大大增加了事故灾难程度。

【典型事例】 某日，山西省大同某煤矿14号井井底车场的翻笼在连续翻煤时煤尘飞扬（3 m内看不见人，附近棚梁上积尘达3~5 cm），电机车运行产生电火花引爆飞扬的煤尘，由于其他巷道积尘严重导致煤尘连续爆炸，致使井下912人中死亡684人，整个矿井惨遭破坏，这是中华人民共和国成立以来最严重的一次矿难事故。

为防止发生连续爆炸事故，开采有煤尘爆炸危险煤层的矿井，必须在相关地点安设隔绝煤尘爆炸的设施。

发生连续爆炸的原因和安设隔爆设施的原理如下：

瓦斯或煤尘爆炸产生的冲击波的传播速度（2 340 m/s）远大于火焰的传播速度（1 120~1 800 m/s），随着时间的延长，两者差距愈来愈大，当走在前面的冲击波将巷道积尘（如果存在沉积煤尘）再次扬起呈浮游状态且达到爆炸下限浓度时，而高温火源又接踵而至，就会把扬起的煤尘引爆，发生第二次连续爆炸。同理，如果巷道积尘严重，可能发生第三次、第四次、第五次等连续爆炸。

隔爆设施（主要是指隔爆水幕、隔爆水棚或岩粉棚、自动式隔爆棚等设施，不含巷道撒布岩粉、洒水、清洗积尘等隔爆措施）的原理就是利用冲击波与火焰的速度差而设置的：借助于已经形成的爆炸冲击波或爆风的冲击力，使隔爆设施动作（倾倒或击碎），将消焰剂（岩粉、水等）弥撒于巷道空间，阻隔（或熄灭）爆炸火焰的传播，实现隔绝煤尘连续爆炸的目的。

发生煤尘爆炸或煤尘连续爆炸的主要危险来源于沉积煤尘。

【典型事例】 某日，山西省某煤矿301盘区第六部带式输送机的1344开关短路引起火灾，因现场无水管和灭火器材，正在等待封闭材料时，矿组织人员携带灭火器赶到现场，这些人员进入巷道时踏起的煤尘顺风飘入火区引发爆炸，造成现场10名救护队员和矿参加灭火的13名人员死亡。

2. 隔爆措施

隔爆措施主要包括巷道撒布岩粉、冲洗或清扫巷道积尘、隔爆水幕、隔爆水棚和岩粉棚等。其中，水棚与岩粉棚比较具有以下优点：水的比热容较岩粉高5倍，因而吸热量大，隔爆效果好；水在接触高温火焰时形成的水蒸气，更有利于扑灭火焰；在冲击波的作用下，水飞洒的时间比岩粉更短；水的供给比岩粉更为方便，可长期使用不必更换，而岩粉必须经过加工和定期更换。因此，近年水棚已逐渐取代岩粉棚，我国将水棚作为隔爆的主要形式。

（1）巷道撒布岩粉隔爆措施

在巷道内撒布岩粉，增加了煤尘中的灰分、削弱和抑制煤尘的爆炸性。

① 巷道的所有表面，包括顶、底、帮以及背板后面的暴露处，都应撒布岩粉覆盖；而岩粉撒布长度不得小于300 m，长度不足300 m的巷道则要全部撒布。

② 当有爆炸危险性煤层与无爆炸危险煤层同时开采时，应在2种煤层的连接处撒布岩粉。

③ 在有爆炸性煤尘经常积聚的地点，须经常撒布岩粉。

④ 工作面的上、下口，须经常撒布岩粉；但设有喷雾洒水地点或巷道潮湿，且煤尘中水分大于12%的地区，可以不撒布岩粉。

（2）冲洗或清扫巷道积尘隔爆措施

定期对巷道积尘进行冲洗，并要及时运出，从而杜绝积尘飞扬和参与爆炸的可能性。

① 冲洗或清扫的巷道长度不得小于300 m，而长度不足300 m的巷道则必须全巷进行冲洗或清扫。

② 冲洗顺序由顶板至两帮和底板，并应将包括背板后面的所有积尘冲洗干净；冲洗巷壁的耗水量按巷壁面积2 L/m² 计算。

③ 凡有煤尘沉积的巷道，均需根据情况定期清扫，并必须将积尘运出。

（3）水幕隔爆措施

隔爆水幕是利用爆炸时的高温将水汽化为水幕带并吸收大量热量，致使爆炸火焰熄灭而不能扩展蔓延。

① 隔爆水幕的用水总流量、前后两排水幕之间的间距和水幕区段的长度等，应根据巷道断面积而定，且必须符合表3-3-13要求。

表3-3-13　隔爆水幕总水量、排间距及区段长度表

巷道断面积/m²	水幕总流量/（L/min）	前后两排水幕的间距/m	水幕区段的长度/m
≤5	≥500	1~1.5	15~20
5~10	≥800	1.5~2.5	20~25
10~13	≥1 000	2~3	20~30

② 水幕的供水压力不小于0.4 MPa。

③ 每排水幕中喷嘴的安装数量和安装角度，应使每排水幕的喷雾能够封闭该处巷道的全断面，尤其是巷道的顶部，不得出现无水喷雾的死角。

④ 水幕中各个喷嘴喷出的雾粒的数量，其中应有50%的粒径必须小于140 μm。

⑤ 必须保证水幕在发生爆炸时正常供水，应采取水幕系统单独供水；水幕供水管路应采用耐爆炸的钢管，并采取相应的保护措施。

⑥ 必须保持所有喷嘴良好的喷雾状态，喷嘴损坏或堵塞时必须及时更换和处理。

⑦ 每月检查与测定1次喷嘴的喷雾状态和水压，每季检测1次水的流量和雾粒粒径，并做好记录。

3. 隔爆设施

在采取隔绝爆炸的措施时，需要安设的相关设施，称为隔爆设施。主要包括隔爆水棚（岩粉棚）、自动式隔爆棚等。

（1）隔爆水棚

① 水棚结构。隔爆水棚是由架设于巷道顶部充满水的水槽或水袋组成的。

水槽有木制（内铺塑料布）、铁制及塑料制品，其中以塑料制品为主要形式。塑料水槽的规格主要有40 L、80 L两种。水袋主要为塑料制品，主要规格有40 L、60 L、80 L三种。水槽和水袋都必须符合《煤矿用隔爆水槽和隔爆水袋通用技术条件》（MT 157）的规定，经国家质检部门检验合格。

② 水棚分类及设置地点。隔爆水棚按其隔绝煤尘爆炸的保护范围，可分为主要隔爆棚和辅助隔爆棚。但由 40 L 及小于 40 L 的水袋所组成的水袋棚，不得作为主要隔爆棚。

——主要隔爆棚设置地点：井两翼与井筒相通的主要运输大巷和回风大巷；相邻采区之间的集中运输巷和回风巷；相邻煤层之间的运输石门和回风石门。

——辅助隔爆棚设置地点：采煤工作面进风巷和回风巷；采区内的煤或半煤巷掘进巷道；采用独立通风，并有煤尘爆炸危险的其他巷道（含与煤仓、装载点相通的巷道）。

③ 水棚设置方式及位置。水棚设置方式可分为集中式和分散式 2 种。但分散式水槽棚或水袋棚，都不得作为主要隔爆棚。见表 3-3-14 和图 3-3-19。

表 3-3-14 隔爆水棚的设置位置及要求

水棚名称	设置方式	水棚设置位置			
		巷道直线段	首列（排）水棚位置	与巷道交叉口拐弯处距离/m	与风门、风窗距离/m
水槽棚	集中式	水棚安设前后 20 m 的断面一致	与工作面、转载点距离为 60~200 m	50~75	>25
水袋棚	集中式	水棚安设前后 20 m 的断面一致	距掘进头、回采面上下口、转载点为 60~160 m，但≤200 m	50~75	>25
	分散式	水棚安设前后 20 m 的断面一致	首列棚组距掘进头、回采面上下口为 30~35 m，但≤60 m	≥30	

④ 水棚设置的规定与要求。

——隔爆水棚的排间距为 1.2~3.0 m，主要隔爆水棚的棚区长度大于或等于 30 m，辅助隔爆水棚的棚区长度大于或等于 20 m，分散式水袋棚棚区长度大于或等于 120 m。

——隔爆水棚的用水量按巷道的断面积计算：主要隔爆水棚不得少于 400 L/m^2，辅助隔爆水棚不得少于 200 L/m^2，分散式隔爆水棚按棚区所占巷道空间 1.2 L/m^3 计算。

——水槽或水袋在井下巷道的安装方式采用吊挂式，并呈横向布置（即长边垂直于巷道轴线）。

——水槽（或水袋）外边缘距巷壁（两帮）、顶梁（无支架时为顶板）之间的垂直距离大于或等于 100 mm；水槽（或水袋）底部至顶板（梁）的垂直距离小于或等于 1.6 m（水袋为小于或等于 1.0 m），否则，必须在其上方增设 1 个水槽（或水袋）；水槽（或水袋）底部至巷道轨面的垂直距离，不得小于巷道高度的 1/2，且不得小于 1.8 m。

——高度大于 4 m 的巷道，应设置双层棚子。上层水槽（或水袋）的总水量，按巷道全面积每平方米 30 L 单独计算，下层水槽棚用水量，仍按前述水槽棚用水量计算。

——棚区内的各排水棚的安设高度应保持一致；棚区处的巷道需要挑顶时，其断面和形状应与其前后各 20 m 长度的巷道保持一致。

——同一排水棚内两个水槽之间的间隙小于或等于 1.2 m（水袋为大于或等于

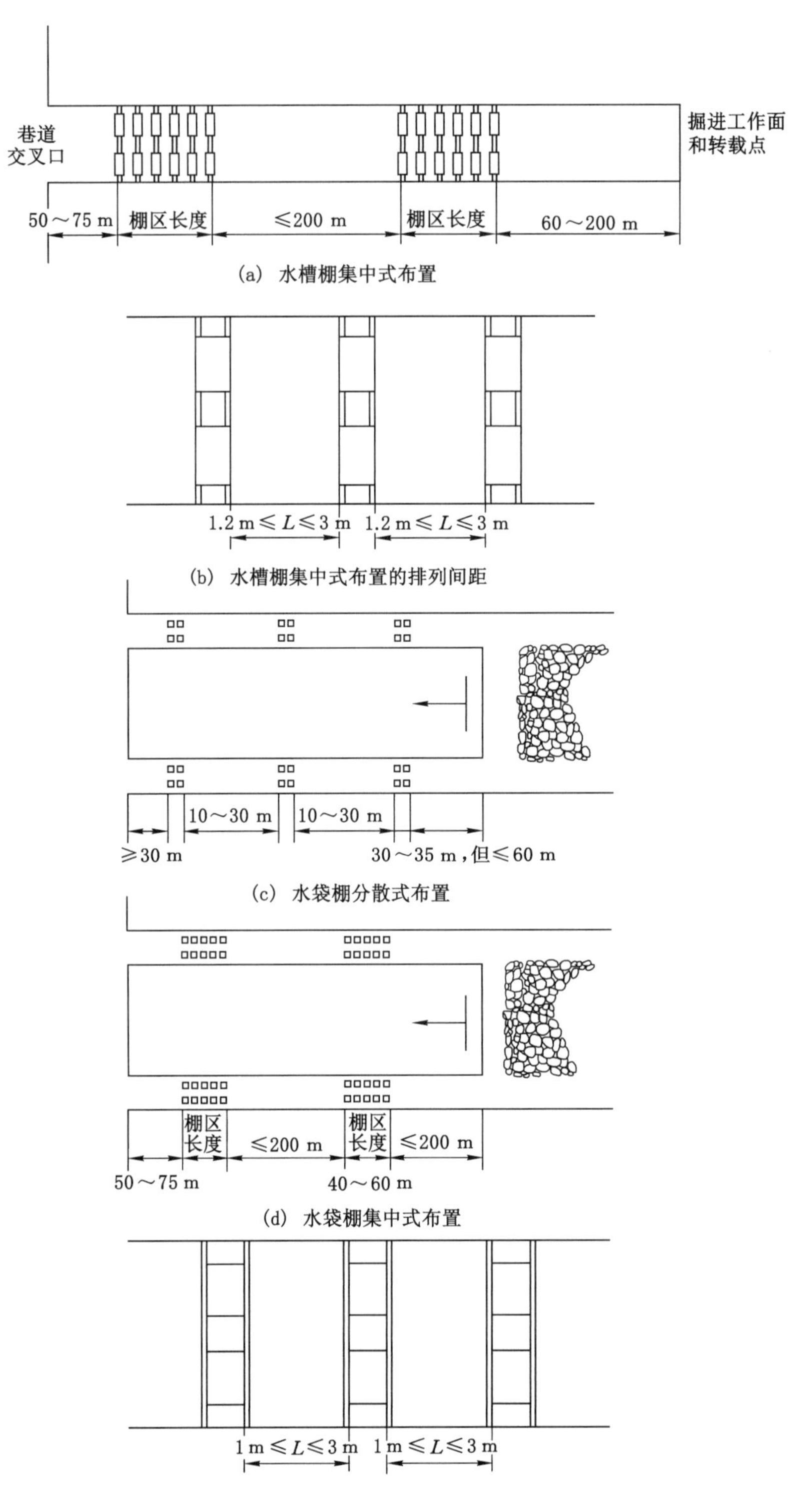

图 3-3-19　隔爆水棚设施位置

100 mm，小于或等于 1.2 m）；水槽之间的间隙与水槽同巷道之间的间隙之和小于或等于 1.5 m，特殊情况小于或等于 1.8 m。

每排水棚中的水槽，所占据巷道宽度之和与巷道最大宽度的比例：巷道净断面小于 10 m^2，至少为 35%；巷道净断面 10~12 m^2，至少为 50%；巷道净断面大于 12 m^2，至少为 65%。

——首排水棚距工作面的距离，必须保持在 60~200 m 范围内。

——水棚应设置在巷道的直线段内；水棚与巷道的交叉口、转弯处、变坡处之间的距离，不得小于 50 m。

——悬挂隔爆水袋的挂钩，其角度要大于 75°，以便受爆炸冲击波作用时能够顺利脱钩，使水倾洒弥漫于巷道中。见图 3-3-20。

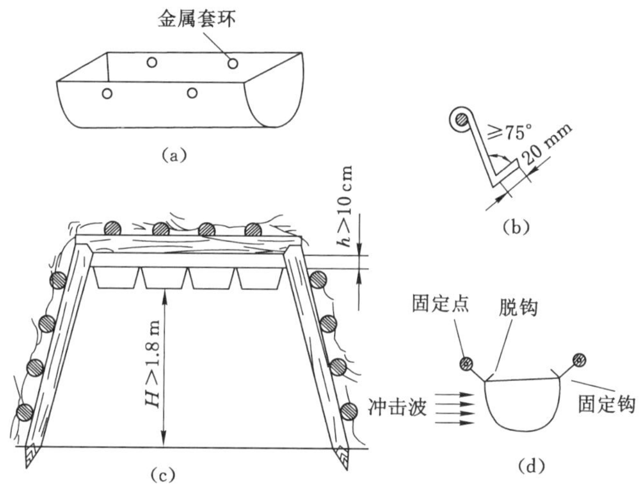

图 3-3-20　隔爆水袋的设置

在倾斜巷道中安设水袋棚时，棚子与棚子之间应用铅丝拉紧，以免棚子晃动；并应调整水袋架与金属支架的连接构件，使袋面保持水平。

（2）隔爆岩粉棚

在缺水、湿度小的矿井可选用岩粉棚。岩粉棚架设在巷道的顶部，在瓦斯煤尘爆炸产生的冲击波作用下，堆放在木板上的岩粉分散开来，形成岩粉云带，当滞后于冲击波传播的火焰到达这一区域时被扑灭，实现隔绝连续爆炸的目的。其安设要求如下：

① 应安设在直线巷道内，巷道断面无大变化。如果受条件限制不能满足这一要求时，棚区应设在巷道拐角或断面变化段后方 50~60 m。

② 岩粉棚应垂直于巷道轴线方向，靠顶板横向布置。岩粉棚的长度不能小于设置地点巷道宽度的 70%；达不到这一要求时，可将岩粉棚布置成相互错开的锯齿形，或者在巷道两帮设置顺帮棚子，予以补齐。

③ 必须有足够的抑制火焰的岩粉量。我国规定，应按安设岩粉棚地点的巷道断面计算，对于集中式布置的主要岩粉棚（重型棚）按 400 kg/m^2 计算，辅助岩粉棚（轻型棚）按 200 kg/m^2 计算。

④ 岩粉棚之间的间距，轻型棚为 1.0~2.0 m，重型棚为 1.2~3.0 m；棚区长度，集

中式布置时不应小于 30 m，轻型棚的棚区长度应不小于 20 m。

⑤ 堆放岩粉的岩粉板与两侧的支柱（或两帮）之间的间隙不得小于 50 mm；岩粉板板面距顶梁（或顶板）之间的距离为 250~300 mm，使堆放的岩粉顶部距顶梁（或顶板）之间的距离不小于 100 mm；岩粉板距轨面不小于 1.8 m。

⑥ 严禁用铁钉或铁丝将岩粉板与台木和支撑木固定死。

⑦ 至少每月进行 1 次检查，岩粉受潮、变硬等应立即更换；岩粉量减少应立即补充；岩粉表面有沉积煤尘时应予以清除。

（3）自动式隔爆棚

近些年，许多国家先后研制和使用了各种形式的自动式隔爆棚，对抑制爆炸具有很好效果。

自动式隔爆棚是利用各种传感器测量爆炸所产生的各种物理参数并迅速转换成电信号，指令机构的演算器根据这些信息准确地计算出火焰传播的速度，并在最恰当的时候发出动作信号，让抑制装置强制喷撒出消火剂而阻隔爆炸。见图 3-3-21。

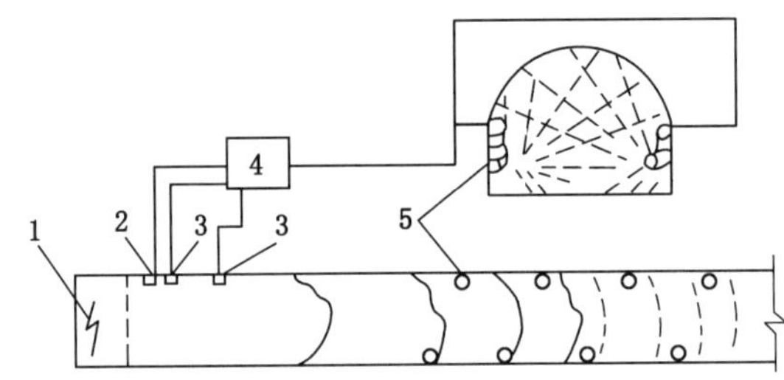

1—爆源；2—识别传感器；3—测速传感器；4—控制仪；5—喷洒器。

图 3-3-21　自动式隔爆设施原理示意图

自动式隔爆棚采用的传感器主要有红外线传感器、紫外线传感器、温度传感器、压力传感器等；隔灭火材料可采用水、岩粉、重碳酸钙、重碳酸钠、重碳酸钾、氮气、二氧化碳等惰性气体和磷酸铵等；使隔灭火材料飞散的动力有雷管、导爆索、压缩气体（惰性气体）以及它们的组合。

研制出的自动式隔爆棚，其相关设备与器材，必须符合国家和行业标准的相关规定。

第一百八十七条　*矿井应当每年制定综合防尘措施、预防和隔绝煤尘爆炸措施及管理制度，并组织实施。*

矿井应当每周至少检查 1 次隔爆设施的安装地点、数量、水量或者岩粉量及安装质量是否符合要求。

【条文解释】　本条是对制定综合防尘措施和对隔爆设施进行定期检查的规定。

各矿井必须建立健全综合防尘管理制度。每年还应根据矿井采掘布置和生产实际情况，制定综合防尘和预防煤尘燃爆的具体实施措施，包括采掘工作面及其入、回风巷的减少煤尘发生量和降低浮游煤尘浓度的综合防尘措施；矿井主要运输巷、主要回风巷和其他巷道的风流净化、清扫或冲洗积尘、刷浆、撒布岩粉、隔爆设施；以及各项措施的组织落实办法等。

煤矿常用的隔爆设施有水棚和岩粉棚。为保证隔爆效果，对隔爆水棚或岩粉棚安设的位置、长度、水量（粉量）及安设方式等都有严格的要求。如果出现损坏、水量（粉量）不足、质量不符合要求等问题，就会影响隔爆效果或起不到阻止爆炸传播的作用。因此，每周至少进行 1 次隔爆设施检查，发现问题及时处理，保证隔爆设施处于完好、有效状态。

第一百八十八条　高瓦斯矿井、突出矿井和有煤尘爆炸危险的矿井，煤巷和半煤岩巷掘进工作面应当安设隔爆设施。

【条文解释】　本条是对矿井煤巷和半煤岩巷掘进工作面安设隔爆设施的规定。

煤巷和半煤岩巷掘进工作面是瓦斯爆炸事故多发地点之一。据统计，1983—2000 年我国煤矿发生的工作面 10 人以上瓦斯爆炸事故 94 次，死亡 2 867 人，其中掘进工作面发生 59 次，死亡 1 815 人，分别占总数的 62. 77%和 63. 31%。为了防止瓦斯和煤尘连续爆炸，减轻灾害程度，对于高瓦斯矿井、突出矿井和有煤尘爆炸危险的矿井，无论煤尘爆炸危险的强弱，煤巷和半煤岩巷掘进工作面都应安设隔爆设施。

第四章　煤（岩）与瓦斯（二氧化碳）突出防治

第一节　一般规定

第一百八十九条　在矿井井田范围内发生过煤（岩）与瓦斯（二氧化碳）突出的煤（岩）层或者经鉴定、认定为有突出危险的煤（岩）层为突出煤（岩）层。在矿井的开拓、生产范围内有突出煤（岩）层的矿井为突出矿井。

煤矿发生生产安全事故，经事故调查认定为突出事故的，发生事故的煤层直接认定为突出煤层，该矿井为突出矿井。

有下列情况之一的煤层，应当立即进行煤层突出危险性鉴定，否则直接认定为突出煤层；鉴定未完成前，应当按照突出煤层管理：

（一）有瓦斯动力现象的。

（二）瓦斯压力达到或者超过 0.74 MPa 的。

（三）相邻矿井开采的同一煤层发生突出事故或被鉴定、认定为突出煤层的。

煤矿企业应当将突出矿井及突出煤层的鉴定结果报省级煤炭行业管理部门和煤矿安全监察机构。

新建矿井应当对井田范围内采掘工程可能揭露的所有平均厚度在 0.3 m 以上的煤层进行突出危险性评估，评估结论作为矿井初步设计和建井期间井巷揭煤作业的依据。评估为有突出危险时，建井期间应当对开采煤层及其他可能对采掘活动造成威胁的煤层进行突出危险性鉴定或认定。

【名词解释】　煤（岩）与瓦斯（二氧化碳）突出

煤（岩）与瓦斯（二氧化碳）突出——在地应力和瓦斯的共同作用下，破碎的煤（岩）和瓦斯（二氧化碳）由煤体或岩体内突然向采掘空间抛出的异常的动力现象，简称突出。

【条文解释】　本条是对突出矿井及其鉴定的规定。

1. 突出的危害性和预兆

（1）突出的危害性

突出是煤矿建设和生产的一种极其复杂的矿井瓦斯动力现象。我国是世界上发生突出的现象最严重、危害性最大的国家之一。

① 突出的煤（岩）碎块掩埋人员、设备。突出发生时，煤（岩）碎块被抛出数十米、数百米，甚至一两千米，有的可能堵满巷道全断面，造成人员掩埋致死，设备、设施被埋，对矿井造成巨大的人员、财产损失，使矿井生产中断。

② 突出时产生的巨大动力效应，摧毁巷道支架造成塌冒事故，推跑矿车、设备，造成矿井生产混乱局面。

③ 突出的大量高浓度瓦斯和二氧化碳使井下人员因氧气浓度下降而发生窒息死亡。

④ 突出大量的达爆炸浓度界限的瓦斯遇火源后发生瓦斯或瓦斯煤尘爆炸事故，影响更恶劣。

⑤ 在突出强度很大的条件时，瓦斯、粉煤可产生逆风流运行现象，危险性更大。

⑥ 突出发生后，破坏矿井通风设施，造成矿井通风系统紊乱，使灾害进一步扩大。

【典型事例】 2013 年 3 月 12 日，贵州省某煤矿 13302 底板瓦斯抽采进风巷发生特大型煤与瓦斯突出，造成 25 人死亡、22 人受伤，直接经济损失 2 909 万元。

（2）突出的预兆

① 有声预兆：俗称响煤炮，通常出现在煤体深处的闷雷声（爆破声）、噼啪声（枪声）、劈裂声、嘈杂声、沙沙声等。

② 无声预兆：煤变软，光泽变暗，掉碴和小块剥落，煤面轻微颤动，支架压力增加，瓦斯涌出量增高或忽大忽小，煤面温度或空气温度降低等。

【典型事例】 2008 年 9 月 21 日，河南省登封市某煤矿当班入井 108 人在作业过程中，发现煤与瓦斯突出前的明显征兆，作业人员迅速向巷口撤离，在撤离过程中，煤与瓦斯突出发生。突出的瓦斯使 62011 下副巷中的 12 人窒息死亡；高浓度瓦斯流经 62006 采煤工作面，同时经进风小皮带巷逆流至五平巷等区域，又造成 25 人死亡、7 人受伤。

2. 突出煤层和突出矿井鉴定

（1）突出煤层鉴定要求

① 突出煤层和突出矿井的鉴定由煤矿企业委托具有突出危险性鉴定资质的单位进行。鉴定单位应当在接受委托之日起 120 天内完成鉴定工作。鉴定单位对鉴定结果负责。

② 突出煤层鉴定应当首先根据实际发生的瓦斯动力现象进行。当动力现象特征不明显或者没有动力现象时，应当根据实际测定的煤层最大瓦斯压力 p、软分层煤的破坏类型、煤的瓦斯放散初速度指标 Δp 和煤的坚固性系数 f 等指标进行鉴定。全部指标均达到或者超过表 3-4-1 中所列的临界值的，确定为突出煤层。

鉴定单位也可以探索突出煤层鉴定的新方法和新指标。

表 3-4-1　突出煤层鉴定的单项指标临界值

煤层	破坏类型	瓦斯放散初速度指标 Δp	煤的坚固性系数 f	瓦斯压力（相对压力）p/MPa
临界值	Ⅲ、Ⅳ、Ⅴ	≥10	≤0.5	≥0.74

③ 煤矿企业应当将鉴定结果报省级煤炭行业管理部门和煤矿安全监察机构。

（2）新建矿井煤层突出危险性评估

新建矿井应当对井田范围内采掘工程可能揭露的所有平均厚度在 0.3 m 以上的煤层进行突出危险性评估，评估结果作为矿井初步设计和建井期间井巷揭煤作业的依据。评估结果为有突出危险时，建井期间应当对开采煤层及其他可能对采掘活动造成威胁的煤层进行突出危险性鉴定或认定。

① 基础资料内容。地质勘探单位应当查明矿床瓦斯地质情况。井田地质报告应当提供煤层突出危险性的基础资料。

——煤层赋存条件及其稳定性。

——煤的结构类型及工业分析。

——煤的坚固性系数、煤层围岩性质及厚度。

——煤层瓦斯含量、瓦斯成分和煤的瓦斯放散初速度等指标。

——标有瓦斯含量等值线的瓦斯地质图。

——地质构造类型及其特征、火成岩侵入形态及其分布、水文地质情况。

——勘探过程中钻孔穿过煤层时的瓦斯涌出动力现象。

——邻近煤矿的瓦斯情况。

② 突出危险性评估。新建矿井在可行性研究阶段，应当对矿井内采掘工程可能揭露的所有平均厚度在 0.3 m 以上的煤层进行突出危险性评估。

评估结果作为矿井立项、初步设计和指导建井期间揭煤作业的依据。

③ 突出危险性鉴定。经评估认为有突出危险的新建矿井，建井期间应当对开采煤层及其他可能对采掘活动造成威胁的煤层进行突出危险性鉴定。

④ 有突出危险新建矿防突专项设计。有突出危险的新建矿井及突出矿井的新水平、新采区，必须编制防突专项设计。

——开拓方式。

——煤层开采顺序。

——采区巷道布置。

——采煤方法。

——通风系统。

——防突设施（设备）。

——区域综合防突措施。

——局部综合防突措施。

⑤ 突出矿井新水平、新采区的验收。突出矿井新水平、新采区移交生产前，必须经当地人民政府煤矿安全监管部门按管理权限组织防突专项验收；未通过验收的不得移交生产。

突出矿井必须建立满足防突工作要求的地面永久瓦斯抽采系统。

3. 突出矿井设计基本要求

（1）突出矿井巷道布置

① 运输和轨道大巷、主要通风巷、采区上下山（盘区大巷）等主要大巷布置在岩层和非突出煤层中。

② 减少井巷揭穿煤层的次数。

③ 井巷揭穿突出煤层的地点应当合理避开地质构造破坏带。

④ 突出煤层的巷道优先布置在被保护区域或其他卸压区域。

（2）矿井延深要求

① 突出矿井开采的非突出煤层和高瓦斯矿井的开采煤层，在延深达到或超过 50 m 或开拓新采区时，必须测定煤层瓦斯压力、瓦斯含量及其他与突出危险性相关的参数。

② 高瓦斯矿井各煤层和突出矿井的非突出煤层在新水平开拓工程的所有煤巷掘进过程中，应当密切观察突出预兆，并在开拓工程首次揭穿这些煤层时执行石门和立井、斜井揭煤工作面的局部综合防突措施。

（3）突出矿井通风系统

① 井巷揭穿突出煤层前，具有独立的、可靠的通风系统。

② 突出矿井、有突出煤层的采区、突出煤层工作面都有独立的回风系统。采区回风巷是专用回风巷。

③ 在突出煤层中，严禁任何 2 个采掘工作面之间串联通风。

④ 煤（岩）与瓦斯突出煤层采区回风巷及总回风巷安设高低浓度甲烷传感器。

⑤ 突出煤层采掘工作面回风侧不得设置调节风量的设施。易自燃煤层的采煤工作面确需设置调节设施的，须经煤矿企业技术负责人批准。

⑥ 严禁在井下安设辅助通风机。

⑦ 突出煤层掘进工作面的通风方式采用压入式。

（4）突出矿井采掘方法

① 严禁采用水力采煤法、倒台阶采煤法及其他非正规采煤法。急倾斜煤层适合采用伪倾斜正台阶、掩护支架采煤法。采煤工作面尽可能采用刨煤机或浅截深采煤机采煤。

② 掘进工作面与煤层巷道交叉贯通前，被贯通的煤巷必须超过贯通位置，其超前距不得小于 5 m，并且贯通点周围 10 m 内的巷道应加强支护。在掘进工作面与被贯通巷道距离小于 60 m 的作业期间，被贯通巷道内不得安排作业，并保持正常通风，且在爆破时不得有人。

③ 急倾斜煤层掘进上山时，采用双上山或倾斜上山等掘进方式，并加强支护。所有突出煤层外的掘进巷道（包括钻场等）距离突出煤层的最小法向距离小于 10 m 时（在地质构造破坏带小于 20 m 时），必须边探边掘，确保最小法向距离不小于 5 m。

④ 煤、半煤岩炮掘和炮采工作面，使用安全等级不低于三级的煤矿许用含水炸药（二氧化碳突出煤层除外）。

⑤ 在同一突出煤层正在采掘的工作面应力集中范围内，不得安排其他工作面进行回采或者掘进，具体范围由矿技术负责人确定，但不得小于 30 m。

（5）其他

① 突出煤层的任何区域的任何工作面进行揭煤和采掘作业前，必须采取安全防护措施。突出矿井的入井人员必须随身携带隔离式自救器。

② 突出煤层的煤巷中安装、更换、维修或回收支架时，必须采取预防煤体垮落而引起突出的措施。清理突出的煤炭时，应当制定防煤尘、防片帮、防冒顶、防瓦斯超限、防火源的安全技术措施。

③ 煤（岩）与瓦斯突出矿井严禁使用架线式电机车。突出矿井进行井下电焊、气焊和喷灯焊接时，必须停止突出煤层的掘进、回采、钻孔、支护以及其他所有扰动突出煤层的作业。

④ 突出孔洞应当及时充填、封闭严实或者进行支护；当恢复采掘作业时，应当在其附近 30 m 范围内加强支护。

第一百九十条 新建突出矿井设计生产能力不得低于 0. 9 Mt/a，第一生产水平开采深度不得超过 800 m。中型及以上的突出生产矿井延深水平开采深度不得超过 1 200 m，小型的突出生产矿井开采深度不得超过 600 m。

【条文解释】 **本条是新修订条款，**是对突出矿井生产能力及开采深度的修改规定。

煤与瓦斯突出的危害主要表现在两个方面：一是突出物质如煤矸等掩埋人员，破坏设施，喷出的瓦斯造成施工人员窒息，引起瓦斯燃烧或爆炸；二是破坏正常的采掘生产循环，严重制约突出矿井劳动生产率的提高。

矿井设计生产能力低，巷道断面小，矿井抗灾能力差，发生重特大突出事故比例大。《国务院办公厅关于进一步加强煤矿安全生产工作的意见》（国办发〔2013〕99号）规定：一律停止核准新建生产能力低于0.9 Mt/a 的煤与瓦斯突出矿井。所以新建突出矿井设计生产能力不得低于0.9 Mt/a。

据有关资料，我国煤与瓦斯突出发生在一定的采掘深度上。随着开采深度的增加，煤层瓦斯含量和压力加大，突出的危险性也增加，这主要表现在突出次数增多、突出强度增大、突出煤层数增加、突出危险区域扩大。所以，新建突出矿井第一生产水平开采深度不得超过800 m，而中型及以上的突出生产矿井延深水平不得超过1 200 m，小型的突出矿井开采深度不得超过600 m。

【典型事例】　2019年7月29日，贵州省修文县某煤矿发生一起较大煤与瓦斯突出事故，造成4人死亡、2人轻伤，直接经济损失731.72万元。

1. 事故直接原因。K_7 煤层具有突出危险性，超过突出危险性鉴定范围组织生产，未采取任何防突措施，煤体未消突；事故点煤层煤体松软，断层构造应力和采面顶板初次来压应力叠加，采煤机割煤诱发煤与瓦斯突出，造成事故。

2. 该煤矿蓄意违法违规组织生产，主体责任不落实。存在的主要问题有以下几个方面。

（1）违法违规组织生产。一是越界非法开采，盗采煤炭资源。东下山采煤工作面已超出矿界范围，最远越界距离260 m，最大超深114 m；二是弄虚作假、逃避监管，采取隐蔽区域不上图、临时密闭、不安设安全监控、出入井检身记录两本账及作业人员不携带人员定位识别卡等方式违法违规组织生产。

（2）未采取任何防突措施。该煤矿处于国家划定的突出矿区，明知东下山采煤工作面已超出煤与瓦斯突出鉴定范围，出现煤壁片帮、响煤炮声、煤壁松软、煤层层理紊乱等征兆后，未测定相关参数，未采取防突措施。

（3）违章指挥工人在不具备安全生产条件的隐蔽区域作业。一是隐蔽区域无设计，东下山采煤工作面无作业规程；二是东下山采煤工作面通风线路长，存在多条联络巷，采用风帘、单道风门作为通风设施，通风系统不稳定、不可靠，东下山采煤工作面供风量不足；三是瓦斯检查和瓦斯超限撤人制度不落实，瓦斯检查人员无特种作业资格证；四是隐蔽区域未安装安全监测监控系统和人员位置监测系统，未安装压风自救装置。

（4）安全管理混乱。一是将东下山采煤工作面发包给不具备资质的个人组织生产，由实际控制人亲自管控，煤矿安全管理机构和安全管理人员不履行管理职责，造成东下山采煤工作面现场安全管理失控；二是隐蔽区域无图纸，测风、瓦斯检查等数据不建台账。

（5）蓄意瞒报谎报事故。事故发生后，未及时向有关部门报告，而是采取转移遇难者遗体、密闭事故区域、删除安全监控数据、关闭视频监控电源等手段瞒报事故；在有关部门到矿核查时，采取谎报事故地点、事故类别、相关人员串供等方式对抗调查。

第一百九十一条　突出矿井的防突工作必须坚持区域综合防突措施先行、局部综合防突措施补充的原则。

区域综合防突措施包括区域突出危险性预测、区域防突措施、区域防突措施效果检验和区域验证等内容。

局部综合防突措施包括工作面突出危险性预测、工作面防突措施、工作面防突措施效果检验和安全防护措施等内容。

突出矿井的新采区和新水平进行开拓设计前，应当对开拓采区或者开拓水平内平均厚度在0.3 m以上的煤层进行突出危险性评估，评估结论作为开拓采区或者开拓水平设计的依据。对评估为无突出危险的煤层，所有井巷揭煤作业还必须采取区域或者局部综合防突措施；对评估为有突出危险的煤层，按突出煤层进行设计。

突出煤层突出危险区必须采取区域防突措施，严禁在区域防突措施效果未达到要求的区域进行采掘作业。

施工中发现有突出预兆或者发生突出的区域，必须采取区域综合防突措施。

经区域验证有突出危险，则该区域必须采取区域或者局部综合防突措施。

按突出煤层管理的煤层，必须采取区域或者局部综合防突措施。

在突出煤层进行采掘作业期间必须采取安全防护措施。

【名词解释】　综合防突措施

综合防突措施——“四位一体”防突措施，即突出危险性预测预报、防治突出技术措施，防突措施的效果检验和区域验证或安全防护措施。

【条文解释】　本条是对突出矿井防突工作原则的规定。

1. 突出煤层采取综合防治突出措施的必要性

开采突出煤层时必须采取综合防治突出措施。突出矿井的防突工作必须坚持区域综合防突措施先行、局部综合防突措施补充的原则。

煤与瓦斯突出具有突发性，难以完全掌握，在目前的技术水平下还不能做到遏制它的发生。就目前的技术水平和现实情况，要做好防治突出工作，首先要摸清楚它发生的地区、范围，再采取必要的防治措施，以改变发生突出所必备的基本条件，使其不发生或降低其突出强度，并采取必要的安全防护措施，以保证施工人员的安全。因而防治煤与瓦斯突出工作已不是单一的技术措施，而是一套完整的综合性的防治突出的系统工程，所以在开采突出煤层时，必须采取“两个四位一体”的综合防突措施。“两个四位一体”综合防突措施是区域综合防突措施和局部综合防突措施。其中，区域综合防突措施包括区域突出危险性预测、区域防突措施、区域防突措施效果检验和区域验证等内容，局部综合防突措施包括工作面突出危险性预测、工作面防突措施、工作面防突措施效果检验和安全防护措施等内容。但是，必须坚持区域综合防突措施先行、局部综合防突措施补充的原则。突出煤层突出危险区必须采取区域防突措施，严禁在区域防突措施效果未达到要求的区域进行采掘作业。

2. 防治煤与瓦斯突出制定安全防护措施的重要性

在防治煤与瓦斯突出方面国内外已经研究了一整套对策，如突出危险性预测、防治突出措施和措施效果检验。按理说，突出工作面的开采是完全安全可靠的。但是，由于煤与瓦斯突出机理尚待进一步完善，突出因素随机性很大，煤矿地质条件复杂多变，再加上防治过程中人和仪器的误测错判，还可能发生突出，所以还必须制定安全防护措施，避免意外发生的突出造成人员的伤亡。安全防护措施是防治煤与瓦斯突出事故的最后一道关口。

3. 必须采取综合防突措施的情况

(1) 经区域验证有突出危险或发现有突出预兆，则该区域必须采取区域或局部综合防突措施。

(2) 开拓前区域预测为无突出危险区内的煤层，所有井巷揭煤作业必须采取区域或局部综合防突措施。

(3) 按突出煤层管理的煤层，必须采取区域或局部综合防突措施。

4. 突出矿井新采区和新水平进行开拓设计前的措施

突出矿井新采区和新水平进行开拓设计前，应当对本范围煤层进行突出危险性评估，评估结论作为开拓采区或者开拓水平设计的依据。对评估为无突出危险的煤层，所有井巷揭煤作业还必须采取区域或者局部综合防突措施；对评估为有突出危险的煤层，按突出煤层进行设计。

【典型事例】 2011 年 11 月 10 日，云南省曲靖市某煤矿非法违法组织生产，未执行"两个四位一体"综合防突措施，在未消除突出危险性的情况下，1747 掘进工作面违规使用风镐掘进作业，诱发了煤与瓦斯突出，突出的大量煤粉和瓦斯逆流进入其他巷道，致使井下 43 人全部因窒息、掩埋死亡。

第一百九十二条 突出矿井必须确定合理的采掘部署，使煤层的开采顺序、巷道布置、采煤方法、采掘接替等有利于区域防突措施的实施。

突出矿井在编制生产发展规划和年度生产计划时，必须同时编制相应的区域防突措施规划和年度实施计划，将保护层开采、区域预抽煤层瓦斯等工程与矿井采掘部署、工程接替等统一安排，使矿井的开拓区、抽采区、保护层开采区和被保护层有效区按比例协调配置，确保采掘作业在区域防突措施有效区内进行。

【条文解释】 本条是对突出矿井采掘部署、编制生产发展规划和年度生产计划的规定。

1. 巷道布置要求和原则

(1) 运输和轨道大巷、主要风巷、采区上山和下山（盘区大巷）等主要巷道布置在岩层或非突出煤层中，以便在这些主要巷道开拓完工后，能利用它们对突出煤层进行相关参数的测定，同时系统的防突能力更强。

(2) 减少井巷揭穿突出煤层的次数，尽量减少接近或揭穿突出煤层的工作量。

(3) 大量的实践证明，在地质构造破坏带附近施工时突出发生次数较多，所以，井巷揭穿突出煤层的地点应当合理避开地质构造破坏带。

(4) 为了有利于安全，提高劳动生产效率，突出煤层的巷道优先布置在被保护区域或其他卸压区域。例如：突出煤层顶分层回采后的下分层对应范围；突出煤层上（下）区段回采后对应的上（下）区段 10~15 m 斜长范围；突出煤层始采线、终采线对应的实体段约 10 m 走向范围等。

2. 编制、审批和贯彻实施防突措施要求

(1) 编制防突措施要求

对突出危险区域的采掘工作面和非突出危险区域的突出危险采掘工作面，必须编制防突措施。在编制时必须按《规程》和《防治煤与瓦斯突出细则》的规定，结合本矿、本工作面的具体条件进行编制。

有突出矿井的煤矿企业、突出矿井在编制年度、季度、月度生产建设计划时，必须一同编制年度、季度、月度防突措施计划，保证抽、掘、采平衡。

防突措施计划及人力、物力、财力保障安排由技术负责人组织编制，煤矿企业主要负责人、突出矿井矿长审批，分管负责人、分管副矿长组织实施。

（2）审批防突措施要求

编制好的防突措施必须报矿分管生产、通风、安全等部门技术负责人审查、修改和完善，然后报矿分管生产、安全的副总工程师审批并签署意见，最后报矿总工程师批准。

如果现场因地质构造等因素发生变化，已审批的防突措施不能满足生产安全的实际时，必须重新修订，并按相关程序报批。

（3）贯彻实施防突措施要求

① 施工防突措施的区（队）在施工前，由施工队长组织、技术员进行讲解，负责向本区（队）职工贯彻并严格组织实施防突措施。学习贯彻后要逐一签名并考试，考试不合格的不能上岗作业。

② 采掘作业时，应当严格执行防突措施的规定并有详细准确的记录。由于地质条件或者其他原因不能执行所规定的防突措施的，施工区（队）必须立即停止作业并报告矿调度室，经矿井技术负责人组织有关人员到现场调查后，由原措施编制部门提出修改或补充措施，并按原措施的审批程序重新审批后方可继续施工；其他部门或者个人不得改变已批准的防突措施。

③ 煤矿企业的主要负责人、技术负责人应当每季度至少1次到现场检查各项防突措施的落实情况。矿长和矿井技术负责人应当每月至少1次到现场检查各项防突措施的落实情况。

④ 煤矿企业、矿井的防突机构应当随时检查综合防突措施的实施情况，并及时将检查结果分别向煤矿企业负责人、煤矿企业技术负责人和矿长、矿井技术负责人汇报，有关负责人应当对发现的问题立即组织解决。

⑤ 煤矿企业、矿井进行安全检查时，必须检查综合防突措施的编制、审批和贯彻执行情况，发现问题，立即采取有效措施给予解决。

第一百九十三条　*有突出危险煤层的新建矿井及突出矿井的新水平、新采区的设计，必须有防突设计篇章。*

非突出矿井升级为突出矿井时，必须编制防突专项设计。

【条文解释】本条是对有突出危险的新建矿井、新水平、新采区防突设计篇章等的规定。

1. 防突设计篇章

有突出危险的新建矿井及突出矿井的新水平、新采区的设计，必须有防突设计篇章，包括开拓方式、煤层开采顺序、采区巷道布置、采煤方法、通风系统、防突设施（设备）、区域综合防突措施和局部综合防突措施等内容。防突设计篇章包括在新建矿井及新水平、新采区的设计中。

非突出矿井升级为突出矿井时，必须编制防突专项设计。

2. 延深和开拓新采区测定相关的参数

突出矿井开采的非突出煤层和高瓦斯矿井的开采煤层，在延深达到或超过 50 m 或开拓新采区时，必须测定煤层瓦斯压力、瓦斯含量及其他与突出危险性相关的参数。

3. 开拓工程首次揭煤防突措施

高瓦斯矿井各煤层和突出矿井的非突出煤层在新水平开拓工程的所有煤巷掘进过程中，应当密切观察突出预兆，并在开拓工程首次揭穿这些煤层时执行石门和立井、斜井揭煤工作面的局部综合防突措施。

4. 移交生产防突专项验收

突出矿井新水平和新采区移交生产前，必须经当地人民政府煤矿安全监管部门按管理权限组织防突专项验收；煤矿安全监管部门接到申请后 15 日组织验收，未通过验收的不得移交生产。

5. 建立地面永久瓦斯抽采系统

突出矿井必须建立满足防突工作要求的地面永久瓦斯抽采系统。

我国在 20 世纪 50 年代出现突出，当时受条件的限制，刚开始接触突出，防范措施与经验还很缺乏，造成突出矿井的开拓与开采无专门的设计，更无专门编制的预防措施，因此在建井期间出现了一些重大伤亡事故。南桐矿务局鱼田堡煤矿 1 580 t 的大突出，造成井架被烧毁和人员伤亡，中梁山 K_9 突出以及大用、鱼田堡二号井等矿的突出，都是在此背景下产生的。

第一百九十四条　突出矿井的防突工作应当遵守下列规定：

（一）配置满足防突工作需要的防突机构、专业防突队伍、检测分析仪器仪表和设备。

（二）建立防突管理制度和各级岗位责任制，健全防突技术管理和培训制度。突出矿井的管理人员和井下作业人员必须接受防突知识培训，经培训合格后方可上岗作业。

（三）加强两个“四位一体”综合防突措施实施过程的安全管理和质量管控，实现质量可靠、过程可溯、数据可查。区域预测、区域预抽、区域效果检验等的钻孔施工应当采用视频监视等可追溯的措施，并建立核查分析制度。

（四）不具备按要求实施区域防突措施条件，或者实施区域防突措施时不能满足安全生产要求的突出煤层、突出危险区，不得进行采掘活动，并划定禁采区。

（五）煤层瓦斯压力达到或者超过 3 MPa 的区域，必须采用地面钻井预抽煤层瓦斯，或者开采保护层的区域防突措施，或者采用井下顶（底）板巷道远程操控方式施工区域防突措施钻孔，并编制专项设计。

（六）井巷揭穿突出煤层必须编制防突专项设计，并报企业技术负责人审批。

（七）突出煤层采掘工作面必须编制防突专项设计。

（八）矿井必须对防突措施的技术参数和效果进行实际考察确定。

【条文解释】　**本条是新修订条款，**是对突出矿井防突工作的修改规定。

突出矿井的防突工作应遵守以下规定：

1. 煤矿企业主要负责人、矿长是本单位防突工作的第一责任人。有突出矿井的煤矿企业、突出矿井应当设置防突机构，建立健全防突管理制度和各级岗位责任制。突出矿井应当建立突出预警机制，逐步实现突出预兆、瓦斯和地质异常、采掘影响等多元信息的综合预警、快速响应和有效处理。

有突出煤层的煤矿企业、煤矿应当设置满足防突工作需要的专业防突队伍，购置检测、分析仪器仪表和设备。

2. 不具备按要求实施区域防突措施条件，或者实施区域防突措施时不能满足安全生产要求的突出煤层或者突出危险区，不得进行开采活动，并划定禁采区和限采区。

3. 突出矿井的管理人员和井下工作人员必须接受防突知识的培训，各类人员的培训达到规定要求，经考试合格后方可上岗作业。

突出矿井的矿长、总工程师、防突机构和安全管理机构负责人、防突工应当满足下列要求：

（1）矿长、总工程师应当具备煤矿相关专业大专及以上学历，具有 3 年以上煤矿相关工作经历。

（2）防突机构和安全管理机构负责人应当具备煤矿相关中专及以上学历，具有 2 年以上煤矿相关工作经历；防突机构应当配备不少于 2 名专业技术人员，具备煤矿相关专业中专及以上学历。

（3）防突工应当具备初中及以上文化程度（新上岗的煤矿特种作业人员应当具备高中及以上文化程度），具有煤矿相关工作经历，或者具备职业高中、技工学校及中专以上相关专业学历。

4. 突出矿井应当开展突出事故的监测报警工作，实时监测、分析井下各相关地点瓦斯浓度、风量、风向等的突变情况，及时判断突出事故发生的时间、地点和可能的波及范围等。一旦判断发生突出事故，及时采取断电、撤人、救援等措施。

5. 防突工作必须坚持“区域综合防突措施先行、局部综合防突措施补充”的原则，按照“一矿一策、一面一策”的要求，实现“先抽后建、先抽后掘、先抽后采、预抽达标”。突出煤层必须采取两个“四位一体”综合防突措施，做到多措并举、可保必保、应抽尽抽、效果达标，否则严禁采掘活动。

【典型事例】 2019 年 7 月 29 日，贵州省修文县某煤矿发生煤与瓦斯突出事故，造成 4 人死亡、2 人受伤。事故发生后，该矿瞒报事故，后经群众举报核实。该矿为民营企业，核定生产能力 0. 15 Mt/a，位于煤与瓦斯突出矿区，瓦斯等级鉴定结果为低瓦斯矿井，并经鉴定在+977. 3 m 标高以上区域无煤与瓦斯突出危险性。

该矿在突出危险性鉴定范围外违规布置东下山采煤工作面组织生产，未采取任何防突措施，采煤机割煤诱发煤与瓦斯突出。事故暴露出的主要问题有：一是违规布置采煤工作面，且涉嫌超深越界开采。采取隐蔽区域不上图、临时密闭、出入井检身记录两本账及作业人员不携带人员位置检测标识卡等方式违规组织生产。二是未按要求开展防治煤与瓦斯突出工作。在突出危险性鉴定范围外布置采煤工作面，未测定瓦斯参数，也未采取任何防突措施。三是事故工作面未编制作业规程，未安装安全监控设备，无压风自救设施。四是通风管理混乱，通风设施不合格，东下山采煤工作面风量不足。五是蓄意瞒报事故，事故发生后，未向有关部门报告事故，转移遇难者遗体；在政府有关部门接群众举报到矿核实时，谎报事故地点并密闭事故区域、组织相关人员串供。

6. 矿井必须经过实际考察确定煤层突出危险性的技术参数和效果。

（1）煤层赋存条件及其稳定性；

（2）煤的结构类型及工业分析；

（3）煤的坚固性系数、煤层围岩性质及厚度；

（4）煤层瓦斯含量、瓦斯成分和煤的瓦斯放散初速度等指标；

（5）标有瓦斯含量等值线的瓦斯地质图；

（6）地质构造类型及其特征、火成岩侵入形态及其分布、水文地质情况；

（7）勘探过程中钻孔穿过煤层时的瓦斯涌出动力现象；

（8）邻近矿井的瓦斯情况。

7. 有突出矿井的煤矿企业主要负责人应当每季度、突出矿井矿长应当每月至少进行1次防突专题研究，检查、部署防突工作，解决防突所需的人力、财力、物力，确保抽、掘、采平衡和防突措施的落实。

有突出煤层的煤矿企业、煤矿应当建立防突技术管理制度，煤矿企业技术负责人、煤矿总工程师对防突工作负技术责任，负责组织编制、审批、检查防突工作规划、计划和措施。

煤矿企业、煤矿的分管负责人负责落实所分管范围内的防突工作。

煤矿企业、煤矿的各职能部门负责人对职责范围内的防突工作负责；区（队）长、班组长对管辖范围内防突工作负直接责任；瓦斯防突工对所在岗位的防突工作负责。

煤矿企业、煤矿的安全生产管理部门负责对防突工作的监督检查。

8. 有突出煤层的煤矿企业、煤矿在编制年度、季度、月度生产建设计划时，必须同时编制年度、季度、月度防突措施计划，保证抽、掘、采平衡。

防突措施计划及所需的人力、物力、财力保障安排由煤矿企业技术负责人和煤矿总工程师组织编制，煤矿企业主要负责人、矿长审批，分管负责人组织实施。

9. 石门、井筒揭穿突出煤层必须编制防突专项设计。

石门、井筒揭穿突出煤层的全过程都存在着突出的危险性，必须认真防范、严格管理，在揭穿煤层前，必须编制防突专项设计，采取综合防治突出措施，并报企业技术负责人审批。

（1）石门、井筒揭穿突出煤层突出危险性。

由于石门、井筒揭穿煤层处一般是受采动影响较小的原始煤体，周围没有（或较少有）巷道排放瓦斯，岩柱的透气性一般较煤柱小，所以该处煤体中的瓦斯基本上没有得到排放，瓦斯含量大，瓦斯压力高；且该区煤层及围岩中的应力基本未能解除。因此，在石门、井筒揭开突出煤层的局部地点，首先打破了煤体原始应力的平衡状态，该处具有较大的煤岩弹性潜能和瓦斯内能；加以采用震动性爆破揭开煤层，由于所用炸药量较大，煤岩体中的潜能又有能高速释放的较好条件，所以极容易造成较大强度的煤与瓦斯突出。石门在揭穿突出煤层的全过程中，都存在突出危险，揭穿同一煤层时甚至连续发生突出。当煤（岩）体水平厚度较大时，一次震动爆破不能完全揭开。有时揭开煤层没有发生突出，而在煤门即将过完爆破时（大都在放门槛炮时），却发生煤与瓦斯突出。

石门、井筒揭穿突出煤层时，一般具有较大的危险性。在大多数煤与瓦斯事故中，石门揭煤诱发的突出最为典型，发生概率大，且强度高。

【典型事例】 2006年7月29日，河南省某煤矿副井底水窝揭穿煤层过程中发生一起煤与瓦斯突出较大事故，造成突出煤量828 t，瓦斯86 900 m^3，死亡8人，直接经济损失412.76万元。见图3-4-1和图3-4-2。

（2）石门揭煤专项设计内容。

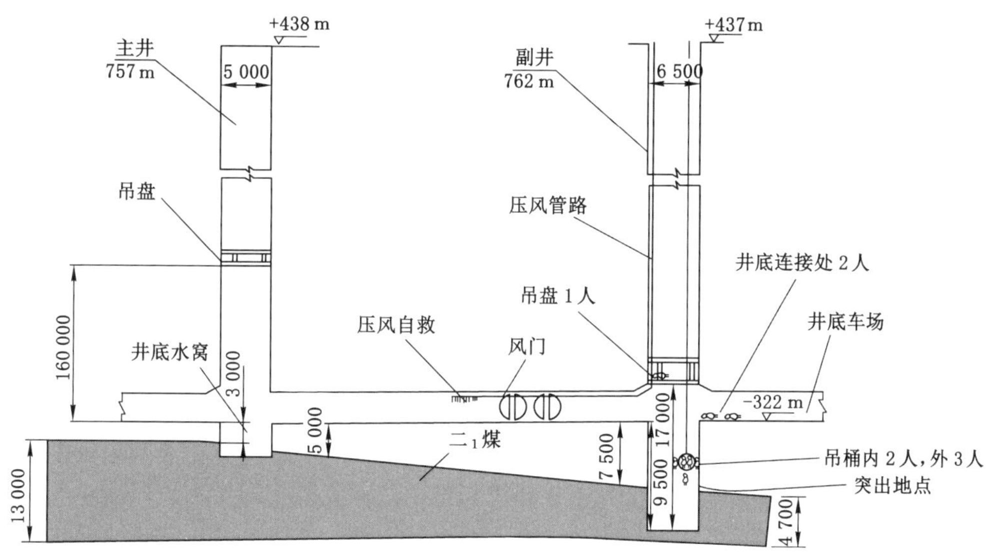

图 3-4-1　某煤矿井筒施工示意图

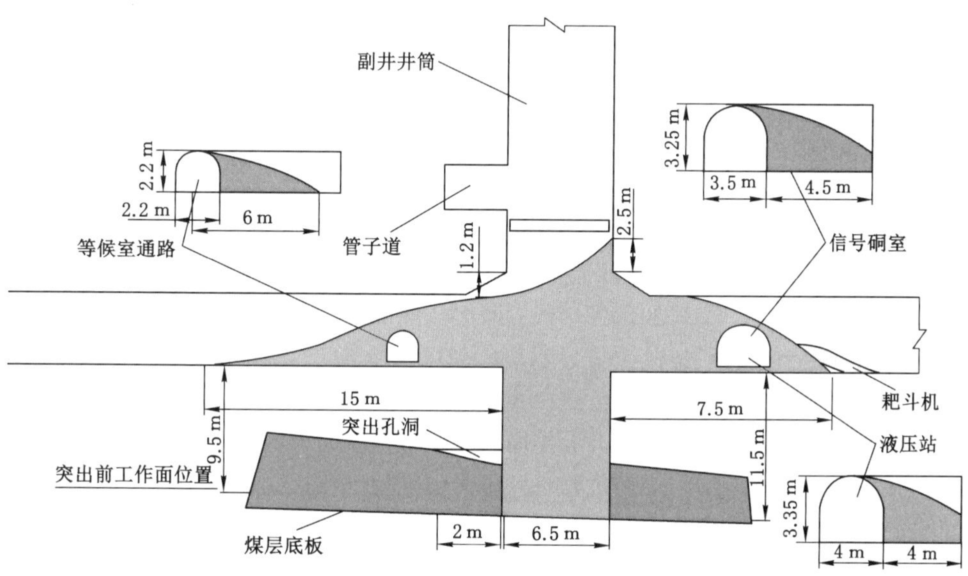

图 3-4-2　某煤矿井筒事故现场素描图

① 预测突出方法和预测钻孔布置；控制突出层位和测定煤层瓦斯压力的钻孔布置及方法。

② 建立安全可靠的独立通风系统及控制风流稳定措施；建井初期，矿井未形成全风压通风前，石门揭穿煤层过程中，与此石门相关的其他工作面必须停止作业；放震动炮石门揭穿煤层时，与此石门通风有关地点的人员必须撤至地面；井下全部断电；井口附近地面 20 m 范围内严禁有任何火源。

③ 揭穿突出煤层的防突措施。

④ 准确确定安全程度的措施。

⑤ 保证人员安全的安全防护措施。

（3）石门揭煤防突主要安全措施。

① 多排钻孔。多排钻孔预排（抽）瓦斯是石门揭穿突出煤层的常用措施，即在石门周边外前方煤体打若干排（圈）排放瓦斯钻孔，使排放瓦斯钻孔网（密集孔）有一定的预排瓦斯时间，能大幅度地降低石门周边外受排放影响的一定范围内的煤层瓦斯含量和瓦斯压力，缓和煤岩体内的应力紧张状态，形成卸压和排放瓦斯的安全带。该措施具有控制范围大、施工简便、适用范围广的优点，并有较好的防突效果。

② 金属骨架。金属骨架是预期先向打开石门断面周边钻孔内插入钢管或钢轨，它是石门揭开煤与瓦斯突出煤层的一种措施。骨架的一端插入顶板或底板岩石中，另一端支承在专门的支架上，在需要砌筑的巷道，则应先把骨架杆件的一端浇固在混凝土的壁中。它的作用是一方面在打骨架密集孔的过程中排出煤体中部分瓦斯，卸除石门周边一定范围的瓦斯压力，另一方面是在石门周围形成一个整体防护的强大壳体，防止震动性爆破后由于煤的垮塌而引起煤与瓦斯突出，使石门能够安全揭开。

③ 震动性爆破。震动性爆破是石门揭煤的一种爆破方法。它的作用是利用炸药的能量改变工作面附近的煤体或岩体中应力的状态，并能诱导煤与瓦斯突出和预期避免爆破后进行其他作业时发生延期突出。它也可以作为严重突出煤层采用其他措施时的一种辅助措施。

10. 突出煤层采掘工作面必须编制专项防突设计。

（1）采煤工作面的煤与瓦斯突出。

在缓倾斜和近水平煤层，采煤工作面突出次数比倾斜煤层明显多。缓倾斜采煤工作面的突出大多数为压出类型。由于我国普遍采用后退式走向长壁采煤法采煤、全部垮落法处理采空区，所以，采煤工作面突出多发生在顶板周期来压期间和工作面落煤（截割和爆破、风镐落煤）工序过程中。另外，工作面煤层厚度与倾角变化时，软分层变薄、变厚，合、分层变化的交汇点，围岩的透气性低，断层、褶曲发育等，这些煤层赋存条件和地质构造也为突出的发生创造了条件。

【典型事例】　2019 年 11 月 25 日，贵州省织金县某煤矿发生了一起煤与瓦斯突出事故。该煤矿四盘区 41601 运输巷掘进工作面地质构造复杂，该区域煤层具有突出危险，瓦斯抽采措施未达到治理效果，突出危险性验证未真实反映煤层突出危险性，综掘机作业时诱发了事故。本次事故造成 7 人死亡、1 人受伤，直接经济损失 1 312 万元。

（2）掘进煤层平巷时的煤与瓦斯突出。

煤层平巷与石门相比，压出和倾出类型所占比重较大，突出的强度较小。但在某种情况时，煤层平巷突出次数仍较频繁，甚至也会发生强度较大的突出。

【典型事例】　2009 年 11 月 21 日，黑龙江省鹤岗市某煤矿发生煤（岩）与瓦斯突出。该矿三水平南二石门 15 号煤层探煤巷突出的瓦斯逆流至二水平，2 时 19 分发生瓦斯爆炸事故，造成 108 人死亡、133 人受伤（其中重伤 6 人），直接经济损失 5 614. 65 万元。

（3）掘进斜巷时的煤与瓦斯突出。

斜巷掘进有上山掘进和下山掘进 2 种情况。

上山掘进时，倾出类型较多，特别是急倾斜煤层更为显著。由于煤的自重因素，一般情况下倾斜和急倾斜煤层上山突出强度比平巷小。如果上山掘进是在留有煤柱的邻近煤层的上下方进行的，倾出的强度则大大增加，可达数百吨。

下山突出的平均强度与平巷差不多。因为下山掘进所占比重较小，煤的重力又阻挡突出，所以突出的次数也较少，典型的下山突出不会出现孔洞。

【典型事例】 2002 年 4 月 7 日，安徽省淮北市某煤矿Ⅱ818-13#溜煤岩石斜巷掘进工作面突出煤岩总量为 8 729 t，突出瓦斯量为 93. 82 万 m^3，造成 13 人死亡，1 人重伤，直接经济损失 809. 06 万元。见图 3-4-3。

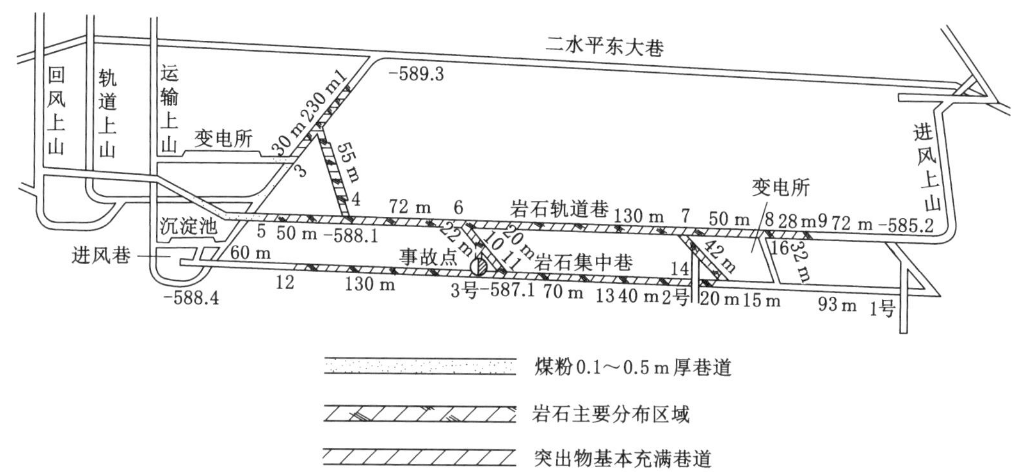

图 3-4-3 安徽省淮北市某煤矿重大煤与瓦斯突出事故图

11. 煤层瓦斯压力达到或者超过 3 MPa 的区域，必须采用地面井预抽煤层瓦斯，或者开采保护层，或者采用远程操控钻机方式施工钻孔预抽煤层瓦斯，并编制专项防突设计。

第一百九十五条 突出矿井的采掘布置应当遵守下列规定：

（一）主要巷道应当布置在岩层或者无突出危险煤层内。突出煤层的巷道优先布置在被保护区域或者其他无突出危险区域内。

（二）应减少井巷揭开（穿）突出煤层的次数，揭开（穿）突出煤层的地点应当合理避开地质构造带。

（三）在同一突出煤层的集中应力影响范围内，不得布置 2 个工作面相向回采或者掘进。

【条文解释】 本条是对突出矿井的采掘布置的规定。

1. 突出矿井中布置采掘工作面时，把主要巷道布置在岩层或无突出危险煤层内，是为了减少甚至避免发生突出对矿井造成危害。这样做能少扰动突出煤层（只在石门揭露煤层时扰动突出煤层），加快掘进速度，巷道的维修工作量也少，对生产的影响也少。因此将主要巷道布置在岩层中或无突出危险煤层内，突出煤层的巷道优先布置在被保护区域或其他无突出危险区域内，掘进时无须采取防突措施，既降低了掘进成本，又简化了生产管理。

2. 煤与瓦斯突出多发生于地质构造地带，这是由于煤层受到强烈的地质变化作用后，结构遭到破坏，改变了煤层原有的储存与排放瓦斯条件，同时由于结构变化，存在着较高的构造应力，加之强度降低，因而就造成产生突出的一系列有利的因素。所以为了避免石门揭开（穿）煤层时发生突出，石门应尽可能避免布置在地质构造复杂和被破坏的地带。

为了防止煤巷掘进工作面与石门掘进工作面前方应力相互影响，造成应力叠加诱发突出，煤巷必须超过石门贯通位置 5 m 以上。石门与煤巷贯通时，当炮眼底部距煤巷帮的距离小于炮眼的最小抵抗线时，炸药容易发生爆燃或喷出火焰，如煤巷中因通风不良或没有通风而造成瓦斯聚集，就会发生瓦斯爆炸事故，因而采用石门贯通煤层时必须保证煤巷的正常通风。

3. 突出危险煤层同一区段做相向掘进与回采时，易造成应力集中，且应力集中系数较高，因而在此范围内回采与掘进巷道时易发生突出。尤其在突出煤层中准备掘进的巷道，当处于相邻煤层回采工作的集中应力影响或煤柱集中应力影响下时，特别具有突出危险。

第一百九十六条 突出煤层的采掘工作应当遵守下列规定：

（一）严禁采用水力采煤法、倒台阶采煤法或者其他非正规采煤法。

（二）在急倾斜煤层中掘进上山时，应当采用双上山、伪倾斜上山等掘进方式，并加强支护。

（三）上山掘进工作面采用爆破作业时，应当采用深度不大于 1.0 m 的炮眼远距离全断面一次爆破。

（四）预测或者认定为突出危险区的采掘工作面严禁使用风镐作业。

（五）在过突出孔洞及其附近 30 m 范围内进行采掘作业时，必须加强支护。

（六）在突出煤层的煤巷中安装、更换、维修或者回收支架时，必须采取预防煤体冒落引起突出的措施。

【条文解释】 本条是对突出煤层采掘工作防突的规定。

不同的采掘作业方式对煤体内的地应力和瓦斯有不同的影响，因此，要尽量避免会引起很大的应力集中或给防突带来困难的作业方式。

1. 水力采煤法、倒台阶采煤法在采煤过程中对上方煤体没有支护，垮落的上方煤体应力向周边转移，应力活动剧烈，瓦斯压力梯度增加，有可能引发突出。所以，严禁采用水力采煤法、倒台阶采煤法及其他非正规采煤法。放顶煤采煤也存在煤壁稳定性差、需要先掘底分层巷道等问题，因此严禁采用放顶煤采煤法。

2. 急倾斜煤层容易发生塌冒，常引起突出事故的发生。采用伪倾斜正台阶、掩护支架采煤法时，上一台阶给下一台阶充当“保护层”，具有自卸压现象，同时煤体的自重应力朝向工作面煤壁内部，这些都有利于避免或减少发生突出事故。所以，急倾斜煤层适合采用伪倾斜正台阶、掩护支架采煤法。

3. 在急倾斜煤层掘进上山时，容易引发突出事故，而且突出事故发生后，突出的煤矸常堵塞在上山下口，积聚瓦斯，造成作业人员因掩埋或窒息而死亡，所以，急倾斜煤层不宜上山掘进，如果确需上山掘进，为了增加一个安全出口，应采用双上山掘进方式，并加强支护；伪倾斜上山可以适当减轻这些危害，也经常在实践中被采用。

4. 掘进工作面与煤层巷道交叉贯通前，被贯通的煤层巷道必须超过贯通位置，其超前距不得小于 5 m，并且贯通点周围 10 m 内的巷道应加强支护。在掘进工作面与被贯通巷道距离小于 60 m 的作业期间，被贯通巷道内不得安排作业，并保持正常通风，且在爆破时不得有人。

5. 采煤工作面尽可能采用刨煤机或浅截深采煤机采煤，以减轻采煤机截割煤体时引起应力变化速率；每次截割煤体都在卸压带中进行，可以防止因截割煤体引起突出。

6. 煤、半煤岩炮掘和炮采工作面，使用安全等级不低于三级的煤矿许用含水炸药（二氧化碳突出煤层除外），因为它爆炸后高温热源消失很快，不会点燃短时间涌出的大量瓦斯。

7. 突出煤层的任何区域的任何工作面，进行石门、井筒揭煤和采掘作业前，必须采取安全防护措施。突出矿井的入井人员必须随身携带隔离式自救器。

8. 所有突出煤层外的掘进巷道（包括钻场等）都应保留一定距离的安全岩柱，距离突出煤层的最小法向距离小于 10 m 时（在地质构造破坏带为小于 20 m 时），必须边探边掘，确保最小法向距离不小于 5 m。

9. 在同一突出煤层正在采掘的工作面应力集中范围内，不得安排其他工作面进行回采或者掘进。具体范围由矿技术负责人确定，但不得小于 30 m。

10. 突出煤层的掘进工作面应当避开邻近煤层采煤工作面的应力集中范围。

11. 在突出煤层的煤巷中安装、更换、维修或回收支架时，支架失去支撑作用，其上方本已被压碎的煤体，更容易冒落，诱发突出，必须采取按先支后回、先顶后帮顺序预防煤体垮落的措施。

12. 突出只是一种能量的释放，认为在突出空洞附近不会再发生突出，然而，这种观点在生产实践中付出了沉重代价。

【典型事例】　四川省某煤矿，有一条长度近百米的巷道，连续发生多次突出。这条巷道几乎不是掘进出来的，完全是突出来的，突出空洞一个接一个。虽然在突出空洞内的应力释放了，但在突出空洞周围却又形成新的能量集中地带，突出空洞的断面往往大于巷道断面，空洞空间也大，所以在突出空洞周围应力的集中程度要比巷道的集中程度高，突出危险程度也要大得多。

通常情况下，突出强度在 100 t 以下，突出空洞的影响范围可达到 30 m，当突出强度大于 100 t 时，突出空洞的影响范围可达 60 m 以上，所以在过突出空洞以及在其附近30 m 范围内进行采掘作业时，为了防止垮塌、冒顶或片帮，防止突出，必须加强巷道支护工作，强化综合防治突出措施。

第一百九十七条　有突出危险煤层的新建矿井或者突出矿井，开拓新水平的井巷第一次揭穿（开）厚度为 0.3 m 及以上煤层时，必须超前探测煤层厚度及地质构造、测定煤层瓦斯压力及瓦斯含量等与突出危险性相关的参数。

【条文解释】 本条是对有突出危险新建矿井或开拓新水平测定相关危险性参数的规定。

新建的突出矿井或突出矿井开拓新水平的井巷第一次揭穿（开）厚度为 0.3 m 及以上各煤层时，虽然在未开拓前做过一些推测，但可能与实际状况有出入，所以要对煤层的瓦斯实际情况进行了解，以便对未开拓前的结论进行修正，并采取相应的防治措施，避免发生煤与瓦斯突出事故。同时，对石门工作面的突出危险性进行预测。石门揭开突出危险煤层前的突出危险性预测方法有综合指标法，钻屑瓦斯解吸指标法或其他经试验证实有效的方法，这些预测方法中涉及的综合指标 D 与 k、钻屑解吸指标 Δh_2 和 K_1 等参数，都与瓦斯压力、煤的坚固性系数、瓦斯放散初速度、开采深度、瓦斯含量等有关，因而在有突出危险的新建矿井或突出矿井开拓新水平的井巷第一次揭穿（开）厚度为 0.3 m 及以上各煤层时，必须超前探测煤层厚度及地质构造、测定煤层瓦斯压力及瓦斯含量等，并测定其他与煤与瓦斯突出有关的相关参数，以便确定煤层实际的突出危险性和采取防突措施，确保石门揭（开）煤厚度为 0.3 m 及以上工作面的生产安全。

第一百九十八条 在突出煤层顶、底板掘进岩巷时，必须超前探测煤层及地质构造情况，分析勘测验证地质资料，编制巷道剖面图，及时掌握施工动态和围岩变化情况，防止误穿突出煤层。

【条文解释】 本条是对突出煤层顶、底板掘进岩巷的规定。

严重突出矿井，为了防治瓦斯突出，常采用预抽突出煤层瓦斯的方法，防止在随后的采掘工作中出现煤与瓦斯突出。而为了抽采突出煤层中的瓦斯，就要在突出煤层的顶、底板岩石中开凿岩巷，通常岩巷距煤层要有一定的安全距离（其距离视煤层顶、底板的岩性而定）。在突出煤层顶、底板掘进岩巷时，要防止误穿突出煤层。

第一百九十九条 有突出矿井的煤矿企业应当填写突出卡片、分析突出资料、掌握突出规律、制定防突措施；在每年第一季度内，将上年度的突出资料报省级煤炭行业管理部门。

【条文解释】 本条是对突出资料的填写、分析、制定措施和上报的规定。

矿井突出是一种非常复杂的瓦斯动力现象，防治突出又是矿井安全生产的重要内容，所以必须慎重对待。当发生矿井突出和煤层突出时，应指定专人负责收集资料，做好详细记录，并填写煤与瓦斯突出记录卡片。记录卡片的数据应准确无误，附图应清晰，并注明主要尺寸，以便积累资料，总结经验教训，掌握突出动态和规律，制定防突措施，为防治突出打下基础。

煤矿企业每年要对全年的矿井瓦斯动力现象记录卡进行系统的分析总结，写出报告，于次年第一季度内将填写好的“煤与瓦斯突出记录卡片”“矿井煤与瓦斯突出情况汇总表”“煤与瓦斯突出矿井基本情况调查表”，连同总结材料一并上报，上报省级煤炭行业管理部门，目的是为全省煤矿积累突出资料，为今后防突理论的研究和落实防突措施创造条件。见表 3-4-2、表 3-4-3 和表 3-4-4。

表 3-4-2 煤与瓦斯突出记录卡片

编号________ ________省（区、市） 企业名称________ ________矿________井

<table>
<tr><td colspan="3">突出日期</td><td colspan="3">年 月 日 时</td><td>地点</td><td></td><td rowspan="10">发生动力现象后的主要特征</td><td>孔洞形状轴线与水平面之夹角</td><td></td></tr>
<tr><td>标高</td><td></td><td>巷道类型</td><td></td><td>突出类型</td><td></td><td>距地表垂深/m</td><td></td><td>喷出煤量和岩石量</td><td></td></tr>
<tr><td colspan="4">突出地点通风系统示意图（注距离尺寸）</td><td colspan="4">突出处煤层剖面图（注比例尺）煤层顶、底板岩层柱状图</td><td>煤喷出距离和堆积坡度</td><td></td></tr>
<tr><td rowspan="2">煤层特征</td><td>名称</td><td></td><td>倾角/（°）</td><td></td><td rowspan="2">邻近层开采情况</td><td>上部</td><td></td><td rowspan="2">喷出煤的粒度和分选情况</td><td rowspan="2"></td></tr>
<tr><td>厚度/m</td><td></td><td>硬度</td><td></td><td>下部</td><td></td></tr>
<tr><td colspan="3" rowspan="2">地质构造的叙述（断层、褶曲、厚度、倾角及其变化）</td><td colspan="5" rowspan="2"></td><td>突出地点附近围岩和煤层破碎情况</td><td></td></tr>
<tr><td colspan="2">动力效应</td></tr>
<tr><td colspan="3">支护形式</td><td></td><td colspan="3">棚间距离/m</td><td></td><td rowspan="2">突出前瓦斯压力和突出后瓦斯涌出情况</td><td rowspan="2"></td></tr>
<tr><td colspan="3">控顶距离/m</td><td></td><td colspan="3">有效风量/（m^3/min）</td><td></td></tr>
<tr><td colspan="3">正常瓦斯浓度/%</td><td></td><td colspan="3">绝对瓦斯量/（m^3/min）</td><td></td><td>其他</td><td></td></tr>
<tr><td colspan="3">突出前作业和使用工具</td><td colspan="5"></td><td colspan="2">突出孔洞及煤堆积情况（注比例尺）</td><td></td></tr>
<tr><td colspan="3" rowspan="2">突出前所采取的措施（附图）</td><td colspan="5" rowspan="2"></td><td colspan="2">现场见证人（姓名、职务）</td><td></td></tr>
<tr><td colspan="2">伤亡情况</td><td></td></tr>
<tr><td colspan="3">突出预兆</td><td colspan="5"></td><td colspan="2">主要经验教训</td><td></td></tr>
<tr><td colspan="3" rowspan="2">突出前及突出当时发生过程的描述</td><td colspan="4" rowspan="2"></td><td>防突负责人</td><td>通风区（队）长</td><td>矿总工程师</td><td>矿长</td></tr>
<tr><td></td><td></td><td></td><td></td></tr>
</table>

表 3-4-3 矿井煤与瓦斯突出汇总表

填表日期________年________月________日

<table>
<tr><td rowspan="2">编号</td><td rowspan="2">时间</td><td rowspan="2">地点</td><td rowspan="2">巷道类别</td><td rowspan="2">标高/m</td><td rowspan="2">距地表垂深/m</td><td colspan="3">煤层</td><td rowspan="2">地质构造</td><td colspan="2">邻近层开采情况</td><td rowspan="2">突出前作业及工具</td><td rowspan="2">预防措施</td><td colspan="8">预兆</td><td colspan="5">突出情况</td></tr>
<tr><td>层别</td><td>厚度/m</td><td>角度/(°)</td><td>未采</td><td>已采但遗留煤柱</td><td>煤体内声响</td><td>煤硬度变化</td><td>煤光泽变化</td><td>煤层层理变化</td><td>掉渣及煤面外移</td><td>支架压力增加</td><td>瓦斯忽大忽小</td><td>打钻夹钻喷煤</td><td>抛出煤量/t</td><td>抛出距离/m</td><td>堆积坡度/（°）</td><td>有无分选</td><td>突出瓦斯量/m^3</td></tr>
<tr><td></td><td></td><td></td><td></td><td></td><td></td><td></td><td></td><td></td><td></td><td></td><td></td><td></td><td></td><td></td><td></td><td></td><td></td><td></td><td></td><td></td><td></td><td></td><td></td><td></td><td></td><td></td></tr>
</table>

煤矿企业负责人： 煤矿企业技术负责人： 防突机构负责人： 填表人：

表 3-4-4　煤与瓦斯突出矿井基本情况调查表

______省______市（县）______局______矿________井　填表日期______年______月______日

矿井设计能力/t		首次突出	时间						
矿井实际生产能力/t			地点及标高/m						
开拓方式			距地表垂深/m						
矿井可采煤层层数		突出次数	总计	各类坑道中突出次数					
矿井可采煤层储量/t				石门	平巷	上山	下山	回采	其他
突出煤层可采储量/t									

突出煤层及围岩特征	名　称		突出最大强度	煤（岩）量/t			
	厚度/m			突出瓦斯量/m³			
	倾角/（°）		千吨以上突出次数			采取何种防突措施及其效果	
	煤　质		其中	石　门			
	顶板岩性			平　巷			
	底板岩性			上　山			
保护层	类　型			下　山			
	煤层名称			回　采			
	厚度/m			其　他			
	距危险层最大距离/m		目前正在进行的防治突出的研究课题	主攻方向			
瓦斯压力	最高压力/MPa			进展情况			
	测压地点距地表垂深/m			人员及参与单位			

煤层瓦斯含量/（m/t）			
矿井瓦斯涌出量/（m³/min）			
有无抽采系统及抽采方式			

煤矿企业负责人：　　　　煤矿企业技术负责人：　　　　防突机构负责人：　　　　填表人：

第二百条　突出矿井必须编制并及时更新矿井瓦斯地质图，更新周期不得超过 1 年，图中应标明采掘进度、被保护范围、煤层赋存条件、地质构造、突出点的位置、突出强度、瓦斯基本参数等，作为突出危险性区域预测和制定防突措施的依据。

【名词解释】　瓦斯地质图

瓦斯地质图——揭示瓦斯地质规律，表达瓦斯压力、瓦斯含量、煤与瓦斯突出危险性、瓦斯涌出量预测和瓦斯（煤层气）资源量评价结果，反映瓦斯、地质和采掘工程信息的综合性图件。

【条文解释】 本条是对编制和更新矿井瓦斯地质图的规定。

1. 瓦斯地质图的作用

（1）瓦斯地质图能高度集中反映煤层采掘揭露和地质勘探等手段测试的瓦斯地质信息，可准确反映矿井瓦斯赋存规律和涌出规律，准确预测瓦斯涌出量、瓦斯含量、煤与瓦斯突出危险性，准确评价瓦斯（煤层气）资源量及开发技术条件。

（2）利用瓦斯地质图进行区域和工作面突出危险性预测。根据瓦斯、地质诸因素分析，加上实测的瓦斯参数，可直接进行某一区域或某一工作面的突出危险性预测，确定某一区域或某一工作面突出管理等级。

（3）利用瓦斯地质图进行瓦斯地质综合分析，并且对某一区域或某一工作面进行突出危险带预测。经过预测划分突出危险带和无突出危险带，从而解放一些区域，可以按无突出危险区或突出威胁区或无突出危险工作面进行管理。

（4）瓦斯地质图中标明采掘进度、被保护范围、煤层赋存条件、地质构造、突出点的位置、突出强度、瓦斯基本参数等，为制定防突技术措施提供可靠的依据。为了更符合矿井实际情况，必须及时更新矿井瓦斯地质图，更新周期不得超过 1 年。

2. 瓦斯地质图的编制方法

（1）收集、整理瓦斯地质资料

根据所编瓦斯地质图件的种类和各自要求的内容，对有关的瓦斯和地质方面的资料分别进行收集归纳、系统整理和统计分析。

① 瓦斯资料的收集、整理

目前大多数生产矿井的瓦斯历史资料、原始记录表格等不很齐全，给编图带来了一定困难。要想在图上客观反映瓦斯面貌，需要进行大量的收集、整理和分析工作。主要包括以下内容：

——建矿以来掘进、采煤工作面瓦斯日报表，风量报表，产量报表，采、掘月进尺等资料；采煤工作面的绝对瓦斯涌出量和相对瓦斯涌出量，掘进工作面的绝对瓦斯涌出量。

——地质勘探钻孔测定的煤层瓦斯含量和生产阶段测定的煤层瓦斯含量。

——地面和井下瓦斯抽采设计方案，瓦斯抽采台账（包括瓦斯抽采钻孔地点、负压、流量、浓度）等。

——煤层瓦斯压力，煤层瓦斯吸附常数，煤层透气性系数。

——采掘工作面煤与瓦斯突出危险性预测指标。

——建矿以来煤与瓦斯突出动力现象资料，包括突出发生过程、突出位置地质资料、突出强度及作业工序资料等。

② 地质资料的收集、整理

按照影响瓦斯形成和保存的地质条件及控制煤与瓦斯突出的地质因素分项进行收集、整理。主要包括以下内容：

——矿井地质勘探精查或详查报告，矿井生产修编地质报告；

——矿井设计说明书；

——矿井采掘工程平面图，煤层底板等高线图，井上下对照图，地层综合柱状图，地质剖面图；

——采、掘工作面地质说明书和相关图件；

——煤巷地质编录的煤厚变化、断层、褶皱、顶板与底板岩性变化和构造煤厚度，测井曲线解释、地球物理方法探测的断层、构造煤厚度等；

——钻孔柱状图和勘探线剖面图；

——断层、褶皱、陷落柱、岩浆岩等；

——含水层、隔水层、等水位线等水文地质资料；

——地震勘探等物探资料。

(2) 进行瓦斯地质的综合分析

影响瓦斯赋存和突出的地质因素很多，但起主导作用的因素随各矿地质条件的差异而有所区别。在整理资料的基础上，综合分析是很重要的一项内容，也是编图的关键。

在进行综合分析时，首先要定性分析与瓦斯赋存和突出分布有关的各项地质因素，再认真从诸项地质因素中筛选出起主导作用的因素，并在图上给予重点表示。在分析瓦斯与地质之间的关系时要从单项因素着手，逐步联系、逐项叠加，使认识水平不断提高、不断深化。

(3) 选择合理的编图方法

瓦斯地质编图原则上采用地质编图的基本原理和方法，但要将瓦斯资料和地质资料有机地结合在一起。编图步骤是：整理资料、综合分析、展绘第一性资料点、分项勾绘各种等值线、进行瓦斯区划和地质区划，并划分瓦斯地质单元。

① 地理底图及其内容取舍

应以煤层底板等高线图和矿井采掘工程平面图作为地理底图，比例尺宜选取1∶2 000，1∶5 000或1∶10 000；地理底图应反映最新的地质信息、测量信息和采掘信息。矿井瓦斯地质图以瓦斯和地质内容为主体，为突出表现瓦斯分布和影响瓦斯分布的地质因素等主体内容，应对地理底图的地质、采掘工程内容进行取舍。见表3-4-5。

表3-4-5 矿井瓦斯地质图地理底图编绘主要内容

序 号	编 绘 内 容	序 号	编 绘 内 容
1	钻孔	9	岩浆岩
2	井筒	10	构造煤厚度
3	煤层露头	11	断层
4	井田边界	12	等水位线
5	煤层底板等高线	13	陷落柱
6	向斜轴	14	工作面名称
7	背斜轴	15	煤种分界线、煤层分叉合并线
8	巷道	16	重要的地名、建筑物

② 地理底图编绘

在内容取舍后的地理底图上，进行分层数字化。按照《煤矿瓦斯地质图图例》进行底图编绘，可对煤层底板等高线图、采掘工程平面图的内容进行简化，删除联络巷，单线条表示回采巷道，采空区不宜表示在图上。

③ 瓦斯信息编绘

——瓦斯参数点绘制

瓦斯参数点应按照《煤矿瓦斯地质图图例》的要求编绘到地理底图上，绘制瓦斯参数点时应按照以下规则：

·在正常生产情况下，掘进工作面绝对瓦斯涌出量点，采煤工作面绝对瓦斯涌出量和相对瓦斯涌出量点，应按采掘进度每个月绘制 1 个点；

·按照实际测定位置绘制煤层瓦斯含量点和煤层瓦斯压力点；

·根据矿井实际突出位置绘制煤与瓦斯突出动力现象点；

·根据实际测定位置绘制各指标点；

·在块段的合理位置绘制块段瓦斯（煤层气）资源量点。

——瓦斯等值线和区块界线绘制

瓦斯等值线和区块界线应按照《煤矿瓦斯地质图图例》的要求编绘到地理底图上，绘制瓦斯等值线和区块界线时应按照以下规则：

·根据实际瓦斯涌出量和瓦斯涌出量预测结果将绝对瓦斯涌出量等值线分实测线和预测线，按一定的绝对瓦斯涌出量等值距绘制等值线，等值距可选择 5 m^3/min、10 m^3/min等。

·瓦斯含量等值线分实测线和预测线，按瓦斯含量等值距 2 m^3/t 绘制为宜。矿井煤层瓦斯含量超过 8 m^3/t，应绘制 8 m^3/t 煤层瓦斯含量等值线。

·瓦斯压力等值线分实测线和预测线，按瓦斯压力等值距 0.2 MPa 绘制。矿井煤层瓦斯压力超过 0.74 MPa，应绘制 0.74 MPa 煤层瓦斯压力等值线。

·按照煤与瓦斯突出预测结果，绘制煤与瓦斯突出危险区界线。

·根据瓦斯（煤层气）评价资源量，划分不同级别区块，绘制瓦斯（煤层气）资源块段界线。

——瓦斯涌出量面色绘制

根据绝对瓦斯涌出量预测结果，按选择的绝对瓦斯涌出量等值距进行区划，按照《煤矿瓦斯地质图图例》的要求编绘到地理底图上。

第二百零一条 突出煤层工作面的作业人员、瓦斯检查工、班组长应当掌握突出预兆。发现突出预兆时，必须立即停止作业，按避灾路线撤出，并报告矿调度室。

班组长、瓦斯检查工、矿调度员有权责令相关现场作业人员停止作业，停电撤人。

【条文解释】 本条是对有突出预兆时停止作业、撤人的规定。

1. 煤与瓦斯突出预兆

尽管突出是突然瞬间发生的，但大多数煤与瓦斯突出前都有预兆。这些预兆可以是一种现象，也可以是同时出现若干种现象，但都能为人的感官所觉察到。对于预兆的熟悉和掌握，对于减少突出危害，保证人身安全，有着重要的意义。

（1）从突出形成的机理来分析

① 地压显现方面的预兆有：煤炮声、支架断裂发出的响声，煤（岩）崩裂、自行剥落、掉碴、底鼓、煤壁颤动、钻孔变形、塌孔、顶钻、夹钻和钻机过负荷等。

② 瓦斯涌出方面的预兆有：瓦斯涌出异常，瓦斯浓度忽大忽小，煤尘增大，气温、气味异常，打钻喷瓦斯，出现哨声、风声和蜂鸣声等。

③ 煤层结构与构造方面的预兆有：煤层层理紊乱，煤体干燥，煤体松软或强度不均匀，煤的色泽暗淡，煤厚与倾角变化，挤压褶曲、波状隆起，断层等。

（2）从突出发出声音来分析

① 有声预兆。地压活动剧烈，顶板来压，不断出现掉碴和支架断裂声；煤层中产生震动，手扶煤壁感到震动和冲击，听到煤炮声或闷雷声一般是先远后近、先小后大、先单响后连响，突出时伴随巨雷般响声。

② 无声预兆。工作面遇到地质变化，煤层厚度不一，尤其是煤层中的软分层变化；瓦斯涌出量增大或忽大忽小，工作面气温变冷；煤层层理紊乱，硬度降低，光泽暗淡，煤体干燥，煤尘飞扬，有时煤体碎片从煤壁上弹出，打钻时严重顶钻、夹钻、喷孔等。

【典型事例】 某日，重庆市某煤矿+220 m水平南五石门在揭开 4 号煤层发生了突出。见图 3-4-4。

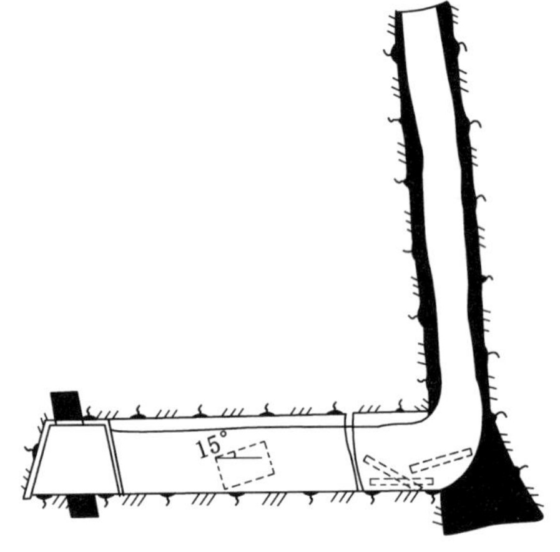

图 3-4-4　重庆市某煤矿 4 号煤层的突出

突出前一天夜班就开始出现无声预兆，煤特别松软（用手抚摸感觉冰凉），工作面掉煤碴。倾出前 1 h，工作面瓦斯忽大忽小。突出前半小时，支架压力增加，棚顶背板受压发响，然后压断，同时煤中有轰隆声，随即发生了突出。

2. 发现突出征兆后应采取安全措施

在每个采掘工作面设专职瓦斯检查工，掌握突出前的预兆，这是发现突出、避免伤亡的有效组织措施之一。瓦斯突出是一个动态过程，有很强的随机性，若不能及时地发现预兆、采取措施，就不能预防突出、减少损失。专职瓦斯检查工必须随时检查瓦斯，这是根据实际工作经验总结出的一种及时发现突出预兆的有效办法。突出煤层工作面的作业人员、瓦斯检查工、班组长应掌握突出预兆，发现突出预兆时，必须立即停止作业，按避灾路线撤出，并报告矿调度室。

发现突出征兆时，班组长、瓦斯检查工、矿调度员有权责令相关现场作业人员停止作业，停电撤人。

第二百零二条 煤与二氧化碳突出、岩石与二氧化碳突出、岩石与瓦斯突出的管理和防治措施参照本章规定执行。

【条文解释】 本条是对煤与二氧化碳突出、岩石与二氧化碳突出和岩石与瓦斯突出的规定。

这 3 种突出的管理及防治措施，参照本章有关规定执行。

第二节　区域综合防突措施

第二百零三条 突出矿井应当对突出煤层进行区域突出危险性预测（以下简称区域预测）。经区域预测后，突出煤层划分为无突出危险区和突出危险区。未进行区域预测的区域视为突出危险区。

【条文解释】 本条是对突出煤层划分的规定。

1. 区域突出危险性预测划分和流程

对于突出煤层的某一区域，通过预测划分为：

(1) 突出危险区。未进行区域预测的区域视为突出危险区。

(2) 无突出危险区。

区域突出危险性预测流程：区域预测→开拓前预测→开拓后预测→突出危险区（或无突出危险区）。

2. 区域预测的范围和资质要求

(1) 区域预测的范围

突出煤层区域预测主要是煤矿企业根据突出矿井的开拓方式、巷道布置的实际需要等情况来确定的。突出煤层区域预测是逐渐进行的，每次区域预测的范围的大小总是根据开拓、准备等情况来划分的。

(2) 区域预测的资质要求

对已确切掌握煤层突出危险区域的分布规律，并有可靠的预测资料的，区域预测工作可由矿总工程师组织实施；其他情况应当委托有煤与瓦斯突出危险性鉴定资质的机构和单位进行区域预测。

区域预测结果应当由矿总工程师批准确认。一般开拓前区域预测由矿方进行，开拓后区域预测由有资质的机构和单位进行。特别是开拓的区域已划分为突出危险区时，不需要预测。

3. 区域突出危险性预测方法

区域突出危险性预测方法一般有以下 3 种：

(1) 煤层瓦斯参数

根据煤层瓦斯压力或者瓦斯含量进行区域预测的临界值（表 3-4-6）应当由具有突出危险性鉴定资质的单位进行试验考察，在试验前和应用前应当由煤矿企业技术负责人批准。进行开拓后区域预测时，还应当符合下列要求：

表 3-4-6　根据煤层瓦斯压力或瓦斯含量进行区域预测的临界值

瓦斯压力 p/MPa	瓦斯含量 W/（m^3/t）	区域类别
p<0.74	W<8	无突出危险区
除上述情况以外的其他情况		突出危险区

① 预测所主要依据的煤层瓦斯压力、瓦斯含量等参数应为井下实测数据。

② 测定煤层瓦斯压力、瓦斯含量等参数的测试点在不同地质单元内根据其范围、地质复杂程度等实际情况和条件分别布置；同一地质单元内沿煤层走向布置测试点不少于 2 个，沿倾向不少于 3 个，并有测试点位于埋深最大的开拓工程部位。

(2) 瓦斯地质分析法

根据煤层瓦斯参数结合瓦斯地质分析的区域预测方法应当按照下列要求进行：

① 煤层瓦斯风化带为无突出危险区域。

② 根据已开采区域确切掌握的煤层赋存特征、地质构造条件、突出分布的规律和对预测区域煤层地质构造的探测、预测结果，采用瓦斯地质分析的方法划分出突出危险区域。当突出点及具有明显突出预兆的位置分布与构造带有直接关系时，则该构造的延伸位置及其两侧一定范围的煤层为突出危险区；否则，在同一地质单元（位于大型断层的同一盘或大型褶曲的同一翼，且赋存条件、煤质、构造特征等相近的煤层区域）内，突出点和具有明显突出预兆的位置以上 20 m（埋深）及以下的范围为突出危险区。见图 3-4-5。

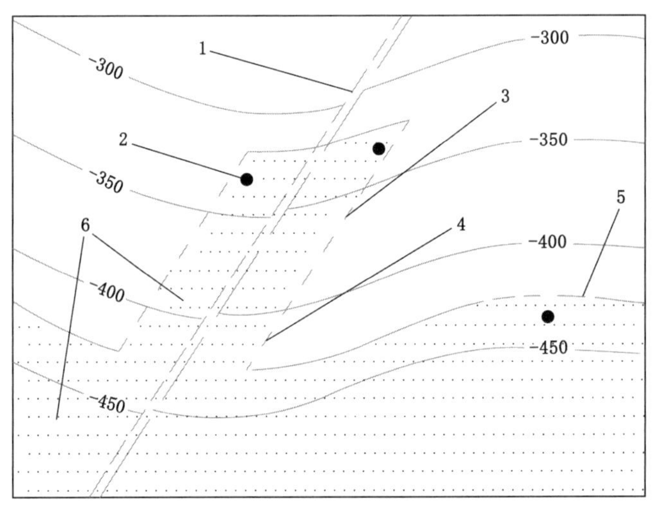

1—断层；2—突出点；3—上部区域突出点在断层两侧的最远距离线；
4—推测下部区域断层两侧的突出危险区边界线；5—推测的下部区域突出危险区上边界线；
6—突出危险区（阴影部分）。

图 3-4-5　根据瓦斯地质分析划分突出危险区域示意图

③ 在上述①、②项划分出的无突出危险区和突出危险区以外的区域，应当根据煤层瓦斯压力 p 进行预测。如果没有或者缺少煤层瓦斯压力资料，也可根据煤层瓦斯含量 W 进行预测。预测所依据的临界值应根据试验考察确定。

（3）其他经试验证实有效的方法

区域预测新方法的研究试验应当由具有突出危险性鉴定资质的单位进行，并在试验前由煤矿企业技术负责人批准。

采用突出综合指标法对煤层进行区域预测，应按下列步骤进行：

① 在岩石工作面向突出煤层至少打 3 个测压钻孔，测定瓦斯压力，见图 3-4-6。

② 在打测压孔的过程中，每米煤孔取 1 个煤样，测定煤的坚固性系数（f）。

③ 将 2 个测压孔所取得的坚固性系数最小值进行平均，作为煤层软分层的平均坚固性系数。

④ 将坚固性系数最小的 2 个煤样混合后，测定煤的瓦斯放散初速度指标（Δp）。

煤层区域性突出危险性，可按下列 2 个指标判断：

$$D = \left(0.0075\frac{H}{f} - 3\right) \cdot (p - 0.74)$$

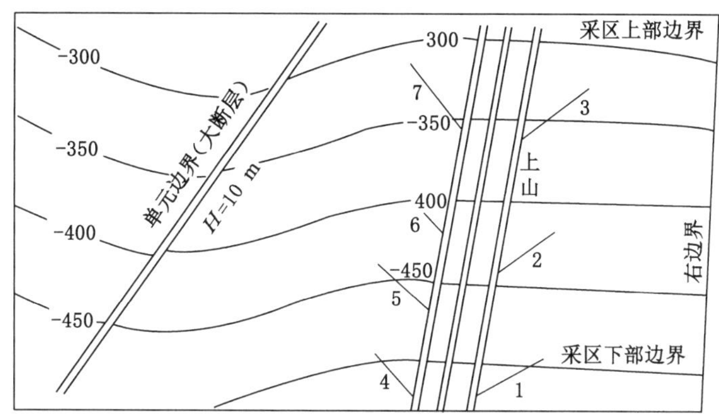

1~7—预测测点布置位置。

图 3-4-6　开拓后区域预测测点布置图

式中　D——综合指标之一；

H——煤层开采深度，m；

p——煤层瓦斯压力，MPa；

f——煤层软分层的平均坚固性系数，如打钻所取煤样的粒度达不到测试 f 值所要求的粒度标准（10~15 mm）时，可取粒度为 1~3 mm 煤样进行 f 值测定，所得结果按下式进行换算。

当 $f_{1-3} \leqslant 0.25$ 时：

$$f = f_{1-3}$$

当 $f_{1-3} > 0.25$ 时：

$$f = 1.57 f_{1-3} - 0.14$$

式中　f_{1-3}——用粒度为 1~3 mm 煤样测出的煤坚固性系数值。

$$K = \frac{\Delta p}{f}$$

式中　K——综合指标之一；

Δp——煤层软分层的瓦斯放散初速度指标。

综合指标 D、K 的突出临界指标值应根据本矿区实际测定的数据确定，如无实测资料，可参照有关规定的临界值确定，见表 3-4-7。

表 3-4-7　用综合指标 *D* 和 *K* 预测煤层区域突出危险性的临界值

煤层突出危险性综合指标 D	煤层突出危险性综合指标 K	
	无烟煤	烟　煤
0.25	20	15

第二百零四条　具备开采保护层条件的突出危险区，必须开采保护层。选择保护层应当遵循下列原则：

（一）优先选择无突出危险的煤层作为保护层。矿井中所有煤层都有突出危险时，应当选择突出危险程度较小的煤层作保护层。

（二）应当优先选择上保护层；选择下保护层开采时，不得破坏被保护层的开采条件。

开采保护层后，在有效保护范围内的被保护层区域为无突出危险区，超出有效保护范围的区域仍然为突出危险区。

【名词解释】 开采保护层

开采保护层——在突出矿井的煤层群开采时，首先开采非突出危险煤层或突出危险程度较低的煤层。

【条文解释】 本条是对突出危险区选择保护层的原则规定。

开采保护层是防止煤和瓦斯突出最有效、最经济的措施。采用开采保护层这一措施后，在被保护区域，基本上消除了煤与瓦斯突出，大大减少了突出的发生，促进了安全生产。

我国经过长期的试验研究，对开采保护层这一措施，不但积累了丰富的实践经验，而且对保护层的作用机理等一些理论问题也有了一定深度的认识，并使之逐步发展，完善了开采保护层结合抽采瓦斯这一具有我国特色的综合措施。

突出矿井的煤层首次作为保护层开采时，应当对被保护层进行区域措施效果检验及保护范围的实际考察。如果被保护层的最大膨胀变形量大于 0.3%，则检验和考察结果可适用于其他区域的同一保护层和被保护层；否则，应当对每个预计的被保护区域进行区域措施效果检验。若保护层与被保护层的层间距离、岩性及保护层开采厚度等发生了较大变化，应当再次进行效果检验和保护范围考察。

保护效果检验、保护范围考察结果报煤矿企业技术负责人批准。

1. 特征

保护层开采后，被保护层的应力变形状态、煤结构和瓦斯动力参数都将发生显著变化，其突出危险程度大大降低。因此，保护层的开采可对突出危险的煤层产生保护作用，使其突出危险性消除或减轻，从而达到防治煤与瓦斯突出的目的。开采保护层是防治煤与瓦斯突出的有效措施，具有简单、经济等特点，为国内外所公认的主要防突出措施，得到了普遍认可和推广应用。

2. 分类

（1）根据保护层与被保护层位置不同可划分为以下 2 种（图 3-4-7）：

① 上保护层：位于被保护层上部的煤层。

② 下保护层：位于被保护层下部的煤层。

（2）根据保护层与被保护层之间的垂直距离 h 不同可划分为以下 3 类：

① 近距离保护层：$h \leqslant 10$ m。

② 中距离保护层：10 m $< h <$ 50 m。

③ 远距离保护层：$h \geqslant 50$ m。

3. 选择保护层规定

（1）在突出矿井开采煤层群时，如在有效保护垂距内存在厚度 0.5 m 及以上的无突出危险煤层，除因突出煤层距离太近而威胁保护层工作面安全或可能破坏突出煤层开采条件的情况外，首先开采保护层。这作为强制的规定内容。有条件的矿井，也可以将较软的一层岩层作为保护层开采。

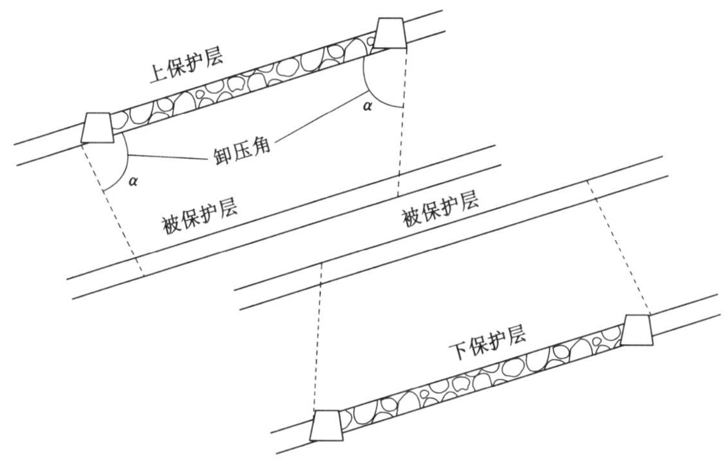

图 3-4-7　上下保护层开采示意图

（2）当煤层群中有几个煤层都可作为保护层时，综合比较分析，择优开采保护效果最好的煤层。如果无突出危险煤层距离太近，则可能因其开采瓦斯突破顶、底板岩层或者经由断层、裂隙带而涌入被保护层，威胁被保护层安全生产，甚至破坏被保护层的整体开采条件，这些情况都不能作为保护层。

（3）当矿井中所有煤层都有突出危险时，选择突出危险程度较小的煤层作为保护层先行开采，但采掘前必须按规定的要求采取预抽煤层瓦斯区域防突措施并进行效果检验。

（4）在选择保护层时，应优先选择上保护层。没有条件时，也可选择下保护层，在选择开采下保护层时，上部被保护层不得破坏的最小层间距离应根据矿井开采实测资料确定；如无实测资料时，可参考有关公式计算，不得破坏被保护层的开采条件。

4. 开采保护层区域防突措施要求

开采保护层区域防突措施应当符合下列要求：

（1）一方面增加区域防突措施的有效性，另一方面提高瓦斯抽采率，要求开采保护层时必须同时抽采被保护层的瓦斯。

（2）开采近距离保护层时，采取措施防止被保护层初期卸压瓦斯突然涌入保护层采掘工作面或误穿突出煤层。

（3）鉴于保护层工作面一般要推过一定距离后，卸压作用才能传递到被保护层，所以被保护层应在保护层工作面回采完后或者回采过一定距离后才能开始掘进。正在开采的保护层工作面超前于被保护层的掘进工作面，其超前距离不得小于保护层与被保护层层间垂距的 3 倍，并且如果 3 倍的层间距小于 100 m 时，则最小超前距不小于 100 m。见图 3-4-8。

（4）保护层留煤柱是最忌讳的事情，由于留有煤（岩）柱的区域将会产生应力集中，使地应力比原来更高，更不利于降低突出危险。开采保护层时采空区内不得留有煤（岩）柱。对于特殊情况确实需要留煤柱时，应履行审批程序，经煤矿企业技术负责人批准，并做好记录；而且鉴于煤柱影响区没有有效的保护作用，所以保护层采煤工作面还应采取其

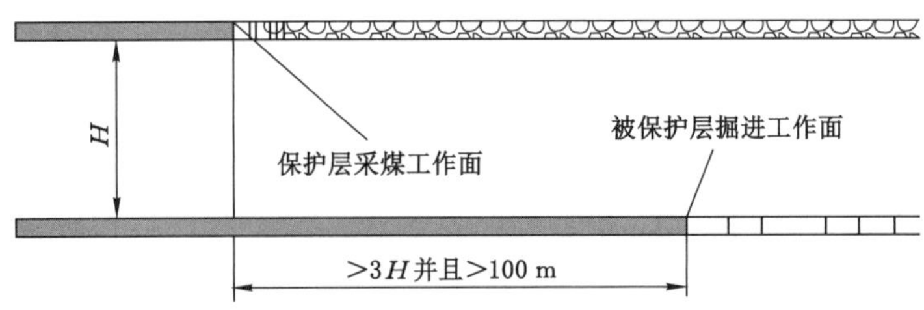

图 3-4-8　保护层采煤工作面超前于被保护层掘进工作面示意图

他的区域防突措施。要将煤（岩）柱的位置和尺寸准确地标在采掘工程平面图上。每个被保护层的瓦斯地质图应当标出煤（岩）柱的影响范围，在这个范围内进行采掘工作前，首先采取预抽煤层瓦斯区域防突措施。

如果保护层煤柱区的边界线是不规则的，那么就很难计算、划定其影响范围，应按照其最外缘的轮廓画出平直轮廓线，并根据保护层与被保护层之间的层间距变化，确定煤柱影响范围，见图 3-4-9。在被保护层进行采掘工作时，还应当根据采掘瓦斯动态及时修改。

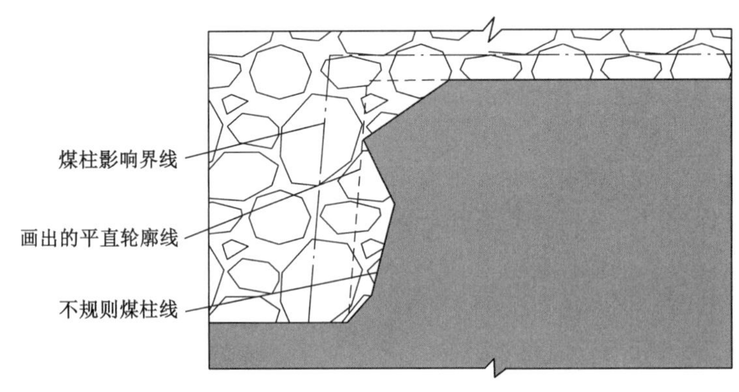

图 3-4-9　保护层不规则煤柱的影响区划分方法示意图

5. 保护层有效保护范围确定

开采保护层的有效保护范围及有关参数应当根据试验考察确定，并报煤矿企业技术负责人批准后执行。

首次开采保护层时，可参照《防治煤与瓦斯突出细则》确定沿倾斜的保护范围、沿走向（始采线、终采线）的保护范围、保护层与被保护层之间的最大保护垂距、开采下保护层时不破坏上部被保护层的最小层间距离等参数。保护层开采后，在有效保护范围内的被保护层区域为无突出危险区，超出有效保护范围的区域仍然为突出危险区。

（1）沿倾斜方向的保护范围

保护层工作面沿倾斜方向的保护范围应根据卸压角 δ 划定，见图 3-4-10。

在没有本矿井实测的卸压角时，可参考有关数据，见表 3-4-8。

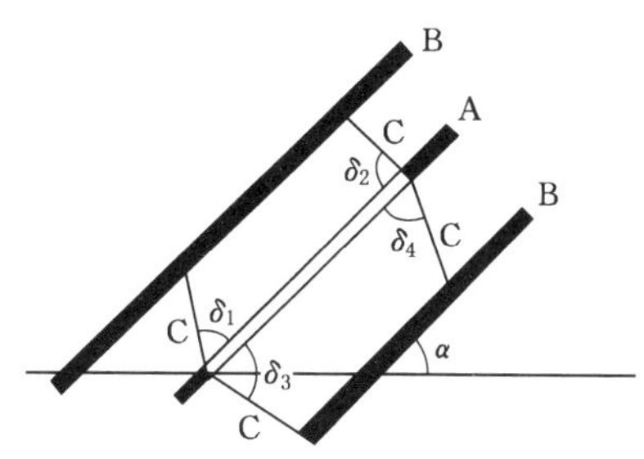

A—保护层；B—被保护层；C—保护范围边界线。

图 3-4-10　保护层工作面沿倾斜方向的保护范围

表 3-4-8　保护层沿倾斜方向的卸压角

煤层倾角 α/（°）	卸压角 δ/（°）			
	δ_1	δ_2	δ_3	δ_4
0	80	80	75	75
10	77	83	75	75
20	73	87	75	75
30	69	90	77	70
40	65	90	80	70
50	70	90	80	70
60	72	90	80	70
70	72	90	80	72
80	73	90	78	75
90	75	80	75	80

（2）沿走向方向的保护范围

若保护层采煤工作面停采时间超过 3 个月，且卸压比较充分，则该保护层采煤工作面对被保护层沿走向的保护范围对应于始采线、采止线及所留煤柱边缘位置的边界线可按卸压角 $\delta_5=56°\sim60°$划定，见图 3-4-11。

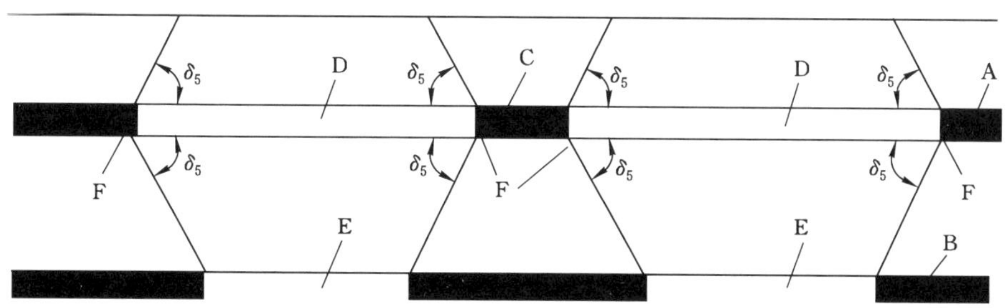

A—保护层；B—被保护层；C—煤柱；D—采空区；

E—保护范围；F—始采线、终采线

图 3-4-11　保护层工作面始采线、采止线和煤柱的影响范围

（3）最大保护垂距

保护层与被保护层之间的最大保护垂距可参照有关规定选取或者计算确定，见表 3-4-9。

表 3-4-9　保护层与被保护层之间的最大保护垂距

煤层类别	最大保护垂距/m	
	上保护层	下保护层
急倾斜煤层	<60	<80
缓倾斜和倾斜煤层	<50	<100

下保护层的最大保护垂距：

$$S_{下} = S'_{下}\beta_1\beta_2$$

上保护层的最大保护垂距：

$$S_{上} = S'_{上}\beta_1\beta_2$$

式中　$S_{下}$，$S'_{上}$——下保护层和上保护层的理论最大保护垂距，m，它们与工作面长度 L 和开采深度 H 有关，可参照有关规定取值，见表 3-4-10，当 $L>0.3H$ 时，取 $L=0.3H$，但 L 不得大于 250 m；

β_1——保护层开采的影响系数，当 $M\leqslant M_0$ 时，$\beta_1=M/M_0$，当 $M>M_0$ 时，$\beta_1=1$；

β_2——层间硬岩（砂岩、石灰岩）含量系数，以 η 表示在层间岩石中所占的百分比，当 $\eta\leqslant 50\%$时，$\beta_2=1-0.4\eta/100$，当 $\eta<50\%$时，$\beta_2=1$；

M——保护层的开采厚度，m；

M_0——保护层的最小有效厚度，m，可参照有关规定确定，见图 3-4-12。

表 3-4-10　$S'_{上}$和 $S'_{下}$与开采深度 H 和工作面长度 L 之间的关系

开采深度 H/m	$S'_{下}$/m								$S'_{下}$/m						
	工作面长度 L/m								工作面长度 L/m						
	50	75	100	125	150	175	200	250	50	75	100	125	150	200	250
300	70	100	125	148	172	190	205	220	56	67	76	83	87	90	92
400	58	85	112	134	155	170	182	194	40	50	58	66	71	74	76
500	50	75	100	120	142	154	164	174	29	39	49	56	62	66	68
600	45	67	90	109	126	138	146	155	24	34	43	50	55	59	61
800	33	54	73	90	103	117	127	135	21	29	36	41	45	49	50
1 000	27	41	57	71	88	100	114	122	18	25	32	36	41	44	45
1 200	24	37	50	63	80	92	104	113	16	23	30	32	37	40	41

（4）开采下保护层的最小层间距

开采下保护层时，不破坏上部被保护层的最小层间距离可参用有关规定确定：

当 $\alpha<60°$时，$H=KM\cos\alpha$

当 $\alpha\geqslant 60°$时，$H=KM\sin(\alpha/2)$

式中　H——允许采用的最小层间距，m；

M——保护层的开采厚度，m；

α——煤层倾角，(°)；

K——顶板管理系数。冒落法管理顶板时，K 取 10；充填法管理顶板时，K 取 6。

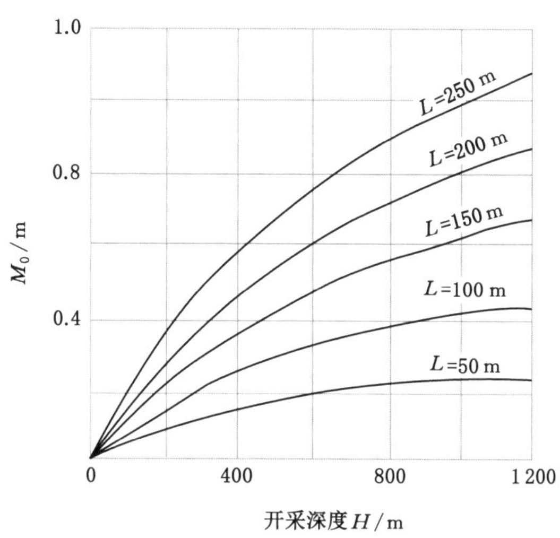

图 3-4-12　保护层工作面始采线、采止线和煤柱的影响范围

第二百零五条　有效保护范围的划定及有关参数应当实际考察确定。正在开采的保护层采煤工作面，必须超前于被保护层的掘进工作面，其超前距离不得小于保护层与被保护层之间法向距离的 3 倍，并不得小于 100 m。

【条文解释】　本条是对有效保护范围的划定及有关参数的规定。

在突出煤层同一区段做相向回采或掘进时，容易造成应力集中，且应力集中系数较高，一般掘进工作面前方 5～15 m 为应力集中范围，采煤工作面前方 3 m 以外为应力集中区。

采煤工作面集中应力的剧烈程度和传播的距离与工作面顶底板岩性、工作面斜长、开采速度等因素有关，正常采煤工作面回采过程，其超前和采后的应力活动非常剧烈，应力集中系数可达原岩应力的 2~4 倍，严重的可达 5～7 倍，同一区段采煤工作面超前和采后的应力集中一般在工作面前后 30 m 范围内最为剧烈，最远可达工作面前后 100 m 以远，如果采掘工作面进入另一采煤工作面（包括掘进工作面）的应力集中范围，则 2 个工作面的采掘应力叠加产生更大的应力集中，极易发生突出事故。故要求同一突出煤层正在采掘的工作面应力集中范围内，不得安排其他工作面回采或者掘进。

《防治煤与瓦斯突出规定》要求同一突出煤层正在采掘的工作面前后最小 30 m 范围不得安排其他工作面回采或者掘进；但在具体的实施过程中，由矿技术负责人结合科研部门提出的具体应力集中影响范围，确定同一突出煤层正在采掘的工作面多少米范围内为应力集中范围，在此区域内不得安排其他工作面回采或者掘进。

邻近煤层开采对突出煤层开采的影响情况与同一煤层采掘过程的应力集中情况相似，

因而突出煤层的掘进工作面也应避开邻近煤层采煤工作面的应力集中范围。但由于层间距离和层间岩性不同，扰动的剧烈情况也不同。另外，在执行本条规定时，同时必须遵守有关规定。

第二百零六条　对不具备保护层开采条件的突出厚煤层，利用上分层或者上区段开采后形成的卸压作用保护下分层或者下区段时，应当依据实际考察结果来确定其有效保护范围。

【条文解释】　本条是对不具备保护层开采条件的突出厚煤层保护范围的规定。

开采突出危险的厚煤层，当上一分层或区段开采后，可对下一分层或区段起到卸压和保护作用。但其保护范围及有关参数，应根据煤层倾角、分层开采的厚度、工作面参数等因素，从实际考察结果中确定。在进行下一分层或区段开采时的采掘工作面，必须布置在被保护的范围内。

第二百零七条　开采保护层时，应当不留设煤（岩）柱。特殊情况需留煤（岩）柱时，必须将煤（岩）柱的位置和尺寸准确标注在采掘工程平面图和瓦斯地质图上，在瓦斯地质图上还应当标出煤（岩）柱的影响范围。在煤（岩）柱及其影响范围内采掘作业前，必须采取区域预抽煤层瓦斯防突措施。

【条文解释】　本条是对开采保护层时不留设煤（岩）柱的规定。

开采保护层时必须加强煤柱管理。保护层在开采后，必然会破坏被保护层及其顶、底板岩石中的原有的应力状态，并使应力重新分布后达到新的平衡状态。开采保护层后在被保护层中造成了大面积的应力已被释放的卸压带，这是开采保护层所需要达到的目的；但事物总是矛盾的，产生卸压带的同时必然会在有支撑能力的煤柱上出现应力集中现象，形成新的应力集中带，尤其是在保护层开采过程中，由于客观原因不得不在保护层的采空区内留有煤柱时，所造成的安全危害极大，当被保护层采掘工作面进入该煤柱影响范围区内时，此处不但未曾卸压，还是一个由于应力集中而形成的增压地带，此处的煤层的突出危险性不但没有降低，反而有所增加（与该突出煤层正常地带的突出危险性进行比较）。煤柱的影响可传播到100 m外的突出危险煤层。经验告诉我们，煤柱在底板方向影响3倍煤柱宽距离，顶板方向影响4倍煤柱宽距离。

为了防止被保护层中产生局部应力集中现象，在保护层的采空区中不允许留有煤（岩）柱，以免开采被保护层时发生突出。若因地质采矿因素特殊情况非得留有煤（岩）柱不可，由于煤（岩）柱影响范围内的突出危险性是增大的，因而当被保护层采掘工作面进入该煤柱影响区进行采掘工作时，必须将煤（岩）柱的位置和尺寸准确标注在采掘工程平面图和瓦斯地质图上，在瓦斯地质图上还应标出煤（岩）柱的影响范围。在煤（岩）柱及其影响范围内采掘作业前，必须采取区域预抽煤层瓦斯防突措施。必须采用综合防治突出的措施，否则就可能发生突出事故。

非留煤（岩）柱不可时，必须按表3-4-11填写记录表。不规则煤（岩）柱要按最外缘轮廓线，确定保护范围，被保护层掘进工作面施工时，还要注意瓦斯变化，及时修改保护范围。

表 3-4-11　保护层采空区遗留煤柱记录表

采区名称	保护层名称	保护层遗留煤柱			煤柱影响突出煤层煤量/t	煤柱绘制人	矿总工程师
		遗留时期	尺寸/m				
			沿走向	沿倾向			

第二百零八条　开采保护层时，应当同时抽采被保护层和邻近层的瓦斯。开采近距离保护层时，必须采取防止误穿突出煤层和被保护层卸压瓦斯突然涌入保护层工作面的措施。

【条文解释】　本条是对开采保护层时抽采被保护层瓦斯的规定。

1. 要求开采保护层时必须同时抽采被保护层的瓦斯，提高瓦斯抽采率，特别是开采近距离保护层时，必须采取措施防止被保护层初期卸压瓦斯突然涌入保护层采掘工作面或误穿突出煤层。

（1）保护层开采后，被保护层的卸压瓦斯在瓦斯压力的作用下，会通过顶底板卸压后由于岩石膨胀变形所形成的裂缝流向保护层的采掘空间，造成保护层回风系统中瓦斯浓度严重超限或局部聚集，难以用通风的方法解决；尤其当开采近距离保护层时，保护层工作面从开切眼快速推进到保护层与被保护层层间距2倍左右时，由于被保护层得到了充分的卸压，大量的吸附瓦斯经解吸变为游离瓦斯，这时若顶、底板岩石还未形成大量的裂缝为瓦斯提供流动所需的畅通的通道，则在瓦斯压力和地应力的双重作用下，会发生突出底鼓或冒顶现象，并伴随着大量瓦斯突然涌出，容易发生人员伤亡。

（2）瓦斯是发生突出的主要因素之一，如将其从突出煤层中排除，无疑对防止煤与瓦斯或降低突出对生产的危害是有益的。另外，当保护层与被保护层层间距较远时，保护层的卸压作用会有所降低。这时为了增强保护效果，采用强化抽采瓦斯工作就是一种较好的选择。所以在开采保护层时，为了降低瓦斯聚集对通风的压力，防止瓦斯突然涌出和提高保护效果，在开采保护层时都应强化抽采被保护层中的瓦斯。

2. 开采保护层应注意以下几项工作：

（1）开采保护层厚度等于或小于0.5 m时，必须检验实际保护效果，对被保护层有关突出预测参数进行检验；如果保护效果不好，开采被保护层时，还必须采取防突措施。

（2）开采近距离保护层时，必须严防保护层误穿突出煤层和防止突出煤层卸压瓦斯突然涌入保护层采掘工作面。

（3）首次开采保护层时，必须进行保护效果及范围的详细考察，积累经验，确定有效的保护范围参数。

（4）有坚硬的岩石夹层，对被保护层不起屏蔽作用。

（5）开采保护层后，岩层和煤层的移动与变形在很长一段时间是在延续的，不能恢复到原始应力和瓦斯状态。经验证明，近、中距离保护区保护作用可达6~12年，远距离保护区也达2年以上。

(6) 对于极薄保护层存在进度慢、工效低、成本高、劳动条件差等问题，可采用钻孔卸压法代替极薄保护层。

卸压法是在近距离极薄煤层的上保护层的某条巷道中，沿倾斜方向打平行的、间距不大的大直径钻孔，有意形成宽度不大的煤柱，由于钻孔间煤柱上的集中应力作用及突出层瓦斯压力的作用，在煤柱的层面方向产生拉应力（指向钻孔），将煤柱破坏，形成一个连续卸压空间，从而达到防突作用。

实践证明：钻孔直径应大于0.3 m，孔间距应小于0.8~1.1 m，层间距小于10 m，方可使用此法。

第二百零九条 采取预抽煤层瓦斯区域防突措施时，应当遵守下列规定：

（一）预抽区段煤层瓦斯区域防突措施的钻孔应当控制区段内整个回采区域、两侧回采巷道及其外侧如下范围内的煤层：倾斜、急倾斜煤层巷道上帮轮廓线外至少 20 m，下帮至少 10 m；其他煤层为巷道两侧轮廓线外至少各 15 m。以上所述的钻孔控制范围均为沿煤层层面方向（以下同）。

（二）顺层钻孔或者穿层钻孔预抽回采区域煤层瓦斯区域防突措施的钻孔，应当控制整个回采区域的煤层。

（三）穿层钻孔预抽煤巷条带煤层瓦斯区域防突措施的钻孔，应当控制整条煤层巷道及其两侧一定范围内的煤层，该范围要求与本条（一）的规定相同。

（四）穿层钻孔预抽井巷（含石门、立井、斜井、平硐）揭煤区域煤层瓦斯区域防突措施的钻孔，应当在揭煤工作面距煤层最小法向距离 7 m 以前实施，并控制井巷及其外侧至少以下范围的煤层：揭煤处巷道轮廓线外 12 m（急倾斜煤层底部或者下帮 6 m），且应当保证控制范围的外边缘到巷道轮廓线（包括预计前方揭煤段巷道的轮廓线）的最小距离不小于 5 m。当区域防突措施难以一次施工完成时可分段实施，但每一段都应当能够保证揭煤工作面到巷道前方至少 20 m 之间的煤层内，区域防突措施控制范围符合上述要求。

（五）顺层钻孔预抽煤巷条带煤层瓦斯区域防突措施的钻孔，应当控制的煤巷条带前方长度不小于60 m，煤巷两侧控制范围要求与本条（一）的规定相同。钻孔预抽煤层瓦斯的有效抽采时间不得少于20天，如果在钻孔施工过程中发现有喷孔、顶钻或者卡钻等动力现象的，有效抽采时间不得少于60天。

（六）定向长钻孔预抽煤巷条带煤层瓦斯区域防突措施的钻孔，应当采用定向钻进工艺施工，控制煤巷条带煤层前方长度不小于300 m和煤巷两侧轮廓线外一定范围，该范围要求与本条（一）的规定相同。

（七）厚煤层分层开采时，预抽钻孔应当控制开采分层及其上部法向距离至少 20 m、下部 10 m 范围内的煤层。

（八）应当采取保证预抽瓦斯钻孔能够按设计参数控制整个预抽区域的措施。

（九）当煤巷掘进和采煤工作面在预抽防突效果有效的区域内作业时，工作面距前方未预抽或者预抽防突效果无效范围的边界不得小于20 m。

【条文解释】　**本条是新修订条款，**是对预抽煤层瓦斯区域防突的修改规定。

预抽煤层瓦斯区域防突措施可采用的方式有地面井预抽煤层瓦斯和井下预抽区段煤层瓦斯。井下预抽区段煤层瓦斯可以采用顺层钻孔和穿层钻孔或者二者的结合方式。顺层钻孔施工进度快，经济成本低，但往往很难覆盖整个回采区域；而穿层钻孔则反之，很难实现密集钻孔预抽。穿层钻孔可预抽煤巷条带煤层瓦斯、回采区域煤层瓦斯和石门（含立、斜井等）揭煤区域煤层瓦斯。

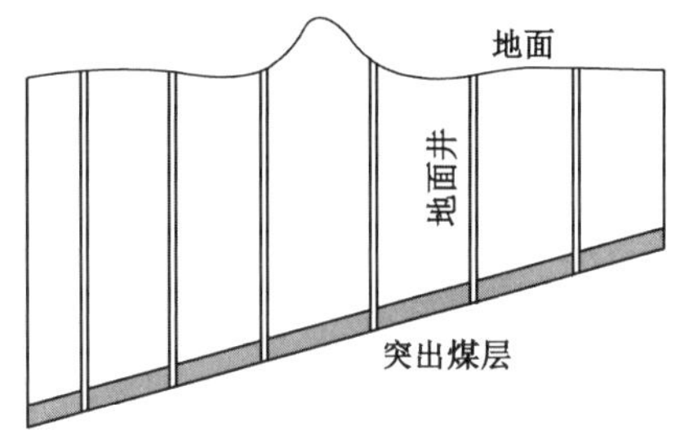

图 3-4-13　地面井预抽煤层瓦斯区域防突措施示意图

对突出危险区可综合实施区域防突措施，并按上述所列方式的顺序结合实际条件选取。如果用穿层钻孔以后，待煤巷掘出，再用煤巷向回采区域煤层打顺层钻孔进行预抽，形成穿层钻孔与顺层钻孔相结合的方式。这是一种有效和可靠的方法，得到了很多煤矿的认可和推广。见图 3-4-13、图 3-4-14 和图 3-4-15。

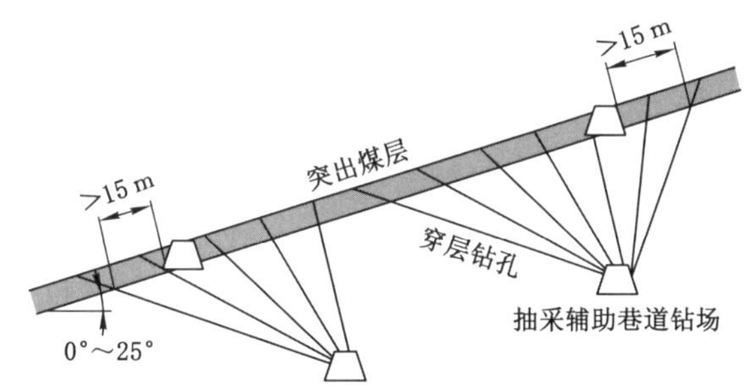

图 3-4-14　穿层钻孔预抽区段煤层瓦斯区域防突措施示意图

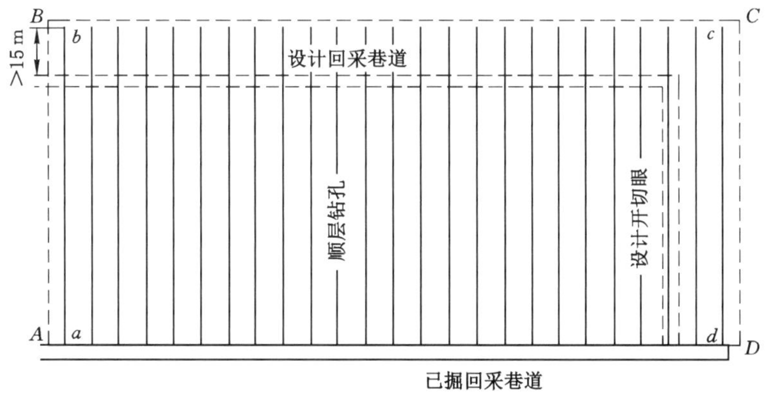

图 3-4-15　顺层钻孔预抽区段煤层瓦斯区域防突措施示意图

1. 预抽区段煤层瓦斯钻孔的要求。

采用预抽煤层瓦斯区域防突措施的，应当采取措施确保预抽瓦斯的钻孔能够按设计参数控制整个预抽区域，预抽区段煤层瓦斯的钻孔应当控制区段内整个回采区域的煤层、两侧回采巷道及巷道外侧如下范围内的煤层：倾斜、急倾斜煤层巷道上帮轮廓线外至少 20 m，下帮至少 10 m；其他为巷道两侧轮廓线外至少各 15 m。见图 3-4-16 和图 3-4-17。

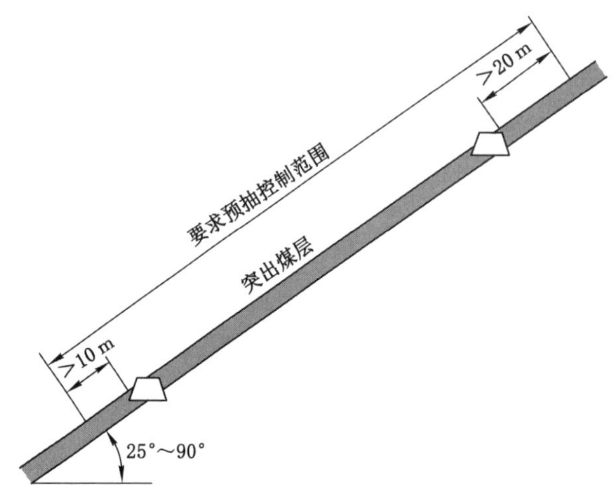

图 3-4-16　预抽区段煤层瓦斯区域防突措施倾斜、急倾斜煤层控制范围示意图

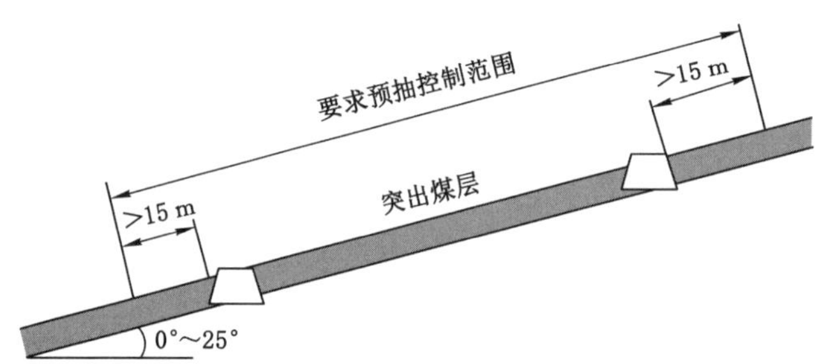

图 3-4-17　预抽区段煤层瓦斯区域防突措施缓倾斜、近水平煤层控制范围示意图

【典型事例】　重庆市某煤矿南井，在+280 m 水平北西区进行了预抽煤层瓦斯效果考察，该区段走向长 1 500 m，倾斜长 100 m，采用穿层扇形钻孔布置，共打直径 75 mm 的钻孔 83 个，钻孔间距 15~30 m。见图 3-4-18。

突出煤层经 2~3 年抽瓦斯后，瓦斯压力由 2. 87 MPa 降至 1 MPa 以下（相对压力），瓦斯含量也由 20 m^3/t 降至 16. 6 m^3/t；预抽 5 年后，累计抽出瓦斯量 1 805 万 m^3，瓦斯压力也降至 0. 3 MPa，瓦斯含量降至 11. 8 m^3/t，煤层瓦斯抽采率达 41%。

瓦斯抽采 5 年后，经测定煤层的透气性系数由 0. 59 $m^2/(MPa^2 \cdot d)$ 增加到 14. 5 $m^2/(MPa^2 \cdot d)$，增大约 24 倍。预抽 2 年后，测得煤层收缩相对变形量为 0. 2%。

该矿南井预抽瓦斯后，在未采取其他防治突出措施条件下，预抽区共安全揭开突出煤层 86 次（一次突出也没有发生），而距抽采区仅 50 m 的北井南西区，未采取预抽煤层瓦

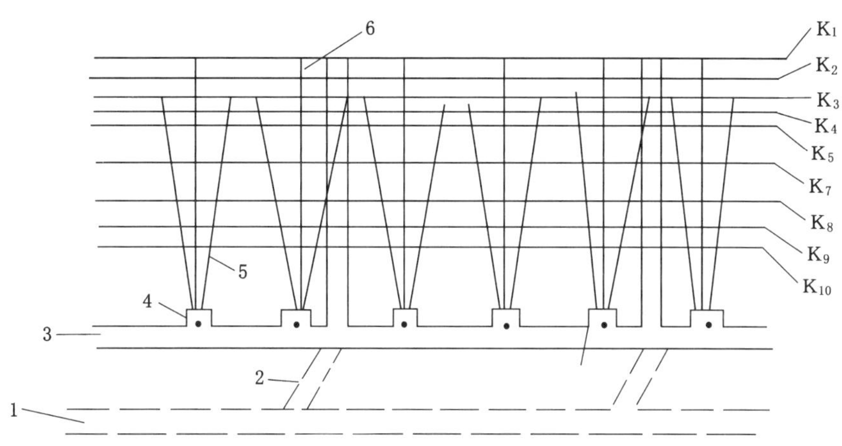

1、3—茅口大巷；2—进风斜巷；4—钻场；5—钻孔；6—抬高石门。

图 3-4-18 中梁山南井钻孔布置图

斯防治突出措施，石门揭穿煤层时几乎每次都要发生突出。

2. 穿层钻孔预抽煤巷条带煤层瓦斯防治突出措施的钻孔要求。

采用穿层钻孔预抽煤巷条带煤层瓦斯的钻孔防治突出措施的，钻孔应当控制区段内整个回采区域的煤层、两侧回采巷道及巷道外侧如下范围内的煤层：倾斜、急倾斜煤层巷道上帮轮廓线外至少 20 m，下帮至少 10 m；其他为巷道两侧轮廓线外至少各 15 m。见图 3-4-19 和图 3-4-20。

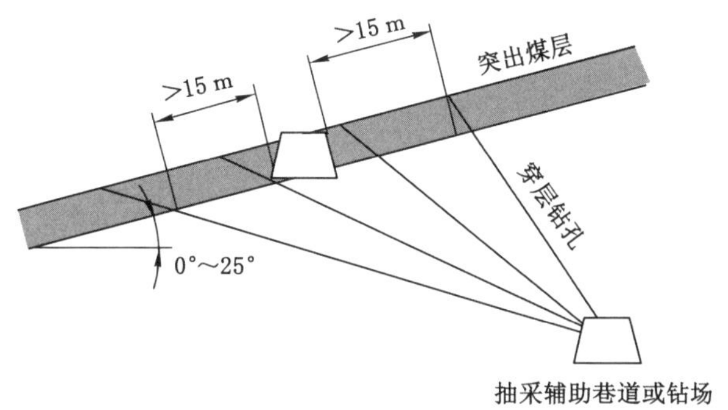

图 3-4-19 穿层钻孔预抽煤巷条带煤层瓦斯区域防突措施示意图

3. 定向长钻孔预抽煤巷条带煤层瓦斯区域防突措施的钻孔要求。

采用定向长钻孔预抽煤巷条带煤层瓦斯区域防突措施的，应当采用定向钻进工艺施工预抽钻孔，且钻孔应当控制煤巷条带煤层前方长度不小于 300 m 和煤巷两侧轮廓线外一定范围。

4. 穿层钻孔预抽石门（含立、斜井、平硐等）揭煤区域煤层瓦斯的钻孔要求。

采用穿层钻孔预抽井巷揭煤区域煤层瓦斯区域防突措施的，钻孔应当在揭煤工作面距煤层最小法向距离 7 m 以前实施（在构造破坏带应适当加大距离），并至少控制以下范围的煤层：石门和立井、斜井揭煤处巷道轮廓线外 12 m（急倾斜煤层底部或者下帮 6 m），同时还应当保证控制范围的外边缘到巷道轮廓线（包括预计前方揭煤段巷道的轮廓线）

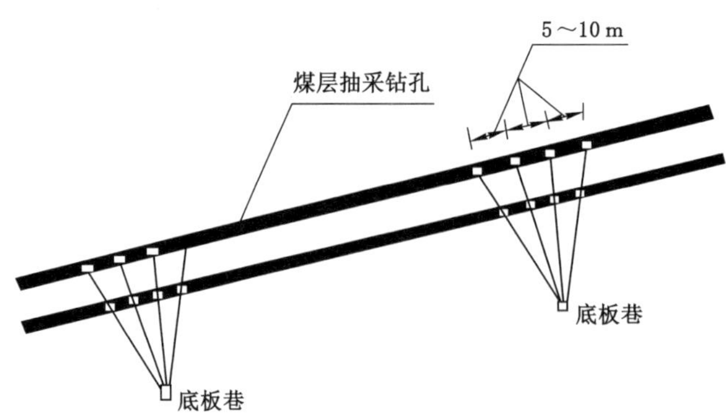

图 3-4-20　穿层钻孔与顺层钻孔相结合布孔示意图

的最小距离不得小于 5 m。

5. 当采掘工作面在区域防突措施有效的区域内作业时，工作面前方距未预抽或者预抽效果无效等突出危险区的距离不得小于 20 m。

顺层钻孔预抽煤巷条带煤层瓦斯区域防突措施的钻孔应控制的条带长度不小于 60 m，巷道两侧的控制范围与本条第（一）项规定的回采巷道外侧的要求相同，如果倾斜、急倾斜煤层沿走向掘进煤层巷道要求分别在上帮至少控制 20 m，下帮至少控制 10 m；如果缓倾斜、近水平煤层则两侧均至少为 15 m。

6. 厚煤层分层开采时，预抽瓦斯钻孔应控制开采分层及其上部至少 20 m、下部至少 10 m 范围内的煤层（均为法向距离）。见图 3-4-21。

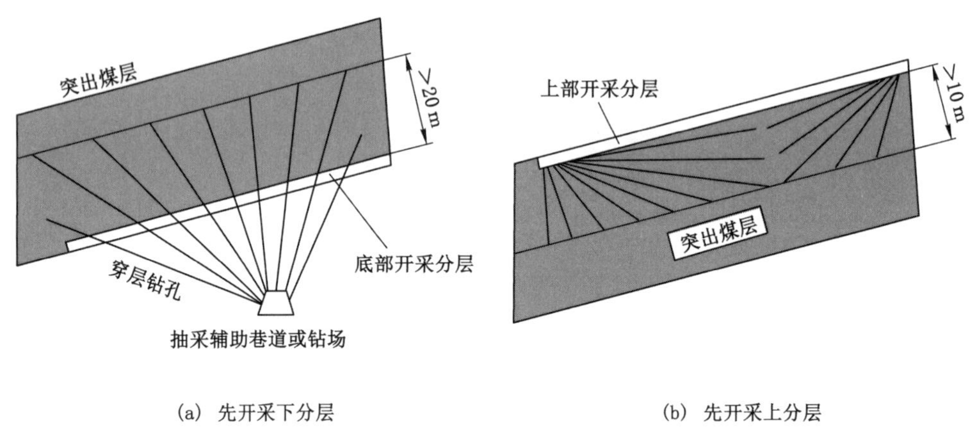

(a) 先开采下分层　　(b) 先开采上分层

图 3-4-21　厚煤层分层开采预抽钻孔控制范围示意图

7. 应采取技术和管理措施确保预抽瓦斯钻孔能够按设计参数控制整个预抽区域，有条件的矿井应采用钻孔深度和轨迹测定技术。

预抽煤层瓦斯钻孔应当在整个预抽区域内均匀布置，钻孔间距应当根据实际考察的煤层有效抽采半径确定，使钻孔能够有效地控制整个区域，避免出现误判、无效现象。

预抽瓦斯钻孔封堵必须严密。穿层钻孔的封孔段长度不得小于 5 m，顺层钻孔的封孔段长度不得小于 8 m。

应当做好每个钻孔施工参数的记录及抽采参数的测定。钻孔孔口抽采负压不得小于 13 kPa。预抽瓦斯浓度低于 30%时，应当采取改进封孔措施，以提高封孔质量。

采用顺层钻孔预抽煤巷条带煤层瓦斯区域防突措施时，钻孔预抽瓦斯有效抽采的时间不少于 20 天，如果在钻进中出现喷孔、顶钻或卡钻等瓦斯压力加大异常动力现象，有效抽采的时间不少于 60 天。

【典型事例】　重庆市松藻煤电有限责任公司打通二矿采用穿层钻孔与顺层钻孔相结合的方式进行预抽煤层瓦斯试验。

打通二矿 N2801 是直接开采严重突出煤层（8#）的试验工作面。8#煤层为复合型煤，平均煤厚 2.28 m，煤层倾角 5°~7°，层位较稳定；实测瓦斯压力 2 MPa 左右，瓦斯含量 15.3 m^3/t，透气性系数 0.013 $m^2/(MPa^2 \cdot d)$。N2801 工作面所处位置地面标高+700~+739 m，煤层底板标高+251~+341 m，埋深 398~446 m；工作面沿倾向布置，倾向斜长 485~490 m，走向宽 120 m，采用上行条带开采。

穿层钻孔部分。在需要掘进巷道的位置确定煤巷两侧应控制的宽度（待掘巷道两侧各 6 m），以 6 m×5 m（倾斜×走向）的规格布置孔径 75 mm 的条带式穿层预抽钻孔；从煤层底板茅口大巷开孔，穿透 8#煤层直至 8#煤层顶板止。在条带内垂直巷道方向布置 4 排钻孔。为提高防突效果，后期在运输巷条带穿层钻孔处还补打了钻孔，缩小了钻孔间距和加宽了条带控制宽度。见图 3-4-22。

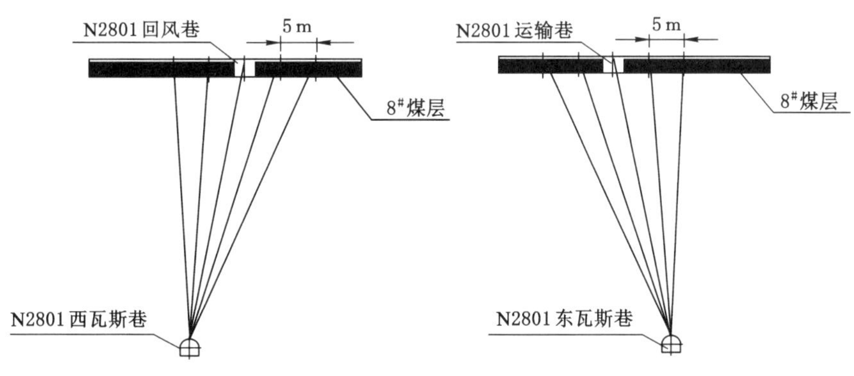

图 3-4-22　N2801 工作面穿层条带钻孔布置示意图

由于 8#煤层特别松软，为避免出现顺层钻孔受制于施工技术等原因，有时不能有效地控制整个采区，而给采煤工作造成较大突出威胁，因此，还在回风巷和运输巷中间布置了穿层钻孔。其中在距切割眼附近 100 m 范围内，钻孔布置规格为 6 m×10 m（倾斜方向 6 m，走向方向 10 m），其余为 12 m×10 m（倾斜方向 12 m，走向方向 10 m）。见图 3-4-23。

顺层钻孔部分。在 N2801 工作面回风巷、新切割眼及运输巷内，采用 ZSM-250 型和 ZYG-150 型钻机，利用压风排粉打顺层钻孔。在距切割眼 60 m 范围内的回风巷内，钻孔间距为 6 m，距切割眼 60~87 m 段，钻孔间距为 8 m；其他区域为 10 m（以上为沿走向布

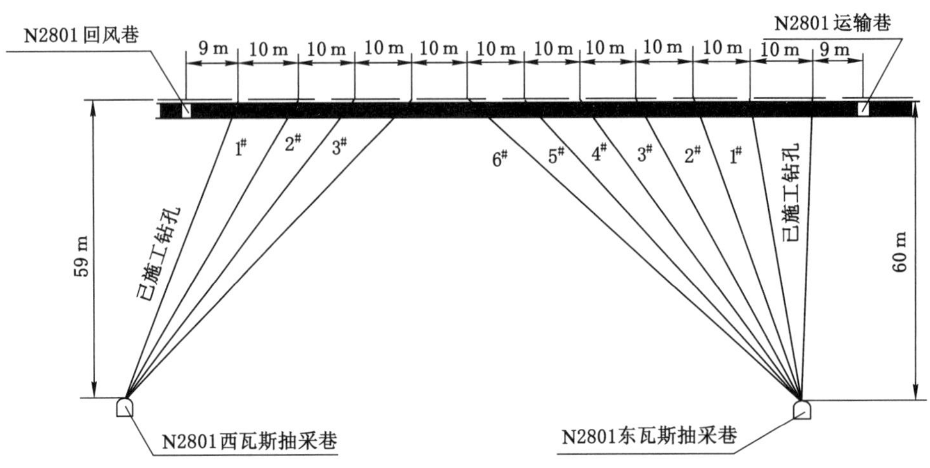

图 3-4-23　N2801 工作面穿层网格钻孔布置示意图

孔），切割眼内钻孔间距为 5 m（沿煤层倾斜方向布孔）。

应用效果：回风巷共施工顺层钻孔 36 个，平均孔深 58. 49 m，最大孔深为 110. 6 m；运输巷共打钻孔 25 个，平均孔深 64. 17 m，最大孔深为 82 m；切割巷共打钻孔 12 个，平均孔深 76. 12 m，最大孔深为 99. 6 m。钻孔多因打到煤层的顶、底板岩石而终止。该工作面采用混合布孔方式预抽煤层中的瓦斯，试验结果证明可大幅度降低煤层的突出危险性或基本消除煤层的突出危险。

预计适用条件和范围：根据钻孔的深度要求，一般矿井在井下供风风压及风量能满足钻孔施工长度的情况下，均可以使用此项技术。

8. 预抽回采区域煤层瓦斯的钻孔要求。

预抽回采区域煤层瓦斯的钻孔应当控制开采块段的全部回采区域煤层；控制整个开采块段的煤层可以采用顺层钻孔，也可以采用穿层钻孔。顺层钻孔施工进度快，经济成本低，但往往很难覆盖整个回采区域；而穿层钻孔则反之，很难实现密集钻孔预抽。

【典型事例】　河南省焦作市李封矿，在天官区东部-100 m 水平 611 采煤工作面进行顺层钻孔抽采煤层瓦斯试验。

天官区煤层厚度为 6 m，倾角 6°~8°。工作面走向长 370 m，倾斜长 70~110 m。采用沿层面平行布置钻孔方式，在工作面的运输巷和回风巷内共打沿层平行钻孔 102 个，其中运输巷 49 个，孔径 150 mm，平均孔距 7. 8 m；回风巷 53 个，孔径 75 mm，平均孔距 7. 1 m。见图 3-4-24。

某年 4—7 月期间共抽采瓦斯 213. 6 万 m^3，瓦斯预抽率为 29. 8%。

李封矿 611 工作面在未抽采前，掘进期间共发生突出 22 次，经预抽后，采煤工作面采煤期间未出现突出或突出动力现象。工作面的瓦斯涌出量也由 4. 8~5. 6 m^3/min 降至 1. 6~3. 5 m^3/min，为安全生产创造了良好条件。见图 3-4-25、图 3-4-26。

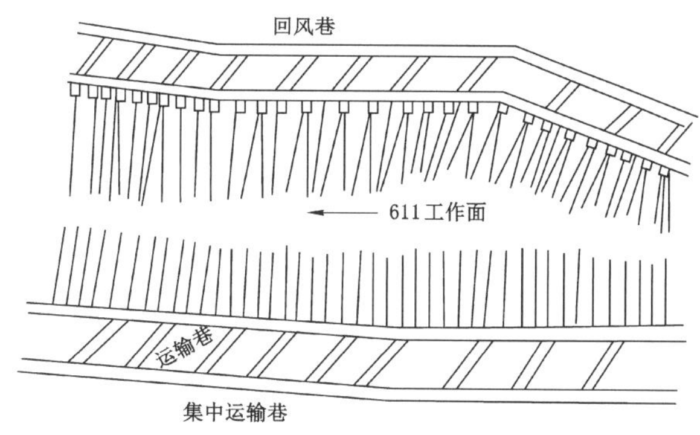

图 3-4-24　李封矿 611 工作面顺层钻孔布置图

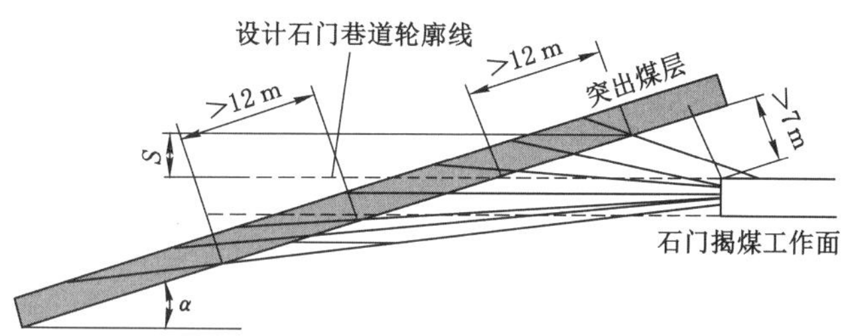

图 3-4-25　穿层钻孔预抽石门（含立、斜井等）揭煤区域煤层瓦斯区域防突措施示意图

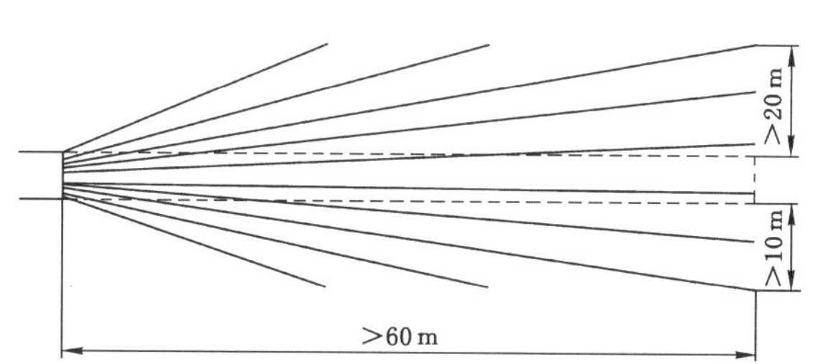

图 3-4-26　顺层钻孔预抽煤巷条带煤层瓦斯区域穿区域示意图

第二百一十条　有下列条件之一的突出煤层，不得将在本巷道施工顺煤层钻孔预抽煤巷条带瓦斯作为区域防突措施：

（一）新建矿井的突出煤层。

（二）历史上发生过强度大于 500 t/次的。

（三）开采范围内煤层坚固性系数小于 0.3 的；或者煤层坚固性系数为 0.3~0.5，且埋深大于 500 m 的；或者煤层坚固性系数为 0.5~0.8，且埋深大于 600 m 的；或者煤层埋深大于 700 m 的；或者煤巷条带位于开采应力集中区的。

【名词解释】　煤与瓦斯突出强度

煤与瓦斯突出强度——每次突出时抛出的煤（岩）数量（t）和涌出的瓦斯量（m^3）。

【条文解释】　本条是对不得将在本巷道施工顺煤层钻孔预抽煤巷条带瓦斯作为区域防突措施的规定。

各煤层与煤层内各区域的突出危险程度是不同的，每次煤与瓦斯突出发生后，突出的煤（岩）数量和涌出的瓦斯量不尽相同，也就是突出强度不一样。因为涌出的瓦斯量较难统计，所以它以突出的煤（岩）数量作为划分强度的主要依据，可划分为以下4类：

（1）小型突出：强度小于100 t；

（2）中型突出：强度100（含100 t）至500 t；

（3）大型突出：强度500（含500 t）至1 000 t；

（4）特大型突出：强度等于或大于1 000 t。

顺层钻孔预抽煤巷条带煤层瓦斯区域防突措施，单纯从技术上分析，主要的优点是不需要辅助抽采的岩巷，施工速度快，工程量小，容易施工密集钻孔，防突效果好；其技术上的缺点主要是钻孔施工成孔的技术难度大，钻孔的实际轨迹偏移也大，而预抽区域的大小依赖于钻孔成孔长度，所以预抽区域的规模受到限制。但最关键的问题是钻孔施工、预抽等都与巷道掘进相矛盾，当掘进进度要求紧时，预抽的时间、空间条件将很容易被压缩，难以保证预抽防突效果。

同样顺层钻孔预抽煤巷条带煤层瓦斯区域防突措施要求钻孔能控制整条煤层巷道位置及其两侧一定范围的煤层，这一范围的要求也与对回采巷道外侧的要求相同。即当倾斜、急倾斜煤层沿走向掘进煤巷时，要求分别在上帮至少控制20 m、下帮至少10 m；若为缓倾斜、近水平煤层时，则两侧均至少为15 m。此外，与其他预抽措施不同的是，该措施还同时要求钻孔控制的条带长度不小于60 m。对于区域措施来说，控制的条带长度越大越好；如果小于60 m，则控制范围太小，失去了区域防突措施的作用，不能作为区域防突措施实施。

所以，在突出危险程度较严重条件下的煤层，不得将在本巷道施工顺煤层钻孔预抽煤巷条带瓦斯作为区域防突措施。这些条件是以下3方面：

（1）新建矿井的突出煤层在防突措施上没有足够成熟的经验。

（2）强度大于500 t/次的煤与瓦斯突出的，属于大型以上突出强度，危害较大。

（3）煤层坚固性系数小、埋深大的，或煤巷条带位于开采应力集中区的煤层突出威胁都较大，容易发生突出现象。

第二百一十一条　保护层的开采厚度不大于0.5 m、上保护层与突出煤层间距大于50 m或者下保护层与突出煤层间距大于80 m时，必须对每个被保护层工作面的保护效果进行检验。

采用预抽煤层瓦斯防突措施的区域，必须对区域防突措施效果进行检验。

检验无效时，仍为突出危险区。检验有效时，无突出危险区的采掘工作面每推进10~50 m至少进行2次区域验证，并保留完整的工程设计、施工和效果检验的原始资料。

【条文解释】　本条是对防突措施效果检验的规定。

1. 被保护层工作面保护效果的检验

保护层的开采厚度不大于0.5 m、上保护层与突出煤层间距大于50 m或下保护层与突出煤层间距大于80 m时，被保护层工作面的保护效果较差，为了确保安全开采，必须对每个被保护层工作面的保护效果进行检验。对防治煤与瓦斯突出采取的措施进行效果检验，相当于对已经采取了防突措施的采掘工作面，在原来预测的基础上，再进行一次突出危险性预测，经检验证实措施有效后，方可采取安全防护措施进行采掘作业。

（1）工作面防突措施效果检验内容

① 检查所实施的工作面防突措施是否达到了设计要求和满足有关的规章、标准等，并了解、收集工作面及实施措施的相关情况、突出预兆等（包括喷孔、卡钻等），作为措施效果检验报告的内容之一，用于综合分析、判断。

② 各检验指标的测定情况及主要数据。在实施钻孔法防突措施效果检验时，分布在工作面各部位的检验钻孔应当布置于所在部位防突措施钻孔密度相对较小、孔间距相对较大的位置，并远离周围的各防突措施钻孔或尽可能与周围各防突措施钻孔保持等距离。在地质构造复杂地带应根据情况适当增加检验钻孔。

（2）石门和其他揭煤工作面防突措施效果检验

对石门和其他揭煤工作面进行防突措施效果检验时，应当选择规定的钻屑瓦斯解吸指标法或其他经试验证实有效的方法；但所有用钻孔方式检验的方法中检验孔数均不得少于5个，分别位于石门的上部、中部、下部和两侧。

如检验结果的各项指标都在该煤层突出危险临界值以下，且工作面未发现如钻孔喷孔、顶钻等动力现象或其他突出预兆等异常情况，则措施有效；反之，判定为措施无效，必须重新实施防突措施，并再次进行效果检验，直至措施有效为止。

（3）煤巷掘进工作面防突措施效果检验

煤巷掘进工作面执行防突措施后，应当选择规定的预测突出危险性方法进行措施效果检验，如钻屑指标法、复合指标法、R 值指标法和其他经试验证实有效的方法。

在实施钻孔法防突措施效果检验时，检验孔应当不少于3个，深度应当小于或等于防突措施钻孔。

如果煤巷掘进工作面措施效果检验指标均小于指标临界值，且工作面未发现如钻孔喷孔、顶钻等动力现象或其他突出预兆等异常情况，则措施有效；反之，判定为措施无效，必须重新实施防突措施，并再次进行效果检验，直至措施有效为止。

当检验结果措施有效时，若检验孔与防突措施钻孔向巷道掘进方向的投影长度（简称投影孔深）相等，则可在留足防突措施超前距并采取安全防护措施的条件下掘进。当检验孔的投影孔深小于防突措施钻孔时，则应当在留足所需的防突措施超前距并同时保留有至少2 m检验孔投影孔深超前距的条件下，采取安全防护措施后实施掘进作业。

（4）采煤工作面防突措施效果检验

对采煤工作面防突措施效果的检验应当参照采煤工作面突出危险性预测的方法和指标实施。但应当沿采煤工作面每隔10~15 m布置1个检验钻孔，深度应当小于或等于防突措施钻孔，检验钻孔应打在措施孔之间，且尽量使其孔间距较大。

如果采煤工作面检验指标均小于指标临界值，且工作面未发现如钻孔喷孔、顶钻等动力现象或其他突出预兆等异常情况，则措施有效；反之，判定为措施无效，必须重新实施防突措施，并再次进行效果检验，直至措施有效为止。

当检验结果措施有效时，若检验孔与防突措施钻孔深度相等，则可在留足防突措施超前距并采取安全防护措施的条件下回采。当检验孔的深度小于防突措施钻孔时，则应当在留足所需的防突措施超前距并同时保留有2 m检验孔超前距的条件下，采取安全防护措施后实施回采作业。

《防治煤与瓦斯突出细则》规定，当预测为突出危险工作面时，必须实施工作面防突措施效果检验。只有经效果检验证实措施有效后，即判定为无突出危险工作面，方可进行采掘作业；当措施无效时，仍为突出危险工作面，必须采取补充防突措施，并再次进行措施效果检验，直到措施有效。

2. 采用预抽煤层瓦斯防突措施的区域，必须对区域防突措施效果进行检验

（1）预抽煤层瓦斯的效果检验

对预抽煤层瓦斯区域防突措施进行检验时，应当根据经试验考察确定的临界值进行评判。在确定前可以按照如下指标进行评判：可采用残余瓦斯压力指标进行检验，如果没有或者缺少残余瓦斯压力资料，也可根据残余瓦斯含量进行检验，并且煤层残余瓦斯压力小于 0.74 MPa 或残余瓦斯含量小于 8 m^3/t 的预抽区域为无突出危险区，否则，即为突出危险区，预抽防突效果无效。

当采用煤层残余瓦斯压力或残余瓦斯含量的直接测定值进行检验时，若任何一个检验测试点的指标测定值达到或超过了有突出危险的临界值而判定为预抽防突效果无效，则此检验测试点周围半径 100 m 内的预抽区域均判定为预抽防突效果无效，即为突出危险区。

（2）进行至少 2 次区域验证

① 在工作面进入该区域时，立即连续进行至少 2 次区域验证。

在采掘工作面由石门或者由另一个区域进入某个区域时，在进行第一个循环的采、掘作业前必须进行首次区域验证。在首次区域验证并保留工作面预测超前距进行采、掘作业后，还要进行第二次区域验证，即连续进行至少 2 次区域验证。

② 工作面每推进 10~50 m（在地质构造复杂区域或采取了预抽煤层瓦斯区域防突措施以及其他必要情况时宜取小值）至少进行 2 次区域验证，但这 2 次可不必连续进行，而且只要每次验证都没有突出危险，则说明在一定范围内的煤层都没有突出危险，也不必保留预测超前距。至于区域验证的 10~50 m 的间隔，宜在不同的情况下取不同的数值。在地质构造简单的区域，在受到保护层有效保护的区域，可以间隔大一些；而在地质构造复杂区域，或经实施预抽煤层瓦斯区域防突措施并经效果检验为无危险区的，则应适当减小区域验证的间隔。

③ 在工作面进入地质构造破坏带后，应连续进行区域验证，直到离开破坏带为止。即在构造破坏带内每次验证后都要在保留足够的预测超前距的条件下进行采掘作业，然后再次实施区域验证。

④ 在煤巷掘进工作面还应当至少打 1 个超前距不小于 10 m 的超前钻孔或者采取超前物探措施，探测地质构造和观察突出预兆。

第三节　局部综合防突措施

第二百一十二条　突出煤层采掘工作面经工作面预测后划分为突出危险工作面和无突出危险工作面。

未进行突出预测的采掘工作面视为突出危险工作面。

当预测为突出危险工作面时，必须实施工作面防突措施和工作面防突措施效果检验。只有经效果检验有效后，方可进行采掘作业。

【条文解释】 本条是对突出煤层采掘工作面预测后处理的规定。

突出煤层采掘工作面经工作面预测后划分为突出危险工作面和无突出危险工作面。

由于突出预测关系到工作面作业人员的安全，所以未进行工作面预测的采掘工作面，应当视为突出危险工作面，以保人身安全。

突出危险工作面必须采取工作面防突措施，并进行措施效果检验。经检验证实措施有效后，即判定为无突出危险工作面；当措施无效时，仍为突出危险工作面，必须采取补充防突措施，并再次进行措施效果检验，直到措施有效。

无突出危险工作面必须在采取安全防护措施并保留足够的突出预测超前距或防突措施超前距的条件下进行采掘作业。

煤巷掘进和采煤工作面应保留的最小预测超前距均为 2 m。

工作面应保留的最小防突措施超前距为：煤巷掘进工作面 5 m，采煤工作面 3 m；在地质构造破坏严重地带应适当增加超前距，但煤巷掘进工作面不小于 7 m，采煤工作面不小于 5 m。

每次工作面防突措施施工完成后，应当绘制工作面防突措施竣工图。

第二百一十三条 井巷揭煤工作面的防突措施包括预抽煤层瓦斯、排放钻孔、金属骨架、煤体固化、水力冲孔或者其他经试验证明有效的措施。

【名词解释】 井巷揭煤

井巷揭煤——井巷自底（顶）板岩柱穿过煤层进入顶（底）板的全部作业过程。

【条文解释】 本条是对井巷揭煤工作面防突措施的有关规定。

井巷揭煤工作面的防突措施包括预抽瓦斯、排放钻孔、金属骨架、煤体固化、水力冲孔或其他经试验证明有效的措施。

立井揭煤工作面可以选用前款规定中除水力冲孔以外的各项措施。

对所实施的防突措施都必须进行实际考察，得出符合本矿井实际条件的有关参数。

1. 预抽煤层瓦斯

在石门和立井揭煤工作面采用预抽煤层瓦斯防突措施时，钻孔直径一般为 75~120 mm。

石门揭煤工作面钻孔的控制范围是：石门的两侧和上部轮廓线外至少 5 m，下部至少 3 m。

立井揭煤工作面钻孔控制范围是：近水平、缓倾斜、倾斜煤层为井筒四周轮廓线外至少 5 m；急倾斜煤层沿走向两侧及沿倾斜上部轮廓线外至少 5 m，下部轮廓线外至少 3 m。钻孔的孔底间距应根据实际考察情况确定。

揭煤工作面施工的钻孔应当尽可能穿透煤层全厚。当不能一次打穿煤层全厚时，可分段施工，但第一次实施的钻孔穿煤长度不得小于 15 m，且进入煤层掘进时，必须至少留有 5 m 的超前距离（掘进到煤层顶或底板时不在此限）。

预抽瓦斯和排放钻孔在揭穿煤层之前应当保持自然排放或抽采状态。

钻孔孔底间距应根据实际测定的有效抽采半径确定，也可以根据煤层透气性和允许抽采时间确定，一般为 23 m，要求均匀布孔。

2. 排放钻孔

排放钻孔与抽采瓦斯不同，抽采瓦斯指的是借助机械产生的负压加速瓦斯排放，而排放钻孔则是依靠本身压力使瓦斯流向钻孔，不间断地涌入矿井空间。

在石门范围内布置 5~6 排钻孔，控制石门周边处距至少 5 m 的煤层，通过钻孔的作用，消除突出危险。

在煤层内钻孔间距要根据煤层透气性和允许的排放时间确定，一般为 0.5~2 m。

【典型事例】　辽宁省铁法煤业集团公司大兴矿立井施工至井深 600 m 时，对其工作面下部相距 6 m 的 7 号突出煤层打钻测定煤层瓦斯压力和其他突出有关参数。实测最大瓦斯压力为 4.0 MPa，煤的瓦斯放散初速度指标 Δp 为 18~21，煤的坚固性系数 f 为 0.66~1.05，按综合指标法 K 为 18.5~24.1，D 为 4.1~7.1。预测判断该立井工作面有突出危险，采取了排放钻孔防治突出措施。

沿井筒周边打 34 个直径为 108 mm 的排放钻孔，呈扇形布置，钻孔在井筒轮廓线外 1.5 m 处与煤层底板相交，见煤处的孔间距约为 1 m。在井筒内向煤层打直径为 51 mm 的排放钻孔 50 个。

打好排放钻孔后，经过 24 天的排放，煤层瓦斯压力降至 0.8 MPa（用瓦斯压力计算，其排放率为 44%）。随后用震动性爆破安全揭开了煤层。

预计适用条件和范围：根据钻具及实际情况的要求，不同的地质条件可以采用不同的设备，各种条件下的岩（井）巷揭煤均可采用此项技术。见图 3-4-27。

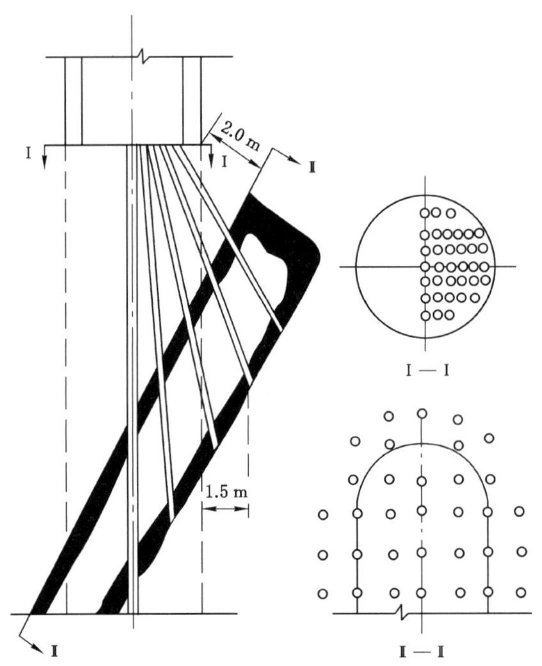

图 3-4-27　立井揭开急倾斜突出危险煤层时排放钻孔布置图

3. 金属骨架

（1）定义

金属骨架是在岩巷工作面揭开突出危险煤层前，将钢管或钢轨插入预先在工作面断面周边处布置的钻孔内，其前端伸入煤层的顶（底）板岩石中，后端支撑在靠近工作面中的支架上，形成防突的超前支护。

（2）作用

金属骨架在防治突出方面主要有以下两方面作用：

① 增加前方煤体的稳定性，防止因冒顶、片帮诱发突出。

② 排放煤体中的部分瓦斯，降低石门周边的瓦斯压力，缓和煤体应力紧张状态。但是骨架安设牢固后，一般应配合其他防治突出的措施。

（3）方法

石门和立井揭煤工作面金属骨架措施一般是在石门上部和两侧或立井周边外 0.5~1.0 m范围内布置骨架钻孔。骨架钻孔应穿过煤层并进入煤层顶（底）板至少 0.5 m，当钻孔不能一次施工至煤层顶板时，则进入煤层的深度不应小于 15 m。钻孔间距一般不大于 0.3 m，对于松软煤层要架 2 排金属骨架，钻孔间距应小于 0.2 m。骨架材料可选用 8 kg/m 的钢轨、型钢或直径不小于 50 mm 钢管，其伸出孔外端用金属框架支撑或砌入碹内。插入骨架材料后，应向孔内灌注水泥砂浆等不燃性固化材料。见图 3-4-28。

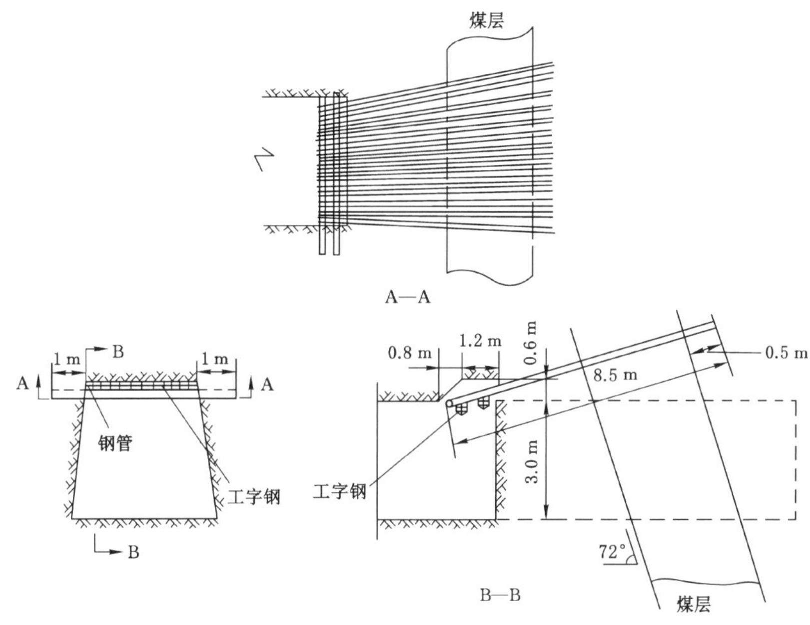

图 3-4-28　石门揭煤金属骨架布孔图

揭开煤层后，严禁拆除金属骨架，以防止因煤炭垮落而引起突出。

立井工作面距煤层最小垂距为 3 m 时，打直径 75~90 mm 的排放钻孔，钻孔呈辐射状布置，并穿透煤层全厚，进入底板岩石深度不得小于 0.5 m。钻孔见煤处的间距应小于 0.3 m。向钻孔插入直径 50 mm 的钢管或型钢，然后向孔内灌注水泥砂浆，将骨架外端封固在井壁上。见图 3-4-29。

【典型事例】　南桐矿务局在我国首先将金属骨架作为石门揭开突出危险煤层时的防治突出措施。

在石门揭开煤层之前，预先向煤层打金属骨架钻孔，钻孔要直接打入煤层顶（底）板内 0.5 m 以上（为的是让支架有一个生根的支撑点）。钻孔布置在巷道周边轮廓线外 0.5~1.0 m 处。布孔方式分单排和双排，单排金属骨架钻孔孔间距不大于 0.2 m，双排金属骨架钻孔孔间距不大于 0.3 m（每排孔之间的间距，上排孔与下排孔的位置要互相错开）。钻孔打完后用清孔工具清除孔内的煤渣，并插入钢管（钢管直径为 62.5~75 mm），钢管在巷道露出部分应用支架或混凝土碹固定。南桐矿务局东林和南桐矿井使用金属骨架

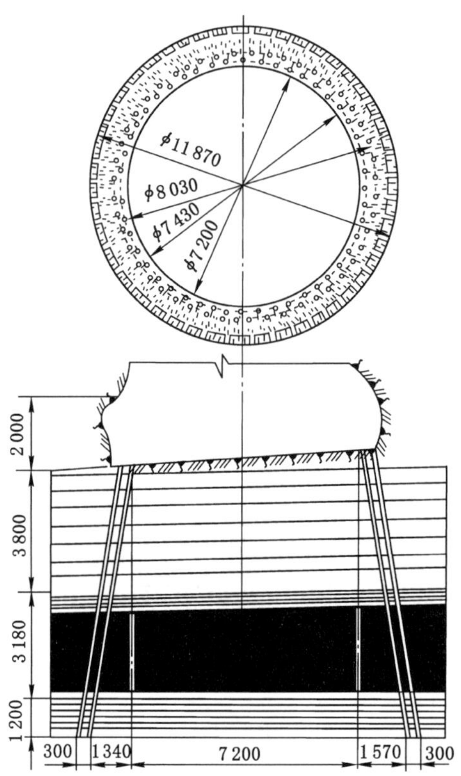

图 3-4-29　立井揭煤金属骨架布孔图

揭开石门情况见表 3-4-12。

表 3-4-12　南桐矿务局使用金属骨架揭开石门情况

矿井	地　点	煤层情况				措施参数	防突效果
		层别	厚度/m	倾角/（°）	瓦斯压力/MPa		
东林	+220 m 水平北二石门	4	4.5	86	1.9	单排金属骨架	安全揭开
东林	−220 m 水平南四石门	4	2.4	85	0.2	单排金属骨架 15 kg 钢轨	安全揭开，进入煤层后打探钻时发生 5 t 和 35 t 两次突出
东林	+220 m 水平南六石门	4	2.6	85	0.93	单排木质骨架	安全揭开
东林	+110m 水平主石门	4	2.5	70	2.36	顶部双排金属骨架帮单排金属骨架	从石门右侧发生突出，煤量 1 350 t
南桐	+167 m 水平东二石门	4	2.4	28	1.55	单排金属骨架	安全揭开
南桐	±0 m 水平二采区石门	4	3.2	16		单排金属骨架	骨架部分被压弯突出煤量 67 t
南桐	±0 m 水平二石门	4	2.8	24	1.5	单排金属骨架	过门槛时突出煤量 3 500 t
南桐	±0 m 水平二石门	6	1.85	46	3.0	单排金属骨架	安全揭开

由上述 2 个地区使用金属骨架的经验来看，金属骨架不能起到消除或减弱导致突出的诸多因素。因此，金属骨架一般作为揭开突出危险煤层的一种预防突出的辅助配套措施，适用于煤质松软的薄、中厚煤层，尤其适用于煤层倾角大于 45°及打钻不喷孔、不堵孔的突出煤层。

4. 煤体固化

石门和立井揭煤工作面煤体固化措施适用于松软煤层，用以增加工作面周围煤体的强度。向煤体注入固化材料的钻孔应施工至煤层顶板 0.5 m 以上，一般钻孔间距不大于 0.5 m，钻孔位于巷道轮廓线外 0.5~2.0 m 的范围内，根据需要也可在巷道轮廓线外布置多排环状钻孔。当钻孔不能一次施工至煤层顶板时，则进入煤层的深度不应小于 10 m。

各钻孔应当在孔口封堵牢固后方可向孔内注入固化材料。可以根据注入压力升高的情况或注入量决定是否停止注入。

固化操作时，所有人员不得正对孔口。

在巷道四周环状固化钻孔外侧的煤体中，预抽或排放瓦斯钻孔自固化作业到完成揭煤前应保持抽采或自然排放状态，否则，应打一定数量的排放瓦斯钻孔。从固化完成到揭煤结束的时间超过 5 天时，必须重新进行工作面突出危险性预测或措施效果检验。

煤体固化作为揭开突出危险煤层的一种预防突出的辅助配套措施，在采用了其他防突措施并检验有效后方可揭开煤层。

5. 水力冲孔

（1）定义

水力冲孔的原理是借助于水压，快速破坏钻孔孔底前方的煤体，使煤层应力降低，同时钻孔附近煤体瓦斯含量降低，煤的强度提高和湿度增加，达到既消除突出的动力，又改变煤的性质，从而起到防突作用。其实质是将水作为激发动力，在有控制的条件下诱导煤层突出潜能释放，明显提高防治突出效果。

（2）条件

水力冲孔措施一般适用于打钻时具有自喷（喷煤、喷瓦斯）现象的煤层，即打钻进入软层时就能喷孔。在倾角大的煤层，效果较差。

（3）方法

石门揭煤工作面采用水力冲孔防突措施时，钻孔应至少控制自揭煤巷道至轮廓线外 3~5 m 的煤层，冲孔顺序为先冲对角孔后冲边上孔，最后冲中间孔。水压视煤层的软硬程度而定，一般为 3.0~4.0 MPa，冲水量为 30~35 m^3/h。石门全断面冲出的总煤量（t）数值不得小于煤层厚度（m）乘 20。若有钻孔冲出的煤量较少时，应在该孔周围补孔。

（4）注意事项

① 冲孔速度不宜太快。

② 撤接钻杆时不能对着人，防止钻杆冲出伤人。

③ 卡钻时要立即停水。

④ 发现瓦斯涌出异常时要停止工作、撤出人员。

水力冲孔装备见图 3-4-30。

【典型事例】 水力冲孔防突措施于 20 世纪 70 年代在南桐矿务局试验成功后，便在全国突出矿井得到了推广应用，仅十余年时间内的不完全统计，全国有 20 多对矿井使用

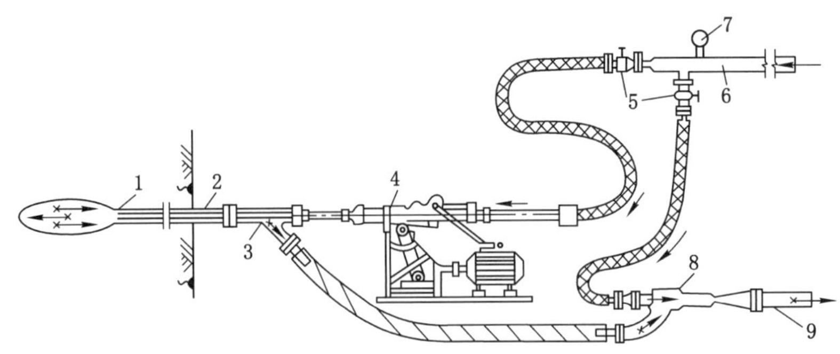

1—钻杆；2—套管；3—三通管；4—钻机；5—阀门；
6—高压水管；7—压力表；8—射流泵；9—排煤水管。
图 3-4-30　水力冲孔装备示意图

了水力冲孔防突措施，安全揭开煤层 100 余次，掘进煤巷 1 万多米，采出煤炭 100 多万吨。

第二百一十四条　井巷揭穿（开）突出煤层必须遵守下列规定：

（一）在工作面距煤层法向距离 10 m（地质构造复杂、岩石破碎的区域 20 m）之外，至少施工 2 个前探钻孔，掌握煤层赋存条件、地质构造、瓦斯情况等。

（二）从工作面距煤层法向距离大于 5 m 处开始，直至揭穿煤层全过程都应当采取局部综合防突措施。

（三）揭煤工作面距煤层法向距离 2 m 至进入顶（底）板 2 m 的范围，均应当采用远距离爆破掘进工艺。

（四）厚度小于 0.3 m 的突出煤层，在满足（一）的条件下可直接采用远距离爆破掘进工艺揭穿。

（五）禁止使用震动爆破揭穿突出煤层。

【条文解释】本条是对井巷揭穿（开）突出煤层的规定。

井巷揭穿（开）煤层分 2 个阶段：第一阶段是井巷距煤层法向距离 10 m（地质构造复杂，岩石破碎的区域 20 m）时就开始探明煤层的位置、产状，煤层的突出危险性，制定和执行防治突出措施，在经措施效果检验有效后，井巷掘进到距煤层法向距离 1.5～2 m（缓倾斜 1.5 m、急倾斜 2 m）处；第二阶段是从震动爆破或远距离爆破揭煤开始，直到突出煤层全部被掘完时为止（巷道全部成形、支护全部架好）。只有上述 2 个阶段全部完工后，井巷揭煤工作才算完成。在执行第二个阶段工作中，所有的工作包括清碴、支护、打眼爆破、落煤、巷道或设备维护与拆卸等作业都必须有防治突出的技术措施和安全防护措施，尤其是震动爆破或远距离爆破未能一次全断面揭穿（开）煤层时更要注意，这是由于此时虽然在措施有效影响范围内煤层突出危险性已减小或消失，但这都是局部的，超出措施有效影响范围煤层的突出危险性并未得到改善，所以在井巷揭煤过程未结束之前，必须时刻提高警惕性。例如，如果由于支护不及时而发生冒顶，当冒穿到措施有效影响范围之外时，就有可能引发煤与瓦斯突出；其他作业对煤体的震动也有可能诱发突出。当岩柱与煤层水平厚度较大一次震动爆破不能完全揭开时，在一些情况下，揭开煤层时往往没有发生突出，而在煤门即将过完爆破时（大都在放门槛炮时）却发生了煤与瓦斯突出。过煤门时的煤与瓦斯突出，重庆地区和湖南一些矿井中均发生过。

实践证明，井巷揭穿煤层的全部作业过程，必须采取综合防治突出措施。

井巷揭穿突出煤层前要求打前探钻孔的目的是掌握突出煤层的赋存情况、地质构造和瓦斯情况等，为正确编制井巷揭煤设计提供依据，同时避免井巷因情况不明而误穿煤层造成损失。

测压或预测钻孔是为测定煤层瓦斯压力或预测煤层突出危险性服务的。钻孔布置在岩层比较完整的地方是为了测值准确，避免破碎地点测压时因漏气造成测值偏低导致事故发生。

井巷与突出煤层之间留有足够尺寸的岩柱，是一种安全措施，是为了避免因瓦斯压力或地应力过大，岩柱抵抗不住而引发自行突出的事故发生。我国煤矿不止一次出现过岩柱抵抗力不足，发生自行突出的事故。

井巷揭穿突出煤层，必须遵守下列规定：

1. 井巷揭穿突出煤层前，必须打钻控制煤层层位，测定煤层瓦斯压力或预测井巷的突出危险性。

2. 井巷掘进工作面距煤层法向距离 10 m 前，至少打 2 个穿透煤层全厚且进入顶、底板不小于 0.5 m 的前探钻孔（图 3-4-31），并详细记录岩心资料。前探钻孔可作为测定钻孔，但要报矿总工程师批准。

地质构造复杂、岩石破碎的区域，要在井巷掘至距煤层法向距离 20 m 前，在井巷断面四周轮廓线外 5 m 范围内布置一定数量的前探钻孔，以保证能确切掌握煤层厚度、倾角变化、地质构造和瓦斯情况等。

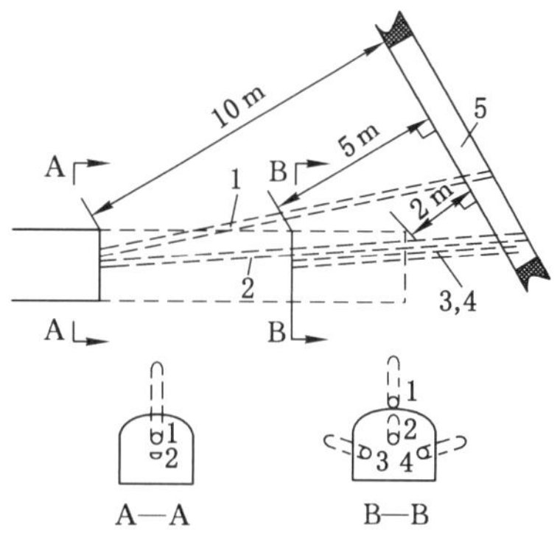

1，2—控制煤层层位钻孔；3，4—测定瓦斯压力钻孔；5—突出危险煤层。

图 3-4-31　控制煤层的前探钻孔布置

3. 在井巷距煤层法向距离大于 5 m 处开始，至少打 2 个穿透煤层全厚的测压（预测）钻孔，测定瓦斯压力、瓦斯放散初速度与坚固性系数，或瓦斯解吸指标等。为准确得到煤层原始瓦斯压力值，测压孔要布置在岩石比较完整的地方，测压孔和前探孔不能共用时，两者见煤点的距离不得小于 5 m。

在近距离煤层群中，层间法向距离小于 5 m 或层间岩石破碎时，应测定各煤层综合瓦斯压力值。

4. 为防止岩巷误穿煤层，岩巷工作面距煤层法向距离 5 m 时，要在井巷顶（底）部打 3 个小直径（42 mm）超前孔，超前距要大于 2 m；在井巷距煤层法向距离 2~5 m 之间时，及时采取探测措施，确定煤层层位，保证岩柱厚度不小于法向距离 2 m。

5. 井巷与煤层之间，保持多大厚度的岩柱，应根据采取何种防突措施、岩石性质、煤层倾角来定。一般抽采瓦斯措施大于 3 m；水力冲孔大于 5 m；排放瓦斯大于 3 m；震动爆破时，急倾斜煤层 2 m，倾斜煤层或缓斜煤层 1.5 m。如果岩石破碎、松软，垂距要适当加大。

6. 何种防突措施的采用及有关参数的选取，要根据实际而定，没有相关资料的煤矿，可参照本书提供数据执行。井巷揭穿煤层可采用抽采瓦斯、水力冲孔、排放钻孔、金属骨架或其他经验证有效的措施。

7. 震动爆破的规定。

在防治煤与瓦斯突出中，采取震动爆破方法时，由于客观、主观原因未能诱发成功突出，实践证明工作面有50%的仍然存在发生突出的可能性；二次爆破成形，也引发了多次井巷大突出事故。由于震动爆破技术的复杂性、特殊性以及达不到预期效果所遗留下来后患的严重性，揭煤工作面距煤层法向距离 2 m 至进入顶（底）板 2 m 的范围，均应采用远距离爆破掘进工艺，禁止使用震动爆破揭穿突出煤层。

【典型事例】 某日，河南省焦作矿务局某煤矿二水平带式输送机巷道在揭穿（开）煤层爆破时，发生了煤与瓦斯突出事故。突出煤量 1 500 t，突出瓦斯量 44 m^3，并引起一水平 4 处瓦斯爆炸，死亡 43 人、伤 55 人。

当煤层厚度小于 0. 3 m，煤层内瓦斯含量比较小，发生煤与瓦斯突出的概率很小，即使发生突出，其强度也小，因此，在工作面距煤层法向距离 10 m（地质构造复杂、岩石破碎的区域 20 m）可直接用震动爆破或远距离爆破揭穿（开）煤层。

第二百一十五条 煤巷掘进工作面应当选用超前钻孔预抽瓦斯、超前钻孔排放瓦斯的防突措施或者其他经试验证实有效的防突措施。

【条文解释】 本条是对煤巷掘进工作面防突措施的规定。

1. 概述

有突出危险的煤巷掘进工作面应当选用超前钻孔（包括超前预抽瓦斯钻孔、超前排放钻孔）防突措施，或者经试验证明有效的工作面防突措施。

下山掘进时，不得选用水力冲孔、水力疏松措施。倾角 8°以上的上山掘进工作面不得选用松动爆破、水力冲孔、水力疏松措施。

煤巷掘进工作面在地质构造破坏带或煤层赋存条件急剧变化处不能按原措施设计要求实施时，必须打钻孔查明煤层赋存条件，然后采用直径为 42~75 mm 的钻孔排放瓦斯。

若突出煤层煤巷掘进工作面前方遇到落差超过煤层厚度的断层，应按石门揭煤的措施执行。

2. 超前钻孔

超前钻孔是在工作面向前方煤体打一定数量的钻孔，并始终保持钻孔有一定的超前距，使煤体卸压和排放瓦斯，从而起到防突作用。

煤巷掘进工作面采用超前钻孔作为工作面防突措施时，应当符合下列要求：

(1) 巷道两侧轮廓线外钻孔的最小控制范围：近水平、缓倾斜煤层 5 m，倾斜、急倾斜煤层上帮 7 m、下帮 3 m。当煤层厚度大于巷道高度时，在垂直煤层方向上的巷道上部煤层控制范围不小于 7 m，巷道下部煤层控制范围不小于 3 m。

(2) 钻孔在控制范围内应当均匀布置，在煤层的软分层中可适当增加钻孔数。预抽钻孔或超前排放钻孔的孔数、孔底间距等应当根据钻孔的有效抽采或排放半径确定。

(3) 一般钻孔直径大，钻孔有效影响范围也大；但钻孔直径大，带来施工困难，甚至增加突出危险，所以，钻孔直径应当根据煤层赋存条件、地质构造和瓦斯情况确定，一般为75～120 mm，地质条件变化剧烈地带也可采用直径42～75 mm的钻孔。若钻孔直径超过120 mm时，诱发突出危险性加大，必须采用专门的钻进设备和制定专门的施工安全措施。

（4）煤层赋存状态发生变化时，及时探明情况，再重新确定超前钻孔的参数。

（5）钻孔施工前，加强工作面支护，打好迎面支架，背好工作面煤壁。见图3-4-32。

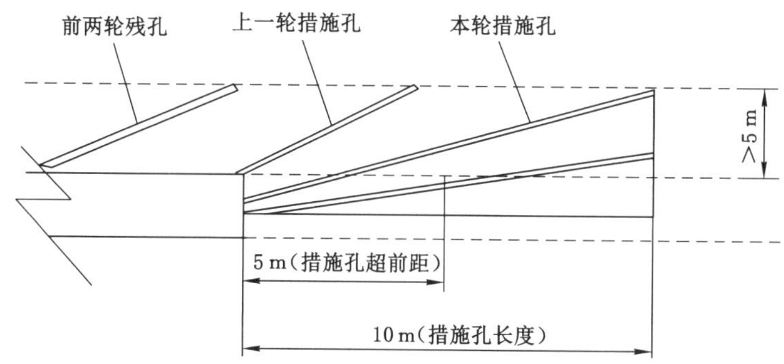

钻孔孔底间1～1.5 m（有效影响半径采用0.5～0.75 m）

图3-4-32 超前钻孔布孔示意图

【典型事例】 黑龙江省鸡西矿务局穆棱矿采用掘进煤巷抽采瓦斯（图3-4-33），取得很好效果。

该矿二井二区左一巷在掘进480 m水平的28号层（煤厚1.7～1.9 m）煤巷时，瓦斯涌出量高达8.2 m^3/min，使掘进无法正常进行。利用巷道两帮的卸压条带，向巷前方打钻抽采瓦斯。孔径50～100 mm，孔深200 m以内。

I
I—I
I
1.5～2.5 m

图3-4-33 煤巷掘进抽采瓦斯孔布置

经采用巷道两帮打超前钻孔抽采瓦斯，抽出5～7 m^3/min瓦斯后，使巷道瓦斯涌出量降低了60%～70%。

3. 其他防突措施

其他防突措施有松动爆破、水力冲孔、水力疏松和前探支架等，但必须经试验证明有效方可采用。

松动爆破是在工作面向前方应力集中煤体打一定数量的炮眼，通过爆破，改变炮眼周围煤体力学性质，使煤体卸压和排放瓦斯，从而起到防突作用。

水力冲孔是通过钻孔向煤体中注水，以改变煤的力学性质、渗透性质以及煤层的应力状态，相应地改变了突出的激发和发生条件，从而防止或减少采掘作业时的突出危险。

水力疏松也叫煤体注水。煤体注水湿润，可使煤的力学性质发生明显变化，煤的弹性和强度减小，塑性增大，从而使巷道前方的应力分布发生根本变化，即高应力区向煤体深部转移，应力集中系数减小。煤体湿润后，其透气性成百上千倍地降低，水对瓦斯起到明显的阻碍效应，煤中瓦斯涌出量和速度都有大幅度的下降。上述各种变化，都表明注水湿润煤体，可以消除或降低煤层和近工作面处的突出危险。

前探支架的目的是防止因工作面顶部煤体松软垮落而导致突出，在工作面前方巷道顶部事先打上 1 排超前支架，增加煤层的稳定性。

第二百一十六条　采煤工作面可以选用超前钻孔预抽瓦斯、超前钻孔排放瓦斯、注水湿润煤体、松动爆破或者其他经试验证实有效的措施。

【条文解释】　本条是对采煤工作面防突措施的规定。

采煤工作面选用超前预抽瓦斯和排放钻孔作为工作面防突措施时，钻孔直径一般为 75～120 mm，钻孔在控制范围内应当均匀布置，在煤层的软分层中可适当增加钻孔数；超前排放钻孔和预抽钻孔的孔数、孔底间距等应当根据钻孔的有效排放或抽采半径确定。

【典型事例】　辽宁省北票矿区先后在不同条件的 6 个采区进行了预抽煤层瓦斯的试验考察工作，分别取得不同程度的防治突出效果。其中以台吉矿−550 m 水平东一区 4 号煤层预抽瓦斯效果最佳，随后在台吉矿 4 号煤层推广应用。

根据生产条件，预抽东一区 4 号煤层瓦斯，采用 2 种钻孔布置方式：在−475 m 水平为沿层扇形钻孔；在−550 m 水平采用沿层平行钻孔。见图 3-4-34。

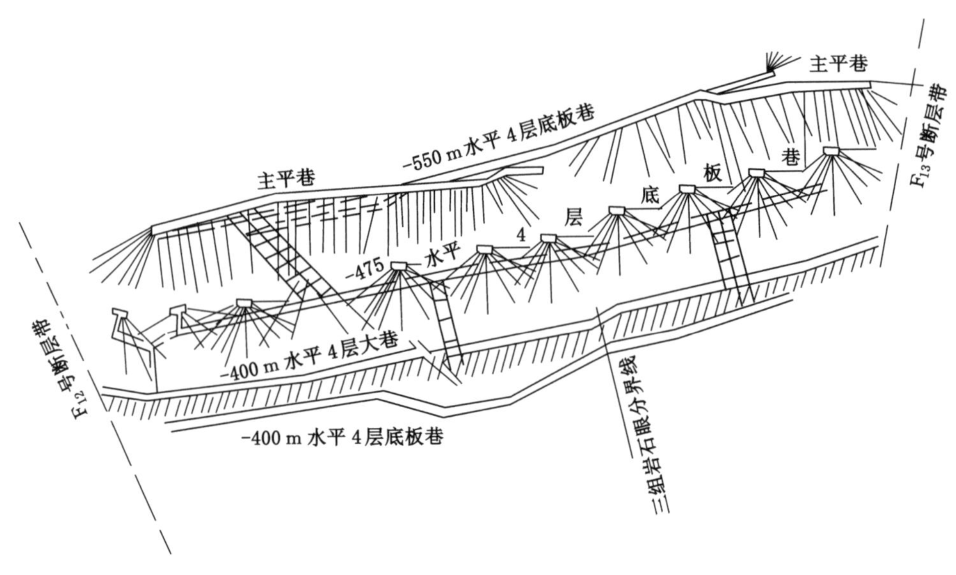

图 3-4-34　台吉矿东一区 4 号煤层钻孔布置图

全区共打预抽瓦斯钻孔 193 个，孔径 80 mm，钻孔间距 8～15 m。

1978 年 3 月开始抽采瓦斯，预抽时间为 8～16 个月，多数钻孔抽采时间为 10～12 个月，共抽出瓦斯 237 万 m^3，煤层瓦斯抽采率为 23. 42%～24. 41%。

4 号煤层的透气性系数为 0. 838 2×10^{-2} m^2/（MPa^2 · d），抽采 10 个月后，透气性系数增大为 68×10^{-2} m^2/（MPa^2 · d），约增高了 81 倍。

台吉矿东一区 4 号煤层，经过预抽煤层瓦斯后，进行水力化开采，共水掘煤层平巷 4 630 m、采出煤量 45. 05 万 t，基本消除了瓦斯超限和突出对生产的威胁。水掘平巷时，工作面瓦斯涌出量一般为 0.96～1.2 m^3/min，最高量为 2.05 m^3/min，在供风量为 250 m^3/min的条件下，瓦斯浓度小于1%。在预抽钻孔控制范围内未发生突出，但在断层附近和钻孔控制范围以外，曾发生过小型突出。

采煤工作面浅孔注水湿润煤体措施可用于煤质较硬的突出煤层。注水孔间距根据实际情况确定，孔深不小于4 m，向煤体注水压力不得低于8 MPa。当发现水由煤壁或相邻注水钻孔中流出时，即可停止注水。

【典型事例】　山西省阳泉矿务局采用直径42 mm的钻孔在采煤工作面进行煤层浅孔注水，作为防治突出的局部措施，其孔深为1.5～2 m，钻孔间距为3～4.5 m。工作面煤厚小于1.7 m时采用单排布孔方式，大于1.7 m时采用双排布孔方式。注水泵额定压力为15 MPa，流量为60 L/min，单孔注水量为104～145 L，每班纯注水时间为50～70 min。

阳泉一矿3#煤层，注水钻孔长度为4～9 m，封孔器封于6～7 m处（封孔器长度为1.5～2 m），钻孔间距为4～5 m，注水压力为15 MPa，注水流量为60 L/min。注水后矿山压力得到明显的改善。

长壁采煤工作面的突出与工作面的周期来压有直接的关系，注水后工作面的周期来压不明显，且来压次数减少，工作面支柱的阻力降低了40%以上（表3-4-13）。工作期间，该工作面没有发生过瓦斯动力现象。

表3-4-13　干、湿采煤工作面矿压显现对比表

区　　域	周期来压距离/m	支架阻力/（kN/架）
干煤区	10～30	2 000
湿煤区	不明显	899
湿区与干区比较		-55%

采用此措施后，工作面防突效果较明显，使工作面突出次数降低了92.3%。突出强度也明显降低，突出平均强度由未注水前的33.6 t/次降至12.3 t/次。煤的水分比注水前增加51.75%，工作面瓦斯涌出量比注水前降低了26.18%。

从瓦斯涌出量来看，煤体注水后，其透气性、瓦斯涌出量会明显地降低；瓦斯涌出量的降低，可以间接地表明煤的瓦斯解吸特征有所变化，例如工作面突出预测指标都会降低，起到降低煤层突出危险性的作用。

采煤工作面的松动爆破防突措施适用于煤质较硬、围岩稳定性较好的煤层。松动爆破孔间距根据实际情况确定，一般为2～3 m，孔深不小于5 m，炮泥封孔长度不得小于1 m。应当适当控制装药量，以免孔口煤壁垮塌。

松动爆破时，应当按远距离爆破的要求执行。

【典型事例】　黑龙江省鸡西矿务局滴道矿曾经使用过浅孔松爆防治突出措施，采用孔深2.0 m钻孔，钻孔间距3 m，每孔装药量为0.3～0.45 kg。采用此措施后，采煤工作面的平均突出强度由15 t/次降至1.6 t/次，月煤产量提高了50%，工作面的瓦斯超限次数也明显降低。

深孔松动爆破因其工艺较其他措施简便，适用于突出强度不大、煤质较硬的中小型突出矿井。

第二百一十七条　突出煤层的采掘工作面，应当根据煤层实际情况选用防突措施，并遵守下列规定：

（一）不得选用水力冲孔措施，倾角在8°以上的上山掘进工作面不得选用松动爆破、水力疏松措施。

（二）突出煤层煤巷掘进工作面前方遇到落差超过煤层厚度的断层，应当按井巷揭煤的措施执行。

（三）采煤工作面采用超前钻孔预抽瓦斯和超前钻孔排放瓦斯作为工作面防突措施时，超前钻孔的孔数、孔底间距等应当根据钻孔的有效抽排半径确定。

（四）松动爆破时，应当按远距离爆破的要求执行。

【条文解释】　本条是对突出煤层采掘工作面的规定。

1. 在突出煤层中掘进上山危险性极高，世界各主要产煤国家虽然经过多年努力，但至今仍未找到满意的防治突出的方法。由于突出煤层强度小，在掘进上山时受煤层自重的影响，很容易发生垮塌，并诱发突出，这种现象在急倾斜煤层中尤为常见；另外，在突出煤层中掘进上山，即使在发生垮塌或突出前工作人员发现了突出预兆后，由于受条件的限制，也很难迅速地撤离现场，容易导致人员伤亡，所以在突出煤层掘进上山时应首先采取能增加煤层稳定性的防突措施。但松动爆破、水力冲孔、水力疏松等防突措施会破坏煤体的稳定性，在上山掘进中应用对防突工作不利。突出煤层的采掘工作面不得选用水力冲孔措施，倾角在8°以上的上山掘进工作面不得选用松动爆破、水力疏松措施。

2. 突出煤层煤巷掘进工作面前方遇到落差超过煤层厚度的断层，煤体内的瓦斯泄放条件较好，通过断层裂隙破碎带大量涌向掘进工作面，瓦斯突出的危险性较大，应按井巷揭煤的措施执行。

3. 预抽瓦斯是在采煤工作面打若干排（或圈）抽采瓦斯钻孔，然后对抽采钻孔进行封孔，并使钻孔与瓦斯抽采管道系统相连接，借助于机械真空泵所造成的负压，抽取煤层中的瓦斯。超前排放钻孔措施是在工作面前方煤体打一定数量的钻孔，并始终保持钻孔有一定的超前距，使工作面前方煤体卸压，排放瓦斯，达到减弱和防止突出的目的。

超前排放钻孔和预抽瓦斯防治突出，核心都在于钻孔的布置方式及施工，其防治突出的好坏取决于钻孔布置及其有效影响半径的选用。从应力的观点出发，为了扩大钻孔的有效影响范围，应该增大钻孔直径；但在实施过程中，由于钻孔直径增大，施工困难，且突出危险性增加，达不到预期效果。所以仅靠增加钻孔直径提高钻孔的防突效果是不可取的，故超前钻孔直径一般以75~120 mm为宜。钻孔在控制范围内应均匀布置，在煤层的软分层中可适当增加钻孔数；超前排放钻孔和预抽钻孔的孔数、孔底间距等应根据钻孔的有效排放半径或抽采半径确定。

4. 在采掘生产过程中爆破最容易发生煤与瓦斯突出。如果爆破时有人员在场，发生突出最容易造成人员伤亡。远距离爆破的主要目的是在爆破时，工作人员远离爆破作业地点，突出煤矸和突出时发生的瓦斯逆流波及不到起爆地点，以确保工作人员的安全。《防治煤与瓦斯突出细则》规定，井巷揭穿突出煤层和突出煤层的炮掘、炮采工作面必须采取远距离爆破安全防护措施。

第二百一十八条 工作面执行防突措施后，必须对防突措施效果进行检验。如果工作面措施效果检验结果均小于指标临界值，且未发现其他异常情况，则措施有效；否则必须重新执行区域综合防突措施或者局部综合防突措施。

【条文解释】 本条是对工作面防突措施效果检验的规定。

对采煤工作面防突措施效果的检验应当参照采煤工作面突出危险性预测的方法和指标实施。但应当沿采煤工作面每隔 10~15 m 布置 1 个检验钻孔，深度应当小于或等于防突措施钻孔。

如果采煤工作面检验结果均小于指标临界值，且未发现其他异常情况，则措施有效；否则，判定为措施无效。

当检验结果措施有效时，若检验孔与防突措施钻孔深度相等，则可在留足防突措施超前距并采取安全防护措施的条件下回采。当检验孔的深度小于防突措施钻孔时，则应当在留足所需的防突措施超前距并同时保留有 2 m 检验孔超前距的条件下，采取安全防护措施后实施回采作业。

第二百一十九条 在煤巷掘进工作面第一次执行局部防突措施或者无措施超前距时，必须采取小直径钻孔排放瓦斯等防突措施，只有在工作面前方形成 5 m 以上的安全屏障后，方可进入正常防突措施循环。

【条文解释】 本条是对煤巷掘进工作面进入正常防突措施循环的规定。

在第一次执行局部防治突出措施或无措施超前距时，工作面前方 5 m 内煤体没有得到充分的卸压，发生突出的因素未得到充分消除，在执行措施后，进入上述地段 1~2 m 便会发生突出，这种情况时有发生。此时只能采取小直径排放钻孔等不破坏煤体，又能排放瓦斯，提高煤体强度的措施使此地段形成安全屏障。

实际考察表明：煤巷掘进时，工作面前方 5~6 m 处为应力集中带，而在距工作面 5 m 之内一般处于卸压状态，该卸压带有能力阻挡煤与瓦斯突出，是工作面作业的安全屏障；作业时，若在此安全屏障未形成前就进入正常的防突措施循环，则有可能因为发生突出的因素未消除，工作面前方煤体阻挡能力不足而发生突出导致事故。只有在工作面前方形成 5 m 的安全屏障后，才可进入正常防突措施循环。

第二百二十条 井巷揭穿突出煤层和在突出煤层中进行采掘作业时，必须采取避难硐室、反向风门、压风自救装置、隔离式自救器、远距离爆破等安全防护措施。

【名词解释】 隔离式自救器

隔离式自救器——依靠自救器中提供的氧气，供佩戴人呼吸并同外界空气完全隔绝的一种救生装置。

【条文解释】 本条是对井巷揭穿突出煤层和在突出煤层中进行采掘作业时安全防护措施的规定。

在防治煤与瓦斯突出方面，国内外已经研究了一整套对策，如突出危险性预测、防治突出措施和措施效果检验，按理说，突出工作面的开采是完全安全可靠的。但是，由于煤与瓦斯突出机理尚待进一步完善，突出因素随机性很大，煤矿地质条件复杂多变，再加上防治过程中人和仪器的误测错判，还可能发生突出，所以还必须制定安全防护措施，避免意外发生的突出造成人员的伤亡。安全防护措施是防治煤与瓦斯突出事故的最后一道关口。

【典型事例】 某日，某煤矿 19 采区 1933 机巷在实施超前钻孔过程中，发生了一起国内罕见的特大型煤与瓦斯突出事故，突出煤量 1 823 t，突出煤堆积巷道 318. 5 m，涌出瓦斯量 17. 3 万 m^3，瓦斯逆流 1 050 m，造成死亡 24 人，轻伤 10 人。

抢救过程中发现+147 m 运输石门有突出煤堆积，风机已停，风筒未脱节，运输石门到回风联络的正反风门均已关好，第二道反向风门推不开。在中部车场施工的独头巷道中，3 人因打开压风管路，呼吸到新鲜空气，为获救赢得了时间，最终得以生还。

1. 避难硐室

（1）避难硐室的必要性

煤矿井下与地面不同，由于时间短、环境差等原因，当突出发生时人们撤退和避难非常困难，特别是还得通过提升、运输等环节的设备才能逃到井上脱险。这就需要为不可能疏散到地面的遇险人员提供一个安全的区域，使逃生人员可以比较快、比较方便、容易地进入其中避难，从而脱离险境，并赢得进一步获得救援的机会。

井下避难硐室指的是在井下发生灾害事故时，为无法及时撤离的遇险人员提供生命保障的密闭空间。该空间对外能够抵御高温烟气，隔绝有毒有害气体，对内提供氧气、食物、水，去除有毒有害气体，创造生存基本条件，为应急救援创造条件、赢得时间。

有突出煤层的采区必须设置采区避难硐室。避难硐室的位置应当根据实际情况确定。

突出煤层的采掘工作面应设置工作面避难硐室。应根据具体情况设置，但掘进距离超过 500 m 的巷道内必须设置工作面避难硐室。工作面避难硐室应当设在采掘工作面附近和爆破工操纵爆破的地点。根据具体条件确定避难硐室的数量及其距采掘工作面的距离。工作面避难硐室应当能够满足工作面最多作业人数时的避难要求，其他要求与采区避难所相同。

（2）避难硐室的要求

避难硐室应当符合下列要求：

① 采区避难硐室应设在采区安全出口路线上，且距离工作面 500 m 以内。

② 避难硐室设置向外开启的隔离门，隔离门按照反向风门标准安设。

③ 室内净高不得低于 2 m，深度满足扩散通风的要求，长度和宽度应根据可能同时避难的人数确定，但至少能满足 15 人避难，且每人使用面积不得少于 0. 5 m^2。

④ 避难硐室内支护保持良好，并设有与矿（井）调度室直通的电话。

⑤ 避难硐室内放置足量的饮用水、安设供给空气的设施，每人供风量不得少于 0. 3 m^3/min。如果用压缩空气供风时，设有减压装置和带有阀门控制的呼吸嘴。

⑥ 避难硐室内应根据设计的最多避难人数配备足够数量的隔离式自救器及所需要的药品和食物。

（3）避难硐室的分类

避难硐室主要包括永久避难硐室、临时避难硐室和可移动式救生舱。

① 永久避难硐室

永久避难硐室指的是设置在井底车场、水平大巷、采区（盘区）避灾路线上，具有紧急避险功能的井下专用巷道硐室，服务于整个矿井、水平或采区，服务年限一般不低于

5 年。

② 临时避难硐室

临时避难硐室指的是设置在采掘区域或采区避灾路线上，具有紧急避险功能的井下专用巷道硐室，主要服务于采掘工作面及其附近区域，服务年限一般不大于 5 年。

③ 可移动式救生舱

可移动式救生舱指的是可通过牵引、吊装等方式实现移动，适应井下采掘作业地点变化要求的避险设施。

2. 反向风门

(1) 反向风门的作用

反向风门安设在掘进工作面的进风侧，使突出的瓦斯、煤风流进入回风系统，而不能逆向涌入进风系统，以避免给更大范围、更多人员造成危害。见图 3-4-35。

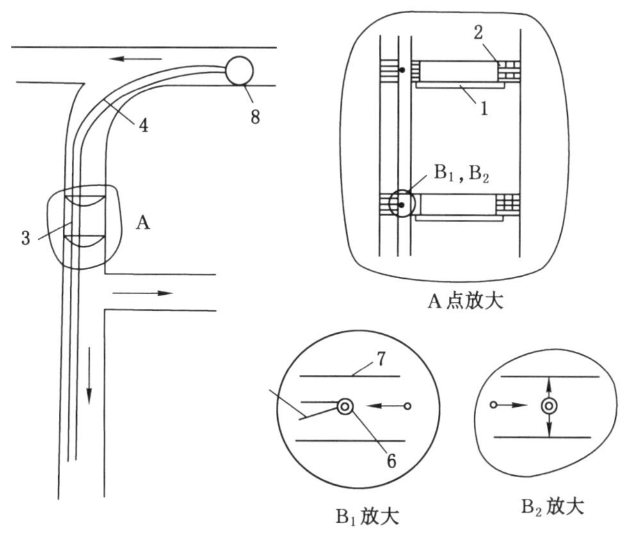

1—木质带铁皮风门；2—风门垛；3—铁风筒；4—软质风筒；5—防止瓦斯逆流装置；6—防止瓦斯逆流铁板立轴；7—定位圈；8—局部通风机；B_1—正常通风时防止瓦斯逆流铁板位置；B_2—突然逆风时防止瓦斯逆流铁板位置。

图 3-4-35 反向风门示意图

(2) 反向风门的种类

反向风门有普通木质反向风门和液压反向风门 2 种形式。

① 普通木质反向风门

普通木质反向风门由墙垛、门框、风门和安设在穿过墙垛铁风筒中的防逆流装置组成。

门框与门框墙为一整体，浇灌混凝土前应对固定锚钩及铰页的固定角钢进行检查、校正，并应固定牢靠。

门框安装后与门扇平面应平行贴合，并成铅垂。

② 液压反向风门

液压反向风门是钢结构的反向风门，是由平面支撑圆拱形钢结构风门和液压泵 2 部分组成的，每组风门只安设 1 道。

液压反向风门需要专门的设计，煤炭科学研究总院重庆研究院对液压反向风门作了专门的研究，并研制出平面支撑圆拱形钢结构液压反向风门。它用铰页安装在门垛上，反向风门与工作油缸连接，通过组合一体式液压泵站提供动力，开启风门（图 3-4-36）。风门墙垛用料石或混凝土砌筑，其厚度不小于 3 m。

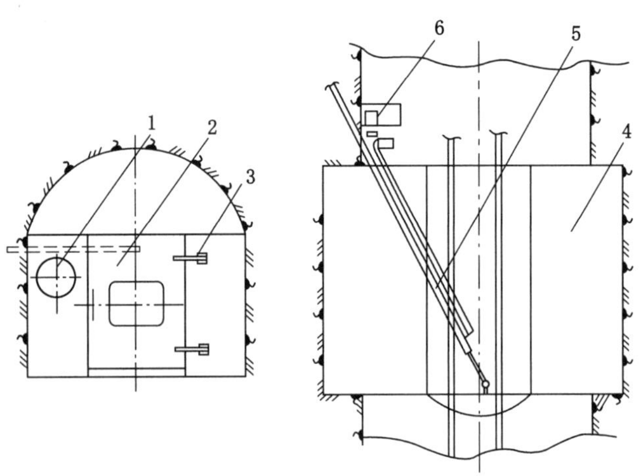

1—附有防逆流装置的铁风筒；2—反向风门；3—铰页座；4—墙垛；5—油缸；6—泵站。

图 3-4-36　液压反向风门安装结构示意图

【典型事例】　1991 年 3 月在中梁山矿务局南矿使用液压反向风门，1994 年 3 月又在五星煤矿、古宋煤矿推广使用，截至 1997 年 12 月底，使 70 次突出冲击波得到阻挡或削弱，其中最大突出强度达到 2 100 t。在 70 次突出中，突出强度 49 t 以下的有 9 次，50~99 t 的有 10 次，100~499 t 的有 42 次，500~999 t 的有 5 次，1000t 以上的有 4 次。撤至液压反向风门外爆破的作业人员都得到很好的安全保护，如 1997 年发生在古宋煤矿的 4 次强度达 1 000 t 以上的大型突出，其煤流、高浓度瓦斯逆流和突出冲击波均被液压反向风门有效地隔断，位于液压反向风门外的工作人员安然无恙。

（3）反向风门的要求

① 在突出煤层的石门揭煤和煤巷掘进工作面进风侧，必须设置至少 2 道牢固可靠的反向风门。风门之间的距离不得小于 4 m。

② 反向风门距工作面的距离和反向风门的组数，应当根据掘进工作面的通风系统和预计的突出强度确定；但反向风门距工作面回风巷不得小于 10 m，与工作面的最近距离一般不得小于 70 m，如小于 70 m 时应设置至少 3 道反向风门。

③ 反向风门墙垛可用砖、料石或混凝土砌筑，嵌入巷道周边岩石的深度可根据岩石的性质确定，但不得小于 0. 2 m；墙垛厚度不得小于 0. 8 m。在煤巷构筑反向风门时，风门墙体四周必须掏槽，掏槽深度见硬帮硬底后再进入实体煤不小于 0. 5 m。

④ 每道反向风门都必须有牢固的底坎，要求不影响行车，且必须将风门挡严抵牢。

⑤ 平时反向风门呈开启状态，人员进入工作面时必须把反向风门打开、顶牢。工作面爆破和无人时，反向风门必须关闭。爆破后，由矿山救护队或有关人员进入检查时方可

开启，并把它固定于开启状态。

⑥ 通过反向风门墙垛的风筒、水沟、刮板输送机道等，必须设有逆向隔断装置。

3. 压风自救系统

(1) 装置的作用和主要性能

压气自救装置是一种固定在生产场所附近的固定自救装置，它的气源来自生产动力系统——压缩空气管路系统，主要保障现场作业人员遇到突出时供给新鲜空气，防止出现窒息事故。

压风自救装置安装在掘进工作面巷道和采煤工作面巷道内的压缩空气管道上。管路内的压缩空气经过减压、节流使其达到适宜人体呼吸的压力和流量值，并要同时解决消声和空气净化问题。通过可调式气流阀调节节流面积，以适应不同供风压力下的流量要求，即在静止状态下吸气 20 L/min，在剧烈运动和紧张状态下吸气 60～80 L/min 的标准，确定压风自救装置的供风量应大于或等于 100 L/min。

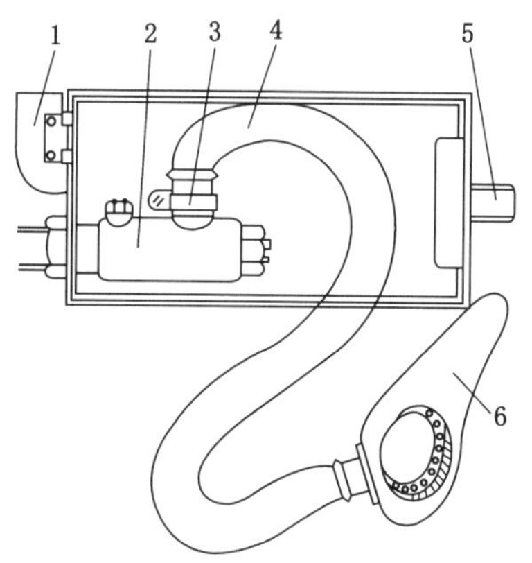

1—盒体；2—送风器；3—卡箍；4—波纹软管；5—紧固螺母；6—半面罩。

图 3-4-37　ZY-M 型压风自救装置结构示意图

(2) ZY 型压风自救装置性能和结构

综采工作面 ZY-M 型压风自救装置，供风压力为 0.4～0.6 MPa，单个装置供风量大于 100 L/min（可调），噪声小于 75 dB（A），采用一次手动快速供风的方式来供风。

ZY-M 型压风自救装置由盒体、送风器、卡箍、波纹软管、紧固螺母和半面罩组成（图 3-4-37）。盒体用螺母固定在工作面支架上，装置使用时将箱盒盖打开，取出半面罩并佩戴好，波纹软管随之伸直，转动送风器外套打开气阀，压风经送风器内部的调节阀、过滤装置、波纹软管至半面罩输送给避灾人员，供风能力为 100 L/min。送风器同时具有开关、节流、减压、消音的功能，因而送给的压风清洁，能使佩戴者呼吸后感到舒适。

采区巷道 ZY-J 型压风自救装置，供风压力为 0.4～0.6 MPa，单个装置供风量为 150～200 L/min（可调），噪声小于 75 dB（A），采用一次手动快速供风的方式来供风。ZY-J 型压风自救系统安装图见图 3-4-38。

(3) 安设地点与方式

在以下每个地点都应至少设置一组压风自救装置：距采掘工作面 25～40 m 的采区巷道内、爆破工操作起爆器的地点、撤离人员与警戒人员所在的位置以及回风巷有人作业处等。

在长距离的煤巷掘进巷道中，应根据实际情况增加设置；但必须满足工作面突出时最多人员避难的要求，一般可每隔 50 m 安设一组压风自救装置，每组压风自救装置可供 5～8 人使用，平均压缩空气供风量每人不得少于 0.1 m^3/min。压风自救装置通过支管、四通、球阀与压风管路相连。

采煤工作面紧急供风装置固定在采空区一侧，供风压力为 0.2～0.24 MPa，空气经过

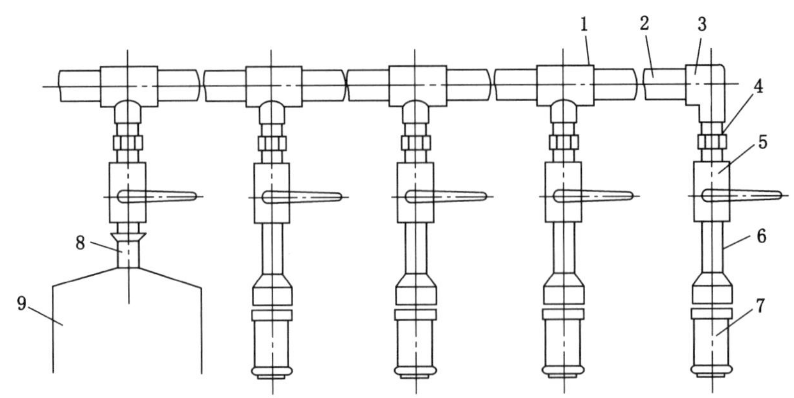

1—三通；2，6—气管；3—弯头；4—接头；5—球阀；
7—自救器；8—卡子；9—防护袋。
图 3-4-38　ZY-J 型压风自救系统安装图

滤净化后进入送风器。采煤工作面的供风主管采用有双层金属包皮的软管，在软管上每隔 9 m 有一个送风器，供风量为 30 L/min。

为保证压风自救系统供风可靠，系统最好采用同时与进风巷、回风巷压风管路连接的连环方式。

综采工作面压风自救系统由压风自救装置、管路、放水器和气水分离器组成（图 3-4-39）。综采工作面的主管采用气压胶管，敷设在液压支架 2 个立柱后面的底座上，自救装置和支管安装在液压支架顶部，主管及自救装置均随移架而前移。压风管路中的水通过放水器放水，气水分离器过滤压风管路中的油蒸气及铁锈渣，过滤干净的压风经支管进入压风自救装置。

高档普采工作面压风自救系统与综采工作面相似，二者不同的是：工作面的主管采用钢丝编织的高压胶管，敷设在刮板输送机采空区侧的电缆槽内，不随机前移，连接自救装置的支管通过自封快速接头与主管相连，以便于回柱时人员将自救装置转移至靠煤壁一排单体液压支柱上。见图 3-4-40。

【典型事例】　某日，重庆市某煤矿 N1715 回风巷 $7^{\#}$煤层掘进工作面，深孔松动爆破孔打到 4 m 时发生严重卡钻现象。停钻 5 min 后，在退钻杆时发生突出，突出煤量 59 t，喷出瓦斯 3 000 m^3，突出煤抛出距离达 13 m。当时工作面有 5 人作业，压风自救装置距工作面 70 m 左右。

突出发生时，工作人员迅速撤至压风自救装置处，并使用了压风自救装置，但瓦斯检查工由于脚有残疾撤离速度较慢，在距离压风自救装置 3 m 处因窒息而跌倒，后被已撤至压风自救装置处的人员拉至压风自救装置处，并戴上压风自救面具而获救。

4. 隔离式自救器

突出矿井的入井人员必须携带隔离式自救器，一旦发生煤与瓦斯突出，迅速打开外壳，佩戴好隔离式自救器，马上往安全地点撤退。

由于氧气生成原因不同，隔离式自救器又可分为化学氧自救器和压缩氧自救器 2 类。

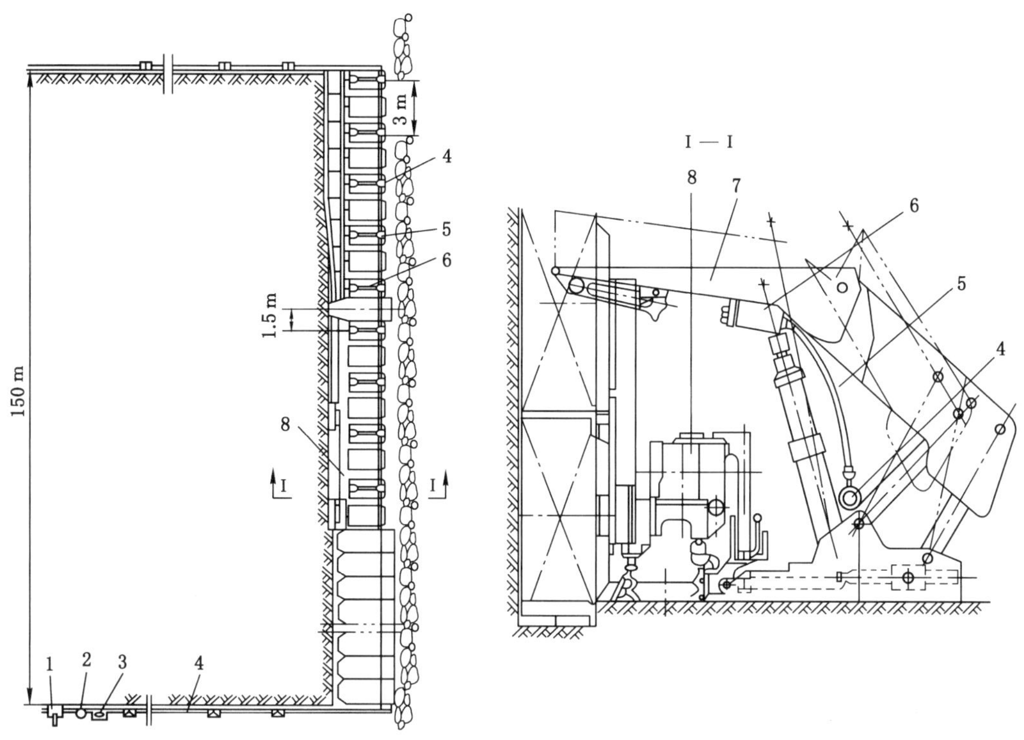

1—阀门；2—放水器；3—气水分离器；4—主管；5—支管；
6—压风自救装置；7—支架；8—采煤机。

图 3-4-39 综采工作面压风自救系统安装布置图

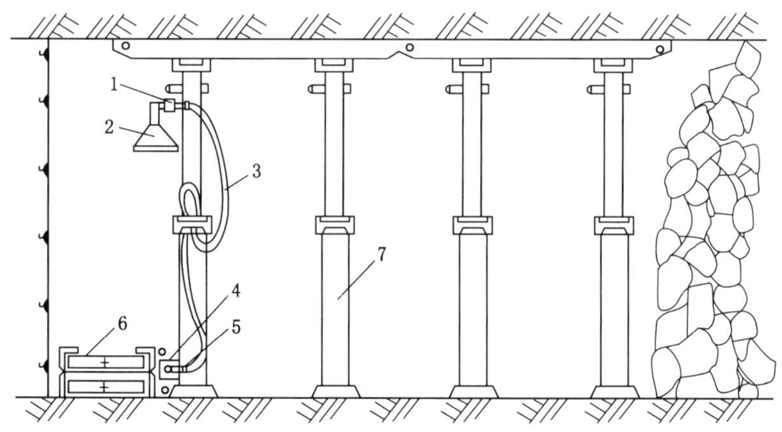

1—挂钩；2—送风器；3—胶管；4—三通；5—快速接头；6—刮板输送机；7—单体液压支柱。

图 3-4-40 机采工作面压风自救系统安装布置图

【典型事例】 某日，湖南省某煤矿石门揭煤工程中因爆破误穿煤层引起煤与瓦斯突出。突出煤量约 1 945 t，堆积巷道 300 m，涌出巷道逆流 1 300 m。因为该石门的回风上山没有贯通，上部采煤工作面串联通风。在发生突出事故时，现场作业人员的自救器均未能做到随身携带、及时使用，使该工作面掘进工人和上水平回风流中采煤工人共 30 人遇难，重伤 1 人，轻伤 9 人。

(1) 化学氧自救器在佩戴使用状态下有效期为 3 年，在库存状态下有效期为 5 年。用于压缩氧自救器的氧气瓶必须每 3 年进行 1 次水压试验。

(2) 自救器由矿井集中管理，实行专人专用。自救器的专管人员负责自救器的日常检查和维护，随身携带的化学氧自救器自救器每月检查 1 次；压缩氧自救器每半年检查 1 次；受到剧烈撞击、有漏气可能的自救器，应随时进行气密性和增重检查。

(3) 凡开启过的化学氧自救器，无论使用时间长短，都应报废，不准重复使用。开启过的压缩氧自救器，应由维修人员进行涮洗、消毒、充气和更换二氧化碳吸收剂。化学氧自救器不允许修复。

(4) 矿井应当负责对下井人员进行自救器及其使用方法的培训和训练。新工人下井前必须达到 30 s 内完成佩戴自救器的熟练程度。

(5) 佩戴自救器前，应当仔细阅读该自救器产品说明书，掌握其性能、特点和佩戴方法。

(6) 戴上自救器后，外壳逐渐变热，吸气温度逐渐升高，表明自救器工作正常。绝不能因为吸气干热而认为自救器过期失效而将自救器扔掉。

(7) 化学氧自救器佩戴初期，生氧剂放氧速度慢，如果条件允许，应尽量缓慢行进，如没有被炸、被烧、被埋和被堵的危险时，等氧足够呼吸时再加快速度。撤退时最好按 4~5 km/h的速度行走，呼吸要均匀，千万不要跑。

(8) 佩戴过程中口腔产生的唾液可以咽下，也可任其自然流入口水盒中，绝不可拿下口具往外吐；同时不能因为擤鼻涕而摘掉鼻夹。

(9) 在未到达安全可靠的新鲜风流以前，严禁以任何理由摘下鼻夹和口具。

(10) 下井时自救器应当随身携带，不能乱扔乱放，也不准井下集中存放。要注意爱护保管好自救器。发现自救器出现异常现象不能擅自打开修复，应当及时交给矿井自救器的专管人员进行检查和维护。

5. 远距离爆破

远距离爆破的主要目的是在爆破时，工作人员远离爆破作业地点，突出煤矸和突出时发生的瓦斯逆流波及不到起爆地点，以确保工作人员的安全。

第二百二十一条 突出煤层的石门揭煤、煤巷和半煤岩巷掘进工作面进风侧必须设置至少 2 道反向风门。爆破作业时，反向风门必须关闭。反向风门距工作面的距离，应当根据掘进工作面的通风系统和预计的突出强度确定。

【名词解释】 反向风门

反向风门——防止突出时瓦斯逆流进入风巷而设置的通风设施。

【条文解释】 本条是对设置反向风门的规定。

反向风门平时是敞开的，在爆破时关闭；爆破后，矿山救护队和有关人员进入检查时，必须把风门打开顶牢。反向风门的设置与构筑必须符合以下要求：

1. 反向风门必须设在掘进工作面的进风侧，以控制突出时的瓦斯逆流进入进风侧。见图 3-4-41。

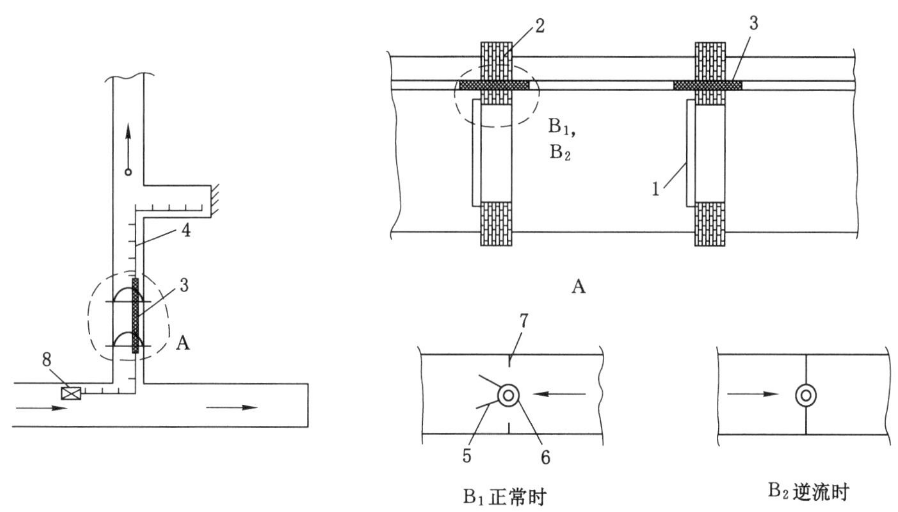

1—木质带铁皮的风门；2—墙垛；3—铁风筒；4—胶质风筒；5—防止瓦斯逆流铁板；6—防止瓦斯逆流铁板的主轴；7—定位圈；8—局部通风机；B_1—正常通风时防止瓦斯逆流铁板位置；B_2—瓦斯逆流时铁板位置。

图 3-4-41 反向风门和防逆风装置

2. 反向风门每组不少于 2 道，要求坚固可靠。墙垛可用料石、混凝土、砖等砌筑，嵌入巷道周边岩石深度可根据岩石性质而定，但不得小于 0.2 m；墙垛厚度不得小于 0.8 m。门框和门可采用坚实木质结构，门框厚度不得小于 0.1 m，门板厚度不得小于 50 mm，并加铁皮等坚硬材料。2 道风门之间距离大于 4 m。

3. 爆破时，2 道反向风门必须关闭，对通过墙垛的风筒，必须设隔断装置（防逆流）隔断。爆破后，救护队员或有关人员进入检查时，风门必须打开，并牢固固定。

4. 反向风门位置（距工作面的距离）和组数，应根据通风系统和预计突出强度以及巷道围岩性质等因素，在设计中明确规定。

【典型事例】 1997 年，中梁山矿务局古宋煤矿发生 4 次强度达 1 000 t 以上的大突出，其煤流、高浓度瓦斯逆流和突出冲击波均被液压反向风门有效地隔断，撤至液压反向风门外爆破的工作人员都得到了很好的保护。

第二百二十二条 井巷揭煤采用远距离爆破时，必须明确起爆地点、避灾路线、警戒范围，制定停电撤人等措施。

井筒起爆及撤人地点必须位于地面距井口边缘 20 m 以外，暗立（斜）井及石门揭煤起爆及撤人地点必须位于反向风门外 500 m 以上全风压通风的新鲜风流中或者 300 m 以外的避难硐室内。

煤巷掘进工作面采用远距离爆破时，起爆地点必须设在进风侧反向风门之外的全风压通风的新鲜风流中或者避险设施内，起爆地点距工作面的距离必须在措施中明确规定。

远距离爆破时，回风系统必须停电撤人。爆破后，进入工作面检查的时间应当在措施中明确规定，但不得小于 30 min。

【条文解释】 本条是对井巷揭煤远距离爆破的规定。

1. 井巷揭煤采用远距离爆破时，必须明确爆破地点、避灾路线警戒范围，制定停电撤人等措施。

2. 井筒起爆及撤人地点必须位于地面距井口边缘 20 m 以外，暗立（斜）井及石门揭煤起爆及撤人地点必须位于反向风门外 500 m 以上全风压通风的新鲜风流中或 300 m 以外的避难硐室内。

3. 在矿井尚未构成全风压通风的建井初期，在石门揭穿有突出危险煤层的全部作业过程中，与此石门有关的其他工作面必须停止工作。在实施揭穿突出煤层的远距离爆破时，井下全部人员必须撤至地面，井下必须全部断电，立井口附近地面 20 m 范围内或斜井口前方 50 m，两侧 20 m 范围内严禁有任何火源。

4. 煤巷掘进工作面采用远距离爆破时，爆破地点必须设在进风侧反向风门之外的全风压通风的新鲜风流中或避难所内，爆破地点距工作面的距离由矿技术负责人根据曾经发生的最大突出强度等具体情况确定，距爆破工作面越远越好，但不得小于 300 m；采煤工作面爆破地点到工作面的距离由矿技术负责人根据具体情况确定，但不得小于 100 m。小型矿井最好撤至地面起爆。

5. 远距离爆破必须和其他安全设施配合使用，例如反向风门、避难硐室、压风自救装置、压缩氧自救器等。

6. 远距离爆破时，回风系统必须停电、撤人。爆破后进入工作面检查的时间由矿技术负责人根据情况确定，但不得少于 30 min。

【典型事例】 2001 年 10 月 29 日，重庆市某煤矿在 S 二区 8#煤层轴部上山上平巷掘进爆破时，发生了煤与瓦斯突出，突出煤量 1 570 t、瓦斯量 6 万多立方米，瓦斯逆流达 750 m，造成 S 二区进风大巷瓦斯浓度达 1%~4%，并摧毁风门 1 组，通风系统遭受严重破坏。由于现场严格执行了远距离爆破施措施（距爆破点 1 000 m 的进风流中），因而未造成人员伤亡。

第二百二十三条 突出煤层采掘工作面附近、爆破撤离人员集中地点、起爆地点必须设有直通矿调度室的电话，并设置有供给压缩空气的避险设施或者压风自救装置。工作面回风系统中有人作业的地点，也应当设置压风自救装置。

【条文解释】 本条是对突出煤层采掘工作面附近、爆破撤离人员集中地点、起爆地点的有关规定。

突出煤层的采掘工作面的地质条件、煤层厚度与强度、煤层瓦斯情况变化都很频繁，为了使矿负责人随时了解突出工作面的实际变化，在突出煤层的采掘工作面附近，应设有直通矿调度室的电话。在爆破时，撤离人员集中地点、起爆地点设直通矿调度室的电话是为了在发现突出征兆和发生突出时及时通知矿调度室，以便及时采取措施进行救灾和避免灾害范围扩大。

另外，当出现突出预兆后人员须立即撤离现场，但因突出瓦斯影响范围广，波及速度快，有时工作人员还没有到达安全地点就会发生突出。为了解决这一问题，在爆破时撤离人员集中地点、起爆地点就必须设立电话和安全救生装置与系统，工作面回风系统中有人作业的地点，也应设置压风自救装置，以确保工作人员的安全。

第二百二十四条 清理突出的煤（岩）时，必须制定防煤尘、片帮、冒顶、瓦斯超限、出现火源，以及防止再次发生突出事故的安全措施。

【条文解释】 本条是对突出的煤（岩）处理的规定。

突出的煤（岩）破碎程度较高，比表面积也大，容易与空气中的氧气相结合，再加上突出孔洞附近通风不良，突出煤（岩）氧化后所发生的热量容易积存，很易发生自然发火。所以，必须及时清理突出的煤（岩）。突出煤（岩）一般都干燥、破碎，清理时不采取防尘措施，就会造成煤尘飞扬，若煤尘爆炸指数高，遇火源，则易发生煤尘爆炸。而突出孔洞附近煤层松软，地应力大，容易发生冒顶与片帮；突出孔洞附近通风欠佳的情况下，空气中的瓦斯浓度容易超限。因而清理突出的煤（岩）时，必须制定防煤尘、片帮、冒顶、瓦斯超限、出现火源，以及防止再次发生突出事故的安全措施。

【典型事例】 某煤矿煤层有一次发生突出后，突出煤尚未清理完就发生自燃，最短时间不超过20天。

第五章　冲击地压防治

第一节　一 般 规 定

第二百二十五条　在矿井井田范围内发生过冲击地压现象的煤层，或者经鉴定煤层（或者其顶底板岩层）具有冲击倾向性且评价具有冲击危险性的煤层为冲击地压煤层。有冲击地压煤层的矿井为冲击地压矿井。

【名词解释】　冲击地压、冲击地压煤层、冲击地压矿井

冲击地压——井巷或工作面周围岩体，由于弹性变形能的瞬时释放而产生突然剧烈破坏的动力现象，常伴有煤岩体抛出、巨响及气浪等现象。

冲击地压煤层——在矿井井田范围内发生过冲击地压现象的煤层，或经鉴定煤层（或其顶底板岩层）具有冲击倾向性且评价具有冲击危险性的煤层。

冲击地压矿井——有冲击地压煤层的矿井。

【条文解释】　本条是对冲击地压矿井和煤岩冲击倾向性鉴定的规定。

冲击地压具有很大的破坏性，是煤矿重大灾害之一。

【典型事例】　2011 年 11 月 3 日，河南省义马市某煤矿 21221 下巷掘进工作面发生一起重大冲击地压事故。巷道发生严重的挤压垮冒，将正在该巷作业的矿工封堵或掩埋其中，造成 10 人死亡。

有冲击现象的矿井、条件类似的相邻矿井的煤岩层及冲击地压煤层的新水平，新建矿井经评估有冲击地压危险的矿井必须进行煤岩冲击倾向性鉴定。

1. 煤岩层冲击倾向性鉴定

煤岩层冲击倾向性的强弱，可用一个或几个指数来衡量。煤岩层冲击倾向鉴定主要在实验室完成。

（1）动态破坏时间

动态破坏时间指的是煤试件在单轴压缩状态下，从极限强度到完全破坏所经历的时间，单位 ms，用 DT 表示。

① 测定方法

采用磁带记录仪（图 3-5-1）进行试验时应按以下步骤进行。

——先启动磁带记录仪磁带，然后以 0.5～1.0 MPa/s 的速度对试件加载直至破坏，继续记录 5 s 后停止磁带记录。

——记录破坏载荷、带速、道数、放大倍率、磁带走码及测定过程中出现的现象，对破坏状态进行描述和摄影。

——磁带机倒带到初始带码，以记录带速、放大倍率回放载荷信号。用记忆示波器捕捉试件的动态破坏过程。在 X-Y 函数记录仪上绘出动态破坏时间曲线。

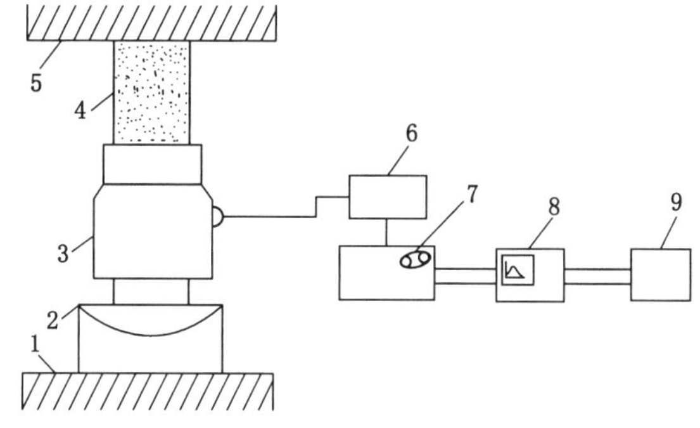

1—下承压板；2—球形座；3—载荷传感器；4—试件；5—上承压板；
6—动态应变仪；7—磁带记录仪；8—记忆示波器；9—函数记录仪。

图 3-5-1　磁带记录仪测定系统

② 确定方法

煤的动态破坏时间由动态破坏时间曲线（图 3-5-2）来确定。

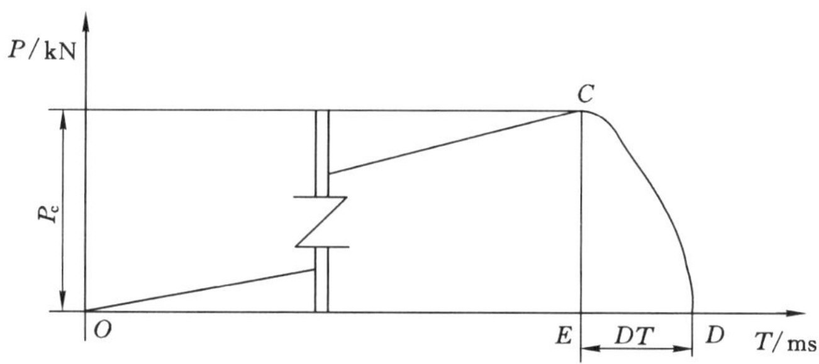

ED—破坏时间；*CD*—破坏过程；*OC*—加载过程。

图 3-5-2　煤的动态破坏时间曲线

（2）弹性能量指数

弹性能量指数指的是煤试件在单轴压缩状态下，受力达到某一值时（破坏前）卸载，其弹性变形能与塑性变形能（耗损变形能）之比，用 W_{et} 表示。

① 测定方法

测定时采用能够绘出卸载曲线的仪器仪表（图 3-5-3）。

其测定步骤如下：

——开动材料试验机，使上承压板与试件接触（但此时试件应未受力）。

——安装位移传感器，调整 *X*-*Y* 函数记录仪的零点，放下记录笔。

——以 0.5~1.0 MPa/s 的速度对试件加载。当加载到平均破坏载荷的 75%~85% 时，以相同速度卸载，卸载至平均破坏载荷的 1%~5%，同时绘出载荷-变形曲线，见图 3-5-4。

——继续对试件加载直至破坏，记下破坏载荷。

② 测定结果计算

——测定结果检查

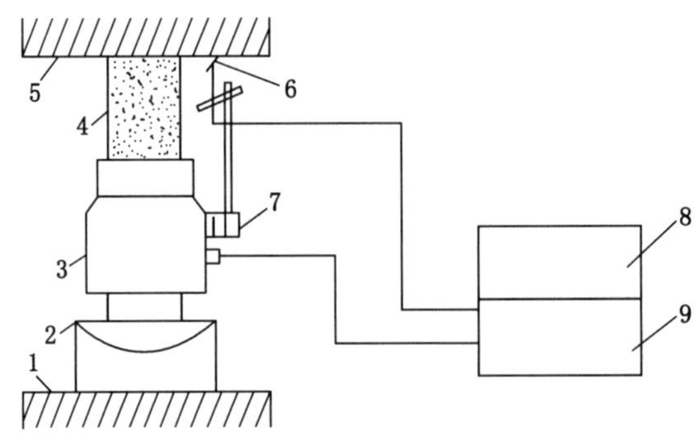

1—下承压板；2—球形座；3—载荷传感器；4—试件；5—上承压板；
6—位移传感器；7—磁力表架；8—*X-Y* 函数记录仪；9—动态电阻应变仪。

图 3-5-3　弹性能量指数测定系统

测定结果应满足下式要求，且不少 5 个：

$$0.7P_c \leqslant P'_c \leqslant 0.9P_c$$

式中　P_c——试件的破坏载荷，kN；

P'_c——卸载时载荷，kN。

——弹性能量指数计算

绘出弹性能量指数的计算示意图。

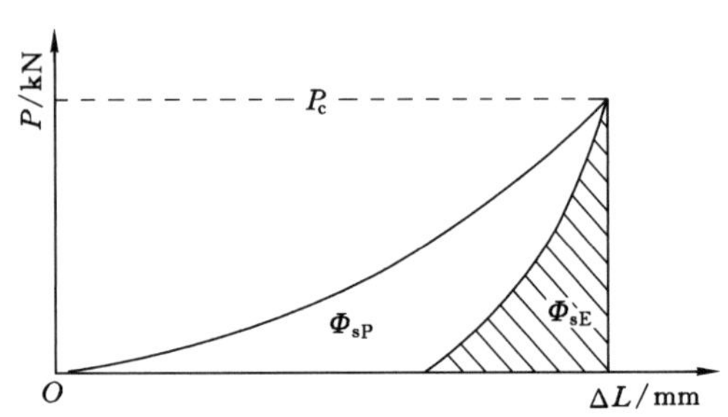

图 3-5-4　弹性能量指数计算示意图

弹性能量指数按下式计算：

$$W_{ef} = \frac{\Phi_{sE}}{\Phi_{sP}}$$

式中　W_{ef}——弹性能量指数；

Φ_{zP}——塑性应变能，有

$$\Phi_{sP} = \Phi_c - \Phi_{sE}$$

式中　Φ_c——总应变能；

Φ_{sE}——弹性应变能。

弹性应变能、总应变能、塑性应变能可用求积仪求出，也可用其他方法求出。

（3）冲击能量指数测定

冲击能量指数指的是煤试件在单轴压缩状态下，应力应变全过程曲线中，峰值前积蓄的变形能与峰值后耗损的变形能之比，用 K_c 表示。

① 测定方法

冲击能量指数测定采用电液伺服试验机或刚性试验机进行，见图 3-5-5。

其测定步骤如下：

——将试件置于试验机的下承压板中心，调整球形座，使试件受力均匀。

——开动试验机，使试件与上承压板接触便停机。此时，载荷显示器有少许的载荷指示，这时将位移传感器安在上、下承压板之间，位移信号输出端接入 *X-Y* 函数记录仪的位移端子上。调整、检查函数记录仪，使之处于工作状态。

——调整、检查试验机各旋钮，使之处于正确的工作位置。放下记录笔，开动试验

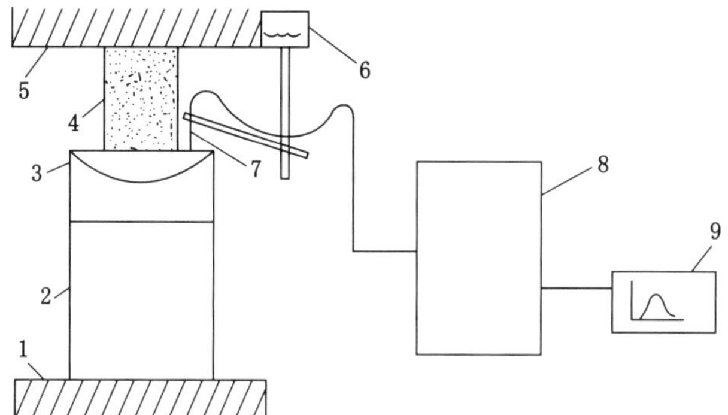

1—下承压板；2—垫块；3—球形座；4—试件；5—上承压板；
6—磁力表架；7—位移传感器；8—控制柜；9—X-Y 函数记录仪。
图 3-5-5　电液伺服试验机应力应变全程曲线测定系统

机，按给定的变形速率对试件加载至极限载荷之时，可适当调整应变速率直至残余强度之后任意一点停机，完成应力应变全程曲线绘制。

② 测定结果计算

绘出冲击能量指数计算示意图，见图 3-5-6。

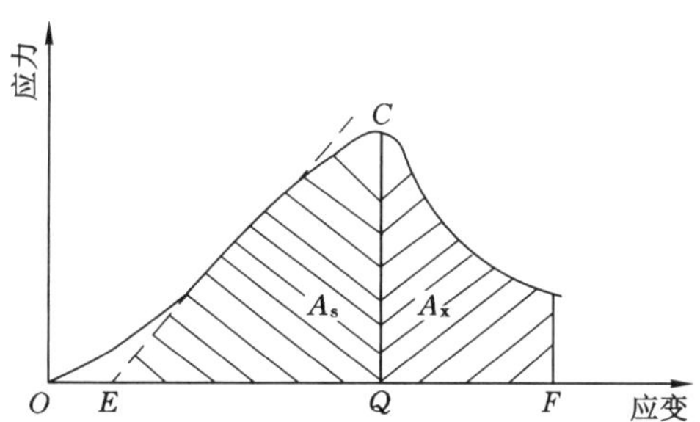

图 3-5-6　冲击能量指数计算示意图

冲出能量指数按下式计算：

$$K_c = A_s / A_x$$

式中　K_c——冲击能量指数；

A_s——峰值前积聚的变形能；

A_x——峰值后耗损的变形能。

2. 岩石冲击倾向性鉴定

(1) 岩石冲击倾向性及其鉴定指数

岩石冲击倾向性指的是岩石积蓄变形能并产生冲击式破坏的性质。

在均布载荷作用下，单位宽的悬臂岩梁达到极限跨度积蓄的弯曲能量称为弯曲能量指数，单位 kJ，用 U_{WQ} 表示。

(2) 测定项目

① 抗弯强度；

② 视密度；

② 弹性模量。

（3）测定结果计算

单一顶板弯曲能量指数按下式计算：

$$U_{WQ} = 0.02\frac{(R_1)^{\frac{5}{2}}h^2}{E_1 \cdot \rho_1^{\frac{1}{2}}}$$

式中　U_{WQ}——弯曲能量指数，kJ；

R_1——抗弯强度，MPa；

h——单一顶板厚度，m；

E_1——弹性模量；

p——视密度，kg/m^3。

第二百二十六条　有下列情况之一的，应当进行煤岩冲击倾向性鉴定：

（一）有强烈震动、瞬间底（帮）鼓、煤岩弹射等动力现象的。

（二）埋深超过 400 m 的煤层，且煤层上方 100 m 范围内存在单层厚度超过 10 m 的坚硬岩层。

（三）相邻矿井开采的同一煤层发生过冲击地压的。

（四）冲击地压矿井开采新水平、新煤层。

【条文解释】　本条是对应当进行煤岩冲击倾向性鉴定情况的规定。

1. 煤岩冲击地压发生时常呈现震动性和破坏性特征。产生强烈的震动，重型机器设备被移动，人员被弹起摔倒，震动波及范围可达几千米甚至几万米，地面有地震感，但一般震动持续时间不超过几十秒。顶板可能瞬间明显下沉，但一般并不冒落，有时底板突出鼓起，甚至顶、底板相互接触；常有大量煤突然破碎从煤壁抛出并产生冲击波，堵塞巷道，掩埋人员、设备，破坏通风设施，摧倒支架，造成惨重的人员伤亡和巨大的财产损失。

2. 一般都在开采达到一定深度后才开始发生冲击地压，此开采深度称为冲击地压临界深度。随着开采深度的增加，原岩应力随之加大，冲击地压发生的可能性也随之加大。临界深度值随条件不同而不同，一般都大于 200 m。例如北京门头沟煤矿 200 m，四川天池煤矿 240 m，辽宁抚顺胜利矿 250 m，北京城子煤矿 370 m，北京大台煤矿 460 m，山东枣庄陶庄矿 480 m，北京房山煤矿 520 m，河北开滦唐山矿 540 m，辽宁抚顺龙凤矿 600 m。

煤岩性质是影响冲击地压发生的主要因素之一。坚硬、厚层、整体性强的顶板（基本顶）易于形成冲击地压；直接顶厚度适中、与基本顶组合性好，不易冒落，易促成冲击地压；煤的强度高，弹性模量大，含水量低，变质程度高，暗煤比例大，一般冲击倾向较强。强度准则理论认为：较坚硬的顶、底板可将煤体夹紧，煤体被夹紧后阻碍了煤体自身或煤体-围岩交界处的变形。但是，当矿山压力突然加大或系统阻力突然减小，煤体可脱离原系统，产生突然破坏和移动，抛向已采空间，形成冲击地压。见图 3-5-7。

埋深超过 400 m 的煤层，且煤层上方 100 m 范围内存在单层厚度超过 10 m 的坚硬岩层发生冲击地压可能性较大，应当进行煤岩冲击倾向性鉴定。

3. 相邻矿井的同一煤层自然地质因素相似，例如煤层赋存深度、地质构造、煤岩性质等，这些都是冲击地压发生的外因条件，所以相邻矿井开采的同一煤层发生过冲击地压的，应当进行煤岩冲击倾向性鉴定。而冲击地压矿井开采新水平、新煤层等情况，因无经验可借鉴，为保矿井安全，也应当进行煤岩冲击倾向性鉴定。

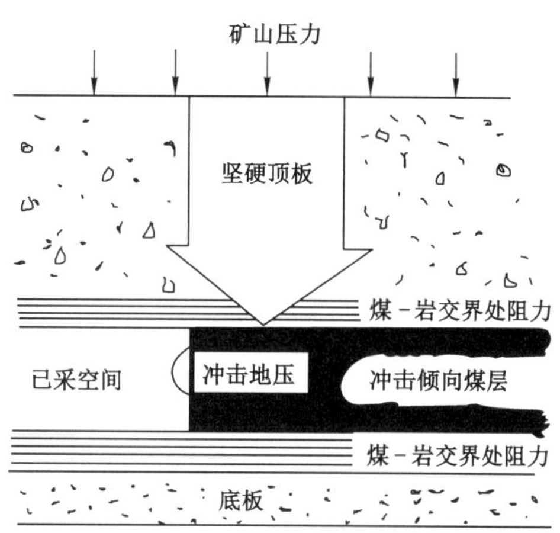

图 3-5-7　冲击地压发生机理示意图

第二百二十七条　开采具有冲击倾向性的煤层，必须进行冲击危险性评价。

【条文解释】　本条是对冲击危险性评价的规定。

开采具有冲击倾向性的煤层具有极大的危险性，但冲击地压危险状态是不尽相同的。为了保证安全生产，对于不同的危险状态，应具有不同的防治对策，所以必须进行冲击危险性评价。

第二百二十八条　矿井防治冲击地压（以下简称防冲）工作应当遵守下列规定：

（一）设专门的机构与人员。

（二）坚持"区域先行、局部跟进、分区管理、分类防治"的防冲原则。

（三）必须编制中长期防冲规划与年度防冲计划，采掘工作面作业规程中必须包括防冲专项措施。

（四）开采冲击地压煤层时，必须采取冲击危险性预测、监测预警、防范治理、效果检验、安全防护等综合性防治措施。

（五）必须建立防冲培训制度。

（六）必须建立冲击危险区人员准入制度，实行限员管理。

（七）必须建立生产矿长（总工程师）日分析制度和日生产进度通知单制度。

（八）必须建立防冲工程措施实施与验收记录台账，保证防冲过程可追溯。"

【条文解释】　**本条是新修订条款，**是对矿井防治冲击地压工作的总体要求。

冲击地压是威胁煤矿安全生产的重大灾害之一。为适应生产发展的要求，加强冲击地压防治工作，促进安全生产，煤矿企业必须加强冲击地压煤层开采的安全管理。

【典型事例】　2018 年 10 月 20 日 23 时，山东省某煤矿发生冲击地压事故，造成 22 人被困井下，其中 1 人获救，21 人遇难。据分析，该煤矿在冲击地压防治、巷道顶板离层监测、冲击地压监测预警、冲击地压危险区域劳动组织、安全防护、现场管理等方面存在问题。同时，事故也反映出当地政府和企业安全生产红线意识不强，安全风险防控、重大灾害治理、巷道布置和支护等工作有差距。

1. 成立组织，加强领导。

（1）开采冲击地压煤层的矿业集团及冲击地压煤矿必须成立相应防治组织，并确定专人负责冲击地压的防治和管理工作。

（2）开采冲击地压煤层的煤矿应有专人负责冲击地压预测、预报工作。

（3）开采冲击地压煤层的区、段、队应有冲击地压防治负责人。

2. 编制规划，认真实施。

（1）冲击地压煤矿有关矿井的长远规划和年度计划中必须包括防治冲击地压措施。

（2）冲击地压煤矿必须按《规程》和其他有关规定，编制本煤矿企业的实施细则。

（3）冲击地压煤矿的实施细则、长远规划和年度计划应报矿业集团公司审批，并报上级主管部门备案。

3. 加强培训，提高素质。

对从事开采冲击地压的有关人员，必须进行安全生产教育培训，以提高综合素质。

（1）必须进行防治冲击地压的基本知识教育，熟悉冲击地压发生的原因、条件和前兆等基础知识。

（2）必须进行防治冲击地压基本操作训练，掌握各种措施的操作要领。

4. 应坚持“区域先行、局部跟进”的防冲原则。开采冲击地压煤层时，必须采取冲击危险性预测、监测预警、防范治理、效果检验、安全防护等综合性防治措施。

5. 为进一步贯彻落实习近平总书记等中央领导同志对煤矿冲击地压防治的相关指示精神，同时和自 2018 年 8 月 1 日起施行的《防治煤矿冲击地压细则》做好衔接，本条对防治煤矿冲击地压工作提出了总体要求，新增加了人员准入、日生产进度通知和措施实施与验收记录等规定。具有冲击地压危险的采掘工作面实行限员管理，并实现人员位置精确定位。

山东省煤矿自 2019 年 9 月 1 日起按照下列规定执行：

（1）采煤工作面和顺槽超前 300 m 以内不得超过 16 人；顺槽长度不足 300 m 的，在顺槽与采区巷道交叉口以内不得超过 16 人。

（2）掘进工作面 200 m 范围内不得超过 9 人；掘进巷道不足 200 m 的，在工作面回风流与全风压风流混合处以内不得超过 9 人。

【典型事例】　2020 年 2 月 22 日，山东省某煤矿-810 m 水平二采区南翼 2305S 综放工作面上平巷发生一起较大冲击地压事故，造成 4 人死亡，直接经济损失1 853万元。

事故直接原因：事故区域煤层及其顶、底板具有冲击倾向性，煤岩体埋藏深，FD8 断层与工作面形成三角区，FD8 与 FD6 断层形成楔形地堑结构，工作面见方及上覆岩层大范围悬顶造成局部高应力聚集；大区域构造应力调整及工作面开采扰动，诱发楔形地堑区断层滑移导致冲击地压事故发生。

事故间接原因：一是安全风险分析研判不够。对大区域构造应力调整、特殊地质条件造成应力集中等因素对工作面开采带来的冲击地压危险性认识不足、重视不够；编制审批作业规程、防冲专项措施时，未分析楔形高倾角地堑结构，对 FD8 断层与工作面形成三角区等因素影响考虑分析不到位。二是安全管理制度执行不严格。现场作业人员未遵守采煤机割煤期间及停机 30 min 内不得进入上平巷限员管理区的规定；区队盯班管理人员未严格执行盯班管理制度，提前上井。三是安全监督管理不到位。四是巷道支护没有承受住强动载冲击。事故区域巷道采用的锚网索+注浆锚索支护、单元支架加强支护，在强烈冲击载荷作用下，部分失去支护作用。五是安全教育培训效果差。部分作业人员及安全管理人员对冲击地压危害认识不够、防冲限员管理规定等知识掌握不足，安全意识淡薄，自保互保能力差。六是上级公司对冲击地压防治技术管理和指导不到位。

第二百二十九条　新建矿井和冲击地压矿井的新水平、新采区、新煤层有冲击地压危险的，必须编制防冲设计。防冲设计应当包括开拓方式、保护层的选择、采区巷道布置、工作面开采顺序、采煤方法、生产能力、支护形式、冲击危险性预测方法、冲击地压监测预警方法、防冲措施及效果检验方法、安全防护措施等内容。

【条文解释】　本条是对编制防冲设计的有关规定。

1. 必须编制防冲设计的场合

冲击危险采区应有防冲专项设计；工作面设计应符合防冲规范。

（1）开采冲击地压煤层必须编制专门设计。

（2）开采冲击地压煤层的新水平，必须以冲击倾向鉴定等资料为基础，编制包括冲击地压防治措施的专门设计，报矿务局审批，并报上级主管部门备案。

（3）已开采的煤层一经确定为冲击地压煤层，对正在开采的水平，必须在3个月内补充编制专门设计。

（4）开采冲击地压煤层必须采取防治冲击地压的生产技术措施。在有冲击危险区进行开采工作时，必须遵守防治冲击地压的基本程序，采取防治冲击地压的专门措施。

（5）冲击地压煤层进行采掘工作前，必须编制包括防治冲击地压内容的掘进与回采作业规程及专项防治措施，由矿总工程批准，报矿务局备案。

2. 防冲设计的内容

开采冲击地压煤层专门设计应包括设计说明书和工程图2部分。

（1）设计说明书

设计说明书除一般采掘工程设计的内容外，还应包括以下内容：

① 地质条件

地质条件指的是煤层的地质年代，赋存情况，地质分层及其冲击倾向和有关物理力学性质，顶、底板岩性和厚度，地质构造等。

② 开采条件

开采条件指的是开采范围、储量、开采程序、采煤方法和巷道布置、上下煤层及本煤层相邻地区的开采情况（包括遗留煤柱、开采边界、工作面错距、开采时间等）。

③ 冲击地压危险程度

根据本区地质开采条件、过去发生冲击地压的情况，评价本地区的冲击地压危险程度，制定冲击危险性预测方法、冲击地压监测预警方法、防冲措施及效果检验方法、安全防护措施等。

④ 防治冲击地压的生产技术措施

——按照开采设计原则，合理选择开拓方式、开采顺序、推进方向、采煤方法和巷道布置。

——按照防治冲击地压的要求，合理确定顶板管理、支护、爆破等采煤工艺。

⑤ 防治冲击地压的专门措施

专门措施指的是计划采取的冲击危险预测方法、冲击地压治理方法和特殊生产技术性措施。

（2）工程图

① 采掘工程图与地质构造图

采掘工程图与地质构造图上应标明本区及相邻地区开采情况及地质构造等。

② 上下煤层对照图

上下煤层对照图上应标明上下煤层的开采情况、遗留煤柱的位置与尺寸、上下煤层中遗留煤柱和开采边界对开采煤层的影响范围等。

③ 防治冲击地压专门措施的工程图

在该工程图上应标明预测预报、防治方法和生产技术性专门措施的实施要点、顺序和方法等。

④ 地质剖面和柱状图

第二百三十条 新建矿井在可行性研究阶段应当进行冲击地压评估工作，并在建设期间完成煤（岩）层冲击倾向性鉴定及冲击危险性评价工作。

经评估、鉴定或者评价煤层具有冲击危险性的新建矿井，应当严格按照相关规定进行设计，建成后生产能力不得超过 8 Mt/a，不得核增产能。

冲击地压生产矿井应当按照采掘工作面的防冲要求进行矿井生产能力核定。矿井改建和水平延深时，必须进行防冲安全性论证。

非冲击地压矿井升级为冲击地压矿井时，应当编制矿井防冲设计，并按照防冲要求进行矿井生产能力核定。

采取综合防冲措施后不能将冲击危险性指标降低至临界值以下的，不得进行采掘作业。

【条文解释】 **本条是新修订条款，**是对冲击地压矿井生产能力核定的修改规定。

根据冲击地压发生的原因，冲击地压的预测预报、危险性评价及冲击地压的治理，通过统计、模糊数学等的分析研究，可以对冲击地压的危险程度按冲击地压危险状态等级评定分为四级。其中，对于不同的危险状态，应具有一定的防治对策。

1. 无冲击危险。冲击地压危险状态等级评定综合指数 $W_t<0.3$。所有的采掘工作可按作业规程的规定进行。

2. 弱冲击危险。冲击地压危险状态等级评定综合指数 $W_t=0.3\sim0.5$。

（1）有的采掘工作可按作业规程的规定进行。

（2）作业中加强冲击地压危险状态的观察。

3. 中等冲击危险。冲击地压危险状态等级评定综合指数 $W_t=0.5\sim0.75$。

下一步的采掘工作应与该危险状态下的冲击地压防治措施一起进行，且至少通过预测预报确定冲击地压危险程度不再上升。

4. 强冲击危险。冲击地压危险状态等级评定综合指数 $W_t=0.75\sim0.95$。

（1）停止采掘作业，不必要的人员撤离危险地点。

（2）矿主管领导确定限制冲击地压危险的方法及措施，以及冲击地压防治措施的控制检查方法，确定冲击地压防治措施的人员。

矿井生产能力提高，使采掘顶、底板影响范围和变形速度加大，导致冲击地压危险性增加，所以冲击地压矿井应当按照采掘工作面的防冲要求进行矿井生产能力核定，在冲击地压危险区域采掘作业时，应当按冲击地压危险性评价结果明确采掘工作面安全推进速度，确定采掘工作面的生产能力，核定该煤矿生产规模不得超过 8 Mt/a。提高矿井生产能力、改扩建和新水平延深时，必须组织专家进行论证。非冲击地压矿井升级为冲击地压矿井时，应当编制矿井防冲设计，并按防冲要求进行矿井生产能力核定。

具有冲击地压危险的矿井，采取综合防冲措施仍不能消除冲击地压危险的，不得进行采掘作业。

冲击地压矿井不得核增生产能力。具备冲击地压灾害防治能力且达到国家规定的治理要求的严重冲击地压矿井和采深超过 1 000 m 的矿井，其生产能力应当根据冲击地压防治需要予以核减。水文地质条件极复杂、矿井开采深度超过 1 000 m 或水平距离单翼超过 5 000 m的煤矿，在核定矿井生产能力时取安全生产系数 0.95。采掘工作面空气温度超过 26 ℃但未采取有效降温措施的，采掘工作面生产能力、矿井通风系统生产能力核定时，按扣除此工作面能力的 30%计算；采掘工作面空气温度超过 30 ℃但未采取有效降温措施的，采掘工作面生产能力、矿井通风系统生产能力核定时，扣除此工作面能力。

发生冲击地压或经鉴定为严重冲击危险的矿井采掘工作面必须采取综合监测和各项卸压措施，核定该煤矿生产能力时取安全系数 K_c，K_c 按实际考察的煤矿冲击地压的强度、频次和产量的关系取值，一般取 0.70~0.95。

具有冲击地压危险的采掘工作面应当按照下列规定实行限员管理，并实现人员位置精确定位：

（1）采煤工作面和顺槽超前 300 m 以内不得超过 16 人；顺槽长度不足 300 m 的，在顺槽与采区巷道交叉口以内不得超过 16 人；

（2）掘进工作面 200 m 范围内不得超过 9 人；掘进巷道不足 200 m 的，在工作面回风流与全风压风流混合处以内不得超过 9 人。

第二百三十一条 冲击地压矿井巷道布置与采掘作业应当遵守下列规定：

（一）开采冲击地压煤层时，在应力集中区内不得布置 2 个工作面同时进行采掘作业。2 个掘进工作面之间的距离小于 150 m 时，采煤工作面与掘进工作面之间的距离小于 350 m时，2 个采煤工作面之间的距离小于 500 m 时，必须停止其中一个工作面。相邻矿井、相邻采区之间应当避免开采相互影响。

（二）开拓巷道不得布置在严重冲击地压煤层中，永久硐室不得布置在冲击地压煤层中。煤层巷道与硐室布置不应留底煤，如果留有底煤必须采取底板预卸压措施。

（三）严重冲击地压厚煤层中的巷道应当布置在应力集中区外。双巷掘进时 2 条平行巷道在时间、空间上应当避免相互影响。

（四）冲击地压煤层应当严格按顺序开采，不得留孤岛煤柱。在采空区内不得留有煤柱，如果必须在采空区内留煤柱时，应当进行论证，报企业技术负责人审批，并将煤柱的位置、尺寸以及影响范围标在采掘工程平面图上。开采孤岛煤柱的，应当进行防冲安全开采论证；严重冲击地压矿井不得开采孤岛煤柱。

（五）对冲击地压煤层，应当根据顶底板岩性适当加大掘进巷道宽度。应当优先选择无煤柱护巷工艺，采用大煤柱护巷时应当避开应力集中区，严禁留大煤柱影响邻近层开采。巷道严禁采用刚性支护。

（六）采用垮落法管理顶板时，支架（柱）应当有足够的支护强度，采空区中所有支柱必须回净。

（七）冲击地压煤层掘进工作面临近大型地质构造、采空区、其他应力集中区时，必须制定专项措施。

（八）应当在作业规程中明确规定初次来压、周期来压、采空区“见方”等期间的防冲措施。

（九）在无冲击地压煤层中的三面或者四面被采空区所包围的区域开采和回收煤柱时，必须制定专项防冲措施。

（十）采动影响区域内严禁巷道扩修与回采平行作业、严禁同一区域两点及以上同时扩修。

【条文解释】　本条是新修订条款，是对冲击地压矿井巷道布置与采掘作业的有关规定。

1. 冲击地压的发生与煤层的物理力学性质有着直接关系，与采场所形成的支承压力有着间接关系。在同一煤层的同一区段集中应力影响范围内，如果布置 2 个工作面同时回采，会使 2 个工作面的支承压力呈叠加状态，其值成倍增长，极易诱发冲击地压。同理，若 2 个相向掘进的掘进工作面，距离较近时也会形成应力叠加，容易发生冲击地压。因此，2 个掘进工作面之间的距离小于 150 m 时，采煤工作面与掘进工作面之间的距离小于 350 m 时，2 个采煤工作面之间的距离小于 500 m 时，必须停止其中一个工作面。相邻矿井、相邻采区之间应避免开采相互影响。

2. 开拓巷道、永久硐室一般都是为全矿或几个采区服务的，安置有大型设备，服务年限长。若将这些巷道、硐室布置在严重冲击地压或冲击地压煤层中，一旦发生冲击地压将严重影响全矿生产，造成重大的经济损失。

3. 煤层厚度对发生冲击地压有较大影响。例如，我国抚顺矿区属特厚煤层，无论是发生冲击地压的次数还是震级都相当严重。据抚顺龙凤矿统计，巷道布置在应力集中区之内，发生冲击地压的次数占全矿发生冲击地压总次数的 38% 以上。在有严重冲击地压的厚煤层中，所有巷道都应布置在应力集中区以外。

巷道开掘后，在巷道周围 3 m 处左右是压力集中区，此时若 2 个巷道平行掘进，如果 2 个巷道之间煤柱宽度小于 8 m，还可能造成应力叠加，叠加后的压力远远高于 2 个巷道原来的支承压力，在掘进过程中很容易发生冲击地压。

2 条平行巷道之间的联络巷道如果与 2 条巷道斜交，这样就在 2 条平行巷道之间形成了 2 个三角煤柱，由于三角煤柱承载能力低，煤层载荷急骤增加，加之形成的支承压力叠加，极易发生冲击地压，因此要求 2 条平行巷道之间的联络巷道，应与 2 条平行巷道保持垂直。

4. 冲击地压的发生主要是由岩石内部积聚的能量所引起的，是矛盾的内因。外界因素对冲击地压的发生起到触发作用，是矛盾的外因。由于采矿活动引起了矿山压力重新分布，形成了支承压力，因此，开采活动极易诱发冲击地压，尤其是在采空区留设煤柱时，因周围煤体被采出，已采区的压力得到缓解和释放，但整个顶板系统中的压力并未消失，此时压力将作用在煤柱上，在煤层上形成了新的应力集中，使得煤体极限平衡状态遭到破坏和支撑能力降低，煤体内积聚的大量弹性能突然释放而诱发冲击地压。煤柱上的集中应力不仅对本煤层开采有影响，还可向下传递，对下部煤层形成冲击影响。因而在开采冲击地压煤层时，在采空区不得留有煤柱。如果必须在采空区留有煤柱时，应进行论证，报企业技术负责人审批，并将煤柱的位置、尺寸以及影响范围标注在采掘工程图上。开采孤岛煤柱的，应进行防冲安全开采论证；严重冲击地压矿井不得开采孤岛煤柱。

5. 冲击地压一般多发生在采掘工作面周围煤体的支承压力带内，这是由于此外应力集中，煤（岩）层承受较高的压力加之煤层本身具有冲击倾向所致。宽巷掘进就是将巷道宽度加宽，巷道加宽后能使巷道两侧的卸压带范围加大，支承压力的峰值位置向煤体深部转移，且波形变得平缓，可大大减少冲击危险，即便发生冲击地压，也因断面大使冲击能量降低，故可减少对人员的伤害和对机器设备的损坏。

冲击地压是矿山压力显现的一种特殊形式，在采掘活动中所采取的对策必须符合自然规律。矿山压力是阻挡不住的，此时若架设混凝土、金属等刚性支架，势必使巷道周围煤体内积聚大量的弹性能，刚性支架没有很好的缓压性，支架允许变形小，当弹性能量达到和超过煤体允许的变形极限时便发生了冲击地压。在冲击地压煤层中的巷道支护应采用可缩性拱形或环形金属支架，支架既有一定的支护阻力，又有一定的可缩性，以适应围岩变形的需要。

6. 开采有冲击地压煤层时，切顶支架应有足够的工作阻力，其目的是使顶板在切顶支架处断裂，采空区侧的顶板垮落，从而减轻基本顶对工作面的压力，否则当基本顶悬露达到一定面积时，顶板岩层在上覆岩层的重力作用下，首先发生挠曲变形，接着将出现断裂、离层，使悬顶的极限平衡状态遭到破坏，此时在顶板内积聚的大量弹性能突然释放可使工作面大面积来压，直至冒顶。如果处在冲击地压煤层开采的情况下，这时极易发生冲击地压。另外在采空区中的支架必须回撤干净，使顶板失去支撑加速垮落，达到卸载目的。有时顶板虽大面积垮落，但在采空区仍剩下少量支柱未回撤干净，局部顶板未垮落而且维持时间也不会太长，这些支柱所支撑的顶板压力未得以释放，由此也可引起或触发冲击地压的发生。

7. 目前国内外对冲击地压发生的机理尚处在探索阶段，先后产生了刚度理论、强度理论、失稳理论，但有一点达成了共识，就是冲击地压是煤（岩）体内的弹性能，在外界因素的触发下，急剧、猛烈、突然释放，显现出以破坏性为特征的动力现象，它是矿山压力显现的一种特殊形式。冲击地压具有以下特点：

（1）冲击地压发生前一般没有明显预兆，事先无法确定发生的时间、地点和强度。

（2）发生过程短暂，只有几秒、十几秒，但波及范围可达几千米、十几千米。

（3）破坏性大，摧毁巷道，压坏支架，造成人员伤亡。

冲击地压是煤矿严重的灾害之一，1783 年英国发生了世界采矿史上第一次冲击地压，1933 年在抚顺胜利矿发生了国内第一次冲击地压。

由于冲击地压煤层开采的特殊性，因此在开采前必须编制专门设计，在作业规程中明确规定初次来压、周期来压、采空区“见方”等这些顶板压力剧增期间的防冲措施。

冲击地压发生前虽没有明显预兆，但只要深入现场进行调查，捕捉发生前的蛛丝马迹，就有助于对冲击地压的防治和研究。对发生经过、有关数据及破坏情况的详细记录，也是对冲击地压研究工作的经验积累。

8. 三面被采空区包围的地区称为半岛煤柱，四面被采空区包围的地区则称为孤岛煤柱，煤柱的压力分布及其危害在前面已经叙述。

构造应力区是指褶曲构造带、断层带和煤层厚度及倾角突变点，这些现象是受地壳运动影响所致，在地壳运动所产生的水平压应力作用下，煤层相继发生弯曲、断裂，出现倾角和厚度变化。任何物体都有恢复原来状态的趋势，虽然地壳运动停止，压应力已消失，但由于周围岩体的约束已无法恢复，故而在这些地区潜存一个应力能，被称为构造应力。这些能量在采掘过程中可随时释放造成冲击。所以在这些地区从事采掘活动，必须制定防治冲击地压的安全措施。

9. 巷道扩修同以上采掘活动一样，也会促使顶板下沉，突然释放巷道周围煤体内积聚的大量弹性能，由此也可引起或触发冲击地压的发生。具有冲击地压危险的巷道扩修前，煤矿应当对扩修区域进行冲击地压危险性评价，并根据评价结论采取相应的防治措施；在扩修过程中，应当进行冲击地压危险性监测。

如果巷道扩修与回采平行作业或同一区域多点扩修，将加剧这种影响。本次修订时新增加了采动影响区域内同一巷道扩修必须保持单点作业和采煤工作面采动影响区域内巷道的扩修不得与回采同时作业的规定要求。

【典型事例】　2008 年 6 月 5 日，河南省义马市某煤矿由于开采深度大、煤层顶板坚硬，在地应力和采动应力共同作用下巷道周围煤岩体弹性变形能聚积，扩修巷道支架、清落巷道底板诱发围岩聚积的能量在短时间内急剧释放，导致 21201 综采工作面下副巷外口以里 725～830 m 处巷道严重底鼓，发生一起冲击地压事故，造成 13 人死亡、11 人受伤。

第二百三十二条　具有冲击地压危险的高瓦斯、突出煤层的矿井，应当根据本矿井条件，制定专门技术措施。

【条文解释】　本条是对冲击地压危险高瓦斯、突出煤层矿井防治的规定。

煤矿井下自然条件恶劣，当矿井具有冲击地压危险，又是高瓦斯或突出煤层时，对采掘生产和作业人员人身安全十分不利，必须制定专门防治灾害的技术措施进行防治。而防治冲击地压和瓦斯、煤与瓦斯突出等的措施有的相同，有的不同甚至相反，应根据本矿井条件，全面考虑不同灾害形成的机理、产生的条件、诱发的因素以及防治措施，进行冲击地压和瓦斯、煤与瓦斯突出等灾害的综合预防与治理。例如，冲击地压可诱发煤与瓦斯突出，从而扩大事故的危害。如鸡西、鹤岗、舒兰、辽源、通化、抚顺等地的一些矿都曾发生过冲击地压带来的煤与瓦斯突出事故。

第二百三十三条　开采具有冲击地压危险的急倾斜、特厚等煤层时，应当制定专项防冲措施，并由企业技术负责人审批。

【条文解释】　本条是对开采具有冲击地压危险的急倾斜、特厚等煤层的规定。

1. 就煤层而言，厚层坚硬、完整的顶、底板的夹持作用，一方面使煤层在高压力作用下趋于侧向突然破裂或向采掘空间逐渐膨胀；另一方面，它又以煤岩交界处的阻力和变形，阻碍上述过程的发展。因而使煤体积聚起很高的侧向压力，又导致在煤层和围岩交界处形成很高的剪应力和相应的高压力，当煤体压力和剪应力达到一定数值后，就可能发生冲击地压。当开采具有冲击地压危险的急倾斜煤层时，煤岩交界处的阻力和变形较小，更有利于发生冲击地压。

2. 有关煤层厚度对发生冲击地压影响的统计结果表明，煤层越厚，越容易发生冲击地压，冲击破坏越强烈。厚煤层较容易发生冲击地压，但是煤层厚度的变化对形成冲击地压的影响，往往要比厚度本身更为重要，在厚度突然变薄或变厚处，往往易发生冲击地压，因为这些地方的支承压力增高。

【典型事例】　山东省新汶华丰矿开采四层煤和六层煤，四层煤厚 6.5 m，六层煤厚 1.2 m，发生在六层煤的冲击地压次数仅有几次，而发生在四层煤的冲击地压达上百次。

【典型事例】　四川省天池煤矿发生的 28 次较大的冲击地压事故中，就有 14 起发生在煤层厚度突然变化的区域，比例高达 50%。

煤层局部厚度的不同变化对应力场的影响规律为：

（1）煤层厚度局部变薄和变厚所产生的影响不同。煤层厚度局部变薄时，在煤层薄的部分，铅垂地应力会增加；煤层厚度局部变厚时，在煤层厚的部分，铅垂地应力会减小，而在煤层厚的部分两侧的正常厚度部分，铅垂地应力会增加。而且煤层局部变薄和变厚，产生的应力集中的程度不同。

（2）煤层厚度变化越剧烈，应力集中的程度越高。

（3）当煤层变薄时，变薄部分越短，应力集中系数越大。

（4）煤层厚度局部变化区域应力集中的程度与煤层和顶、底板的弹性模量差值有关，差值越大，应力集中程度越高。

第二节　冲击危险性预测

第二百三十四条　*冲击地压矿井必须进行区域危险性预测（以下简称区域预测）和局部危险性预测（以下简称局部预测）。区域与局部预测可根据地质与开采技术条件等，优先采用综合指数法确定冲击危险性。*

【条文解释】　本条是对冲击地压矿井区域危险性和局部危险性预测的规定。

冲击地压煤层开采属特殊条件开采，必须采取一系列综合防治措施，否则将使回采工作陷入被动局面，甚至无法开采。虽然已经采取措施，但还应对其效果进行预测检验。

预测后如果确定为冲击地压煤层，在设计和采掘工作中就要按冲击地压煤层管理并制定相应的综合防治措施。

防治措施包括战略性区域性防治措施（技术性先导措施）、战术性局部性防治措施（解危措施）及生产过程中预防措施。

钻粉率指标法、地音法和微震法等方法对于预测冲击危险均有一定优点，也有一定局限性。例如钻粉率指标法简单、易行、直观、可靠且适应性强，但不能实时、连续监测，且工耗也较大；地音流动监测法简单、易行，对探测应力集中较为有效，但预测冲击地压危险较为困难；地音连续监测法可实现连续自动监测、及时捕捉危险信息，但冲击危险判据难以确定，设备投资大，要求较高的使用和维修水平；微震法可准确、及时地记录井下发生的冲击地压，并有可能根据已有的震动预测全矿范围内的冲击地压趋势，但同样设备投资较大，且预测冲击危险的可靠性较差。

实践证明，冲击危险预测是一个相当困难的领域，而且目前任何一种方法均不是万能的。因此，为了及时、准确地预测冲击危险，最好的办法是将各种方法进行可能的综合，根据地质与开采技术条件等，优先采用综合指数法确定冲击危险性，如有的煤矿采用地音流动监测法圈定应力集中区，然后采用钻粉率指标法具体确定冲击危险，效果较好。

第二百三十五条 *必须建立区域与局部相结合的冲击地压危险性监测制度。*

应当根据现场实际考察资料和积累的数据确定冲击危险性预警临界指标。

【条文解释】 本条是对冲击地压危险监测制度的规定。

目前预测检验方法有钻粉率指标法（钻屑法）、地音法、微震法等。

1. 区域监测

微震监测法应用于区域监测。

微震对应于地震里氏震级 0~4.5 级。

微震法指的是采用微震监测系统准确、及时地记录井下震动，并根据积累的震动资料，通过所确定的判据，对较大范围内的冲击危险趋势作出判断的方法。

（1）微震法的基本原理

在矿山条件下，煤（岩）体突然破坏时，以微震波方式传播低频高强度弹性能。冲击地压是应力集中的结果，应力越大，这种弹性能越大。利用微震信息，包括微震的类型、次数、震级等，揭示这些信息的显现规律，从而对冲击地压发生的强度、发生地点进行预测。

（2）利用微震法对冲击地压发生趋势的预测

① 某一时间小震级的冲击地压次数较多，说明未来冲击地压可能性减小。

② 某一时间中等以上震级的冲击地压次数较多，说明未来发生大震级的冲击地压可能性增加。

③ 微震活动一直较平静，持续保持在较低的能量水平（$<10^4$ J），处于能量稳定释放状态，说明未来发生大震级的冲击地压可能性较小。

【典型事例】 北京市门头沟煤矿对 1986—1990 年记录的 6 321 次微震分析，得出以下微震活动规律：

——微震活动的频度急剧增加，可能出现冲击地压。

——微震总能量急剧增加，可能出现冲击地压。

——爆破后微震活动恢复到爆破前微震活动水平所需时间增加，可能出现冲击地压。

——微震活动的频度和能级出现急剧增加，持续 2~3 天后会出现大的震动。

——微震活动保持一定水平（10^4 J），突然出现平衡期，持续 2~3 天后，会出现大的震动和冲击。

2. 局部监测

局部监测预警可采用钻屑法、应力监测法、电磁辐射监测法、地音监测法、地震层析成像法等综合方法。

（1）钻屑法

钻屑法又称为钻粉率指数法或钻孔检验法。它是用小直径（42~45 mm）钻孔，根据打钻不同深度时排出的钻屑量及其变化规律来判断岩体内应力集中情况，鉴别发生冲击地压的倾向和位置。在钻进过程中，在规定的防范深度范围内，出现危险煤粉量测值或钻杆被卡死的现象，则认为具有冲击危险，应采取相应的解危措施。

（2）应力监测法

在采掘空间，采动必然引起应力场及能量的改变，而应力场和能量是发生冲击地压的前提。为了有效预测、控制冲击地压，就必须监测煤岩体的真实应力，但煤岩体真实应力的监测存在一定难度，或者是不经济的。为此，通常采用监测煤岩体相对应力值的办法来监测采动应力。然而，一个点的相对应力值变化无法判断冲击危险性和冲击危险区域，要对采动影响区域进行多点连续监测才能了解采动立力场的变化，进而预测冲击危险。

煤炭科学研究总院开采研究分院研制的 KMJ-30 采动应力监测系统，由井下分站连接矿用压力或应力传感器，以电话线为介质传输到井上，由井上中心站计算机实时监测，并进行分析处理，用于监测煤矿井下工作面推进过程中的采动应力变化及掘进巷道支护设备承压变化等，进而为预测和评价冲击地压提供依据。

（3）电磁辐射监测法

煤岩电磁辐射监测的原理是利用电磁辐射仪接收采掘生产过程中煤岩体在矿压作用下产生、发射电磁辐射的信号，即监测到的电磁辐射强度能反映出煤岩体内部应力的变化尺度及破坏程度的特征信息。电磁辐射是煤（岩）体受载变形破裂过程中向外辐射电磁能量的一种现象，与煤岩体的变形破裂过程密切相关，电磁辐射信息综合反映冲击地压、煤与瓦斯突出等煤岩灾害动力现象的主要影响因素。电磁辐射强度主要反映煤岩体的受载程度及变形破裂强度，脉冲数主要反映煤岩体变形及破裂的频次。

（4）地音监测法

岩石在压力作用下发生变形和开裂破坏过程中，必然以脉冲形式释放弹性能，产生应力波或声发射现象。这种声发射亦称为地音。显然，声发射信号的强弱反映了煤岩体破坏时的能量释放过程。由此可知，地音监测法的原理是用微震仪或拾震器连续或间断地监测岩体的地音现象，根据测得的地音波或微震波的变化规律与正常波的对比，判断煤层或岩体发生冲击倾向度。

（5）工程地震探测法

用人工方法造成地震，探测这种地震波的传播速度，编制出波速与时间的关系图，波速增大段表示有较大的应力作用，结合地质和开采技术条件分析、判断发生冲击地压的倾向度。

第二百三十六条 冲击地压危险区域必须进行日常监测预警，预警有冲击地压危险时，应当立即停止作业，切断电源，撤出人员，并报告矿调度室。在实施解危措施、确认危险解除后方可恢复正常作业。

停产 3 天及以上冲击地压危险采掘工作面恢复生产前，应当评估冲击地压危险程度，并采取相应的安全措施。

【条文解释】 **本条是新修订条款，**是对冲击地压危险区域日常监测和恢复生产前的修改规定。

在冲击地压危险区域作业，对作业人员的安全构成很大威胁，而且冲击地压的发生具有动态性的特征，必须进行日常监测。当监测到有冲击地压危险时，应立即停止作业，切断电源，撤出人员，并报告矿调度室。在实施解危措施、确认危险解除后方可恢复正常作业。

采煤工作面是一个不断变化的动态空间，正常回采时，随采随放顶，能够保持动态平衡。由于某种原因停产后的工作面在空间位置上是静止不动的，但此时已经构成动态平衡系统失稳，工作面顶板来压、片帮所积聚的能量足以触发引起冲击地压的发生。因此，要求停产 3 天以上的采煤工作面，恢复生产前一班内，应评估冲击地压危险程度，并采取相应的安全措施。

冲击地压矿井应当建立实时预警、紧急处置机制，设专职人员 24 h 值班，专门负责冲击地压危险性监测、预警、处置工作。发现监测数据超过冲击地压危险预警临界指标或者判定具有冲击地压危险时，应当立即通知受威胁区域的人员迅速撤离，并切断电源。

【典型事例】 2019 年 8 月 2 日，河北省唐山市某煤矿风井煤柱区 F5010 联络巷、F5009 运料巷横管发生一起较大冲击地压事故，致使该巷道及周边 2 条巷道顶板冒落，巷道底鼓、帮鼓严重，造成 7 人死亡、5 人受伤，直接经济损失 614.024 万元。

该煤矿核定生产能力为 4.2 Mt/a，属高瓦斯、冲击地压矿井。

1. 事故直接原因。

该煤矿 5 煤层及顶板具有冲击倾向性；井田地质构造复杂，构造应力高；风井工业广场煤柱在周边煤层群开采后形成了“半岛”形煤柱，应力高度集中；F5009 工作面及相关巷道形成走向和倾向支承压力叠加，采动应力集中程度高；掘进活动对事故区域煤岩结构稳定性产生扰动。

（1）事故区域具有发生冲击地压的地质条件。5 煤层及其顶板具有弱冲击倾向性；事故区域开采深度近 800 m，覆岩自重应力远超过煤的单轴抗压强度；5 煤层顶板为坚硬细砂岩，厚达 20 m 以上，单轴抗压强度 100 MPa 以上；5 煤层底板为砂质泥岩、细砂岩复合结构；F5010 联络巷和 F5009 运料巷横管周边断层发育，密度大，最大落差 2.5 m。

（2）事故区域地质构造复杂，构造应力高。事故区域位于井田边界断层 Fv 附近，构造应力高；事故区域处于 5 煤层短轴向斜构造轴部，局部构造应力集中；井田现开采深度实测最大水平应力 29.5~33.0 MPa，侧压系数 1.38~1.60，属高地应力水平。

（3）事故地点地处“半岛”形煤柱区，应力高度集中。事故地点所处的风井煤柱区呈“半岛”形，煤层群开采导致该区域应力多次叠加，应力高度集中；事故地点毗邻风井煤柱区边缘和铁二区 5、8、9 煤层不规则采空区附近，应力分布复杂。

（4）事故区域受采煤工作面走向和倾向支承压力叠加影响，采动应力集中程度高。F5010 联络巷距 F5009 工作面停采线 32.7 m，受工作面超前支承压力影响，事故区域煤柱应力集中程度高；F5009 溜子道、F5009 风道形成的二次应力与 F5009 工作面超前支承压力叠加，事故区域煤柱应力集中程度进一步增加；俯斜开采导致上覆岩层载荷作用到事故区域煤柱，加大了事故区域煤柱应力集中；F5010 联络巷、F5009 运料巷横管走向与最大水平应力方向近于垂直，巷道稳定性差；距离 F5010 联络巷 5 m 发育 1 条落差 2.5 m 的正断层，存在局部构造应力，进一步加剧了 F5010 联络巷的应力集中。

（5）掘进活动对事故区域煤岩结构稳定性产生扰动。3654E 风道掘进对事故区域煤柱结构稳定性产生扰动，3654E 溜子道处理老巷、打锚杆等活动对煤柱的受力产生影响，对巷道失稳破坏具有一定的诱发作用。

2. 事故间接原因。

（1）该煤矿 2019 年 5 月 14 日升级为冲击地压矿井后，未及时实施区域防冲措施。未开展风井煤柱区冲击危险性评价，未编制风井煤柱区防冲设计；风井煤柱区设计的开采顺序形成孤岛工作面：先开采F5009工作面，后开采F5010工作面，又施工风井煤柱区设计中未设计的3654E工作面，形成3654E、F5010孤岛工作面；3654E采煤工作面毗邻铁二区不规则采空区，应力集中且分布不均匀；未及时进行区域冲击地压危险性监测。

（2）该煤矿3654E工作面局部防冲措施落实不到位。F5010联络巷处于F5009采煤工作面超前压力影响范围内，且该巷道东侧存在1条落差2.5 m的正断层，在F5010联络巷打钻测钻屑量时出现板炮、卡钻等动力现象，未分析原因，也未采取有效防冲措施；3654E风道、3654E溜子道掘进工作面位于应力集中区且相距97 m，违规交替掘进作业；未按规定采取限员措施，事故当班2个掘进工作面200 m范围内安排35人同时作业。

（3）该煤矿对防冲措施落实监督检查不力，职工安全教育不到位。

（4）集团煤业分公司对冲击地压防治工作分工不明确，主要负责人和技术负责人未到该煤矿现场检查防冲措施落实情况，对该煤矿未实施区域防冲措施和局部防冲措施落实不到位等问题督导检查不力。

（5）集团对该煤矿防冲工作监督检查不力，未督促该煤矿实施区域防冲措施和落实局部防冲措施；对煤业分公司冲击地压防治工作存在的问题失察。

第三节　区域与局部防冲措施

第二百三十七条　*冲击地压矿井应当选择合理的开拓方式、采掘部署、开采顺序、采煤工艺及开采保护层等区域防冲措施。*

【条文解释】　本条是对冲击地压矿井区域性防冲措施的规定。

区域性的防治措施的目的在于消除产生地压的条件，杜绝冲击危险。

1. 合理选择开拓方式和采掘部署

合理的开拓方式和正确的采掘部署对于避免形成高应力区（冲击源）、防止冲击地压极为重要。国内外大量实践表明，许多冲击地压是由不合理的开采条件下造成的。不正确的开拓方式和采掘部署就如孕育冲击地压的温床，一经形成，则难以改变，往往会形成长时期的被动局面。为防止冲击地压，只能采取某些临时性的局部措施。除大量消耗人力、物力外，其效果也很有限。因此，就防止冲击地压而言，开采技术措施是带有根本性和先导性的措施，应当首先采用。

2. 开采顺序

当有断层和采空区时，应尽量采取由断层或采空区开始回采的顺序。此外，还要避免相向采煤；回采线应尽量成直线，而且有规律地按正确的推进速度开采，一般推进速度不宜过大。

巷道布置原则。开采有冲击危险的煤层时，应尽量将主要巷道和硐室布置在底板中。回采巷道采用宽幅掘进。

避免形成孤立煤柱。划分井田和采区时，应保证有计划地合理开采，避免形成应力集中的孤立煤柱和不规则的井巷几何形状。

3. 采煤工艺

（1）顶板管理方法。对于具有冲击危险的煤层，应尽量采用长壁式开采、全部垮落法管理顶板。

（2）煤层注水

煤层注水的主要目的是降低煤体的弹性性质和煤体的强度。最近的相似材料模拟试验结果表明，煤体注水后，支承压力的分布发生变化，峰值降低，峰值位置到煤壁的距离增加。

煤层注水通常是以小流量和尽可能低的压力向煤体长时间注水。注水可在预先掘好的巷道内进行，超前注水距离不应小于 20 m。

（3）顶板注水

顶板注水的作用主要有两点：① 降低顶板的强度，使原来不易垮落的顶板在采空区冒落，转化成随采随冒顶板，从而达到降低煤体应力的目的；② 顶板预注水后，本身的弹性减弱，因而减少了顶板内的弹性潜能；顶板注水后，煤体的支承压力高峰也要向深部转移。

4. 开采保护层

开采煤层体时，为降低潜在危险层的应力，首先应当开采保护层。在全部煤层都是危险层的情况下，应首先开采危险性较小的煤层。当危险层的顶、底板都赋有保护层时，建议先开采顶板保护层。

【典型事例】 2013 年 1 月 12 日，辽宁省某煤矿 3431B 掘进工作面布置不合理，位于上部煤层放顶煤工作面采空区周边应力集中区影响范围内，对掘进工作面前方煤层合层没有进行超前探测，防治冲击地压措施落实不到位，导致 3431B 掘进工作面所在区域发生冲击地压，造成工作面迎头 50 m 范围内煤壁发生位移，巷道严重变形，并伴随大量瓦斯涌出，致使作业人员被埋和窒息死亡，造成 8 人死亡。

第二百三十八条 保护层开采应当遵守下列规定：

（一）具备开采保护层条件的冲击地压煤层，应当开采保护层。

（二）应当根据矿井实际条件确定保护层的有效保护范围，保护层回采超前被保护层采掘工作面的距离应当符合本规程第二百三十一条的规定。

（三）开采保护层后，仍存在冲击地压危险的区域，必须采取防冲措施。

【条文解释】 本条是对保护层开采的规定。

有冲击地压危险的煤层群，由于成煤条件和顶、底板岩性及地质构造等因素，各煤层之间都存在较大差异，其物理性质、化学性质及力学性质都有所不同，据此各煤层的冲击倾向性也不同。

【典型事例】 辽宁省抚顺矿务局龙凤矿所开采的煤层群，有 4 个自然分层，即三分层、四分层、五分层和六分层，在这 4 个分层中三分层冲击地压最严重，五分层冲击倾向较弱。按照开采原则一般应先开采靠近基本顶的三分层（由前向后开采），但由于三分层冲击地压严重，这样就不能先采三分层，而首先选择冲击地压较弱的五分层开采。在开采五分层过程中又进行了充填，从而使顶板压力得到缓和，煤体中的能量获得一定的释放，对其他分层的开采起到了保护作用，解放了其他分层，成功地回采了近万吨煤炭，有效地控制和减缓了冲击地压的威胁。

由于煤层的层间距和煤层倾角及开采条件等方面的影响，保护层有效范围不尽相同，所以还必须对保护层的有效范围进行划定，从而确定保护层回采的超前距离，以便在未受保护的区域采取相应的防治措施。例如放顶卸压、煤层注水、打卸压钻孔、超前松动爆破等，这些均属战术性、局部性预防措施，又称为解危措施。放顶卸压的目的是减缓煤体内应力，降低冲击潜能；煤层注水的目的是改变煤（岩）体的物理机械性能，降低弹性能，使支承压力峰值向煤体深处转移；打卸压钻孔和超前松动爆破的作用是改变煤体应力集中情况，同时也可使支承压力峰值向煤体深部转移。上述措施在全国各煤矿冲击地压煤层开采中得到广泛利用，效果较明显。开采保护层后，仍存在冲击地压危险的区域，必须采取防冲措施。

第二百三十九条　冲击地压煤层的采煤方法与工艺确定应当遵守下列规定：

（一）采用长壁综合机械化开采方法。

（二）缓倾斜、倾斜厚及特厚煤层采用综采放顶煤工艺开采时，直接顶不能随采随冒的，应当预先对顶板进行弱化处理。

【条文解释】　本条是对冲击地压煤层采煤方法与工艺确定的规定。

1. 大量工程实践表明，冲击地压的发生因采煤方法的不同而存在差异。对于具有冲击危险性的厚煤层，当采用分层开采时，常常因开采顶分层时的应力过于集中而导致冲击地压的发生，甚至造成人员伤亡和设备的损坏。应采用长壁综合机械化开采方法。

【典型事例】　河北省开滦赵各庄矿进入深部开采（采深超过 700 m）后，在井口开阔向斜的轴部、次级构造区域，开采 12 煤层顶分层时，发生了地压动力现象。而在采用综采放顶煤工艺开采厚煤层时，由于顶煤及顶板垮落与破坏范围的增大，发生冲击地压的频率下降，强度降低。

2. 放顶煤开采改变了“顶板-煤层-底板”系统的力学承载体系，而转变成了“顶板-顶煤（存在范围较大的破裂区）-开采煤层-底板”的力学体系。范围较大的破裂区的存在，使开采煤层上方形成了一个塑性变形区域，在坚硬的基本顶岩梁断裂时发生动压冲击和应力高峰转移过程中，该区域内的煤体是在逐渐被压碎的条件下破坏的。显然，有破裂区作为缓冲，冲击地压发生的可能性及强度都会小得多。

由于放顶煤工作面直接顶厚度增加，较分层开采时的上覆岩层的纵向运动范围增加，当上部冲击岩层发生冲击时，已发生破坏的顶煤层及已发生运动的上覆岩层的存在，将对冲击波产生衰减作用，从而降低冲击地压的强度。所以，缓倾斜、倾斜厚及特厚煤层采用综采放顶煤工艺开采。

3. 深孔断顶爆破技术。造成大面积来压和冲击地压的主要原因之一是由于顶板坚固难冒，煤层也很坚硬，形成顶板-煤体-底板三者组合的、刚度很高的承载体系，具有聚集大量弹性能的条件；一旦承载系统中岩体载荷超过其强度，就发生剧烈破坏和冒落，瞬时释放出大量的弹性能，造成冲击、震动和暴风。岩石越坚硬，刚度越大，塑性越小，相对脆性就高，破坏时间短促，大面积顶板来压的危险性就越大。综采放顶煤工艺开采时，直接顶不随采随冒，应预先对顶板进行弱化处理。

针对这一现象，可以通过在顶板平巷对顶板进行深孔爆破，人为地切断顶板，爆破后岩石塑性增加，积聚弹性能的能力减弱，进而促使采空区顶板冒落，削弱采空区与待采区之间的顶板连续性，减小顶板来压时的强度和冲击性。此外，爆破可以改变顶板的力学特性，释放顶板所集聚的能量，从而达到防止冲击地压发生的目的。

第二百四十条　冲击地压煤层采用局部防冲措施应当遵守下列规定：

（一）采用钻孔卸压措施时，必须制定防止诱发冲击伤人的安全防护措施。

（二）采用煤层爆破措施时，应当根据实际情况选取超前松动爆破、卸压爆破等方法，确定合理的爆破参数，起爆地点到爆破地点的距离不得小于 300 m。

（三）采用煤层注水措施时，应当根据煤层条件，确定合理的注水参数，并检验注水效果。

（四）采用底板卸压、顶板预裂、水力压裂等措施时，应当根据煤岩层条件，确定合理的参数。

【条文解释】　本条是对冲击地压煤层采用局部防冲措施的有关规定。

1. 钻孔卸压

钻孔卸压就是在具有冲击危险的煤体中钻大直径（约 100 mm）钻孔，钻孔后，钻孔周围的煤体受压状态发生了变化，使煤体内应力降低，支承压力的分布发生变化，峰值位置向煤体深部转移。

2. 卸压爆破

卸压爆破就是在应力区附近打钻，在钻孔中装药爆破。其目的也是改变支承压力带的形状或减小峰值，炮眼布置应尽量接近支承压力带的峰值位置。

3. 煤层注水

煤层注水就是在工作面前方用高压水注入煤体。一般开始注入水压力为 12 MPa，以后保持在 4~6 MPa 之间。必须保证连续注水 5~7 天，使煤体含水量达到 3%以上。高压注水的作用效果是压裂煤体，使煤体结构破坏，从而降低承载能力，降低压力，另外还能降低煤体的弹性性能。

煤层注水的实用方法有 2 种布置方式。

（1）短钻孔注水法

这种方法主要看注水钻孔的数量。钻孔通常垂直于煤壁，且在煤层中线附近。注水时，依次在每个钻孔放入注水枪，水压通常为 20~25 MPa。比较有效的注水孔间距为6~10 m，注水钻孔深不小于 10 m，注水孔的直径应与注水枪的直径相适应，且放入注水枪后能自行注水，封孔封在破裂带以外。

（2）长钻孔注水法

这种方法是通过平行工作面的钻孔，对原煤体进行高压注水，钻孔长度应覆盖整个工作面范围。注水钻孔间距应为 10~20 m，它取决于注水时的渗透半径。

采煤工作面区域内的注水应从两巷相对的 2 个钻孔进行，注水从靠工作面最近的钻孔开始，一直持续到整个工作面范围。注水枪应布置在破碎带以外，深度视具体情况而定。一般情况下，注水应在工作面前方 60 m 外进行。

4. 顶板预裂

煤层顶板是影响冲击地压发生的重要因素之一。顶板爆破就是将顶板破断、开裂，降低其强度，释放因压力而聚集的能量，减少对煤层和支架的冲击振动。而这种振动将影响处于极限应力状态的煤岩体使其应力超限，引发冲击地压。

炸药爆炸破坏顶板的方法有短钻孔爆破和长钻孔爆破 2 种。短钻孔爆破有带式的、阶梯式的和扇形的。这样爆破后，在顶板中形成条痕。在顶板弯曲下沉时，在条痕处形成拉应力而断裂。这种情况就像金刚石划破厚玻璃出现的条痕一样。而长钻孔爆破是在工作面或两巷中钻眼，爆破会破坏顶板或者引发冲击地压。选择参数时应以不损坏支架为准。

这样，就可减少顶板对支架和煤层的压力。当煤层有冲击危险时，顶板爆破后，工作人员的等待时间应等于或大于煤层放震动炮的时间。

5. 水力压裂

水力压裂就是人为地在岩层中预先制造一个裂缝，在较短的时间内，采用高压水将岩体沿预先制造的裂缝破裂。在高压水的作用下，岩体的破裂半径范围可达15~25 m，有的甚至更大。采用水力压裂可简单、有效、低成本地改变岩体的物理力学性质，因此这种方法可用于减低冲击矿压危险性，改变顶板岩体的物理力学性质，将坚硬厚层顶板分成几个分层或破坏其完整性；为维护平巷，将悬顶挑落；在煤体中制造裂缝，有利于瓦斯抽采；破坏煤体的完整性，降低开采时产生的煤尘等。

水力压裂有2种，即周向预裂缝和轴向预裂缝。研究表明，在要形成周向预裂缝的情况下，为了达到较好的效果，周向预裂缝的直径应为钻孔直径的2倍以上，且裂缝端部要尖。高压泵的压力应在30 MPa以上，流量应在60 L/min以上。而轴向裂缝法则是沿钻孔轴向制造预裂缝，从而沿裂缝将岩体破断。

第二百四十一条 采掘工作面实施解危措施时，必须撤出与实施解危措施无关的人员。

冲击地压危险工作面实施解危措施后，必须进行效果检验，确认检验结果小于临界值后，方可进行采掘作业。

【条文解释】 **本条是新修订条款**，是对冲击地压危险工作面解危时和解危后的有关规定。

本次修订新增加了冲击地压危险工作面解危时撤人的有关规定。

冲击地压煤层开采属特殊条件开采，必须采取一系列综合防治措施。冲击地压危险区域实施解危措施时，同样存在一定的风险性，为确保万一，减少不必要的人员伤亡，必须撤出冲击地压危险区域所有与防冲施工无关的人员，停止运转一切与防冲施工无关的设备。

防冲措施效果检验的方法与冲击危险性预测方法相同，可采用钻屑法、应力监测法、微震监测法等方法。对于弱冲击地压危险区域解危效果检验可采用钻屑法，对于中等或强冲击地压危险区域解危效果检验的方法不少于2种。实施解危措施后，必须对解危效果进行检验，只有所有方法检验结果都小于临界值，才能确认危险解除，之后方可恢复正常作业。当其中1种检验方法得出仍具有冲击地压危险时，需继续实施解危措施，直到经检验冲击地压危险解除为止。

第四节 冲击地压安全防护措施

第二百四十二条 进入严重冲击地压危险区域的人员必须采取特殊的个体防护措施。

【条文解释】 本条是对进入严重冲击地压危险区域人员特殊个体防护措施的规定。

在发生严重冲击地压区域如有工人工作，则可能对其产生伤害，甚至造成死亡事故。

1. 波兰的分析结果表明，发生冲击地压后，人员受伤部位是胸部的机械损坏，包括肋骨折断等，占60.41%。为了防止或减轻冲击煤岩碎物对人的胸部伤害，进入严重冲击地压危险区域的人员应穿防冲击背心。

2. 严重冲击地压发生后，常淤塞巷道，破坏矿井通风系统，引起瓦斯积聚或煤与瓦斯突出，因此进入严重冲击地压危险区域的人员应随身携带隔绝式自救器。

第二百四十三条　有冲击地压危险的采掘工作面，供电、供液等设备应当放置在采动应力集中影响区外。对危险区域内的设备、管线、物品等应当采取固定措施，管路应当吊挂在巷道腰线以下。

【条文解释】　本条是对有冲击地压危险区域内设备、管线、物品等放置的规定。

采掘工作面的供电供液是采掘生产的动力源泉，必须妥善加以保管，一旦发生冲击地压就可能毁坏供电供液设备，使工作面停电停泵，所以供电供液等设备应放置在采动应力集中影响区外。

危险区域内的其他设备、管线、物品等应采取固定措施，管路应吊挂在巷道腰线以下，以避免冲击地压发生后遭到破坏。

第二百四十四条　冲击地压危险区域的巷道必须加强支护。

采煤工作面必须加大上下出口和巷道的超前支护范围与强度，弱冲击危险区域的工作面超前支护长度不得小于70 m；厚煤层放顶煤工作面、中等及以上冲击危险区域的工作面超前支护长度不得小于120 m，超前支护应当满足支护强度和支护整体稳定性要求。严重（强）冲击危险区域，必须采取防底鼓措施。

【条文解释】　**本条是新修订条款，**是对冲击地压危险区域巷道加强支护的修改规定。

冲击地压对井下巷道的影响主要是动力将煤岩抛向巷道空间内，破坏巷道周围煤岩结构及支护系统，使其失去功能，造成工作面内大量支柱折损或撞倒和巷道内几十米范围内支架损坏，从而在顶板失去支护的情况下，诱发局部冒顶甚至大面积冒顶事故，所以必须对冲击地压危险区的巷道加强支护，并在作业规程或专项措施中明确，严重（强）冲击地压危险区域还必须采取防底鼓措施。

1. 具有冲击地压危险的采煤工作面应采取的措施

（1）具有冲击地压危险的采煤工作面，应当加大上下出口和巷道超前支护范围与强度。巷道超前支护长度根据采煤工作面超前支承压力影响范围，由煤矿企业总工程师批准。

（2）具有中等以上冲击地压危险的采煤工作面，上下出口和巷道超前支护应当采用液压支架。

（3）采煤工作面采动影响区域内巷道的扩修不得与回采同时作业。

2. 具有冲击地压危险的掘进巷道应采取的措施

（1）具有冲击地压危险的掘进巷道，其支护设计参数应当选取中等以上安全系数。

（2）具有中等冲击地压危险的掘进巷道，应当采用恒阻锚索、高预应力全长锚注锚索、让压锚杆、高强度护表钢带、高强度护网或者大直径托盘等具有强抗变形和护表能力的主动支护方式。

（3）具有强冲击地压危险的掘进巷道以及中等冲击地压危险的厚煤层托顶煤掘进巷道，除采用上述的主动支护方式外，还应当采用可缩式U形钢棚、液压单元支架或者门式支架等受冲击后仍有安全空间的加强支护方式。支护方式和范围应当由煤矿企业总工程师批准。

(4) 具有冲击地压危险的巷道扩修前，煤矿应当对扩修区域进行冲击地压危险性评价，并根据评价结论采取相应的防治措施；在扩修过程中，应当进行冲击地压危险性监测。

同一巷道扩修应当保持单点作业。

巷道贯通和错层交叉位置应当选择在低应力区；具有冲击地压危险的巷道临近贯通或者错层交叉 50 m 前，应当采取加强巷道支护、预防性卸压和防冲监测等措施。

3. 现场作业人员发现紧急情形应采取的措施

现场作业人员发现监测数据超过预警指标，或者有强烈震动、巨响、瞬间底（帮）鼓、煤岩弹射等动力现象时，应当立即停止作业，迅速撤离。

第二百四十五条　*有冲击地压危险的采掘工作面必须设置压风自救系统，明确发生冲击地压时的避灾路线。*

【条文解释】　本条是对有冲击地压危险采掘工作面设置压风自救系统和避灾路线的规定。

在冲击地压发生时，煤体内积聚弹性能突然释放形成强烈的冲击波，可冲倒几十米内的风门、风墙等设施，引起瓦斯积聚或煤与瓦斯突出，因此有冲击地压危险的采掘工作面必须设置压风自救系统，明确发生冲击地压时的避灾路线。

第六章　防　灭　火

第一节　一般规定

第二百四十六条　煤矿必须制定井上、下防火措施。煤矿的所有地面建（构）筑物、煤堆、矸石山、木料场等处的防火措施和制度，必须符合国家有关防火的规定。

【条文解释】　本条是对制定井上、下防火措施和制度的规定。

矿井火灾是煤矿的主要灾害之一。矿井火灾能够烧毁生产设备、设施，损失资源，产生大量高温烟雾及一氧化碳等有害气体，致使人员伤亡。火灾还能够引爆瓦斯导致事故的继发性，造成更大灾害。

矿井火灾包括外因火灾和内因火灾（煤炭自然发火），不仅发生在井下，而且地面井口附近、煤堆、木料场等处都可能发生矿井火灾。因此，煤矿必须制定井上、下防火措施和制度。

煤矿在制订矿井生产长远规划和年度计划时，都必须由矿长和技术负责人（矿总工程师）负责组织制定本矿井的防灭火措施。矿井防灭火工程和措施所需的费用和材料、设备等必须列入企业财务和供应计划，并组织实施。

矿井防灭火措施应包括以下内容：

1. 防止井口地面火灾危害井下安全措施；
2. 各种外因火灾的防灭火措施；
3. 自燃煤层开采时的防灭火措施；
4. 现有火区管理和灭火措施；
5. 在火区周围进行生产活动的安全措施；
6. 发生火灾时的通风应变措施；
7. 发生火灾时防止瓦斯、煤尘爆炸和防止灾情扩大的措施；
8. 发生火灾时的矿工自救和救灾措施等。

【典型事例】　2010 年 3 月 15 日，河南省郑州市某煤矿西大巷第一联络巷处电缆着火，火势迅速扩大，引燃巷道木支架及煤层，产生大量一氧化碳等有毒有害气体，并沿进风流进入采煤工作面，造成人员中毒窒息，致使 25 人死亡。

第二百四十七条　木料场、矸石山等堆放场距离进风井口不得小于 80 m。木料场距离矸石山不得小于 50 m。

不得将矸石山设在进风井的主导风向上风侧、表土层 10 m 以浅有煤层的地面上和漏风采空区上方的塌陷范围内。

【条文解释】　本条是对木料场、矸石山等设置位置的规定。

木料场堆放的是一些易燃材料，一旦遇到火源即可燃烧而引发火灾。矸石山虽然大多是地面舍弃的炉渣和井下运出的矸石，但也含有少量的可燃物质，所产生的大量尘土、烟雾及有害气体，在矿井通风压力的作用下随地面大气流动和地区（域）风向影响而进入井下，将会对矿井安全生产和井下人员的生命安全构成威胁。因此，对木料场和矸石山等堆放场距离进风井口及木料场距离矸石山的远近都有严格规定。同时不得将矸石山设在进风井的主导风向上风侧。

因为煤层和采空区都可能着火，表土 10 m 以浅有煤层的地面上和漏风的采空区上方的塌陷范围内不得设置矸石山，以防引发矸石山火灾。

第二百四十八条　*新建矿井的永久井架和井口房、以井口为中心的联合建筑，必须用不燃性材料建筑。*

对现有生产矿井用可燃性材料建筑的井架和井口房，必须制定防火措施。

【条文解释】　本条是对井架和井口房及其附近建筑材料的规定。

井架、井口房及其周围的各种建筑是煤矿的要害和重要建筑物，里面安设着担负矿井原煤、矸石、材料和人员提升任务的主要设备。若采用可燃性材料构筑，一旦发生外因火灾，不仅这些建筑物和里面的各种设备被烧毁，造成矿井生产中断，而且火灾产生的烟雾及有害气体直入井下，威胁井下所有人员的生命安全而酿成重大灾害事故。对于新建的矿井永久井架和井口房、以井口为中心的联合建筑，必须用不燃性材料建筑。而对现有生产矿井用可燃性材料建筑的井架和井口房，必须制定防火措施。

【典型事例】　某日，辽宁省抚顺市某煤矿立井东侧翻矸台动力电缆短路冒火，引燃井架内部的可燃物（井架是苏联四型钢管井架，内部使用高粱帘子、杏条帘子，中间填入锯末作防寒层，都是易燃物），火灾将吊桶大绳烧断，致使吊桶内的 4 名工人遇难。见图 3-6-1。

第二百四十九条　*矿井必须设地面消防水池和井下消防管路系统。井下消防管路系统应当敷设到采掘工作面，每隔 100 m 设置支管和阀门，但在带式输送机巷道中应当每隔 50 m 设置支管和阀门。地面的消防水池必须经常保持不少于 200 m^3 的水量。消防用水同生产、生活用水共用同一水池时，应当有确保消防用水的措施。*

开采下部水平的矿井，除地面消防水池外，可以利用上部水平或者生产水平的水仓作为消防水池。

【条文解释】　本条是对井上、下消防水池和井下管路系统的规定。

一般说来，用水扑灭各类火灾（电气火灾、油类火灾等除外）是一种经济实用且有效的措施。在煤矿井下，一则可以对煤层和高温地点等发火隐患实施注水，防止和减少内因火灾的发生；二则无论内因火灾还是外因火灾发生后，可采用浇水、灌浆（泥、灰等）等措施进行灭火。水是煤矿消防火管理工作中不可缺少的最基本的防灭火材料和手段。矿

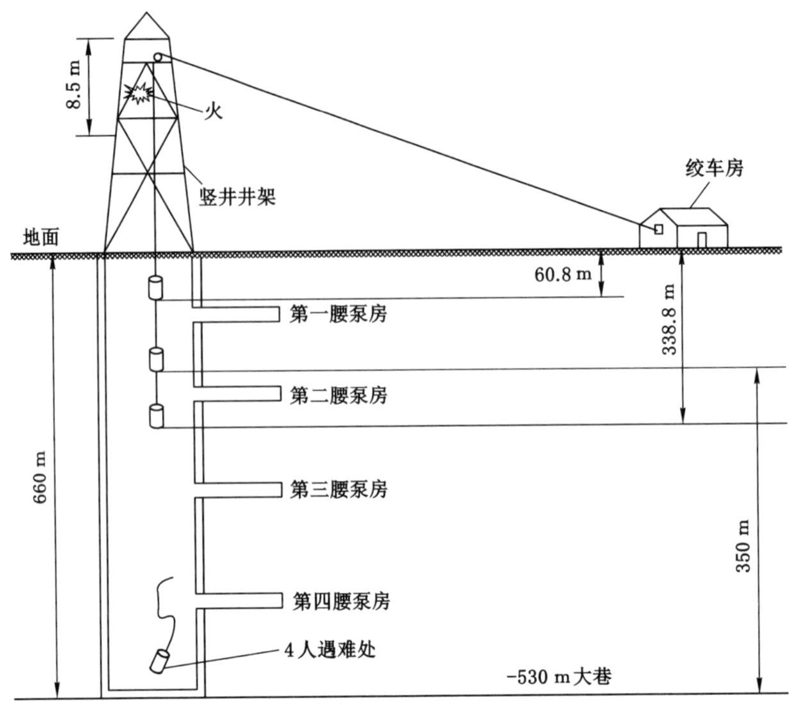

图 3-6-1 抚顺某煤矿立井火灾示意图

井必须设地面消防水池和井下消防管路系统，而且井下消防管路系统应敷设到采掘工作面，应每隔 100 m 设置支管和阀门，以便随时随地实施消防火措施。考虑到带式输送机因皮带打滑、跑偏或摩擦而引发火灾的概率较大，消防管路在带式输送机巷道中应每隔 50 m设置支管和阀门。

地面设置消防水池和井下消防管路系统应符合如下要求：

1. 地面消防水池的容量应根据矿井自然发火危险程度等级、防治火灾能力和所采用的灭火手段等因素确定，必须经常保持不少于 200 m^3 的水量，且其容量不得小于连续 2 h 的供水量，并符合下列规定：

（1）供水压力保持不低于 1 MPa；

（2）每支灭火用设备的耗水量不小于 50 m^3/h。

2. 井下消防管路的选择和铺设应符合下列要求：

（1）消防管路的直径应能满足供水压力和耗水量；

（2）支管和阀门的出口应与使用的消防水龙带的接头相吻合；

（3）供水管的直径应与同时使用的水枪个数相匹配。

【典型事例】 2011 年 7 月 6 日，山东省枣庄市某煤矿井下运输下山底部车场空气压缩机着火，引燃钢棚背帮材料及煤体等可燃物，产生大量有毒有害气体，造成 28 人被困。

第二百五十条　进风井口应当装设防火铁门，防火铁门必须严密并易于关闭，打开时不妨碍提升、运输和人员通行，并定期维修；如果不设防火铁门，必须有防止烟火进入矿井的安全措施。

罐笼提升立井井口还应当采取以下措施：

（一）井口操车系统基础下部的负层空间应当与井筒隔离，并设置消防设施。

（二）操车系统液压管路应当采用金属管或者阻燃高压非金属管，传动介质使用难燃液，液压站不得安装在封闭空间内。

（三）井筒及负层空间的动力电缆、信号电缆和控制电缆应当采用煤矿用阻燃电缆，并与操车系统液压管路分开布置。

（四）操车系统机坑及井口负层空间内应当及时清理漏油，每天检查清理情况，不得留存杂物和易燃物。

【条文解释】　**本条是新修订条款，**是对进风井口装设防火设施的规定。

1. 防火铁门要求

为了防止进风井口及附近一旦发生外因火灾时，产生的烟雾及有害气体在矿井通风压力作用下，进入井下而威胁矿井安全和对人员造成伤害，进风井口必须装设防火铁门，防火铁门应符合以下要求：

（1）采用不燃性材料。

（2）严密不透风。

（3）易于关闭。

（4）打开时不妨碍提升、运输和人员通行。

（5）应定期维修。

2. 罐笼提升立井井口要求

对于罐笼提升立井井口还应当采取以下措施，以防发生火灾或将地面井口附近火灾引入井筒甚至井下：

（1）操车系统负层空间内经常清理漏油、杂物和易燃物。

（2）井筒及负层空间所有缆线应当采用阻燃电缆，操车系统应当使用钢管（阻燃高压胶管），并与缆线分开安装在不同的空间，液压站不得安装在密闭空间内。

（3）传动介质使用难燃液。

（4）操车系统负层空间应与井筒隔离。

【典型事例】　2017 年 3 月 9 日，黑龙江省哈尔滨市某煤矿因副井井口运输平台违章电焊作业发生电缆着火、罐笼坠落事故，造成 17 名矿工遇难，直接经济损失 1 996.1 万元。主要事故教训是电焊工在副井井口运输平台进行电焊作业未编制安全技术措施，运输平台负一层积聚较多可燃物，无防火铁门等安全措施。本次修订对井口防火措施进行了完善。

直接原因：电焊工在副井井口运输平台违章电焊，产生的高温焊渣引燃运输平台负一层内可燃物，导致提升机电力电缆线、信号电缆线和井口操车系统液压油管及液压油燃烧。由于副井井口辅助提升到位停车开关信号电缆着火造成线路短路，提升机实施一级制动，致使罐笼提升 59 m（由-500 m 标高水平上提至-441 m 标高水平）后停止运行。此时，副井平衡锤侧提升钢丝绳处于高温火区内，抗拉强度急剧下降，在静张力的作用下断裂，造成罐笼坠落（坠落高度 94 m）。

第二百五十一条 井口房和通风机房附近 20 m 内，不得有烟火或者用火炉取暖。通风机房位于工业广场以外时，除开采有瓦斯喷出的矿井和突出矿井外，可用隔焰式火炉或者防爆式电热器取暖。

暖风道和压入式通风的风硐必须用不燃性材料砌筑，并至少装设 2 道防火门。

【条文解释】 本条是对井口房和通风机附近不得有外因火源的规定。

1. 有关取暖的规定

矿井通风方法有抽出式、压入式和混合式 3 种方法。无论何种通风方法，一旦井口房和通风机房附近发生火灾，其烟雾和有害气体都会威胁矿井安全和对井下人员造成伤害。尤其当井下发生煤与瓦斯突出时，含有高浓瓦斯和大量煤尘的高压气流，进入用烟火或火炉取暖的抽出式通风的通风机房（或压入式通风的排风井口房），会引起瓦斯煤尘爆炸的重大事故；而较大型突出事故还会造成风流逆转，采用压入式通风的通风机房内（或抽出式通风的进风井口房），如果有烟火或取暖火炉，也会引起瓦斯煤尘爆炸的重大事故。所以，井口房和通风机房附近 20 m 内，不得有烟火或用火炉取暖。

开采有瓦斯喷出区域的矿井和煤（岩）与瓦斯（二氧化碳）突出矿井，不准用隔热式火炉或防爆式电热器取暖。

开采无瓦斯喷出或瓦斯（二氧化碳）突出的矿井，其主要通风机房位于工业广场外，采用无火、无火焰方式取暖确有困难时，经安监部门批准，可以使用隔焰式火炉或防爆式电热器取暖，但必须符合下列要求：

（1）火炉必须安设在通风机房外面。

（2）烟囱距通风机扩散器出口不得小于 20 m，其高度必须高于通风机房屋顶 5 m 以上。

（3）通风机房内的取暖烟道距各种电气设备的距离，不得小于 3 m。

（4）烟道应经常保持良好状态，发现漏烟应立即熄灭炉火，进行处理。

（5）电热器的安装、使用和维护应做到：无鸡爪子、羊尾巴，无明接头；有过电流和漏电保护装置，有螺丝和弹簧垫，有密封圈和挡板，有接地装置；电缆悬挂整齐，设备清洁、整齐；防护装置、绝缘用具、图纸资料等齐全。

（6）电热器的防爆合格率要达到 100%，不符合防爆要求的必须及时更换或检修。

（7）接到矿井反风命令后，必须立即熄灭炉火，电热器立即停电。

2. 安设防火门的规定

在暖风道和采用压入式通风的风硐至少安设 2 道门，一是为了防止地面火灾产生的烟雾和有害气体直接进入井下，造成火灾；二是防止瓦斯喷出或煤与瓦斯突出产生的冲击波冲进暖机房和通风机房；三是增强抗灾能力。

第二百五十二条 井筒与各水平的连接处及井底车场，主要绞车道与主要运输巷、回风巷的连接处，井下机电设备硐室，主要巷道内带式输送机机头前后两端各20 m范围内，都必须用不燃性材料支护。

在井下和井口房，严禁采用可燃性材料搭设临时操作间、休息间。

【条文解释】 本条是对井筒及井底车场等地点支护材料的规定。

井筒与各水平的连接处及井底车场，主要绞车道与主要运输巷、回风巷的连接处，井下机电设备硐室，主要巷道内带式输送机机头前后两端各20 m范围内及在井下和井口房临时操作间、休息间等地点，经常有提升运输设备频繁运行和敷设多条管路、高压电缆等设施，发生撞击、摩擦和电火花的概率较大。如果采用可燃性材料支护，就可能引起火灾，而且这些地点都处在矿井的入风系统，发生火灾时灼热的烟雾、有害气体威胁井下各巷道、硐室和采掘工作面的安全，造成的危害更加严重。以上各处必须采用不燃性材料，以防发火，同时还可以起到“隔离带”的作用。

【典型事例】 2001年2月3日，辽宁省抚顺市某煤矿-680 m水平高压电硐室油浸变压器着火，并很快沿-680 m入风大巷向东燃烧，浓烟滚滚，直接威胁上部-630 m生产水平所有工人的生命安全。大火向前燃烧30 m时遇到了料石砌碹支护，巷道内没有可燃物质，大火被截住再没有向前燃烧。现场人员及时撤出，没有造成伤亡。

第二百五十三条 井下严禁使用灯泡取暖和使用电炉。

【条文解释】 本条是对井下严禁使用灯泡取暖和使用电炉的规定。

我国北方冬天比较寒冷，进入井下的空气温度较低，现场人员应多穿棉衣御寒，但绝不准使用灯泡和电炉取暖。灯泡和电炉本身就是一个明火源，稍有不慎就可能点燃附近的可燃物而引起火灾；如果遇到煤与瓦斯突出、喷出或采空区顶板大面积垮落将采空区积存的大量瓦斯压出，以及发生冲击地压伴随着涌出的高浓度瓦斯等，都很容易引发瓦斯爆炸事故。

第二百五十四条 井下和井口房内不得进行电焊、气焊和喷灯焊接等作业。如果必须在井下主要硐室、主要进风井巷和井口房内进行电焊、气焊和喷灯焊接等工作，每次必须制定安全措施，由矿长批准并遵守下列规定：

（一）指定专人在场检查和监督。

（二）电焊、气焊和喷灯焊接等工作地点的前后两端各10 m的井巷范围内，应当是不燃性材料支护，并有供水管路，有专人负责喷水，焊接前应清理或者隔离焊碴飞溅区域内的可燃物。上述工作地点应当至少备有2个灭火器。

（三）在井口房、井筒和倾斜巷道内进行电焊、气焊和喷灯焊接等工作时，必须在工作地点的下方用不燃性材料设施接受火星。

（四）电焊、气焊和喷灯焊接等工作地点的风流中，甲烷浓度不得超过 0.5%，只有在检查证明作业地点附近 20 m 范围内巷道顶部和支护背板后无瓦斯积存时，方可进行作业。

（五）电焊、气焊和喷灯焊接等作业完毕后，作业地点应再次用水喷洒，并有专人在作业地点检查 1 h，发现异常，立即处理。

（六）突出矿井井下进行电焊、气焊和喷灯焊接时，必须停止突出煤层的掘进、回采、钻孔、支护以及其他所有扰动突出煤层的作业。

煤层中未采用砌碹或者喷浆封闭的主要硐室和主要进风大巷中，不得进行电焊、气焊和喷灯焊接等工作。

【条文解释】 本条是对井下和井口房内施焊作业的规定。

在井下和井口房内施焊可能导致两大危险。

一是引发矿井火灾的危险。施焊过程中飞溅出的火花与焊碴容易引燃一些易燃物品，如秫秸帘子、抹布、胶带、木材以及各种油类等，如若没能有效控制和及时处理极易酿成重大火灾。

【典型事例】 某日，黑龙江省某煤矿皮带井施焊引起 80 人死亡的火灾事故；某日，山东省某煤矿-380 m 大巷两部带式输送机搭接处烧焊结束后，施工人员没有清理现场就升井，留下火种，导致 24 人死亡的火灾事故。

二是引发瓦斯爆炸的危险。井下开采条件较为复杂，由于煤层赋存、地质构造以及通风状况等因素的影响，瓦斯涌出形式和涌出量都会发生变化；而采掘工作面发生瓦斯超限和积聚达到爆炸浓度的隐患难以避免；尤其煤与瓦斯突出的突发性及其突出的大量瓦斯，可瞬间使一些巷道（包括一些进风巷道）的瓦斯浓度达到爆炸界限。如果这时进行施焊而使火花飞溅，必将引发爆炸事故。

各矿井必须制定适用于本矿实际情况的施焊管理制度，做到以下几点：

1. 井下和井口房内不得进行电焊、气焊和喷灯焊接等作业。如果必须在井下主要硐室、主要进风井巷和井口房内进行电焊、气焊和喷灯焊接等工作，每一次施焊都必须制定有针对性的安全措施，施焊安全措施必须由机电、通风、安监等部门审查，主管通风领导审签，再经矿长批准后方可实施；一个措施只能在一个地点使用一次，严禁使用“通用”措施或同一地点多次使用一个措施。

2. 施焊作业时，必须选派瓦斯检查工、安监人员指定专人在现场进行自始至终的检查与监督。

3. 电焊、气焊和喷灯焊接等工作地点的前后两端各 10 m 的井巷范围内，应是不燃性材料支护。煤层中未采用砌碹或喷浆封闭的主要硐室和主要进风大巷中，不得进行电焊、气焊和喷灯焊接等工作。

施焊应有供水管路，有专人负责喷水，焊接前应清理或隔离焊碴飞溅区域内的可燃物。上述工作地点应至少备有 2 个灭火器。

4. 在井口房、井筒和倾斜巷道内进行电焊、气焊和喷灯焊接等工作时，必须在工作地点的下方用不燃性材料设施接受火星。

5. 电焊、气焊和喷灯焊接等工作地点的风流中，甲烷浓度不得超过 0.5%，只有在检查证明作业地点附近 20 m 范围内巷道顶部和支护背板后无瓦斯积存时，方可进行作业。

6. 突出矿井井下进行电焊、气焊和喷灯焊接时，必须停止突出煤层的掘进、回采、钻孔、支护以及其他所有扰动突出煤层的作业。

7. 电焊、气焊和喷灯焊接等作业完毕后，作业地点应再次用水喷洒，并应有专人在作业地点检查 1 h，发现异常，立即处理。

第二百五十五条 井下使用的汽油、煤油必须装入盖严的铁桶内，由专人押运送至使用地点，剩余的汽油、煤油必须运回地面，严禁在井下存放。

井下使用的润滑油、棉纱、布头和纸等，必须存放在盖严的铁桶内。用过的棉纱、布头和纸，也必须放在盖严的铁桶内，并由专人定期送到地面处理，不得乱放乱扔。严禁将剩油、废油泼洒在井巷或者硐室内。

井下清洗风动工具时，必须在专用硐室进行，并必须使用不燃性和无毒性洗涤剂。

【条文解释】 本条是对井下使用汽油、煤油、润滑油等易燃物品管理的规定。

1. 汽油、煤油都属极易燃烧物质，与其他可燃物质比较，其燃烧和传播的速度要快得多，而且不宜用水扑灭。对煤矿井下防火来讲，这些油类是一种极其危险的祸患。所以，必须严格执行“装入盖严的铁桶内”“专人押运”等规定。

2. 井下使用的润滑油、棉纱、布头和纸等，都必须存放在盖严的铁桶内，不得乱放乱扔。严禁将剩油、废油泼洒在井巷或者硐室内。以上物品全部由专人定期送到地面处理。

3. 井下清洗风动工具时，必须在专用硐室进行，并必须使用不燃性和无毒性洗涤剂。

第二百五十六条 井上、下必须设置消防材料库，并符合下列要求：

（一）井上消防材料库应设在井口附近，但不得设在井口房内。

（二）井下消防材料库应设在每一个生产水平的井底车场或者主要运输大巷中，并装备消防车辆。

（三）消防材料库储存的消防材料和工具的品种和数量应当符合有关要求，并定期检查和更换；消防材料和工具不得挪作他用。

【条文解释】 本条是对井上、下设置消防材料库的规定。

1. 设置消防材料库的重要意义

在矿井发生各种灾害事故，尤其在矿井火灾事故的抢险救灾过程中，除了有力的组织与指挥系统、经验丰富的救护队员和救灾人员之外，一些必需的设备、工具和材料是绝对不可缺少的。否则，现场将会因为救灾器材不足、不全等而贻误良机致使火灾扩大，甚至发生瓦斯煤尘燃爆事故。因此，根据矿井火灾可能发生在井下也可能发生在地面，可能是内因火灾也可能是外因火灾的特点，井上、下必须设置消防材料库，以便迅速提供足够的消防设备和器材。

2. 井上消防材料库的设置地点

“井上消防材料库应当设在井口附近”，主要是为了争取时间，及时、迅速地运送消防材料；但消防材料库“不得设在井口房内”，这是因为井口房内设有矿井提升运输的各种机电设备，且井口房与井口直接相通，一旦井筒或井口房内发生火灾，势必会将消防材料焚烧殆尽，使救灾工作难以顺利进行。

3. 井下消防材料库和消防车辆

矿井灾害事故处理的基本原则是“迅速，安全，有效”。早一分钟灾害可能会得到控制，人员可能免受危害。由于井下各个水平都有可能发生矿井火灾，所以井下装备消防车辆，就是做到一个“快”字，以便迅速提供所需消防设备、设施、材料与工具，安全、有效地实施抢险救灾工作。

井下消防材料库的材料、工具的品种和数量可参考矿井防灭火技术规范相关内容，并定期检查和更换。消防材料和工具不得挪作他用。

【典型事例】　2010 年 1 月 5 日，湖南省湘潭市某煤矿违规使用国家明令禁止的设备和工艺，在 18 处暗立井中全部采用调度绞车配自制“吊箩”提升装备；煤矿中间立井 3 道暗立井内敷设的非阻燃电缆老化破损，短路着火，引燃电缆外套塑料管、吊箩、木支架及周边煤层，产生大量有毒有害气体，造成 34 人窒息死亡。

第二百五十七条　井下爆炸物品库、机电设备硐室、检修硐室、材料库、井底车场、使用带式输送机或者液力偶合器的巷道以及采掘工作面附近的巷道中，必须备有灭火器材，其数量、规格和存放地点，应当在灾害预防和处理计划中确定。

井下工作人员必须熟悉灭火器材的使用方法，并熟悉本职工作区域内灭火器材的存放地点。

井下爆炸物品库、机电设备硐室、检修硐室、材料库的支护和风门、风窗必须采用不燃性材料。

【条文解释】　本条是对井下有关硐室和巷道备有灭火器材的规定。

一般说来，矿井火灾的发生都有个过程，发火初期的火势并不大，若采取直接灭火措施可以有效防止火势蔓延、发展。所以，最先发现着火的任何人都不应惊慌失措，应尽快弄清火情，并根据火灾性质采取一切可能的办法，力争在火灾初起之时就把它扑灭。井下爆炸物品库、机电设备硐室、检修硐室、材料库、井底车场、使用带式输送机或液力偶合器的巷道以及采掘工作面附近的巷道中，必须备有一定数量、规格的灭火器材，井下工人必须熟悉灭火器材的使用方法，并熟悉本职工作区域内灭火器材的存放地点。

井下有关硐室和巷道应备有灭火器材的数量、规格和存放具体地点等，应根据矿井生产和防灭火措施的具体情况，在矿井灾害预防和处理计划中确定，并认真落实。

井下爆炸物品库、机电设备硐室、检修硐室、材料库的支护和风门、风窗必须采用不燃性材料。

【典型事例】　2013 年 2 月 28 日，河北省张家口市某煤矿井下 750 m 水平进风石门处压风机着火引燃木棚，当时有 13 人在井下进行维修作业。经救护队搜救，发现 11 人一氧化碳中毒死亡，还有 2 人下落不明。

第二百五十八条　每季度应当对井上、下消防管路系统、防火门、消防材料库和消防器材的设置情况进行 1 次检查，发现问题，及时解决。

【条文解释】 本条是对井上、下消防设施检查的规定。

井上、下消防管路系统、防火门、消防材料库和消防器材都是消防设施，对于扑灭火灾起到至关重要的作用，必须保证质量完好、数量合格和位置恰当。随着采掘工作面和巷道布置的变化，井下消防管路系统等设施也应改变，有的需要撤除，有时需要增设；另外，由于受到周围环境和条件等因素的影响，有些设施可能发生质量上不符合要求等一些问题。因此，每季度对井上、下的消防管路系统、防火门、消防材料库和消防器材的设置情况进行1次检查是非常必要的，以便及时发现和解决问题。

第二百五十九条 矿井防灭火使用的凝胶、阻化剂及进行充填、填漏、加固用的高分子材料，应当对其安全性和环保性进行评估，并制定安全监测制度和防范措施。使用时，井巷空气成分必须符合本规程第一百三十五条要求。

【名词解释】 高分子材料

高分子材料——相对分子质量大于500（一般材料为103~106）的有机化合物，也叫高聚物或聚合物。

【条文解释】 本条是对防灭火使用高分子材料的规定。

目前高分子材料已成为三大固体（金属、高分子材料、无机非金属）材料之一。凝胶、阻化剂及进行充填、填漏、加固用的高分子材料应用在矿井防灭火中越来越普遍，取得了显著成效。但是，采用高分子材料进行矿井防灭火工作，毕竟属于新技术、新材料、新装备的使用范畴，经验不足，必须进行安全性和环保性评估，并建立安全监测制度和防范措施。使用时，井巷空气成分必须符合规程的相关要求。

第二节 井下火灾防治

第二百六十条 煤的自燃倾向性分为容易自燃、自燃、不易自燃3类。

新设计矿井应当将所有煤层的自燃倾向性鉴定结果报省级煤炭行业管理部门及省级煤矿安全监察机构。

生产矿井延深新水平时，必须对所有煤层的自燃倾向性进行鉴定。

开采容易自燃和自燃煤层的矿井，必须编制矿井防灭火专项设计，采取综合预防煤层自然发火的措施。

【条文解释】 本条是对煤的自燃倾向性分类、鉴定及采取综合防火措施的规定。

1. 煤的自燃倾向性分类

煤的自燃倾向性，是用来区分和衡量不同煤层发火危险程度的一个重要指标，也是对矿井煤炭自然发火采取不同的针对性措施进行有效管理的主要依据。

1993年施行的《规程》将煤的自燃倾向性分为有自燃倾向性和无自燃倾向2类。由于煤炭本身是可燃物质，在蓄热升温条件下达到一定温度即可着火燃烧，显然这种分类是不确切的，从此以后的修改，都把煤的自然倾向性分为3级，即将“无自燃倾向性煤层”改为“不易自燃煤层”，而将“有自燃倾向性煤层”分为“自燃煤层”和“容易自燃煤层”。所以，煤的自燃倾向性分为容易自燃、自燃和不易自燃3类。

2. 煤层自燃倾向性鉴定

（1）不同开采时期的自燃倾向性鉴定

影响煤层自燃倾向性有多种因素，除煤层的开采技术条件（如开拓方式、巷道布置、采煤方法、开采方式、开采顺序、顶板管理方式、通风方式和通风系统、通风强度等）因素以外，还与煤层的内在因素（如煤的结构、变质程度、化学成分和硫、磷、水、灰等含量）有关系，而煤层的内在因素又是受煤层生成过程中的地质构造作用及埋藏条件的影响而变化的。显然，用一个煤层代替另一个煤层，一个矿井代替另一个矿井，一个水平代替另一个水平而进行取煤样鉴定自燃倾向性是不科学的。只有做到新建矿井的所有煤层和生产矿井延深新水平的所有煤层都进行自燃倾向性鉴定，才能为防治矿井自然发火的发生寻求一个经济合理的技术途径，也才能为防止自然发火事故的发生打下坚定的思想基础和物质基础。

① 在新开煤田所有煤层和不同地质构造区域煤的自燃倾向性鉴定时，鉴定结果报省级煤炭行业管理部门及省级煤矿安全监察机构。

② 在建矿井所有煤层、拟建水平和不同地质构造区域煤的自燃倾向性鉴定时，由设计部门确定采取煤样地点，建设单位提供煤样和资料。

③ 生产矿井新开煤层、新水平和不同地质构造的区域煤的自燃倾向性鉴定由矿井提供煤样和资料。

（2）进行煤的自燃倾向性鉴定有关规定

在采取煤样时应遵守以下规定：

① 必须由经过专门训练的采样人员采取。

② 地质勘探部门必须从钻孔的煤心管中采取每个煤层的煤样。

③ 在所有煤层和分层的采煤工作面或掘进工作面，采取有代表性的煤样。

④ 在地质构造复杂、破坏严重（如有褶曲、断层及岩浆侵入等）地带，或煤岩组分在煤层中分布明显（如有明显镜煤、亮煤、丝炭黄铁矿夹矸等），应分别加采煤样，并描述采样点状态。

⑤ 在采掘工作面采取煤样时，先把煤层表面受氧化的部分剥去，再将底板清理干净，铺上帆布或塑料布，然后沿工作面垂直方向画 2 条线，线间宽度 100～150 mm，在两线间采取厚 50 mm 的初采煤样；将初采煤样打碎成为 20～30 mm 粒度，混合均匀，依次按圆锥缩分法缩至 2.0 kg，装入铁筒（或厚塑料密封袋）内密封，将其包装好以后，寄运送鉴。采样时，矸石或夹石不得混入煤样中。

⑥ 在地质勘探钻孔采取煤心样时，从钻孔中取出煤心，立即将夹石、泥灰和煤心被研磨烧焦部分清除，必要时可用水清洗，但不能浸泡在水中。将清理好的煤心立即装入铁筒（或厚塑料密封袋）内密封，包装好之后，寄运送鉴。煤心样品同样应具代表性。

⑦ 新采煤层或分层，在首次采取煤样时，必须在同一煤层或分层的不同地点采取 2～3 个煤样送鉴。

⑧ 每个煤样必须备有 2 个标签，1 个放在煤样的容器内（务必用塑料袋包好，防潮），1 个贴在容器外。标签按下列要求填写：煤样编号（送样单位样品号）；送样单位、邮编及联系人姓名；煤层名称；煤种（按国际分类）；煤层厚度；煤层倾角；采煤方法

（掘进工作面标明掘进方法）；经验自然发火期（矿井开采过程中的经验统计值）；采样地点；采样人，采样日期。

⑨ 随同煤样要说明煤层生成的地质年代、距地表深度、采样地点暴露于空气的时间，是否从断层、褶曲等地质构造附近采取的煤样等。

⑩ 鉴定煤样应在采样后 15 天内送（寄）达鉴定单位。

（3）煤的自燃倾向性鉴定方法

煤的自燃倾向性鉴定要采用“吸氧法”。鉴定时，使用 ZRJ-1 型自燃倾向性检测仪，确定煤在 30 ℃、常压条件下的吸氧量，据此按照表 3-6-1 和表 3-6-2 对煤的自燃倾向性进行分类。

表 3-6-1　煤自燃倾向性分类表（褐煤、烟煤类）

自燃等级	自燃倾向性	30 ℃常压煤的吸氧量/（cm^3/g 干煤）	备　注
Ⅰ	容易自燃	≥0.80	
Ⅱ	自燃	0.41～0.79	
Ⅲ	不易自燃	≤0.41	

表 3-6-2　煤自燃倾向性分类表［高硫煤、无烟煤（含可燃挥发）］

自燃等级	自燃倾向性	30 ℃常压煤的吸氧量/（cm^3/g 干煤）	全硫 S_f/%	备　注
Ⅰ	容易自燃	≥1.00	>2.00	
Ⅱ	自燃	≤1.00	>2.00	
Ⅲ	不易自燃	≥0.80	<2.00	

由国家安全生产监督管理总局颁布于 2006 年 5 月 7 日实施的《煤层自然发火标志气体色谱分析及指标优选方法》（AQ/T 1019—2006）规定了煤层自然发火标志气体种类、气相色谱分析技术条件和分析方法。

【典型事例】　某日，辽宁省某煤矿北翼 121 采区 2102 综采放顶煤工作面，在安装过程中因自然发火引起特别重大瓦斯爆炸事故，死亡 78 人。

3. 综合防火措施

开采容易自燃和自燃煤层的矿井，必须编制矿井防灭火专项设计，采取综合预防煤层自然发火的措施。

（1）在开采技术方面，选择有利于防止煤炭自然发火的合理开拓方式、巷道布置、采煤方法、回采工艺和开采程序，加强采掘工作面顶板管理和巷道维护工作，结合煤层赋存条件，尽量减小煤层切割量，提高回采率及加快采掘工作面月推进度等，不给自然发火提供（或创造）碎煤堆积条件。

（2）在通风管理方面，采用有利于防止煤炭自然发火的合理通风方式，实施均压通风、预防性灌水、注浆以及建立预测预报管理制度，尽可能减少或杜绝漏风，不给自然发火创造良好的供氧条件。

第二百六十一条　开采容易自燃和自燃煤层时，必须开展自然发火监测工作，建立自然发火监测系统，确定煤层自然发火标志气体及临界值，健全自然发火预测预报及管理制度。

【条文解释】 本条是对煤层自然发火预测预报的规定。

1. 建立自然发火预测预报制度

煤的自燃过程可分为 3 个阶段，即潜伏期、自热期和燃烧期。潜伏期一般无明显征兆；自热期煤的氧化速度加快，空气中的氧含量减少而一氧化碳、二氧化碳含量增加，空气温度升高并出现雾气，煤壁或支架上出现水珠等。这是进行早期预报和采取预防性措施的良好机会。而燃烧期时氧化速度急剧加快，空气和煤温显著增高，产生大量可燃气体（CO、H_2、烷系、烯系等碳氢化合物），有煤油味、烟雾甚至明火出现。

正因为对煤炭自燃过程的 3 个阶段及其表现特征有了较清楚的认识与了解，完全可以采取一些检测设备和手段做到早期预报，以达到“防患于未然”的目的。因此，开采容易自燃和自燃煤层的矿井，必须开展自然发火监测工作，对检测结果做好记录和定期分析整理，及时指导防火管理工作。

2. 确定煤层自然发火标志气体及临界值

煤层自然发火标志气体，是指煤层自然发火过程中产生的变化较为灵敏的、用来表示煤层发火危险程度的代表性气体。达到发火危险标志气体的指标，即为发火临界值。煤层自然发火标志气体及其临界值，是进行准确预测和早期预报的主要科学依据。

过去，我国煤矿对标志气体的应用长期停留在 CO 及其派生指标的水平上，将 CO 确定为监测煤炭氧化自燃发展阶段的最灵敏指标，并且认为只要回风流中检测到微量的 CO 就可以认为煤已经进入低温氧化阶段。但实验证明，随着煤温的升高，浓度变化幅度最大的是 CO，从 30 ℃开始一直到煤的激烈氧化阶段都能检测到 CO，因此，在现场很难找出其浓度所对应的煤温值；同时，还会受到其他 CO 产生源的干扰。随着气体分析手段和监测水平的完善与提高，在大量试验研究的基础上，提出了预测精度和准确率要好于 CO 及其派生指标的某些其他气体组分。这些组分主要包括烷烃、烯烃、炔烃等。近年，以 CO、C_2H_4、C_2H_2 为主要标志气体在我国煤矿得到广泛推广与应用，为此，关于火区管理和火灾态势判别等内容，对 CO、C_2H_4、C_2H_2 标志气体作出了明确规定。

由于煤炭的结构和组分的复杂性，自然发火标志气体及其指标不尽相同。因此，不同矿井、不同煤层，应针对煤层煤质特征采取煤层煤样（同一煤层的煤样不少于 2 个），进行自然发火气体产物产生规律模拟实验，从而优选适合于本煤层的自然发火标志气体及标志气体指标。

（1）煤层自然发火标志气体及临界值实验方法

实验方法包括煤炭自然发火模拟气体产物分析方法和煤矿井下火灾气体分析方法。

煤炭自然发火模拟气体产物分析方法，是将一定量煤样在实验室条件下进行程序升温，循环分析各温度段气体产物种类、浓度及煤样温度变化特性，据此优选适用的自然发火标志气体及其指标。煤矿井下火灾气体分析方法，是用球胆或聚乙烯袋采集气样，或通过束管监测系统采取气样，用气相色谱仪进行火灾气体分析。

（2）标志气体和标志气体临界值

标志气体主要包括：CO、烷烃气体、烯烃气体和炔烃气体等。

标志气体临界值包括：单一标志气体组分浓度、产生速率和临界温度，链烷比、烯烷比及其峰值温度、各氧化阶段的特征温度范围及标志气体等。

① 单一气体组分浓度及增率。单一组分的 CO、烷烃、烯烃和炔烃浓度，在一定程度上反映了自然发火的程度，可作为标志气体指标。单一组分的标志气体浓度在单位时间内的增率，可作为标志气体指标。

标志气体增率按下式计算：

$$I_r = (C_2 - C_1)/\Delta t$$

式中 I_r——某种标志气体浓度增加速率，1/d 或 1/h；

C_1，C_2——两次测定的某种标志气体浓度；

Δt——两次测定间隔时间，取 $\Delta t = 20$ min。

② 链烷比。链烷比是指长链的烷烃浓度与甲烷或乙烷之比。在煤氧化的升温过程中，链烷比呈现峰值变化规律，其峰值温度在一定程度上反映了自然发火进程，可以作为自然发火标志气体指标。常用的长链烷烃与甲烷浓度之比有：C_2H_6/CH_4、C_3H_8/H_4，C_4H_{10}/CH_4。长链烷烃与乙烷浓度之比有：C_3H_8/C_2H_6、C_4H_{10}/C_2H_6。

③ 烯烷比。烯烷比在整个氧化过程中呈现峰值变化规律，其峰值温度在一定程度上反映了自然发火进程，可以作为自然发火标志气体指标。常用的烯烷比是 C_2H_4/C_2H_6。

④ 临界温度。临界温度是自然发火过程中首次产生某种标志气体的最低温度，是煤的自然发火进入不同阶段的标志温度，在一定程度上反映了自然发火的进程，可以作为标志气体指标。

⑤ 峰值温度。峰值温度是指链烷比或烯烷比的峰值温度，可以作为自然发火标志气体临界值。

⑥ 各氧化阶段的特征温度范围及标志气体。煤的氧化阶段包括缓慢氧化阶段、加速氧化阶段和激烈氧化阶段。标志气体优选工作应找出各阶段特征温度范围，以及该范围的标志气体。

（3）标志气体优选原则

① CO、C_2H_4、C_2H_2 在一定程度上反映了自然发火的缓慢氧化、加速氧化和激烈氧化的 3 个阶段。因此，进行标志气体优选时，应优先考察这 3 种气体及其指标的适应性。

② 当煤层赋存瓦斯中含有较高量的重烃组分时，应用链烷比和烯烷比考虑重烃释放时间的影响，并考察其适用性。

③ 低变质程度的褐煤、长焰煤、气煤和肥煤，应优先考虑烯烃及烯烷比标志气体及其指标。

④ 中变质程度的焦煤、瘦煤及贫煤，应优先考虑 CO 和烯烃及烯烷比标志气体及其指标。

⑤ 高变质程度的无烟煤，应优先考虑 CO 及其派生指标。

3. 选定自然发火观测站（点）和建立监测系统

由于井下各个地点的生产条件与通风条件不尽相同，煤炭自然发火的概率和危险程度也有较大差异。所以，对那些有碎煤堆积、漏风较大，具备煤炭自然发火条件的危险地点和部位，必须建立固定或临时的观测站（点），密切注视发火征兆的显现及其变化，并及时发出发火预报。同时还必须建立自然发火监测系统，以连续自动监测和随时提供相关地点自然发火过程的动态信息，时刻掌握防止自然发火的主动权。

第二百六十二条 对开采容易自燃和自燃的单一厚煤层或者煤层群的矿井，集中运输大巷和总回风巷应当布置在岩层内或者不易自燃的煤层内；布置在容易自燃和自燃的煤层内时，必须锚喷或者砌碹，碹后的空隙和冒落处必须用不燃性材料充填密实，或者用无腐蚀性、无毒性的材料进行处理。

【条文解释】 本条是对集中运输大巷和总回风巷的布置与维护的规定。

集中运输大巷和总回风巷是矿井的主要巷道，服务时间较长；通过的风压较高、风量较大，且因采掘工作面的风量调节而经常变化；运输大巷内还设有运输皮带和机电设备等，这些都是发火隐患。如果布置在煤层内，厚煤层或煤层群要大量留设煤柱，增大了煤层与空气接触的暴露面积，或因煤柱受压，产生大量裂隙而导致煤柱漏风，发火概率大增，因此，这些主要巷道应布置在岩层内或不易自燃的煤层内。

布置在容易自燃和自燃的煤层内时，必须锚喷或砌碹，并对空隙和冒顶采取防漏风措施，如用不燃性材料充填密实，或用无腐蚀性、无毒性的材料进行处理。

第二百六十三条 开采容易自燃和自燃煤层时，采煤工作面必须采用后退式开采，并根据采取防火措施后的煤层自然发火期确定采（盘）区开采期限。在地质构造复杂、断层带、残留煤柱等区域开采时，应当根据矿井地质和开采技术条件，在作业规程中另行确定采（盘）区开采方式和开采期限。回采过程中不得任意留设设计外煤柱和顶煤。采煤工作面采到终采线时，必须采取措施使顶板冒落严实。

【名词解释】 煤层自然发火期

煤层自然发火期——从煤层被揭开暴露于空气到氧化升温发火止所经历的时间。一般以月为计算单位。

【条文解释】 本条是开采容易自燃和自燃煤层采煤方式的有关规定。

1. 后退式开采

采煤工作面的开采方式一般分为前进式和后退式 2 种。采煤工作面的通风型式包括 U 形、Y 形、Z 形、H 形、W 形、双 Z 形以及 V 形、偏 Y 形、U+L 形等，见图 3-6-2。

后退式（U 形、W 形通风系统）布置的采煤工作面，其进回风巷都在未采动的实体煤层内，随工作面的推进而逐渐垮塌报废，采空区一侧不存在通风巷道，见图 3-6-2 中（a）、（e）。因此，采空区漏风的范围，只是由工作面上下两端之间的风压差所形成的漏风区域。而前进式布置的采煤工作面，其通风系统大多在采空区一侧均有 1 条或 2 条通风巷道，采空区漏风的范围和漏风量均大于后退式。显然，引起采空区发火的概率也就会大大提高。因此，开采自燃和易自燃的厚和中厚煤层时，采煤工作面必须采用 U 形通风后退式开采。应特别注意，假如采煤工作面采用 U 形、W 形通风以外的其他任何通风型式，尽管采用后退式开采，大多是采空区一侧均存有 1 条或 2 条通风巷道，由巷道向采空区漏风引起自然发火的问题依然存在。故此，从防止采空区发火角度考虑，除了采用后退式开采之外，选择合理的通风型式十分重要。

2. 煤层自然发火期

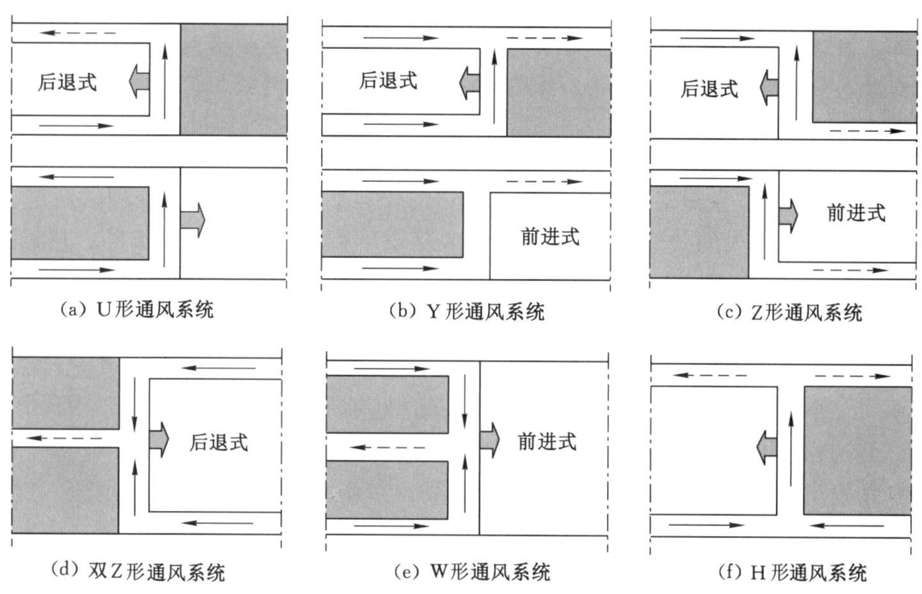

图 3-6-2　采煤工作面通风系统示意图

自然发火期是表示煤层发火危险性的一个重要指标，也是对煤层自然发火采取预防性措施的主要依据之一。自然发火期越短，发火危险性越大，反之则小；采取的预防性措施也就不同。

矿井或煤层的自然发火期，一般采用统计的方法来确定，即根据每次自然发火及其煤层揭露的时间进行比较，将发火时间最短者定为矿井或煤层的自然发火期。煤层自然发火期的长短，不仅与煤层自燃倾向性直接相关，而且与采煤方法、顶板管理、巷道支护以及通风方法、方式等外部条件有着重要关系。基于煤层自然发火期与开采技术等外部条件的密切关系，可以采取预防煤层自然发火的相关措施，如选择合理的采煤工艺以减少煤体破碎，提高回采率以减少遗留浮煤、合理确定和尽量缩短采（盘）区（工作面）及其相关巷道的服务时间等，从而尽量延长煤层自然发火的时间和在自然发火期内将采（盘）区（工作面）开采结束。所以，必须根据煤层自然发火期确定采（盘）区开采期限。

第二百六十四条　开采容易自燃和自燃的急倾斜煤层用垮落法管理顶板时，在主石门和采区运输石门上方，必须留有煤柱。禁止采掘留在主石门上方的煤柱。留在采区运输石门上方的煤柱，在采区结束后可以回收，但必须采取防止自然发火措施。

【条文解释】　本条是对主石门和采区运输石门上方留煤柱的规定。

主石门和采区运输石门是矿井和采区的主要进风巷道，风压较高，风量较大。直接在其上方进行垮落法开采时必须留有煤柱，首先是保持巷道的稳定与完整性不受破坏，为防止向采空区漏风提供一个屏障；其次，防止采空区漏风引起采空区煤炭自然发火，而发火产生的烟雾和有害气体又会涌入巷道，对下风侧的采区或工作面造成危害。

第二百六十五条　开采容易自燃和自燃煤层时，必须制定防治采空区（特别是工作面始采线、终采线、上下煤柱线和三角点）、巷道高冒区、煤柱破坏区自然发火的技术措施。

当井下发现自然发火征兆时，必须停止作业，立即采取有效措施处理。在发火征兆不能得到有效控制时，必须撤出人员，封闭危险区域。进行封闭施工作业时，其他区域所有人员必须全部撤出。

【条文解释】 本条是对井下3处重点部位防止自然发火和发火后处理的规定。

具备煤炭自然发火的3个条件（可燃性的碎煤堆积、足够的供氧条件、热量积蓄的环境和时间），极易出现发火隐患引发火灾。采空区（特别是工作面始采线、终采线、上下煤柱线和三角点）、巷道高冒区和煤柱破坏区3处重点部位都有碎煤堆积，都有漏风通道，而且没有主风流通过，风速不大不小，又很少受外界影响而有着煤炭氧化升温和热量积蓄的环境。事实也证明，许多内因火灾大多是这些地点引发的。因此，必须制定专项技术措施，编制相应的防灭火设计，防止自然发火。

当自然发火征兆出现，就可能引发火灾事故，在场人员应及时有效地消除火灾隐患，否则很容易酿成大火，所以现场人员必须停止作业，立即采取有效措施处理。在发火征兆不能得到有效控制时，必须撤出人员，封闭危险区域。进行封闭施工作业时，其他区域所有人员必须全部撤出。

第二百六十六条 采用灌浆防灭火时，应当遵守下列规定：

（一）采（盘）区设计必须明确规定巷道布置方式、隔离煤柱尺寸、灌浆系统、疏水系统、预筑防火墙的位置以及采掘顺序。

（二）安排生产计划时，应当同时安排防火灌浆计划，落实灌浆地点、时间、进度、灌浆浓度和灌浆量。

（三）对采（盘）区始采线、终采线、上下煤柱线内的采空区，应加强防火灌浆。

（四）应当有灌浆前疏水和灌浆后防止溃浆、透水的措施。

【名词解释】 预防性灌浆

预防性灌浆——将水、浆材按适当配比，制成一定浓度的浆液，借助输浆管路送往可能发生自燃的采空区以防止自然火灾的发生。

【条文解释】 本条是对采用灌浆防灭火的规定。

对发火隐患或发火地点实施灌注泥、砂、灰浆等防灭火材料，是一种有效的常规性防灭火措施。在实施过程中，如果没有事先安排好灌浆计划，措施不力，实施不当，不仅不能达到预期目的，而且还会发生损失设备、设施乃至人员伤亡的严重事故。

【典型事例】 某日，辽宁省抚顺某煤矿在-580 m水平502采区十煤门运输机道对砂碹实施灌注砂浆时，由于泄水槽失去作用，砂碹垮落，致使在砂碹下方的5人被砂水掩埋（3人死亡、2人受伤）。

为了防止在采用灌浆措施时由于防火墙位置不当、灌浆或疏水系统不畅等原因而发生溃浆、透水事故，在总结过去经验与教训的基础上，对采用灌浆措施进行防灭火时作出了严格、具体的规定。由于泥浆不易受外界因素和条件影响，稳定性好，覆盖或包裹碎煤均匀封堵裂隙致密，防火效果好，在对采（盘）区始采线、停采线、上下煤柱线内的采空区，以灌浆防火技术最佳。

1. 预防性灌浆

预防性灌浆的作用，一是隔氧，二是散热。浆液流入采空区之后，固体物沉淀，充填于浮煤缝隙之间，形成断绝漏风的隔离带。有的还可能包裹浮煤隔绝它与空气的接触，防止氧化。而浆水所到之处，增加煤的外在水分，抑制自热氧化过程的发展；同时，对已经自热的煤炭有冷却散热的作用。预防性灌浆是防止自然发火效果较为明显和应用最为广泛的一项措施。

(1) 注浆材料的要求与选取

浆材必须满足下列要求：

① 不含助燃和可燃材料。

② 粒度直径不大于 2 mm，细小颗粒（粒度小于 1 mm）要占 70%~75%。

③ 主要物理性能指标：相对密度 2.4~2.8；塑性指数 9~14；胶体混合物 25%~30%；含砂量 25%~30%（粒径为 0.5~0.25 mm 以下）。

④ 容易脱水又要具有一定稳定性。

煤矿井下常用的灌浆材料，一般多采用黏土、亚黏土、轻亚黏土等。在黏土缺乏的矿区，可用页岩或炉灰等代替。

(2) 输浆倍线及管路布置

灌浆一般是靠静压作动力。地面灌浆喇叭口至井下灌浆点泥浆出口间的管路总长度 $\sum L$ 与管路首末两端高差 $\sum H$ 之比，称为输送倍线。倍线的实质是表示泥浆在输送过程中的能量损失关系(灌浆系统的阻力与动力之间的关系)。倍线值过大，则相对于管线阻力的压力不足，泥浆输送受阻，容易发生堵管现象；倍线值过小，泥浆出口压力过大，对泥浆在采空区内的分布不利。一般情况下，泥浆的输送倍线值最好是 5~6。

当借助于自然压头输浆压力不够或倍线不能满足要求时，可用 PN 型泥浆泵或 PS 型砂泵加压。

灌浆管路的布置有“L”形和“阶梯”形 2 种方式（图 3-6-3）。“L”形布置能量集中，能充分利用自然压头，有较大的注浆能力，安装维护和管理等均较简单。但随着采深增加，泥浆压头也随之增大，斜管与平管相连处的压力最大，当最大压力接近或超过管路抗压强度时，将发生崩管。故“L”形适用于浅部灌浆管路布置，而深井时“阶梯”形布置优于“L”形布置。

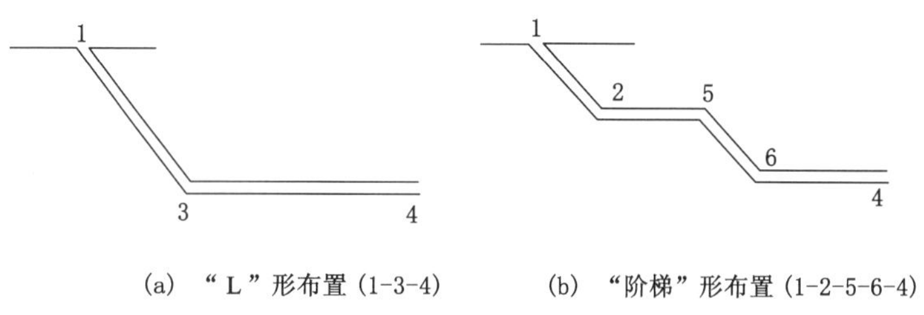

(a) “L”形布置 (1-3-4)　　(b) “阶梯”形布置 (1-2-5-6-4)

图 3-6-3 灌浆管路布置方式

(3) 灌浆方法及灌浆量计算

煤矿采用的灌浆方法大体可分为采前灌浆、随采随灌和采后灌浆 3 种类型。采前灌浆是针对开采易燃、特厚煤层和老空区过多所采取的防止自然发火的预防性措施，其目的是充填老窑空区，消灭老空蓄火、降温、除尘、排挤有害气体、黏结末煤等，防止开采时发生自然发火。随采随灌，即随着采煤工作面的推进同时向采空区灌注泥浆，其目的和作用：一是防止采空区遗煤自燃；二是胶结冒落的矸石，形成再生顶板而为下分层开采创造条件。对于开采自然发火期较短的厚煤层，随采随灌是一项必须采取的防火措施，其灌浆方法根据采区布置方式、顶板冒落情况的不同而不同，如埋管灌浆、插管灌浆、洒浆等。采后灌浆是指在采（盘）区或采（盘）区的一翼全部采完后，将整个采空区封闭灌浆，其目的是充填最容易发生自燃火灾的停采线空间，同时封闭采空区。采后灌浆仅适用于自然发火不是十分严重的发火期较长的煤层。

预防性灌浆量的数量，主要取决于灌浆形式、灌浆区的容积、采煤方法及地质条件等因素。随采随灌的用土量和用水量可按下列方法计算。

① 按采空区灌浆计算需土量和需水量：

——灌浆需土量：

$$Q_t = K \times M \times L \times H \times C$$

式中　Q_t——灌浆所需土量，m^3；

M——煤层采高，m；

L——灌浆区的走向长度，m；

H——灌浆区的倾斜长度，m；

C——采煤回收率，%；

K——灌浆系数，灌浆材料的固体体积与需要灌浆的采空区容积之比，在 K 值中考虑了冒落岩石的松散系数、泥浆收缩系数和跑浆系数等综合影响，该系数应根据各矿的实际情况确定（取值范围 0.03～0.3）。

——灌浆需水量：

$$Q_s = K_s \times Q_t \times \delta$$

式中　Q_s——灌浆所用水量，m^3；

K_s——冲洗管路防止堵塞用水量的备用系数，一般取 1.10～1.25；

δ——泥水比的倒数（水土比），泥水比根据所要求的泥浆浓度选取。

② 按日灌浆计算需土量和需水量：

——日灌浆需土量：

$$Q_{t1} = K \times M \times l \times H \times C$$

或

$$Q_{t1} = KG/\gamma_{煤}$$

式中　Q_{t1}——日灌浆所需土量，m^3/d；

l——工作面日推进度，m/d；

G——矿井日产量，t；

$\gamma_{煤}$——煤的密度，t/m^3；

其他符号意义同前。

——日灌浆需水量：

$$Q_{s1} = K_s \times Q_{t1} \times \delta$$

式中 Q_{s1}——日灌浆所用水量，m^3/d；

其他符号意义同前。

2. 防溃浆措施

采用充填灌浆措施处理火灾或发火隐患时，为防止发生溃浆事故，充填时应符合下列要求：

（1）要使用渗（透）水性强的材料（如荆条帘子或聚氯乙烯塑料帘子等）作围堰壁；如果采用木板作围堰壁，必须预留泄水孔（泄水孔的分布、直径或面积大小及数量多少等，应根据实际需要确定）。

（2）围堰的四周要同巷道帮壁接实打牢。

（3）围堰构筑好后，背好套棚，打齐、打牢中心顶子。

（4）充填流量要均匀适度，切忌流量忽大忽小；接近充满时，要适当减少流量。

（5）充填灌浆时应设压力表并设专人观察，当发现管路压力较大（如管路跳动或管路接头跑漏水、砂浆等现象）时，要及时打开安全阀，释放压力，停止充填注浆。

（6）充填时，在充填地点前后两端各 50 m 范围内，除监护人员外其他人员一律禁止在充填区域内逗留。

第二百六十七条 在灌浆区下部进行采掘前，必须查明灌浆区内的浆水积存情况。发现积存浆水，必须在采掘之前放出；在未放出前，严禁在灌浆区下部进行采掘作业。

【条文解释】 本条是对在灌浆区下部采掘前的规定。

灌浆区内往往积存大量的浆水。如果在其下部进行采掘工作，由于地层压力和积水重力的作用以及采掘活动的影响，容易造成隔离煤柱破坏而诱发冒顶、浆水溃泄从而导致掩埋设备甚至人员伤亡的事故。所以，在灌浆区下部进行采掘前，必须查明灌浆区内的浆水积存情况。在积存浆水未放出前，严禁在灌浆区下部进行采掘工作。

第二百六十八条 采用阻化剂防灭火时，应当遵守下列规定：

（一）选用的阻化剂材料不得污染井下空气和危害人体健康。

（二）必须在设计中对阻化剂的种类和数量、阻化效果等主要参数作出明确规定。

（三）应当采取防止阻化剂腐蚀机械设备、支架等金属构件的措施。

【名词解释】 阻化剂

阻化剂——在某些地点或部位喷洒或注入时，能阻止和延缓煤炭氧化，达到防止和降低自然发火概率的一些无机盐类化合物，如氯化钙、氯化镁、氯化钠、三氧化铝以及水玻璃等溶液，又称阻氧剂。

【条文解释】 本条是对采用阻化剂防灭火的规定。

用于防火的阻化剂应该选用阻化率高、防火效果好、来源广泛、价格便宜的物质。但选用的阻化剂材料不得污染井下空气和危害人体健康。

任何矿井在使用阻化剂进行防火之前，都必须对阻化剂的腐蚀性等进行分析测定，以确定合理的阻化剂种类、喷洒工艺、浓度、数量与阻化效果。应采取措施防止阻化剂腐蚀机械设备、支架等金属构件。

第二百六十九条 采用凝胶防灭火时，编制的设计中应当明确规定凝胶的配方、促凝时间和压注量等参数。压注的凝胶必须充填满全部空间，其外表面应当喷浆封闭，并定期观测，发现老化、干裂时重新压注。

【名词解释】 凝胶

凝胶——以水为载体、以水玻璃为主剂、以硫酸或碳酸盐类为促凝剂和以灰土（黄土或石灰）为增强剂混合而成的不燃性防灭火材料。在促凝剂的作用下，较快地凝结成冻胶状物质，充满裂隙或冒顶空间。

【条文解释】 本条是对采用凝胶防灭火的规定。

凝胶具有较强的渗透性、较好的密封性和较快的凝固性等特点，应用于较小空间或裂隙地点发火隐患治理时可达到较好效果。但在实施过程中如果对凝胶的配方、压注数量和促凝时间等参数的选用和计算不尽合理或错误，就可能出现老化、干裂、泄漏等问题而难以达到充满、密实的防灭火目的。为使凝胶这种新型材料得到推广应用，对采用凝胶防火做了具体规定。

第二百七十条 采用均压技术防灭火时，应当遵守下列规定：

（一）有完整的区域风压和风阻资料以及完善的检测手段。

（二）有专人定期观测与分析采空区和火区的漏风量、漏风方向、空气温度、防火墙内外空气压差等状况，并记录在专用的防火记录簿内。

（三）改变矿井通风方式、主要通风机工况以及井下通风系统时，对均压地点的均压状况必须及时进行调整，保证均压状态的稳定。

（四）应经常检查均压区域内的巷道中风流流动状态，并有防止瓦斯积聚的安全措施。

【名词解释】 均压技术防灭火

均压技术防灭火——通过设置调压设施（装置）或调整通风系统，改变井下巷道中空气压力的分布状态，尽可能减少或消除漏风通道（实施均压区域）两端的风压差，从而达到减少或消除漏风、抑制煤炭自然发火乃至灭火的目的。

【条文解释】 本条是对采用均压技术防灭火的规定。

均压技术防灭火是一项经济、实用、效果较好、技术含量较高的防灭火手段与措施。调压设施（装置）的位置与质量、均压参数的选用与控制以及实施过程中技术措施的安排与应用等，都关系均压技术的成败。这是一项较为复杂的技术管理工作，如若失败，不仅达不到均压防灭火的效果和目的，还可能导致通风系统更加不稳定、漏风更加严重甚至引起发火或者使火区内死灰复燃的严重后果。因此，对采用均压技术防灭火作出了严格具体的规定。

1. 采用均压技术防灭火的相关规定

（1）首先，绘制通风系统图、通风立体图、通风网络图和通风压能图；其次，要查明均压区域、风流压能分布和漏风状况。在此基础上制定均压方案和措施，严格付诸实施。

（2）在实施中要进行均压效果实测，发现不符合均压技术要求时，要采取风压调节措施，以保证达到均压防火的目的。

（3）为绘制通风压能图，须对有关风路同时进行通风阻力测定。为准确查明漏风状况，可利用 SF_6 气体示踪技术。

（4）实行区域性均压时，应顾及邻区通风压能的变化，不得使邻区老塘、采煤工作面、采空区或护巷煤柱的漏风量有所增加，严防火灾气体涌入生产井巷和作业空间。

（5）采煤工作面采用均压技术实施均压通风时，必须保证均压通风机持续稳定的运转，并有确保均压通风机突然停止运转时保证人员安全撤出的措施。

（6）利用均压技术灭火时，必须查明火源位置、瓦斯流向，并有防止瓦斯流向火源引起爆炸的安全措施。

2. 均压防灭火设计的依据及内容

根据应用条件的不同，均压防灭火可分为开区均压和闭区均压 2 种方式。开区均压的具体方法和措施，应根据工作面不同的漏风形式（若将各种漏风形式的漏风通道作为组成风网的支路来考虑，可归结为并联、角联、复杂联接 3 种基本的漏风形式）及漏风范围，采用不同的均压方法，主要是采取降低或改变其端点压差来实现均压防火目的。闭区均压方法和措施主要是加固防火墙，提高封闭区的风阻或采取降低封闭区进回风口之间的压差，以减少漏风。无论采用开区均压或闭区均压，都必须依据矿井的实际情况编制均压防灭火专门设计，并履行审批手续。

（1）设计依据

① 矿井通风方式、通风方法和矿井通风阻力分布及所有密闭内外风压差；

② 采煤方法、采区和工作面风量及其通风方式；

③ 漏风形式、漏风量及其位置、火区位置及范围；

④ 工作面参数（巷道断面、工作面长度及走向长度）及工作面风压分布；

⑤ 通风构筑物的位置，矿井瓦斯涌出量；

⑥ 相关图纸，如矿井通风系统图（立体图、网络图）、通风压能图、矿井开拓布置图及采掘工程平面图等。

（2）设计主要内容

① 均压方式和均压措施及其选择；

② 均压参数计算；

③ 均压措施（工程，设施或设备）的实施；

④ 绘制均压设施系统图（包括监测系统图）；

⑤ 均压效果检测及安全措施；

⑥ 编写设计说明书。

第二百七十一条　采用氮气防灭火时，应当遵守下列规定：

（一）氮气源稳定可靠。

（二）注入的氮气浓度不小于97%。

（三）至少有1套专用的氮气输送管路系统及其附属安全设施。

（四）有能连续监测采空区气体成分变化的监测系统。

（五）有固定或者移动的温度观测站（点）和监测手段。

（六）有专人定期进行检测、分析和整理有关记录、发现问题及时报告处理等规章制度。

【名词解释】　氮气防灭火

氮气防灭火——氮气是一种惰性气体，不助燃也不能供人呼吸。向采空区（或火区）等地点注入氮气，能对采空区起到惰化作用，阻止煤炭氧化自燃，提高采空区的相对压力，使采空区呈正压状态防止新鲜风流漏入，降低采空区温度阻止煤炭氧化升温，降低瓦斯和氧气浓度防止瓦斯燃爆事故。

【条文解释】　本条是对采用氮气防灭火的规定。

实践证明，无论是在防火还是在灭火方面，氮气与灌浆、阻化剂、均压等防灭火措施相比具有更多的优点，可以起到其他措施不可替代的作用。但在应用时必须严格遵守该条的规定，不然，可能由于注氮量过小、浓度过低等原因而达不到预期效果，输氮管路或采空区泄漏氮气而造成人员伤害。

1. 注氮方式及地点

注氮方式可分为开放式注氮和封闭式注氮。在不影响工作面的正常生产和人身安全时，可采用开放式注氮；火灾及其火灾隐患影响工作面的正常生产，或突然性外因火灾，或瓦斯积聚区域达到爆炸界限时，可采用封闭式注氮。

注氮方式还可分为连续式注氮和间断性注氮。工作面开采初期和停采撤架期间，或因地质原因、机电设备原因等造成工作面推进缓慢，宜采用连续性注氮；工作面正常回采期间，可采用间断性注氮。

在采用注氮措施灭火时，注氮地点应尽可能选在进风侧或靠近火源；在工作面注氮防灭火时，注氮管口应处于采空区的氧化带内；在采用注氮措施抑制瓦斯爆炸（注氮惰化瓦斯积聚区，或扑灭瓦斯积聚区的火灾）时，必须构筑密闭，且密闭墙外还必须构建防爆墙，同时密闭墙的构筑顺序严格按规定执行。在注氮的同时，应取样分析火区气体成分的变化，并用空气-甲烷混合物的爆炸三角形进行失爆性判断。

2. 注氮量计算

注氮量主要根据防灭火区域的空间大小及自燃程度予以确定。目前尚无统一的计算方式，可按综放面（综采面）的产量、吨煤注氮量、瓦斯量、氧化带内的氧浓度进行计算。

（1）按产量计算。

此种计算方法的实质是，在单位时间内注氮，使氮气充满采煤所形成的空间，使氧气浓度降低到防灭火惰化指标以下，其经验公式为：

$$Q_N = [A/(1\,440\rho \times t \times n_1 \times n_2)] \times (C_1/C_2 - 1)$$

式中　Q_N——注氮流量，m^3/min；

A——年产量，t；

p——煤的密度，t/m^3；

t——年工作日，取 300 天；

n_1——管路输氮效率,%；

n_2——采空区注氮效率,%；

C_1——空气中的氧浓度，取 20.8%；

C_2——采空区防火惰化指标，可取 7%。

（2）按吨煤注氮量计算。

此法计算的是综放面（综采面）每采出 1 t 煤所需的防火注氮量。根据国内外的经验，每吨煤需 5 m^3 的氮气量。可按下式计算：

$$Q_N = 5A \times K/(300 \times 60 \times 24)$$

式中　Q_N——注氮流量，m^3/min；

A——年产量，t；

K——工作面回采率,%。

（3）按瓦斯量计算。

$$Q_N = Q_C \times C/(10 - C)$$

式中　Q_N——注氮流量，m^3/min；

Q_C——综放面（综采面）通风量，m^3/min；

C——综放面（综采面）回风流中的瓦斯浓度,%。

（4）按采空区氧化带内的氧浓度计算。

此种计算方法的实质是，将采空区氧化带内的原始氧浓度降到防灭火惰化指标以下。可按下式计算：

$$Q_N = [(C_1 - C_2)Q_V]/(C_N + C_2 - 1)$$

式中　Q_N——注氮流量，m^3/min；

Q_V——采空区氧化带的漏风量，m^3/min；

C_1——采空区氧化带内的原始氧浓度（取平均值）,%；

C_2——注氮防火惰化指标，可取 7%；

C_N——注入氮气中的氮气纯度,%。

（5）将以上计算结果取最大值，再结合矿井具体情况考虑 1.2~1.5 的安全备用系数，即为采空区防灭火时的最大注氮流量。

根据国内外经验，防火注氮量和灭火注氮量如下所列：

① 防火注氮量一般在 5 m^3/min；

② 灭火注氮量，原则上最初强度要大，将火势压住，然后逐渐降低注氮强度。若回风敞口，注氮量不得小于 9.2 m^3/min；全封闭时，可控制在 8 m^3/min。

3. 注氮惰化指标

(1) 注氮防火惰化：注氮后采空区内氧气浓度不得大于 7%。

(2) 注氮灭火惰化：火区内氧气浓度不得大于 3%。

(3) 注氮抑制瓦斯爆炸：采空区（或瓦斯积聚区域）内氧气浓度小于 12%。

4. 采空区注氮的注意事项

(1) 无论何种制氮工艺，采空区注入的氮气浓度均不得低于 97%。采用空分深冷原理制取的氮气，其浓度不得低于 99. 95%；采用膜分原理时其浓度不得低于 97%。

(2) 应根据不同采煤方法、煤层赋存和地质条件、工作面通风方式、顶底板岩性和采空区丢煤及发火危险程度等情况，编制采空区注氮设计和安全措施。注氮设计应包括以下内容：

① 氮气防火工艺系统；

② 氮气的注入方式、方法；

③ 氮气防火参数计算；

④ 氮气防火的监测；

⑤ 注氮工艺系统图的绘制及说明书的编写。

(3) 依据氮气的扩散半径、工作面参数及采空区“三带”分布规律，合理确定氮气释放口的位置（释放口应保持在氧化自燃带内）。

(4) 依据通风方式、通风强度和压差大小，合理确定注氮量；同时还应考虑氮气的泄漏量，以及由于抽采采空区瓦斯而排放掉的氮气量。

(5) 要对采空区内惰化指标和氮气的泄漏量进行实际考察，通过经济对比，合理确定封堵防漏措施。

第二百七十二条　采用全部充填采煤法时，严禁采用可燃物作充填材料。

【条文解释】　本条是对全部充填采煤法充填材料的规定。

严禁采用可燃物作充填材料。将可燃物充填到采空区内，无疑会加大采空区发火的概率。而采空区发火的处理十分棘手，主要是火源点的位置难以判断，灭火措施难以奏效，往往导致工作面封闭或形成火区，造成停产或冻结煤量等较大损失。

第二百七十三条　开采容易自燃和自燃的煤层时，在采（盘）区开采设计中，必须预先选定构筑防火门的位置。当采煤工作面通风系统形成后，必须按设计构筑防火门墙，并储备足够数量的封闭防火门的材料。

【名词解释】　防火门墙

防火门墙——在灭火过程中用于进行风流调节、调度（增减风量、短路通风、反风等）以控制火灾蔓延、发展乃至进行火区封闭时的一种构筑物。

【条文解释】　本条是对开采容易自燃和自燃煤层采（盘）区构筑防火门的规定。

防火门的位置必须根据可能和容易发火的部位或地点，在采（盘）区设计中预先选定，应选择在确保安全施工的条件下使封闭的范围尽可能小，尽可能接近火源，同时应选择在动压影响小、围岩稳定、巷道规整的地段，防火门的外侧离巷道交叉口4~5 m的距离；并在采面投产和通风系统形成后构筑好防火墙和备足封闭防火门的材料，以免由于火灾发生的突然、火势发展迅猛、时间紧迫而作出不理智、不切实际甚至错误的判断与决策，贻误灭火良机或酿成更大灾害。

1. 采区或工作面形成生产和通风系统后10天内，按设计确定的位置和规格，构筑好防火门墙，并与采区同时移交和验收。

2. 防火门墙的构筑应符合下列要求：

（1）防火门墙必须采用不燃性材料建筑；

（2）墙体厚度不得小于600 mm；

（3）墙体四周应与巷壁接实，掏槽深度不得小于300 mm；

（4）墙体无重缝、干缝，灰浆饱满，不漏风；

（5）防火门采用“内插拆口”结构。

（6）防火门门口断面符合行人、通风和运输要求。

3. 封闭防火门所用的板材厚度不得小于30 mm，每块板材宽度不小于300 mm，拆口宽度不小于20 mm，并要外包铁板。

4. 封闭防火门所用的木板要逐次编号，排列摆放整齐，指定人员负责定期进行检查，如发现有变形或丢失要及时更换和补充。

第二百七十四条　矿井必须制定防止采空区自然发火的封闭及管理专项措施。采煤工作面回采结束后，必须在45天内进行永久性封闭，每周至少1次抽取封闭采空区气样进行分析，并建立台账。

开采自燃和容易自燃煤层，应当及时构筑各类密闭并保证质量。

与封闭采空区连通的各类废弃钻孔必须永久封闭。

构筑、维修采空区密闭时必须编制设计和制定专项安全措施。

采空区疏放水前，应当对采空区自然发火的风险进行评估；采空区疏放水时，应当加强对采空区自然发火危险的监测与防控；采空区疏放水后，应当及时关闭疏水闸阀、采用自动放水装置或者永久封堵，防止通过放水管漏风。

【条文解释】　**本条是新修订条款，**是对防止采空区自然发火封闭及管理的修改规定。

煤的自然发火主要有煤的自燃倾向性、合适的供氧条件和良好的蓄热环境3个因素。为了防止新鲜供氧风流进入采空区，引发自然发火，采煤工作面回采结束后，必须在45天内进行永久性封闭。每周至少1次抽取封闭采空区气样进行分析，且建立台账。

采用直接灭火无效时，必须封闭火区。火区封闭后虽然可以认为矿井火灾已被控制住，但对于矿井防灭火工作来说，这仅仅是灭火工作的开始，只要火源还没有彻底消除，它仍是对矿井安全生产的潜在威胁，如果管理不善，会形成漏风进入火区，使火区的火源不仅得不到抑制，反而加重火势，造成矿井火灾重复出现，后果不堪设想。所以，必须加强对封闭的管理。开采自燃和容易自燃煤层，应及时构筑各类密闭并保证质量，使封闭采空区不再漏风，避免复燃。与封闭采空区连通的各类废弃钻孔必须永久封闭，以避免由废弃钻孔向封闭采空区漏风引发火灾。

在构筑、维护、维修采空区密闭时必须制定专项安全措施，采空区疏放水时，应加强对采空区自然发火的风险评估和监测，避免引起采空区自然发火或使采空区复燃、扩大甚至扩充到采空区以外空间中。

第二百七十五条　任何人发现井下火灾时，应当视火灾性质、灾区通风和瓦斯情况，立即采取一切可能的方法直接灭火，控制火势，并迅速报告矿调度室。矿调度室在接到井下火灾报告后，应当立即按灾害预防和处理计划通知有关人员组织抢救灾区人员和实施灭火工作。

矿值班调度和在现场的区、队、班组长应当依照灾害预防和处理计划的规定，将所有可能受火灾威胁区域中的人员撤离，并组织人员灭火。电气设备着火时，应当首先切断其电源；在切断电源前，必须使用不导电的灭火器材进行灭火。

抢救人员和灭火过程中，必须指定专人检查甲烷、一氧化碳、煤尘、其他有害气体浓度和风向、风量的变化，并采取防止瓦斯、煤尘爆炸和人员中毒的安全措施。

【条文解释】　本条是对井下发现火灾时的规定。

1. 煤与瓦斯突出和爆炸事故在瞬间发生造成重大灾害，而矿井火灾发生的初期，一般火势并不大，在火势尚未蔓延、扩展之前，燃烧产生的热量也不大，周围介质和空气温度还不高，人员可以接近火源，可采取办法进行直接灭火。假若现场人员弃火逃跑，贻误灭火良机，一旦火势蔓延开来，再灭火就很困难，甚至酿成重大火灾事故。所以，井下任何人如果发现火灾，应立即采取一切可能的方法直接灭火，控制火势。但在灭火时应视火灾性质、灾区通风和瓦斯情况采取措施，保证自身安全。

【典型事例】　某日，辽宁省抚顺市某煤矿-390 m 水平 635 采煤工作面，电钻电缆短路产生的电火花点燃了控制风流的风帘，在场 10 名工人匆忙逃离现场。当领导得到信息后，大火已蔓延到采区回风道，此时已无法进行直接灭火而只能采用封闭方法，造成整个采区 4 个工作面全部封闭，停产半年。

2. 矿调度室和在现场的区、队、班组长应依照灾害预防和处理计划的规定，将所有可能受火灾威胁地区中的人员撤离，并组织人员灭火。这是处理灾害时的基本原则，即“先救人，后救灾”。

煤矿井下实施直接灭火时，必须遵守下列规定与要求：

（1）扑灭电气火灾，必须首先切断电源；电源切断前禁止用水灭火，必须使用不导电的灭火器材进行灭火。

（2）用水灭火时，应遵循“先灭外围，后灭火源”的原则，严禁将水流直接喷射在火源中心，以防引起水蒸气爆炸；水量不足，禁止直接用水灭高温火源。

（3）直接灭火时，应采取保证井下风流方向稳定的措施。常用的稳定风流措施有：在火源的排风侧设水幕（特别是倾斜巷道内必须设水幕），以降低烟火温度和避免形成火风压，水幕长度一般不小于 10 m；在低瓦斯矿井中，可在火源进风侧悬挂风障，构筑稳流防火墙，关闭防火门等，以减少火灾烟气的发生量；保证主要通风机工况点的稳定；如果火源发生在角联巷道中，应设法改变其相邻巷道的网路结构，使火灾巷道变为并联巷道；保证火源回风流的畅通。

（4）采用直接挖出火源方法灭火时，必须符合以下条件：火源范围较小，且能直接到达；可燃物的温度已降至 70 ℃以下，且无复燃或引燃其他物质的危险；无瓦斯或火灾气体爆炸的危险；风流稳定，无一氧化碳等中毒危险；需要爆破时，炮孔内的温度不得超过 40 ℃；挖出的炽燃物，有条件的混以惰性物质，以保证运输过程无复燃危险。

（5）当井下火灾无法直接灭火或在采取直接灭火措施无效（难以控制火势）时，必须采取其他间接灭火措施或予以封闭。

第二百七十六条　封闭火区时，应当合理确定封闭范围，必须指定专人检查甲烷、氧气、一氧化碳、煤尘以及其他有害气体浓度和风向、风量的变化，并采取防止瓦斯、煤尘爆炸和人员中毒的安全措施。

【名词解释】　火区

火区——由于发生矿井火灾而封闭的巷道、采掘工作面和煤炭资源等区域。

【条文解释】　本条是对封闭火区的规定。

构筑防火墙（又称密闭），隔绝火区空气的供给，减少火区的氧浓度，使火区因缺氧而窒熄的灭火方法，称为封闭火区灭火法，也包括注入惰气灭火法。这种方法最适用于火势猛、火区范围较大、无法直接灭火或直接灭火无效的火灾。在实施封闭火区灭火时，应遵循封闭范围尽可能合理确定、防火墙数量尽可能少和有利于快速施工的原则。其目的在于使封闭区内系统简单，便于管理。闭墙越多，控制范围越大，漏风概率和漏风量就会越多，不利于灭火。

在实施封闭火区灭火过程中，风量、风压等可能发生变化，如若不慎或不得法，尤其是密闭位置或封闭顺序出现错误，将会导致重大隐患甚至引发爆炸事故。如果进风侧密闭与火源之间的空间较大，瓦斯积聚的概率就大；如果进风侧密闭与火源之间有连通火源前后的巷道，这样的巷道容易造成火烟的循环而导致火灾气体（包括瓦斯）爆炸。在高瓦斯矿井中如果出现封闭顺序错误或通风系统紊乱、不稳定等现象时，也都可能发生人员中毒或爆炸事故。因此，在进行封闭火区灭火的过程中必须指定专人检查瓦斯、氧气、一氧化碳、煤尘以及其他有害气体和风向、风量的变化，还必须采取防止瓦斯、煤尘爆炸和人员中毒的安全措施。

防火墙位置选择见图 3-6-4。

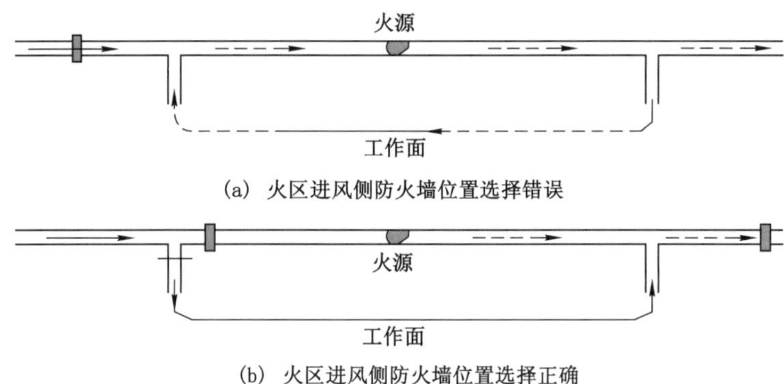

(a) 火区进风侧防火墙位置选择错误

(b) 火区进风侧防火墙位置选择正确

图 3-6-4　防火墙位置选择示意图

第三节　井下火区管理

第二百七十七条　煤矿必须绘制火区位置关系图，注明所有火区和曾经发火的地点。每一处火区都要按形成的先后顺序进行编号，并建立火区管理卡片。火区位置关系图和火区管理卡片必须永久保存。

【条文解释】　本条是对火区管理的规定。

凡发生过矿井火灾的煤矿，都必须绘制火区位置关系图，注明所有火区和曾经发火的地点，对井下作业人员经常提醒或警示。对所有火区都必须建立火区管理卡片。

1. 火区管理卡片应包括：

（1）火区基本情况登记表（表 3-6-3）；

表 3-6-3　火区基本情况登记表

火区名称：　　　　　　　　　　　　　　　　　　　　火区编号：

<table>
<tr><td colspan="2">发火时间</td><td>年　月　日　时　分</td><td>发火地点及标高
（该表背面要附火区位置示意图）</td><td></td></tr>
<tr><td colspan="3">发火原因</td><td colspan="2"></td></tr>
<tr><td rowspan="9">发火当时情况</td><td colspan="2">火灾处理方法及经过</td><td colspan="2"></td></tr>
<tr><td colspan="2">火灾处理延续时间/h</td><td colspan="2"></td></tr>
<tr><td rowspan="2">火灾波及范围</td><td>封装巷道总长度/m</td><td colspan="2"></td></tr>
<tr><td>封闭工作面个数/个</td><td colspan="2"></td></tr>
<tr><td rowspan="2">密闭数量</td><td>临时密闭/个</td><td colspan="2"></td></tr>
<tr><td>永久密闭/个</td><td colspan="2"></td></tr>
<tr><td colspan="2">注入水量/m^3</td><td colspan="2"></td></tr>
<tr><td colspan="2">注入河砂、泥浆量/m^3</td><td colspan="2"></td></tr>
<tr><td colspan="2">注入惰性气体量/m^3</td><td colspan="2"></td></tr>
</table>

表 3-6-3（续）

<table>
<tr><td colspan="3">发火时间</td><td>年　月　日　时　分</td><td>发火地点及标高
（该表背面要附火区位置示意图）</td><td></td></tr>
<tr><td colspan="3">发火原因</td><td colspan="3"></td></tr>
<tr><td rowspan="5">火灾造成损失</td><td colspan="2">影响生产时间/h</td><td colspan="3"></td></tr>
<tr><td colspan="2">影响产量/万 t</td><td colspan="3"></td></tr>
<tr><td colspan="2">冻结煤量/万 t</td><td colspan="3"></td></tr>
<tr><td rowspan="2">设备损失</td><td>封闭/（台、件）</td><td colspan="3"></td></tr>
<tr><td>烧毁/（台、件）</td><td colspan="3"></td></tr>
<tr><td rowspan="2">煤层产状</td><td colspan="2">厚度/m</td><td colspan="3"></td></tr>
<tr><td colspan="2">倾角/（°）</td><td colspan="3"></td></tr>
<tr><td rowspan="2">煤层自燃情况</td><td colspan="2">煤层自燃危险等级</td><td colspan="3"></td></tr>
<tr><td colspan="2">煤层自然发火期/月</td><td colspan="3"></td></tr>
<tr><td colspan="3">采煤方法</td><td colspan="3"></td></tr>
<tr><td colspan="3">采掘起止日期</td><td colspan="3"></td></tr>
</table>

（2）火区灌浆、砂、惰气记录表（表 3-6-4）；

（3）防火墙及其观测记录（表 3-6-5）；

（4）火区位置示意图。

表 3-6-4　火区注浆、砂、惰气记录表

火区名称：　　　　　　　　　　　　　　　　　　　　　　火区编号：

<table>
<tr><td rowspan="2">钻孔防火墙编号</td><td colspan="2">位　置</td><td rowspan="2">钻机编号</td><td rowspan="2">打钻时间</td><td rowspan="2">套管直径/mm</td><td rowspan="2">孔深/m</td><td colspan="3">灌　浆</td><td colspan="2">注　浆</td><td colspan="2">注惰气</td><td rowspan="2">备注</td></tr>
<tr><td>地面</td><td>井下</td><td>日期</td><td>注浆量/m^3</td><td>泥水比</td><td>日期</td><td>注砂量/m^3</td><td>日期</td><td>注惰气量/m^3</td></tr>
<tr><td></td><td></td><td></td><td></td><td></td><td></td><td></td><td></td><td></td><td></td><td></td><td></td><td></td><td></td><td></td></tr>
<tr><td></td><td></td><td></td><td></td><td></td><td></td><td></td><td></td><td></td><td></td><td></td><td></td><td></td><td></td><td></td></tr>
<tr><td></td><td></td><td></td><td></td><td></td><td></td><td></td><td></td><td></td><td></td><td></td><td></td><td></td><td></td><td></td></tr>
<tr><td></td><td></td><td></td><td></td><td></td><td></td><td></td><td></td><td></td><td></td><td></td><td></td><td></td><td></td><td></td></tr>
<tr><td></td><td></td><td></td><td></td><td></td><td></td><td></td><td></td><td></td><td></td><td></td><td></td><td></td><td></td><td></td></tr>
<tr><td></td><td></td><td></td><td></td><td></td><td></td><td></td><td></td><td></td><td></td><td></td><td></td><td></td><td></td><td></td></tr>
</table>

表 3-6-5　防火墙内气体成分、温度等观测记录表

火区编号：　　　　　　　　　　　　　　　　　　　　　　　　　　防火墙编号：

地点		封闭日期		厚度/m		断面积/m^2		建筑材料		施工负责人		惰气注入量/m^3	

观测日期	防火墙内气体成分/%					防火墙内温度/℃	防火墙出水温度/℃	防火墙内外压差/Pa	发现情况
	CH_4	O_2	CO_2	CO	N_2				

2. 火区管理卡片由矿通风部门负责填写，并装订成册，永久保存。

3. 火区位置示意图应以通风系统图为基础绘制，即在通风系统图上标明火区的边界、火源点位置，防火墙类型、位置与编号，火区外围风流方向、漏风路线以及灌浆系统、均压技术设施位置等，并绘制必要的剖面图。

第二百七十八条　永久性密闭墙的管理应当遵守下列规定：

（一）每个密闭墙附近必须设置栅栏、警标，禁止人员入内，并悬挂说明牌。

（二）定期测定和分析密闭墙内的气体成分和空气温度。

（三）定期检查密闭墙外的空气温度、瓦斯浓度，密闭墙内外空气压差以及密闭墙墙体。发现封闭不严、有其他缺陷或者火区有异常变化时，必须采取措施及时处理。

（四）所有测定和检查结果，必须记入防火记录簿。

（五）矿井做大幅度风量调整时，应当测定密闭墙内的气体成分和空气温度。

（六）井下所有永久性密闭墙都应当编号，并在火区位置关系图中注明。

密闭墙的质量标准由煤矿企业统一制定。

【条文解释】　本条是对永久性密闭墙管理的规定。

永久性密闭墙是火区管理的重要构筑物，它的严密性在很大程度上决定着封闭火区的灭火效果，必须定期进行检查。其目的是掌握和维护密闭墙的质量，发现问题及时处理，始终保持严密不漏风的完好状态；同时，通过密闭墙内的空气成分、空气温度和密闭墙内外压力差的检测，系统分析火区的变化，为判断火区是否熄灭、是否完全具备启封的条件提供可靠依据。

密闭墙内气体成分、温度等观测内容与记录格式，见表 3-6-5。

【典型事例】　2013 年 1 月 29 日，黑龙江省牡丹江市某煤矿由于邻近煤矿火区一氧化碳通过裂隙泄入，没有采取任何措施，违章指挥，违章进行井下排水作业，导致矿工一氧化碳中毒的重大事故。

事故发生后，在事故类型不清、井下情况不清、灾害地点不清的情况下，盲目组织包括铲车司机和后勤人员在内的 17 人下井救援，且井下作业人员和救灾人员均没有佩戴自救器，最终酿成井下排水和救援的 20 人中，12 人遇难、8 人住院治疗的惨剧。

第二百七十九条 封闭的火区，只有经取样化验证实火已熄灭后，方可启封或者注销。火区同时具备下列条件时，方可认为火已熄灭：

（一）火区内的空气温度下降到 30 ℃以下，或者与火灾发生前该区的日常空气温度相同。

（二）火区内空气中的氧气浓度降到 5.0%以下。

（三）火区内空气中不含有乙烯、乙炔，一氧化碳浓度在封闭期间内逐渐下降，并稳定在 0.001%以下。

（四）火区的出水温度低于 25 ℃，或者与火灾发生前该区的日常出水温度相同。

（五）上述 4 项指标持续稳定 1 个月以上。

【条文解释】 本条是对火区熄灭条件的规定。

该条款规定的火区熄灭的 5 项条件，对于现场十分重要和必需。只有经取样化验证实火已熄灭后，方可启封或注销；否则，将会因发火尚未彻底熄灭或启封过程中新鲜空气的进入致“死灰复燃”而引发人员中毒或爆炸事故。

【典型事例】 某日，辽宁省抚顺某煤矿-480 m 水平 501 采区一煤门因掘进工作面发火，5 人遇难后被迫封闭而形成火区。5 日、13 日 2 次启封将遇难者运出，14 日第 3 次启封，急于恢复生产，于 16 日再次启封，风筒接了 140 m 后因无风筒，7 名救护队员升井，运来风筒后继续又接了 110 m 接近火源点，突发瓦斯爆炸，6 名救护队员全部死亡。

1. 关于火区注销。

火区注销：经连续采样分析符合火区熄灭条件，由矿长或技术负责人（总工程师）组织有关部门确认火区已经熄灭，提出火区注销报告，报请主管部门批准。火区注销报告应包括以下内容：

（1）火区基本情况。

（2）灭火工作总结（包括灭火过程、灭火费用和灭火效果等）。

（3）火区注销依据与鉴定结果。

（4）附图。

2. 因为矿井空气中的一氧化碳来源有 2 个方面：一是来源于煤炭自燃和瓦斯、煤尘的燃爆；二是成煤过程中伴生的吸附状态的一氧化碳，在开采活动中被解吸出来。即使在没有发火和没有发生瓦斯煤尘燃爆的矿井空气中，也能检测出微量的一氧化碳，因此规定一氧化碳浓度在封闭期间逐渐下降，并稳定在 0.001%以下可认为火已熄灭。

3. 有乙炔（C_2H_2）存在表明火区内的煤温在 180～250 ℃以上，有乙烯（C_2H_4）存在表明煤温在 80～120 ℃以上。乙烯和乙炔的消失，标志着火区内煤炭及其周围介质的温度下降，积蓄的热量已经不能维持其燃烧而逐渐熄灭。

有的矿井已经装备了较高精度的多参数气象色谱仪，对乙烯、乙炔等烃类气体均能较准确测定与定量分析，而且在判断火区内火情的发展过程中得到应用。

第二百八十条　启封已熄灭的火区前，必须制定安全措施。

启封火区时，应当逐段恢复通风，同时测定回风流中一氧化碳、甲烷浓度和风流温度。发现复燃征兆时，必须立即停止向火区送风，并重新封闭火区。

启封火区和恢复火区初期通风等工作，必须由矿山救护队负责进行，火区回风风流所经过巷道中的人员必须全部撤出。

在启封火区工作完毕后的 3 天内，每班必须由矿山救护队检查通风工作，并测定水温、空气温度和空气成分。只有在确认火区完全熄灭、通风等情况良好后，方可进行生产工作。

【条文解释】　本条是对启封火区的规定。

1. 启封火区必须制定安全措施

启封火区是一项比较复杂而又危险的工作，一定要谨慎从事，处理不当则可能引起复燃，甚至发生瓦斯爆炸。因为有些火区范围较大，封闭区内的情况变化比较复杂，虽经多次检测分析表明火已熄灭，但有时受检测取样条件的限制，以及火区内气体运移规律变化的影响，所观测和分析的结果可能会有偏差或遗漏，在尚未完全具备启封条件下就进行了启封，必将导致启封失败甚至发生中毒窒息或瓦斯燃爆事故。事先必须制定安全措施和实施计划，并报主管领导批准。要做好一切应急准备工作，要有启封失败“死灰复燃”而必须重新再次封闭（重新封闭构筑防火墙的位置、方法、顺序、材料和安全避灾路线等）的思想与物质准备。

启封已注销的火区，必须编制启封计划和安全措施，报企业主管部门批准。火区启封计划和安全措施应包括以下内容：

（1）火区基本情况及灭火、注销情况。

（2）火区侦察顺序与防火墙启封顺序。

（3）启封时防止人员中毒、防止火区复燃和防止爆炸的通风安全措施。

（4）附图。

2. 启封火区应采用锁风启封（逐段恢复通风）方法

一是为了启封时不因火区受矿井全风压通风的影响而发生复燃，尽管逐段恢复通风时也存在火区复燃的危险，但易于做到有效控制和重新封闭；二是有的火区范围较大，难以确认火区范围内的火源是否已经完全熄灭，或火区内可能积存大量可燃性气体，采用锁风启封火区法较通风启封火区法更为安全一些。

锁风法启封火区就是沿着原封闭区内的巷道，由外向里向火源逐段移动密闭的位置，逐渐缩小火区范围而最后在封闭状况下进入火区，实现火区全部启封的方法。锁风时，先在防火墙外砌筑 1 道带小门的锁风墙，它与防火墙之间的距离应保证能储存构筑 1 道不小于 5~6 m 的锁风墙的材料和工具。锁风墙筑好后方可打开原防火墙，救护队员进入火区构筑新的锁风墙时，必须保持锁风墙与原防火墙中至少有 1 道风门关闭。锁风墙砌好后要进行质量检查，合格后才允许拆除锁风墙和原防火墙。

3. 启封火区必须由救护队负责进行

这是因为启封火区是一项比较危险的工作，火区内积存有大量有害气体；启封火区和火区恢复通风的初期期间，将排出火区内的有害气体；火区还容易受通风影响发生变化而再次出现一氧化碳或火区复燃现象。一般人员无法也不准进入启封火区的作业场所。矿山救护队是经过专门训练和专门从事矿山救灾的专业队伍，具有抢险救灾的专业技能，并配备有专门的技术装备，可以在一般人员无法进入的场所进行作业。启封火区工作完毕后的3天内，每班必须由矿山救护队检查通风工作，并测定水温、空气温度和空气成分。

第二百八十一条 不得在火区的同一煤层的周围进行采掘工作。

在同一煤层同一水平的火区两侧、煤层倾角小于35°的火区下部区段、火区下方邻近煤层进行采掘时，必须编制设计，并遵守下列规定：

（一）必须留有足够宽（厚）度的隔离火区煤（岩）柱，回采时及回采后能有效隔离火区，不影响火区的灭火工作。

（二）掘进巷道时，必须有防止误冒、误透火区的安全措施。

煤层倾角在35°及以上的火区下部区段严禁进行采掘工作。

【条文解释】 本条是对火区同一煤层周围采掘工作的规定。

1. 如果在火区的同一煤层周围进行采掘工作，由于采动影响，可能会损坏密闭的严密性，还会使火区周围的煤岩层遭到震动破坏而产生裂隙，采掘工作面及相邻巷道就会向火区漏风供氧而不利于火区熄灭，甚至再次燃烧；同时，火区内的有害气体还可能通过这些裂隙涌入采掘作业地点而致人中毒窒息。因此，规定不得在火区的同一煤层的周围进行采掘工作。

【典型事例】 某日，辽宁省某煤矿西一区由±0 向+5 m 掘进溜煤上山时，因爆破震动引起火区密闭垮塌造成高温火源与高温气流扩散，导致30 m 巷道的支架着火和10人中毒死亡的诱发事故。

2. 巷道掘进防止透火区。巷道掘进误透、误冒已封闭的火区，无疑会形成漏风通道，火区一旦得到充分的供氧条件，就会加剧火区的火势，严重威胁掘进工作面及周围作业人员的安全。为此，巷道掘进时，必须有防止误冒、误透火区的安全措施。

3. 煤层倾角35°及以上的火区下部严禁采掘工作。煤层倾角大于煤的安息角时，隔离煤柱的稳定性很差甚至很难留住，往往是下区段采煤工作面开采后，上部所留的煤柱随采煤工作面顶板的垮落一起向下塌落，造成下区段采空区与上区段的火区相连通，不利于火区熄灭。火区内尚未熄灭的火源还可能掉入下部采空区引燃采空区内的瓦斯。

【典型事例】 2010年1月11日，吉林省蛟河市某煤矿技术改造区域主井筒-20.5 m 标高临时水仓处导通原A煤矿旧采迹，旧采迹一氧化碳溢出，造成7人死亡、6人轻伤，直接经济损失323.435 1万元。

第七章　防　治　水

第一节　一 般 规 定

第二百八十二条　煤矿防治水工作应坚持“预测预报、有疑必探、先探后掘、先治后采”基本原则，采取“防、堵、疏、排、截”综合防治措施。

【条文解释】　本条是对煤矿防治水工作基本原则和综合防治措施的规定。

煤矿在建设和生产过程中，大气降水、地表水和地下水等通过各种通道进入矿井，淹没井下巷道、采掘工作面和硐室，影响矿井或采掘工作面正常生产，造成工人人身伤亡的事故，称为透水事故。

透水事故是煤矿五大灾害事故之一。俗话说：“水火无情”“火烧一线、水漫一片”。煤矿一旦发生透水，就可能造成大量井下人员伤亡。

【典型事例】　2005 年 8 月 7 日，广东省梅州市某煤矿发生一起采空区积水淹井事故，造成 123 人死亡，直接经济损失 4 725 万元。

1. 煤矿防治水十六字原则及其含义

煤矿防治水十六字原则是指：预测预报、有疑必探、先探后掘、先治后采。

预测预报是指查清矿井水文地质条件，对水害作出分析判断，在矿井透水以前发出预警预报。

有疑必探是指对可能构成水害威胁的区域、地点，采用钻探、物探、化探、连通试验等综合技术手段查明水害隐患。

先探后掘是指首先进行综合探查并排除水害威胁，确认巷道掘进前方没有水害隐患后再掘进施工。

先治后采是指根据查明的水害情况，采取有针对性的治理措施排除水害威胁后，再安排回采。

2. 煤矿防治水五项综合治理措施及其含义

煤矿防治水五项综合治理措施是指：防、堵、疏、排、截。

防是指合理留设各类防隔水煤（岩）柱。

堵是指注浆封堵具有突水威胁的含水层和导水通道。

疏是指探放老空水和对承压含水层进行疏水降压。

排是指完善矿井排水系统。

截是指加强地表水的截流治理。

【典型事例】　2012 年 4 月 10 日，江苏省徐州市某煤矿防治水措施落实不到位，

7432 材料道工作面掘进作业导致采空区透水，造成 7 人被困。经全力抢救，其中 3 人成功获救，4 人遇难。

第二百八十三条 煤矿企业应当建立健全各项防治水制度，配备满足工作需要的防治水专业技术人员，配齐专用探放水设备，建立专门的探放水作业队伍，储备必要的水害抢险救灾设备和物资。

水文地质条件复杂、极复杂的煤矿，应当设立专门的防治水机构。

【条文解释】 本条是对煤矿企业防治水制度、人员、设备和机构的规定。

1. 煤矿企业应建立健全各项防治水制度

为了使防治水工作任务清楚、责任明确，煤矿要建立健全防治水岗位责任制和有关防治水技术制度，特别要建立水害防治岗位责任制、水害防治技术管理制度、水害预测预报制度和水害隐患排查治理制度。水文地质条件复杂或极复杂的矿井还要建立探放水制度、重大水患停产撤人制度等。制定的各项制度都要组织宣传学习，并悬挂在醒目位置，做到众所周知。

2. 配备满足工作需要的防治水专业技术人员

为加强煤矿防治水基础工作，要求所有煤矿必须配备满足工作需要、专门负责防治水工作的专业技术人员。专业技术人员是指受过正规院校地质、水文地质专业教育的技术人员。水文地质条件复杂、极复杂的煤矿企业、矿井配备专业技术人员不少于 3 人，其他煤矿可配备 1~3 人，以满足工作需要为标准。

3. 配齐专用探放水设备和专业队伍

大部分水害事故都是探放水措施不落实造成的，所以，要求煤矿必须配齐专用探放水设备，建立专业探放水队伍，不能用煤电钻代替专用探水钻机。探放水任务少的煤矿，探放水队伍可与探放瓦斯的队伍合在一起。探放水作业人员必须经培训取得特种作业操作资格证，持证上岗。

4. 储备必要的水害抢险救灾设备和物资

（1）矿井应当设置安全出口，规定避水灾路线，设置贴有反光膜的清晰路标，并让全体职工熟知，一旦突水，能够安全撤离，避免意外伤亡事故。

（2）井下泵房应当积极推广无人值守和远程监控集控系统，加强排水系统检测与维修，时刻保持水仓容量不小于 50% 和排水系统运转正常。受水威胁严重的矿井，应当实现井下泵房无人值守和地面远程监控，推广使用地面操控的潜水泵排水系统。

（3）当发生突水时，矿井应当立即做好关闭防水闸门的准备，在确认人员全部撤离后，方可关闭防水闸门。

（4）矿井应当根据水患的影响程度，及时调整井下通风系统，避免风流紊乱、有害气体超限。

（5）矿井应当将防范暴雨洪水引发煤矿事故灾难的情况纳入《事故应急救援预案》和《灾害预防处理计划》中，落实防范暴雨洪水所需的物资、设备和资金，储存足够的黄土、水泥、木板、砖、水泵和水管等，建立专业抢险救灾队伍，或者与专业抢险救灾队伍签订协议。

（6）矿井应当加强与各级抢险救灾机构的联系，掌握抢救技术装备情况，一旦发生水害事故，立即启动相应的应急预案，争取社会救援，实施事故抢救。

5. 设置专门的防治水机构

煤矿企业、矿井的主要负责人是本单位防治水工作的第一责任人。水文地质条件复杂、极复杂的煤矿要设立专门防治水机构（可与地测部门合署办公），总工程师（技术负责人）具体负责防治水的技术管理工作，以保证防治水工作得到充分重视，工作能够顺利开展。

第二百八十四条 *煤矿应当编制本单位防治水中长期规划（5~10 年）和年度计划，并组织实施。*

矿井水文地质类型应当每 3 年核定一次。发生重大及以上突（透）水事故后，矿井应在恢复生产前重新确定矿井水文地质类型。

水文地质条件复杂、极复杂矿井应每月至少开展 1 次水害隐患排查，其他矿井应当每季度至少开展 1 次。

【条文解释】 本条是对煤矿水文地质工作的基本规定。

1. 编制防治水中长期规划（5~10 年）

矿井整体性防治水工程规模较大，工期较长，应当编制本单位的防治水中长期规划（5~10 年），根据实际情况分期分批施工。防治水规划应按照当前与长远相结合、局部与整体相结合的原则，根据地质和水文地质条件进行编制。防治水规划的内容应包括：

（1）编制防治水规划的必要性和实现规划的可能性。

（2）阐述矿区（矿井）水文地质的基本概况，水害威胁矿井安全生产的主要问题。

（3）编制防治水规划，包括重大的防治水工程项目。

防治水工程项目应包括：查——查清水文地质条件；防——地面防洪、泄洪、内涝治理、井下防排水设施、防隔水煤（岩）柱、超前探水等；疏——疏水降压；截——截断水源或减少补给量；堵——注浆封堵；研——防治水科学研究。

编制各项防治水工程的工程量、工期、预期效果、工程所需的劳动组织、设备材料和工程费用概算等。

（4）需要上级解决的问题。

2. 编制矿井年度防治水计划

矿井年度防治水计划一般由煤矿企业行政和技术负责人组织有关部门，在对本矿区（矿井）的防治水工作进行研究，在摸清情况的基础上进行编制，经企业主要领导审查批准后，由施工部门领导组织实施。

年度防治水计划的内容应包括：

（1）说明本年度采掘地区安排。

（2）概述水文地质条件，预测可能的突水区和突水量，预计水平、煤层的涌水量。

（3）成立三防（防汛、防排水、防雷电）指挥部，组织抢险队伍，明确水文地质、机电维修和安装、后勤、供应等单位的人员具体任务。

（4）确定防治水工程，包括疏通防洪沟、泄洪隧洞，砌筑拦洪坝，充填与导水裂缝带相连通的地表裂缝、塌陷洞，整补河床等，以及井下新建、改扩建的防排水项目，说明各项工程的项目和工程量。

（5）检查维护输电线路、防雷电设施、内涝排洪和井下排水设备、防水闸门等。

（6）井下清挖水沟、水仓、沉淀池。

（7）制订探放水计划，并规定流水路线和避灾路线，编制避水路线和避灾路线的清理、维护计划。

对上述所提出的工程所需要的材料、设备、工具、人员等，都应实行“六定”，即定任务、定质量、定单位、定人员、定安全措施、定完成日期。

3. 查清矿井水文地质条件

必须根据《煤矿防治水规定》的要求，有计划、有针对性地进行矿区（井）水文地质调查、勘探和观测工作，查明矿井的各种充水因素，分析研究地下水的规律，为防治水工作提供技术依据。

水文地质条件不清是造成水害事故的重要原因，地下水赋存状况及补给关系不清楚，对水源位置不清，盲目采掘必然会酿成突水事故。为了搞清水文地质条件，根据各矿区（井）的具体条件，随着采掘活动的进展，应调查和掌握以下情况：

（1）观测矿井涌水量、水位动态及其季节性变化规律。

（2）调查地表水体和积水区历年最高与最低水位、汇水情况和疏水能力，并调查洪水泛滥时淹没矿区的范围、淹没持续时间，以及对工业场地和居民点的影响程度。

（3）搜集历年大气降水资料，调查分水岭，圈定受水面积，弄清泉水、河流的分布及其动态变化等情况，并根据矿区的补给、排泄条件和矿井、工业用水排水量等，进行地下水均衡计算，评价矿区地下水资源，为综合治水提供依据。

（4）观测研究地质构造的产状要素，断层破碎带的宽度，充填物成分、胶结程度及力学性质，断层两盘岩层接触关系，构造的分布规律，以及断裂在各含水层之间、地下水与地表水之间发生水力联系上所起的作用。

（5）研究隔水层的岩性、厚度及分布，断层对隔水层的破坏情况，预防承压水所需的隔水层厚度及其随埋藏深度的变化规律，以及导水裂隙随各种因素的变化情况，分析突水规律，解决承压水上和水体下开采的问题。

（6）调查对矿井充水有严重影响的含水层的水文地质特征及补给来源，计算含水层的动、静水量，评价其可疏性；动水量特大，不具备疏放降压条件的矿井，应查清补给方向、补给方式、补给量、补给范围和流速、流量等，为截源堵水提供必要的依据。

（7）根据上述调查资料预计矿井正常和最大涌水量。

4. 对矿井水文地质条件进行类型划分

为了有针对性地做好煤矿防治水工作，从矿区水文地质条件和井巷充水特征出发，根据矿井受采掘破坏或者影响的含水层及水体、矿井及周边老空水分布状况、矿井涌水量或者突水量分布规律、矿井开采受水害影响程度以及防治水工作难易程度，把矿井水文地质类型划分为简单、中等、复杂、极复杂等4种（表3-7-1）。矿井水文地质类型应当每3年重新核定。当发生重大突（透）水事故后，矿井应在恢复生产前重新确定矿井水文地质类型。

矿井应当对本单位的水文地质情况进行研究，编制矿井水文地质类型划分报告，并确定本单位的矿井水文地质类型。矿井水文地质类型划分报告，由煤矿企业总工程师负责组织审定。

表 3-7-1　矿井水文地质类型

<table>
<tr><th colspan="2" rowspan="2">分类依据</th><th colspan="4">类　别</th></tr>
<tr><th>简单</th><th>中等</th><th>复杂</th><th>极复杂</th></tr>
<tr><td rowspan="2">受采掘破坏或影响的含水层及水体</td><td>含水层性质及补给条件</td><td>受采掘破坏或影响的是孔隙、裂隙、岩溶含水层，补给条件差，补给来源少或极少</td><td>受采掘破坏或影响的是孔隙、裂隙、岩溶含水层，补给条件一般，有一定的补给水源</td><td>受采掘破坏或影响的主要是岩溶含水层、厚层砂砾石含水层、老空水、地表水，其补给条件好，补给水源充沛</td><td>受采掘破坏或影响的是岩溶含水层、老空水、地表水，其补给条件很好，补给来源极其充沛，地表泄水条件差</td></tr>
<tr><td>单位涌水量 q /[L/(s·m)]</td><td>$q\leqslant0.1$</td><td>$0.1<q\leqslant1.0$</td><td>$1.0<q\leqslant5.0$</td><td>$q>5.0$</td></tr>
<tr><td colspan="2">矿井及周边老空水分布状况</td><td>无老空积水</td><td>存在少量老空积水，位置、范围、积水量清楚</td><td>存在少量老空积水，位置、范围、积水量不清楚</td><td>存在大量老空积水，位置、范围、积水量不清楚</td></tr>
<tr><td>矿井涌水量/(m³/h)</td><td>正常 Q_1
最大 Q_2</td><td>$Q_1\leqslant180$
（西北地区 $Q_1\leqslant90$）
$Q_2\leqslant300$
（西北地区 $Q_2\leqslant210$）</td><td>$180<Q_1\leqslant600$
（西北地区 $90<Q_1\leqslant180$）
$300<Q_2\leqslant1\ 200$
（西北地区 $210<Q_2\leqslant600$）</td><td>$600<Q_1\leqslant2\ 100$
（西北地区 $180<Q_1\leqslant1\ 200$）
$1\ 200<Q_2\leqslant3\ 000$
（西北地区 $600<Q_2\leqslant2\ 100$）</td><td>$Q_1>2\ 100$
（西北地区 $Q_1>1\ 200$）
$Q_2>3\ 000$
（西北地区 $Q_2>2\ 100$）</td></tr>
<tr><td colspan="2">突水量 Q_3/(m³/h)</td><td>无</td><td>$Q_3\leqslant600$</td><td>$600<Q_3\leqslant1\ 800$</td><td>$Q_3>1\ 800$</td></tr>
<tr><td colspan="2">开采受水害影响程度</td><td>采掘工程不受水害影响</td><td>矿井偶有突水，采掘工程受水害影响，但不威胁井安全</td><td>矿井时有突水，采掘工程、矿井安全受水害威胁</td><td>矿井突水频繁，采掘工程、矿井安全受水害严重威胁</td></tr>
<tr><td colspan="2">防治水工作难易程度</td><td>防治水工作简单</td><td>防治水工作简单或易于进行</td><td>防治水工程量较大，难度较高</td><td>防治水工程量大，难度高</td></tr>
</table>

注：(1) 单位涌水量以井田主要充水含水层中有代表性的为准。

(2) 在单位涌水量 q，矿井涌水量 Q_1、Q_2 和矿井突水量 Q_3 中，以最大值作为分类依据。

(3) 同一井田煤层较多，且水文地质条件变化较大时，应当分煤层进行矿井水文地质类型划分。

(4) 按分类依据就高不就低的原则，确定矿井水文地质类型。

矿井水文地质类型划分报告，应当包括下列主要内容：

(1) 矿井所在位置、范围及四邻关系，自然地理等情况；

(2) 以往地质和水文地质工作评述；

(3) 井田水文地质条件及含水层和隔水层分布规律和特征；

(4) 矿井充水因素分析，井田及周边老空区分布状况；

(5) 矿井涌水量的构成分析，主要突水点位置、突水量及处理情况；

(6) 对矿井开采受水害影响程度和防治水工作难易程度评价；

（7）矿井水文地质类型划分及防治水工作建议。

5. 加大对重大水患排查力度

（1）煤矿企业要定期排查矿井及其周边受威胁的水害隐患。水文地质条件复杂、极复杂的矿井每月应认真开展水害隐患排查治理活动1次，其他矿井每季度应至少开展1次水害隐患排查治理活动。

（2）对排查出重大隐患要分类定级，建立档案，按规定向地方政府相关部门报告。

（3）查出的水害隐患要制订专门治理计划，做到人员责任、整改措施、治理资金、施工期限、应急预案五落实。水害防治工程应编制设计、施工方案，制定安全措施，工程结束后要及时进行验收总结。

（4）严禁超层越界等违法、非法开采，严禁采掘防隔水煤。未采取有效措施的，要立即停止生产，排除隐患。

第二百八十五条　当矿井水文地质条件尚未查清时，应当进行水文地质补充勘探工作。

【条文解释】　本条是对矿井水文地质补充勘探的规定。

为保障煤炭工业可持续健康发展，要求有下列情形之一者应当进行水文地质补勘探工作，查明深部地质构造、水文地质条件，分析矿井充水水源、充水途径、充水通道，预测矿井涌水量，为实施带压开采和矿井防治水提供水灾地质技术依据，保障煤矿安全生产：

1. 一些老矿区由于上组煤资源枯竭，准备或已经开采下组煤，而未进行深部水文地质勘探；或者一些准备开采或新开的煤矿，由于某种原因未进行相应的水文地质勘探的。矿井因开拓延深、开采新煤系（组）、扩大井田范围进行矿山开采（补充）设计时，原水文地质勘探报告不能满足，需要进行水文地质勘探的。

2. 矿井在勘探阶段，由于种种原因投入的水文地质工程量未达到相关规范要求，且未查清水文地质条件的。

3. 矿井在采掘过程中，经井下水文地质观测发现水文地质条件比水文地质勘探报告复杂的。

4. 矿井由于长期开采，改变了矿井直接或间接充水含水层水文地质条件，对矿井生产产生不良影响，而原水文地质勘探报告已不能指导矿井生产的。

5. 查明水文地质条件，预测导水裂隙发育高度，分析研究矿井充水因素，预防导水裂缝带进入或接近含水层而发生突水事故。

6. 各种井巷工程穿越强富水性含水层时施工需要的。

【典型事例】　河北省开滦范各庄矿三水平延深，3-2皮带巷是三水平的主提运煤斜井，设计位置处于井口向斜区，在该区域已揭露5个岩溶陷落柱，柱内冒落的岩体风化较强，充填密实，涌水不大。3-2皮带巷设计层次大部分在12煤层底板巨厚砂岩层，是煤系地层的主要含水层。为进一步查明井田北翼与井口向斜区的水文地质条件，开滦集团与有关科研单位合作进行了探测，确定井口向斜区为特殊水文地质构造单位，需进一步勘探才能施工。

为此，范各庄矿进行了大量的物探（音频电导率透视、电法测深）、钻探（历时3年共钻孔15个，累计进尺2 427.4 m）、两次放水联通试验、水质跟踪监测和三维地震勘探等综合水文地质探查。探查的结果是发现了新的隐伏岩渗陷落柱（13 号陷落柱），该陷落柱对 3-2 皮带巷的施工和矿井安全将构成严重威胁，最后重新修改了皮带巷的位置。

第二百八十六条　*矿井应对主要含水层进行长期水位、水质动态观测，设置矿井和各出水点涌水量观测点，建立涌水量观测成果等防治水基础台账，并开展水位动态预测分析工作。*

【条文解释】　本条是对矿井水文地质观测，预测分析的规定。

矿井防治水基础台账，为分析水文地质条件提供基础资料，应当认真收集、整理，实行计算机数据库管理，长期保存，并每半年修正 1 次。

为了便于及时利用和更新，台账应建立计算机数据库。专业技术人员要认真收集，进行全面整理、分析相关资料，为防治水措施提供决策依据。建立的防治水台账要长期保存。

矿井必须建立下列 15 种防治水基础台账。水文地质条件复杂或极复杂时，矿井还应根据防治水的需要，建立专门的基础台账。

1. 矿井涌水量观测成果台账；
2. 气象资料台账；
3. 地表水文观测成果台账；
4. 钻孔水位、井泉动态观测成果及河流渗漏台账；
5. 抽（放）水试验成果台账；
6. 矿井突水点台账；
7. 井田地质钻孔综合成果台账；
8. 井下水文地质钻孔成果台账；
9. 水质分析成果台账；
10. 水源水质受污染观测资料台账；
11. 水源井（孔）资料台账；
12. 封孔不良钻孔资料台账；
13. 矿井和周边煤矿采空区相关资料台账；
14. 水闸门（墙）观测资料台账；
15. 其他专门项目的资料台账。

第二百八十七条　*矿井应当编制下列防治水图件，并至少每半年修订 1 次：*

（一）矿井充水性图。

（二）矿井涌水量与相关因素动态曲线图。

（三）矿井综合水文地质图。

（四）矿井综合水文地质柱状图。

（五）矿井水文地质剖面图。

【条文解释】　本条是对矿井防治水图件的规定。

1. 矿井应当建立数字化图件，内容真实可靠，并至少每半年修订 1 次。

2. 矿井防治水图件有以下 8 种。矿井应当按照规定编制前 5 种防治水图件，其他有关防治水图件由矿井根据实际需要编制。

（1）矿井充水性图。

矿井充水性图是综合记录井下实测水文地质资料的图纸，是分析矿井充水规律、开展水害预测及制定防治水措施的主要依据之一，也是矿井水害防治的必备图纸。一般采用采掘工程平面作底图进行编制，比例尺为 1：2 000~1：5 000，主要内容有：

① 各种类型的出（突）水点应当统一编号，并注明出水日期、涌水量、水位（水压）、水温及涌水特征。

② 古井、废弃井巷、采空区、老硐等的积水范围和积水量。

③ 井下防水闸门、水闸墙、放水孔、防隔水煤（岩）柱、泵房、水仓、水泵台数及能力。

④ 井下输水路线。

矿井充水性图应当随采掘工程的进展定期补充填绘。

（2）矿井涌水量与各种相关因素动态曲线图。

矿井涌水量与各种相关因素动态曲线是综合反映矿井充水变化规律，预测矿井涌水趋势的图件。各矿应当根据具体情况，选择不同的相关因素绘制下列几种关系曲线图：

① 矿井涌水量与降水量、地下水位关系曲线图。

② 矿井涌水量与单位走向开拓长度、单位采空面积关系曲线图。

③ 矿井涌水量与地表水补给量或水位关系曲线图。

④ 矿井涌水量随开采深度变化曲线图。

⑤ 井下涌水量观测站（点）的位置。

⑥ 其他。

（3）矿井综合水文地质图。

矿井综合水文地质图是反映矿井水文地质条件的图纸之一，也是进行矿井防治水工作的主要参考依据。综合水文地质图一般在井田地形地质图的基础上编制，比例尺为 1：2 000~1：10 000。主要内容有：

① 基岩含水层露头（包括岩溶）及冲积层底部含水层（流砂、砂砾、砂姜层等）的平面分布状况。

② 地表水体，水文观测站，井、泉分布位置及陷落柱范围。

③ 水文地质钻孔及其抽水试验成果。

④ 基岩等高线（适用于隐伏煤田）。

⑤ 已开采井田井下主干巷道、矿井回采范围及井下突水点资料。

⑥ 主要含水层等水位（压）线。

⑦ 老窑、小煤矿位置及开采范围和涌水情况。

⑧ 有条件时，划分水文地质单元，进行水文地质分区。

（4）矿井综合水文地质柱状图。

矿井综合水文地质柱状图是反映含水层、隔水层及煤层之间的组合关系和含水层层数、厚度及富水性的图纸。一般采用相应比例尺随同矿井综合水文地质图一道编制。主要内容有：

① 含水层年代地层名称、厚度、岩性、岩溶发育情况。

② 各含水层水文地质试验参数。

③ 含水层的水质类型。

（5）矿井水文地质剖面图。

矿井水文地质剖面图主要是反映含水层、隔水层、褶曲、断裂构造等和煤层之间的空间关系。主要内容有：

① 含水层岩性、厚度、埋藏深度、岩溶裂隙发育深度。

② 水文地质孔、观测孔及其试验参数和观测资料。

③ 地表水体及其水位。

④ 主要井巷位置。

矿井水文地质剖面图一般以走向、倾向有代表性的地质剖面为基础。

（6）矿井含水层等水位（压）线图。

等水位（压）线图主要反映地下水的流场特征。水文地质复杂型和极复杂型的矿井，对主要含水层（组）应当坚持定期等水位（压）线图，以对照分析矿井疏干动态。比例尺为 1∶2 000~1∶10 000。主要内容有：

① 含水层、煤层露头线，主要断层线。

② 水文地质孔、观测孔、井、泉的地面标高，孔（井）口标高和地下水位（压）标高。

③ 河、渠、山塘、水库、塌陷积水区等地表水体观测站位置、地面标高和同期水面标高。

④ 矿井井口位置、开拓范围和公路、铁路交通干线。

⑤ 地下水等水位（压）线和地下水流向。

⑥ 可采煤层底板下隔水层等厚线（当受开采影响的主含水层在可采煤层底板下时）。

⑦ 井下涌水、突水点位置及涌水量。

（7）区域水文地质图。

区域水文地质图一般在 1∶10 000~1∶100 000 区域地质图的基础上经过区域水文地质调查之后编制。成图的同时，尚需写出编图说明书。矿井水文地质复杂型和极复杂型矿井，需认真加以编制。主要内容有：

① 地表水系、分水岭界线、地貌单元划分。

② 主要含水层露头、松散层等厚线。

③ 地下水天然出露点及人工揭露点。

④ 岩溶形态及构造破碎带。

⑤ 水文地质钻孔及其抽水试验成果。

⑥ 地下水等水位线、地下水流向。

⑦ 划分地下水补给、径流、排泄区。

⑧ 划分不同水文地质单元，进行水文地质分区。

⑨ 附相应比例尺的区域综合水文地质柱状图、区域水文地质剖面图。

（8）矿区岩溶图。

岩溶特别发育的矿区，应当根据调查和勘探的实际资料编制矿区岩溶图，为研究岩溶的发育分布规律和矿井岩溶水防治提供依据。

岩溶图的形式可根据具体情况编制成岩溶分布平面图、岩溶实测剖面图或展开图等。

① 岩溶分布平面图可在矿井综合水文地质图的基础上填绘岩溶地貌、汇水封闭洼地、落水洞、地下暗河的进出水口、天窗、地下水的天然出露点及人工出露点、岩溶塌陷区、地表水和地下水的分水岭等。

② 岩溶实测剖面图或展开图，根据对溶洞或暗河的实际测绘资料编制。

第二百八十八条　采掘工作面或者其他地点发现有煤层变湿、挂红、挂汗、空气变冷、出现雾气、水叫、顶板来压、片帮、淋水加大、底板鼓起或者裂隙渗水、钻孔喷水、煤壁溃水、水色发浑、有臭味等透水征兆时，应当立即停止作业，撤出所有受水患威胁地点的人员，报告矿调度室，并发出警报。在原因未查清、隐患未排除之前，不得进行任何采掘活动。

【条文解释】　本条是对矿井发现突水预兆时的规定。

1. 矿井突水预兆

井下发生透水事故前，一定都会出现某些预兆。采掘工作面及其他地点突水的过程决定于矿井水文地质及采掘现场的条件。各类突水都可能表现出多种预兆：

(1) 煤壁“挂红”。这是因为矿井水中含有铁的氧化物，呈暗红色的水锈渗透到采掘工作面。

(2) 煤壁“挂汗”。采掘工作面接近积水时，水由于压力渗透到采掘工作面形成水珠，特别是新鲜切面潮湿明显，出现煤层变湿、煤壁溃水现象。

(3) 空气变冷。采掘工作面接近积水时，气温骤然降低，煤壁发凉，人一进去就有阴凉感觉，时间越长就越明显。

(4) 出现雾气。当巷道内温度较高，积水渗透到煤壁后，蒸发可形成雾气。

(5)“嘶嘶”水叫。井下高压水向煤（岩）裂隙强烈挤压，两壁摩擦而发出“嘶嘶”水叫声，这种现象说明即将突水。

(6) 底板鼓起、产生裂隙或底板涌水。这是底板受承压水（或积水区）作用的结果。

(7) 水色发浑。断层水和冲积层水常出现淤泥、砂，水浑浊多为黄色。

(8) 发出臭味。老窑水一般发出臭鸡蛋味，这是老窖中有害气体增加所致。

(9) 淋水加大。这是因为顶板裂隙加大，积水渗透到顶板上。

(10) 片帮冒顶。这是顶板受承压含水层（或积水区）作用的结果。

(11) 钻孔水量、水压增大和喷水。这是承压水沿钻孔喷出所致。

2. 发现突水预兆时的规定

矿井发现突水预兆时，应遵守以下安全规定：

(1) 首先立即停止作业，并撤出所有受水患威胁地点的人员。

(2) 然后报告矿调度室，并发出警报。

(3) 查清突水预兆发生的原因，并排除透水隐患。在原因未查清、隐患未排除之前，不得进行任何采掘活动。

【典型事例】　2010 年 3 月 28 日，山西省某煤矿 20101 回风巷掘进工作面附近小煤窑老空区积水情况未探明，且在发现透水征兆后未及时采取撤出井下作业人员等果断措施，掘进作业导致老空区积水透出，+583. 168 m 标高以下巷道被淹和人员伤亡，共造成38 人死亡、115 人受伤，直接经济损失 4 937 万元。

第二节　地面防治水

第二百八十九条　煤矿每年雨季前必须对防治水工作进行全面检查。受雨季降水威胁的矿井，应当制定雨季防治水措施，建立雨季巡视制度并组织抢险队伍，储备足够的防洪抢险物资。当暴雨威胁矿井安全时，必须立即停产撤出井下全部人员，只有在确认暴雨洪水隐患消除后方可恢复生产。

【条文解释】　本条是对雨季防治水的规定。

1. 加强煤矿雨季防治水工作的重要性

雨季降水是地下水的主要补给水源，所有煤矿井下涌水量都直接或间接受到大气降水的影响。对于大多数煤矿来说，雨季降水首先渗入地下，补给含水层水量，然后再涌入矿井，是一个间接水源。但是，也有的煤矿受连降暴雨影响，洪水直接溃入矿井井巷，造成淹井灾害事故。

由于一些地方和单位对暴雨洪水引发煤矿灾难事故重视不够，缺乏有效的预报预警和预防工作机制；一些煤矿采煤后形成的塌陷坑未能及时进行隔水、填平等彻底治理；一些关闭废弃矿井的井筒未按规定的要求充实堵死；一些煤矿违法违规开采防隔水煤柱；一些煤矿的井口标高低于当地历年最高洪水位；部分煤矿井田范围或井田附近地面河道被挤占，泄洪不畅，河堤决口；有的煤矿地面排洪沟渠堵塞……近年我国煤矿因暴雨洪水引发多起灾难事故，造成重大人员伤亡和财产损失。

【典型事例】　2007 年 8 月 17 日，山东省某煤矿，由于突降暴雨，山洪暴发，河水猛涨，导致东部河岸被冲垮，洪水进入西部砂坑后溃入井下，发生一起溃水淹井灾难事故，造成 172 人死亡。同日 20 时，该煤矿附近的某煤矿同样被淹，造成 9 人死亡。

2. 加强雨季防治水工作

（1）煤矿企业要建立健全雨季预防暴雨洪水引发煤矿透水灾害事故的组织机构和工作机制。成立以矿长为组长的雨季“三防”（防洪、防排水、防雷电）领导小组，制订雨季“三防”工作计划，明确“三防”任务和责任。

（2）要开展防范暴雨洪水引发煤矿透水灾害事故的隐患排查和整治工作。对排查出的重大安全隐患要分类定级，制订专门的治理计划，落实治理责任、方案、资金、人员、物资、期限和安全预案，确保整治到位。防治水工程竣工后要组织验收。

（3）建立雨季巡视制度和威胁矿井安全时撤人制度。

① 雨季巡视制度。煤矿企业要安排专人负责对本井田范围内和可能波及的周边废弃老窑、地面塌陷坑、采动裂隙，以及可能影响矿井安全生产的水库、湖泊、河流、涵闸和堤防工程等重点部位进行巡视检查；对矿井涌水量进行观测；对预防暴雨洪水设施、物资和队伍进行清查。特别是接到暴雨洪水预警预报信息后，要组织人员 24 h 不间断巡视。

② 暴雨洪水威胁矿井安全时撤人制度。煤矿企业要建立暴雨洪水可能淹井等灾害事故紧急情况下及时撤出井下全部人员的制度，明确启动标准、撤人的指挥部门和人员、撤

人程序，并在雨季前进行1次水灾撤人演习。发现暴雨洪水灾害严重，可能引发淹井时，必须立即撤人。只有在确认暴雨洪水隐患彻底消除后，方可恢复生产。

（4）在雨季到来之前，要对矿井井巷排水沟、巷道及水仓进行清理，把水仓的水位降到最低；对矿井地面和井下排水泵进行检修，确保水泵完好、备件齐全；并对工作水泵和备用水泵进行1次联合排水试验，发现问题及时处理。

（5）组织抢险队伍，储备足够的防洪抢险物资。

在雨季到来之前，所有煤矿都应组织抢险队伍，队伍要做到人员落实、思想落实、工具落实，并要在雨季前进行1次抢险演练，真正达到召之即来、来之能战、战之能胜。

同时，煤矿企业、矿井应储备足够的防洪抢险物资。

第二百九十条　煤矿应当查清井田及周边地面水系和有关水利工程的汇水、疏水、渗漏情况；了解当地水库、水电站大坝、江河大堤、河道、河道中障碍物等情况；掌握当地历年降水量和最高洪水位资料，建立疏水、防水和排水系统。

煤矿应当建立灾害性天气预警和预防机制，加强与周边相邻矿井的信息沟通，发现矿井水害可能影响相邻矿井时，立即向周边相邻矿井发出预警。

【条文解释】　本条是对煤矿地面防治水的有关规定。

1. 查清井田及周边地面水系等情况

为保证防洪工程在防治水工作中真正起作用，必须调查研究，弄清情况，才能制定出切实可行的办法。地面水文情况不清，防治水工程措施不得力就会造成洪水淹井的重大事故。煤矿应查清井田及周边地面水系和有关水利工程的汇水、疏水、渗漏情况，了解当地水库、水电站大坝、江河大堤、河道、河道中障碍物等情况。

【典型事例】　2005年7月7日，江西省萍乡市某煤矿和已关闭煤矿相互贯通，老窑和采空区仍大量存在，大气降水通过地表渗透，形成老采空积水。转让后，没有移交相关技术资料；曾与老窑及灰岩贯通的积水老采空区没有在图纸注明，在矿区地面水文情况不清楚的情况下，煤矿冒险盲目开采，发生一起透水事故，在二水平作业的15名矿工来不及逃生而遇难。

2. 建立疏水、防水和排水系统

掌握当地历年降水量和最高洪水位资料，建立疏水、防水和排水系统。

疏水指的是在矿区内部修筑排水渠道。四面环山的工业场地选择可利用的地形构筑泄洪隧洞，将矿区内的汇集水引至矿区以外。

防水指的是在编制矿井设计时，井口和工业场地应选择在不受洪水威胁的地点。矸石、炉灰及施工土方必须避开山洪和河流的冲刷方向，以免冲到工业场地和建筑物附近或淤塞沟渠和河道。对低于当地历年最高洪水位的建筑物，或民用建筑沿河布置受到河水威胁时，应修筑防洪堤坝。对于坡面汇水，应修挖防洪沟截住山洪，防止内侵或通过露头渗入矿井，堵塞地面水渗入井下的通道（塌陷裂缝、塌陷洞等）。漏水的沟渠和河流应整铺河底或改道。加强地面钻孔的管理。

排水指的是对于内涝区和洪水季节河水有倒流现象的矿区及工业场地，应在泄洪总沟的出口处建立水闸，设置排洪站，以备河水倒灌时落闸，向外排水；如果塌陷区范围太大无法填平时，可用水泵排水，防止水渗入井下。

3. 建立灾害性天气预警和预防机制

煤矿是安全生产的责任主体。矿井应当与气象、水利、防汛等部门进行联系，建立灾害性天气预警和预防机制。煤矿应当及时掌握可能危及煤矿安全生产的暴雨洪水灾害信息，密切关注灾害性天气的预报预警信息；及时掌握汛情水情，采取安全防范措施；加强与周边相邻矿井信息沟通，发现矿井出现异常情况时，立即向周边相邻矿井进行预警。

第二百九十一条　*矿井井口和工业场地内建筑物的地面标高必须高于当地历年最高洪水位，在山区还必须避开可能发生泥石流、滑坡等地质灾害危险的地段。*

矿井井口及工业场地内主要建筑物的地面标高低于当地历年最高洪水位的，应当修筑堤坝、沟渠或者采取其他防御洪水的可靠措施；不能采取可靠安全措施的，应当封闭填实该井口。

【名词解释】　最高洪水位

最高洪水位——雨季汛期泛滥时洪水淹没的最高水位标高。

【条文解释】　本条是对井口和工业广场标高的规定。

1. 矿井井口和工业场地内建筑物的地面标高必须高于当地历年最高洪水位。河流的最高洪水位，由水文站历年水文观测资料取得，分 20 年、50 年、100 年一遇等。没有观测资料时，通过水文调查取得。在编制矿井设计时，根据情况应尽量选择最高值。在山区还必须避开可能发生泥石流、滑坡的地段。

2. 矿井井口及工业场地内主要建筑物的地面标高低于当地历年最高洪水位时，应当修筑堤坝、沟渠或采取其他可靠防御洪水的防排水措施。不能采取可靠措施的，应当封闭填实该井口。

【典型事例】　2007 年 7 月 28、29 日，河南省三门峡地区普降大雨，降雨 115 mm，造成山洪暴发。29 日，山洪沿着支建煤矿的铁炉沟河暴涨，造成位于河床中心的一铝业公司废弃的铝土矿坑塌陷，洪水通过矿井上部老巷泄入河南省三门峡市某煤井，造成淹井灾害。

第二百九十二条　*当矿井井口附近或者开采塌陷波及区域的地表有水体或者积水时，必须采取安全防范措施，并遵守下列规定：*

（一）当地表出现威胁矿井生产安全的积水区时，应当修筑泄水沟渠或排水设施，防止积水渗入井下。

（二）当矿井受到河流、山洪威胁时，应当修筑堤坝和泄洪渠，防止洪水侵入。

（三）对于排到地面的矿井水，应当妥善疏导，避免渗入井下。

（四）对于漏水的沟渠和河床，应当及时堵漏或者改道；地面裂缝和塌陷地点应当及时填塞，填塞工作必须有安全措施。

【条文解释】　本条是对地表有水体或积水的规定。

地表水体或积水通过矿井井口或开采塌陷波及区域，可能溃入井下造成水灾，必须采取以下安全防范措施。

1. 严禁开采和破坏煤层露头的防隔水煤（岩）柱

防隔水煤（岩）柱是为防止地表水和地下水涌入采掘工作面而预留一定宽度或高度的、不进行采掘活动的煤层或岩层，是保证采掘工作面与地表水体、井下含水层和导水通道保持一定的距离，不至于将水引入工作面，保证采掘工作面和矿井安全生产的重要防线。当煤层在露头区直接被松散孔隙含水层覆盖或地面有经常性水体时，应留设防隔水煤（岩）柱，并严禁开采和破坏防隔水煤（岩）柱，以保证煤层开采后顶板导水裂隙带不波及含水体。防隔水煤（岩）柱一旦被破坏就会使地表水或冲积层水溃入井下，造成淹井伤人等事故。

【典型事例】　2005 年 4 月 24 日，吉林省吉林市某煤矿违法开采，在掘进中未采取有效防水措施，没有制定安全作业规程，违法越界开采防隔水煤柱，因爆破导通另一煤矿采空区积水，煤矿发生透水事故。透水后水流经某煤矿与第 3 个煤矿连通的溜煤眼泄入第 3 个煤矿，导致第 3 个煤矿被淹，造成 30 名矿工死亡，直接经济损失 783 万元。

2. 对地表容易积水的地点的处理

对地表容易积水的地点的处理，总体原则是在矿区内部以导流为主，导排结合。

为避免积水通过塌陷裂缝等通道涌入井下，若留设防隔水煤（岩）柱经济上不合理或无法留设时，可采取修筑泄水沟渠，将积水排出矿区之外。

露头、裂隙和导水断层往往是地表水直接或间接流入井下的通道，为了避免积水通过沟渠人为地与露头、裂隙、导水断层相连，造成积水溃入矿井，修筑沟渠时要避开这些薄弱地点。对于特别低洼的地点不能修筑沟渠排水时，为了防止积水对矿井安全构成威胁，可将积水低洼区进行填平压实，以防再度积水，从而彻底保证消除水害隐患。

当范围太大无法填平、经济不合理时，要建排水泵站排水，妥善将积水排出矿区，防止内涝积水渗入井下。

3. 矿井受到河流、山洪威胁时的处理

当矿井受到河流、山洪威胁时，应当修筑堤坝和泄洪渠，有效防止洪水侵入。

（1）采用修筑堤坝的方法将河水截断，使水流改道，从矿区外围流走。

（2）采用构筑（建筑）物的方法将洪水挡在煤矿井口和工业场地以外。

4. 排到地面的矿井水的处理

对于排到地面的矿井水，应当妥善疏导，防止积水往井下渗入和雨季水位暴涨溃入井下。在修筑沟渠排水时，应避开露头、裂缝和导水岩层。

为防止矿井水再次通过露头、塌陷裂隙带等薄弱地点渗入井下，防止矿井水的恶性循环，影响矿井安全，必须采取修建石拱桥（沟渠）等排水措施，将矿井水排出矿区，用于灌溉农田，或者进行水净化处理，供工业，生活用水，做到排、供、环一体化管理，同时也保证矿井的安全。

5. 对于漏水的沟渠和河床的处理

对于漏水的沟渠（包括农田水利的灌溉沟渠）和河床，应当及时堵漏或者改道。地面裂缝和塌陷地点应当及时填塞。但填塞工作必须有安全措施，如由外向内逐步填塞，填塞后的地方必须经过彻底碾压压实，以防止人员在工作时陷入塌陷坑内。

漏水的沟渠、河道和裂缝和塌陷坑处理方法如下：

（1）用黏土、三合土或混凝土将地表的老小窑、采空区的裂缝、岩溶塌陷坑等漏水通道堵塞。

（2）对于裂缝可沿缝挖沟（沟深 0.4~0.8 m，宽 0.3~0.5 m），往缝内填入石块或片石，上部用灰土（3∶7）填塞夯实。

（3）对于岩溶塌陷坑，在其底部先架起废钢管或废钢轨，作为堵塞骨架，再将足够的柴把、草束投入其上，然后填入石块，最后用水泥浆砌片石，填灰土（3∶7）夯实。

第二百九十三条　降大到暴雨时和降雨后，应当有专业人员观测地面积水与洪水情况、井下涌水量等有关水文变化情况和井田范围及附近地面有无裂缝、采空塌陷、井上下连通的钻孔与岩溶塌陷等现象，及时向矿调度室及有关负责人报告，并将上述情况记录在案，存档备查。

情况危急时，矿调度室及有关负责人应当立即组织井下撤人。

【条文解释】　本条是对降大到暴雨后井上下水文变化情况观测和井下撤人的规定。

大气降水是地下水的主要补给水源，所有矿床充水都与大气降水有关，特别是煤岩裸露的矿区，有天然和人工采水通道时，降大到暴雨时，降水在地面汇集起来，通过采水通道涌入井下，就会造成水患事故。

1. 专业人员观测水文变化情况

（1）每次降大到暴雨时和降雨后，应当有专业人员分工及时观测井上下水文变化情况。专业人员既有理论知识，又有实践经验，测定水文变化资料更准确、更可靠，对矿井防汛工作指导性更强。应及时向矿调度室及有关负责人报告煤矿汛期井上下水文变化情况，以便及时决策，并将上述情况记录在案、存档备查。

（2）在矿区每次降大到暴雨的前后，应有专业人员观测地面积水与洪水情况、井下涌水量等有关水文变化情况和井田范围及附近地面有无裂缝、采空塌陷、井上下连通的钻孔与岩溶塌陷等现象。

（3）井下水文情况，包括：井下揭露的出水点的水量变化情况；采掘工作面上方影响范围内有地表水体、富含水层时，穿过与地表水体和富含水层相连通的构造断裂带，要观测充水情况和水量变化；巷道和采空区积水的变化情况和水量变化。巷道和采空区积水的变化情况出现异常时，及时向矿调度室及有关负责人报告，并将上述情况记录在案，存档备查。

2. 情况危急时要组织井下撤人

矿井应当建立暴雨洪水可能引发淹井等事故灾害紧急情况下及时撤出井下人员的制度，明确启动标准、指挥部门、联络人员、撤人程序等。当发现暴雨洪水灾害严重可能引发淹井时，矿调度室及有关负责人应当立即撤出井下人员到安全地点。经确认隐患完全消除后，方可恢复生产。

第二百九十四条　当矿井井口附近或者开采塌陷波及区域的地表出现滑坡或者泥石流等地质灾害威胁煤矿安全时，应当及时撤出受威胁区域的人员，并采取防治措施。

【条文解释】　本条是对井口附近或者开采塌陷波及区域的地表出现滑坡或泥石流等地质灾害威胁煤矿安全时的规定。

有一定斜度的山坡地段，大量岩（土）体在重力作用下沿一定软弱带整体滑坡。滑坡现象在我国西南部山区常有发生，严重威胁着处于该地区矿井的安全生产，直接威胁人民生命财产的安全。其形成和发展有明显的客观地质及水文地质条件，事前加强观察研究，能够认识其存在并圈定其范围的，生产建设设计阶段就应避免在其威胁范围内兴建有关工程建筑，或应事前采取相应措施。

在有滑坡、泥石流威胁煤矿安全时，应当及时撤出受危险区域的人员，并采取防止滑坡、泥石流措施。目前采取的措施主要有3种：

1.“卸”。即卸载。通过工程减小滑坡体的重量，或改变滑坡体的形状，使其减小到小于安息角的角度。这样，因重力作用而产生的下滑力小于滑坡体在滑动面上的摩擦力，滑动就会停止。

2.“挡”。即对于体积不算很大，或者滑坡体的空间形态接近安息角，下滑力相对较弱的滑坡体，可以采取修筑挡土墙，或打抗滑桩把滑坡体与基体“锚住”的办法，控制滑坡体的下滑。

3.“改”。即改变滑坡体的生成条件，阻止滑坡体的形成。例如，用截流疏排工程，把水疏导到滑坡体以外，或修筑堤堰，把水挡住，不让其流向滑坡体，从而减小水对滑坡形成的影响作用。

第二百九十五条　严禁将矸石、杂物、垃圾堆放在山洪、河流可能冲刷到的地段，防止淤塞河道和沟渠等。

发现与矿井防治水有关系的河道中存在障碍物或者堤坝破损时，应当及时报告当地人民政府，清理障碍物或者修复堤坝，防止地表水进入井下。

【条文解释】　本条是对矸石、杂物和垃圾等杂物堆放地点的规定。

多年工作实践证明，将矸石、杂物和垃圾等杂物堆放在山洪、河流冲刷到的地方，不但可能冲刷到工业场地和建筑物附近，淤塞河道、沟渠、污染环境，影响地面安全，最重要的是如果防治水措施不利，矸石、杂物和垃圾等杂物就会随山洪和河水溃入井下，淤塞矿井，有可能造成矿井报废的危险。

由于河道中存在的障碍物和堤坝破损可能来自多方面原因，仅依靠煤矿自身力量根本无法解决，应及时向当地人民政府报告，取得相关部门的支持，调动力量、采取措施清理障碍物或者修复堤坝，防止地表水进入井下。

【典型事例】　2003年4月17日，山西省临汾市地区出现强降雨，引起山洪暴发，形成高达2~3 m洪峰，洪峰流经某煤矿旧井口时，由于旧井口堆放大量矸石，矸石堆使洪水受阻，行洪不畅而抬高洪水水位，洪水挟带着矸石、泥沙、树枝等杂物顺河而下，堵塞了矿井的排水涵洞，漫平了副斜井井口前的河床至拦洪坝，冲垮主斜井口的砌碹巷道，洪水由主斜井灌入井下巷道，不到1 h即灌满了主斜井，淹没了副斜井井口的拦洪坝和副斜井，发生洪水淹井事故，造成14人死亡。

第二百九十六条　使用中的钻孔，应当安装孔口盖。报废的钻孔应当及时封孔，并将封孔资料和实施负责人的情况记录在案，存档备查。

【条文解释】　本条是对钻孔保护和处理的规定。

钻孔由地面到井下穿透各含水层，是地表水和地下水的人工通道。为了防止地表水和地下含水层进入矿井，必须对钻孔进行保护和处理。井田内所有钻孔必须全部标注在采掘工程平面图上，建立台账，实行微机管理，并将封孔资料和实施负责人的情况记录在案、存档备查。

1. 使用中的钻孔

使用中的钻孔指的是正在使用的水文地质观测孔、注浆孔和电缆孔等与井下或含水层相通的钻孔。为了防止人为堵孔和地表水通过钻孔涌入矿井，每个钻孔按照规定安装孔口管，其孔口管必须高于当地历史最高洪水位，同时应当安装孔口盖，加盖封好。

2. 报废的钻孔

报废的钻孔也成为沟通煤层和含水层的良好导水通道，应当及时进行封孔处理。

封孔的目的是保护煤层免遭氧化，同时防止地表水和地下含水层水互相沟通。如果钻孔封闭不良，当采掘工作面接近或揭露这些钻孔时，就可能给煤矿带来安全危害。如果钻孔未沟通其他含水层或地表水体，仅钻孔中积水，则贯通后水压很高但水量不大；如果钻孔沟通其他水源，则可造成透水事故。

【典型事例】　某日，河南省某煤矿在 21 下山开拓时发生突水，最大突水量达 600 m^3/h，稳定后涌水量为 460 m^3/h，由于采区排水能力不够，导致 21 下山被淹。突水发生后，该煤矿立即启动潜水泵进行强排，但是，因涌水量时增时减，没有明显效果。

后来发现在该水井附近曾事先打过 1 个水文观测孔观 4 孔，因种种原因观测孔观 4 孔终孔后未对其下部层段进行封堵，也没有绘制到地质图上。观 4 孔成为奥灰水向上进入巷道的导水通道，最后酿成了该起突水事故。经人工挖掘在 1.5 m 深的地下找到该孔孔口位置，先下套管截流，再采用注浆堵源的办法对其进行处理，堵水率达 100%，井下突水点水量减小为零。

第三节　井下防治水

第二百九十七条　*相邻矿井的分界处，应当留防隔水煤（岩）柱；矿井以断层分界的，应当在断层两侧留有防隔水煤（岩）柱。*

矿井防隔水煤（岩）柱一经确定，不得随意变动，并通报相邻矿井。严禁在设计确定的各类防隔水煤（岩）柱中进行采掘活动。

【名词解释】　防隔水煤（岩）柱

防隔水煤（岩）柱——为确保近水体下安全采煤而留设的煤层开采上（下）限至水体底（顶）界之间的煤岩层区段。

【条文解释】　本条是对留设矿界防隔水煤（岩）柱的规定。

1. 留设矿界防隔水煤（岩）柱的必要性

相邻矿井的分界处必须留设防隔水煤（岩）柱，其作用是为了防止一矿发生透水，殃及相邻的其他矿井，可以减小事故的波及范围。目前，许多小煤矿对矿界防隔水煤（岩）柱的必要性认识不足，开采时，只顾眼前的经济利益，未在两矿井之间留有防隔水煤（岩）柱，而是一直开到矿井的边界，使矿井之间相互贯通。近年，曾出现一个矿井发生突水事故，淹没相邻矿井，造成多个矿井人员伤亡、财产损失的案例。

【典型事例】　2003 年 9 月 11 日，陕西省渭南市某煤矿平硐井口井下北翼运输联巷掘进工作面发生矿界防隔水煤（岩）柱被破坏，引起的透水事故，造成 15 人死亡。

2. 相邻矿井人为边界防隔水煤（岩）柱的留设

（1）水文地质简单型到中等型的矿井，可采用垂直法留设，但总宽度不得小于 40 m。

（2）水文地质复杂型到极复杂型的矿井，应当根据煤层赋存条件、地质构造、静水压力、开采上覆岩层移动角、导水裂缝带高度等因素确定。

① 多煤层开采，当上、下两层煤的层间距小于下层煤开采后的导水裂缝带高度时，下层煤的边界防隔水煤（岩）柱，应当根据最上一层煤的岩层移动角和煤层间距向下推算，见图 3-7-1（a）。

② 当上、下两层煤之间的垂距大于下煤层开采后的导水裂缝带高度时，上、下煤层的防隔水煤（岩）柱可分别留设，见图 3-7-1（b）。

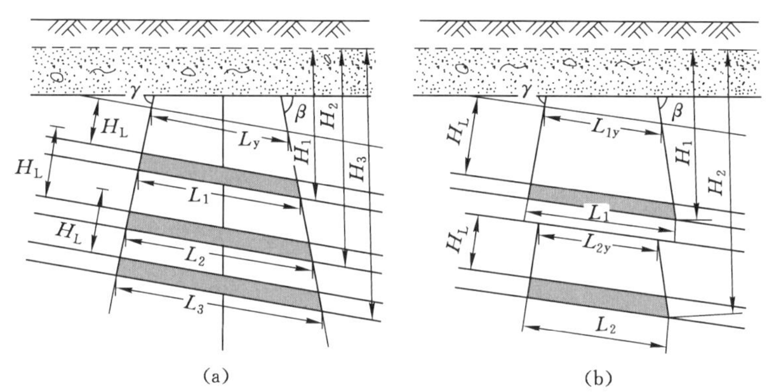

H_L—导水裂缝带上限；H_1，H_2，H_3—各煤层底板以上的静水位高度；

γ—上山岩层移动角；β—下山岩层移动角；L_y，L_{1y}，L_{2y}—导水裂缝带上限岩柱宽度；

L_1—上层煤防水煤柱宽度；L_2，L_3—下层煤防水煤柱宽度。

图 3-7-1　多煤层地区边界防隔水煤（岩）柱留设图

导水裂缝带上限岩柱宽度 L_y 的计算，可采用下列公式：

$$L_y = \frac{H - H_L}{10} \times \frac{1}{T_s} \geqslant 20 \text{ m}$$

式中　L_y——导水裂缝带上限岩柱宽度，m；

H——煤层底板以上的静水位高度，m；

H_L——导水裂缝带最大值，m；

T_s——水压与岩柱宽度的比值，可取 1。

3. 以断层为界的井田防隔水煤（岩）柱的留设

矿井边界断层煤柱的设计，取决于断层的产状、落差和影响带宽度，被开采煤层与含水层的关系，煤、岩层的产状、厚度和物理力学性质，含水层静水压力，以及导水裂隙带高度、岩移角及其对边界另一侧煤层的影响等因素，即既要防止含水层突水，又要使相邻矿井之间互不影响。

以断层为界的井田，其边界防隔水煤（岩）柱可参照断层煤柱留设，但应当考虑井田另一侧煤层的情况，以不破坏另一侧所留煤（岩）柱为原则（除参照断层煤柱的留设外，尚可参考图 3-7-2 所示的例图）。

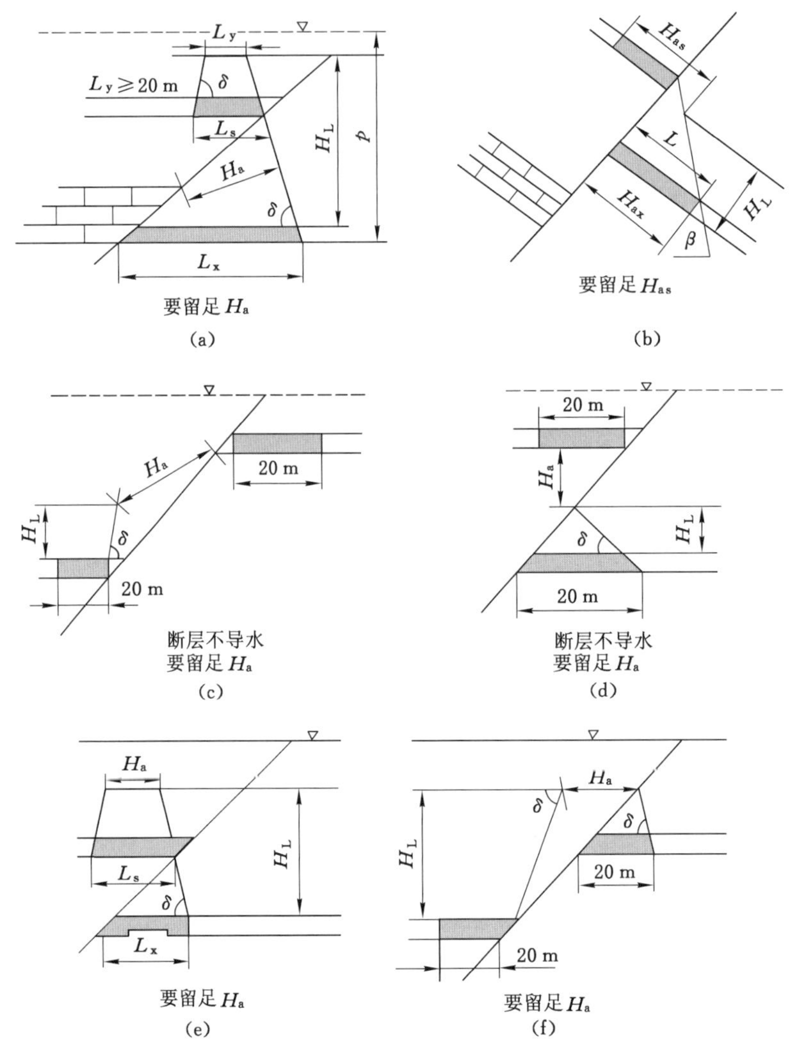

L—煤柱宽度；L_s，L_x—上、下煤层的煤柱宽度；L_y—导水裂缝带上限岩柱宽度；
H_a，H_{as}，H_{ax}—安全防水岩柱厚度；H_L—导水裂缝带上限；p—底板隔水层承受的水头压力。

图 3-7-2　以断层分界的井田防隔水煤（岩）柱留设图

4. 严禁破坏各种防隔水煤（岩）柱

(1) 矿井防隔水煤（岩）柱一经确定，不得随意变动。

矿井防隔水煤（岩）柱应当由矿井地测机构组织编制专门设计，经矿井总工程师（技术负责人）组织有关单位审查批准后实施。

矿井防隔水煤（岩）柱一经确定，不得随意变动。为了相邻矿井之间做好互相保安，并应当将矿井防隔水煤（岩）柱留设情况通报相邻矿井。

【典型事例】 2011 年 8 月 7 日，陕西省某煤矿相邻的 A 煤矿（乡镇资源整合矿）11 号煤层底板发生突水，通过采空区进入某煤矿北二采区，在 280 大巷密闭墙处溃入某矿井。某煤矿在发现井下大量涌水后，立即组织撤人，没有造成人员伤亡，但全矿井被淹没，经济损失巨大。

（2）严禁在设计确定的各类防隔水煤（岩）柱中进行采掘活动。

防隔水煤柱的留设是预防矿井发生透水事故，或一旦发生事故，不至于将水灾影响范围扩大的重要措施。在防隔水煤柱中进行采掘活动，会破坏防隔水煤柱的完整性，降低煤柱的强度，使其起不到应有作用，往往造成严重后果。

【典型事例】 2005 年 12 月 2 日，河南省洛阳市某煤矿 08 采掘煤巷非法进入矿井边界煤柱 5 m，在接近已关闭的桥北煤矿（1998 年关闭）老空积水区采煤时，造成煤柱突然垮落，桥北煤矿老空积水体和与其存在密切水力联系的松散孔隙地下水及青河地表水迅速溃入井下，导致透水事故发生，造成 35 人死亡，7 人下落不明。

第二百九十八条 在采掘工程平面图和矿井充水性图上必须标绘出井巷出水点的位置及其涌水量、积水的井巷及采空区范围、底板标高、积水量、地表水体和水患异常区等。在水淹区域应标出积水线、探水线和警戒线的位置。

【名词解释】 积水线、探水线、警戒线、水淹区域

积水线——经过调查核实后的积水边界线。

探水线——沿积水线向外推移一定距离而画出的一条界线（如上山掘进时，则为顺层的斜距）。

警戒线——探水线向外推移一定距离而画出的一条界线。

水淹区域——被水淹没的井巷和被水淹没老空的总称。

【条文解释】 本条是对图纸关于井下出水点、积水井巷和采空积水区的规定。

出水点、积水井巷和采空积水区是煤矿井下水害事故的隐患，为了使矿井生产管理人员了解和重视这些隐患，避免水害事故的发生，必须将井巷出水点的位置及其水量，有积水的井巷及采空区的积水范围、标高和积水量，以及地表水体和水患异常区等填绘在采掘工程平面和矿井充水性图上。

1. 采掘工程平面图

采掘工程平面图指的是直接根据地质、测量和采矿资料绘制的一种综合性图件。它是矿图中最主要的综合性图纸。

采掘工程平面图一方面反映地质情况，另一方面反映矿井开拓、开采情况，主要包括以下内容：

（1）地质内容。地质内容包括煤层的赋存情况、地质构造形态及煤层厚度变化等，因此，在采掘工程平面图上应绘出煤层底板等高线，各断层的交面线，煤的风化带、氧化带、变薄带、冲蚀带，火成岩吞噬区，不可采区，井下火区、水淹区、采空区，见煤钻孔和煤层厚度等。

（2）采掘内容。采掘方面的内容应绘出截至目前的全部采掘巷道，反映矿井的开拓方式，采区的划分，采区巷道布置，工作面分布等，从而进一步反映矿井的生产系统。具体内容有井筒位置（立井、斜井），井底车场、石门、运输大巷、上下山、人行道、平巷、

回风巷、工作面编号、工业广场及巷道保护煤柱、已采区及未采区界限、采煤工作面每月回采边界线及回采年月等。因而在采掘工程平面图上能一目了然地了解矿井掘进和回采工作情况。例如，一个采煤工作面即将结束，将由哪个采煤工作面来接替；一个采区快要采完，下个采区是否准备好；上水平可采期限短了，下一水平能否接替得上等。从图上还可以了解煤层的回采顺序、回采速度和掘进速度等。因此，采掘工程平面图可以帮助我们发现问题和解决问题。

在矿井采掘工程图（月报图）上，按预报表上的项目，在可能发生水害的部位，用红颜色标上水害类型符号。符号图例详见《煤矿防治水规定》。

2. 矿井充水性图

矿井充水性图指的是综合记录井下实测水文地质资料的图纸。它是分析研究矿井充水规律、开展水害预测及制定防治水措施的主要依据之一，也是矿井水害防治的必备图纸。矿井充水性图一般采用采掘工程平面图作底图进行编制，应当随采掘工程的进展定期补充填绘，比例尺为 1∶2 000~1∶5 000，主要内容有：

（1）各种类型的出（突）水点应当统一编号，并注明出水日期、涌水量、水位（水压）、水温及涌水特征。

（2）古井、废弃井巷、采空区、老硐等的积水范围和积水量。

（3）井下防水闸门、水闸墙、放水孔、防隔水煤（岩）柱、泵房、水仓、水泵台数及能力。

（4）井下输水路线。

（5）井下涌水量观测站（点）的位置。

（6）其他。

3. 在水淹区域应标出积水线、探水线和警戒线的位置

由于历史上小煤窑技术管理薄弱，几乎没有留下什么可参考的有用资料，甚至绘制假图纸，老空积水范围是通过调查得出来的，所以，小煤窑老空积水边界不可能十分准确。防隔水煤（岩）柱留设宽度过大，会加大钻探工作量，影响采掘进度，对生产不利；防隔水煤（岩）柱留设宽度过小，则给生产带来安全隐患。根据我国煤矿防治老空积水的经验，一般将调查获得的小煤窑老空分布资料经过分析后，分别按照积水线、探水线和警戒线 3 条线来确定探放水起点。

（1）积水线实际上就是小煤窑采空区的边界范围，其深部界线应根据小煤窑的最深下山划定。

积水线是经过分析原有小煤窑开采图纸，走访有关小煤窑开采的当事人或知情人，经过物探和钻探核定后划定的积水区范围。

（2）探水线指的是沿积水线向外推移一定距离而划定的一条界线（如上山掘进时，则为顺层的斜距）。探水线是探放水的起点。当巷道掘进到探水线位置时，开始进行探放水工作。在水淹区域应标出探水线的位置。

探水线外推距离的大小根据积水线的可靠程度、水量和水压大小、煤层厚度和硬度以及矿山压力大小等因素来确定，一般为 20~100 m。

根据我国煤矿探放水的实践经验，探水线位置的确定如下：

① 对本矿开采所造成的老空、老巷、水窝等积水区，其边界位置准确，水压不超过

1 MPa，探水线一般在煤层中外推 30 m 以上，在岩层中外推 20 m 以上。

② 对本矿井开采所造成的积水区，虽有图纸资料，但不能确定积水边界的准确位置时，探水线一般外推 60 m 以上。

③ 对有图纸资料可查的老窑，探水线外推 60 m 以上；对没有图纸资料可查的老窑，可根据本矿井已了解到的小煤窑开采最低水平，作为预测的可疑区，必要时可先进行物探控制可疑区，探水线由可疑区外推 100 m。

④ 对已知的断层、陷落柱的探水线，可由断层、陷落柱所留设的防隔水煤（岩）柱外推 20 m 以上。

⑤ 石门揭露含水层的探水线，水平距离可由含水层的水平最小距离外推 20 m 以上，垂直距离应根据水压和隔水层的岩性等资料综合分析确定其外推距离。

（3）当掘进巷道到达警戒线位置时，应该警惕积水的威胁，注意掘进工作面迎头水情有无异常，如发现有透水预兆，立即提前实施探放水工作；如无异常变化则继续前进。

警戒线外推距离的大小根据积水区的位置、范围、水文地质条件及其资料的可靠程度等因素来确定，一般为 50~150 m。

积水线、探水线和警戒线示意图见图 3-7-3。

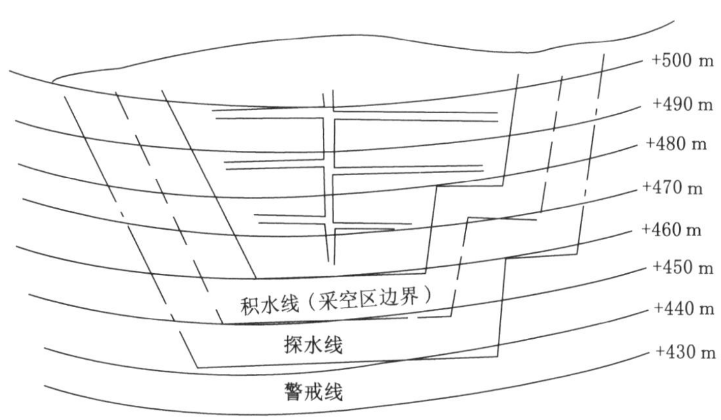

图 3-7-3　积水线、探水线和警戒线示意图

第二百九十九条　受水淹区积水威胁的区域，必须在排除积水、消除威胁后方可进行采掘作业；如果无法排除积水，开采倾斜、缓倾斜煤层的，必须按照《建筑物、水体、铁路及主要井巷煤柱留设与压煤开采规程》中有关水体下开采的规定，编制专项开采设计，由煤矿企业主要负责人审批后，方可进行。

严禁开采地表水体、强含水层、采空区水淹区域下且水患威胁未消除的急倾斜煤层。

【条文解释】　本条是对在地表水体下和采空区水淹区域下开采急倾斜煤层的规定。地表水体和采空区水淹区域等内部储存大量的矿井水，一旦触及或接近，可能引发透水事故。采掘工作面推进后，煤层上覆岩层将发生冒落、裂缝和下沉，当冒落带和裂隙带所形成的破碎裂缝导通上部水淹区时，水淹区内的积水就可能顺着破碎裂缝涌入采掘工作面或矿井其他巷道中，造成采区或矿井被淹事故。因此，必须排除积水消除威胁以后，再进行采掘作业；如果积水无法排除，对于倾斜、缓倾斜煤层的开采，必须按照有关规定，编制专项开采设计，由煤矿企业主要负责人审批才能进行采掘作业；而急倾斜煤层开采时形成的破碎裂缝发育高度较大，导通上部水淹区的危险性越大，所以严禁在地表水体下和采空区水淹区域下开采急倾斜煤层。

第三百条　在未固结的灌浆区、有淤泥的废弃井巷、岩石洞穴附近采掘时，应当制定专项安全技术措施。

【条文解释】　本条是对在未固结的灌浆区、有淤泥的废弃井巷、岩石洞穴附近采掘的规定。

未固结的灌浆区、有淤泥的废弃井巷、岩石洞穴都是井下水患事故的隐患，在其附近进行采掘时，应制定专项安全技术措施。应按规定留设防隔水煤柱，并严禁在防隔水煤柱采掘；并将范围、标高、积水量填绘在采掘工程平面图和矿井充水性图上，标出探水警戒线的位置，采掘工程进行到探水线的位置时，必须探放水前进；在未固结的灌浆区等上述水患以下和附近的煤岩层中的采掘工作，应在排出积水以后进行；如果无法排除积水，必须编制设计，由企业主要负责人审批后，方可进行。

【典型事例】　2007 年 12 月 24 日，内蒙古自治区某煤矿井下没有按照火区治理和灌浆施工安全技术措施的要求构筑密闭，所施工密闭厚度不够，两道密闭中间未充填黄土，且只在煤体内掏槽、未在岩体内掏槽，使墙体和岩体接触不坚固，当浆水不断积蓄对墙面压力增大时，冲垮隔离密闭（防火密闭），造成在灌浆区下部 1850 水平 4 名正在运送打火区密闭材料的工人被困遇难。

第三百零一条　开采水淹区域下的废弃防隔水煤柱时，应当彻底疏干上部积水，进行安全性论证，确保无溃浆（砂）威胁。严禁顶水作业。

【条文解释】　本条是对开采水淹区域下废弃防水煤柱时的规定。

为了提高煤炭资源利用率，往往需要开采水淹区域下的废弃防隔水煤柱，这项工作就是直接在水体下采煤。水淹区域内可能积有大量的矿井水，或者经疏干、排放但里面的积水没有彻底排干，仍存有积水，一旦不慎就会造成透水事故。所以，开采水淹区域下的废弃防隔水煤柱时，应疏干上部积水，进行安全性论证，确保无溃浆（砂）威胁。严禁顶水作业。

【典型事例】　2013 年 3 月 11 日，黑龙江省某煤矿采空区冒落沟通断层破碎带和上部采空区，造成溃水溃泥事故，导致 25 人被困。

第三百零二条　井田内有与河流、湖泊、充水溶洞、强或者极强含水层等存在水力联系的导水断层、裂隙（带）、陷落柱和封闭不良钻孔等通道时，应当查明其确切位置，并采取留设防隔水煤（岩）柱等防治水措施。

【名词解释】　断层、裂隙（带）、陷落柱

断层——由于地质构造作用产生煤、岩层断裂，两侧煤岩块沿断裂面发生相对位移。

裂隙（带）——由于地质构造作用产生煤、岩层断裂，两侧煤岩块未产生相对位移。

陷落柱——埋藏在煤系地层下部的可溶性岩体，在地下水的物理、化学作用下形成了大量的岩溶空洞，其上覆岩层、煤层受重力作用而塌陷。因为塌陷体的剖面形状似一个柱体，故称为岩溶陷落柱，或简称陷落柱。

【条文解释】 本条是对导水断层、裂隙（带）、陷落柱和封闭不良钻孔等防治水工作的规定。

1. 断层、裂隙（带）、陷落柱的观测

当井巷穿过断层、裂隙（带）、陷落柱时，应当详细描述其产状、厚度、岩性、构造、裂隙或者岩溶的发育与充填情况，揭露点的位置及标高、出水形式、涌水量和水温等，并采取水样进行水质分析。

遇断层构造时，应当测定其断距、产状、断层带宽度，观测断裂带充填物成分、胶结程度及导水性等。

遇裂隙（带）时，应当测定其产状、长度、宽度、数量、形状、尖灭情况、充填程度及充填物等，观察地下水活动的痕迹，绘制裂隙玫瑰图，并选择有代表性的地段测定岩石的裂隙率。

遇陷落柱时，应当观测陷落柱内外地层岩性与产状、裂隙与岩溶发育程度及涌水等情况，判定陷落柱发育高度，并编制卡片，附平面图、剖面图和素描图。

2. 断层、裂隙（带）、陷落柱和钻孔的探查

井田内有与河流、湖泊、充水溶洞、强或极强含水层等水体存在水力联系的导水断层、富水裂隙（带）、陷落柱和封闭不良钻孔等构造时，必须查明其确切位置。

（1）井下探查应当遵守下列规定：

① 采用矿井物探、坑道钻探、突水监测、原位测试、水质分析和放水试验等多种方法和手段。

② 采用井下与地面相结合的综合勘探方法，充分发挥地面钻探、物探所获得的技术资料，通过井下钻探、物探进一步补充完善，使井上、下探查结果相互验证和相互补充。

③ 井下勘探施工作业时，存在有害气体的溢出超限、积水意外涌出等不安全因素，必须保证矿井安全生产，并采取可靠的安全防范措施。

（2）井下探查应当符合下列要求：

① 钻孔的各项技术要求、安全措施等钻孔施工设计，经矿井总工程师批准后方可实施。

② 施工并加固钻机硐室，保证正常的工作条件。

③ 钻机安装牢固。钻孔首先下好孔口管，并进行耐压试验。在正式施工前，安装孔口安全闸阀，以保证控制放水。安全闸阀的抗压能力大于最大水压。在揭露含水层前，安装好孔口防喷装置。

④ 按照设计进行施工，并严格执行施工安全措施。

⑤ 进行连通试验，不得选用污染水源的示踪剂。

⑥ 对于停用或者报废的钻孔，及时封堵，并提交封孔报告。

3. 断层、裂隙（带）、陷落柱和钻孔防隔水煤（岩）柱

在导水或含水断层、富水裂隙（带）两侧或陷落柱和封闭不良钻孔周围，为防止积水溃入井下，必须留设足够的防隔水煤（岩）柱。

含水或导水断层防水煤柱的留设方法，按《煤矿防治水规定》附录三的规定执行。陷落柱防水煤柱的留设，可参照断层煤柱的留设方法，沿陷落柱边缘，呈环状留设。

(1) 煤层与强含水层或导水断层接触防隔水煤（岩）柱的留设

煤层与强含水层或导水断层接触，并局部被覆盖时（图 3-7-4），防隔水煤（岩）柱的留设要求如下：

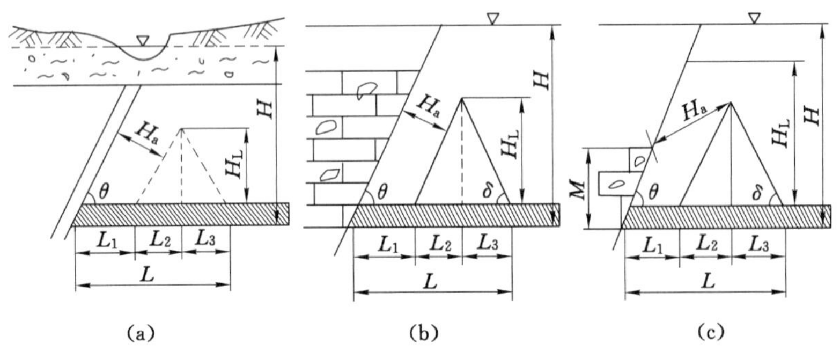

图 3-7-4　煤层与富水性强的含水层或导水断层接触时防隔水煤（岩）柱留设图

① 当含水层顶面高于最高导水裂缝带上限时，防隔水煤（岩）柱可按图 3-7-4（a）、（b）留设。其计算公式为：

$$L = L_1 + L_2 + L_3 = H_a\csc\theta + H_L\cot\theta + H_L\cot\delta$$

② 最高导水裂缝带上限高于断层上盘含水层时，防隔水煤（岩）柱按图 3-7-4（c）留设。其计算公式为：

$$L = L_1 + L_2 + L_3 = H_a(\sin\delta - \cos\delta\cot\theta) + (H_a\cos\delta + M)(\cot\theta + \cot\delta) \geqslant 20\ \text{m}$$

式中　L——防隔水煤（岩）柱宽度，m；

L_1，L_2，L_3——防隔水煤（岩）柱各分段宽度，m；

H_L——最大导水裂缝带高度，m；

θ——断层倾角，(°)；

δ——岩层塌陷角，(°)；

M——断层上盘含水层层面高出下盘煤层底板的高度，m；

H_a——断层安全防隔水煤（岩）柱的宽度，m。

H_a 值应当根据矿井实际观测资料来确定，即通过总结本矿区在断层附近开采时发生突水和安全开采的地质、水文地质资料，计算其水压（p）与防隔水煤（岩）柱厚度（M）的比值（$T_s=p/M$），并将各点之值标到以 $T_s=p/M$ 为横轴，以埋藏深度 H_0 为纵轴的坐标纸上，找出 T_s 值的安全临界线（图 3-7-5）。

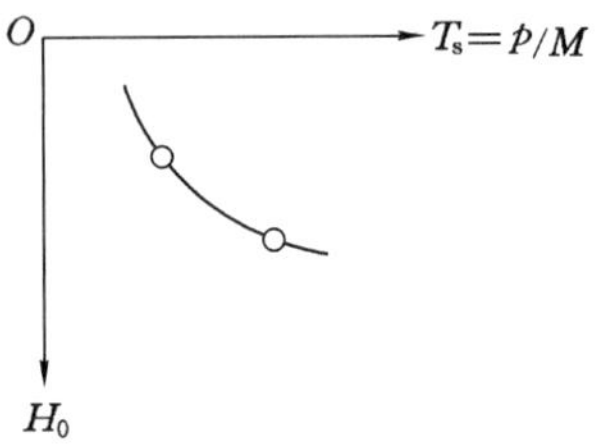

图 3-7-5　T_s 和 H_0 关系曲线图

H_a 值也可以按下列公式计算：

$$H_a = \frac{p}{T_s} + 10$$

式中　p——防隔水煤（岩）柱所承受的静水压力，MPa；

T_s——临界突水系数，MPa/m；

10——保护带厚度，一般取 10 m。

本矿区如无实际突水系数，可参考其他矿区资料，但选用时应当综合考虑隔水层的岩性、物理力学性质、巷道跨度或工作面的空顶距、采煤方法和顶板控制方法等一系列因素。

(2) 煤层位于含水层上方且断层导水时防隔水煤（岩）柱的留设

在煤层位于含水层上方且断层导水时的情况下（图 3-7-6），防隔水煤（岩）柱的留设应当考虑 2 个方向上的压力：一是煤层底部隔水层能否承受下部含水层水的压力；二是断层水在顺煤层方向上的压力。

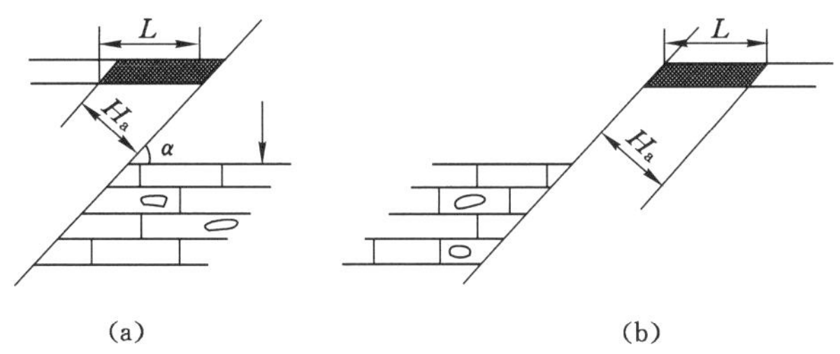

图 3-7-6　煤层位于含水层上方且断层导水时防隔水煤（岩）柱留设图

当考虑底部压力时，应当使煤层底板到断层面之间的最小距离（垂距）大于安全煤柱的高度（H_a）的计算值，并不得小于 20 m。其计算公式为：

$$L = \frac{H_a}{\sin \alpha} \geqslant 20 \text{ m}$$

式中　α——断层倾角，(°)；

其余参数同前。

当考虑断层水在顺煤层方向上的压力时，按《煤矿防治水规定》附录三之二计算煤柱宽度。

根据以上 2 种方法计算的结果，取用较大的数字，但仍不得小于 20 m。

如果断层不导水（图 3-7-7），防隔水煤（岩）柱的留设尺寸应当保证含水层顶面与断层面交点至煤层底板间的最小距离，在垂直于断层走向的剖面上大于安全煤柱的高度（H_a）时即可，但不得小于 20 m。

巷道穿过上述构造时，应当采取有效的防治水措施。坚持探水前进时，如果前方有水，应超前预注浆封堵加固，必要时预先建筑防水闸门或采取其他防水措施。

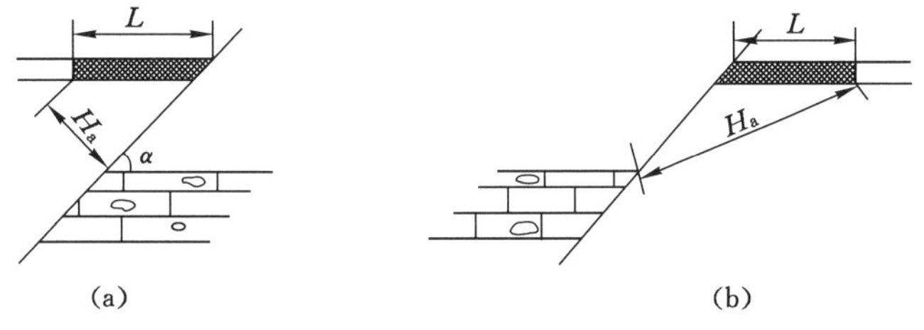

图 3-7-7　煤层位于含水层上方且断层不导水时防隔水煤（岩）柱留设图

第三百零三条　顶、底板存在强富水含水层且有突水危险的采掘工作面，应当提前编制防治水设计，制定并落实水害防治措施。

在火成岩、砂岩、灰岩等厚层坚硬岩层下开采受离层水威胁的采煤工作面，应当分析探查离层发育的层位和导含水情况，超前采取防治措施。

开采浅埋深煤层或者急倾斜煤层的矿井，必须编制防止季节性地表积水或者洪水溃入井下的专项措施，并由煤矿企业主要负责人审批。

【条文解释】　**本条是新修订条款，**是对防治煤层顶、底板承压水的修改规定。

我国许多煤矿的煤层顶、底板埋藏着由于裂隙、岩溶发育而含水丰富的强含水层，而且这种含水层中的地下水带有很高的承压水头，在开采煤层时常常会发生顶、底板突水，甚至会毁灭矿井。就目前的防治水技术，彻底解决煤层底板承压水的危害问题，难度较大。为了避免煤层顶、底板承压含水层突水，应当提前编制防治水设计，制定并落实水害防治措施。

引起顶、底板突水的因素很多，但关键在于所承受的水压、煤层采动后的围岩压力、隔水层的厚度以及顶、底板岩石的力学性质。

因此，为有效防止顶、底板突然涌水，当煤层顶、底板赋存高压岩溶或裂隙含水层（组）时，开采前就必须根据提前编制的防治水设计，查清水文地质条件，如构造发育情况，含水层（组）的含水特征，隔水层岩性、厚度等，然后根据不同的水文地质条件采取不同的防治水措施和开采方案，如加固底板措施可以增加底板的完整性和抵抗强度、部分疏水降压把水压降到安全值以下、全部疏水降压措施把水柱降到开采水平以下等。

受离层水威胁（火成岩、砂岩等厚层坚硬覆岩下开采）的采煤工作面，应当对煤层覆岩特征及其组合关系、力学性质、含水层富水性等进行分析，探查或判断离层发育的层位，采取施工超前钻孔等手段破坏离层空间的封闭性、预先疏放或者封堵离层的补给水源等措施，处理可能存在的积水和溃水，以避免开采时发生意外水害。

【典型事例】　2010 年 3 月 1 日，内蒙古自治区乌海市某煤矿 16 号煤层回风大巷掘进工作面遇煤层下方隐伏陷落柱，在承压水和采动应力作用下，诱发该掘进工作面底板底鼓，承压水突破有限隔水带形成集中过水通道，导致奥陶系灰岩水从煤层底板涌出，共造成 32 人死亡、7 人受伤，直接经济损失 4 853 万元。

【典型事例】　山东省某煤田徐灰、草灰位于 15 煤底 15~60 m，是煤层底板直接充水含水层；奥灰在草灰以下 10~15 m，是徐灰、草灰补给水源，为煤层底板间接充水含水层。多年的开采实践证实，奥灰的某些断裂构造带是富水的集中径流带。

矿区目前已沿孙村 F1、F2 号断层带布设取水孔 25 个，日开采量达 12 500 m^3；沿张庄 F7、F9、F10 号断层带和汶南 F1 号断层带布设取水孔 40 个，日开采量达 20 000 m^3；沿良庄 F3 号断层带布孔 15 个，日开采量达 500 m^3；几个开采区总开采量达 1 460 万 m^3/a，加上工农业取水井共 180 余眼，总开采量达 3 100 万 m^3/a。由于开采总量超过了地下水总补给量，地下水水位已逐年下降，有明显的疏水降压效果。根据计算，徐灰和草灰的补给资源量仅为 2 089 万 m^3/a（平均 39.74 m^3/min），并已基本查明这 2 个底板直接充水含水层在埋深 150 m 以浅的岩溶率（钻孔统计）约为 83%，150~300 m 约为 14.6%，已开始明显减弱，300~430 m约为 2.4%。也就是说，-250 m 水平以下充水含水层的富水和导水性已很低，成为相对隔水层。

矿井通过对奥灰充水含水层的供水开采疏降，向直接充水含水层越流补给的承压水头已相对降低，越流水量变小，补给相对减弱，故出现了徐灰浅部供水井干枯、深部取水井水量明显减小的现象。通过在各矿井下适当水平布孔疏降徐灰（包括草灰），基本使其变为相对隔水层，同时也降低了奥灰的承压水头，安全采煤问题基本有了保证。徐灰井下疏降与供水井相结合的防治水技术路线，既解决了矿井突水的安全采煤问题，也弥补了矿区地面供水水源的不足，使新汶煤田的直接和间接充水含水层的防治问题从根本上得到了解决。

第三百零四条　煤层顶板存在富水性中等及以上含水层或者其他水体威胁时，应当实测垮落带、导水裂隙带发育高度，进行专项设计，确定防隔水煤（岩）柱尺寸。当导水裂缝带范围内的含水层或者老空积水等水体影响采掘安全时，应当超前进行钻探疏放或者注浆改造含水层，待疏放水完毕或者注浆改造等工程结束、消除突水威胁后，方可进行采掘活动。

【条文解释】　本条是对煤层顶板存在含水层和水体时防治水工作的规定。

1. 采空区上覆岩层移动情况

煤层顶板有富水性中等及以上含水层和水体存在时应当观测“三带”（垮落带、导水裂隙带、弯曲下沉带）发育高度。在这“三带”中，垮落带和导水裂隙带直接关系到工作面的防治水管理。

煤炭采出之后，在地下形成采空区，其上覆岩层失去支撑，岩层的原始状态发生变化，顶板岩层发生移动、变形以至破坏和冒落。如果覆岩破坏冒落或所形成的裂隙波及煤层顶板以上含水层及至地表，就有可能成为含水层或地表水进入井下的通道。导水裂隙带的最高点到回采上边界的垂直高度称为导水裂隙带的高度。“三带”发育高度，可根据工作面放顶直接观测和采空区上方钻探结果分析或在采面上方打观测孔进行采前采后冒落观测。

2. 防隔水煤（岩）柱厚度计算

根据“三带”发育高度，进行专项设计，确定安全合理的防隔水煤（岩）柱厚度。煤层顶板有富水性中等及以上含水层或其他水体存在时，应按导水裂隙带的高度再加一定保护层来确定防隔水煤（岩）柱厚度，保证安全生产。

防隔水煤（岩）柱厚度计算详见《煤矿防治水规定》附录三规定。

3. 导水裂隙带影响安全开采时的规定

由于导水裂隙带最大高度确定的差错，保护层留设得太小，造成防隔水煤（岩）柱厚度不足，导水裂隙带波及范围内存在富水性强的含水层（体）的，出现导水裂隙带范围内的含水层或老空区积水影响安全采掘的情况时，在掘进、回采前，应当对含水层采取超前疏干措施或注浆改造含水层，进行专门水文地质勘探和试验，并编制疏干方案，选定疏干方式和方法，综合评价疏干开采条件和技术经济合理性。疏干方案由煤矿企业总工程师审定。只有把含水层或老空积水彻底疏放干净，或注浆改造后等工程结束，消除突水威胁后才可以进行掘进和回采工作，以保证安全开采。

在矿井疏干开采过程中，应当进行定性、定量分析，可以应用“三图双预测法”进行顶板水害分区评价和预测。有条件的矿井可以应用数值模拟技术，进行导水裂隙带发育高度、疏干水量和地下水流场变化的模拟和预测。

第三百零五条　开采底板有承压含水层的煤层，隔水层能够承受的水头值应当大于实际水头值；当承压含水层与开采煤层之间的隔水层能够承受的水头值小于实际水头值时，应当采取疏水降压、注浆加固底板改造含水层或者充填开采等措施，并进行效果检测，制定专项安全技术措施，报企业技术负责人审批。

【名词解释】　带压开采、安全隔水层、安全水头值

带压开采——在具有承压水压力的含水层上进行的采煤。

隔水层——指开采煤层底板至含水层顶面之间隔水的完整岩层。

安全水头值——隔水层能承受含水层安全开采的最大水头压力值。

【条文解释】　本条是对带压开采的规定。

当承压含水层与开采煤层之间的隔水层能够承受的水头值大于实际水头值时，隔水层不容易被破坏，煤层底板水突然涌出可能性小，在制定好专项安全技术措施后，可以进行带压开采。

1. 带压开采安全隔水层厚度和突水系数计算

隔水层厚度指的是开采煤层底板至含水层顶面之间隔水的完整岩层的厚度。

（1）安全隔水层厚度计算公式

$$t=\frac{L(\sqrt{\gamma^2L^2+8K_pp}-\gamma L)}{4K_p} \tag{1}$$

式中　t——安全隔水层厚度，m；

L——巷道底板宽度，m；

γ——底板隔水层的平均重度，MN/m^3；

K_p——底板隔水层的平均抗拉强度，MPa；

p——底板隔水层承受的水头压力，MPa。

（2）突水系数计算公式

$$T=\frac{p}{M} \tag{2}$$

式中　T——突水系数，MPa/m；

p——底板隔水层承受的水压，MPa；

M——底板隔水层厚度，m。

式（1）主要适用于掘进工作面，式（2）适用于采煤和掘进工作面。按式（1）计算，如底板隔水层实际厚度小于计算值时，就是不安全的。按式（2）计算，就全国实际资料看，底板受构造破坏块段突水系数一般不大于0.06 MPa/m，正常块段不大于0.1 MPa/m。

2. 查清带压开采区的水文地质条件

（1）对主要承压含水层的赋存情况、富水性、边界条件及补给水源、补给量等要探查清楚，对一旦突水时的最大突水量作出预测和估算。

（2）查清带压开采范围内由承压含水层到所采煤层之间的隔水层的岩性（即隔水性）和厚度变化情况，并按有关公式核算。对于底板承压水层要编制突水系数等值线图。

（3）查明带压开采区地质构造情况，对于落差5~10 m的断层带，要计算$H_{实}/H_{安}$或突水系数，并在图上注明。

3. 带压开采的安全措施

（1）在采煤方法上要控制采高，均匀、间歇开采。对于一般的断裂和破碎带要防止冒落，对于“岩柱厚度比值系数”小于1.2的断层，必须按《规程》和有关规范留设断层防水煤柱。合理安排开采顺序，先开采相对安全区域；在采区内合理确定区段宽度，采煤工作面的开采宽度越窄，则底板的破坏深度越小；合理确定工作面边界和推采方向，尽可能减轻或避免开采对断层的扰动作用。

（2）建立排水系统，准备强有力的排水设施。要充分考虑突水甚至突大水的可能性。一要准备好必要的排水系统，如水仓、水泵、管路、水沟、闸阀等；二要建造水闸门或预留水闸门（水闸墙）的位置，以便在必要时封闭整个采掘工作面或采区。

（3）必须事先设置含水层的动态观测孔（网），以便随时掌握含水层的动态变化。

（4）必要时还应在井下建立警报系统、避灾路线和区域性的水闸门等。

考虑到开采底板有承压含水层的煤层，既是一项复杂的技术问题，又是一项重大的安全问题，应采取疏水降压、注浆加固底板改造含水层或充填开采等措施，并进行效果检测，制定专项安全技术措施，报企业技术负责人审批。

第三百零六条　*矿井建设和延深中，当开拓到设计水平时，必须在建成防、排水系统后方可开拓掘进。*

【条文解释】　本条是对矿井开拓到设计水平时对防、排水系统的规定。

由于含水层水有顺层疏干和袭夺现象，上水平的水可以向下水平转移。具有底板或顶板承压含水层的条件下，随着水平延伸的深度增加，承压含水层的压力水头值增大，突水的危险性增加，突水量也会增大。要确保整个矿井的安全，矿井建设和生产矿井延深开拓到设计水平后，要优先建设该水平防水系统和排水系统，如设置防水闸门、建立水仓、铺设管路、安装水泵，尽快形成综合防、排水能力并发挥作用；否则，不得开拓掘进。

第三百零七条　*煤层顶、底板分布有强岩溶承压含水层时，主要运输巷、轨道巷和回风巷应当布置在不受水害威胁的层位中，并以石门分区隔离开采。对已经不具备石门隔离开采条件的应当制定防突水安全技术措施，并报矿总工程师审批。*

【条文解释】　本条是对煤层顶、底部有强岩溶承压含水层巷道布置层位的规定。

1. 煤层顶、底部强岩溶承压含水层的影响

煤层顶部有强岩溶承压含水层时，一方面受煤层开采过程影响，煤层顶部裂隙或断裂破碎带上升；另一方面，强岩溶承压含水层压力作用，含水层底部产生裂隙，煤层极可能与顶部的强岩溶承压含水层沟通，引发透岩溶水事故。

岩溶承压含水层上部存在承压水导高带。承压水导高带分为原始导高带和承压水导升带2部分，二者之和即为承压水导高带。

原始导高带指的是含水层中的承压水沿隔水底板中的裂隙或断裂破碎带上升的高度（即由含水层顶面到承压水导升带上限之间的距离）。原始导高带发育极不均匀，这与构造所处位置、力学性质及规模等多方面因素有关。

承压水导升带指的是在煤层开采过程中，其底板含水层中的承压水在矿压的作用下，

沿其原始导高带再向上升，简称采动导升带。由于岩溶承压水导高带的存在，特别是“采动导升带”的存在，容易发生开采过后的滞后突水，直接影响煤层的安全开采。当煤层底部有岩溶承压含水层时，如果煤层底板至含水层顶面之间的隔水层在采煤扰动或受构造影响时遭到破坏而破碎，就会诱发煤层底板高压含水层突水。而目前防治水技术，对于煤层底板水害问题仍是一个至今没有有效办法彻底解决的难题。这类煤层底板突水、淹井事故在我国煤矿时有发生，如 1935 年山东省某煤矿突水，造成 536 人遇难。

2. 煤层顶、底部有强岩溶承压含水层巷道布置的层位

主要运输巷、轨道巷和主要回风巷是矿井主要巷道，影响范围大，服务年限长。煤层顶、底部有强岩溶承压含水层时，始终是矿井水害的重大隐患，为避免造成透水淹井灾害，规定矿井主要运输巷、轨道巷和主要回风巷应当布置在不受水威胁的层位中。同时，为了缩小透水影响范围，减轻水害损失程度，应当以石门分区隔离开采，一旦发生岩溶含水层透水，封闭水害灾区，保证相邻区域和全矿井的安全开采。对已经不具备石门隔离开采条件的应制定防突水安全技术措施，并报矿总工程师审批。

【典型事例】 2004 年 12 月 10 日，贵州省铜仁市某煤矿 1 号在掘进上山过程中，由于水文地质情况不清，接近了与煤层立体斜交的隐伏岩溶溶洞，在强大的水压作用下，承压水冲破斜长 12 m 的煤体，从巷道前方溃出，发生透水事故。当班共有 81 人下井，突水后有 45 人迅速撤离脱险（其中 7 人从该井相邻的伍银煤矿逃出）。事故导致 21 人遇难，15 人失踪。

第三百零八条 水文地质条件复杂、极复杂或者有突水淹井危险的矿井，应当在井底车场周围设置防水闸门或者在正常排水系统基础上另外安设由地面直接供电控制，且排水能力不小于最大涌水量的潜水泵。在其他有突水危险的采掘区域，应当在其附近设置防水闸门；不具备设置防水闸门条件的，应当制定防突（透）水措施，报企业主要负责人审批。

防水闸门应当符合下列要求：

（一）防水闸门必须采用定型设计。

（二）防水闸门的施工及其质量，必须符合设计。闸门和闸门硐室不得漏水。

（三）防水闸门硐室前、后两端，应当分别砌筑不小于 5 m 的混凝土护碹，碹后用混凝土填实，不得空帮、空顶。防水闸门硐室和护碹必须采用高标号水泥进行注浆加固，注浆压力应当符合设计要求。

（四）防水闸门来水一侧 15~25 m 处，应当加设 1 道挡物箅子门。防水闸门与箅子门之间，不得停放车辆或者堆放杂物。来水时先关箅子门，后关防水闸门。如果采用双向防水闸门，应当在两侧各设 1 道箅子门。

（五）通过防水闸门的轨道、电机车架空线、带式输送机等必须灵活易拆；通过防水闸门墙体的各种管路和安设在闸门外侧的闸阀的耐压能力，都必须与防水闸门设计压力相一致；电缆、管道通过防水闸门墙体时，必须用堵头和阀门封堵严密，不得漏水。

（六）防水闸门必须安设观测水压的装置，并有放水管和放水闸阀。

（七）防水闸门竣工后，必须按设计要求进行验收；对新掘进巷道内建筑的防水闸门，必须进行注水耐压试验，防水闸门内巷道的长度不得大于 15 m，试验的压力不得低于设计水压，其稳压时间应当在 24 h 以上，试压时应当有专门安全措施。

（八）防水闸门必须灵活可靠，并每年进行2次关闭试验，其中1次应当在雨季前进行。关闭闸门所用的工具和零配件必须专人保管，专地点存放，不得挪用丢失。

【名词解释】 矿井正常涌水量、矿井最大涌水量

矿井正常涌水量——矿井开采期间，在正常状态保持相对稳定的单位时间内流入矿井的水量。一般指丰水期和枯水期涌水量的平均值。

矿井最大涌水量——矿井开采期间，正常情况下雨季期间矿井涌水量的高峰值，主要与人为条件和降雨量有关。

【条文解释】 本条是对设置防水闸门的规定。

1. 防水闸门

防水闸门指的是在平时需要运输、通风、排水和行人的井下巷道内，用于防止井下透水威胁矿井安全而设置的一种特殊闸门。正常生产期间防水闸门是敞开的，巷道照样使用，一旦突然发生透水，立即关闭防水闸门，阻挡水流在防水闸门以外，以保证透水波及范围不致扩大，减小水害的损失和危害程度。我国煤矿防治水实践经验证明，设置防水闸门是有效的。如山西省焦煤集团公司通过关闭防水闸门，起到分区隔离，防止矿井淹没，减少矿井水害损失的作用。有条件的矿井，应当在井底车场周围设置防水闸门。

但是，防水闸门在实际生产应用过程中，也存在很多问题，如构筑困难成本高，耐水密封性检测要求高，日常维护费用高，人工关闭、关严难度高等。

2. 防水闸门结构

防水闸门由混凝土墙墩、门框和能开关的门扇、放水管、放水阀门、放气管、放气阀门和压力表等组成。以下重点介绍几个部分：

（1）门框。尺寸应满足运输要求，一般宽0.9~1.0 m以上，高1.8~2.0 m。

（2）门扇。可视具体情况分类，从扇数分有单扇门和双扇门；从扇面分有平面形和球面形；从形状分有圆形和矩形。当水压超过2.5~3.0 MPa时应采用球面形门扇。

门扇材料当水压不超过3~4 MPa时，采用厚35~65 mm的钢板制成，或在工字钢两面焊以一定厚度的钢板；当压力大时，应采用铸铁或铸钢浇铸制成。水闸门门体必须保证在承受水压时不挠曲。

（3）门扇与门框的接触面。要做成斜面，而且门扇与门框之间均垫有胶垫或浸过焦油的帆布或铅板，以保证严密接触不漏水。

3. 防水闸门设置的地点

（1）水文地质条件复杂、极复杂或有突水淹井危险的矿井，应当在井底车场周围设置防水闸门。

（2）在矿井有突水危险的采掘区域，应当在其附近设置防水闸门。

（3）防水闸门设置位置应在矿井或新区设计中根据总体布置予以考虑，设在不受开采动压的影响和多煤层开采反复破坏的地点。

（4）选择防水闸门位置，应充分考虑运输、通风、行人和排水的安全，便于施工和灾后恢复生产。

（5）构筑防水闸门地点，应尽可能选在隔水岩层或比较坚硬、致密的稳定岩层中，远

离断层、裂隙和岩石破碎带。

（6）不具备设置防水闸门条件的，应制定防突（透）水措施，报企业主要负责人审批。

4. 安设潜水泵

水文地质条件复杂、极复杂或有突水淹井危险的矿井，应当在正常排水系统基础上另外安设由地面直接供电控制，且排水能力不小于最大涌水量的潜水泵。高扬程、大排量潜水泵在泵房淹没后仍能正常工作。新矿井可以利用卧泵加潜水泵方案代替传统的井底中央泵房加水闸门方案，但必须符合以下条件：① 在正常排水系统的基础上，以保证矿井正常排水；② 具有独立由地面直接供电系统控制，以保证排水供电的稳定、可靠；③ 排水能力不小于最大涌水量，以保证有效排除矿井涌水。

【典型事例】 1984 年 6 月 2 日，河北省某煤矿 2171 综采工作面透岩溶奥灰水，造成全矿井被淹。为争取时间早日恢复矿井生产，在继续注浆加固的同时，于 1985 年 3 月 26 日开始排水。根据排水设计，水泵最大排水量为 140 m^3/min。确定在该矿老主井安设 4 台潜水泵，排水能力为 47 m^3/min；新井安设 12 台潜水泵，排水能力为 12.5 m^3/min。总排水能力达 172 m^3/min，除满足 140 m^3/min 排水设计要求外，尚有 3 台水泵备用。

5. 建筑防水闸门应符合的规定

（1）严格设计。门体采用定型设计，设置防水闸门要全面考虑围岩性质、承受的水头压力等，由具有相应资质的单位进行设计。

（2）严格施工。按设计要求施工，保证施工质量，符合设计要求。防水闸门和闸门硐室不得漏水。

（3）防水闸门硐室前、后两端，分别砌筑不小于 5 m 的混凝土护碹，碹后用混凝土填实，不得空帮、空顶。防水闸门硐室和护碹必须采用高标号水泥进行注浆加固，注浆压力应符合设计要求。

（4）防水闸门来水一侧 15～25 m 处，应加设 1 道挡物箅子门。防水闸门与箅子门之间，不得停放车辆或堆放杂物。来水时先关箅子门，后关防水闸门。如果采用双向防水闸门，应在两侧各设 1 道箅子门。

（5）通过防水闸门的轨道、电机车架空线、带式输送机等必须灵活易拆。通过防水闸门墙体的各种管路和安设在闸门外侧的闸阀的耐压能力，都必须与防水闸门所设计的压力相一致。电缆、管道通过防水闸门墙体处，必须用堵头和阀门封堵严密，不得漏水。

（6）防水闸门安设观测水压的装置，并有放水管和放水闸阀。

（7）防水闸门竣工后，必须按设计要求进行验收。对新掘进巷道内建筑的防水闸门，必须进行注水耐压试验；水闸门内巷道的长度不得大于 15 m，试验压力不得低于设计水压，其稳压时间应在 24 h 以上，试压时应有专门安全措施。耐压试验时要制定试验方案和应急措施，确保试压安全。由矿井总工程师组织相关人员验收。

（8）防水闸门必须灵活可靠，并保证每年进行 2 次关闭试验，其中 1 次在雨季前进行。

6. 防水闸门日常维护和管理

防水闸门是井下防水的重要应急设施，必须加强日常维修保养，确保遇到透水时能迅速关上，有效地阻挡涌水的侵入，确保矿井或采掘区域不受涌水危害。

（1）井下防水闸门必须制定专用技术管理制度，指定专责单位，明确专人管理，定期进行检查、维护。

（2）每半年要对每个防水闸门进行 1 次不承压关闭试验，其中 1 次在雨季前。应检查门的密合程度、硐室围岩有无变化、附件是否齐全、设施有无损坏及制度执行情况。发现问题及时研究解决。

（3）关闭闸门所用的工具和零配件应由专人保管，并在专门地点存放，任何人不得挪用、丢失。

7. 防水闸门关闭试验

防水闸门关闭试验是防大突水实战演习，必须保证每年进行 2 次。因为雨季是发生矿井透水的高危期，所以规定在雨季前必须进行 1 次防水闸门关闭试验。

防水闸门关闭试验时，主要检查以下 4 方面内容：

（1）防水闸门是否灵活可靠、开关自如；

（2）门扇关闭是否密封，与门框接触是否良好；

（3）门框与混凝土的接触有无新的裂缝损伤，闸门是否质量完好；

（4）门扇在日常开启状态下，其下是否加以支撑。

第三百零九条　井下防水闸墙的设置应当根据矿井水文地质条件决定。防水闸墙的设计经煤矿企业技术负责人批准后方可施工，投入使用前应当由煤矿企业技术负责人组织竣工验收。

【条文解释】　本条是对井下防水闸墙的设计、施工和验收的规定。

1. 防水闸墙设置的必要性

在水文地质条件复杂、极复杂或有透水危险的矿井，应当在井下巷道的适当地点构筑防水闸墙，实行矿井分翼、分水平和采区隔离开采，万一在某翼、某水平或某采区发生透水灾害，由于防水闸墙的阻挡作用，涌水不至于进入其他翼、其他水平和其他采区，将透水灾害的损失降到最低程度。或者在矿井发生透水灾害以后，构筑防水闸墙，也是水灾应急救援措施之一。因此，防水闸墙是在矿井设计和生产中不可忽视的一项重要防治水工作。

【典型事例】　某日，河北省某煤矿二水平（-490 m）204 岩巷掘进工作面突水，当时伴有水叫声，涌水浑浊呈乳白色，并带有黄褐铁锈色，突水量达 59.7 m^3/min。经 34 h 15 min 淹没了一水平以下 70 187.9 m^3 的空间，涌水上涨到一水平（-310 m）后实测涌水量达 29.28 m^3/min。由于 204 工作面透水，致使全矿停产 10 天，少出煤 9 万多吨，二水平开拓准备工作推迟 1 年左右，造成直接经济损失约 1 000 万元。

经过对地质、水文地质条件的综合分析得出，构筑水闸墙堵水是最经济有效的方法，决定在 204 出水点外巷道用水闸墙封闭堵水。闸墙于当年 11 月底竣工，闸墙厚 8 m，中间并排安装 3 趟 ϕ377 mm 水管，水管上安有 3 个高压阀门。12 月 22 日，关闭水闸墙阀门后测得水压 4.16 MPa，地面 12 煤层至 14 煤层间砂岩含水层的 J_{19}观测孔水位上升了 81.33 m，恢复了突水前的水位标高。二水平总涌水量也由 2 580 m^3/h 减少为 785.4 m^3/h，与突水前水量基本一致。

2. 防水闸墙种类

根据防水闸墙的服务年限、构筑材料和用途的不同，可将防水闸墙划分为临时性和永久性 2 种。

(1) 临时性防水闸墙。一般采用砖、石、木板、木垛、草袋盛泥或袋装水泥构筑。它是在有出水危险的采掘工作面备有以上截堵水材料，一旦采掘工程发生突水现象就迅速将涌水截堵在较小范围内。

临时性防水闸墙施工简单、速度快，能起到临时抢险截水作用；但它截水的效果不佳，不能承受较大水压的作用。在矿井透水灾害发生以后，采用临时性防水闸墙截水是控制水势蔓延、防止灾情恶化的有效措施。由于在抢险救灾的关键时刻，应主要突出一个“快”字，千方百计抢时间、争速度，减小淹矿的范围和损失，因此临时性防水闸墙具有不可替代的作用。

水泥是矿井生产消耗的主要建筑材料，一般煤矿企业都有库存，特别是袋装水泥，取用方便、搬运快捷、构筑简单、效果良好，常成为构筑临时性水闸墙的首选材料，被矿井透水初期现场快速截水时广泛采用。

【典型事例】 某日，河北省某煤矿二水平 208 皮带巷平 7 孔（ϕ63.5 mm）突水，涌水量达 26.68 m^3/min，水压达 4.7 MPa。高压水射流对煤层巷道强烈冲刷，突水口不断扩大，一旦巷道被冲垮，涌水就可能危及相邻区域而造成灾情扩大。

在抢险救灾指挥部统一指挥下，调集了 1 个开拓区的工力，向突水点附近运送袋装水泥 385.25 t，码砌水泥袋水闸墙长度 29.5 m，及时保护了巷道和控制住突水口扩大，为下一步构筑永久性水闸墙，实现分区隔离赢得了时间。

该次截水的实践证明，虽然码砌袋装水泥构筑的水闸墙漏水量较大，但毕竟可以起到控制涌水乱流和保护巷道的作用，使绝大部分涌水可以按人为意志流泄，并缩小了流水巷道的过水断面，对突水点巷道也起到了保护作用。

(2) 永久性防水闸墙。一般采用混凝土或钢筋混凝土浇灌而成。它是在开采结束后或者透水事故发生时，为了隔绝继续大量涌水的地段而构筑的永远关闭的挡水设施。

【典型事例】 某日，河北省某煤矿 208 巷道平 7 孔突水后，在透水初期构筑临时性水闸门的基础后，设置永久性水闸门，为防止突水淹井构筑第二道防线。在加固充填危险巷道之后，为把突水威胁控制在最小范围，确保矿井安全，在平 7 孔附近的 208 输送机巷、208 轨道巷和轨道上山绞车房配电硐室分别施工了 1、2、3 号水闸墙。其中，1 号水闸墙长 20.7 m，充填混凝土 298 m^3；2 号水闸墙长 28.7 m，充填混凝土 420 m^3；3 号水闸墙长 51.5 m，充填混凝土 700 m^3。3 个水闸墙筑成后又分别对闸体和围岩进行了加固注浆，共施工注浆孔 47 个，总进尺 1 634 m，注入水泥 387 t。3 个闸墙仅用 40 天全部完工。

① 永久性防水闸墙的结构。为了支撑水压，在巷道顶底板和侧壁开凿截口槽，混凝土闸墙下方安设有放水管，外侧安设有放水阀门和水压表。放水管用箅子加以保护，防止涌水中带来的泥、砂、细石等杂物堵塞放水管。混凝土闸墙上方安设有放气管，以供密闭后从管中放出瓦斯和其他有害气体。

在水压特别大的条件下，需采用多段水闸墙。这种水闸墙的截口槽之间隔有一定距离，以加强其坚固性，并在承受水压的方向伸出锥形混凝土壁，以减少向水闸墙后渗水。

② 永久性防水闸墙构筑质量要求。永久性防水闸墙是一种永久关闭的挡水构筑物，

其构筑质量十分重要。因此，在构筑永久性防水闸墙时必须保证施工质量，砌筑时要使用良好的不透水材料，并与建造地点的岩层紧密结合。

【典型事例】 2007 年 8 月 7 日，贵州省黔西县某煤矿正在进行改扩建，设计生产能力由 6 万 t/a 变为 30 万 t/a。该煤矿地质及开采资料不全，也未配备水文地质专业技术人员。设置的密闭水闸墙没有留泄水孔。由于矿区连续降大到暴雨，大量雨水不断通过地表裂隙渗透，充满矿井边界西侧的老窑采空区，致使行人斜井 210 m 处西帮老窑密闭墙内的 7 000 m^3 老窑积水溃决，冲毁井壁灌入井下，导致正在修水泵、检查瓦斯的 14 名人员被困（包括矿长和副矿长），造成 12 人死亡、2 人受伤。

3. 防水闸墙的设计

井下防水闸墙是一种重要的安全设施，截水效果甚佳，对保证矿井水灾发生时控制波及范围，降低损失程度、减小伤亡人数起到至关重要的作用。同时，构筑水闸墙技术复杂，投资巨大，工期很长，对施工质量要求很高。井下需要构筑防水闸墙时，应当根据矿井水文地质情况确定。防水闸墙的设计，经煤矿企业技术负责人批准后方可施工，投入使用前应由煤矿企业技术负责人组织竣工验收。

【典型事例】 2005 年 7 月 7 日，江西省萍乡市某煤矿自行在井下构筑防水密闭墙，未按有关规范进行设计和施工，在雨季大量充水后发生垮塌，大量老空积水溃入矿井，导致 15 人死亡。

第三百一十条 井巷揭穿含水层或者地质构造带等可能突水地段前，必须编制探放水设计，并制定相应的防治水措施。

井巷揭露的主要出水点或者地段，必须进行水温、水量、水质和水压（位）等地下水动态和松散含水层涌水含砂量综合观测和分析，防止滞后突水。

【条文解释】 本条是对井巷揭穿可能突水地段防治水的规定。

1. 编制探放水和注浆堵水设计

井巷揭穿可能突水地段前，例如含水层和地质构造带，应当编制探放水设计，或者采取其他防治水措施；否则，不准施工。

2. 观测和分析

井巷施工破坏岩体的原始应力状态，特别是地质构造带地应力比较集中的地带，井巷揭露含水层、地质构造带后，会发生地应力释放，容易产生滞后突水。本条规定井巷揭露的主要出水点或地段，必须进行水温、水量、水质、涌水含砂量等综合观测和分析，采取相应措施，防止滞后突水是非常必要的。

遇突水点或地段时，应当详细观测记录突水的时间、地点、确切位置，出水层位、岩性、厚度，出水形式，围岩破坏情况等，并测定涌水量、水温、水质和涌水含砂量等。对于井下新揭露的出水点或地段，在涌水量尚未稳定或尚未掌握其变化规律前，一般应当每日观测 1 次。对溃入性涌水，在未查明突水原因前，应当每隔 1~2 h 观测 1 次，以后可适当延长观测间隔时间，并采取水样进行水质分析。涌水量稳定后，可按井下正常观测时间观测。

同时，应当观测附近的出水点与观测孔涌水量和水位的变化，并分析突水原因。各主要突水点可以作为动态观测点进行系统观测，并应当编制卡片，附平面图和素描图。

对于大中型煤矿发生 300 m³/h 以上的突水，小型煤矿发生 60 m³/h 以上的突水，或者因突水造成采掘区域和矿井被淹的，应当将突水情况及时上报所在地煤矿安全监察机构和地方人民政府负责煤矿安全生产监督管理的部门、煤炭行业管理部门。

3. 突水点等级划分

按照突水点每小时突水量的大小，将突水点划分为 4 个等级：

（1）小突水点：$Q \leqslant 60\ m^3/h$；

（2）中等突水点：$60\ m^3/h < Q \leqslant 600\ m^3/h$；

（3）大突水点：$600\ m^3/h < Q \leqslant 1\ 800\ m^3/h$；

（4）特大突水点：$Q > 1\ 800\ m^3/h$。

第四节　井 下 排 水

第三百一十一条　矿井应当配备与矿井涌水量相匹配的水泵、排水管路、配电设备和水仓等，并满足矿井排水的需要。除正在检修的水泵外，应当有工作水泵和备用水泵。工作水泵的能力，应当能在 20 h 内排出矿井 24 h 的正常涌水量（包括充填水及其他用水）。备用水泵的能力，应当不小于工作水泵能力的 70%。检修水泵的能力，应当不小于工作水泵能力的 25%。工作和备用水泵的总能力，应当能在 20 h 内排出矿井 24 h 的最大涌水量。

排水管路应当有工作和备用水管。工作排水管路的能力，应当能配合工作水泵在 20 h 内排出矿井 24 h 的正常涌水量。工作和备用排水管路的总能力，应当能配合工作和备用水泵在 20 h 内排出矿井 24 h 的最大涌水量。

配电设备的能力应当与工作、备用和检修水泵的能力相匹配，能够保证全部水泵同时运转。

【条文解释】　本条是对矿井排水能力的规定。

1. 矿井井下排水设备

对水泵的要求，是从 3 个方面考虑保证安全的。

（1）从正常涌水量考虑，为了不间断地排除矿井正常涌水量，工作水泵的排水能力必须大于矿井正常涌水量能力，规定了工作水泵的能力，应能在 20 h 排出 24 h 的正常涌水量，即工作水泵的能力是正常涌水量的 1.2 倍。

（2）从最大涌水量考虑，工作和备用泵的总能力，应能在 20 h 排出矿井 24 h 的涌水量，即最大涌水量的 1.2 倍。最大涌水量是指受大气降水的影响，矿井涌水量增加到最大程度时的水量。矿井最大涌水量不包括矿井大突水时的水量。因为有些矿井受大气降水的影响很大，雨季时矿井最大涌水量和正常涌水量相差数虽很大，若一律按 70% 规定，则不能保证安全，故又提出按最大涌水量计算的规定。按此规定配置备用泵，当矿井雨季最大涌水量和正常涌水量相差小于 70% 时，就可以减少备用水泵的台数。在计算水泵台数时，如出现小数时，应取偏上整数。

（3）从水泵的检修来考虑，如要保持水泵的正常运转，则必须加强水泵的维护、检修、保养，所以必须设置检修水泵。检修水泵的能力应不小于工作水泵能力的 25%。

【典型事例】 河北省开滦某煤矿二水平泵房共有水泵 18 台，其中检修 5 台，工作和备用水泵 13 台。2171 工作面岩溶陷落柱突水时，13 台水泵全部启动，因泵房温度太高，采取局部通风机通风降温的方法效果不大，泵房很快被淹。矿井恢复后，为扩大排水能力预防再突水淹井，经专家研究设计，在二水平建立了潜水泵房，安装 4 台潜水泵，扩大排水能力达 66.4 m^3/min。由此可见，有突水淹井危险的矿井，增设抗灾强排能力水泵是正确的。

2. 矿井井下排水管路

排水管路的过水能力与排水设备的排水能力应当相适应，必须有工作和备用水管，但不要求有检修水管，也不必一台水泵配一趟管路。即使涌水量很小的矿井，为防涌水量增大或排水管路损坏，也必须设置备用水管，即至少有 2 趟水管。在水文地质复杂、有突水危险的矿井，应在井筒和管子道内预留备用排水管路安装位置。

工作排水管路的能力，应当能配合工作水泵在 20 h 内排出矿井 24 h 的正常涌水量。工作和备用排水管路的总能力，应当能配合工作和备用水泵在 20 h 内排出矿井 24 h 的最大涌水量。

排水管路由于长期运行，水质污垢淤积，且水管断面缩小十分严重，设计管路时应考虑计入管路附加阻力系数（取 1.7）。

3. 配电设备

配电设备在运转一定时间后也需要检修，故规定配电设备应同排水设备的工作、备用和检修相适应。考虑到矿井发生大突水时，检修好的水泵可能同时投入排水，所以配电设备的能力应当能够保证工作、备用和检修水泵等全部水泵同时运转。

【典型事例】 河南省焦作矿业集团某煤矿二水平正常涌水量 40 m^3/min，承压含水层突水涌出水量曾达到 240 m^3/min。工作水泵与备用水泵的总能力，若按 680 kW 一台水泵 7 m^3/min 配置，就需 34 台水泵，加上 25%检修水泵，总台数 52 台。突水时，52 台水泵全部开动，用电量高达 35 360 kW，这就需要配备相应的供电电缆和配电开关等；否则，即使有足够的排水设备和排水管路，也会因供电能力不足而不能全部开动水泵。

第三百一十二条 主要泵房至少有 2 个出口，一个出口用斜巷通到井筒，并高出泵房底板 7 m 以上；另一个出口通到井底车场，在此出口通路内，应当设置易于关闭的既能防水又能防火的密闭门。泵房和水仓的连接通道，应当设置控制闸门。

排水系统集中控制的主要泵房可不设专人值守，但必须实现图像监视和专人巡检。

【条文解释】 本条是对矿井主要泵房设置的规定。

矿井主要泵房设置应符合以下规定：

1. 出口

为了解决泵房通风降温和泵房被淹时撤人，主要泵房至少有 2 个出口。一个出口用斜巷通到井筒，作为回风和设置水管、电缆用。为了提高泵房的通风能力和不致与泵房同时被淹，规定了出口高出泵房底板 7 m 以上。另一个出口通到井底井场，可以作为水泵安装时的运输通道；由于井底车场标高较低，作为进风通道也有利于泵房通风。

2. 密闭门

为了防止泵房被淹和着火，在通到井底车场的出口通路内，应设置易于关闭的既能防水又能防火的密闭门。

3. 控制闸门

为了防止水仓水进入泵房，影响水泵的正常运转，泵房和水仓的连接通道应设置可靠的控制闸门。

4. 集中控制

推广无人值守泵房，采用远程监控集控系统。排水系统集中控制的主要泵房可不设专人值守，但必须实现图像监视和专人巡检。

第三百一十三条 矿井主要水仓应当有主仓和副仓，当一个水仓清理时，另一个水仓能够正常使用。

新建、改扩建矿井或者生产矿井的新水平，正常涌水量在 1 000 m^3/h 以下时，主要水仓的有效容量应当能容纳 8h 的正常涌水量。

正常涌水量大于 1 000 m^3/h 的矿井，主要水仓有效容量可以按照下式计算：

$$V = 2(Q + 3\,000)$$

式中 V——主要水仓的有效容量，m^3；

Q——矿井每小时的正常涌水量，m^3。

采区水仓的有效容量应当能容纳 4 h 的采区正常涌水量。

水仓进口处应当设置箅子。对水砂充填和其他涌水中带有大量杂质的矿井，还应当设置沉淀池。水仓的空仓容量应当经常保持在总容量的 50%以上。

【名词解释】 矿井主要水仓

矿井主要水仓——矿井井底车场附近储存矿井涌水的巷道和硐室。

【条文解释】 本条是对矿井主要水仓设置的规定。

矿井排水就是将水仓中的积水排至地面。水仓设置是否合理，关系着排水系统排水能力能否正常发挥。

1. 主要水仓构成

由于矿井涌水中带有大量的煤泥、树皮、碎矸等杂质，很容易占据水仓容水空间，并且常发生淤堵水泵现象，必须经常进行清理；所以本条文规定矿井主要水仓必须有主仓和副仓，当一个水仓清理时，另一个水仓能正常使用。这样互相轮换，平时至少保证有 1 个水仓能正常储水，矿井发生大突水时，2 个水仓都能储水。

2. 主要水仓的有效容量

新建、改扩建矿井或生产矿井的新水平主要水仓的有效容量的规定如下：

（1）正常涌水量 $<1\,000\ m^3/h$ 时，主要水仓的有效容量应能容纳 8 h 的正常涌水量。

（2）正常涌水量 $>1\,000\ m^3/h$ 时，

$$V = 2(Q + 3\,000)$$

式中 V——主要水仓的有效容量，m^3；

Q——矿井每小时的正常涌水量，m^3。

上述公式是以正常涌水量为 1 000 m^3/h 的最低数，并按 8 h 的容量为基数，其超过部分（$Q-1\ 000$）按 2 h 的容量计算，即 $V=1\ 000\times8+(Q-1\ 000)\times2=2(Q+3\ 000)$。按此式计算，矿井正常涌水量越大，计算所得水仓有效容量与矿井正常涌水量相比，其比值越小，如矿井正常涌水量为 3 000 m^3/h，计算水仓的有效容量为 12 000 m^3，相当于 4 h 的正常涌水量；如矿井正常涌水量为 6 000 m^3/h，计算水仓的有效容量为 18 000 m^3，相当于 3 h的正常涌水量。另外，正常涌水量大的矿井，如果主要水仓的有效容量也按 8 h 矿井正常涌水量设置，则不仅水仓工程量太大，而且需要留设的保护煤柱也大，实际上我国现有生产矿井主要水仓实际有效容量大多数达不到 8 h 的要求。

（3）采区水仓的有效容量应能容纳 4 h 的采区正常涌水量。

（4）当矿井最大涌水量和正常涌水量相差非常大时，就可能满足不了排水要求，应全面统计分析涌水量构成情况，由有资质的设计部门编制专门设计，科学选择排水能力和水仓容量，煤矿企业总工程师组织审查批准。

3. 水仓进口处应设置箅子

对水砂充填、水力采煤和其他涌水中带有大量杂质的矿井，还应设置沉淀池。其目的是防止水中杂质混入水仓，影响水仓的容水量，增加清挖水仓的劳动强度。

4. 水仓应及时清理

在正常情况下，水仓的空仓容量必须经常保持在总容量的 50%以上。当遇有地质条件变化或雨季到来，可能带来涌水量加大时，必须提前将水仓清挖好，以保证水仓具有最大的容水量。

第三百一十四条 水泵、水管、闸阀、配电设备和线路，必须经常检查和维护。在每年雨季之前，必须全面检修 1 次，并对全部工作水泵和备用水泵进行 1 次联合排水试验，提交联合排水试验报告。

水仓、沉淀池和水沟中的淤泥，应当及时清理，每年雨季前必须清理 1 次。

【条文解释】 本条是对排水设施进行检查、维护和试验的规定。

1. 井下排水设施必须经常检查和维护

井下排水设施是矿井安全生产的重要设施，其中水泵、管路、闸阀、配电设备和线路是排水设施的组成部分，必须经常进行维护和检查，以保证其正常运转。

2. 井下排水设施雨季前必须全面检修和试验

雨季是地表洪水泛滥、地下含水层得到补充、水量充足的时期，洪水淹井事故时有发生。为确保汛期安全生产，将可能产生的最大涌水量排出矿井，至少在雨季前必须对排水设施进行全面检修 1 次，同时对全部工作水泵和备用水泵进行 1 次联合排水试验，联合排水试验要制定方案，严密组织，以便发现排水系统中的薄弱环节，及时进行处理，为防汛工作做好充分的准备。

3. 应当及时清理淤泥

水仓、沉淀池和水沟中的淤泥，应当及时清理；每年雨季前，必须清理 1 次，以便在汛期到来之前将水仓、沉淀池和水沟中的水位降到最低，使有效容量达到最大。

第三百一十五条 大型、特大型矿井排水系统可以根据井下生产布局及涌水情况分区建设，每个排水分区可以实现独立排水，但泵房设计、排水能力及水仓容量必须符合本规程第三百一十一条至第三百一十四条要求。

【条文解释】 本条是对大型、特大型矿井排水系统分区建设的规定。

大型、特大型矿井一般来说走向范围大、产量大、涌水量大，而水文地质条件差异大。在一个矿井集中建设1套排水系统所需时间较长，不能满足矿井早出煤、快出煤的防治水要求，或者遇到水文地质条件复杂或极复杂时，需要根据井下生产布局及涌水情况建设分区排水系统，分区排水系统实现独立排水。但是，分区排水系统的泵房设计、排水能力及水仓容量必须符合《规程》有关规定要求。

第三百一十六条 井下采区、巷道有突水危险或者可能积水的，应当优先施工安装防、排水系统，并保证有足够的排水能力。

【条文解释】 本条是对井下采区、巷道有突水危险或可能积水的防、排水系统规定。

为了防止采区、巷道在施工中发生突水，同时为施工作业创造良好环境，保证采掘作业人员的安全和健康，提高劳动效率，对于有突水危险或可能积水的，应当优先施工安装防、排水系统，并保证有足够的排水能力。

1. 采区水泵

（1）采区正常涌水量在50 m^3/h以下且最大涌水量在100 m^3/h以下时，可选用2台水泵，其中1台工作、1台备用，可敷设1条排水管路。工作水泵排水能力应在20 h内排出采区24 h的最大涌水量。

（2）采区正常涌水量大于50 m^3/h或最大涌水量大于100 m^3/h时，有突水危险或有综采面的采区，可采取增加水泵、排水管路或预留相应设备的安装位置等措施。

2. 井底水窝水泵

有提升设备的立井和斜井井筒，井底水窝水泵安装应符合下列规定：

（1）应设2台水泵，其中1台工作、1台备用。

（2）水泵能力应在20 h内排出水窝24 h积水量。

（3）应首先考虑使用泥浆泵或潜污泵。

3. 巷道水泵

（1）巷道水泵设置台数应根据巷道涌水量确定，除工作水泵外，还应有备用水泵。水泵类型应首先考虑使用泥浆泵或潜污泵。

（2）排水管路在迎头100 m范围内应使用橡胶软管，其他地段可选用铁管或塑料管。

（3）水窝应及时清挖。

第五节 探 放 水

第三百一十七条 在地面无法查明水文地质条件时，应当在采掘前采用物探、钻探或者化探等方法查清采掘工作面及其周围的水文地质条件。

采掘工作面遇有下列情况之一时，应当立即停止施工，确定探水线，实施超前探放水，经确认无水害威胁后，方可施工：

（一）接近水淹或者可能积水的井巷、老空区或者相邻煤矿时。

（二）接近含水层、导水断层、溶洞和导水陷落柱时。

（三）打开隔离煤柱放水时。

（四）接近可能与河流、湖泊、水库、蓄水池、水井等相通的导水通道时。

（五）接近有出水可能的钻孔时。

（六）接近水文地质条件不清的区域时。

（七）接近有积水的灌浆区时。

（八）接近其他可能突（透）水的区段时。

【名词解释】　探放水

探放水——探水和放水。探水是指采矿过程中用超前勘探的方法，查明采掘工作面顶底板、侧帮和前方等水体的具体空间位置和状况等，其目的是为有效地防治矿井水害做好必要的准备；放水是指为了预防水害事故，在探明情况后采取钻孔等安全方法将积水放出。

【条文解释】　本条是对采掘工作面探放水条件的规定。

1. 在地面无法查明水文地质条件时，应当在采掘前采用物探、钻探或者化探方法查清采掘工作面周围的水文地质条件。坚持探放水是防止井下水害事故发生的有效措施。

探水是井下防治水重要的手段，对井下每个采掘工作面周围（前、后、左、右、上、下）的水文地质情况必须清楚而确切，不能似是而非。接近水淹或可能积水的井巷、老空或相邻煤矿等8种情况以及采掘工作面有出水征兆时，都必须安钻探水，以查明情况，掩护采掘作业活动，直至最终放出威胁水体或排除疑点。所有这类探水，应以钻探为主、物探为辅，用物探配合确定钻探的重点和方向。

2. 采掘工作面遇有下列情况之一时，应进行探放水。

（1）接近水淹或可能积水的井巷、老空或相邻煤矿时，必须进行探放水。

年代久远的老窑、生产矿井的老空区、矸子窖和废巷等积水，均以各种几何形状存在于采掘工作面的周围，它们既可形成大片积水区，也可以以各种不规则的形状零星分布。这种水体的水量有时虽然不很大，一般不致造成淹井，但均属管道流，水量集中，来势迅猛，流动十分迅速，一旦意外接近或接触，就能在短时间内以“有压管道流”的形式突然溃出，水大时可达几万至十几万立方米，水小时只有几十立方米，但也具有很大的冲击力和破坏力，可能造成人身伤亡甚至是重大人身伤亡事故。

【典型事例】　2006年5月18日，山西省大同市某煤矿在多条巷道透水征兆十分明显的情况下，未采取有效措施，仍违法在采空区附近组织生产，冒险作业，由于受爆破震裂松动、水压浸泡以及采掘活动带来的矿山压力变化影响，破坏了采空积水区有限的安全煤柱，导致了透水事故发生，造成56人死亡，直接经济损失5 312万元。

防治的对策主要就是“探”，先探后掘，坚持不探明、不放净不掘进、不回采，必须高度重视老空（窑）水的探放工作。探水前，查明其空间位置、积水量和水压，根据具体情况和有关规定确定探水线；探放水时，要撤出探放水点部位受水害威胁区域的所有人员；探放水时必须打中老空水体下部，要监视放水全过程，直到老空水放完为止。此外，一定要克服麻痹思想，杜绝侥幸心理，严格执行《规程》规定，做好水患超前分析和预测预报工作。

（2）接近含水层、导水断层、暗河、溶洞和导水陷落柱时，必须进行探放水。

① 冲积层松散砂岩含水层。我国不少矿区，煤系基岩上覆盖有冲积层，由于后者分布面积较大，能广泛接受和储存大气降水，并与下伏基岩含水层呈角度不整合接触而使两者的水力联系较好，因而它不仅成为压在矿坑上方的一个巨大的含水体，而且也是矿井涌水的补给来源。我国煤矿开采史上，曾有过多次穿透冲积层水的恶性事故，其中主要原因是煤柱留设不够，或者开采前由于没有超前探查造成水文地质条件不清，没能按含水层下回采留设煤柱，或者超限出煤，破坏了煤柱的完整性。

【典型事例】 某日，江苏省某煤矿由于没有超前探查查明冲积层岩性的结构、含水层分布及富水程度，使防水煤柱的留设尺寸不够以及超限开采，704 工作面上方开了“天窗”，发生了透冲积层底部砾石层水的突水事故，最大突水量 7.56 m^3/min，水夹带着砂浆砾石、碎矸、煤块等杂物溃入井下，淤积物共 1 600 m^3。事故发生后东二采区被迫关闭，造成了重大经济损失。

② 煤系砂岩裂隙含水层。由于基岩裂隙水的埋藏、分布和水动力条件等都具有明显的不均匀性，煤层顶、底板砂岩水、岩溶水等在某些地段对采掘工作面没有任何影响，而在另一些地段却带来不同程度的危害。为确保矿井安全生产，必须超前探清含水层的水量、水压和水源等，才能予以治理。

防治煤层顶、底板含水层的水害，既要从整体上查明水文地质条件，采取疏干降压或截源堵水等防治措施，又要重视井下采区的探查。

疏干降压是指煤层顶板含水层的疏干；而疏水降压是对煤层底板含水层而言的，其目的是使煤层底板含水层水压降低至采煤安全水压。

煤系砂岩裂隙含水层，在没有地表水、冲积层水及其他水源补给的情况下，其动、静储量往往不大，不会对煤矿的安全生产形成很大的威胁。但不少平原地区的煤田，煤系之上多数覆盖有不同厚度和不同富水性的第四系、古近系、新近系冲积层松散含水层，因此砂岩裂隙常常成为冲积层水补给砂岩含水层的直接通道，使砂岩裂隙含水层成为赋水性较强的含水层，如果采掘活动前不超前疏水降压，将水压降至安全水压以下，采掘工作面遇到断裂、裂隙带沟通或直接揭露就会造成砂岩裂隙含水层水突然涌出，使工作面被淹或者建井时造成淹井。我国煤矿砂岩水害造成的事故较少，约占全部事故的 1%，分布地区也较少。具有此类水害的煤矿床主要在河北省开滦矿区，其中的 5 煤层顶板砂岩含水层赋水性普遍较强，是煤层开采的直接充水水源，必须提前采取疏水降压或提前施工泄水巷等措施，达到本质安全开采。

【典型事例】 某日，河北省某煤矿南翼 1096 运输巷掘进中遇 F16 断层沟通上覆 46 m左右含水丰富、水压达 2.3 MPa 的煤 5 顶板砂岩裂隙强含水层，发生突水，最大水量达 17 m^3/min。1980 年 1 月 17 日，该矿 1093 采面推进过程中，回采冒顶也沟通了煤 5 顶板高压强含水层，发生突水，水量最大达 20 m^3/min，造成该综采工作面不能正常开采，埋压了 33 组德国进口综采支架，并影响其他采煤工作面的回采。之后采取了提前施工专门泄水巷、打钻疏水降压形成疏降漏斗等超前措施，确保了安全生产。

矿井提前疏干可以避免地下水突然涌入矿井，杜绝灾害事故，提高劳动生产率，消除地下水静水压力造成的破坏作用等，是煤矿防治水的一种主要措施。

③ 北方型薄层灰岩岩溶裂隙含水层。我国北方石炭二叠纪煤系下部常常含有数层灰岩，由于它们或被夹在几个煤层之间，或被夹在煤层与奥陶系灰岩之间，与煤层间距都比较近，溶洞、裂隙又都比较发育，在构造断裂的作用下，不仅其本身的含水性较好，而且有的还与相邻的薄层灰岩、冲积层及奥陶系灰岩等有较好的水力联系，因而在开采下组煤时，常常发生突水事故。根据这类水害的特点和现有技术水平，其防治的基本对策和要点主要包括：超前探明采区内可能存在的各条中小断层；打钻注浆加固底板，改造富水的薄层灰岩；对于底板承压含水层，当水压大于其上部有效隔水层的抗水压能力——安全压力时，必须超前打钻放水。

④ 北方型厚层灰岩岩溶裂隙含水层。我国北方石炭二叠纪煤系的基底是奥陶系石灰岩岩溶裂隙含水层，由于其特定的地质条件，这一巨厚石灰岩中溶洞、裂隙比较发育，富水性极好。它不仅能广泛接受大气降水的补给，而且与地表水体、冲积层底部含水层等也有较好的互补关系，地下水动、静储量十分丰富。我国煤矿开采史上曾发生多次奥陶系灰岩水突水淹井的重大事故，主要防治对策可根据具体情况采取：超前探测最下可采煤层与奥灰顶界面的间距，监控底板破坏深度，保持必要的安全距离；超前疏水降压，将水压降至安全水头值以下；超前探测断裂构造、溶洞、陷落柱的发育以及富水情况；注浆、注骨料加固封堵导水裂隙带、岩溶陷落柱等。

⑤ 以茅口灰岩、栖霞灰岩为代表的南方型厚层灰岩含水层及溶洞水。喀斯特发育的特点多以洞穴、暗河等喀斯特管道为主。喀斯特水的充水水源，主要来自地表降水和地表径流的透入。由于这类石灰岩多赋存于主要煤层的底板附近，与煤层之间几乎没有可利用的隔水层保护层，矿井开拓、开采无法摆脱其影响，因而常常发生突水、突泥甚至突暗河水等灾害，来势迅猛，具有极大的破坏力。

【典型事例】 2005 年 10 月 4 日，四川省某矿井（在建）当班作业人员未按规定施工探水钻孔，违章掘进施工，爆破诱发岩溶透水，造成 28 人死亡。

⑥ 导水断层。巷道过导水断层不采取超前措施往往会造成突水事故。断层突水是矿井开采中一种常见多发的灾害事故，矿井底板突水事故中有 70%~80%是由于断层导致的。断层突水一般都会造成较大的危害，造成工作面停产、水平停产以至全井停产、伤人等事故。

【典型事例】 2001 年 5 月 18 日，四川省某煤矿西平巷 280~300 m 受 F14 和 F2 断层的切割，构造破坏裂隙带导通邻近老窑采空区，老窑积水渗透侵蚀构造裂隙带。同时，因为采掘活动的采动压力及超前应力影响，构造破坏加剧，围岩失稳，导致老窑积水突然溃入井下巷道，发生特别重大透水事故，造成 39 人死亡。

由于巷道揭露或接近断裂构造，使掘进巷道与强含水层遭遇或接近，形成局部导水通道而突水。巷道施工将要揭露或接近导水断层时必须超前进行探测，探明断层的产状要素和断层的水文地质条件。通过断层的探水工作，搞清断层的位置、方向、落差、倾向、倾角及断层带厚度等情况，另外通过探水判断断层带本身的含水性和含水层的位置、水量、水压，然后根据具体情况留设合理的防隔水煤（岩）柱或注浆封堵加固导水断裂构造，利用管棚超前支护等技术加固过断层构造段的巷道，超前对对盘含水层进行疏水降压，达到安全水压后，方可通过断层。

⑦ 岩溶陷落柱。煤层底板为厚层石灰岩的华北型煤田，由于导水岩溶陷落柱的存在，使某些处于上覆地层本来没有贯穿煤系基底强含水层的中、小型断层或一些张裂隙，成为水源充沛、强富水的突水薄弱带，其一旦被揭穿，将引起突水，或者采掘工程直接触及或接近岩溶陷落柱，将可能发生大突水。若导水陷落柱直接突水，其后果十分严重，我国煤矿先后多次发生由陷落柱突出奥陶系灰岩水的事故。

【典型事例】　某日，河北省某煤矿 2171 综采工作面发生了一起世界采矿史上罕见的透水灾害，奥陶系岩溶强含水层的高压承压水经导水陷落柱溃入矿井，高峰期 11 h 平均突水量 2 053 m^3/min，历时 21 h 便淹没了一座年产 310 万 t、开采近 20 年的大型机械化矿井。透水后，奥灰水位大幅度下降，使周围 20 万居民供水中断；地面相继出现 17 个直径 3～23.5 m、深 3～12 m 的塌陷坑，部分房屋轻微下沉，房瓦松动，墙壁出现裂缝。

这一情况表明，华北型奥陶系灰岩溶洞水不但有极为丰富的静储量，而且还有一个连绵数十千米的溶洞水网络，它不似南方的喀斯特暗河，又胜似暗河；而陷落柱作为奥陶系灰岩水的一个重要通道和突水口，又比导水断层的危害程度要大得多，对陷落柱突水的防治具有重要的意义。防治岩溶陷落柱突水对策主要包括：通过物探手段，探查可能存在的陷落柱位置和边界；对于查出的“异常点”要用物探、钻探进一步查明；对于查找出来的导水陷落柱比较彻底的防治方法是采取打钻注浆、注骨料或留设防水煤柱等措施。

（3）打开隔离煤柱放水必须超前探水。在受水害威胁的地段，预留一定宽度和高度的煤（岩）层，使工作面与水体保持一定距离，达到截断水源保证安全生产的目的，这类留下的煤（岩）层称为防水煤（岩）柱；相邻矿井之间为了保证安全，也必须留设一定宽度的隔离煤柱。各类防（隔）水煤（岩）柱一经留设，任何工程不准在煤（岩）柱内开掘巷道，更不得回采。同时为确保煤柱尺寸的准确，在工作面接近前要超前探水。如因工程特殊需要，不得不在防（隔）水煤（岩）柱内施工时，要在工作面接近前采取超前探测、试验、研究等措施，确保安全并上报上级主管部门审批后方可施工。

（4）接近可能与河流、湖泊、水库、蓄水池、水井等相通的断层破碎带时要超前探水。

接近可能与地面水体相通的破碎带时要超前探水，以便找出破裂面的确切位置，并按《规程》规定留设防隔水煤（岩）柱。由于特殊原因，巷道必须穿过有水力联系的导水断层时，必须编制安全技术措施，报上级主管部门领导批准，同时必须遵守以下规定：接近导水断层以前，必须探水前进；巷道穿过导水断层以前，可采取超前预注浆或疏放水等措施，防止或减少突然涌水的事故，预计涌水量对矿井安全有威胁或涌水量大于矿井工作水泵排水能力时，必须先砌筑防水闸门；穿过断层破裂面的一段巷道，要采取帷幕注浆、管棚支护等超前加固措施等。

【典型事例】　2003 年 7 月 26 日，山东省某煤矿越界开采煤层露头防水煤柱，3208 工作面在生产过程中顶板冒落后，与露天矿坑坑底直接连通，使露天矿坑内的积水、泥砂溃入井下，导致矿井−38 m 水平以下的 5 个作业点的 37 人遇险。经过奋力抢救，有 2 名遇险人员脱险。截至 8 月 26 日 35 名遇难矿工遗体全部找到。

（5）接近有出水可能的钻孔时必须超前探水。矿区在煤炭资源勘探时期的各类钻孔，未曾封孔或虽经封孔但质量不好，往往贯穿了若干含水层，有的甚至连通了本来没有水力联系的含水层或含水体，从而使煤层开采的充水条件复杂化，不仅可能增大矿井涌水量，而且也可能给生产带来突水、突泥砂等安全隐患。为此，必须将其作为矿井防治水中的一个重要问题。

【典型事例】 山东省某煤矿，原设计能力年产 45 万 t。1958 年 10 月建井，未透第四层灰岩前涌水量很小。1960 年 10 月南石门透四灰后，涌水量大增，最大达 14 m^3/min，其中四灰水量即占 13 m^3/min，为全矿总水量的 93%。排水 5 年多水量无减，总排水量早已大大超过四灰的静水位置，但巨大动水补给量来自何处却不清。为此，被迫将 45 万 t 井型减小为 30 万 t 的试验井，延迟了投产时间。同时，西郊煤田不敢建新井，整个煤田八、九、十层约 5 亿 t 下组煤不敢开采，并浪费补勘、排水费 200 多万元。直到 1965 年才怀疑是否由于勘探钻孔封孔质量不好，把煤系底板第五层灰岩和奥陶系灰岩水引入四灰而导致长期疏水不减。为此，先后封堵了 18 个钻孔，四灰水量才减小到 1 m^3/min 左右，较之前水量减少了 92%，终于解决了该矿的水文地质问题，之后生产能力超过计划产量，经济效益很快提高。另外，东北舒兰矿业集团也多次发生钻孔涌水涌砂事故。

预防钻孔突水的对策主要有：对历史上已有的钻孔认真核实其封孔情况，对未封或封闭不良的钻孔要建立专门台账，并标绘在有关工程图上。凡能够在地面找到其原孔位的要透孔到底并重新封孔处理；无法在地面施工处理的，要在工程图上画出警戒线和探水线，进行超前探水或留设《规程》规定的防水煤柱。

(6) 接近水文地质条件不清的区域时。因为水文地质条件不清的区域可能有突水危险，也可能没有突水危险，所以为了确保万无一失，接近水文地质条件不清的区域时必须进行探水。

(7) 接近有水的灌浆地区要超前探水。工作面回采结束后，为了预防老空区煤层自燃，往往需要向老空区进行灌浆注水，成为重大水害隐患。如果对已采区的老空、老巷的充填情况、流出的水量、积水情况等不清楚，不超前探放水，冒险生产，就有可能发生重大水害事故。

【典型事例】 某日，新疆维吾尔自治区某煤矿+650 m 水平中央采区东翼第一分层（+690 m标高）综采放顶煤工作面发生溃浆事故，死亡 17 人，重伤 1 人。

据分析，该煤矿斜井+752 m 水平以上 1974 年灭火灌浆时掺入 130 t 水泥，在+752 m 水平巷道以上形成一隔水层。这样在以后的生产灭火灌浆过程中又由于经济问题、套管未下到位，部分泥浆短路进入+752 m 水平采空区内，再加之此处大气降雨、雪水、打钻回水的补给，在隔水层以上形成不易脱水的泥浆库。也正是由于隔水层的存在，使下部综采工作面第 1 水平由准备工作直至开始回采，均未发生透水透浆预兆。在开采的过程中该水平煤柱遭受破坏，相应的隔水层随之冒落，“库”内泥浆溃入工作面，导致此次恶性溃浆事故。

(8) 接近其他可能突（透）水地区时要超前探水。矿井生产建设中，水文地质条件非常复杂，当出现挂红、挂汗等透水征兆或怀疑有其他水害危险时，一定要提高警惕，超前分析和开展超前探水工作，切不可盲目生产和冒险蛮干。

第三百一十八条 采掘工作面超前探放水应当采用钻探方法，同时配合物探、化探等其他方法查清采掘工作面及周边老空水、含水层富水性以及地质构造等情况。

井下探放水应当采用专用钻机，由专业人员和专职探放水队伍施工。

探放水前应当编制探放水设计，采取防止有害气体危害的安全措施。探放水结束后，应当提交探放水总结报告存档备查。

【条文解释】 本条是对井下超前探放水的规定。

1. 水害探测方法

水害探测方法主要有钻探、物探、化探和巷探等。煤矿可以根据矿井具体水文地质条件加以选择，必要时要采用综合技术手段。

（1）钻探。对存在水患威胁的地区应该采用打钻的方法进行探测，确定直接和间接充水含水层的分布、岩性、厚度、埋藏条件，含水层的水位、水质、富水性，地下水的补排关系，含水层与可采煤层之间隔水层的厚度、岩性组合及物理力学性质。

钻探是可靠性最大的一种水害探测方法。采掘工作面超前探放水应当采用钻探方法，同时配合物探、化探等其他方法查清采掘工作面及周边老空水、含水层富水性以及地质构造情况。但是，钻探成本较高，影响生产正常进行，而且带有一定危险性，所以必须采取一定安全技术措施。每个钻孔都要按照设计要求进行单孔设计，包括钻孔结构、孔斜、岩芯采取率，封孔止水要求、终孔直径、终孔层位、简易水文观测，抽水试验、地球物理测井及采样测试、封孔质量、孔口装置和测量标志等。钻探方法在煤矿防治水工作中仍然得到广泛采用。井下探放水应当采用专用钻机，由专业人员和专职探放水队伍施工。

（2）物探。物探是矿井水害探测的重要方法。它具有成本较低、不影响或少影响生产、操作简单、安全等优点，越来越被煤矿企业广泛采用，在有的矿区已经成为采煤工作面投产前的必备手续。

井下物探方法主要有直流电法（电阻率法）、音频电穿透法、瞬变电磁法、电磁-频率测探法、无线电波透视法、地质雷达法、浅层地震勘探、瑞利波勘探和槽波地震勘探方法等。煤矿企业可根据实际情况进行选择。

但是，由于物探手段本身可能受到多方面因素的制约和影响，其测试结果往往带有一定的局限性。物探结果有助于提高勘探工程布置的针对性和加快勘探速度、提高勘探工效。但是采用物探等间接探水方法取得的成果不能单独作为采掘工程施工的依据，应实施“物探先行、钻探验证”的勘探程序，以提高勘探技术水平。

（3）化探。化探是矿井水害探测方法之一。目前，我国煤矿化探的主要方法有水质法和放射性法。

（4）巷探。受水害威胁的矿井，用常规水文地质勘探方法难以进行开采评价时，可根据条件采用穿层石门或专门凿井进行疏水降压开采试验。采用巷探时必须有专门的施工设计，其设计由矿总工程师组织审批。要预计最大涌水量，且必须建立保证排出最大涌水量的排水系统。应选择适当位置建筑防水闸门。做好钻孔超前探水和放水降压工作。在巷探期间应做好井上下水位、水压和涌水量的观测工作。

（5）注水试验。为矿井防渗漏研究岩石渗透性，或因含水层水位很深无法进行抽水试验时，可进行注水试验。注水试验应编制试验设计，设计内容应包括：试验层段的起止深度、孔径及套管下入层位、深度及止水方法，采用的注水设备、注水试验方法以及注水试验质量要求等。

注水试验施工主要技术要求：要根据岩层的岩性和孔隙、裂隙发育深度，确定试验孔段，并严格做好止水工作；注水试验前，必须彻底洗孔，以保证疏通含水层；应测定钻孔水温和注入水的温度；注水试验正式注水前及正式注水结束后，应进行静止水位和恢复水位的观测。

（6）抽水试验。水文地质复杂型和极复杂型矿井，当用小口径抽水不能查明水文地质、工程地质（地面岩溶塌陷）条件时，应进行大口径、大流量群孔抽水试验。群孔抽水试验必须单独编制设计，经矿总工程师审查后实施。大口径群孔抽水试验的延续时间，应根据水位流量过程曲线稳定趋势而定，但一般不应少于 10 天。当受开采疏水干扰，水位无法稳定时，应根据具体情况研究确定。

抽水试验的水位降深，应尽设备能力做最大降深，降深次数一般不少于 3 次，降距合理分布。凡受开采影响钻孔水位较深时，可只做一次最大降深抽水试验，但降深过程的观测，应考虑非稳定流计算的要求，同时应适当延长时间。

抽水前，应对试验孔、观测孔及井上、下有关的水文地质点，进行水位（压）、流量观测，必要时可另外施工专门钻孔测定大口径群孔的中心水位。

（7）放水试验。水文地质复杂型和极复杂型矿井，当采用地面水文地质勘探难以查清水文地质和工程地质（地面岩溶塌陷）条件时，可进行井下放水试验。放水试验必须编制放水试验设计，确定试验方法、各次降深值和放水量，并由矿总工程师组织审批。

放水前，必须做好一切准备工作，固定人员、检验校正观测仪器和工具，检查排水设备能力和排水线路。同时，必须在同一时间对井上下观测孔及出水点的水位、水压、涌水量、水温和水质进行 1 次统测。

放水试验延续时间，可根据具体情况确定。当涌水量、水位难以稳定时，试验延续时间一般不少于 10~15 天。选取观测时间间隔应考虑到稳定流计算需要。中心水位或水压必须与涌水量同步观测。

放水试验后，应及时整理资料，观测数据应及时登入台账，并绘制涌水量-水位历时曲线。

（8）连通（示踪）试验。连通（示踪）试验必须有试验设计。示踪剂的种类和用量的选择，既要考虑连通试验的需要，又不能对地下水质产生有害的影响。

投放示踪剂前，必须采集投放点、接收点以及溶解示踪用水的水样，进行本底值测定。溶解示踪剂的容器或设备必须清洗以免污染。

根据投放方法选择投放容器，先加入一定量的清水，后按规定量加入示踪剂。如采用染色剂，则需加入一定量的促溶剂，随加随搅动，直到全部溶化。向钻孔内投放试剂溶液时，必须用导管下放至受试含水层段的设计深度，确保试剂准确送到设计层位。

设专人在接收点值班，按设计规定时间取样。每取 1 个水样后，应封严容器，及时填写标签。必须及时根据各接收点的水样检测结果，填制历时曲线图、表（填全绝对值），分析示踪效果。

2. 探放水设计

煤矿采掘工作面探水前，必须编制探放水设计，确定探水警戒线，并采取防止瓦斯和其他有害气体危害等安全措施。探水眼的布置和超前距离，应根据水头高低、煤（岩）

层厚度和硬度等确定。探放水设计由地测部门提出，矿总工程师（技术负责人）审定，并严格按设计进行探放水。探放水结束后，应当提交探放水总结报告存档备查。

探放水设计应包括以下内容：

（1）探放水地区的水文地质条件。主要包括老空积水范围、积水量、水头高度（水压）、正常涌水量，老空与上下采空区、相邻积水压、地表河流、建筑物及断层构造的关系，以及积水区与其他充水含水层的水力联系程度等。

（2）探放水巷道的开拓方向、施工次序、规格和支护形式。

（3）探放水钻孔组数、个数、方向、角度、深度、施工技术要求和采用的超前距与帮距。

（4）探放水施工与掘进工作的安全规定。

（5）受水威胁地区信号联系和避灾路线的确定。

（6）通风措施和瓦斯检查制度。采取防止有害气体危害等安全措施。

（7）防排水设施。主要包括：水闸门、水闸墙等的设计以及水仓、水泵、管路、水沟等排水系统能力的具体安排等。

（8）水情及避灾联系汇报制度和灾害处理措施。

（9）附有老空位置、积水区与现采区的关系图，探放水钻孔布置的平面图、剖面图，探放水钻孔结构图和避灾路线图。

第三百一十九条　井下安装钻机进行探放水前，应当遵守下列规定：

（一）加强钻孔附近的巷道支护，并在工作面迎头打好坚固的立柱和拦板，严禁空顶、空帮作业。

（二）清理巷道，挖好排水沟。探放水钻孔位于巷道低洼处时，应当配备与探放水量相适应的排水设备。

（三）在打钻地点或者其附近安设专用电话，保证人员撤离通道畅通。

（四）由测量人员依据设计现场标定探放水孔位置，与负责探放水工作的人员共同确定钻孔的方位、倾角、深度和钻孔数量等。

探放水钻孔的布置和超前距离，应当根据水压大小、煤（岩）层厚度和硬度以及安全措施等，在探放水设计中作出具体规定。探放老空积水最小超前水平钻距不得小于30 m，止水套管长度不得小于10 m。

【条文解释】　本条是对井下安装钻机探放水前的规定。

1. 探放水钻探现场的规定。探放水现场的安全环境和安全设施直接关系到探放水人员的安全，应加强钻场附近的巷道支护，并在工作面打好坚固的立柱和拦板，以防止冒顶、高压水冲垮煤壁及支架等事故发生。为满足探放水钻孔出水畅通和保证施工人员撤离通道畅通，必须清理巷道，挖好排水沟，在适当位置配备与探放水量相适应的完好的排水设备。为了及时向有关领导和部门汇报情况，在打钻地点或附近应安设专用电话。

2. 为杜绝随意性，保证探放水钻孔准确打到靶位，确保钻孔标定准确，测量人员依据现场标定探放水孔位置。同时，测量人员以及负责探放水工作的人员必须亲临现场，根据已批准的设计共同确定探放水钻孔方位、倾角、深度以及钻孔数目。

3. 探放水钻孔的布置和超前距离，应根据水压大小、煤（岩）层厚度和硬度以及安全措施等，在探放水设计中作出具体规定。探放老空积水最小超前水平钻距不得小于 30 m，止水套管长度不得小于 10 m。

第三百二十条　在预计水压大于 0.1 MPa 的地点探放水时，应当预先固结套管，在套管口安装控制闸阀，进行耐压试验。套管长度应当在探放水设计中规定。预先开掘安全躲避硐室，制定避灾路线等安全措施，并使每个作业人员了解和掌握。

【条文解释】　本条是对探放水钻孔安装承压套管和避灾的规定。

为确保探放水钻孔出水后孔口管在钻孔出水后不被冲出，同时能有效控制放水量，防止排水能力不足而放水孔又不能有效控制而影响矿井安全，确保安全，在预计水压大于 0.1 MPa的地点探水时，都应当预先固结孔口承压套管和安装闸阀。

目前一般采用的是双层套管，考虑钻孔出水会影响套管的下放，因此外层套管长度一般较短，尽可能下在无水段。

1. 探放水钻孔承压套管长度的确定

孔口承压套管在岩层中的长度，应当在探放水设计中规定，必须根据预计的水压大小和岩石抗压强度等因素来确定。应遵守下列规定：

水压/MPa	长度/m
<1.0	>5
1.0~2.0	>10
2.0~3.0	>15
>3.0	>20

2. 孔口承压套管的固定方法

（1）钻孔开孔：开孔孔位应选择在岩层比较坚硬、完整的地方。开孔直径应比孔口管的外径大 15~30 mm。钻进到预定深度后，停班钻进，将孔内的岩粉冲洗干净。

（2）固定孔口承压套管时，应遵守下列规定：

① 下斜孔孔口承压套管的固定方法。先向孔内灌入水泥砂浆，水泥砂浆凝固前，将孔口管（管的下端用木塞堵住）压入孔内，把孔内的水泥砂浆挤到孔壁与孔口套之间的空隙，使水泥砂浆挤出孔口，把孔口管压到底，待水泥砂浆凝固 7 h 后，扫孔至孔底，并向下钻进 0.3~0.5 m，再进行压水耐压试验。试验的压力不得小于设计水压，稳压时间必须至少保持 0.5 h。孔口周围不漏水，孔口承压套管牢固不活动，即表明孔口管的固定工作完成；否则，必须重新注浆固定。

② 水平或上斜孔的孔口承压套管固定方法。首先将固定架焊在孔口管底端，再将孔口管下入孔内，临时固定住孔口管，不使其滑落。再用水泥与水玻璃的混合物封堵孔口管与孔壁之间的外口空隙，在封堵孔口时，埋设 1 个小径管作为放气眼，小径管应高出孔底位置。封堵孔口的水泥与水玻璃的混合物凝固后，再用泥浆泵从孔口管内压入水泥浆，使孔口管与孔壁之间充满水泥浆。开始时从小径管口出气，直到小径管口冒气，证明已注满浆。水泥浆凝固 7 h 后，立即进行扫孔，扫到孔底，再进行压水耐压试验，压水耐压试验方法与下斜孔的方法相同。

3. 安全措施

因为预计水压大于 0.1 MPa，进行探水时可能会发生透水事故，为了保证探水作业人员的安全，预先开掘安全躲避硐，制定避灾路线等安全措施，并使每个作业人员了解和掌握，即使出现意外，探水作业人员也能顺利撤退到安全地点。

第三百二十一条　预计钻孔内水压大于 1.5 MPa 时，应当采用反压和有防喷装置的方法钻进，并制定防止孔口管和煤（岩）壁突然鼓出的措施。

【名词解释】　反压、防喷

反压——给一个与水压反向的作用力。

防喷——防止水、钻杆、孔内碎岩块从钻孔内喷出。

【条文解释】　本条是对探放高压水反压和防喷措施的规定。

在高压水的探放过程中，当钻孔揭露含水层后，水头压力和水量会猛增，若不能有效控制，除直接影响钻进效果外，还特别容易出现高压水喷出或钻具被顶出等伤人事故。因此，在钻孔内水压大于 1.5 MPa 的高压水地区施工探放水钻孔时，钻进和退钻应采用反压和有防喷装置的方法进行钻进和控制钻杆，并制定防止孔口管和煤（岩）壁突然鼓出的措施。

【典型事例】　某煤矿在井下施工探放奥灰高压水钻孔时，由于没采取反压和有防喷装置的措施，曾发生突然出水后钻杆无法控制，顷刻之间被高压水顶出，之后钻杆被顶到巷道，近百米钻杆像面条一样被扭曲成麻花状，险些酿成人身事故。

第三百二十二条　在探放水钻进时，发现煤岩松软、片帮、来压或者钻孔中水压、水量突然增大和顶钻等突（透）水征兆时，应当立即停止钻进，但不得拔出钻杆；现场负责人员应当立即向矿井调度室汇报，撤出所有受水威胁区域的人员，采取安全措施，派专业技术人员监测水情并进行分析，妥善处理。

【条文解释】　本条是对探放水钻进中发现异常情况的规定。

当发现探放水钻进异常情况时处理程序如下：钻进中发现异常情况→停止钻进→向矿井调度室汇报→撤出所有受水威胁区域的人员→采取安全措施→派专业技术人员监测水情进行分析→妥善处理。

人们在与矿井水长期斗争中积累了宝贵的经验，总结了在钻进时接近或揭露强含水体突（透）水的一般征兆。在钻进时，当煤岩出现松软、片帮、来压或钻孔中的水压、水量突然增大以及顶钻等异状时，都说明前方已经接近或揭露了强含水体。当遇到这种异常情况时，如果继续钻进，或将钻杆拔出，极有可能会造成更大的出水难以控制以及钻杆在拔出的过程中被高压水顶出伤人事故，后果不堪设想。因此，必须及时停止钻进，将钻杆固定，严禁移动和起拔，钻机后面严禁站人，以免钻杆伤人。

在钻孔过程中出现出水异常情况时，现场负责人员应当及时将现场的情况向矿调度室汇报。调度室是全矿的指挥中心，调度室接到上报的情况后，可以根据具体情况进行全矿统一调度指挥，包括排水系统的准备撤人路线的确定，以及现场应采取的安全技术措施等。如果发现现场情况危急时，必须立即撤出所有受水害威胁地区的人员，派专业技术人员监测水情，为采取安全措施提供可靠的科学依据，进行处理。

第三百二十三条　探放老空水前，应当首先分析查明老空水体的空间位置、积水范围、积水量和水压等。探放水时，应当撤出探放水点标高以下受水害威胁区域所有人员。放水时，应当监视放水全过程，核对放水量和水压等，直到老空水放完为止，并进行检测验证。

钻探接近老空时，应当安排专职瓦斯检查工或者矿山救护队员在现场值班，随时检查空气成分。如果甲烷或者其他有害气体浓度超过有关规定，应当立即停止钻进，切断电源，撤出人员，并报告矿调度室，及时采取措施进行处理。

【名词解释】　老空水

老空水——采空区、老窑和已经报废井巷内积存的矿井水。

【条文解释】　本条是对探放老空水的规定。

1. 探放老空水的必要性

年代久远的老窑、生产矿井的老空区、矸子窑和废巷等处的积水，均以各种几何形状存在于采掘工作面的周围，特别是目前许多小煤窑在大矿区浅部常年开采，乱采乱掘，有的甚至越界开采，造成许多采空区积聚大量积水，而这些往往又无技术资料可查，所以近几年经常发生大矿区采掘工作面穿透小煤窑遗留的老窑积水造成的透水事故，或各小煤窑互相贯通，一矿透水殃及其他矿的事故。

老空既可形成大片积水区，也可以以各种不规则的形状零星分布，这种水体的水量有时虽然不是很大，一般不致造成淹井，但均属管道流，水量集中，来势迅猛，流动十分迅速，一旦意外接近或接触，就能在短时间内以“有压管道流”的形式突然溃出，具有很大的冲击力和破坏力，水大时可达几万至十几万立方米，可能造成人身伤亡甚至是重大人身伤亡事故。

在矿井生产过程中，不可避免地会遇到老空含水体。在很多情况下，受勘探手段和对客观认识能力的限制，对此掌握得还不是很清楚，不能确保没有水害威胁，这就需要推断出疑问区，采取措施加以防范。其防治的措施主要就是“探”，先探后掘，坚持不探明、不放净不掘进、不回采。

【典型事例】　2004 年 4 月 30 日，内蒙古自治区乌海市某煤矿越界进入季节性河槽下开采，自然涌水量大，矿井南部有多处 A 煤矿二号井 16 号煤层积水老空区。矿长违章指挥工人越界开采，巷道越界 248 m，冒险进入积水老空区下作业。在未采取有效探放水技术措施的情况下，工人在井下西巷掘进工作面爆破时与邻矿的积水老空区打透，导致透水事故发生，造成 13 人死亡、2 人失踪。

2. 探放老空水前必须查明老空积水情况

煤矿的采空区、矸子窖、老巷、废巷等都可能是积水的老空区，虽然这在图纸上有所标注，但由于多数为几年甚至十几年的老图纸，可能不准确，井巷的位置和标高可能有错，甚至有的井巷有可能在图纸中漏填，因此必须核对老图纸，查找有无漏填、错填等情况，其中特别要核实已采区的边界及其最低洼点的位置和标高，核查原有巷道的泄水系统、积水区或积水巷道与其他煤岩巷的相互关系，由积水区延伸的各条巷道的最远点位置和标高，以及查明积水区与可能存在的补给水源的关系，从而确定出可能的积水地区、积水量、水压和影响范围，然后根据资料的可靠程度，外推一定距离作为探水警戒线，进行探水。

老空积水量可按下式估算：

$$Q_{积} = \sum Q_{采} + \sum Q_{巷}$$

$$Q_{采} = KMF/\cos\alpha$$

$$Q_{巷} = WLK$$

式中　$Q_{积}$——相互连通的各积水区总积水量，m^3；

$\sum Q_{采}$——有水力联系的某些(或某几个)煤层采空区积水量之和，m^3；

$\sum Q_{巷}$——与采空区连通的各种巷道积水量之和，m^3；

K——充水系数，一般采空区取0.25～0.5，煤巷取0.5～0.8，岩巷取0.8～1.0；

M——采空区的平均采高或煤厚，m；

F——采空积水区的水平投影面积，m^2；

α——煤层倾角，(°)；

W——积水巷道原有断面面积，m^2；

L——不同断面的巷道长度，m。

采空区充水系数 K 与采煤方法、回采率、煤层倾角、顶底板岩性及其碎胀程度、采后间隔时间等诸因素有关；而巷道充水系数则根据煤巷、岩巷及其成巷时间和维修状况而定。因此，须逐块逐条地选定充水系数，这是积水量预计的关键。

3. 老空积水区必须使用钻机探放水

为了确保安全，探放水要采用专用钻机，由专业人员和专职队伍进行施工。

只准用钻机探放水。在钻透老空区之前要安装好孔口承压套管，以有效控制放水量，而下放孔口承压套管需要一定的孔径且需要注浆固结，这些只有钻机才能解决。

因为煤层及巷道大多数具有坡度或起伏不平，探放水孔只打中老空水体，那么位于钻孔上方的积水可放出，而钻孔下方积水仍存于老空区内。而探放水孔钻入老空水体最底部，就可以将老空水体积水全部疏放彻底干净，避免放水不净遗留后患。

同时，要监视放水全过程，核对放水量和水压等，直到老空水放完为止。

4. 探放老空水时，应当撤出探放水点以下部位受水害威胁区域内的所有人员

由于老空区内的积水量难以确定，且在探放水过程中又极易发生透水事故，造成巷道被淹，又由于发生透水事故时，透水点以下的所有巷道都将被突出的水封住出口，其内的人员根本没有撤出的可能，所以探放水时，位于探水点以下部位的所有工作人员均处于一种高度危险的状态。为了确保矿井的安全生产，杜绝因采取探放水的安全措施而造成的事故，必须撤出探放水点以下部位受水害威胁区域的所有人员。

【典型事例】　2012年4月6日，吉林省吉林市某煤矿明知存在老空积水，没有采取措施治理，急于组织生产，重生产、轻安全。探放水措施不落实，没有执行预测预报、有疑必探、先探后掘、先治后采的规定。缺少安全防范意识，安排人员在受水害威胁区域的下部区域作业，致使发生透水事故后，人员无法撤离，12人被困井下。

5. 探放水时要检查瓦斯或其他有害气体

老空区往往积留有大量的瓦斯和一氧化碳等有毒有害气体，钻孔接近老空，应当设有瓦斯检查工或矿山救护队员在现场值班，检查空气成分。钻孔中发现有毒有害气体喷出浓

度超过有关规定时，应当立即停止钻进，在加强通风的同时，用黄泥、木塞（预先备好）封堵孔口，切断电源，将人员撤到有新鲜风流的地点，并报告矿井调度室，及时采取措施，进行处理。

第三百二十四条 钻孔放水前，应当估计积水量，并根据矿井排水能力和水仓容量，控制放水流量，防止淹井；放水时，应当有专人监测钻孔出水情况，测定水量和水压，做好记录。如果水量突然变化，应当立即报告矿调度室，分析原因，及时处理。

【条文解释】 本条是对钻孔放水的规定。

1. 钻孔放水要控制放水流量。钻孔放水前，应当估计积水量。为了确保矿井安全和生产衔接正常进行，必须根据积水量（静储量和动储量），考虑巷道、矿井实际排水能力和水仓容积，以及生产衔接允许的放水期限（地质和水文地质条件）来设计钻孔放水流量。在放水时，控制好放水流量，做到既满足生产要求又防止淹井。

2. 钻孔放水要测定残存水压。在放水过程中除应当设有专人测定水量外，还应当测定残存水压，直至把水放净，并做好记录。放出的总水量要与预计的积水范围、积水高度和积水量等进行检查验算，避免各种可能发生的假象。

3. 若水量突然变小，有可能是放水钻孔被堵塞，为了确保正常放水，就必须及时处理（如用钻杆透孔），以免再度积水，并立即报告矿调度室。

4. 放水时，应当配专人监测钻孔出水情况，测定水量和水压，做好记录。

5. 如果水量突然变大，应当立即报告矿调度室，分析原因，及时处理。

第三百二十五条 排除井筒和下山的积水及恢复被淹井巷前，应当制定安全措施，防止被水封闭的有毒、有害气体突然涌出。

排水过程中，应当定时观测排水量、水位和观测孔水位，并由矿山救护队随时检查水面上的空气成分，发现有害气体，及时采取措施进行处理。

【条文解释】 本条是对排除积水及恢复被淹井巷时防范有害气体的规定。

1. 编制突水淹井调查报告

恢复被淹井巷前，应当编制突水淹井调查报告。报告应当包括下列主要内容：

（1）突水淹井过程，突水点位置，突水时间，突水形式，水源分析，淹没速度和涌水量变化等。

（2）突水淹没范围，估算积水量。

（3）预计排水中的涌水量。查清淹没前井巷各个部分的涌水量，推算突水点的最大涌水量和稳定涌水量，预计恢复中各不同标高段的涌水量，并设计恢复过程中排水量曲线。

（4）提供分析突水原因用的有关水文地质点（孔、井、泉）的动态资料和曲线，水文地质平面图、剖面图、矿井充水性图和水化学资料等。

2. 排除积水及恢复被淹井巷时防范有害气体

井筒、井巷被淹后往往使通风被中断，从而造成有害气体积存，盲目进行供电、排水或人员进入，将可能使人窒息，或者因电气设备产生的火花引发瓦斯爆炸。所以，排除井筒和下山的积水及恢复被淹井巷前，应当制定防止被水封住的有害气体突然涌出的安全措施，并应当有矿山救护队检查水面上的空气成分。

排水过程中，发现有害气体，应及时进行处理。加大通风冲淡有害气体；如果加大通风后有害气体浓度仍然超过规定，必须由矿山救护队采取专门措施排除有害气体。

3. 排水过程中，应当定时观测排水量、水位和观测孔水位

应当设有专人跟班定时测定涌水量和下降水面高程，并做好记录；观察记录恢复后井巷的冒顶、片帮和淋水等情况；观察记录突水点的具体位置、涌水量和水温等，并作突水点素描；定时对地面观测孔、井、泉等水文地质点进行动态观测，观察地面有无塌陷、裂缝现象等。

4. 矿井恢复

矿井恢复后，应当全面整理淹没和恢复 2 个过程的图纸和资料，确定突水原因，提出避免发生重复事故的措施意见，并总结排水恢复中水文地质工作的经验和教训。

【典型事例】　某日，湖南省某公司救护队 3 名队员，在戴机（佩用氧气呼吸器）处理某矿井西 2102 备用工作面回风巷积水处的水泵故障后，排除积水过程中，由于火区有毒有害气体大量涌出，造成 1 名队员中毒死亡和 1 名技术员严重中毒的恶性事故。

第八章 爆炸物品和井下爆破

第一节 爆炸物品贮存

第三百二十六条 爆炸物品的贮存，永久性地面爆炸物品库建筑结构（包括永久性埋入式库房）及各种防护措施，总库区的内、外部安全距离等，必须遵守国家有关规定。

井上、下接触爆炸物品的人员，必须穿棉布或者抗静电衣服。

【名词解释】 爆炸物品、永久性爆炸物品库

爆炸物品——炸药与起爆材料的总称。

永久性爆炸物品库——使用期限在2年以上的爆炸物品库。

【条文解释】 本条是对爆炸物品贮存及接触爆炸物品人员穿衣服的规定。

1. 爆炸物品的贮存

爆炸物品的贮存应保证煤矿连续生产的需要，满足发放和清退方便的要求；应加强管理，防止丢失、被盗、损坏、自燃、变质等。对爆炸物品的贮存的特殊要求，主要是对爆炸物品库的安全管理。

2. 爆炸物品库的类型

爆炸物品库按地点可分为地面爆炸物品库和井下爆炸物品库2种。地面爆炸物品库按其性质可分为地面材料总库、地面材料分库及地面临时爆炸物品库3种。井下爆炸物品库可分为正规爆炸物品库和爆炸物品发放硐室2种。

地面爆炸物品总库对地面爆炸物品分库或地面临时爆炸物品库及井工爆炸物品库供应爆炸物品，禁止从地面总库将爆炸物品直接发给爆破工。

地面爆炸物品分库，可将爆炸物品供应地面临时爆炸物品库和井下爆炸物品库，也可将爆炸物品直接发给爆破工。

3. 地面爆炸物品库的建筑结构及要求

地面爆炸物品库必须选择在人烟稀少的空旷地带或地形隐蔽的地带，库房的建筑安全等级、周围的安全距离、主要安全防护设施必须符合国家颁布的各项有关规定，并经地方公安机关检查验收颁发贮存许可证后方可使用，并随时接受公安机关的监督检查。同时，必须设有防雷电装置及消防设施；库区内不得种植针叶树，可种阔叶树。

库房建筑结构的规定：

（1）爆炸物品库应为平房；房屋宜为钢筋混凝土梁柱承重，墙体应坚固、严密和隔热，屋顶宜用钢筋混凝土结构，如果用木屋顶，必须经防火处理。贮有黑火药和硝化甘油类炸药的库房，必须采用轻型屋顶。

（2）爆炸物品库的门应为2层，向外开，外层门应为铁皮包面的耐火门，里层应为栅栏门，不应采用吊门、侧拉门、弹簧门，不应设门槛。贮存雷管和硝化甘油类的房屋，应

用金属丝网门，且门到库内任何一点的距离不得大于 15 m，门的宽度不得小于 1.4 m，高度不得低于 2.1 m，门的外面要设有套间，并有装卸雨搭，套间（外门斗）的面积不得小于 6 m^2，开启的方向应和疏散方向一致。

（3）爆炸物品库的安全口不得少于 2 个。

（4）爆炸物品库应具有足够的采光通风窗，且能开启，采光比应为 1/25～1/30。窗门为 3 层，外层应为包铁皮的板窗门，里层为玻璃窗门，中层为铁栲门，采光窗台距地板高度不小于 1.8 m。地板下设金属网通风窗，向阳面的窗户玻璃要涂上白漆或用磨砂玻璃。

（5）爆炸物品库内净高不得低于 3 m，炎热地区不得低于 3.5 m。

（6）爆炸物品库地面应平整、坚实、无裂缝、防潮、防腐蚀，不得有铁器之类的东西表露于外，应采用不发生火花的地板。雷管库的地面应铺设能导除静电的绝缘轮垫。

（7）地面爆炸物品库必须有发放爆炸物品的专用套间或单独房间，并铺有导电的软质垫层。

4. 地面爆炸物品库的内、外安全距离的规定

地面爆炸物品库的内部安全距离，是指爆破物品库区内各个库之间允许的最小距离，也叫单个药库之间的内部安全距离。其目的是，一旦某单个药库发生爆炸不致引起相邻药库爆炸。爆炸物品库的内部安全距离必须按其危险等级和存药量计算，并取其最大值。

在 A 级建筑物中，根据贮存的危险品 TNT 冲击波压力当量值的不同分为 A_1、A_2、A_3 三级，A 级（A_1、A_2、A_3）爆炸物品库与其邻近爆炸物品库的内部安全距离见表 3-8-1、表 3-8-2 和表 3-8-3。

表 3-8-1　A_1 级仓库与其邻近危险品仓库的允许最小距离　　m

名称	单个仓库存药量/kg					
	>30 000 ≤50 000	>20 000 ≤30 000	>10 000 ≤20 000	>5 000 ≤10 000	>2 000 ≤5 000	≤2 000
黑索金、铵梯黑炸药 黑梯药柱	80	70	60	50	40	35
胶质炸药			80	70	50	35

表 3-8-2　A_2 级仓库与其邻近危险品仓库的允许最小距离　　m

名称	单个仓库存药量/kg						
	>100 000 ≤150 000	>50 000 ≤100 000	>30 000 ≤50 000	>10 000 ≤30 000	>5 000 ≤10 000	≤2 000 ≤5 000	≤2 000
TNT 若味酸	50	45	35	30	20	20	20
雷管、导爆管、 非电导爆系统				70	50	40	35

注：当采用最小距离 20 m 时，两仓库之间设置防护土堤；满足构造要求有困难时，可设置 1 道防护土堤。

地面爆炸物品库的外部安全距离，是指爆炸物品库区与其外围的村庄、公路铁路、城镇和本库生活区等之间的最小距离。规定这一安全距离的目的是一旦药库发生爆炸，将爆

炸冲击波、飞石及有害气体对周围建筑物或环境破坏影响的程度限制在允许范围内。

表 3-8-3 A_3 级仓库与其邻近危险品仓库的允许最小距离 m

名称	单个仓库存药量/kg					
	>150 000 ≤200 000	>100 000 ≤150 000	>50 000 ≤100 000	>30 000 ≤50 000	>10 000 ≤30 000	≤10 000
粉状铵梯炸药、铵油炸药、多孔粒状铵油炸药、铵松蜡炸药、铵沥蜡炸药、水胶炸药、浆状炸药、乳化炸药、黑火药	50	45	40	30	25	20

注：当采用最小距离 20 m 时，两仓库之间设置防护土堤；满足构造要求有困难时，可设置 1 道防护土堤。

由于库区内各爆炸物品库的危险等级和存药量不尽相同，所要求的外部安全距离也不一样；因此，在确定库区的外部安全距离时，应分别按库区单个库的危险等级和存药量计算，然后取其最大值。

爆炸物品库 A 级药库的外部安全距离见表 3-8-4。

为了保证地面爆炸物品库内部和外部安全，必须采取各种安全防护措施，如建立防护土堤，对库内供电、照明、避雷、通信、消防及安全保卫提出明确的安全规定和要求等，并必须遵守国家有关规定。

5. 其他要求

由于穿化纤衣服容易摩擦产生静电，经测定其静电电位可达 10~30 kV，且不易流失，而电雷管的耐静电电位为 10~30 kV。所以，穿着化纤衣服进行操作，化纤衣服经摩擦很容易产生超过 10~30 kV 的静电电能，会引起雷管爆炸，或引发爆炸物品意外爆炸。同时化纤衣服容易着火，着火后收缩很快粘着皮肤脱不下来，很容易烧伤身体。因此，井上、下接触爆炸物品的人员严禁穿化纤衣服，必须穿棉布或抗静电衣服。

第三百二十七条 建有爆炸物品制造厂的矿区总库，所有库房贮存各种炸药的总容量不得超过该厂 1 个月生产量，雷管的总容量不得超过 3 个月生产量。没有爆炸物品制造厂的矿区总库，所有库房贮存各种炸药的总容量不得超过由该库所供应的矿井 2 个月的计划需要量，雷管的总容量不得超过 6 个月的计划需要量。单个库房的最大容量：炸药不得超过 200 t，雷管不得超过 500 万发。

地面分库所有库房贮存爆炸物品的总容量：炸药不得超过 75 t，雷管不得超过 25 万发。单个库房的炸药最大容量不得超过 25 t。地面分库贮存各种爆炸物品的数量，不得超过由该库所供应矿井 3 个月的计划需要量。

【条文解释】 本条是对地面各类爆炸物品库炸药与雷管最大容量的规定。

具体见表 3-8-5。

表 3-8-4　爆炸物品库 A 级药库的外部安全距离

项目	单个仓库存药量/kg													
	>180 000 ≤200 000	>160 000 ≤180 000	>140 000 ≤160 000	>120 000 ≤140 000	>100 000 ≤120 000	>90 000 ≤100 000	>80 000 ≤90 000	>70 000 ≤80 000	>60 000 ≤70 000	>50 000 ≤60 000	>45 000 ≤50 000	>40 000 ≤45 000	>35 000 ≤40 000	>30 000 ≤35 000
本厂生活区建筑物边缘、村庄边缘、铁路车站边缘、区域变电站的围墙和小型工厂的围墙	1 110	1 070	1 030	980	930	880	850	820	780	740	700	760	650	620
本厂危险品生产区建筑物边缘、零散住户边缘（一般≤10 户或≤50 人）	720	700	670	640	610	470	550	530	510	480	460	440	420	400
县以上公路、通航汽轮的河流航道、非本厂的铁路专用线	500	490	470	450	420	400	390	370	360	340	320	310	300	280
高压输电线路、110 kV 输电线路、35 kV 输电线路	720 390	700 380	670 360	640 340	610 330	570 310	550 300	530 290	510 270	480 260	460 250	440 240	420 230	400 220
国家铁路	830	800	770	740	700	660	640	620	590	560	530	500	480	470
人口在 10 万人以下的城镇规划边缘及大、中型工厂企业的围墙	2 000	1 930	1 850	1 760	1 680	1 580	1 530	1 480	1 400	1 330	1 260	1 210	1 170	1 120
人口大于 10 万人的城市规划边缘	3 890	3 750	3 610	3 430	3 260	3 080	2 980	2 870	2 730	2 590	2 450	2 350	2 280	2 170

续表 3-8-4

项目	单个仓库存药量/kg													
	>180 000 ≤200 000	>160 000 ≤180 000	>140 000 ≤160 000	>120 000 ≤140 000	>100 000 ≤120 000	>90 000 ≤100 000	>80 000 ≤90 000	>70 000 ≤80 000	>60 000 ≤70 000	>50 000 ≤60 000	>45 000 ≤50 000	>40 000 ≤45 000	>35 000 ≤40 000	>30 000 ≤35 000
本厂生活区建筑物边缘、村庄边缘、铁路车站边缘、区域变电站的围墙和小型工厂的围墙	590	550	520	500	480	460	430	410	400	380	360	350	330	250
本厂危险品生产区建筑物边缘、零散住户边缘(一般≤10户或≤50人)	380	360	340	330	310	300	280	270	260	250	240	230	220	200
县以上公路、通航汽轮的河流航道、非本厂的铁路专用线	270	250	240	230	220	210	200	190	180	170	160	150	140	110
高压输电线路、110 kV 输电线路、35 kV 输电线路	380 110	360 190	340 180	330 175	310 170	300 160	280 150	270 145	260 140	250 135	240 130	230 120	220 115	160 110
国家铁路	440	410	390	380	360	350	320	310	300	290	270	260	250	180
人口在 10 万人以下的城镇规划边缘及大、中型工厂企业的围墙	1 000	990	940	900	860	830	770	740	720	680	650	630	590	430
人口大于 10 万人的城镇规划边缘	2 070	1 930	1 820	1 750	1 680	1 610	1 510	1 440	1 400	1 330	1 260	1 230	1 160	830

注：本表中距离适用于平坦地形。当仓库紧靠山脚布置，与山背后建筑物之间的距离符合下列条件时，表中距离可按规定减少：

（1）当存药量小于 20 000 kg，山高 20～30 m，山的坡度 15°～20°时，可减少 25%～30%；

（2）当存药量为 20 000～50 000 kg，山高 30～50 m，山的坡度 25°～30°时，可减少 20%～25%；

（3）当存药量大于 50 000kg，山高大于 50 m，山的坡度大于 30°，可减少 15%～20%。

表 3-8-5　地面爆炸物品库贮存量的规定

爆炸物品库种类		最大贮存量	
		炸　药	雷　管
矿区总库	1. 建有爆炸材料厂的总库	不得超过该厂 1 个月生产量	不得超过该厂 3 个月生产量
	2. 没有爆炸材料厂的总库	不得超过该总库所供应矿井的 2 个月计划需用量	不得超过该总库所供应矿井的 6 个月计划需要量
	3. 总库内单个库房	不得超过 200 t	不得超过 500 万发
地面爆炸物品分库		不得超过 75 t，并不得超过该分库供应矿井的 3 个月计划需用量	不得超过 25 万发，并不得超过该分库所供应矿井的 3 个月计划需用量
分库单个库房		不得超过 25 t	不得超过 10 万发

【典型事例】　2006 年 11 月 12 日，山西省晋中市某煤矿井下爆炸品材料库违规存放 5.2 t 化学性质不稳定、易自燃的含有氯酸盐的铵油炸药，由于库内积水潮湿、通风不良，加剧了炸药中氯酸盐与硝酸铵分解放热反应，热量不断积聚导致炸药自燃，并引起库内煤炭和木支护材料燃烧。此次事故造成 34 人死亡，直接经济损失 727 万元。

第三百二十八条　开凿平硐或利用已有平硐作为爆炸物品库时，必须遵守下列规定：

（一）硐口必须装有向外开启的 2 道门，由外往里第一道门为包铁皮的木板门，第二道门为栅栏门。

（二）硐口到最近贮存硐室之间的距离超过 15 m 时，必须有 2 个入口。

（三）硐口前必须设置横堤，横堤必须高出硐口 1.5 m，横堤的顶部长度不得小于硐口宽度的 3 倍，顶部厚度不得小于 1 m。横堤的底部长度和厚度，应当根据所用建筑材料的静止角确定。

（四）库房底板必须高于通向爆炸物品库巷道的底板，硐口到库房的巷道坡度为 5‰，并有带盖的排水沟，巷道内可以铺设不延深到硐室内的轨道。

（五）除有运输爆炸物品用的巷道外，还必须有通风巷道（钻眼、探井或者平硐），其入口和通风设备必须设置在围墙以内。

（六）库房必须采用不燃性材料支护。巷道内采用固定式照明时，开关必须设在地面。

（七）爆炸物品库上面覆盖层厚度小于 10 m 时，必须装设防雷电设备。

（八）检查电雷管的工作，必须在爆炸物品贮存硐室外设有安全设施的专用房间或者硐室内进行。

【条文解释】　本条是对平硐作为爆炸物品库的规定。

平硐作为爆炸物品库时硐口的 2 道门都向外开启，硐口至最近贮存硐室之间的距离超过 15 m 时，必须有 2 个入口，这是为发生灾变时便于逃生。由外向里第一道门是耐火门，应是包铁皮的木板门。

永久性硐室（或隧道）式爆炸物品库是建立在岩层或坚固的土层里的，采用平硐与地表连通。平硐长度超过 15 m 时，库房必须有 2 个出口。建在每个出口前面的横堤（土堤）的作用是为了阻挡一旦库房发生爆炸所产生的爆炸冲击波从出口冲出，直接冲击横堤，使其压缩，冲穿土堤直接吸收入射冲击波的能量，以削弱爆炸冲击波对外界的破坏作用。

横堤的几何尺寸是依据《爆破安全规程》规定设计的，其坡度应依据不同土质材料确定，边坡应稳定。横堤设计必须高出硐口 1.5 m，顶部长度不得小于硐口宽度的 3 倍，顶部厚度不得小于 1 m。横堤的底部长度和厚度，应根据建筑材料的静止角确定，均是为了能够瞬间较全面地覆盖冲出硐口的爆炸冲击波，导致波压衰减的目的。

为了防排水，库房底板必须高于通向爆炸物品库的巷道的底板，硐口到库房的巷道坡度为 5‰，并应有带盖的排水沟。

为了便于运输，巷道内可铺设轨道。但库内不准铺设轨道。一方面是为防止杂散电流从轨道无规律地流入道床和库房周围的岩石，引发电雷管爆炸；另一方面是为防止轨道与车轮摩擦产生火花以及高感度材料特别是起爆材料掉落在轨道后撞击而引发爆炸。

库房内除有运输爆炸物品用的巷道外，还必须有通风巷道（钻眼、探井或平硐），其入口和通风设备必须设置在围墙以内。其作用一是平时给库内工作人员提供新鲜空气，排除与稀释炸药分解出来的有害气体，降低库内温度；二是一旦库内爆炸物品发生爆炸时，能把爆炸冲击波、爆生气体在库内衰减其能量后，由排风道引出库外，以减少对库外巷道或建筑物的破坏；三是一旦库外发生火灾时，可将库房入口关闭，而围墙内的通风设备可照常维持库内的正常通风。

为了防火，库房必须采用不燃性材料支护。

地面硐室或爆炸物品库的照明允许设固定式照明，但只准采用矿用防爆型（矿用增安型除外）的照明设备。灯泡要用带铁丝网的玻璃罩保护，电线应用阻燃型电缆，电源开关和保险器应设在库房外面；其目的是为防止库内照明设备发生故障，因检修打开保险器或电源开关时，能保障库房的安全，避免因产生电火花而引发爆炸的可能性。采用移动式照明时，只准使用安全手电筒、汽油安全灯，禁止使用电网供电的移动手提灯。

【典型事例】　2010 年 6 月 21 日，河南省平顶山市某煤矿井下违法违规私存炸药。按规定该矿不应购置使用炸药，但在井下违规储存炸药量高达 2 t 多，且存储在不具备储存火工品条件的巷道中。存储点无独立回风系统，致使发生爆炸后大量有毒有害气体扩散到井下其他巷道，导致现场作业人员中毒窒息死亡，造成事故扩大，共造成 49 人遇难，26 人受伤（其中 7 人重伤）。

在避雷电方面应遵守以下规定：

1. 爆炸物品库上覆层厚度小于 10 m 时，必须设有防雷电感应装置、防静电积聚装置和电气设备保护接地装置。一般采取装设避雷器、安装雷电报警仪等措施。

2. 在贮存电雷管、黑索金、TNT 炸药的库房，必须设备二次防雷装置。

电雷管的导通检查工作，必须在专用的单间室内进行。工作室内要有单独的工作台、导通表和防爆筒。导通的桌子上必须铺有导静电的半导体橡胶板，操作者胸前设护心板和其他安全设施。

导通检查时，操作台上只能存放 100 发雷管，导通室内雷管的存放量不能超过 1 000 发，以防止导通检查时因操作不当而发生事故。例如，瞬发电雷管的桥丝是插入雷管起爆药柱内的，延期电雷管桥丝的周围则有 1 个引火药头，它们都是摩擦感度极高的药剂，因操作不当就会因管体内壁的强烈摩擦而着火，导致雷管爆炸，而引发连锁反应，可能造成重大的爆炸事故。库内设置专用的检查硐室，就是将爆炸破坏影响控制在局部最小的范围内。

第三百二十九条 各种爆炸物品的每一品种都应当专库贮存；当条件限制时，按国家有关同库贮存的规定贮存。

存放爆炸物品的木架每格只准放 1 层爆炸物品箱。

【条文解释】 本条是对爆炸物品专库贮存和同库贮存的规定。

依据《爆破安全规程》规定，各种爆炸物品同库存放的规定见表 3-8-6。

不同性质的炸药由于其感度和安定性不同，它们的危险程度也各异。如果将不同性质的炸药贮存在一起，则感度低、安全性高的炸药危险性就会增加。由于雷管内装有起爆药，其感度高，一旦被撞击、摩擦、挤压等，就会发生爆炸，因此如果把雷管与炸药放在一起，则雷管爆炸后，势必引起炸药爆炸，使爆炸事故扩大。所以，各种品种的爆炸物品不能同库贮存、同车运输，而应专库贮存。

在特殊情况下，经矿务局总工程师批准，在同一库房内可贮存 2 种以上的爆炸物品，但必须符合国家的有关同库贮存的规定：

1. 库房里要用不燃性材料砌隔墙，隔墙的厚度不得小于 24 cm，各种不同的爆炸物品贮存在不同的隔间内，各隔间内要有带单独出口的套间。

2. 库房内各种炸药的总贮存量不得超过 1 万 t，雷管箱必须放置在靠墙的架子上。

3. 雷管和炸药要在不同的套间内发放。

存放爆炸物品的木架每格只准放 1 层爆炸物品箱。

第三百三十条 地面爆炸物品库必须有发放爆炸物品的专用套间或者单独房间。分库的炸药发放套间内，可临时保存爆破工的空爆炸物品箱与发爆器。在分库的雷管发放套间内发放雷管时，必须在铺有导电的软质垫层并有边缘突起的桌子上进行。

【条文解释】 本条是对地面爆炸物品库专库贮存的规定。

直接发放炸药、雷管的地面爆炸物品库必须有专用套间或者单独房间，不准兼用。为了减轻爆破工的劳动，在分库的炸药发放间内，可临时保存爆破工的空爆炸物品箱与发爆器。为了防止发放时因摩擦产生的静电引爆电雷管，在发放雷管的桌上应铺有导电的软质垫层，如橡胶板，板下与地下金属网接地；为了防止雷管从桌子上掉落，桌子的边缘应突起，起阻挡作用。

【典型事例】 2010 年 5 月 29 日，湖南省郴州市某煤矿主平硐以里约 150 m 处的简易爆炸材料硐室内存放的炸药发生燃烧与爆炸，产生大量有毒有害气体，导致井下作业人员中毒 17 人死亡、1 人受伤。

第三百三十一条 井下爆炸物品库应当采用硐室式、壁槽式或者含壁槽的硐室式。

爆炸物品必须贮存在硐室或者壁槽内，硐室之间或者壁槽之间的距离，必须符合爆炸物品安全距离的规定。

井下爆炸物品库应当包括库房、辅助硐室和通向库房的巷道。辅助硐室中，应当有检查电雷管全电阻、发放炸药以及保存爆破工空爆炸物品箱等的专用硐室。

表 3-8-6 各种爆炸物品同库存放的规定

危险品名称	黑索金	梯恩梯	硝铵类炸药	胶质炸药	水胶炸药	浆状炸药	乳化炸药	苦味酸	黑火药	二硝基重氮酚	导爆索	电雷管	火雷管	导火管	非电导爆系统
黑索金	+	+	+	−	+	+	−	+	−	−	+	−	−	+	−
梯恩梯	+	+	+	−	+	+	−	+	−	−	+	−	−	+	−
硝铵类炸药	+	+	+	−	+	+	−	−	−	−	+	−	−	+	−
胶质炸药	−	−	−	+	−	−	−	−	−	−	−	−	−	−	−
水胶炸药	+	+	+	−	+	+	−	−	−	−	+	−	−	+	−
浆状炸药	+	+	+	−	+	+	−	−	−	−	+	−	−	+	−
乳化炸药	−	−	−	−	−	−	+	−	−	−	−	−	−	−	−
苦味酸	+	+	−	−	−	−	−	+	−	−	+	−	−	+	−
黑火药	−	−	−	−	−	−	−	−	+	−	−	−	−	−	−
二硝基重氮酚	−	−	−	−	−	−	−	−	−	+	−	−	−	−	−
导爆索	+	+	+	−	+	+	−	+	−	−	+	−	−	+	−
电雷管	−	−	−	−	−	−	−	−	−	−	−	+	+	−	−
火雷管	−	−	−	−	−	−	−	−	−	−	−	+	+	−	+
非电导爆系统	−	−	−	−	−	−	−	−	−	−	−	−	+	−	+

注：(1)“+”号表示横行的爆破材料与竖行的爆破材料二者间可同库存放；“−”号则表示不可同库存放。

(2) 当库房内存放 2 种以上爆破材料时，其中任何 2 种爆破材料均应能满足同库存放的要求。

(3) 硝铵类炸药包括硝铵炸药、铵油炸药、铵松蜡炸药、铵沥蜡炸药、多孔粒状炸药、铵梯黑炸药。

【条文解释】 本条是对井下爆炸物品库布置类型与结构的规定。

井下爆炸物品库的布置类型，有硐室式、壁槽式和含壁槽的硐室式 3 种。井下爆炸物品库的布置结构由库房、辅助硐室和通向库房的通道组成。

库房内的硐室和壁槽分别用于贮存各类炸药、电雷管和其他起爆材料。辅助硐室包括电雷管全电阻检查、发放炸药、电雷管编号、保存爆破工的空爆炸物品箱和发爆器等专用硐室。通向库房的巷道，包括 2 个出口和 1 条回风道。

库内硐室之间或壁槽之间的距离，是在额定贮存量的前提下，按照爆炸物品的殉爆安全距离的规定计算出来的。一旦其中一个硐室或壁槽里的炸药或雷管爆炸，不会引起相邻硐室或壁槽内的炸药、雷管殉爆。爆炸物品殉爆安全距离可按下列经验公式计算：

$$R = K_1 Q^{1/2}$$

$$R = K_2 N^{1/2}$$

$$R = K_3 Q^{1/2}$$

式中 R——殉爆安全距离，m；

Q——硐室或壁槽允许的最大炸药贮存量，kg；

N——硐室或壁槽贮存的电雷管数量，个；

K_1——贮存炸药的计算系数，硝铵炸药一般取 0. 25；

K_2——贮存电雷管的计算系数，一般取 0. 06；

K_3——贮存电雷管与炸药的计算系数，一般取 0. 1。

计算出的 R 值，取其中最大值即为殉爆安全距离。

贮存煤矿许用导爆索的硐室或壁槽之间的殉爆安全距离与贮存电雷管的硐室之间或壁槽之间的殉爆安全距离计算方法相同，长 1 m 的煤矿许用导爆索按相当于 10 个电雷管计算。

井下爆炸物品库严禁未经批准就私自建造，严禁购买、贮存和使用黑火药；否则，将酿成重大灾害事故和触犯刑律。

【典型事例】 某煤矿未经批准，承包人私自在井下建造爆炸物品库；违法购买、贮存、使用国家明令禁止在煤矿使用的黑火药，在井下使用明火引爆黑火药；爆炸物品的使用管理混乱，在库门前摊放、包装炸药，黑火药撒落严重，曾发生黑火药燃烧事故却未引起重视，库内用明电照明；生产管理混乱，各项规章制度形同虚设，井下工人吸烟和点火取暖等违章现象严重。某日，该爆炸物品库发生炸药爆炸事故，死亡 16 人，经济损失巨大。

第三百三十二条 井下爆炸物品库的布置必须符合下列要求：

（一）库房距井筒、井底车场、主要运输巷道、主要硐室以及影响全矿井或者一翼通风的风门的法线距离：硐室式不得小于 100 m，壁槽式不得小于 60 m。

（二）库房距行人巷道的法线距离：硐室式不得小于 35 m，壁槽式不得小于 20 m。

（三）库房距地面或者上下巷道的法线距离：硐室式不得小于 30 m，壁槽式不得小于 15 m。

（四）库房与外部巷道之间，必须用 3 条相互垂直的连通巷道相连。连通巷道的相交处必须延长 2 m，断面积不得小于 4 m^2，在连通巷道尽头还必须设置缓冲砂箱隔墙，不得将连通巷道的延长段兼作辅助硐室使用。库房两端的通道与库房连接处必须设置齿形阻波墙。

（五）每个爆炸物品库房必须有 2 个出口，一个出口供发放爆炸物品及行人，出口的一端必须装有能自动关闭的抗冲击波活门；另一出口布置在爆炸物品库回风侧，可以铺设轨道运送爆炸物品，该出口与库房连接处必须装有1道常闭的抗冲击波密闭门。

（六）库房地面必须高于外部巷道的地面，库房和通道应设置水沟。

（七）贮存爆炸物品的各硐室、壁槽的间距应当大于殉爆安全距离。

【条文解释】 本条是对井下爆炸物品库布置的有关规定。

为了避免井下爆炸物品库一旦发生爆炸时对邻近井巷、主要风门甚至地面的破坏和伤害，井下爆炸物品库与它们之间必须有一段安全距离。井下爆炸物品库的外部安全距离（法向距离）规定见表3-8-7。

表3-8-7　井下爆炸物品库的外部安全距离　m

被保护对象	硐室式	壁槽式
井筒、井底车场、主要运输巷道、主要硐室、主要风门	≥100	≥60
行人巷道	≥35	≥20
地面或上下巷道	≥30	≥15

一旦井下爆炸物品库发生爆炸，所产生的空气冲击波火焰和炮烟有毒有害气体具有非常大的破坏力和杀伤力，必须在库内就充分降低其破坏能量，为此，在库内设置各种防爆安全设施。

壁槽式爆炸物品库结构示意图如图3-8-1所示。

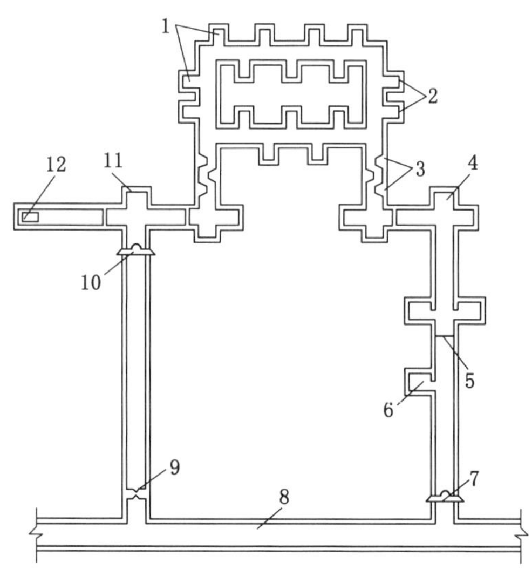

1—贮存炸药的壁槽；2—贮存电雷管的壁槽；3—齿状阻波墙；4—尽头巷道；5—炸药发放室；6—爆破工具贮存及消防硐室；7—抗冲击波活门；8—外部主要运输道；9—栅栏门；10—抗冲击波密闭门；11—雷管检查室；12—回风道通至总回风道的斜巷或暗井。

图3-8-1　壁槽式爆炸物品库

由于爆炸所产生的空气冲击波和浓烟有毒气体在库内向两侧分流，一面冲向回风侧折返 90°，经齿状阻波墙产生部分入射和反射波相互作用而抵消后进入回风道排出；另一面冲向人行通道一侧，经齿状阻波墙和 3 条互成直角的连通巷，衰减后进入尽头巷道，波压以连续 3 个衰减系数为 1.3 的大幅度（表 3-8-8）衰减后，至抗冲击波活门处受阻挡而不能流入外部运输巷道，以保障外部人员和矿井的安全。

表 3-8-8　冲击波通过不同分岔和转弯的衰减程度

分岔和转弯	衰减系数	分岔和转弯	衰减系数
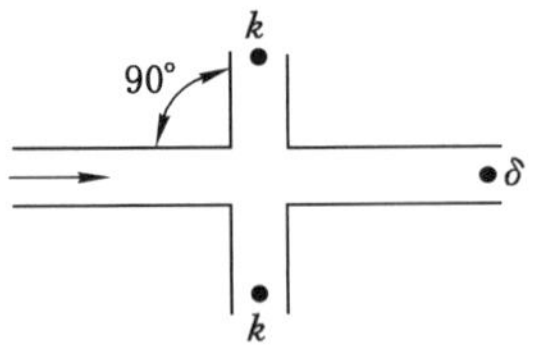 90° k δ k	$k_{xp}=4.4$ $\delta_{xp}=4.4$	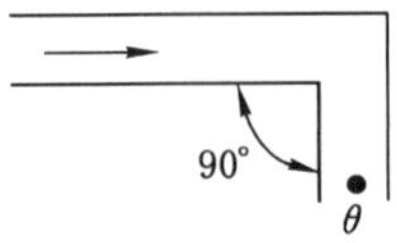 90° θ	$\theta_{90}=1.3$
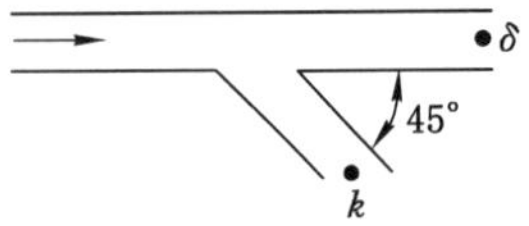 δ 45° k	$k_{45}=2.2$ $\delta_{45}=1.8$	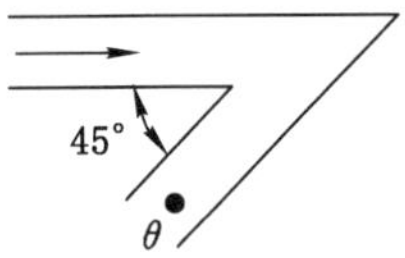 45° θ	$\theta_{45}=1.7$
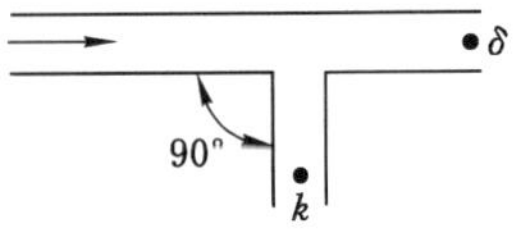 δ 90° k	$k_{90}=2.9$ $\delta_{90}=1.6$	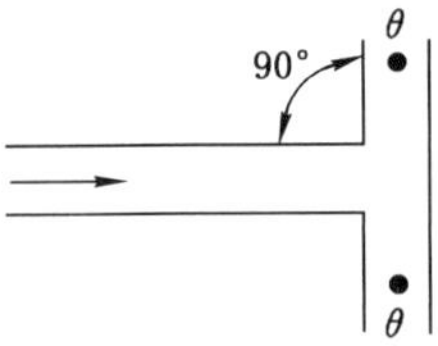 θ 90° θ	$\theta_{90}=2.05$
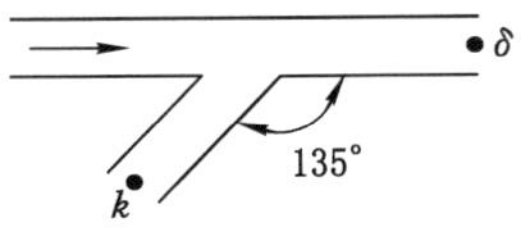 δ k 135°	$k_{135}=5.9$ $\delta_{135}=1.35$	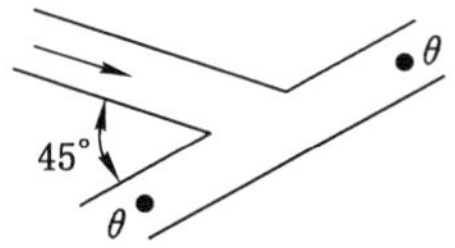 θ 45° θ	$\theta_{45}=7.0$ $\theta_{135}=1.3$
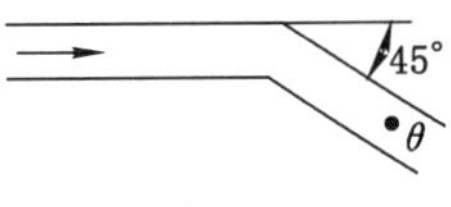 45° θ	$\theta_{45}=1.15$		

尽头巷道内设置缓冲砂箱隔墙，也是为了进一步衰减空气冲击波压力。当冲击波波头首先进入尽头巷道的尽头后，急速折返，与入射波相互碰撞，抵消了一部分能量，衰减了冲击波压力。在尽头巷道内设置砂箱隔墙，起缓冲与吸收冲击波压力的作用。所以，尽头巷道不能作贮存爆炸物品、导通、检查电雷管电阻的硐室之用。

应该说明，尽头巷道端部，若为岩石或混凝土砌筑则为刚性。根据冲击波的传播规律，当波头冲撞的是固定的刚性障碍物时，入射波由于叠加反应的作用，反射波要大于入射波 6~8 倍，此时波头不仅没衰减，反而增加了。所以，在尽头巷道端部设置缓冲砂箱隔墙，直接吸收波头的能量以达到进一步削弱爆炸冲击波压力的目的。

从上述不难看出设置尽头巷道的目的，如果将库内尽头巷道分别兼作各种辅助硐室使用，特别是兼作贮存爆炸物品，或导通检查电雷管的硐室，一旦库内发生爆炸事故，无疑将加重事故的破坏和危险性。

在库房 2 个出口处分别设置能自动关闭的抗冲击波活门和抗冲击波密闭门，其作用是防止冲击波、火焰和有害气体向外部巷道扩散，而由库房回风道进入总（主）回风道排出。同时抗冲击波活门装有 3 组通风孔（每组有 6 个通风孔），平时可起到调节库房风量的作用，发生火灾时可立即关闭，起防火门作用。抗冲击波密闭门则经常关闭，防止库内风流短路。

按规定，防护活门应安装在井下爆炸物品库发放处外侧行人一侧的出口，抗冲击波密闭门设置在库房回风侧出口的一端，此两门通常是关闭的。防护活门的结构特点，主要是在防护门扇的上部装有 3 组通风活门装置，其总通风量为 6 000 m^3/h，每组通风量为 2 000 m^3/h，可供不同容量的井下库房选用，风速是按 8 m/s 的要求进行设计的。通风活门装置的结构在活门底板，开有 3 组共 18 个直径为 12. 2 cm 的通风孔，在其活门板外部（迎着冲击波方向）装有靠自重张开 12°角的活门悬板。当库内一旦发生爆炸，冲击波通过 3 道拐直角弯巷道及延长 2 m 的尽头巷道衰减后的冲击波余压，只要大于 20 kPa 时活门悬板受压，在 3~8 ms 内自动关闭，与外部隔绝，以阻止爆炸冲击波及爆炸所产生的火焰和有毒气体向外部巷道扩散，而由库房回风道进入总回风道排出。

抗冲击波活门和密闭门各装有 1 套手动闭锁和紧急闭锁装置。紧急闭锁装置的作用是在防护活门开启较频繁而门扇未闭锁的情况下，当爆炸冲击波的压力大于 20 kPa 时，瞬间压缩门体周边的空心橡胶密封圈使门扇与门框紧闭。紧急闭锁装置的锁头进入锁心，拨动双片弹簧制动闭锁，以防止门扇受力后反弹。

为保证抗冲击波活门在经常开启的情况下，做到“随手关门”，门体上装有复位弹簧折页，使其自动关闭。只有在受冲击波的压力作用下压缩密封圈后，紧急闭锁装置才起作用，平时仅需手动闭锁。

现行库房防火门因常年敞开（如关闭则库房处于无风状态）而锈蚀，一旦发生火灾则无法使用。为解决这一难题，在每个通风活门悬板一侧均装有搭扣，一旦库房内或外部发生火灾时，即可拨动搭扣固定活门悬板，关闭通风孔与外部隔绝，而作为防火门使用。

防护活门和密闭门的选用，是根据对库房设置防护门处的爆炸冲击波的超压计算，然后再根据每个库房的具体布置条件如贮存形式、库房距外部巷道的安全距离等具体条件，选用有效的抗冲击波的超压能力的各类防护门。

防护门分抗冲击波活门和抗冲击波密闭门 2 种类型。采用抗冲击超压能力为 1 500 kPa 及 2 500 kPa 两种类型：

防护活门： T86-FH1500/918-00

T86-FH2500/918-00

防护密闭门： T86-FM1500/1118-00

T86-FM2500/1118-00

抗冲击波防护门的选用：

1. 井下爆破物品库（硐室式或壁槽式）的设计布置，符合规定的有关安全距离和防护设施（设置 3 条互成直角的连通巷道、2 m 尽头巷道、齿形阻波墙）等要求，并且在库内发放炸药的硐室距设置防护活门的距离不小于 35 m 的条件下，可选用抗力为 1 500 kPa 型的防护活门和密闭门。

2. 井下爆炸物品库（硐室式或壁槽式）的设计布置，符合规定的有关安全距离和防护设施（设置 3 条互成直角的连通巷道、2 m 尽头巷道、齿形阻波墙）等要求，并且在库内发放炸药的硐室距设置防护活门的距离不小于 15 m 的条件下，可选用抗力为 2 500 kPa 型的防护活门和密闭门。

3. 井下爆炸物品发放硐室（站）符合规定的要求，并且炸药发放硐室距设置防护活门的距离不小于 15 m 的条件下，防护活门可选用抗力为 2 500 kPa 型。

防护活门和防护密闭门的加工制造与安装，必须符合部批准的通用标准设计规定要求。“两门”门框墙的砌筑（包括墙体预留排水管、电缆孔及拱端预留通风孔）均应严格按设计规定施工。

为了防排水，库房地面必须高于外部巷道的地面，库房和通道应设置水沟。

贮存爆炸物品的各硐室、壁槽的间距，应大于殉爆安全距离，以防意外爆炸事故发生后进一步扩大爆炸范围，加重灾害损失程度。

第三百三十三条　井下爆炸物品库必须采用砌碹或者用非金属不燃性材料支护，不得渗漏水，并采取防潮措施。爆炸物品库出口两侧的巷道，必须采用砌碹或者用不燃性材料支护，支护长度不得小于 5 m。库房必须备有足够数量的消防器材。

【条文解释】　本条是对井下爆炸物品库的支护和消防器材的规定。

井下爆炸物品库贮存炸药、电雷管和其他起爆材料，都是易爆危险品，都怕火；起爆材料的感度高，怕摩擦、撞击、怕导电；常用的硝铵类炸药怕潮、怕水。因此，井下爆炸物品库的永久支护必须满足坚固耐用、服务年限长、防导电、防火、防渗漏的要求。库房内砌碹或用非金属不燃性材料支护，可满足上述要求。库房出口两旁长度不低于 5 m 的巷道进行砌碹或用不燃性材料支护，可满足坚固耐用、防火的要求，但不得渗漏水，并应采取防潮措施。有的支护型式如金属支架、金属锚杆，虽能满足坚固耐用、防火的要求，但不防渗漏、不防导电，因此在库内不能采用，可在库房出口两旁巷道使用。

井下爆炸物品库必须备有足够的消防器材，如泡沫灭火器、砂箱（袋）、水桶、锹等。消防器材应存放在辅助硐室或巷道的尽头。灭火器材应定期检查，经常保持完好无损。

第三百三十四条　井下爆炸物品库的最大贮存量，不得超过矿井 3 天的炸药需要量和 10 天的电雷管需要量。

井下爆炸物品库的炸药和电雷管必须分开贮存。

每个硐室贮存的炸药量不得超过 2 t，电雷管不得超过 10 天的需要量；每个壁槽贮存的炸药量不得超过 400 kg，电雷管不得超过 2 天的需要量。

库房的发放爆炸物品硐室允许存放当班待发的炸药，最大存放量不得超过 3 箱。

【条文解释】　本条是对井下爆炸物品库最大贮存量的规定。

井下爆炸物品库、每个硐室壁槽及发放硐室的贮存量见表 3-8-9。

表 3-8-9　井下爆炸物品库最大贮存量

库硐类别	炸　药	电　雷　管
全　库	≯该矿 3 天需要量	≯该矿 10 天需要量
每个硐室	≯2 t	≯该矿 10 天需要量
每个壁槽	≯400 kg	≯该矿 2 天需要量
发放硐室	≯3 箱	

由于雷管的摩擦感度高，受到摩擦、撞击、挤压等就会爆炸，并引发炸药爆炸，所以，炸药和雷管不能在一起贮存，必须分开贮存。

井下爆炸物品库发生爆炸的地点多数是在库内发放硐室（处）。由于此处离外部巷道最近，一旦外部巷道发生爆炸燃烧事故，对爆炸物品库的威胁最大。

【典型事例】　某日，辽宁省抚顺矿务局某煤矿西部－280 m 水泵房，因高压配电室二号电容爆炸起火，十几分钟内火头窜至距水泵房仅 48 m 的井下爆炸物品库右门，30 min后，库房前门即被大火包围。由于防火门锈蚀，无法关闭，在高温烟流作用下，离入风大巷不远的爆炸物品发放硐室贮存当班待发的几千发雷管和几箱炸药发生爆炸。可燃物燃烧产生烟和有害气体，采区内工作人员被烟流熏倒、窒息和一氧化碳中毒，死亡 110 人，轻伤 25 人，重伤 6 人。

虽然这起事故不是由爆炸物品和发放硐室引起的，但有三点教训发人深省：一是发放硐室爆炸物品的贮存量，二是发放硐室与外部巷道的安全距离，三是库房与库房口外巷道的支护及其材料，都必须符合规定。

库内发放硐室待发量，是按下述原则确定的：在发放硐室距抗冲击波活门不小于 13 m，硐室内 3 箱计 72 kg 炸药全部爆炸的情况下，其冲击波喷入通道后呈双向 90°转弯再分向两端，其波压初次衰减；通过 13 m 至防护活门后，由于时间和距离的拉长波压再次衰减，其衰减后的余波压力则完全由抗冲击波活门承受，以阻止高温波流、爆炸火焰及有毒气体向外部巷道扩散。

第三百三十五条　在多水平生产的矿井、井下爆炸物品库距爆破工作地点超过 2.5 km的矿井以及井下不设置爆炸物品库的矿井内，可以设爆炸物品发放硐室，并必须遵守下列规定：

（一）发放硐室必须设在独立通风的专用巷道内，距使用的巷道法向距离不得小于 25 m。

（二）发放硐室爆炸物品的贮存量不得超过 1 天的需要量，其中炸药量不得超过 400 kg。

（三）炸药和电雷管必须分开贮存，并用不小于 240 mm 厚的砖墙或混凝土墙隔开。

（四）发放硐室应当有单独的发放间，发放硐室出口处必须设有 1 道能自动关闭的抗冲击波活门。

（五）建井期间的爆炸物品发放硐室必须有独立通风系统。必须制定预防爆炸物品爆炸的安全措施。

（六）管理制度必须与井下爆炸物品库的相同。

【条文解释】　本条是对矿井、井下无爆炸物品库时设立爆炸物品发放硐室的有关规定。

为了满足安全生产的需要，便于运输和人力运送爆炸物品，在多水平生产的矿井内、井下爆炸物品库距爆破地点超过 2.5 km 的矿井内，井下无爆炸物品库的矿井内，可设立爆炸物品发放硐室。

发放硐室爆炸物品的贮存量，既要满足供应区域的需要，更要符合发放硐室时外部巷道安全距离的要求。经验算，规定爆炸物品贮存量不得超过 1 天的供应量，其中炸药量不得超过 400 kg，距外部使用巷道的法向距离不应小于 25 m。

为了避免雷管爆炸而引起炸药爆炸，炸药与电雷管必须分开贮存，并用不小于 240 mm厚的砖墙或混凝土墙隔开。

爆炸物品发放硐室的通风要符合下列要求：

1. 通风系统。发放硐室必须设在有独立风流的专用巷道内，回风风流应引入回风道。因为炸药在贮存期间，在常温、常压下发生分解，分解过程中不产生声、光和火，不易被发现。热分解会使炸药变质、放出一些有害气体和热量，如果这些热量久储不散，将使温度不断升高而加速分解，当温度升高到爆发点，就会转化为燃烧和爆炸。所以，发放硐室必须设在有独立风流的专用巷道内，将回风风流引入回风道，保证发放硐室良好的通风条件，使炸药降温、稀释和排出有害气体。

2. 风量。以井下 0.15 m/s 的最低风速为下限供应风量。

3. 调节功能。必须在其回风系统通道处建立 1 道能自动关闭的抗冲击活门，门上有调节风门，平时调节硐内的风量、风速。一旦发放硐室的爆炸物品发生爆炸时，此抗冲击波活门自动关闭，可阻止爆炸冲击波及爆炸产生的火焰和有毒气体向外部巷道扩散，而引入回风道中。

4. 硐内空气应尽量保持干燥，室内温度控制在 25 ℃，在高温地区不大于 30 ℃。

5. 发放硐室必须制定预防爆炸物品爆炸的安全措施。无论是生产矿井还是在建矿井，当井下无爆炸物品库而设立的爆炸物品发放硐室，必须建立健全管理制度，这些管理制度与井下爆炸物品库的相同。

第三百三十六条　井下爆炸物品库必须采用矿用防爆型（矿用增安型除外）照明设备，照明线必须使用阻燃电缆，电压不得超过 127 V。严禁在贮存爆炸物品的硐室或者壁槽内安设照明设备。

不设固定式照明设备的爆炸物品库，可使用带绝缘套的矿灯。

任何人员不得携带矿灯进入井下爆炸物品库房内。库内照明设备或者线路发生路障时，检修人员可以在库房管理人员的监护下使用带绝缘套的矿灯进入库内工作。

【条文解释】　本条是对井下爆炸物品库照明的规定。

由于井下爆炸物品库的电气照明设备失爆、漏电造成的杂散电流，或因电线短路燃烧起火等原因，极易引起井下爆炸物品库里的电雷管爆炸，并引发炸药爆炸。因此，照明设备必须采用矿用防爆型（矿用增安型除外），照明线必须使用阻燃电缆，电压不得超过127 V。严禁在贮存爆炸物品的硐室或壁槽内安设照明设备。

【典型事例】 某日，某煤矿井下爆炸物品库发放硐室违章使用12盏100 W照明灯泡烘烤炸药，在移动灯泡时不慎将灯头触碰到电雷管，直接引起500发电雷管爆炸，继而引起1.7 t炸药爆炸，死亡47人。

在不设固定式照明设备的爆炸物品库里，可以使用带绝缘套的矿灯。

井下使用的矿灯发生漏电现象是常见的，身背矿灯进入爆炸物品库是一大隐患。

由于携带漏电的矿灯进入井下爆炸物品库内，极容易引起雷管、炸药爆炸，因此规定任何人员不得携带矿灯进入爆炸物品库内。只有在库内照明设备或线路发生故障时，在库房管理人员的监护下，检修人员可使用带绝缘套的矿灯进入库内工作。

【典型事例】 某日，某煤矿-11 m水平一壁槽式爆炸物品库，因2名爆破工身背无绝缘套的矿灯在库内发放硐室附近分抽电雷管，脚线与矿灯相接触引发一束雷管爆炸，相继引爆2人背包中领取的10余千克炸药，当场炸死4人。由于爆炸冲击波波及范围较大，库房外部巷道内有10余人受到冲击波不同程度的伤害。

防止由静电引爆电雷管，造成爆炸物品发生意外爆炸事故，要采取以下防静电措施：

1. 对进入库回风一侧出口的轨道设绝缘段，并认真检查绝缘情况，发现问题及时处理，防止杂散电流流入库内；

2. 库内管理人员不得穿化纤衣服，应穿导除静电的工作服；

3. 库内的电雷管导通室、编号室、发放室的入口处应设置导除静电的门帘；

4. 保护好库内导除静电的线路；

5. 库内设木地板或防静电地板；

6. 认真检查爆炸物品发放台及电雷管导通室的桌子上铺设的导静电橡胶板及板下金属网接地情况。

第三百三十七条 煤矿企业必须建立爆炸物品领退制度和爆炸物品丢失处理办法。

电雷管（包括清退入库的电雷管）在发给爆破工前，必须用电雷管检测仪逐个测试电阻值，并将脚线扭结成短路。

发放的爆炸物品必须是有效期内的合格产品，并且雷管应当严格按同一厂家和同一品种进行发放。

爆炸物品的销毁，必须遵守《民用爆炸物品安全管理条例》。

【条文解释】 本条是对煤矿企业爆炸物品管理制度的规定。

加强对爆炸物品的日常管理是保证矿井安全生产和社会安全的一项重要措施。

煤矿企业必须建立健全以下几项管理制度。

1. 爆炸物品领退制度

(1) 根据本班爆破工作量和消耗定额提出爆炸物品的品种、规格和数量，填写三联单，经班组长审批后盖章。

（2）爆破工携带经班组长签章后的三联单，到爆炸物品库领取爆炸物品。

（3）领取爆炸物品后，必须当时检查品种、规格和数量是否符合，从外观上检查质量和电雷管的编号是否相符。

（4）每次爆破后，爆破工应将使用爆炸物品的品种、数量、爆破工作情况和爆破事故处理情况，填报爆破记录。

（5）爆破工作完成后，爆破工必须将剩余的、不能再使用的爆炸物品及处理拒爆、残爆后未爆的电雷管收集起来，清点无误后，将本班爆破的炮数、爆炸物品使用数量及缴回数量等经班组长签章，缴回爆炸物品库，由发放人员签章。爆破指标三联单由爆破工、班组长及发放人员各保留一份备查。

2. 电雷管编号制度

雷管编号制度就是由爆炸物品库负责在管壳上刻上爆破工的联号，专人专号，发放时登记造册保存备查，以便查找丢失雷管的责任者，也利于增强其责任心。

3. 爆炸物品丢失处理办法

（1）爆破工领取的爆炸物品，不得遗失，不得乱扔乱放，不得转交他人，不得私自销毁、扔弃和挪作他用。

（2）发现爆炸物品丢失、被盗，爆破工应立即报告班组长或向主管部门及公安机关报告。电雷管在制造厂出厂包装前已经做了导通检查，由于雷管经过多次搬运装卸，受多次颠簸，有可能使电雷管点火元件的桥丝脱焊（厂家用手工点焊，有的接触不牢）；或把脚线折断了；或是电雷管超过有效期，或是雷管受潮；特别是清退的雷管，又经过爆破工携带、摩擦、扭折，更会出现桥丝脱焊或脚线折断问题，出现井下爆破时因雷管问题引起拒爆。因此本条规定，电雷管（包括清退入库的电雷管）在发给爆破工前，必须用电雷管检测仪逐个测试电阻值，并将脚线扭结成短路。严禁发放电阻不合格的电雷管。

4. 爆炸物品销毁制度

对已报废的爆炸物品进行销毁，是维护安全的一项重要措施，也是爆炸物品管理和使用部门的一项重要工作。煤矿企业爆炸物品的销毁，必须遵守《民用爆炸物品安全管理条例》。

（1）凡被列入报废范围的爆炸物品，必须由主管部门和保管人员进行登记造册，阐明理由，经有关部门鉴定，确认后方可准予销毁。

（2）报废的炸药和雷管在销毁前，主管部门必须按照申请报废销毁单填写申请报告，包括申请报废销毁的品种、数量、原因、时间、地点、方法、操作人、负责人及安全措施。

（3）报经有关部门审查核实，主管负责人签字同意，并与当地政府的公安机关联系方可进行，每次销毁炸药数量不得超过 50 kg，雷管不得超过 500 发。销毁爆炸物品的操作者，必须是经过培训的持有合格证的人员。有关部门指派现场监护人、警戒人，负责人在场，所有参加人员逐一登记备查。

5. 安全保卫制度

(1) 任何人员进入爆炸物品库，必须凭公安保卫部门签发的证件或开具的证明，并进行登记。

(2) 井工库房不设警卫人员，但库管人员必须严格职守，不能擅自脱岗。

(3) 从地面爆炸物品库向井下爆炸物品库或发放硐室运送爆炸物品时，在整个运输、装卸等项工作中，必须按规定配备武装保卫人员，负责安全保卫工作。

(4) 同爆破器材相关的人员（库管、警卫、押运等）每年必须参加培训，考试合格，持证上岗。

(5) 库管人员、安全检查人员和爆破工，必须将矿灯存放在库外指定地点，方能进入库内。

(6) 定期测定爆炸物品库及附近相关地点的杂散电流。

(7) 经常对爆炸物品库或发放硐室内的抗冲击波活门、防火门进行维护，以保持完好状态。

(8) 接触爆破器材的人员，应穿棉布或抗静电衣服，严禁穿化纤衣服。

(9) 爆炸物品库要按规定设置灭火器、沙箱和水桶等消除器材，灭火器要定期检验，保证完好。

(10) 库内应无鼠，并有防鼠措施。

6. 安全检查制度

(1) 由矿务局爆炸物品管理领导小组每季度进行 1 次安全检查。

(2) 由本单位主管爆炸物品领导组织日常安全自查。

(3) 根据爆炸物品安全管理状况，由当地公安部门、省煤炭管理部门组织不定期安全火工品专项大检查。

安全检查的主要内容有：

① 爆炸物品库安全管理设施的完好和使用情况；

② 爆炸物品库安全技术措施的执行情况；

③ 爆炸物品的各项管理制度的执行情况；

④ 爆炸物品库安全保卫制度的执行情况。

执行上述管理制度，特别是对爆破物品的领退制度和爆炸物品丢失处理办法尤为重要。其目的是防止爆破工私下转手或私自违章处理雷管或防止丢失的炸药、雷管流入社会上造成更大的危害。

第二节　爆炸物品运输

第三百三十八条　在地面运输爆炸物品时，必须遵守《民用爆炸物品安全管理条例》以及有关标准规定。

【条文解释】　本条是对地面运输爆炸物品的规定。

为了加强对民用爆炸物品的安全管理，预防爆炸事故发生，保障公民生命、财产安全和公共安全，中华人民共和国国务院第 466 号令颁发了自 2006 年 9 月 1 日起施行的《民用爆炸物品安全管理条例》。其中第四章“运输”中规定：

1. 运输民用爆炸物品的，应当凭“民用爆炸物品运输许可证”，按照许可的品种、数量运输。

2. 经由道路运输民用爆炸物品的，应当遵守下列规定：

（1）携带“民用爆炸物品运输许可证”；

（2）民用爆炸物品的装载符合国家有关标准和规范，车厢内不得载人；

（3）运输车辆安全技术状况应当符合国家有关安全技术标准的要求，并按照规定悬挂或者安装符合国家标准的易燃易爆危险物品警示标志；

（4）运输民用爆炸物品的车辆应当保持安全车速；

（5）按照规定的路线行驶，途中经停应当有专人看守，并远离建筑设施和人口稠密的地方，不得在许可以外的地点经停；

（6）按照安全操作规程装卸民用爆炸物品，并在装卸现场设置警戒，禁止无关人员进入；

（7）出现危险情况立即采取必要的应急处置措施，并报告当地公安机关。

3. 禁止携带民用爆炸物品搭乘公共交通工具或者进入公共场所。

禁止邮寄民用爆炸物品，禁止在托运的货物、行李、包裹、邮件中夹带民用爆炸物品。

【典型事例】　某日，某乡镇煤矿违反《规程》有关地面运输爆炸物品严禁用煤气车、拖拉机、拖车、自翻车等运输的规定，使用四轮拖拉机运送 500 kg 当地生产的炸药，在经过乡间道路时，由于拖拉机强烈的颠簸、震动和摩擦，导致炸药爆炸，炸死 6 人，炸毁道路附近房屋 10 余间。

第三百三十九条　在井筒内运送爆炸物品时，应遵守下列规定：

（一）电雷管和炸药必须分开运送；但在开凿或延深井筒时，符合本规程第三百四十五条规定的，不受此限。

（二）必须事先通知绞车司机和井上、下把钩工。

（三）运送电雷管时，罐笼内只准放置 1 层爆炸物品箱，不得滑动。运送炸药时，爆炸物品箱堆放的高度不得超过罐笼高度的 2/3。采用将装有炸药或电雷管的车辆直接推入罐笼内的方式运送时，车辆必须符合本规程第三百四十条（二）的规定。使用吊桶运送爆炸物品时，必须使用专用箱。

（四）在装有爆炸物品的罐笼或者吊桶内，除爆破工或者护送人员外，不得有其他人员。

（五）罐笼升降速度，运送电雷管时，不得超过 2 m/s；运送其他类爆炸物品时，不得超过 4 m/s。吊桶升降速度，不论运送何种爆炸物品，都不得超过 1 m/s。司机在启动和停绞车时，应当保证罐笼或者吊桶不震动。

（六）在交接班、人员上下井的时间内，严禁运送爆炸物品。

（七）禁止将爆炸物品存放在井口房、井底车场或其他巷道内。

【条文解释】　本条是对井筒内运送爆炸物品的规定。

在把爆炸物品从井口运送到井下爆炸物品库的过程中，井筒内的运送最为关键。在生产矿井运送爆炸物品一般都利用副井，用罐笼提升。副井是用于提升人员、矸石、器材、设备和进风的井筒，提升任务繁忙，人员上下频繁。虽然罐笼的运行比较平稳，但如果在罐笼里爆炸物品箱捆绑不牢、堆箱超高、炸药与雷管在一个容器里混装、提升速度过快等，都可能导致爆炸物品的意外爆炸。

在开凿和延深立井时，利用吊桶把爆炸物品从井口运到井底工作面的，在提升过程中，吊桶要通过封口盘、固定盘、吊盘及稳绳盘等各种盘中狭小的喇叭口和井盖门。如果吊桶提升速度过快或路标不准，就会发生撞翻吊桶、撞翻吊盘或吊桶蹾撞井底工作面等事故；或者吊桶在提升过程中严重摇摆，碰撞稳绳盘或悬吊不直的管路，发生吊桶被刮翻而脱钩坠井事故，不但会造成人员、器材坠井，而且会引发爆炸物品爆炸，造成更大的伤害。

为了防止因雷管爆炸而引起炸药爆炸，炸药和雷管必须分开运送。但在开凿或延深井筒时，起爆药包不是在井底工作面装配的，而是在地面专用房间里装配的，所以只能以装配好的起爆药包运往井底工作面，但严禁起爆药包与炸药在同一吊桶内运往井底工作面。

由于硝化甘油类炸药和电雷管对撞击、摩擦的感度高，所以规定在罐笼内只准放1层爆炸物品箱，不得滑动。运送其他类炸药时，爆炸物品箱堆放的高度不得超过罐笼高度的2/3。

如果将装有炸药或电雷管的车辆直接推入罐笼内运送时，硝化甘油类炸药和电雷管必须装在专用的、带盖的有木质隔板的车厢内，车厢内部应当铺有胶皮或麻袋等软质垫层，并只准放1层爆炸物品箱。其他类炸药箱可以装在矿车内，但堆放高度不得超过矿车上缘。

用罐笼或吊桶运送爆炸物品时，必须事先通知绞车司机和井上下把钩工，使他们分外注意信号和操作，不准超速运行，做到平稳启动和停车，防止发生碰撞和蹾罐事故。

为了避免拥挤和碰撞，在运送爆炸物品的罐笼或吊桶内，只能有爆破工和护送人员，不得有其他人员。严禁在交接班、人员上下井的时间内运送爆炸物品。

爆炸物品应直接下井，禁止存放在井口房；运到井底后，应尽快直接运往井下爆炸物品库，禁止存放在井底车场或其他巷道内。

井筒是矿井的咽喉，为保证矿井的安全，井筒内运送爆炸物品的，除必须遵守上述规定外，同罐运送爆炸物品，还应遵守《爆破安全规程》有关规定：

1. 雷管和导火索可以同罐运送。

2. 导火索、导爆索和硝铵类炸药可以同罐运送。

3. 硝化甘油类炸药、硝铵类炸药、电雷管任何2种都不准同罐运送。

4. 电雷管、导爆索、导爆管和硝化甘油类炸药任何2种都不准同罐运送。

5. 乳化炸药同硝铵类炸药、硝化甘油炸药、水胶炸药、雷管、导爆索等其中任何一种都不准同罐运送。

第三百四十条　井下用机车运送爆炸物品时，应遵守下列规定：

（一）炸药和电雷管在同一列车内运输时，装有炸药与装有电雷管的车辆之间，以及装有炸药或电雷管的车辆与机车之间，必须用空车分别隔开，隔开长度不得小于 3 m。

（二）电雷管必须装在专用的、带盖的、有木质隔板的车厢内，车厢内部应当铺有胶皮或者麻袋等软质垫层，并只准放置 1 层爆炸物品箱。炸药箱可以装在矿车内，但堆放高度不得超过矿车上缘。运输炸药、电雷管的矿车或车厢必须有专门的警示标识。

（三）爆炸物品必须由井下爆炸物品库负责人或者经过专门培训的人员专人护送。跟车工、护送人员和装卸人员应当坐在尾车内，严禁其他人员乘车。

（四）列车的行驶速度不得超过 2 m/s。

（五）装有爆炸物品的列车不得同时运送其他物品。

井下采用无轨胶轮车运送爆炸物品时，应当按照民用爆炸物品运输管理有关规定执行。

【条文解释】　本条是对井下用机车运送爆炸物品的规定。

1. 为了避免电雷管爆炸时引起炸药爆炸，炸药和电雷管在同一列车运输时，装炸药车与装电雷管车之间，以及装炸药车或装电雷管车与机车之间，必须用空车隔开，隔开长度不得小于 3 m。

2. 为了防止列车运行中因摇摆、颠簸使电雷管因摩擦、碰撞而引爆，硝化甘油类炸药和电雷管因其感度高，必须装在专用的、带盖的、有木质隔板的车厢内，车厢内应铺有胶皮或麻袋等软质垫层，并只准放 1 层爆炸物品箱。其他类炸药箱可以装在矿车内，但堆放高度不得超过矿车上缘，以防止因车厢无盖抛出车外。同时，列车不得超速运行，行驶速度不得超过 2 m/s。

3. 护送爆炸物品的人员必须是爆炸物品库负责人或经过专门训练的专人。跟车人员、护送人员和装卸人员应坐在尾车内，其他人员严禁乘车。

4. 装有爆炸物品的列车不得同时运送其他物品和工具，以免在装卸和运送过程中，因被其他物品和工具碰撞、摩擦，使爆炸物品发生爆炸事故。

5. 用电机车运送爆炸物品时，除遵守上述规定外，对照《爆破安全规程》有关“用电机车运送爆炸物品”之规定，补充下列规定：

（1）电机车、列车前后均应设“危险”标志。

（2）用封闭型的专用车厢运输炸药和雷管时，车内应铺设垫层，运行速度不得超过2 m/s。

（3）用架线电机车运输，在装卸爆炸物品时，机车必须停电。

（4）将运送爆炸物品的专用车厢或矿车甩入库房通道（回风侧出口）时，不得使用机车顶车，通道内的轨道应设绝缘段，防止杂散电流导入库内。

井下电机车的直流电网都用轨道作为电流的回路，轨道和土地不设绝缘，因而会有一部分直流电流从轨道流入道床和巷道周围的岩石，这部分电流在大地中无规律地运动，就形成了杂散电流，见图 3-8-2。

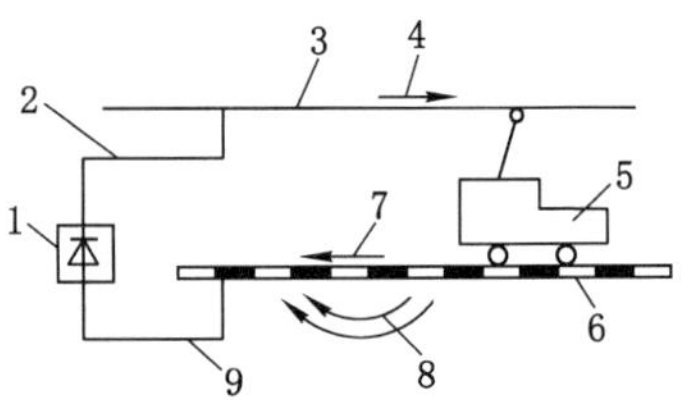

1—变电所；2—馈线；3—架线；4—负荷电流；5—电机车；6—轨道；7—轨道电流；8—杂散电流；9—回流线。

图 3-8-2　杂散电流产生示意图

要消除杂散电流的危害，首先要在产生杂散电流的根源上采取措施，如提高轨道接头质量，降低其电阻值，减小杂散电流值，对电气设备进行经常性检修，避免漏电现象的发生。此外，在爆炸物品的运输、贮存和保管工作中，还应采取以下措施：

① 在工作场所及其附近，要对杂散电流进行经常性的检测，其值不得超过 50 mA 的安全电流值；同时，还应掌握工作场所杂散电流的分布规律，并采取针对性措施，防止杂散电流的产生，消除其危害。

② 为防止杂散电流的侵入，运输、贮存爆炸物品的一切场所，严禁照明、电气设备和线路裸露等。

③ 药库内严禁采用金属支护，并禁止有金属类东西表露于外。库内巷道内可铺设轨道，但硐室内不得铺设轨道。

④ 用架线式电机车运输，在装卸爆炸物品时，机车应断电。

6. 井下采用无轨胶轮车运送爆炸物品时，应参照民用爆炸物品运输管理有关规定执行。

第三百四十一条 水平巷道和倾斜巷道内有可靠的信号装置时，可以用钢丝绳牵引的车辆运送爆炸物品，炸药和电雷管必须分开运输，运输速度不得超过 1 m/s。运输电雷管的车辆必须加盖、加垫，车厢内以软质垫物塞紧，防止震动和撞击。

严禁用刮板输送机、带式输送机等运输爆炸物品。

【条文解释】 本条是对在巷道内运送爆炸物品的规定。

1. 在水平巷道和倾斜巷道内用钢丝绳牵引的车辆运送爆炸物品，必须有可靠的信号装置，保证车辆在运行过程中，机车司机或乘务人员在任何区段内能按信号指令行车。

2. 用钢丝绳牵引的列车在行驶中，车辆会发生摇摆、震动和碰撞，从而引起电雷管爆炸。因此，炸药和电雷管必须分开运输，防止殉爆，确保运输安全。列车必须限速（≤1 m/s）行驶。车厢内用胶皮、麻袋等软质垫物塞紧，防止爆炸物品震动和撞击。

【典型事例】 某日，某煤矿一号井用串车运送 5 000 发电雷管时，由于运输速度过快，加上轨道质量差，当串车运行至斜巷中部时，运送电雷管车脱轨突然发生爆炸，并相继引起斜巷内的煤尘爆炸。爆炸冲击波及高温烟流迅速波及上部车场及绞车房，造成 15 人死亡、10 余人中毒的重大事故。

3. 由于绞车或机车牵引运行速度快，而盛放爆炸物品在车厢内固定不牢、不平稳，容易前后左右摇摆与车厢碰撞，药箱从车厢内甩出。因此，车厢一定要加盖，车厢内要用胶皮或麻袋等软质垫物塞紧，以防止震动、撞击和甩箱。

4. 由于刮板输送机和带式输送机的运行速度快，而盛放爆炸物品容器不容易平稳牢固地固定在运输机上而颠簸摆动，甚至滚出机外，爆炸物品受到冲击、摩擦就会发生爆炸；尤其在运输机搭接处和机尾与溜煤眼搭接处危险性更大；同时，由于电机车牵引网络引起的杂散电流和机电设备、动力、照明漏电造成的杂散电流，通过运输机等导电体与爆炸物品相接触，极可能发生意外爆炸事故。因此，严禁用刮板输送机、带式输送机等运输爆炸物品。

第三百四十二条 由爆炸物品库直接向工作地点用人力运送爆炸物品时，应当遵守下列规定：

（一）电雷管必须由爆破工亲自运送，炸药应当由爆破工或在爆破工监护下运送。

（二）爆炸物品必须装在耐压和抗撞冲、防震、防静电的非金属容器内，不得将电雷管和炸药混装。严禁将爆炸物品装在衣袋内。领到爆炸物品后，应直接送到工作地点，严禁中途逗留。

（三）携带爆炸物品上、下井时，在每层罐笼内搭乘的携带爆炸物品的人员不得超过4人，其他人员不得同罐上下。

（四）在交接班、人员上下井的时间内，严禁携带爆炸物品人员沿井筒上下。

【条文解释】 本条是对用人力运送爆炸物品的规定。

用人工搬运爆炸物品时，除必须遵守上述规定外，还必须遵守《爆破安全规程》有关规定：

1. 运送人员在井下应随身携带完好的带绝缘套的矿灯。

2. 炸药和电雷管应分别放在2个专用背包（木箱）内，禁止装在衣袋内。

3. 领到爆炸物品后，应直接送到爆破地点，禁止乱丢乱放。

4. 不得提前班次领取爆炸物品，不得携带爆炸物品在人群聚集的地方停留。

5. 一人一次运送的爆炸物品量不得超过：

同时运搬炸药和起爆材料 10 kg；

拆箱（袋）运搬炸药 20 kg；

背运原包装炸药 1 箱 24 kg；

挑运原包装炸药 2 箱 48 kg。

作出上述规定的原因如下：

（1）由爆破工亲自运送是由于爆炸物品是危险物品，而一般人员未经过专业培训，不具备应有的预防知识，难以有效防止发生意外事故。

（2）电雷管在冲撞作用和静电及杂散电流的干扰下，极易发生意外爆炸；而炸药发生爆炸的可能性相对较小。为了运输的安全，规定爆炸物品必须装在耐压和抗撞、防震、防静电的非金属容器中，且电雷管与炸药应分开装在不同容器中。

（3）规定携带爆炸物品人员上下井时罐笼中人员数量，一方面是为了防止人多拥挤而造成意外爆炸，另一方面了是为了减少万一发生爆炸时的损失。

（4）规定在交接班和人员上下井的时间内严禁携带爆炸物品沿井筒上下，是因为此时井筒上、下口附近的人员较多，一旦此时发生意外爆炸会造成人员的大量伤亡。

（5）分不同搬运方式规定一次运送爆炸物品量和禁止搬运时在人群聚集处停留，也是为了降低爆炸物品发生意外爆炸的概率和减小发生爆炸时的波及范围，有效防灾和抗灾。

【典型事例】 某日，某煤矿采煤工作面，当班班长派2名工人到井下爆炸物品库领取了81 kg炸药、280发电雷管，分别混装在1条麻袋和1条尼龙编织袋里。其中一人背了63 kg炸药和280发电雷管。由于在井下走了2 800 m路程后十分疲劳，在未考虑和检查放置地点是否安全的情况下，随便把麻袋扔在采煤工作面的上出口处，正巧麻袋内外露的雷管脚线与煤电钻电缆线的漏电处接触，引起雷管爆炸，并相继引爆炸药，造成2人死亡。

第三节　井下爆破

第三百四十三条　煤矿必须指定部门对爆破工作专门管理，配备专业管理人员。

所有爆破人员，包括爆破、送药、装药人员，必须熟悉爆炸物品性能和本规程规定。

【条文解释】　本条是对煤矿企业爆破工作管理和爆破人员的规定。

爆炸物品在外力作用下很容易破坏其本身的稳定性而发生爆炸。如果爆破、送药、装药人员不熟悉爆炸物品性能和本规程规定，就很可能导致爆破崩人、炮烟熏人等伤亡事故，甚至引发冒顶、瓦斯煤尘爆炸等重大伤亡事故。所以，煤矿企业必须指定部门对爆破工作进行专门管理，并配备专业管理人员。

从事爆破工作的人员，应通过安全技术培训，提高安全意识，熟悉爆炸物品性能和掌握有关爆破基础知识，熟悉并掌握送药、装配引药、装药、封孔、连线和爆破的操作技术，具备在特殊情况下的爆破工作和处理爆破事故的能力。熟悉有关规定、安全职责、领退制度以及运送爆炸物品、爆破作业的程序、方法和安全要求，令行禁止，确保安全生产。

【典型事例】　2004 年 11 月 28 日，陕西省某煤矿位于 415 工作面顶部的 1 号联络巷与高位巷连接处封闭后，造成 1 号联络巷瓦斯积聚，积聚的瓦斯通过 1 号联络巷与运输顺槽连接的交叉口及周围裂隙涌入工作面下隅角液压支架尾梁后侧区域，使该区域瓦斯积聚并达到爆炸界限，在进行强制放顶时，违章爆破产生明火引爆瓦斯，造成 166 人死亡、45 人受伤，直接经济损失 4 165.9 万元。

第三百四十四条　开凿或者延深立井井筒，向井底工作面运送爆炸物品和在井筒内装药时，除负责装药爆破的人员、信号工、看盘工和水泵司机外，其他人员必须撤到地面或者上水平巷道中。

【条文解释】　本条是对立井井底工作面运送爆炸物品及在井筒内装药时撤人的规定。

开凿或延深立井井筒，是在垂直井筒内只有一个出口的独头工作面作业，人员多，工作条件复杂，人员及材料上下全靠吊桶提升，危险性大。物体坠落会高速砸向井底工作面；井底工作面爆破，一般都是全断面一次爆破，炮眼多，一次起爆药量大，且多为高威力炸药，爆炸产生的冲击波和爆生气体则冲向地面井口。为了避免向井底工作面运送爆炸物品和在井筒内装药时发生坠落事故或意外爆炸事故，危及井筒内作业人员的生命安全，应把留在井筒内作业的工种和人员压缩到最少，使事故危害降低到最低限度。所以，在向井底工作面运送爆炸物品和在井筒内装药时，除负责装药爆破的人员、信号工、看盘工和水泵司机外，其他人员必须撤到地面或上水平巷道中。

第三百四十五条　开凿或者延深立井井筒中的装配起爆药卷工作，必须在地面专用的房间内进行。

专用房间距井筒、厂房、建筑物和主要通路的安全距离必须符合国家有关规定，且距离井筒不得小于50 m。

严禁将起爆药卷与炸药装在同一爆炸物品容器内运往井底工作面。

【条文解释】 本条是对开凿或延深立井起爆药装配与运送的规定。

1. 为了确保装配起爆药卷工作的安全，开凿或延深立井井筒的装配起爆药卷工作可在地面专用的房间内进行，以便将意外爆炸破坏的影响控制在最小的范围内。既然是专用房间，必须由爆破工专做装配工作，不准兼做其他工作；开门钥匙由爆破工掌握，不准无关人员入内；不准在室内吸烟、点火做饭；要有良好的通风防潮措施等。

2. 装配起爆药卷的地面专用房间存放着爆炸物品，如果发生意外爆炸，应考虑对人员的伤害及对井筒、厂房、建筑物和主要通道的破坏。按照各种爆破效应（地震波、冲击波、飞散物）分别进行计算，并取其中的最大值，作为安全距离。

由于爆炸冲击波和地震波的传播过程非常复杂，影响因素也很多，很难从理论上进行准确计算，一般都是由试验或经验公式确定。但计算的爆炸冲击波超压值都应在使人致伤或建筑物最薄弱环节被轻微损坏的超压值以下。按照地面爆炸冲击波超压值对人体和建筑物破坏影响最小安全距离的经验公式和爆炸振动的安全距离的经验公式计算验证，《规程》规定，对井筒、井口房等要害场所，最小安全距离应不小于50 m。

在爆炸气体的作用下，爆炸飞散物也对人体构成伤害。要得到精确的飞散物距离、速度等参数，仅根据计算难以取得理想效果。但考虑到装配起爆药卷药量较小，且在专用房间内进行操作，可考虑采取对被保护的人和物的方向设置防护遮障，以确保安全。

3. 为了防止起爆药卷意外爆炸时引起其他炸药爆炸，所以严禁将起爆药卷与炸药装在同一爆炸物品容器内运往井底工作面，可以分开运送。

第三百四十六条 在开凿或者延深立井井筒时，必须在地面或者在生产水平巷道内进行起爆。

在爆破母线与电力起爆接线盒引线接通之前，井筒内所有电气设备必须断电。

只有在爆破工完成装药和连线工作，将所有井盖门打开，井筒、井口房内的人员全部撤出，设备、工具提升到安全高度以后，方可起爆。

爆破通风后，必须仔细检查井筒，清除崩落在井圈上、吊盘上或者其他设备上的矸石。

爆破后乘吊桶检查井底工作面时，吊桶不得蹾撞工作面。

【条文解释】 本条是对开凿或延深立井时起爆工作和爆破后检查的规定。

1. 开凿井筒和延深立井井筒爆破作业时，绝不允许爆破工在立井井筒内起爆，如不允许在立井腰泵房、吊盘上进行起爆工作。即使吊盘提升到安全高度，爆破时对人的安全仍有很大威胁。井底爆破所产生的空气冲击波和爆破产生的飞石，都可能对爆破工产生伤害。同时，爆破后所产生的高浓度炮烟中，一氧化碳、氮氧化物会使人慢性中毒。所以，开凿井筒和延深立井井筒爆破作业时，爆破工必须在地面或在生产水平巷道内进行起爆。

2. 开凿和延深立井井筒爆破时，在爆破母线与电力起爆接线盒引线接通之前，井筒内所有电气设备必须断电。由于机电设备动力、照明交流电流的漏电会形成杂散电流，通过沿井筒的导体，如管路和轨道形成电路，该杂散电流如与潮湿的煤、岩壁接触，可造成煤、岩壁导电。如漏电电源与另一漏电电源经爆破母线或雷管脚线相接触，就可能发生意外爆炸事故，造成人员伤亡。

除采取断电措施外，还应采取下列预防方法：

（1）爆破母线不与压风、洒水等管路，轨道、井圈、钢丝绳等导电体和动力、照明线路相接触；管路与电线不与母线同侧铺设，同侧铺设时要保持至少0.3 m的悬挂距离。

（2）加强井下机电设备和电缆、电线的检查和维修，使之不损坏漏电。

（3）电雷管脚线和连接线、脚线和脚线之间的接头，都必须悬空，不得同任何导电体和潮湿的煤、岩壁相接触。

3. 为了防止爆破产生的爆炸冲击波、爆生气体和飞石对井筒及井口人员、固定或悬吊在井筒内的各种盘状结构物以及设备、工具造成伤害和损坏，爆破工在完成装药和连线工作之后，要将所有井盖门打开，井筒和井口房内的人员全部撤出，设备、工具提升到安全高度之后，方可爆破。

4. 在爆破通风后，必须仔细检查井筒的围岩、井圈支护、管路、工具、设备等，并清除崩落在井圈上、吊盘上或其他设备上的矸石，以防落石伤人。

5. 在井底工作面炸落堆积的煤、矸中，可能有拒爆或残爆的电雷管和残药。当井底爆破结束后，乘吊桶检查井底工作面时，如果吊桶礅撞工作面，在吊桶的冲击或重压下，在煤、矸中的起爆药卷和残药就会发生爆炸，造成人员伤亡。所以，爆破后乘吊桶检查井底工作面时，要慢速运行，吊桶不得礅撞工作面。

第三百四十七条　井下爆破工作必须由专职爆破工担任。突出煤层采掘工作面爆破工作必须由固定的专职爆破工担任。爆破作业必须执行“一炮三检”和“三人连锁爆破”制度，并在起爆前检查起爆地点的甲烷浓度。

【名词解释】　一炮三检、三人连锁爆破

一炮三检——采掘工作面装药前、爆破前和爆破后，爆破工、班组长和瓦斯检查工都必须在现场，由瓦斯检查工检查瓦斯，爆破地点附近20 m以内的风流中瓦斯浓度达到1.0%时，不准装药、爆破。

三人连锁爆破——爆破前，爆破工将“警戒牌”交给生产班组长，由班组长派人警戒，并检查顶板与支架情况；然后将自己携带的“爆破命令牌”交给瓦斯检查工，瓦斯检查工检查瓦斯、煤尘合格后，将自己携带的“爆破牌”交给爆破工；爆破工发出爆破命令后进行爆破。爆破后三牌各归原主。

【条文解释】　本条是对井下专职爆破工的安全规定。

1. 爆破工作的专业性很强，井下爆破作业条件复杂，因此必须由掌握爆破安全技术专业知识、责任心强的专职爆破工担任，不得由兼职的、未经培训的人员担任此项工作。爆破工是特殊工种，必须经过安全培训，经考试合格，并取得安全工作资格证书，持证上岗并依照爆破说明书进行爆破作业。

【典型事例】　某日，某小煤矿副井下延工作面，通风系统不合理，瓦斯超限，爆破前不检查瓦斯，爆破母线破损，用煤块填炮眼，无专人爆破，结果在爆破时母线短路产生电火花引起瓦斯爆炸，造成10人死亡。

2. 与一般煤层相比，突出煤层的自然条件更为复杂，不仅瓦斯涌出量大，工作面出现瓦斯超限的概率大，瓦斯事故隐患大，而且由于防治突出的要求，对爆破工艺有较高要求，在突出煤层中进行松动爆破等，专业技术知识要求较高。加之各个工作面的地质条件和爆破工艺要求相差较大，若要一个爆破工同时在 2 个以上工作面进行爆破作业，势必会因爆破工的技术水平或可能的误操作引发事故，尤其是突出事故。因此，为了确保突出煤层工作面的生产安全，突出煤层采掘工作面的爆破工作必须由固定的专职爆破工担任。

【典型事例】　某日，某煤矿−98 m 水平东翼采区，采掘工作面采用串联通风，回风巷的局部通风机将四、六平巷涌出积存的瓦斯送到三切眼掘进工作面，局部通风机又意外停电停风，造成该掘进面瓦斯积聚。装药前、爆破前都没有检查瓦斯，未执行“一炮三检”制，又没有使用水炮泥封孔，违章爆破，导致瓦斯爆炸事故发生，造成死亡 23 人、重伤 3 人。

3. “一炮三检”和“三人连锁爆破”制度是加强爆破前后瓦斯检查，防止瓦斯漏检，避免在瓦斯超限的情况下进行爆破或电钻打眼等工作的主要措施。爆破作业必须认真执行“一炮三检”和“三人连锁爆破”制度，并在起爆前检查起爆地点的甲烷浓度。

【典型事例】　某日，某煤矿北翼采区 920 掘进工作面，因未采用毫秒全断面一次爆破，而采用（掏槽眼、辅助眼、周边眼）分次爆破作业，由于每次爆破间隔时间短，爆破后涌出的瓦斯未能及时被风流冲淡稀释，连续爆破造成瓦斯浓度递增，形成瓦斯积聚；同时在分次连续爆破连线时，又未能做到每次爆破前检查瓦斯浓度，结果起爆后爆破火焰引起瓦斯爆炸，造成 8 人死亡。

第三百四十八条　爆破作业必须编制爆破作业说明书，并符合下列要求：

（一）炮眼布置图必须标明采煤工作面的高度和打眼范围或者掘进工作面的巷道断面尺寸，炮眼的位置、个数、深度、角度及炮眼编号，并用正面图、平面图和剖面图表示。

（二）炮眼说明表必须说明炮眼的名称、深度、角度，使用炸药、雷管的品种，装药量，封泥长度，连线方法和起爆顺序。

（三）必须编入采掘作业规程，并及时修改补充。

钻眼、爆破人员必须依照说明书进行作业。

【条文解释】　本条是对爆破作业说明书的有关规定。

由于煤矿井下的地质条件复杂多变，各个作业点的岩石性质和构造情况不尽相同，且赋存及涌出瓦斯、含水及涌水情况各异，爆破地点形成的巷道或硐室的用途或质量要求也不相同。为了提高爆破效果，减少爆炸物品的消耗，同时也为了避免因爆破参数和工艺选择的不当而造成安全事故，煤矿井下每一个爆破地点都应根据所在地点的围岩性质、构造及瓦斯涌出量等情况编制爆破作业说明书。

爆破作业说明书是采掘工作面作业规程的主要内容之一，是为实现采掘工作面预期循环进度而编制的，是爆破作业贯彻《规程》的具体措施，是爆破工进行爆破作业的依据。

爆破作业说明书编制的内容包括以下几个方面：

1. 炮眼布置图，必须表明采煤工作面高度和打眼范围，或掘进巷道的断面尺寸、炮眼位置、个数、深度、角度及炮眼编号，并用正视图、平面图和剖面图表示。

2. 炮眼说明表，必须说明炮眼的名称、深度、角度、装药量、封泥长度、连线方法和起爆顺序等。

3. 预期爆破效果表，要说明炮眼利用率、每循环进度、炮眼总长度、炸药和雷管总消耗量及单位消耗量。

4. 示例：某煤矿-430 m 岩石流水巷掘进爆破作业说明书。

（1）地点：某煤矿-430 m 岩石流水巷。

（2）掘进断面积：11.5 m^2。掘进宽度：4.9 m。掘进高度：3.2 m。

（3）断面形状：直墙半圆拱。

（4）巷道坡度：平岩 5‰。

（5）岩质：硬质凝灰岩，中等稳定，f=4~6。

（6）每循环进度：1.7 m。

（7）炮眼深度：1.8 m。

（8）瓦斯情况：无。

（9）涌水及淋水：无。

（10）使用炸药品种与规格：

周边眼：使用二号岩石硝铵炸药，ϕ20 mm×150 g。

其余炮眼：使用二号岩石硝铵炸药，ϕ35 mm×200 g。

（11）发爆品能力：100 发。

（12）爆破方式：预留周边眼二次爆破。

（13）施工方法：光面爆破，直眼掏槽，反向装药。

（14）炮眼说明表：见表 3-8-10。

（15）炮眼布置图：见图 3-8-3。

（16）预期爆破效果表：见表 3-8-11。

表 3-8-10　炮眼说明表

眼　名	眼号	个数	眼深/mm	角　度/（°）		装药量		炮泥长度/mm	起爆顺序		连线方式
				水　平	垂　直	卷数/孔	合计/kg				
中空眼	1	1	2 000	90	90	0	0	0			
角柱掏槽眼	2~5	4	2 000	90	90	8	4.8	400	Ⅰ	一	
辅助眼	6~9	4	1 800	90	90	6	3.6	600	Ⅱ		
三圈眼	10~15	6	1 800	90	90	6	5.4	600	Ⅲ		
二圈眼	16~26	11	1 800	90	90	6	9.9	600	Ⅳ		
底　眼	27~31	5	1 800	90	85	6	4.5	600	Ⅴ		
底角眼	32~52	2	1 800	90	85	6	0.6	600	Ⅵ		
周边眼	33~51	19	1 800	90	85	2	5.7	400	瞬发	二	
合　计		52	94 600				34.5				

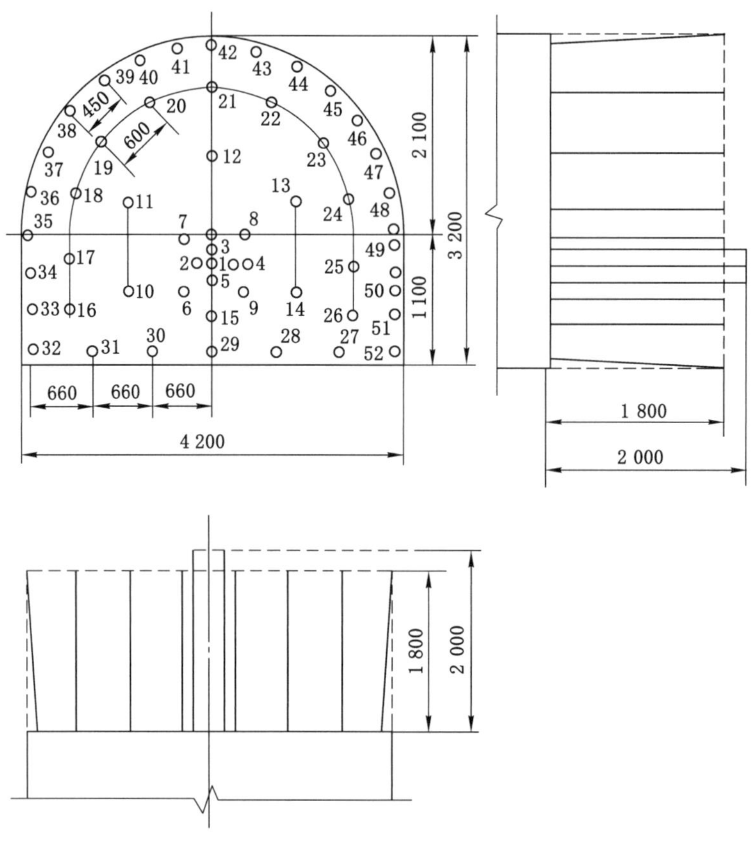

图 3-8-3　炮眼布置图

表 3-8-11　预期爆破效果表

序　号	项　　目	单　位	数　量
1	掘进断面	m^2	11. 5
2	掘进进度	m	1. 6
3	每循环掘进岩石量	m^3	18. 4
4	每循环炸药消耗量	kg	34. 5
5	1 m^3 岩石炸药消耗量	kg/m^3	1. 87
6	每循环雷管消耗量	个	52
7	1 m^3 岩石雷管消耗量	个/m^3	2. 82
8	炮眼深度	m	1. 8
9	炮眼利用率	%	88. 8
10	每循环炮眼消耗量	m	94. 6
11	1 m^3 岩石炮眼消耗量	m/m^3	5. 14

第三百四十九条　不得使用过期或者变质的爆炸物品。不能使用的爆炸物品必须交回爆炸物品库。

【条文解释】　本条是对过期或变质爆炸物品的规定。

目前井下爆破作业仍使用硝铵炸药，硝铵炸药的主要成分是硝酸铵，它具有很强的吸湿性和结块性，因而硝铵炸药也很容易吸湿和结块，以致硬化。粉状的硝铵炸药药卷硬化后，变成手捏不动的硬棒。

药卷硬化后，插不进雷管，爆轰性能显著降低，容易产生半爆、爆燃甚至拒爆。硬化及变质的煤矿炸药的瓦斯引爆率显著增加，会引燃瓦斯或煤尘，造成瓦斯煤尘爆炸，爆炸后产生较多的有毒气体如一氧化碳和氮氧化物，还可能有微量的硫化氢和二氧化碳，这些气体都对人体有害。一氧化碳能阻止人体红细胞吸收氧气，造成人体缺氧、记忆力衰退、失眠等，重则引起中枢神经系统损坏，严重时会窒息死亡。氮氧化物的危害性也大，能刺激人体黏膜组织，特别是伤害肺组织，造成肺水肿；轻者头痛、恶心、呕吐，重者神志失常，昏迷不醒，严重时可以致命。氢氧化物对瓦斯煤尘爆炸还起催化作用。

因此，过期或变质的炸药不能使用。不能使用的爆炸物品必须由爆破工交回爆炸物品库，以作统一销毁处理。

第三百五十条　井下爆破作业，必须使用煤矿许用炸药和煤矿许用电雷管。一次爆破必须使用同一厂家、同一品种的煤矿许用炸药和电雷管。煤矿许用炸药的选用必须遵守下列规定：

（一）低瓦斯矿井的岩石掘进工作面，使用安全等级不低于一级的煤矿许用炸药。

（二）低瓦斯矿井的煤层采掘工作面、半煤岩掘进工作面，使用安全等级不低于二级的煤矿许用炸药。

（三）高瓦斯矿井，使用安全等级不低于三级的煤矿许用炸药。

（四）突出矿井，使用安全等级不低于三级的煤矿许用含水炸药。

在采掘工作面，必须使用煤矿许用瞬发电雷管、煤矿许用毫秒延期电雷管或者煤矿许用数码电雷管。使用煤矿许用毫秒延期电雷管时，最后一段的延期时间不得超过 130 ms。使用煤矿许用数码电雷管时，一次起爆总时间差不得超过 130 ms，并应当与专用起爆器配套使用。

【名词解释】　煤矿许用炸药、电雷管、瞬发电雷管、延期电雷管

煤矿许用炸药——经主管部门批准，符合国家安全规程规定、允许在有瓦斯和（或）煤尘爆炸危险的煤矿井下工作面或工作地点使用的炸药。

电雷管——一种利用电流提供爆炸能，直接起爆炸药的敏感性极强的易爆危险品。

瞬发电雷管——通电后瞬时爆炸的电雷管。

延期电雷管——通电后隔一定时间爆炸的电雷管。按延期间隔时间不同，分秒延期电雷管和毫秒延期电雷管。

【条文解释】　本条是对井下爆破作业使用爆炸物品的有关规定。

井下爆破作业必须使用煤矿许用炸药和煤矿许用电雷管，并按矿井瓦斯等级选用对应安全等级的煤矿许用炸药。不得在瓦斯矿井中使用非煤矿许用炸药和非煤矿许用电雷管，

也不得将用于低瓦斯矿井的炸药用于高瓦斯矿井中；否则，可能发生瓦斯、煤尘爆炸事故。

煤矿炸药的安全等级及其使用范围，是经过长期的生产实践和严格的检验后确定的。使用未经安全鉴定的炸药或不按指定范围使用，都会引起瓦斯、煤尘爆炸。但是也不应当认为，使用经过安全鉴定的煤矿许用炸药并按指定范围使用就万无一失。在通风不良、不堵或少堵封泥，使用药量过多、炸药变质等情况下，也会引发瓦斯、煤尘爆炸。

【典型事例】 某日，某煤矿二号斜井-480 m 水平车场岩石掘进工作面，在接近瓦斯煤层时仍使用非煤矿许用的 2 号岩石硝铵炸药和秒延期电雷管，加之通风不良，瓦斯大量积聚，爆破时引起瓦斯爆炸，车场 102 架棚子被推倒 78 架，通风机、小水泵、装岩机等全部移位，风筒全部粉碎，死亡 24 人。

1. 煤矿许用炸药的选用

在有瓦斯或煤尘爆炸危险的采掘工作面都必须使用取得产品许可证的煤矿许用炸药。岩层中开凿或延深井筒时，在无瓦斯的工作面中，可以使用非煤矿许用炸药，但这些井巷必须距离有瓦斯的煤，岩层 10 m 以外。

根据瓦斯、煤尘的发火源，矿井瓦斯等级的不同，对煤矿许用炸药的要求也不同。高瓦斯矿井要求使用安全等级高的煤矿许用炸药。炸药的安全等级，是指在特定条件下，炸药爆炸对瓦斯、煤尘的引爆能力而言的，安全程度低的炸药，在爆破时就容易引起瓦斯、煤尘爆炸。因此，煤矿许用炸药应能达到以下要求：

（1）在保证做功条件下，煤矿许用炸药的爆炸能应受到一定的限制。通常爆炸能越低，它的爆热、爆温等爆炸参数值也愈低，其爆轰波的能量、爆炸产物的温度也愈低，从而使瓦斯煤尘的发火率降低。

（2）煤矿许用炸药反应必须完全，炸药爆炸反应愈完全，爆炸产物中的固体颗粒和爆生有毒气体的含量就愈少，从而提高炸药的安全性。

（3）煤矿许用炸药的氧平衡必须接近于零氧平衡。正氧平衡的炸药在爆炸时，能生成氧化氮和初生态的氧，容易引燃引爆瓦斯、煤尘。而负氧平衡炸药，爆炸反应不完全，会使未完全反应的固体颗粒增多，也容易生成一氧化碳，引起二次火焰，对防止瓦斯煤尘引火是极为不利的。

（4）煤矿许用炸药中加入消焰剂。消焰剂的加入可以起到阻化作用，使瓦斯爆炸反应过程中断，从根本上抑制瓦斯的引火作用。

（5）煤矿许用炸药中不许有易于在空气中燃烧的物质和外来夹杂物。因为明火对瓦斯的加热能够引燃瓦斯，因此在煤矿许用炸药中，不允许含有易燃的金属粉（如铝镁粉等），也不允许使用铝壳雷管。

煤矿许用炸药安全等级的确定：厂家生产的炸药要经国家授权的全国煤矿炸药检验单位，根据现行技术标准的产品，对其组成爆炸性能和物理性质进行检测，并在模拟瓦斯巷道中作引爆瓦斯试验，从中鉴定炸药的安全性能的高低，确定炸药的安全等级。

因此，在煤矿井下所有爆破作业的工作面，都必须按其矿井（区域）的瓦斯等级，合理选用相应安全等级的煤矿许用炸药，以确保矿井安全，见表 3-8-12。

表 3-8-12　我国煤矿炸药的分级、种类和使用范围

炸药名称	炸药安全等级	使用范围
2号煤矿铵梯炸药 2号抗水煤矿铵梯炸药 一级煤矿许用水胶炸药	一级	低瓦斯矿井的岩掘工作面
3号煤矿铵梯炸药 3号抗水煤矿铵梯炸药 二级煤矿许用乳化炸药	二级	低瓦斯矿井的煤掘、半煤岩掘工作面
三级煤矿许用水胶炸药 三级煤矿许用乳化炸药	三级	高瓦斯矿井、低瓦斯矿井的高瓦斯区域
四级煤矿许用乳化炸药	四级	有煤和瓦斯突出危险工作面
五级煤矿许用食盐被筒炸药 离子交换炸药	五级	处理溜煤煤眼堵塞

炸药性能的试验，对三级煤矿许用型含水工业炸药，采用发射臼炮试验（炸药为450 g），三级煤矿许用型粉状工业炸药采用悬吊法试验（炸药为150 g）。

发射臼炮试验连续5炮全不引起瓦斯爆炸为合格品；如果其中有1炮引爆瓦斯则要加倍复试，10炮复试全不引爆时仍为合格品。

采用悬吊试验法，以5炮不引爆瓦斯为合格品；若有1炮引爆，允许加倍复试，10炮全不引爆瓦斯时仍为合格。5炮中有2炮引爆瓦斯或5炮引爆1炮，加倍复试中，仍有引爆时为不合格品。

经上述方法按国家标准对其所作瓦斯安全性等级严格试验结果表明，在高瓦斯矿井和低瓦斯矿井的高瓦斯区域，使用不低于三级的煤矿许用炸药才能够保证爆破作业和矿井的安全。突出矿井必须使用安全等级不低于三级的煤矿许用含水炸药。

黑火药容易吸湿受潮，炸药水分超过1%时爆发不好；水分超过15%就不易爆发。黑火药非常敏感，火星就可以将它点燃，雷击能够使它爆发；撞击或摩擦也容易引起爆发。由于黑火药爆发时不仅能产生大量的危害人体的有毒气体，而且爆发时还会产生可引爆瓦斯和煤尘的高温火焰，引起瓦斯和煤尘爆炸，为了确保矿井安全生产，煤矿井下禁止使用黑火药。

硝化甘油类炸药的特点是：威力高，其爆速可达1 500~6 500 m/s，而且耐水性强，具有可塑性爆轰稳定性高等特点；但当温度在50 ℃以上、贮存时间较久会分解，最后导致爆炸。同时，胶质炸药易渗出液状硝化甘油，较危险，遇到轻微摩擦或撞击就会爆炸，且胶质炸药贮存过久后，本身传爆能力减小，会出现“老化”而降低其感度。

此类炸药，尤其冻结或半冻结的炸药，由于机械感度高，生产和使用的安全性差，主要用于多水的工作面和特硬岩石及小直径炮眼等，在有瓦斯或煤尘爆炸危险的矿井中禁止使用。由于抗水和高威力的硝铵炸药相继出现，硝化甘油炸药的使用范围越来越小。

不同品种的炸药，因有不同的性能和安全等级，所以有其不同的应用范围和使用条件。因此，规定一次爆破必须使用同一厂家、同一品种的煤矿许用炸药。

2. 煤矿电雷管的使用

不同厂家生产的或不同品种的电雷管，其电引火装置的材质与形式不同，其电引火特性（对电的敏感程度）亦各异，若将两种雷管掺混使用，则电感度高的雷管先爆炸，随即切断串联网路，使电感度低的雷管不能获得足够的电能而瞎火。所以，不同厂家生产的或不同品种的电雷管，不得掺混使用。见表 3-8-13。

表 3-8-13　国产瞬发电雷管的电学特性表

项　　目	单位	电　学　特　性	
		康　铜　桥　丝	镍　铬　桥　丝
桥丝电阻	Ω	0. 80±0. 13	3. 00±0. 40
全电阻（2 m 铁脚线）	Ω	2. 7~3. 3	4. 6~5. 8
安全电流		通入 50 mA 直流电，持续 5 min 不发火	通入 50 mA 直流电，持续 5 min 不发火
发火电流		通入 70 mA 直流电，300 min 内发火	通入 70 mA 直流电，300 min 内发火
20 发电联准爆电源	A	1. 6~2. 0	1. 0

注：① 康铜丝——铜 54%，镍 46%；镍铬丝——镍 67. 5%，铬 15%，铁 16%，锰 1. 5%。
② 安全电流——电雷管在规定时间内不发火的恒定直流电流。
③ 发火电流——电雷管达到规定的发火概率所需施加的最小电流。

（1）瞬发电雷管与一段毫秒延期电雷管及一段秒延期电雷管的引火装置结构不同，瞬发电雷管引火装置结构为插入式（图 3-8-4），没有加强帽，而一段毫秒延期电雷管和一段秒延期电雷管的引火装置均为药头式，均有加强帽，起爆力较大，其电阻值和电引火特性（对电的敏感程度）也不相同，故不能与瞬发电雷管互相掺混使用，也不能将瞬发电雷管代替一段毫秒延期电雷管和一段秒延期电雷管使用。

在采掘工作面中，必须使用煤矿许用瞬发电雷管或煤矿许用毫秒延期电雷管。这是因为煤矿许用电雷管的传爆药中加入 1%～6%的消焰降温剂，降低其爆热和消焰。煤矿许用毫秒延期电雷管采用铜或附铜铁壳并增加外壳的厚度，延期药装入能密封燃烧的铅管中，其总延期时间在 130 ms 以内，煤矿许用瞬发雷管通电后 13 ms 内就起爆，没等瓦斯浓度达到爆炸下限就已起爆完毕，其瓦斯安全性能好，不会引爆瓦斯。

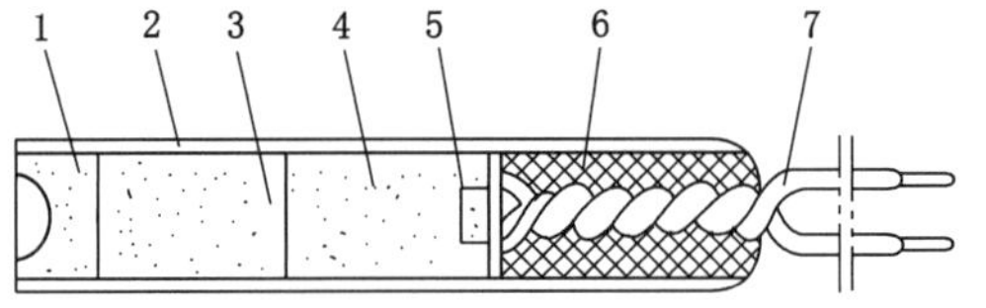

1—副起爆药（头遍药）；2—纸管壳；3—副起爆药（二遍药）；4—正起爆药；5—桥丝；6—硫黄；7—脚线。

图 3-8-4　瞬发电雷管

毫秒延期电雷管参数见表 3-8-14。

表 3-8-14　国产毫秒延期电雷管延期时间与标志

类　型	段　别	延期时间/ms	脚线颜色
煤矿（安全）许用型	1	13	灰红
	2	25±10	灰黄
	3	50±10	灰蓝
	4	75^{+15}_{-10}	灰白
	5	110±15	绿红
普通型	6	150±20	绿黄
	7	200^{+20}_{-25}	绿白
	8	250±25	黑红
	9	310±30	黑黄
	10	380±35	黑白
普通型	11	460±40	用数字牌分区
	12	550±45	用数字牌分区
	13	650±50	用数字牌分区
	14	760±55	用数字牌分区
	15	880±60	用数字牌分区
	16	1 020±70	用数字牌分区
	17	1 200±90	用数字牌分区
	18	1 400±100	用数字牌分区
	19	1 700±130	用数字牌分区
	20	2 000±150	用数字牌分区

普通型毫秒延期电雷管可适用于无瓦斯的工作面。煤矿许用型毫秒延期电雷管（见图 3-8-5）可适用于有瓦斯或煤尘爆炸危险的采掘工作面、高瓦斯矿井或瓦斯突出矿井。使用煤矿许用型毫秒延期电雷管时，最后一段时间不得超过 130 ms（即 1~5 段）。由于毫秒延期电雷管适用条件广、爆破安全、工序少、时间短，适用于掘进工作面全断面一次爆破和炮采工作面一次爆破，在煤矿井下已得到广泛应用。

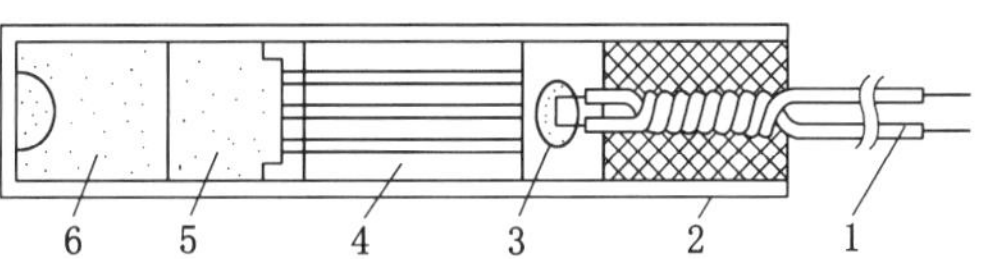

1—脚线；2—铜管壳；3—引火药头；4—铅延期体；5—正起爆药；6—副起爆药。

图 3-8-5　煤矿许用型毫秒延期电雷管

为什么使用煤矿许用型毫秒延期电雷管时，最后一段的延期时间不得超过 130 ms 呢？这是因为经过在高瓦斯煤矿煤层中测定，爆破后从新的自由面和崩落煤块中涌出的瓦斯浓度，160 ms 时为 0. 3%~0. 5%，360 ms 时为 0. 35%~1. 6%，而 130 ms 只有 360 ms 的 1/3 多一点，安全系数是足够的，也就是说，在 130 ms 内，瓦斯浓度远没有达到爆炸限度，各段毫秒延期电雷管已经爆炸完毕了。所以，只要最末一段雷管的延期时间不超过 130 ms，就不会引起瓦斯爆炸。

（2）导爆管是采用半透明高压聚乙烯塑料制成的软管，管的外径为（2. 95±0. 15）mm，内径为（1. 4±0. 10）mm，管内壁涂了一层很薄的高能炸药（成分约为 91%奥克托金或黑索金，9%铝粉，外加 0. 25%~0. 5%的工业附加物如石墨等），其炸药量为0. 36~0. 45 mg/cm^2 或（16±2）mg/cm^2；管壁上的薄层炸药，在受到冲击波作用时，开始爆炸，其爆轰将以 1 700~2 000 m/s 的速度沿管心稳定地传播下去。见图 3-8-6。

虽然导爆管在明火、撞击等作用下，甚至杂散电流和静电等都不能引起传爆，但由于导爆管的传爆是依靠空气冲击波传递的，而用电雷管起爆导爆管网路时，延期电雷管的气孔可能烧坏导爆管产生火焰，因此《爆破安全规程》规定，严禁在有瓦斯、煤尘爆炸危险的矿井中使用。

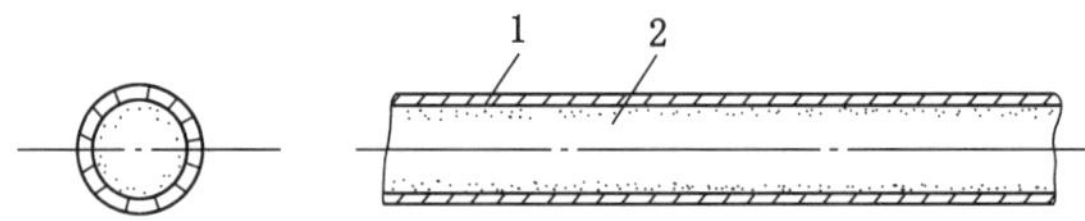

1—塑料软管；2—炸药。

图 3-8-6　塑料导爆管

从实践中得知，若外界某种原因堵塞了软管中心的空气通道，导爆管的稳定传导便就此中断。

普通导爆索是一种用作传递爆轰波的索状起爆材料，它与导火索有相似的结构层次，只是药芯为白色的猛炸药黑索金。导爆索的外层呈红色，以区别于导火索。导爆索要用电雷管从一端起爆与该端相连的药包，也可以引爆与该端相连的导爆索或断爆管，将爆轰波“接力”传递下去。

由于普通导爆索在传爆过程中会出现明火，有引燃瓦斯导致瓦斯煤尘爆炸的可能，煤矿井下不得使用普通导爆索用于爆破作业。目前生产的工业导爆索仅适用于无瓦斯、煤尘爆炸危险的爆破作业，主要用于露天起爆药包或与继爆管配合，做无电毫秒爆破的起爆药材料；在巷道光面爆破和深孔爆破作业中，亦可用于传爆炸药卷，以克服管导效应。目前已有一种新研制的可用于瓦斯矿井的煤矿许用导爆索，它在瓦斯巷道内吊挂试验中，20 m以下不会引爆瓦斯。见图 3-8-7 和表 3-8-15。

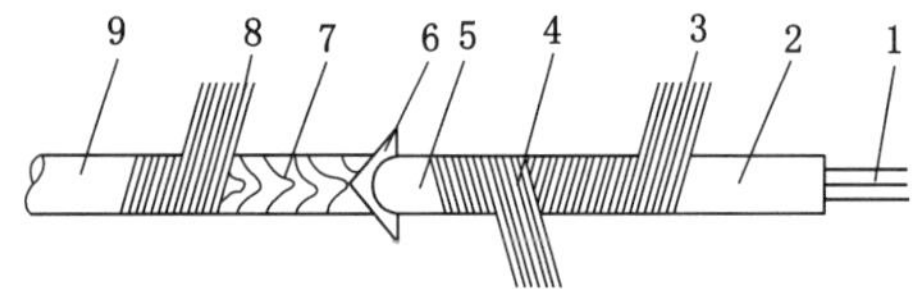

1—撑线；2—芯线；3—内层线；4—中层线；5—沥青线；
6—消焰剂；7—纸条层；8—外层线；9—聚氯乙烯薄膜护套。

图 3-8-7　煤矿许用导爆索结构

表 3-8-15　煤矿许用导爆索主要技术特征

项　　目	煤　矿　导　爆　索
外观	红色聚氯乙烯外皮
药量/（g/m）	≥12
外径/mm	≤7.0
食盐层盐量/（g/s）	2
爆速/（m/s）	≥6 000
使用温度范围	在（50±2）℃条件下保温 6 h，（-40±2）℃冷冻 2 h，水平连接，完全爆轰
耐水性	在 0.5 m 深水中浸 4 h，10~25 ℃传爆可靠
安全性	在瓦斯试验巷道爆炸室做悬吊试验，长 20 m 以下合格

（3）火雷管是用导火索直接引爆的雷管，必须同导火索配合使用。使用时要用明火去

点燃导火索，导火索燃烧时又产生明火，在炸药爆炸时还可能引燃导火索的包覆层，所以火雷管严禁在煤矿井下使用，仅适用于露天煤矿。

第三百五十一条 在有瓦斯或者煤尘爆炸危险的采掘工作面，应当采用毫秒爆破。在掘进工作面应当全断面一次起爆，不能全断面一次起爆的，必须采取安全措施。在采煤工作面可分组装药，但一组装药必须一次起爆。

严禁在 1 个采煤工作面使用 2 台发爆器同时进行爆破。

【名词解释】 全断面一次起爆

全断面一次起爆——在巷道整个断面上，一个循环的炮眼全部装药，一次起爆。

【条文解释】 本条是对采掘工作面起爆方式和爆破方式的规定。

1. 采掘工作面的起爆方式按延期时间不同，有秒（半秒）延期爆破、瞬发爆破和毫秒爆破 3 种。

秒（半秒）延期爆破的优点是能实现全断面一次爆破，缺点是延期时间长，不能防止瓦斯、煤尘爆炸。瞬发爆破的优点是瞬时起爆（<13 ms），能防止瓦斯、煤尘爆炸，缺点是不能全断面一次爆破，只能分次爆破。唯有毫秒爆破，只要最末一段延期时间≤130 ms，就能防止瓦斯、煤尘爆炸，可实现全断面一次爆破，而且毫秒爆破还有补充破碎作用和地震波相互干扰作用，都是前两种起爆方式不具备的。因此，毫秒爆破在有或无瓦斯煤尘爆炸危险的采掘工作面都可以采用。

2. 在掘进工作面应全断面一次爆破，其好处是：

（1）在有瓦斯或煤尘爆炸危险的掘进工作面，可以避免因分次爆破引起瓦斯或煤尘爆炸的危险。本条文规定，在有瓦斯或煤尘爆炸危险的采掘工作面，应采用毫秒爆破。在掘进工作面，应全断面一次起爆。

（2）可以避免分次爆破时容易使相邻炮眼的炸药被挤压、电雷管的脚线和桥丝被崩断或震断，电雷管被带出，从而产生拒爆或瞎炮的现象。

（3）爆破工可以避免少吃炮烟，减少分次联炮、爆破的劳动强度。

（4）可避免底眼连线时查找的困难和危险性。

（5）缩短爆破时间和吹散炮烟时间，提高工时利用率，缩短循环作业时间，提高掘进速度。

3. 当掘进工作面不能全断面一次爆破时，可采用分次爆破。分次爆破有分组装药、分组一次起爆和一次装药、分次爆破两种。光面爆破时，采取预留光面层二次爆破，即分组装药，分组一次爆破。而除周边眼以外的所有炮眼先装药，进行第一次爆破；然后根据预留光面层厚薄，对周边眼装药，进行第二次爆破。分次起爆时应采取以下安全措施：

（1）严格执行“一炮三检制”；

（2）加强顶帮和支架管理，坚持敲帮问顶；

（3）炮烟吹散后方可进入爆破地点；

（4）注意检查每次爆破后有无拒爆；

（5）全部炮眼爆破完毕才能撤回警戒人员。

4. 采煤工作面爆破，应积极研究改进爆破技术，合理安排循环组织，做到分次装药、一组装药必须一次起爆。如果在采煤工作面分次装药、一组装药一次起爆确有困难时，可以打一次眼，间隔分组一次装药，分组起爆。分组装药的距离不得小于 2 m。为了防止间隔区间未装药炮眼被爆破挤压，可以在炮眼中插上炮棍，最后视分组爆破情况，再装药爆破间隔区内的炮眼，实现一组装药一次起爆的要求。

采煤工作面一组装药分次起爆存在的危害是：

（1）在有瓦斯或煤尘爆炸危险的采煤工作面采用一组装药分次起爆时，前次爆破后，瓦斯超限或煤尘飞扬，很容易被后次爆破产生的空气冲击波、炽热的固体颗粒、气体爆炸产物及二次火焰所引燃，以致发生瓦斯或煤尘爆炸，具有极大的危险性。

（2）一组装药分次起爆时，容易把相邻段炮眼的炸药压死，或把电雷管脚线崩断，或电雷管、炸药随爆破被带出，或将电雷管桥丝震断，造成拒爆或瞎炮。

（3）一组装药分次起爆，不能根据爆破实际情况，有效控制或调整炮眼装药量。

（4）爆破时若崩倒支柱，往往因不能及时扶起，空顶面积大、时间长，连炮和攉煤时，容易发生冒顶伤人事故。

（5）分次起爆连线频繁，其中间检查时间短、不全面，易发生顶板落石、片帮伤人事故。

（6）炸药在炮眼内时间长，在有水或潮湿炮眼内容易受潮而产生拒爆或爆燃。

（7）爆破时，容易产生炮震裂缝，贯穿相邻炮眼，易使爆破火焰从裂缝中喷出，影响爆破安全及爆破效果。

（8）连线和爆破次数多、时间长、劳动强度大，影响循环作业时间。

【典型事例】 某日，某煤矿北翼采区炮采工作面因采用一次装药分次连续爆破引发瓦斯爆炸事故，造成 24 人死亡，3 人重伤。

6. 有瓦斯或煤尘爆炸危险的采掘工作面，应采用毫秒爆破。在采煤工作面，可采用分组装药，但一组装药必须一次起爆。

在一个采煤工作面使用 2 台发爆器同时进行爆破，很容易造成爆破崩人、崩倒支架、冒顶片帮砸人等事故。同时，会造成工作面风流中产生大量的浮游煤尘及瓦斯超限，在紧接第二次爆破时，极易引发瓦斯或煤尘爆炸，以及发生炮烟熏人事故（工作面上部人员始终处在炮烟包围之中）。所以严禁在 1 个采煤工作面使用 2 台发爆器同时进行爆破。

【典型事例】 某日，某煤矿 331 四分层采煤工作面 3 名爆破工在工作面分 3 段同时爆破，两面之间只有 15 m。当第一段放第一炮后，引起工作面大量煤尘飞扬。炮眼的封泥过短，仅为 30~70 mm，爆破时喷出火焰，引燃了风流中的高浓度的浮游煤尘和第二炮造成的悬浮煤尘，引发煤尘爆炸，死亡 39 人，重伤 3 人，轻伤 7 人。

第三百五十二条 *在高瓦斯矿井采掘工作面采用毫秒爆破时，若采用反向起爆，必须制定安全技术措施。*

【条文解释】 本条是对高瓦斯矿井采掘工作面采用毫秒反向起爆的规定。

按炮眼的装药结构分为反向装药和正向装药两种，见图 3-8-8。反向起爆是起爆药卷位于柱状装药的里端，靠近或在炮眼底，雷管底部朝向炮眼口的起爆方法。正向起爆则是起爆药卷位于柱状装药的外端，靠近炮眼口，雷管底部朝向炮眼口的起爆方法。

由于反向起爆时，炸药的爆轰波和固体颗粒的传递与飞散方向是向着眼口的，当这些微粒飞过预先被气态爆炸产物所加热的瓦斯时，就很容易引爆瓦斯。所以，在高瓦斯矿

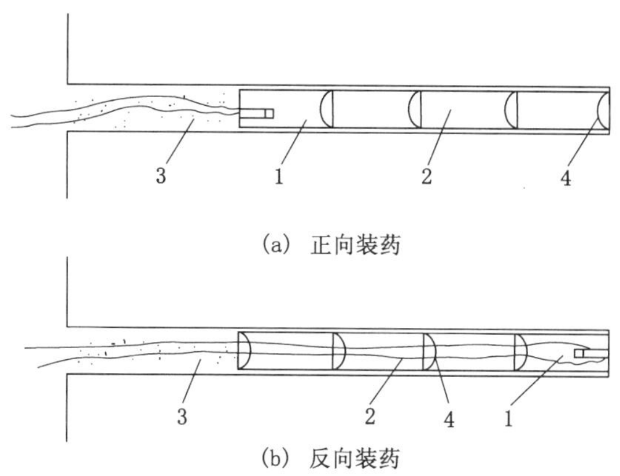

1—起爆药卷；2—被动药卷；3—炮泥；4—聚能穴。

图 3-8-8　正向装药与反向装药

井、低瓦斯矿井的高瓦斯区域的采掘工作面采用毫秒爆破时，实行正向起爆，不准实行反向起爆。

由于正向起爆时，炸药的爆轰波和固体颗粒的传递与飞散方向是向着炮眼底部的，所以不容易引爆瓦斯。

从对瓦斯、煤尘的安全性来看，一般都认为正向爆破比反向爆破安全，因而在有瓦斯、煤尘爆炸危险的工作面，不能采用反向爆破。

从发挥炸药的威力来看，反向爆破比正向爆破合理。这是因为反向爆破时，岩石的抵抗是沿炮眼纵深方向逐渐增大的，炮眼越深，岩石抵抗越大。而在爆轰过程中，炸药的爆炸能量是沿爆轰传播的方向逐渐衰减的。这种现象在使用爆速低的硝铵炸药，并且炮眼和药卷间有一定空隙时，尤为明显。见图 3-8-9。

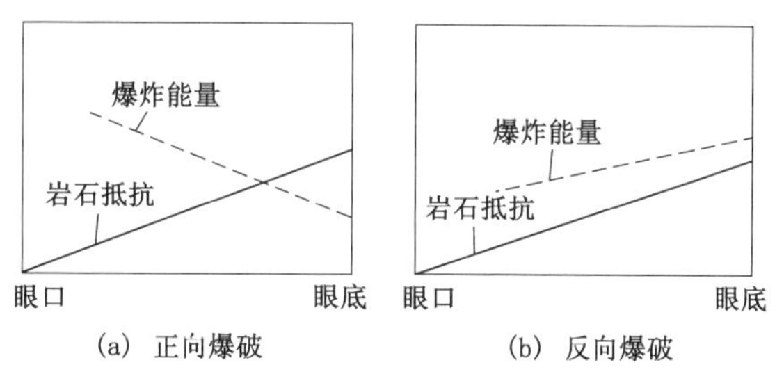

图 3-8-9　岩石抵抗与炸药爆炸能量沿炮眼深度的变化示意图

采取正向爆破时，在装药爆炸性能最优处，遇到最小的岩石抵抗；而在爆炸性能最劣处，遇到最大的岩石抵抗，这显然不能充分发挥炸药的威力。反之，采用反向爆破时，炸药的爆炸性能和岩石的抵抗沿炮眼深度的变化趋势是一致的，炸药的能量得到合理利用。在深孔爆破时，尤其如此。在无瓦斯工作面，应尽量采用反向爆破，以提高爆破效果。

瓦斯巷道臼炮发射试验表明，在无封泥充填时，正向爆破对引爆瓦斯、煤尘的安全性比反向爆破高一些。但是在同样的试验条件下，只要充填 50 g、长度 10 mm 的封泥，反向爆破的安全性就会有较大的提高。所以在高瓦斯矿井采掘工作面采用毫秒爆破时，若采用反向爆破，必须制定安全措施，报矿总工程师批准后才能实施，而不能随意采用反向爆破。

安全技术措施应包括以下内容：

(1) 严格执行“一炮三检制”。

(2) 必须全断面一次爆破，在采煤工作面可采用分组装药，但一组装药必须一次起爆，且每次爆破前，必须检查瓦斯浓度，当瓦斯浓度小于1%时，才能进行第二次装药爆破。风流中瓦斯浓度达到1%时，立即停止爆破。

(3) 必须使用安全等级不低于三级的煤矿许用炸药以及煤矿许用毫秒雷管，最末一段延期时间不得超过 130 ms。

(4) 毫秒雷管不准跳段使用，相邻两段的间隔时间不得大于 50 ms。

(5) 炮眼封泥必须按《规程》第三百五十九条的规定执行。

(6) 炮眼布置方式、炮眼深度、装药量、起爆顺序，必须严格按爆破说明书进行施工。

(7) 煤矿许用毫秒电雷管在出库前，必须事先进行导通试验，并逐个测定电阻，排除断路、短路、电阻特大或特小的电雷管，使同一网路的电雷管电阻差不得超过0.25~0.3 Ω。

(8) 爆破前，爆破工必须做电爆网路全电阻检查。

第三百五十三条　在高瓦斯、突出矿井的采掘工作面实体煤中，为增加煤体裂隙、松动煤体而进行的 10 m 以上的深孔预裂控制爆破，可以使用二级煤矿许用炸药，并制定安全措施。

【名词解释】　预裂控制爆破、深孔预裂控制爆破

预裂控制爆破——为增加煤（岩）体裂隙而在实体煤（岩）体中进行的，采用控制孔和爆破孔交替布置的，非落煤（岩）爆破。

深孔预裂控制爆破——钻孔装药长度在 10 m 以上的预裂控制爆破。

【条文解释】　本条是对在高瓦斯、突出矿井的采掘工作面实体煤中深孔预裂控制爆破的规定。

在高瓦斯矿井和突出矿井的采掘工作面实体煤中，进行 10 m 以上深孔预裂控制爆破，其目的是在保持围岩稳定性的情况下，增加煤体裂隙、松动煤体。

松动爆破是利用风钻或煤电钻向煤体深部的高压带打几个普通直径的长炮眼，装药爆破后松动煤体，消除煤质软硬不匀现象并形成瓦斯排放的通道，在工作面前方造成较长的低压带，使高压带移向煤体的更深部位，故可预防瓦斯突出的发生。

在有突出危险的煤层中掘进巷道时，应采取以下措施。

1. 打眼

一般在工作面布置 3~5 个钻孔（不得少于 3 个），孔径 40 mm 左右，孔深 7~10 m（不得小于 7 m），孔底超前工作面不小于 5 m，周边眼打在轮廓线上，上挑角度≤5°；炮眼之间要平行等距，达到准、平、直、齐。

2. 装药

（1）炸药品种可使用二级煤矿许用炸药，即炸药的安全等级降低了一级，而炸药威力却提高了一级。因此，必须严格控制一次爆破装药量。每孔装药量为 3~6 kg，炮泥长度不得小于 2 m。爆破后在钻孔周围形成破碎圈和松动圈，圈内的煤分别为碎屑状和破碎状，并形成瓦斯排放通道。

（2）周边眼的装药结构，可采用不耦合装药结构或空气柱装药结构。为解决管道效应问题，可采用煤矿许用毫秒雷管与煤矿许用导爆索结合起爆全部炮眼。

（3）使用煤矿许用毫秒雷管但不准跳段使用，相邻两段之间的间隔时间≤50 ms，最末一段雷管的延期时间≤130 ms。

（4）所有炮眼都必须正向装药，不准反向装药。雷管和炸药卷的聚能穴方向都朝向眼底。

（5）封泥应符合有关的规定。

3. 起爆

（1）全断面一次起爆，周边眼先起爆预裂，其他炮眼后起爆，松动煤体。

（2）严格执行“一炮三检”制。

（3）为了防止延期突出，爆破后至少等 20 min，方可进入工作面，一般在松动爆破后，工作面停止作业 4~8 h。撤人和爆破距离根据突出危险程度确定，不得小于 200 m，撤出人员应处于新鲜风流中。

4. 防护措施

必须有撤人、停电、警戒、远距离爆破、反向风门等安全防护措施。

5. 检验

爆破后进行措施效果检验，如措施失效，必须采取补救措施。

第三百五十四条　爆破工必须把炸药、电雷管分开存放在专用的爆炸物品箱内并加锁，严禁乱扔、乱放。爆炸物品箱必须放在顶板完好、支护完整，避开有机械、电气设备的地点。爆破时必须把爆炸物品箱放置在警戒线以外的安全地点。

【条文解释】　本条是对爆破工存放爆炸物品方法和地点的规定。

电雷管内的起爆药是二硝基重氮酚，是一种非常敏感的易爆危险品。与电雷管摩擦产生静电，其静电压值超过雷管的耐静电压（1~3 V）时，会引起爆炸，此外对其挤压、冲击、摩擦时，也能引起爆炸。

如果把雷管和炸药存放在一起，或把药箱放在顶板、支架不完好的地点，没避开机械、电气设备的地点，一旦雷管受到冲击、碰撞或接触漏电和杂散电流使雷管爆炸，将使炸药殉爆而扩大事故，所以雷管和炸药必须分别存放在专用的爆炸物品箱内并加锁，严禁乱扔乱放。

正常爆破时，在炸药起爆后会形成爆炸冲击波，会夹带飞石；同时有时还会因爆炸物品本身的问题或装药质量等问题出现爆燃、灼热颗粒等异常情况。从起爆地点到警戒线的距离和从起爆地点到爆破地点的距离，是根据所用炸药威力、起爆数量、起爆方式和有无拐弯处等因素，为防止爆破崩人而具体规定的，这个距离简称为避炮安全距离。如果将爆炸物品箱放在警戒线以内，即小于避炮安全距离，就有可能受爆炸冲击波的冲击，被爆破飞出的碎石击中而发生爆炸。所以，必须将爆炸物品箱放到警戒线以外顶板完好、支架完整，避开机械、电气设备的安全地点。

第三百五十五条 从成束的电雷管中抽取单个电雷管时，不得手拉脚线硬拽管体，也不得手拉管体硬拽脚线，应当将成束的电雷管顺好，拉住前端脚线将电雷管抽出。抽出单个电雷管后，必须将其脚线扭结成短路。

【条文解释】 本条是对从成束的电雷管中抽取单个电雷管的操作规定。

我国目前生产的瞬发电雷管，其结构是借助一段硫黄柱作封口塞，将引火原件（由脚线、桥丝、纸垫组成）和装了药的管体连接起来的；大多数延期电雷管是用塑料塞连接，有的还外加铁箍卡口，也有硫黄柱的。

抓住雷管管体硬拽脚线，或是手拉脚线硬拽管体，都容易造成雷管封口塞松动，两根脚线错动，致使桥丝崩断或脱落，雷管拒爆。瞬发电雷管的桥丝是插入雷管的起爆药柱内的，而延期雷管的桥丝周围有一个引火药头，它们都是摩擦感度很高的炸药，一旦拉动引火元件，容易造成这些敏感药剂与管壁的强烈摩擦而着火，导致雷管爆炸。

所以，从成束的电雷管中抽取单个电雷管时，不得手拉脚线硬拽管体，也不得手拉管体硬拽脚线，应将成束的电雷管顺好，拉住前端脚线将电雷管抽出。抽出单个雷管后，必须将其脚线扭结成短路，防止脚线接触导电体而引爆。

【典型事例】 某日，某煤矿井巷区煤掘队，在-430 m 406 号平下掘进，爆破工在装配起爆药卷时，抓住雷管管体硬拽脚线，引起雷管爆炸，将其右手四指炸断。

【典型事例】 某日，某煤矿 408 号 6 平下东工作面，当时有 3 个人在场，其中 1 人用右脚踩住成束雷管硬拽脚线，结果引起雷管爆炸，3 人受伤，1 人右脚被炸掉，一只眼睛被炸瞎。

第三百五十六条 装配起爆药卷时，必须遵守下列规定：

（一）必须在顶板完好、支护完整，避开电气设备和导电体的爆破工作地点附近进行。严禁坐在爆炸物品箱上装配起爆药卷。装配起爆药卷数量，以当时爆破作业需要的数量为限。

（二）装配起爆药卷必须防止电雷管受震动、冲击，折断电雷管脚线和损坏脚线绝缘层。

（三）电雷管必须由药卷的顶部装入，严禁用电雷管代替竹、木棍扎眼。电雷管必须全部插入药卷内。严禁将电雷管斜插在药卷的中部或者捆在药卷上。

（四）电雷管插入药卷后，必须用脚线将药卷缠住，并将电雷管脚线扭结成短路。

【名词解释】 装配起爆药卷

装配起爆药卷——把电雷管插入药卷顶部的作业过程。

【条文解释】 本条是对装配起爆药卷的有关规定。

1. 装配起爆药卷的地点必须在顶板完好、支架完整处，以防止局部冒顶或落石击爆起爆药卷。同时也要避开电气设备和导电体，以防止电气设备失爆、漏电以及杂散电源通过导电体与起爆药卷接触时，引发爆炸事故。装配时，严禁坐在爆炸物品箱上，如果爆炸物品箱不结实，或装配操作不当，因摩擦、挤压、触动摩擦感度高的雷管，就可能发生雷管爆炸，并引起爆炸物品箱内炸药爆炸，造成更大的爆炸事故。装配起爆药卷数量，用多少就装配多少，以当时当地需要的数量为限，不可多装。

2. 电雷管必须从药卷的顶部（平头）装入，不准从炸药窝心（聚能穴）一端装入；否则，会使雷管的聚能穴方向与药卷的聚能穴方向相反，失去聚能作用，影响殉爆效果，使雷管和起爆药卷的爆炸能量不能全部向被动药卷传递，导致下一个药卷拒爆或爆燃。

3. 装入雷管前，必须用一个直径稍大于雷管直径的竹、木棍在药卷平头扎一个圆孔，然后把雷管装入药卷内，严禁用电雷管代替竹、木棍直接扎眼硬插入药卷内，一旦操作不当，用力过猛，容易导致引火元件因摩擦而起火，导致雷管爆炸；另外还容易造成雷管封口塞松动，两根脚线错动，致使桥丝崩断，或引火药头脱落，造成雷管拒爆。

电雷管必须按药卷中心轴线方向全部插入药卷内，不准管露半截，严禁斜插在药卷的中部或捆在药卷上。这些不正确的装配方法不仅不利于正常地引爆药卷，还会使炸药的爆速和传爆能力降低，甚至产生爆燃和拒爆。

4. 电雷管插入药卷后，必须用脚线将药卷缠住，以免雷管从药卷中松脱出来，并将电雷管脚线扭结成短路，不与潮湿的煤岩壁或导电体接触，以防漏电或杂散电流引爆电雷管。

【典型事例】　某日，某煤矿掘进工作面，爆破工装配完起爆药卷后，未及时将2根脚线扭结，脚线碰到矿灯盒子上，因灯盒漏电，引起雷管、炸药爆炸，造成人员伤亡事故。

第三百五十七条　装药前，必须首先清除炮眼内的煤粉或者岩粉，再用木质或者竹质炮棍将药卷轻轻推入，不得冲撞或者捣实。炮眼内的各药卷必须彼此密接。

有水的炮眼，应当使用抗水型炸药。

装药后，必须把电雷管脚线悬空，严禁电雷管脚线、爆破母线与机械电气设备等导电体相接触。

【条文解释】　本条是对装药的规定。

1. 装药前应清除炮眼内的煤岩粉。

炮眼内的煤粉或岩粉必须清除掉，如果炮眼内存有煤岩粉，容易发生拒爆、爆燃或事故，产生瓦斯、煤尘爆炸事故。

(1) 炮眼内有煤岩粉，使装入炮眼内的药卷不能紧贴在一起，或者药卷装不到底。在药卷之间、药卷和眼底之间，存有一段煤岩粉，影响炸药能量的传递，以致产生残爆、拒爆，或爆燃或留下残眼，影响爆破效果。

(2) 煤粉是可燃物，极易被爆炸火焰点燃，喷出孔外，有点燃瓦斯、煤尘的危险。

(3) 若煤粉参与炸药的爆炸反应，就会改变原有爆炸的氧平衡，成为负氧平衡，使爆生气体的一氧化碳量增加，影响人身健康。

(4) 炮眼中存在煤岩粉时，则会导致药卷间不能紧密接触，使引药与炸药的聚能穴不能保持一个方向，使爆速和传爆能力降低，有可能产生爆燃和拒爆。

2. 装药时不能用炮棍冲撞或捣实药卷。

(1) 煤矿井下普遍使用的是硝酸铵炸药，如果用炮棍捣实，炸药密度大于最佳密度，就会使炸药的敏感度降低，造成爆炸反应不完全，还可能出现爆炸中断而产生拒爆。若使用乳化炸药、水胶炸药时，如用炮棍捣破炮皮，则药浆外流而使炸药失效。

（2）用炮棍捣实药卷，会使药卷膨胀，直径加大，把药卷的防潮外皮捣破，当炮眼内有水时，使炸药受潮，影响炸药的爆破性能。

（3）用炮棍捣实药卷，有可能捣破电雷管的脚线包皮或捣断脚线，采用正向装药时，起爆雷管是在最外一卷炸药内，如用力捶捣炸药卷就可能捣响雷管。

装起爆药卷时，除要严防电雷管受震动、冲击或摩擦外，还应防止折断雷管脚线，防止雷管封口松动，造成两根脚线错动，致使电桥丝崩断或引火头脱落而造成拒爆。向炮眼内装引药时，应防止电雷管脚线绝缘层被破碎的煤岩割破，造成电雷管脚线接地短路，而不能起爆。

3. 防止雷管脚线短路的措施。

（1）装药前，首先清除炮眼内的煤岩粉，以免装药和充填炮泥时，煤岩颗粒磨破雷管脚线的绝缘层。

（2）装药前用炮棍探测一下炮眼的完整程度。炮眼内如有裂缝或坍塌，不准装药，以免雷管脚线绝缘层被破碎的煤岩割破。

（3）装炮泥时，要拉直雷管脚线，使脚线紧靠炮眼内壁，以免雷管脚线被炮棍捣破。

（4）连线完毕后，要详细检查一遍各个接头，保证它们各自独立悬空，以免雷管脚线接头相互接触，同时严禁电雷管脚线、爆破母线与机械电气设备等导电体相接触。

4. 有水的炮眼，应使用抗水型炸药。抗水型硝铵炸药采用沥青、石蜡作为抗水剂，具有优良的抗水性能，装入水眼内 24 h 后，仍能可靠爆轰，即使将药粉分散在水中再捞起来装成药卷，也能用 8 号电雷管起爆。至于浆状炸药、水胶炸药和乳化炸药，炸药本身就含水，呈凝胶状，抗水性能强，一般在水中浸泡 24 h 不影响爆破性能，使用很方便。

使用非抗水型炸药，套上防水套，或是将一定数量药卷串穿在防水的油纸筒或塑料防水套里，但装药时，易将防水套划坏，或装药、爆破间隔时间稍长，水进入防水套内，起不到防水作用。同时，防水套在炮眼内参予爆炸反应，改变了炸药的氧平衡，增加爆生气体中有毒气体一氧化碳含量。因此，《规程》规定，潮湿和有水的炮眼应使用抗水炸药。

5. 由于井下电机车牵引，网路引起的杂散电流和动力运输、电气照明设备、采掘机械等漏电造成的杂散电流，都可以通过沿井巷的导体，如管路和轨道形成电路。杂散电流与潮湿的煤、岩壁接触，可使煤、岩壁导电。漏电电源一相与另一漏电电源一相，经爆破母线或脚线与之接触，就能发生意外爆炸事故，造成人员伤亡。在装药后，必须把雷管脚线扭成短路并悬空，严禁雷管脚线、爆破母线与运输电气设备、采掘机械等导体接触，以防止发生爆炸事故。

防止杂散电流的产生和危害措施：

（1）降低电机车牵引网路产生的杂散电流。采取用电线连接两轨道间的接头，形成轨道电路，降低网路的电阻值，必须在回电的轨道与架线轨道之间加以绝缘。

（2）爆破母线尽量不与压风管、洒水管等管路、轨道、钢丝绳、刮板输送机等导电体和动力、照明线路接触；管路与电线不与爆破母线同侧铺设，至少保持 0.3 m 的悬挂距离。

（3）加强井下机电设备和电缆、电线的检查和维修，使之不损坏和不漏电。

（4）电雷管脚线和连接线、脚线和脚线之间的接头都必须悬空，不得同任何导电体和潮湿的煤、岩壁相接触。

同时，还应防止静电的产生，将有可能产生静电的设备、器材进行接地，使其产生的静电向大地泄漏，不至于积聚；加强洒水防尘、增加空气湿度，使静电难以产生；爆破工及接触爆炸物品的有关人员，禁止穿化纤衣服，以避免人体产生静电和积聚静电。

第三百五十八条　炮眼封泥必须使用水炮泥，水炮泥外剩余的炮眼部分应当用黏土炮泥或者用不燃性、可塑性松散材料制成的炮泥封实。严禁用煤粉、块状材料或者其他可燃性材料作炮眼封泥。

无封泥、封泥不足或者不实的炮眼，严禁爆破。

严禁裸露爆破。

【名词解释】　水炮泥、炮泥、裸露爆破

水炮泥——用塑料薄膜圆筒充水的一种炮眼充填材料。

炮泥——用来封闭炮眼的惰性材料（不参与爆炸反应）。因为早期普遍采用黏土封闭炮眼，所以俗称炮泥。

裸露爆破——把炸药放在被爆破的煤、岩块表面上，用黄泥等把炸药盖上或直接放在煤、岩块表面上进行爆破。

【条文解释】　本条是对装填炮泥的规定。

1. 水炮泥的优点：

（1）炸药爆炸后，水炮泥的水由于爆炸气体的冲击作用形成一层水幕，起到了降低温度、缩短爆炸火焰延续时间的作用，从而减少了引爆瓦斯煤尘的可能性，有利于安全生产。

（2）水炮泥爆裂后形成的水幕，有灭尘和吸收炮烟中有毒气体的作用，有利于改善工人劳动条件。据试验测定：用水炮泥煤尘浓度可降低近50%，二氧化碳含量可减少35%，二氧化氮可减少45%。虽然水炮泥是一种安全、可靠的炮眼充填材料，但是不允许只装水炮泥而不装黏土炮泥，因为水炮泥的直径小于炮眼直径，它不能完全起到黏土炮泥的作用，所以水炮泥外剩余的炮眼部分应用黏土炮泥或用不燃性的、可塑性松散材料制成的炮泥封实。

2. 黏土炮泥的作用，是将炸药爆炸产物（高温高压气体、火焰、管屑、未分解的药粉等）在短时间内密闭和阻挡在炮眼内，使爆生气体足以完成爆炸破碎、抛掷岩石（煤）的功能。当炸药在无封泥、封泥不足或不实的炮眼内爆炸时，爆生气体从眼口逸出，不但炸药的静压膨胀作用得不到充分利用，爆破效果不好，而且爆炸火焰及雷管碎屑从眼口喷出，直接与井下瓦斯煤尘接触，容易引起瓦斯、煤尘爆炸，所以，无封泥、封泥不足或不实的炮眼，严禁爆破。此外，加工炮泥时不要混入石子，否则爆破时会造成飞石伤人事故。

【典型事例】　某日，某煤矿掘进工作面瓦斯超限，爆破前没检查瓦斯，炮眼内煤粉未清除干净，黏土炮泥装填不足，没装水炮泥，爆破时引起瓦斯爆炸，死亡3人，100多米巷道被摧毁。

3. 严禁用煤粉、块状材料或其他可燃性材料作炮眼封泥。这是因为：

（1）上述材料不是可塑性材料，起不到炮泥堵塞炮眼的作用，容易造成“放空炮”。

（2）上述材料具有可燃性，参与炸药爆炸反应时，变成负氧平衡，使炸药反应因缺氧而导致爆生气体中增加了有害气体一氧化碳的含量和生成二次火焰，易引燃瓦斯和煤尘。

（3）炸药爆炸时，将使燃烧的煤粉、颗粒等可燃材料抛出，易引起瓦斯、煤尘爆炸。

【典型事例】 某日，某煤矿斜井 101 工作面 9 号硐室，爆破引起瓦斯、煤尘爆炸事故，死亡 101 人。事故原因：101 工作面采用硐室采煤方法，没有风道、通风紊乱造成瓦斯积聚，爆破前没有检查瓦斯，并且炮眼无封泥或封泥不足。据事故后调查，6 个顶眼，2 个有封泥，4 个没有，装填炮泥的 2 个炮眼中的炮泥也只有 10～30 mm，且全用煤块、纸屑填封，这是造成爆炸事故的主要原因；通风管理混乱和无防尘管路系统、爆破前未洒水降尘等是造成爆炸事故的其他原因。

【典型事例】 某日，某乡镇煤矿采煤工作面因采煤工装药时用煤块充填炮眼，爆破时“打空炮”喷出火焰引起特大瓦斯爆炸事故，造成工作面 40 名工人全部遇难。事故原因：该工作面由于夜班停产停风、早班恢复生产时未开局部通风机，使工作面长达 12 h 无风造成瓦斯积聚；瓦斯检查员配备不足，该矿从未执行过“一炮三检”制，装药、爆破前空班、漏检、违章爆破现象普遍存在；该工作面由 6 个采煤工轮流爆破，无一人经过培训，均是无证爆破，违章作业；采煤工装药时用煤块充填炮眼，爆破时“打空炮”喷出火焰引爆瓦斯，这是造成事故的直接原因。

4. 由于裸露爆破是在煤和岩石表面上爆炸，爆炸火焰直接与井下空气相接触，最容易引起瓦斯、煤尘燃烧或爆炸；同时由于裸露爆破的爆破方向和爆破能量难以控制，往往带来其他不安全因素，例如裸露爆破容易崩倒和崩坏支架，造成冒顶；容易崩坏机电设备，造成生产事故。裸露爆破还会在空气中引起强烈震动，容易把顶帮的浮石崩松或崩落，使离层面和围岩裂隙面扩大；容易把煤尘震起到处飞扬，既不利于工人健康，也易引起煤尘爆炸事故。这种爆破方法只能使炸药的局部破碎功发生作用，炸药的膨胀功没有得到利用，不仅爆破效果差，而且炸药消耗比用炮眼爆破多几十倍，造成炸药的很大浪费。1983—1991 年，某矿务局因裸露爆破而引起的瓦斯、煤尘爆炸事故 6 起，其中因放糊炮而发生一次死亡 3 人以上的事故 4 起，死亡 27 人，重伤 10 人。所以严禁裸露爆破。

【典型事例】 某日，某煤矿修备工区 SA608 工作面进风道因年久失修，支架大多变形或断裂，修护时拟将原拱形金属支架拆除。工人图省事，违章爆破拆除，将炸药放在棚腿槽钢里用黄泥盖好，一次起爆 5 个炮，由于爆破母线过短，全长只有 42 m，撤人安全距离比规定少 58 m，而且没有躲避掩体，2 人被飞散的铁片击倒，当场死亡。

【典型事例】 某日，某煤矿 2123 工作面风速过大，煤尘飞扬。在距上材料道 40 m 处的断层带，掉落一块长为 3.8 m、宽为 0.4 m 的大块矸石，压在刮板输送机上无法生产。班长指挥爆破工将 3 kg 炸药、4 发雷管捆在一起，直接放在大块矸石下爆破，爆炸火焰点燃煤尘引发爆炸事故，造成死亡 15 人。

第三百五十九条 炮眼深度和炮眼的封泥长度应当符合下列要求：

（一）炮眼深度小于 0.6 m 时，不得装药、爆破；在特殊条件下，如挖底、刷帮、挑顶确需进行炮眼深度小于 0.6 m 的浅孔爆破时，必须制定安全措施并封满炮泥。

（二）炮眼深度为 0.6～1 m 时，封泥长度不得小于炮眼深度的 1/2。

（三）炮眼深度超过 1 m 时，封泥长度不得小于 0.5 m。

（四）炮眼深度超过 2.5 m 时，封泥长度不得小于 1 m。

（五）深孔爆破时，封泥长度不得小于孔深的 1/3。

（六）光面爆破时，周边光爆炮眼应当用炮泥封实，且封泥长度不得小于 0.3 m。

（七）工作面有 2 个及以上自由面时，在煤层中最小抵抗线不得小于 0.5 m，在岩层中最小抵抗线不得小于 0.3 m。浅孔装药爆破大块岩石时，最小抵抗线和封泥长度都不得小于 0.3 m。

【名词解释】 炮眼深度、炮眼长度、自由面、最小抵抗线

炮眼深度——从炮眼底到自由面的垂直距离。

炮眼长度——沿炮眼轴线由眼口到眼底之间的距离。

自由面——被爆介质与空气的接触面。

最小抵抗线——从装药中心到自由面的最短距离。

【条文解释】 本条是对炮眼深度和炮眼封泥长度的规定。

从图 3-8-10 可看出，在炮眼长度与装药长度相同的情况下，炮眼的深度越大，则最小抵抗线也越大，炮眼轴线与自由面之间所夹的岩石越厚；反之，炮眼的深度越小，则最小抵抗线也越小，炮眼轴线与自由面之间所夹的岩石越薄。

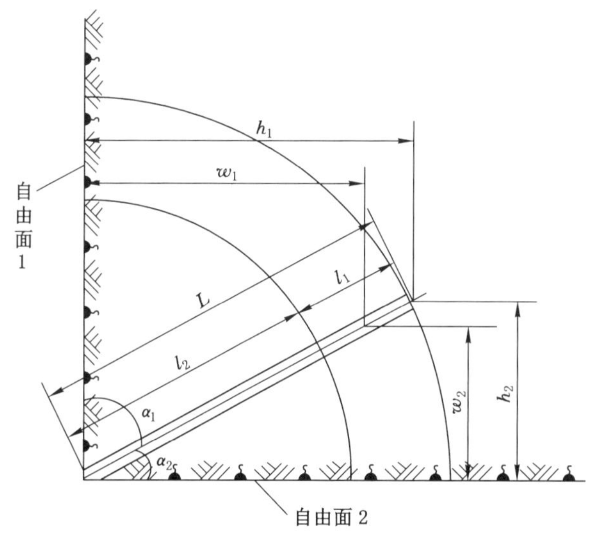

h_1，h_2—对自由面 1、2 的炮眼深度；ω_1，ω_2—对自由面 1、2 的抵抗线；
L—炮眼长度；l_1—装药长度；l_2—炮泥长度；α_1，α_2—炮眼轴线与自由面 1、2 的夹角。

图 3-8-10 在两个自由面情况下炮眼深度与最小抵抗线示意图

炮眼内的药卷爆炸时，炸药的爆炸能量是从有最小抵抗线的自由面释放的。由于炮眼深度越小，药卷对自由面的抵抗线也越小。当炮眼深度小于 0.6 m 时，扣除所装药卷长度后，炮泥长度肯定不足，就不能阻止高温高压的爆生气体和灼热的固体颗粒冲破抵抗线最小的自由面，极容易引燃、引爆瓦斯或煤尘。因此，炮眼深度小于 0.6 m 时，属浅眼爆破，不得装药、爆破。

在特殊条件下，如卧底、刷帮、挑顶确需浅眼爆破时，必须制定安全措施，炮眼深度可以小于0.6 m，但炮泥必须装满。

小于0.6 m的卧底、刷帮、挑顶浅眼爆破所制定的安全措施必须符合下列要求：

（1）每孔装药量不得超过150 g；

（2）炮眼必须封满填实炮泥；

（3）爆破前必须在爆破地点附近洒水降尘并检查瓦斯，瓦斯浓度超过1%不准爆破；

（4）检查并加固爆破地点附近的支架；

（5）爆破时，必须设好警戒，班长在现场指挥。

为了达到较好的爆破效果和保证爆破安全，炮眼深度还必须与封泥长度和封孔质量相适应。炮眼深度越大，装药长度也增大，则封泥长度也要相应增大，使封泥真正起到封堵密闭作用，炸药的膨胀功得到充分利用。所以，对不同深度的炮眼规定了相应不同的封泥长度。

光面爆破时，周边光爆炮眼的封泥，在没使用专用光爆炸药的情况下，采用空气柱装药结构，只在炮眼口用一块炮泥封实，在炮泥与药卷之间留有一段空气柱。由于光爆周边眼是在其他炮眼爆破后最后一次起爆，若在有瓦斯、煤尘爆炸危险的采掘工作面，爆破后的瓦斯已形成积聚，就可能引爆瓦斯。光面爆破时周边光爆炮眼应用炮泥封实，且封泥长度不得小于0.3 m。

当工作面有2个或2个以上自由面时，就有2个或2个以上的抵抗线，要以其中最短的作为最小抵抗线。在炮眼长度相同的情况下，炮眼角度（炮眼与自由面的夹角）越小，其抵抗线也越小，即炮眼与自由面之间所夹的介质越薄。在这种情况下，爆炸冲击波首先冲破抵抗线最小的自由面，爆生气体、管屑甚至火焰就会喷出自由面以外，从而引起瓦斯、煤尘爆炸。所以，必须认真执行对最小抵抗线的规定。

【典型事例】 某日，某煤矿-98 m水平掘进工作面，炮眼深度为1.4 m，实际封泥仅为0.3 m左右，并用煤块封孔，且未装水炮泥，导致炮口喷出火焰引发瓦斯爆炸，造成20人死亡，3人重伤。

裸露爆破时，最小抵抗线接近于0，最容易引起瓦斯、煤尘爆炸，所以爆破大岩块时，最小抵抗线和封泥长度都不得小于0.3 m。

第三百六十条 处理卡在溜煤（矸）眼中的煤、矸时，如果确无爆破以外的其他方法，可爆破处理，但必须遵守下列规定：

（一）爆破前检查溜煤（矸）眼内堵塞部位的上部和下部空间的瓦斯浓度。

（二）爆破前必须洒水。

（三）使用用于溜煤（矸）眼的煤矿许用刚性被筒炸药，或者不低于该安全等级的煤矿许用炸药。

（四）每次爆破只准使用1个煤矿许用电雷管，最大装药量不得超过450 g。

【条文解释】 本条是对爆破处理溜煤（矸）眼卡眼的规定。

【典型事例】 某日，某煤矿在处理溜煤眼卡眼时，裸露爆破引发一起煤尘爆炸事故，死亡17人，重伤3人。

用裸露爆破处理溜煤（矸）眼中卡住的煤、矸极不安全。因为溜煤眼堵塞后，通风不良，容易积聚瓦斯，煤尘也多，爆破后使爆炸火焰直接引爆瓦斯、煤尘爆炸。

1. 溜煤眼被卡后，其上、下部空间形成“盲巷”死角，极易积聚瓦斯，煤尘也多，所以爆破前必须检查堵塞部位的上、下部空间的瓦斯，爆破前必须洒水降尘。

2. 使用用于溜煤（矸）眼的煤矿许用刚性被筒炸药，或不低于该安全等级的煤矿许用炸药。煤矿许用刚性被筒炸药是以2号煤矿铵梯炸药的药卷作药芯，装入直径42 mm的石蜡纸筒内，在药卷和纸筒的间隙填满粉状食盐（消焰剂），再封口成一个单个药卷。其中食盐含量可达到药芯重量的50%，既提高了安全性，又解决了加盐后降低爆炸性能和爆轰不稳定的矛盾。被筒炸药爆炸时，被筒内的食盐形成一层雾状帷幕，将爆炸点笼罩起来，使之与瓦斯、煤尘隔离，因此具有较高的安全性和可靠性。见图3-8-11。

若不使用煤矿许用刚性被筒炸药，则可使用同属五级的离子交换炸药。

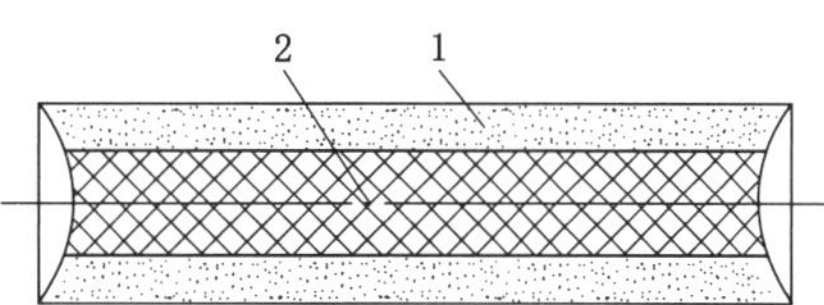

1—食盐被筒；2—药芯。
图3-8-11　刚性被筒炸药

3. 每次爆破只准使用1个煤矿许用电雷管。如果同时使用2个电雷管，即使是同一厂家同一批产品，其每段电雷管的秒量也有允许误差值，例如煤矿毫秒延期电雷管第2段的秒量是（25±10）ms，即秒量15~35 ms都属于同一段雷管。如果眼底装的秒量小的雷管先爆，装在中间的秒量大的雷管后爆，则底部先爆的炸药爆炸冲击波会将外部的药包和起爆药包抛在自由面外边爆炸，就可能引起瓦斯煤尘爆炸。

每次爆破的最大装药量不得超过450 g，因为装药量过大，产生的高温高压爆生气体也多，是引燃瓦斯煤尘的根源，而且亦会破坏溜煤眼围岩的稳定性，造成片帮或飞石伤人事故。

第三百六十一条　装药前和爆破前有下列情况之一的，严禁装药、爆破：

（一）采掘工作面控顶距离不符合作业规程的规定，或者有支架损坏，或者伞檐超过规定。

（二）爆破地点附近20 m以内风流中甲烷浓度达到或者超过1.0%。

（三）在爆破地点20 m以内，矿车、未清除的煤（矸）或者其他物体堵塞巷道断面1/3以上。

（四）炮眼内发现异状、温度骤高骤低、有显著瓦斯涌出、煤岩松散、透老空区等情况。

（五）采掘工作面风量不足。

【条文解释】　本条是对严禁装药、爆破的有关规定。

装药前和爆破前有下列情况之一的，严禁装药、爆破：

1. 当采掘工作面的控顶距离不符合作业规程的规定，或者支架有损坏、伞檐超过规定，在连线、装药时容易发生落石伤人事故，爆破后容易发生冒顶、片帮事故。此时严禁装药、爆破。

2. 瓦斯在新鲜空气条件下的爆炸浓度为5%~16%（按体积计算）。当采掘工作面风流中瓦斯浓度达到1%时，距瓦斯爆炸下限浓度5%有5倍的安全系数。当瓦斯浓度达到

1.5%时，其安全系数就下降到只有3倍。如果可燃气体如氢（H_2）、硫化氢（H_2S）、一氧化碳（CO）等及煤尘混入含瓦斯的矿井空气中，会使瓦斯爆炸浓度下限下移，安全系数就更低了。

引爆瓦斯火源的温度，一般为650~750 ℃。实验表明，当爆炸前温度为20 ℃时，瓦斯的爆炸界限为6%~13.4%；600 ℃时，为3.35%~16.4%。所以高温会使爆炸下限下移，使原来未达到爆炸浓度的瓦斯发生爆炸。而井下爆破产生的火焰，瞬间能达到2 000 ℃以上高温，为瓦斯爆炸提供了高温热条件，瓦斯未达到爆炸浓度时就可能发生爆炸。

考虑到上述各种不利因素，所以本条中规定：爆破地点附近20 m以内风流中甲烷浓度达到或者超过1.0%时，严禁装药、爆破。

3. 当爆破地点20 m以内，有矿车、未清除的煤矸或其他物体堵塞巷道断面1/3以上时，既妨碍爆破操作，又增加巷道阻力，炮烟不能很快被吹散；同时，万一工作面发生冒顶、片帮时，还影响在工作面的作业人员安全撤离。因此，必须事先清除这些杂物，否则严禁装药、爆破。

4. 当炮眼内发现异状，如炮眼内有水流出、煤壁发潮、挂水珠、工作面发冷等，可能是透水的征兆；炮眼内温度忽高忽低或向外冒热气、流热水等，前方可能是火区；响煤炮、地压突然增大、炮眼内瓦斯忽大忽小等，则是煤与瓦斯突出的预兆。当遇到上述情况以及透老空区时，都严禁装药、爆破。

5. 当采掘工作面风量不足时，既不能保证作业人员正常呼吸，还不能排出和稀释各种有害气体与矿尘。在这种情况下，严禁装药、爆破。

【典型事例】　2005年7月2日，山西省某煤矿接替井由于矿井总风量严重不足，下山采区511掘进工作面局部通风机安装位置违反《规程》规定，致使该工作面形成循环风，瓦斯局部积聚并达到爆炸浓度；未使用炮泥、水炮泥填塞炮眼，爆破产生火焰引起瓦斯爆炸，煤尘参与爆炸。事故造成36人死亡、11人受伤，直接经济损失1 185.2万元。

第三百六十二条　在有煤尘爆炸危险的煤层中，掘进工作面爆破前后，附近20 m的巷道内必须洒水降尘。

【条文解释】　本条是对有煤尘爆炸危险掘进工作面爆破洒水降尘的规定。

煤尘爆炸的条件之一是有一定浓度的浮游煤尘。空气中浮游煤尘爆炸的下限浓度为30~50 g/m^3，上限浓度为2 000 g/m^3，爆炸力最强的浮游煤尘浓度为300~400 g/m^3。浮游煤尘是煤尘爆炸的直接因素，而沉积煤尘是造成煤尘爆炸的最大隐患。

煤尘爆炸引燃温度为610~1 050 ℃。井下爆破、瓦斯爆炸、电气短路火花、斜井跑车的摩擦火花及其他明火，都能在瞬间达到上述温度，而导致煤尘爆炸或煤尘、瓦斯连续爆炸。为确保爆破安全，杜绝因爆破作业而引发的煤尘爆炸事故，规定必须在爆破前爆破点前后20 m的范围内进行洒水降尘，一是为了降低空气中煤尘浓度；二是增加煤尘含水量，惰化煤尘活性，提高煤尘的引爆温度。

从工业卫生角度考虑，由于爆破时产生爆破冲击波，造成爆点附近的空气震颤，若附近的煤尘含水偏低，则会出现爆破扬尘，使爆破地点及其下风流中的粉尘浓度加大，会加大对作业人员健康的危害，导致尘肺病。因此，必须在爆破前洒水，以起到防尘的作用，保证从业人员不受粉尘危害。

采掘工作面爆破前后洒水降尘应做到以下标准：

1. 掘进工作面爆破前必须对工作面 20 m 范围内巷道周边进行冲洗。

2. 爆破时应在距工作面 10~20 m 支护上安装风水喷雾器，水幕应能覆盖巷道全断面，并在爆破后连续喷雾 10 min 左右。

3. 爆破后扒装前，必须对距工作面 20 m 范围内的巷道周边和煤（岩）堆洒水，装岩过程中边装边洒。

4. 炮采工作面应采用射程较远、水滴较粗的扁头喷嘴对距工作面 20 m 范围内的巷道进行喷雾降尘。

5. 炮采工作面爆破前后，都要分别冲洗一次煤壁、顶板，并浇湿底板和落煤，在出煤过程中，边出煤边洒水。

6. 割煤机、掘进机都应安装有效的内外喷雾装置，无喷雾装置的不准工作。

【典型事例】　某日，某煤矿全煤上山掘进工作面没有防尘管路设施，造成工作面平巷及绞车道浮尘多、煤尘积存严重。通风设施没有专人看管，随意停风，停风后又突然送风，造成工作面煤尘飞扬，爆破前又不洒水降尘。工作面爆破时，由于未用水炮泥，炮眼又封堵不实，爆破产生的火焰引起煤尘爆炸，造成死亡 26 人、重伤 3 人。

第三百六十三条　爆破前，必须加强对机电设备、液压支架和电缆等的保护。

爆破前，班组长必须亲自布置专人将工作面所有人员撤离警戒区域，并在警戒线和可能进入爆破地点的所有通路上布置专人担任警戒工作。警戒人员必须在安全地点警戒。警戒线处应当设置警戒牌、栏杆或者拉绳。

【条文解释】　本条是对在爆破前保护设备及警戒工作的规定。

爆破时，爆落的飞石有可能崩坏机器、液压支架和电缆、电线等，因此，必须在爆破前，将其妥善保护或将其移出工作面。

爆破时产生的冲击波和产生的碎石足以致人死亡，同时爆破后产生的炮烟中也含有大量的氮氧化物，对人体有较大的危害，而井下流动工作人员，如瓦斯检查工、安全员、维修工等，随时都会进入待爆破区域而发生意外伤亡事故。因此，爆破前必须在所有通入爆炸地点的通道上设置警戒和标志，如警戒牌、栏杆或拉绳。

爆破地点至所有通道警戒线的距离（俗称躲炮安全距离），一般应考虑爆破场所使用炸药的威力、起爆炸药量、爆破地点距外部的环境，如有无拐弯巷道、拐几处、拐弯角度等，进行综合考虑确定。应在可能进入爆破地点的所有通路上的这个安全距离之外的安全地点，设置警戒线、安排警戒人员。

爆破警戒工作是爆破作业的一个重要环节，是防止爆破伤人事故发生的一项重要措施，应做到以下几点：

1. 爆破前，班组长必须亲自布置专人将工作面所有人员撤离警戒区域，并在警戒线和可能进入爆破地点的所有通路上布置专人担任警戒工作。

2. 必须指定由责任心强的人当警戒员，不能由未经培训的工人担任，也不准由爆破工兼任。

3. 警戒员必须在有掩护的安全地点进行警戒。警戒线必须超过作业规程中规定的避炮安全距离。

4. 警戒线处应设置警戒牌、栏杆或拉绳。

5. 警戒员应佩戴红色袖标，禁止其他人员进入爆破地点。

6. 警戒员不准兼做其他工作，不准擅自脱岗，不准打盹睡觉、聊天。

7. 1 名警戒员不准同时警戒 2 个通路。

8. 一般贯通巷道相距 20 m，有冲击地压煤巷贯通掘进相距 30 m，实行单向掘进；每次爆破前，两个工作面都必须派专人警戒，并设栏杆。

9. 爆破地点较远或上、下山与平巷贯通，要多派一个人去，待警戒员就位后，此人返回通知班组长，才能下令爆破。

10. 爆破后，警戒员要接到口头通知后才能撤回，不准事先约好某种信号（如听几次炮响、敲几下煤壁等）便私自撤回。

【典型事例】　某日，某煤矿采煤二区 21116 工作面爆破工在工作面从机尾往机头方向爆破，1 人在材料道设警戒，班长和爆破工在下方设警戒，两人相距 10 m。当爆破到 28 m 时，班长急于到材料道喊人做准备工作，在炮点下方 5 m 处遇到已连好线的爆破工，便让爆破工暂时停止爆破，让其爬过去再放。正当班长爬到炮点时，爆破工错误地判断班长已爬过炮点，到达了安全地点，即刻爆破，造成班长开放性颅脑损伤，经现场抢救无效死亡。

第三百六十四条　爆破母线和连接线必须符合下列要求：

（一）爆破母线符合标准。

（二）爆破母线和连接线、电雷管脚线和连接线、脚线和脚线之间的接头相互扭紧并悬空，不得与轨道、金属管、金属网、钢丝绳、刮板输送机等导电体相接触。

（三）巷道掘进时，爆破母线应当随用随挂。不得使用固定爆破母线，特殊情况下，在采取安全措施后，可不受此限。

（四）爆破母线与电缆应当分别挂在巷道的两侧。如果必须挂在同一侧，爆破母线必须挂在电缆的下方，并保持 0.3 m 以上的距离。

（五）只准采用绝缘母线单回路爆破，严禁用轨道、金属管、金属网、水或者大地等当作回路。

（六）爆破前，爆破母线必须扭结成短路。

【名词解释】　爆破母线、连接线、脚线

爆破母线——连接电雷管脚线和发爆器的导线，俗称大线。

连接线——连接电雷管脚线的导线。如果电雷管脚线够长，就不需要连接线。

脚线——电雷管本身带有的两根导线。

【条文解释】　本条是对爆破母线和连接线的有关规定。

爆破母线和连接线必须符合下列要求：

1. 母线应采用铜芯绝缘线，严禁使用裸线和铝线。

铜芯绝缘线作母线，电阻小，又绝缘。裸线不绝缘，铝线的电阻大，都严禁用作爆破母线。

2. 爆破工必须在安全地点进行起爆，所以爆破母线长度必须大于规定的安全避炮

距离。

【典型事例】 某日，某煤矿 223 区二阶段风道爆破时，因爆破母线过短，只有 44.2 m，而且没有安全可靠的掩体，导致发生爆破事故，崩死 1 人，崩伤 1 人。

3. 母线接头不应过多，每个接头要刮净锈垢用干净手接牢，并用绝缘胶布包紧。母线接头过多、接头有锈垢未刮净，会增加电阻；接头处不用绝缘胶布包紧，容易发生漏电、接触放电或短路；都可能导致放不响炮或突然爆炸。

4. 母线外皮破损时，必须及时包扎。母线的外皮即绝缘层，破损后，若不及时包扎，就容易发生漏电或短路。

5. 不得用两根材质、规格不同的导线作爆破母线。两种材质如一根是铜的，另一根是铝的，则铜的电阻小，铝的电阻大；两种规格，则规格大的电阻小，规格小的电阻大。用两种材质、规格不同的导线作爆破母线，就改变了原设计网路的全电阻和起爆能力，当网路发生拒爆时，爆破工不容易找出拒爆的原因而采取有效解决办法。

6. 严禁用四芯、多芯或多根导线作爆破母线。爆破时只需用 2 根导线作爆破母线，若用四芯、多芯或多根导线作爆破母线，则多余的导线就可能是接触漏电或杂散电流而发生意外爆炸事故的途径。

7. 爆破母线和连接线、电雷管脚线和连接线、脚线和脚线之间的接头必须互相扭紧并悬挂，不得与轨道、金属管、金属网、钢丝绳、刮板输送机等导电体相接触。这是防止漏电及杂散电流引爆电雷管的一项具体措施。

由于井下电机车牵引，网路引起的杂散电流和动力运输、电气照明设备、采掘机械等漏电造成的杂散电流，都可以通过井巷的导体如管路和轨道形成电路。杂散电流与潮湿的煤，岩壁接触，可使煤、岩壁导电。漏电电源的一相与另一漏电电源的一相，经爆破母线或脚线与之接触，就会发生雷管意外爆炸事故，造成人员伤亡。

【典型事例】 某日，某煤矿第十水平东翼第二采区炮采工作面正准备爆破，炮眼内药卷已装好，并已连好脚线与母线。由于在距爆破地点 30 m 处查出母线被烧焦 0.5 m，煤电钻漏电与爆破母线裸露接头触地产生火花，发生瓦斯爆炸事故，导致死亡 12 人。

8. 巷道掘进时，爆破母线随用随挂。挂母线的过程也是检查母线的过程，能及时发现问题，如发现被埋、接头不好、外皮破损、接触导电体及岩壁等问题，可随时妥善处理。

若使用固定母线，可能产生习惯性侥幸心理，不认真去检查，反而易发生意外爆炸事故。但在特殊条件下，如在 45° 上下山，因行走困难，可在采取安全措施后使用固定母线。

9. 母线同电线、电缆、信号线应分别挂在巷道两侧。如果必须挂在同一侧，爆破母线必须挂在电缆的下方，并应保持 0.3 m 以上的悬挂距离。这是为了避免爆破母线与电线、电缆、信号线相接触，从而发生漏电引起意外爆炸事故。

10. 只准采用绝缘母线单回路爆破，严禁用轨道、金属管、金属网、水或大地等当作回路。

铁道、水沟或其他导电物体，极易受照明线、动力线的影响导入杂散电流。用它们作导体爆破，容易造成意外爆炸事故。此外，这些物体的电阻很难掌握，无法准确计算网路参数，易造成丢炮或全部拒爆，还会因接触不良产生火花，引起瓦斯煤尘爆炸。因此本条规定，爆破母线必须使用绝缘良好的双线，严禁用轨道、金属管、水或者大地作回路。

11. 爆破前，爆破母线必须扭结成短路，以防止与上述导电体接触，因杂散电流或漏电造成意外爆炸事故。

12. 受井下潮气或淋水的影响，爆破母线的电阻和绝缘性能会降低，而发生接触漏电和杂散电流造成意外爆炸事故。因此，爆破母线使用后，要升井干燥，在井下要放在干燥安全地点，并定期作电阻测定和绝缘性能测定，不合格的要及时更换。

第三百六十五条 井下爆破必须使用发爆器。开凿或者延深通达地面的井筒时，无瓦斯的井底工作面中可使用其他电源起爆，但电压不得超过 380 V，并必须有电力起爆接线盒。

发爆器或者电力起爆接线盒必须采用矿用防爆型（矿用增安型除外）。

发爆器必须统一管理、发放。必须定期校验发爆器的各项性能参数，并进行防爆性能检查，不符合要求的严禁使用。

【名词解释】 发爆器

发爆器——用来供给电爆网络上的电雷管起爆电能的器具，俗称炮机。

【条文解释】 本条是对井下爆破使用发爆器或电力起爆接线盒的规定。

1. 使用发爆器必须做到经常检查、妥善维护和合理使用。

井下爆破必须使用矿用防爆型发爆器。目前大多采用防爆型电容式发爆器，这种发爆器体积小、重量轻、外壳防爆，输出电能的时间自动控制在 6 ms 之内，将足够的电流输送到爆破网路，6 ms 之后自动断电，即使网路炸断或裸露线路相碰也不会产生放电火花，避免引发瓦斯煤尘爆炸事故的发生。另外，其防潮性能好，可在相对湿度 98%的环境中使用。

电容式发爆器受井下使用条件和环境所限，往往因使用、保管和维护不当而造成部件损坏，失去起爆和防爆能力，影响爆破作业安全。

（1）下井前应检查发爆器外壳、固定螺丝、接线柱、防尘小盖等部件是否完整，毫秒开关是否灵活，发现有破损或发爆能力不足时，应立即更换。入井前要对氖气灯泡做一次试验性检查，如氖气灯泡在发爆器充电时间少于规定时间闪亮，表明发爆器正常；如充电时间大于规定时间应更换电池。氖气灯泡不亮不能敲打或撞击，应及时更换。

（2）若使用时间过长，应检查它能否在 3~6 ms 内输出足够的电能和自动切断电源，停止供电。

（3）应定期检查，检查时用新电池作电源，测量输出电流和全电容器充电电压以及充电时间。若测量的数值低于额定值时，为不合格，应进行大修。

（4）发爆器必须由爆破工妥善保管，上下井随身携带，班班升井检查。发爆器如发生故障应及时送到井上由专人修理，不得在井下自行拆开修理。发爆器钥匙由爆破工保管，不得转交他人。

（5）严禁将两个接线柱连线短路打火检查有无残余电荷，因为这样做不仅容易击穿电容及其他元件，更重要的是产生火花容易引爆瓦斯、煤尘。

2. 井下爆破严禁用动力电缆、照明线、信号线、电机车架线等或明闸直接与爆破母线“搭火”明电起爆。

井下使用动力电缆、照明或明闸直接与爆破母线“搭火”进行的爆破作业，因在“搭火”时会出现火花，而被统称为明火爆破。

(1) 明火易造成瓦斯、煤尘爆炸。井下存在着易爆的瓦斯、煤尘，瓦斯达到一定浓度这一条件会时有出现，而氧浓度达到12%以上的条件几乎时时处处存在。就安全生产而言，除了要坚决控制瓦斯浓度以外，就要从防止火源入手，也就要严格禁止使用明火爆破。

(2) 明火易造成井下火灾。

【典型事例】　某日，某局工程处施工三采区主运巷时，爆破工手持爆破母线，一根搭在矿车上，另一根触到电机车架线上，使工作面炮眼瞬间爆炸，1 名打眼工被当场炸死，组长受轻伤。

开凿或延深通达地面的井筒时，无瓦斯的井底工作面中可使用其他电源如照明线或动力电源爆破，但电压不得超过 380 V。因为立井开凿时一次爆破的电雷管较多，网路复杂，需要总电流较大，用发爆器时恐发爆能力不足，但用动力电源时，在地面安全地点必须设置电力起爆接线盒，即在动力电源与爆破网路之间设置中间开关。用电力起爆接线盒的目的，在于避免直接用动力电源起爆，也防止非爆破工误操作提前起爆。起爆时，爆破工先接通动力电源，再接通爆破电源，最后开锁、接通，爆破刀闸才关电起爆。一切按规定顺序进行，以免误操作。

发爆器或电力起爆接线盒必须采用矿用防爆型（矿用增安型除外）。见图 3-8-12。

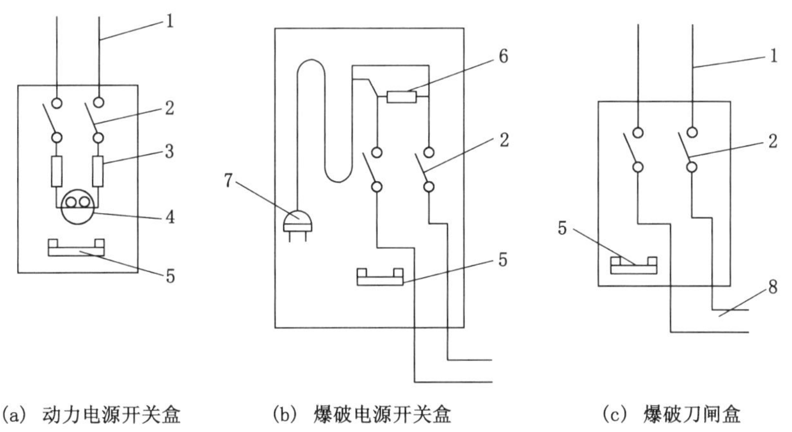

1—动力线；2—双刀双掷刀闸；3—保险丝；4—插座；
5—短路杆；6—指示灯；7—插头；8—爆破母线。

图 3-8-12　电力起爆接线盒

3. 发爆器受井下使用条件和环境所限，加之使用、保管和维护不当，会出现发爆能力不足或失去发爆能力或失去防爆能力，因而影响爆破效果和爆破安全，严重时将引发重大事故。因此，发爆器必须统一管理、发放；必须定期校验发爆器的各项性能参数，并进行防爆性能检查，不符合要求的发爆器严禁使用。

第三百六十六条　每次爆破作业前，爆破工必须做电爆网路全电阻检测。严禁采用发爆器打火放电的方法检测电爆网路。

【条文解释】　本条是对电爆网路全电阻检查的规定。

由雷管脚线、爆破母线和电源经过连接组成一个爆破网路。它的形式有多种，常见的有串联、并联和混联3种。见图3-8-13。

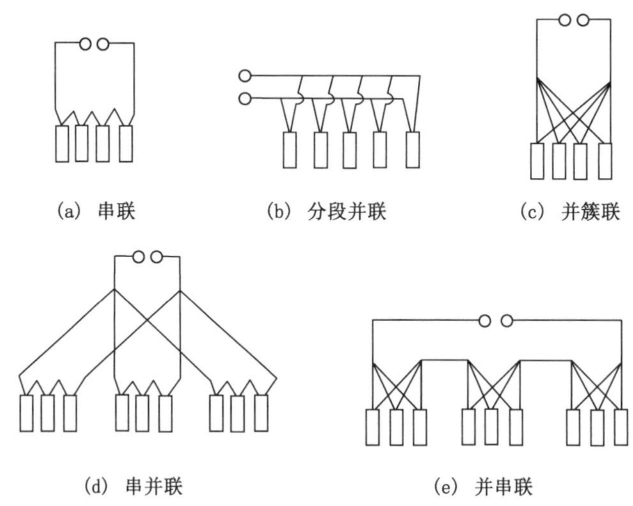

图3-8-13　网路连接方式

1. 串联：依次将相邻2根雷管脚线各一根互相连接起来，最后将两端剩余的2根脚线接到母线上，再用母线接入电源。此法操作简便，不易漏连或接错，接线速度快，便于检查，网路计算简单。缺点是网路中如有一个雷管不导通或在一处开断，则全部雷管拒爆；在起爆电能不足的情况下，由于每个电雷管对电的敏感程序有差异，往往是较敏感的雷管先爆，电路被切断。

2. 并联：将所有雷管的2根脚线分别接到2根母线上。在并联网路中，某个雷管不导通，其余的雷管也可以起爆；各个雷管对电敏感程度的差异，不会像串联接法那样造成丢炮。这种网路虽然电阻小，要求起爆电源的电压小，但电流要求大，需用动力电源，所以在井下不常使用这种网路。

3. 混联：上述两种方法的结合，又可分串并联和并串联2种。先将雷管分组，每组的电阻相等或接近相等，每组串联接线，各组剩余的2根脚线分别接到爆破母线上，即为串并联；先将各组雷管并联，然后将各组串联起来，即为并串联。混联接法兼顾了串联、并联法的缺点，也部分地兼有它们的优点；但连接和网路计算都比较复杂。

在实际工作中，应根据具体爆破条件、规模、起爆电源，决定采取哪种方法。一般巷道掘进中，一次爆破的雷管数较少，且用发爆器起爆，发出的电压高，电量有限，故多采用串联。在有瓦斯煤尘爆炸危险的矿井，只准采用串联。只有在大断面掘进和立井井筒，一次引爆电雷管较多，并允许使用动力或照明电源的地方，才用并联法或混联法。

起爆电源的负荷，是由爆破母线电阻、连接线电阻、雷管和雷管脚线接头的接触电阻所构成的电阻，总称为网路全电阻。先进行网路电阻的计算，以选择起爆电源和核实网路电源是否达到雷管群的准爆电流为基础，确定起爆网路所需要的电源电压。然后在爆破前对电爆网路作全电阻检测，从而判断网路雷管能否全部起爆，这是不可缺少的程序。

同时，网路中常因雷管脚线间的短路和雷管脚线接头接地短路以及电爆网路连接不合理或有错连、漏连等现象而产生拒爆，为了确保一次连线全部起爆，必须进行爆破前网路导通检查。

通常用于检查电爆网路全电阻的仪器为电桥仪和导通表等，爆破线路电桥量测电阻的范围是 0.2~50 Ω，导通表的导通电流只有几十微安培，远小于电雷管的安全电流，可确保电雷管导通测量时绝对安全。而用发爆器打火通电检测电爆网路是否导通时，发爆器打火通电后，可能产生因电爆网路炸开瞬间产生电火花或因网路连接线与爆破母线接头短路或接触不牢、通电后瞬间产生的电火花引发瓦斯、煤尘爆炸；可能因打火通电时瞬间导通形成的电流引发已连线炮眼造成意外爆炸事故。为了保证安全生产，《规程》严禁用发爆器打火的方式检测电爆网路是否导通。

【典型事例】 某日，某煤矿+30 m 水平掘进工作面连炮后第一次起爆炮未响，爆破工立即取下爆破母线进入工作面。在距爆破地点约 15 m 处，用发爆器与网路连接线搭接后，违章进行电爆网路测试。由于连接线与网路接触不牢，通电后产生电火花引燃瓦斯发生爆炸事故，导致 13 人死亡、10 人受伤。

第三百六十七条 爆破工必须最后离开爆破地点，并在安全地点起爆。撤人、警戒等措施及起爆地点到爆破地点的距离必须在作业规程中具体规定。

起爆地点到爆破地点的距离应当符合下列要求：

（一）岩巷直线巷道大于 130 m，拐弯巷道大于 100 m。

（二）煤（半煤岩）巷直线巷道大于 100 m，拐弯巷道大于 75 m。

（三）采煤工作面大于 75 m，且位于工作面进风巷内。

【条文解释】 **本条是新修订条款，**是对爆破地点的修改规定。

爆破工是实施起爆工作的责任人。爆破工在完成装药、连线工作之后，确认爆破地点无其他人员在场时，最后撤离爆破地点，并撤离到安全地点进行起爆，防止发生爆破崩人事故。安全地点应是作业规程规定的避炮安全距离之外、顶板支架完好、有拐弯或掩护的地点。

从爆破地点到起爆地点或到撤人、警戒地点的距离，即避炮安全距离，必须在作业规程中具体规定。这个距离应综合考虑使用的炸药威力、起爆装药量以及爆破地点的外部环境，如有无拐弯巷道或掩护物等情况后确定。

1. 撤人、警戒地点应当符合以下要求：

（1）到爆破地点的距离在 300 m 以外。

（2）在新鲜风流、进风流或紧急避险设施中。

2. 从爆破地点到起爆地点的距离应当符合以下要求：

（1）岩巷直线大于 130 m，拐弯巷道大于 100 m。

（2）煤巷直线大于 100 m，拐弯巷道大于 75 m。

（3）采煤工作面大于 75 m，且位于进风平巷内。

【典型事例】 2019 年 7 月 28 日，四川省广元市某煤业有限责任公司违章爆破发生瓦斯爆炸事故，造成 3 人死亡、2 人受伤。该矿为民营企业，核定生产能力 9 万 t/a，属低瓦斯矿井。

该矿主要通风系统因巷道垮塌而通风不畅，巷道式采煤工作面使用局部通风机通风，无风微风作业导致瓦斯积聚，作业人员违章使用裸露爆破方式处理大块煤矸，爆破火花引爆2号立眼上部积聚瓦斯。工作面未安装安全监控设施，未编制作业规程和安全技术措施。瓦斯检查和爆破管理混乱，未执行“一炮三检”和“三人连锁爆破”制度，爆破时人员未撤至安全地点，爆破人员无证作业。

【典型事例】 2019年7月31日15时10分，贵州省毕节市某煤矿17301回风巷Ⅰ上山巷采煤工作面爆破贯通老空区后，老空区内积聚的瓦斯大量涌出至17301回风巷，造成巷道内瓦斯达到爆炸界限，现场作业人员矿灯电缆破损处电线短接产生火花引爆瓦斯，发生瓦斯爆炸事故，造成7人死亡、1人受伤，直接经济损失达984万元。

第三百六十八条 发爆器的把手、钥匙或者电力起爆接线盒的钥匙，必须由爆破工随身携带，严禁转交他人。只有在爆破通电时，方可将把手或者钥匙插入发爆器或者电力起爆接线盒内。爆破后，必须立即将把手或者钥匙拔出，摘掉母线并扭结成短路。

【条文解释】 本条是对发爆器把手和钥匙保管使用的规定。

发爆器的钥匙、把手或电力起爆接线盒的钥匙，必须由爆破工专管。发爆器的把手、钥匙是启动发爆器的“按钮”，是控制爆破工作安全的关键点。若爆破工将钥匙、把手随意放置或丢失落入他人之手，或交于他人保管，不仅是爆破工失职，还可能造成意外爆破事故的发生。

使用发爆器爆破时，必须按下列程序和要求操作：

1. 爆破母线与发爆器连接时，应先检查发爆器上氖气灯泡在规定时间内是否发亮，如在规定时间内发亮，证明发爆能力正常。

2. 爆破工在接到班组长发出爆破命令，并收到瓦斯检查工交来的爆破牌后，确认人员已全部撤离，并发出规定的爆破信号后，只有在爆破通电时，方可将把手或钥匙插入发爆器或电力起爆接线盒内。切不可先把开关钥匙插入毫秒开关内，再把母线接到发爆器的接线柱上；否则，如果主电容残余电荷未全部泄放，就会发生早爆伤人事故。

3. 将开关钥匙插入毫秒开关内，按逆时针方向转至充电位置，待发爆器上氖气灯亮后，立即按顺时针方向转至放电位置起爆。起爆后，开关仍停在“放电”位置上，拔出钥匙由自己保管好，并解下母线，扭成短路挂好。每次爆破后，应及时将防尘小盖盖好，防止煤尘或潮气侵入。

爆破后，如不立即将手把或钥匙拔出，不但浪费电力，而且由于主电容端电压继续上升，不仅可能损坏发爆器内部元件，而且在仍具有高电压的情况下去做摘掉爆破母线等工作，可能引发意外事故。因此本条规定，爆破后，必须立即将把手或者钥匙拔出，摘掉母线并扭结成短路。

【典型事例】 某日，甘肃省某煤矿一采区1508残采工作面，因切断了回风，造成瓦斯积聚超限达到爆炸浓度，采三队代队长和爆破工用发爆器打火检查爆破母线是否有断线处，导致产生电火花，引发瓦斯爆炸，造成47人死亡，直接经济损失65万元。

第三百六十九条 爆破前，脚线的连接工作可由经过专门训练的班组长协助爆破工进行。爆破母线连接脚线、检查线路和通电工作，只准爆破工一人操作。

爆破前，班组长必须清点人数，确认无误后，方准下达起爆命令。

爆破工接到起爆命令后，必须先发出爆破警号，至少再等 5 s 后方可起爆。

装药的炮眼应当当班爆破完毕。特殊情况下，当班留有尚未爆破的已装药的炮眼时，当班爆破工必须在现场向下一班爆破工交接清楚。

【条文解释】 本条是对连线和通电起爆工作的规定。

井下爆破作业连线工作非常重要，应按爆破作业说明书规定的连线方式，把电雷管脚线与脚线、脚线与连接线、连接线与爆破母线连好接通。

爆破前，脚线的连线工作可由经过专门培训的班组长协助爆破工进行。爆破母线连接脚线，检查线路和通电工作，只准爆破工一人操作。这样，分工明确，责任分明。爆破工经过安全技术培训和专门训练，熟悉爆炸物品性能，并掌握一定安全爆破基础知识。

连线工作要认真仔细，不能漏连和错连；手要干净，要先把母线、连接线和脚线线尾的氧化层和污垢擦掉后，才可进行连线。

连线工作完毕，爆破工最后离开爆破地点。撤到起爆地点后，进行电爆网路全电阻检查。此时，班组长必须清点人数，确认无误后，方准下达起爆命令。

爆破工接到班组长下达的起爆命令后，必须发出爆破警号（喊话或吹哨），至少再等 5 s，方可起爆，使在爆破地点附近、避炮安全距离以内的人员，听到警号后能尽快脱离。

装药的炮眼应当班爆破完毕，药卷在炮眼内时间过长，因有水和潮湿容易受潮产生拒爆或爆燃，或炸药被“压死”（装药密度过大）而拒爆。当班留有尚未爆破的已装药炮眼时，当班爆破工必须在现场向下一班爆破工交接清楚。如果未在现场向下一班爆破工交接清楚，则下一班作业人员很可能误触尚未爆破的已装药炮眼而发生意外爆炸事故。

【典型事例】 某日，某煤矿二号井采煤四区炮采工作面，采取由上部往下分次爆破。当放到距下部 25 m 处，爆破工因分次爆破连线太频繁，工作面较矮爬动较劳累，就叫另一名工人连线，他本人爆破。当连好线后，顺便叫了一声“连好了”，转身刚向工作面上部爬时，爆破工就充电起爆，结果连线人当场遇难。

第三百七十条 爆破后，待工作面的炮烟被吹散，爆破工、瓦斯检查工和班组长必须首先巡视爆破地点，检查通风、瓦斯、煤尘、顶板、支架、拒爆、残爆等情况。发现危险情况，必须立即处理。

【名词解释】 拒爆、残爆

拒爆——起爆后爆炸物品未发生爆炸的现象，俗称瞎炮。

残爆——爆轰波不能沿炸药继续传播而中止的不完全爆炸现象，俗称丢炮。

【条文解释】 本条是对爆破后巡视爆破地点的规定。

井下采掘工作面爆破作业，爆破后不等炮烟吹散，就急于进入工作面，容易造成炮烟熏人，使人慢性中毒。

炮烟中的氧气减少，并含有大量的有毒气体，如一氧化碳、氧化氮及矿尘等。人体吸入含有一氧化碳的炮烟后，一氧化碳会与血色素很快地结合，从而大大降低了血色素的吸氧能力，造成缺氧现象。一般煤气中毒就是一氧化碳中毒，严重者会死亡。

一氧化氮和二氧化氮都是爆破时炸药爆炸的产物。而一氧化氮极不稳定，遇空气中的氧即转化为二氧化氮。二氧化氮是剧毒的气体，它遇水（包括呼吸道的水分）后能生成硝酸，所以对人的眼睛、鼻、呼吸器官、肺部组织具有强烈的腐蚀作用，特别是会破坏肺组织，很容易引起肺部浮肿。当二氧化氮浓度为 0.006%时，短时间内即会出现咳嗽、胸部发痛症状；浓度为 0.025%时，可以很快致人死亡。二氧化氮中毒的特点是起初无感觉、经过 6~24 h 后才出现中毒征兆；即使在危险浓度下，起初也只是感觉呼吸道有刺激，出现咳嗽、吐黄痰现象。二氧化氮中毒患者的特点是手指尖和头发变黄。在矿井空气中二氧化氮的最高允许浓度为 0.000 25%，一氧化碳的最高允许浓度为 0.002 4%。

爆破后必须排查和消除事故隐患。

1. 巡视爆破地点。爆破后待工作面的爆破炮烟被吹散以后，爆破工、班组长和瓦斯检查工必须巡视爆破地点，检查通风、瓦斯、煤尘、顶板、支架、拒爆、残爆等情况。如有危险情况必须立即处理。

当发现有炮烟中毒者时，应迅速将炮烟中毒者抬到新鲜风流巷道里进行急救，及时送往医院检查治疗。

2. 撤除警戒。警戒人员由布置警戒的班（组）长亲自撤回。

3. 发布作业命令。只有在工作面的炮烟吹散，警戒人员按规定撤回后，检查瓦斯不超限，被崩倒的支架已经修复，瞎炮（残爆）处理完毕，班（组）长才能发布人员进入工作面正式作业命令。

4. 洒水降尘。为消除矿尘对人体健康及对设备的危害，创造一个空气清洁的工作环境，防止有爆炸危险的煤尘爆炸，爆破后必须按规定洒水降尘。

【典型事例】 2009 年 5 月 16 日，山西省某煤矿主立井工程（基建矿井）施工至 380 m 时发生爆破后炮烟中毒、窒息事故，现场有 17 人，送医院后，11 人抢救无效死亡，4 人重伤，2 人轻伤。

第三百七十一条 通电以后拒爆时，爆破工必须先取下把手或者钥匙，并将爆破母线从电源上摘下，扭结成短路；再等待一定时间（使用瞬发电雷管，至少等待 5 min；使用延期电雷管，至少等待 15 min），才可沿线路检查，找出拒爆的原因。

【条文解释】 本条是对检查拒爆原因的规定。

在正常情况下，炸药的爆炸反应过程是瞬间完成的。但由于起爆能不足、炸药变质、装药密度过大或过小等原因，有的炮眼炸药激发后，不是立即起爆，而是先以较慢的分解速度燃烧。但在密封的炮眼中，由于热量和压力的逐渐积聚、增高，炸药最后又由燃烧转为爆轰。这种现象往往发生在爆破工、班组长发现炮不响，返回爆破地点查找原因时，因而最容易造成严重伤亡事故。所以，爆破后出现不爆炸现象时，不要立即进入爆炸地点查找原因，也不要误认为爆破网路有问题而往返查找线路故障，因为缓爆可延缓爆炸时间长达几分钟到十几分钟。所以，通电以后拒爆时，要等 5~15 min 后才可沿线检查找原因。如果超过规定时间还不爆炸，才能按拒爆处理。

第三百七十二条 处理拒爆、残爆时，应当在班组长指导下进行，并在当班处理完毕。如果当班未能完成处理工作，当班爆破工必须在现场向下一班爆破工交接清楚。

处理拒爆时，必须遵守下列规定：

（一）由于连线不良造成的拒爆，可重新连线起爆。

（二）在距拒爆炮眼 0.3 m 以外另打与拒爆炮眼平行的新炮眼，重新装药起爆。

（三）严禁用镐刨或者从炮眼中取出原放置的起爆药卷，或者从起爆药卷中拉出电雷管。不论有无残余炸药，严禁将炮眼残底继续加深；严禁使用打孔的方法往外掏药；严禁使用压风吹拒爆、残爆炮眼。

（四）处理拒爆的炮眼爆炸后，爆破工必须详细检查炸落的煤、矸，收集未爆的电雷管。

（五）在拒爆处理完毕以前，严禁在该地点进行与处理拒爆无关的工作。

【条文解释】 本条是对处理拒爆、残爆的有关规定。

当发现拒爆或残爆时，爆破工可用欧姆表检查电爆网路，找出拒爆的原因。

(1) 若表针读数小于零，说明网路有短路处。这时应依次检查导线，查出短路处，处理后，重新通电起爆。

(2) 若表针走动小，读数大，说明有连接不良的接头，电阻大。此时应依次检查连线接头，查出后，将其扭结牢实，重新爆破。

(3) 若表针不走动，说明网路导线或雷管桥丝有折断。此时需要改变连线方式，采用中间并联法，依次逐段重新爆破或一眼一放，查出瞎炮后，按《规程》瞎炮处理规定予以处理。见图 3-8-14。

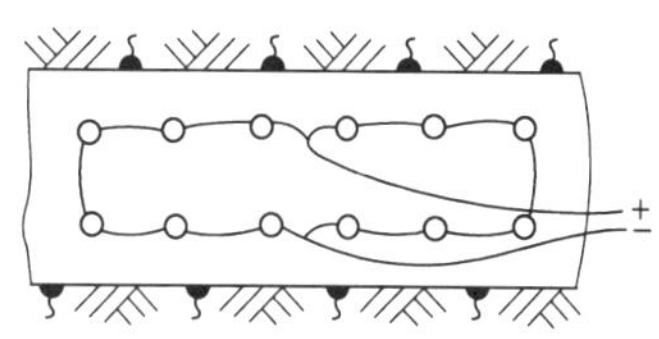

图 3-8-14 中间并联法

爆破工也可用导通表检测网路，若网路导通，则可重新爆破；若网路不导通，需逐段检查，查出问题加以处理，然后重新爆破。

处理拒爆、残爆时，必须在班组长指导下进行，并应在当班处理完毕，不给下一班留下后患。如果当班未能处理完毕，当班爆破工必须在现场向下一班爆破工交接清楚。

处理拒爆（包括残爆）时，由于连接不良造成的拒爆，可重新连线起爆。但确认不是连线引起时，要先将拒爆炮眼眼口的炮泥掏出约 100 mm 长，插上炮棍，展示拒爆炮眼方向，再在距拒爆炮眼 0.3 m 以外另打与拒爆眼平行的新炮眼，重新装药爆破。其目的是为了防止新炮眼打偏打斜，或因钻钎打眼的强烈震动、撞击，引起拒爆炮眼药卷内摩擦感度高的电雷管、炸药爆炸。

【典型事例】 某日，某煤矿在-100 m 水平南翼 2109 工作面处理拒爆时，在距拒爆炮眼 0.1 m 处打新炮眼，新炮眼与拒爆炮眼相透，引起雷管炸药爆炸，打眼工当场死亡。

处理拒爆时，用镐刨、硬拽电雷管、打眼加深残眼（不论有无残药）或掏药、用压风吹等办法，都是错误、危险的，严禁采用。因为这些做法都极容易因起爆药卷中的电雷管受到强烈冲击、震动和高压气体压力作用引发爆炸事故。

【典型事例】 某日，某煤矿掘进一区在 2139 运输机道有 6 人作业，9 时 50 分打好 14 个眼，在爆破完 4 个掏槽眼后，组长带 4 人进入工作面，检查发现左方 2 个掏槽眼的炮未响，并露出脚线。组长拿起铲子在瞎炮眼周围定好位，叫打眼工打眼掏挖药卷（采用的是正向装药，起爆药卷在炮眼外口）。开钻不久，忽听一声巨响，从未响的掏槽眼喷出一股强烈的气流，并喷出煤块崩死 1 人，重伤 3 人。

爆破后，爆破工必须详细检查炸落的煤矸，收集未爆的电雷管，并要妥善保管，下班后交回爆炸物品库。因为这些未爆的电雷管和残药仍有爆炸力，如未进行清理收集，使这些雷管和残药混入煤炭中，在锅炉燃烧时会发生锅炉爆炸和人员伤亡。在处理拒爆完毕以前，严禁在该地点进行与处理拒爆无关的工作。这一规定是为了防止发生意外爆炸事故时，造成更大的伤亡。

第三百七十三条　爆炸物品库和爆炸物品发放硐室附近 30 m 范围内，严禁爆破。

【条文解释】　本条是对爆炸物品库和爆炸物品发放硐附近爆破的规定。

爆炸物品库及爆炸物品发放硐室（以下简称硐库）内贮存着炸药、雷管及其他爆炸物品。炸药是爆炸危险品，雷管和一些摩擦感度高的爆炸物品易在外来动力冲击、强烈震动下发生爆炸。为了硐库的安全，规定在其附近 30 m 范围内，严禁爆破。

确定这个距离的原理是考虑爆破点发生爆炸时，在岩石内部产生的震动区爆炸应力波可衰减为音波，音波震动对硐库已无危险影响，可保证硐库的安全。

第九章 运输、提升和空气压缩机

第一节 平巷和倾斜井巷运输

第三百七十四条 采用滚筒驱动带式输送机运输时，应当遵守下列规定：

（一）采用非金属聚合物制造的输送带、托辊和滚筒包胶材料等，其阻燃性能和抗静电性能必须符合有关标准的规定。

（二）必须装设防打滑、跑偏、堆煤、撕裂等保护装置，同时应当装设温度、烟雾监测装置和自动洒水装置。

（三）应当具备沿线急停闭锁功能。

（四）主要运输巷道中使用的带式输送机，必须装设输送带张紧力下降保护装置。

（五）倾斜井巷中使用的带式输送机，上运时，应当装设防逆转装置和制动装置；下运时，应当装设软制动装置且必须装设防超速保护装置。

（六）在大于16°的倾斜井巷中使用带式输送机，应当设置防护网，并采取防止物料下滑、滚落等的安全措施。

（七）液力偶合器严禁使用可燃性传动介质（调速型液力偶合器不受此限）。

（八）机头、机尾及搭接处，应当有照明。

（九）机头、机尾、驱动滚筒和改向滚筒处，应当设防护栏及警示牌。行人跨越带式输送机处，应当设过桥。

（十）输送带设计安全系数，应当按下列规定选取：

1. 棉织物芯输送带，8~9；

2. 尼龙、聚酯织物芯输送带，10~12；

3. 钢丝绳芯输送带，7~9；当带式输送机采取可控软启动、制动措施时，5~7。

【条文解释】 本条是对采用滚筒驱动带式输送机运输的有关规定。

1. 输送机的制造材料阻燃性能和抗静电性能必须符合有关标准的规定，禁止使用非阻燃、非抗静电材料。

2. 输送机各类保护装置。

（1）必须装设防打滑、跑偏、堆煤、撕裂等保护装置。

滚筒驱动带式输送机的胶带中间由多层帆布或尼龙布层粘合，外表面敷盖橡胶面硫化而成，有很大的扩张力，但是抗利刃割划的能力很差。尤其是近些年，尼龙布的抗拉强度大，可以少用几层，因而质量轻、效率高，被广泛用于胶带的制造，但是其纵向抗割划能力更差。在采煤工作面运出的煤炭中，常混有金属制品及坚硬锋利的较大石块，一旦卡在装载挡煤板或卸载侧挡板等处，或因托带辊缺少，货载将胶带压在托带辊的卡板上，运行的胶带就有可能被纵向划开。由于胶带运行速度较快，几分钟就会被划开数百米，经济损失和对生产的影响都非常严重。虽然采用了电磁铁吸附煤中混进的钢铁物质，终因吸不净和有些非磁性物质无法清除，胶带的防撕裂保护装置的安装使用是十分必要的。

(2) 应当装设温度、烟雾监测装置和自动洒水装置。

滚筒驱动的带式输送机，常因货载超限、张紧力不够、沿线托辊阻力过大、卸载受阻等原因，使运行阻力大于驱动滚筒与胶带之间的摩擦驱动力，从而产生滚筒转动胶带不动的打滑现象。由于胶带与滚筒贴得很紧，打滑时间稍长，就会摩擦生热而使胶带着火，如果胶带和滚筒表层不是阻燃材料，将会使火势蔓延扩大造成严重的火灾。因此，胶带的滚筒外层必须由合格的阻燃材料制成，而且还要装设驱动滚筒防滑保护、堆煤保护、防跑偏保护和张紧力下降保护，在胶带打滑、卸载堆煤、胶带跑偏和张紧力下降时，能自动停止运行，有效地防止摩擦起火。

在驱动滚筒附近和输送机沿线每隔一定距离就设一处温度保护、烟雾保护和自动洒水装置。胶带着火产生的高温和烟雾，可使温度保护装置和烟雾保护装置发生作用，自动打开喷水阀门，向胶带自动洒水灭火。

3. 应当具备沿线急停闭锁功能。

滚筒驱动带式输送机运转时，需要经常对其沿线进行巡回检查，以便及早发现在运行中出现的问题。例如跑偏，发现晚了可能将煤洒向胶带下面而大量堆积，使输送机运行困难，跑偏更加严重或刮坏、纵向撕裂胶带；托带辊丢失，会造成胶带跑偏和划伤胶带，要随时更换不转的托带辊和补充丢失的托带滚，清理胶带下面的积煤，以保证托带辊转动灵活；要检查货载情况，是否超载掉货，如有大块掉在地上，要随时拣起放到胶带上拉走。这些要求输送机具备沿线急停闭锁功能。

4. 主要运输巷道中使用的带式输送机，必须装设输送带张紧力下降保护装置。

滚筒驱动带式输送机，是靠胶带在驱动滚筒上的摩擦力驱动胶带克服巨大的运行阻力输送煤炭的，见图 3-9-1。

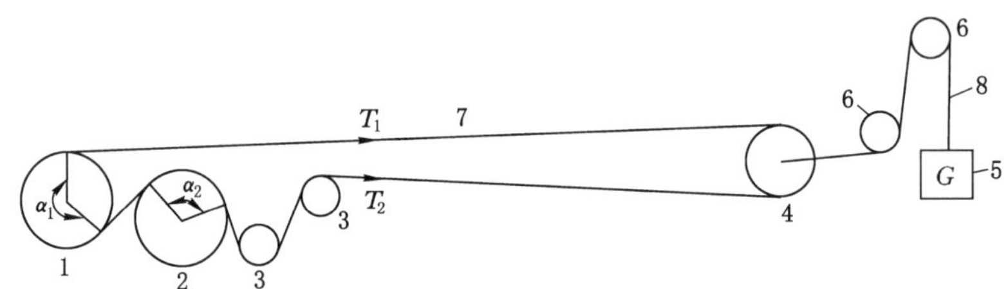

1，2—驱动滚筒；3—导向滚；4—尾滚；5—张紧重锤；
6—导绳轮；7—胶带；8—拉紧钢丝绳。

图 3-9-1　滚筒驱动带式输送机驱动原理图

驱动力的大小，取决于胶带与驱动滚筒间的摩擦力的大小，摩擦力的大小又取决于胶带与驱动滚筒之间的摩擦因数、正压力和围抱角。驱动力的计算公式为

$$F = T_1 = T_2 e^{\mu(\alpha_1 + \alpha_2)}$$

式中　F——驱动力；

T_1——上胶带的张紧力；

T_2——下胶带的张紧力；

μ——胶带与驱动滚筒的摩擦因数；

$(\alpha_1+\alpha_2)$ ——胶带在驱动滚筒上的围抱角的弧度；

e——自然对数底，e=2.718。

式中，$e^{\mu(\alpha_1+\alpha_2)}$是固定不变的，因此驱动力 F 的大小，随下胶带的张力 T_2 而变化。下胶带的张紧力是由尾部张紧装置形成的，如果张紧力下降，驱动力就下降。上胶带承载后，胶带就会由于在驱动滚筒上的正压力不够而降低摩擦力导致打滑，使驱动滚筒摩擦胶带而发热起火，不但使输送能力降低，还容易造成火灾。所以必须有输送带张紧力下降保护装置，一旦张紧力不够，输送机便会发出警报并自动停机。输送机的胶带张紧力下降保护装置随尾部张紧装置的方式不同而安装的位置不同，如图 3-9-1 所示。用张紧重锤 G 的重量来张紧胶带时，便可在重锤下降到一定位置时触碰信号开关，发出信号，立即来人将重锤重新张紧起来。

5. 倾斜井巷中使用的带式输送机，上运时，必须装设防逆转装置和制动装置；下运时，应装设软制动和防超速保护装置。

倾斜运输的胶带输送机，全部运行重量很大，长距离的输送机可达数十吨或上百吨，一旦向上运行停止，会产生很大的下滑力，如无可靠的制动和防逆转装置，输送机将迅速倒转，急速地将大量货载倾卸于机尾后，将上部胶带挤住。在强大惯性作用下，底部胶带被拉断，大量的货载和上部胶带将塞满巷道，造成重大恶性的生产中断事故，所以必须装设制动和防逆转装置。当制动装置发生作用时，还要充分考虑输送机的巨大惯性，不能施闸过急。

在大于 16°的倾斜井巷中使用带式输送机，应设置防护网，并采取防止物料下滑、滚落等的安全措施。

6. 液力偶合器是靠液体传动减轻机械冲击的连轴装置，当运行阻力过大，超过偶合器的传动力矩时，偶合器便空转打滑，起到过载保护的作用。但是长时间的空转打滑，偶合器内部的液体被叶轮搅得发热，如果使用可燃液体，便会爆炸起火，所以液力偶合器装置严禁使用可燃性液体。

7. 机头、机尾要随时清扫，调整跑偏，更换和调整刮煤板（清扫器）等，所以输送机机头、机尾及搭接处，应有照明。

8. 滚筒驱动的带式输送机，运行时，机头、机尾的驱动滚筒、导向滚筒和尾滚都在胶带的围抱下转动，人体或其他物品接触胶带，很快便被带进滚筒，被胶带和滚筒碾压。滚筒表面经常贴附的煤炭使胶带跑偏，运行时用铁锹刮滚筒表面贴附的煤泥而将铁锹和胳膊带进滚筒而拧掉胳膊的事故发生过多起。为了人身安全和防止杂物带进滚筒，在机头、机尾、驱动滚筒和改向滚筒处，应设防护栏及警示牌。行人跨越带式输送机处，应设过桥。

行人越过带式输送机时，应从过桥上通行，不能直接跨越，因为输送带较宽，一般均在 0.8 m 以上，还有 1.0 m、1.2 m 和 1.4 m 宽的，要想从输送机上跨过去，就要脚踩在胶带机的床体上，胶带边绷距床体还有 0.2 m 左右的高度，胶带在高速运行，又承载着煤炭，要想一步跨过去很困难，被胶带拉倒刮伤的危险很大，因此必须安设过桥供行人通过。

9. 输送带设计安全系数按规定选取。

【典型事例】 2014 年 5 月 6 日，广西壮族自治区某煤矿七采区 7116 采面胶带下山一名工人要启动 1 号胶带机将清理到胶带上的落煤运送到煤仓，由于 1 号和 2 号胶带机启动按钮设置很近，区分标志不明显，也没有悬挂标志牌，他一时粗心大意，错误按下 2 号胶带机启动按钮，另一名工人正在维修胶带跑偏作业过程中，被突然启动的 2 号胶带机胶带卷入拉紧滚筒而死亡。

第三百七十五条 新建矿井不得使用钢丝绳牵引带式输送机。生产矿井采用钢丝绳牵引带式输送机运输时，必须遵守下列规定：

（一）装设过速保护、过电流和欠电压保护、钢丝绳和输送带脱槽保护、输送带局部过载保护、钢丝绳张紧车到达终点和张紧重锤落地保护，并定期进行检查和试验。

（二）在倾斜井巷中，必须在低速驱动轮上装设液控盘式失效安全型制动装置，制动力矩与设计最大静拉力差在闸轮上作用力矩之比在 2~3 之间；制动装置应当具备手动和自动双重制动功能。

（三）采用钢丝绳牵引带式输送机运送人员时，应当遵守下列规定：

1. 输送带至巷道顶部的垂距，在上、下人员的 20 m 区段内不得小于 1.4 m，行驶区段内不得小于 1 m。下行带乘人时，上、下输送带间的垂距不得小于 1 m。

2. 输送带的宽度不得小于 0.8 m，运行速度不得超过 1.8 m/s，绳槽至输送带边的宽度不得小于 60 mm。

3. 人员乘坐间距不得小于 4 m。乘坐人员不得站立或者仰卧，应当面向行进方向。严禁携带笨重物品和超长物品，严禁触摸输送带侧帮。

4. 上、下人员的地点应当设有平台和照明。上行带平台的长度不得小于 5 m，宽度不得小于 0.8 m，并有栏杆。上、下人的区段内不得有支架或者悬挂装置。下人地点应当有标志或者声光信号，距离下人区段末端前方 2 m 处，准备设有能自动停车的安全装置。在机头机尾下人处，必须设有人员越位的防护设施或者保护装置，并装设机械式倾斜挡板。

5. 运送人员前，必须卸除输送带上的物料。

6. 应当装有在输送机全长任何地点可由乘坐人员或者其他人员操作的紧急停车装置。

【条文解释】 本条是对采用钢丝绳牵引带式输送机运输的有关规定。

《煤炭生产技术与装备政策导向（2014 年版）》规定：钢丝绳牵引带式输送机为限制类，限于在用设备，不具备普遍应用价值，新建矿井不得使用钢丝绳牵引带式输送机。

钢丝绳牵引胶带输送机简称钢带机，其特点是承载能力大、速度高、运距长、运量大。

过速保护的作用，一是防止乘人时速度超过 1.8 m/s，上下胶带都很危险；二是多数钢带机采用直流双机拖动，固定励磁，若改变电枢电压调速，当励磁变小时，钢带机速度将猛增，无限速保护是很危险的。

胶带脱槽是钢带机运行中经常发生的生产事故。局部超载、钢条折断、托轮架不正等都会造成脱槽。由于钢带机运行速度快，脱槽后如不及时停止，会造成断带、叠被（大量胶带折叠在一起）、拉倒架子、大量煤炭和胶带将巷道堵满的严重后果，处理很困难，对生产影响很大。脱槽保护对钢带机是至关重要的，一旦脱槽，立即停车，并显示出脱槽地点，可将事故影响减到最小。

局部过载会发生胶带脱槽或使胶带中钢条折断，所以当局部过载后，胶带横向挠度增大，胶带下垂增加，触碰过载保护开关，便自动停车，并显示出局部超载的位置。

钢丝绳张紧车随钢带机运行时间的延长钢丝绳也随之有一定的伸长，当张紧车被紧到终点或张紧车重锤落地后，钢丝绳张力下降，并降低了钢丝绳在驱动轮上的摩擦力而产生打滑，驱动轮上的摩擦衬垫将很快被磨损，因此张紧车到达终点和张紧重锤落地保护也是必备的保护。

弹簧式或重锤式制动闸是不受外界影响，靠自身重量或弹力发生作用的，也是最可靠的制动方式。

向上运输的钢带机在制动停止上行时，在惯性作用下，上绳会有轻微的松弛，停止后在沿途货载的重力作用下，上绳又很快被张紧，这一瞬间钢绳的张力至少是正常运行静张力的 2 倍，所以制动力矩不得低于最大静张力矩的 2 倍。由于钢带机沿途的货载，胶带、钢丝绳、上下托绳轮等的重量和转动惯量很大，而驱动部分的转动惯量相比之下就比较小，如果制动力矩过大，制动时驱动部分的制动减速度会比运行部分的自然减速度大很多（钢带机倾角较小，约 15°），会产生上绳松绳过多，胶带反向冲击过大，容易断绳。所以，制动力矩不应大于最大静张力矩的 3 倍。

第三百七十六条　采用轨道机车运输时，轨道机车的选用应当遵守下列规定：

（一）突出矿井必须使用符合防爆要求的机车。

（二）新建高瓦斯矿井不得使用架线电机车运输。高瓦斯矿井在用的架线电机车运输，必须遵守下列规定：

1. 沿煤层或者穿过煤层的巷道必须采用砌碹或者锚喷支护；

2. 有瓦斯涌出的掘进巷道的回风流，不得进入有架线的巷道中；

3. 采用炭素滑板或者其他能减小火花的集电器。

（三）低瓦斯矿井的主要回风巷、采区进（回）风巷应当使用符合防爆要求的机车。低瓦斯矿井进风的主要运输巷道，可以使用架线电机车，并使用不燃性材料支护。

（四）各种车辆的两端必须装置碰头，每端突出的长度不得小于 100 mm。

【条文解释】　本条是对轨道运输机车选用的有关规定。

在不同的矿井和不同的运输巷道，瓦斯危险程度不同，对轨道运输机车选用也不一样。

1. 突出矿井应使用符合防爆要求的机车。突出矿井瓦斯危害严重，要求使用的机车必须符合防爆要求，以避免发生瓦斯爆炸。

2. 新建高瓦斯矿井不得使用架线电机车运输。在高瓦斯矿井全风压通风进风的主要运输巷道内，当沿煤层或穿过煤层的巷道是砌碹或锚喷支护时，可以使用架线电机车，但有瓦斯涌出的掘进巷道的回风流不得进入有架线的巷道中；必须使用炭素滑板或其他能减小火花的集电器。

3. 低瓦斯矿井的主要回风巷、采区进（回）风巷应使用符合防爆要求的机车；低瓦斯矿井进风的主要运输巷道，可使用架线电机车，但巷道应使用不燃性材料支护，因为架线电机车的集电器与架线之间摩擦，经常有较大的火花发生。

4. 各种车辆的两端必须装置碰头，每端突出的长度不得小于 100 mm，以免将人体挤在两车之间，造成伤亡。

【典型事例】　某日，某煤矿二水平在揭开煤层爆破时，发生了煤与瓦斯突出，突出瓦斯 44 万 m^3，当突出的瓦斯逆风流冲到一水平后，一水平的架线电机车正在运行中，集电器滑动产生火花，引起瓦斯爆炸，造成 63 人遇难。

第三百七十七条　采用轨道机车运输时，应当遵守下列规定：

（一）生产矿井同一水平行驶 7 台及以上机车时，应当设置机车运输监控系统；同一水平行驶 5 台及以上机车时，应当设置机车运输集中信号控制系统。新建大型矿井的井底车场和运输大巷，应当设置机车运输监控系统或者运输集中信号控制系统。

（二）列车或者单独机车均必须前有照明，后有红灯。

（三）列车通过的风门，必须设有当列车通过时能够发出在风门两侧都能接收到声光信号的装置。

（四）巷道内应当装设路标和警标。

（五）必须定期检查和维护机车，发现隐患，及时处理。机车的闸、灯、警铃（喇叭）、连接装置和撒砂装置，任何一项不正常或者失爆时，机车不得使用。

（六）正常运行时，机车必须在列车前端。机车行近巷道口、硐室口、弯道、道岔或噪声大等地段，以及前有车辆或者视线有障碍时，必须减速慢行，并发出警号。

（七）2 辆机车或者 2 列列车在同一轨道同一方向行驶时，必须保持不少于 100 m 的距离。

（八）同一区段线路上，不得同时行驶非机动车辆。

（九）必须有用矿灯发送紧急停车信号的规定。非危险情况下，任何人不得使用紧急停车信号。

（十）机车司机开车前必须对机车进行安全检查确认；启动前，必须关闭车门并发出开车信号；机车运行中，严禁司机将头或者身体探出车外；司机离开座位时，必须切断电动机电源，取下控制手把（钥匙），扳紧停车制动。在运输线路上临时停车时，不得关闭车灯。

（十一）新投用机车应当测定制动距离，之后每年测定 1 次。运送物料时制动距离不得超过 40 m；运送人员时制动距离不得超过 20 m。

【条文解释】　本条是对轨道机车运输的有关规定。

1. 机车行驶途中出现弯道，或其他原因使司机向前瞭望条件较差，在这些视线受阻的区段，为了保障前方行驶安全，应设置列车占线闭塞信号。列车在弯道或司机视线受阻的区段运行，如同经过风门一样不了解前方的情况，前方如果有人，也有可能发现不了有车辆通过，机车处于盲目运行状态。设置占道闭塞声光信号，就可知道有车在此区间运行或停留。

信号集中闭塞系统的作用是使每个机车或列车占有足够的运行区段，防止其他车辆闯入。

（1）同一水平行驶 7 台及以上机车时，应设置机车运输监控系统。

（2）同一水平行驶 5 台及以上机车时，应设置机车运输集中信号控制系统。

（3）新建大型矿井的井底车场和运输大巷，应设置机车运输监控系统或运输集中信号控制系统。

2. 井下司机依靠机车前的照明灯瞭望运行前方有无行人、行车和障碍物。后面红灯是防止车辆追尾的警示信号，红色代表危险，禁止通行，任何车辆不准接近。

正常运行时，机车必须在列车前端牵引，严禁在列车后端顶车运行，因为顶车时，机车离列车前端较远，司机无法看清列车前方的情况（轨道上有无异物、行人及障碍）而作出行车、减速还是停车的决定。只有在临时调车时，在有蹬钩工配合指挥下，才允许临时顶车。

3. 列车通过风门时，由于风门的阻隔，机车的灯光和声音都无法被风门对面的人所察觉，必须向风门两侧发出声光信号，才能避免风门和机车伤人。

4. 为了行车安全，巷道内应装设路标和警标。

5. 机车属于移动设备，且长期运行在自然条件不好的煤矿井下，容易损坏，应定期检查和维护，发现隐患，及时处理。机车的闸、灯、警铃（喇叭）、连接装置和撒砂装置，都影响着行驶安全，任何一项不正常或失爆时，机车不得使用。

6. 正常运行时，机车必须在列车前端，以便于瞭望前方。机车行近巷道口、硐室口、弯道、道岔或噪声大等地段，以及前有车辆或视线有障碍时，必须减速慢行，并发出警号。

7. 同一轨道同一方向行驶的列车或机车，必须保持不小于 100 m 的距离。在井下肉眼很难将距离估计得那么准确，当车辆转过弯道后立即减速或停车时，如果运行时不保持 100 m 的距离，就很有可能发生相撞的危险。

8. 同一区段的轨道，往往不设分支道岔，如果行驶非机动车与机车相遇时，非机动车无法躲避，必将影响机动车的正常行驶，所以不得同时行驶非机动车辆。需要行驶时，应经运输调度人员同意，以便统一安排。

9. 井下环境复杂，行车巷道经常有转弯和分岔，行人远距离发现不了有车，当车接近时，由于环境嘈杂，车辆运行声音大，喊声很难被司机听到，因此必须制定用矿灯发送紧急停车信号的规定。因为下井人员都携带矿灯，在紧急情况需要停车时，可以发出信号将车停住，避免意外事故发生。但在非危险情况下，任何人不得使用紧急停车信号。

10. 机车司机开车前必须对机车进行安全检查确认。开车前发出开车信号，是向附近行人、车辆的一种警示，预示该车即将启动运行，有关行人、车辆必须迅速判断出自己所处位置、环境及与即将启动运行的机车之间的利害关系，决定自己必须立即采取的行动，避免机车运行后对自己造成危害。

机车在运行中，严禁司机将头或身体的其他部分探出车外，是对司机自身安全的一种保护。当司机身体的任何部位超出机车空间范围，都存在与来往车辆以及巷道中吊挂的风（水）管线、电缆、锚栓等巷壁突出部分碰撞的危险。

司机离开座位后，在机车无人控制的情况下，必须切断电源，取下控制器把手，扳紧车闸，以防机车自动滑行和避免他人随意开动机车；并应打开车灯，发出此处有机车存在的信号，以引起行车和行人的注意，避免发生意外事故。

11. 制动距离是机车重要的安全指标之一。新投用机车应测定制动距离，机车运行 1 年后，随着运行、检修、零部件的更换，其制动性能有所变化，为了掌握实际制动性能，以便发现问题，及时解决，防止机车因制动性能不好而发生运输事故，每年至少要测定1 次。运送物料时制动距离不得超过 40 m；运送人员时不得超过 20 m。

列车的制动距离测定，应以日常运输时的最大载荷、最大速度在最大坡度的条件下进行撒砂制动。测试时要测定从司机开始操作到列车停止运行所需的时间和制动距离。

$$s = vt + \frac{Kv^2(Q + W)}{2g[Q\phi + (Q + W)(f - i)]}$$

式中　s——制动距离，m；

v——开始制动时的速度，m/s；

K——考虑列车车轮转动惯量的系数，取 $K=1.05$；

Q——机车的黏着质量，即电机车总质量，kg；

W——被牵引列车的总质量，kg；

ϕ——机车黏着系数，撒砂时为 0.24，不撒砂时为 0.12；

f——运行阻力因数，0.01；

t——施闸的空动时间，s；

i——运行轨道坡度的千分数，最大为 0.007；

g——重力加速度，9.8 m/s^2。

不同速度及牵引质量的制动距离见表 3-9-1。

表 3-9-1　不同速度及牵引质量的制动距离（0.007 坡度）　m

W/Q	v/（m/s）			
	3.5	4	4.5	5
5	22.3	27.9	34.2	41.1
6	24.6	31.0	38.1	45.9
7	26.9	34.0	41.9	50.6
8	29.1	36.9	45.6	55.1
9	31.3	39.7	49.2	59.6
10	33.4	42.5	52.7	64.0

【典型事例】　某日，某煤矿+350 m 水平大巷，机车进入中间车场后，司机将控制器手把置于零位减速滑行，以便等候跟车工扳完道岔跟上来，这时司机将头探出车外，向后瞭望跟车工，被道旁距机车 160 mm 的支柱碰伤并摔出车外受伤。

【典型事例】　某日，某煤矿二水平运输大巷，司机下车扳道岔时未把控制器置于零位，也未施闸，待扳完道岔，左脚尚未从道心抬起时，司机被滑行的列车撞倒压死。

第三百七十八条　使用的矿用防爆型柴油动力装置，应满足以下要求：

（一）具有发动机排气超温、冷却水超温、尾气水箱水位、润滑油压力等保护装置。

（二）排气口的排气温度不得超过 77 ℃，其表面温度不得超过 150 ℃。

（三）发动机壳体不得采用铝合金制造；非金属部件应具有阻燃和抗静电性能；油箱及管路必须采用不燃性材料制造；油箱最大容量不得超过 8 h 用油量。

（四）冷却水温度不得超过 95 ℃。

（五）在正常运行条件下，尾气排放应满足相关规定。

（六）必须配备灭火器。

【条文解释】 本条是对使用矿用防爆型柴油动力装置的规定。

1. 矿用防爆型柴油动力装置必须具有超过温升的保护装置，在排气、冷却水、尾气和润滑油等方面都必须严格控制温度，否则达到柴油燃点就会引起燃烧。

2. 排气口的排气温度不得超过 77 ℃，冷却水温度不得超过 95 ℃，其表面温度不得超过 150 ℃，否则容易引起瓦斯煤尘事故或火灾。

3. 发动机壳体不得用铝合金制造。铝合金易氧化，氧化时放出热量较多，受热后，膨胀系数较大，紧固件易松动，柴油动力装置又是发生热量较大的设备，为了安全可靠，不破坏防爆性能，不用铝合金制造。

防爆型柴油动力装置以柴油为动力，一旦出现故障发生火灾，非阻燃材料会助长火势，迅速燃烧，扩大灾情，同时会释放大量有毒烟气，危害很大，故使用非金属材料时，必须阻燃。

防爆型柴油动力装置内储存有 8 h 使用的柴油，运行时在容器内冲撞，排气管路又有高速高压气体流动，都会产生一定程度的静电电压。如果是金属部件，随时都会因金属导电而释放，不会造成电荷的积累和电压升高。如果使用非金属材料，产生静电后不能随时释放，造成电荷的积累使电压升高，电压高到一定程度便从绝缘薄弱点放电，产生电火花，有造成瓦斯、煤尘事故的危险，故使用非金属材料时，一定要使用防静电材料。同理，油箱和管路必须用不燃性材料制造，有助于防止火灾的发生。

防爆型柴油动力装置油箱不宜过大，油量够 8 h 使用即可，每班 8 h 不一定一分钟不停地运转，够 8 h 使用就足够一个班用的，包括路上用油，回库后，下个班用油再添加。如果油箱储油过多，一旦出现火灾，将加大事故危害。

4. 排出的各种有害气体被巷道风流稀释后，其浓度必须符合规定，即有害气体的浓度不超过有关规定。同时，氧气浓度不低于 20%，二氧化碳浓度不超过 0.5%。

为了保证煤矿工人的身体健康，提供适宜的生产环境，提高工作效率，特规定了由矿用防爆型柴油动力装置排出的各种有害气体被巷道风流稀释后的浓度标准。

5. 为了防备万一发生火灾，防爆柴油动力装置必须配备足够的适宜柴油灭火的灭火器，以在最短时间内完成灭火，最大限度地减少巷道中有毒烟气和火灾造成的损失。

第三百七十九条 使用的蓄电池动力装置，必须符合下列要求：

（一）充电必须在充电硐室内进行。

（二）充电硐室内的电气设备必须采用矿用防爆型。

（三）检修应当在车库内进行，测定电压时必须在揭开电池盖 10 min 后测试。

【条文解释】 本条是对使用蓄电池动力装置的规定。

1. 煤矿井下矿用防爆型蓄电池电机车使用的蓄电池，在充电终了时，正极板析出大量的氧气，负极板析出大量的氢气，氧气和氢气遇火都会发生爆炸。一台电机车将有 24~48 块蓄电池同时充电，一个充电硐室内，可同时充数台蓄电池电机车的电池，充电后期会有氧气和氢气大量析出，隔爆帽又都是打开的，尽管充电硐室是设在风流中的，但由于室内电池数量大，同时析出的氧气和氢气多，难免在充电硐室内局部聚集的氧气或氢气浓度大于0.5%，有发生爆炸的危险，所以充电必须在充电硐室内进行，充电硐室内必须采用矿用防爆型电气设备。

2. 用普通型电压表测量蓄电池电压时，会在表笔触碰蓄电池极板时产生火花。为了不使氧气和氢气发生爆炸，要在揭开电池盖10 min以后，氧气和氢气已经被风流稀释后浓度在0.5%以下，完全没有爆炸危险时再进行测量，这样就安全了。

3. 矿用防爆型蓄电池电机车上防爆设备的蓄电池部分，由于自身不能停电，不能在机车库以外的地方检修。电动机部分安装在电池箱的下面，在库外无法吊走沉重的电池箱，也无法检修。剩下控制器的照明灯，由于库外环境不好，无充足的照明和潮湿，检修工具又不具备，容易丢失零件和保证不了检修质量。同时，由于是直流电源，在有较大电感和电容元件检修时，还可能因残余电荷放电而引起火花，所以井下矿用防爆型蓄电池电机车上的电气设备，必须在车库内才能打开检修。

第三百八十条　轨道线路应当符合以下要求：

（一）运行7 t及以上机车、3 t及以上矿车，或者运送15 t及以上载荷的矿井、采区主要巷道轨道线路，应当使用不小于30 kg/m的钢轨；其他线路应当使用不小于18 kg/m的钢轨。

（二）卡轨车、齿轨车和胶套轮车运行的轨道线路，应当采用不小于22 kg/m的钢轨。

（三）同一线路必须使用同一型号钢轨，道岔的钢轨型号不得低于线路的钢轨型号。

（四）轨道线路必须按标准铺设，使用期间应当加强维护及检修。

【条文解释】　本条是对轨道线路的规定。

1. 轨道的型号选择

轨道对于机车和矿车起着承重、限制其运行方向、使其运行平稳和减小冲击等作用。根据运送的载荷对其承载、冲击和稳定运行的要求规定如下；否则对于钢轨和车辆都会加快损坏，甚至造成运输事故：

（1）运行7 t及以上机车、3 t及以上矿车，或运送15 t及以上载荷的矿井、采区主要巷道轨道线路，应使用不小于30 kg/m的钢轨。

（2）其他线路应使用不小于18 kg/s的钢轨。

（3）卡轨车、齿轨机车和胶套轮车运行的轨道线路，应采用不小于22 kg/s的钢轨。

2. 由于线路和道岔受同样载荷影响，所以同一线路必须使用同一型号钢轨，道岔的钢轨型号不得低于线路的钢轨型号。

3. 轨道线路应按标准铺设，使用期间应加强维护及检修。

第三百八十一条　采用架线电机车运输时，架空线及轨道应当符合下列要求：

（一）架空线悬挂高度、与巷道顶或者棚梁之间的距离等，应当保证机车的安全运行。

（二）架空线的直流电压不得超过600 V。

（三）轨道应当符合下列规定：

1. 两平行钢轨之间，每隔50 m应当连接1根断面不小于50 mm^2 的铜线或者其他具有等效电阻的导线。

2. 线路上所有钢轨接缝处，必须用导线或者采用轨缝焊接工艺加以连接。连接后每个接缝处的电阻应当符合要求。

3. 不回电的轨道与架线电机车回电轨道之间，必须加以绝缘。第一绝缘点设在 2 种轨道的连接处；第二绝缘点设在不回电的轨道上，其与第一绝缘点之间的距离必须大于 1 列车的长度。在与架线电机车线路相连通的轨道上有钢丝绳跨越时，钢丝绳不得与轨道相接触。

【条文解释】　本条是对采用架线电机车运输架空线及轨道的有关规定。

1. 架空线悬挂位置

(1) 架空线悬挂高度

电机车架线的悬挂高度，是根据井下不同地点、人们所容易触碰到的高度和电机车集电器的有效工作高度综合考虑规定的。

在井底车场内，从井底到乘车场不小于 2.2 m。由于从井底到乘车场，是绝大多数入井工作人员的必经之路，这一段路行走的人最多、最集中，人员复杂，携带工具、材料的最多，为了使一般使用的金属工具和材料扛在肩上触碰不到架线，规定架线高度自轨面起不低于 2.2 m。

在行人的巷道、车场内，以人在行走时，不低头也触碰不到架线的安全高度为自轨面起到架线的高度，不低于 2 m。一般身材佩戴安全帽后，不超过 1.9 m，触碰不到架线。否则，井下潮湿，人体出汗后，特别是满头大汗时，头部汗水和潮气会通过安全帽的排气孔排出，如果安全帽与架线接触，同样可能遭受触电危险。

在不行人的巷道内，虽然很少有人行走，但仍有推车、巷修、检查人员通过，架线太低，仍然有触电危险。同时考虑电机车的集电器，在井底车场架线高度为 2.2 m 时，应与架线有可靠的接触，对架线构成一定的弹性压力，在架线高度为 1.9 m 时，同样也在集电器的有效工作高度范围内而规定架线高度不得低于 1.9 m。

(2) 架空线与巷道顶或棚梁之间的距离等

井下电机车架线距巷道顶或棚梁之间的距离，是靠两端固定在巷道两侧巷壁上的横拉线与瓷吊线器固定后实现的。横拉线虽然拉得很紧，但在其自重和架线重力作用下，不可能是完全水平的，有一定下垂距离，特别是曲线段，为了配合外轨抬高，横拉线外侧的固定高度要相应抬高，而人行道经常在轨道外侧，就使架线距横拉线的内侧端近，外侧端（抬高侧）远，因而使横拉线在架线悬吊处又增加了下垂的距离。当机车通过时，在集电器对架线压力的推动下，横拉线的下垂距离要减小，甚至会向上拱起，因此减小了架线与巷道顶或棚梁的距离。当巷道来压，横拉线的拉紧程度受到一定影响，架线的上移距离会加大；瓷吊线器的高度约 80 mm，架线距巷道顶或棚梁 0.2 m，瓷吊线器距巷道顶或棚梁就更近，加上机车通过时架线的上移，再加上其上有水滴，当集电器与架线产生较大电弧时，架线的对地放电距离已很近，所以规定，架线与巷道顶或棚梁的距离不得小于0.2 m。

电机车轨道距不行人侧的巷壁较近，在固定架线的横拉线的固定高度上，巷道的宽度又比腰线以下小了许多，也就是说架线距巷壁已很近，加上架线要做“之”形左右摆动，又缩小了架线与巷壁的距离（为了不使架线总与集电器一个位置接触，延长集电器的使用时间，架线要做“之”形摆动）。当曲线段外轨抬高时，又要求架线向里侧偏移，如果悬吊绝缘子距架线超过 0. 25 m，悬吊绝缘子与巷壁就太近，甚至无法安装悬吊绝缘子与巷壁之间的横拉线。

为了使架线在 2 个横拉线悬吊之间平直，不产生更大的下垂挠度，也为了“之”形的形成，规定直线段悬挂点的间距不超过 5 m。在曲线段，架线应在轨道中心的上方，随着轨道的曲率半径安装，既不能安装过多的悬吊横拉线，使架线和轨道一样是圆弧形，也不能由于悬吊横拉线太少，使架线偏离轨道中心太多，影响集电器与架线的接触效果，必须根据不同的轨道曲率半径，有不同的悬挂点间距，达到既使架线不出集电器有效的工作范围，又使悬吊横拉线最少的效果。

2. 为保证人员安全，架空线直流电压不得超过 600 V。

3. 钢轨要求。

架线电机车的回电，是由 2 条平行钢轨来实现的，努力减小轨道接头的电阻，才能保证电压损失最小，使电机车在最远端有足够的启动电压和运行电压，保证电机车起车和拉车时有足够的牵引力。否则，不但电机车没有足够的牵引力，还会使电机车的回电电流，由于轨道电阻过大，而经由其他路径回到牵引变流所，这种电流叫杂散电流。当杂散电流进入采区，在工作面有了杂散电流，会使雷管爆炸，也会引起瓦斯和煤尘发生爆炸，因此，如何减小钢轨接头电阻，是很重要的。

钢轨接头受来往车辆的冲击，很容易使螺栓和扣件发生松动，松动后就会使电阻增大很多，甚至根本不导电。所以，要求接头不仅要扣件螺栓齐全牢固，要经常检查和紧固，还必须用导线或采用轨缝焊接工艺进行连接，使每个接缝电阻不大于规定值。

为了防止每条钢轨因一个接缝不好而大大降低导电作用，要求两平行钢轨之间，每隔 50 m 连一条断面不小于 50 mm^2 的铜导线，或其他具有等效电阻的导线，这样可使个别增大电阻的接缝对总的回电电阻影响不大。

为了防止架线电机车的回电电流，经过不担负回电的轨道（如通往采区的绞车道和不走架线电机车的石门轨道等），流入采区或有瓦斯、煤尘爆炸危险的区域，在不回电的轨道与回电的轨道之间必须加设 2 处绝缘，第一处设在 2 种轨道之间，第二处设在距离第一处超过一列车长度的不回电轨道上，以防由于列车将 2 处绝缘同时短路。还要经常检查绝缘点的绝缘电阻，防止其被水浸泡而短路或使其绝缘电阻降低。

为了防止穿越轨道的钢丝绳将回电电流导向别处，规定钢丝绳不得直接与轨道接触。

第三百八十二条　长度超过 1. 5 km 的主要运输平巷或者高差超过 50 m 的人员上下的主要倾斜井巷，应当采用机械方式运送人员。

运送人员的车辆必须为专用车辆，严禁使用非乘人装置运送人员。

严禁人、物料混运。

【条文解释】　本条是对采用机械方式运送人员的规定。

主要运输平巷是上下班行人最多的行走线路，为了不使上班人员由于行走太远消耗更多的体力而不利于安全生产，也不使下班人员在一个班的紧张劳动之后，再消耗更多的体力而增加疲劳感，规定长度超过 1. 5 km 的主要运输平巷或高差超过 50 m 的人员上下的主要倾斜井巷，应采用机械方式运送人员。

为了保证被运送人员的人身安全，运送人员的车辆应为专用车辆，严禁使用非乘人装置运送人员。例如，没有顶盖的车辆运送人员：一是运行中随时都有顶板掉物的可能；二是如有电机车架线，上下车时有触电危险，运行中还有架线脱落而触电的可能；三是运行中一旦有人坐得不舒服或其他原因不慎站立起来，有被顶板、棚梁、管线、铁丝、锚栓头等碰伤和架线触电的危险。翻转车厢式矿车和底卸式矿车，在运行中，在过轨道接头和过道岔的冲击和震动下，机构可能松脱，产生矿车自动翻转和开底则更危险。坐平板车，四周无靠，无把手，身体各个部位都有可能探出车外，在过弯道和道岔时，容易被甩掉车下，当车辆掉道时更加危险……这些非乘人装置严禁用来运送人员。为了保障乘车人员安全，严禁人、物料混运，以防突然停车或意外翻车造成物料撞伤人员。

第三百八十三条 采用架空乘人装置运送人员时，应当遵守下列规定：

（一）有专项设计。

（二）吊椅中心至巷道一侧突出部分的距离不得小于0.7 m，双向同时运送人员时钢丝绳间距不得小于0.8 m，固定抱索器的钢丝绳间距不得小于1.0 m。乘人吊椅距底板的高度不得小于0.2 m，在上下人站处不大于0.5 m。乘坐间距不应小于牵引钢丝绳5 s的运行距离，且不得小于6 m。除采用固定抱索器的架空乘人装置外，应当设置乘人间距提示或者保护装置。

（三）固定抱索器最大运行坡度不得超过28°，可摘挂抱索器最大运行坡度不得超过25°，运行速度应当满足表6的规定。运行速度超过1.2 m/s时，不得采用固定抱索器；运行速度超过1.4 m/s时，应当设置调速装置，并实现静止状态上下人员，严禁人员在非乘人站上下。

表6 架空乘人装置运行速度规定 m/s

巷道坡度 θ/（°）	$28\geq\theta>25$	$25\geq\theta>20$	$20\geq\theta>14$	$\theta\leq14$
固定抱索器	≤0.8	≤1.2		
可摘挂抱索器	—	≤1.2	≤1.4	≤1.7

（四）驱动系统必须设置失效安全型工作制动装置和安全制动装置，安全制动装置必须设置在驱动轮上。

（五）各乘人站设上下人平台，乘人平台处钢丝绳距巷道壁不小于1 m，路面应当进行防滑处理。

（六）架空乘人装置必须装设超速、打滑、全程急停、防脱绳、变坡点防掉绳、张紧力下降、越位等保护，安全保护装置发生保护动作后，需经人工复位，方可重新启动。

应当有断轴保护措施。

减速器应当设置油温检测装置，当油温异常时能发出报警信号。沿线应当设置延时启动声光预警信号。各上下人地点应当设置信号通信装置。

（七）倾斜巷道中架空乘人装置与轨道提升系统同巷布置时，必须设置电气闭锁，2种设备不得同时运行。

倾斜巷道中架空乘人装置与带式输送机同巷布置时，必须采取可靠的隔离措施。

（八）巷道应当设置照明。

（九）每日至少对整个装置进行 1 次检查，每年至少对整个装置进行 1 次安全检测检验。

（十）严禁同时运送携带爆炸物品的人员。

【名词解释】　架空乘人装置

架空乘人装置——采用钢丝绳作为牵引工具，由电机通过减速器驱动机头绳轮带动钢丝绳回转，钢丝绳回转带动卡在钢丝绳上的吊椅运动，达到载人上下的目的。中间有托轮托住钢丝绳，在机尾绳轮处钢丝绳换向。钢丝绳采用垂直重锤张紧。

【条文解释】　本条是对采用架空乘人装置运送人员的有关规定。

1. 架空乘人装置具有专项设计。见图 3-9-2。

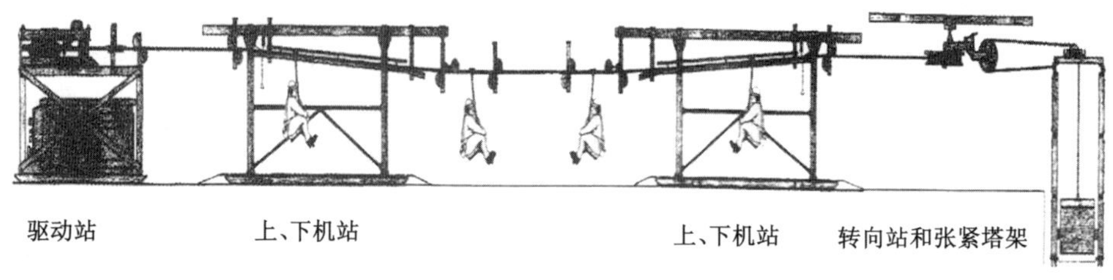

图 3-9-2　架空乘人装置运行示意图

2. 吊椅中心至巷道一侧的距离如果过小，当巷壁有突出物，运行中吊杆的左右摆动，就会使蹬座的一端触碰巷壁，使乘人碰伤或摔伤。运行速度越高，吊杆的摆动幅度会越大，上下人会越困难。乘坐间距越小，上下人时的速度就得越快，有的人动作慢来不及，有摔伤的可能，同时间距太小，乘坐的人员就多，也会产生过负荷和制动力矩不足，造成制动距离太大。

由于架空乘人装置是用于倾斜井巷中的，乘人后产生很大下滑力，当乘人装置上行停止时，如不能及时停住，就会倒转下滑，使全部乘坐人员无法掌握自身平衡而摔下，甚至滚坡。由于运行速度较慢，每个人到终点时都可以从容下来，一旦有人精神不集中或有其他原因，到终点没下来，必须在越位处安设能自动停运并进行制动的越位保险开关，防止越位后继续向前运行发生危险。

因此要求吊椅中心至巷道一侧突出部分的距离，固定抱索器的钢丝绳间距和乘坐间距有一定要求，且除采用固定抱索器的架空乘人装置外，应设置乘人间距提示或保护装置。

3. 因架空乘人装置的结构特点和技术性能是根据巷道倾角设计的，当巷道的实际倾角大于设计制造所规定的倾角时，乘人装置就会出现拖动力不够、过负荷、制动力不足，造成向下运行停不住或制动距离过长。如果是摩擦轮驱动，还可能使钢丝绳在摩擦轮上打滑和出现吊杆脱离吊轮等危险。运行中手不能扶钢丝绳，因为每隔一定距离就有一组托绳轮，过托绳轮时手可能被夹在钢丝绳与托绳轮之间，由于绳对轮的压力很大，手将被碾压断掉。固定抱索器最大运行坡度不得超过 28°，可摘挂抱索器最大运行坡度不得超过 25°，运行速度应满足表6的规定。

4. 架空乘人装置必须设置超速、打滑、断轴、全程急停、防脱绳、变坡点防掉绳、张紧力下降等保护。安全保护装置发生保护动作后，需经人工复位，方可重新启动。减速器应设置油温检测装置，当油温异常时能发出报警信号。

5. 为了排除相互影响，架空乘人装置与斜巷轨道提升系统同巷布置时，应设置电气闭锁，2种设备不得同时运行。架空乘人装置与带式输送机同巷布置时，应采取隔离措施。

6. 架空乘人装置斜巷沿线应设置延时启动声光预警信号，以便乘人运行时出现意外能及时报警、停转处理。为了便于人员上下装置，各乘人站设上下人平台，乘人平台处钢丝绳距巷道壁不小于1 m，路面应进行防滑处理。各上下人地点应设置信号通信装置。

7. 为了保证架空乘人装置有着良好的运行环境，巷道应设置照明。每日应至少对整个装置检查1次，发现问题，及时处理。每年由具备资质的机构至少对整个装置进行1次安全检测检验。

8. 由于架空乘人装置斜巷是人员集中的地方，一旦由于保管不慎或发生冲击、掉道，掉轮等机械故障引起摩擦而导致爆炸物品爆炸时，后果严重，严禁同时运送携带爆炸物品的人员。

第三百八十四条　新建、扩建矿井严禁采用普通轨斜井人车运输。

生产矿井在用的普通轨斜井人车运输，必须遵守下列规定：

（一）车辆必须设置可靠的制动装置。断绳时，制动装置既能自动发生作用，也能人工操纵。

（二）必须设置使跟车工在运行途中任何地点都能发送紧急停车信号的装置。

（三）多水平运输时，从各水平发出的信号必须有区别。

（四）人员上下地点应当悬挂信号牌。任一区段行车时，各水平必须有信号显示。

（五）应当有跟车工，跟车工必须坐在设有手动制动装置把手的位置。

（六）每班运送人员前，必须检查人车的连接装置、保险链和制动装置，并先空载运行一次。

【条文解释】　本条是对采用普通轨斜井人车的有关规定。

《煤炭生产技术与装备政策导向（2014年版）》规定斜井人车为限制类装备，限于已使用的矿井，逐步淘汰。所以，新建和扩建矿井严禁采用普通轨斜井人车。对生产矿井在用的普通轨斜井人车运输做如下规定。

1. 斜井人车必须装设可靠的制动装置，当断绳或跑车时，能自动发生作用而停车。还必须有手动的扳把，当发现前方有障碍或人，需要立即停车时，可随时扳动手把，使制动装置发生作用立即停车。

2. 斜井人车在运行中，任何地点都有发现紧急情况，需要立即停车的可能，如运行前方轨道上发现有人、有异物、轨道状况不好、乘车人员有意外情况等。向下运行可以由跟车人员扳动制动装置手把，使制动装置发生作用紧急停车。这种停车由于太突然、太猛，会给乘车人员造成伤害，应尽量避免。通过发信号，由绞车紧急制动更为合适，发挥钢丝绳缓冲作用，不会像制动装置发生作用时那样对乘人造成伤害。当人车上行，需要紧急停车时，制动装置不起作用，只能通过信号和绞车司机联系停车，所以斜井人车必须装有跟车人在运行途中任何地点都能向绞车司机发送紧急停车信号的装置。

3. 绞车在多水平运输时，必须规定出要去哪个水平的不同的代表信号，有的叫用意信号。要去哪个水平时，把钩工必须先向绞车司机发出要去哪个水平的信号，然后再发出开车信号，使绞车司机有思想准备，掌握好运行速度，及时减速，准确停车。避免由于心中无数，不及时减速，到停车点急忙刹车，造成乘车人员的不适，甚至造成人身伤害。在各个水平的人员上下车地点，都必须设置能表明人车所在的位置和运行区间的指示灯，人车开没开，是在上一个水平还是在下一个水平，是向上运行还是向下运行，让候车人员心中明白，车来之后能走出候车室及时上车。

4. 要保证斜井人车全部乘车人员的安全，斜井人车的跟车工（斜井人车把钩工）必须做到：① 应检查人车的连接装置、保险链和制动装置。特别是人车在摘钩时，为了不使制动装置下落，在摘钩前用专用工具将钢丝绳牵引的主传动轴卡住。当再挂上人车后，一定要把它取下，否则跑车时制动装置不会发生作用。② 检查乘车人员不能超员，不能携带超长、超大和严禁携带的物品，如火药雷管；不能将身体的任何部位露出车外，挂好防护链或关好安全门，防止运行中与巷道中的任何物体刮碰。③ 为了便于跟车工的观察和操作，跟车工的同座至少要少坐 1 人，以不妨碍跟车工前后观察和操作制动装置手动扳把。跟车工必须坐在设有手动制动装置把手的位置，并且应该是人车运行的前方，以便于观察前方有无障碍（使用一节人车时应使用头车，因为头车两端都有手动制动装置把手）。④ 每班运送人员前，必须先空载运行一次，检查好绞车道没有任何变化，才能正式运送人员；否则，当绞车道发生变化，如轨道上有障碍物时，会对人车的运行造成危害。

【典型事例】　2012 年 2 月 16 日，湖南省衡阳市某煤矿违规使用矿车在斜井（斜长 420 m，坡度 28°）运送人员，运料车与乘人矿车混挂且超规定（4 节载人矿车在运行方向之前，4 节料车在后），运行中第 2 节与第 3 节料车连接绳套（用钢丝绳和绳卡子自制的绳套替代连接装置）拉脱，串车未挂保险绳，且井筒中未设置防跑车的挡车装置，导致 2 节料车和 4 节矿车跑车，造成 15 人死亡、3 人重伤。

第三百八十五条　采用平巷人车运送人员时，必须遵守下列规定：

（一）每班发车前，应当检查各车的连接装置、轮轴、车门（防护链）和车闸等。

（二）严禁同时运送易燃易爆或者腐蚀性的物品，或者附挂物料车。

（三）列车行驶速度不得超过 4 m/s。

（四）人员上下车地点应当有照明，架空线必须设置分段开关或者自动停送电开关，人员上下车时必须切断该区段架空线电源。

（五）双轨巷道乘车场必须设置信号区间闭锁，人员上下车时，严禁其他车辆进入乘车场。

（六）应当设跟车工，遇有紧急情况时立即向司机发出停车信号。

（七）两车在车场会车时，驶入车辆应当停止运行，让驶出车辆先行。

【条文解释】 本条是对采用平巷人车运送人员的规定。

1. 每班发车前，应检查各车的连接装置、轮轴、车门（防护链）和车闸等。

人车的连接装置连接不可靠，如插销用木棒或其他物品代替、链环没按规定连接、套在插销上端、插销没插到底等，没有被发现，在运送人员过程中，有可能连接装置自动脱开，部分人车被丢掉，也可能人车掉道后被拉翻。如果轮轴有问题，在运行途中掉轮、断轴或掉道，将造成人车严重歪斜，产生剧烈震动和摆动，甚至会翻车，必将产生严重后果。车门（防护链）不完好，人体某部位可能露于车外，或者人车剧烈震动，使乘车人甩出车内。车闸失灵，不能紧急停车，使制动距离大大延长，一旦运行前方有人或有车辆和障碍物时，由于不能紧急制动，必然猛烈相撞；一旦有人车脱轨，或其他紧急情况，要求人车立即停车却不能停下时，后果很严重。

2. 人车在运行中和过轨道接头、道岔时，都会产生颠簸，如果随车携带了有爆炸性的、易燃性的或腐蚀性的物品，在强烈的颠簸下，易产生爆炸、燃烧和腐蚀性液体溢出。当人车脱轨时，这些危险品可能掉落车下，被车轮碾压，在架线电机车的轨道和车轮之间通过的电流，将使可爆炸物品爆炸，可燃烧性物品燃烧，腐蚀性物品的容器被打碎，对人身、轨道和车辆产生严重腐蚀，后果很严重。同时严禁附挂物料车。

3. 当人车运行速度大于 4 m/s 时，制动距离就会超过 20 m。速度越快，前方遇到紧急情况的可能性越大，人车掉道的可能性越大，人车上掉物的可能性越大，列车运行的噪声就越大，司机就越听不到后面人车上发出的呼叫声音，导致事故扩大。

【典型事例】 2001 年 3 月 20 日，河北省某煤矿开拓区蓄电池机车在-500 m 北一大巷 1 号交叉点处由里向外拉车，司机坐在车内不便于瞭望，将头探出驾驶室，机车在过 1 号交叉点第 5 架棚子时，头被中柱刮伤，经抢救无效死亡。

4. 为了维护好人车站秩序，按规定乘车，检查车辆、有无携带危险品等，人员上下车地点应有照明。为了使上下车人员和所携带的工具、物品不触电，架空线应设置分段开关或自动停送电开关，人员上下车时应切断该区段架空线电源。

5. 在双轨道的乘车场，在人员上下车时，为了上下车人员的安全，必须设信号区间闭锁，严禁其他车辆进入乘车场。两车在车场会车时，驶入车辆应停止运行，让驶出车辆先行。

6. 应设置跟车工，遇紧急情况时，应立即向司机发出停车信号。

第三百八十六条 人员乘坐人车时，必须遵守下列规定：

（一）听从司机及跟车工的指挥，开车前必须关闭车门或者挂上防护链。

（二）人体及所携带的工具、零部件，严禁露出车外。

（三）列车行驶中及尚未停稳时，严禁上下车和在车内站立。

（四）严禁在机车上或者任何 2 车厢之间搭乘。

（五）严禁扒车、跳车和超员乘坐。

【条文解释】 本条是对乘坐井下人车的规定。

乘车人员必须做到身体的任何部位和所携带的工具、物品不能露出车外，关好车门或挂好防护链，防止运行中被巷道中的杂物或其他车辆碰伤。

当人车尾部挂材料车时，由于材料车的重量大于人车，在起动、加速和材料车过弯道时，都会因为材料车的运行阻力大，而使人车的黏着重量减轻，使人车容易掉道而伤害乘车人员。

严禁在任何 2 车厢之间搭乘人员。人在 2 车厢之间，当矿车运行途中掉道时，很容易挤伤腿脚和被甩掉车下。当发生紧急刹车时，会使几辆矿车互相支撑着立起来，有时支到棚梁上，如果两车之间有人，后果是很严重的。

人车超员，车内拥挤，运行中，车内形成一个整体随车摆动，加大了车辆的侧向压力，容易造成脱轨和翻车，一旦脱轨，由于互相挤压无法采取自救措施，必将加大伤害。

井下空间狭小，运行的车辆离巷壁很近，又经常有杂物等障碍，上有架线，下有道木泥水，不平又滑，身体活动范围受到限制，车在运行中，人体的惯性很难与车的速度相适应，扒车和跳车都是相当危险的。手没抓准，抓不住，脚下跟不上，没踩准或没踩住，都会使身体摔于车下，而车辆仍在运行，后果是可想而知的。

【典型事例】 某日，某煤矿一名掘进工人从充电房前通过，看见本班工人坐在矿车内，就急忙跑出去扒车，还未爬上矿车，就被挤压在车帮和碹墙之间，拖带 40 m 后死亡。

第三百八十七条 倾斜井巷内使用串车提升时，必须遵守下列规定：

（一）在倾斜井巷内安设能够将运行中断绳、脱钩的车辆阻止住的跑车防护装置。

（二）在各车场安设能够防止带绳车辆误入非运行车场或者区段的阻车器。

（三）在上部平车场入口安设能够控制车辆进入摘挂钩地点的阻车器。

（四）在上部平车场接近变坡点处，安设能够阻止未连挂的车辆滑入斜巷的阻车器。

（五）在变坡点下方略大于 1 列车长度的地点，设置能够防止未连挂的车辆继续往下跑车的挡车栏。

上述挡车装置必须经常关闭，放车时方准打开。兼作行驶人车的倾斜井巷，在提升人员时，倾斜井巷中的挡车装置和跑车防护装置必须是常开状态并闭锁。

【条文解释】 本条是对斜巷内使用串车提升的规定。

倾斜井巷内使用串车提升时，上部平车场必须设阻车装置，斜巷内必须设跑车防护装置，以使串车不往斜巷内发生跑车，万一发生跑车现象，能有效地加以防护，使串车不继续在斜巷内下跑。

1. 上部平车场设阻车装置。

（1）在上部平车场入口安设能够控制车辆进入摘挂钩地点的阻车装置。既不是在绞车道的底部，又是矿车不经过提升就能从车场进入绞车道的车场，称为上部平车场。上部平车场与外部巷道连接处为车场入口，车场入口必须安设能够控制由外部巷道进入车场摘挂钩地点的阻车装置。

（2）在上部平车场接近变坡点处，即在车辆开始能向绞车道自动滑行的地点之前，还不能自动向绞车道滑行的位置，安设能够阻止未连挂钢丝绳的车辆滑入绞车道的阻车器。

2. 斜巷内设跑车防护装置。

（1）上部平车场变坡点下方大于 1 列车长度的地点，设置 1 组常闭式跑车防护装置，这是上一个阻车装置的第二道防线。

（2）各部车场以上位置均设置常闭式或常开式跑车防护装置。

(3) 采用无极绳连续牵引车、绳牵引卡轨车系统的井巷，当井巷坡度大于 10°、长度大于 200 m 时，必须在井巷下部设置常闭式或常开式跑车防护装置。

(4) 使用的绞车或提升机具有深度指示功能时，设置的跑车防护装置应与绞车电气联动，并采用常闭式。

(5) 井巷向下掘进施工中，在掘进工作面后方设置常闭式跑车防护装置，以免上部跑车危害下面掘进作业人员。

3. 上述各阻车装置和防护装置，必须经常处于阻止车辆运行状态，只有正常运行的车辆接近要通过时才能打开，车辆通过后要及时关闭。

与斜井人车共用的绞车道，各防护装置在升降人员时必须全部打开，升降完人员再关闭，防止人车通过时发生被挡、撞车的伤人事故。

【典型事例】 某斜巷阻车装置 1 设于上部车场入口，对入车场的车辆加以控制；阻车装置 2 设于变坡点处，用于防止未连挂车辆误入井巷；跑车防护装置 3 设于变坡点下方略大于 1 列车长度的地点以防止未连挂车辆跑车；跑车防护装置 4 设于井下各车场或区段的前端，用于在需要时该车场或区段防止带绳车辆误入。见图 3-9-3。

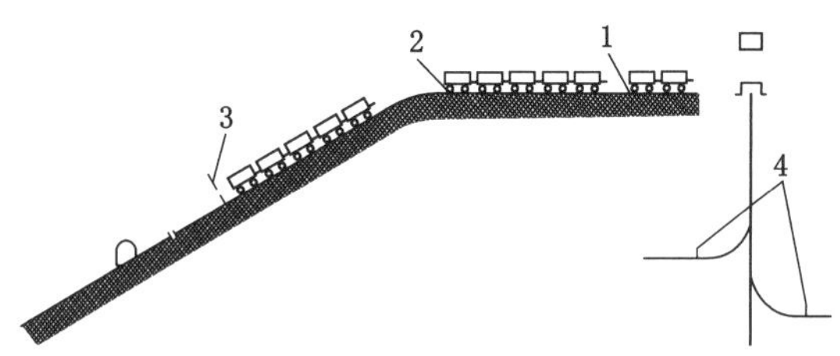

1，2—阻车装置；3，4—跑车防护装置。

图 3-9-3 跑车防护装置及阻车装置的安设位置

【典型事例】 2013 年 4 月 13 日，广西壮族自治区某煤矿 168 南斜井四采区 -160 m 车场绞车超负荷提升导致联轴器尼龙棒被切断，失去牵引力的重串车下溜引起减速器联轴器高速旋转而爆裂，导致 1 人被碎片击中身亡。

第三百八十八条 倾斜井巷使用提升机或者绞车提升时，必须遵守下列规定：

(一) 采取轨道防滑措施。

(二) 按设计要求设置托绳轮（辊），并保持转动灵活。

(三) 井巷上端的过卷距离，应当根据巷道倾角、设计载荷、最大提升速度和实际制动力等参量计算确定，并有 1.5 倍的备用系数。

(四) 串车提升的各车场设有信号硐室及躲避硐；运人斜井各车场设有信号和候车硐室，候车硐室具有足够的空间。

(五) 提升信号参照本规程第四百零三条和第四百零四条规定。

(六) 运送物料时，开车前把钩工必须检查牵引车数、各车的连接和装载情况。牵引车数超过规定，连接不良，或者装载物料超重、超高、超宽或者偏载严重有翻车危险时，严禁发出开车信号。

(七) 提升时严禁蹬钩、行人。

【条文解释】　本条是对倾斜井巷使用提升机或绞车提升的有关规定。

1. 斜井提升绞车道是煤矿提升运输工作中发生事故较多的巷道，而轨道质量不好是造成斜井提升事故的主要原因之一。斜井轨道受自重影响，在长期矿车运行的震动和对轨道接缝的冲击下，产生自动缓慢下滑，下滑将使上部轨缝增大，下部轨道变形，使轨道状态变坏，严重地影响行车安全。下滑后的轨道调整是比较困难的，因此，斜井绞车道的轨道铺设要保证质量，并必须采取轨道防滑措施。

2. 斜井绞车道的托绳轮（辊）是减小提升钢丝绳摩擦阻力和降低磨损的装置，托辊齐全、转动灵活，可以延长钢丝绳的使用寿命，还可以降低绞车的负荷和钢丝绳的最大静张力。如果托辊不转，被钢丝绳磨成深沟，会限制钢丝绳的运行方向，钢丝绳从沟内突然跳出，会严重影响附近人员的安全，还会突然使矿车加速，如果升降人员，会感到有很大的冲击。因此，托绳轮（辊）要保持齐全灵活。

3. 过卷距离是矿车提升到终点触碰过卷开关并动作后矿车前轮所处的位置到轨道端头或挡车装置的距离。过卷距离不得小于过卷后矿车实际运行距离的 1.5 倍。

矿车过卷后的实际运行距离分 2 种情况：一种是矿车在过卷处轨道倾角条件下的自然减速度小于或等于绞车安全制动减速度时，即绞车滚筒先停矿车后停，或同时停，矿车过卷后的实际运行距离，就是矿车以其自然减速度运行的距离；另一种情况是矿车的自然减速度大于绞车的安全制动减速度，即矿车停得快、绞车停得慢，则矿车不能按自己的自然减速度停车，还要被滚筒拖动运行一段距离，实际的过卷运行距离应按绞车的保险制动减速度进行计算。

【典型事例】　某日，某工程处二井风井，机电值班主任在检修时把绞车安全回路短路，没告诉司机就走了。当人车拉到井口门时，井上把钩工打点停车，人车没停，把钩工大喊“快跳车”，有 19 人跳下车，其中有 2 人和人车一起被拉下桥头，一死一伤。此为过卷保护失灵所造成。如过卷距离不够，人车拉到轨道尽头仍未停车，结果是同样的。

4. 串车提升的各车场设有信号硐室及躲避硐；运人斜井各车场设有信号和候车硐室，候车硐室具有足够的空间，以确保斜井串车提升安全。提升信号参照本规程有关规定。

5. 斜井提升时，为了防止矿车掉道、断绳跑车和车内掉物滚落碰伤行人，规定行车时严禁行人。如果把钩工跟车上下，当矿车掉道时，车轮在枕木上运行，矿车严重地上下颠簸和左右摇摆，很容易将把钩工甩掉，又可能使连接装置自行脱落而跑车，对把钩工的生命安全构成极大的威胁，所以规定斜井提升时，严禁蹬钩，严禁行人。把钩工只能在井底和井上接车。

6. 斜井提升的把钩工必须熟知绞车的性能、允许提升的最大静张力，估算出各种车辆进入绞车道后对钢丝绳产生的拉力，从而确定出应连挂的各种车辆的数量，严禁超载运行。特别是对于不经常拉的材料，决不能盲目连挂，必须向有关人员问清楚，否则，宁可少挂也不许多挂，超载超重都会使制动力矩不够，造成断绳或跑车。

矿车之间和矿车与钢丝绳之间的连接，必须牢固可靠，插销一定要插到位，并要正确使用防脱装置。有时平巷拉车找不到合格的连接装置，临时用锹把、木棒等代替，斜井把钩工必须对此认真检查，若发现不了使锹把、木棒等进入绞车道则会造成跑车。运送的物品超高、超宽和偏载，会在运行中被巷道中的杂物、顶板锚栓等挂掉或翻车，严重影响行车安全。所以，当牵引车数超过规定，连接不良或装载物料超重、超高、超宽或偏载严重有翻车危险时，严禁发出开车信号。

【典型事例】 某日，某煤矿一斜井提升 2 辆矿车到井口变坡点还未出井口时，前面空车的插销未插到底，当空车跨过变坡点时，第二辆重车脱钩跑车，将井底 13 人撞倒，造成 10 人死亡、3 人受伤。

第三百八十九条 人力推车必须遵守下列规定：

（一）1 次只准推 1 辆车。严禁在矿车两侧推车。同向推车的间距，在轨道坡度小于或者等于 5‰时，不得小于 10 m；坡度大于 5‰时，不得小于 30 m。

（二）推车时必须时刻注意前方。在开始推车、停车、掉道、发现前方有人或者有障碍物，从坡度较大的地方向下推车以及接近道岔、弯道、巷道口、风门、硐室出口时，推车人必须及时发出警号。

（三）严禁放飞车和在巷道坡度大于 7‰时人力推车。

（四）不得在能自动滑行的坡道上停放车辆，确需停放时必须用可靠的制动器或者阻车器将车辆稳住。

【条文解释】 本条是对井下人力推车的规定。

井下人力推车只能从后面推，因为侧面一面距巷壁很近，脚下又可能有杂物，不便推车；另一侧另一条轨道上会有来往车辆也不安全，不宜推车；前面更不能拉车，以防下坡摔倒，被车碰伤。另外，又由于车厢宽度限制站不开更多的人，推车时还得闪开碰头，碰头又遮住视线，看不清脚下，所以推车的力量受到了很大限制，一旦前方有特殊情况，需要立即停车，如正赶上坡度大时，推车的几个人是很难使矿车立即停下的。如果在坡度为 5‰以下，推车间距不小于 10 m 推车还可以；在坡度大于 5‰时，间距小于30 m，就有两车相撞的危险。1 次只准推 1 辆车。

推车时必须时刻注意前方，以便及时发现前方的人或障碍物。从坡度较大的地方向下推车，由于不容易使车立即停下，在接近道岔、弯道、巷道口、风门、硐室出口等地，由于视线受阻，对于突然出来的人或车，互相看不见，所以必须提前发出警号。

下坡放飞车是一种毫不顾及安全的违章行为。车速越来越快，人离车越来越远，人既追不上车，也无法向车前方的人发出警号，由于车速太快，前方人员发现有车也来不及躲避；遇有弯道或道岔，很容易掉道和翻车，对轨道、道岔、车辆的损害很大，容易造成人员伤亡，所以严禁放飞车。

当坡度大于 7‰时，由于人力很难控制住矿车，所以严禁推车。不得在能自动滑行的坡道上停放车辆，确需停放时必须用可靠的制动器或阻车器将车辆稳住。

【典型事例】 2013 年 6 月 29 日，广西壮族自治区某煤矿三号北斜井-60 m 轨道延伸车场，由于重车惯性下溜，撞击先前停在重车道上的 3 辆重车，4 辆重车一起下溜。此时，李某推着一辆空矿车准备通过道岔进入-60 m 轨道延伸车场空车道，继续下溜的重车组在道岔上撞上李某所推的空矿车，空矿车后退并脱轨，李某被空矿车撞到巷帮导致死亡。

第三百九十条 使用的单轨吊车、卡轨车、齿轨车、胶套轮车、无极绳连续牵引车，应当符合下列要求：

（一）运行坡度、速度和载重，不得超过设计规定值。

（二）安全制动和停车制动装置必须为失效安全型，制动力应当为额定牵引力的1.5~2倍。

（三）必须设置既可手动又能自动的安全闸。安全闸应当具备下列性能：

1. 绳牵引式运输设备运行速度超过额定速度30%时，其他设备运行速度超过额定速度15%时，能自动施闸；施闸时的空动时间不大于0.7 s。

2. 在最大载荷最大坡度上以最大设计速度向下运行时，制动距离应当不超过相当于在这一速度下6 s的行程。

3. 在最小载荷最大坡度上向上运行时，制动减速度不大于5 m/s^2。

（四）胶套轮材料与钢轨的摩擦系数，不得小于0.4。

（五）柴油机和蓄电池单轨吊车、齿轨车和胶套轮车的牵引机车或者头车上，必须设置车灯和喇叭，列车的尾部必须设置红灯。

（六）柴油机和蓄电池单轨吊车，必须具备2路以上相对独立回油的制动系统，必须设置超速保护装置。司机应当配备通信装置。

（七）无极绳连续牵引车、绳牵引卡轨车、绳牵引单轨吊车，还应符合下列要求：

1. 必须设置越位、超速、张紧力下降等保护。

2. 必须设置司机与相关岗位工之间的信号联络装置；设有跟车工时，必须设置跟车工与牵引绞车司机联络用的信号和通信装置。在驱动部、各车场，应当设置行车报警和信号装置。

3. 运送人员时，必须设置卡轨或者护轨装置，采用具有制动功能的专用乘人装置，必须设置跟车工。制动装置必须定期试验。

4. 运行时绳道内严禁有人。

5. 车辆脱轨后复轨时，必须先释放牵引钢丝绳的弹性张力。人员严禁在脱轨车辆的前方或者后方工作。

【条文解释】 本条是对使用单轨吊车、卡轨车、齿轨车、胶套轮车、无极绳连续牵引车的有关规定。

1. 使用条件

单轨吊车、卡轨车、齿轨车和胶套轮车的结构强度、牵引能力、制动力矩等都是根据其适用的运行坡度、运行速度和载荷重量设计计算和制造的，如果在使用中，在运行坡度、运行速度和载荷重量上，有一项超过了设计和制造的允许值，其结构强度、牵引功率和制动力矩就会满足不了需要，而发生零部件损坏、过负荷、制动力矩不够而跑车等，不但不能正常生产，还会造成事故。所以，在运行坡度、运行速度和载荷重量上都不能超过设计值使用。

钢丝绳牵引单轨吊最大运行坡度为45°，最大运行速度为2 m/s；柴油机单轨吊车最大运行坡度为18°，最大运行速度为2.5 m/s；带齿轨时的最大坡度为27°。

单轨吊车按静载荷的安全系数不小于5，当使用I 140E标准轨道时，每节长3 m的两点吊挂轨道，其每个吊挂点的载重应不超过3 t，吊运单台设备的最大质量应不超过15 t。

用钢丝绳牵引的卡轨车最大坡度为45°；用无极绳摩擦传动的卡轨车最大坡度为25°；柴油机车牵引的卡轨车，在专门槽钢轨或异形钢轨上有可靠卡轨装置和增黏功能的最大运行坡度为10°，其运行速度一般不超过2 m/s。

齿轨车在平巷运行速度最大为3.5 m/s，当钢轨加装齿轨装置后，运行坡度最大为10°。

在防爆柴油机车或防爆蓄电池机车的车轮上加装胶套，以增加车轮与轨道间的摩擦力的胶套轮车的运行，最大坡度为5°，而胶套应具有阻燃和抗静电性能。

为了保证单轨吊车、卡轨车、齿轨车和胶套轮车的运行安全，其最突出部分距巷帮支护的距离不得小于0.5 m；在双轨运输巷中，2辆车最突出部分之间的距离，对开时不得小于0.2 m。

2. 轨道

卡轨车、齿轨车和胶套轮车都是在轨道上运行的运输设备，由于其自身重量较大，为了保证运行安全，轨道必须有足够的强度和刚度，防止承载后产生弹性变形，造成脱轨。轨道安装必须符合标准，扣件必须安全、牢固并与轨型相符，轨道接头间隙、高低和左右偏差等不能超过规定，直线段轨面的水平偏差，曲线段加宽后外轨抬高向上、下偏差及轨枕的规格、间距及道砟厚度，均应按规定标准执行。

3. 制动系统

由于单轨吊车、卡轨车、齿轨车和胶套轮车，有的由钢丝绳牵引，有的由机车牵引，但都工作在有一定倾角的巷道中，都有一定的运行速度，在上行施闸制动时，都有制动减速度，当速度为零时，都有受重力作用产生下滑的力，其值要大于上行的牵引力，如果制动力与牵引力相等，会因制动不住而下滑。为了制动可靠并平稳地停住，制动力应为额定牵引力的1.5~2倍。制动力太大，也会产生制动减速度大于自然减速度的松绳和向下冲击断绳问题，因为其转动部分的转动惯量往往比提升绞车小，所以其保险制动力矩不应太大，以不大于额定静张力矩的2倍为宜。

绳牵引式运输设备运行速度超过额定速度的30%，其他设备运行速度超过额定速度的15%而控制不住下行速度时，即处于跑车状态，此时必须自动实施保险制动。

施闸时的空动时间是指开始施闸到闸瓦贴上闸轮的时间，保险制动时间则是指从电机断电到闸瓦贴上闸轮的时间。这个时间没有制动力矩，重物以其自然加或减速度运行，空动时间越长，下行时速度越快，制动距离越长，所以规定施闸时的空动时间不大于0.7 s。

在最大载荷最大坡度上以最大设计速度向下运行时，制动距离应不超过在这一速度下6 s的行程，也就是在非故障的最坏条件下允许的最大制动行程。

在最小载荷最大坡度上向上运行时，制动减速度不大于5 m/s^2。当单轨吊车、卡轨车、齿轨车和胶套轮车的牵引机车或驱动绞车的保险制动和停车制动的制动力为一定时，其系统转动部分的变位质量也一定，制动减速度最大值就是在最小负荷最大坡度向上运行时的制动减速度，根据制动减速度的计算公式为：

$$a_z = [F_z - Q(\sin\alpha + f_1\cos\alpha)]/(\sum m_j + Q/g)$$

式中 F_z——制动力；

Q——载荷重量；

α——运行倾角；

f_1——承载体的运动阻力因数；

$\sum m_j$—— 除载荷外的系统运动部分的变位质量。

上式当载荷最小时，分子为最大值，分母为最小值，制动减速度 a_z 最大，所以在最小载荷最大坡度向上运行时，制动减速度不大于 5 m/s²，载荷增大后或坡度减小，制动减速度就不会大于 5 m/s²。

虽然零载荷时制动减速度有大于 5 m/s² 的可能，但是零载荷的制动减速度是牵引机车或驱动绞车自身的制动减速度，大于 5 m/s² 不会产生不利的影响，而被牵引或驱动的载荷的制动减速度大于 5 m/s² 时，便可能产生松绳、松链，载荷反向下滑造成冲击，甚至有断绳跑车的危险，所以规定向上运行的最大制动减速度不大于 5 m/s²。

保险制动和停车制动装置应设计成失效安全型，也就是什么故障也不影响施闸，如靠重锤重量和弹簧弹力施闸的制动装置出现故障敞不开闸，也就是制动装置出现任何故障时，都不影响重锤重量和弹簧的弹力，因此是可靠的。

4. 信号和通信装置

采用单轨吊车、卡轨车、齿轨车和胶套轮车运输时，和采用机车运输一样，为了瞭望运行前有无行人、行车和障碍物，防止撞人、撞车事故的发生，头车和牵引机车必须设有足够的照明。为了让行人及时躲开，引起行车、行人的注意，运行中要鸣笛示警，特别是在弯道或有障碍物影响视线时，必须及时鸣响喇叭，给人以充分的躲让时间。同样，列车尾设红灯，是为了防止追尾事故的发生，以红色代表危险，禁止车辆和行人接近。

钢丝绳牵引的单轨吊车和卡轨车，由于运行和停止都由绞车控制，尽管前有照明和喇叭，但是绞车司机必须与列车司机配合，协调操作，才能正常行驶和工作。如果发现问题紧急停车时，绞车司机不知道，有可能拉断钢丝绳，下放行车还可能造成大量松绳，造成冲击断绳事故。因此，列车司机与绞车司机不但得有紧急联络信号，还必须要有说明原因和具体要求的通信装置。

第三百九十一条 采用单轨吊车运输时，应当遵守下列规定：

（一）柴油机单轨吊车运行巷道坡度不大于25°，蓄电池单轨吊车不大于15°，钢丝绳单轨吊车不大于25°。

（二）必须根据起吊重物的最大载荷设计起吊梁和吊挂轨道，其安装与铺设应当保证单轨吊车的安全运行。

（三）单轨吊车运行中应当设置跟车工；起吊或者下放设备、材料时，人员严禁在起吊梁两侧；机车过风门、道岔、弯道时，必须确认安全，方可缓慢通过。

（四）采用柴油机、蓄电池单轨吊车运送人员时，必须使用人车车厢；两端必须设置制动装置，两侧必须设置防护装置。

（五）采用钢丝绳牵引单轨吊车运输时，严禁在巷道弯道内侧设置人行道。

（六）单轨吊车的检修工作应当在平巷内进行。若必须在斜巷内处理故障时，应当制定安全措施。

（七）有防止淋水侵蚀轨道的措施。

【名词解释】　单轨、单轨吊、单轨吊车

单轨——单轨吊运输系统的轨道，单轨吊车的轨道是一种特殊的工字钢悬吊在巷道上。

单轨吊——将运送人员、物料的车辆悬吊在巷道顶部单轨上，由单轨吊车的牵引机构牵引进行运输的系统。

单轨吊车——机车单轨吊中的列车部分。

【条文解释】　本条是对单轨吊车运输的有关规定。

1. 按牵引动力类别和使用特征的不同，单轨吊又可分为防爆低污染柴油机单轨吊、隔爆蓄电池单轨吊和钢丝绳牵引单轨吊 3 个类型。根据单轨吊车牵引力和功率不同，适应巷道坡度也不同，柴油机单轨吊车运行巷道坡度应不大于 25°，蓄电池单轨吊车应不大于 15°，钢丝绳单轨吊车应不大于 25°。

【典型事例】　山西省潞安漳村煤矿采用柴油机牵引单轨吊车作为辅助运输。工程完成后，全矿井使用柴油机单轨吊辅助运输，材料设备人员由地面不经转载直接运送到采掘工作面，提高了运输效率，降低了运输工的劳动强度，降低了运输事故发生率，取得了明显的经济效益。搬一个综采工作面比原来缩短 10 天时间，全员效率提高近 1 倍。

2. 单轨吊车需要有可靠的悬吊单轨的吊挂承力装置。吊挂在拱形和梯形钢支架上时支架应装拉条加固。用锚杆悬吊时每个单轨吊挂点要用 2 根锚固力各 90 kN 以上的锚杆。其安装与铺设应保证单轨吊车的安全运行。

3. 为保证单轨吊车运行中的安全，应设置跟车工，以便及时处理吊运的人员和物料。起吊梁是起吊承载机构，由起吊葫芦和承载梁组成，能方便地吊起或放落物料，但起吊或下放设备、材料时，人员不准在起吊梁两侧；机车过风门、道岔、弯道时，应确认安全，方可缓慢通过。

4. 采用柴油机、蓄电池单轨吊车运送人员时，因在运行过程中产生摇摆现象，为避免将吊运人员甩出，必须使用人车车厢；两端应设置制动装置，两侧应设置防护装置，以便及时停车保护。

5. 采用钢丝绳牵引单轨吊车运输时，严禁在巷道弯道内侧设置人行道，避免单轨吊车运行时钢丝绳拉直撞碰内侧行人。

6. 为防止自动下滑跑车，单轨吊车的检修工作应在平巷内进行，若必须在斜巷内处理故障时，应制定安全措施。

7. 应有防止淋水侵蚀轨道的措施，保持轨道完好，保证吊车安全，经久运行。

第三百九十二条　采用无轨胶轮车运输时，应当遵守下列规定：

（一）严禁非防爆、不完好无轨胶轮车下井运行。

（二）驾驶员持有“中华人民共和国机动车驾驶证”。

（三）建立无轨胶轮车入井运行和检查制度。

（四）设置工作制动、紧急制动和停车制动，工作制动必须采用湿式制动器。

（五）必须设置车前照明灯和尾部红色信号灯，配备灭火器和警示牌。

（六）运行中应当符合下列要求：

1. 运送人员必须使用专用人车，严禁超员；

2. 运行速度，运人时不超过 25 km/h，运送物料时不超过 40 km/h；

3. 同向行驶车辆应保持不小于 50 m 的安全运行距离；

4. 严禁车辆空挡滑行；

5. 应当设置随车通信系统或者车辆位置监测系统；

6. 严禁进入专用回风巷和微风、无风区域。

（七）巷道路面、坡度、质量，应当满足车辆安全运行要求。

（八）巷道和路面应当设置行车标识和交通管控信号。

（九）长坡段巷道内必须采取车辆失速安全措施。

（十）巷道转弯处应当设置防撞装置。人员躲避硐室、车辆躲避硐室附近应当设置标识。

（十一）井下行驶特殊车辆或者运送超长、超宽物料时，必须制定安全措施。

【条文解释】　本条是对采用无轨胶轮车运输的有关规定。

1. 无轨胶轮车及其特点

无轨胶轮车以防爆柴油机或蓄电池组为动力，利用胶轮直接在巷道底板上自由行驶，无须铺设轨道，是近年发展较快的辅助运输设备。该机车的形式有多种，主要有拖挂牵引车、平板车和铲运车。这种机车特点是机动灵活，适应性强，载重大，速度快，能够整体铲运或搬运液压支架，是运输矿井材料、设备和人员的高效设备。

见图 3-9-4、图 3-9-5 和图 3-9-6。

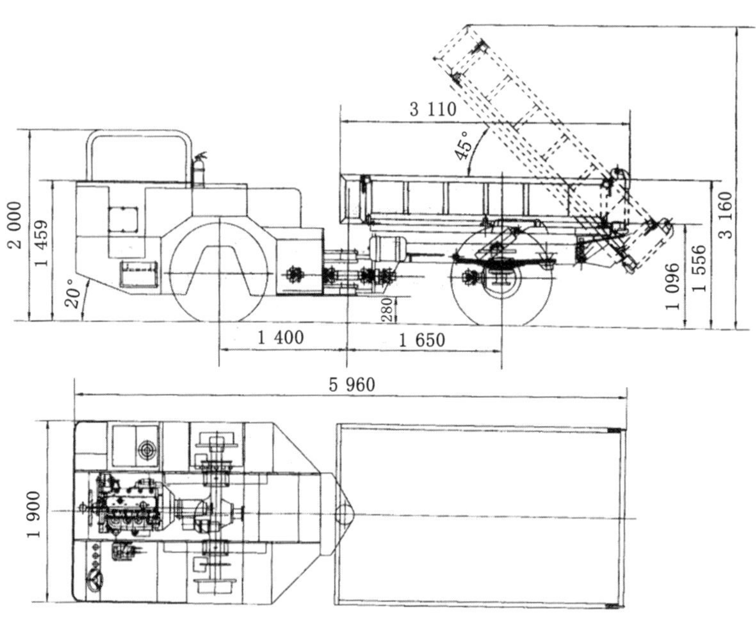

图 3-9-4　WCQ-3B 型（基本型）无轨胶轮车

2. 无轨胶轮车的优缺点及适用范围

(1) 无轨胶轮车一般采用铰接车身，前部为牵引车，后部为承载车，这样可以在很小

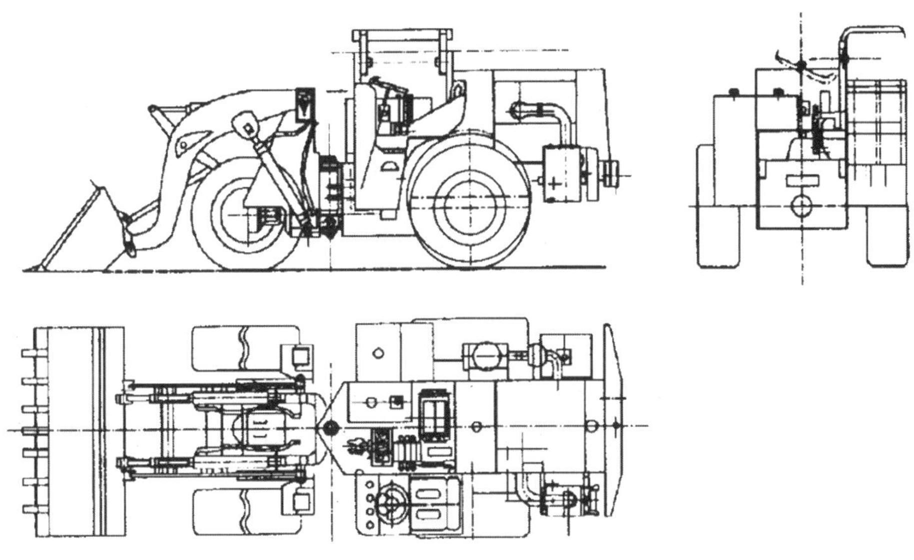

图 3-9-5　FBZL16D 低矮型防爆装载机

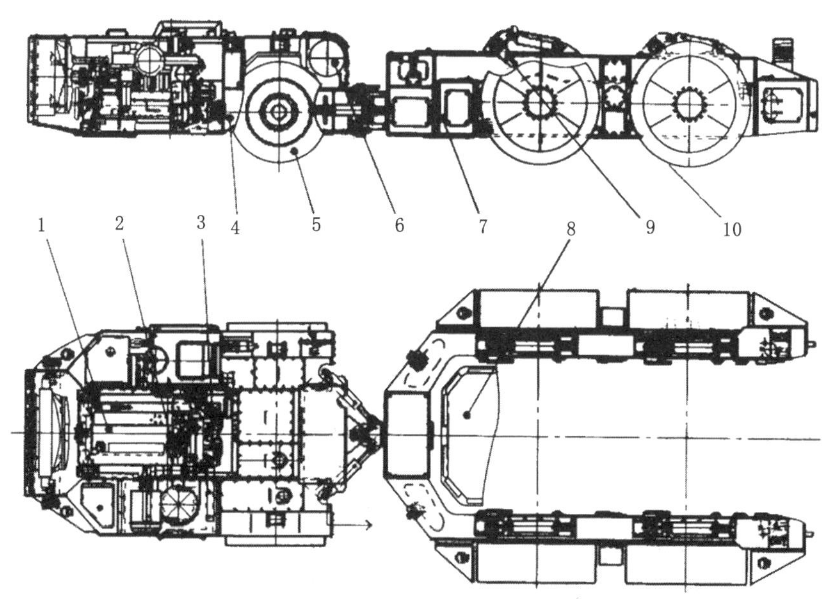

1—发动机总成；2—防爆抗污染系统；3—液压系统；4—承载动力源前机架；5—行走系统；6—气动系统；7—承载液压支架重量的 U 形框架；8—料斗；9—提升机构；10—摆动梁。

图 3-9-6　WC40Y 框架式支架搬运车

的曲率半径（3~6 m）内转弯。

（2）机身较低，可重载爬坡达 12°~14°，爬坡能力最大为 15°。

（3）蓄电池车行驶速度一般不超过 2.5 m/s，柴油机车最大可达 4~6 m/s。重型胶轮车可搬运 18~27 t 液压支架，轻型胶轮车可运输材料、人员，运煤车可运载 14~20 t 矸石，在 20 s 内自卸。

（4）车辆的前端工作机构可以快速更换，从铲斗换装为铲板、集装箱、散装前卸料斗，侧卸料斗或起底带齿铲斗等实现一机多功用。

（5）蓄电池无轨胶轮铲车无排气污染。

（6）无轨胶轮车一般车体较宽（1.5~3 m），行驶中巷道两侧需要有不小于 220~300 mm间隙，因而需要的巷道断面较宽（一般不小于 3.6 m），最好是无棚腿支护。

（7）无轨辅助运输车辆对巷道底板的压强较大，一般在 0.25 MPa 左右，最大为 0.7 MPa，所以对底板质量要求较高。

（8）长坡段巷道内，应采取车辆失速安全措施。

3. 无轨胶轮车安全管理

采用无轨胶轮车运输除了遵守上述规定外，各煤矿企业还要进一步加强井下用无轨胶轮车的安全管理。必须采购、使用具有煤矿矿用产品安全标志的防爆无轨胶轮车，严禁非防爆机动车辆入井，严禁采用非专用人车运送井下作业人员。要严格按照有关规定，加强日常维护保养、用前安全检查、定期检验检修和运行动态管理，不得擅自改装、拆除车辆安全保护设施。井下驾驶无轨防爆胶轮车的作业人员必须具有与驾驶车辆对应的机动车辆驾驶证和岗位操作资格，严禁不具备资格的人员在井下驾驶车辆。

【典型事例】　2013 年 8 月 23 日，内蒙古自治区某煤矿一辆运送喷浆材料的防爆胶轮车搭乘施工人员入井时，车辆行至副斜井井底拐弯处失控，撞在巷道帮上，造成 4 人死亡。

【典型事例】　2011 年 6 月 17 日，内蒙古自治区某煤矿准备队 14 人违规乘坐 024 号跃进牌运送材料的非防爆非载人农用车入井，且车辆制动系统、转向系统等均不符合国家有关规定，在巷道内长距离下坡（1 570 m）行驶中，车辆操作不当、超速行驶，行至东辅运大巷联巷与东辅运大巷拐弯处时撞上巷道壁，造成 6 人死亡、8 人受伤，直接经济损失约 932 万元。

防爆无轨胶轮车生产企业要严格执行矿用产品安全标志管理规定。生产产品必须取得矿用产品安全标志后方可销往煤矿企业，必须严格按矿用产品安全标志审查备案的技术文件和审核发放要求组织生产，保证产品持续稳定地符合国家标准、行业标准及矿山安全生产的有关规定；不得擅自改装车辆，不得降低产品的安全性能。产品发生变更时必须按规定履行变更程序，经检测检验合格后方可继续销售，严禁擅自改装制造销售。要针对无轨胶轮车事故中暴露出的问题，立即开展全面排查，发现存在与事故车辆相同问题的车辆不得再销售，已销往煤矿企业的应协助煤矿企业尽快消除隐患。要积极做好产品售后服务以及使用与维护技术培训，为煤矿企业安全使用无轨胶轮车创造条件。

【典型事例】　2013 年 6 月 5 日，山西省某煤矿发生一起因无轨胶轮车失控导致的运输事故，造成 6 人死亡，直接经济损失 591 万元。经查，事故车辆是山西某公司生产的永恒牌 WC20R 防爆柴油机无轨胶轮车，存在未严格按照申办矿用产品安标证书时的要求生产，将制动装置由湿式制动更改为气压干式制动等问题。

第二节　立井提升

第三百九十三条　立井提升容器和载荷，必须符合下列要求：

（一）立井中升降人员应当使用罐笼。在井筒内作业或者因其他原因，需要使用普通箕斗或者救急罐升降人员时，必须制定安全措施。

（二）升降人员或者升降人员和物料的单绳提升罐笼必须装设可靠的防坠器。

（三）罐笼和箕斗的最大提升载荷和最大提升载荷差应当在井口公布，严禁超载和超最大载荷差运行。

（四）箕斗提升必须采用定重装载。

【名词解释】　防坠器

防坠器——钢丝绳或连接装置断裂时，防止提升容器坠落的保护装置。

【条文解释】　本条是对立井提升容器和载荷的规定。

矿井提升承担着人员、物料、设备和煤炭等的运输任务，是矿山的关键设备之一，也是矿山的咽喉部位。

因为罐笼上有顶盖，可防止井筒掉物伤人，四周有围栏，可防止井筒坠人，所以立井的正常升降人员应使用罐笼。

升降人员或升降人员和物料的单绳提升罐笼必须装设可靠的防坠器。

【典型事例】　某日，河北省唐山市某小煤井职工违章乘坐无防坠装置的提煤箕斗升井，在绞车齿轮联轴严重磨损情况下，超重提升，造成突然跑车、蹾罐事故，致使6人死亡。

采用定重装载是为了避免箕斗超载。目前国内所使用的有压磁式、液压式和皮带电子及核子秤。提升容器的最大提升载荷和最大提升载荷差应在井口公布，严禁超载和超最大载荷差运行。

【典型事例】　河北省某煤矿混合提升井井深587 m，井径7.8 m。安装2套提升设备，一套主提升容器为一对载重18 t箕斗，另一套提升容器为一对六绳罐笼，3 t矿车二车三层。某日，主提绞车开车至20时35分松南勾、提北勾，这时南勾箕斗因溜煤闸板没收好，防卡报警装置报警，立即停车处理。司机慢提南勾到卸载位置，将溜煤闸板收好。这时下井口见北勾箕斗下来，又对北勾箕斗装煤，造成箕斗二次装煤严重超载。

北勾二次装煤后，开车提2次没提动。经研究决定，一是想法提提试试；二是提不上来就组织井运区卸煤。又提了2次，还是没提动。21时55分在凸轮板上调整了给定电流。给定电流调整后，司机以每秒2 m的速度上提北勾。当北勾提到上井口卸载曲轨处时，主回路直流空气开关跳闸，绞车断电，司机采取制动措施，将工作闸拉到零位。这时绞车滚筒开始反转，监护司机又将油泵停了，但是滚筒仍然反转，二级制动也没闸住绞车反转，造成北勾箕斗迅速滑坠井底，南勾箕斗冲向井塔，穿过五层防撞梁和六层楼板。撞坏六层楼板，承重梁损坏，主提导向轮严重离位和部分电控、机械设备严重破坏，混合井提升系统全部中断，造成直接经济损失131 864.79元。

第三百九十四条　专为升降人员和升降人员与物料的罐笼，必须符合下列规定：

（一）乘人层顶部应当设置可以打开的铁盖或者铁门，两侧装设扶手。

（二）罐底必须满铺钢板，如果需要设孔时，必须设置牢固可靠的门；两侧用钢板挡严，并不得有孔。

（三）进出口必须装设罐门或者罐帘，高度不得小于 1.2 m。罐门或者罐帘下部边缘至罐底的距离不得超过 250 mm，罐帘横杆的间距不得大于 200 mm。罐门不得向外开，门轴必须防脱。

（四）提升矿车的罐笼内必须装有阻车器。升降无轨胶轮车时，必须设置专用定车或者锁车装置。

（五）单层罐笼和多层罐笼的最上层净高（带弹簧的主拉杆除外）不得小于 1.9 m，其他各层净高不得小于 1.8 m。带弹簧的主拉杆必须设保护套筒。

（六）罐笼内每人占有的有效面积应当不小于 0.18 m^2。罐笼每层内 1 次能容纳的人数应当明确规定。超过规定人数时，把钩工必须制止。

（七）严禁在罐笼同一层内人员和物料混合提升。升降无轨胶轮车时，仅限司机一人留在车内，且按提升人员要求运行。

【条文解释】　本条是对专为升降人员和升降人员与物料罐笼的有关规定。

乘人层顶部设置可以打开的铁盖或铁门是为防止井筒掉物伤人，两侧装设扶手、顶盖设门是为了防止一旦绞车出现故障，罐笼被停在井筒短时间开不了，需要从顶盖出去，进入前来救助的容器。顶盖设扶手是为了确保人员在顶盖上行走时的安全，防止坠入井筒。

罐笼底铺满钢板，防止乘罐人员手拿工具插入罐底或掉进井筒。如果由于罐笼有机构设在罐底，底板必须开孔时，要用钢板将其包围封严，并设可以打开的活门，便于打开观察和检修，但门要牢固可靠。

乘人层的进、出口必须装设罐门或罐帘，对其尺寸的要求，就是要把人可靠地拦在里面，不会因太矮、中间或下面间隙太大而把人漏出罐外。门不得向外开，门轴必须防脱，防止罐笼在运行的冲撞下，门被撞开或门轴脱开刮碰罐道或罐道梁，或掉进井筒。

罐笼在井筒中运行很快，受罐道不直和接头的影响，有很大的横向撞动，矿车在罐内如无阻车器的可靠阻挡，会自滑溜出罐外，碰撞罐道或罐道梁，造成严重事故。

为了便于升降较高的设备和材料，要求最上层的罐笼净高不得小于 1.9 m，其他层不小于 1.8 m，一般人的身高都可以适应。由于罐内阻车器弹簧在停罐时被拉长，乘罐人员不注意，易将手指伸进弹簧间隙，开罐时弹簧收缩将手指挤伤，因此弹簧外必须有套筒保护。

罐内每人占有有效面积不小于 0.18 m^2，如果罐内太挤，互相之间没有活动的余地，形成一个整体，在罐笼运行的冲撞下，同时向一侧挤压，有挤坏罐帘或罐门掉入井筒的危险。严禁在同一层罐笼内人员和物料混合提升，以防突然停罐时物料伤人，甚至将人撞出罐笼而坠井。

无轨胶轮车体积和重量都大，罐笼升降无轨胶轮车时，必须设置专用定车或锁车装置，将无轨胶轮车固定牢靠，防止意外自动滑出罐笼。

【典型事例】　某日，某矿主井罐笼规定乘罐人数不准超过 8 人，当班却挤进了 13 人。当罐笼下降到 33.1 m 处时，由于晃动碰到接水槽帮，罐笼及钢丝绳摆动加剧，到

61.7 m 处又碰撞井壁，致使绞车停止运行，12 人坠井身死。

第三百九十五条　立井罐笼提升井口、井底和各水平的安全门与罐笼位置、摇台或者锁罐装置、阻车器之间的联锁，必须符合下列要求：

（一）井口、井底和中间运输巷的安全门必须与罐位和提升信号联锁：罐笼到位并发出停车信号后安全门才能打开；安全门未关闭，只能发出调平和换层信号，但发不出开车信号；安全门关闭后才能发出开车信号；发出开车信号后，安全门不能打开。

（二）井口、井底和中间运输巷都应当设置摇台或者锁罐装置，并与罐笼停止位置、阻车器和提升信号系统联锁：罐笼未到位，放不下摇台或者锁罐装置，打不开阻车器；摇台或者锁罐装置未抬起，阻车器未关闭，发不出开车信号。

（三）立井井口和井底使用罐座时，必须设置闭锁装置，罐座未打开，发不出开车信号。升降人员时，严禁使用罐座。

【条文解释】　本条是对立井罐笼提升安全门联锁的规定。

立井罐笼提升井口、井底和各水平的安全门与罐笼位置、摇台或锁罐装置、阻车器之间的联锁，必须符合下列规定：

罐笼到位后触碰到位开关，解除与安全门的闭锁，安全门才能打开，避免罐笼不到位就打开安全门，以防向井筒坠人、掉物。

安全门打开时，罐笼必须处于封堵安全门位置，即只能是稍动调平和罐笼换层，不许使安全门在打开的状态直接通向井筒。安全门在打开时发不出开罐信号，是这一规定的保证条件。安全门在关闭时才能发出开罐信号，而罐笼离开安全门的位置后，安全门又打不开，这样就保证了任何时候安全门都不会在罐笼不在时被打开而直通井筒。

罐笼到位的位置闭锁开关的另一个作用是和摇台闭锁，即罐笼不到位，摇台放不下来也打不开阻车器，而摇台不抬起，阻车器不关闭发不出开罐信号，可避免罐笼不在时放下摇台和打开阻车器，将矿车推入井筒。

当使用罐座时，要有罐座不打开发不出开罐信号的闭锁，可避免拉坏罐座和拉断钢丝绳。

【典型事例】　某日，辽宁省某煤矿副井，中间水平-300 m 罐笼装车运行后，井口阻车器未及时恢复到阻车位置，井口门也未关好。这时推车工推来 4 辆煤车，由于速度快，把钩工发现时第一台车已冲过阻车器，用手去拉也未拉住，赶忙扳阻车器，挡住其余 3 辆，第一台车坠入井筒。

第三百九十六条　提升容器的罐耳与罐道之间的间隙，应当符合下列规定：

（一）安装时，罐耳与罐道之间所留间隙应当符合下列要求：

1. 使用滑动罐耳的刚性罐道每侧不得超过 5 mm，木罐道每侧不得超过 10 mm。

2. 钢丝绳罐道的罐耳滑套直径与钢丝绳直径之差不得大于 5 mm。

3. 采用滚轮罐耳的矩形钢罐道的辅助滑动罐耳，每侧间隙应当保持 10~15 mm。

（二）使用时，罐耳和罐道的磨损量或者总间隙达到下列限值时，必须更换：

1. 木罐道任一侧磨损量超过 15 mm 或者总间隙超过 40 mm。

2. 钢轨罐道轨头任一侧磨损量超过 8 mm，或者轨腰磨损量超过原有厚度的 25%；罐耳的任一侧磨损量超过 8 mm，或者在同一侧罐耳和罐道的总磨损量超过 10 mm，或者罐耳与罐道的总间隙超过 20 mm。

3. 矩形钢罐道任一侧的磨损量超过原有厚度的 50%。

4. 钢丝绳罐道与滑套的总间隙超过 15 mm。

【条文解释】 本条是对提升容器罐耳与罐道之间间隙的有关规定。

提升容器的罐耳与罐道之间的间隙越小，提升容器运行就越平稳，受到的冲击就越小。但是罐笼经过一定时间的运行磨损，由于提升容器在不同位置的速度不同，罐道磨损程度不同，罐耳与罐道的间隙也不同，罐道又不能更换太频繁，所以规定了罐耳与罐道的最大间隙。在安装时罐耳与罐道之间所留间隙应满足要求，使用时罐耳和罐道的磨损量或总间隙达到限值时，必须更换，以保证提升容器正常运行。

【典型事例】 1980 年 9 月 28 日到 1981 年 7 月 22 日，辽宁省某煤矿主井共发生卡罐事故 4 次，都发生在井底装载站到副箕斗进入稳罐道时，由于罐耳偏斜到罐道之外而将木罐道挤坏。

第三百九十七条 立井提升容器间及提升容器与井壁、罐道梁、井梁之间的最小间隙，必须符合表 7 规定。

提升容器在安装或者检修后，第一次开车前必须检查各个间隙，不符合规定时不得开车。

采用钢丝绳罐道，当提升容器之间的间隙小于表 7 要求时，必须设防撞绳。

表 7 立井提升容器间及提升容器与井壁、罐道梁、井梁间的最小间隙值 mm

罐道和井梁布置		容器与容器之间	容器与井壁之间	容器与罐道梁之间	容器与井梁之间	备注
罐道布置在容器一侧		200	150	40	150	罐耳与罐道卡子之间为 20
罐道布置在容器两侧	木罐道 钢罐道		200 150	50 40	200 150	有卸载滑轮的容器，滑轮与罐道梁间隙增加 25
罐道布置在容器正面	木罐道 钢罐道	200 200	200 150	50 40	200 150	
钢丝绳罐道		500	350		350	设防撞绳时，容器之间最小间隙为 200

【条文解释】 本条是对立井提升容器间及提升容器与井壁、罐道梁、井梁之间最小间隙的有关规定。

提升容器在运行过程中的不断摆动，使其与井壁、罐道梁、井梁的间隙不断地发生变化，随着罐耳和罐道的不断磨损，罐道和罐耳之间的间隙不断增加，又加大了提升容器的摆动量，使提升容器之间，提升容器与罐道梁、井梁、井壁之间的间隙随之减小，过小的间隙增加了提升容器运行的危险性。为了保证提升容器的运行安全，提升容器之间及其与井壁、罐道梁和井梁之间的间隙必须留有充分的余地，否则在提升容器运行中的强烈撞击下，会使提升容器、罐耳、罐道产生一定变形，更增加了提升容器与井梁、罐道梁及提升容器之间相撞的危险。

第三百九十八条　钢丝绳罐道应当优先选用密封式钢丝绳。

每个提升容器（平衡锤）有4根罐道绳时，每根罐道绳的最小刚性系数不得小于500 N/m，各罐道绳张紧力之差不得小于平均张紧力的5%，内侧张紧力大，外侧张紧力小。

每个提升容器（平衡锤）有2根罐道绳时，每根罐道绳的刚性系数不得小于1 000 N/m，各罐道绳的张紧力应当相等。单绳提升的2根主提升钢丝绳必须采用同一捻向或者阻旋转钢丝绳。

【条文解释】　本条是对选用钢丝绳罐道的规定。

钢丝绳罐道应优先选用密封式钢丝绳，因为密封式钢丝绳表面平滑、无绳沟，使提升容器运行平稳、耐磨，延伸率小，抗腐蚀能力强。

罐道绳的最小刚性系数代表每米绳长所受的拉力大小，刚性系数越大，罐道绳受同样大的横向拉力时产生的横向位移越小。每个提升容器采用4根罐道绳时，每根罐道绳的平均刚性系数是采用2根罐道绳时的1/2，即总的承受相同的横向力作用的横向位移不变。

一对提升容器相邻的一侧为内侧，内侧罐道绳的刚性系数比外侧大，是为了减小一对提升容器相遇时的间隙变化，保证一对提升容器不碰撞。

单绳提升钢丝绳的2根主绳必须采用同一捻向或不旋转钢丝绳，是为防止不同捻向钢丝绳使2个提升容器的旋转方向相反而减小2个提升容器之间同一侧的距离，容易发生碰撞。

第三百九十九条　应当每年检查1次金属井架、井筒罐道梁和其他装备的固定和锈蚀情况，发现松动及时加固，发现防腐层剥落及时补刷防腐剂。检查和处理结果应当详细记录。

建井用金属井架，每次移设后都应当涂防腐剂。

【条文解释】　本条是对井筒金属装备固定和防锈蚀的规定。

井筒罐道梁和井梁等井筒金属装备受井筒环境潮湿的影响，甚至是弱酸或弱碱性井筒淋水的侵蚀，锈蚀很快，使其强度大为减弱。当强度降低到一定程度时，在提升容器高速频繁运行和强烈撞击下会产生变形和松动，给提升安全造成严重威胁，而更换井筒金属装备是一项艰难、危险、耗资很大，又影响生产的工作，应尽量避免。对井筒中的金属装备进行防锈蚀处理和及时加固，是很重要的。

井架是固定天轮、支撑钢丝绳安全运行的关键设备，必须有足够的强度和坚固的稳定性，在长期风吹雨淋和机械震动的作用下，锈蚀和某些连接部位松动都是可能发生的，不及时加固处理会引起井架变形，影响提升系统的安全运行；所以规定对金属井架、井筒罐道梁和其他装备的固定和锈蚀情况，应每年检查1次，发现松动，应采取加固或其他措施，发现防腐层剥落，应补刷防腐剂。检查和处理结果应留有记录。

建井时期用的金属井架，每次改设后都应当涂防腐剂，以防锈蚀。

第四百条　提升系统各部分每天必须由专职人员至少检查1次，每月还必须组织有关人员至少进行 1 次全面检查。

检查中发现问题，必须立即处理，检查和处理结果都应当详细记录。

【条文解释】　本条是对提升系统检查的规定。

提升系统是矿井安全生产的关键环节，没有提升系统的安全正常运转，就完不成矿井的生产任务，甚至发生事故造成重大损失。而提升系统是循环往复不停顿地运行的，哪个部分都可能发生变化形成隐患，如不检查及时发现和处理，势必使隐患发展扩大，后果将是严重的。必须由专职人员每天至少检查 1 次，每月组织有关专业人员至少检查 1 次，发现问题及时处理，并做好详细记录。

【典型事例】　2008 年 7 月 10 日，河南省某煤矿井下技术改造工程施工单位有关负责人在明知新建主井绞车存在联轴器损坏的重大隐患情况下，违章指挥，强令绞车司机冒险作业，致使联轴器失效；同时由于安全保护不全导致安全制动失效，绞车完全失去提升动力和制动力，从而造成坠罐事故，造成 11 人死亡，直接经济损失 330 万元。

第四百零一条　检修人员站在罐笼或箕斗顶上工作时，必须遵守下列规定：

（一）在罐笼或箕斗顶上，必须装设保险伞和栏杆。

（二）必须系好保险带。

（三）提升容器的速度，一般为 0.3~0.5 m/s，最大不得超过 2 m/s。

（四）检修用信号必须安全可靠。

【条文解释】　本条是对在罐笼或箕斗顶上作业的规定。

站在罐笼或箕斗顶上作业时，为了确保作业安全，必须遵守下列规定：

在罐笼或箕斗顶上检修时，必须装设保险伞和栏杆，防止井筒掉物打伤检修人员和检修人员不慎坠入井筒。

虽然有栏杆，但在工作中由于用力和多人作业，仍有坠入井筒的危险，作业人员必须系好保险带，才能放心用力地工作。

提升容器的运行速度一般为 0.3~0.5 m/s，最大不得超过 2 m/s，避免检修人员被甩入井筒。

井筒中的检修工作需要提升容器经常变更高度，遇有特殊情况或检修完升井，都必须用信号与绞车司机联系，如信号失灵，就无法与外界联系，因此检修用信号必须安全可靠，为此还要设移动电话。

【典型事例】　某矿南罐顶上设活动平台，人在平台上检修。检修人员多人在完成任务收工升井时，均配备保险带站在罐顶上，以敲击铁管发出的音响作为信号。罐笼上升中，活动平台与井筒梯子梁相碰，因信号传送不灵，未能及时停车，致使活动平台掉落，并将 1 人保险带冲断而使其坠入井内身亡。

第四百零二条　罐笼提升的井口和井底车场必须有把钩工。

人员上下井时，必须遵守乘罐制度，听从把钩工指挥。开车信号发出后严禁进出罐笼。

【条文解释】　本条是对罐笼提升设置把钩工的规定。

罐笼提升的井口和井底车场必须有把钩工，人员上下井听从把钩工指挥。人员升入井乘罐必须遵守制度，不能混乱，否则会因乘罐超员拥挤而发生坠井和挤伤事故。发出开车信号后严禁进出罐笼。

【典型事例】　某日，某煤矿副井罐内已经满员，正要下放罐笼，突然又有 1 人不顾劝阻强行入罐，把钩工坚决不同意，将此人往外拉时，信号工突然发出下放罐笼信号，该人坠井死亡。

【典型事例】　某日，某煤矿二号井主井罐笼因井下急需水泵，将 1 台 10 kW 水泵抬进罐笼，信号工看水泵不大，井下又要得急，就同意 1 名副井长和 1 名工人一起进入罐内各站一角，并交代要扶好，但未看到西门的摇台是否扳起就发出开车信号。当罐笼下降 2 m 时，罐门梁与摇台尖相撞，罐笼向东摆动，继而又向西摆动，1 名工人被甩出罐笼而坠井身亡。

第四百零三条　每一提升装置，必须装有从井底信号工发给井口信号工和从井口信号工发给司机的信号装置。井口信号装置必须与提升机的控制回路相闭锁，只有在井口信号工发出信号后，提升机才能启动。除常用的信号装置外，还必须有备用信号装置。井底车场与井口之间、井口与司机操控台之间，除有上述信号装置外，还必须装设直通电话。

1 套提升装置服务多个水平时，从各水平发出的信号必须有区别。

【条文解释】　本条是对提升装置信号的规定。

提升信号是向绞车司机发出的如何开车的命令，也是某种工作需要的意思表达，有人称其为用意信号，司机必须听清、弄懂信号才能开车。但司机不能同时接受井底和井口的 2 处信号后再判断自己应如何开车，因为司机身不在现场，不如信号工清楚现场情况；也不能分散司机精力，以免作出错误判断开错车，只有让司机听到和看到最后作出决定的开车信号，才能一心一意把车开好。井口信号工把收集来的井下信号和自己在井口看到的实际情况进行综合分析，最后作出决策让司机如何开车，随即发出正确决策的开车信号。所以井下信号工只能向井口信号工发出信号，再由井口信号工向绞车司机发出信号。决不允许井下信号工将信号直接发往绞车房，只有在接到井口信号工发来的信号后绞车才能启动，否则绞车应启动不了。

有很多情况只用信号表达不清，井下和井口、井口和绞车房应设 1 套直通电话，经常用电话联系。

【典型事例】　某日，江苏省某煤矿主井，当东罐提升到比井口轨面稍低，西罐在井下也未达到和出车平台一齐时，井下信号工就推车抢装罐笼，井上候罐人员没等推车机推车，就进罐推重车。这时井下已装完车，发了两下提罐信号，上井口怕开车，就向绞车房发了一个短信号定车，司机误认为井下、井上都发了开车信号，就正常开车加速，井口刚进罐工人还未站稳就被甩入井筒摔死。

第四百零四条　井底车场的信号必须经由井口信号工转发，不得越过井口信号工直接向提升机司机发送开车信号；但有下列情况之一时，不受此限：

（一）发送紧急停车信号。

（二）箕斗提升。

（三）单容器提升。

（四）井上下信号联锁的自动化提升系统。

【条文解释】　本条是对由井底车场直接向提升机司机发送开车信号的规定。

存在下列情况之一时，可以由井底车场直接向提升机司机发信号：

1. 发送紧急停车信号，不管在哪个提升水平，不管是井底还是井口，发生紧急情况需立即停车时，必须有直通绞车室的紧急停车信号，以求尽快停车，防止事故扩大。

2. 因为提人箕斗在井口、井底同时上下人，情况复杂，必须由井底先向井口发送开车信号，井口如果上下人已完成，再向绞车室发出开车信号，而不能由井底直发绞车室。但是正常提煤的箕斗（不包括带乘人间箕斗的人员提升），井底装载结束后即可向司机发出开车信号，而卸载一般都比装载提前卸完煤，只要没有满仓、松绳保护发生作用等信号，即可正常开车。

3. 当单容器提升时，提升容器或在井底或在井口，其他地方没有提升容器，所以可直接向司机发出开车信号。

4. 自动化提升系统，信号按设计进行自动闭锁，有一处条件不具备，可自动发不出发往绞车房的开车信号。

第四百零五条　用多层罐笼升降人员或者物料时，井上、下各层出车平台都必须设有信号工。各信号工发送信号时，必须遵守下列规定：

（一）井下各水平的总信号工收齐该水平各层信号工的信号后，方可向井口总信号工发出信号。

（二）井口总信号工收齐井口各层信号工信号并接到井下水平总信号工信号后，才可向提升机司机发出信号。

信号系统必须设有保证按上述顺序发出信号的闭锁装置。

【条文解释】　本条是对多层罐笼升降时各层信号的规定。

用多层罐笼升降人员或物料时，井上、下各层出车平台都必须设有信号工，如果各层出车平台有出车也有向罐笼内进车时，进车侧和出车侧都必须设有信号工。进车侧进车完毕，抬起摇台，关闭阻车器后给出车侧发信号，出车侧也出车完毕，抬起摇台，才可以向该水平的总信号工发出信号。井下水平总信号工收齐井下各水平的信号后，方可向井口总信号工发出信号。井口总信号工收齐井口各层信号和井下水平总信号工的信号后，才能向提升机司机发出信号。

上述的信号发出顺序，不但信号工必须遵守，信号系统本身必须具备按上述信号发出顺序的自动闭锁功能。

【典型事例】　某日，某煤矿副井西罐下层上满人，两侧都已放好罐帘准备开车时，1 名电机车司机突然掀起北侧罐帘进入罐内，把钩工急忙将此人拉出。此人再次上罐时，南侧信号工已发开车信号，北侧把钩工没发现开车信号，此时电机车司机一脚在罐内，另一只脚在摇台上，罐笼开始下降，被罐门挤住一条腿而坠井死亡。两侧信号工无联系、无信号闭锁是这次事故发生的主要原因。

第四百零六条　在提升速度大于 3 m/s 的提升系统内，必须设防撞梁和托罐装置。防撞梁必须能够挡住过卷后上升的容器或者平衡锤，并不得兼作他用；托罐装置必须能够将撞击防撞梁后再下落的容器或者平衡锤托住，并保证其下落的距离不超过 0.5 m。

【条文解释】　本条是对装设防撞梁和托罐装置的规定。

楔形罐道可以挡住提升容器的一般过卷，当提升速度大于 3 m/s 时，由于提升系统的强大惯性，有阻挡不住提升容器继续向上运行，发生更大事故的可能，因此在楔形罐道之后，还必须设置牢固可靠的防撞梁。

当提升容器或平衡锤撞上防撞梁被阻止住后，在下面不超过 0.5 m 处必须设有托罐装置将其托住，防止过大的冲击造成断绳坠罐。如果托罐装置距离超过 0.5 m，会因容器或平衡锤冲击力过大而将托罐装置损坏。

第四百零七条　立井提升装置的过卷和过放应当符合下列要求：

（一）罐笼和箕斗提升，过卷和过放距离不得小于表 8 所列数值。

（二）在过卷和过放距离内，应当安设性能可靠的缓冲装置。缓冲装置应当能将全速过卷（过放）的容器或者平衡锤平稳地停住，并保证不再反向下滑或者反弹。

（三）过放距离内不得积水和堆积杂物。

（四）缓冲托罐装置必须每年至少进行 1 次检查和保养。

表 8　立井提升装置的过卷和过放距离

提升速度*/（m/s）	≤3	4	6	8	≥10
过卷、过放距离/m	4.0	4.75	6.5	8.25	≥10.0

＊提升速度为表 8 中所列速度的中间值时，用插值法计算。

【名词解释】　过卷高度或过放距离

过卷高度或过放距离——过卷或过放保护装置动作到提升装置运行的终点的高度或距离，但到终点的速度不一定是零。

【条文解释】　本条是对立井提升装置过卷和过放的有关规定。

从立井提升装置允许的过卷和过放距离可以看出，都是在制动减速度小于或等于 5 m/s^2的条件下规定的，远远小于罐笼和箕斗的自然减速度，减轻了提升系统转动惯量造成的巨大冲击力，减小了对钢丝绳、连接器、天轮、滚筒和制动系统的强度损失。

当过卷开关失灵时，提升容器过卷后，以较大的速度与防撞梁相撞，将产生剧烈的震动和冲击，对提升系统造成严重的破坏，如果乘人，将发生重大的人身伤亡事故，因此必须在过卷和过放距离内设置可靠的缓冲装置，以将全速过卷（过放）的容器或平衡锤平稳地停住，防止事故扩大。缓冲托罐装置应每年至少进行 1 次检查和保养，以保持装置安全可靠。楔形罐道是缓冲装置的一种，但其强度和缓冲防撞功能还需改进和加强。

立井提升容器的自然减速度为 $g=9.8\ m/s^2$，以实际制动减速度符合有关规定，上提重载全部机械的减速度为 5 m/s^2 计算，设保险闸的空动时间为 $t=0.5$ s，如果没有缓冲装置和防撞梁，在提升速度较高时，实际的过卷距离会大于表 8 中的过卷和过放距离。以下

以提升速度为 $v=10\ m/s$ 为例：

在过卷开关动作，保险闸还未发生作用的空动时间内，提升容器的运行距离 s_1 为：

$$s_1 = vt = 10 \times 0.5 = 5\ (m)$$

提升容器以 $a_z=5\ m/s^2$ 的制动减速度运行的距离 s_2 为：

$$s_2 = v^2/(2a_z) = 10^2/(2 \times 5) = 10\ (m)$$

无缓冲装置和防撞梁时的实际过卷高度（过放距离）为：

$$s = s_1 + s_2 = 15\ (m)$$

得到的各种提升速度在无缓冲装置和防撞梁时可能达到的过卷高度（过放距离）见表 3-9-2。

表 3-9-2　过卷高度（过放距离）对比表

提升速度/（m/s）		≤3	4	6	8	≥10
过卷高度（过放距离）/m	规程规定	4.0	4.75	6.5	8.25	10.0
	无缓冲装置和防撞梁时	2.4	3.6	6.6	10.4	15

由此可见，提升速度大于或等于 6 m/s 时，设置缓冲装置和防撞梁很重要。

过放距离内不得积水或堆积杂物，防止过放后对提升容器及人员造成破坏和伤害。

【典型事例】　某日，某煤矿副井罐笼提人时，由于深度指示器失灵，全速冲过过卷开关，但在保险闸和楔形罐道保护作用下停住，6 名乘罐人员未受伤害。

第三节　钢丝绳和连接装置

第四百零八条　各种用途钢丝绳的安全系数，必须符合下列要求：

（一）各种用途钢丝绳悬挂时的安全系数，必须符合表 9 的要求。

（二）在用的缠绕式提升钢丝绳在定期检验时，安全系数小于下列规定值时，应当及时更换：

1. 专为升降人员用的小于 7。

2. 升降人员和物料用的钢丝绳：升降人员时小于 7，升降物料时小于 6。

3. 专为升降物料和悬挂吊盘用的小于 5。

表 9　钢丝绳安全系数最低值

用途分类			安全系数* 的最低值
单绳缠绕式提升装置	专为升降人员		9
	升降人员和物料	升降人员时	9
		混合提升时**	9
		升降物料时	7.5
	专为升降物料		6.5

表9（续）

<table>
<tr><td colspan="3">用　途　分　类</td><td>安全系数*的最低值</td></tr>
<tr><td rowspan="5">摩擦轮式提升装置</td><td colspan="2">专为升降人员</td><td>9.2-0.000 5H***</td></tr>
<tr><td rowspan="3">升降人员
和物料</td><td>升降人员时</td><td>9.2-0.000 5H</td></tr>
<tr><td>混合提升时</td><td>9.2-0.000 5H</td></tr>
<tr><td>升降物料时</td><td>8.2-0.000 5H</td></tr>
<tr><td colspan="2">专为升降物料</td><td>7.2-0.000 5H</td></tr>
<tr><td rowspan="2">倾斜钢丝绳
牵引带式输送机</td><td colspan="2">运人</td><td>6.5-0.001L****但不得小于6</td></tr>
<tr><td colspan="2">运物</td><td>5-0.001L但不得小于4</td></tr>
<tr><td rowspan="2">倾斜无极绳绞车</td><td colspan="2">运人</td><td>6.5-0.001L但不得小于6</td></tr>
<tr><td colspan="2">运物</td><td>5-0.001L但不得小于3.5</td></tr>
<tr><td colspan="3">架空乘人装置</td><td>6</td></tr>
<tr><td colspan="3">悬挂安全梯用的钢丝绳</td><td>6</td></tr>
<tr><td colspan="3">罐道绳、防撞绳、起重用的钢丝绳</td><td>6</td></tr>
<tr><td colspan="3">悬挂吊盘、水泵、排水管、抓岩机等用的钢丝绳</td><td>6</td></tr>
<tr><td colspan="3">悬挂风筒、风管、供水管、注浆管、输料管、电缆用的钢丝绳</td><td>5</td></tr>
<tr><td colspan="3">拉紧装置用的钢丝绳</td><td>5</td></tr>
<tr><td colspan="3">防坠器的制动绳和缓冲绳（按动载荷计算）</td><td>3</td></tr>
</table>

*钢丝绳的安全系数，等于实测的合格钢丝拉断力的总和与其所承受的最大静拉力（包括绳端载荷和钢丝绳自重所引起的静拉力）之比；

**混合提升指多层罐笼同一次在不同层内提升人员和物料；

****H* 为钢丝绳悬挂长度，m；

*****L* 为由驱动轮到尾部绳轮的长度，m。

【名词解释】　钢丝绳、钢丝绳的安全系数

钢丝绳——由多层钢丝捻成股，再以绳芯为中心，由一定数量股捻绕成螺旋状的绳。

钢丝绳的安全系数——实测的合格钢丝拉断力的总和与其所承受的最大静拉力（包括绳端载荷和钢丝绳自重所引起的静拉力）之比。

【条文解释】　本条是对钢丝绳安全系数的有关规定。

对钢丝绳的安全系数要求比较高，因为它涉及矿井安全生产和人身安全。根据矿井钢丝绳实际使用条件，对悬挂时和在用的钢丝绳安全系数分别提出了不同要求。钢丝绳运行一段时间后，要求的安全系数比新绳略有降低，但实际的安全程度并不低，经过一定时间的运行，钢丝之间、绳股之间的受力不平衡状态有所改善，使钢丝的破断力之和更接近钢丝绳的破断力。

1. 安全系数是每根钢丝的破断力之和与最大静张力之比，不是钢丝绳的破断力，因为钢丝绳中每根钢丝的受力不完全一致，钢丝绳的破断力小于钢丝的破断力之和。

2. 制作钢丝绳将股合成绳时，各股的松紧程度不完全相同，有的绳股凸出，经过运行表面呈磨亮白色，有的绳股凹陷，运行很长时间仍然是没磨着的原色，所以各股之间也受力不均。

3. 在提升加速时钢丝绳承受的拉力比最大静拉力大，在由下放转为提升的瞬间，钢丝绳承受的拉力是最大静张力的 2 倍。

4. 最大静张力是按正常生产的载货量和散集容重计算的，在实际生产中有时载货量稍大，含矸和含水多，都会使钢丝绳承受的张力比计算的最大静张力大。

5. 钢丝绳在经过天轮、滚筒、托绳辊及导绳立辊受到弯曲时，内部的钢丝更加受力不均。

6. 运行中钢丝绳横向震动受到的冲击载荷，以及在安全制动、卡罐等钢丝绳受到的猛烈拉力等许多预料不到的情况，使钢丝绳的实际承受拉力比计算的最大静张力大得多，所以必须有足够的安全系数。

【典型事例】 某矿井筒由于淋水很大，2 套罐笼提升设备的钢丝绳严重锈蚀，先后发生 3 次断绳事故。

第四百零九条 各种用途钢丝绳的韧性指标，必须符合表 10 的规定。

表 10 不同钢丝绳的韧性指标

<table>
<tr><th rowspan="2">钢丝绳用途</th><th rowspan="2">钢丝绳种类</th><th colspan="2">钢丝绳韧性指标下限</th><th rowspan="2">说明</th></tr>
<tr><th>新绳</th><th>在用绳</th></tr>
<tr><td rowspan="3">升降人员或
升降人员和物料</td><td>光面绳</td><td>MT 716 中光面钢丝绳韧性指标</td><td>新绳韧性指标的 90%</td><td rowspan="6">在用绳按 MT 717 标准（面接触绳除外）</td></tr>
<tr><td>镀锌绳</td><td>MT 716 中 AB 类镀锌钢丝韧性指标</td><td>新绳韧性指标的 85%</td></tr>
<tr><td>面接触绳</td><td>GB/T 16269 中钢丝韧性指标</td><td>新绳韧性指标的 90%</td></tr>
<tr><td rowspan="3">升降物料</td><td>光面绳</td><td>MT 716 中光面钢丝绳韧性指标</td><td>新绳韧性指标的 80%</td></tr>
<tr><td>镀锌绳</td><td>MT 716 中 A 类镀锌钢丝韧性指标</td><td>新绳韧性指标的 80%</td></tr>
<tr><td>面接触绳</td><td>GB/T 16269 中钢丝韧性指标</td><td>新绳韧性指标的 80%</td></tr>
<tr><td>罐道绳</td><td>密封绳</td><td>特级</td><td>普级</td><td>按 YB/T 5295 标准</td></tr>
</table>

【条文解释】 本条是对钢丝绳韧性指标的有关规定。

钢丝绳的韧性主要表现为钢丝绳耐破断的强度、耐扭转弯折的韧性和耐腐蚀性。

韧性是保证钢丝绳可靠性的重要参数，是根据单根钢丝的试验结果所决定的。将单根钢丝 360°连续地扭转和 180°不间断地反复弯折，直至断裂，根据试验钢丝不发生断裂的耐受次数进行韧性分级。耐受次数越多，钢丝绳的韧性就越好，等级也越高。按照国家标准，钢丝绳的韧性分为特、Ⅰ、Ⅱ三个等级。特级韧性最好，用于重要场合，如载客电梯，矿井的载人提升机等；Ⅰ级韧性比特级稍低，但可靠性也不错，一般作为起重机的各个工作机构用绳；Ⅱ级韧性较低，但成本也低，常用于次要、更换频繁的场合，如捆绑绳、吊索等。

钢丝绳强度越大，韧性就越小。钢丝绳韧性越好，强度就越低。强度越低，破断力就越小，正常拉力也小。也就是说同一材质、同一结构的钢丝绳在破断拉力变大的同时，它的韧性也越来越差。那怎么提供钢丝绳强度的同时，韧性也好呢？这就需要在材质，处理工艺上加强。

新绳和在用绳的韧性指标应符合表10的规定。使用不同韧性标号的钢丝制造的钢丝绳，应以其中低韧性标号钢丝的韧性为该钢丝绳的韧性标号。主要依据是MT/T 716—2019、GB/T 16269—1996。

第四百一十条 新钢丝绳的使用与管理，必须遵守下列规定：

（一）钢丝绳到货后，应当进行性能检验。合格后应当妥善保管备用，防止损坏或者锈蚀。

（二）每根钢丝绳的出厂合格证、验收检验报告等原始资料应当保存完整。

（三）存放时间超过1年的钢丝绳，在悬挂前必须再进行性能检测，合格后方可使用。

（四）钢丝绳悬挂前，必须对每根钢丝做拉断、弯曲和扭转3种试验，以公称直径为准对试验结果进行计算和判定：

1. 不合格钢丝的断面积与钢丝总断面积之比达到6%，不得用作升降人员；达到10%，不得用作升降物料。

2. 钢丝绳的安全系数小于本规程第四百零八条的规定时，该钢丝绳不得使用。

（五）主要提升装置必须有检验合格的备用钢丝绳。

（六）专用于斜井提升料且直径不大于18 mm的钢丝绳，有产品合格证和检测检验报告等，外观检查无锈蚀和损伤的，可以不进行（一）、（三）所要求的检验。

【名词解释】 拉断、弯曲、扭转

拉断——钢丝绳中一根或多根钢丝受到拉力负荷（静拉力负荷）后断裂的现象。

弯曲——钢丝在规定的单向或反复弯曲中承受塑性变形的性能，并显示其缺陷。

扭转——钢丝在单向或交变方向扭转时承受塑性变形的性能，并显示钢丝的不均匀性，表面缺陷及部分内部缺陷。

【条文解释】 本条是对新钢丝绳使用与管理的有关规定。

1. 新钢丝绳到货后要进行性能检验，包括对出厂合格证和钢丝绳实物的检查验收。

（1）出厂合格证的检查内容如下：

① 有无“MA”的安全标志，煤矿提升用钢丝绳必须由经国家有关部门批准、有制作矿井提升钢丝绳资质的钢丝绳厂生产。

② 在韧性标准上必须是“重要”，证明是符合《规程》中规定的韧性标准。

③ 型号是否与要求的相同，如6T×7+NF是指6股7丝纤维芯的面接触钢丝绳；

6×7+NF是指 6 股 7 丝纤维芯的点接触钢丝绳。

④ 直径和长度是否合适。

⑤ 合格钢丝破断力总和与实际最大静拉力之比的安全系数是否合格，有无不合格钢丝，其面积与钢丝绳总断面之比是否符合《规程》要求等。

⑥ 对于出厂合格证、验收资料、钢丝绳的日常检查记录都要保存好，使用中如发现断丝多、直径减小过快等问题，可根据资料分析，查找原因。

（2）实物的检验内容如下：

① 标牌内容和数据是否与要求的符合，有无“MA”安全标志。

② 外包装是否完好，有无破损和碰伤。

③ 打开包装后，钢丝有无锈蚀，有无机械伤痕，浸油是否完全周到。

④ 直径是否在标准允许的公差之内，绳头是否松散，捻股是否均匀。

⑤ 长度是否够。验收合格后，重新包装好，进行防水处理，放通风干燥处存放。

2. 如果钢丝绳内部润滑不好，浸油有不到之处，存放 1 年后可能局部有锈蚀，热处理不好，机械性能也可能有变化，存放和运输途中有意外（如内部进水表面看不出来）等，都会对其安全性能有影响，故存放期超过 1 年，悬挂前必须进行性能检验，合格后方可使用。

3. 主要提升装置必须有检验合格的备用钢丝绳。

钢丝绳的报废有正常报废和突发报废 2 种，由于卡罐、过卷、受突然冲击的报废，是无法预料的和随时可能发生的，如无合格的备用钢丝绳，必将造成主要提升装置停运、全矿停产。新钢丝绳是根据用户的要求定制的，厂家不会把各种型号、各种规格和长度的钢丝绳都制造出来等待用户去买，新做一根钢丝绳需要半个月到 1 个月或更长时间，进口绳得半年多到货，因此，主要提升装置必须有合格的备用钢丝绳。

4. 钢丝绳和钢丝在使用中承受拉伸、弯曲和扭转应力，其中扭转是由于钢丝绳在捻制时，绳股围绕绳芯旋转，当钢丝绳受到拉力后，绳股因被拉伸而向破劲方向旋转，拉力越大，旋转越严重。当钢丝绳的终端固定时，钢丝绳便由受力大的一端向受力小的一端破劲旋转。在钢丝绳检验时，如果有的钢丝扭转不合格，在使用很短时间内就扭转断丝，降低了钢丝绳的安全系数，如果断在内部，平时还发现不了，所以计算安全系数时必须把它去掉，这就是为什么在计算安全系数时，只需计算合格钢丝的破断力之和。

钢丝绳悬挂前，应对每根钢丝做拉断、弯曲和扭转 3 种试验，以公称直径为准对试验结果进行计算和判定。钢丝绳的安全系数如低于规定时，该钢丝绳不得使用。不合格钢丝的断面积与钢丝总断面积之比达到 6%，不得用作升降人员；达到 10%，不得用作升降物料。

5. 直径为 18 mm 及其以下的专为提升物料用的钢丝绳（立井提升用绳除外），有厂家合格证书，外观检查无锈蚀和损伤，可以不进行本条第（一）项、第（三）项所要求的检验。

直径为 18 mm 及其以下的钢丝绳的特点是，与同型号直径为 18 mm 以上的钢丝绳相比，钢丝直径小，直径小的钢丝抗弯曲和扭转的性能都大大高于直径大的钢丝。比如 6×7+NF-ϕ28 mm 的钢丝绳，每根钢丝直径为 3 mm，公称抗拉强度为 1 570 N/mm^2，弯曲圆柱半径为 7. 50 mm 时的最低允许弯曲次数为 8 次；而 6×7+NF-ϕ18 mm 的钢丝绳，每根钢丝直径为 2. 1 mm，同样是公称抗拉强度为 1 570 N/mm^2，同样弯曲圆柱半径为 7. 50 mm

的最低允许弯曲次数为 13 次，最低允许扭转次数 ϕ3.0 mm 钢丝是 19 次，ϕ2.1 mm 钢丝是 22 次，可见其韧性指标要比直径大的钢丝绳优越许多。有厂家合格证书，抗拉强度合格，又不用于立井提升，也不用于提人，表面检查无锈蚀无损伤，新绳到货验收和悬挂前超过 1 年保管期的钢丝绳，均可不做拉力强度和韧性的检验。

【典型事例】 某日，某煤矿主井钢丝绳露天存放 3 年，未做检验，换上后发生断绳，因防坠器及时动作保护，未发生坠罐事故。

第四百一十一条 在用钢丝绳的检验、检查与维护，应当遵守下列规定：

（一）升降人员或者升降人员和物料用的缠绕式提升钢丝绳，自悬挂使用后每 6 个月进行 1 次性能检验；悬挂吊盘的钢丝绳，每 12 个月检验 1 次。

（二）升降物料用的缠绕式提升钢丝绳，悬挂使用 12 个月内必须进行第一次性能检验，以后每 6 个月检验 1 次。

（三）缠绕式提升钢丝绳的定期检验，可以只做每根钢丝的拉断和弯曲 2 种试验。试验结果，以公称直径为准进行计算和判定。出现下列情况的钢丝绳，必须停止使用：

1. 不合格钢丝的断面积与钢丝总断面积之比达到 25%时；

2. 钢丝绳的安全系数小于本规程第四百零八条规定时。

（四）摩擦式提升钢丝绳、架空乘人装置钢丝绳、平衡钢丝绳以及专用于斜井提升物料且直径不大于 18 mm 的钢丝绳，不受（一）、（二）限制。

（五）提升钢丝绳必须每天检查 1 次，平衡钢丝绳、罐道绳、防坠器制动绳（包括缓冲绳）、架空乘人装置钢丝绳、钢丝绳牵引带式输送机钢丝绳和井筒悬吊钢丝绳必须每周至少检查 1 次。对易损坏和断丝或者锈蚀较多的一段应当停车详细检查。断丝的突出部分应当在检查时剪下。检查结果应当记入钢丝绳检查记录簿。

（六）对使用中的钢丝绳，应当根据井巷条件及锈蚀情况，采取防腐措施。摩擦提升钢丝绳的摩擦传动段应涂、浸专用的钢丝绳增摩脂。

（七）平衡钢丝绳的长度必须与提升容器过卷高度相适应，防止过卷时损坏平衡钢丝绳。使用圆形平衡钢丝绳时，必须有避免平衡钢丝绳扭结的装置。

（八）严禁平衡钢丝绳浸泡水中。

（九）多绳提升的任意一根钢丝绳的张力与平均张力之差不得超过±10%。

【条文解释】 本条是对在用钢丝绳检验、检查与维护的有关规定。

1. 在用钢丝绳的检验、检查与维护周期。

（1）升降人员或升降人员和物料用的缠绕式提升钢丝绳，自悬挂使用后每 6 个月进行 1 次性能检验。

（2）悬挂吊盘的钢丝绳，每 12 个月检验 1 次。

（3）升降物料用的缠绕式提升钢丝绳，悬挂使用 12 个月内必须进行第一次性能检验，以后每 6 个月检验 1 次。

（4）提升钢丝绳必须每天检查 1 次。

（5）平衡钢丝绳、罐道绳、防坠器制动绳（包括缓冲绳）、架空乘人装置钢丝绳、钢丝绳牵引带式输送机钢丝绳和井筒悬吊钢丝绳每周必须至少检查 1 次。

2. 缠绕式提升钢丝绳的定期检验，可只做每根钢丝的拉断和弯曲 2 种试验。随着运行时间的延长，钢丝绳的捻距在加大，直径在减小，弹性在减小，疲劳程度在增加，钢丝绳的扭转在减弱，扭转断丝已不明显，不足以对安全造成影响，故旧绳不再做扭转检验。

不合格钢丝的断面积与钢丝总断面积之比达到25%时或钢丝绳的安全系数低于规定时，应停止使用。

第四百一十二条 钢丝绳的报废和更换，应当遵守下列规定：

（一）钢丝绳的报废类型、内容及标准应当符合表11的规定。达到其中一项的，必须报废。

（二）更换摩擦式提升机钢丝绳时，必须同时更换全部钢丝绳。

表11 钢丝绳的报废类型、内容及标准

<table>
<tr><th>项目</th><th colspan="2">钢丝绳类别</th><th>报废标准</th><th>说明</th></tr>
<tr><td rowspan="4">使用期限</td><td rowspan="2">摩擦式提升机</td><td>提升钢丝绳</td><td>2年</td><td rowspan="2">如果钢丝绳的断丝、直径缩小和锈蚀程度不超过本表断丝、直径缩小、锈蚀类型的规定，可继续使用1年</td></tr>
<tr><td>平衡钢丝绳</td><td>4年</td></tr>
<tr><td colspan="2">井筒中悬挂水泵、抓岩机的钢丝绳</td><td>1年</td><td rowspan="2">到期后经检查鉴定，锈蚀程度不超过本表锈蚀类型的规定，可以继续使用</td></tr>
<tr><td colspan="2">悬挂风管、输料管、安全梯和电缆的钢丝绳</td><td>2年</td></tr>
<tr><td rowspan="4">断丝</td><td colspan="2">升降人员或者升降人员和物料用钢丝绳</td><td>5%</td><td rowspan="4">各种股捻钢丝绳在1个捻距内断丝面积与钢丝总断面积之比</td></tr>
<tr><td colspan="2">专为升降物料用的钢丝绳、平衡钢丝绳、防坠器的制动钢丝绳（包括缓冲绳）、兼作运人的钢丝绳牵引带式输送机的钢丝绳和架空乘人装置的钢丝绳</td><td>10%</td></tr>
<tr><td colspan="2">罐道钢丝绳</td><td>15%</td></tr>
<tr><td colspan="2">无极绳运输和专为运物料的钢丝绳牵引带式输送机用的钢丝绳</td><td>25%</td></tr>
<tr><td rowspan="2">直径缩小</td><td colspan="2">提升钢丝绳、架空乘人装置或者制动钢丝绳</td><td>10%</td><td rowspan="2">1. 以钢丝绳公称直径为准计算的直径减小量
2. 使用密封式钢丝绳时，外层钢丝厚度磨损量达到50%时，应当更换</td></tr>
<tr><td colspan="2">罐道钢丝绳</td><td>15%</td></tr>
<tr><td>锈蚀</td><td colspan="3">各类钢丝绳</td><td>1. 钢丝出现变黑、锈皮、点蚀麻坑等损伤时，不得再用作升降人员
2. 钢丝绳锈蚀严重，或者点蚀麻坑形成沟纹，或者外层钢丝松动时，不论断丝数多少或者绳径是否变化，应当立即更换</td></tr>
</table>

【条文解释】 本条是对钢丝绳报废和更换的有关规定。

1. 摩擦式提升机提升钢丝绳由于使用长度是固定的，短了就无法提升了，不能取样做检验，只能硬性规定使用期限，根据历史的和外国的经验确定其报废标准为 2 年；如果断丝、直径减小和锈蚀都没达到规定，最多可以延长 1 年。实际钢丝绳的使用寿命应与提升次数及载荷有关，很少运行和长期连续运行的钢丝绳寿命是不同的。但是，钢丝绳的提升负荷与提升次数的综合记录和评定是难以准确确定的，一旦出现错误，将严重地威胁提升安全，故仍以固定时间为准。平衡钢丝绳的报废标准是不超过 4 年，如果钢丝绳的断丝、直径缩小和锈蚀程度不超过《规程》表 11 断丝、直径缩小、锈蚀类型的规定，可继续使用 1 年；通过无损检测判定合格后，可再延长使用 1 年。

2. 升降人员或升降人员和物料用钢丝绳报废标准是各种股捻钢丝绳在 1 个捻距内断丝断面积与钢丝总断面积之比为 5%。

钢丝绳的断丝以每个捻距的断丝断面积与钢丝总断面积之比来判定，当钢丝绳内的钢丝直径都相同时，也可以用断丝的根数与钢丝总根数之比代替断面积比，结果是一样的。

每条钢丝绳的总断丝数没有规定，因为每根钢丝超过 1 个捻距的再次断丝，对钢丝绳的拉力强度只有断 1 丝的影响。因为在捻股时，钢丝绕股芯旋转，在股捻绳时，股又绕绳芯旋转，在 1 个捻距内，钢丝受到股内和股外钢丝的多次挤压，摩擦力已经大于该钢丝的拉断力，而且钢丝绳所受的张紧力越大，钢丝所受的挤压力和摩擦力越大，每根钢丝超过 1 个捻距的二次断丝，对钢丝绳只有断 1 丝的强度影响，所以以捻距内的断丝断面积作为判断标准。

3. 提升钢丝绳、架空乘人装置或制动钢丝绳报废标准是以钢丝绳公称直径为准计算的直径减小量为 10%。

钢丝绳直径减小 10%，对于面接触钢丝绳，相当于有效断面积减少将近 20%，对于点接触钢丝绳，有效断面积的减小量也大于 10%。为什么断丝却规定断面积减小不得大于 10% 呢？因为直径减小主要是因为磨损和捻距伸长引起的，对于有效断面的抗拉强度影响很小，而断丝主要是弯曲和扭转疲劳造成的，同一断面的钢丝所受的弯曲和扭转的次数和强度相差不会太多，已有 10%断丝，其余钢丝也会受不同程度疲劳的影响，使钢丝绳的抗拉强度受到影响，所以断丝的 10%和直径减小的 10%，对钢丝绳的强度影响基本相当。

【典型事例】 某日，某煤矿小南坑下 600 m 坡无极绳绞车钢丝绳直径减小超过了规定，已达 15.1%，发生断绳跑车，死 3 人。

4. 钢丝绳钢丝出现变黑、锈皮、点蚀麻坑等损伤时，不得再用作升降人员。钢丝绳锈蚀严重，或点蚀麻坑形成沟纹，或外层钢丝松动时，不论断丝数多少或绳径是否变化，应立即更换。

5. 钢丝绳在使用中断丝和伸长都是逐渐变化的，如果在没有受到猛烈拉力和冲击的意外因素影响而断丝突然增加或伸长突然加快，说明钢丝绳已接近疲劳极限，安全系数已大大降低，必须立即更换。

第四百一十三条 钢丝绳在运行中遭受到卡罐、突然停车等猛烈拉力时，必须立即停车检查，发现下列情况之一者，必须将受损段剁掉或者更换全绳：

（一）钢丝绳产生严重扭曲或者变形。

（二）断丝超过本规程第四百一十二条的规定。

（三）直径减小量超过本规程第四百一十二条的规定。

（四）遭受猛烈拉力的一段的长度伸长0.5%以上。

在钢丝绳使用期间，断丝数突然增加或者伸长突然加快，必须立即更换。

【条文解释】 本条是对钢丝绳受猛烈拉力时处理的规定。

钢丝绳在运行中受到卡罐或突然停车等猛烈拉力时的拉力，可能达到正常拉力的数倍。这个力很难准确计算，如果它超过了钢丝绳的许用应力，将使钢丝绳产生直径减小、断丝、突然伸长或扭曲变形等，强度大大降低，安全系数明显下降。此时，钢丝绳继续使用是很危险的，必须立即停车检查，发现上述4种情况之一者，必须将受损段剁掉或更换全绳。

钢丝绳在运行中遭受到卡罐、突然停车等猛烈拉力时，必须立即停车检查，特别是倾角小的斜井绞车，在保险制动紧急停车时，除上提重物制动减速度不能大于规定，防止拉绳产生反向冲击外，对下放重物的紧急制动造成钢丝绳承受的冲击力也不可忽视。

对于斜井提升，由于钢丝绳运行中不断地受天轮、托绳辊等的摩擦，在钢丝绳上很难作出永久不掉的标记来判断钢丝绳的伸长变化，而钢丝绳开始断丝多发生在距钩头不远处，因而可在断丝处离开滚筒时在与其对齐的滚筒边缘上做记号，在钢丝绳受到猛烈拉力后，在同样载荷条件下，当将钢丝绳缠到滚筒，若此断丝点尚未与滚筒边缘的标志对齐，说明钢丝绳已被拉长。发现被拉长后，便可用以下方法计算出永久伸长率：

$$\rho = (L_2/L_1 - 1) \times 100\%$$

式中 L_1——钢丝绳未受猛烈拉力的50个捻距的长度；

L_2——钢丝绳遭受猛烈拉力的50个捻距的长度。

未受猛烈拉力50个捻距的长度，尽量取与猛烈拉力一段较近的滚筒内的钢丝绳长。因为正常提升时，钢丝绳捻距存在着上端捻距大于下端捻距的现象，2个捻距相距越远，差距越大。

立井提升由于没有托绳辊的摩擦，在钢丝绳上的标记较好保存，每次提升都可以及时发现钢丝绳有无明显伸长（摩擦轮绞车除外）。

随着钢丝绳使用时间的延长，捻距也在逐渐加长，为了能发现钢丝绳伸长的突然加快，新绳悬挂运行几天后，就在两端和中间各取50个捻距测出长度。在平均使用的前1/4时间，测出对应50个捻距长度，正常永久伸长率约为0.5%；在平均使用寿命的1/2时间，永久伸长率约为0.4%；在平均使用寿命的后1/4时间，永久伸长率约为0.3%。如果某一时期永久伸长率明显高于上述数值，则可认为伸长发展突然加快。

第四百一十四条 有接头的钢丝绳，仅限于下列设备中使用：

（一）平巷运输设备。

（二）无极绳绞车。

（三）架空乘人装置。

（四）钢丝绳牵引带式输送机。

钢丝绳接头的插接长度，不得小于钢丝绳直径的1 000倍。

【条文解释】 本条是对有接头钢丝绳的规定。

钢丝绳接头的插接长度，是根据插接后的拉断力不低于正常钢丝绳的拉断力，并有一定的安全系数确定的。插接头的强度由插接长度内每根绳股在相邻2股挤压的摩擦力和夹紧力（最终各股插入对接的6股中间，取代绳芯的位置后，在拉紧力的作用下，周边股对它形成夹紧力）共同形成，若插接长度不够钢丝绳直径的1 000倍，就会使绳股间的摩擦力不足，使接头的抗拉强度受影响。

另外，在插接时，每股由正常捻制状态进入各腹中间代替绳芯时，必然出现两股交叉，该处钢丝绳会比正常股钢丝绳略粗，并且不能保持良好的圆形，因而在进入缠绕绞车滚筒时，会对排绳有一定影响，如果斜井绞车托绳辊状态不好，该处很可能首先磨损断丝，所以应经常检查，必要时可缩短钢丝绳重新接头。因此对于有接头的钢丝绳，其使用要受到限制。

有接头的钢丝绳，仅限于在平巷运输设备、无极绳绞车、架空乘人装置和钢丝绳牵引带式输送机中使用。

对于钢丝绳接头的插接质量应该做到：

1. 插接处的钢丝绳直径不大于原直径10%。
2. 插接均匀，替换股应完全进入原绳胶槽中，不应有松弛现象。
3. 必须是同直径同型号的钢丝绳进行插接。
4. 被绳股替代的钢丝绳芯的长度与被插入的绳股头之间的间隙不能大于20 mm。
5. 代替绳芯位置的绳股插入长度，应不小于钢丝绳直径的50倍。
6. 钢丝绳股插入钢丝绳各绳股中间后，各绳股应将中间股均匀、严密地包围，不能因插入的绳股弯度太大而造成周围绳股之间有过大的缝隙，俗称不应有“睁眼”现象。

第四百一十五条 新安装或者大修后的防坠器，必须进行脱钩试验，合格后方可使用。对使用中的立井罐笼防坠器，应当每6个月进行1次不脱钩试验，每年进行1次脱钩试验。对使用中的斜井人车防坠器，应当每班进行1次手动落闸试验、每月进行1次静止松绳落闸试验、每年进行1次重载全速脱钩试验。防坠器的各个连接和传动部分，必须处于灵活状态。

【条文解释】 本条是对防坠器试验的规定。

提升装置的防坠器是防止提升容器坠入井底的保险装置，当钢丝绳或连接装置发生断裂时，防坠器必须能可靠地起作用，牢牢地卡住罐道（或轨道），稳住提升容器，保证乘罐车人员的生命安全。这是关系到人民生命和国家财产安全的重大问题，必须十分可靠、万无一失。所以防坠器的各个连接和传动部分必须经常处于灵活状态。

新安装或大修后的防坠器，必须进行脱钩试验，合格的方可使用。对于使用中的防坠器，受环境影响产生锈蚀，又经常处于不动作状态，很可能在需要发挥作用时失灵，必须经常检查和定期进行不脱钩和脱钩试验，才能知道是否灵活可靠。要求做到：

1. 立井罐笼防坠器，应每6个月进行1次不脱钩试验，每年进行1次脱钩试验。
2. 对使用中的斜井人车防坠器，应每班进行1次手动落闸试验，每月进行1次静止松绳落闸试验，每年进行1次重载全速脱钩试验。

第四百一十六条　立井和斜井使用的连接装置的性能指标和投用前的试验，必须符合下列规定：

（一）各类连接装置的安全系数必须符合表 12 的要求。

表 12　各类连接装置的安全系数最小值

用　　途		安全系数最小值
专门升降人员的提升容器连接装置		13
升降人员和物料的提升容器连接装置	升降人员时	13
	升降物料时	10
专为升降物料的提升容器的连接装置		10
斜井人车的连接装置		13
矿车的车梁、碰头和连接插销		6
无极绳的连接装置		8
吊桶的连接装置		13
凿井用吊盘、安全梯、水泵、抓岩机的悬挂装置		10
凿井用风管、水管、风筒、注浆管的悬挂装置		8
倾斜井巷中使用的单轨吊车、卡轨车和齿轨车的连接装置	运人时	13
	运物时	10

注：各类连接装置的安全系数等于主要受力部件的破断力与其所承受的最大静载荷之比。

（二）各种环链的安全系数，必须以曲梁理论计算的应力为准，并同时符合下列要求：

1. 按材料屈服强度计算的安全系数，不小于 2.5；

2. 以模拟使用状态拉断力计算的安全系数，不小于 13。

（三）各种连接装置主要受力件的冲击功必须符合下列规定：

1. 常温（15 ℃）下不小于 100 J；

2. 低温（-30 ℃）下不小于 70 J。

（四）各种保险链以及矿车的连接环、链和插销等，必须符合下列要求：

1. 批量生产的，必须做抽样拉断试验，不符合要求时不得使用；

2. 初次使用前和使用后每隔 2 年，必须逐个以 2 倍于其最大静荷重的拉力进行试验，发现裂纹或者永久伸长量超过 0.2%时，不得使用。

（五）立井提升容器与提升钢丝绳的连接，应当采用楔形连接装置。每次更换钢丝绳时，必须对连接装置的主要受力部件进行探伤检验，合格后方可继续使用。楔形连接装置的累计使用期限：单绳提升不得超过 10 年；多绳提升不得超过 15 年。

（六）倾斜井巷运输时，矿车之间的连接、矿车与钢丝绳之间的连接，必须使用不能自行脱落的连接装置，并加装保险绳。

（七）倾斜井巷运输用的钢丝绳连接装置，在每次换钢丝绳时，必须用 2 倍于其最大静荷重的拉力进行试验。

（八）倾斜井巷运输用的矿车连接装置，必须至少每年进行 1 次 2 倍于其最大静荷重的拉力试验。

【名词解释】　各类连接装置的安全系数

各类连接装置的安全系数——主要受力部件的破断力与其所承受的最大静载荷之比。

【条文解释】　本条是对立井和斜井使用连接装置性能指标和投用前试验的有关规定。

1. 立井和斜井使用的连接装置和所连接的钢丝绳承受同样的负荷拉力，但安全系数却比钢丝绳大，因为钢丝绳可以天天检查，很容易发现断丝、直径减小和锈蚀，还能定期检验，而连接装置不能天天打开检查探伤，使用年限又比钢丝绳长几倍，要等好几年才能探1次伤，若安全系数不大，保证不了安全。

楔形连接装置是利用具有绳槽的一对楔形夹铁将钢丝绳夹住，并可在一固定滑道上滑动，钢丝绳所受拉力越大，楔铁越上移，对钢丝绳的夹力越大，就越不容易从楔铁中抽出。由于其结构较复杂，体积和重量都较大，多用于立井提升，它克服了桃形环连接装置卡子多、连接长度大、连接装置上部易断丝等缺点。

连接装置和钢丝绳同样承受巨大的拉力和冲击，也存在各零部件长期受力而逐渐疲劳的问题，但受磨损较轻，防锈油容易保持，设计和制造的安全系数较大，所以使用时间较长。它和钢丝绳承受着同样的拉力和卡罐、过卷等猛烈拉力，受力件也有过度疲劳和断裂的可能，必须定期探伤才能及时发现问题，在2~3年更换钢丝绳打开连接装置时探伤，既换了绳又探了伤，一举两得。在由于受猛烈拉力而损坏和更换钢丝绳时，更应对其受力件进行探伤检查。

2. 钢丝绳连接装置检查和检验的内容如下：

（1）立井提升容器与提升钢丝绳的连接，应采用楔形连接装置。每次更换钢丝绳时，必须对连接装置的主要受力部件进行探伤检验，合格后方可继续使用。楔形连接装置的累计使用期限：单绳提升不得超过10年；多绳提升不得超过15年。

（2）倾斜井巷运输用的钢丝绳连接装置，在每次换钢丝绳时，必须用2倍于其最大静荷重的拉力进行试验，不换钢丝绳时也必须至少每年进行1次该试验。

（3）立井和斜井使用的连接装置的性能指标和投用前的试验，必须符合下列要求：

① 各类连接装置主要受力部件以破断力为准的安全系数必须符合下列规定：专为升降人员或升降人员和物料的提升容器的连接装置不小于13；专为升降物料的提升容器的连接装置不小于10。

② 初次使用前和使用后每隔2年，应逐个以2倍于其最大静荷重的拉力进行试验，发现裂纹或永久伸长量超过0.2%时，不得使用。

（4）各种连接装置主要受力件的冲击功必须符合下列规定：常温（15 ℃）下大于或等于100 J；低温（-30 ℃）下大于或等于70 J。

（5）斜井提升矿车之间和钢丝绳与矿车之间的连接，必须使用在运行中不能自行脱落的连接装置。斜井运输矿车掉道是较易发生的，掉道的矿车在枕木上运行，上下颠簸得很严重，而矿车之间和矿车与钢丝绳之间呈现出一松一紧的运行状态，此时连接插销极易自行窜出脱落造成跑车，因此必须认真正确地使用好不能自行脱落的连接装置。

（6）倾斜井巷运输时，矿车之间、矿车与钢丝绳之间的连接，不但要使用不能自行脱落的连接装置，还要加装保险绳。这是因为当前在使用不能自行脱落的连接装置即防脱插销中，存在如下问题：防脱型式无统一设计；无制造标准；矿车的连接链环在有些小矿还使用无“MA”安全认证的产品；连接装置运行中受到猛烈拉力后，有无发生裂纹、有无永久伸长量超过0.2%的情况无法检查发现。所以，使用了不能自行脱落的连接装置后，还不能保证万无一失，有必要加装保险绳。

对于加装保险绳的具体要求尚无明确规定，根据加装保险绳实际出现过的事故，应注意如下问题：

① 保险绳强度的安全系数，应不低于合格的矿车连接装置的安全系数。

② 保险绳的长度要合适，不能太短，否则会造成矿车之间连接过紧和不能随轨道的高、低、转弯等灵活运行，容易发生矿车掉道，影响矿车连接装置的正常使用。其长度要稍长于矿车自身的连接，使之真正成为矿车连接装置的后备保护。

③ 保险绳也不能太长，以防止保险绳落地被磨损，甚至被刮卡而损坏保险绳，或在连接装置失去作用时造成冲击断绳。

④ 保险绳要加强检查和保管，应按绞车提升钢丝绳的标准要求，避免保险绳的使用流于形式。

（7）钢丝绳头的插接要均匀，各绳股要受力均衡，不许有个别绳股松弛。插接长度要以绳股穿插总次数为准，不能以插接长度为标准，因为其强度是由各绳股对穿插的绳股夹紧后的摩擦力实现的。

【典型事例】 某日，某煤矿副井摩擦提升系统由一名司机在没有副司机监护的情况下开车运送人员。第二趟是井上向二水平运人，当乘坐54人的罐笼下放到距二水平74 m处的减速点时，绞车却没有按照控制程序自动切断高压电投入低频而自动减速。司机发觉后用手把进行工作制动，但无效。这时罐笼已接近终点，速度仍未降低，司机在惊慌失措的情况下想停止制动油泵，又将电钮按错，导致罐笼以快速过放，在楔形罐道的作用下滑行10 m后被卡住。由于冲击力较大，有4人从罐笼门帘的下部被甩出，坠入井底死亡，另有9人受轻伤。

第四节　提 升 装 置

第四百一十七条　提升装置的天轮、卷筒、摩擦轮、导向轮和导向滚等的最小直径与钢丝绳直径之比值，应当符合表13的规定。

表13　提升装置的天轮、卷筒、摩擦轮、导向轮和导向滚等的最小直径与钢丝绳直径之比值

<table>
<tr><th colspan="2">用　　途</th><th>最小比值</th><th>说　　明</th></tr>
<tr><td rowspan="2">落地式摩擦提升装置的摩擦轮及天轮、围抱角大于180°的塔式摩擦提升装置的摩擦轮</td><td>井上</td><td>90</td><td rowspan="7">在这些提升装置中，如使用密封式提升钢丝绳，应当将各相应的比值增加20%</td></tr>
<tr><td>井下</td><td>80</td></tr>
<tr><td rowspan="2">围抱角为180°的塔式摩擦提升装置的摩擦轮</td><td>井上</td><td>80</td></tr>
<tr><td>井下</td><td>70</td></tr>
<tr><td colspan="2">摩擦提升装置的导向轮</td><td>80</td></tr>
<tr><td colspan="2">地面缠绕式提升装置的卷筒和围抱角大于90°的天轮</td><td>80</td></tr>
<tr><td colspan="2">地面缠绕式提升装置和围抱角小于90°的天轮</td><td>60</td></tr>
</table>

表 13（续）

<table>
<tr><th colspan="2">用途</th><th>最小比值</th><th>说明</th></tr>
<tr><td colspan="2">井下缠绕式提升机和凿井提升机的卷筒，井下架空乘人装置的主导轮和尾导轮、围抱角大于 90°的天轮</td><td>60</td><td rowspan="6">在这些提升装置中，如使用密封式提升钢丝绳，应当将各相应的比值增加 20%</td></tr>
<tr><td colspan="2">井下缠绕式提升机、凿井提升机和井下架空乘人装置围抱角小于 90°的天轮</td><td>40</td></tr>
<tr><td rowspan="3">斜井提升的游动天轮</td><td>围抱角大于 60°</td><td>60</td></tr>
<tr><td>围抱角在 35°~60°</td><td>40</td></tr>
<tr><td>围抱角小于 35°</td><td>20</td></tr>
<tr><td colspan="2">矸石山绞车的卷筒和天轮</td><td>50</td></tr>
<tr><td colspan="2">悬挂水泵、吊盘、管子用的卷筒和天轮，凿井时运输物料的提升机卷筒和天轮，倾斜井巷提升机的游动轮，矸石山绞车的压绳轮以及无极绳运输的导向滚等</td><td>20</td><td></td></tr>
</table>

【条文解释】 本条是对提升装置天轮等最小直径与钢丝绳直径之比值的有关规定。

钢丝绳在经过天轮、滚筒等设备，受到弯曲应力的作用时，产生类似圆柱体的弯曲变形，外圆钢丝受拉力，内圆钢丝受压力。各钢丝受力情况不同，钢丝绳的弯曲半径越小，内、外圆钢丝的受力差别越大，当弯曲半径小到一定程度，外层钢丝便有被拉断的可能。

钢丝绳经过天轮、滚筒等弯曲变形的过程，是由直到弯又由弯到直的变化过程。由于外圆钢丝运行长度大于内圆钢丝的运行长度，各股和各钢丝之间产生了相对运动，弯曲半径越小，相对运动越明显，是钢丝绳内部各钢丝之间在重载挤压下的摩擦过程，对钢丝绳的强度影响也是明显的，因此对钢丝绳运行中的弯曲半径必须加以限制。

有导向轮的提升钢丝绳，经过导向轮时的弯曲方向与摩擦轮相反，称为二次弯曲。二次弯曲使原来受拉的钢丝受压、原来受压的钢丝受拉，使钢丝也承受了二次弯曲，显然对钢丝绳的疲劳损失比一次弯曲大。因此，对有导向轮的钢丝绳的弯曲半径要求比没有导向轮的大，也就是滚筒、天轮等的直径要大。

钢丝绳对其支撑的圆周的围抱角越大，钢丝绳在圆周（弧）上的内、外圆的运行长度差就越大，钢丝绳的疲劳损失也越大，所以对钢丝绳的围抱角大于 90°和小于 90°要求的弯曲半径不同。

根据绞车的安装地点（井上和井下）、使用条件和重要程度，规定不同的天轮、滚筒、摩擦轮和导向轮直径与钢丝绳直径的最小比值。如有导向轮的摩擦提升的直径比值比无导向轮的大，因为导向轮使钢丝绳产生二次反向弯曲，比无导向轮的增加了钢丝绳的疲劳，用增大绳轮直径的方法来降低钢丝绳的疲劳程度，可使有、无导向轮的钢丝绳寿命相当。

对于运行次数少和钢丝绳围抱角很小的，由于对钢丝绳的弯曲疲劳影响很小，所以绳轮与钢丝绳直径的比值可以更小，如悬挂水泵、吊盘、管子用的滚筒和天轮，凿井时运输物料的绞车滚筒和天轮，倾斜井巷提升绞车的游动轮，矸石山绞车的压绳轮以及无极绳绞车的导向滚等，不得小于 20 倍。

第四百一十八条 各种提升装置的卷筒上缠绕的钢丝绳层数，必须符合下列规定：

（一）立井中升降人员或者升降人员和物料的不超过 1 层，专为升降物料的不超过 2 层。

（二）倾斜井巷中升降人员或者升降人员和物料的不超过 2 层，升降物料的不超过 3 层。

（三）建井期间升降人员和物料的不超过 2 层。

（四）现有生产矿井在用的绞车，如果在滚筒上装设过渡绳楔，滚筒强度满足要求且滚筒边缘高度符合本规程第四百一十九条规定，可按本条（一）、（二）所规定的层数增加 1 层。

（五）移动式或者辅助性专为升降物料的（包括矸石山和向天桥上提升等），不受本条（一）、（二）、（三）的限制。

【条文解释】 本条是对提升装置卷筒上缠绕钢丝绳层数的规定。

当第 1 层钢丝绳缠绕到滚筒边缘后，开始缠第 2 层钢丝绳的第 1 圈时，由于第 1 层最后一圈绳与滚筒端板之间的间隙越来越小，小到容纳不了 1 条钢丝绳时，钢丝绳便跳到第 1 层钢丝绳两圈之间的间隙槽中，这一跳动会引起钢丝绳的突然抖动，使钢丝绳的张力突然加大。如果是提升或下放人车，此时乘车人员会有速度突变的感觉，在立井提升中感觉尤为明显，对于不了解原因的人，会产生心理负担和精神刺激。所以规定，立井提人绞车缠绕钢丝绳不超过 1 层，斜井提人不超过 2 层，专供升降物料时不超过 3 层；当在滚筒上装设了过渡绳楔而不会发生这一钢丝绳跳动时，允许再多缠 1 层钢丝绳；建井期间升降人员和物料的不超过 2 层。

移动式或辅助性专为升降物料的（包括矸石山和向天桥上提升等），不受本条（一）、（二）、（三）款的限制，准许多层缠绕。

第四百一十九条 缠绕 2 层或者 2 层以上钢丝绳的卷筒，必须符合下列要求：

（一）卷筒边缘高出最外层钢丝绳的高度，至少为钢丝绳直径的 2.5 倍。

（二）卷筒上必须设有带绳槽的衬垫。

（三）钢丝绳由下层转到上层的临界段（相当于绳圈 1/4 长的部分）必须经常检查，并每季度将钢丝绳移动 1/4 绳圈的位置。

对现有不带绳槽衬垫的在用提升机，只要在卷筒板上刻有绳槽或者用 1 层钢丝绳作底绳，可继续使用。

【条文解释】 本条是对卷筒上缠绕 2 层或 2 层以上钢丝绳的规定。

对于卷筒在缠绕钢丝绳越层过渡时出现的抖动现象，如果卷筒边缘高度不够，钢丝绳有跳出滚筒的可能，所以要求卷筒上缠绕 2 层和 2 层以上钢丝绳时，卷筒边缘高出最外层钢丝绳的高度至少为钢丝绳直径的 2.5 倍。

当卷筒上设有带绳槽的衬垫时，可避免缠绕第 1 层钢丝绳由于相邻两圈靠得不紧而影响第 2 层绳的正常排列，否则，当利用卷筒上第 1 层钢丝绳作为底绳代替绳槽，而又没有装设过渡绳楔时，虽然在缠绕第 1 层钢丝绳时，努力将每圈绳之间靠得很紧，但在第 2 层工作绳起车加速时的强大钢丝绳拉力下，第 1 层绳仍有被挤压出缝而影响第 2 层绳正常排列的可能，所以卷筒上应装设带绳槽的衬垫。

如果钢丝绳在卷筒上缠绕每次越层过渡的位置不变，钢丝绳会因为在该处的多次弯曲和挤压而断丝，因此对该处钢丝绳要经常检查有无断丝和变形。经常窜动越层过渡钢丝绳的位置，可有效地避免该处钢丝绳的断丝和变形。

对不带绳槽衬垫的在用提升机，只要在卷筒上用 1 层钢丝绳作底绳，可继续使用绞车，但要注意斜井绞车钢丝绳调头后的卷筒排绳问题，如果调头晚了，当原钩头端的钢丝绳直径减小较多时，调头后缠在卷筒上每 2 圈绳的间距小于新绳较多，会给被调出卷筒外的原来缠在卷筒里直径没减小的钢丝绳在卷筒上的排绳造成困难，所以要掌握好钢丝绳的调头时间。

第四百二十条 钢丝绳绳头固定在卷筒上时，应当符合下列规定：

（一）必须有特备的容绳或者卡绳装置，严禁系在卷筒轴上。

（二）绳孔不得有锐利的边缘，钢丝绳的弯曲不得形成锐角。

（三）卷筒上应当缠留 3 圈绳，以减轻固定处的张力，还必须留有定期检验用绳。

【条文解释】 本条是对钢丝绳头固定在卷筒上的规定。

缠绕式绞车的钢丝绳头应固定在卷筒上的专用卡绳装置上，而不能固定在卷筒轴上，因为卷筒轴是专门用来驱动滚筒的，在设计和制造上都是以承受最大的扭矩考虑的。如果钢丝绳固定在卷筒轴上，会给卷筒轴增加弯矩，超出了卷筒轴的使用条件。一旦引起卷筒轴产生弯曲变形，将严重影响绞车的安全运转；同时，钢丝绳固定在卷筒轴上，也会使钢丝绳的弯曲半径过小而损坏钢丝绳。

卷筒上虽然缠留了 3 圈钢丝绳，降低了钢丝绳固定处的张力，但固定处还是要承受很大张力的；又由于钢丝绳所承受的拉力在很大的范围内变化，有时拉力很小，3 圈摩擦绳也缠得很松，但突然又承受了很大的牵引张力，会使钢丝绳在卷筒固定处的张力发生很大变化，造成钢丝绳轻微的窜动。如果绳口有锐利的边缘，钢丝绳的弯曲又呈锐角，必将使钢丝绳受到损坏而断绳跑车。

由于提人的钢丝绳运行超过 6 个月，提物的钢丝绳运行超过 12 个月，及以后每超过 6 个月时都必须取下一段送检验部门进行检验，因此在换绳时，必须按钢丝绳的最大使用年限所需要检验的钢丝绳的总长度，较充分地留足；特别是单卷筒可分离式绞车，受钢丝绳从固定卷筒向活动卷筒过渡缝的限制，每次必须剁掉卷筒上一圈的钢丝绳，并把可能出现的钢丝绳意外伤害的长度适当考虑在内，防止钢丝绳在使用后期由于没有检验长度而提前报废。

第四百二十一条 通过天轮的钢丝绳必须低于天轮的边缘，其高差：提升用天轮不得小于钢丝绳直径的 1.5 倍，悬吊用天轮不得小于钢丝绳直径的 1 倍。天轮和摩擦轮绳槽衬垫磨损达到下列限值，必须更换：

（一）天轮绳槽衬垫磨损达到 1 根钢丝绳直径的深度，或者沿侧面磨损达到钢丝绳直径的 1/2。

（二）摩擦轮绳槽衬垫磨损剩余厚度小于钢丝绳直径，绳槽磨损深度超过 70 mm。

【条文解释】 本条是对天轮和摩擦轮绳槽衬垫磨损限值的规定。

由于提升容器在运行中受罐道垂直度、磨损、弯曲和接头等影响，将产生横向抖动，速度越高，抖动越严重。天轮在运转中，由于其结构和制造上的原因，轮缘也有一定程度的左右偏摆，天轮直径越大越明显。为了使钢丝绳能可靠地进入天轮绳槽，绳槽必须开口较宽且斜率较大，以便使天轮和钢丝绳在摆动较大且方向相反时，也能使钢丝绳可靠地进入绳槽和槽底，把钢丝绳限制在天轮的运行中心运行。钢丝绳除了在天轮轴向摆动，也在天轮的径向上有强烈摆动。如果绳槽不深，钢丝绳就会沿天轮绳槽的斜面滑出绳槽，会使提升容器受到猛烈的松绳冲击，后果是很严重的。

所以，通过天轮的钢丝绳必须低于天轮的边缘，其高差：提升用天轮不得小于钢丝绳直径的 1.5 倍，悬吊用天轮不得小于钢丝绳直径的 1 倍。

绞车在提升过程中受钢丝绳自重的影响，使钢丝绳两端受拉力不同而产生旋转。这一旋转的方向和速度在提升和下放时不同，以斜井串车提升为例，当提升重车的一瞬间，钢丝绳上端迅速破劲而下端迅速上劲旋转；下放空车时，被上足了劲的钢丝绳下端慢慢破劲，直到下放到井底，钢丝绳慢慢旋转，并为下次提升时钢丝绳上端破劲、下端上劲旋转创造条件。

钢丝绳的旋转，使天轮衬垫的磨损向一侧偏斜，当绳槽磨损较大造成偏斜较多时，就改变了钢丝绳和天轮的运行中心，使天轮承受钢丝绳的压力偏向一侧，天轮两侧的辐条受力失去平衡，增加了天轮运行的轴向摆动。天轮衬垫的过度磨损也在一定程度上使罐道的方向与钢丝绳的运行方向的一致性变差，增加了提升容器的摆动和罐道的侧向压力，加快了罐耳与罐道的磨损。因此，规定天轮的各段衬垫磨损达到 1 根钢丝绳直径的深度或沿侧面磨损达到钢丝绳直径的 1/2，或者摩擦轮绳槽衬垫磨损剩余厚度小于钢丝绳直径，绳槽磨损深度超过 70 mm 时，必须更换。

第四百二十二条 *矿井提升系统的加（减）速度和提升速度必须符合表 14 的规定。*

表 14　矿井提升系统的加（减）速度和提升速度值

项　目	立井提升		斜井提升	
	升降人员	升降物料	串车提升	箕斗提升
加（减）速度/（m/s）	≤0.75		≤0.5	
提升速度/（m/s）	$v \leqslant 0.5\sqrt{H}$，且不超过 12	$v \leqslant 0.6\sqrt{H}$	≤5	≤7，当铺设固定道床且钢轨≥38 kg/m 时，≤9

【条文解释】 本条是对矿井提升系统的加（减）速度和提升速度的规定。

乘罐人员在向下加速和向上减速运行时，都会有失重感觉，加、减速度越大，失重感觉越严重，使乘罐人员有恐惧感，对于有心脏病和高血压的人，身体容易出现问题。

运行速度越大，罐笼的横向冲撞就越严重，乘罐人员就越站立不稳，有被撞出罐笼坠井的危险。实践证明，罐笼运行速度大于 12 m/s 时，不合适乘人。

1. 立井中用罐笼升降人员时，提升系统的加（减）速度和提升速度必须符合以下要求：

（1）加速度和减速度，都不得超过 0.75 m/s^2。

（2）加速度变化率≤0.5 m/s^3。

（3）提升速度≤$0.5\sqrt{H}$，且最大不得超过 12 m/s，其中 H 为提升高度（单位 m）。

【典型事例】 辽宁省抚顺市某煤矿副井的单绳摩擦轮提升绞车，正常的最大运行速度是 11.5 m/s，某天最大运行速度却达到了 15 m/s，罐笼在井筒左晃右摆，木罐道“咔咔”作响，乘罐人员惊恐不已。经检查是直流拖动的他激直流电动机的励磁电流太小，及时调整后恢复了正常。

2. 以提升高度来确定提升容器的最大运行速度是合理的。提升高度小而提升速度太大，增加了加、减速时间，减少了最大速度的运行时间，是不经济的，因为加速是要多消耗动力的；当提升高度大，最大运行速度不够大，增加了等速运行的时间，影响了提升效率，也是不经济的。以提升高度确定最大运行速度，是经过科学论证、综合考虑了设备投资和设备运营及提升效率的科学的计算方法。

立井提升最大速度，要根据不同的提升高度，确定出合理的值。速度过高，加、减速时间过长，最大速度运行时间过短，会使电动机容量过大，电耗过高；速度过低，使提升时间过长，要完成同样的年提升量就要增加单次提升量，使提升机、提升容器，钢丝绳都得加大，增加了不合理的设备费用。提升速度 $v\leqslant 0.6\sqrt{H}$ 是合理的。

3. 斜井提升不同于立井提升。立井提升容器作垂直运行，对于罐道没有由重力形成的压力，只是由于罐道的铅垂度、不平和不直等有一定的冲击作用，但冲击力较小。而斜井提升容器的重量，大部分由运行轨道承担，如当倾角为 30°时，轨道承担的重量是提升总重的 86.6%。倾角越小，轨道的承载重量越大，当轨道稍有不平或不直时，对提升容器都会产生巨大的颠簸和震动，且提升速度越大，颠簸震动越严重。升降人员时，这种颠簸震动会造成人很不舒服，甚至造成伤害；升降物料时，本来由于矿车的倾斜，已使装载率有很大的降低，强烈颠簸和震动不但使装载率进一步下降，还会使货载溢出落到轨道上，严重地影响提升安全。所以限定斜井提升，不管是提人还是提物速度都不得超过 5 m/s。

斜井采用箕斗升降物料时，由于不乘人，物料也不会从箕斗中洒落，故速度不超过 7 m/s即可，考虑震动和颠簸，速度不能再大了。如果铺设固定道床，采用大于或等于 38 kg/m钢轨时，由于大大减轻了震动和颠簸，最大提升速度可放大到 9 m/s，同时规定加（减）速度≤0.5 m/s^2。

第四百二十三条 提升装置必须按下列要求装设安全保护：

（一）过卷和过放保护：当提升容器超过正常终端停止位置或者出车平台 0.5 m 时，必须能自动断电，且使制动器实施安全制动。

（二）超速保护：当提升速度超过最大速度 15%时，必须能自动断电，且使制动器实施安全制动。

（三）过负荷和欠电压保护。

（四）限速保护：提升速度超过 3 m/s 的提升机应当装设限速保护，以保证提升容器或者平衡锤到达终端位置时的速度不超过 2 m/s。当减速段速度超过设定值 10%时，必须能自动断电，且使制动器实施安全制动。

（五）提升容器位置指示保护：当位置指示失效时，能自动断电，且使制动器实施安全制动。

（六）闸瓦间隙保护：当闸瓦间隙超过规定值时，能报警并闭锁下次开车。

（七）松绳保护：缠绕式提升机应当设置松绳保护装置并接入安全回路或者报警回路。箕斗提升时，松绳保护装置动作后，严禁向受煤仓放煤。

（八）仓位超限保护：箕斗提升的井口煤仓仓位超限时，能报警并闭锁开车。

（九）减速功能保护：当提升容器或者平衡锤到达设计减速点时，能示警并开始减速。

（十）错向运行保护：当发生错向时，能自动断电，且使制动器实施安全制动。

过卷保护、超速保护、限速保护和减速功能保护应当设置为相互独立的双线型式。

缠绕式提升机应当加设定车装置。

【条文解释】 本条是对提升装置安全保护的有关规定。

1. 过卷和过放保护

这要求提升容器超过正常终端停止位置或者出车平台 0.5 m 时，必须能自动断电，且使保险闸发生作用。这要求的是能自动断电的位置，而不是开始触碰过卷开关，否则将使自动断电的距离加大，从而加大了保险闸发生作用时的提升容器的运行速度，影响制动效果。

2. 超速保护

只有当重物的重力超过电动机发电制动的最大控制能力时，其速度才能超过最大提升速度 15%，此时实际上已经处于跑车状态，必须能自动断电且使保险闸发生作用。

3. 过负荷和欠电压保护

过负荷的一种情况是瞬间出现的严重过负荷，电流可达正常电流的数倍，可能是由于卡罐等突发情况所致，必须立即停车紧急施闸；另一种情况是过负荷造成的电流超过正常值的幅度不太大，但持续的时间较长，也会使电机产生过热，加快绝缘老化，影响电机寿命，也应进行过流保护。对于前者，保护一定要可靠，即对于过流继电器的瞬动保护要定小些，保证在短路或卡罐时可靠地动作，而在反时限的过流整定上可适当延长动作时间。

电机在欠电压下运行，会降低电机的有效功率，产生过热或启动不了，必须有欠电压保护。

4. 限速保护

保护提升绞车在加速、全速和减速阶段的运行速度都不能超出该阶段设计运行速度的 10%。当减速段速度超过设定值 10%时，必须能自动断电，且实施安全制动。

5. 提升容器位置指示保护

因为位置指示器故障，可导致室内过卷保护失效，减速点自动减速失效，减速警铃失效，如果是离合器失效还能使限速保护失效，必然不能按时自动减速，因此发生全速过卷事故，所以位置指示器的失效保护非常重要。可以由减速器高速轴转动产生的脉冲信号和位置指示器主轴转动产生的信号共同作用保持绞车正常运行，停车时 2 个信号同时无输出，保护装置也不动作；一旦减速机正常运转发出信号，而位置指示器没有信号发出，保护装置便起作用，停电和发生保险制动。

6. 闸瓦间隙保护

闸瓦间隙保护是当闸瓦间隙超限，没能及时紧闸而使制动力矩下降的保护装置，当闸瓦间隙超过规定值时，能报警并闭锁下次开车。采用压气制动的，安装在工作闸气缸超高位置；采用重锤制动的，安装在重锤位置过低处；采用弹簧制动的，安装在弹簧的限位点上。

7. 松绳保护

立井卸载煤仓满时，有时会使卸载箕斗卡住，箕斗下放产生松绳，如果此时煤仓放煤，煤位下降，托不住箕斗，会产生坠斗断绳，此时应严禁煤仓放煤并报警。箕斗提升时，松绳保护装置动作后，严禁受煤仓放煤。

8. 仓位超限保护

满仓保护装置是当卸载煤仓仓满时能自动发出报警信号并断电使绞车不能提升的保护装置。提升箕斗的卸载煤仓满仓时，箕斗里的煤会由于煤仓中煤位的上升而无法卸净，使箕斗里的煤和煤仓里的煤堆连在一起。如果没有满仓保护装置，绞车司机不知道已经满仓，超过正常卸载时间后，司机认为箕斗已经卸完煤，便开车下放。此时由于箕斗中的煤和煤仓里的煤堆连在一起，对底卸式箕斗扇形门的关闭形成很大阻力，使箕斗卡住不能下放，如果绞车已经开始下放，必然造成松绳，此时煤仓下部正在放煤，使煤位很快下降，堆连的煤断开，箕斗立即快速下冲，使已经松的钢丝绳在巨大冲击力作用下被拉断而发生坠斗。

9. 减速功能保护

当提升容器或平衡锤到达设计减速点时，能示警并开始减速。

10. 错向运行保护

当发生错向时，能自动断电，且使制动器实施安全制动。

11. 钢丝绳滑动保护

摩擦提升装置应设钢丝绳滑动保护，发生钢丝绳滑动时能报警，提醒缓慢停车，并闭锁下次开车。

过卷保护、超速保护、限速保护和减速功能保护应设置为相互独立的双线型式。

为了在检修制动系统时将绞车滚筒固定住，不因制动失效而发生坠斗、坠罐和跑车事故，立井、斜井缠绕式提升绞车应加设定车装置。

第四百二十四条 提升机必须装设可靠的提升容器位置指示器、减速声光示警装置，必须设置机械制动和电气制动装置。

严禁司机擅自离开工作岗位。

【条文解释】 本条是对提升机装设提升容器位置指示器、减速声光示警装置、机械制动和电气制动装置的规定。

1. 没有位置指示器就不知道提升容器所在位置，无法开车。还必须安设减速声光示警装置。

2. 提升机的机械制动包括工作闸和保险闸。

保险闸是在发生意外、紧急情况下制动的，必须快，因此必须是自动的。

提升机的工作闸和保险闸是提升机安全运转最重要的组成部分，其制动系统的传动杆件必须是十分可靠的，规定每年必须进行 1 次无损探伤，以便及时发现有无断裂或其他缺陷，及时更换。工作闸和保险闸应能起到互为备用及工作互补的作用，一旦有一套出现问题，另一套可随时停止绞车运行，保证不出任何事故。如果共用 1 套操纵和控制机构，哪件传动杆件出现问题，便使 2 套制动装置全部失灵，严重影响绞车的安全运转。

双滚筒提升机，每个滚筒有自己的制动闸瓦，在调绳或需要一个滚筒运行时，另一个滚筒必须可靠地制动，不能 2 套闸瓦同时动作，必须能单独控制，因此其传动装置必须分开，各自可以单独控制。

制动闸的调整必须在司机的配合下进行，需在松闸状态下调整，因为制动时闸瓦与闸轮压得很紧无法调整。松闸调整必须对绞车严密监视和控制，不能因松闸而跑车，这就需要提升机司机坚守操作岗位，精力集中进行监控，同时闸的松紧程度还需要司机操作试验，所以严禁司机离开工作岗位，擅自调整制动闸。

3. 提升机的电气制动包括动力制动和低频制动等。

电气制动的优点是无机械摩擦，不会因为制动时间长而使闸瓦发热，降低制动力而不能长时间制动。电气制动可以在全部下放过程中进行制动，而且其制动力和运行速度还是可控的，对于下放重物需慢速运行时非常适用，特别是使用新平移闸的绞车，下放重物时会产生闸瓦震动，用电气制动就可以满足下放重物的需要。但是有的矿因为可控硅动力制动线路复杂，维修不便，改成固定硅整流的动力制动，使制动电流固定不可控。尽管电机转子外加电阻的改变可以改变用动力制动下放重物的速度，但转子外加电阻是根据绞车启动特性配制的，电阻的配制不可能既适合启动要求又适合动力制动的调速要求。例如某矿一台 JD-2. 5/20A 型斜井提升绞车，将可控硅动力制动改成了硅整流动力制动，由于绞车速度快，绞车道轨道质量不好，下放时不能全速运行，用动力制动控制速度，多切一段电阻速度太慢，影响生产，少切一段电阻速度太快，矿车有掉道危险，无奈用盘形闸控制空车下放，使闸瓦和闸盘经常过热，而且闸盘厚度磨损加快，已经对生产造成影响，如不解决，将影响提升能力和矿井的生产能力。

第四百二十五条　机械制动装置应当采用弹簧式，能实现工作制动和安全制动。

工作制动必须采用可调节的机械制动装置。

安全制动必须有并联冗余的回油通道。

双滚筒提升机每个滚筒的制动装置必须能够独立控制，并具有调绳功能。

【条文解释】　本条是对机械制动的规定。

由于弹簧式的制动装置是由弹簧的弹力发生作用的，不用外力驱动，不受外界条件影响，动作可靠，能在提升机不具备安全运转条件时自动发生作用。机械制动装置应采用弹簧式，能实现工作制动和安全制动。工作制动应采用可调节的机械制动装置。

为了保证提升机的安全运行，安全制动应有并联冗余的回油通道。

具有双滚筒的提升机每个滚筒的制动装置应独立控制，以免相互干扰，并具有调绳功能。

第四百二十六条　提升机机械制动装置的性能，必须符合下列要求：

（一）制动闸空动时间：盘式制动装置不得超过 0.3 s，径向制动装置不得超过0.5 s。

（二）盘形闸的闸瓦与闸盘之间的间隙不得超过 2 mm。

（三）制动力矩倍数必须符合下列要求：

1. 制动装置产生的制动力矩与实际提升最大载荷旋转力矩之比 K 值不得小于 3。

2. 对质量模数较小的提升机，上提重载保险闸的制动减速度超过本规程规定值时，K 值可适当降低，但不得小于 2。

3. 在调整双滚筒提升机滚筒旋转的相对位置时，制动装置在各滚筒闸轮上所发生的力矩，不得小于该滚筒所悬重量（钢丝绳重量与提升容器重量之和）形成的旋转力矩的 1.2 倍。

4. 计算制动力矩时，闸轮和闸瓦的摩擦系数应当根据实测确定，一般采用 0.30~0.35。

【条文解释】　本条是对提升机机械制动装置性能的有关规定。

为了将事故的影响控制在最小，保险闸的空动时间越短越好。由于各种方式的保险制动所达到的最快速度和闸瓦间隙不同，空动时间也不同，盘式制动装置，不得超过 0.3 s；径向制动装置，不得超过 0.5 s。当达不到规定的空动时间时，必须查找原因，及时处理。

盘形闸的闸瓦与闸盘之间的间隙不得超过 2 mm。

制动力矩倍数应满足以下不同条件的要求。

提升机的常用闸和保险闸制动时，每个闸所产生的制动力矩与实际提升最大静荷重旋转力矩之比 K 值都不得小于 3。

当常用闸或保险闸制动轮与滚筒同轴时，由于制动轮直径和滚筒直径不同，制动安全系数不能直接用制动力与最大静张力之比，必须用制动力矩与最大静荷重旋转力矩之比，即

$$K = F_Z R_Z / (F_r R_r)$$

式中　F_Z——制动力；

R_Z——制动轮半径；

F_r——钢丝绳最大静张力；

R_r——钢丝绳提升中心到滚筒轴中心的旋转半径。

当常用闸或保险闸制动轮与滚筒不同轴时，还应将减速比和传动效率计算在内，即

$$K = \frac{F_Z R_Z}{F_r R_r} \cdot i \cdot \eta$$

式中　i——减速比；

η——减速器传动效率。

常用闸和保险闸的作用是在需要时，能可靠地使提升系统停止运行。要使提升系统可靠地停止运行，每个闸的制动力矩只比最大静荷重旋转力矩大是不够的，还必须克服系统的转动惯量才能停住车。在充分考虑了重物下放时制动力矩要克服最大静荷重和较大的系统转动惯量再有一定的安全系数后，确定 K 不得小于 3。由于保险闸是在紧急情况下自动施闸的，如果系统转动惯量小，会使制动减速度大于提升容器的自然减速度，导致松绳，

提升容器反向冲击，易断绳跑车。可使 $K\geqslant2$，因为上提重物停车时，钢丝绳承受的最小冲击张力是最大静张力的 2 倍。当 $K<2$ 时，停车会不可靠，所以保险闸的 K 值不得小于 2。

工作闸由于是人工控制施闸，不能造成施闸太急松绳跑车，因此 K 不得小于 3。

保险制动的 K 值不小于 2 的第 2 个原因是，当前主井提升还没有全部达到定重装载，或定重装置失效时，提升容器将被装满为止，而货载在矸石多、水分大（尤其是综合采煤放顶时，有时矸石很多）时，一台 9 t 箕斗容积 10.6 m^3，可能装载达到 $10.6\times1.6=17$ t，一台 12 t箕斗容积为 13.2 m^3，装载量可以达到 22 t。如果是等重平衡绳提升，最大静张力将达到额定值的 1.8~1.9 倍，如果保险制动 K 值达到 2，就会因过载提升中过流保护动作停电制动不住而坠斗。

保险制动 K 值不得小于 2 的第 3 个原因是，一般提升机电机的过载能力为 1.8 左右，提升机正常时在额定静张力（差）状态下工作，当箕斗里装满了矸石或矿车载重增加，挂车超多时，如果载重达到正常值的 2 倍以上，提升机提不动还可以，一旦没有超过电机的最大负载转矩，将重物提升中途，因过流保护动作而停电紧急制动时，也会因保险制动 K 值小于 2 而造成坠斗、跑车。

【典型事例】　某煤矿一台 3.25 m 回绳摩擦轮提升绞车，由于定重装置故障没有及时修复，提升载重为 12 t 装满了矸石的箕斗，未到终点时过流保护动作，保险制动后未闸住，箕斗高速坠落，造成了全矿停产 18 天的重大提升事故。

对定重装载，保险制动 K 值不小于 2 非常重要。同时提升绞车的过电流整定，在不影响电机安全和寿命前提下，适当放宽反时限过流保护的时间是有好处的，而保护短路和严重卡斗的瞬动电流整定还是越小越好。

保险制动力是否越大越好呢？不是，保险制动的“保险”，体现在特殊情况下需要紧急制动时，保险制动会自动、快速进行制动，因此要采用配重或弹簧式的，才能在停电的同时自动施闸。保证不失效的保险作用，并非是制动力大的保险作用，相反，制动力过大，还会造成事故。如斜井单钩提升重载保险制动力过大，使提升系统转动部分的制动减速度大于矿车在制动时所处位置轨道倾角所产生的矿车自然减速度时，即滚筒已停止了转动，矿车还在上行，违反了《规程》规定的上提重载制动减速度的规定，从而造成松绳，矿车可能停止上行又反向下滑冲击，有可能造成断绳跑车。对于摩擦轮式提升机，过大的制动力还有可能在下放重载保险制动使钢丝绳在摩擦轮上打滑，而制动力过小，保险制动 K 值小于 2，除上面说过的 3 种不利条件外，又使重载下放制动距离过长，使事故扩大，且违反了下放重载制动减速度的规定。因此，提升机的保险制动力小了不行，太大了也不行，制动力的大小必须满足 3 条要求，即保险制动 K 值不得小于 2，上提重载制动减速度的上限和下放重载制动减速度的下限值，即保险制动力的最大值和最小值，及不大于使摩擦轮绞车钢丝绳在摩擦轮上滑动的制动力。同时满足这些要求，是调定保险制动力必须遵循的原则。要同时满足这些要求，只有合理地确定一次提升量才行。确定合理的一次提升量，要在最大静张力不超过绞车的额定静张力、钢丝绳安全系数满足《规程》规定的条件下，再进行 K 值、上提重载允许的最大制动力、下放重载允许的最小制动力和钢丝绳在摩擦轮上不滑动的最大制动力的核算。如果不能同时满足，只有降低一次提升量来完成。

只有在提升机的质量模数小，上提重载保险闸的制动减速度大于规定时，才允许将 K 值降低，但不得小于 2。

质量模数用 Z 表示，它是提升系统总变位质量 $\sum m$ 与最大静张力(差)P 的比值，即

$$Z = \sum m/P$$

有了质量模数 Z，可以方便地求出重载上提的制动减速度 $a_s =（K+1）/Z$ 和重载下放的制动减速度 $a_x =（K-1）/Z$，以及无电机拖动、无制动时，靠系统惯性拖动载荷运行的上行自然减速度 a_{s0} 和靠载荷张力克服系统惯性形成的下行自然加速度 a_{x0}，$a_{s0} = a_{x0} = 1/Z$。

质量模数的引进，使确定每次提升量的计算简单了许多。

从制动减速度计算公式可明显看出对于具有固定运动质量和最大静张力的绞车，其保险制动 K 值多大才能满足对重载提升和下放制动减速度的要求。当 $K \geqslant 3$，a_s 能满足要求时，即为质量模数合适；a_s 不能满足规定时，便为质量模数较小，K 值可以减小，但不得小于 2。当 K 值降为 2，a_s 仍满足不了要求时，只得减小载荷，不能用提升机允许的最大静张力提升。当静张力减小时，在 $K=2$ 时的制动力下降，a_s 也随之下降，可以满足要求了，但是可能由此引起 a_x 也下降。满足不了规定时，只好再降低载荷，但不降低制动力，便可同时满足 K、a_s 和 a_x 的要求。至此，提升载荷才算确定，保险制动力才能最后调整确定。

应该提出的是，在计算上提重载保险制动时，能否松绳，即能否满足全部机械的制动减速度的要求时系统的总变位质量 $\sum m$，不应包括上提的移动部分的变位质量。这是因为，当单钩提升由转动部分的变位质量、双钩提升由转动部分和下放侧移动部分的变位质量所形成的制动减速度大于上提重物移动部分的自然减速度时，钢丝绳就会松绳，钢丝绳不能向上传递提升重物的作用力，上提移动部分的质量对转动部分的制动减速度没有影响。当全部机械部分的制动减速度小于上提移动部分的自然减速度时，计算全系统的制动减速度，才应将上提移动部分的质量和因其对制动力的影响计入。

以单钩提升为例，计算转动部分的制动减速度 a_{sj} 的力平衡公式为

$$F_z = \sum m_j \cdot a_{sj}$$

式中　F_z——变位制动力，kN；

$\sum m_j$——转动部分(包括已缠在滚筒上的钢丝绳）和天轮的变位质量，$kg \cdot s^2/m$。

等式两边各除以提升机的最大静张力（差）P：

$$F_z/P = \sum m_j \cdot a_{sj}/P = Z \cdot a_{sj}$$

又因

$$F_z/P = K$$

所以，$a_{sj} = K/Z$。按《规程》要求，取 $K=3$。

若由此计算出的 a_s 小于《规程》要求的上提重载的最大减速度，就不会产生松绳。当取 $K=3$，a_s 大于所要求的数值时，该提升机就是质量模数较小的提升机，就可以适当降低 K 值。若满足 a_s 要求时的 K 值仍大于 2，该提升机依然可以按最大静张力确定上提重载的重量。如果当 $K=2$ 时，a_s 仍大于《规程》要求，只好降低一次提升量。在保证 $K \geqslant 2$ 的前提下，降低制动力，因 $a_{sj} = F_z/\sum m_j$，所以 a_{sj} 下降了，可以满足《规程》规

定，但是计算方法是在先保证 a_{sj} 符合《规程》规定条件下，计算出 $F_z=a_{sj}\sum m_j$，以得到最大的 F_z 和 K 值。

第二步要验算在初步选定的最大静张力 P 和制动力 F_z，$K=F_z/P$ 也随之初步确定后，用 $a_x=(K-1)/Z$ 验算 a_x 是否符合《规程》规定。但此时的 $Z=\sum m_z/P$，$\sum m_z$ 是包括转动部分和移动部分全部的变位质量之和，因为单钩提升上提保险制动减速度已不大于上提矿车的自然减速度了。

如果 a_x 小于《规程》规定，还要降低一次提升承载量，使 P 减小，而 F_z 不变，使 K（$K=F_z/P$）增大。P 的减小，也使 Z 增大，但增大的比例比 K 增大的比例小，因为 $Z=\sum m_z/P$ 中的 $\sum m_z$ 中的移动部分的变位质量也在减小。由于 K 增大得多，Z 增大得少，使 $a_x=(K-1)/Z$ 值增大而满足《规程》规定。如果是缠绕式提升机，至此，最大静张力被最后确定，再确定出拉车数。根据最大静张力计算公式：

$$P=[n(Q+Q_0)(\sin\alpha-f_1\cos\alpha)+P_0L(\sin\alpha+f_2\cos\alpha)]/102$$

式中　P——被最后确定的最大静张力，kN；

Q——每辆矿车载荷质量，kg；

Q_0——每辆矿车质量，kg；

n——每次提升矿车数；

f_1——矿车运行阻力系数，0.015；

P_0——钢丝绳每米系数，kg/m；

L——提升斜长，m；

f_2——钢丝绳运行阻力系数，根据托绳辊状态，可取 $f_2=0.15\sim0.5$；

α——绞车道倾角。

从而确定出每次提升的矿车数 n。

现将某绞车在各种倾角井巷提升时，所确定的一次提升量和保险制动力的计算过程列于表 3-9-3。表中数据是单钩提升条件下的，其他已知条件为：

最大静张力（差）：$P=88$ kN

转动部分（包括滚筒上的钢丝绳、天轮）的变位质量：$\sum m_j=5\ 408$ kg

钢丝绳每米质量：$P_0=4$ kg/m

绞车道斜长：$L=800$ m

双滚筒提升机，每个滚筒有一套制动装置，正常提升时，离合器将 2 个滚筒连在一起共同运转，2 套制动装置共同作用。因是双钩，若无尾绳提升时，最大静张力差是一侧的钢丝绳和货载的重量之和，变位制动力应不小于最大静张力差的 3 倍，每个滚筒制动装置的变位制动力不低于一半。而在调绳检修时，要把离合器打开，每套制动装置各对所负担的滚筒制动，负担的最大静张力是钢丝绳和提升容器的质量之和，要求其变位制动力不低于钢丝绳和提升容器质量之和的 1.2 倍。这个制动力与 2 套制动装置全部变位制动力的一半哪个大呢？后者大，前者自然合格，后者小，就必须首先满足前者，即每套制动装置的变位制动力不低于所制动滚筒、所悬钢丝绳和提升容器质量之和的 1.2 倍。

当提升系统是双钩等重平衡绳提升时，正常提升时 2 套制动装置的全部变位制动力不

表 3-9-3　保险制动力调定计算表

条件			计算项目		立井	倾斜井巷						
P/kN	K	$\sum m$/kg				45°	30°	25°	20°	15°	10°	5°
88	3	$\sum m_j = 5\ 408$	$Z_j = \frac{\sum m_j}{102P}$		0.6	0.6	0.6	0.6	0.6	0.6	0.6	0.6
			$a_{sj} = \frac{K}{Z}$, m/s^2	计算	5	5	5	5(大)	5(大)	5(大)	5(大)	5
				规定	≤5	≤5	≤5	≤4.1	≤3.4	≤2.5	1.7	因 $a_x <$ 0.75 m/s^2，减小 P，使 $P=$ 38.2 kN
			预定 $F_z = K \cdot P$, kN		264	264	264					
88	待定	$\sum m_j = 5\ 408$	K	$K = a_{sj} \cdot Z$				2.46	2.04	1.5(小)	1.02(小)	
				规定				≥2	≥2	≥2	≥2	
			预定 $F_z = K \cdot P$, kN					216.5	180			
待定	2	$\sum m_j = 5\ 408$	要求 $Z = \frac{K}{a}$							0.8	1.18	
			$P = \frac{\sum m_j}{102Z}$, kN							66.3	44.9	
			$a_{sj} = \frac{K}{Z}$, m/s^2							2.5	1.7	
			预定 $F_z = K \cdot P$, kN							132.6	89.8	

表 3-9-3(续)

条件 P/kN	K	$\sum m$/kg	计算项目	立井	倾斜井巷 45°	30°	25°	20°	15°	10°	5°
验算 $a_x=\frac{K-1}{Z}$			$G=\frac{102P-P_0L(\sin\alpha+f_2\cos\alpha)}{\sin\alpha+f_1\cos\alpha}$	5 800	8 411	12 803	15 545	19 670	18 326	16 362	12 745
			$\sum m_1=\frac{G+P_0L}{g}$,kg	918	1 185	1 633	1 913	2 334	2 197	1 996	1 627
			$\sum m=\sum m_j+m_1$,kg	6 326	6 593	7 041	7 321	7 742	7 604	7 404	7 035
			$Z=\frac{\sum m}{P}$	0.7	0.73	0.78	0.81	0.86	1.12	1.62	1.8
			$a_x=\frac{K-1}{Z}$,m/s²	2.86	2.74	2.56	1.8	1.2	0.89	0.62(小)	0.75
			规定 a_x,m/s²	≥1.5	≥1.5	≥1.5	≥1.24	≥1	≥0.75	≥0.75	
确定			一次提升量 G/kg	5 800	8 411	12 803	15 545	19 670	18 326	12 745	
			变位保险制动力 F_z/kN	264	264	264	216.5	180	132.6		76.4

注:① G——一次升量(不包括钢丝绳);

② $\sum m_1$—— 移动部分变位质量,kg;

③ 如果使用液压盘形闸,由于保险制动力与最大工作制动力相同,保险制动 K 值也不得小于 3,表中 K 值小于 3 的应全部按 3 计算;

④ 表中 a_{sj} 大于规定采用二级制动解决更好。

低于一次提升载重的3倍，每套制动装置担负一半制动力，便会低于提升一侧的钢丝绳和提升容器质量之和的1.2倍。这项规定更为重要，否则只满足最大静张力差3倍的一半，调绳时会因制动力不够而坠斗、坠罐。

第四百二十七条　各类提升机的制动装置发生作用时，提升系统的安全制动减速度，必须符合下列要求：

（一）提升系统的安全制动减速度必须符合表15的要求。

表15　提升系统安全制动减速度规定值

减速度	$\theta \leqslant 30°$	$\theta > 30°$
提升减速度/（m/s^2）	$\leqslant A_c^*$	$\leqslant 5$
下放减速度/（m/s^2）	$\geqslant 0.75$	$\geqslant 1.5$

$* A_c = g(\sin\theta + f\cos\theta)$

式中　A_c——自然减速度，m/s^2；

g——重力加速度，m/s^2；

θ——井巷倾角，（°）；

f——绳端载荷的运行阻力系数，一般取0.010~0.015。

（二）摩擦式提升机安全制动时，除必须符合表15的规定外，还必须符合下列防滑要求：

1. 在各种载荷（满载或者空载）和提升状态（上提或者下放重物）下，制动装置所产生的制动减速度计算值不得超过滑动极限。钢丝绳与摩擦轮衬垫间摩擦系数的取值不得大于0.25。由钢丝绳自重所引起的不平衡重必须计入。

2. 在各种载荷及提升状态下，制动装置发生作用时，钢丝绳都不出现滑动。

计算或者验算时，以本条第（二）款第1项为准；在用设备，以本条第（二）款第2项为准。

【条文解释】　本条是对提升系统安全制动减速度的有关规定。

上提重物的保险制动，要保证制动减速度不大于提升容器的自然减速度，即保证不松绳；下放重物保险制动减速度，不小于提升容器自然减速度的30%。倾角大于30°的斜井和立井，按30°倾角计算。

对于转动惯量较小的绞车，上提重物保险制动为了满足不松绳的规定，却满足不了$K \geqslant 2$的规定时，可降低最大静张力，即减轻提升质量，使$K \geqslant 2$；或提升重物采用二级制动，即保险制动时先施加部分制动力矩，使系统的制动减速度小于提升容器的自然减速度，保证不松绳，停稳后施以全部的保险制动力矩，使$K \geqslant 3$。

摩擦轮式提升机的保险制动，除了满足空动时间和制动力矩的K值规定外，在各种载荷（满载或空载）和各种状态（上提或下放重物）下保险制动减速度不能超过钢丝绳与摩擦轮之间摩擦因数按0.25计算的滑动极限。在用设备以实际在各种载荷及提升状态下，保险闸发生作用时，钢丝绳都不出现滑动为准。计算或验算时为了可靠，摩擦因数取得较小，而在用设备以实际为准。

为了不产生松绳，保险闸可取$K \leqslant 2$或采用二级制动，而工作闸$K \geqslant 3$，又无二级制动，如果以工作闸代替保险闸进行紧急制动，松绳会更多，断绳跑车的可能性更大。

对于下放重载最小制动减速度的规定，是为了防止需要紧急停车时，由于制动减速度太小，制动距离太长，将事故扩大。为了保证有足够的制动减速度，上提重载保险制动采用二级制动时，下放重载则不能采用二级制动，要一次制动到位。

对于摩擦轮式提升机，既要满足下放重载保险制动减速度的要求，还必须使钢丝绳不在摩擦轮上产生滑动。

设提升机重载侧的最大张力为 P_1，空载侧的张力为 P_2，则钢丝绳不打滑的条件是

$$P_1 \leqslant e^{f\alpha} \cdot P_2$$

式中 f——钢丝绳与摩擦轮间的摩擦因数，取 $f=0.2\sim0.25$；

α——钢丝绳在摩擦轮上的围抱弧度。

当 α 一定后，钢丝绳能否滑动，就看 P_1 比 P_2 大多少。对于重载下放保险制动时的 P_1：

$$P_1 = (G_1 + G_1 a_x/g)/102$$

式中 G_1——重载侧的质量之和，kg；

a_x——保险制动减速度，m/s^2。

空载侧的张力 P_2：

$$P_2 = (G_2 - G_2 a_x/g)/102$$

式中 G_2——空载侧的质量之和，kg。

对于双钩无平衡绳提升，最容易产生钢丝绳滑动是在重载下放的提升容器快到终点时，此时重载侧的质量为钢丝绳、提升容器和载重的质量之和，空载侧的质量只有提升容器的质量。

对于双钩等重尾绳提升，在提升过程中，重载侧的质量是钢丝绳、提升容器和载重的质量之和，而空载侧的质量是钢丝绳和提升容器的质量之和。

将双钩提升符合要求的下放重载的制动减速度 a_x，代入公式 $G_1+G_1a_x/g \leqslant (G_2-G_2a_x/g)\ e^{f\alpha}$。如果计算结果是钢丝绳滑动，只有降低制动力 F_z，才能使钢丝绳不滑动。F_z 减小后，又使 a_x 减小，达不到《规程》规定，只得再减小一次下放载质量，才能使 a_x 合格钢丝绳又不打滑。

用减轻下放重物质量来解决钢丝绳滑动是行不通的，根据下放重载的制动减速度，对于等重尾绳提升：

$$a_x = (102F_z - G_0 - G - P_0 H)/[\sum m_j + (2G_0 + G + 2PH)/g]$$

对于无尾绳提升（重物下放到接近终点时）：

$$a_x = (102F_z - G_0 - G - P_0 H)/[\sum m_j + (2G_0 + G + P_0 H)/g]$$

式中 F——变位制动力，kN；

G_0——提升容器质量，kg；

G——重载侧载质量，kg；

P_0——钢丝绳每米质量，kg/m；

H——提升高度，m；

$\sum m_j$——提升系统转动部分变位质量，$kg \cdot s^2/m$；

g——重力加速度，m/s^2。

当载质量 G 下降后，制动减速度 a_x 将增加，根据钢丝绳滑动公式：

$$e^{f\alpha} = P_1/P_2 = (G_1 + G_1 a_x/g)/(G_2 - G_2 a_x/g)$$

虽然 G_1 由于载质量 G 减小而减小，但由于 a_x 的增加，使公式中的分子增加，分母减小，与 G_1 的减小作用抵消后，P_1/P_2 变化很小，所以只能降低制动力 F_z 来解决钢丝绳的滑动问题。

钢丝绳与摩擦轮间摩擦因数 f 的数值不得大于 0.25，摩擦因数的大小与摩擦轮绳槽内装配的摩擦衬垫有关，摩擦衬垫的材质不同，摩擦因数便不相同。摩擦衬垫的材质有牛皮的，橡胶运输带中有帆布层压制的，有铝、钛合金的，还有聚氨酯化工材料等制成的，摩擦因数都在 0.3 以上。但在设计计算时，摩擦因数的取值都不得大于 0.25，而且不能按摩擦因数的临界值计算。在有些情况下，摩擦因数可能会下降，如有水、泥等进入钢丝绳与衬垫之间，此时如果按临界值计算，便会因摩擦因数的下降而使钢丝绳在摩擦轮上打滑，造成坠罐、坠斗事故。所以摩擦因数必须留有一定的安全系数，因为在计算滑动极限时，并没有安全系数，只是要求保险制动减速度不能超过滑动极限。

【典型事例】 某年，某煤矿一台立井单绳摩擦轮提升机在提升时，由于井壁有孔眼出水，将提升钢丝绳淋湿，大量淋水被高速提升的钢丝绳带入天轮绳槽，将运输胶带摩擦衬垫中的水胶浸泡溶化，使摩擦因数大为下降。由于及时采取了措施，限制了一次提升重量和提升速度，才未发生钢丝绳在摩擦轮上打滑事故。后将水胶改成白乳胶。

在计算保险制动时是否会产生滑动时，要考虑虽然等重尾绳的质量可以平衡主提升绳的质量，但是下放侧的钢丝绳的质量乘以制动减速度所形成的向下的动张力减小了制动力，增加了钢丝绳在摩擦轮上的滑动力。

当提升系统确定后，提升容器、钢丝绳和一次最大提升量就确定了，钢丝绳能否在摩擦轮上滑动，取决于制动力和载重，而制动力和载重确定后，滑动可能发生在重载下放，也可能发生在空载提升，因为重载下放保险制动减速度增加了张力大的一侧（重载侧）的动张力，增加了两侧的不平衡力；而空载上提紧急制动，使制动减速度增大，大于重载下放时的紧急制动减速度，减速度的增加，同样增大了两侧的不平衡力。但是，下放侧是空载，又减少了不平衡力，是增大的多还是减小的多要看制动减速度的变化大小。制动减速度的变化，与提升系统的变位质量重载量占的比例大小有关，所以不通过具体计算，难以确定是重载下放还是空载提升紧急制动时钢丝绳更容易打滑。因此，必须对各种载荷（满载或空载）和各种提升状态（上提或下放重物）下都进行计算，都不超过滑动极限后，才能确认钢丝绳不滑动。采用恒减速制动系统的摩擦式箕斗提升，在恒减速失效转为恒力矩制动，且故障下放重载时，制动减速度应不小于 1.2 m/s^2。但是在摩擦因数发生变化等情况下时，由于计算时没有安全系数，所以仍不能保证在各种情况下钢丝绳都不滑动，又规定了在用设备在各种载荷及提升状态下，保险闸发生作用时，钢丝绳都不出现滑动。

第四百二十八条 提升机操作必须遵守下列规定：

（一）主要提升装置应当配有正、副司机。自动化运行的专用于提升物料的箕斗提升机，可不配备司机值守，但应当设图像监视并定时巡检。

（二）升降人员的主要提升装置在交接班升降人员的时间内，必须正司机操作，副司机监护。

（三）每班升降人员前，应当先空载运行1次，检查提升机动作情况；但连续运转时，不受此限。

（四）如发生故障，必须立即停止提升机运行，并向矿调度室报告。

【条文解释】　本条是对提升机操作的规定。

主要提升装置的特点，一是工作重要，提升机不能轻易停，停了对产量、升降人员都有很大影响；二是作业时间长，如果只有一名司机，长时间精神高度集中、连续不断地操作，会产生身体和精神上的过度疲劳，又不能轻易停车，勉强坚持必然会引起误操作，所以必须有正、副两名司机轮换操作，一名司机上岗操作，另一名司机进行监护，对安全生产才有保证。但在交接班升降人员的时间内，必须正司机操作，副司机监护。

专用于提升物料的箕斗提升机实行自动化运行的，可不配备司机值守，但应定时巡检并设图像监视。

提升机司机应遵守以下操作纪律：

1. 司机上岗前严禁喝酒，接班后严禁睡觉、刷手机、看书、打闹等。

2. 每班升降人员前，应先空载运行1次，检查提升机动作情况；但连续运转时，不受此限。

3. 司机操作时，手不准离开手把；严禁与他人闲谈；开车时不得看手机和接打电话。

4. 在工作期间不得离开操作台，不得做其他与操作无关的事；操作台上不得放与操作无关的物品。

5. 司机应轮换操作，每人连续操作时间一般不超过1 h，换人时必须停车。

6. 对监护司机的警示性喊话，禁止对答。

7. 如发生故障，应立即停止提升机运行，并必须立即向矿调度室报告。运行中途发生事故后，故障原因未查清或消除前，禁止恢复运行。原因查清但故障未能立即全部处理完毕，而已能暂时恢复运行时，可将提升容器升降至终点位置完成本勾提升行程后，停车继续处理。

【典型事例】　某煤矿立井罐笼提升机开车时，正司机打盹，副司机也打盹，恰好自动减速和限速装置失效，造成提升机全速过卷，拉断钢丝绳，幸好防坠器及时动作才未造成坠罐事故。

第四百二十九条　新安装的矿井提升机，必须验收合格后方可投入运行。专门升降人员及混合提升的系统应当每年进行1次性能检测，其他提升系统每3年进行1次性能检测，检测合格后方可继续使用。

【条文解释】　本条是对矿井提升机验收和检测的规定。

矿井主要提升装置是矿井安全生产的关键环节，也是关系到广大矿工生命安全的关键设备。提升装置的各个环节和部件都必须安全可靠，不能有丝毫马虎。新安装的矿井提升机，没有经过实际生产的考验，在设计、制造、安装、各零部件的质量和调试上，都可能存在问题，不经过有关专业人员和有经验的工作人员进行全面细微的验收，是不能盲目投入使用的，必须验收合格后方可投入运行。

专门升降人员及混合提升的系统应由具备资质的机构每年进行1次性能检测，其他提升系统每3年进行1次性能检测，检测合格后方可继续使用。设备运行3年后，薄弱环节均已暴露，质量差的零部件的技术性能都能在测试中被发现；不做测试，发现不了性能的某些变化，在运行中暴露出来就影响生产了。

第四百三十条 提升装置管理必须具备下列资料，并妥善保管：

（一）提升机说明书。

（二）提升机总装配图。

（三）制动装置结构图和制动系统图。

（四）电气系统图。

（五）提升机、钢丝绳、天轮、提升容器、防坠器和罐道等的检查记录簿。

（六）钢丝绳的检验和更换记录簿。

（七）安全保护装置试验记录簿。

（八）故障记录簿。

（九）岗位责任制和设备完好标准。

（十）司机交接班记录簿。

（十一）操作规程。

制动系统图、电气系统图、提升装置的技术特征和岗位责任制等应当悬挂在提升机房内。

【条文解释】 本条是对提升机资料的有关规定。

1. 技术资料有下述作用：

（1）帮助有关人员正确地掌握和熟悉其技术性能，正确操作和使用，合理地维护和检修，提高操作人员和维修人员的技术素质，充分发挥技术性能。

（2）出现问题不必分解就可从图纸和技术说明书上查出原因。

（3）为定期检修提供科学依据。

（4）为技术改进提供参数。

（5）为零配件的购买和制作提供资料。

（6）为事故分析提供方便。

2. 提升机必须具备条款中所列资料，并妥善保管。

第五节 空气压缩机

第四百三十一条 矿井应当在地面集中设置空气压缩机站。

在井下设置空气压缩设备时，应当遵守下列规定：

（一）应当采用螺杆式空气压缩机，严禁使用滑片式空气压缩机。

（二）固定式空气压缩机和储气罐必须分别设置在2个独立硐室内，并保证独立通风。

（三）移动式空气压缩机必须设置在采用不燃性材料支护且具有新鲜风流的巷道中。

（四）应当设自动灭火装置。

（五）运行时必须有人值守。

【名词解释】 空气压缩机

空气压缩机——产生压缩空气的机器。

【条文解释】 本条是对设置空气压缩机的有关规定。

空气压缩机广泛地应用在井下带动风镐、风钻及其他风动工具，特别是为井下没有氧气的地方提供新鲜空气，抢救灾区人员的生命。如果空气压缩机设置在井下则容易遭到井下灾害的威胁，所以要求在地面集中设置空气压缩机站。但由于一些老矿大矿井深巷远，地面集中设置难以保证对井下作业点有效供风时，在制定安全措施的情况下，可以设置在距供风水平以上2个水平的进风井底的井底车场附近安全可靠的位置。

在井下设置空气压缩设备时应遵守以下规定。

1. 空气压缩机选型

选用型号主要有螺杆式空气压缩机和活塞式空气压缩机2种。螺杆式空气压缩机与活塞式空气压缩机相比较，有效地提高了容积效率，降低了机械摩擦损失，减小了噪声和振动，特别是降低了排气温度，大大提高了使用的安全性能。《煤炭生产技术与装备政策导向（2014年版）》指出：螺杆式空气压缩机为推广类；活塞式空气压缩机为限制类，适用条件为限于在用设备。所以，应采用螺杆式空气压缩机，严禁使用滑片式空气压缩机。

2. 空气压缩机设置地点

（1）固定式空气压缩机和储气罐应分别设置在2个独立硐室内，且应保证独立通风。

（2）移动式空气压缩机应设置在采用不燃性材料支护且具有新鲜风流的巷道中。

3. 加强空气压缩机站防灭火管理

（1）设自动灭火装置。

（2）运行时必须有人值守。

【典型事例】 2011年7月6日，山东省枣庄市某煤矿井下运输下山底部车场空气压缩机着火，引燃钢棚背帮材料及煤体等可燃物，产生大量有毒有害气体，造成28人被困。

第四百三十二条 空气压缩机站设备必须符合下列要求：

（一）设有压力表和安全阀。压力表和安全阀应当定期校准。安全阀和压力调节器应当动作可靠，安全阀动作压力不得超过额定压力的1.1倍。

（二）使用闪点不低于215 ℃的压缩机油。

（三）使用油润滑的空气压缩机必须装设断油保护装置或者断油信号显示装置。水冷式空气压缩机必须装设断水保护装置或者断水信号显示装置。

【名词解释】 闪点

闪点——在规定的试验条件下，液体表面上能发生闪燃的最低温度。闪燃是液体表面产生足够的蒸气与空气混合形成可燃性气体时，遇火源产生一闪即燃的现象。

【条文解释】 本条是对空气压缩机站设备的规定。

压力表是了解空气压缩机工作情况的第一观察点。通过压力表读取的压力值，便可了解空气压缩机的工作情况：输出压力够不够、能否满足用风需要、压力调节器调节的压力是否合适、压力调节器起不起作用等。压力表指示不准确或不正确，就会对空气压缩机的工作情况作出错误的判断，甚至有隐患看不出来，导致事故的发生，所以压力表必须定期检验和调试，保证其准确和精确程度。

安全阀是保护空气压缩机安全的最后一道防线，当实际压力已达额定压力的 1.1 倍时，压力调节器没动作，压力继续升高，安全阀便爆开，将超压的气体释放，以防止风包、管路、高压缸等爆炸造成事故，所以压力调节器和安全阀必须动作可靠。

因为空气压缩机运转时气缸体和排出气体温度过高，压缩机油闪点过低，都会使空气压缩机有爆炸的危险，为此必须使用闪点不低于 215 ℃的压缩机油。

冷却水或润滑油中断会使气缸温度超高，有发生爆炸危险，必须有断水或断油保护装置或信号显示装置。

【典型事例】　某日，某煤矿二井地面压缩机站 5 号机组气缸爆炸，事故原因是压缩机油闪点只有 170 ℃，达不到规定的要求。

第四百三十三条　空气压缩机站的储气罐必须符合下列要求：

（一）储气罐上装有动作可靠的安全阀和放水阀，并有检查孔。定期清除风包内的油垢。

（二）新安装或者检修后的储气罐，应当用 1.5 倍空气压缩机工作压力做水压试验。

（三）在储气罐出口管路上必须加装释压阀，其口径不得小于出风管的直径，释放压力应当为空气压缩机最高工作压力的 1.25~1.4 倍。

（四）避免阳光直晒地面空气压缩机站的储气罐。

【条文解释】　本条是对空气压缩机储气罐的有关规定。

空气压缩机的储气罐是贮存压力空气的仓库，也是稳定输出压力的容器。由于其体积较大，贮存的压力气体较多，受热后会有很大的膨胀而使其压力增大，超过自身的容许压力便爆炸，所以应避免在日光下直晒，同时必须安装可靠的安全阀和放水阀。

长期运行的储气罐底部常有积油，长时间在高温作用下会碳化，使其闪点下降。储气罐内温度过高，超过积碳的闪点便产生爆炸，因此，储气罐内要定期清理积碳。储气罐上应安装压力表，出口应安装释压阀，及时释放超压气体，降低压力，保证风包安全。

1. 每班把储气罐内的油（水）排放 1~2 次。
2. 每班试验安全阀和断水保护（或断水信号）1 次，并做好记录。
3. 每周试验油压和超温保护装置及压力调节器 1 次，并做好记录。
4. 每运行 100~150 h 检查汽缸吸、排水阀 1 次，发现问题及时更换。
5. 协助维修工进行定期维修试验工作，做好设备日常维护保养工作。

【典型事例】　某日，山西省大同某煤矿机修分厂空气压缩机站 2 号储气罐爆炸，原因是压力调节器和安全阀都失灵；当时对外不供气，压力超高，达 1 MPa。

第四百三十四条　空气压缩设备的保护，必须遵守下列规定：

（一）螺杆式空气压缩机的排气温度不得超过 120 ℃，离心式空气压缩机的排气温度不得超过 130 ℃。必须装设温度保护装置，在超温时能自动切断电源并报警。

（二）储气罐内的温度应当保持在 120 ℃以下，并装有超温保护装置，在超温时能自动切断电源并报警。

【条文解释】　本条是对空气压缩设备保护的规定。

空气压缩机的排气温度过高，都会使空气压缩机有燃烧爆炸的危险。所以螺杆式空气压缩机的排气温度和储气罐内的温度应保持在 120 ℃以下（离心式空气压缩机的排气温度不得超过 130 ℃），并装有超温保护装置，在超温时可自动切断电源并报警。

【典型事例】　2013 年 2 月 28 日，河北省张家口市某煤矿井下-750 m 水平进风石门处空气压缩机着火引燃木棚，当时有 13 人在井下进行维修作业。经救护队搜救，发现 11 人一氧化碳中毒死亡，2 人下落不明。

第十章　电　　气

第一节　一般规定

第四百三十五条　*煤矿地面、井下各种电气设备和电力系统的设计、选型、安装、验收、运行、检修、试验等必须按本规程执行。*

【条文解释】　本条是对煤矿电气设备和电力系统的规定。

煤矿地面、井下各种电气设备和电力系统的设计、选型、安装、验收、运行、检修、试验等工作，必须按本规程执行。《规程》内容是随着煤炭行业的技术进步和体制改革而不断完善的，是生产实践中成功的经验和失败教训的总结，也是用煤矿工人的生命和鲜血换来的。在煤炭生产的各项工作中，必须坚持安全第一，认真贯彻、执行本规程。

第四百三十六条　*矿井应当有两回路电源线路（即来自两个不同变电站或者来自不同电源进线的同一变电站的两段母线）。当任一回路发生故障停止供电时，另一回路应当担负矿井全部用电负荷。区域内不具备两回路供电条件的矿井采用单回路供电时，应当报安全生产许可证的发放部门审查。采用单回路供电时，必须有备用电源。备用电源的容量必须满足通风、排水、提升等要求，并保证主要通风机等在 10 min 内可靠启动和运行。备用电源应当有专人负责管理和维护，每 10 天至少进行一次启动和运行试验，试验期间不得影响矿井通风等，试验记录要存档备查。*

矿井的两回路电源线路上都不得分接任何负荷。

正常情况下，矿井电源应当采用分列运行方式。若一回路运行，另一回路必须带电备用。带电备用电源的变压器可以热备用；若冷备用，备用电源必须能及时投入，保证主要通风机在 10 min 内启动和运行。

10 kV 及以下的矿井架空电源线路不得共杆架设。

矿井电源线路上严禁装设负荷定量器等各种限电断电装置。

【条文解释】　本条是对矿井供电电源线路的有关规定。

矿井供电的安全好坏和质量高低，不仅会影响矿井生产，而且关系到矿井和矿井中作业人员的安全状况；因此，矿井供电必须采取有效措施，达到安全、可靠、经济和技术合理的要求，满足矿井安全生产的需要。

1. 电力负荷分级。

煤矿属于井下开采，用电负荷大，井下条件差，但无论在什么条件下都必须满足通风、排水、提升等要求，否则，就可能造成恶性事故。

煤矿中的电能用户和用电设备很多，不同的用户对供电质量的需求不尽相同。按照矿井电能用户和用电设备在安全生产中的重要性，将电力负荷分为 3 级。

（1）一级负荷。凡因供电突然中断，可造成人员伤亡或使重要设备损坏并在较短的时间内难以修复，给企业（公司）造成很大损失的用户和用电设备，称为一级负荷。如主要通风机，井下主排水设备（包括作主排水的煤水泵）、下山开采的采区排水设备，升降人员的立井提升机，抽采瓦斯设备（包括井下移动抽采泵站设备）。

（2）二级负荷。凡因供电突然中断，可给矿井造成大量减产或造成较大的经济损失的用户和用电设备，称为二级负荷。如主提升机（包括主提升带式输送机和煤水泵），经常升降人员的斜井提升设备，副井井口和井底操作设备和主要空气压缩机等。

（3）三级负荷。凡因突然停电对煤矿生产没有直接影响的用户和用电设备，称为三级负荷。如矿区工人住宅区、机电修配厂、乘人电车等设施。

2. 矿井应有两回路电源线路。

（1）在煤矿供电系统中具有许多一级电力负荷，例如，通风、排水、提人等设备时刻不能停电，否则，就可能酿成大祸。当通风机停电时，就可能使井下巷道积聚瓦斯，引发瓦斯爆炸事故；当排水泵停电时，就可能导致积水上涨，引发淹井、淹巷道事故；当提升机停电时，井下人员不能上井，井上人员不能下井，特别是抢险救灾期间，井下受灾害威胁人员不能逃生脱险，井上救援人员不能下井进行救援工作等。这些都构成了对矿井安全极大的威胁。

如果供电系统中只有 1 个电源线路，则当电源出现故障时，整个供电系统必然会全部中断供电，因而供电的可靠性极差。实现两回路电源线路后，当正常工作的电源线路发生故障时，由备用电源线路供电，从而提高了供电的可靠性，为煤矿实现矿井安全奠定了基础。

（2）对煤矿矿井的供电必须具有以下“三性”：

一是可靠性。可靠性指的是对煤矿矿井供电能保证连续不间断地提供电能，保证煤矿主要设备经常不停地运转。

二是安全性。由于煤矿井下电气设备特殊的工作环境，一旦矿井供电系统发生故障或事故，容易引起矿井重大灾难事故，如发生矿井电气火灾、人身触电、瓦斯煤尘爆炸和透水事故等。所以，煤矿矿井要求安全供电。

三是充足性。充足性指的是保证充足的供电能力，满足煤矿设备安全生产对电能的需求。

（3）两回路电源线路供电要求。煤矿矿井两回路电源线路，当任一回路发生故障停止供电时，另一回路应能担负矿井全部负荷。两回路电源线路供电，应符合下列条件之一：

① 2 个电源之间相互独立、无联系。

② 如果 2 个电源之间有联系，则应符合下列规定：

在发生任何一种故障时，该 2 个电源、线路不得同时受到损坏。

在发生任何一种故障且保护动作正常时，至少应有 1 个电源不中断供电，并能担负矿井的全部负荷。

在发生任何一种故障且主保护失灵以致所有电源中断供电时，应能在有人值班的变电所，经过必要的操作，迅速恢复一个电源的供电，并能担负矿井的全部负荷。为使矿井的两回路电源线路真正能够做到互为备用，应使其分别来自电力网中 2 个不同区域的变电所或发电厂；当实现这一要求确有困难时，则两回路电源线路必须分别引自同一区域的变电所或发电厂的不同母线段。

3. 区域内不具备两回路供电条件的矿井采用单回路供电时，应当报安全生产许可证的发放部门审查。采用单回路供电时，必须有备用电源。

（1）备用电源的容量。备用电源的容量必须满足通风、排水、提升等要求。因为矿井通风、排水和提升是涉及煤矿重大安全工作的环节，在煤矿供电电源线路由于故障或其他原因停止供电时，井下生产应该中断，但是保安负荷（如矿井通风、排水和提升）必须继续保证供电，通过倒闸操作，迅速恢复对上述一级保安负荷的供电，避免或减少由此造成的安全事故和经济损失，确保矿井安全。所以，备用电源的容量必须满足矿井通风、排水和提升等一级保安负荷的要求。

（2）保证主要通风机等在 10 min 内可靠启动和运行。这就要求平时加强对备用电源的维护管理，长期保持完好状态下的备用，一旦矿井供电电源线路发生故障或其他原因而断电，备用电源立即能投入使用，使主要通风机等在 10 min 时间内就能可靠地启动并进行正常运行，缩短停电的影响时间，降低造成的事故危害程度，控制事故波及的范围。

（3）备用电源的管理和维护。为了使备用电源真正能起到备用的作用，必须对备用电源进行日常的管理和维护。有的小煤矿在这方面重视不够，备用电源平时不用时堆放在库房、仓库中无人问津，或者在露天地遭受日晒雨淋，锈迹斑斑，润滑油孔干涸，到真正使用时，要花费很长时间才能启动和运行，甚至有的就不能启动和运行。为了避免这方面的问题，应对备用电源加强管理和维护。

① 应有专人负责管理和维护。

② 每 10 天至少进行 1 次启动和运行试验，但注意在试验期间不得影响矿井通风等。

③ 试验记录要存档备查。

4. 矿井的两回路电源线路上都不得分接任何负荷。

矿井的两回路电源线路上分接负荷有以下缺点：

（1）在矿井供电电源线路上分接其他负荷，必然使干线和电源的故障概率增加，造成矿井供电故障停电率增加，从而影响矿井供电的安全性。

（2）矿井两回路电源线路互为备用，其中任一回路有分接负荷，另一回路无分接负荷，在倒闸使用时，其对矿井的供电能力将不会一致，甚至有可能不能担负全矿井的负荷而影响矿井供电的可靠性。

为了保证矿井供电的安全性和可靠性，矿井的两回路电源线路上都不得分接任何负荷。

5. 矿井电源应采用分列式运行方式。

（1）运行方式。矿井电源采用分列运行方式指的是在正常工作时，矿井两回路电源线路都应同时运行。由于分列式运行方式可以减少线路的电压损失和能量损失，当某一回路出现故障而导致某一段停电时，可以通过倒闸操作，迅速恢复重要负荷的供电，从而保证矿井供电的连续性和可靠性。所以，在正常情况下，矿井电源应采用分列运行方式。

（2）带电备用。

① 矿井的电源线路（包括备用电源线路）在正常情况下，应在运行状态下互为备用，以减少线路损失，并当任何一条线路停电时，不发生矿井的供电中断。

② 由于电源系统和继电保护系统等原因，矿井的备用电源线路不应长期并联运行，而必须采用带电备用方式，以便在线路发生停电时，迅速查明停电原因后进行必要的倒闸操作，尽快恢复矿井供电。

③ 由于带电备用，当运行线路发生故障时，只需合上线路受电端的开关，就能迅速恢复矿井供电，可最大限度地缩短矿井停电影响时间，提高矿井供电的可靠性，从而保障矿井和人身安全。

④ 带电备用电源的变压器宜热备用；若冷备用，必须保证备用电源能及时投入正常运行，保证主要通风机等在 10 min 内可靠启动和运行。

所谓变压器热备用，指的是变压器平时一直带着电；冷备用指的是平时一直不带电。为了缩短停电时间，减小事故的危害，控制灾害的范围，要求备用电源能及时投入使用，保证主要通风机等在 10 min 内就能可靠启动并正常运行。

6. 10 kV 及其以下的矿井架空线路不得共杆架设。

目前，我国一些个体小煤矿地处偏远地区，有的采用 10 kV 及其以下电源作为矿井进线电源，由于线路电压较低，为了节约架设线路费用，有的将两回路架空线路共同架设在一根电杆上，往往引发矿井灾难性事故。共杆架设的缺点主要有以下 3 方面：

（1）如果电杆遭到破坏，两回路电源线路必然同时中断供电。

（2）由于两回路电源线路架设在同一电杆上，一般距离较近，当一线路遭到大风刮断、冰雹坠断或人为破坏出现折断现象时，极容易搭接到另一线路上，造成短路故障，同样使两回路电源线路供电中断。

（3）当一回路出现故障需进行检修时，受故障影响，两回路线路之间的安全距离被破坏，不得不中断另一回路的供电，使两回路的供电同时停止。

7. 矿井电源线路上严禁装设负荷定量器。

负荷定量器的作用是当用电最高负荷超过线路或电力部门限定的负荷量时，就自动使电源停止供电。

一些地区对煤矿用电控制很严格，特别是小煤矿有时会遭到电力部门的突然拉闸停电，或者在矿井电源线路上装设负荷定量器，同样可能使矿井面临停电的威胁。煤矿是一种高危行业，自然灾害非常严重，矿井停电后可能引发透水事故、瓦斯爆炸事故、火灾事故和提升事故，所以，煤矿一时一刻也不能停止供电。

为了提高矿井供电的可靠性水平，确保煤矿安全生产和矿井安全，矿井电源线路上严禁装设负荷定量器等各种限电断电装置。

第四百三十七条　矿井供电电能质量应当符合国家有关规定；电力电子设备或者变流设备的电磁兼容性应当符合国家标准、规范要求。

电气设备不应超过额定值运行。

【名词解释】　电磁兼容性

电磁兼容性——设备或系统在其电磁环境中能正常工作且不对该环境中任何事物构成不能承受的电磁骚扰的能力。

【条文解释】　本条是对矿井供电电能质量和电力电子设备或变流设备电磁兼容性的规定。

电能质量即电力系统中电能的质量，从严格意义上讲，衡量电能质量的主要指标有电压、频率和波形。从普遍意义上讲，电能质量是指优质供电，包括电压质量、电流质量、供电质量和用电质量。电能质量问题可以定义为：导致用电设备故障或不能正常工作的电压、电流或频率的偏差，其内容包括频率偏差、电压偏差、电压波动与闪变、三相不平衡、瞬时或暂态过电压、波形畸变（谐波）、电压暂降、中断、暂升以及供电连续性等，矿井供电电能质量应符合国家有关规定。

20 世纪 40 年代国外就提出了电磁兼容性概念，1944 年制定出世界上第一个电磁兼容性规范。我国起步较晚，但发展很快，20 世纪 90 年代以来，建立了一批电磁兼容性试验中心，一系列电磁兼容标准已进入实施阶段。电磁兼容是新的边缘科学，随着数字计算技术、微电子技术和电力电子技术的广泛应用而日益受到关注。电磁兼容可以提高电气、电子设备工作的可靠性，保障人身和某些特殊材料的安全，使产品满足强制性的电磁兼容标准要求。电力电子设备或变流设备的电磁兼容性应符合国家标准规范要求。

第四百三十八条　对井下各水平中央变（配）电所和采（盘）区变（配）电所、主排水泵房和下山开采的采区排水泵房供电线路，不得少于两回路。当任一回路停止供电时，其余回路应当承担全部用电负荷。向局部通风机供电的井下变（配）电所应当采用分列运行方式。

主要通风机、提升人员的提升机、抽采瓦斯泵、地面安全监控中心等主要设备房，应当各有两回路直接由变（配）电所馈出的供电线路；受条件限制时，其中的一回路可引自上述设备房的配电装置。

向突出矿井自救系统供风的压风机、井下移动瓦斯抽采泵应当各有两回路直接由变（配）电所馈出的供电线路。

本条上述供电线路应当来自各自的变压器或者母线段，线路上不应分接任何负荷。

本条上述设备的控制回路和辅助设备，必须有与主要设备同等可靠的备用电源。

向采区供电的同一电源线路上，串接的采区变电所数量不得超过 3 个。

【条文解释】　本条是对主要设备房供电线路的有关规定。

井下各水平中央变（配）电所和采（盘）区变（配）电所、主排水泵房和下山开采的采区排水泵房要求有可靠的且充足的供电能力。上述设备停电，如果不能及时排水，将会造成水患事故，所以，要求供电线路不少于两回路，当任一回路停止供电时，其余回路应能担负全部负荷。

主要通风机、提升人员的提升机、抽采瓦斯泵、地面安全监控中心等设备如果仅采用一回路供电线路，一旦该线路发生故障停电后，主要通风机停运，矿井通风中断，势必造成瓦斯积聚，乃至引起瓦斯、煤尘爆炸事故。提升人员的提升机一旦停电，如果此时发生人员伤亡或其他事故，抢险人员无法入井，井下受伤人员无法升井，事故必然会进一步扩大或加重。为此，要保障上述第一类负荷设备及其控制回路和辅助设备供电绝对安全可靠，应有两回路直接来自各自的变压器和母线段的供电线路。线路上不应分接任何负荷，以免因分接负荷故障，引起线路供电中断。

串接的采区变电所数量越多，出现故障的概率越高，为了保证采区变电所供电可靠，向采区供电的同一电源线路上，串接的采区变电所数量不得超过 3 个。

第四百三十九条　采区变电所应当设专人值班。无人值班的变电所必须关门加锁，并有巡检人员巡回检查。

实现地面集中监控并有图像监视的变电所可以不设专人值班，硐室必须关门加锁，并有巡检人员巡回检查。

【条文解释】　本条是对井下采区变电所值班的规定。

井下采区变电所是矿井重要的要害部位之一，它关系到矿井正常生产和安全，必须严加管理。采区变电所设专人值班，可以及时了解井下的供电状态，及时发现故障、处理故障，及时地与有关人员联系和向上级汇报。如果矿井变电所实现地面集中监控并有图像监视，可不设专人值班，但硐室必须关门加锁，以防闲杂人员进入休息或破坏；并且为了掌握采区供电的状态，及时发现问题，应设有值班人员进行巡回检查。

第四百四十条　严禁井下配电变压器中性点直接接地。

严禁由地面中性点直接接地的变压器或者发电机直接向井下供电。

【名词解释】　中性点

中性点——变压器三相绕组相连接的公共点。

【条文解释】　本条是对变压器或发电机中性点不得直接接地的规定。

由中性点引出的导线称为中性线（零线）。变压器三相绕组输出端之间的电压称为线电压；三相输出任一端与中性点之间的电压称为相电压。线电压是相电压的 3 倍。

1. 变压器中性点接地的优点。

变压器中性点接地，将中性线引出的三相四线制供电系统有如下优点：

（1）1 台变压器可以输出 2 种电压，即线电压和相电压；

（2）三相对地电压不大于相电压；

（3）不存在短路接地故障；

（4）限制了三相对地分布电容。

2. 变压器中性点接地存在的问题。

变压器中性点接地供电方式虽然有以上优点，但也存在以下问题：

（1）人身触电电流太大。因为变压器中性点接地的供电系统，三相对地电压即为相电压，人身触电电流为相电压与人身电阻的比值，井下空气潮湿，人身电阻 R_r 取 1 000 Ω，380 V 的供电系统，人身触电电流 $I_r = U_r/R_r = 220/1\,000 = 0.220\ \text{A} = 220\ \text{mA}$。30 mA · s 为人身触电安全电流，通过人身 50 mA 电流就能致人死亡，可见，变压器中性点直接接地供电方式对人身触电构成的威胁太大。

（2）单相接地短路电流太大，容易引起供电设备和电缆损坏或爆炸着火事故；同时，接地点产生很大电弧，容易引起瓦斯和煤尘爆炸事故。

（3）容易引起电雷管先期引爆。

以上问题对煤矿构成的威胁太大。采用变压器中性点不接地供电方式，安装漏电保护装置和使用屏蔽电缆，可以避免漏电和相间短路故障。我国从1955年起即采用变压器中性点不直接接地供电系统，实践证明可以实现安全运行。

严禁变压器中性点直接接地，当井下供电网路容量较大，单相接地电容电流超过20 A以上时，可采用经消弧线圈接地方式，并必须采用调整补偿措施，以防网路出现补偿谐振现象。

第四百四十一条 选用井下电气设备必须符合表16的要求。

表16 井下电气设备选型

设备类别	突出矿井和瓦斯喷出区域	高瓦斯矿井、低瓦斯矿井				
		井底车场、中央变电所、总进风巷和主要进风巷		翻车机硐室	采区进风巷	总回风巷、主要回风巷、采区回风巷、采掘工作面和工作面进、回风巷
		低瓦斯矿井	高瓦斯矿井			
1. 高低压电机和电气设备	矿用防爆型（增安型除外）	矿用一般型	矿用一般型	矿用防爆型	矿用防爆型	矿用防爆型（增安型除外）
2. 照明灯具	矿用防爆型（增安型除外）	矿用一般型	矿用防爆型	矿用防爆型	矿用防爆型	矿用防爆型（矿用增安型除外）
3. 通信、自动控制的仪表、仪器	矿用防爆型（增安型除外）	矿用一般型	矿用防爆型	矿用防爆型	矿用防爆型	矿用防爆型（增安型除外）

注：1. 使用架线电机车运输的巷道中及沿巷道的机电设备硐室内可以采用矿用一般型电气设备（包括照明灯具、通信、自动控制的仪表、仪器）。
2. 突出矿井的井底车场的主泵房内，可以使用矿用增安型电动机。
3. 突出矿井应当采用本安型矿灯。
4. 远距离传输的监测监控、通信信号应当采用本安型，动力载波信号除外。
5. 在爆炸性环境中使用的设备应当采用EPL Ma保护级别。非煤矿专用的便携式电气测量仪表，必须在甲烷浓度1.0%以下的地点使用，并实时监测使用环境的甲烷浓度。

【条文解释】 本条是对选用井下电气设备的有关规定。

不同瓦斯等级的矿井或一个矿井的不同地点，爆炸性混合气体的爆炸危险程度差异很大。根据爆炸危险场所危险程度的不同，应该使用不同防爆性能的防爆设备，才能防止因电气设备产生的电火花或电弧引起的瓦斯或煤尘事故。同时从经济效益与使用方便的角度考虑，也应该根据实际情况选用不同形式的防爆设备。

矿用一般型电气设备不是防爆设备，因此只能用于低瓦斯矿井的井底车场、总进风巷和主要进风巷。

矿用增安型电气设备，虽然在温升、绝缘等方面采取了一定的安全措施，但设备内部一旦出现事故时，其防爆性能完全丧失，因此，在煤（岩）与瓦斯（二氧化碳）突出矿井和瓦斯喷出区域、瓦斯矿井的总回风巷、主要回风巷、采区回风巷、工作面和工作面进回风巷不能使用矿用增安型电气设备，以防其防爆性能丧失引起瓦斯和煤尘事故。

使用普通型携带式电气测量仪表测量某些电气参数时，必须带电作业。在测量操作过程中会产生表笔接触火花，也可能误操作造成短路等故障，引起瓦斯和煤尘事故。

使用兆欧表测量设备绝缘时，兆欧表自身产生的电压也会因测试表笔接触不良产生电火花，引起瓦斯或煤尘事故。

将瓦斯浓度定为1.0%以下是考虑瓦斯测量仪表和测量人员操作的测量误差及瓦斯浓度在时间和空间的变化，同时也防止在含有瓦斯的空气中一旦混有其他可燃气体而降低瓦斯爆炸下限。

第四百四十二条 井下不得带电检修电气设备。严禁带电搬迁非本安型电气设备、电缆，采用电缆供电的移动式用电设备不受此限。

检修或者搬迁前，必须切断上级电源，检查瓦斯，在其巷道风流中甲烷浓度低于1.0%时，再用与电源电压相适应的验电笔检验；检验无电后，方可进行导体对地放电。开关把手在切断电源时必须闭锁，并悬挂“有人工作，不准送电”字样的警示牌，只有执行这项工作的人员才有权取下此牌送电。

【条文解释】 本条是对井下检修和搬迁电气设备的规定。

带电检修电气设备极易发生人身触电和弧光短路，造成人身触电伤亡和引起瓦斯煤尘爆炸事故。

带电搬迁电气设备、电缆和电线时，可能因电气设备绝缘破坏造成作业人员触电；也可能造成设备失爆、短路产生高温电弧引起供电中断或引爆瓦斯或煤尘，造成重大事故。严禁带电搬迁非本安型电气设备、电缆，采用电缆供电的移动式用电设备不受此限。

对于贮存电容电量较多的设备经过导体对地放电时，将会产生很大的电火花，其能量远远超过引起瓦斯爆炸的能量（0.28 mJ），足以引起瓦斯爆炸事故。

开关闭锁装置是防止误操作和违章操作的有效措施之一，也是保证防爆设备的防爆性能之一，所以防爆设备的闭锁装置必须齐全完好，开关把手在切断电源时必须闭锁。

停电挂牌是防止人身触电有效的停、送电措施。

第四百四十三条 操作井下电气设备应当遵守下列规定：

（一）非专职人员或者非值班电气人员不得操作电气设备。

（二）操作高压电气设备主回路时，操作人员必须戴绝缘手套，并穿电工绝缘靴或者站在绝缘台上。

（三）手持式电气设备的操作手柄和工作中必须接触的部分必须有良好绝缘。

【条文解释】 本条是对操作井下电气设备的规定。

非专职人员或非值班电气人员擅自操作电气设备极易误送电、误操作、错送电、错停电，造成人身触电伤亡或瓦斯超限区域送电等事故。

操作高压电气设备主回路时，操作人员必须戴绝缘手套，并穿电工绝缘靴或站在绝缘台上，是为了防止高压电气设备主回路发生弧光短路引起接地或漏电等故障，危及操作人员。

手持式电气设备的操作手柄和工作中必须接触的部分是极易发生触电的部位，所以，要求要有良好的绝缘，并和电缆的接地芯线相连。

第四百四十四条　容易碰到的、裸露的带电体及机械外露的转动和传动部分必须加装护罩或者遮栏等防护设施。

【条文解释】　本条是对裸露带电体和外露传动部分的规定。

裸露的带电体加装护罩或遮栏是为了防止人身触电和短路飞弧等故障。

外露的传动部分极易发生绞伤人员事故、连接装置松脱甩出伤人事故、进入外物造成机械或其他事故，所以必须加装护罩或护栏加以防护。

第四百四十五条　井下各级配电电压和各种电气设备的额定电压等级，应当符合下列要求：

（一）高压不超过 10 000 V。

（二）低压不超过 1 140 V。

（三）照明和手持式电气设备的供电额定电压不超过 127 V。

（四）远距离控制线路的额定电压不超过 36 V。

（五）采掘工作面用电设备电压超过 3 300 V 时，必须制定专门的安全措施。

【条文解释】　本条是对井下供电电压的规定。

1. 井下高压不超过 10 000 V 规定的主要原因

（1）井下高压 10 000 V 可由电力部门城市工矿企业及农村排灌 10 kV 直接下井供电，取消了地面 10/6 kV 变电环节，节约了大量投资与电力消耗，也提高了矿井供电的可靠性。

（2）随着煤矿自动化和机械化的发展，井下电气设备容量增加，供电距离亦增加，6 kV供电已受到限制。将井下供电电压增高到 10 kV，电网输送能力可增加 3 倍，节约了投资、电力，提高了供电可靠性。

（3）自 1971 年在焦作焦东矿实施 10 kV 直接下井供电试验，1992 年 2 月整套用于大型矿井的 10 kV 矿用成套电气设备通过了能源部的技术鉴定。经过长期运行考核证明，10 kV直接下井供电技术是成功的，是安全、可靠和经济的。

但井下供电电压越高，电网对地电容电流越大，接地电火花能量越大，人身触电伤亡的危险性及瓦斯煤尘爆炸的可能性也越大。

2. 使用 10 kV 直接下井供电应遵循的规定。

（1）采用的 10 kV 矿用电气设备，必须通过相关的技术鉴定；

（2）10 kV 系统投入前，必须按有关规定进行验收、检查、试验；

（3）10 kV 系统投入运行后，必须按有关规定进行各项试验及整定工作；

（4）必须装设 10 kV 单相接地保护装置，并按有关规定进行各项试验；

（5）纸绝缘的 10 kV 电缆的连接，应用环氧树脂浇注的接线盒；

（6）10/6 kV 矿用监视屏蔽型橡套电缆的相互间连接及与设备连接，必须采用 10 kV 专用的电缆终端。

3. 对采掘工作面供电的要求。

目前我国煤矿综采工作面大部分采用 1 140 V 等级电压供电，随着综采高产高效工作面电气设备容量大幅度增加，1 140 V 配电压已经不能满足生产的要求，因此将 1 140 V 提高到 3 300 V 等级。供配电电压等级升高后，电路电容电流、接地电流随之增大，人体触电的危险和引发火灾或瓦斯、煤尘爆炸事故的概率增大，因而要求采区电气设备使用 3 300 V供电时，必须制定专门的安全措施。

4. 为了确保操作人员的人身安全，照明和手持式电气设备的供电额定电压不超过 127 V。

5. 远距离控制线路的额定电压不超过 36 V。这主要是为了保障远方操作人员的安全而制定的。《矿用隔爆低压电磁起动器》（GB/T 5590—2008）规定：控制先导电路电压不高于交流 36 V。

防止触电事故而采用的由特定电源供电的电压系列为安全电压。这个电压的上限值，在正常和故障情况下，任何两导体间或任一导体与地之间均不超过交流有效值 50 V。为适应不同条件，在交流有效值 50 V 这个上限值之下，安全电压分为 42 V、36 V、24 V、12 V 和 6 V 等 5 个等级。煤矿井下安全电压等级为 36 V。

第四百四十六条　*井下配电系统同时存在 2 种或者 2 种以上电压时，配电设备上应当明显地标出其电压额定值。*

【条文解释】　本条是对配电系统电压标示的规定。

井下低压配电系统同时存在 2 种或 2 种以上电压时，配电设备上明显地标出其电压额定值，是为了防止检修或停、送电时误接线、误操作和错停送电。

第四百四十七条　*矿井必须备有井上、下配电系统图，井下电气设备布置示意图和供电线路平面敷设示意图，并随着情况变化定期填绘。图中应当注明：*

（一）电动机、变压器、配电设备等装设地点。

（二）设备的型号、容量、电压、电流等主要技术参数及其他技术性能指标。

（三）馈出线的短路、过负荷保护的整定值以及被保护干线和支线最远点两相短路电流值。

（四）线路电缆的用途、型号、电压、截面和长度。

（五）保护接地装置的安设地点。

【条文解释】　本条是对矿井供电系统图的规定。

矿井必须备有井上、下配电系统图，井下电气设备布置示意图和供电线路平面敷设示意图。各系统的图纸资料是科学指挥生产的重要工具，是检验各种设备选型是否合理，安全保护装置是否齐全、灵敏可靠，系统是否完善的基础，也是指挥抢救灾变、帮助决策的重要依据，所以，每一矿井图纸、资料必须齐全、准确。

第四百四十八条　防爆电气设备到矿验收时，应当检查产品合格证、煤矿矿用产品安全标志，并核查与安全标志审核的一致性。入井前，应当进行防爆检查，签发合格证后方准入井。

【条文解释】　本条是对防爆电气设备到矿验收和入井检查的规定。

防爆电气设备到矿验收是确保井下防爆电气设备的防爆性能、设备完好和保障安全运行的重要前提。产品合格证是对设备质量的承诺与保证，防爆合格证、煤矿矿用产品安全标志是对设备防爆性能的承诺与保证。只有把住“三证”关，并核查与安全标志审核的一致性，才能防止存在防爆缺陷的电气设备入井。

防爆电气设备入井前的严格检查能防止“失爆”和适用场所不对的电气设备入井。防爆电气设备（包括矿用一般型）入井前安全性能检查的内容如下：

1. 通过外观检查确定设备的型式与铭牌的标志是否相符。

2. 是否有设备管理编号；经过检查或检修的设备必须有检查检修和验收试验的记录，并有检查、检修施工人员和验收人员的签名或盖章。

3. 零部件齐全完整。

4. 联锁装置齐全、功能完善。

5. 电缆引入装置有合格的密封圈、垫圈和封堵用的金属垫片。

6. 非携带式和移动式电气设备的金属外壳和铠装电缆的接线盒，应有外接地螺栓，并标有接地符号“⏚”；电气设备的接线盒内部有规定的内接地螺栓，并标有接地符号“⏚”。

7. 隔爆型电气设备，必须检查隔爆接合面的宽度、表面光洁度和间隙是否符合规定；对圆筒式结构，还必须检查径向间隙是否符合规定。

第二节　电气设备和保护

第四百四十九条　井下电力网的短路电流不得超过其控制用的断路器的开断能力，并校验电缆的热稳定性。

【名词解释】　电力网的短路电流

电力网的短路电流——在断路器的出口处三相金属性短路电流。

【条文解释】　本条是对井下电力网短路电流的规定。

断路器在设计制造上要有足够的电气、机械强度和熄弧能力，它不但用于分断或接通负荷电路，同时，还要有分断最大三相短路电流的能力。如果电力网发生三相短路故障，短路电流大于断路器的最大分断电流，断路器将不能分断故障电流，在极短的时间内将造成供电中断或电力电缆和变压器等电气设备着火事故。因而，电力网短路电流冲击值 i_{ch} 不得超过其控制用的断路器最大分断电流峰值 i_{gf}，即

$$i_{gf} > i_{ch}$$

式中　i_{gf}——断路器最大分断电流峰值；

i_{ch}——电网短路电流冲击值，$i_{ch}=2.55I_{\infty}$（I_{∞} 为电网短路电流的有效值）。

短路电流流过载流导体时，要产生大量的热，使载流导体的温度升高，为使载流导体

的绝缘不遭受损坏，应校验电缆的热稳定性，即

$$S > A_{min}$$

式中　S——电缆的截面，mm^2；

A_{min}——短路热校验所允许的最小截面，mm^2。

第四百五十条　井下严禁使用油浸式电气设备。

40 kW 及以上的电动机，应当采用真空电磁起动器控制。

【条文解释】　本条是对油浸式电气设备和电磁起动器的规定。

油浸式电气设备较易发生漏油、溢油等故障，如电气设备工作电流较大，油温升高快，油压增大，有造成设备喷油或爆炸着火的可能性。而硐室外无防火铁门，周围巷道可燃物较多，一旦发生火灾，灭火困难，火势难以控制，给矿井安全生产带来很大的危险。因此，井下严禁使用油浸式电气设备。

电动机功率愈大，起动和分断时产生的电弧也愈大。一般电磁起动器不但极易烧损触头，还容易发生弧光短路事故。真空电磁起动器触头在真空管内，不但触头不用维修还无电弧产生，所以要求 40 kW 及以上电动机应采用真空电磁起动器控制。

第四百五十一条　井下高压电动机、动力变压器的高压控制设备，应当具有短路、过负荷、接地和欠压释放保护。井下由采区变电所、移动变电站或者配电点引出的馈电线上，必须具有短路、过负荷和漏电保护。低压电动机的控制设备，必须具备短路、过负荷、单相断线、漏电闭锁保护及远程控制功能。

【条文解释】　本条是对高压控制设备、馈电线和低压控制设备保护装置的规定。

短路是具有电位差的两点，通过电阻很小的导体，直接短接。在三相供电系统中两相火线短接为两相短路，三相火线短接为三相短路。在同一点三相短路电流 $I_d^{(3)}$ 与两相短路电流 $I_d^{(2)}$ 的关系为 $I_d^{(3)} = \frac{2}{\sqrt{I_d^{(2)}}}$。短路电流比额定电流大几倍、几十倍，甚至上百倍，在极短的时间内能造成电缆和电气设备烧毁、供电中断和着火事故。所以，要求短路保护装置必须动作迅速，必须在造成危害之前切断故障电源。

过负荷是指工作电流超过了额定电流，过电流的时间也超过了规定时间。过负荷保护动作时间是反时限的，即过负荷的倍数越大，保护装置动作时间越短。

单相断线是三相供电系统中有一相断线。电动机在运行中发生一相断线故障还能保持运行，但是功率减小，只有三相运行时的 1/2～1/3。随着负荷力矩的下降，电动机转速相应减低，电动机电流增加，一般比正常电流增大 30%～40%，使电动机绕组烧毁。

煤矿供电系统中除地面的低压供电系统外，中性点是不接地或经消弧电抗器接地的。在这种供电系统中，一相绝缘破坏发生接地故障时，接地故障电流往往比负荷电流小得多，所以称为小电流接地系统。这种供电系统发生单相接地故障时，虽然不破坏系统电压的对称性，不影响负荷的供电运行，但电气设备绝缘对地电压增高，漏电流增加，使电气设备绝缘易于损坏，漏电流也可能引起火灾和瓦斯、煤尘爆炸事故。因此，高压供电系统中必须装设绝缘监视装置，在系统发生接地故障时，发出信号到接地保护装置。

欠压保护主要有2个保护作用：一是电源电压下降到额定电压的65%时，欠压保护动作切断负荷电源，防止因为电压过低损坏电气设备；二是当电源停电时，欠压保护分断电源开关，当电力系统恢复正常时，必须人工合闸，防止电源恢复时，开关合闸，电动机自行起动或发生其他事故，从而保证安全。

为保证井下高压电动机、动力变压器的高压控制设备的安全运行，避免电气故障事故的发生，应具有短路、过负荷、接地和欠压释放保护。

井下采区变电所、移动变电站或配电点引出馈电线的供电电气设备环境条件差、温度高，又有瓦斯和煤尘，在运行中极易发生短路、过负荷、断相和漏电等故障，如不能将故障及时排除，则会造成设备损坏、供电中断、着火和瓦斯、煤尘爆炸等故障，危害人身和矿井的安全。因此，要求井下由采区变电所、移动变电站或配电点引出的馈电线上，必须具有短路、过负荷和漏电保护。

为减少漏电故障的断电、缩小漏电故障的断电范围和方便及时地控制电动机，低压电动机的控制设备除应具有短路、过负荷、单相断线保护外，还应有漏电闭锁及远程控制功能。

电动机的短路、过负荷、单相断线保护装置要定期校验，其保护特性应符合表3-10-1的规定。

表3-10-1　电动机的短路、过负荷、单相断线保护装置的保护特性

名　称	整定电流倍数	动作时间	备　注
过负荷保护	1.05	长期不动作	
	1.2	$5\ \mathrm{min}<t<20\ \mathrm{min}$	从刻度电流电平开始
	1.5	$1\ \mathrm{min}<t<3\ \mathrm{min}$	从刻度电流电平开始
	6	$8\ \mathrm{s}<t<16\ \mathrm{min}$	从零电流电平开始
断机保护	一相为零； 两相为1.15倍整定电流	$<20\ \mathrm{min}$	0.6倍整定电流热态
	一相为零； 两相为1.15倍整定电流	$<3\ \mathrm{min}$	0.6倍整定电流热态
短路保护	8~10	$20\ \mathrm{ms}<t<400\ \mathrm{ms}$	从零电流电平开始

因此，要求高、低压控制设备必须装备有上述保护的综合保护，使其有完善的保护功能，发生故障时，能及时切除故障电源，保证安全供电。

第四百五十二条　井下配电网路（变压器馈出线路、电动机等）必须具有过流、短路保护装置；必须用该配电网路的最大三相短路电流校验开关设备的分断能力和动、热稳定性以及电缆的热稳定性。

必须用最小两相短路电流校验保护装置的可靠动作系数。保护装置必须保证配电网路中最大容量的电气设备或者同时工作成组的电气设备能够起动。

【条文解释】　本条是对开关设备分断能力和短路保护可靠动作系数校验的规定。

最大三相短路电流是在断路器或接触器出口发出三相金属性短路而产生的电流。当电网发生短路故障时，不仅要求装在故障线路上的开关能及时跳闸，还要求开关有能力将跳闸时产生的电弧迅速熄灭。如果电弧不能被熄灭，不仅故障电流没有消失，甚至将开关设备的隔爆外壳烧穿，对于带有绝缘油的电气设备，还会使油着火燃烧，以致引起火灾和开关爆炸事故，威胁矿井供电和人身的安全，因此，在选择开关设备时必须验算它们切断短路电流的能力。为了避免高压电网短路时将高压开关、电缆、母线损坏，还须验算高压电气设备的短路热稳定性和动稳定性。

对于矿井井下配电网路的短路保护装置要求动作灵敏可靠。动作灵敏可靠是指线路电气设备中通过最大的正常电流时，保护装置不动作，即不发生误动作。当线路或电气设备出现最小两相短路电流时，短路保护装置能可靠动作。短路保护装置动作灵敏性，通常用灵敏度或灵敏系数这一指标来衡量，即

$$K_r \geqslant I_{s\cdot\min}^{(2)}/I_{s\cdot e}$$

式中　K_r——短路保护装置动作灵敏系数；

$I_{s\cdot\min}^{(2)}$——保护范围末端的最小两相短路电流，kA；

$I_{s\cdot e}$——短路保护装置整定动作电流值，kA。

有关整定细则规定：对于电磁式过电流继电器，$K_r \geqslant 1.5$；对于熔断器保护，$K_r \geqslant 4 \sim 7$；电压为 380 V、660 V，熔体额定电流为 100 A 及以下时，K_r 取 7；熔体额定电流为125 A时，K_r 取 6.4；熔体额定电流为 160 A 时，K_r 取 5；熔体额定电流 200 A 及以上时，K_r 取 4；电压为 127 V 时，K_r 一律取 4。

假若短路电流校验不能满足要求时，可根据具体情况，分别采取以下措施：

1. 加大干线或支线电缆截面；
2. 设法减小电缆线路长度；
3. 换用大容量变压器；
4. 对有分支的供电线路可增设分段保护开关。

煤矿常用的低压熔断器有 RM、RM_{10}、RTO 和 RL 等系列，其熔体由熔点较低（200~400 ℃）的铅、锡、锌合金制成。熔断器串接在被保护电气设备的电路中，正常情况下流过熔体的电流是被保护电气设备的正常工作电流，熔体不会熔断。当被保护的电气设备发生短路故障时，熔体流过很大的短路电流，将使熔体迅速熔断。如果选用熔体规格过大时，短路故障不能被迅速切断或长时存在，短路电流将烧毁电气设备或引起电缆着火事故。

熔体严禁使用铝、铜、铁等金属丝代替，因为上述金属熔点很高（铜的熔点 1 083 ℃），即使发生短路故障，短路电流也不能将其熔断，使短路保护失去作用，烧毁电气设备，酿成火灾，或引起上一级保护动作，造成大面积停电等更为严重的恶性事故，因此，采用速熔保护的必须正确选择熔断器的熔体。

第四百五十三条　*矿井 6 000 V 及以上高压电网，必须采取措施限制单相接地电容电流，生产矿井不超过 20 A，新建矿井不超过 10 A。*

井上、下变电所的高压馈电线上，必须具备有选择性的单相接地保护；向移动变电站和电动机供电的高压馈电线上，必须具有选择性的动作于跳闸的单相接地保护。

井下低压馈电线上，必须装设检漏保护装置或者有选择性的漏电保护装置，保证自动

切断漏电的馈电线路。

每天必须对低压漏电保护进行1次跳闸试验。

煤电钻必须使用具有检漏、漏电闭锁、短路、过负荷、断相和远距离控制功能的综合保护装置。每班使用前，必须对煤电钻综合保护装置进行1次跳闸试验。

突出矿井禁止使用煤电钻，煤层突出参数测定取样时不受此限。

【条文解释】　本条是对限制高压电网单相接地电容电流和高、低压馈电线上装设漏电保护装置的规定。

矿井高压电网中的变压器都采用中性点不接地的运行方式，此种运行方式下当变电容量过大时将产生较大的单相接地电容电流。单相接地电流过大可能引起电气火灾和电雷管超前引爆等故障。所以接地网上任一保护接地点的接地电阻值不得超过2 Ω。而安全电压系列的最高值为42 V，因此，从发生单相接地时产生的接地电压不超过42 V，单相接地电流应限制在42 V/2 Ω=21 A以下。矿井6 000 V及以上高压电网，必须采取措施限制单相接地电容电流，生产矿井不超过20 A，新建矿井不超过10 A。对于大中型矿井，当高压电网的单相接地电容电流超过20 A时，可采取变压器中性点经消弧电抗线圈接地或缩短供电网络距离等补偿措施。

井下配电变压器中性点不接地的供电系统，如果三相电压对称（相电压值相等，相位相差120°），三相对地绝缘电阻相等，忽略三相对地分布电容，则人身触电电流为

$$I_r = 3U_\Phi/(3R_r + r)$$

式中　I_r——人身触电时通过人体的触电电流，A；

U_Φ——电源的相电压，V；

r——电网每相对地的绝缘电阻，Ω；

R_r——人身电阻，由于井下空气潮湿，计算时可取1 000 Ω。

从上式可以看出，漏电电流只与电网对地的绝缘电阻有关，绝缘电阻越高，漏电电流越小。我国规定通过人体的极限安全电流为30 mA·s。根据电火花引爆瓦斯的实验功率，计算出井下电网各种电压等级的极限安全电流值，见表3-10-2。

表3-10-2　井下电网各种电压等级的极限安全火花电流值

电网额定电压/V	127	220	380	660
安全火花电流/A				
1. 在线电压下	0.24	0.14	0.08	0.05
2. 在相电压下	0.41	0.24	0.14	0.08

若使煤尘爆炸，其所需电火花功率则比引爆瓦斯所需功能高得多。通过上述分析对比，防止人体触电的极限安全电流值30 mA·s远远小于引爆瓦斯、煤尘的极限安全电流。因此，只要将煤矿井下低压电网的实际漏电流限制在30 mA以下，即可防止人身触电伤亡和漏电火花引爆瓦斯、煤尘爆炸事故。因为上述结论是在电网三相对地绝缘电阻相等，忽略电网对地分布电容的条件下成立的，所以要求漏电保护装置必须具有以下功能：

1. 连续监视电网对地的绝缘电阻；

2. 补偿电网对地分布电容的电容电流；

3. 当电网对地绝缘电阻小于表 3-10-3 中的数值时，自动切断电网电源。

井下低压电网各等级电压的漏电跳闸动作电阻值、动作时间及相补偿效率见表 3-10-3。漏电闭锁是在开关分闸断电情况下，负载侧网路绝缘电阻降低到整定值及以下时，检出其故障并闭锁开关使其不能合闸送电。

表 3-10-3　漏电保护基本参数

额定电压/V	单相漏电动作电阻值/kΩ	三相漏电动作电阻值/kΩ	经 1 kΩ 电阻单相接地动作时间/ms	网路电容为 0.22~1.0 μF 时相补偿效率/%
380	3.5	10.5	≤100	≥60
660	11	33	≤80	
1 140	20	60	≤50	

漏电闭锁电阻整定值可取供电系统检漏继电器动作整定值的 2~3 倍。解锁电阻值应不大于整定的漏定闭锁电阻值的 150%。

漏电保护装置是采用附加直流的工作原理，电网对地绝缘电阻越小，附加检测电流越大，当绝缘电阻下降到漏电保护装置动作电阻值时，漏电保护装置动作，切断由变压器供电的全部设备电源。这种保护没有选择性，停电范围大。设置漏电闭锁装置后，可以检测并闭锁不送电线路和设备的漏电故障，减少了漏电保护的动作次数，缩小了漏电故障的停电范围。

煤电钻是手持式电气设备，振动大、移动频繁，最容易发生触电、短路和引起瓦斯和煤尘爆炸事故的电气设备。煤电钻必须使用具有检漏、漏电闭锁、短路、过负荷、断相和远距离控制功能的综合保护装置。

根据大量的煤矿事故分析，由电火花引起井下瓦斯、煤尘爆炸事故占有很大比重，为了确保作业人员和矿井的安全，防止人体触电伤亡和因漏电流引起瓦斯、煤尘爆炸事故，规程要求：

（1）每天必须对低压检漏装置的运行情况进行 1 次跳闸试验。

（2）每班使用前，必须对煤电钻综合保护装置进行 1 次跳闸试验。

第四百五十四条　直接向井下供电的馈电线路上，严禁装设自动重合闸。手动合闸时，必须事先同井下联系。

【条文解释】　本条是对直接向井下供电的馈电线路上装设自动重合闸的规定。

自动重合闸装置是指装在线路上的开关因线路故障自动跳闸后能使开关重新合闸迅速恢复送电的一种自动装置。

在线路上装有自动重合闸装置，当线路发生短暂性故障使开关跳闸，中断供电后能再次自动合闸，迅速恢复送电，减少停电时间。但是直接向井下供电的高压馈电线上，由于绝缘破坏等原因短路故障并没有排除，自动重合闸后使故障进一步扩大，造成电气火灾，损坏电气设备，更有可能引发矿井瓦斯、煤尘爆炸，严重威胁矿井供电安全和矿井安全。因此，直接向井下供电的馈电线路上，严禁装设自动重合闸。手动合闸时，必须事先同井下联系。

第四百五十五条　井上、下必须装设防雷电装置，并遵守下列规定：

（一）经由地面架空线路引入井下的供电线路和电机车架线，必须在入井处装设防雷电装置。

（二）由地面直接入井的轨道、金属架构及露天架空引入（出）井的管路，必须在井口附近对金属体设置不少于2处的良好的集中接地。

【条文解释】　本条是对井上、下装设防雷电装置的规定。

经由地面架空线路引入井下的供电线路，以及直接入井的轨道、管路和通信线路都是雷电电磁波行波传导的良好路径。为了防止地面雷电波及井下引起瓦斯、煤尘爆炸以及着火的灾害，必须遵守下列规定：

1. 经由地面架空线路引入井下的供电线路（包括电机车架线），必须在入井处装设避雷器，其接地电阻不得大于5 Ω。

2. 由地面直接入井的轨道、露天架空引入（出）的管路，都必须在井口附近将金属体进行不少于2处的可靠接地，接地极的电阻不得大于5 Ω；两接地极的距离应大于20 m。

第三节　井下机电设备硐室

第四百五十六条　永久性井下中央变电所和井底车场内的其他机电设备硐室，应当采用砌碹或者其他可靠的方式支护，采区变电所应当用不燃性材料支护。

硐室必须装设向外开的防火铁门。铁门全部敞开时，不得妨碍运输。铁门上应当装设便于关严的通风孔。装有铁门时，门内可加设向外开的铁栅栏门，但不得妨碍铁门的开闭。

从硐室出口防火铁门起5 m内的巷道，应当砌碹或者用其他不燃性材料支护。硐室内必须设置足够数量的扑灭电气火灾的灭火器材。

井下中央变电所和主要排水泵房的地面标高，应当分别比其出口与井底车场或者大巷连接处的底板标高高出0.5 m。

硐室不应有滴水。硐室的过道应当保持畅通，严禁存放无关的设备和物件。

【条文解释】　本条是对井下机电设备硐室防火、防水等的规定。

永久性井下中央变电所和井底车场内的其他机电设备硐室，应采用砌碹或其他可靠的方式支护，以确保防火和经久耐用。

采区变电所采用不燃性材料支护的目的，是防止采区变电所内一旦发生电气火灾，引起支护材料甚至煤层着火，并沿硐室巷道向外蔓延，形成大面积火灾，甚至引发矿井瓦斯、煤尘爆炸等重大恶性事故。同样，巷道外部发生火灾时，其火势将被不燃性支护阻隔在外部巷道，不致蔓延到变电所内，再去引起变电所内电气设备着火、爆炸。

井下机电设备硐室必须装设向外开的防火铁门，其目的是一旦硐室内部发生电气火灾时便于人员撤离，并防止人员拥挤在门口处而打不开防火门，延误人员撤离火区。在设置防火铁门时，铁门上应装设便于关严的通风孔，在正常情况下便于控制硐室通风量，而在意外火灾情况时便于隔绝通风。

井下中央变电所和主要排水泵房的地面标高，比其出口与井底车场或大巷连接处的底板标高高出 0.5 m，是为了防止由井底车场或大巷等处向中央变电所和主要排水泵房内倒灌水。如经常发生倒灌水后，加剧电气设备锈蚀，降低电气设备绝缘，容易引起电气设备失爆、接地、短路故障，造成全矿井井下停电。

另外，一旦矿井发生意外水灾，大巷、井底车场出现水险后，由于中央变电所和主要排水泵房的标高较大巷高出 0.5 m，它们仍能维持继续运行，保持排水不间断，为火灾抢险争取时间。

为搞好安全质量标准化，硐室不应有滴水。硐室的过道应保持畅通，严禁存放无关的设备和物件。

第四百五十七条　采掘工作面配电点的位置和空间必须满足设备安装、拆除、检修和运输等要求，并采用不燃性材料支护。

【条文解释】　本条是对配电点位置和空间的规定。

配电点的电气设备负载变动频繁，故障率较高，经常需要维修和排除故障，所以必须留有满足检修的空间。另外配电点环境都较为恶劣，巷道容易来压变形，底板容易膨胀，如果不留有空间，设备容易被挤压，造成电气设备故障。

为避免发生火灾，支护材料着火使火势蔓延，应用不燃性材料支护。

有的采掘工作面配电点设置在运输轨道的旁侧，则必须留有矿车通过的空间及满足安装和检修的要求，以免被矿车碰撞和挤压，造成电缆短路和设备失爆引发着火等事故。

第四百五十八条　变电硐室长度超过 6 m 时，必须在硐室的两端各设 1 个出口。

【条文解释】　本条是对变电硐室出口的规定。

井下机电设备硐室应设在进风风流中，如果硐室深度不超过 6 m、入口宽度不小于 1.5 m，而无瓦斯涌出，可采用扩散通风。

1. 变电硐室长度超过 6 m，靠扩散通风已不能完全有效地排放和稀释硐室内释放出来的瓦斯和其他有毒有害气体，在硐室两端各设 1 个出口，以构成完整的通风系统，连续地补充新鲜空气，保证变电硐室内瓦斯和其他有毒有害气体不致积聚和超限。

2. 保证变电硐室内温度不超过 30 ℃。井下变电硐室中各类电气设备长期运行，释放出较大的热量，如果环境温度较高，设备散热条件不好，势必加剧电气设备热量的增加，缩短电气设备的使用寿命和影响安全运行。

环境温度高于 30 ℃，人体产生的热量不能得到及时的扩散，人的体温就会上升，影响工作人员的身体健康。在硐室两端各设 1 个出口构成通风回路，可以使硐室中的空气流通，连续排除电气设备运行中释放出来的热量，降低电气设备和硐室内的环境温度，保障工作人员的身体健康和电气设备的安全运行。

3. 变电硐室两端各设 1 个出口也是为了一旦发生意外灾变时有一个安全出口，便于尽快撤离险区，确保工作人员的人身安全。

第四百五十九条　硐室内各种设备与墙壁之间应当留出0.5 m以上的通道，各种设备之间留出0.8 m以上的通道。对不需从两侧或者后面进行检修的设备，可以不留通道。

【条文解释】　本条是对硐室内设备检修通道的规定。

为了方便硐室内各种设备的检修和检修时不影响其他设备，检修人员在检修时必须有一定的检修空间。另外，在检修时为便于运放工具和设备，必须留有一定宽度的通道。因此，硐室内各种设备与墙壁之间应留有0.5 m以上的通道，各种设备相互之间，应留有0.8 m以上的通道。

第四百六十条　硐室入口处必须悬挂“非工作人员禁止入内”警示牌。硐室内必须悬挂与实际相符的供电系统图。硐室内有高压电气设备时，入口处和硐室内必须醒目悬挂“高压危险”警示牌。

硐室内的设备，必须分别编号，标明用途，并有停送电的标志。

【条文解释】　本条是对硐室警示牌、标志和供电系统图等的规定。

1. 硐室内各种电气设备用于给各种负载配电和供电，非工作人员入内不但有触电危险，还可能因为碰撞等原因造成误停电或误送电，发生事故。硐室的电气设备经常需要检查或检修，非工作人员入内可能影响值班电工、检修电工的正常工作。所以，硐室入口处必须悬挂“非工作人员禁止入内”警示牌。

2. 硐室内有高压电气设备时，入口处和硐室内必须醒目悬挂“高压危险”警示牌，设备有停送电的标志，以提醒检查或检修工作人员预防触电。

3. 硐室内悬挂供电系统图且与实际相符有如下用途：

（1）可以根据供电系统图帮助检查检修人员确定停、送电开关和影响范围；

（2）当生产需要供电系统发生变化时，可以帮助值班电工和电气工作人员确定供电系统变化的方式；

（3）可以根据供电系统图了解上级供电和配出线路的供电范围和负载容量；

（4）通过供电系统图可以了解到各保护装置的整定值和短路保护装置的可靠系数是否符合规定。

4. 为了加强设备的管理，掌握设备的运行状态，必须对设备进行编号、建卡和建账，标明用途。

第四节　输电线路及电缆

第四百六十一条　地面固定式架空高压电力线路应当符合下列要求：

（一）在开采沉陷区架设线路时，两回电源线路之间有足够的安全距离，并采取必要的安全措施。

（二）架空线不得跨越易燃、易爆物的仓储区域，与地面、建筑物、树木、道路、河流及其他架空线等间距应当符合国家有关规定。

（三）在多雷区的主要通风机房、地面瓦斯抽采泵站的架空线路应当有全线避雷设施。

（四）架空线路、杆塔或者线杆上应当有线路名称、杆塔编号以及安全警示等标志。

【名词解释】 架空线路

架空线路——架设在地面之上，用绝缘子将输电导线固定在直立于地面的杆塔上以传输电能的输电线路。

【条文解释】 本条是对地面固定式架空高压电力线路的规定。

1. 架空线路的主要部件有导线和避雷线（架空地线）、杆塔、绝缘子、金具、杆塔基础、拉线和接地装置等。

（1）导线。

导线是用来传导电流、输送电能的元件。架空裸导线一般每相 1 根，220 kV 及以上线路由于输送容量大，同时为了减少电晕损失和电晕干扰而采用相分裂导线，即每相采用 2 根及以上的导线。采用分裂导线能输送较大的电能，而且电能损耗少，有较好的防振性能。导线在运行中经常受各种自然条件的考验，必须具有导电性能好、机械强度高、质量轻、价格低、耐腐蚀性强等特性。我国由于铝的资源比铜丰富，加之铝和铜的价格差别较大，因此几乎都采用钢芯铝绞线。

（2）避雷线。

避雷线一般也采用钢芯铝绞线，且不与杆塔绝缘而是直接架设在杆塔顶部，并通过杆塔或接地引下线与接地装置连接。避雷线的作用是减少雷击导线的机会，提高耐雷水平，减少雷击跳闸次数，保证线路安全送电。

（3）杆塔。

杆塔是电杆和铁塔的总称。杆塔的用途是支持导线和避雷线，以使导线之间、导线与避雷线之间、导线与地面及交叉跨越物之间保持一定的安全距离。

（4）绝缘子。

绝缘子是一种隔电产品，一般是用电工陶瓷制成的，又叫瓷瓶。另外还有钢化玻璃制作的玻璃绝缘子和用硅橡胶制作的合成绝缘子。绝缘子的用途是使导线之间以及导线与大地之间绝缘，保证线路具有可靠的电气绝缘强度，并用来固定导线，承受导线的垂直荷重和水平荷重。

（5）金具。

金具在架空电力线路中，主要用于支持、固定和接续导线及绝缘子连接成串，亦用于保护导线和绝缘子。金具按主要性能和用途，可分为以下几类：

① 线夹类。线夹是用来握住导、地线的金具。

② 联结金具类。联结金具主要用于将悬式绝缘子组装成串，并将绝缘子串连接、悬挂在杆塔横担上。

③ 接续金具类。接续金具用于接续各种导线、避雷线的端头。

④ 保护金具类。保护金具分为机械和电气 2 类。机械类保护金具是为防止导、地线因振动而造成断股，电气类保护金具是为防止绝缘子因电压分布严重不均匀而过早损坏。机械类有防振锤、预绞丝护线条、重锤等；电气类金具有均压环、屏蔽环等。

（6）杆塔基础。

架空电力线路杆塔的地下装置统称为基础。基础用于稳定杆塔，使杆塔不致因承受垂直载荷、水平载荷、事故断线张力和外力作用而上拔、下沉或倾倒。

（7）拉线。

拉线用来平衡作用于杆塔的横向载荷和导线张力，可减少杆塔材料的消耗量，降低线路造价。

（8）接地装置。

架空地线在导线的上方，它将通过每基杆塔的接地线或接地体与大地相连，当雷击地线时可迅速地将雷电流向大地中扩散，因此，输电线路的接地装置的作用主要是泄导雷电流，降低杆塔顶电位，保护线路绝缘不致击穿闪络，它与地线密切配合对导线起到了屏蔽作用。接地体和接地线总称为接地装置。

2. 架空线路架设及维修比较方便，成本较低，但容易受到气象和环境（如大风、雷击、污秽、冰雪等）的影响而引起故障，同时整个输电走廊占用土地面积较多，易对周边环境造成电磁干扰。在多雷区的主通风机房、地面瓦斯抽采泵站的架空线路应有全线避雷设施，以免在多雷区的主通风机房、地面瓦斯抽采泵站架空线路遭到意外雷击而损毁。

3. 沉陷区可能地面继续下沉，影响和破坏架空线路，使两回电源线路之间安全距离不够，发生供电故障，所以在开采沉陷区架设线路时，两回电源线路之间应保证留有足够的安全距离，并采取必要的安全措施。除线路与线路之外，线路与地面、建筑物、树木、道路、河流及其他架空线等间距也应符合国家有关规定。

4. 架空线不得跨越易燃、易爆物的仓储区域，避免仓储区域万一发生燃爆事故波及架空线。

第四百六十二条　在总回风巷、专用回风巷及机械提升的进风倾斜井巷（不包括输送机上、下山）中不应敷设电力电缆。确需在机械提升的进风倾斜井巷（不包括输送机上、下山）中敷设电力电缆时，应当有可靠的保护措施，并经矿总工程师批准。

溜放煤、矸、材料的溜道中严禁敷设电缆。

【名词解释】　电缆

电缆——由一根或多根相互绝缘的导体和外包绝缘保护层制成，将电力或信息从一处传输到另一处的导线。

【条文解释】　本条是对特殊巷道敷设电缆的规定。

1. 总回风巷和专用回风巷中不应敷设电力电缆。

（1）煤矿总回风巷和专用回风巷的风流中都含有一定量的瓦斯，尤其是高瓦斯矿井、瓦斯突出矿井的回风流中瓦斯含量还相当大。如果总回风巷或专用回风巷风流中瓦斯含量或专用回风巷中的煤尘沉积量较大，瓦斯爆炸后更可能引起煤尘爆炸，将造成更大的事故。

（2）矿井总回风和专用回风巷风流中瓦斯浓度较大，一旦达到瓦斯断电浓度值时，敷设在其中的电缆必须停电，则停电区域无法生产，当发生灾变时，也无法抢险救灾。

（3）矿井总回风巷或专用回风巷相对湿度大，腐蚀性气体含量高，电缆使用寿命短、故障率高。

2. 溜放煤、矸、材料的溜道中敷设电缆容易被碰撞、挤压和掩埋，容易发生短路、断线等故障，严禁敷设电缆。

3. 进风的倾斜井巷（不包括输送机上、下山）中不应敷设电力电缆。敷设电缆，一旦发生火灾时将迅速蔓延，危及区域较大。因此，确需在机械提升的进风倾斜井巷

（不包括输送机上、下山）中敷设电力电缆时，应有可靠的保护措施，并经矿总工程师批准。

（1）不应设接头，需设接头时，必须用金属的接线盒保护壳，并可靠接地；

（2）短路、过负荷和检漏等保护应安设齐全、整定准确、动作灵敏可靠；

（3）保证电缆的敷设质量，并指定专人对其接头、绝缘电阻、局部温升和电缆的吊挂等项进行定期检查；

（4）支护必须完好；

（5）纸绝缘电缆的接线盒应使用非可燃性充填物，如使用沥青绝缘充填物的电缆接线盒时，在其接线盒前后 10 m 以内的井巷中不得有易燃物；

（6）电缆应敷设在发生断绳跑车事故时不易砸坏的场所或增设电缆沟槽、隔墙，以防砸坏电缆；

（7）定期清扫井巷及电缆上的煤尘。

【典型事例】　2010 年 3 月 15 日，河南省郑州市某煤矿西大巷使用非阻燃电缆，且电缆未按规定悬挂，第一联络巷处电缆着火，火势迅速扩大，引燃巷道木支架及煤层，产生大量一氧化碳等有毒有害气体，并沿进风流进入采煤工作面，造成 25 人中毒窒息死亡。

第四百六十三条　井下电缆的选用应当遵守下列规定：

（一）电缆主线芯的截面应当满足供电线路负荷的要求。电缆应当带有供保护接地用的足够截面的导体。

（二）对固定敷设的高压电缆：

1. 在立井井筒或者倾角为 45°及其以上的井巷内，应当采用煤矿用粗钢丝铠装电力电缆。

2. 在水平巷道或者倾角在 45°以下的井巷内，应当采用煤矿用钢带或者细钢丝铠装电力电缆。

3. 在进风斜井、井底车场及其附近、中央变电所至采区变电所之间，可以采用铝芯电缆；其他地点必须采用铜芯电缆。

（三）固定敷设的低压电缆，应当采用煤矿用铠装或者非铠装电力电缆或者对应电压等级的煤矿用橡套软电缆。

（四）非固定敷设的高低压电缆，必须采用煤矿用橡套软电缆。移动式和手持式电气设备应当使用专用橡套电缆。

【条文解释】　本条是对选用井下电缆的规定。

1. 电缆的主线芯截面应满足以下要求：

（1）电缆正常工作负荷电流应不大于电缆允许持续电流；

（2）电动机起动时的端电压不得低于额定电压的 75%；

（3）正常运行时，最远处电动机的端电压下降值不得超过额定电压的 7%～10%；

（4）电缆末端的最小两相适中电流应大于短路保护整定动作电流的 1.5 倍；

（5）电缆的机械强度应满足生产设备的要求。

2. 对固定敷设的高压电缆：

（1）在立井井筒或倾角为 45°及其以上的井巷内，应采用煤矿用粗钢丝铠装电力电缆。

（2）在水平巷道或倾角在45°以下的井巷内，应采用煤矿用钢带或细钢丝铠装电力电缆。

3. 阻燃电缆是遇火点燃时燃烧速度非常缓慢，离开火源后即自行熄灭的电缆。为了严格执行标准的规定，必须选用取得煤矿矿用产品安全标志的阻燃电缆。

高压电缆、低压电缆和照明、通信、信号和控制电缆都不应使用有着火高风险的纸绝缘电缆和安全可靠性差的不延燃电缆。

固定敷设的低压电缆，应采用煤矿用铠装或非铠装电力电缆或对应电压等级的煤矿用橡套软电缆。

4. 非固定敷设的高低压电缆，必须采用煤矿用橡套软电缆。移动式和手持式电气设备应使用专用橡套电缆。

5. 采区低压电缆采用铝芯主要有以下缺点：

（1）隔爆型电气设备的安全间隙铜电极为0.43 mm，铝电极为0.05 mm。煤矿井下隔爆电气设备采用法兰间隙隔爆结构都是按照铜芯材料设计的，所以一旦接入铝芯电线后，电气设备也就失去了防爆性能。

（2）铝与氧气发生化合反应释放的氧化热是铜的5.5倍，铝一旦产生电火花或电弧，产生的温度比铜高得多，因而引发瓦斯、煤尘爆炸事故率比铜高得多。

（3）铝的线性膨胀系数是铜的1.41倍，铜铝接头受热膨胀不一致，必然导致接头松动，电阻增加，势必导致电缆接头爆破、漏电、短路等事故发生。

所以，在进风斜井、井底车场及其附近、中央变电所至采区变电所之间，可采用铝芯电缆；其他地点必须采用铜芯电缆。

【典型事例】　2010年1月5日，湖南省湘潭市某煤矿中间立井三道暗立井内敷设的非阻燃电缆老化破损，短路着火，引燃电缆外套塑料管、吊箩、木支架及周边煤层，产生大量有毒有害气体，造成人员窒息，死亡34人，直接经济损失2 962万元。

第四百六十四条　电缆的敷设应当符合下列要求：

（一）在水平巷道或者倾角在30°以下的井巷中，电缆应当用吊钩悬挂。

（二）在立井井筒或者倾角在30°及以上的井巷中，电缆应当用夹子、卡箍或者其他夹持装置进行敷设。夹持装置应当能承受电缆重量，并不得损伤电缆。

（三）水平巷道或者倾斜井巷中悬挂的电缆应当有适当的弛度，并能在意外受力时自由坠落。其悬挂高度应当保证电缆在矿车掉道时不受撞击，在电缆坠落时不落在轨道或者输送机上。

（四）电缆悬挂点间距，在水平巷道或者倾斜井巷内不得超过3 m，在立井井筒内不得超过6 m。

（五）沿钻孔敷设的电缆必须绑紧在钢丝绳上，钻孔必须加装套管。

【条文解释】　本条是对电缆敷设的规定。

1. 电缆落地时容易被水淹和挤压，使电缆损坏和绝缘能力降低。

漏电电流产生跨步电压，也易发生跨步电压触电事故，因此电缆必须悬挂。在水平巷道或倾角在30°及其以下井巷中用吊钩悬挂，当电缆某点受外力时，电缆可以窜动，减少电缆的受力。

为防止在立井井筒或倾角 30°及其以上的井筒中敷设电缆时自重作用损坏电缆，应用夹子、卡箍或其他夹持装置将电缆固定，但不得损伤电缆。

2. 在水平巷道或倾斜井巷中敷设的电缆留有适当弧度的作用：

（1）巷道和支护来压时减少电缆的受力；

（2）电缆受力时能够坠落，可以避免损坏电缆；

（3）拆换或维修支护时，电缆能够落地进行掩护。

所以，电缆悬挂点间距，在水平巷道或倾斜井巷内不得超过 3 m，在立井井筒内不得超过 6 m。

3. 电缆敷设的高度应能保证不受矿车或其他物体的撞击；电缆坠落时不落在轨道或输送机上。

4. 沿钻孔敷设的电缆必须绑紧在钢丝绳上，以免电缆随钻孔下滑；为了保护钻孔中的电缆不受塌孔挤压和破坏，钻孔必须加装套管。

第四百六十五条　电缆不应悬挂在管道上，不得遭受淋水。电缆上严禁悬挂任何物件。电缆与压风管、供水管在巷道同一侧敷设时，必须敷设在管子上方，并保持 0.3 m 以上的距离。在有瓦斯抽采管路的巷道内，电缆（包括通信电缆）必须与瓦斯抽采管路分挂在巷道两侧。盘圈或者盘“8”字形的电缆不得带电，但给采、掘等移动设备供电电缆及通信、信号电缆不受此限。

井筒和巷道内的通信和信号电缆应当与电力电缆分挂在井巷的两侧，如果受条件所限：在井筒内，应当敷设在距电力电缆 0.3 m 以外的地方；在巷道内，应当敷设在电力电缆上方 0.1 m 以上的地方。

高、低压电力电缆敷设在巷道同一侧时，高、低压电缆之间的距离应当大于 0.1 m。高压电缆之间、低压电缆之间的距离不得小于 50 mm。

井下巷道内的电缆，沿线每隔一定距离、拐弯或者分支点以及连接不同直径电缆的接线盒两端、穿墙电缆的墙的两边都应设置注有编号、用途、电压和截面的标志牌。

【条文解释】　本条是对电缆吊挂位置的规定。

1. 电缆不应悬挂在管道上的原因：

（1）一旦管路漏风或漏水，电缆直接受到压风的吹袭或水淋；沿电缆的渗油或渗水也容易进入电缆接线盒，使电缆和接线盒绝缘受到破坏，发生短路或接地的故障。

（2）在电缆漏电保护失灵的情况下，风管或水管带有高电位，容易发生人身触电事故。

（3）电缆敷设在管子的上方是为了避免管子下落砸坏电缆，保持 0.3 m 以上距离是为了方便管路检修不影响电缆的供电。

2. 在有瓦斯抽采管路的巷道内，电缆与瓦斯抽采管路分挂在巷道两侧是为了避免因电缆漏电流产生的火花引爆或引燃瓦斯。

3. 电缆盘圈或盘“8”字，电缆散热不好，电缆温度容易增高，使电缆过负载能力下降，寿命减低。

4. 电力电缆与通信和信号电缆悬挂在井筒和巷道的同一侧，一旦电力电缆发生爆破、短路着火故障和巷道冒顶故障，电力电缆与通信电缆同时受到影响，使矿井供电、通信和信号同时中断，不但影响矿井的生产，也影响故障的处理。

电力电缆电流大，磁场干扰大，为了不影响矿井的通信，规定电力电缆与通信和信号电缆的距离：在井筒内不小于 0.3 m；在巷道内不小于 0.1 m。

第四百六十六条　立井井筒中敷设的电缆中间不得有接头；因井筒太深需设接头时，应当将接头设在中间水平巷道内。

运行中因故需要增设接头而又无中间水平巷道可以利用时，可以在井筒中设置接线盒，接线盒应当放置在托架上，不应使接头承力。

【条文解释】　本条是对立井井筒电缆接头的规定。

电缆接头是整条电缆中最薄弱的环节，特别是立井井筒中的接头，随时都会受到淋水、落物撞击的伤害；另外，立井井筒中的接头还须承受悬挂电缆的重力，所以，立井井筒中的接头更容易发生故障，而一旦发生故障后，又因受空间的影响难以修复，所以，立井井筒中的电缆中间不得有接头；因井筒太深需设接头时应设在中间水平巷道内。若无中间水平巷道，则将接头放置在托架上，不应使接头承力。

第四百六十七条　电缆穿过墙壁部分应当用套管保护，并严密封堵管口。

【条文解释】　本条是对电缆穿过墙壁的规定。

井下巷道和硐室的墙壁因受矿井地压的作用，非常容易变形，因而，穿过墙壁的电缆容易被挤压，造成接地、短路和爆破等故障。所以，电缆穿过墙壁部分，应用有防腐措施、材质坚硬、耐挤压的套管加以保护。为了防止套管漏风和不利于防火，还要求对电缆套管的两端进行严密的封堵。

第四百六十八条　电缆的连接应当符合下列要求：

（一）电缆与电气设备连接时，电缆线芯必须使用齿形压线板（卡爪）、线鼻子或者快速连接器与电气设备进行连接。

（二）不同型电缆之间严禁直接连接，必须经过符合要求的接线盒、连接器或者母线盒进行连接。

（三）同型电缆之间直接连接时必须遵守下列规定：

1. 橡套电缆的修补连接（包括绝缘、护套已损坏的橡套电缆的修补）必须采用阻燃材料进行硫化热补或者与热补有同等效能的冷补。在地面热补或者冷补后的橡套电缆，必须经浸水耐压试验，合格后方可下井使用。

2. 塑料电缆连接处的机械强度以及电气、防潮密封、老化等性能，应当符合该型矿用电缆的技术标准。

【条文解释】　本条是对电缆连接的规定。

1. 电缆与电气设备连接时，电缆芯线与电气设备的接线端子处，如果压线板不合格，则容易出现电缆接触面积小，压力不够，电缆连接处松动等故障，导致接线柱和电缆头发热，烧毁接线柱，造成断相、接地和短路等故障，降低设备的防护性能，防爆设备失爆，构成安全隐患。

2. 不同类型的电缆接头封端方式也不同，如果不同类型的电缆直接连接则会使封端方式不妥，使电缆的绝缘强度下降，防护性能降低，还会造成相互影响，例如油浸纸绝缘电缆与橡套电缆直接连接，油浸纸绝缘电缆的绝缘油就会浸泡橡套电缆的绝缘和护套，从而使橡套电缆绝缘损坏，造成电缆漏电、短路和爆破等故障，因此不同型电缆之间必须经过符合要求的接线盒、连接器或母线盒进行连接。

3. 在地面热补或冷补后的橡套电缆，必须经浸水耐压试验，合格后方可下井使用。在井下冷补电缆无法进行浸水耐压试验，无法验证其可靠性，因此，要求在井下冷补的电缆必须定期升井试验。

第五节　井下照明和信号

第四百六十九条　下列地点必须有足够照明：

（一）井底车场及其附近。

（二）机电设备硐室、调度室、机车库、爆炸物品库、候车室、信号站、瓦斯抽采泵站等。

（三）使用机车的主要运输巷道、兼作人行道的集中带式输送机巷道、升降人员的绞车道以及升降物料和人行交替使用的绞车道（照明灯的间距不得大于 30 m，无轨胶轮车主要运输巷道两侧安装有反光标识的不受此限）。

（四）主要进风巷的交岔点和采区车场。

（五）从地面到井下的专用人行道。

（六）综合机械化采煤工作面（照明灯间距不得大于 15 m）。

地面的通风机房、绞车房、压风机房、变电所、矿调度室等必须设有应急照明设施。

【条文解释】　本条是对井上、下主要工作场所照明的规定。

井下巷道狭窄，若照明不足，可见度低，则不能及时发现车辆或采煤机等设备的运行状态和周围环境的变化，就不能及时发现险情，提前采取措施，极易发生人身事故。

有些场所，因为长期照明不足，工人只靠头戴矿灯工作，易在眼睛的视力中心产生盲点，严重的会发展到丧失直接观看物件的能力，即所谓矿盲职业病。故《煤炭工业矿井设计规范》（GB 50215—2015）明确规定了照明要求。

1. 矿井地面 220/380 V 低压动力和照明负荷宜合用电源变压器。局部低压动力负荷采用 660 V 电源时，宜设置 660/400 V 照明专用变压器。当建筑物内设有低压为 0.4 kV 的配电变压器时，该建筑物室内照明线路和低压动力线路，应在配电装置低压母线处分开。由 220/380 V 外部低压电源配电的建筑物，室内照明线路和低压动力线路，应在该建筑物低压总配电柜（箱、屏）处分开。

2. 矿井下列场所应设置紧急照明：

（1）地面变电所和其他 35 kV 及以上电压等级变电所的控制室、屋内配电装置室、蓄电池室及屋内主要通道；

（2）矿井生产调度室、监控室、通信站等电子信息系统机房；

（3）地面的主要通风机、主井提升机、副井提升机、主井带式输送机、瓦斯抽采泵、空气压缩机、抗灾排水泵等设备或设备房（站、驱动机房、井塔）的主机室（大厅）、电气间、控制室和值班室；

（4）副井井口房、地面煤炭生产系统的主要生产车间、电气间、控制室；

（5）矿井铁路站场信号楼；

（6）单台锅炉蒸发量为 4 t/h 以上锅炉房的锅炉压力表、水位表、给水泵等主要操作地点和通道；

（7）矿井救护站值班室；

（8）公共建筑中按现行国家标准《建筑设计防火规范》（GB 50016）规定需设置应急照明的场所；

（9）井下主变电所、主要排水泵站。

3. 井下应设置固定照明及移动照明，照明设置地点应符合现行国家标准《煤矿井下供配电设计规范》（GB 50417）的有关规定。

4. 井下固定照明的照度标准宜符合表 3-10-4 的规定。

表 3-10-4　井下固定照明照度标准

照明地点		照度值/lx
一般电气硐室和设备硐室		50
主变电所		75
主要排水泵房		75
信号站、调度室		75
换装硐室、修理间		75
机车库		30
翻车机硐室、自卸式矿车卸载站		30
爆炸材料库	发放室	30
	存放室	20
保健室		100
候车室、避难硐室、消防材料库		20
井底车场及其附近巷道		15
运输巷道		10
巷道交叉点		15
专用人行道		10

5. 工业场地内应设路灯照明。

6. 矿井配备的矿灯数，可按井下工人在籍人数与50%管理人数总和的125%计算。

第四百七十条　严禁用电机车架空线作照明电源。

【条文解释】　本条是对用电机车架空线作照明电源的规定。

我国煤矿井下电机车架空线的电压有 250 V 和 550 V 两种，而井下照明电压为交流

127 V。使用电机车架空线电压为照明电压，一是没有相应的灯具，造成防爆灯具失爆，一般矿用型灯具失去矿用性能；二是电压太高，容易造成漏电和人身触电事故。

架线机车电源用轨道回流，用机车架空线电压为照明电压使轨道回流电流增加，而增加的电流是连续的（机车回流只有机车运行才有），使轨道中的直流漏电流增加，即杂散电流增加。这些杂散电流不仅会腐蚀铠装电缆和管路，也可能造成电雷管先期引爆，电火花引起瓦斯和煤尘爆炸事故。所以严禁用电机车架空线作照明电源。

第四百七十一条　矿灯的管理和使用应当遵守下列规定：

（一）矿井完好的矿灯总数，至少应当比经常用灯的总人数多 10%。

（二）矿灯应当集中统一管理。每盏矿灯必须编号，经常使用矿灯的人员必须专人专灯。

（三）矿灯应当保持完好，出现亮度不够、电线破损、灯锁失效、灯头密封不严、灯头圈松动、玻璃破裂等情况时，严禁发放。发出的矿灯，最低应当能连续正常使用 11 h。

（四）严禁矿灯使用人员拆开、敲打、撞击矿灯。人员出井后（地面领用矿灯人员，在下班后），必须立即将矿灯交还灯房。

（五）在每次换班 2 h 内，必须把没有还灯人员的名单报告矿调度室。

（六）矿灯应当使用免维护电池，并具有过流和短路保护功能。采用锂离子蓄电池的矿灯还应当具有防过充电、过放电功能。

（七）加装其他功能的矿灯，必须保证矿灯的正常使用要求。

【条文解释】　本条是对矿灯管理和使用的规定。

矿灯是“矿工的眼睛”，是从事煤矿井下工作人员随身携带的必备照明工具。矿灯不完好，则失去其防护性能，不仅影响正常使用，还有可能造成瓦斯、煤尘爆炸等严重事故。因此，必须保证下井矿灯盏盏完好。

由于井下的特殊条件，下井人员都必须携带矿灯。除正常井下工作人员专人专灯外，还必须有为上级检查人员、救灾人员和外来学习等不定期下井人员备有的完好矿灯，以及用于故障矿灯更换和井下连班人员换灯等需要的矿灯。因此要求矿灯总数至少比经常用灯的总人数多 10%。

矿灯集中管理，每盏矿灯都有独自编号，实行“专人专灯”，建立发、放灯牌台账，实行“账、灯、卡”三对照管理形式，能有效地防止矿灯的丢失，及时掌握矿灯迟交和不交的现象，保证矿灯的充电质量和完好状态，且有利于了解各班次的出入井人数，当矿井发生意外事故时，能及时查清人员，便于采取救援措施。

矿灯是特殊型防爆产品，在井下拆开矿灯或敲打、撞击矿灯都能使矿灯失去防爆性，容易造成短路事故，产生电火花引起瓦斯、煤尘爆炸事故。矿灯短路如无短路保护，很大的短路电流将长期存在，可能烧毁灯线，引起瓦斯、煤尘爆炸事故。因此要求：严禁使用矿灯人员拆开、敲打、撞击矿灯；矿灯装有可靠的短路保护。由于采用熔丝的短路保护熔断时产生高温，因此高瓦斯矿井应装有可重复使用的短路保护装置，动作时间一般小于 80 μs。

为了保障矿灯使用的安全可靠，矿灯应使用免维护电池，并具有过流和短路保护功能。采用锂离子蓄电池的矿灯还应具有防过充电、过放电功能。

加装其他功能的矿灯，必须保证矿灯的正常使用要求。例如甲烷报警矿灯用作照明及抢险救灾照明等，能连续检测现场空气中的甲烷气体浓度、超限报警，但主要功能还是安全照明。

第四百七十二条 矿灯房应当符合下列要求：

（一）用不燃性材料建筑。

（二）取暖用蒸汽或者热水管式设备，禁止采用明火取暖。

（三）有良好的通风装置，灯房和仓库内严禁烟火，并备有灭火器材。

（四）有与矿灯匹配的充电装置。

【条文解释】 本条是对矿灯房的规定。

矿灯是井下工作人员的“眼睛”，是保证入井的必要装备，没有矿灯就不能进行井下的生产作业。要保证矿灯的充电质量和安全，必须保证矿灯充、放电的环境。为了防止火灾事故的发生，矿灯房应用不燃性材料建筑；取暖应用蒸汽或热水管式设备，禁止采用明火取暖，避免火炉引起矿灯房火灾。

为使矿灯房有良好的通风环境，排除有毒有害气体，矿灯房应有良好的通风装置。为防止发生火灾事故，灯房和仓库内严禁烟火，并备有灭火器材。

第四百七十三条 电气信号应当符合下列要求：

（一）矿井中的电气信号，除信号集中闭塞外应当能同时发声和发光。重要信号装置附近，应当标明信号的种类和用途。

（二）升降人员和主要井口绞车的信号装置的直接供电线路上，严禁分接其他负荷。

【条文解释】 本条是对电气信号的要求。

矿井中的电气信号是控制设备运行的指令，如果电气信号发生错误，则会造成设备误操作，使设备损坏或人员伤亡等重大事故。为使电气信号清晰准确，电气信号应能同时发光和发声。对于重要的信号装置、发生错误可能造成重大事故的信号装置，应标明信号的种类和用途，以提示发信号时予以注意。

煤矿升降人员和主要井口绞车在煤矿安全生产工作中地位极其重要，它不但担负着全矿井下工作人员的提升及原煤、矸石、生产材料的提升任务，也是煤矿安全生产的关键环节。

升降人员和主要井口的绞车信号装置的直接供电线路上，如果分接其他负荷，则可能造成其他负荷的干扰，误发信号或干扰信号，使司机误操作，造成生产中断或掉道、挤人和跑车等重大事故。因此，为确保升降人员和主要井口绞车信号装置的正常、可靠的工作，信号装置的直接供电线路上严禁分接其他负荷。

第四百七十四条 井下照明和信号的配电装置，应当具有短路、过负荷和漏电保护的照明信号综合保护功能。

【条文解释】 本条是对井下照明和信号配电装置保护的规定。

煤矿井下照明和信号的配电装置，是矿井应用最广泛的小件设备，它分布于矿井各种场所，使用面广量大，管理也较为困难，事故率高。使用干式变压器和手动开关，只有短路保护功能，而因线路截面小、供电线路长、短路保护的灵敏系数也达不到要求，短路后不能保护而引发事故。近年已开发使用的照明信号综合保护装置具有短路、过负荷和漏电保护功能，且将干式变压器和开关集为一体，体积小、质量轻、使用方便，在安全可靠性、实用性和经济效益上都有明显优势，全面推广使用是必然趋势。因而要求：井下照明和信号的配电装置，应具有短路、过负荷和漏电保护的照明信号综合保护功能。

【典型事例】　2005 年 2 月 14 日，辽宁省某矿立井 3316 风道里段掘进工作面停风造成瓦斯积聚，冲击地压造成 3316 风道外段大量瓦斯涌出，回风流瓦斯浓度达到爆炸界限；工人违章带电检修架子道距专用回风上山 8 m 处临时配电点的照明信号综合保护装置，该照明信号（ZBZ-4.0 M127 V 型）无有效安全标志许可证，无有效防爆合格证，工人无证上岗，带电作业产生火花引起瓦斯爆炸，造成 214 人死亡、30 人受伤（其中重伤 8 人），直接经济损失 4 968.9 万元。

第六节　井下电气设备保护接地

第四百七十五条　电压在 36 V 以上和由于绝缘损坏可能带有危险电压的电气设备的金属外壳、构架，铠装电缆的钢带（钢丝）、铅皮（屏蔽护套）等必须有保护接地。

【条文解释】　本条是对设置保护接地设备的规定。

保护接地是漏电保护的后备保护，是将因绝缘破坏而带电的金属外壳或构架同接地体之间做良好的电气连接，称为保护接地。保护接地是将设备上的故障电压限制在安全范围内的一种安全措施。

安全电压为 36 V，人体触及 36 V 带电导体时不会有触电死亡的危险，因而电压在 36 V以上的电气设备的金属外壳、构架、铠装电缆的钢带（或钢丝）、铅皮或屏蔽护套等必须有保护接地。

第四百七十六条　任一组主接地极断开时，井下总接地网上任一保护接地点的接地电阻值，不得超过 2 Ω。每一移动式和手持式电气设备至局部接地极之间的保护接地用的电缆芯线和接地连接导线的电阻值，不得超过 1 Ω。

【条文解释】　本条是对接地网任一保护接地点接地电阻值的规定。

保护接地的保护原理是当人触及外壳带电设备的金属外壳时，电流将通过人体和接地电阻并联入地，再通过电网绝缘电阻流回电源。由于接地电阻比人体电阻小得多，因此大部分电流通过接地电阻入地，而人体仅有很小的电流通过。如通过人体的电流小于极限安全电流（30 mA），就可以保障人身安全。设总的漏电电流为 I，则流过人体的电流 I_r 为

$$I_r = I \times R_d/(R_d + R_r)$$

流过接地体的电流 I_d 为

$$I_d = I \times R_r/(R_d + R_r)$$

如总漏电电流 $I=10$ A，人身电阻 R_r 为 1 000 Ω，接地电阻为 2 Ω，则可以算出流过人身的电流

$$I_r = 10 \times 2/(1\ 000 + 2) \approx 19.96\ (\text{mA})$$

流过接地电阻的电流

$$I_d = 10 \times 1\ 000/(1\ 000 + 2) \approx 9.98\ (A)$$

可见绝大部分的漏电流都通过接地电阻流入大地。

为了使电网的电容电流在 20 A 时，接触电压不超过 40 V，则接地电阻值 $R_d \leqslant 40/20 = 2\ \Omega$。任一组主接地极断开时，井下总接地网上任一保护接地点的接地电阻值，不得超过 2 Ω。

因为移动式和手持式电气设备外壳没有接地极，漏电时通过内接地、电缆接地线、供电设备的接地极流入大地，为了限制移动式和手持式电气设备的漏电接地电压，要求移动式和手持式电气设备至局部接地极之间的保护接地用的电缆芯线和接地连接导线的电阻值，不得超过 1 Ω。

第四百七十七条 所有电气设备的保护接地装置（包括电缆的铠装、铅皮、接地芯线）和局部接地装置，应当与主接地极连接成 1 个总接地网。

主接地极应当在主、副水仓中各埋设 1 块。主接地极应当用耐腐蚀的钢板制成，其面积不得小于 $0.75\ m^2$、厚度不得小于 5 mm。

在钻孔中敷设的电缆和地面直接分区供电的电缆，不能与井下主接地极连接时，应当单独形成分区总接地网，其接地电阻值不得超过 2 Ω。

【条文解释】 本条是对主接地极设置的规定。

1. 井下保护接地连接成保护接地网有以下 3 个原因：

（1）某一个接地电极受到损坏失去作用时，由于接地网的整体接地作用，仍然可以保障与损坏接地极相连的电气设备保护接地的功能。

（2）保护接地网实质上就是所有的设备保护接地极都并联成一体，如果每台设备的保护接地电阻都认为是 R_d，则 n 台设备的保护接地电阻为 R_d/n。保护接地电阻值越小，保护性能则越好。

（3）在连接成接地网的各设备中，一旦有 2 台或 2 台以上的设备金属外壳与不同相的电源之间发生绝缘损坏事故时，则将通过连成一体的接地网流过很大的短路电流，使短路保护装置动作，及时切断故障电路，制止事故的持续蔓延。

2. 主接地极在主、副水仓中各设 1 块的原因是水仓中水的电阻率比土壤低，设在水仓中可以降低接地电阻。主、副水仓中各设 1 块是为了清理水仓和检修主接地极时可以保证一个主接地极起保护作用。

主接地极使用耐腐蚀钢板，主要原因是矿井水含酸性，采用耐腐蚀钢板可以提高其抗腐蚀的性能。

3. 在钻孔中敷设的电缆和地面直接分区供电的电缆，不能与井下主接地极连接时，应单独形成分区总接地网，以满足受其影响的区域接地保护要求。

第四百七十八条 下列地点应当装设局部接地极：

（一）采区变电所（包括移动变电站和移动变压器）。

（二）装有电气设备的硐室和单独装设的高压电气设备。

（三）低压配电点或者装有 3 台以上电气设备的地点。

（四）无低压配电点的采煤工作面的运输巷、回风巷、带式输送机巷以及由变电所单独供电的掘进工作面（至少分别设置 1 个局部接地极）。

（五）连接高压动力电缆的金属连接装置。

局部接地极可以设置于巷道水沟内或者其他就近的潮湿处。

设置在水沟中的局部接地极应当用面积不小于 0.6 m^2、厚度不小于 3 mm 的钢板或者具有同等有效面积的钢管制成，并平放于水沟深处。

设置在其他地点的局部接地极，可以用直径不小于 35 mm、长度不小于 1.5 m 的钢管制成，管上应至少钻 20 个直径不小于 5 mm 的透孔，并全部垂直埋入底板；也可用直径不小于 22 mm、长度为 1 m 的 2 根钢管制成，每根管上钻 10 个直径不小于 5 mm 的透孔，2 根钢管相距不得小于 5 m，并联后垂直埋入底板，垂直埋深不得小于 0.75 m。

【条文解释】 本条是对局部接地极的有关规定。

局部接地极的主要作用是减小接地网的总接地电阻。人身触及带电设备的金属外壳时，通过人身的触电电流与保护接地电阻成正比，保护接地电阻愈小，分流作用愈大，通过人身的触电电流愈小，保护接地的保护作用愈好。

1. 装设局部接地极地点。

采区变电所是采区各种设备的供电中心，电气设备比较集中，局部接地极和采区变电所全部设备连接，对全部设备都起到了保护作用。采区变电所电气设备操作频繁、负荷大、故障率高，所以经常需要排除故障和检修，故电气设备外壳带电的概率较大，必须设置局部接地极，以防止触电事故。

移动变电站、移动变压器和高压电缆的金属连接装置都是高压电气设备。高压电网的单相接地电流远大于低压电网，人身触及高压电气设备带电的金属外壳时，则可能产生危险接触电压。为降低高压电气设备带电的接触电压值，移动变电站、移动变压器、装有电气设备的硐室和单独装设的高压电气设备、连接高压动力电缆的连接装置，都必须设置局部接地极。

采煤工作面、掘进工作面中的电气设备一般都不设局部接地极，其保护作用是通过电缆接地芯线将漏电流分流流入局部接地极。为保证电缆芯线和接地连接导线的电阻值不超过 1 Ω，在采区变电所与工作面之间的低压配电点，采煤工作面的运输巷、回风巷、带式输送机，以及由变电所单独供电的掘进工作面，至少应分别设置 1 个局部接地极。在机巷或回风巷的局部接地极应尽量靠近工作面，其作用是机巷或回风巷电气设备电缆线路接地芯线断裂时，仍能起到保护人身的作用。据测定，在 380 V 或 660 V 低压供电系统中，单相接地电流值一般不超过 500 mA，因此，靠近工作面的局部接地极的接地电阻按下式计算应不大于 80 Ω。

$$R = V/I_e = 40/0.5 = 80\ (\Omega)$$

式中 R——靠近工作面局部接地极电阻，Ω；

V——安全电压交流有效值，一般取 40 V；

I_e——低压电网的单相接地电流，A。

2. 局部接地极的接地电阻的计算。

（1）采用钢板作接地极水平埋设，接地电阻可按下式计算：

$$R_{an}=\frac{\rho}{2\pi L}\ln\frac{2L^2}{bh}$$

式中　L——钢板长度，cm；

b——钢板宽度，cm；

h——钢板水平埋深，cm；

ρ——电阻率，Ω·cm。

（2）采用钢管作接地极垂直埋设，接地电阻可按下式计算：

$$R_{au}=\frac{\rho}{2\pi L}\ln\frac{4L}{d}$$

式中　L——钢管埋入底板长度，cm；

d——钢管直径，cm；

ρ——电阻率，Ω·cm。

设置在水沟中的局部接地极面积不小于 0.6 m^2 的接地电阻：长度 $L=100$ cm，宽度 $b=60$ cm，水平埋深 $h=30$ cm，埋设在水沟中，矿井水的电阻率 $\rho=3\times10^3$ Ω·cm，则：

$$R_{an}=\frac{\rho}{2\pi L}\ln\frac{2L^2}{bh}=11.46\ (\Omega)$$

采用钢管作局部接地极垂直埋设，如钢管直径 $d=38$ mm，埋入底板深度 $L=150$ cm，煤的电阻率为 $\rho=8\times10^3$ Ω·cm，计算其接地电阻为 $R_{au}=\frac{\rho}{2\pi L}\ln\frac{4L}{d}=42.88\ (\Omega)$。

如设在水沟或潮湿处，水沟电阻率为 $\rho=3\times10^3$ Ω·cm，代入上式计算其接地电阻为 $R_{au}=16.08$ Ω。

由此可以看出，局部接地极的埋设地点、位置、环境很重要，为保证局部接地极的接地电阻低于 80 Ω，要求：

① 局部接地极可设置在水沟内或其他就近的潮湿处。设置在水沟中的局部接地极应用面积不小于 0.6 m^2、厚度不小于 3 mm 的钢板或具有同等有效面积的钢管制成，并应平放在水沟深处。

② 至于埋设在其他地点的局部接地极，可采用镀锌钢管。钢管直径不小于 35 mm，长度不小于 1.5 m，管子上至少要钻 20 个直径不小于 5 mm 的透眼，便于往里灌盐水，以降低接地电阻。

第四百七十九条　连接主接地极母线，应当采用截面不小于 50 mm^2 的铜线，或者截面不小于 100 mm^2 的耐腐蚀铁线，或者厚度不小于 4 mm、截面不小于 100 mm^2 的耐腐蚀扁钢。

电气设备的外壳与接地母线、辅助接地母线或者局部接地极的连接，电缆连接装置两头的铠装、铅皮的连接，应当采用截面不小于 25 mm^2 的铜线，或者截面不小于 50 mm^2 的耐腐蚀铁线，或者厚度不小于 4 mm、截面不小于 50 mm^2 的耐腐蚀扁钢。

【名词解释】　接地母线、辅助接地母线、连接导线、接地导线

接地母线——连接井底主、副水仓内主接地极的母线。

辅助接地母线——井下各机电硐室、配电点、采区变电所内与局部接地极连接的母线。

连接导线——从接地母线、辅助接地母线与电气设备外壳单独连接的导线。

接地导线——从局部接地极引出的导线。

【条文解释】 本条是对连接主接地极的接地母线、电气设备的外壳与接地母线或与局部接地极连接的接地导线规格的规定。

为保证接地网的接地电阻和各种接地线的机械强度，接地母线、辅助接地母线和连接导线等的规格应不小于以下规定：

连接主接地极的接地母线，应采用截面不小于 50 mm^2 的铜线，或截面不小于 100 mm^2 的耐腐蚀铁线，或者厚度不小于 4 mm、截面不小于 100 mm^2 的耐腐蚀扁钢。

电气设备的外壳、辅助接地母线与接地母线或者局部接地极的连接，电缆接线装置两头的铠装、铅皮的连接，应当采用截面不小于 25 mm^2 的铜线，或者截面不小于 50 mm^2 的耐腐蚀铁线，或厚度不小于 4 mm、截面不小于 50 mm^2 的耐腐蚀扁钢。

第四百八十条 橡套电缆的接地芯线，除用作监测接地回路外，不得兼作他用。

【条文解释】 本条是对橡套电缆接地芯线用途的规定。

橡套电缆接地芯线兼作他用时，接地芯线上则有电流通过，电气设备之间产生电位差，此电位差容易引起人身触电和产生电火花，引发瓦斯和煤尘爆炸事故。因此，橡套电缆的接地芯线，除用作监测接地回路外，不得兼作他用。

第七节　电气设备、电缆的检查、维护和调整

第四百八十一条 电气设备的检查、维护和调整，必须由电气维修工进行。高压电气设备和线路的修理和调整工作，应当有工作票和施工措施。

高压停、送电的操作，可以根据书面申请或者其他联系方式，得到批准后，由专责电工执行。

采区电工，在特殊情况下，可对采区变电所内高压电气设备进行停、送电的操作，但不得打开电气设备进行修理。

【条文解释】 本条是对电气设备检查、维护和调整的规定。

电气设备通常都比较复杂，只有正确检查、维护和线路调整才能保证其安全运行，因此要求必须由经过专门训练、培训合格的熟悉设备性能的电气维修工进行。

高压电气设备的供电范围大，停、送电影响的设备多，停送电必须统一安排和指挥。例如，风机在停电前要撤出人员，提人提升机在停电前要停止运行。送电前要检查瓦斯，不得进行检修电气设备等工作。为保证人身安全和避免事故发生，高压停送电的操作，必须有可靠的联系方式、统一指挥并由专责电工执行。

第四百八十二条 井下防爆电气设备的运行、维护和修理，必须符合防爆性能的各项技术要求。防爆性能遭受破坏的电气设备，必须立即处理或者更换，严禁继续使用。

【条文解释】 本条是对井下运行防爆电气设备的规定。

煤矿井下有瓦斯和煤尘，当瓦斯和煤尘达到一定浓度时，遇到足够能量的火源，则会发生瓦斯和煤尘爆炸事故。电气设备在正常运行或发生故障都会产生电弧，是煤矿井下引燃瓦斯和煤尘的主要火源之一，因此，煤矿井下电气设备必须使用矿用防爆型。矿用防爆型电气设备的设计和制造必须符合防爆设备的国家标准的要求。防爆设备的总标志为 EX。防爆电气设备的类型、类别、级别和组别连同防爆设备的总标志“EX”一起，构成防爆标志。防爆标志除应制作在防爆电气设备的明显处外，还应在铭牌右上角标“EX”。

防爆设备分为 2 类：Ⅰ类是煤矿用的电气设备，适用于含有甲烷混合物的爆炸环境；Ⅱ类是工厂用防爆电气设备，适用于含有除甲烷外的其他各种爆炸性混合物环境。防爆电气设备根据防止引燃爆炸性混合物的措施不同，防爆设备的类型也不同。

煤矿井下常用的防爆电气设备有隔爆型、增安型、本质安全型，蓄电池机车通常用防爆特殊型。

防爆型电气设备只有在符合防爆性能的各项技术要求时，才能起到防爆作用，才不能引燃爆炸性混合物；如果达不到防爆性能的要求，则失去了防爆能力，就可能因为本身工作火源或故障火源引燃引爆瓦斯和煤尘，造成重大事故。因此，井下运行的防爆电气设备必须保证台台防爆，失爆的电气设备必须立即更换。

第四百八十三条 *矿井应当按表 17 的要求对电气设备、电缆进行检查和调整。*

表 17 电气设备、电缆的检查和调整

项 目	检查周期	备 注
使用中的防爆电气设备的防爆性能检查	每月 1 次	每日应当由分片负责电工检查 1 次外部
配电系统断电保护装置检查整定	每 6 个月 1 次	负荷变化时应当及时整定
高压电缆的泄漏和耐压试验	每年 1 次	
主要电气设备绝缘电阻的检查	至少 6 个月 1 次	
固定敷设电缆的绝缘和外部检查	每季 1 次	每周应当由专职电工检查 1 次外部和悬挂情况
移动式电设备的橡套电缆绝缘检查	每月 1 次	每班由当班司机或者专职电工检查 1 次外皮有无破损
接地电网接地电阻值测定	每季 1 次	
新安装的电设备绝缘电阻和接地电阻的测定		投入运行以前

检查和调整结果应当记入专用的记录簿内。检查和调整中发现的问题应当指派专人限期处理。

【条文解释】 本条是对电气设备和电缆检查、调整的有关规定。

使用中的防爆电气设备必须保证台台防爆，因而专职电气维修工必须每班对所负责的电气设备的防爆性能进行一次专项防爆检查。防爆检查组对井下使用中的防爆电气设备的防爆性能实施监督检查，对事故隐患提出处理意见，并有权停止使用。防爆设备不经防爆检查员检查，不准发给合格证，不准入井使用。为了进一步加强井下电气设备防爆检查，杜绝电气设备失爆，消灭电气火源，确保井下安全生产，要求使用中的电气设备的防爆性能每月进行1次检查。

配电系统继电保护装置是保证电气设备安全运行，防止事故蔓延，减轻故障危害的有效措施。一旦继电保护装置失灵，电气故障则不能及时排除，势必引起事故蔓延，造成重大灾害。因此，随着负荷的变化要及时整定，以确保整定值符合规定。每6个月要由专职检查人员进行1次检查、调整、试验和整定。

高压电缆供电范围和负荷量都比较大，一旦高压电缆停电则会造成减产和危及矿井的安全。高压电缆供电电压高，如发生短路、绝缘损坏等故障，则将造成人身触电伤亡和电缆爆破、着火事故。

高压电缆的泄漏和耐压试验可以发现绝缘电阻测定过程中所不能发现的绝缘缺陷，能较好地反映出电缆受潮、绝缘下降、劣化和局部缺陷等方面的问题，做到隐患早发现、早排除，确保井下安全供电。因此，要求高压电缆的泄漏和耐压试验每年进行1次。

绝缘电阻的测试是一种比较简单的非破坏性的电气设备绝缘水平的试验方法。通过测试绝缘电阻可以知道电气设备的漏电、受潮及质量好坏的程度。随着井上、下环境与季节的变化，电气设备在运行中其绝缘性能也发生变化，通过定期对主要电气设备的绝缘电阻进行检查，可以及早发现问题，提前采取措施，防患于未然，确保主要电气设备安全运行。

保护接地网各点的接地电阻值随着接地点环境的变化也在变化。而只有在接地电网的接地电阻值不超过2 Ω时，才能保证漏电流不大于极限安全电流，才能保证人身安全和不致因漏电流而引起瓦斯和煤尘爆炸事故，因此，要求接地电网接地电阻值测定每季1次。

新安装电气设备绝缘电阻和接地电阻在投入运行以前要进行测定。

第八节　井下电池电源

第四百八十四条　井下用电池（包括原电池和蓄电池）应当符合下列要求：

（一）串联或并联的电池组保持厂家、型号、规格的一致性。

（二）电池或者电池组安装在独立的电池腔内。

（三）电池配置充放电安全保护装置。

【名词解释】　电池

电池——盛有电解质溶液和金属电极以产生电流的杯、槽或其他容器或复合容器的部分空间，能将化学能转化成电能的装置。

【条文解释】　本条是对井下用电池的规定。

利用电池作为能量来源，可以得到具有稳定电压、稳定电流，长时间稳定供电，受外界影响很小的电流，并且电池结构简单，携带方便，充放电操作简便易行，不受外界气候和温度的影响，性能稳定可靠，在煤矿井下发挥很大作用。

电池应配置充放电安全保护装置，以提高锂离子电池性能。

1. 过度充电。

当充电器对锂电池过度充电时，锂电池会因温度上升而导致内压上升，需终止当前充电的状态。此时，集成保护电路 IC 需检测电池电压，当到达 4.25 V 时（假设电池过充电压临界点为 4.25 V）即激活过度充电保护，将功率 MOS 由开转为切断，进而截止充电。另外，为防止由于噪声所产生的过度充电而误判为过充保护，需要设定延迟时间，并且延迟时间不能短于噪声的持续时间以免误判。过充电保护延时时间 t_{vdet1} 计算公式为

$$t_{vdet1}=[C_3\times(V_{dd}-0.7)]/(0.48\times10^{-6})$$

式中　V_{dd}——保护 N_1 的过充电检测电压值。

简便计算延时时间　　　$t=(C_3/0.01)\times77$

如若 C_3 容值为 0.22 F，则延时值为：(0.22/0.01) ×77=1 694（ms）

2. 过度放电。

在过度放电的情况下，电解液分解导致电池特性劣化，并造成充电次数的降低。过度放电保护 IC 原理：为了防止锂电池的过度放电状态，假设锂电池接上负载，当锂电池电压低于其过度放电电压检测点（假定为 2.3 V）时将激活过度放电保护，使功率 MOSFET 由开转变为切断而截止放电，以避免电池过度放电现象产生，并将电池保持在低静态电流的待机模式，此时的电流仅 0.1 μA。当锂电池接上充电器，且此时锂电池电压高于过度放电电压时，过度放电保护功能方可解除。另外，考虑到脉冲放电的情况，过放电检测电路设有延迟时间以避免产生误动作。

第四百八十五条　使用蓄电池的设备充电应当符合下列要求：

（一）充电设备与蓄电池匹配。

（二）充电设备接口具有防反向充电保护措施。

（三）便携式设备在地面充电。

（四）机车等移动设备在专用充电硐室或者地面充电。

（五）监控、通信、避险等设备的备用电源可以就地充电，并有防过充等保护措施。

【条文解释】　本条是对蓄电池设备充电的规定。

煤矿井下使用的蓄电池电机车的优点是无排气污染，运转热量小，噪声低。缺点是受蓄电池能重比的限制，功率偏小，自重较大，而且每工作 3~4 h 需要充电，蓄电池组成本较高，充电管理复杂。蓄电池电机车应在专用充电硐室或地面充电，充电设备与蓄电池匹配。例如 CDY2.5/4.6.7.9 G48（A）型蓄电池电机车整备质量 2.5 t，最大牵引力6.13 kN，需配备的蓄电池组电压 48 V，电容量（5 h 率）308 A·h。而 DY18/7.9 G208（A)型蓄电池电机车整备质量 18 t，最大牵引力 44.145 kN，需配备的蓄电池组电压 208 V，电容量（5 h 率）620 A·h。

充电设备接口应具有防反向充电保护措施，以保证正常充电。

为了充电安全，便携式设备应在地面充电。

监控、通信、避险等设备的备用电源可就地充电，当备用电源过度充电时，温度上升，导致内压上升。因此备用电源应配置充放电安全保护装置，有防过充等保护措施。

第四百八十六条　禁止在井下充电硐室以外地点对电池（组）进行更换和维修，本安设备中电池（组）和限流器件通过浇封或者密闭封装构成一个整体替换的组件除外。

【条文解释】　本条是对电池（组）更换和维修地点的规定。

蓄电池电机车必须在井下专用充电硐室中对蓄电池组进行更换和维修，因为在更换和维修过程中由于化学反应产生大量氢气，危害人体健康和引发氢气爆炸。井下专用充电硐室必须有独立的通风系统，回风风流应引入回风巷，且井下充电硐室风流中和局部积聚处的氢气浓度不得超过 0.5%。

第十一章 监控与通信

第一节 一般规定

第四百八十七条 所有矿井必须装备安全监控系统、人员位置监测系统、有线调度通信系统。

【条文解释】 本条是对所有矿井必须装备安全监控系统、人员位置监测系统、有线调度通信系统的规定。

1. 监控与通信系统建立的意义。

煤矿安全监控系统实现了甲烷风电瓦斯闭锁、超限断电等功能，为保障煤矿安全生产发挥了积极作用。人员位置监测系统可以及时掌握井下人员的动态分布及进出井人数情况，为加强安全监管，防止超定员组织生产提供了有力武器和科学手段。有线调度通信系统实现安全生产调度通信联络等。为了提高矿井安全装备和管理水平，确保矿井安全生产，所有矿井必须装备安全监控系统、人员位置监测系统、有线调度通信系统。

(1) 瓦斯（甲烷）是成煤过程中的一种伴生产物，所有矿井在开采过程中都会涌出瓦斯等有害气体，只不过不同煤层的瓦斯含量差异较大，开采时涌出量的多少不同而已，但都会对矿井安全生产构成威胁，所以对所有矿井进行实时监控是非常必要的。

(2) 在一些瓦斯涌出量不大的低瓦斯矿井中，当煤层赋存条件发生变化或遇到地质构造复杂的地带时，很可能出现高瓦斯区域，这些区域不仅瓦斯涌出量较高，威胁较大，若因排放瓦斯或通风系统管理不善，还很可能威胁其他低瓦斯区域乃至全矿井的安全，所以有必要对全矿井实施全方位的瓦斯监控管理措施。

(3) 低瓦斯矿井虽然瓦斯涌出量小，但在无风、微风状态下，仍然会形成瓦斯积聚，使之达到爆炸浓度，发生瓦斯事故，所以也需要监控瓦斯和井下设备的运行状况。

(4) 大多数低瓦斯矿井在通风瓦斯管理方面，与高突矿井相比相差甚远，其思想松懈、管理疏忽、装备落后，所以必须引起安全监控的高度重视。

(5) 瓦斯管理“先抽后采、以风定产、监测监控”十二字方针是集通风、抽采、监测为一体的瓦斯管理体系，是几十年来煤矿瓦斯治理实践经验的总结，反映了瓦斯防治工作的客观规律。“监测监控”是十二字方针不可分割的组成部分，是防止瓦斯事故的重要防线和保障措施，所以“所有矿井都必须装备矿井安全监控系统”是贯彻落实瓦斯治理十二字方针的具体措施。

(6) 我国煤矿安全生产实践证明，低瓦斯矿井发生瓦斯事故的比例并不亚于高突矿井，尤其乡镇集（个）体煤矿。据统计资料，低瓦斯矿井发生瓦斯爆炸事故次数占瓦斯爆炸总次数的70%左右，甚至有的低瓦斯矿井还发生了特别重大瓦斯爆炸事故。

【典型事例】 2007 年 12 月 5 日，山西省临汾市某煤矿非法开采的 9 号煤层从未进行瓦斯等级鉴定和自燃倾向性鉴定，有 10 个掘进工作面出煤，以掘代采，违规使用非防爆机动车多达 54 辆。没有形成独立的通风系统，属无风微风作业，没有安装安全监控系统，井下作业人员和抢救人员大多数没有佩戴自救器。瓦斯爆炸发生在 9 号煤层，9 号煤层巷道有煤尘参与爆炸形成的过火结焦现象。当班井下作业人员共 128 人，事故后该矿盲目组织施救又下井 37 人，经抢救有 60 人脱险（其中 18 人受伤），105 人死亡。

2. 安全监控系统。

（1）煤矿安全监控系统用来监测甲烷浓度、一氧化碳浓度、二氧化碳浓度、氧气浓度、风速、风压、温度、烟雾、馈电状态、风门状态、风筒状态、局部通风机开停、主通风机开停等，并实现甲烷超限声光报警、断电和甲烷风电闭锁控制等。

（2）煤矿安全监测监控系统的作用：

① 当瓦斯超限或局部通风机停止运行或掘进巷道停风时，煤矿安全监控系统自动切断相关区域的电源并闭锁，避免或减少电气设备失爆、违章作业、电气设备故障电火花或危险温度引起的瓦斯爆炸；避免或减少采、掘、运等设备运行产生的摩擦碰撞火花及危险温度等引起的瓦斯爆炸；提醒领导、生产调度等及时将人员撤至安全处。

② 通过煤矿安全监控系统监控瓦斯抽采系统、通风系统、煤炭自燃、瓦斯突出等。煤矿安全监控系统在应急救援和事故调查中也发挥着重要作用，当煤矿井下发生瓦斯（煤尘）爆炸等事故后，系统的监测记录是确定事故时间、爆源、火源等的重要依据之一。

3. 人员位置监测系统。

（1）人员位置监测系统在煤矿避险救灾中的重要作用：

① 为地面调度控制中心提供准确、实时的井下作业人员身份信息、工作位置、工作轨迹等相关管理数据，实现对井下工作人员的可视化管理，提高煤矿开采生产管理的水平。

② 矿井灾变后，通过系统查询、确定被困作业人员构成、数量、事故发生时所处位置等信息，确保抢险救灾和安全救护工作的高效运作。

（2）人员位置监测系统应具备以下功能：

① 监测显示功能。

——实时动态显示人员、机车的相对位置；

——人员轨迹显示功能；

——禁区报警显示功能。

② 查询功能。

——查询当前井下人员的数量及区域分布情况；

——查询任一井下人员在当前或指定时刻所处的区域；

——查询任一井下人员当天或指定日期的活动踪迹；

——查询当前某一选定区域的人员信息；

——查询经过某一选定读卡机人员的时间信息。

③ 超时报警功能。

对下井超过一定时间的人员提示报警，并给出相关信息。

④ 紧急求救功能（仅限于具有双向通信功能系统）。

⑤ 广播报警功能。

⑥ 人员搜救功能。

⑦ 统计考勤功能。

——显示每个下井人员确切的下井时间和上井时间。

——判断不同类别的人员是否足班（根据工种规定足班时间），从而确定其该次下井是否有效。

——在月统计报表中对下井时间、下井次数（有效次数）等分类统计，便于考核。

（3）人员位置监测系统建设内容：

① 按 AQ 1048 标准要求装备、使用、管理；

② 推进井下人员定位的远程联网；

③ 逐步实现井下人员精确定位，为煤矿井下作业人员管理和灾变后准确获取遇险人员信息发挥作用。

4. 有线调度通信系统。

通信联络系统是指语音通信系统，包括矿用程控调度通信系统、矿井移动通信系统、矿用救灾通信系统等。

（1）矿用程控调度通信系统一般由矿用本质安全型防爆电话、防爆广播设备（扩音喇叭）、矿用程控调度交换机（含安全栅）、调度台、电源、电缆等组成。矿用本质安全型防爆电话实现声音信号与电信号相关转换，同时具有来电提示、拨号等功能。程控调度交换机控制和管理整个系统，具有交换、接续、控制和管理功能。调度台具有通话、呼叫、强插、强拆、广播、来电声光提示等功能。

（2）通信联络系统的作用是：

① 煤矿井下作业人员可通过通信系统汇报安全生产隐患、事故情况、人员情况等，并请求救援；

② 调度室值班人员及领导通过通信系统通知井下作业人员撤人、逃生路线等；

③ 日常生产调度通信联络等。

（3）通信联络系统建设完善内容：

① 按要求安装井下电话，并与矿调度室直接联系。调度通信系统应取得工信部门的电信入网许可，用于煤矿井下的电话必须是矿用本质安全型防爆电话。

② 煤矿主副井井底车场、运输调度室、井下主要机电硐室（变电所、上下山绞车房、水泵房、带式输送机集中控制硐室）、采掘工作面、地面主通风机房、地面变电所、《年度灾害预防和处理计划》中明确要求的地点及在采区、水平、矿井等最高点和人员可能避险的位置设置电话，灾后与被困人员通信联系。

③ 井下避难硐室（移动救生舱）、井下主要水泵房、井下中央变电所、矿井地面变电所、地面通风机房和突出煤层采掘工作面附近、爆破时撤离人员集中地点必须设有直通矿调度室的电话。

④ 提高通信系统的可靠性和抗灾能力。

⑤ 研究灾后能保持与井下避难室、救生舱避险人员通信联络的新技术。

第四百八十八条 编制采区设计、采掘作业规程时，必须对安全监控、人员位置监测、有线调度通信设备的种类、数量和位置，信号、通信、电源线缆的敷设，安全监控系统的断电区域等做出明确规定，绘制安全监控布置图和断电控制图、人员位置监测系统图、井下通信系统图，并及时更新。

每3个月对安全监控、人员位置监测等数据进行备份，备份的数据介质保存时间应当不少于2年。图纸、技术资料的保存时间应当不少于2年。录音应当保存3个月以上。

【条文解释】 本条是对编制采区设计、采掘作业规程和安全技术措施对安全监控、人员位置监测、有线调度通信设备的规定。

1. 要求煤矿企业的采区设计、采掘作业规程和安全技术措施，必须对安全监控、人员位置监测、有线调度通信设备给出明确说明，其中包括文字说明和绘制布置图。必须绘制煤矿安全测控布置图和断电控制图。

（1）布置图应标明传感器、声光报警器、断电控制器、分站、电源、中心站等设备的位置、接线、断电范围、报警值、断电值、复电值、传输电缆、供电电缆等。

（2）断电控制图应标明甲烷传感器、馈电传感器和分站的位置，断电范围，被控开关的名称和编号，被控开关的断电接点和编号。

2. 由于井下生产布局的不断变化，安全监控布置图和断电控制图、人员位置监测系统图、井下通信系统图也随之改变，所以要及时更新，保持始终与井下实际情况相吻合，以适应煤矿井下作业场所经常移动的特点，及时准确地指导安全生产和抢险救灾工作。

对安全监控、人员位置监测等数据必须妥善保存，图纸、技术资料的保存时间应不少于2年，录音应保存3个月以上。为了预防资料数据在意外情况下发生丢失等现象带来麻烦，每3个月对安全监控、人员位置监测等数据进行备份，备份的数据介质保存时间应不少于2年。

第四百八十九条 矿用有线调度通信电缆必须专用。严禁安全监控系统与图像监视系统共用同一芯光纤。矿井安全监控系统主干线缆应当分设两条，从不同的井筒或者一个井筒保持一定间距的不同位置进入井下。

设备应当满足电磁兼容要求。系统必须具有防雷电保护，入井线缆的入井口处必须具有防雷措施。

系统必须连续运行。电网停电后，备用电源应当能保持系统连续工作时间不小于2 h。

监控网络应当通过网络安全设备与其他网络互通互联。

安全监控和人员位置监测系统主机及联网主机应当双机热备份，连续运行。当工作主机发生故障时，备份主机应当在5 min内自动投入工作。

当系统显示井下某一区域瓦斯超限并有可能波及其他区域时，矿井有关人员应当按瓦斯事故应急救援预案切断瓦斯可能波及区域的电源。

安全监控和人员位置监测系统显示和控制终端、有线调度通信系统调度台必须设置在矿调度室，全面反映监控信息。矿调度室必须24 h有监控人员值班。

【名词解释】 电缆、甲烷断电仪、甲烷风电闭锁装置

电缆——用于电力、通信及相关传输用途的材料。

甲烷断电仪——井下甲烷浓度超限时，能自动切断受控设备电源的仪器。

甲烷风电闭锁装置——当掘进工作面的局部通风机停止运转或巷道内甲烷浓度超限时，能立即自动切断该供风巷道中的一切电源的安全装置。

【条文解释】 本条是对煤矿安全监控和人员位置监测系统的规定。

1. 在监控系统中，对电缆的要求是有严格规定的。电缆的型号是由厂家在使用说明书给出的，用户不得擅自更改。由于电缆的分布参数直接与信号传输有关，监控系统要根据电缆的最大传输距离和相关的分布参数进行传输信号的本质安全性能试验，因此，用户在使用中要严格执行产品使用说明书给出的电缆型号和参数。

安全监控设备之间必须使用专用阻燃电缆连接，严禁与调度电话电线和动力电缆等共用，主要是为了确保其本质安全防爆性能。当监控信号电缆发生故障时，还可通过调度电话及时了解井下甲烷浓度等信息。若监控信号与调度电话共用电缆，其本质安全防爆性能难以保证，当电缆发生故障时，监控设备和调度电话均无法正常工作，不能及时了解井下甲烷浓度等信息。

矿用有线调度通信电缆必须专用，严禁监控系统与图像监视系统共用同一芯光纤，以避免相互干扰。矿井安全监控系统主干线缆是传输信号的重要材料，为了确保在电缆发生故障状态设备仍然坚持正常运行，必须采用双路传输，万一其中一路发生故障，立即转换到另一路，保证设备安全可靠。矿井安全监控系统主干线缆应分设 2 条，从不同的井筒或一个井筒保持一定间距的不同位置进入井下。

同时，要求监控网络应通过网闸等网络隔离设备与其他网络互通互联。

2. 当与闭锁控制有关的设备未投入正常运行或发生传感器、分站断线等故障时，必须切断该监控设备所控制区域的全部非本质安全型电气设备的电源并闭锁。安全监控设备的故障闭锁功能主要是由软件来实现的。

为了实现当电网停电后保证系统正常工作时间不少于 2 h，监控系统的地面中心站应双回路供电并配备不少于 8 h 在线式不间断电源。井下分站内要有备用电池。

煤矿安全监控系统的主机及系统联网主机必须双机或多机备份，24 h 不间断运行。当工作主机发生故障时，备份主机应在 5 min 内投入工作。

当系统显示瓦斯超限时，矿井有关人员应当按规定切断瓦斯可能影响范围的电源。

3. 矿调度室是矿井安全生产指挥中心，安全监控和人员位置监测系统显示和控制终端，有线调度通信系统调度台必须设置在矿调度室，全面反映监控信息，以利于值班矿领导作出正确的判断和决策。

4. 必须配备专职人员对矿井安全监控系统进行管理、使用和维护。

（1）要完善系统的管理运行机制，各重点煤矿以及实现区域联网的地区要配备专门人员负责系统的运行和维修管理。

（2）要按照管理、使用和维护的实际需要配备足够的人员。矿调度室必须 24 h 有监控人员值班。

（3）所有煤矿安全监控系统和区域监控联网系统的管理、使用和维护人员，必须经过培训，考试合格后持证上岗。

（4）产煤省（区、市）应在乡镇煤矿相对集中、技术力量比较薄弱的地区扶持一批煤矿安全监控系统技术服务机构，依法为中小煤矿开展技术服务活动。

第二节 安全监控

第四百九十条 安全监控设备必须具有故障闭锁功能。当与闭锁控制有关的设备未投入正常运行或者故障时，必须切断该监控设备所监控区域的全部非本质安全型电气设备的电源并闭锁；当与闭锁控制有关的设备工作正常并稳定运行后，自动解锁。

安全监控系统必须具备甲烷电闭锁和风电闭锁功能。当主机或者系统线缆发生故障时，必须保证实现甲烷电闭锁和风电闭锁的全部功能。系统必须具有断电、馈电状态监测和报警功能。

【条文解释】 本条是对安全监控设备故障闭锁功能的规定。

安全监控是防范瓦斯事故的有效保障。监测监控就是利用先进的技术手段，及时掌握煤矿井下瓦斯含量和瓦斯浓度，在瓦斯超限等异常情况发生时，及时采取措施，化解风险，杜绝事故。

1. 安全监控设备必须具有故障闭锁功能。

（1）当与闭锁控制有关的设备未投入正常运行或故障时，必须切断该监控设备所监控区域的全部非本质安全型电气设备的电源并闭锁。

（2）当与闭锁控制有关的设备工作正常并稳定运行后，自动解锁。

2. 安全监控系统必须具备甲烷电闭锁和风电闭锁功能。

（1）当主机或系统线缆发生故障时，必须保证实现甲烷电闭锁和风电闭锁的全部功能。

（2）系统必须具有断电、馈电状态监测和报警功能。

（3）具有煤与瓦斯突出报警和断电闭锁功能。

3. 高瓦斯和突出矿井的安全监控系统必须具有瓦斯抽采监测功能。

4. 确保矿井安全监控系统闭锁功能。要正确选择监控设备的供电电源和连线方式，保证监控系统的断电和故障闭锁功能。

（1）监控设备的供电电源必须取自被控开关的电源侧。

（2）每隔 10 天必须对甲烷超限断电闭锁和甲烷风电闭锁功能进行测试，保证甲烷超限断电闭锁、停风断电闭锁功能和断电范围的准确可靠。

（3）中心站应正确显示报警断电及馈电的时间和地点。

（4）采掘工作面等作业地点瓦斯超限时，应声光报警、自动切断监控区域内全部非本质安全型电气设备的电源并保持闭锁状态。

【典型事例】 2004 年 10 月 20 日 22：09，河南省郑州市某煤矿 21 岩石下山掘进工作面发生一起延期性特大型煤与瓦斯突出。突出的瓦斯逆流进入西大巷进风流中，造成西大巷与 11 轨道石门交汇处的瓦斯浓度达到爆炸界限，由架线电机车取电弓与架线产生的电火光，22：40 引发了特别重大瓦斯爆炸事故。该矿值班领导和工作人员对煤与瓦斯突出安全监控系统（矿井安装有 DJ90 安全监控系统）报警应急处置不当，在长达 31 min 时间内没有按照规定和事故应急预案要求，对瓦斯突出地点及波及的大面积区域实施停电、撤人措施，从而导致瓦斯爆炸事故事态扩大，造成 148 人死亡、35 人受伤，直接经济损失 3 935.7 万元。

第四百九十一条 安全监控设备的供电电源必须取自被控开关的电源侧或者专用电源，严禁接在被控开关的负荷侧。

安装断电控制系统时，必须根据断电范围提供断电条件，并接通井下电源及控制线。

改接或者拆除与安全监控设备关联的电气设备、电源线和控制线时，必须与安全监控管理部门共同处理。检修与安全监控设备关联的电气设备，需要监控设备停止运行时，必须制定安全措施，并报矿总工程师审批。

【条文解释】 本条是对安全监控系统安装与拆除的规定。

安全监控系统必须有专门机构和专业队伍进行管理，其安装、使用、维护人员必须经过专业培训，持证上岗。

安全监控管理机构负责安全监控设备的安装、调试和维护工作。安装安全监控设备前，使用单位必须根据已批准的作业规程或安全技术措施提出安装申请单，分别送通风和机电部门。安装断电控制系统时，使用单位或机电部门必须根据断电范围要求，提供断电条件，并接通井下电源及控制线，在连接时必须有安全监测人员在场监护。

为防止甲烷超限断电，切断安全监控设备的供电电源，安全监控设备的供电电源必须取自被控开关的电源侧或者专用电源，严禁接在被控开关的负荷侧。

模拟量传感器应设置在能正确反映被测物理量的位置。开关量传感器应设置在能正确反映被监测状态的位置。声光报警器应设置在经常有人工作便于观察的地点。

井下分站，应设置在便于人员观察、调试、检验及支护良好、无滴水、无杂物的进风巷道或硐室中，安设时应垫支架，使其距巷道底板不小于 300 mm，或吊挂在巷道中。

安全监控系统的隔爆兼本质安全型防爆电源严禁设置在断电范围内，宜设置在采区变电所。隔爆兼本质安全型防爆电源严禁设置在下列区域：

1. 低瓦斯和高瓦斯矿井的采煤工作面和回风巷内；
2. 煤与瓦斯突出矿井的采煤工作面、进风巷和回风巷；
3. 掘进工作面内；
4. 采用串联通风的被串采煤工作面、进风巷和回风巷；
5. 采用串联通风的被串掘进巷道内。

与安全监控设备关联的电气设备、电源线和控制线在改接或拆除时，必须与安全监控管理部门共同处理。检修与安全监控设备关联的电气设备，需要监控设备停止运行时，必须制定安全措施，并报矿总工程师审批。

安全监控设备使用前和大修后，必须按产品使用说明书的要求测试、调校合格，并在地面试运行 24~48 h 方能下井。

第四百九十二条 安全监控设备必须定期调校、测试，每月至少 1 次。

采用载体催化元件的甲烷传感器必须使用校准气样和空气气样在设备设置地点调校，便携式甲烷检测报警仪在仪器维修室调校，每 15 天至少 1 次。甲烷电闭锁和风电闭锁功能每 15 天至少测试 1 次。可能造成局部通风机停电的，每半年测试 1 次。

安全监控设备发生故障时，必须及时处理，在故障处理期间必须采用人工监测等安全措施，并填写故障记录。

【条文解释】 本条是对安全监控设备调校、测试与故障处理的规定。

安全监控设备虽然在生产制造过程中经过老化检验，但在使用过程中不可避免地受环境因素和自然条件的影响而产生故障，特别是测量用传感器中的传感元件受检测原理的限制，其使用寿命随使用时间而衰减，灵敏度也要下降。受以上因素的制约，安全监控设备在使用过程中必须进行定期维护和标校。

采用催化燃烧原理的甲烷传感器、便携式甲烷检测报警仪、甲烷检测报警矿灯等，每隔15天必须使用校准气样和空气气样在设备设置地点，按产品使用说明书的要求调校1次。调校时，应先在新鲜空气中或使用空气样调校零点，使仪器显示值为零，再通入浓度为1%~2%的甲烷校准气体，调整仪器的显示值与校准气体浓度一致，气样流量应符合产品使用说明书的要求。便携式甲烷检测报警仪在仪器维修室调校，每15天至少1次。

安全监控设备中一般设备在安装完成后，应全面标调1次，以后调校，测试至少每月进行1次。可能造成局部通风机停电的，每半年测试1次。

传感器经过调校检测误差仍超过规定值时，必须立即更换；安全测控仪器发生故障时，必须及时处理，在更换和故障处理期间必须采用人工监测等安全措施，并填写故障记录。

低浓度甲烷传感器经大于4%的甲烷冲击后，应及时进行调校或更换。

第四百九十三条 必须每天检查安全监控设备及线缆是否正常，使用便携式光学甲烷检测仪或者便携式甲烷检测报警仪与甲烷传感器进行对照，并将记录和检查结果报矿值班员；当两者读数差大于允许误差时，应当以读数较大者为依据，采取安全措施并在8 h内对2种设备调校完毕。

【条文解释】 本条是对检查安全监控设备及线缆的规定。

1. 矿井安全监控系统的使用。

使用煤矿安全监控系统必须24 h连续运行。

煤矿安全监控系统传感器的数据或状态应传输到地面主机，并按有关规定实现安全监控系统联网。

电网停电后，备用电源不能保证设备连续工作1 h时，应及时更换。

炮采工作面甲烷传感器在爆破前应移到安全位置，爆破后应及时恢复到正确位置。对需要经常移动的传感器、声光报警器、断电控制器及电缆等，由采掘班组长负责按规定移动，严禁擅自停用。

井下使用的分站、传感器、声光报警器、断电控制器及线缆等由所在区域的区队长、班组长负责使用和管理。

矿长、矿技术负责人、爆破工、采掘区队长、通风区队长、工程技术人员、班长、流动电钳工、安全监测工下井时，必须携带便携式甲烷检测报警仪或数字式甲烷检测报警矿灯。瓦斯检查工下井时必须携带便携式甲烷检测报警仪和光学甲烷检测仪。

煤矿采掘工、打眼工、在回风流工作的工人下井时宜携带数字式甲烷检测报警矿灯或甲烷报警矿灯。

2. 矿井安全监控系统的维护。

井下安全监测工必须 24 h 值班，必须每天检查安全监控设备及线缆是否正常，使用便携式光学甲烷检测仪或便携式甲烷检测报警仪与甲烷传感器进行对照，并将记录和检查结果报矿值班员；当两者读数差大于允许误差时，应以读数较大者为依据，采取安全措施并必须在 8 h 内对 2 种设备调校完毕。

下井管理人员发现便携式甲烷检测仪与甲烷传感器读数误差大于允许误差时，应立即通知安全监控部门进行处理。

低浓度甲烷传感器经大于 4%CH_4 的甲烷冲击后，应及时进行调校或更换。

传感器经过调校检测误差仍超过规定值时，必须立即更换；安全监控设备发生故障时，必须及时处理，在更换和故障处理期间必须采用人工监测等安全措施，并填写故障记录。

使用中的传感器应经常擦拭，清除外表积尘，保持清洁。采掘工作面的传感器应每天除尘；传感器应保持干燥，避免洒水淋湿；维护、移动传感器应避免摔打碰撞。

第四百九十四条　*矿调度室值班人员应当监视监控信息，填写运行日志，打印安全监控日报表，并报矿总工程师和矿长审阅。系统发出报警、断电、馈电异常等信息时，应当采取措施，及时处理，并立即向值班矿领导汇报；处理过程和结果应当记录备案。*

【条文解释】　本条是对监视监控信息处理的规定。

监控系统地面中心站必须 24 h 有人值班。值班人员应认真监视监视器所显示的各种信息，详细记录系统各部分的运行状态，填写运行日志，打印安全监控日报表，报矿总工程师和矿长审阅。

监控系统发出报警、断电、馈电异常等信息时，中心站值班人员必须立即通知矿井调度部门，查明原因，处理结果应记录备案。

调度值班人员接到报警、断电信息后，应立即向值班矿领导汇报，同时按规定指挥现场人员停止工作，断电时撤出人员，处理过程和结果应记录备案。

当系统显示井下某一区域瓦斯超限并有可能波及其他区域时，中心站值班员应按瓦斯事故应急预案手动遥控切断瓦斯可能波及区域的电源。

第四百九十五条　*安全监控系统必须具备实时上传监控数据的功能。*

【条文解释】　本条是对安全监控系统上传监控数据的规定。

煤矿安全监控系统应具备以下主要性能，并能实时上传监控数据：

1. 系统应具有甲烷浓度、风速、压差、一氧化碳浓度、温度等模拟量监测，馈电状态、设备开停、风筒开关、风门开关、烟雾等开关量监测和累计量监测功能。

2. 系统应具有甲烷浓度超限声光报警和断电/复电控制功能。

3. 系统应具有甲烷风电闭锁功能。

4. 系统应具有馈电状态监测功能。

5. 系统应具有中心站手动遥控断电/复电功能，断电/复电响应时间应不大于系统巡检周期。中心站手动遥控断电/复电功能是防止瓦斯超限违章作业的措施之一。当瓦斯超限时，中心站值班人员可通过系统切断有关区域的电源；待瓦斯浓度降低，通风系统工作正常后，中心站值班人员可通过系统遥控有关区域复电。中心站手动遥控断电/复电功能由中心站发送命令，传输系统传至相应分站，因此，断电/复电响应时间应不大于系统巡检周期。

6. 系统应具有异地断电/复电功能。异地断电/复电功能是解决接于A分站甲烷等被测量超限时，控制接于B分站的被控设备断电，以提高系统的灵活性。在主从式系统中，A分站的监控信息需经传输系统传至中心站后，再经传输系统传至B分站，因此，断电/复电响应时间应不大于2倍系统巡检周期。

7. 系统应具有备用电源。当电网停电后，系统应能对甲烷浓度、风速、负压、一氧化碳浓度、局部通风机开停、风筒状态等主要监控量继续监控，继续监控时间应不小于2 h。

8. 系统应具有自检功能。当系统中传感器、分站、主站、传输电缆等设备发生故障时，报警并记录故障时间、故障设备，以供查询及打印。

9. 系统主机应双机备份，并具有手动切换功能（自动切换功能可选）。当工作主机发生故障时，备份主机投入工作，保证系统的正常工作。

10. 系统应具有实时存储功能。

11. 系统应具有列表显示功能。

12. 系统应具有模拟量实时曲线和历史曲线显示功能。

13. 系统应具有柱状图显示功能，以便直观地反映设备开机率。显示内容包括地点、名称、最后一次开/停时刻和状态、工作时间、开机率、开/停次数、传感器状态、封锁与解锁等，并设时间标尺。

14. 系统应具有模拟动画显示功能，以便形象、直观、全面地反映安全生产状况。

15. 系统应具有系统设备布置图显示功能，以便及时了解系统配置、运行状况，便于管理与维修。

16. 系统应具有报表、曲线、柱状图、模拟图、初始化参数等召唤打印功能（定时打印功能可选），以便于报表分析。

17. 系统应具有人机对话功能，以便于系统生成、参数修改、功能调用。

18. 系统应具有防雷措施，防止雷电击毁设备，引起井下瓦斯爆炸。

19. 系统应具有抗干扰措施，防止架线电机车火花、大型机电设备启停等电磁干扰，影响系统正常工作。

20. 系统分站应具有初始化参数掉电保护功能，以防分站停电后初始化参数丢失。

21. 系统分站应能存储2 h以上的监测数据，当系统电缆等发生故障，恢复正常后可以将存储的数据传输给地面中心站。

22. 系统宜具有网络通信功能，以便于矿领导及上级主管部门对监控信息的利用。

23. 地面设备应具有防静电措施。

第四百九十六条 便携式甲烷检测仪的调校、维护及收发必须由专职人员负责，不符合要求的严禁发放使用。

【条文解释】 本条是对便携式甲烷检测仪的调校、维护及收发的规定。

便携式甲烷检测仪与监控系统同时使用，是矿井安全监控的双重保证。便携仪甲烷检测仪使用方便、灵活，可以弥补固定测量达不到的地点，且可以随时带到井上，标校更加方便，使测值更具准确性。

目前除光干涉甲烷检定器、甲烷便携仪、一氧化碳便携仪之外，便携仪正向智能化、多参数发展，光干涉甲烷检定器也向数字读数、大量程发展，给使用者带来更多的方便。

便携仪甲烷检测仪一般由电池供电，可充电电池每使用 8 h 需要充 1 次电。

便携仪甲烷检测仪应统一管理，调校、维护及收发必须由专职人员负责，不符合要求的严禁发放使用。

标校一般每 7 天进行 1 次，按说明书规定进行。当发现测值与固定式传感器有较大差异时应及时标校，找出问题所在。

在维修时，应详细阅读产品说明书。更换电子元器件时保证按原件型号参数选配，不得擅自改变元器件型号的参数。

更换电池组和传感元件时，应向生产厂家购买配件，不得随意使用替代件。电池组是经过本质安全检验部门认定的组件，不可随意改用其他电池替代，以免造成恶性事故发生。

经过维修的仪器，应重新标校合格后方可投入使用。

在正常使用后，应及时清理隔爆网及通气窗口上的粉尘，使用时不得硬性伤害仪器，测量时应按说明书规定的方法进行。

第四百九十七条 配制甲烷校准气样的装备和方法必须符合国家有关标准，选用纯度不低于 99.9%的甲烷标准气体作原料气。配制好的甲烷校准气体不确定度应当小于 5%。

【条文解释】 本条是对配制甲烷校准气样的规定。

包括甲烷传感器在内的安全监控设备，受井下空气温度、湿度和其他气体的影响，长期运行将会导致较大的仪器误差，严重影响检测的甲烷数值。为了保证甲烷传感器的精确灵敏运行，必须用校准气样定期对其进行标定。配制校准气样的装备和方法必须符合国家有关标准规定，配制好的甲烷校准气体不确定度应小于 5%；制作校准气样的原料气的甲烷纯度不得低于 99.9%，以免影响标定的精度。

第四百九十八条 甲烷传感器（便携仪）的设置地点，报警、断电、复电浓度和断电范围必须符合表 18 的要求。

表 18 甲烷传感器（便携仪）的设置地点，报警、断电、复电浓度和断电范围

设置地点	报警浓度/%	断电浓度/%	复电浓度/%	断电范围
采煤工作面回风隅角	≥1.0	≥1.5	<1.0	工作面及其回风巷内全部非本质安全型电气设备
低瓦斯和高瓦斯矿井的采煤工作面	≥1.0	≥1.5	<1.0	工作面及其回风巷内全部非本质安全型电气设备

表 18（续）

设置地点	报警浓度/%	断电浓度/%	复电浓度/%	断电范围
突出矿井的采煤工作面	≥1.0	≥1.5	<1.0	工作面及其进、回风巷内全部非本质安全型电气设备
采煤工作面回风巷	≥1.0	≥1.0	<1.0	工作面及其回风巷内全部非本质安全型电气设备
突出矿井采煤工作面进风巷	≥0.5	≥0.5	<0.5	工作面及其进、回风巷内全部非本质安全型电气设备
采用串联通风的被串采煤工作面进风巷	≥0.5	≥0.5	<0.5	被串采煤工作面及其进、回风巷内全部非本质安全型电气设备
高瓦斯、突出矿井采煤工作面回风巷中部	≥1.0	≥1.0	<1.0	工作面及其回风巷内全部非本质安全型电气设备
采煤机	≥1.0	≥1.5	<1.0	采煤机电源
煤巷、半煤岩巷和有瓦斯涌出岩巷的掘进工作面	≥1.0	≥1.5	<1.0	掘进巷道内全部非本质安全型电气设备
煤巷、半煤岩巷和有瓦斯涌出岩巷的掘进工作面回风流中	≥1.0	≥1.0	<1.0	掘进巷道内全部非本质安全型电气设备
突出矿井的煤巷、半煤岩巷和有瓦斯涌出岩巷的掘进工作面的进风分风口处	≥0.5	≥0.5	<0.5	掘进巷道内全部非本质安全型电气设备
采用串联通风的被串掘进工作面局部通风机前	≥0.5	≥0.5	<0.5	被串掘进巷道内全部非本质安全型电气设备
	≥0.5	≥1.5	<0.5	被串掘进工作面局部通风机
高瓦斯矿井双巷掘进工作面混合回风流处	≥1.0	≥1.0	<1.0	除全风压供风的进风巷外，双掘进巷道内全部非本质安全型电气设备
高瓦斯和突出矿井掘进巷道中部	≥1.0	≥1.0	<1.0	掘进巷道内全部非本质安全型电气设备
掘进机、连续采煤机、锚杆钻车、梭车	≥1.0	≥1.5	<1.0	掘进机、连续采煤机、锚杆钻车、梭车电源
采区回风巷	≥1.0	≥1.0	<1.0	采区回风巷内全部非本质安全型电气设备
一翼回风巷及总回风巷	≥0.7	—	—	

表 18（续）

设置地点	报警浓度/%	断电浓度/%	复电浓度/%	断电范围
使用架线电机车的主要运输巷道内装煤点处	≥0.5	≥0.5	<0.5	装煤点处上风流 100 m 内及其下风流的架空线电源和全部非本质安全型电气设备
矿用防爆型蓄电池电机车	≥0.5	≥0.5	<0.5	机车电源
矿用防爆型柴油机车、无轨胶轮车	≥0.5	≥0.5	<0.5	车辆动力
井下煤仓	≥1.5	≥1.5	<1.5	煤仓附近的各类运输设备及其他非本质安全型电气设备
封闭的带式输送机地面走廊内，带式输送机滚筒上方	≥1.5	≥1.5	<1.5	带式输送机地面走廊内全部非本质安全型电气设备
地面瓦斯抽采泵房内	≥0.5			
井下临时瓦斯抽采泵站下风侧栅栏外	≥1.0	≥1.0	<1.0	瓦斯抽采泵站电源

【条文解释】 本条是对甲烷传感器（便携仪）设置地点及报警、断电、复电浓度和断电范围的有关规定。

甲烷传感器应垂直悬挂在巷道上方风流稳定的位置，距顶板（顶梁）不得大于 300 mm，距巷道侧壁不得小于 200 mm，并应安装维护方便，不影响行人和行车。甲烷传感器（便携仪）设置地点及报警、断电、复电浓度和断电范围必须执行本条有关规定。

第四百九十九条 井下下列地点必须设置甲烷传感器：

（一）采煤工作面及其回风巷和回风隅角，高瓦斯和突出矿井采煤工作面回风巷长度大于 1 000 m 时回风巷中部。

（二）煤巷、半煤岩巷和有瓦斯涌出的岩巷掘进工作面及其回风流中，高瓦斯和突出矿井的掘进巷道长度大于 1 000 m 时掘进巷道中部。

（三）突出矿井采煤工作面进风巷。

（四）采用串联通风时，被串采煤工作面进风巷；被串掘进工作面的局部通风机前。

（五）采区回风巷、一翼回风巷、总回风巷。

（六）使用架线电机车的主要运输巷道内、装煤点处。

（七）煤仓上方、封闭的带式输送机地面走廊。

（八）地面瓦斯抽采泵房内。

（九）井下临时瓦斯抽采泵站下风侧栅栏外。

（十）瓦斯抽采泵输入、输出管路中。

【名词解释】 甲烷传感器

甲烷传感器——连续监测矿井环境气体中及抽采管道内甲烷浓度的装置，一般具有显示及声光报警功能。

【条文解释】　本条是对井下设置甲烷传感器地点的有关规定。

矿井必须在以下地点设置甲烷传感器：

1. 设置采煤工作面甲烷传感器。

当采用U形通风方式时，采煤工作面在回风隅角、回风巷距工作面上出口不小于10 m处，回风巷距采区回风上山10~15 m处各设置1个甲烷传感器。如果采用串联通风，被串联工作面在进风巷距采区进风上山10~15 m处设置1个甲烷传感器。高瓦斯矿井采煤工作面回风巷长度大于1 000 m时回风巷中部设置1个甲烷传感器。突出矿开采煤工作面进风巷设置1个甲烷传感器。

长壁采煤工作面甲烷传感器必须按图3-11-1设置。U形通风方式在上隅角设置甲烷传感器T_0，工作面设置甲烷传感器T_1，工作面回风巷设置甲烷传感器T_2；若煤与瓦斯突出矿井的甲烷传感器T_1不能控制采煤工作面进风巷内全部非本质安全型电气设备，则在进风巷设置甲烷传感器T_3；低瓦斯和高瓦斯矿井采煤工作面采用串联通风时，被串工作面的进风巷设置甲烷传感器T_4，如图3-11-1（a）所示。Z形、Y形、H形和B形通风方式的采煤工作面甲烷传感器的设置参照上述规定执行，如图3-11-1（b）、（c）、（d）、（e）所示。

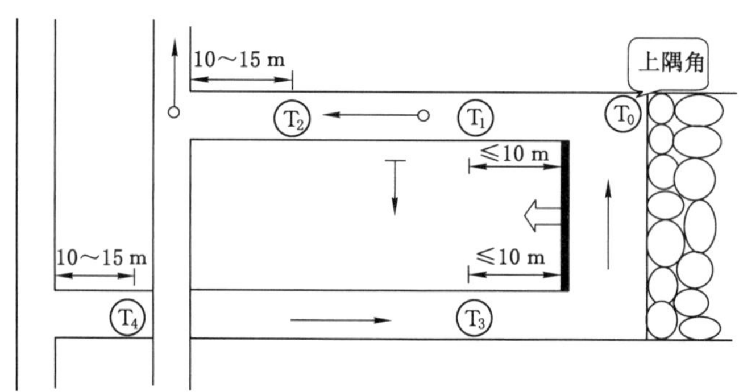

(a) U形通风方式

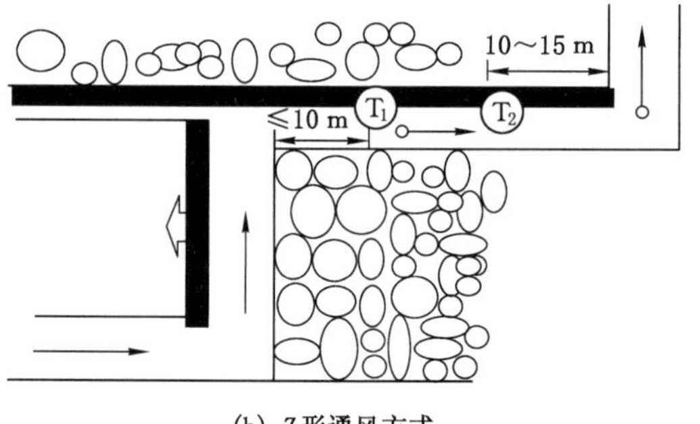

(b) Z形通风方式

图3-11-1　采煤工作面甲烷传感器的设置

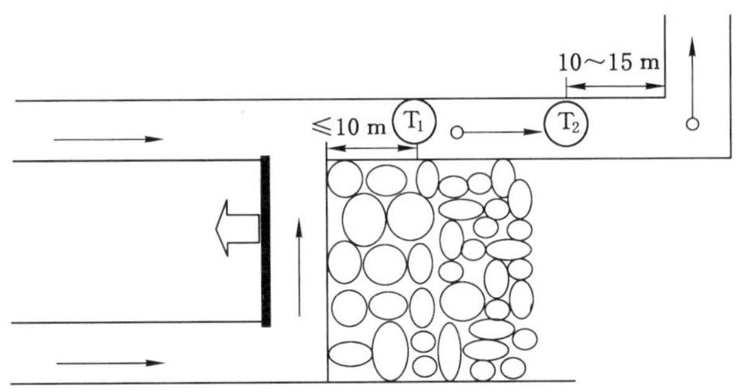

(c) Y形通风方式

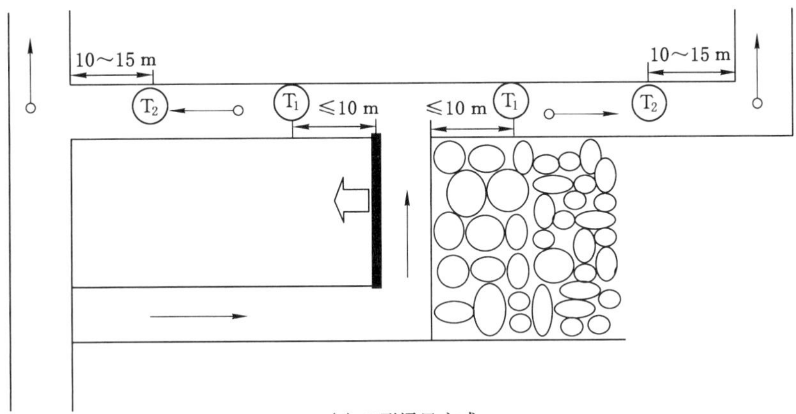

(d) H形通风方式

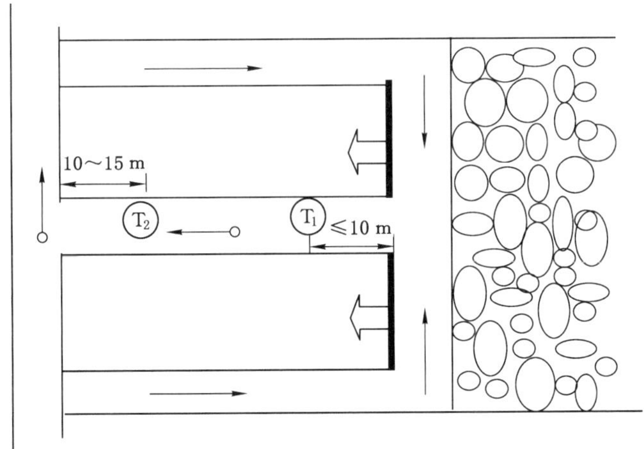

(e) B形通风方式

图 3-11-1（续）

2. 设置2条巷道回风的采煤工作面甲烷传感器。

采用2条巷道回风的采煤工作面甲烷传感器必须按图3-11-2设置：甲烷传感器T_0、T_1和T_2的设置同图3-11-1（a）；在第2条回风巷设置甲烷传感器T_5、T_6。采用3条巷道回风的采煤工作面，第3条回风巷甲烷传感器的设置与第2条回风巷甲烷传感器T_5、T_6的设置相同。

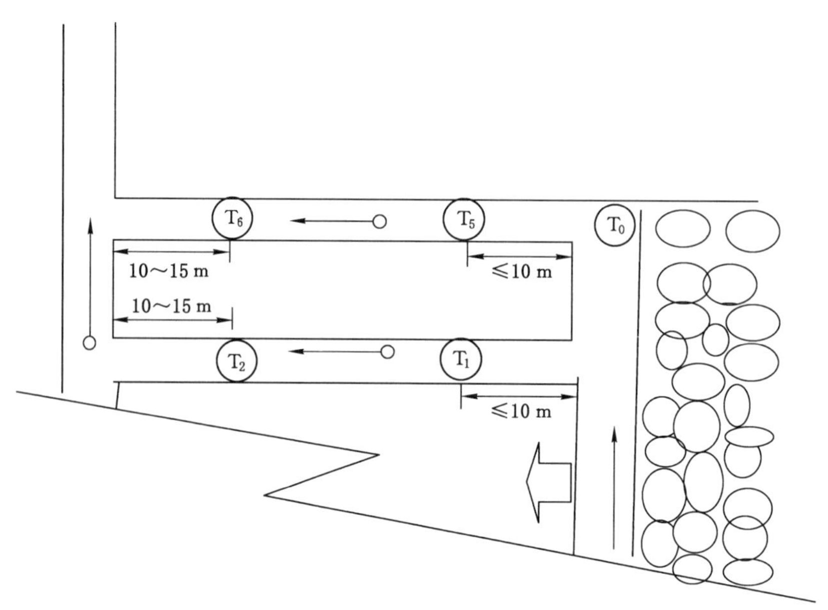

图3-11-2　采用2条巷道回风的采煤工作面甲烷传感器的设置

3. 设置掘进工作面甲烷传感器。

煤巷、半煤岩巷和有瓦斯涌出岩巷的掘进工作面应在以下地点设置甲烷传感器，并实现瓦斯风电闭锁：

（1）在掘进工作面混合风流处，即距工作面迎头不大于5 m处。

（2）在掘进工作面回风流中，即距采区回风上山10~15 m处。

（3）采用串联通风的掘进工作面，被串联工作面局部通风机前3~5 m处。

瓦斯矿井的煤巷、半煤岩巷和有瓦斯涌出岩巷的掘进工作面甲烷传感器必须按图3-11-3设置：在工作面混合风流处设置甲烷传感器T_1，在工作面回风流中设置甲烷传感器T_2；采用串联通风的掘进工作面，必须在被串工作面局部通风机前设置掘进工作面进风流甲烷传感器T_3。高瓦斯矿井的掘进巷道长度大于1 000 m时掘进巷道中部设置甲烷传感器。

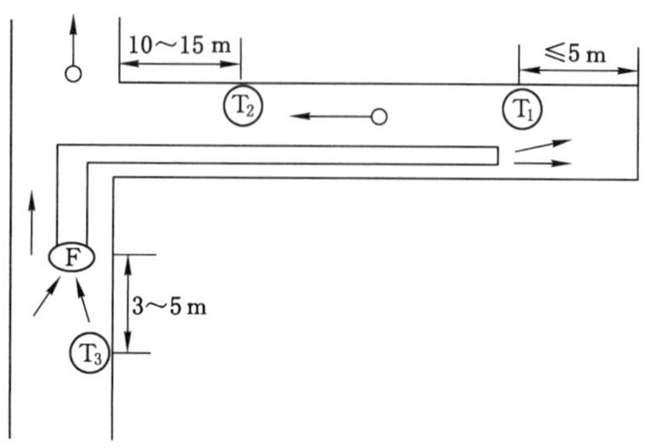

图3-11-3　掘进工作面甲烷传感器的设置

4. 设置双巷掘进甲烷传感器。

高瓦斯和煤与瓦斯突出矿井双巷掘进甲烷传感器必须按图3-11-4设置：在掘进

工作面及其回风巷设置甲烷传感器 T_1 和 T_2；在工作面混合回风流处设置甲烷传感器 T_3。

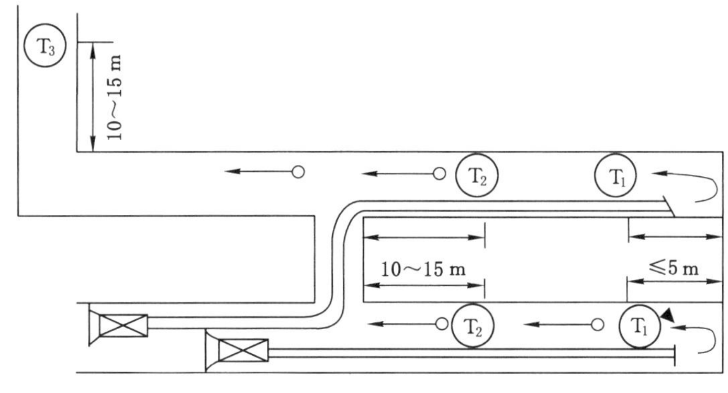

图 3-11-4　双巷掘进工作面甲烷传感器的设置

5. 设置机电硐室甲烷传感器。

设在回风流中的机电硐室进风侧必须设置甲烷传感器，如图 3-11-5 所示。

6. 设置装煤点处甲烷传感器。

使用架线电机车的主要运输巷道内，装煤点处必须设置甲烷传感器，如图 3-11-6 所示。井下煤仓上方、地面封闭的带式输送机地面走廊必须设置甲烷传感器。

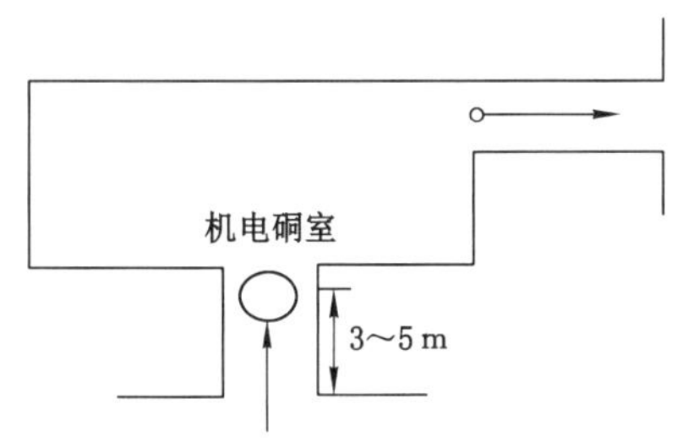

图 3-11-5　在回风流中的机电硐室甲烷传感器的设置

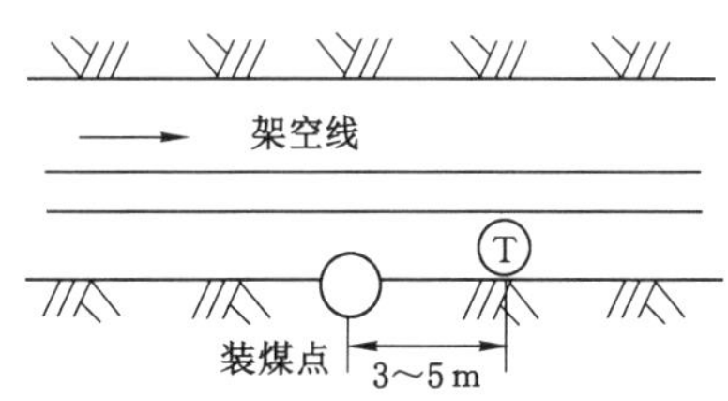

图 3-11-6　装煤点甲烷传感器的设置

7. 设置架线电机车巷道甲烷传感器。

高瓦斯矿井进风的主要运输巷道使用架线电机车时，在瓦斯涌出巷道的下风流中必须设置甲烷传感器，如图 3-11-7 所示。

矿用防爆特殊型蓄电池电机车必须设置车载式甲烷断电仪或便携式甲烷检测报警仪；矿用防爆型柴油机车必须设置便携式甲烷检测报警仪。

8. 设置瓦斯抽采泵站甲烷传感器。

(1) 瓦斯抽采泵站甲烷传感器的设置。

地面瓦斯抽采泵站内距房顶 300 mm 处必须设置甲烷传感器。井下临时抽采泵站内下风侧必须设置甲烷传感器。

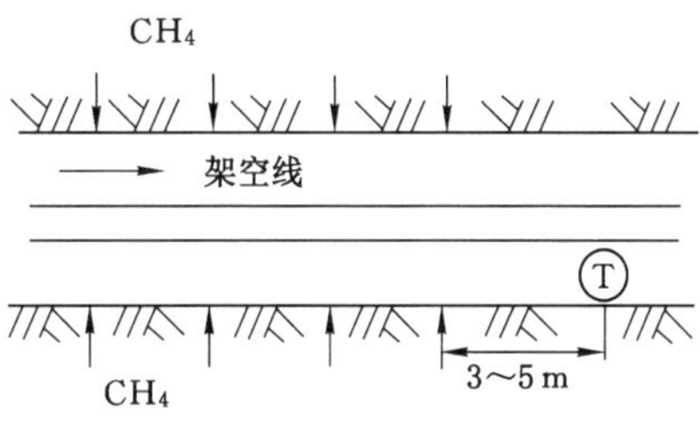

图 3-11-7　瓦斯涌出巷道的下风流中甲烷传感器的设置

（2）抽采泵输入管路中应设置甲烷传感器。

利用瓦斯时，应在输出管路中设置甲烷传感器；不利用瓦斯、采用干式抽采瓦斯设备时，输出管路中也应设置甲烷传感器。

（3）井下排瓦斯管路出口的下风侧栅栏外必须设置甲烷传感器。

低瓦斯和高瓦斯矿井的采区回风巷、一翼回风巷、总回风巷必须设置甲烷传感器。

第五百条 突出矿井在下列地点设置的传感器必须是全量程或者高低浓度甲烷传感器：

（一）采煤工作面进、回风巷。

（二）煤巷、半煤岩巷和有瓦斯涌出的岩巷掘进工作面回风流中。

（三）采区回风巷。

（四）总回风巷。

【条文解释】 本条是对突出矿井设置全量程或高低浓度甲烷传感器地点的规定。

突出矿井瓦斯含量大，动力破坏严重，采用测量瓦斯范围为0~4%的低浓度甲烷传感器显然是不够的，必须采用全量程或高低浓度甲烷传感器。

1. 设置采煤工作面甲烷传感器。

当采用U形通风方式时，采煤工作面在回风隅角、回风巷距工作面上出口不大于10 m处，回风巷距采区回风上山10~15 m处，在进风巷距工作面出口不大于10 m处各设置1个甲烷传感器；采煤工作面回风巷长度大于1 000 m时回风巷中部设置1个甲烷传感器。

2. 设置掘进工作面甲烷传感器。

掘进工作面应在以下地点设置甲烷传感器，并实现瓦斯风电闭锁：

（1）在掘进工作面混合风流处，即距工作面迎头不大于5 m处。

（2）在掘进工作面回风流中，即距采区回风上山10~15 m处。

（3）采用串联通风的掘进工作面，被串联工作面局部通风机前3~5 m处。

掘进巷道长度大于1 000 m时掘进巷道中部设置甲烷传感器。

采区回风巷、总回风巷必须设置全量程或者高低浓度甲烷传感器。

第五百零一条 井下下列设备必须设置甲烷断电仪或者便携式甲烷检测报警仪：

（一）采煤机、掘进机、掘锚一体机、连续采煤机。

（二）梭车、锚杆钻车。

（三）采用防爆蓄电池或者防爆柴油机为动力装置的运输设备。

（四）其他需要安装的移动设备。

【名词解释】 便携式甲烷检测报警仪

便携式甲烷检测报警仪——具有甲烷浓度数字显示及超限报警功能的携带式仪器。

【条文解释】 本条是对井下设备设置甲烷断电仪或便携式甲烷检测报警仪的规定。

煤矿井下有瓦斯，瓦斯浓度达到一定程度，会使人窒息或遇火引发瓦斯爆炸，瓦斯爆炸将带来巨大财产损失和人员伤亡。所以要对移动设备作业环境和运行条件进行瓦斯监测、报警和断电控制，瓦斯超限必须停止作业和运行，杜绝因设备和运行过程中产生的电气、机械、摩擦火花造成瓦斯爆炸事故。采煤机、掘进机、掘锚一体机、连续采煤机在切割煤岩体时会产生火花，梭车、锚杆钻车在移动和钻眼时会产生火花，采用防爆蓄电池或防爆柴油机为动力装置的运输设备运行中有时也会产生火花，所以，这些设备必须设置甲烷断电仪或便携式甲烷检测报警仪。

第五百零二条　突出煤层采煤工作面进风巷、掘进工作面进风的分风口必须设置风向传感器。当发生风流逆转时，发出声光报警信号。

突出煤层采煤工作面回风巷和掘进巷道回风流中必须设置风速传感器。当风速低于或者超过本规程的规定值时，应当发出声光报警信号。

【名词解释】　声光报警器、风向传感器、风速传感器

声光报警器——能发出声、光报警的装置。

风向传感器——连续监测矿井巷道中风流方向的装置。

风速传感器——连续监测矿井巷道中风流速度的装置。

【条文解释】　本条是对突出煤层设置风向传感器和风速传感器的规定。

风流方向发生逆转，说明通风系统已经紊乱，必须立即采取安全措施进行处理。有的地点人员检查不到，应安装声光报警器，发出声光报警信号，提醒领导和安全管理人员及时治理隐患。采煤工作面进风巷、掘进工作面进风的分风口发生风流逆转时，将影响这些地点的正常通风，甚至出现微风、无风或循环风，这种情况在突出煤层显得更为严重。

采煤工作面和掘进巷道的风量必须按有关规定准确进行计算，风速是反映风量的主要指标，按规定有一定要求，低于或超过规定值时都不行，风速低了说明风量不够，达不到安全通风的目的；风速超了说明风量过大，同样达不到安全通风的目的，还产生浪费。所以，突出煤层采煤工作面回风巷和掘进巷道回风流中必须设置风速传感器。

【典型事例】　2010 年 3 月 3 日，湖南省永州市某煤矿掘进工作面局部通风管理混乱，风量不足，造成瓦斯积聚，违章爆破引起瓦斯爆炸，造成 7 人死亡、1 人轻伤。

第五百零三条　每一个采区、一翼回风巷及总回风巷的测风站应当设置风速传感器，主要通风机的风硐应当设置压力传感器；瓦斯抽采泵站的抽采泵吸入管路中应当设置流量传感器、温度传感器和压力传感器，利用瓦斯时，还应当在输出管路中设置流量传感器、温度传感器和压力传感器。

使用防爆柴油动力装置的矿井及开采容易自燃、自燃煤层的矿井，应当设置一氧化碳传感器和温度传感器。

主要通风机、局部通风机应当设置设备开停传感器。

主要风门应当设置风门开关传感器，当两道风门同时打开时，发出声光报警信号。甲烷电闭锁和风电闭锁的被控开关的负荷侧必须设置馈电状态传感器。

【名词解释】　风压传感器、一氧化碳传感器、温度传感器、烟雾传感器、风筒开关传感器、风门开关传感器、馈电状态传感器、设备开停传感器

风压传感器——连续监测矿井通风机、风门、密闭巷道、通风巷道等地通风压力的装置。

一氧化碳传感器——连续监测矿井环境气体中一氧化碳浓度的装置。

温度传感器——连续监测矿井环境温度高低的装置。

烟雾传感器——连续监测矿井中胶带输送机胶带等着火时产生的烟雾的装置。

风筒开关传感器——连续监测风筒是否有风的装置。

风门开关传感器——连续监测矿井中风门“开”或“关”状态的装置。

馈电状态传感器——连续监测矿井中供电开关负荷侧有无电压的装置。

设备开停传感器——连续监测矿井中机电设备“开”或“停”状态的装置。

【条文解释】 本条是对煤矿各种传感器设置地点的规定。

煤矿安全监控系统主要传感器及其设置地点如下：

1. 每一个采区、一翼回风巷及总回风巷的测风站：风速传感器。

2. 主要通风机的风硐：压力传感器。

3. 瓦斯抽采泵站的抽采泵吸入管路中：流量传感器、温度传感器和压力传感器，利用瓦斯时，还应在输出管路中设置流量传感器、温度传感器和压力传感器。

4. 使用防爆柴油动力装置的矿井及开采容易自燃、自燃煤层的矿井：一氧化碳传感器和温度传感器。

5. 主要通风机、局部通风机：设备开停传感器。

6. 主要风门：风门开关传感器，当两道风门同时打开时，发出声光报警信号。

7. 甲烷电闭锁和风电闭锁的被控开关的负荷侧：馈电状态传感器。

第三节　人员位置监测

第五百零四条 下井人员必须携带标识卡。各个人员出入井口、重点区域出入口、限制区域等地点应当设置读卡分站。

第五百零五条 人员位置监测系统应当具备检测标识卡是否正常和唯一性的功能。

【条文解释】 以上两条是对煤矿下井人员标识卡携带、读取和检测功能的规定。

1. 人员位置监测系统组成及工作原理。

煤矿井下人员位置监测系统一般由标识卡、位置监测分站、电源箱（可与分站一体化）、传输接口、主机（含显示器）、系统软件、服务器、打印机、大屏幕、UPS 电源、远程终端、网络接口、电缆和接线盒等组成。

标识卡由下井人员携带，保存有约定格式的电子数据，当进入位置监测分站的识别范围时，将用于人员识别的数据发送给分站。

位置监测分站通过无线方式读取标识卡内用于人员识别的信息，并发送至地面传输接口。电源箱将交流电网电源转换为系统所需的本质安全型直流电源，并具有维持电网停电后正常供电不少于 2 h 的蓄电池。

传输接口接收分站发送的信号，并送主机处理；接收主机信号，并送相应分站；控制分站的发送与接收、多路复用信号的调制与解调，并具有系统自检等功能。

主机主要用来接收监测信号、报警判别、数据统计及处理、磁盘存储、显示、声光报警、人机对话、控制打印输出、与管理网络联接等。

2. 人员位置监测装备要求。

（1）各个人员出入井口、采掘工作面等重点区域出/入口、盲巷等限制区域等地点应设置分站，并能满足监测携卡人员出/入井、出/入采掘工作面等重点区域、出/入盲巷等限制区域的要求。

基于射频识别技术（RFID）的煤矿井下人员位置监测系统，宜设置2台以上分站或天线，以便判别携卡人员的运动方向。

（2）巷道分支处应设置分站，并能满足监测携卡人员出/入方向的要求。

巷道分支的各个巷道应设置分站或天线，以便判别携卡人员的运动方向。

（3）下井人员应携带标识卡。标识卡严禁擅自拆开。

（4）工作不正常的标识卡严禁使用。性能完好的标识卡总数，至少比经常下井人员的总数多10%。不固定专人使用的标识卡，性能完好的标识卡总数至少比每班最多下井人数多10%。

（5）矿调度室应设置显示设备，显示井下人员位置等。

（6）各个人员出入井口应设置检测标识卡工作是否正常和唯一性检测的装置，并提示携卡人员本人及有关人员。

标识卡工作正常和唯一性检测可以采用机器与人工配合的方法，也可采用虹膜、人脸等自动检测方法。

煤矿井下人员位置监测系统标识卡正常工作和下井人员每人1张卡，且仅携带表明自己身份的卡，是遏制超能力生产、加强煤矿井下作业人员管理、为应急救援提供技术支持的必要条件。

第五百零六条　*矿调度室值班员应当监视人员位置等信息，填写运行日志。*

【条文解释】　本条是对矿调度室值班员监视人员位置等信息的规定。

煤矿井下人员位置监测系统在遏制超定员生产、事故应急救援、领导下井带班管理、特种作业人员管理、井下作业人员考勤等方面发挥着重要作用，所以，矿调度室值班员应重视、利用人员位置监测系统，监视人员位置等信息，并坚持填写运行日志。

1. 遏制超定员生产。通过监控入井人数及进入采区、采煤工作面、掘进工作面等重点区域人数，遏制超定员生产。

2. 防止人员进入危险区域。通过对进入盲巷、采空区等危险区域人员监控，及时发现误入危险区域人员，防止发生窒息等伤亡事故。

3. 及时发现未按时升井人员。通过对人员出/入时刻监测，可及时发现超时作业和未升井人员，以便及时采取措施，防止发生意外。

4. 加强特种作业人员管理。通过对瓦斯检查员等特种作业人员巡检路径及到达时间监测，及时掌握检查员等特种作业人员是否按规定的时间和线路巡检。

5. 加强干部带班管理。通过对带班干部出入井及路径监测，及时掌握干部下井带班情况，加强干部下井带班管理。

6. 煤矿井下作业人员考勤管理。通过对入井作业人员出/入井和路径监测，及时掌握入井工作人员是否按规定出/入井，是否按规定到达指定作业地点等。

7. 应急救援与事故调查技术支持。通过系统可及时了解事故时入井人员总数、分布区域、人员的基本情况等。

发生事故时，系统不被完全破坏，还可在事故后 2 h 内（系统有 2 h 备用电源），掌握被困人员的流动情况。

在事故后 7 天内（标识卡电池至少工作 7 天），若标识卡不被破坏，可通过手持设备测定被困人员和尸体大致位置，以便及时搜救和清理。

8. 持证上岗管理。通过设置在人员出入井口的人脸、虹膜等检测装置，检测入井人员特征，与上岗培训、人脸、虹膜数据库资料对比，没有取得上岗证的人员不允许下井，特殊情况（如上级检查等）需经有关领导批准，并存储纪录。

9. 具有紧急呼叫功能的系统，调度室可以通过系统通知携卡人员撤离危险区域，携卡人员可以通过预先规定的紧急按钮向调度室报告险情。

第四节　通信与图像监视

第五百零七条　以下地点必须设有直通矿调度室的有线调度电话：矿井地面变电所、地面主要通风机房、主副井提升机房、压风机房、井下主要水泵房、井下中央变电所、井底车场、运输调度室、采区变电所、上下山绞车房、水泵房、带式输送机集中控制硐室等主要机电设备硐室、采煤工作面、掘进工作面、突出煤层采掘工作面附近、爆破时撤离人员集中地点、突出矿井井下爆破起爆点、采区和水平最高点、避难硐室、瓦斯抽采泵房、爆炸物品库等。

有线调度通信系统应当具有选呼、急呼、全呼、强插、强拆、监听、录音等功能。

有线调度通信系统的调度电话至调度交换机（含安全栅）必须采用矿用通信电缆直接连接，严禁利用大地作回路。严禁调度电话由井下就地供电，或者经有源中继器接调度交换机。调度电话至调度交换机的无中继器通信距离应当不小于 10 km。

【条文解释】　本条是对有线调度通信系统的有关规定。

1. 矿井通信系统内容。

（1）矿用调度通信系统；

（2）矿井广播通信系统；

（3）矿井移动通信系统；

（4）矿井救灾通信系统等。

2. 矿井通信系统的作用。

（1）煤矿井下作业人员可通过通信系统汇报安全生产隐患、事故情况、人员情况等，并请求救援。

（2）调度室值班人员及领导通过通信系统通知井下作业人员撤人、逃生路线等。

（3）日常生产调度通信联络等。

（4）矿井救灾通信系统主要用于灾后救援。

3. 井下有线调度电话设置地点。

煤矿井上下重要生产、安全和作业、避险人员密集场所，例如矿井地面变电所、主要通风机房、主副井提升机房、压风机房、井下主要水泵房、井下中央变电所、井底车场、运输调度室、采区变电所、上下山绞车房、水泵房、带式输送机集中控制硐室等主要机电设备硐室、采煤工作面、掘进工作面、突出煤层采掘工作面附近、爆破时撤离人员集中地点、突出矿井井下爆破起爆点、采区和水平最高点、避难硐室、瓦斯抽采泵房、爆炸物品库等必须设有直通矿调度室的有线调度电话。

4. 矿用通信系统的组成。

矿用调度通信系统一般由矿用本质安全型防爆调度电话、矿用程控调度交换机（含安全栅）、调度台、电源、电缆等组成。

矿用本质安全型防爆调度电话实现声音信号与电信号转换，同时具有来电提示、拨号等功能。

程控调度交换机控制和管理整个系统，具有交换、接续、控制和管理功能。

有线调度通信系统应具有选呼、急呼、全呼、强插、强拆、监听、录音等功能。

矿用调度通信系统不需要煤矿井下供电，因此，系统抗灾变能力强。

当井下发生瓦斯超限停电或故障停电等，不会影响系统正常工作。

当发生顶板冒落、水灾、瓦斯爆炸等事故时，只要电话和电缆不被破坏，就可与地面通信联络。

矿用调度通信系统抗灾变能力优于其他矿井通信系统。

5. 技术及装备要求。

煤矿必须装备矿用调度通信系统；积极推广使用矿井移动通信系统和矿井广播通信系统。矿山救护队应装备矿井救灾通信系统。

(1) 矿井通信系统应符合有关标准要求，取得矿用产品安全标志准用证和防爆合格证。

(2) 用于煤矿井下的通信设备必须是防爆型电气设备，在电缆和光缆上传输的信号必须是本质安全型信号。用于煤矿井下的电话必须是矿用本质安全型防爆电话。

(3) 煤矿必须装备矿用调度通信系统。

用于煤矿井下的调度电话必须是矿用本质安全型防爆电话。

调度电话应直接连接设置在地面的一般兼本质安全型调度交换机（含安全栅），并由调度交换机远程供电。

为防止煤矿井下因事故停电，影响系统正常工作，严禁调度电话由井下就地供电，或经有源中继器接调度交换机。

调度电话至调度交换机应采用矿用电缆连接。

调度电话至调度交换机的无中继通信距离应不小于10 km。

第五百零八条 矿井移动通信系统应当具有下列功能：

（一）选呼、组呼、全呼等。

（二）移动台与移动台、移动台与固定电话之间互联互通。

（三）短信收发。

（四）通信记录存储和查询。

（五）录音和查询。

【条文解释】 本条是对矿井移动通信系统功能的规定。

为提高通信的及时性和有效性，应积极推广应用矿井移动通信系统。

矿井移动通信系统具有通信及时和便捷的优点，特别适合于煤矿井下移动的作业环境和流动作业人员。但需要注意的是，矿井移动通信系统和矿用 IP 电话通信系统均不能替代矿用调度通信系统，这是因为矿井移动通信系统的基站和矿用 IP 电话通信系统的井下网络交换等设备均需井下供电，其抗灾变能力远远低于不需井下供电的矿用调度通信系统。

煤矿井下带班领导、技术人员、区队长、班组长、瓦斯检查工、安全检查工、电钳工等流动作业人员，宜配备矿用移动电话，以便及时通报安全隐患、紧急避险和调度指挥。

矿井移动通信系统一般由矿用本质安全型防爆手机、矿用防爆基站、系统控制器、调度台、电源、电缆（或光缆）等组成。

矿用本质安全型防爆手机实现声音信号与无线电信号转换，具有通话、来电提示、拨号、短信等功能，部分本安防爆手机还具有图像功能。

矿用防爆基站实现有线/无线转换，并具有一定的交换、接续、控制和管理功能。

系统控制器控制和管理整个矿井移动通信系统的设备，具有交换、接续、控制和管理等功能。

通信系统具有选呼、组呼、全呼等调度功能。

矿用防爆基站和防爆电源设置在井下，矿用本质安全型防爆手机主要用于井下。当井下发生瓦斯超限停电或故障停电等，会影响系统正常工作。因此，严禁矿井移动通信系统替代矿用调度通信系统。

第五百零九条 *安装图像监视系统的矿井，应当在矿调度室设置集中显示装置，并具有存储和查询功能。*

【条文解释】 本条是对矿调度室设置集中显示、存储和查询装置的规定。

监控与监测并重的矿井监控系统、监视与识别一体的图像监视系统、固定与移动相结合的矿井通信系统是实现煤矿井下固定岗位无人值守、采掘工作面少人作业的三大关键技术。矿井监控系统实现井下环境、灾害、人员和设备地面远程监测与控制，矿井图像监视系统实现图像远程监视、智能识别与报警，矿井通信系统实现地面调度室与井下巡视人员、井下作业人员之间的信息联络。为确保无人值守和少人作业后采、掘、机、运、通等生产环节正常运转，无人值守的岗位、采掘工作面和关键场所应设置摄像机。地面工业广场、采煤工作面、掘进工作面、带式输送机机头和机尾、斜井绞车、无极绳绞车、井下变电所、井下水泵房、井下避难硐室、副井入口或上下口、地面煤炭称重点、瓦斯抽采打钻点、主要硐室等应设置摄像机。安装图像监视系统的矿井，应在矿调度室设置集中显示装置，并具有存储和查询功能。

第五编　职业病危害防治

第一章　职业病危害管理

第六百三十七条　*煤矿企业必须建立健全职业卫生档案，定期报告职业病危害因素。*

【名词解释】　职业病、职业病危害和职业病危害因素

职业病——企业、事业单位和个体经济组织等用人单位的劳动者在职业活动中，因接触粉尘、放射性物质和其他有毒、有害因素而引起的疾病。

职业病危害——可能导致从事职业活动的劳动者职业病的各种危害。

职业病危害因素——劳动者在不良的生产环境和劳动条件下工作时，由生产过程、劳动过程中产生的可能影响劳动者健康的诸因素。包括：职业活动中存在的各种有害的化学、物理、生物因素以及在作业过程中产生的其他职业有害因素。

【条文解释】　本条是对煤矿企业职业卫生档案、定期报告职业病危害因素及其控制的规定。

1. 职业病的特点有以下3个方面：

（1）职业病是由职业危害所引起的，如接触粉尘、放射性物质和其他有毒、有害物质。职业病的轻重与职业危害因素的数量和强度有关。

（2）大多数职业病目前还没有特殊的治疗方法，还不能做到彻底消除疾病、恢复人体健康。

（3）职业病是人为的疾病，治疗个体无助于控制群体的发病，但是控制职业危害因素，能有效地降低其发病率，甚至消除职业病。

2. 煤矿的主要职业危害及职业病。

煤矿井下作业条件恶劣，职业危害因素较多，从业人员患职业病的也较多。职业危害因素主要有粉尘、噪声、振动、有害气体、生产性化学毒物、高温高湿、不良体位劳动等。

职业病主要有尘肺病、噪声聋、局部振动病、职业中毒（如一氧化碳中毒）及滑囊炎等。

（1）生产性粉尘。

生产性粉尘是煤矿的主要职业危害因素，井下生产过程中凿岩、钻煤眼、爆破、割煤、装煤（矸）、转载运输等环节均能产生大量粉尘，粉尘包括岩尘和煤尘2种。作业人员长期在岩尘超标的环境中劳动，可能引起矽肺病；作业人员长期在煤尘超标的环境中劳

动，可能引起煤肺病。

（2）有害气体。

井下空气中可能存在过量的甲烷、一氧化碳、二氧化碳、氮氧化合物等有害气体，如果不及时加强通风，将其冲淡并带走，就可能造成人员中毒。

（3）不良气候条件。

井下气候条件的基本特点是温差大、湿度大、风速大，因此，作业人员容易出现感冒、上呼吸道感染或风湿性关节炎。

（4）不良劳动体位。

在煤层薄的采煤工作面或者高度小的巷道从事作业的人员不能站立劳动，经常跪在底板上，使局部关节（如膝关节）长期受到强烈压迫及摩擦而引发滑囊炎，煤矿井下从业人员滑囊炎已列为国家承认的法定职业病；另外，井下从业人员长期弯腰劳动，容易引起腰椎病；井下空间较小、井下从业人员经常磕碰头部，容易引起颈椎病。

（5）噪声和振动。

随着采煤机械化程度的不断提高，生产性噪声和振动对从业人员的危害越来越大，如凿岩机、钻机、采煤机、掘进机、输送机、破碎机、压风机、水泵、局部通风机、机车、爆破等都会产生很大的噪声；有时噪声与振动同时存在，危害更大，噪声可引起噪声聋，如井下工人常见的耳朵“发背”，即听力显著减弱，振动可引起局部振动疾病。

（6）放射性物质。

煤矿井下放射性物质往往浓度比地面高，对从业人员的身体健康有一定影响。有的单位（如洗选煤厂等）在生产过程中使用某些放射性物质，若管理不善，将对人体产生很大危害。

3. 煤矿企业应当建立健全下列职业卫生档案资料，并按照有关规定妥善保存：

（1）职业病防治责任制文件；

（2）职业卫生管理规章制度、操作规程；

（3）工作场所职业病危害因素种类清单、岗位分布以及作业人员接触情况等资料；

（4）职业病防护设施、应急救援设施基本信息，以及其配置、使用、维护、检修与更换等记录；

（5）工作场所职业病危害因素检测、评价报告与记录；

（6）职业病防护用品配备、发放、维护与更换等记录；

（7）主要负责人、职业卫生管理人员和职业病危害严重工作岗位的劳动者等相关人员职业卫生培训资料；

（8）职业病危害事故报告与应急处置记录；

（9）劳动者职业健康检查结果汇总资料，存在职业禁忌证、职业健康损害或者职业病的劳动者处理和安置情况记录；

（10）建设项目职业卫生“三同时”有关技术资料，以及其备案、审核、审查或者验收等有关回执或者批复文件；

（11）职业卫生安全许可证申领、职业病危害项目申报等有关回执或者批复文件；

（12）其他有关职业卫生管理的资料或者文件。

4. 用人单位工作场所存在职业病目录所列职业病的危害因素的，应当及时、如实向所在地安全生产监督管理部门申报危害项目。考虑到煤矿安全监察机构一直负责煤矿的职业卫生工作，为了有利于煤矿安全监察工作的开展，保证煤矿职业卫生监督检查工作的连续性，煤矿安全监察机构负责煤矿职业病危害项目申报的监察、管理工作。

5. 定期报告职业病危害因素，包括用人单位的基本情况，工作场所职业病危害因素种类、分布情况及接触人数等主要内容。用人单位职业病危害项目发生重大变化后向原申报机关进行变更申报。

职业病危害项目申报表见表 5-1-1。

表 5-1-1　职业病危害项目申报表

单位：（盖章）　　主要负责人：　　日期：

<table>
<tr><td colspan="2">申报类别</td><td colspan="2">初次申报○　变更申报○</td><td>变更原因</td><td colspan="2"></td></tr>
<tr><td colspan="2">单位注册地址</td><td colspan="2"></td><td>工作场所地址</td><td colspan="2"></td></tr>
<tr><td colspan="2">企业类型</td><td colspan="2">大○中○小○微○</td><td>行业分类</td><td colspan="2"></td></tr>
<tr><td colspan="2">法定代表人</td><td colspan="2"></td><td>联系电话</td><td colspan="2"></td></tr>
<tr><td colspan="2" rowspan="2">职业卫生管理机构</td><td colspan="2" rowspan="2">有○　无○</td><td rowspan="2">职业卫生管理人员数</td><td>专职</td><td></td></tr>
<tr><td>兼职</td><td></td></tr>
<tr><td rowspan="5">职业病危害因素种类</td><td>粉尘类</td><td>有○　无○</td><td>接触人数</td><td></td><td colspan="2" rowspan="5">接触职业病危害总人数：</td></tr>
<tr><td>化学物质类</td><td>有○　无○</td><td>接触人数</td><td></td></tr>
<tr><td>物理因素类</td><td>有○　无○</td><td>接触人数</td><td></td></tr>
<tr><td>放射性物质类</td><td>有○　无○</td><td>接触人数</td><td></td></tr>
<tr><td>其他</td><td>有○　无○</td><td>接触人数</td><td></td></tr>
</table>

<table>
<tr><td rowspan="14">职业病危害因素分布情况</td><td>作业场所名称</td><td>职业病危害因素名称</td><td>接触人数（可重复）</td><td>接触人数（不重复）
因素人数</td></tr>
<tr><td rowspan="4">（作业场所 1）</td><td></td><td></td><td rowspan="3"></td></tr>
<tr><td></td><td></td></tr>
<tr><td></td><td></td></tr>
<tr><td>…</td><td></td><td rowspan="4"></td></tr>
<tr><td rowspan="4">（作业场所 2）</td><td></td><td></td></tr>
<tr><td></td><td></td></tr>
<tr><td></td><td></td></tr>
<tr><td>…</td><td></td><td rowspan="4"></td></tr>
<tr><td rowspan="4">…</td><td></td><td></td></tr>
<tr><td></td><td></td></tr>
<tr><td></td><td></td></tr>
<tr><td>…</td><td></td><td rowspan="2"></td></tr>
<tr><td colspan="3">合计</td></tr>
</table>

第六百三十八条　煤矿企业应当开展职业病危害因素日常监测，配备监测人员和设备。

煤矿企业应当每年进行一次作业场所职业病危害因素检测，每3年进行一次职业病危害现状评价。检测、评价结果存入煤矿企业职业卫生档案，定期向从业人员公布。

【条文解释】　本条是对煤矿企业职业病危害因素检测、评价的规定。

1. 职业病危害严重的煤矿企业，应当设置或者指定职业卫生管理机构或者组织，配备专职职业卫生管理人员。

其他存在职业病危害的煤矿企业，劳动者超过100人的，应当设置或者指定职业卫生管理机构或者组织，配备专职职业卫生管理人员；劳动者在100人以下的，应当配备专职或者兼职的职业卫生管理人员，负责本单位的职业病防治工作。

2. 产生职业病危害的煤矿企业，应当在醒目位置设置公告栏，公布有关职业病防治的规章制度、操作规程、职业病危害事故应急救援措施和工作场所职业病危害因素检测结果。

存在或者产生职业病危害的作业场所、作业岗位、设备、设施，应当按照《工作场所职业病危害警示标识》（GBZ 158—2003）的规定，在醒目位置设置图形、警示线、警示语句等警示标识和中文警示说明。警示说明应当载明产生职业病危害的种类、后果、预防和应急处置措施等内容。

3. 煤矿企业应当建立职业病危害因素定期检测制度，每年至少委托具备资质的职业卫生技术服务机构对其存在职业病危害因素的工作场所进行1次全面检测。

职业病危害严重的煤矿企业，除遵守前款规定外，还应当委托具有相应资质的职业卫生技术服务机构，每3年至少进行1次职业病危害现状评价。

检测、评价结果应当存入本单位职业卫生档案，并向安全生产监督管理部门报告和向劳动者公布。

第六百三十九条　煤矿企业应当为接触职业病危害因素的从业人员提供符合要求的个体防护用品，并指导和督促其正确使用。

作业人员必须正确使用防尘或者防毒等个体防护用品。

【名词解释】　个体防护用品

个体防护用品——劳动者在劳动中为防御物理、化学、生物等外界因素伤害人体而穿戴和配备的各种物品的总称。

【条文解释】　本条是对煤矿企业提供个体防护用品的规定。

煤矿生产，无论是矿井采掘，还是露天采剥，受工作环境的影响，防尘措施以湿式降尘为主，一切根本围绕着“水”。防尘技术单一，尤其是近年来，生产技术发展很快，防尘技术明显落后于生产发展速度。如机械采煤割煤机高速旋转时，产尘量大，尽管采用了内、外喷雾器和其他防尘措施，仍达不到国家职业卫生标准，另外因工作地点变化较大，对于距供水源较远的零散、临时、应急特殊工程，供水系统一时难以设置；以及对一些投资过大，暂无更好解决办法的作业环境，一时又不能集中治理，本着对该处作业的工人以人为本的原则，必须采取个人防护措施，用密封、过滤、隔离等方式，制造无尘、无毒的小环境代替高粉尘、高毒物作业区的大环境，减少高发危害物质对工人身体的直接损害，保证工人安全生产。所以，煤矿企业应当为接触职业病危害因素的从业人员提供个体防护用品，并指导和督促其正确使用，作业人员必须正确使用防尘或防毒等个体防护用品。

要求用人单位提供符合防治职业病要求的职业病防护设施和个人使用的职业病防护用品，改善工作条件是劳动者应享有的职业卫生保护权利。用人单位为劳动者个人提供的职业病防护用品必须符合防治职业病的要求，不符合要求的，不得使用。中华人民共和国安全生产行业标准《煤矿职业安全卫生个体防护用品配备标准》（AQ 1051—2008）规定了煤矿职业安全卫生个体防护用品的种类、配备范围及使用期限，适用于在煤矿井下、井上以及煤炭分选和露天煤矿作业职工职业安全卫生个体防护用品的配备。

第二章　粉 尘 防 治

第六百四十条　作业场所空气中粉尘（总粉尘、呼吸性粉尘）浓度应当符合表25的要求。不符合要求的，应当采取有效措施。

表25　作业场所空气中粉尘浓度要求

粉尘种类	游离 SiO_2 含量/%	时间加权平均容许浓度/（mg/m³）	
		总尘	呼尘
煤尘	<10	4	2.5
矽尘	10~50	1	0.7
	50~80	0.7	0.3
	≥80	0.5	0.2
水泥尘	<10	4	1.5

注：时间加权平均容许浓度是以时间加权数规定的 8 h 工作日、40 h 工作周的平均容许接触浓度。

【名词解释】　作业场所、粉尘、粉尘浓度、矽尘、时间加权平均容许浓度、总尘、呼吸性粉尘

作业场所——工人在生产过程中经常或定时停留的地点。

粉尘——悬浮于作业场所空气中的微小固体微粒。

粉尘浓度——单位体积内矿井空气浮尘的颗粒数或浮尘的质量。

矽尘——粉尘中游离 SiO_2 含量在10%以上的粉尘。煤矿中的岩尘一般都为矽尘。

时间加权平均容许浓度——以时间加权数规定的 8 h 工作日，40 h 工作周的平均容许接触浓度。

总尘——经采样器捕获的全部粉尘颗粒。

呼吸性粉尘——作业场所空气中符合 BMRC 曲线透过率的粉尘颗粒，其空气动力学直径小于7.07 μm，且空气动力学直径 5 μm 的粉尘颗粒的采集效率为50%。

【条文解释】　本条是对作业场所空气中粉尘浓度的规定。

1. 粉尘浓度表示方法有以下2种：

(1) 计重法。

计重法计算的是单位体积内矿井空气浮尘的质量，单位为 g/m^3 或 mg/m^3。

计重法表示的是粉尘的质量浓度。

(2) 计数法。

计数法计算的是单位体积内矿井空气浮尘的颗粒数，单位为粒/cm^3。

计数法表示的是粉尘的数量浓度。

2. 粉尘的空气动力学直径小于50 μm，90%以上的颗粒直径小于10 μm。粉尘浓度是衡量工作场所空气的污染程度，即单位空气中所含粉尘的质量。我国现采用的标准是国际

通用的职业接触限值，是职业性有害因素的接触限制量值。它是指劳动者在职业活动过程中长期反复接触，对机体不引起急性或慢性有害健康的容许接触水平。化学因素的职业接触限值可分为时间加权平均容许浓度、最高容许浓度和短时间接触容许浓度3种。

（1）时间加权平均容许浓度（P-STEL）——指以时间为权数规定的8 h工作日的平均容许接触水平。

（2）最高容许浓度（MAC）——指工作地点，在一个工作日内，任何时间有代表性的测定，均不能超过的有毒化学物质的浓度。

（3）短时间接触容许浓度（P-STEL）——指一个工作日内，任何一次接触不得超过的15 min时间加权平均的容许接触水平。

我国2002年前执行《工业企业设计卫生标准》（TJ 36—79），采用的是最高容许浓度，共规定了9种粉尘浓度的卫生标准。2002年6月1日后执行《工业场所有害因素接触限值》（GBZ 2—2002），采用的是时间加权平均容许浓度和短时间接触容许浓度2种，共规定了47种粉尘的140个浓度卫生标准。2004年卫生部制定了《工业场所空气中有害物质监测的采样规范》（GBZ 159—2004）。2007年卫生部制定了《工作场所有害因素职业接触限值 第1部分：化学有害因素》（GBZ 2. 1—2007）、《工作场所有害因素职业接触限值 第2部分：物理因素》（GBZ 2. 2—2007）。2019年国家卫生健康委员会制定了《工作场所有害因素职业接触限值 第1部分：化学有害因素》（GBZ 2. 1—2019）。上述条文，适用于时间加权平均容许浓度，短时间按容许浓度和最高容许浓度监测。

3. 8 h时间加权平均浓度测定的要求：

（1）8 h时间加权平均浓度的测定，可选用个体粉尘浓度或定点粉尘浓度测定方法。前者主要适用于评价个人接触状况，后者则主要适用于作业场所卫生状况的评价，应根据评价目的选择合适的测定方法。测定8 h时间加权平均浓度时应尽量测定呼吸性粉尘浓度，尚不具备测定呼吸性粉尘条件时，可测定总粉尘浓度。

（2）8 h时间加权平均浓度测定的采样时间最好是整个工作班；如果受采样器的限制不能做到整个工作班连续采样时，可在整个工作班里分时段采样。分时段采样应涵盖整个工班的粉尘变化，总的采样时间越接近工作班的工作时间越具有代表性。

（3）定点粉尘浓度测定，应选定具有代表性的采样点；个体粉尘浓度测定，应选定具有代表性的接尘工人作为采样人员。

（4）日常监测，是指煤矿企业对作业场所粉尘浓度进行的日常定期监测。

① 应用的评价职业接触限值为时间加权平均容许浓度时，应在正常生产工作日采样1个工作班。

② 应用的评价职业接触限值为短时间接触容许浓度时，应在正常生产工作日的1个工作班内粉尘浓度最高的时段进行采样。

第六百四十一条　粉尘监测应当采用定点监测、个体监测方法。

【条文解释】　本条是对粉尘监测方法的规定。

粉尘监测应采用以下2种方法：

1. 定点粉尘浓度，指由测尘人员在选定的采样点架设粉尘采样仪器进行采样，所测的粉尘浓度。

短时间粉尘采样器是一类连续工作时间不少于 100 min 的计重粉尘采样器。它具有采样流量大，短时间内可采集较多粉尘量的特点，适用于定点粉尘浓度采样。

其工作原理：通过抽气泵抽取一定体积的含尘空气，经过已称量的滤膜，将粉尘阻留在滤膜上，根据采样后滤膜的粉尘增量，计算出作业场所空气中的粉尘浓度。粉尘浓度的计算公式：

$$C = \frac{m_2 - m_1}{1\,000Qt}$$

式中　C——粉尘浓度，mg/m^3；

m_1——采样前的滤膜质量，mg；

m_2——采样后的滤膜质量，mg；

Q——采样流量，L/min；

t——采样时间，min。

2. 个体粉尘浓度，指由选定的接尘工人佩戴个体粉尘采样器，在作业的同时进行采样，所测的粉尘浓度。

个体粉尘采样器是一类连续工作时间不少于 8 h 的计重粉尘采样器。它具有采样流量小、体积小和质量轻的特点，一般适用于工班个体粉尘浓度测定，是由选定的从事粉尘作业的人员佩戴，可边工作边采样。

其工作原理：用气泵抽取一定体积的含尘空气，粉尘经预捕集器分离后，呼吸性粉尘被阻留在已知质量的滤膜上，根据采样后滤膜的粉尘增量，计算出作业场所空气中呼吸性粉尘浓度（mg/m^3）。其计算公式同上式。

第六百四十二条　煤矿必须对生产性粉尘进行监测，并遵守下列规定：

（一）总粉尘浓度，井工煤矿每月测定 2 次；露天煤矿每月测定 1 次。粉尘分散度每 6 个月测定 1 次。

（二）呼吸性粉尘浓度每月测定 1 次。

（三）粉尘中游离 SiO_2 含量每 6 个月测定 1 次，在变更工作面时也必须测定 1 次。

（四）开采深度大于 200 m 的露天煤矿，在气压较低的季节应当适当增加测定次数。

【名词解释】　粉尘分散度

粉尘分散度——悬浮粉尘中不同粒径粉尘粒子的分布情况，用百分比表示。

【条文解释】　本条是对生产性粉尘进行监测的有关规定。

条文具体规定了生产作业场所各种粉尘浓度、分散度、游离二氧化硅含量的监测周期，煤矿必须按条文中的规定周期对生产性粉尘进行总粉尘浓度、粉尘分散度、呼吸性粉尘浓度和粉尘中游离二氧化硅含量监测。

总粉尘浓度用以评价生产作业场所空气中受粉尘污染的程度、除尘设施的效果，也为单项和综合防尘提供治理方法、选择除尘方式提供可靠的科学依据。

工班呼吸性粉尘浓度和定点呼吸性粉尘浓度较真实、客观地反映了生产作业场所空气中呼吸性粉尘对作业人员身体健康致病作用的大小，尤其是工班呼吸性粉尘是模拟产业工人肺泡呼吸速度和粉尘在肺泡的沉积量、滞留量，以便进一步观察机体与粉尘发病的剂量关系。

由于粉尘粒径越小，越容易进入人体肺泡区内，因此粉尘对人体的危害程度除与粉尘浓度、粉尘中游离二氧化硅的含量有关系外，还与粉尘分散度有着密切关系。同一浓度的粉尘，粒径越小对人体健康危害越大，所以，测定粉尘分散度是粉尘监测的重要内容之一。总粉尘中粉尘分散度测定方法选用滤膜溶解涂片法，粉尘粒径为几何投影定径。

粉尘中游离二氧化硅含量与尘肺病的发生、发展有着非常直接的关系，粉尘中游离二氧化硅的含量越高，尘肺病的发病率越高，发病进展也越快，因此，粉尘中游离二氧化硅的定量检测，对粉尘危害防治工作的监督、管理具有重要的意义。

总粉尘游离二氧化硅含量测定方法选用焦磷酸重量法，呼吸性粉尘游离二氧化硅含量测定方法选用红外分光或 X 线衍射法。

第六百四十三条　粉尘监测采样点布置应当符合表 26 的要求。

表 26　粉尘监测采样点布置

类别	生产工艺	测尘点布置
采煤工作面	司机操作采煤机、打眼、人工落煤及攉煤	工人作业地点
	多工序同时作业	回风巷距工作面 10~15 m 处
掘进工作面	司机操作掘进机、打眼、装岩（煤）、锚喷支护	工人作业地点
	多工序同时作业（爆破作业除外）	距掘进头 10~15 m 回风侧
其他场所	翻罐笼作业、巷道维修、转载点	工人作业地点
露天煤矿	穿孔机作业、挖掘机作业	下风侧 3~5 m 处
	司机操作穿孔机、司机操作挖掘机、汽车运输	操作室内
地面作业场所	地面煤仓、储煤场、输送机运输等处进行生产作业	作业人员活动范围内

【条文解释】　本条是对粉尘监测采样点布置的有关规定。

1. 采煤工作面测尘点选择和布置。

（1）采煤机割煤。

① 采煤机回风侧 10~15 m；

② 司机工作地点。

（2）电煤钻钻眼。

操作人员回风侧 35 m。

（3）人工落煤及攉煤。

① 一人作业，在其回风侧 3 m 处；

② 多人作业，在最后一人回风侧 3 m 处。

（4）多工序同时作业。

回风巷距工作面 10~15 m 处。

2. 掘进工作面测尘点选择和布置。

（1）掘进机作业。

① 机组后 4~5 m 处的回风侧。

② 司机工作地点。

（2）打眼。

距作业地点 45 m 处的巷道中部。

（3）装岩（煤）。

① 机械装岩。

在未安装风筒的巷道一侧，距装岩机 4~5 m 处的回风流中。

② 人工装岩。

在未安装风筒的巷道一侧，距矿车 4~5 m 处的回风流中。

（4）喷浆。

工人操作地点回风侧 5~10 m 处。

（5）多工序同时作业（爆破作业除外）。

距掘进头 10~15 m 回风侧。

3. 翻罐笼作业、巷道维修、转载点。

距尘源回风侧 5~10 m 处。

第六百四十四条 矿井必须建立消防防尘供水系统，并遵守下列规定：

（一）应当在地面建永久性消防防尘储水池，储水池必须经常保持不少于 200 m^3 的水量。备用水池贮水量不得小于储水池的一半。

（二）防尘用水水质悬浮物的含量不得超过 30 mg/L，粒径不大于 0.3 mm，水的 pH 值应当在 6~9 范围内，水的碳酸盐硬度不超过 3 mmol/L。

（三）没有防尘供水管路的采掘工作面不得生产。主要运输巷、带式输送机斜井与平巷、上山与下山、采区运输巷与回风巷、采煤工作面运输巷与回风巷、掘进巷道、煤仓放煤口、溜煤眼放煤口、卸载点等地点必须敷设防尘供水管路，并安设支管和阀门。防尘用水应当过滤。水采矿井不受此限。

【条文解释】 本条是对矿井消防防尘供水系统的有关规定。

粉尘不仅可以燃爆导致发生重大灾害事故，而且污染作业环境，导致矿工患尘肺病。尘肺病严重威胁煤矿工人身体健康和生命安全。

采掘工作面是主要尘源，也是容易发生煤尘灾害的主要地点，没有防尘供水管路的采掘工作面不得生产。目前，治理煤矿粉尘的基本手段一是对煤体进行注水，减少开采过程中的原始煤尘发生量；二是对可能产生浮游煤尘的所有地点实施喷雾、洒水和对沉积煤尘实施清洗等措施。因此，矿井必须建立完善的消防防尘供水系统，并接设到防尘、消尘的用水地点，没有防尘供水管路的采掘工作面不得生产。

1. 地面永久性消防防尘储水池要求：

（1）储水池储存量不得小于 200 m^3，并设有备用水池，备用水池贮水量不得小于专用储水池的一半。

（2）北方寒冷地区，地面储水池必须设有防冻设施。

（3）应建在靠近井下消防防尘供水管道入井处。

2. 防尘用水的水质应符合下列要求：

（1）悬浮物含量不得超过 30 mg/L；

（2）悬浮物的粒径不得大于 0. 3 mm；

（3）水的 pH 值应当在 6~9 范围内；

（4）水的碳酸盐硬度不超过 3 mmol/L。

3. 防尘供水系统的敷设应遵守下列规定：

（1）防尘供水管路必须接到规定的所有地点；

（2）供水管路的管径与强度应能满足该区段负载的水压和水量；

（3）主要运输巷、带式输送机斜井与平巷、上山与下山、采区运输巷与回风巷、采煤工作面运输巷与回风巷、掘进巷道、煤仓放煤口、溜煤眼放煤口、卸载点等地点都必须敷设防尘供水管路，并安设支管和阀门。防尘用水均应过滤。

第六百四十五条 井工煤矿采煤工作面应当采取煤层注水防尘措施，有下列情况之一的除外：

（一）围岩有严重吸水膨胀性质，注水后易造成顶板垮塌或者底板变形；地质情况复杂、顶板破坏严重，注水后影响采煤安全的煤层。

（二）注水后会影响采煤安全或者造成劳动条件恶化的薄煤层。

（三）原有自然水分或者防灭火灌浆后水分大于4%的煤层。

（四）孔隙率小于4%的煤层。

（五）煤层松软、破碎，打钻孔时易塌孔、难成孔的煤层。

（六）采用下行垮落法开采近距离煤层群或者分层开采厚煤层，上层或者上分层的采空区采取灌水防尘措施时的下一层或者下一分层。

【条文解释】 本条是对井工煤矿采煤工作面采取煤层注水防尘的有关规定。

1. 煤层注水的作用及降尘效果。

将压力水注入煤层裂隙和孔隙之中湿润煤体，使其强度和脆性减弱、塑性增加，开采时就能减少煤尘的发生量。同时，存在于煤体孔隙和裂隙内的水，在开采过程中，还可以使 5 μm 以下的煤尘结团为较大的尘粒而失去悬浮能力，从而减少浮尘的发生量。据测定，由于煤层的性质和注水条件的不同，煤层注水的降尘效果大致在 50%~90%。采煤工作面除了本条所列的 6 种情况以外，都应采取煤层注水防尘措施。

2. 煤层注水的方式及适用条件。

机械化采煤的工作面必须采取煤层注水措施。

煤层注水方式及适用条件如下：

（1）长钻孔煤层注水方式。

在采煤工作面的上、下平巷内，向上、下打平行于工作面煤壁的长钻孔（长 60~100 m）进行注水。此种注水方式适用于煤层赋存稳定、没有较大走向断层、厚度大于 1.3 m、孔隙率大于 4%的工作面。

（2）短钻孔煤层注水方式。

在采煤工作面内，打垂直于煤壁或与煤壁成一定交角的短钻孔（3~5 m）进行注水，其特点是在煤体的卸压带内注水。此种注水方式适用于煤层厚度小于 1.3 m，或地质条件复杂，或煤层倾角变化较大，或煤的孔隙率小于 4%的缓倾斜煤层，尤其适用于透气性极差的各种倾角、厚度的煤层。

（3）中长钻孔煤层注水方式。

也称为深孔注水方式。在采煤工作面内打垂直于（或成一定交角）煤壁的中长钻孔（5～15 m）进行注水。此种注水方式适用于赋存条件较稳定的煤层。

3. 煤层注水专门设计。

煤层注水必须编制专门设计。煤层注水专门设计应包括以下内容：

（1）工作面自然状况。包括采区（面）名称、地点、标高、范围、可采煤量，开采方法与工艺，巷道布置等。

（2）煤层地质情况。包括地质构造，煤层厚度、倾角、透气性，夹石情况及煤层原始水分等。

（3）注水方式、钻孔布置及注水要求。包括钻孔布置位置，钻孔参数（孔径、长度、角度等）与钻孔数量，封孔长度及方法，注水管路系统，注水压力及流量，注水时间及水分增值等。

（4）除文字说明外，还必须附有采区（面）巷道系统示意图、钻孔布置及钻孔参数示意图、供水管理系统示意图等。

（5）煤层注水专门设计，必须履行审批手续。

4. 注水效果要求。

根据采煤工作面的具体情况，选择合适的煤层注水方式，注水后的煤体水分增值应达到 1.0%以上，或煤体的全水分达到 4.0%以上。煤体水分的测定应选用适用于井下的便携式快速水分测定仪（如 BM-A 或 BM-B 型）。

第六百四十六条 井工煤矿炮采工作面应当采用湿式钻眼、冲洗煤壁、水炮泥、出煤洒水等综合防尘措施。

【名词解释】 湿式钻眼、水炮泥

湿式钻眼——在钻眼时，将压力水通过钻眼机具压入钻孔底，以湿润和冲洗钻眼时排出的岩（煤）尘，并使其成糊状，达到降尘目的。

水炮泥——用塑料薄膜袋充水做成的堵塞炮眼的惰性装置。

【条文解释】 本条是对井工煤矿炮采工作面综合防尘的规定。

炮采工作面综合防尘措施可归纳为 2 个方面：一是减少煤尘发生量的防尘措施，这是治本措施，主要包括煤层注水、水炮泥、湿式钻眼等；二是降低浮尘浓度的除尘措施，主要包括爆破喷雾、转载喷雾洒水、装载洒水、冲洗煤壁、风流净化水幕等，从而使已经产生的煤尘迅速沉降，减少煤尘飞扬的数量与时间。

1. 湿式钻眼和水炮泥。

炮采工作面都应采取湿式钻眼和使用水炮泥。湿式钻眼是将压力水送入孔底，使煤尘变成煤浆流出，抑制煤尘的生成与飞扬，较干钻眼时的煤尘发生量可降低 94%～98%。水炮泥是用盛水的塑料袋代替或部分代替炮泥充填于炮眼内，爆破时被汽化结成雾滴，可使尘粒湿润、结团而减少煤尘的发生量，降尘率一般为 63%～80%。

2. 喷雾洒水降尘装置的水压及水量。

为保证降尘效果，其水压及水量必须符合下列要求：

（1）转载及转载点的喷雾装置，水压不低于 3.9×10^5 Pa，每个喷嘴流量不得小于 4 L/min。

(2) 净化空气喷雾水幕装置，水压不低于 3.9×10^5 Pa，每个喷嘴流量不得小于4.5 L/min。

(3) 冲洗巷道时的供水压力不得低于 3.9×10^5 Pa，流量不得小于18 L/min；单位巷道面积的用水量不少于1.5 L/m^2。

第六百四十七条 采煤机必须安装内、外喷雾装置。割煤时必须喷雾降尘，内喷雾工作压力不得小于2 MPa，外喷雾工作压力不得小于4 MPa，喷雾流量应当与机型相匹配。无水或者喷雾装置不能正常使用时必须停机；液压支架和放顶煤工作面的放煤口，必须安装喷雾装置，降柱、移架或者放煤时同步喷雾。破碎机必须安装防尘罩和喷雾装置或者除尘器。

【条文解释】 本条是对机采工作面喷雾装置的规定。

1. 在采煤机割煤时，粉尘的产生量占整个采煤工作面一个循环产尘量的70%~85%。为抑制采煤机工作时产生的粉尘，改善采煤工作面的劳动条件，要求采煤机必须安装内外喷雾装置，割煤时必须喷雾降尘。

由于内外喷雾比单一外喷雾和单一内喷雾的效果提高25%~35%，目前生产的采煤机都采用内外喷雾相结合的捕尘方法。采煤机喷雾除降尘外，还可降低电动机和油液的温度，减少机械磨损，避免滚筒截割时产生火花等。因滚筒转速较高，瞬时产尘量较大，要求喷雾压力必须达到规定。内喷雾工作压力不得小于2 MPa，外喷雾工作压力不得小于4 MPa，喷雾流量应与机型相匹配，无水或喷雾装置不能正常使用时必须停机。

2. 液压支架和放顶煤工作面的放煤口，必须安装喷雾装置，降柱、移架或放煤时同步喷雾，以减少降柱、移架或放煤作业过程中的产尘量。

3. 为了降低破碎过程的产尘量，破碎机必须安装防尘罩和喷雾装置或除尘器，减少粉尘在空气中的飞扬。

【典型事例】 山东省某煤矿5310综采工作面在采用综合防尘措施后，割煤时总粉尘浓度由1 075 mg/m^3降到168 mg/m^3，移架时总粉尘浓度由968 mg/m^3降到105 mg/m^3。

第六百四十八条 井工煤矿采煤工作面回风巷应当安设风流净化水幕。

【条文解释】 本条是对井工煤矿采煤工作面回风巷安设风流净化水幕的规定。

风流净化水幕除尘措施，指的是使井巷中的含尘空气通过水幕，将矿尘捕获而使井巷风流矿尘浓度降低的方法。

目前通常使用的是在巷道中设置净化水幕。净化水幕应以整个巷道断面布满水雾为原则，并且具有一定的厚度和防风性能，尽可能布置在离产尘点较近的地点，以扩大风流的净化范围。风筒中设置水幕时，应使水雾喷射方向与内筒中风流方向相反，以提高除尘效果。

净化空气喷雾水幕装置，水压不低于 3.9×10^5 Pa，每个喷嘴流量不得小于4.5 L/min。

目前国内为了减少水量的消耗，根据巷道粉尘浓度变化的规律，研发了光控风流净化水幕、定时风流净化水幕和粉尘浓度超限风流净化水幕。

【典型事例】 2005年11月27日，黑龙江省某煤矿发生一起特大煤尘爆炸事故，造成 171 人死亡，8 人重伤，40 人轻伤，直接经济损失 4 293. 1 万元。

第六百四十九条　井工煤矿掘进井巷和硐室时，必须采取湿式钻眼、冲洗井壁巷帮、水炮泥、爆破喷雾、装岩（煤）洒水和净化风流等综合防尘措施。

【名词解释】　井巷、硐室

井巷——为进行采掘工作在煤层或岩层内开凿的各类通道和硐室的总称。

硐室——在井下为某种专门用途开凿和建造的断面较大或长度较短的空间构筑物。

【条文解释】　本条是对井工煤矿掘进井巷和硐室时综合防尘措施的规定。

掘进井巷和硐室时，在钻眼、爆破、装载、支护和运输、提升的过程中，会产生大量的粉尘。粉尘的危害极大，主要表现在以下 3 个方面：

1. 污染劳动环境，降低生产场所的能见度，影响劳动效率和操作安全，加重机械的磨损，降低机械、仪表的使用寿命和检测精度。

2. 危害人体健康。人们长期吸入粉尘，轻者会引起呼吸道炎症，重者会患矽肺病、煤肺病、煤矽肺病、水泥尘肺病等尘肺病。据统计，煤矿死于尘肺病的人数是工伤人数的 4~5 倍。

3. 煤尘能燃烧或爆炸。煤尘燃烧，酿成火灾。煤尘在一定条件下会爆炸，产生巨大的冲击力，毁坏巷道的支架、设备；生成大量的一氧化碳，其浓度可达 3%，造成人员大量伤亡；爆炸后瞬时温度可达 2 300~2 500 ℃，可能再次引爆扬起的煤尘，造成连续爆炸。

长期的实践证明，为了消除岩尘和煤尘的危害，只靠单一的防尘方法和措施难以奏效，必须采取湿式钻眼、冲洗井壁巷帮、水炮泥、爆破喷雾、装岩（煤）洒水和净化风流等综合防尘措施，才能收到良好效果。

为了消除水泥粉尘的危害，喷混凝土时，可采取潮拌料、双水环预加水、提高喷射机密封性能、使用湿喷机、净化风流和个人防护等综合防尘措施。

作业场所空气中粉尘浓度应符合有关规定。

【典型事例】　2001 年 12 月 27 日，山东省某煤矿 11310 东面断层切眼掘进工作面发生一起煤尘爆炸事故，死亡 16 人，受伤 24 人（后又在医院抢救期间死亡 6 人）。

第六百五十条　井工煤矿掘进机作业时，应当采用内、外喷雾及通风除尘等综合措施。掘进机无水或者喷雾装置不能正常使用时，必须停机。

【名词解释】　掘进机

掘进机——在巷道掘进工作面，以机械方式破落煤岩并将其装入运输机械的掘进机械。

【条文解释】　本条是对井工煤矿掘进机作业除尘的规定。

掘进机掘进作业时，产尘浓度很高。据统计，目前国内机掘工作面在未采取防尘措施时粉尘浓度一般在 1 000~3 000 mg/m^3，个别情况高达 3 000 mg/m^3 以上，而且具有尘源点移动，粉尘弥漫整个作业场所的特点。为了高效降低机掘工作面的粉尘浓度，《煤矿井下粉尘综合防治技术规范》（AQ 1020—2006）规定：掘进工作面应采取粉尘综合治理措施，高突矿井降尘效率应不小于 85%，其他矿井应不小于 90%。机掘工作面截割头截割产尘占整个工作面产尘量的 80%~90%，应采用针对掘进机截割头的内、外喷雾及通风除尘等综合措施。掘进机无水或喷雾装置不能正常使用时，必须停机。

【典型事例】　山东省某煤矿 6305 带式输送机掘进机作业时在采用综合防尘措施后，总粉尘浓度降到 282 mg/m^3。

第六百五十一条　井工煤矿在煤、岩层中钻孔作业时，应当采取湿式降尘等措施。

在冻结法凿井和在遇水膨胀的岩层中不能采用湿式钻眼（孔）、突出煤层或者松软煤层中施工瓦斯抽采钻孔难以采取湿式钻孔作业时，可以采取干式钻孔（眼），并采取除尘器除尘等措施。

【条文解释】　本条是对井工煤矿煤、岩层中钻孔作业湿式降尘的规定。

钻眼是炮掘工作面持续时间比较长、产尘量较大的生产工序。干钻眼时，工作面的粉尘浓度可达数百甚至上千毫克每立方米，因此采取湿式降尘措施是炮掘工作面防尘的一个重要环节。目前采取的主要湿式降尘措施是湿式钻眼。

1. 凿岩机湿式凿岩。

凿岩机湿式凿岩主要用于岩巷掘进。湿式凿岩机按其供水方式可分为中心供水和侧式供水 2 种，目前使用较多的是中心供水式凿岩机。

湿式凿岩的防尘效果取决于单位时间内送入钻孔底部的水量。湿式凿岩使用效果好的工作面，粉尘浓度可由干钻眼时的 500~1 400 mg/m^3 降至 10 mg/m^3 以下，降尘效率达 90%以上。供水要求一般以水压不低于 300 kPa、水量为 3~5 L/min 为宜，中心供水式凿岩机要求水压比风压低 50~100 kPa。凿岩时一定要先供水再供风，严禁干钻眼。

2. 电煤钻湿式钻眼。

电煤钻湿式钻眼适用于煤巷、半煤岩巷及软岩巷道掘进。采用电煤钻湿式钻眼，工作面粉尘浓度可由干打眼时的 50~140 mg/m^3 降至 9~18 mg/m^3，降尘率可达 75%~90%。

电煤钻湿式钻眼不仅具有良好的降尘效果，而且还能起到减少钻头的磨损、提高打眼速度的作用。

3. 风煤钻湿式钻眼。

风煤钻是一种以压缩空气为动力的气动工具钻，适用于钻煤层注水孔、瓦斯探放孔以及煤巷、半煤岩巷、软岩巷道掘进炮眼、锚杆眼等。湿式钻眼时，采用与风煤钻配套使用的供水器具。采用风煤钻湿式打眼，替代电煤钻，既可杜绝干钻眼，又消除了因使用电煤钻可能造成的漏电、电火花等安全隐患。由于风煤钻在安全性、防尘等方面比电煤钻具有更大的优越性，目前越来越多的煤矿正在推广使用风煤钻，以取代电煤钻。

目前，国内已研制生产出多种型号的多功能手持式风煤钻及其配套使用的供水设备可供选用。

4. 干式凿岩捕尘。

对于没有条件进行湿式凿岩的矿井，如在冻结法凿井和在遇水膨胀的岩层中不能采用湿式钻眼（孔）、突出煤层或松软煤层中施工瓦斯抽采钻孔难以采取湿式钻孔作业时，可采取干式钻孔（眼）等降尘措施，但必须采取除尘器除尘，以降低作业场所的粉尘浓度。

第六百五十二条　井下煤仓（溜煤眼）放煤口、输送机转载点和卸载点，以及地面筛分厂、破碎车间、带式输送机走廊、转载点等地点，必须安设喷雾装置或者除尘器，作业时进行喷雾降尘或者用除尘器除尘。

【条文解释】　本条是对井下放煤口、转载点及地面重点产尘地点安设喷雾装置或除尘器的规定。

井下放煤口、转载点及地面重点产尘地点包括井下煤仓（溜煤眼）放煤口、溜煤眼放煤口、输送机转载点和卸载点，以及地面筛分厂、破碎车间、带式输送机走廊、转载点等地点，在生产作业和设备运转过程中，都会产生大量粉尘。生产性粉尘不仅严重影响煤矿安全生产，危害着工人的身体健康，而且排放到大气中会造成生态破坏，所以必须安设喷雾装置或除尘器，作业时进行喷雾降尘或用除尘器除尘。

【典型事例】　山东省兖州矿业集团有限公司在采用降尘措施后，井下采掘转载点、放煤口总粉尘浓度降到 20~99 mg/m^3，绝大多数在 40 mg/m^3 以下。

第六百五十三条　喷射混凝土时，应当采用潮喷或者湿喷工艺，并配备除尘装置对上料口、余气口除尘。距离喷浆作业点下风流 100 m 内，应当设置风流净化水幕。

【条文解释】　本条是对喷射混凝土降尘的规定。

喷射混凝土时，若采取干拌料、干喷工艺，干拌料通过喷射机，以压风作动力沿着管路压到喷嘴处与水短暂混合后，以较高的速度喷射到岩面上，会产生大量的水泥粉尘，当水泥粉尘浓度大大超过规定标准时，会对人体造成很大的损害，恶化作业环境，工作面能见度降低，给施工安全带来严重威胁。

为了降低粉尘浓度，我国许多煤矿采取了综合降尘措施，并收到明显的效果。

1. 在井下设专门料场，定点卸料、拌料。料场设专用回风道，用除尘器净化含尘空气，佩戴个体防护用品，以降低卸料、拌料、上料时的粉尘浓度。

2. 潮拌料。搅拌砂、石前先洒水预湿，经滤水后其含水量在 6%~7%时才加水泥搅拌，可使拌料过程的粉尘浓度降低。

3. 使用湿式过滤除尘器，以除去喷射机上料口、余气口和结合板上产生的粉尘。

4. 加强喷射的密封，防止漏风泄尘。

5. 用双水环预加水，以延长水泥湿润的时间和距离。

6. 采用小粒径、低风压、近距离的喷射工艺。石子粒径小于 13 mm，喷嘴出口风压小于 0.12 MPa，喷嘴口距喷射面的距离小于 0.6 m。

7. 防止堵管事故的发生，以免处理堵管时粉尘飞扬。

8. 戴防尘口罩进行个体防护。

9. 使用湿喷机进行湿喷。

10. 距离喷浆作业点下风流方向 100 m 内，应设置风流净化水幕。

为了使喷体与岩面黏结得好，喷射前，必须冲洗岩面。

喷射混凝土出现堵管，必须立即停电、停料、停水，但不停风，以便检查确定堵塞部位。在确定堵塞部位后，应停风，卸开堵塞处的接头，敲击输料管，使堵塞物松动，然后接好接头，送压风吹管，把管内堵塞物吹出。用压风吹管时，喷枪口前方及其附近严禁有其他人员。在敲击管路时，喷枪口应朝下。拆管时，不得面对管口，管口应朝向无人处，以免突然出料伤人。

第六百五十四条 露天煤矿的防尘工作应当符合下列要求：

（一）设置加水站（池）。

（二）穿孔作业采取捕尘或者除尘器除尘等措施。

（三）运输道路采取洒水等降尘措施。

（四）破碎站、转载点等采用喷雾降尘或者除尘器除尘。

【名词解释】 除尘器

除尘器——把气流或空气中含有的固体粒子分离并捕集起来的装置，又称集尘器或捕尘器。

【条文解释】 本条是对露天煤矿防尘供水系统的规定。

露天煤矿穿孔作业时间长、产尘量大，对作业人员危害严重，应采取捕尘或除尘器除尘等防尘措施，把粉尘浓度降下来。运输道路尘土飞扬，对环境造成严重污染，必须采用洒水降尘的办法防尘。另外，运输线途上破碎站、转载点等都是容易产尘的部位，应采用喷雾降尘或除尘器除尘。

由于露天煤矿作业过程中能够产生大量粉尘，必须建立完善的防尘供水系统，设置加水站（池），加水能力应满足洒水降尘所需的最大供给量。同时，粉尘监测人员不少于 2 人，测尘仪器不少于 4 台。

第三章　热 害 防 治

第六百五十五条　当采掘工作面空气温度超过 26 ℃、机电设备硐室超过 30 ℃时，必须缩短超温地点工作人员的工作时间，并给予高温保健待遇。

当采掘工作面的空气温度超过 30 ℃、机电设备硐室超过 34 ℃时，必须停止作业。

新建、改扩建矿井设计时，必须进行矿井风温预测计算，超温地点必须有降温设施。

【条文解释】　本条是对采掘工作面和机电设备硐室中空气温度的规定。

高温可使作业人员感到热、头晕、心慌、烦、渴、无力和疲倦等，容易诱发中毒。据研究分析，高温对工作效率的影响，大体有几个阶段，在温度达 27~31 ℃时，主要影响是肌部用力的工作效率下降，并且促使用力工作的疲劳加速；当温度高达 32 ℃以上时，需要较高注意力的工作及精密性工作的效率也开始受到影响。

1. 因为井下生产条件较为恶劣、空气湿度大、劳动强度繁重，为了创造良好的作业环境和舒适的气候条件，保证工人健康，提高工作效率，采掘工作面、机电设备硐室的空气温度分别不得超过 26 ℃、30 ℃；否则，必须缩短超温地点工作人员的工作时间，并给予高温保健待遇。

2. 采掘工作面的空气温度超过 30 ℃、机电设备硐室超 34 ℃时，必须停止作业。这主要是从维护工人身体健康与安全考虑的。因为人无论是在工作或休息时，身体都在不断地产生热量和散放热量，以保持身体的热平衡，维持体温在 36.5~37 ℃。如果气温过高，劳动中人体产生的热量得不到散放，体温就会上升，产生疲劳、头痛、头晕等症状，甚至中暑。所以，一旦出现威胁工人身体健康和生命安全的高温时，必须停止作业，并进行处理。

3. 采掘工作面和机电设备硐室空气温度的测定。

（1）测点选择。测定空气温度的测点应符合下列要求：

① 掘进工作面空气温度的测点，应选择在工作面距迎头 2 m 处的回风流中；

② 长壁式采煤工作面空气温度的测点，应选择在工作面空间中央距回风巷 15 m 处的风流中；

③ 机电设备硐室空气温度的测点，应选择在硐室回风口的回风流中；

④ 测定空气温度的测点不得靠近人体、发热或制冷设备，要求距离 0.5 m 以上。

（2）测定时间。选择在夏季最热月或工期内最热月，一般应在上午 8 时至下午 4 时内进行，开工后和收工前 0.5 h 各测 1 次，工作班中测 1 次，取 3 次的平均值。

（3）测定仪器。测量温度我国采用摄氏温标（℃），常用的空气温度测定仪表有液体温度计、热电偶和半导体数字温度计，测温仪表应使用最小分度为 0.5 ℃并经过校正的温度计。

4. 新建、改扩建矿井设计时，必须进行矿井风温预测计算，超温地点必须有降温设计。

矿井深度的变化，使空气受到的压力状态也随之而改变。当风流沿井巷向下（或向上）流动时，空气的压力值增大（或减小）。空气的压缩（或膨胀）会放热（或吸热），从而使风流温度升高（或降低）。由矿内空气的压缩或膨胀引起的温升变化值可按下式计算：

$$\Delta t = \frac{n-1}{n}\frac{g}{R}(Z_1 - Z_2)$$

式中　Δt——温度变化值，℃；

n——多变指数，对于等温过程 $n=1$，对于绝热过程，$n=1.4$；

g——重力加速度，9.81 m/s^2；

R——气体常数，对于干空气，$R=287$ J/（kg · K）；

Z_1、Z_2——1、2 地点的标高，m。

在绝热情况下，$n=1.4$，则上面的方程式可简化为：

$$\Delta t = \frac{\Delta Z}{102}$$

式中　ΔZ——标高差，m。

上式表明，井巷垂深每增加 102 m，空气由于绝热压缩释放的热量使其温度升高 1 ℃。

第六百五十六条　有热害的井工煤矿应当采取通风等非机械制冷降温措施。无法达到环境温度要求时，应当采用机械制冷降温措施。

【名词解释】　煤矿热害

煤矿热害——煤矿井下作业环境的空气温度超过国家规定的卫生和安全标准，从而对人体健康、生产和安全造成的热害。

【条文解释】　本条是对有热害的井工煤矿降温的规定。

1. 矿井热害对人的影响。

由于矿井开采深度越来越大，热害与瓦斯、煤尘、顶板、水和火一样，已逐渐成为煤矿面临的一类新的自然灾害。

（1）影响健康。

人在井下高温环境中工作，由于产热、受热量大，人体保持热平衡比较困难。一旦人体通过辐射、对流、传导和蒸发散热的方式不能及时地将体内多余的热量散发出去，多余的热量就会在体内蓄存起来，导致体温升高。随着体温的升高会伴随产生头痛、头晕、耳鸣、恶心、呕吐以至晕厥等。热害严重的高温矿井会导致更严重的热损害。

（2）影响劳动效率。

在高温高湿环境中作业，随着劳动强度的加大，加在人体的热负荷增多，当热负荷超过一定限度时，首先感到闷热不舒适，这时人体极易产生疲劳，劳动效率下降。据研究分析，等效温度小于 18 ℃时，劳动效率最高，为 100%；当等效温度高于 18 ℃时，劳动效率下降；当等效温度为 30 ℃时，劳动效率只有 40%。

（3）影响安全。

高温高湿环境不仅严重地危害人体的身体健康，而且时刻威胁着生产的正常进行。高温高湿的环境容易使工人处于昏昏欲睡的状态，且工人心理上易烦躁不安，加上繁重的体力劳动，工人的机警能力降低，从而使事故的发生率上升。

2. 热害矿井等级划分。

热害矿井按采掘工作面的风流温度划分为以下 3 级：

一级热害矿井：28~30 ℃；

二级热害矿井：30~32 ℃；

三级热害矿井：≥32 ℃。

3. 热害矿井降温措施。

对于一级热害矿井应加强通风，采掘工作面的风流速度应为 2.5~3.0 m/s；对于二级和三级热害矿井，除加强通风、提高风速外，还应采取人工制冷降温措施；对于三级热害矿井若不采取有效的降温措施，则应停止作业。

（1）非机械制冷降温。

对于有热害的煤矿应首先采取通风等非机械制冷降温措施。

① 通风降温。

——合理的通风系统。按照矿井地质条件、开拓方式等选择进风风路最短的通风系统，可以减少风流沿途吸热，降低风流温升。在一般情况下，对角式通风系统的降温效果要比中央式好。

——改善通风条件。增加风量，提高风速，可以使巷道壁对空气的对流散热量增加，风流带走的热量随之增加，而单位体积的空气吸收的热量随之减少，使气温下降。

——调热巷道通风。利用调热巷道通风一般有 2 种方式，一种是在冬季将低于 0 ℃的空气由专用进风道通过浅水平巷道调热后再进入正式进风系统。在专用风道中应尽量使巷道围岩形成强冷却圈，若断面许可还可洒水结冰，储存冷量。当风温向 0 ℃回升时，即予关闭，待到夏季再启用。

【典型事例】　安徽省淮南市九龙岗矿曾利用-240 m 水平的旧巷作为调热巷道，冬季储冷，春季封闭，夏季使用，总进风量的一部分被冷却，使-540 m 水平井底车场降温 2 ℃。

② 冰冷降温。

冰冷降温是利用冰的融解热，通过冰的融解把水冷却到接近 0 ℃，然后把冷却水送到各工作面。

制冷系统可分为 3 个主要部分：冰的制备、冰的输送和冰的融解。制冷系统的特点之一是制冰设备在井上。目前，世界上在深井矿的降温方法中，冷源设置在井上是一个趋势。

（2）机械制冷降温——矿井空调。

矿井空调技术就是应用各种空气热湿处理手段，调节和改善井下作业地点的气候条件，使之达到规定标准的技术。

矿井空调系统由制冷剂、载冷剂（冷水）和冷却水 3 个独立的循环系统组成。矿井空调系统主要有 2 种基本类型：集中式空调系统和局部移动式空调机组。

① 局部降温系统。局部降温系统又可分为冷风机组和冷水机组 2 种类型。

② 集中降温系统。集中降温系统又可分为井下集中、地面集中和地面与井下联合 3

种类型。

4. 加强个人防护。

高温工人的工作服应耐热、透气性能好并能反射热辐射、宽大。应配备工作帽、防护眼镜、面罩、手套、鞋帽、护腿，露天煤矿作业者应配备宽边草帽、遮阳隔热帽或通风冷却帽等个人防护。同时，应及时补充适量的水分和盐分，选择高热量、高蛋白和高维生素饮料和膳食，以弥补高温作业的过度消耗。

第四章　噪声防治

第六百五十七条　作业人员每天连续接触噪声时间达到或者超过 8 h 的，噪声声级限值为 85 dB（A）。每天接触噪声时间不足 8 h 的，可以根据实际接触噪声的时间，按照接触噪声时间减半、噪声声级限值增加 3 dB（A）的原则确定其声级限值。

【名词解释】　噪声、dB（A）

噪声 1——从物理角度看，发声体做无规则的振动时发出的声音。

噪声 2——从环保角度看，凡是妨碍人正常休息、学习和工作的声音以及对人们要听的声音起干扰作用的声音。

dB（A）——分贝是用声级计测量音量大小的单位，A 是加权声的意思。分贝数越大代表所发出的声音越大，分贝在计算上是每增加 10 dB，则声音大小约是原来的 10 倍。

【条文解释】　本条是对作业场所噪声的规定。

作业场所噪声测量最常用的仪器为声级计。声级计主要由传声器、放大器、指示器及计权网络等部分组成。计权网络常用的有 A、B、C 三种滤波器，是根据不同频率声音的响应曲线设计的。用计权网络测出的声级必须注明该计权网络的代号，如 dB（A）、dB（B）或 dB（C）。

噪声污染与水污染、空气污染和固体废弃物污染共称四大污染。

在煤矿生产中，一种是因撞击、摩擦和在交变的机械重力作用下所产生的机械振动性噪声，如输送机、割煤机、钻孔机等产生的噪声；另一种是气体压力突变引起气体分子的剧烈振动所产生的空气动力性噪声，如水泵、风泵、凿岩机产生的噪声等。井下噪声的特点是强度大、声级高、声源多、干扰时间长、反射能力强和衰减慢等。如凿岩机噪声最高可达 120 dB（A）以上。

为保护强噪声环境作业工人的听力，防止职业性耳聋，国家规定了噪声强度卫生限值是 85 dB（A），这个标准不是指发生源的基础噪声，而是指工人每天连续接触噪声 8 h 的限值，即按一个工作日（8 h）用能量平均的方法，将连续或间歇噪声的几个不同声压级用公式计算成等效连续 A 声级噪声。也可近似地得出，工人每日实际接声时间如果减半，可提高 3 dB 的标准。如工人每日实际接声时间为 4 h，噪声卫生标准可放宽到 88 dB。

第六百五十八条　每半年至少监测 1 次噪声。

井工煤矿噪声监测点应当布置在主要通风机、空气压缩机、局部通风机、采煤机、掘进机、风动凿岩机、破碎机、主水泵等设备使用地点。

露天煤矿噪声监测点应当布置在钻机、挖掘机、破碎机等设备使用地点。

【条文解释】　本条是对噪声监测周期和地点的规定。

噪声的来源主要有交通、工业、施工和居民等 4 个方面。

1. 井下作业中使用的风动凿岩机噪声强度可达 105～117 dB（A），气动凿岩机可达

120 dB（A）以上，刮板输送机可达 92~95 dB（A）。按作业点分，掘进作业点的噪声强度最大，一般都在 100 dB（A）以上，远高于国家卫生标准即 85 dB（A），采煤和其他作业点噪声强度稍低些。

2. 露天煤矿使用的链条式推土机噪声强度可达 92~95 dB（A），翻斗运输车可达 85~89 dB（A），电镐可达 68~80 dB（A），破碎机可达 68~72 dB（A）。

3. 井工煤矿主要通风机、空气压缩机、局部通风机、采煤机、掘进机、风动凿岩机、破碎机、主水泵等设备和露天煤矿钻机、挖掘机、破碎机等设备都属于工业方面来源，是煤矿主要生产性噪声。在使用这些设备的地点每半年至少监测 1 次噪声，在每个监测地点选择 3 个测点，取平均值。

4. 工业场所噪声测定：

（1）工业场所噪声测定应在生产正常的情况下进行。

（2）测点应选在工人操作位置，高度以人的耳高为准。

（3）如需测定背景噪声，在条件允许时应关闭待测声源。测量时应减少和避免其他环境因素干扰，如强气流等。

（4）一个生产日内如果噪声呈周期性变化，应根据其变化规律选择测定时间。

第六百五十九条　应当优先选用低噪声设备，采取隔声、消声、吸声、减振、减少接触时间等措施降低噪声危害。

【条文解释】　本条是对降低噪声危害的规定。

1. 噪声的大小及危害。

噪声在人的心理上、生理上和物理上都会产生一系列效应，对人体的危害是多方面的。

（1）造成听力损伤，严重的可致永久性耳聋。

① 0 dB——人刚能听到的最微弱的声音，是人的听觉下限。

② 30~40 dB——较为理想的安静环境，是休息、睡眠最高限度。

③ 70 dB——会分散人的注意力、影响工作，是工作、学习最高限度。

④ 90 dB——听力受到严重影响，发生耳聋、头痛、高血压等疾病，是听力最高限度。

⑤ 150 dB——鼓膜会破裂出血，双耳完全失去听力。

（2）引起其他各种病症，如引发消化不良、食欲不振、恶心、呕吐、头痛、心跳加快、血压升高和失眠等全身性病症。

（3）影响工作效率和作业安全。在噪声干扰下人们容易感到烦躁，注意力不能集中，反应迟钝，不仅降低工作效率，而且影响工作质量，还会掩盖警报声引起作业事故。

2. 控制噪声的途径。

从声音产生到引起听觉共分 3 个阶段：声源产生、介质传播和鼓膜振动。相应的控制噪声的途径主要是防止噪声产生、阻止噪声传播和隔断噪声入耳。

（1）在声源处控制噪声（消声）。优先选用低噪声设备，改造声源结构，减小噪声响声、减振，减少接触时间，在声源处主要通风机、局部通风机加防护罩或消声器。

（2）在传播过程中控制噪声（吸声），用隔声或吸声材料把噪声声源与外界隔离开。

如风机及其扩散筒分别设置隔声间，机房安装隔声门窗和空间吸声体，风动设备排气口安装消声器。

（3）在人耳处控制噪声（隔声），如风动凿岩机司机作业时戴防噪声耳塞、护耳器、耳罩；减少接触空气压缩机、破碎机时间等。

【典型事例】 山东省新汶集团翟镇煤矿年产量 200 万 t，先后投资 78 万元，分别对南风井机房噪声、机壳处噪声、扩散器出口处噪声进行了技术改造；将原风机更换成新的轴流式风机，并设计安装了吸声和隔声结构，安装 6 个隔声门和 4 个隔声窗，机房天花板悬挂空间吸声顶 125 m^2，墙面贴共振吸声体 200 m^2，消除了机房的混响噪声。治理后的南风井机房值班室内噪声由 75 dB（A）降低至 54.1 dB（A），保障了职工的身心健康。

第五章　有害气体防治

第六百六十条　监测有害气体时应当选择有代表性的作业地点，其中包括空气中有害物质浓度最高、作业人员接触时间最长的地点。应当在正常生产状态下采样。

【条文解释】　本条是对有害气体监测地点和时间的规定。

煤矿井下存在各种各样的有毒有害气体，它们的性质、特点和危害不尽相同，例如有的赋存在巷道上部，而有的则赋存在巷道下部；有的在采掘工作面浓度大，而有的则在采空区浓度大；有的在所有煤层均存在，而有的则在特殊条件的煤层中才具有……所以，监测有害气体时应选择有代表性的作业地点，特别是选择在空气中有害物质浓度最高和作业人员接触时间最长的地点，这样监测的结果才能真实反映有害气体的危害性和对人的危险性。

有害气体的涌出有一定的随机性，不同时间监测的结果可能有差距，甚至差距较大。正常生产状态下有害气体的涌出也较正常，为了准确反映有害气体浓度，应在正常生产状态下进行监测。

第六百六十一条　氧化氮、一氧化碳、氨、二氧化硫至少每3个月监测1次，硫化氢至少每月监测1次。

【条文解释】　本条是对有毒有害气体监测周期的规定。

煤矿井下存在一定的有毒有害气体，对人体健康影响很大，必须定期进行监测，以掌握它们含量的变化，杜绝或减小对人的危害。

1. 瓦斯（CH_4）。

瓦斯是在煤的生成过程中伴随产生的。古代植物在成煤过程中，经化学作用，其纤维质分解产生大量瓦斯。在以后煤的变质过程中，随着煤的化学成分和结构的改变，继续有瓦斯不断生成。在漫长的地质年代里，大部分瓦斯早已逸散于大气之中，只有少部分还滞留在煤体内，随着采掘活动的进行，瓦斯便从煤体内涌出。对其处理不当则可引发瓦斯突出、瓦斯燃烧爆炸和使人员窒息，所以瓦斯事故是煤矿头等事故。瓦斯的性质如下：

（1）瓦斯是无色、无味、无臭的气体。

（2）瓦斯的相对密度为0.554。

（3）瓦斯扩散性很强，是空气的1.6倍。

（4）瓦斯微溶于水。

（5）瓦斯不助燃，但与空气混合达到一定浓度后，遇火源可以燃烧、爆炸。

（6）瓦斯本身无毒，但空气中瓦斯浓度增加时，会使氧含量相应减小，从而使人因缺氧窒息。

2. 二氧化氮（NO_2）。

二氧化氮是一种红褐色气体，相对密度为1.59，极易溶于水。它与水结合成硝酸，对人的眼睛、鼻腔、呼吸及肺部组织有强烈的破坏作用，能引起肺水肿。

二氧化氮中毒的特征是：开始无感觉，经过 6 h 或更长的时间才出现中毒症状。即使在危险的浓度下中毒后，开始也只是感觉呼吸道刺激而咳嗽，经过 20~30 h 后，才发生较严重的支气管炎，呼吸困难，手指尖和头发出现黄斑，吐出淡黄色痰液，发生肺水肿，甚至死亡。矿井空气中二氧化氮的最高允许浓度为 0. 000 25%。

3. 一氧化碳（CO）。

一氧化碳是无色、无味、无臭的气体，相对密度为 0. 97，微溶于水。在正常的温度和压力下，化学性质不活泼。当空气中一氧化碳浓度达到 13%~75%时，能引起燃烧和爆炸。

一氧化碳毒性很强，它对人体血色素的亲和力比氧大 250~300 倍。因此，一氧化碳被吸入人体后，就阻碍了氧和血色素的结合，使人体各部分组织和细胞产生缺氧，引起中毒、窒息以至死亡。一氧化碳中毒的明显特点是嘴唇呈桃红色，两颊有斑点。矿井空气中一氧化碳的最高允许浓度为 0. 002 4%。

【典型事例】　2009 年 3 月 9 日，内蒙古自治区鄂尔多斯市某煤矿井下发生一氧化碳气体中毒事故，造成 6 人死亡、3 人受伤。

4. 氨气（NH_3）。

氨气是一种无色、具有强烈的刺激性气味的气体，相对密度为 0. 6，易溶于水，毒性很强。

氨气对人体上呼吸道黏膜有较大的刺激作用，引起咳嗽，使人流泪、头晕，严重时可致肺水肿。当空气中氨气浓度达到 0. 004%~0. 009 3%时，对人就有明显的刺激作用；当达到 0. 047%~0. 05%时，对人有强烈的刺激作用，时间稍长能引起贫血，体重下降，抵抗力减弱，产生肺水肿，直至死亡。矿井空气中的氨气的最高允许浓度为 0. 004%。

5. 二氧化硫（SO_2）。

二氧化硫是一种无色、具有强烈硫黄味的气体，易溶于水，相对密度为 2. 22，易积聚在巷道底部。

二氧化硫对人体的影响较大，能强烈刺激眼和呼吸器官，使喉咙和支气管发炎，呼吸麻痹，严重时会引起肺水肿。当空气中二氧化硫浓度达到 0. 002%时，能引起眼红肿、流泪、咳嗽、头痛、喉痛；达到 0. 005%时，能引起急性支气管炎和肺水肿，并在短时间内死亡。井下空气中二氧化硫最高允许浓度为 0. 000 5%。

6. 硫化氢（H_2S）。

硫化氢是无色、微甜、有臭鸡蛋味的气体，相对密度为 1. 19，易溶于水，能燃烧和爆炸，爆炸浓度范围为 4. 3%~46%，有强烈的毒性。

硫化氢能使人体血液中毒，对眼睛黏膜和呼吸系统有强烈的刺激作用。空气中硫化氢的浓度达到 0. 000 1%时，人就能嗅到它的气味；当上升到 0. 1%时，在极短时间内人就会死亡。井下空气中硫化氢的最高允许浓度为 0. 000 66%。

第六百六十二条　煤矿作业场所存在硫化氢、二氧化硫等有害气体时，应当加强通风降低有害气体的浓度。在采用通风措施无法达到作业环境标准时，应当采用集中抽取净化、化学吸收等措施降低硫化氢、二氧化硫等有害气体的浓度。

【条文解释】 本条是对煤矿作业场所存在硫化氢、二氧化硫等有害气体处理的规定。

硫化氢和二氧化硫是2种毒性很大的气体，当它们在空气中的浓度达到一定值时，在极短时间内就会导致人死亡。

1. 搞好通风工作，供给井下足够的新鲜空气，降低硫化氢、二氧化硫等有害气体的浓度，保证将它们冲淡到最高允许浓度以下。

2. 对于局部地区含量较高、涌出量较大的情况，采用通风措施无法降到安全浓度以下时，应采用集中抽取净化、化学吸收等措施降低硫化氢、二氧化硫的浓度，或使其从风流中分离出去。

3. 工作面有二氧化硫放出时，可使用喷雾洒水的办法使其溶于水中。

4. 进入二氧化硫威胁区域的作业人员应配备防毒口罩、安全护目镜、防毒面具和空气呼吸器等个人防护用品。

5. 在不通风的旧巷口、废硐室和老采空区应及时悬挂“禁止入内”警告牌，并设置栏栅。

6. 在采掘工作面作业时闻到有刺激性气味时，应用湿毛巾捂住口鼻向高处撤退。

【典型事例】 河南省鹤壁四矿煤层有硫化氢涌出时，在开采前预先向煤体中注入石灰水，辅以石灰水喷洒，有效地降低了硫化氢气体的影响。

第六章　职业健康监护

第六百六十三条　煤矿企业必须按照国家有关规定，对从业人员上岗前、在岗期间和离岗时进行职业健康检查，建立职业健康档案，并将检查结果书面告知从业人员。

【条文解释】　本条是对煤矿企业从业人员职业健康检查的规定。

煤矿企业必须对从业人员上岗前、在岗期间和离岗时进行职业健康检查。为了体现从业人员职业卫生方面的权利，从业人员有权了解职业健康查体的结果。用人单位应当及时将职业健康检查结果及职业健康检查机构的建议以书面形式如实告知劳动者。从业人员离开原工作单位时有权索取本人职业健康检查及监护档案复印件，原工作单位应当如实、无偿提供，并在所提供的复印件上盖章。

1. 对新录用、变更工作岗位的从业人员上岗前进行健康检查和评价。

了解从业人员的健康状况，特别是发现有职业禁忌证的人员，为煤矿企业合理安置从业人员的工作岗位提供依据。同时，检查结果也可作为职业危害因素对人体健康危害的原始资料。

2. 对在岗的从业人员定期进行职业健康检查和评价。

动态观察从业人员的健康变化状况，了解从业人员健康变化与职业危害因素的关系，及时发现疑似病患者，判断从业人员是否适合继续从事该岗位的工作。

3. 对准备调离该工种的从业人员进行职业健康检查和评价。

分析从业人员与该工种职业危害因素的关系，找出其所在工作环境和条件存在的职业危害因素，以及对其身体健康的影响规律；检查工人是否患有职业病，以明确法律责任；对于有远期危害效应的职业危害因素，提出进行离岗后医学观察的内容和时限，为安置从业人员和保护从业人员健康权益提供依据。

第六百六十四条　接触职业病危害从业人员的职业健康检查周期按下列规定执行：

（一）接触粉尘以煤尘为主的在岗人员，每 2 年 1 次。

（二）接触粉尘以矽尘为主的在岗人员，每年 1 次。

（三）经诊断的观察对象和尘肺患者，每年 1 次。

（四）接触噪声、高温、毒物、放射线的在岗人员，每年 1 次。

接触职业病危害作业的退休人员，按有关规定执行。

【条文解释】　本条是对职业健康检查周期的规定。

接触职业病危害的从业人员要按一定的间隔时限进行定期体检，以便及早发现职业病或疑似职业病的亚健康群体，做到早期发现、早期治疗、早期处理。

在岗员工职业性健康体检周期，是根据员工所接触职业危害的性质、种类、毒性对身体损害的大小及劳动强度，拟定在该作业场所能够引起工人身体健康出现病理改变的最低时限。职业性健康体检周期规定如下：

1. 接触粉尘以煤尘为主的在岗人员，每2年1次。

2. 接触粉尘以矽尘为主的在岗人员，每年1次。

3. 经诊断的观察对象和尘肺患者，每年1次。

4. 接触噪声、高温、毒物、放射线的在岗人员，每年1次。

5. 接触职业病危害作业的退休人员按有关规定执行。

对准备脱离所从事的职业病危害作业或者岗位的劳动者，用人单位应当在劳动者离岗前30日内组织劳动者进行离岗时的职业健康检查。劳动者离岗前90日内的在岗期间的职业健康检查可以视为离岗时的职业健康检查。

用人单位对未进行离岗时职业健康检查的劳动者，不得解除或者终止与其订立的劳动合同。

用人单位发生分立、合并、解散、破产等情形时，应当对劳动者进行职业健康检查，并依照国家有关规定妥善安置职业病病人；其职业健康监护档案应当依照国家有关规定实施移交保管。

对准备调离该工种的从业人员进行职业健康检查和评价。分析从业人员与该工种职业危害因素的关系，找出其所在工作环境和条件存在的职业危害因素，以及对其身体健康的影响规律；检查工人是否患有职业病，以明确法律责任；对于有远期危害效应的职业危害因素，提出进行离岗后医学观察的内容和时限，为安置从业人员和保护从业人员健康权益提供依据。

6. 接触职业病危害作业的退休人员离岗后医学随访：

（1）如接触的职业病危害因素具有慢性健康影响，或发病有较长的潜伏期，在脱离接触后仍有可能发生职业病，需进行医学随访。

（2）尘肺病患者在离岗后需进行医学随访检查。

（3）随访时间的长短应根据有害因素致病的流行病学及临床特点、从业人员从事该作业的时间长短、工作场所有害因素的浓度等因素综合考虑确定。

第六百六十五条　对检查出有职业禁忌症和职业相关健康损害的从业人员，必须调离接害岗位，妥善安置；对已确诊的职业病人，应当及时给予治疗、康复和定期检查，并做好职业病报告工作。

【名词解释】　职业禁忌症

职业禁忌症——劳动者从事特定职业或者接触特定职业病危害因素时，比一般职业人群更易于遭受职业病危害和易患职业病或者可能导致原有自身疾病病情加重，或者在从事作业过程中诱发可能导致对他人生命健康构成危险的疾病的个人特殊生理或者病理状态。

【条文解释】　本条是对职业健康检查和职业病诊断资质以及结果处理的规定。

用人单位应当及时将职业健康检查结果及职业健康检查机构的建议以书面形式如实告知劳动者。用人单位应当根据职业健康检查报告，采取下列措施：

1. 对有职业禁忌症的劳动者，调离或者暂时脱离原工作岗位。

2. 对健康损害可能与所从事的职业相关的劳动者，进行妥善安置。

3. 对需要复查的劳动者，按照职业健康检查机构要求的时间安排复查和医学观察。

4. 对疑似职业病病人，按照职业健康检查机构的建议安排其进行医学观察或者职业病诊断。

5. 对存在职业病危害的岗位，立即改善劳动条件，完善职业病防护设施，为劳动者配备符合国家标准的职业病危害防护用品。

6. 职业健康监护中出现新发生职业病（职业中毒）或者2例以上疑似职业病（职业中毒）的，用人单位应当及时向所在地安全生产监督管理部门报告。

第六百六十六条　有下列病症之一的，不得从事接尘作业：

（一）活动性肺结核病及肺外结核病。

（二）严重的上呼吸道或者支气管疾病。

（三）显著影响肺功能的肺脏或胸膜病变。

（四）心、血管器质性疾病。

（五）经医疗鉴定，不适于从事粉尘作业的其他疾病。

【条文解释】　本条是对不得从事接尘作业职业禁忌症的规定。

职业禁忌症是各国医疗机构通过长期的医疗观察、实践，所得出的与职业性疾病发病相关的疾病，它不仅可以加快原病情进程、恶化，也可诱发职业性疾病的发生、发展，以至达到互相作用、合并感染，所以患职业禁忌症者是职业性疾病的易感人群。职业禁忌症通常与年龄、性别、营养、健康状况、个体差异、生活习惯、生产方式、家庭遗传等因素有关。

对职业禁忌症的筛选方式有2种：

1. 对上岗前的职业健康检查员工，发现患有职业禁忌症者不予上岗。

2. 对在岗期间经定期检查或其他医疗诊断检出之后发生职业禁忌症者，必须调离至与职业禁忌症无关的生产岗位作业。

由于粉尘的理化性质、荷电性的作用，接尘工人职业禁忌症以呼吸系统和心血管疾病为主。

严重的上呼吸道或支气管疾病主要指中度以上支气管炎、支气管哮喘、支气管扩张、萎缩性鼻炎、鼻腔肿瘤等。

显著影响肺功能的胸廓病或胸膜病主要指肺硬化、肺气肿、严重胸膜肥厚与黏连或由其他病因引起的肺功能中度损伤等。

心血管疾病主要指冠心病、风湿性心脏病、肺源性心脏病、先天性心脏病、心肌炎、高血压病等。

第六百六十七条　有下列病症之一的，不得从事井下工作：

（一）本规程第六百六十六条所列病症之一的。

（二）风湿病（反复活动）。

（三）严重的皮肤病。

（四）经医疗鉴定，不适于从事井下工作的其他疾病。

【条文解释】　本条是对不得从事井下工作行业禁忌症的规定。

井下是一个特殊的不良作业环境。它与地面工厂比较，气温高、湿度大（相对湿度可达80%以上）、气压高，在通风气流中还混杂有各种粉尘颗粒、有害气体，如甲烷、一氧化碳、二氧化碳、二氧化硫、氮氧化物、硫化氢等，这些物质在气流内的浓度虽然经单一检测，都不超过国家卫生标准（特殊情况下除外），但多种有害物质混在一起，对身体仍有危害；并且井下作业采掘空间狭窄，作业时人长期处于不良体位（如弯腰、下蹲、前屈、仰首、爬行等），体力劳动强度过大，且照明度低，因此要求井下生产作业人员不但身体素质好，反应也要机敏灵活。

本条所规定的病种病症，虽然不属于职业禁忌症，但它却是井下煤矿生产的行业禁忌症。有此类疾病的人员在井下作业，也会加重自身疾病的发展，不仅损坏其身体健康，企业也因此增加很多医疗费用。

对这些疾病的筛选通过就业前健康检查很容易发现，但对在岗员工因不属于职业健康体检范畴，这就需要靠日常门诊医疗检查。

第六百六十八条　*癫痫病和精神分裂症患者严禁从事煤矿生产工作。*

【名词解释】　癫痫病、精神分裂症

癫痫病——一时性大脑功能紊乱引起的振发性全身或躯体局部肌肉抽搐的综合症。

精神分裂症——各种原因引起的大脑功能失调而导致的行为、知觉、思维、情感及智能等方面异常的疾病。

【条文解释】　本条是对癫痫病和精神分裂症患者严禁从事煤矿生产工作的规定。

癫痫病临床特点为发作性精神丧失及全身抽搐或不伴神志丧失的躯体局部抽搐。成年后的这种疾病多是由脑部疾病（大脑发育不全、脑炎、脑膜炎、脑寄生虫病、脑血管瘤及颅脑外伤等）及全身疾病（尿毒症、血糖过低及各种原因引起的脑部缺氧）引起的继发症状。

井下特殊、艰苦的作业环境要求作业人员应保持高度安全意识和敏捷行动能力，而癫痫病和精神分裂症在发病时，不仅自己无自主、自觉的意识能力，还可能因思维狂乱引起自身安全事故或诱发矿井不可预测的大型事故。一般来说，在生产人群中，癫痫病和精神分裂症在发病时是易发现的，但在安定时间内是少有症状的，这就要求医疗机构要严密把好关，一旦发现，应立即报告人事部门予以调离。

第六百六十九条　*患有高血压、心脏病、高度近视等病症以及其他不适应高空（2 m 以上）作业者，不得从事高空作业。*

【名词解释】　高空作业

高空作业——指工人凡在坠落高度基准面 2 m 以上（含 2 m）有可能坠落的高处进行作业。

【条文解释】　本条是对不得从事高空作业病症的规定。

高空作业分为一般高空作业和特殊高空作业 2 种。特殊高空作业还因作业时工作条件、外界气象环境不同可分为：

1. 在阵风风力六级（风速 10.8 m/s）以上的情况下进行的高空作业，称为强风高空作业；

2. 在高温（≥25 ℃）或低温（<5 ℃）环境下进行的高空作业，称为异常温度高空

作业；

3. 降雪时进行的高空作业，称为雪天高空作业；

4. 降雨时进行的高空作业，称为雨天高空作业；

5. 室外完全采用人工照明时的高空作业，称为夜间高空作业；

6. 接近或接触带电条件下进行的高空作业，称为带电高空作业；

7. 在无站立点或无牢靠立足点的条件下进行的高空作业，统称为悬空高空作业；

8. 对突然发生的各种灾害事故进行抢救的高空作业，称为抢救高空作业。

在煤矿中高空作业主要分布在立井井筒、露天煤矿、地面建筑、通信架线等作业，这些作业环境多是在室外露天情况下，所以特殊高空作业所占比重很大。由于高空作业的特殊性和较地面作业相对难度大的原因，国家对高空作业按特殊工种管理，并规定了工种禁忌症。对没有经过高空作业培训的人员，有的会因生理恐惧不敢在高空环境站立、瞭望，而对患有心血管疾病的病人更会因精神因素，激发血压增高、血肌供血不足而加剧原有病症，甚至恶化，同时也极易发生安全事故。

第六百七十条　*从业人员需要进行职业病诊断、鉴定的，煤矿企业应当如实提供职业病诊断、鉴定所需的从业人员职业史和职业病危害接触史、工作场所职业病危害因素检测结果等资料。*

【条文解释】　本条是对煤矿企业提供从业人员职业病诊断、鉴定所需资料的规定。

当前我国的职业病形势非常严峻。一是职业病报告病例数居高不下。据卫生计生部门统计，截至 2013 年年底，全国累计报告职业病 83.37 万例，其中尘肺病 75.03 万例。2010 年以来报告职业病病例每年都在 2.6 万例以上。考虑到实际工作中职业健康检查率低，尘肺等职业病潜伏期长、隐匿性强等特点，实际患病人数更多。从业人员职业史、职业病危害接触史和工作场所职业病危害因素检测结果等资料是从业人员进行职业病诊断、鉴定需要的基础资料，没有这些资料，就无法进行职业病诊断、鉴定。职业病诊断、鉴定需要工作单位提供有关职业卫生和健康监护等资料时，从业人员有权要求工作单位如实提供。

第六百七十一条　*煤矿企业应当为从业人员建立职业健康监护档案，并按照规定的期限妥善保存。*

从业人员离开煤矿企业时，有权索取本人职业健康监护档案复印件，煤矿企业必须如实、无偿提供，并在所提供的复印件上签章。

【条文解释】　本条是对职业健康监护档案的规定。

1. 用人单位职业卫生档案。

用人单位职业卫生档案是指用人单位在职业病危害防治和职业卫生管理活动中形成的，能够准确、完整反映本单位职业卫生工作全过程的文字、资料、图纸、照片、报表、录音带、录像、影片、计算机数据等文件材料。

用人单位职业卫生档案是用人单位职业病防治过程的真实记录和反映，也是职业卫生监管部门行政执法的重要证据材料。

用人单位应当建立健全职业卫生档案，职业卫生档案应当包括以下主要内容：

（1）建设项目职业卫生档案；

（2）职业病危害项目申报档案；

（3）职业卫生管理制度档案；

（4）职业卫生管理实施档案；

（5）职业卫生宣传培训档案；

（6）职业病危害因素监测与检测评价档案；

（7）劳动者职业健康监护档案；

（8）法律法规要求建立的其他职业卫生档案。

2. 煤矿企业职业健康监护档案的内容。

通过职业健康监护档案可以客观地评价煤矿企业防治职业病的效果，也可以找出防治职业危害因素的规律。

煤矿企业职业健康监护档案应当包括粉尘监测、防尘措施和健康检查 3 部分内容。

（1）粉尘监测档案。

煤矿企业必须按国家规定对生产性粉尘进行监测，并遵守下列规定：

① 总粉尘。

——作业场所的粉尘浓度，井下每月测定 2 次，地面及露天煤矿每月测定 1 次。

——粉尘分散度，每 6 个月测定 1 次。

② 呼吸性粉尘。

——工班个体呼吸性粉尘监测，采掘（剥）工作面每 3 个月测定 1 次，其他工作面或作业场所每 6 个月测定 1 次。每个采样工种分 2 个班次连续采样，1 个班次内至少采集 2 个有效样品，先后采集的有效样品不得少于 4 个。

——定点呼吸性粉尘监测每月测定 1 次。

③ 粉尘中游离 SiO_2 含量。

每 6 个月测定 1 次，在变更工作面时也必须测定 1 次；各接尘作业场所每次测定的有效样品数不得少于 3 个。

（2）防尘措施档案。

尘肺病防治的根本措施是综合防尘，通过综合防尘，使工作环境的产尘量大幅度下降，达到国家或行业规定的标准。

（3）个人职业健康检查档案。

用人单位应当为劳动者个人建立职业健康监护档案，并按照有关规定妥善保存。职业健康监护档案包括下列内容：

① 劳动者姓名、性别、年龄、籍贯、婚姻、文化程度、嗜好等情况；

② 劳动者职业史、既往病史和职业病危害接触史；

③ 历次职业健康检查结果及处理情况；

④ 职业病诊疗资料；

⑤ 需要存入职业健康监护档案的其他有关资料。

3. 职业健康监护档案的管理。

（1）用人单位应当设立专门的档案室或指定专门的区域存放职业卫生档案，并指定专门机构和专（兼）职人员负责职业卫生档案的管理工作。

（2）用人单位要做好职业卫生档案归档工作，职业卫生档案要按年度进行案卷归档，及时编号登记，入库保管。

（3）职业卫生档案库房要坚固、安全，做好防盗、防火、防虫、防鼠、防高温、防潮、通风等保护工作，并制定相应的应急措施。

（4）用人单位要严格职业卫生档案的日常管理工作，防止出现遗失。

（5）职业卫生监管部门查阅或者复制用人单位职业卫生档案时，用人单位必须如实提供。

（6）劳动者离开用人单位时，有权索取本人职业健康监护档案复印件，用人单位应如实地、无偿地提供，并在所提供的复印件上签章。

（7）劳动者在申请职业病诊断、鉴定时，用人单位应当如实提供职业病诊断、鉴定所需的劳动者职业病危害接触史、工作场所职业病危害因素检测结果等资料。

（8）职业健康监护档案除 X 射线片资料外，还应设有健康卡片、逐次诊断登记本和索引卡。

（9）安全生产行政执法人员、劳动者或者其近亲属、劳动者委托的代理人有权查阅、复印劳动者的职业健康监护档案。

（10）逐步推行微机化管理，以便快捷、方便、准确地查找。

第六编　应 急 救 援

第一章　一 般 规 定

第六百七十二条　煤矿企业应当落实应急管理主体责任，建立健全事故预警、应急值守、信息报告、现场处置、应急投入、救援装备和物资储备、安全避险设施管理和使用等规章制度，主要负责人是应急管理和事故救援工作的第一责任人。

【名词解释】　预警、应急管理、主要负责人

预警——根据监测结果，判断突发事件可能或即将发生时，依据有关法律法规或应急预案相关规定，公开或在一定范围内发布相应级别的警报，并提出相关应急建议的行动。

应急管理——为了迅速、有效地应对可能发生的事故灾难，控制或降低其可能造成的后果和影响，而进行的一系列有计划、有组织的管理，包括预防、准备、响应和恢复 4 个阶段。

主要负责人——有限责任公司、股份有限公司的董事长或者总经理或者个人经营的投资人，其他生产经营单位的厂长、经理、局长、矿长（含实际控制人、投资人）等人员。

【条文解释】　本条是对煤矿企业应急管理主体责任的规定。

1. 煤矿企业应建立健全事故预警、应急值守、信息报告、现场处置、应急投入、救援装备和物资储备、安全避险设施管理和使用等应急管理规章制度，并建立相关制度加以落实应急管理主体责任。

（1）值班制度。建立昼夜值班制度，明确值班任务。

（2）检査制度。结合生产检查，定期检查应急救援工作情况。

（3）例会制度。定期召开指挥部成员和救援队负责人会议，汇报上阶段的安全生产和救援工作情况，布置下一阶段的安全和救援工作。

（4）总结评比制度。总结评比生产时，同时总结评比救援工作，每次训练和演习结束后应进行总结评比、奖励和表彰先进。建立总结评比办法及对于事故处理中有功和有过人员的奖罚措施。

2. 应急管理的主要内容和第一责任人。

尽管重大事故的发生具有突发性和偶然性，但重大事故的应急管理不只限于事故发生后的应急救援行动。应急管理是对重大事故的全过程管理，贯穿于事故发生前、中、后的各个过程，充分体现了“预防为主，常备不懈”的应急思想。应急管理是一个动态的过程，包括预防、准备、响应和恢复 4 个阶段。尽管在实际情况中，这些阶段往往是交叉

的，但每一阶段都有自己明确的目标，而且每一阶段又是构筑在前一阶段的基础之上。因而，预防、准备、响应和恢复的相互关联，构成了重大事故应急管理的循环过程。

主要负责人是煤矿企业安全生产第一责任者，当然也是应急管理和事故救援工作的第一责任人。

（1）事故预防。

在应急管理中预防有 2 层含义：一是事故的预防工作，即通过安全管理和安全技术等手段，尽可能地防止事故的发生，实现本质安全；二是在假定事故必然发生的前提下，通过预先采取的预防措施，来达到降低或减缓事故的影响或后果严重程度，如加大建筑物的安全距离、工厂选址的安全规划、减少危险物品的存量、设置防护墙，以及开展公众教育等。从长远观点看，低成本、高效率的预防措施是减少事故损失的关键。

（2）应急准备。

应急准备是应急管理过程中一个极其关键的过程，是针对可能发生的事故，为迅速有效地开展应急行动而预先所做的各种准备，包括应急体系的建立，有关部门和人员职责的落实，预案的编制，应急队伍的建设，应急设备（施）、物资的准备和维护，预案的演习，与外部应急力量的衔接等，其目标是保持重大事故应急救援所需的应急能力。

（3）应急响应。

应急响应是在事故发生后立即采取的应急与救援行动。包括事故的报警与通报、人员的紧急疏散、急救与医疗、消防和工程抢险措施、信息收集与应急决策和外部救援等，其目标是尽可能地抢救受害人员、保护可能受威胁的人群，尽可能控制并消除事故。应急响应可划分为两个阶段，即初级响应和扩大应急。

初级响应是在事故初期，企业应用自己的救援力量，使事故得到有效控制。但如果事故的规模和性质超出本单位的应急能力，则应请求增援和扩大应急救援活动的强度，以便最终控制事故。

（4）应急恢复。

恢复工作应该在事故发生后立即进行，首先使事故影响区域恢复到相对安全的基本状态，然后逐步恢复到正常状态。要求立即进行的恢复工作包括事故损失评估、原因调查、清理废墟等，在短期恢复中应注意的是避免出现新的紧急情况。长期恢复包括厂区重建及受影响区域的重新规划和发展，在长期恢复工作中，应吸取事故和应急救援的经验教训，开展进一步的预防工作和减灾行动。

3. 煤矿应急管理的基本任务。

（1）建立应急救援体系。

① 煤矿应急救援组织体系的主要任务应包括领导决策机构、协调指挥机构、专家支持系统及应急救援队伍等方面的建立；

② 煤矿应急救援运行机制的建立主要包括统一指挥机制、分级响应机制及属地为主协调救援机制等多方面的内容；

③ 建立煤矿应急救援支持保障主要是对通信系统信息、技术支持系统、物资与装备保障、经费保障及制度保障等多方面的健全完善。

（2）编制应急救援预案。

应急预案必须符合科学规律，能充分体现实用性，全面完整地覆盖到煤矿应急救援的方方面面；同时，必须符合法律、法规要求，层次结构清晰，并且各预案间能够做到相互衔接。

（3）培训、演练应急预案。

① 提升整个救援队伍素质，使其在实战时能够快速、高质量地完成各项救援任务，提高应急反应能力，避免发生事故后因盲目救灾引发次生事故。

② 提升煤矿从业人员的安全生产意识，懂得相应的安全生产知识，力争做到不伤害自己、不伤害别人、不被别人伤害。

（4）储备应急救灾物资。

建立区域应急救援关键装备材料储备，确保应急救援物资充裕，这是搞好应急救援的重要保障。

（5）矿井各类安全系统建设。

煤矿应按规定安装安全监控系统，生产调度系统，井下人员定位系统和井下压风、供水、通信系统，确保应急救援的科学性和有效性。

（6）应急救援行动。

事故发生时，应及时调动并合理利用应急资源，包括人力资源和物质资源，从而能及时有效地使灾害和损失降到最低程度和最小范围。同时应立即根据实际情况对灾害现场进行恢复，争取尽快恢复生产，做好各项善后处理工作。

（7）调查和分析事故原因。

事故应急救援行动结束后，现场应急救援指挥部应调查和分析事故原因，总结应急救援经验教训，提出改进应急救援工作的建议。

第六百七十三条 矿井必须根据险情或者事故情况下矿工避险的实际需要，建立井下紧急撤离和避险设施，并与监测监控、人员位置监测、通信联络等系统结合，构成井下安全避险系统。

安全避险系统应当随采掘工作面的变化及时调整和完善，每年由矿总工程师组织开展有效性评估。

【条文解释】 本条是对井下安全避险系统的规定。

安全是相对的，事故是绝对的。事故是有规律的，事故规律是可以认识的。但是，依靠目前的安全理论和技术手段想要从根本上控制事故还是很难的。所以，煤矿安全避险是十分必要的。

安全避险“六大系统”建设是提高矿井应急救援能力和灾害处置能力、保障矿井人员生命安全的重要手段，是全面提升矿山安全保障能力的技术保障体系。

1. 建立井下紧急撤离和避险设施。

矿井井下紧急撤离和避险设施是在井下发生紧急情况下，为遇险人员安全避险提供生命保障的设施、设备、措施组成的有机整体。

井下紧急撤离和避险设施建设包括为入井人员提供自救器、建设井下紧急避险设施、合理设置避灾路线、科学制定应急预案等。按照科学合理、因地制宜、安全实用的原则建设井下紧急避险系统，优先建设避难硐室。避难硐室应当优先选择专用钻孔、专用管路供氧（风）等方式，为避险人员提供可靠的生存保障。

2. 矿井安全监测监控系统。

矿井安全监控系统用来监测甲烷浓度、一氧化碳浓度、二氧化碳浓度、氧气浓度、风速、风压、温度、烟雾、馈电状态、风门状态、风筒状态、局部通风机开停、主要通风机开停等，并实现甲烷超限声光报警、断电和甲烷风电闭锁控制等。

矿井安全监测监控系统应对紧急避险设施外和避难硐室内的甲烷浓度、一氧化碳浓度等环境参数进行实时监测。

3. 人员位置监测系统。

为地面调度控制中心提供准确、实时的井下作业人员身份信息、工作位置、工作轨迹等相关管理数据，实现对井下工作人员的可视化管理，提高煤矿开采生产管理的水平。矿井灾变后，通过系统查询，可以确定被困作业人员构成、人员数量、事故发生时所处位置等信息，确保抢险救灾和安全救护工作的高效运作。

矿井人员位置监测系统应能实时监测井下人员分布和进出紧急避险设施的情况。

4. 通信联络系统。

按照在灾变期间能够及时通知人员撤离和实现与避险人员通话的要求，进一步建设完善通信联络系统。矿井通信联络系统应延伸至井下紧急避险设施，紧急避险设施内应设置直通矿调度室的电话。

第六百七十四条 煤矿企业必须编制应急救援预案并组织评审，由本单位主要负责人批准后实施；应急救援预案应当与所在地县级以上地方人民政府组织制定的生产安全事故应急救援预案相衔接。

应急救援预案的主要内容发生变化，或者在事故处置和应急演练中发现存在重大问题时，及时修订完善。

【名词解释】 应急救援预案、应急演练

应急救援预案——针对可能发生的事故灾难，为最大限度地控制或降低其可能造成的后果和影响，预先制定的明确救援责任、行动和程序的方案。

应急演练——针对生产活动中存在的危险源或有害因素而预先设定的事故状况（包括事故发生的时间、地点、特征、波及范围和变化趋势等），依据应急救援预案而模拟开展的预警行动、事故报告、指挥协调、现场处置等活动。

【条文解释】 本条是对煤矿企业编制应急救援预案的规定。

1. 煤矿企业应急救援预案制定的目的。

煤矿企业是高危行业，不安全因素包括水灾、火灾、瓦斯、煤尘和顶板等自然灾害，严重威胁着煤矿的安全生产，造成矿工的重大伤亡、矿井财产的严重损失，给社会带来不良影响。为了消除事故隐患，提高事故防范意识，减少事故的发生，控制事故的发展，煤矿企业开展应急救援预案编制工作具有重要的意义。应急救援预案是企业应急管理的主线，也是企业开展应急救援工作的重要保障。

2. 应急救援预案评审。

(1) 应急救援预案评审分级。

应急救援预案应经过执行该预案的所有机构或对预案执行提供支持的机构或部门评审。根据评审性质、评审人员和评审的目标要求不同，可将其分为 4 级评审。

① 内部评审。

内部评审是指本企业本单位组织的由预案编写成员及各职能部门负责人和专业人员参加的应急救援预案评审。内部评审要确保预案的完整性，要求各职能部门的应急管理职责明确，应急响应和处置程序清晰；对预案进行全面评估，使各类型的应急救援预案相互协调并衔接。

② 同行评审。

应急救援预案经内部评审和修订之后，编制单位邀请具备与编制成员类似资格或专业的人员进行评审。评审人员主要包括煤矿企业及其管理部门、应急救援服务单位的专家及有关应急管理部门或支持部门的专家，如公安、消防、环保、卫生医疗和救护等部门的专家。广泛征求对应急救援预案的客观意见，查问题、找差距，以便对其进行补充与完善。

③ 上级评审。

在同行评审和对应急救援预案进行相应修改之后，应报请上级评审。上级评审的目标是确保有关责任人或组织部门对应急救援预案涉及的资源需求予以授权和作出相应承诺与安排，以确保应急救援工作的顺利进行。

④ 政府评审。

政府评审是指当地政府组织有关部门负责人和专家对编制单位编写的应急救援预案进行评审、批准与认可。目的是确认预案是否符合相关法律、法规、规章、标准和上级政府的有关规定，使之与其他应急救援预案协调、衔接。

（2）应急救援预案的评审标准。

应急救援预案的评审主要有以下 6 项标准：

① 科学性。

危险辨识与评估方法；对于“预想”事故及其危险程度的叙述与描绘；应急程序与处置措施要具有科学性。

② 完整性。

预案中应将应急预防、应急准备、应急响应和应急恢复 4 个主要阶段阐述完整，为应急过程全面、准确地实施夯实基础，目的是使应急救援有条不紊地进行，避免事故扩大和导致次生灾害，减少事故造成的损失。

③ 准确性。

应急救援预案要求通信信息准确、应急职责与分工准确，以确保信息及时传递，队伍分工合作，保证有条不紊地搞好应急行动。

④ 实用性。

一旦发生重大灾害事故，有关组织人员可按预案中的安排和要求，迅速、有序地进行应急救援。

⑤ 协调性。

应急救援预案应在企业应急救援预案体系之间、政府与企业应急救援预案体系之间做到纵向和横向方面均要相互衔接、有机联系、配套运行。

⑥ 合法性。

企业编制的应急救援预案内容必须符合国家与行业的相关法律、法规、标准、规定等要求。

3. 应急救援预案实施与管理。

煤矿企业应急救援预案经评审后，由企业主要负责人签署发布，并付诸实施。

应急救援预案经批准后，应当发放给有关部门，并登记造册，发放日期、份数、接收部门、签收人等有关信息均要如实记录。

应急救援预案的备案管理是提高应急救援预案编制质量、规范应急救援预案管理和确保应急救援预案相互衔接的重要措施之一。煤矿企业应急救援预案应当与所在地县级以上地方人民政府组织制定的生产安全事故应急救援预案相衔接。

第六百七十五条 煤矿企业必须建立应急演练制度。应急演练计划、方案、记录和总结评估报告等资料保存期限不少于2年。

【条文解释】 本条是对煤矿企业应急演练的规定。

1. 应急演练的类型。

应急演练从内容上划分为综合演练和专项演练，从地点上划分为现场演练和桌面演练。

根据我国煤矿企业重大事故应急管理体制和应急救援具体工作的要求，一般常采用以下3种演练形式：

（1）综合演练。

综合演练是针对应急预案中多项或全部应急响应功能开展的演练活动。

综合演练应尽量在矿井现场按真实场景进行，演练需要较长的时间，动员较多的组织和人员参与。事先必须制订周密计划，并制定演练的安全注意事项。通过全面演练获取的经验和教训来总结成果，改进不足，为修订和更新应急救援预案提供依据，使之更完善。

（2）桌面演练。

桌面演练是针对事故情景，利用图纸、沙盘、流程图、计算机、视频等辅助手段，依据应急预案而进行交互式讨论或模拟应急状态下应急行动的演练活动。

桌面演练的特征是在地面会议室内假想模拟事故现场的情景，进行相互提问、口头演练或多媒体电脑的演练。桌面演练可以检查和解决预案中的某些问题，提高对预案的中心思想的理解和认识，锻炼参演人员解决问题的能力。桌面演练成本低廉，是救援组织常用的演练方法。

（3）专项演练。

专项演练是针对应急预案中某项应急响应功能开展的演练活动。

专项演练一般是在应急指挥中心举行，并同时可在现场实际生产条件下进行，调用有限的应急设备，主要目的是针对不同的应急响应功能，检验相关的应急救援人员和应急指挥协调机构的策划和响应能力。

2. 应急演练的目的。

（1）检验预案。发现应急预案中存在的问题，提高应急预案的科学性、实用性和可操作性。

（2）锻炼队伍。熟悉应急预案，提高应急人员在紧急情况下妥善处置事故的能力。

（3）磨合机制。完善应急管理相关部门、单位和人员的工作职责，提高协调配合能力。

（4）宣传教育。普及应急管理知识，提高参演和观摩人员的风险防范意识和自救互救能力。

（5）完善准备。完善应急管理和应急处置技术，补充应急装备和物资，提高其适用性和可靠性。

（6）其他需要解决的问题。

3. 应急演练的原则。

应急演练应符合以下原则：

（1）符合相关规定。按照国家相关法律、法规、标准及有关规定组织开展演练。

（2）切合企业实际。结合企业生产安全事故特点和可能发生的事故类型组织开展演练。

（3）注重能力提高。以提高指挥协调能力、应急处置能力为主要出发点组织开展演练。

（4）确保安全有序。在保证参演人员及设备设施安全的条件下组织开展演练。

4. 应急演练的实施。

应急演练的实施应注意以下各项工作：

（1）熟悉演练任务和角色。

组织各参演单位和参演人员熟悉各自参演任务和角色，并按照演练方案要求组织开展相应的演练准备工作。

（2）组织预演。

在综合应急演练前，演练组织单位或策划人员可按照演练方案或脚本组织桌面演练或合成预演，熟悉演练实施过程的各个环节。

（3）安全检查。

确认演练所需的工具、设备、设施、技术资料，参演人员应到位。对应急演练安全保障方案以及设备、设施进行检查确认，确保安全保障方案可行，所有设备、设施完好。

（4）应急演练。

应急演练总指挥下达演练开始指令后，参演单位和人员按照设定的事故情景，实施相应的应急响应行动，直至完成全部演练工作。演练实施过程中出现特殊或意外情况时，演练总指挥可决定中止演练。

（5）演练记录。

演练实施过程中，安排专门人员采用文字、照片和音像等手段记录演练过程。应急演练计划、方案、记录和总结评估报告等资料保存期限不少于 2 年。

（6）评估准备。

演练评估人员根据演练事故情景设计和具体分工，在演练现场实施过程中展开演练评估工作，记录演练中发现的问题或不足，收集演练评估需要的各种信息和资料。

（7）演练结束。

演练总指挥宣布演练结束，参演人员按预定方案集中进行现场讲评或者有序疏散。

5. 煤矿应急培训。

煤矿应急培训内容主要包括以下几方面：

（1）国家应急管理法律、法规和其他相关要求；

（2）本矿主要风险及其预防、控制的基本知识；
（3）本矿应急管理规章制度；
（4）应急避险防护用品的使用技能；
（5）避灾避险的路线；
（6）现场应急创伤急救、自救和互救等基本技能；
（7）煤矿典型事故案例分析。

第六百七十六条 所有煤矿必须有矿山救护队为其服务。井工煤矿企业应当设立矿山救护队，不具备设立矿山救护队条件的煤矿企业，所属煤矿应当设立兼职救护队，并与就近的救护队签订救护协议；否则，不得生产。

矿山救护队到达服务煤矿的时间应当不超过 30 min。

【条文解释】 本条是对煤矿必须有矿山救护队为其服务的规定。

回顾总结我国煤矿企业生产和发展的历史，当煤矿井下发生灾变事故时，由于本企业没有矿山救护队，又没有和附近的救护队签订服务协议，只有通过上级部门召请外援矿山救护队抢险救灾，延误救灾时间，造成灾害扩大。

【典型事例】 2013 年 1 月 29 日，黑龙江省某煤矿 3 人下井排水作业时中毒晕倒。在事故类型不清、井下状况不清、灾害地点不清的情况下，该矿领导违章指挥，在未采取安全可靠措施的情况下，盲目组织包括地面铲车司机和后勤人员在内的 17 人下井施救，导致所有施救人员先后中毒晕倒被困井下。在施救无效、事故扩大的情况下，该矿遂向县矿山救护队求援。经县矿山救护队和后来赶至现场的某公司救护队全力抢救，8 人生还，12 人遇难。

所有煤矿应设立矿山救护队，不具备单独设立救护队条件的煤矿企业，应设立兼职救护队，并与就近的救护队签订救护协议或联合建立矿山救护队；否则，不得生产。

兼职救护队的任务如下：

1. 引导和救助遇险人员脱离灾区，协助专职救护队员抢救遇险遇难人员。
2. 做好矿山安全生产预防性检查，控制和处理矿山初期事故。
3. 参加需要佩用氧气呼吸器作业的安全技术工作。
4. 协助矿山救护队完成矿山事故救援工作。
5. 协助做好矿山职工自救互救知识的宣传教育工作。

矿山救护队至服务矿井的距离以行车时间不超过 30 min 为准，这是从救险实践中总结出来的，时间就是生命，争取时间及时抢救，就会减少生命伤亡和财产损失。如存在多个煤矿和多个救护队时，应就近签订。30 min 时限应充分考虑路况变化、天气变化、救护车型等制约条件，行车距离一般不应超过 20 km。

第六百七十七条 任何人不得调动矿山救护队、救援装备和救护车辆从事与应急救援无关的工作，不得挪用紧急避险设施内的设备和物品。

【条文解释】 本条是对矿山救护队、救援装备和救护车辆以及紧急避险设施内的设备和物品必须保证应急救援的规定。

任何人（上级领导、矿山救护队指战员）都不得调动矿山救护队、救护装备和救护车辆从事与矿山救护无关的工作。

为了保证矿山救护队战时做到“闻警即到，速战能胜”，平时必须做到严格管理。矿山救护队要有严密的组织、严明的纪律、严格的要求，确保高度的战斗准备状态。任何人不得以任何理由调动救护队做与救护无关的工作，否则不能保证闻警即到，若有重大灾情很可能造成贻误战机，给国家财产和职工生命造成重大损失。

紧急避险设施内的设备和物品用于作应急救援时紧急避险，所以，从事与应急救援无关的工作时，不得挪用。

【典型事例】　某煤矿领导因通风区瓦斯检查工人员少，责令救护队员兼职瓦斯工到工作面盯岗查瓦斯，致使救护队当班值班人员仅剩下4人。恰在此时井下发生了瓦斯突出事故，救护队4人配机进入灾区侦察救人时，工作强度大，携带装备不全，造成自身伤亡。

当矿井发生不同的事故时，矿山救护队必须使用不同的救护装备，保证救灾工作的正常进行。援外救灾必须乘车才能到达事故矿井。如果矿山救护装备和车辆外调，不能保证矿山救护队的使用和紧急出动，贻误战机，就可能造成事故扩大。因此，任何人不得调动矿山救护队、救护装备和救护车辆从事与救护工作无关的事情。矿山救护车必须专车专用，并制定车辆管理制度。

第六百七十八条　*井工煤矿应当向矿山救护队提供采掘工程平面图、矿井通风系统图、井上下对照图、井下避灾路线图，以及灾害预防和处理计划，以及应急救援预案；露天煤矿应当向矿山救护队提供采剥、排土工程平面图和运输系统图、防排水系统图及排水设备布置图、井工老空区与露天矿平面对照图，以及应急救援预案。提供的上述图纸和资料应当真实、准确，且至少每季度为救护队更新一次。*

【条文解释】　本条是对煤矿向矿山救护队提供图纸和资料的有关规定。

1. 井工煤矿的采掘工程平面图、矿井通风系统图、井上下对照图、井下避灾路线图，以及露天煤矿的采剥工程平面图和断面图、运输系统图、防排水系统图及排水设备布置图、井工老空与露天矿平面对照图等既是煤矿正常安全生产的技术资料，又是应急救援的重要依据，煤矿应向矿山救护队提供以上图纸。有了采掘工程平面图就很容易找到事故灾难发生的地点；矿井通风系统图标明了风流方向，通风往往是应急救援的重要手段；有了井上下对照图，明白井下工程与地面建筑相应位置，有时可以从地面钻孔到灾区进行救援；有了井下避灾路线图可以安全迅速地将灾区人员撤离到安全地点。

煤矿灾害预防和处理计划及应急救援预案等是煤矿企业搞好安全和矿山救护队应急救援的重要的基础资料。

为了正确指导应急救援，以上图纸和资料应是准确反映当前实际情况的，所以每季度至少根据变化的情况进行一次修改、完善。

2. 矿山救护队应定期对服务煤矿进行预防性安全检查，熟悉井下巷道或露天采场及排土场情况，并根据服务煤矿的灾害类型制定预处理方案，进行演习训练。

救护队必须结合服务矿井灾害计划，制定出指导不同类别事故的技术措施，使救护队在行动中遵循科学救护原则，确保安全性，减少盲目性。

矿山救护队对矿井进行预防性安全检查，其目的是熟悉矿井情况和排查矿井隐患。

（1）熟悉矿井情况。

① 了解矿井巷道及采掘工作面、采空区的分布和管理情况，特别是井下避灾路线；

② 了解矿井通风、排水、提升运输、供电、压风、消防、监测等系统的基本情况；

③ 检查矿井有害气体情况；

④ 了解矿井各硐室分布情况和防火设施；

⑤ 了解矿井瓦斯（煤尘）、水害、自然发火、顶板、煤与瓦斯突出和冲击地压等方面的重大事故隐患，以及矿井火区的分布与管理情况；

⑥ 检查了解矿井应急预案或灾害预防和处理计划执行情况；

⑦ 熟悉井下仓库的地点及材料、设备的储备情况。

（2）排查矿井隐患。

① 在矿井预防性安全检查工作中，救护人员发现存在安全生产的重大事故隐患，特别是危及作业人员安全时，应通知作业人员立即停止作业并撤出现场人员，同时报告有关主管部门；

② 对查出的重大事故隐患和问题应提出排除建议，并填写三联单，交给企业有关负责人和上级主管部门，并进行追踪管理。

【典型事例】 2009 年 10 月 17 日，陕西省榆林市某煤矿 601 采煤工作面发生冒顶事故，3 人被困井下。经过救援人员 8 天 8 夜连续奋战，成功地救出被困井下的 3 人。在抢救过程中由于该矿“三图”未及时实测、填绘，图纸与实际不相符，采用前进式开采残煤的 601 采煤工作面没有及时上图，给救援工作造成了很大困难。

第六百七十九条 煤矿作业人员必须熟悉应急救援预案和避灾路线，具有自救互救和安全避险知识。井下作业人员必须熟练掌握自救器和紧急避险设施的使用方法。

班组长应当具备兼职救援队员的知识和能力，能够在发生险情后第一时间组织作业人员自救互救和安全避险。

外来人员必须经过安全和应急基本知识培训，掌握自救器使用方法，并签字确认后方可入井。

【条文解释】 本条是对煤矿现场作业人员应急救援的有关规定。

1. 井下作业人员必须熟悉煤矿灾害预防和处理计划及应急救援预案，掌握所在区域的避灾路线，一旦发生灾害事故，能够实施自救互救和安全避险。自救器和紧急避险设施是应急救援和安全逃生不可缺少的，井下作业人员必须熟练掌握自救器和紧急避险设施的使用方法。

2. 班组是企业的“细胞”。班组长既是企业安全生产活动的参与者，又是班组安全生产活动的组织者、管理者和指挥者。班组长是本班组安全生产的第一责任人，对管辖范围内的现场安全管理全面负责。严格落实各项安全责任制，执行安全法律、法规、规程和技术措施，实现全员、全过程、全方位的动态安全生产管理。班组长应当具备兼职救援人员的知识和能力，能够在发生险情后第一时间引导和救助遇险人员脱离灾区，协助专职救护队员抢救遇险遇难人员，组织作业人员自救互救和安全避险。

3. 外来人员对本矿井情况不熟悉，如果不了解自救互救和安全避险基本知识，当发生事故时很难保证自身安全。所以，入井外来人员必须经过安全和应急基本知识培训，掌握自救器使用方法，并签字确认后方可入井。

【典型事例】　2010 年 3 月 3 日，黑龙江省某煤矿掘进工作面中段顶板发生内因火灾事故，造成顶板冒落，31 人被困在工作面内，救护队克服诸多不利因素，历经 5 个多小时将遇险人员全部救出灾区。在救援过程中，被困人员所处的空间较大，且能与地面调度室取得联系，指挥部打电话做好遇险人员安抚工作，并让他们在掘进工作面中段用风筒打一道临时风障隔绝风流，在风障里侧静坐等待救援，不要随意走动，确保被困人员不受有毒有害气体侵害。救护队员发现遇险人员后，向没有携带自救器的遇险人员分发自救器，指导佩戴方法并逐一进行检查，确认无误后才有序撤出灾区。

第六百八十条　*煤矿发生险情或者事故后，现场人员应当进行自救、互救，并报矿调度室；煤矿应当立即按照应急救援预案启动应急响应，组织涉险人员撤离险区，通知应急指挥人员、矿山救护队和医疗救护人员等到现场救援，并上报事故信息。*

【条文解释】　本条是对煤矿发生险情或事故后采取应急救援措施的规定。

现场人员是险情或事故发生的目击者，最了解险情或事故发生的原因、经过、性质、地点和伤害程度、受威胁范围，应当在第一时间向矿调度室报告，并开展积极的自救，互救。

1. 现场人员及时向矿调度室报告。

（1）报告形式：利用最近的电话进行报告。不要舍近求远，更不要跑到井上进行口头报告。但要注意在有瓦斯的地点，必须使用防爆型电话，否则电话机产生的火花可能引爆瓦斯。

（2）报告对象：首先直接向矿调度室报告，矿调度室是全矿抢险救灾指挥中心。矿领导 24 h 调度值班，可以组织全矿人力、物力对事故进行抢救；若本矿力量不足，还可以通过调度向上级领导求援。有人在事故发生后先报告本区队领导，往往会延误抢救事故的最佳时机。

（3）报告内容：事故的性质、发生地点、影响范围、现场作业人员伤亡情况，以及抢救、撤离的措施和方法等。

（4）报告方法：要沉着冷静，不要慌乱，尽量把话说清楚；不要撒谎，要如实报告灾情，不清楚的就报告“不清楚”，待回到现场了解清楚后或按领导指令了解某一情况后，再次向矿调度室报告。

2. 开展自救、互救。

矿井发生灾害事故后，处于灾区内及受威胁区域的人员应沉着冷静，根据看到的异常现象、听到的异常声响和感觉到的异常冲击等情况，迅速判断事故的性质，利用现场的条件，在保证自身安全的前提下，采取积极有效的措施和方法，及时投入现场抢救，将事故消灭在初始阶段或控制在最小范围内，最大限度地减少事故造成的损失。

（1）在消除灾害时，必须保持统一的指挥和严密的组织，严禁冒险蛮干和惊慌失措，严禁各行其是和单独行动。

（2）在积极抢救过程中，首先要确保自身安全。提高警惕，采取严密措施，避免中毒、窒息、爆炸、触电、二次突出、顶帮二次垮落和透水冲人等再生事故的发生，保证营救人员的安全。

（3）在消除灾害时，要把抢救伤员作为重中之重，坚持先救人后救灾。在抢救人员时要做到“三先三后”，即先抢救生还者，后抢救已死亡者；先抢救伤势较重者，后抢救伤势较轻者；对于窒息或心跳、呼吸停止不久、出血和骨折的伤员，先复苏、止血和固定，然后搬运。

（4）要采取各种有效措施，消除初始灾害或防止灾区情况恶化。如发生火灾时，现场作业人员应尽量利用现场条件直接灭火，迅速扑灭新起火灾；如发生冒顶事故时，现场作业人员应立即加强支护控制顶板；如发生煤与瓦斯突出时，应迅速关好防突反向风门；如发生透水事故时，应迅速关闭水闸门等。

【典型事例】　2009 年 6 月 17 日，贵州省某煤矿发生一起运输上山老窑透水事故，造成 16 名矿工被困井下。其中 3 名矿工在事故发生后，躲避到运输上山一平巷，他们沉着冷静、储备体能、互相鼓励、意志坚定，呼吸着由地面通过老窑的微风，啃着树皮，喝着井水，硬是坚持了 25 天。当运输上山清淤时发现他们的灯光，救护队立即将他们 3 人安全地救出井口，创造了 3 名遇险人员被困 25 天生还的奇迹。

3. 煤矿通知涉险人员、救护队和上报。

煤矿接到险情或事故发生的报告后，应立即启动应急预案，按规定通知受灾害影响和威胁地区的涉险人员迅速撤离灾区，向应急指挥人员进行灾情汇报，按灾害情况通知矿山救护队下井进行救援和医疗救护人员做好创伤急救准备等。

煤矿负责人接到报告后，应当于 1 h 内报告事故发生地县级以上人民政府安全生产监督管理部门、负责煤矿安全生产监督管理的部门和煤矿安全监察机构。情况紧急时，事故现场有关人员可以直接向事故发生地县级以上人民政府安全生产监督管理部门、负责煤矿安全生产监督管理的部门和煤矿安全监察机构报告。

第六百八十一条　*矿山救护队在接到事故报告电话、值班人员发出警报后，必须在 1 min 内出动救援。*

【条文解释】　本条是对矿山救护队出动救援时间的规定。

矿山救护队值班员必须 24 h 值班，值班员接听事故报告电话时，应在问清和记录事故地点、时间、类别、遇险遇难人员数量，以及通知人姓名和单位后，立即发出警报，并向指挥员报告。

事故报告电话：设在救护队值班员待命地点（一般指队部）的专用电话，可与所服务矿井调度室直接通话。每天矿山救护队值班员交接班后，都必须立即检验事故报告电话与服务矿井调度室的连通情况。事故报告电话必须设专人看守，严禁任何人使用事故报告电话向外拨打或接听与事故召请无关的电话。

矿山救护队值班员：针对工作职责而定的特殊岗位。为了保证事故报告电话 24 h 畅通无阻，每天必须有 1 个中队指挥员和 2 名救护队员上岗值班，包括在救护队队部参加战备值班的所有矿山救护人员。

矿山救护队值班员接听事故报告电话时要沉着冷静，通知人通知完事故报告后，电话值班员要向通知人重复一遍进行确认，确保接听电话准确无误。因为接听事故报告电话是抢险救灾的第一步，所以电话值班员只有接听清楚事故报告电话内容，准确传达无误，才能为抢险救灾赢得宝贵的时间。

矿山救护队要加强这方面的训练，特别是针对初次担任电话值班员的新队员。接听电话时应做好记录。由于我国煤矿工作面都实行编号，有的可能由于1个数字的差错而走错路线，导致救灾失败。

对矿山救护队出动时间和出动小队数目的规定：矿山救护队属于应急救援组织，随时都有出动的可能，为保证能够及时出动，迅速地处理事故，矿山救护队必须坚持每天24 h值班制度。

矿山救护队每天以小队为单位轮流工作和休息，每天都有值班小队、待机小队、工作小队与休息队。闻警紧急出动时，值班小队为第一小队，待机小队是值班小队的预备队。当值班小队出动后待机小队立即转入值班而成为值班小队，当需要2个小队同时出动时，待机小队随同值班小队一起出动。工作队员负责非紧急出动的井下一般日常工作。当矿井发生重大事故后，不论是工作队还是休息队，得到消息后都必须归队，接受救灾任务。

听到警报后，矿山救护队必须在1 min内出动；待机小队立即转入值班。发生的事故为火灾、瓦斯或煤尘爆炸及煤（岩）与瓦斯（二氧化碳）突出事故时，待机小队应与值班小队一起出发。此项规定主要是针对火灾、瓦斯或煤尘爆炸及煤（岩）与瓦斯（二氧化碳）突出事故发生后波及范围广，人员伤亡多，事故处理难度大而考虑的，发生这类事故后，要立即通知工作小队及休息小队回队待命，同时根据人员需求情况及时召请外援，实行联合作战。

第六百八十二条 发生事故的煤矿必须全力做好事故应急救援及相关工作，并报请当地政府和主管部门在通信、交通运输、医疗、电力、现场秩序维护等方面提供保障。

【条文解释】 本条是对事故煤矿应急救援及相关工作和上报的规定。

煤矿发生事故后，必须按照“矿井灾害预防和处理计划”全力做好事故应急救援及相关工作。煤矿企业必须编制年度“矿井灾害预防和处理计划”，每年1月份由上级主管部门批复，并根据具体情况及时修改补充。在全年每季度开始前的半个月内，总工程师应根据矿井生产条件的变化情况，组织有关部门进行补充、修改。每年必须至少组织1次矿井救灾演习。

1. 处理灾害事故时人员的组织和分工。

矿长是处理灾害事故的全权指挥者，在矿总工程师和救护队长的协助下，制定营救遇难人员和事故处理方案。

矿总工程师是矿长处理灾害事故的第一助手，在矿长领导下组织制定营救遇难人员和事故处理方案。

救护队长领导矿山救护队安全迅速地完成灾区遇难人员的救援和事故处理工作。其他各副矿长、安监处长和科队班长完成各自职责范围内的救援工作。

2. 安全迅速撤离人员措施。

（1）确定撤离人员路线。

（2）研究通知灾区和受威胁区域人员的联系方法、手段。

（3）制定风流控制方法、步骤及向灾区提供新鲜空气、食品和水的方法。

（4）统计撤离人的姓名、单位。

3. 灾害事故处理方法和措施。

按“矿井灾害预防和处理计划”规定的各种灾害事故处理方法和措施实施。对爆炸事故重点快速恢复通风，消除残余火源，防止连续爆炸。对火灾事故重点控制风流，探明火区地点，预防引发爆炸事故，确定防火墙构筑的位置和顺序。对水灾事故重点查清透水位置，加快排水速度，抢救被困人员。

4. 灾害事故处理后勤保障工作。

要做好遇难人员家属的安抚、矿山秩序保卫、职工思想情绪稳定、食堂供应、车辆调配和接待等工作。

5. 报请当地政府和主管部门在通信、交通运输、医疗、电力、现场秩序维护等方面提供保障，以取得上级的支持。

【典型事例】　2013 年 1 月 12 日，辽宁省某煤矿发生冲击地压事故，致使该矿掘进工作面局部煤壁位移、巷道严重变形，并伴随大量瓦斯涌出，造成掘进队 11 人被困。事故发生后，该矿中央变电室值班人员立即切断了井下除局部通风机专用电源以外的所有电源，该掘进队带班领导利用压风自救系统迅速展开自救互救。阜新矿业矿山救护队接报后迅速到达事故矿井实施救援。现场救援指挥部针对事故情况，制定了恢复通风、排放瓦斯和深入搜寻的具体方案。经全力抢救，3 人生还，8 人遇难。

第二章 安全避险

第六百八十三条 煤矿发生险情或者事故时，井下人员应当按应急救援预案和应急指令撤离险区，在撤离受阻的情况下紧急避险待救。

【条文解释】 本条是对煤矿发生险情或事故时井下人员撤离险区和紧急避险待救的规定。

煤矿发生险情或事故时，现场人员的行动原则有以下4条：

1. 及时报告事故。

发生灾变事故后，事故点附近的人员应尽量了解或判断事故性质、地点和灾害程度，迅速利用最近处的电话或其他方式向矿调度室汇报，并迅速向事故可能波及的区域发出警报，使其他地点作业人员尽快知道灾情。

报告事故时要尽量冷静，把事故情况说清楚；一时不清楚事故情况的，按领导指示在保证自身安全的前提下再次调查清楚后，进行第二次汇报。

2. 积极消除灾害。

根据灾情和现场条件，在保证自身安全的前提下，采取积极有效的方法和措施，积极消除灾害，对受伤人员及时进行现场抢救，将事故消灭在初始阶段或控制在最小范围，最大限度地减小事故造成的损失。

3. 安全撤离灾区。

当受灾现场不具备事故抢救的条件，或抢救事故可能危及人员安全时，井下人员应按应急预案和应急指令规定的避灾路线和当时的实际情况，尽量选择安全条件最好且距离最短的路线，迅速撤离危险区域。

撤离时要做到有条不紊，应在有经验的班（组）长或老工人的带领下有序撤退。

4. 妥善进行避灾。

在撤离受阻的情况下，如矿井冒顶堵塞、火焰或有害气体浓度过高无法通过和在自救器有效工作时间内不能到达安全地点时，应迅速进入预先筑好的或就近建造的避难硐室、救生舱或压风自救硐室，紧急避险待救，等待矿山救护队的救援。

在避灾时要注意给外面救援人员留有信号，如在岔口明显处挂上衣物、写上留言；用矿灯照亮；敲击铁管、顶板或金属支架发出声响。注意不要暴饮暴食、不要情绪急躁盲目乱动。

【典型事例】 2009年5月30日，重庆某煤矿斜井揭K3b煤层过石门发生煤与瓦斯突出事故，造成30名矿工遇难。该矿现场安全管理不到位，爆破时未按规定撤人断电、关闭反向风门。矿工培训不到位，事故发生后，矿工对井下避灾路线不清，导致大量遇险人员进入回风巷，造成事故伤亡扩大。绝大部分工人逃生时没有佩戴自救器，没有利用压风自救系统自救。遇难人员多数不熟悉压缩氧自救器、压风自救系统的使用操作，导致因缺氧窒息而死亡。

第六百八十四条　*井下所有工作地点必须设置灾害事故避灾路线。避灾路线指示应当设置在不易受到碰撞的显著位置，在矿灯照明下清晰可见，并标注所在位置。*

巷道交叉口必须设置避灾路线标识。巷道内设置标识的间隔距离：采区巷道不大于200 m，矿井主要巷道不大于300 m。

【条文解释】　本条是对设置灾害事故避灾路线及其标识间隔距离的规定。

因为井下巷道路线长、没有光线，且复杂多变，人们要顺利找到它不容易。当发生灾害事故时，避灾路线标识可以帮助受困人员安全迅速地到达安全地点，所以井下所有工作地点必须设置灾害事故避灾路线，且在巷道交叉口必须设置避灾路线标识。煤矿井下紧急避险系统是在井下发生紧急情况下，为遇险人员安全避险提供生命保障的设施、设备、措施组成的有机整体。合理设置灾害事故避灾路线是紧急避险系统建设重要内容之一。

避灾路线指示应设置在不易受到碰撞且在矿灯照明下清晰可见的显著位置。

避灾路线标识的间隔距离，采区巷道不大于200 m，矿井主要巷道不大于300 m，并标注所在位置。参见《煤矿井下安全标志》（AQ 1017）。

第六百八十五条　*矿井应当设置井下应急广播系统，保证井下人员能够清晰听见应急指令。*

【条文解释】　本条是对设置井下应急广播系统的规定。

井下应急广播系统是井上与井下进行实时信息交流的基本设施。通过建立井下应急广播系统，可以将广播通信延伸至回采、掘进、运输等各工作点，在发生突发灾害的情况下，能立即发出撤人指令、逃生路线指令，起到及时高效地处理灾变事件的作用。其特点与作用有：

1. 及时快速响应：播音功率大，实时播报，信息沟通明晰准确，提升矿井的抗灾防灾能力。
2. 覆盖面广：可在主要巷道和区域实现声音覆盖。
3. 改善工作环境：平时可播放音乐、新闻、通知等。

积极推广应用矿井应急广播系统，当发生险情时，及时通知井下人员撤离。

用于煤矿井下的通信设备必须是防爆型电气设备，在电缆和光缆上传输的信号必须是本质安全型信号。

系统应具有扩音广播功能，宜具有显示功能。发生险情时，系统应能通过广播和显示牌通知事故地点、类别、撤离路线等。

井下各行人巷道和作业地点应设置广播设备，宜设置显示牌。

第六百八十六条　*入井人员必须随身携带额定防护时间不低于30 min的隔绝式自救器。*

矿井应当根据需要在避灾路线上设置自救器补给站。补给站应当有清晰、醒目的标识。

【名词解释】　自救器

自救器——一种轻便、体积小、便于携带、使用便利、作用时间较短的个人呼吸保护装置。

【条文解释】 本条是对入井人员携带自救器的规定。

1. 自救器的作用。

煤矿井下自然条件特殊，经常发生某些灾害事故。灾害事故发生以后，如瓦斯爆炸或突出、煤尘爆炸、火灾等会造成有害气体增加，冒顶和透水等事故常将井下人员围困在密闭的空间里，使氧浓度降低，人们在灾害事故环境中逃生或避灾，会因缺氧和吸入过量有害气体而发生中毒、窒息甚至死亡事故。所以，入井人员必须随身携带自救器。

【典型事例】 2009 年 6 月 11 日，辽宁省某煤矿井下-130 m 水平 9 区 7 号面下川掘进工作面因停风造成瓦斯积聚，浓度达到爆炸界限，原 7 号面采空区自然发火导致工作面瓦斯爆炸事故，作业人员自我安保意识差，不按规定佩戴便携式甲烷检测仪和自救器，造成 3 人死亡、15 人轻伤，直接经济损失 233.5 万元。事故发生后，在组织人员恢复 7 号面下川通风时又导致 6 人一氧化碳中毒，造成次生事故。

2. 自救器的分类。

自救器按其工作原理不同，可分为过滤式自救器和隔离式自救器两大类。根据氧气生成原因的不同，隔离式自救器又可分为化学氧自救器和压缩氧自救器 2 类。

过滤式自救器和隔离式自救器的主要区别是供人呼吸的氧气不同。隔离式自救器供人呼吸的氧气是由自救器本身供给的，与外界空气成分无关，故能隔离所有有害气体。而过滤式自救器供人呼吸的氧气仍是外界空气中的氧气，所以，使用环境氧气浓度不能低于 18%，一氧化碳浓度不能高于 1.5%，且不能含有其他有毒有害气体。由于过滤式自救器安全可靠性较差，所以，《禁止井工煤矿使用的设备及工艺目录（第三批）》中规定：一氧化碳过滤式自救器自发布之日起 1 年后禁止使用。

下井时自救器应当随身携带，不能乱扔乱放，也不准井下集中存放，以免发生突然事故时来不及佩戴。

自救器额定防护时间有 15 min、30 min、45 min、60 min 等多种，额定防护时间越长，质量越大，越不便于携带，且制造成本越高。入井人员必须随身携带额定防护时间不低于 30 min 的自救器。为了保证人员脱险时有效地使用自救器，矿井应根据需要在避灾路线上设置自救器补给站。补给站应有清晰、醒目的标识。

第六百八十七条 采区避灾路线上应当设置压风管路，主管路直径不小于 100 mm，采掘工作面管路直径不小于 50 mm，压风管路上设置的供气阀门间隔不大于 200 m。水文地质条件复杂和极复杂的矿井，应当在各水平、采区和上山巷道最高处敷设压风管路，并设置供气阀门。

采区避灾路线上应当敷设供水管路，在供气阀门附近安装供水阀门。

【条文解释】 本条是对避灾路线设置压风、供水管路和存放自救器的规定。

1. 压风管路的要求。

压风管路必须满足在灾变期间能够向所有采掘作业地点提供压风供气的要求。

(1) 所有矿井采区避灾路线上均应设置压风管路，压风管路规格应按矿井需风量、供风距离、阻力损失等参数计算确定，但主管路直径不小于 100 mm，采掘工作面管路直径不小于 50 mm。

（2）压风管路上设置供气阀门，间隔不大于 200 m。有条件的矿井可设置压风自救装置。水文地质条件复杂和极复杂的矿井应在各水平、采区和上山巷道最高处敷设压风管路，并设置供气阀门。

2. 供水管路的要求。

（1）所有矿井采区避灾路线上应敷设供水管路，压风自救装置处和供压气阀门附近应安装供水阀门。

（2）矿井供水管路应接入紧急避险设施，并设置供水阀，水量和水压应满足额定数量人员避险时的需要，接入避难硐室和救生舱前的 20 m 供水管路要采取保护措施。

（3）供水管路应能在紧急情况下为避险人员供水、输送营养液提供条件。

【典型事例】　2010 年 8 月 2 日，河南省某煤矿 11091 下副巷掘进工作面发生煤与瓦斯突出事故，16 名矿工遇难。在这次突出事故中，有 8 名遇难矿工已经逃出突出煤堆掩埋，却没有人打开自救器进行防护，其中有 2 人已经躲到压风自救呼吸袋下，但因没有打开压风阀门自救而遇难。

第六百八十八条　突出矿井，以及发生险情或者事故时井下人员依靠自救器或者 1 次自救器接力不能安全撤至地面的矿井，应当建设井下紧急避险设施。紧急避险设施的布局、类型、技术性能等具体设计，应当经矿总工程师审批。

紧急避险设施应当设置在避灾路线上，并有醒目标识。矿井避灾路线图中应当明确标注紧急避险设施的位置、规格和种类，井巷中应当有紧急避险设施方位指示。

【名词解释】　井下紧急避险设施

井下紧急避险设施——在井下发生灾害事故时，为无法及时撤离的遇险人员提供生命保障的密闭空间。

【条文解释】　本条是对建设井下紧急避险设施的规定。

1. 所有突出矿井都应建设井下紧急避险设施。其他矿井在发生险情或事故时，凡井下人员在自救器或 1 次自救器接力额定防护时间内靠步行不能安全撤至地面的，应建设井下紧急避险设施。该设施对外能够抵御高温烟气，隔绝有毒有害气体，对内提供氧气、食物和水，去除有毒有害气体，创造生存基本条件，为应急救援创造条件、赢得时间。紧急避险设施主要包括永久避难硐室、临时避难硐室和可移动式救生舱。

2. 紧急避险设施的设置要与矿井避灾路线相结合，紧急避险设施应有清晰、醒目、牢靠的标识。矿井避灾路线图中应明确标注紧急避险设施的位置、规格和种类，井巷中应有紧急避险设施方位的明显标识，以方便灾变时遇险人员迅速到达紧急避险设施。

3. 紧急避险系统应有整体设计。设计方案应符合国家有关规定要求，紧急避险设施的布局、类型和技术性能等具体设计，应经矿总工程师审批，报属地煤矿安全监管部门和驻地煤矿安全监察机构备案。紧急避险系统应随井下采掘系统的变化及时调整和补充完善，包括及时补充或移动紧急避险设施，完善避灾路线和应急预案等。

第六百八十九条 突出矿井必须建设采区避难硐室，采区避难硐室必须接入矿井压风管路和供水管路，满足避险人员的避险需要，额定防护时间不低于 96 h。

突出煤层的掘进巷道长度及采煤工作面推进长度超过 500 m 时，应当在距离工作面 500 m 范围内建设临时避难硐室或者其他临时避险设施。临时避难硐室必须设置向外开启的密闭门，接入矿井压风管路，设置与矿调度室直通的电话，配备足量的饮用水及自救器。

【条文解释】 本条是对突出矿井建设采区避难硐室的规定。

1. 突出矿井应建设采区避难硐室。突出煤层的掘进巷道长度及采煤工作面推进长度超过 500 m 时，应在距离工作面 500 m 范围内建设临时避难硐室或设置可移动式救生舱。

2. 紧急避险设施应具备安全防护、氧气供给保障、有害气体去除、环境监测、通信、照明、人员生存保障等基本功能，满足避险人员的避险需要，在无任何外界支持的情况下额定防护时间不低于 96 h。

3. 避难硐室应采用向外开启的两道密闭门结构。外侧第一道门采用既能抵挡一定强度的冲击波又能阻挡有毒有害气体的防护密闭门；第二道门采用能阻挡有毒有害气体的密闭门。两道门之间为过渡室，密闭门之内为避险生存室。

防护密闭门上设观察窗，门墙设单向排水管和单向排气管，排水管和排气管应加装手动阀门。过渡室内应设压缩空气幕和压气喷淋装置。

4. 接入避难硐室的矿井压风、供水、监测监控、人员定位、通信和供电系统的各种管线在接入硐室前应采取保护措施。避难硐室内宜加配无线电话或应急通信设施。

5. 按额定避险人数配备食品、饮用水、自救器、人体排泄物收集处理装置及急救箱、照明设施、工具箱、灭火器等辅助设施。配备的食品发热量不少于 5 000 kJ/（d·人），饮用水不少于 1.5 L/（d·人）。配备的自救器应为隔绝式，有效防护时间应不低于 45 min。

【典型事例】 2008 年 8 月 1 日，河南省某煤矿 12190 机巷发生煤与瓦斯突出事故，突出煤量 2 550 t，突出瓦斯量 2.6×10^5 m^3。某救护队奉命参与抢救，耗时近 257 h，成功救出 2 名遇险矿工、23 名遇难矿工。事故发生后，突出掘进头内的 2 名矿工快速躲进 750 m 远的避险硐室内，因避险硐室内有不间断供应的饮用水和氧气得以生存。他们通过固定电话和地面取得了联系，等待救援。救护队经过十多个小时的艰苦奋斗，终于将 2 人成功救出。而在千米之外的另一个采煤工作面内，突出引起风流逆转，造成 14 名矿工因瓦斯窒息而死亡。

第六百九十条 其他矿井应当建设采区避难硐室，或者在距离采掘工作面 1 000 m 范围内建设临时避难硐室或者其他临时避险设施。

【条文解释】 本条是对低、高瓦斯矿井避险设施的规定。

低瓦斯矿井和高瓦斯矿井应建设采区避难硐室，或在距离采掘工作面 1 000 m 范围内建设临时避难硐室或设置可移动式救生舱。

1. 永久避难硐室过渡室的净面积应不小于 3.0 m^2，临时避难硐室不小于 2.0 m^2。

生存室的宽度不得小于 2.0 m，长度根据设计的额定避险人数和内配装备情况确定。

生存室内设置不少于 2 趟单向排气管和 1 趟单向排水管，排水管和排气管应加装手动阀门。永久避难硐室生存室的净高不低于 2.0 m，每人应有不少于 1.0 m^2 的有效使用面积，设计额定避险人数不少于 20 人，宜不多于 100 人。临时避难硐室生存室的净高不低于 1.85 m，每人应有不少于 0.9 m^2 的有效使用面积，设计额定避险人数不少于 10 人、不多于 40 人。

2. 利用可移动式救生舱的过渡舱作为临时避难硐室的过渡室时，过渡舱外侧门框宽度应不小于 0.3 m，安装时在门框上整体灌注混凝土墙体，四周掏槽深度、墙体强度及密封性能要求不低于防护密闭门的安装要求。救生舱应具备过渡舱结构，不设过渡舱时应有防止避险人员进入救生舱内时有害气体侵入的技术措施。过渡舱的净容积应不小于 1.2 m^3，内设压缩空气幕、压气喷淋装置及单向排气阀。

生存舱提供的有效生存空间每人应不小于 0.8 m^3，应设有观察窗和不少于 2 个单向排气阀。

救生舱的设置地点和安装应有设计和作业规程，并严格按照产品说明书进行。在安装救生舱的位置前后 20 m 范围内煤（岩）层稳定，采用不燃性材料支护，通风良好，无积水和杂物堆积，满足安全出口的要求，不得影响矿井正常生产和通风。

第六百九十一条 突出与冲击地压煤层，应当在距采掘工作面 25～40 m 的巷道内、爆破地点、撤离人员与警戒人员所在位置、回风巷有人作业处等地点，至少设置 1 组压风自救装置；在长距离的掘进巷道中，应当根据实际情况增加压风自救装置的设置组数。每组压风自救装置应当可供 5～8 人使用，平均每人空气供给量不得少于 0.1 m^3/min。

其他矿井掘进工作面应当敷设压风管路，并设置供气阀门。

【条文解释】 本条是对突出与冲击地压煤层设置压风自救装置的规定。

突出与冲击地压矿井在发生灾害事故时，具有显著的突然性和明显的危害性，造成现场人员因缺氧窒息中毒而死亡。为了给灾区提供新鲜空气，防止被灾害围困的人员缺氧窒息，应在距采掘工作面 25～40 m 的巷道内、爆破地点、撤离人员与警戒人员所在的位置以及回风巷有人作业处等地点至少设置 1 组压风自救装置；在长距离的掘进巷道中，应根据实际情况增加压风自救装置的设置组数，每组压风自救装置应可供 5～8 人使用。其他矿井掘进工作面应敷压风管路，并设置供气阀门。

压风自救装置可安装在采掘工作面巷道内的压缩空气管道上，也可安装在宽敞、支护良好、水沟盖板齐全、没有杂物堆积的人行道侧，人行道宽度应保持在 0.5 m 以上，管路安装高度应便于现场人员自救应用。

压风管路应接入避难硐室和救生舱，并设置供气阀门，接入的矿井压风管路应设减压、消音、过滤装置和控制阀，压风出口压力 0.1～0.3 MPa，供风量不低于 0.2 m^3/（min·人），连续噪声不大于 70 dB。

井下压风管路应敷设牢固平直，采取保护措施，防止灾变破坏。进入避难硐室和救生舱前 20 m 的管路应采取保护措施（如在底板埋管或采用高压软管）。

第六百九十二条 煤矿必须对紧急避险设施进行维护和管理，每天巡检1次；建立技术档案及使用维护记录。

【条文解释】 本条是对煤矿紧急避险设施进行维护和管理的规定。

1. 煤矿企业应建立紧急避险系统管理制度，确定专门机构和人员对紧急避险设施进行维护和管理，保证其始终处于正常待用状态。经检查发现紧急避险设施不能正常使用时，应及时维护处理；采掘区域的紧急避险设施不能正常使用时，应停止采掘作业。

2. 每天应对紧急避险设施进行1次巡检，设置巡检牌板，做好巡检记录。煤矿负责人应对紧急避险设施的日常巡检情况进行检查。

3. 每月对配备的高压气瓶进行1次余量检查及系统调试，气瓶内压力低于额定压力的95%时，应及时更换。每3年对高压气瓶进行1次强制性检测，每年对压力表进行1次强制性检验。

4. 每10天应对设备电源进行1次检查和测试。

5. 每年对紧急避险设施进行1次系统性的功能测试，包括气密性、电源、供氧及有害气体处理等。

6. 煤矿企业应于每年年底前将紧急避险系统建设和运行情况，向县级以上煤矿安全监管部门和驻地煤矿安全监察机构书面报告。

7. 应建立紧急避险设施的技术档案，准确记录紧急避险设施设计、安装、使用、维护及配件配品更换等相关信息。

第三章　救 援 队 伍

第六百九十三条　*矿山救护队是处理矿山灾害事故的专业应急救援队伍。*

矿山救护队必须实行标准化、军事化管理和 24 h 值班。

【名词解释】　特种作业、特种作业人员

特种作业——对操作者本人、他人及周围设施的安全容易造成重大伤害的作业。

特种作业人员——直接从事特种作业的人员。

【条文解释】　本条是对矿山救护队工作性质和管理的规定。

1. 矿山救护队的工作性质和任务。

（1）矿山救护队的工作性质。

矿山救护队是处理矿井五大灾害以及地面救援的一支专业应急救援队伍。

矿山救护工作是煤矿安全工作的最后一道防线，既危险，又艰苦。他们对煤矿安全生产负有重要责任，理应得到社会的尊重，享受相应的经济待遇。

（2）矿山救护队的任务。

① 抢救矿山遇险遇难人员。

② 处理矿山灾害事故。

③ 参加排放瓦斯、震动性爆破、启封火区、反风演习和其他需要佩用氧气呼吸器作业的安全技术性工作。

④ 参加审查矿山应急预案或灾害预防处理计划，做好矿山安全生产预防性检查，参与矿山安全检查和消除事故隐患的工作。

⑤ 负责兼职矿山救护队的培训和业务指导工作。

⑥ 协助矿山企业搞好职工的自救、互救和现场急救知识的普及教育。

2. 矿山救护队的管理。

（1）矿山救护队必须实行标准化管理。

煤矿在开采过程中，经常受到瓦斯燃烧爆炸、煤尘爆炸、突出、围岩冒落、水、火等灾害的威胁。在处理事故时，救护队所处的环境恶劣、条件艰苦，遇到的困难是常人无法想象的。为了更好地完成任务，矿山救护队必须实行标准化管理，将其纳入煤矿应急救援安全质量标准化管理范畴。

（2）矿山救护队必须实行军事化管理。

矿山救护队就是为了预防这些灾害的发生及发生事故后，能及时抢救遇险遇难人员，消灭事故，能够在特殊环境下（高温浓烟、冒顶、缺氧、充满有毒有害气体、水淹，甚至有爆炸危险等）进行作业的专业队伍。因此，矿山救护队必须实行军事化管理。救护队军事化管理的目的是促使救护队的管理实现规范化、制度化、科学化；努力把救护队建成一支思想革命化、行动军事化、管理科学化、装备系列化、技术现代化的特别能战斗的队伍；实现对整个救护工作活动进行有效的预测和计划、组织和指挥、监督和控制、教育

和激励、创新和改造；使指战人员具有高度的政治觉悟、强烈的责任心和健壮的体质，具有丰富的救护知识和抢险救灾经验，熟练掌握救护仪器、装备的使用和维护。

3. 矿山救护队必须实行 24 h 值班。

煤矿井下每天 24 h 都有人在作业，井下自然灾害随时都在变化，各种险情和灾害事故经常可能发生。矿山救护队要以抢险救灾为中心任务，必须时刻保持高度警惕，坚持 24 h 值班，做到召之即来。

24 h 战备值班以小队为单位，按照轮流值班表担任值班、待机、工作队，值班小队负责电话值班。中队以上指挥员及汽车司机须轮流上岗值班，有事故时和小队一起出动。

值班、待机小队的技术装备，必须装在值班、待机汽车上，保持战斗准备状态。听到事故警报，必须保证在规定时间内出动。

值班室应装备以下设备和图板：

（1）普通电话机；

（2）专用录音电话机；

（3）事故电话记录；

（4）事故记录牌板；

（5）矿井位置、交通显示图；

（6）计时钟；

（7）事故紧急出动报警装置。

【典型事例】 2011 年 10 月 30 日，河南省某煤矿 21021 采煤工作面自然发火，由于煤层较厚、老巷交错、煤体破碎、四处漏风，灭火困难。矿山救护队共投入救护中队 3 个，救护小队 56 队次，参与抢险救灾指战员 418 人次。通过采用直接灭火、打钻注水、调压均压、封闭火区等综合灭火技术，经过 15 天抢救，最终把火灾扑灭。

第六百九十四条 *矿山救护大队应当由不少于 2 个中队组成，矿山救护中队应当由不少于 3 个救护小队组成，每个救护小队应当由不少于 9 人组成。*

【条文解释】 本条是对矿山救护队组织结构的规定。

矿山救护队伍主要有 4 种组成形式：救护大队、救护中队、救护小队、兼职矿山救护队。《矿山救护规程》对各种形式的救护队伍的基本组成要求如下：

1. 救护大队。由 2 个以上中队组成。救护大队负责本区域内矿山重大灾变事故的处理与调度、指挥，对直属中队直接领导，并对区域内其他矿山救护队、兼职矿山救护队进行业务指导或领导，应具备本区域救护指挥、培训、演习训练中心的功能。救护大队设大队长 1 人，副大队长 2 人（分别为正、副矿处级），总工程师 1 人，副总工程师 1 人，工程技术人员数人，并应设立相应的管理及办事机构（如办公、战训、培训、后勤等），配备必要的管理人员和医务人员。矿山救护大队指挥员的任免，应报省矿山救援指挥机构备案。

2. 救护中队。由 3 个以上的小队组成，是独立作战的基层单位。救护中队设中队长 1 人，副中队长 2 人（分别为正、副区科级），工程技术人员 1 人。直属中队设中队长 1 人，副中队长 2~3 人，工程技术人员至少 1 人。中队应配备必要的管理人员、汽车司机及机电维修、氧气充填等人员。

3. 救护小队。由不少于 9 人组成，是执行作战任务的最小战斗集体。小队设正、副小队长各 1 人。

第六百九十五条 *矿山救护队大、中队指挥员应当由熟悉矿山救援业务，具有相应煤矿专业知识，从事煤矿生产、安全、技术管理工作 5 年以上和矿山救援工作 3 年以上，并经过培训合格的人员担任。*

【条文解释】 本条是对矿山救护队大、中队指挥员的任职资格的规定。

1. 矿山救护队大、中队指挥员的任职条件。

（1）大队指挥员应由熟悉矿山救护业务及其相关知识、热爱矿山救护事业、能够佩用氧气呼吸器的人员担任。因为煤矿井下环境恶劣，条件艰苦，5 年以上的煤矿工作经历可对煤矿企业的工作环境和工作任务有一个较全面的了解和认识，所以大队指挥员应从事煤矿生产、安全、技术管理工作不少于 5 年，并经国家级矿山救护培训机构培训取得资格证的人员担任。

（2）大队长应具有大专以上文化程度，大队总工程师应具有大专以上学历及中级以上职称。

（3）中队指挥员应由熟悉矿山救护业务及其相关知识、热爱矿山救护事业、能够佩用氧气呼吸器、从事矿山救护工作不少于 3 年并经培训取得资格证的人员担任。3 年以上的矿山救护工作经历，对矿山救护队的工作性质、任务和环境有较全面的了解和清醒的认识。

（4）中队长应具有中专以上文化程度，中队技术员应具有中专以上学历及初级以上职称。

2. 矿山救护队大、中队指挥员的职责。

（1）大队长的职责：

① 对救护大队的救援准备与行动、技术培训与训练、日常管理等工作全面负责。

② 组织制订大队长远规划，以及年度、季度和月度计划，并组织实施，定期进行检查、总结、评比等。

③ 负责组织全大队的矿山救护业务活动。

④ 事故救援时的具体职责是：及时带队出发到事故矿井；在事故现场负责矿山救护队具体工作的组织，必要时亲自带领救护队下井进行矿山救援工作；参加抢救指挥部的工作，参与事故救援方案的制定和随灾情变化进行方案的重新修订，并组织制订矿山救护队的行动计划和安全技术措施；掌握矿山救护工作进度，合理组织和调动战斗力量，保证救护任务的完成；根据灾情变化与指挥部总指挥研究变更事故救援方案。

（2）副大队长的职责：

① 协助大队长工作，主管救援准备及行动、技术训练和后勤工作。当大队长不在时，履行大队长职责。

② 事故救援时的具体职责是：根据需要带领救护队伍进入灾区抢险救灾，确定和建立井下救灾基地，准备救护器材，建立通信联系；经常了解井下事故救援的进展，及时向救援指挥部报告井下救护工作进展情况；当大队长不在或工作需要时，代替大队长领导矿山救护工作。

（3）大队总工程师职责：

① 在大队长领导下，对大队的技术工作全面负责。

② 组织编制大队训练计划，负责指战员的技术教育。

③ 参与审查各服务矿井的矿井灾害预防和处理计划或应急预案。

④ 组织科研、技术革新、技术咨询及新技术、新装备的推广应用等项工作。

⑤ 负责事故救援和其他技术工作总结的审定工作。

⑥ 事故救援时的具体职责是：参与救援指挥部事故救援方案的制定；与大队长一起制订矿山救护队的行动计划和安全技术措施，协助大队长指挥矿山救护工作；采取科学手段和可行的技术措施，加快事故救援的进程；必要时根据抢救指挥部的命令，担任矿山救护工作的领导。

（4）中队长职责：

① 负责本中队的全面领导工作。

② 根据大队的工作计划，结合本中队情况制订实施计划，开展各项工作，并负责总结评比。

③ 事故救援时的具体职责是：接到出动命令后，立即带领救护队奔赴事故矿井，担负中队作战工作的领导责任；到达事故矿井后，组织各小队做好下井准备，同时了解事故情况，向抢救指挥部领取救护任务，制订中队行动计划并向各小队下达救援任务；在救援指挥部尚未成立、无人负责的特殊情况下，可根据矿山灾害事故应急预案或事故现场具体情况，立即开展先期救护工作；向小队布置任务时，应讲明完成任务的方法、时间，应补充的装备、工具和救护时的注意事项和安全措施等；在救护工作过程中，始终与工作小队保持经常联系，掌握工作进程，向工作小队及时供应装备和物资；必要时亲自带领救护队下井完成任务；需要时，召请其他救护队协同救援。

（5）副中队长职责：

① 协助中队长工作，主管救援准备、技术训练和后勤管理。当中队长不在时，履行中队长职责。

② 事故救援时的具体职责是：在事故救援时，直接在井下领导一个或几个小队从事救援工作；及时向救援指挥部报告所掌握的事故救援和现场情况。

（6）中队技术人员职责：

① 在中队长领导下，全面负责中队的技术工作。

② 事故救援时的具体职责是：协助中队长做好事故救援的技术工作；协助中队长制订中队救护工作的行动计划和安全措施；记录事故救援经过及为完成任务而采取的一切措施；了解事故的处理情况并提出修改补充建议；当正、副中队长不在时，担负起中队作战工作的指挥责任。

第六百九十六条　矿山救护大队指挥员年龄不应超过 55 岁，救护中队指挥员不应超过 50 岁，救护队员不应超过 45 岁，其中 40 岁以下队员应当保持在 2/3 以上。指战员每年应当进行 1 次身体检查，对身体检查不合格或者超龄人员应当及时进行调整。

【条文解释】　本条是对矿山救护队人员年龄及身体检查的规定。

1. 对矿山救护大队、中队指挥员年龄上限的规定。

大队指挥员年龄不应超过 55 岁；中队指挥员年龄不应超过 50 岁。

2. 对矿山救护队员年龄和年龄比例的规定。

矿山救护队员的年龄不应超过 45 岁，其中 40 岁以下的队员应保持在 2/3 以上。

3. 对救护队全体指战员身体检查周期的规定。

矿山救护队指战员每年应到医院检查身体 1 次。

4. 对身体检查不合格、超龄的人员调整的规定。

救护队工作性质决定了救护指战员的年龄、身体条件应适合救护工作的需要。但是，对救护指战员身体必须健康的要求应该是刚性的。

有下列疾病之一者，严禁从事矿山救护工作：

（1）有传染性疾病者；

（2）色盲、近视（1.0 以下）及耳聋者；

（3）脉搏不正常，呼吸系统、心血管系统有疾病者；

（4）强度神经衰弱，高血压、低血压、眩晕症者；

（5）尿内有异常成分者；

（6）经医生检查确认或实际考核身体不适应救护工作者；

（7）脸型特殊不适合佩戴面罩者。

第六百九十七条 新招收的矿山救护队员，应当具有高中及以上文化程度，年龄在 30 周岁以下，从事井下工作 1 年以上。

新招收的矿山救护队员必须通过 3 个月的基础培训和 3 个月的编队实习，并经综合考评合格后，才能成为正式队员。

【条文解释】 本条是对矿山救护队新招收队员条件的规定。

救护队工作性质决定救护队招收新队员应符合年龄 30 周岁以下、高中（中技）及以上文化程度、1 年以上井下工作年限的要求，并经过培训、考核、试用，取得合格证后，方可从事矿山救护工作。

新招收的队员经过 3 个月的基础培训后成为正式救护队员前要进行的 3 个月的编队实习是十分必要的。经过 3 个月的基础知识培训后考试合格说明掌握了一定的安全和救护理论知识，经过 3 个月的编队实习合格可以达到掌握一定的救护工作技能的要求。因为救护工作专业技术性较强，必须在实践中体会、掌握仪器的性能、使用方法和技巧，熟悉救护队的工作方法和程序，指战员之间相互了解和配合。新招收的矿山救护队员通过培训学习和编队实习，再经过综合考评合格后，才能成为正式的矿山救护队员，才能够参加矿井灾害事故的抢救工作。

招收的新队员实行服役合同制，合同期为 3~5 年。队员服役合同期满，本人表现较好、身体条件等符合要求的可再续签合同。

第六百九十八条 矿山救护队出动执行救援任务时，必须穿戴矿山救援防护服装，佩戴并按规定使用氧气呼吸器，携带相关装备、仪器和用品。

【条文解释】 本条是对矿山救护队出动执行救援任务时佩戴个体防护和相关装备的

规定。

1. 矿山救援防护服装是矿山救护队个体劳动保护用品。穿戴矿山救援防护服装不仅是反映救护队风貌、战斗力的外在表现，也是井下各种灾害实施救援时保证自身安全的需要。矿山企业必须采购合格厂家生产的合格用品，矿山救护队员必须坚持穿戴。

2. 氧气呼吸器是矿山救护人员必不可少的基本防护装备，它保证矿山救护人员免遭井巷和采掘工作面空气中有毒有害气体的侵害，维持正常的呼吸循环。从某种意义上来说，在缺氧的灾区中执行抢险救护行动，氧气呼吸器就是救护作业人员的生命。所以，矿山救护队出动执行救援任务时，必须佩戴氧气呼吸器。矿山救护人员要了解氧气呼吸器的呼吸特性和工作原理，熟悉对呼吸器进行自检和故障判断的方法，掌握呼吸器的使用注意事项和维护保养，并按规定使用氧气呼吸器。特别是氧气呼吸器是在环境变化复杂的事故情况下使用的，因此佩戴氧气呼吸器时应更好地了解周围环境情况、彼此相互联系。

3. 矿山救护队出动执行救援任务时，必须携带相关装备、仪器和用品。

目前，在矿山使用的救护装备、仪器和用品中，主要包括以下4类，可根据灾区性质和救护需要进行携带：

(1) 个人呼吸防护装备，主要有负压氧气呼吸器、正压氧气呼吸器、心肺复苏装备、自救器等。

(2) 救灾通信装备，主要有有线通信装备、无线通信装备等。

(3) 环境参数检测装备、仪器，主要有瓦斯检测仪、一氧化碳检测仪、混合气体检测仪、色谱分析仪、温度检测装备、人体生命探测装备等。

(4) 矿山救灾装备，例如灭火装备主要有高倍数泡沫灭火机、DQ系列惰性气体发生装置、高压脉冲水枪、二氧化碳发生器、石膏喷注机、快速防火密闭等；排水设备主要有水泵等；其他装备主要有破拆装备、支护装备、呼吸器校验仪和氧气充填泵等。

第四章　救援装备与设施

第六百九十九条　*矿山救护队必须配备救援车辆及通信、灭火、侦察、气体分析、个体防护等救援装备，建有演习训练等设施。*

【名词解释】　矿山救护技术装备

矿山救护技术装备——矿山救护队在处理灾害事故时使用的仪器和装备的总称。

【条文解释】　本条是对矿山救护队配备救援装备，建有演习训练等设施的有关规定。

1. 矿山救护装备与设施在救护工作中的重要地位。

矿山救护技术装备是矿山救护队处理煤矿灾变事故的武器和工具，是救护队战斗力的重要组成部分。特别是现代化技术装备的推广应用，更体现矿山救护技术装备在抢险救灾过程中的重要性，很多救护工作都是靠救护指战员操作技术装备完成，或是由技术装备直接完成的。

2. 为了适应矿山救护技术和装备发展的需要，必须：① 积极吸取国内外先进的救护技术，努力提高全国矿山救护队伍装备水平和救援能力；② 总结救护实战中的经验教训，广泛征求基层的实际需要意见，推广使用已经成熟并经检验合格取得有关证件的救护装备仪器。根据矿山救护大队（独立中队）、矿山救护中队、矿山救护小队、兼职矿山救护队、矿山救护队指战员（含兼职救护队）和矿山救护队值班车的实际需要，分别规定的基本装备配备标准见表 6-4-1~表 6-4-6。

表 6-4-1　矿山救护大队（独立中队）基本装备配备标准

类　别	装备名称	要求及说明	单位	大队数量	独立中队数量
车辆	指挥车	附有应急警报装置	辆	2	1
	气体化验车	安装气体分析仪器，配有打印机和电源	辆	1	1
	装备车	4~5 t 卡车	辆	2	1
通信器材	移动电话	指挥员 1 部/人	部		
	视频指挥系统	双向可视、可通话	套	1	
	录音电话	值班室配备	部	2	1
	对讲机	便携式	部	6	4
灭火装备	惰气（惰泡）灭火装备	或二氧化碳发生器（1 000 m^3/h）	套	1	
	高倍数泡沫灭火机	400 型	套	1	
	快速密闭	喷涂、充气、轻型组合均可	套	5	5
	高扬程水泵		台	2	1
	高压脉冲灭火装置	12 L 储水瓶 2 支；35 L 储水瓶 1 支	套	1	1

表 6-4-1（续）

类　别	装备名称	要求及说明	单位	大队数量	独立中队数量
检测仪表	气体分析化验设备		套	1	1
	热成像仪	矿用本质安全型或防爆型	台	1	1
	便携式爆炸三角形测定仪		台	1	1
	演习巷道设施与系统	具备灾区环境与条件	套	1	1
	多功能体育训练器械	含跑步机、臂力器、综合训练器等	套	1	1
	多媒体电教设备		套	1	1
	破拆工具		套	1	1
信息处理设备	传真机		台	1	1
	复印机		台	1	1
	台式计算机	指挥员 1 台/人	台		
	笔记本电脑	配无线网卡	台	2	1
	数码摄像机	防爆	台	1	1
	数码照相机	防爆	台	1	1
	防爆射灯	防爆	台	2	1
材料	氢氧化钙		t	0.5	
	泡沫药剂		t	0.5	
	煤油	已配备惰性气体灭火装置的	t	1	

表 6-4-2　矿山救护中队基本装备配备标准

类　别	装备名称	要求及说明	单位	数量
运输通信	矿山救护车	每小队 1 辆	辆	
	移动电话	指挥员 1 部/人	部	
	灾区电话		套	2
	程控电话		部	1
	引路线		m	1 000
个人防护	4 h 氧气呼吸器		台	6
	2 h 氧气呼吸器		台	6
	便携式自动苏生机		台	2
	自救器	压缩氧	台	30
	隔热服		套	12
灭火装备	高倍数泡沫灭火机		套	20
	干粉灭火器	8 kg	个	20
	风障	≥4 m×4 m	块	2
	水枪	开花、直流各 2 个	支	4
	水龙带	直径 63.5 mm 或 50.8 mm	m	400
	高压脉冲灭火装置	12 L 储水瓶 2 支；35 L 储水瓶 1 支	套	1

表 6-4-2（续）

类　别	装备名称	要求及说明	单位	数量
检测仪器	呼吸器校验仪		台	2
	氧气便携仪	数字显示，带报警功能	台	2
	红外线测温仪		台	2
	红外线测距仪		台	1
	多种气体检测仪	可检测 CH_4、CO、O_2 等 3 种以上气体	台	1
	瓦斯检定器	浓度 10%、100%的各 2 台	台	4
	一氧化碳检定器		台	2
	风表	机械中、低速各 1 台；电子 2 台	台	4
	秒表		块	4
	干湿温度计		支	2
	温度计	检测范围：0~100 ℃	支	10
装备工具	液压起重器	或起重气垫	套	1
	液压剪		把	1
	防爆工具	锤、斧、镐、锹、钎等	套	2
	氧气充填泵		台	2
	氧气瓶	容积 40 L	个	8
		4 h 呼吸器备用 1 个/台	个	
		2 h 呼吸器，备用	个	10
	救生索	长 30 m，抗拉强度 3 000 kg	条	1
	担架	含 2 副负压多功能担架	副	4
	保温毯	棉织	条	3
	快速接管工具		套	2
	手表	副小队长以上指挥员 1 块/人	块	
	绝缘手套		副	3
	电工工具		套	1
	绘图工具		套	1
	工业冰箱		台	1
	瓦工工具		套	1
	灾区指路器	或冷光管	支	10
设施	演习巷道		套	1
	体能训练器械		套	1
药剂	氢氧化钙		t	0.5
	泡沫药剂		t	1

表 6-4-3　矿山救护小队基本装备配备标准

类别	装备名称	要求及说明	单位	数量
通信器材	灾区电话		套	1
	引路线		m	1 000
个人防护	矿灯	备用	盏	2
	氧气呼吸器	2 h、4 h 各 1 台	台	2
	自动苏生器		台	1
	紧急呼吸器	声音≥80 dB	个	3
灭火装备	灭火器		台	2
	风障		块	1
	帆布水桶		个	2
检测仪器	呼呼器校验仪		台	2
	光学瓦斯检定器	浓度为 10%、100%的各 1 台	台	2
	一氧化碳检定器	检定管不少于 30 支	台	1
	氧气检定器	便携式数字显示，带报警功能	台	1
	多功能气体检测仪	可检测气体 CH_4、CO、O_2 等	台	1
	矿用电子风表		套	1
	红外线测温仪		支	1
装备工具	氧气瓶	2 h、4 h 备用	个	4
	灾区指路器	冷光管或灾区强光灯	个	10
	担架		副	1
	采气样工具	包括球胆 4 个	套	2
	保温毯		条	1
	液压起重器	或起重气垫	套	1
	刀锯		把	2
	铜钉斧		把	2
	两用锹		把	1
	小镐		把	1
	矿工斧		把	2
	起钉器		把	2
	瓦工工具		套	1
	电工工具		套	1
	皮尺	长度为 10 m	个	1
	卷尺	长度为 2 m	个	1
	钉子包	内装钉子各 1 kg	个	2
	信号喇叭	一套至少 2 个	套	1
	绝缘手套		副	2
	救生索	长 30 m，抗拉强度 3 000 kg	条	1

表 6-4-3（续）

类别	装备名称	要求及说明	单位	数量
装备工具	探险棍		个	1
	充气夹板		副	1
	急救箱		个	1
	记录本		本	2
	圆珠笔		支	2
	备件袋		个	1
其他	个人基本配备装备	不包括企业消防服装	套/人	1

注：1. 急救箱内装止血带、夹板、酒精、碘酒、绷带、胶布、药棉、消炎药、手术刀、镊子、剪刀以及止痛药、中暑药和止泻药等。

2. 备件袋内装保明片、防雾液、各种垫圈每件 10 个，以及其他氧气呼吸器易损件等。

表 6-4-4　兼职矿山救护队基本装备配备标准

类别	装备名称	要求及说明	单位	数量
通信器材	灾区电话		套	1
	引路线		m	1 000
个人防护	氧气呼吸器	4 h，每人 1 台	台	
		2 h	台	2
	压缩氧自救器		台	20
	自动苏生器		台	2
灭火装备	干粉灭火器		只	20
	风障		块	2
检测仪器	呼吸器校验仪		台	2
	一氧化碳检定器		台	2
	瓦斯检定器	浓度为 10%、100% 的各 1 台	台	2
	氧气检定器		台	1
	温度计		支	2
装备工具	采气样工具	包括球胆 4 个	套	1
	防爆工具	锤、钎、锹、镐等	套	1
	两用锹		把	2
	氧气充填泵		台	1
	氧气瓶	容积为 40 L	个	5
		4 h 呼吸器，备用	个	20
		2 h 呼吸器，备用	个	5
	救生索	长 30 m，抗拉强度 3 000 kg	条	1
	担架	含 1 副负压的功能担架	副	2
	保温毯	棉织	条	2
	绝缘手套		双	1

表 6-4-4（续）

类别	装备名称	要求及说明	单位	数量
装备工具	铜钉斧		把	2
	矿工斧		把	2
	刀锯		把	2
	起钉器		把	2
	手表	指挥员 1 块/人	块	
	电工工具		套	1
药剂	氢氧化钙		t	0.5

表 6-4-5　矿山救护队指战员（含兼职矿山救护队指战员）个人基本装备配备标准

类别	装备名称	要求及说明	单位	数量
个人防护	氧气呼吸器	4 h 呼吸器，备用	台	1
	自救器	压缩氧	台	1
	战斗服	带反光标志	套	1
	胶靴		双	1
	毛巾		条	1
	安全帽		顶	1
	矿灯	双光源、便携	盏	1
检测仪器	温度计		支	1
装备工具	手套	布手套、线手套各 1 副	副	2
	灯带		条	2
	背包	装战斗服	个	1
	联络绳	长 2 m	根	1
	氧气呼吸器工具		套	1
	粉笔		支	2

表 6-4-6　矿山救护队值班车基本装备配备标准

类别	装备名称	要求及说明	单位	数量
个人防护	压缩氧自救器		台	10
装备工具	负压担架		副	1
	负压夹板		副	1
	4 h 呼吸器氧气瓶		个	10
	防爆工具		套	1
检测仪器	机械风表	中、低速的各 1 台	台	2
药剂	氢氧化钙药品		kg	30
其他	小队基本配备装备		套	1

注：1. 急救箱内装止血带、夹板、碘酒、绷带、胶布、药棉、消炎药、手术刀、镊子、剪刀以及止痛药和止泻药等。
2. 备件袋内装呼吸器易损件。

3. 建设演习训练设施。

矿山救护队在矿井抢险救灾和安全生产等方面发挥了重要作用。但是，在开展矿山救护工作时，由于各种原因，特别是救护队指战员技术、业务素质低，缺乏对灾变的观察、分析、及时处置能力或者盲目作业、违章作业，由此而发生的抢险救灾方法不当、延误抢救时机甚至发生自身伤亡事故的案例屡见不鲜，教训十分沉痛。历史事实表明，具有高素质综合能力的救护队指战员应该是通过培训和实战培养出来的。所以，必须建设演习训练等设施，积极开展救护培训工作。

（1）日常训练。

① 军事化队列训练。

② 体能训练和高温浓烟训练。

③ 防护设备、检测设备、通信及破拆工具等操作训练。

④ 建风障、木板风墙和砖风墙，架木棚，安装局部通风机，高倍数泡沫灭火机灭火，惰性气体灭火装置安装使用等一般技术训练。

⑤ 人工呼吸、心肺复苏、止血、包扎、固定、搬运等医疗急救训练。

⑥ 新技术、新材料、新工艺、新装备的训练。

（2）模拟实战演习。

① 演习训练，必须结合实战需要，制订演习训练计划；演习时，每个参加训练的救护指战员佩用的呼吸器时间应不少于 3 h。

② 大队每年召集各中队进行 1 次综合性演习，内容包括：闻警出动、下井准备、战前检查、灾区侦察、气体检查、搬运遇险人员、现场急救、顶板支护、直接灭火、建造风墙、安装局部通风机、铺设管道、高倍数泡沫灭火机灭火、惰性气体灭火装置安装使用、高温浓烟训练等。

③ 中队除参加大队组织的综合性演习外，每月至少进行 1 次佩用呼吸器的单项演习训练，并每季度至少进行 1 次高温浓烟演习训练。

④ 兼职救护队每季度至少进行 1 次佩用呼吸器的单项演习训练。

⑤ 建立救护技术竞赛制度。救护队及各级矿山救援指挥机构应定期组织矿山救护技术竞赛。

第七百条　*矿山救护队技术装备、救援车辆和设施必须由专人管理，定期检查、维护和保养，保持战备和完好状态。技术装备不得露天存放，救援车辆必须专车专用。*

【条文解释】　本条是对矿山救护队技术装备、救援车辆和设施管理的规定。

1. 加强技术装备管理的重要性。

加强技术装备的管理，使技术装备经常处于良好状态，对于保证救护队顺利完成事故抢救任务、保证指战员生命安全、及时抢救遇难人员、防止在抢救事故中扩大事故等，都起着重要作用。救护队在处理事故中所发生的自身伤亡事故，不少是由技术装备管理不善造成的。所以管理好技术装备，有其重要的意义。

2. 救护技术装备的管理过程。

救护技术装备的管理是包括技术装备运作全过程的管理。也就是从设备到位到投入使用，以及在使用中维护、保养及补偿，直至报废退出服务救护工作的全过程。有规定的按照国家有关规定进行定期检查，没有规定的按照自己制定的定期检查制度执行。

3. 救护技术装备的主要规范内容。

（1）救护队个人、小队、中队及大队应定期检查、准确掌握在用、库存救护装备状况及数量，并认真填写登记，保持完好状态。每个指战员要爱护仪器装备，中队库房备用的仪器装备及库存物品要保持完好状态，每月由专人进行检查和保养，并做好工作记录。

（2）根据技术装备的使用情况，作出装备的报废、更新、备品备件的补充计划，并及时补充。

（3）库房须设专人管理，保持库房清洁卫生，设备存放整齐，严格审批领用制度，做到账、物、卡“三相符”。

（4）小队装备须根据小队人员进行分工保管，严格按规定检查、登记，使小队和个人装备经常保持“全、亮、准、尖、利、稳”的标准。

① 全：小队和个人装备应齐全；

② 亮：装备带金属的部分要亮；

③ 准：仪器经检查达到技术标准；

④ 尖：带尖的工具要尖锐；

⑤ 利：带刃的工具要锋利；

⑥ 稳：装把柄的工具要牢靠、稳固。

（5）救护队的各种仪器仪表，须按国家计量标准要求定期校正，使之达到规定标准。小队和个人装备使用后，必须立即进行清洗、消毒、去垢除锈、更换药品、补充备品备件，并检查其是否达到技术标准要求，保持完好状态。

（6）必须保证使用的氧气瓶、氧气和二氧化碳吸收剂的质量，具体要求如下：

① 氧气符合医用氧气的标准；

② 库存二氧化碳吸收剂每季度化验一次，对于二氧化碳吸收剂的吸收率低于 30%，二氧化碳含量大于 4%，水分不能保持在 15%~21%的不准使用；

③ 用过的二氧化碳吸收剂，无论其使用时间长短，严禁重复使用；

④ 氧气呼吸器内的二氧化碳吸收剂 3 个月及以上没有使用的，须更换新的二氧化碳吸收剂，否则氧气呼吸器不准使用；

⑤ 使用的氧气瓶，须按国家压力容器规定标准，每 3 年进行除锈清洗、水压试验，达不到标准的氧气瓶不准使用。

（7）新装备使用前必须组织培训，使用人员考试合格后方可上岗操作使用。

（8）救护装备不得露天存放。大型设备，如高倍数泡沫灭火机、惰性气体发生装置、水泵等，应每季检查、保养 1 次，使其保持完好状态。

（9）任何人不得随意调动矿山救护队、救护装备和救护车辆从事与矿山救护无关的工作。对救护车辆的要求是：司机必须坚守岗位，认真执行交接班制度，并认真填写出车记录。救护车必须专人专车，使其能经常处于战备状态，做到发生各种事故时在 1 min 内出车。

【典型事例】 某日，某救护队在一氧化碳积聚区进行侦察时，由于 1 名队员氧气呼吸器出现故障，其他队员救助时又发生口具、鼻夹脱落，导致发生 1 名救护队员和 1 名辅助救护队员死亡、1 名辅助救护队员中毒受伤的事故。

事故原因如下：

（1）重复使用二氧化碳吸收剂。夏××入井前未按规定更换呼吸器中的氢氧化钙。夏××在 18 日前使用呼吸器大约 30 min，自认为使用时间短就没有更换药品。经取样分析，发现夏××的呼吸器中药品发黄，吸收率很低。

（2）仪器老化破损，低压漏气。局、矿救护队的呼吸器都是 1988 年以前更换的，仪器老化破损。夏××所使用的清净罐下部焊锡脱落，从裂缝漏气。

（3）抢救不当，碰掉口具、鼻夹，一氧化碳中毒死亡。王××在完成侦察任务后走在前面，已经到达安全区管子道口。王××见到呼救灯光信号后，急步下冲，在抢救夏××的过程中，不慎被打掉口具、鼻夹，吸入一氧化碳中毒而死。

（4）武×在夏××遇险情况下，心情紧张，通过口具发出声音。夏××的双手乱动，又将武×的鼻夹打落，虽武×紧急闭气不呼吸，快速用手夹好鼻夹，但也轻微中毒。

第七百零一条 煤矿企业应当根据矿井灾害特点，结合所在区域实际情况，储备必要的应急救援装备及物资，由主要负责人审批。重点加强潜水电泵及配套管线、救援钻机及其配套设备、快速掘进与支护设备、应急通信装备等的储备。

煤矿企业应当建立应急救援装备和物资台账，健全其储存、维护保养和应急调用等管理制度。

【条文解释】 本条是对煤矿企业储备应急救援装备及物资的规定。

配备必要的应急救援装备、物资，是开展应急救援不可或缺的保障，既可以保障救援人员的人身安全，又可以保障救援工作的顺利进行。应急救援装备、物资必须在平时就予以储备，以确保事故发生时可立即投入使用。企业要根据生产规模、经营活动性质、安全生产风险等客观条件，以满足应急救援工作的实际需要为原则，有针对性、有选择地配备相应数量、种类的应急救援装备和物资，由主要负责人审批。同时，要注意装备、物资的维护和保养，确保处于正常运转状态。

国家要建立矿山救援装备保障和储备机制。

1. 矿山救护队必须按规定配备处理矿井各种灾害事故的技术装备、救灾训练器材和通信信息设备，并确保完好状态；具有符合标准的战备值班，救护培训，技能、体能训练等设施和场所。

2. 国家级和省级矿山救援基地应储备大型救灾装备。

3. 严格矿山救护装备的管理，定期保养维护，适时更新，确保设备完好。对于国家投资配置的救援装备，必须建立台账，防止国有资产流失。

【典型事例】 2014 年 4 月 7 日，云南省某煤矿发生一起重大水害事故，造成 21 人死亡、1 人下落不明。救援过程中，云南省调集省内 9 支专业矿山救护队、60 支煤矿兼职救护队、3 支钻井队、49 台件大型排水设备，采购 94 台件大型物资设备、8 000 m 电缆、8 000 m 排水管，投入 1 800 余名抢险救援人员参与救援工作。由于云南省及整个西南地区缺乏耐酸潜水泵及高压柔性软管等救援装备、物资，国家安全生产应急救援指挥中心及时协调河南、山西两省有关企业的大型排水设备，协调总参作战部、空军、民航运输排水管线，协调公安部、交通运输部为设备运输提供支持，保证了应急救援工作的顺利开展。

第七百零二条 救援装备、器材、物资、防护用品和安全检测仪器、仪表，必须符合国家标准或者行业标准，满足应急救援工作的特殊需要。

【条文解释】 本条是对救援装备、器材等标准的规定。

救援装备、器材、物资、防护用品和安全检测仪器、仪表等是在井下特殊自然条件下使用的，井下空气中水分大、矿尘多、移动频繁和砸碰压影响严重，因此上述设备除应符合国家标准或行业标准外，还要求结构严密、密封好和坚实牢靠，而且为了防火、防爆炸，必须具有防爆和抗静电性能，同时必须满足应急救援工作的特殊需要。例如，氧气充填泵和氧气瓶必须符合以下规定：

1. 救护队使用的氧气充填泵必须保证完好，在 20 MPa 压力下氧气充填泵不得漏油、漏气、漏水。

2. 氧气充填室内储存的大氧气瓶数量不得少于 5 个，每个大氧气瓶的压力不得小于 10 MPa。

3. 空氧气瓶和充满气的氧气瓶必须分别存放。

4. 使用新购进或经过水压试验后的氧气瓶，为了保证瓶内空气被基本置换，必须进行 2 次充、放氧气后才能使用。

第五章　救援指挥

第七百零三条　煤矿发生灾害事故后，必须立即成立救援指挥部，矿长任总指挥。矿山救护队指挥员必须作为救援指挥部成员，参与制定救援方案等重大决策，具体负责指挥矿山救护队实施救援工作。

【名词解释】　矿山救护队指挥员

矿山救护队指挥员——矿山救护队担任副小队长以上职务人员、技术人员的统称。

【条文解释】　本条是对煤矿发生灾害事故后抢救指挥原则的规定。

1. 成立救援指挥部。

事故发生后，为了避免出现无人领导或多头领导、乱指挥和瞎指挥的混乱局面，确保事故救援安全、迅速和有序地进行，必须立即成立救援指挥部，矿长是救援指挥部的总指挥，总工程师是副总指挥，协助矿长指挥救援。救援指挥部是矿井重大事故抢救指挥中心，根据矿井灾害预防和处理计划的组织机构链，调动指挥各分管领导到岗执行职责。救援指挥部通常设在矿调度室或附近，事故救援所有的决策都在此完成。

2. 矿山救护队指挥员在救援中的权利和职责。

（1）矿山救护队指挥员必须作为救援指挥部成员，参加抢救指挥部的工作，参与事故救援方案的制定和随灾情变化进行方案的重新修订，并组织制订矿山救护队的行动计划和安全技术措施；掌握矿山救护工作进度，合理组织和调动战斗力量，保证救护任务的完成；根据灾情变化与指挥部总指挥研究变更事故救援方案。

（2）在事故救援时，救护队长对救护队的行动具体负责、全面指挥。事故单位必须向救援指挥部提供全面真实的技术资料和事故状况，矿山救护队必须向救援指挥部提供全面真实的探查和事故救援情况。

【典型事例】　某日，江西省某煤矿在处理 3115 掘进工作面火灾过程中，迟迟在发火 2. 5 h 后才成立临时指挥部。3 名矿级领导、1 名副局长和 1 名生产处长处于井下灾区，并无法与井上取得联系，表现为多头领导，没有形成强有力的抢救指挥中心，影响救灾的顺利进行，导致 25 人死亡、16 人受伤。

第七百零四条　多支矿山救护队联合参加救援时，应当由服务于发生事故煤矿的矿山救护队指挥员负责协调、指挥各矿山救护队实施救援，必要时也可以由救援指挥部另行指定。

【条文解释】　本条是对救护队联合救援时协调、指挥的规定。

如果有多支救护队联合参加救援，应成立矿山救护联合作战部，因为事故矿井的救护队熟悉本矿井下区域的情况，应该首先到达井下事故现场，并由事故所在煤矿的矿山救护队指挥员担任指挥，协调、指挥各救护队实施救援行动。但如其不能胜任指挥工作时，再由救援指挥部另行指定熟悉事故矿井情况、懂救护知识、有指挥能力的人担任作战部指挥，协调、指挥各矿山救护队救援行动。

【典型事例】　2006年4月29日，陕西省某煤矿进行瓦斯爆炸事故处理，抢救指挥部调动4支救护队，成立救援指挥部，明确由某救护队统一调度、统一指挥救护队行动，具体负责井下抢救工作，从而保证了井下抢救工作的有序进行，并安全、迅速地完成了事故处理。

第七百零五条　*矿井发生灾害事故后，必须首先组织矿山救护队进行灾区侦察，探明灾区情况。救援指挥部应当根据灾害性质，事故发生地点、波及范围，灾区人员分布、可能存在的危险因素，以及救援的人力和物力，制定抢救方案和安全保障措施。*

矿山救护队执行灾区侦察任务和实施救援时，必须至少有1名中队或者中队以上指挥员带队。

【条文解释】　本条是对矿井发生灾害事故后灾区侦察的规定。

灾区侦察体现了我国矿山救护队实行军事化管理的特色。当矿井发生灾害事故后，矿山救护队按照规定必须出动2个小队。需要进行侦察灾区时，1个小队进入灾区侦察，另1个小队在井下新鲜风流基地待机。侦察小队随时把已探明灾区的情况通过灾区电话向井下新鲜风流基地传递信息，井下新鲜风流基地的指挥员随时向地面救灾指挥部汇报灾区情况。地面指挥部根据侦察小队汇报的情况研究判断，采取措施，再让井下新鲜风流基地指挥员通过灾区电话把抢救指挥部的指令传递给侦察小队，指导侦察小队工作。当侦察小队遇到困难或需要时，基地待机小队进入支援。

救援指挥部应根据灾害性质，事故发生地点、波及范围，灾区人员分布、可能存在的危险因素，以及救援的人力和物力，制定抢救方案和安全保障措施。

灾区侦察是事故救援工作的重要部分，和实施救援一样也是一项危险性极大的工作。为了保证救护队员灾区侦察和实施救援过程中的自身安全及救灾任务顺利、快速地完成，有必要加强救援现场的管理和指挥，因此必须至少有1名中队或中队以上指挥员带队。

第七百零六条　*在重特大事故或者复杂事故救援现场，应当设立地面基地和井下基地，安排矿山救护队指挥员、待机小队和急救员值班，设置通往救援指挥部和灾区的电话，配备必要的救护装备和器材。*

地面基地应当设置在靠近井口的安全地点，配备气体分析化验设备等相关装备。

井下基地应当设置在靠近灾区的安全地点，设专人看守电话并做好记录，保持与救援指挥部、灾区工作救护小队的联络。指派专人检测风流、有害气体浓度及巷道支护等情况。

【条文解释】　本条是对重特大事故或复杂事故救援现场设立基地的规定。

在重特大事故或复杂事故救援现场应设立基地，基地包括地面基地和井下基地。

1. 地面基地。

发生重特大事故或复杂事故后，必须立即设立地面基地。地面基地的设立主要是为了保障救护器材的存放和供应，个体防护装备的维修保养及待机，救护指战员临时工作、休息和生活等，保证救护队连续进行现场救援。地面基地应设置在靠近井口的安全地点或驻矿救护队内，配备气体分析化验设备等相关装备，以便安全、迅速和准确地进行气体分析化验，为井下现场救援工作提供可靠的科学依据。

2. 井下基地。

（1）井下基地是井下抢险救灾的前线指挥所，是救灾人员与物资的集中地、救护队员和待机小队的待命区、进入灾区的出发点，也是遇险人员的临时救护站。井下救灾现场的指挥与决策在此作出，救灾命令及信息在此发出和传送。因此，在事故救援时，为保证地面指挥部与灾区工作小队的联络畅通和井下抢救工作的顺利进行，应在靠近灾区的安全地点设立井下基地。

（2）为保证井下基地发挥作用，基地内必须配有作为接应救援力量的待机队，必须配有直通指挥部和灾区的通信设备。根据救灾需要储备必要的救护装备和器材，如：为抢救遇险人员和救治受伤人员的值班医生和器材，为及时分析灾区有关气体成分的监测仪器，供救援人员充饥的食物和饮料等。

（3）为统一协调指挥井下救灾工作，抢救指挥部应选派有救灾经验和救护知识的人员担任井下基地负责人，具体负责整个井下救灾的指挥工作，但其不能直接指挥和调动救护小队。井下基地应有救护指挥员值班，具体负责井下救护工作。为保证救灾命令和灾情信息的及时准确传递和了解，井下基地电话应设专人看守，做好记录，并经常与地面指挥部、地面基地和灾区工作的救护小队保持联系。当灾情发生变化时，井下基地指挥或救护指挥员有权终止正在进行的救护工作，撤出救灾人员，并及时向地面指挥部汇报。

（4）由于灾情的变化可能波及和影响井下基地，为了保证井下基地的安全，在救灾过程中，基地指挥负责人应设专人检测基地及其附近可能影响基地安全的区域的有毒有害气体浓度及其他情况的变化，以便采取应急措施。需要改变井下基地时，必须取得抢救指挥部的同意，并通知在灾区工作的小队。

【典型事例】　辽宁省某煤矿处理507采空区火灾时，将井下基地设在507采空区回风侧，在第一次瓦斯爆炸后，基地中的4名矿级领导等人CO中毒，失去指挥能力，上下消息不通，最终导致爆炸5次，伤亡118人（其中死亡83人）。

第七百零七条　*矿山救护队在救援过程中遇到突发情况、危及救援人员生命安全时，带队指挥员有权作出撤出危险区域的决定，并及时报告井下基地及救援指挥部。*

【条文解释】　本条是对矿山救护队撤出危险区域的规定。

矿井重大灾害事故抢险救灾的目的是：抢救遇险人员，尽量减少人员伤亡；控制灾情发展，尽快消除事故灾害。救灾决策指挥应该贯彻“以人为本，安全至上”的救援理念，确保救援人员的安全，并做到以下方面：

1. 正确处理救灾与人员安全的关系。在救灾决策与指挥时，面对错综复杂的灾区环境和现今的救灾技术条件，必须尊重灾变规律，注意不顾个人安危的冒险精神和安全抢救所具有的不同意义。在灾情控制与保护救援人员安全、抢救遇险人员发生冲突时，必须首先保证救援人员及遇险人员安全。必须贯彻以人为本的理念，坚持科学救灾，安全抢救，减少灾害对人员生命的威胁和保障救灾工作的安全是救灾决策的基本原则，绝不能出现用活人换死人的现象。

2. 坚决执行应急救援的法律、法规，在任何情况下都不能忽视救援人员安全而片面地追求救灾进度所进行的冒险决策、盲目指挥，更不能明知故犯，漠视法规，漠视救援人员的生命安全。

3. 矿山救护队在救援过程中应随时注意风流方向、风量大小、温度高低和有害气体含量等变化，一旦遇到突发情况，发现所处的区域危及救援人员生命安全时，应立即向安全区域转移，带队指挥员应当而且有权作出撤出危险区域的决定，并及时报告井下基地及救援指挥部。在撤出的过程中应注意安全，保持与救援指挥部和各救援队的联系。

第六章　灾 变 处 理

第七百零八条　处理灾变事故时，应当撤出灾区所有人员，准确统计井下人数，严格控制入井人数；提供救援需要的图纸和技术资料；组织人力、调配装备和物资参加抢险救援，做好后勤保障工作。

【条文解释】　本条是对处理灾变事故原则的规定。

1. 当灾害事故威胁灾区人员生命安全时，必须撤出灾区所有人员，并准确统计事故前井下人数、事故后出井人数，严格控制入井人数。

【典型事例】　2010 年 12 月 7 日，河南省某煤矿发生一起重大瓦斯爆炸事故，造成 26 人遇难、12 人受伤（其中 2 人重伤）。事故发生后，该矿伪造事故发生时间，组织藏匿遇难人员，编造虚假入井人数和名单，教唆调度员、灯房管理员等屡次谎报下井人数，给抢险救援工作造成很大困难。

2. 图纸和技术资料是煤矿企业生产和安全的重要基础，也是处理灾害事故的主要依据之一，因此必须为矿山救护队提供救援需要的图纸和技术资料。

主要图纸和技术资料有：

（1）矿井通风系统图、反风实验报告。

（2）井下通信系统图。

（3）井上下消防材料库位图及材料登记表。

（4）井上下对照图。

（5）采掘工程平面图。

（6）避灾路线图。

3. 矿山事故应急救援是一个复杂的系统工程，矿山事故的成功救援需要多个环节和部门，各司其职，各负其责，密切配合；处理灾变事故时，要组织人力、调配装备和物资参加抢险救援，做好后勤保障工作。

第七百零九条　进入灾区的救护小队，指战员不得少于 6 人，必须保持在彼此能看到或者听到信号的范围内行动，任何情况下严禁任何指战员单独行动。所有指战员进入前必须检查氧气呼吸器，氧气压力不得低于 18 MPa；使用过程中氧气呼吸器的压力不得低于 5 MPa。发现有指战员身体不适或氧气呼吸器发生故障难以排除时，全小队必须立即撤出。

指战员在灾区工作 1 个呼吸器班后，应当至少休息 8 h。

【名词解释】　氧气呼吸器、1 个呼吸器班

氧气呼吸器——一种带压缩氧气储备的隔绝再生式闭路循环呼吸保护装备，主要供矿山救护队指战员在窒息性或有毒气体环境中进行矿山救护工作时使用。

1 个呼吸器班——救护队员佩戴工作型的氧气呼吸器去灾区侦察或工作，自呼吸器供氧开始到将允许消耗的氧气用完后的时间总和，一般为 3 h 左右。

【条文解释】　本条是对救护小队进入灾区的有关规定。

1. 救护小队进入灾区时，要携带大量的装备，这些装备包括自我保护装备及工作装备，都是自我保护和救灾工作不可缺少的。救护小队进入灾区，可能会遇到各种突发事件，这些突发事件都需要小队自己处理完成，如果人员太少，将会失去小队的自救能力，救援可能贻误战机，造成不必要的损失和自身伤亡事故。所以进入灾区的救护小队指战员不得少于 6 人。

矿山救护队的救护工作是以小队为单位的集体行动。为了保证人员出现问题时能够及时相互救助，发现险情时能够及时准确通报，迅速撤离，队员必须保持在彼此能看到或听到信号的范围内行动，同样在任何情况下严禁任何指战员单独行动。

【典型事例】　某日，云南省某煤矿因通风不良使 2 名工人发生窒息现象，地区救护队派一个小队共 5 名队员进入灾区执行抢救任务。当 2 名队员抬着 1 名遇难工人撤出灾区后，灾区内只剩下 3 名队员，1 名队长与 1 名队员摘掉口具讲话造成窒息，剩下的 1 名队员无法抢救 2 人，结果造成 2 人因窒息而死亡。

2. 氧气呼吸器是矿山救护队指战员自我防护的保护装备，被形象地称为救命器和救护指战员的第二生命。正因为氧气呼吸器对于救灾工作的重要性，所以说设备完好是进入灾区指战员生命的保证，各项技术指标必须合格，并按规定佩用。进入灾区前对氧气呼吸器的检查，也称为“氧气呼吸器的战前检查”。氧气压力是保证氧气呼吸器使用时间的一项主要指标，为了完成抢险救灾任务，氧气呼吸器的压力不得低于 18 MPa。进入灾区从事救护工作时，在任何情况下只允许消耗 13 MPa 气压氧气，必须保留 5 MPa 气压氧气，供返回途中万一发生故障时使用。使用过程中氧气呼吸器的压力不得低于 5 MPa。在倾角小于 15°的巷道中行进时，只允许将 1/2 允许消耗的氧气量消耗于前进途中，其余1/2用于返回途中；在倾角大于 15°的巷道中行进时，将 2/3 允许消耗的氧气量用于上行，1/3 用于下行。

氧气是救护队员在灾区维持生命所必需的，没有氧气救护人员就不能在灾区生存。灾区内的情况瞬息万变，什么情况都有可能发生，以至延误小队的撤出时间。并且救护人员的氧气呼吸器也可能突然发生故障而增大氧气的消耗，如高压跑气等，致使来不及撤出氧气就已消耗殆尽。所以为增加救护人员使用氧气的安全系数，规定 5 MPa 的备用氧气。

3. 每个人都应该注意自己的氧气压力和身体情况，并及时报告小队长。小队长应每隔 20 min 观察一次队员呼吸器的压力，并询问队员的身体情况，根据氧气压力和身体情况安排工作，按照氧气压力最低的 1 名队员按步行速度确定整个小队返回到安全地点所需的时间。发现指战员有 1 人身体不适或氧气呼吸器发生故障难以排除时，一方面在护送途中极易加重或出现新的情况，1~2 人护送或自己撤出是不安全的，另外小队人员之间都有明确分工和自己分管的装备，留在灾区继续工作的人员也是危险的，全小队必须立即撤出，否则会使身体不适的队员病情加重甚至使整个小队出现意外。

4. 佩用氧气呼吸器在灾区工作不同于正常工作。由于灾区环境恶劣，负重工作及呼吸的不自然，使队员产生一定的心理压力，体力消耗远远大于正常情况，甚至达到指战员的心理和生理极限。因此，如果指战员过于疲劳，将使注意力分散，在灾区的恶劣环境下，如果连续佩用呼吸器工作，疲劳作战，就很容易出现问题，造成自身伤亡。在灾区佩用呼吸器时不提倡连续作战和疲劳作战，规定工作 1 个呼吸器班后，应至少休息 8 h。

第七百一十条　灾区侦察应当遵守下列规定：

（一）侦察小队进入灾区前，应当考虑退路被堵后采取的措施，规定返回的时间，并用灾区电话与井下基地保持联络。小队应当按规定时间原路返回，如果不能按原路返回，应当经布置侦察任务的指挥员同意。

（二）进入灾区时，小队长在队列之前，副小队长在队列之后，返回时则反之。行进中经过巷道交叉口时应当设置明显的路标。视线不清时，指战员之间要用联络绳联结。在搜索遇险遇难人员时，小队队形应与巷道中线斜交前进。

（三）指定人员分别检查通风、气体浓度、温度、顶板等情况，做好记录，并标记在图纸上。

（四）坚持有巷必察。远距离和复杂巷道，可组织几个小队分区段进行侦察。在所到巷道标注留名，并绘出侦察线路示意图。

（五）发现遇险人员应当全力抢救，并护送到新鲜风流处或者井下基地。在发现遇险、遇难人员的地点要检查气体，并做好标记。

（六）当侦察小队失去联系或者没按约定时间返回时，待机小队必须立即进入救援，并报告救援指挥部。

（七）侦察结束后，带队指挥员必须立即向布置侦察任务的指挥员汇报侦察结果。

【条文解释】　本条是对灾区侦察的具体规定。

1. 发生事故的灾区巷道支护被不同程度地破坏，虽经加固或临时支护，但还是有坍塌的可能，所以小队进入灾区前要考虑退路被堵应采取的措施。主要考虑小队被堵后的生存及营救的方法，人力、物力的准备。可以利用水管、压风管等给被堵人员输送空气、食物和水，同时侦察小队在侦察过程中也要利用现场的一些便利条件创造一些营救自己的有利条件，以便侦察小队万一被堵后能够迅速地组织营救。

2. 进入灾区时小队长在队列之前，副小队长在队列之后，返回时与此相反。在搜索遇险遇难人员时，小队队形应与巷道中线斜交前进。这样既可防止小队人员混乱，造成丢人，又有利于搜索遇险遇难人员，保证全断面搜索。

侦察行进中应在巷道交叉口设立明显的路标，防止返回时走错路线。路标就是指引导行进路线的标志。路标可用粉笔画在支架及巷帮，也可以用煤块、矸石、木板等放置。但要考虑到灾区温度、湿度可能很高，以及滴水等原因，用粉笔做的标记可能短时间会失效。

3. 侦察小队人员应有明确的分工，指定人员分别检查通风、气体含量、温度、顶板等情况，并做好记录，把侦察结果标记在图纸上。队长还要标记勘察的区域，在以下要点处标记名字的缩写和日期：工作面、入口、联络横巷和有垮落物而不通的路、障碍物、风墙以及其他阻止救护队前进的要点。所有这些要点还应标记在矿图上。这种标记可提供一种可视记录，表明队伍在行进过程中的活动和发展。

4. 侦察距离远和巷道复杂增加了侦察的难度，延长了搜索时间。为了避免错过抢救人员的时机，可组织几个小队分区段侦察。发现遇险人员应积极抢救，并护送到通风巷道或井下基地。

侦察工作要仔细认真，做到有巷必到。凡走过的巷道要标注留名，并绘出侦察路线示意图。侦察小队在侦察过程中要增强责任心，不能遗漏巷道，以便及时抢救人员，同时为抢救指挥部提供翔实准确的现场情况，为抢救指挥部制定正确的事故处理方案提供可靠依据。

5. 发现遇险人员应全力抢救，并护送到新鲜风流处或井下基地。发现遇险人员的地点要检查气体，并做好标记。

抢救遇险人员是矿山救护队的主要任务，要创造条件以最快的速度、最短的路线，先将受伤、窒息的人员运送到新鲜空气地点进行急救。抢救人员应遵循以下要求：

（1）在引导及搬运遇险人员通过窒息区时，要给遇险人员佩戴全面罩氧气呼吸器或隔绝式自救器。

（2）对有外伤、骨折的遇险人员要做包扎、止血、固定等简单处理。

（3）搬运伤员时要尽量避免震动，防止伤员因精神失常打掉队员口具和鼻夹而造成中毒。

（4）在抢救长时间被困在井下的遇险人员时，应有医生配合。

（5）遇险人员不能一次全部抬运时，应给遇险者佩戴全面罩氧气呼吸隔离式自救器。多名遇险人员待救时，矿山救护队应根据“先活后死、先重后轻、先易后难”的原则进行抢救；同时在发现遇险人员的地点要检查气体，并做好标记，为人员的救治和以后的事故分析提供依据。

6. 当侦察小队失去联系或没按约定时间返回时，在不能确认侦察小队安全的情况下，待机小队必须立即进入救援，并报告救援指挥部。在规定的时间内未完成侦察任务，在自身安全有保证的情况下，需要延长工作时间时，领队指挥员应及时汇报基地指挥员，并取得同意方可继续执行侦察任务。

7. 侦察结束后小队长应立即向布置侦察任务的指挥员汇报侦察结果，为处理事故赢得时间。布置和执行侦察任务的救护队指挥员，不管工作多长时间，多么辛苦，在侦察结束后要立即到抢救指挥部汇报，以保证指挥部及时制定事故处理方案，指挥抢险救灾。

第七百一十一条 *矿山救护队在高温区进行救护工作时，救护指战员进入高温区的最长时间不得超过表27的规定。*

表27 救护指战员进入高温区的最长时间

温度/℃	40	45	50	55	60
进入时间/min	25	20	15	10	5

【名词解释】 高温区

高温区——井下空气温度超过30 ℃（测点高1.6~1.8 m）的区域。

【条文解释】 本条是对救护指战员进入40 ℃以上高温区最长时间的规定。

救护指战员在高温的环境中工作，非常容易中暑，其发病的机理是体温调节功能衰竭，体内蓄热、过热。当气温达到人的体温时，对流、辐射作用完全停止，唯一的散热方式是出汗蒸发。而蒸发的效果取决于空气的相对湿度，相对湿度低于30%，蒸发过快，会感到干燥；相对湿度达到80%时，蒸发困难；相对湿度达到100%时，蒸发完全停止。

中暑临床表现的主要特征为过热及中枢神经系统病状，多数出现昏迷。开始时大量出汗，以后出现无盈汗，并伴有皮肤干热发红，严重时因呼吸循环衰竭造成死亡。所以为保证在高温区救护队员的安全，对救护队员进入高温区的工作时间作出了具体的规定。

【典型事例】 2012 年 7 月 6 日，山东省某煤矿-255 运输下山底部车场空压机着火。险情发生后，矿方积极组织撤人和自救，共有 63 人安全出井，仍有 28 人被困井下。某救护队命令一个小队共 6 人下井突破高温区，向受灾区域侦察、择机搜寻被困人员。当侦察任务完成后开始回撤，灾区环境温度高达 60 多摄氏度，3 名救护队员因身穿隔热服，体内高温散发不出去，高温中暑，导致热衰竭，造成自身伤亡。

第七百一十二条 处理矿井火灾事故，应当遵守下列规定：

（一）控制烟雾的蔓延，防止火灾扩大。

（二）防止引起瓦斯、煤尘爆炸。必须指定专人检查瓦斯和煤尘，观测灾区的气体和风流变化。当甲烷浓度达到 2.0%以上并继续增加时，全部人员立即撤离至安全地点并向指挥部报告。

（三）处理上、下山火灾时，必须采取措施，防止因火风压造成风流逆转和巷道垮塌造成风流受阻。

（四）处理进风井井口、井筒、井底车场、主要进风巷和硐室火灾时，应当进行全矿井反风。反风前，必须将火源进风侧的人员撤出，并采取阻止火灾蔓延的措施。多台主要通风机联合通风的矿井反风时，要保证非事故区域的主要通风机先反风，事故区域的主要通风机后反风。采取风流短路措施时，必须将受影响区域内的人员全部撤出。

（五）处理掘进工作面火灾时，应当保持原有的通风状态，进行侦察后再采取措施。

（六）处理爆炸物品库火灾时，应当首先将雷管运出，然后将其他爆炸物品运出；因高温或爆炸危险不能运出时，应当关闭防火门，退至安全地点。

（七）处理绞车房火灾时，应当将火源下方的矿车固定，防止烧断钢丝绳造成跑车伤人。

（八）处理蓄电池电机车库火灾时，应当切断电源，采取措施，防止氢气爆炸。

（九）灭火工作必须从火源进风侧进行。用水灭火时，水流应从火源外围喷射，逐步逼向火源的中心；必须有充足的风量和畅通的回风巷，防止水煤气爆炸。

【名词解释】 矿井火灾、火风压、风流逆转

矿井火灾——发生在煤矿井下或地面井口附近而能够波及井下的火灾。

火风压——矿内火灾形成的烟雾回风流沿着发火前的原有方向流动时，由于温度的增高，以及矿内大气成分的改变，在矿井垂直或倾斜巷道内形成的一种附加的风压。

风流逆转——由于火风压的作用，矿井通风网络中某些风流方向发生变化，火烟及其他的火灾产物出现在火灾的旁侧风流和主干风流进风侧的现象。

【条文解释】 本条是对处理矿井火灾事故的有关规定。

1. 烟雾中携带大量有毒有害气体，可以致人窒息甚至死亡，特别是由于火风压造成风流逆转现象，使井下某些安全地区也突然出现火烟，使远离火源的独立风流中的作业人员中毒、窒息，污染进风区域，扩大受灾范围，甚至威胁整个矿井，加大灾区人员撤退和灭火救灾的难度，所以井下灭火首先要控制烟雾的蔓延，防止火灾扩大，给灭火救灾创造

条件。

2. 风流逆转经历减风→停风→反风的过程。在减风和停风阶段，因风量剧减，风流中瓦斯浓度相对升高，并因风速减小，为瓦斯形成局部聚集创造了条件。在巷道中形成纵向和横向的局部瓦斯聚集带时，就具备了可能爆炸的条件。同时，风流逆转使火源下风侧富含挥发物的风流或局部瓦斯聚集带的污风再次进入着火带的可能性增大，从而增加了爆炸的可能性。因此必须指定专人检查瓦斯和煤尘，观测灾区的气体和风流变化。当甲烷浓度达到 2.0%以上并继续增加时，全部人员立即撤离至安全地点并向指挥部报告。

3. 扑灭倾斜巷道火灾。

（1）火灾发生在倾斜上行风流巷道时，应保持正常风流方向，可适当减少风量。

（2）火源在倾斜巷道中时，应利用联络巷等通道接近火源进行灭火。不能接近火源时，可利用矿车、箕斗将喷水器送到巷道中灭火，或发射高倍数泡沫、惰气进行远距离灭火。需要从下方向上灭火时，应采取措施防止落石和燃烧物掉落伤人。

（3）扑灭矿井进风的下山巷道着火时，在火灾的初期阶段，应采取防止火风压造成风流紊乱和风流逆转的措施，救护队应根据现场环境条件变化进退。

① 积极灭火，控制火势，必要时密闭火源进风侧或使风流短路，尽量减小火风压。

② 保持主要通风机正常运转。

③ 采用局部反风，变下行风流火灾为上行风流火灾。

④ 加大火风压所在旁侧风路的风阻，尽量减小回风风路的风阻。

（4）当灾区内有人员尚未撤出时，没有十分把握，不得改变原有风量、风向（即不得调风）。

（5）当灾区人员全部撤出或确知无生还可能时，可实行减少风量、零点通风、反风等控风措施，控制火势，但必须提前通知救灾人员，并注意可爆炸气体的增长情况。

（6）在处理平巷或下行风火灾时，必须时刻注意观察烟流滚退、逆退和逆转征兆，防止伤及救灾人员。

（7）扑灭下行风巷道内火灾时，在可能的情况下应考虑反风，使救护人员在上行风的火点下方灭火，以确保救灾人员安全。

（8）引进先进的救灾理念，使用先进的救灾设备。先进的救灾理念即“以人为本、安全施救”；救灾方法或措施不当，造成救护队员自身伤亡，将使救灾工作陷入困境，这样的救灾可直接定性为失败的救灾。

4. 矿井火灾时期，火灾烟流将进入采掘工作面造成人员重大伤亡，实施矿井反风的目的是为了防止灾害扩大和抢救人员的需要而采取的迅速倒转风流方向的措施。处理进风井井口、井筒、井底车场、主要进风巷和硐室火灾时，应进行全矿井反风。反风前，必须将火源进风侧的人员撤出，注意瓦斯变化并采取阻止火灾蔓延的措施。

采区内部发生灾害时，维持主要通风机正常运转，主要进风风道风向不变，采取风流短路措施，调节风门使采区内部风流反向，但必须将受影响区域内的人员全部撤出。

5. 掘进工作面发生火灾时，应在维持局部通风机正常通风的情况下，积极灭火。矿山救护队到达现场后，应保持掘进工作面的通风原状，即风机停止运转的不要开启，风机开启的不要停止，进行侦察后再采取措施。

在风机停止了运转的情况下，原本掘进工作面积聚的瓦斯浓度达到或超过了爆炸下限，但是因为空气中氧气浓度过低（低于 12%），没有发生爆炸，此时盲目启动风机，就会给灾区补足了氧气，而造成瓦斯爆炸；如果着火的掘进工作面火源处的瓦斯浓度没有达到爆炸下限，但是火源以里有积聚的瓦斯，此时盲目启动风机，就会将排出的瓦斯经过火点，造成瓦斯爆炸。

如果风机正常开启，可能因盲目停止风机正常运转而形成瓦斯积聚，达到爆炸浓度而发生爆炸。

6. 主要硐室火灾处理要点如下：

（1）爆炸物品库。

由于雷管、导爆索中所用的起爆炸药比直接用于爆破的矿用炸药的热感度高，因此，矿山救护队在处理爆炸物品库火灾时，应首先将易于运输的热感度高的雷管、导爆索运出，然后再将其他爆炸材料运出。因高温运不出时，应该关闭防火门，救护队退至安全地点。

（2）绞车房。

当绞车在运行中绞车房突然发火时，必须将火源下方相连的矿车固定，防止烧断钢丝绳，造成跑车伤人。

（3）蓄电池机车库。

因为蓄电池在充电过程中能释放出氢气，而氢气又是爆炸性气体，所以当蓄电池机车库着火时，必须切断电源、停止充电；采取加强通风措施排除积聚的氢气，并及时把蓄电池运出硐室，防止氢气爆炸。

第七百一十三条　封闭具有爆炸危险的火区时，应当遵守下列规定：

（一）先采取注入惰性气体等抑爆措施，然后在安全位置构筑进、回风密闭。

（二）封闭具有多条进、回风通道的火区，应当同时封闭各条通道；不能实现同时封闭的，应当先封闭次要进回风通道，后封闭主要进回风通道。

（三）加强火区封闭的施工组织管理。封闭过程中，密闭墙预留通风孔，封孔时进、回风巷同时封闭；封闭完成后，所有人员必须立即撤出。

（四）检查或者加固密闭墙等工作，应当在火区封闭完成 24 h 后实施。发现已封闭火区发生爆炸造成密闭墙破坏时，严禁调派救护队侦察或者恢复密闭墙；应当采取安全措施，实施远距离封闭。

【名词解释】　封闭火区

封闭火区——在通往火区的巷道内构筑防火墙（密闭墙），将风流全部隔断，降低氧气含量，使矿井火灾逐渐自行熄灭的方法。

【条文解释】　本条是对封闭具有爆炸危险的火区的有关规定。

1. 封闭火区是一项非常危险的工作。在施工过程中，随着风墙建造的进行，巷道断面越来越小，火区供风量越来越少，必将造成瓦斯的积存，就有可能发生威胁施工人员安全的瓦斯爆炸，而将风墙破坏。所以，为了预防在封闭火区时发生爆炸，应首先往火区入风侧注入惰性气体抑爆，由回风侧适量排放灾变气体，使氧气浓度逐步下降，直至火区出风流的氧气浓度不再是时间的函数为准，当火区出风流的氧气浓度稳定后，在安全位置构筑进、回风密闭，并随时检测进、回风侧瓦斯浓度、氧气浓度、温度等，在完成密闭工作后，迅速撤离至安全地点。

2. 不同的封闭顺序导致火区内巷道绝对气压的变化不同，封闭具有多条进、回风通道的火区，应同时封闭各条通道；不能实现同时封闭的，应先封闭次要进回风通道，后封闭主要进回风通道。

图 6-6-1 为不同封闭顺序的压力坡线示意图（图中纵坐标为压力，横坐标为火区由进风至回风的位置变化；D 线表示未封闭时压力坡线）。其各自的特点为：

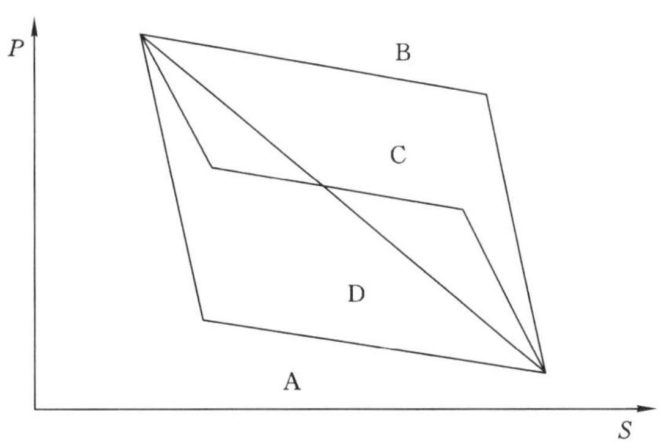

A—先进后回；B—先回后进；C—同时封闭；D—未封闭时。

图 6-6-1 不同封闭顺序的压力坡线示意图

（1）先进后回（首先封闭进风巷中的风墙）。

优点：迅速减少火区流向回风侧的烟流量，使火势减弱，为建造回风侧防火墙创造安全条件。

缺点：进风侧构筑防火墙将导致火区内风流压力急剧降低。如图 6-6-1 中 A 线所示，A 线开始急剧下降系因进风防火墙风阻所致。火区大气压力降低，与回风端负压值相近，造成火区内瓦斯涌出量增大。特别是可能从通往采空区及高瓦斯积存区的旧巷或裂隙中“抽吸”大量瓦斯。并因进风侧封闭隔断机械风压的影响，自然风压起主要作用，引起风流紊乱流动，有助于涌入火区瓦斯与风流充分混合并流入着火带，引起瓦斯爆炸或“二次”爆炸事故。

（2）先回后进（首先封闭回风侧风墙）。

优点：燃烧生成物 CO_2 等惰性气体可反转流回火区，可能使火区大气惰化，直接有助于灭火。如图 6-6-1 中 B 线所示，火区内大气气压升高，减小火区内瓦斯涌出量；同时对相连采空区或高瓦斯积存区内瓦斯涌入火区有一定阻隔作用。

缺点：回风侧构筑风墙艰苦、危险；在上述阻隔作用下，火区巷道瓦斯涌出量仍较大，致使截断风流前，瓦斯浓度上升速度快，氧气浓度下降慢，火区中易形成爆炸性气体，可能早于燃烧产生的惰性气体流入火源而引起爆炸。在我国，很少采用先回后进的火区封闭方式。

（3）（进风巷和回风巷中的风墙）同时封闭。

如图 6-6-1 中 C 线所示，我国火区封闭较多采用进、回风侧同时封闭的方式。

优点：火区封闭期间短，能迅速切断供氧条件；防火墙完全封闭前还可保持火区通风，使火区不易达到爆炸危险程度。

缺点：同时封闭法的安全性与火区进、回风端确实保证同时封闭有密切联系，但由于井下移动通信的困难和井下条件的复杂性，较难按预定时间完成同时封闭的工作。

3. 加强火区封闭的施工组织管理。提高防火墙构筑质量，并减小火区风墙的漏风。同时封闭进、回风巷道时，为了施工安全，在建造火区主要进风巷和回风巷中的风墙的过程中要预留通风孔，保证施工过程中火区内的可燃气体不致达到爆炸界限。通风孔留待风墙全部完成后，必须统一指挥，密切配合，以最快的速度、在最短的时间内堵塞。堵塞后施工人员要尽快撤出危险区，防止随时可能发生的爆炸伤亡。

4. 检查或加固密闭墙等工作，应在火区封闭完成 24 h 后实施。封闭后，应采取均压灭火措施，减少火区漏风。如果火区内 O_2、CO 含量及温度没有下降趋势，应查找原因，采取补救措施。

矿山救护队的主要任务是抢救遇险人员。在井下进行救护工作，救护队员的自身安全必须是第一位的。在密闭的火区中发生爆炸破坏了风墙时，这就说明火区有再次发生爆炸的条件和可能。在这种非常危险的情况下，火区中又没有待救人员，严禁调派救护队恢复风墙或探险，应在较远的安全地点重新建造风墙，实施远距离、大范围内封闭火区。

【典型事例】　2013 年 3 月 29 日，吉林省某煤矿组织人员施工 5 处密闭墙封闭 CO 浓度超限的采空区和-416 采区时发生瓦斯爆炸，造成 36 人遇难（其中 11 名救护队员）。4 月 1 日，矿领导擅自违规带领救护队员下井再次处理火区，采取挂风障措施，阻挡风流，控制火情，再次发生瓦斯爆炸，造成 6 人死亡、11 人下落不明（其中 15 名救护队员）、8 人受伤。

第七百一十四条　处理瓦斯（煤尘）爆炸事故时，应当遵守下列规定：

（一）立即切断灾区电源。

（二）检查灾区内有害气体的浓度、温度及通风设施破坏情况，发现有再次爆炸危险时，必须立即撤离至安全地点。

（三）进入灾区行动要谨慎，防止碰撞产生火花，引起爆炸。

（四）经侦察确认或者分析认定人员已经遇难，并且没有火源时，必须先恢复灾区通风，再进行处理。

【条文解释】　本条是对处理瓦斯（煤尘）爆炸事故的规定。

瓦斯（煤尘）爆炸是煤矿中极为严重的灾害，它不但会造成大量的人员伤亡，还因破坏通风系统而引起火灾和连续爆炸，增加救灾难度，造成事故扩大化。处理爆炸事故时，矿山救护队的主要任务是抢救遇险人员、对充满爆炸烟气的巷道恢复通风、清理堵塞物和扑灭因爆炸产生的火焰。

1. 灾区电源如果没有被切断，其一可能造成人员触电；其二如果电缆被崩断而带电，人员触及电缆使其移动就有可能使其放电而引发瓦斯再次爆炸。

虽然要求煤矿井下的电气设备都设有三大保护装置，但有些小煤矿有可能还不完善，并且保护装置也有失灵的可能，所以救护小队进入灾区前，为了保证安全必须要切断灾区电源。

小队进入灾区前，要切断灾区电源，观察灾区气体、温度和风流的变化情况。在切断电源时，应远距离操作，不能在灾区直接断电，以免产生火花，引起爆炸。

2. 进入灾区后，救护队应有专人检查灾区内有害气体的浓度、温度及通风设施破坏情况，如果发现瓦斯浓度不断上升，有再次爆炸危险时，必须立即撤离至安全地点。

3. 小队进入灾区后，行动要谨慎，对于自己携带的装备（特别是铁质的）要拿稳，在搬移铁质支柱、支架等要小心，轻拿轻放，防止碰撞产生火花而引起爆炸。穿过支护破坏的冒落区时，应敲帮问顶并架好临时支架，以保证退路安全；通过支架不好的地点时，队员要保持一定的距离按顺序通过，不要推拉支架。发现明火要及时扑灭，沿途行动要采取除尘、降温的洒水措施，避免火灾扩大或再次引爆事故。如火灾扩大，灭火无效时或有再次爆炸危险时，要及时封闭或立即撤离到安全地点。

4. 如确知人员已遇难，在没有火源的情况下，必须先恢复灾区通风，再进行处理，这是处理矿井爆炸事故的一条重要行动原则。因为矿井发生爆炸事故后，会产生大量的有毒有害气体（主要是CO），氧气浓度也会显著减小，会对抢险救灾人员的生命安全构成严重的威胁。尤其是在灾区巷道较长、有害气体浓度大、支架损坏严重的情况下，救护队员进入灾区佩用氧气呼吸器搬运遇难人员，不仅增加了劳动强度，稍有不慎就会导致自身伤亡。因此，必须先恢复灾区通风，改善工作环境，提高救护队员的安全系数后，再进行处理。在不能确定人员是否已经牺牲，救护小队要在保证自身安全的情况下毫不犹豫地进入灾区进行抢救人员的工作。

第七百一十五条 发生煤（岩）与瓦斯突出事故，不得停风和反风，防止风流紊乱扩大灾情。通风系统及设施被破坏时，应当设置风障、临时风门及安装局部通风机恢复通风。

恢复突出区通风时，应当以最短的路线将瓦斯引入回风巷。回风井口 50 m 范围内不得有火源，并设专人监视。

是否停电应当根据井下实际情况决定。

处理煤（岩）与二氧化碳突出事故时，还必须加大灾区风量，迅速抢救遇险人员。矿山救护队进入灾区时要戴好防护眼镜。

【条文解释】 本条是对处理煤与瓦斯突出事故的规定。

处理煤与瓦斯突出事故时，矿山救护队的主要任务是抢救遇险遇难人员和对充满有害气体的巷道进行通风。

1. 发生突出事故时，应保持原有的通风状况，不得停风和反风，防止风流紊乱扩大灾情。回风巷道被堵塞引起瓦斯逆流时，应尽快疏通，恢复正常通风。遭到破坏的通风系统及设施应设置风障、临时风门代替，或安装局部通风机，快速清理回风侧堵物，使风流尽快恢复正常。

2. 在逐级排出瓦斯后，方可恢复送电。灾区排放瓦斯时，必须撤出回风侧的人员，以最短路线将瓦斯引入回风道，回风井口 50 m 范围内不得有火源，并设专人监视，防止引起回风井口瓦斯燃烧。

3. 发生突出事故，应慎重处理灾区供电问题，是否停电应当根据井下实际情况决定，或者在加强通风的条件下，做到送电的设备不停电，停电的设备不送电。进入灾区前，确保矿灯完好；进入灾区内，不准随意启闭电气开关和扭动矿灯开关或灯盖。

瓦斯突出引起火灾时，应采用综合灭火或惰性气体灭火。如果瓦斯突出引起回风井口瓦斯燃烧，应采取控制风量的措施。

4. 处理煤（岩）与二氧化碳突出事故时，必须加大灾区风量，救护人员还要戴好防护眼镜。

第七百一十六条　处理水灾事故时，应当遵守下列规定：

（一）迅速了解和分析水源、突水点、影响范围、事故前人员分布、矿井具有生存条件的地点及其进入的通道等情况。根据被堵人员所在地点的空间、氧气、瓦斯浓度以及救出被困人员所需的大致时间制定相应救灾方案。

（二）尽快恢复灾区通风，加强灾区气体检测，防止发生瓦斯爆炸和有害气体中毒、窒息事故。

（三）根据情况综合采取排水、堵水和向井下人员被困位置打钻等措施。

（四）排水后进行侦察抢险时，注意防止冒顶和二次突水事故的发生。

【条文解释】　本条是对处理水灾事故的规定。

矿井发生水灾事故时，救护队的任务是抢救受淹和被困人员，恢复井巷通风。

1. 矿山救护队到达事故矿井后，应了解灾区情况，即灾区内是否有遇险人员、水源、事故前人员分布及灾区内的巷道布置，以及矿井有生存条件的地点及进入该地点的通道等，并分析计算被堵人员所在空间体积及 O_2、CO_2、CH_4 浓度，计算出遇险人员的最短生存时间。

判断遇险人员是否有生存条件的主要根据是透水后遇险人员是否有生存空间（假设生存空间内无有毒气体），其次根据生存空间内的氧气量计算遇险人员的生存时间。

判断遇险人员是否有生存条件分 2 种情况：

(1) 遇险人员的躲避地点高于透水后水位，则遇险人员肯定有生存空间。

(2) 遇险人员的躲避地点低于透水后的水位，这时判断遇险人员是否有生存空间有 2 个条件：

① 遇险人员躲避的巷道与标高低于它的巷道连通（上山独头巷道）。因为它与标高低于它的下部水平相连，所以发生透水首先将下部水平巷道及这些巷道的下口封死，将空气圈住。

② 虽然遇险人员所在地点低于透水后的水位，但是其躲避巷道的空气被圈住后，密而不漏。此时抢救遇险人员时，禁止打钻，防止泄压后水位上升，将遇险人员的所在地点淹没，扩大灾情。

(3) 遇险人员被堵地点的空气质量。主要根据井下被堵空间空气中的 O_2 浓度由 20% 下降到 10% 和 CO_2 含量由 0.5% 增加到 10% 计算，能求出遇险人员在灾区可能生存的 2 个时间值，应取用其中数值较小的一个。还应考虑在井下被堵空间的空气中，有害气体的含量超过规定的最高容许浓度，对人体会有危险。当有毒有害气体的浓度达到如下数值时，即 CO 达到 0.4%、H_2S 达到 0.05%、NO 达到 0.025%、SO_2 达到 0.05%，遇险人员就有致命危险。

(4) 维持遇险人员生命的能源。水灾后被困的遇险人员，在断绝食物的情况下，往往是只喝水，不吃任何东西，靠消耗体内储存的营养来维持生命。

2. 矿井涌水量小于排水能力时，充分发挥矿井排水能力，将井下涌水排出地面。矿井涌水量超过排水能力，全矿和水平有被淹危险时，在下部水平人员救出后，可向下部水平或采空区放水；如果下部水平人员尚未撤出，主要排水设备受到被淹威胁时，可用装有黏土、砂子的麻袋构筑临时防水墙，堵住泵房口和通往下部水平的巷道，确保排水设备正常运转。所在地点高于透水后水位时，可利用打钻、掘小巷等方法提供新鲜空气、饮料及食物，建立通信联系。

3. 尽快恢复灾区通风，指定专人检测 CH_4、CO、H_2S 等有毒、有害气体和 O_2 浓度，防止发生瓦斯爆炸和有害气体中毒、窒息事故。

4. 排水后进行侦察、抢救人员时，注意观察巷道情况，注意防止冒顶和二次突水事故的发生。救护队员通过局部积水巷道时，应采用探险棍探测前进。

第七百一十七条 处理顶板事故时，应当遵守下列规定：

（一）迅速恢复冒顶区的通风。如不能恢复，应利用压风管、水管或者打钻向被困人员供给新鲜空气、饮料和食物。

（二）指定专人检查甲烷浓度、观察顶板和周围支护情况，发现异常，立即撤出人员。

（三）加强巷道支护，防止发生二次冒顶、片帮，保证退路安全畅通。

【条文解释】 本条是对处理顶板事故的规定。

1. 发生冒顶事故后，当瓦斯和其他有害气体威胁到抢救人员的安全时，救护队应抢救人员和恢复通风。通风正常后，在通常情况下，救护队担负现场监护的职责。

救护队应配合现场人员一起救助遇险人员。如果通风系统遭到破坏，应迅速恢复冒顶区的通风。一时无法接近时，应设法利用压风管路、水管或打钻等措施和技术手段向被困人员提供新鲜空气、饮料和食物等维持生命的能源。

2. 处理冒顶事故时，应指定专人检查甲烷浓度，观察顶板和周围支护情况，发现异常，应立即撤出人员。

3. 在处理冒顶事故前，救护队应向冒顶区域的有关人员了解事故发生原因、冒顶区域顶板特性、事故前人员分布位置等，检查甲烷浓度，并实地查看周围支架和顶板情况，在危及救护人员安全时，首先应加固附近支架，防止发生二次冒顶、片帮，保证退路安全畅通。

【典型事例】 2012 年 7 月 25 日，贵州省某煤矿发生顶板事故。第一次垮落堵住 5 人，事故发生后，该矿隐瞒不报，自行组织施救，第一次冒顶后，没有采取保障救援人员安全的措施，盲目组织大量人员施救，在救援过程中又一次垮落堵住 53 人，后经过积极救助，58 人全部脱险。

第七百一十八条 处理冲击地压事故时，应当遵守下列规定：

（一）分析再次发生冲击地压灾害的可能性，确定合理的救援方案和路线。

（二）迅速恢复灾区的通风。恢复独头巷道通风时，应当按照排放瓦斯的要求进行。

（三）加强巷道支护，保证安全作业空间。巷道破坏严重、有冒顶危险时，必须采取防止二次冒顶的措施。

（四）设专人观察顶板及周围支护情况，检查通风、瓦斯、煤尘，防止发生次生事故。

【条文解释】　本条是对处理冲击地压事故的规定。

矿井发生冲击地压事故后，矿山救护队的基本任务是救护人员和恢复通风系统。处理冲击地压事故规定与处理冒顶事故基本相似，但还应注意遵守如下规定：

1. 冲击地压的发生往往不止一次，并且在发生前一般都有预兆。救护人员在了解和侦察事故情况时，应认真而详细地掌握这种预兆，尤其要掌握具有威胁人身安全破坏性的冲击地压预兆，确定合理的救援方案和路线。发现有破坏性的冲击地压预兆时，可采取措施从危险区撤出人员，以保证救灾人员的安全。

2. 冲击地压会造成机械、设备和装备发生移动，局部通风机遭到毁坏，并停止给独头巷道通风，进而影响灾区救灾工作的进行。恢复独头巷道通风时，应按照排放瓦斯的要求进行。

3. 发生冲击地压时，巷道底板鼓起，顶板下沉和两帮移近，支架严重破坏，为了抢救遇险人员往往要清理堵塞物，扩大缩小了的断面，必须对受破坏的巷道和工作面进行支护，保证安全作业空间，防止二次冒顶。在通风和空气成分正常的情况下，巷道或工作面的支护工作，一般由受灾矿井组织人员进行。

4. 处理冲击地压事故时，应设专人观察顶板及周围支护情况，防止发生冒顶事故。检查通风、瓦斯、煤尘，避免因通风不良发生瓦斯、煤尘和使人缺氧窒息等次生事故。

【典型事例】　某日，某煤矿 270 水采煤柱发生了严重冲击地压事故，使在此作业的 11 名工人全部遇险。救护指战员冒着 16 次冲击地压的威胁，奋战了 23 h，终于救出 7 名幸存的遇险者（有 1 人在医院抢救时死亡），同时运出 4 名遇难者尸体。

第七百一十九条　处理露天矿边坡和排土场滑坡事故时，应当遵守下列规定：

（一）在事故现场设置警戒区域和警示牌，禁止人员进入警戒区域。

（二）救援人员和抢险设备必须从滑体两侧安全区域实施救援。

（三）应当对滑体进行观测，发现有威胁救援人员安全的情况时立即撤离。

【条文解释】　本条是对处理露天矿边坡和排土场滑坡事故的规定。

露天矿边坡坍塌或排土场滑坡事故救护处理时，救护队应快速进入灾区，侦察灾区情况，救助遇险人员；对可能坍塌的边坡进行支护，并加强现场观察，保证救护人员安全；配合事故救护工程人员挖掘被埋遇险人员，在挖掘过程中应避免伤害被困人员。

附　则

第七百二十条　本规程自 2016 年 10 月 1 日起施行。

【条文解释】　本条是对《规程》施行时间的规定。

任何法律、法规都具有生效的时间。本规程已经 2015 年 12 月 22 日国家安全生产监督管理总局第 13 次局长办公会议审议通过，于 2016 年 2 月 25 日以国家安全生产监督管理总局第 87 号令公布，自 2016 年 10 月 1 日起施行，即从此时间起，本规程发生法规效力。2022 版《规程》修订内容自 2022 年 4 月 1 日起施行。

第七百二十一条　条款中出现的“必须”“严禁”“应当”“可以”等说明如下：表示很严格，非这样做不可的，正面词一般用“必须”，反面词用“严禁”；表示严格，在正常情况下均应这样做的，正面词一般用“应当”，反面词一般用“不应或不得”；表示允许选择，在一定条件下可以这样做的，采用“可以”。

【条文解释】　本条是对《规程》施行时严格程度的规定。

“必须”“严禁”“应当”“可以”等是施行《规程》条文时要求严格程度的用词，以便在施行中区别对待。

附录　主要名词解释

薄煤层　地下开采时厚度 1.3 m 以下的煤层；露天开采时厚度 3.5 m 以下的煤层。

中厚煤层　地下开采时厚度 1.3~3.5 m 的煤层；露天开采时厚度 3.5~10 m 的煤层。

厚煤层　地下开采时厚度 3.5 m 以上的煤层；露天开采时厚度 10 m 以上的煤层。

近水平煤层　地下开采时倾角 8°以下的煤层；露天开采时倾角 5°以下的煤层。

缓倾斜煤层　地下开采时倾角 8°~25°的煤层；露天开采时倾角 5°~10°的煤层。

倾斜煤层　地下开采时倾角 25°~45°的煤层；露天开采时倾角 10°~45°的煤层。

急倾斜煤层　地下或露天开采时倾角在 45°以上的煤层。

近距离煤层　煤层群层间距离较小，开采时相互有较大影响的煤层。

井巷　为进行采掘工作在煤层或岩层内所开凿的一切空硐。

水平　沿煤层走向某一标高布置运输大巷或总回风巷的水平面。

阶段　沿一定标高划分的一部分井田。

区段（分阶段、小阶段）　在阶段内沿倾斜方向划分的开采块段。

主要运输巷　运输大巷、运输石门和主要绞车道的总称。

运输大巷（阶段大巷、水平大巷或主要平巷）　为整个开采水平或阶段运输服务的水平巷道。开凿在岩层中的称岩石运输大巷；为几个煤层服务的称集中运输大巷。

石门　与煤层走向正交或斜交的岩石水平巷道。

主要绞车道（中央上、下山或集中上、下山）　不直接通到地面，为一个水平或几个采区服务并装有绞车的倾斜巷道。

上山　在运输大巷向上，沿煤岩层开凿，为 1 个采区服务的倾斜巷道。按用途和装备分为：输送机上山、轨道上山、通风上山和人行上山等。

下山　在运输大巷向下，沿煤岩层开凿，为 1 个采区服务的倾斜巷道。按用途和装备分为：输送机下山、轨道下山、通风下山和人行下山等。

采掘工作面　采煤工作面和掘进工作面的总称。

阶檐　台阶工作面中台阶的错距。

老空　采空区、老窑和已经报废的井巷的总称。

采空区　回采以后不再维护的空间。

锚喷支护　联合使用锚杆和喷混凝土或喷浆的支护。

喷体支护　喷射水泥砂浆和喷射混凝土作为井巷支护的总称。

水力采煤　利用水力或水力机械开采和水力或机械运输提升的机械化采煤技术。

冻结壁交圈　各相邻冻结孔的冻结圆柱逐步扩大，相互连接，开始形成封闭的冻结壁的现象。

止浆岩帽　井巷工作面预注浆时，暂留在含水层上方或前方能够承受最大注浆压力（压强）并防止向掘进工作面漏浆、跑浆的岩柱。

混凝土止浆垫　井筒工作面预注浆时，预先在含水层上方构筑的，能够承受最大注浆压力（压强）并防止向掘进工作面漏跑浆的混凝土构筑物。

冲击地压（岩爆）　井巷或工作面周围煤（岩）体，由于弹性变形能的瞬时释放而产生的突然、剧烈破坏的动力现象。常伴有煤岩体抛出、巨响及气浪等现象。

主要风巷　总进风巷、总回风巷、主要进风巷和主要回风巷的总称。

进风巷　进风风流所经过的巷道。为全矿井或矿井一翼进风用的叫总进风巷；为几个采区进风用的叫主要进风巷；为 1 个采区进风用的叫采区进风巷，为 1 个工作面进风用的叫工作面进风巷。

回风巷　回风风流所经过的巷道。为全矿井或矿井一翼回风用的叫总回风巷；为几个采区回风用的叫主要回风巷；为 1 个采区回风用的叫采区回风巷；为 1 个工作面回风用的叫工作面回风巷。

专用回风巷　在采区巷道中，专门用于回风，不得用于运料、安设电气设备的巷道。在煤（岩）与瓦斯（二氧化碳）突出区，专用回风巷内还不得行人。

采煤工作面的风流　采煤工作面工作空间中的风流。

掘进工作面的风流　掘进工作面到风筒出风口这一段巷道中的风流。

分区通风（并联通风）　井下各用风地点的回风直接进入采区回风巷或总回风巷的通风方式。

串联通风　井下用风地点的回风再次进入其他用风地点的通风方式。

扩散通风　利用空气中分子的自然扩散运动，对局部地点进行通风的方式。

独立风流　从主要进风巷分出的，经过爆炸材料库或充电硐室后再进入主要回风巷的风流。

全风压　通风系统中主要通风机出口侧和进口侧的总风压差。

火风压　井下发生火灾时，高温烟流流经有高差的井巷所产生的附加风压。

局部通风　利用局部通风机或主要通风机产生的风压对局部地点进行通风的方法。

循环风　局部通风机的回风，部分或全部再进入同一部局部通风机的进风风流中。

主要通风机　安装在地面的，向全矿井、一翼或 1 个分区供风的通风机。

辅助通风机　某分区通风阻力过大，主要通风机不能供给足够风量时，为了增加风量而在该分区使用的通风机。

局部通风机　向井下局部地点供风的通风机。

上行通风　风流沿采煤工作面由下向上流动的通风方式。

下行通风　风流沿采煤工作面由上向下流动的通风方式。

瓦斯　矿井中主要由煤层气构成的以甲烷为主的有害气体。有时单独指甲烷。

瓦斯（二氧化碳）浓度　瓦斯（二氧化碳）在空气中按体积计算占有的比率，以%表示。

瓦斯涌出　由受采动影响的煤层、岩层，以及由采落的煤、矸石向井下空间均匀地放出瓦斯的现象。

瓦斯（二氧化碳）喷出　从煤体或岩体裂隙、孔洞或炮眼中大量瓦斯（二氧化碳）异常涌出的现象。在 20 m 巷道范围内，涌出瓦斯量大于或等于 1.0 m^3/min，且持续时间在 8 h 以上时，该采掘区即定为瓦斯（二氧化碳）喷出危险区域。

煤尘爆炸危险煤层　经煤尘爆炸性试验鉴定证明其煤尘有爆炸性的煤层。

岩粉　专门生产的、用于防止爆炸及其传播的惰性粉末。

煤（岩）与瓦斯突出　在地应力和瓦斯的共同作用下，破碎的煤、岩和瓦斯由煤体或岩体内突然向采掘空间抛出的异常的动力现象。

保护层　为消除或削弱相邻煤层的突出或冲击地压危险而先开采的煤层或矿层。

石门揭煤　石门自底（顶）板岩柱穿过煤层进入顶（底）板的全部作业过程。

水淹区域　被水淹没的井巷和被水淹没的老空的总称。

矿井正常涌水量　矿井开采期间，单位时间内流入矿井的水量。

矿井最大涌水量　矿井开采期间，正常情况下矿井涌水量的高峰值。主要与人为条件和降雨量有关。

安全水头值　隔水层能承受含水层的最大水头压力值。

不燃性材料　受到火焰或高温作用时，不着火、不冒烟、也不被烧焦者，包括所有天然和人工的无机材料以及建筑中所用的金属材料。

永久性爆炸物品库　使用期限在 2 年以上的爆炸物品库。

瞬发电雷管　通电后瞬时爆炸的电雷管。

延期电雷管　通电后隔一定时间爆炸的电雷管；按延期间隔时间不同，分秒延期电雷管和毫秒延期电雷管。

最小抵抗线　从装药重心到自由面的最短距离。

正向起爆　起爆药包位于柱状装药的外端，靠近炮眼口，雷管底部朝向眼底的起爆方法。

反向起爆　起爆药包位于柱状装药的里端，靠近或在炮眼底，雷管底部朝向炮眼口的起爆方法。

裸露爆破　在岩体表面上直接贴敷炸药或再盖上泥土进行爆破的方法。

拒爆（瞎炮）　起爆后，爆炸材料未发生爆炸的现象。

熄爆（不完全爆炸）　爆轰波不能沿炸药继续传播而中止的现象。

机车　架线电机车、蒸汽机车、蓄电池电机车和内燃机车的总称。

电机车　架线电机车和蓄电池电机车的总称。

单轨吊车　在悬吊的单轨上运行，由驱动车或牵引车（钢丝绳牵引用）、制动车、承载车等组成的运输设备。

卡轨车　装有卡轨轮，在轨道上行驶的车辆。

齿轨机车　借助道床上的齿条与机车上的齿轮实现增加爬坡能力的矿用机车。

胶套轮机车　钢车轮踏面包敷特种材料以加大粘着系数提高爬坡能力的矿用机车。

提升装置　绞车、摩擦轮、天轮、导向轮、钢丝绳、罐道、提升容器和保险装置等的总称。

主要提升装置　含有提人绞车及滚筒直径 2 m 以上的提升物料的绞车的提升装置。

提升容器　升降人员和物料的容器，包括罐笼、箕斗、带乘人间的箕斗、吊桶等。

防坠器　钢丝绳或连接装置断裂时，防止提升容器坠落的保护装置。

挡车装置　阻车器和挡车栏等的总称。

挡车栏　安装在上、下山，防止矿车跑车事故的安全装置。

阻车器（挡车器）　装在轨道侧旁或罐笼、翻车机内使矿车停车、定位的装置。

跑车防护装置　在倾斜井巷内安设的能够将运行中断绳或脱钩的车辆阻止住的装置或

设施。

最大内、外偏角　钢丝绳从天轮中心垂直面到滚筒的直线同钢丝绳在滚筒上最内、最外位置到天轮中心的直线所成的角度。

常用闸　绞车正常操作控制用的工作闸。

保险闸　在提升系统发生异常现象，需要紧急停车时，能按预先给定的程序施行紧急制动装置，也叫紧急闸或安全闸。

罐道　提升容器在立井井筒中上下运行时的导向装置。罐道可分为刚性罐道（木罐道、钢轨罐道、组合钢罐道）和柔性罐道（钢丝绳罐道）。

罐座（闸腿，罐托）　罐笼在井底、井口装卸车时的托罐装置。

摇台　罐笼装卸车时与井口、马头门处轨道联结用的活动平台。

矿用防爆特殊型电机车　电动机、控制器、灯具、电缆插销等为隔爆型，蓄电池采用特殊防爆措施的蓄电池电机车。

机车制动距离　司机开始扳动闸轮或电闸手把到列车完全停止的运行距离。机车制动距离包括空行程距离和实际制动距离。

移动式电气设备　在工作中必须不断移动位置，或安设时不需构筑专门基础并且经常变动其工作地点的电气设备。

手持式电气设备　在工作中必须用人手保持和移动设备本体或协同工作的电气设备。

固定式电气设备　除移动式和手持式以外的安设在专门基础上的电气设备。

带电搬迁　设备在带电状态下进行搬动（移动）安设位置的操作。

矿用一般型电气设备　专为煤矿井下条件生产的不防爆的一般型电气设备，这种设备与通用设备比较对介质温度、耐潮性能、外壳材质及强度、进线装置、接地端子都有适应煤矿具体条件的要求，而且能防止从外部直接触及带电部分及防止水滴垂直滴入，并对接线端子爬电距离和空气间隙有专门的规定。

矿用防爆电气设备　系指按 GB 3836.1 标准生产的专供煤矿井下使用的防爆电气设备。

本规程中采用的矿用防爆型电气设备，除了符合 GB 3836.1 的规定外，还必须符合专用标准和其他有关标准的规定，其型式包括隔爆型电气设备、增安型电气设备、本质安全型电气设备等。

检漏装置　当电力网路中漏电电流达到危险值时，能自动切断电源的装置。

欠电压释放保护装置　即低电压保护装置，当供电电压低至规定的极限值时，能自动切断电源的继电保护装置。

阻燃电缆　遇火点燃时，燃烧速度很慢，离开火源后即自行熄灭的电缆。

接地装置　各接地极和接地导线、接地引线的总称。

总接地网　用导体将所有应连接的接地装置连成的 1 个接地系统。

局部接地极　在集中或单个装有电气设备（包括连接动力铠装电缆的接线盒）的地点单独埋设的接地极。

接地电阻　接地电压与通过接地极流入大地电流值之比。

露天采场　具有完整的生产系统，进行露天开采的场所。

工作帮　由正在开采的台阶部分组成的边帮。

非工作帮　由已结束开采的台阶部分组成的边帮。

边帮角（边坡角）　边帮面与水平面的夹角。

剥离　在露天采场内采出剥离物的作业。

剥离物　露天采场内的表土、岩层和不可采矿体。

台阶　按剥离、采矿或排土作业的要求，以一定高度划分的阶梯。

平盘（平台）　台阶的水平部分。

台阶高度　台阶上、下平盘之间的垂直距离。

坡顶线　台阶上部平盘与坡面的交线。

坡底线　台阶下部平盘与坡面的交线。

安全平盘　为保持边帮稳定和阻拦落石而设的平盘。

折返坑线　运输设备运行中按“之”字形改变运行方向的坑线。

原岩　未受采掘影响的天然岩体。

边帮监测　对边帮岩体变形及相应现象进行观察和测定的工作。

排土线　排土场内供排卸剥离物的台阶线路。

采装　用挖掘设备铲挖土岩并装入运输设备的工艺环节。

上装　挖掘设备站立水平低于与其配合的运输设备站立水平进行的采装作业。

连续开采工艺　采装、移运和排卸作业均采用连续式设备形成连续物料流的开采工艺。

安全区　露天煤矿开采平盘上不受采装及运输威胁的范围。

安全标志　在安全区范围设置的醒目记号和装置。

挖掘机　用铲斗从工作面铲装剥离物或矿产品并将其运至排卸地点卸装的自行式采掘机械。

穿孔机　露天煤矿钻孔的设备。

轮斗挖掘机（轮斗铲）　靠装在臂架前端的斗轮转动，由斗轮周边的铲斗轮流挖取剥离物或矿产品的一种连续式多斗挖掘机。

推（排）土犁　在轨道上行驶，用侧开板把剥离物外推并平整路基的排土机械。

滑坡　边帮岩体沿滑动面滑动的现象。

台阶坡面角　台阶坡面与水平面的夹角。

边坡稳定分析　分析边坡岩体稳定程度的工作。

最终边坡　露天采场开采结束时的边坡。

滑体　滑坡产生的滑动岩体。

塌落　边帮局部岩体突然片落的现象。

外部排土场　建在露天采场以外的排土场。

内部排土场　建在露天采场以内的排土场。

排土场滑坡　排土场松散土岩体自身的或随基底的变形或滑动。

固定线路　长期固定不移动的运输线路。

接触网　沿电气化铁路架设的供电网路，由承力索、吊弦和接能导线等组成。

电力牵引　用电能作为铁路运输动力能源的牵引方式。

路堑　线路低于地面用挖土的方法修筑的路基。

粉尘　煤尘、岩尘和其他有毒有害粉尘的总称。

呼吸性粉尘　能被吸入人体肺泡区的浮尘。

参考文献

[1] 蔡淑琪. 生产性粉尘的职业危害与防护［M］. 北京：煤炭工业出版社，2010.
[2] 常心坦，刘剑，王德明. 矿井通风及热害防治［M］. 徐州：中国矿业大学出版社，2007.
[3] 杜波，谭绍先，姚红林. 煤矿 金属非金属矿山应急救援［M］. 徐州：中国矿业大学出版社，2012.
[4] 傅泉臻. 矿用钢丝绳检测检验作业指南［M］. 北京：煤炭工业出版社，2011.
[5] 郭德勇，杜波，王宏伟. 中国煤矿应急救援现状分析［M］. 北京：煤炭工业出版社，2013.
[6] 国家安全生产监督管理总局矿山救援指挥中心. 《矿山救护规程》解读［M］. 徐州：中国矿业大学出版社，2008.
[7] 国家安全生产监督管理总局宣传教育中心. 煤矿职业危害防护与尘肺病防治知识读本［M］. 徐州：中国矿业大学出版社，2011.
[8] 国家安全生产监督管理总局职业安全卫生研究所. 煤矿作业场所职业危害防治培训教材［M］. 北京：煤炭工业出版社，2011.
[9] 国家发展和改革委员会. 煤炭生产技术与装备政策导向（2014 年版）［M］. 北京：煤炭工业出版社，2014.
[10] 国家煤矿安全监察局. 《煤矿地质工作规定》释义［M］. 北京：煤炭工业出版社，2014.
[11] 国家煤矿安全监察局，中国煤炭工业协会. 煤矿安全质量标准化基本要求及评分方法（试行）［M］. 北京：煤炭工业出版社，2013.
[12] 国家煤矿安全监察局事故调查司. 煤矿粉尘监测必读［M］. 北京：煤炭工业出版社，2007.
[13] 胡千庭. 煤矿瓦斯抽采与瓦斯灾害防治［M］. 徐州：中国矿业大学出版社，2007.
[14] 黄德发，赵社邦，高世恩，等. 河南煤矿矿井建设施工技术与管理［M］. 北京：煤炭工业出版社，2013.
[15] 姜汉军. 矿井辅助运输设备［M］. 徐州：中国矿业大学出版社，2008.
[16] 姜晓. 煤矿建设项目程序及内容管理［M］. 北京：煤炭工业出版社，2013.
[17] 蒋卫良. 高可靠性带式输送、提升及控制［M］. 徐州：中国矿业大学出版社，2008.
[18] 景国勋，杨玉中，张明安. 煤矿安全管理［M］. 徐州：中国矿业大学出版社，2007.
[19] 来存良. 煤矿信息化技术［M］. 北京：煤炭工业出版社，2007.
[20] 李德文，马骏，刘何清. 煤矿粉尘及职业病防治技术［M］. 徐州：中国矿业大学出

版社，2007.

[21] 李馥友.《煤矿建设安全规范》读本［M］. 北京：煤炭工业出版社，2012.

[22] 刘德政. 煤矿“一通三防”实用技术［M］. 太原：山西科学技术出版社，2007.

[23] 刘社育. 煤矿防突工［M］. 徐州：中国矿业大学出版社，2012.

[24]《〈煤矿安全规程〉专家解读》编委会.《煤矿安全规程》专家解读（井工煤矿）［M］. 徐州：中国矿业大学出版社，2016.

[25] 全国安全生产标准化技术委员会煤矿安全分技术委员会. 煤矿安全监控、监测系统［M］. 北京：煤炭工业出版社，2007.

[26] 申宝宏，郑行周，弯效杰. 煤矿隐蔽致灾因素普查技术指南［M］. 北京：煤炭工业出版社，2015.

[27] 王崇林，李长录，谭国俊. 煤矿供电与电气控制［M］. 徐州：中国矿业大学出版社，2008.

[28] 王虹，李炳文. 综合机械化掘进成套设备［M］. 徐州：中国矿业大学出版社，2008.

[29] 王小林，于海森. 煤矿事故救援指南及典型案例分析［M］. 北京：煤炭工业出版社，2014.

[30] 王振平. 矿井通风、排水及压风设备［M］. 徐州：中国矿业大学出版社，2008.

[31] 王佐. 煤矿职业病防治培训教材［M］. 徐州：中国矿业大学出版社，2012.

[32] 吴维权，毕强，魏国山. 煤矿“一通三防”隐患排查［M］. 北京：煤炭工业出版社，2013.

[33] 徐永圻. 煤矿开采学（修订本）［M］. 徐州：中国矿业大学出版社，2015.

[34] 袁河津. 测风测尘安全知识［M］. 北京：中国劳动社会保障出版社，2011.

[35] 袁河津. 煤矿企业农民工安全生产常识［M］. 北京：中国劳动社会保障出版社，2014.

[36] 袁亮. 煤矿总工程师技术手册［M］. 北京：煤炭工业出版社，2010.

[37] 张延松，王德明，朱红青. 煤矿爆炸、火灾及其防治技术［M］. 徐州：中国矿业大学出版社，2007.

[38] 赵国源.《煤矿建设安全规定》解读［M］. 北京：煤炭工业出版社，2010.

[39] 中华人民共和国应急管理部，国家矿山安全监察局. 煤矿安全规程（2022）［M］. 北京：应急管理出版社，2022.

[40] 周心权，常文杰. 煤矿重大灾害应急救援技术［M］. 徐州：中国矿业大学出版社，2007.